2024 | 국가직·지방직
길잡

KB166872

😀 과년도 기출문제
• 7급 국가직(2016~2022년)
• 9급 국가직(2016~2023년)
• 7급 지방직(2021~2022년)
• 9급 지방직(2016~2023년)

건축직 공무원 시험대비

건축계획

기 출 문 제
무료 동영상강의

이 병 억 저

9급 기출문제를 분석하여 200선 빈출을 선별하였습니다.
200선
빈출모의고사
제공

최근 과년도 기출문제
국가직 · 지방직
기출출제
무료 동영상

한솔아카데미
H/A/N/S/O/L/A/C/A/D/E/M/Y

INUP
365 / 24

전용 홈페이지를 통한 365일 학습관리
학습질문은 24시간 이내 답변

www.inup.co.kr

홈페이지 주요메뉴

❶ 시험정보
- 시험개요
- 기출문제
- 무료강의

❷ 온라인강의
- 수강신청
- 온라인강의 특징
- 교수진

❸ 모의고사

❹ 교재안내

❺ 나의 강의실

본 도서를 구매하신 분께 드리는 혜택

본 도서를 구매하신 후 홈페이지에 회원등록을 하시면 아래와 같은
학습 관리시스템을 이용하실 수 있습니다.

01 24시간 이내 질의 응답

본 도서 학습 시 궁금한 사항은 전용 홈페이지를 통해 질문하시면 담당 교수님으로부터
24시간 이내에 답변을 받아 볼 수 있습니다.

> 전용 홈페이지(www.inup.co.kr) – 학습게시판

02 무료 동영상 강좌 ①

1단계, 교재구매 회원께는 기출문제 출제빈도표 동영상 강좌 무료수강을 제공합니다.

> ① 국가직 9급 출제경향분석 동영상강좌 6개월 무료수강 쿠폰제공
> ② 지방직 9급 출제경향분석 동영상강좌 6개월 무료수강 쿠폰제공

03 무료 동영상 강좌 ②

2단계, 교재구매 회원께는 최근 기출문제 동영상 강좌 무료수강을 제공합니다.

> ① 국가직 7급 2016~2022년 기출문제 동영상강의 6개월 무료수강 쿠폰제공
> ② 국가직 9급 2016~2023년 기출문제 동영상강의 6개월 무료수강 쿠폰제공
> ③ 지방직 7급 2021~2022년 기출문제 동영상강의 6개월 무료수강 쿠폰제공
> ④ 지방직 9급 2016~2023년 기출문제 동영상강의 6개월 무료수강 쿠폰제공

04 빈출모의고사

10개년 과년도 기출문제를 분석하여 9급 빈출 예상 모의고사를 시험 20일 전
제공해드림으로써 부족한 부분에 대해 충분히 보완할 수 있도록 합니다.

> 9급 빈출 모의고사 200선 제공

| 등록 절차 |

도서구매 후 각 과목별 뒤표지 회원등록 인증번호 확인

↓

인터넷 홈페이지(www.inup.co.kr)에 인증번호 등록

동영상 무료강의 수강방법
(기출문제 무료동영상 6개월 제공)

■ 교재 인증번호등록 및 강의 수강방법 안내

01 사이트 접속
인터넷 주소창에 **mac.inup.co.kr** 을 입력하여 한솔아카데미 홈페이지에 접속합니다.

02 회원가입 로그인
홈페이지 우측 상단에 있는 회원가입 메뉴를 통해 **회원가입** 후, 강의를 듣고자 하는 아이디로 **로그인**을 합니다.

03 마이 페이지
로그인 후 상단에 있는 **마이페이지**로 접속하여 왼쪽 메뉴에 있는 **[쿠폰/포인트관리]−[쿠폰등록/내역]**을 클릭합니다.

04 쿠폰 등록
도서에 기입된 **인증번호 12자리** 입력(−표시 제외)이 완료되면 **[나의강의실]**에서 무료강의를 수강하실 수 있습니다.

■ 모바일 동영상 수강방법 안내

❶ QR코드 이미지를 모바일로 촬영합니다.
❷ 회원가입 및 로그인 후, 쿠폰 인증번호를 입력합니다.
❸ 인증번호 입력이 완료되면 [나의강의실]에서 강의 수강이 가능합니다.

※ QR코드를 찍을 수 있는 앱을 다운받으신 후 진행하시길 바랍니다.

머리말

이 책은 공무원 시험을 준비하고 있는 수험생들을 위한 교재입니다. 다년간의 강의와 실무 경험을 바탕으로 수험생들이 반드시 알아야 할 내용을 쉽고 일목요연하게 정리하고자 노력하였습니다. 또한 건축계획 과목은 건축계획각론, 서양건축사, 한국건축사, 건축환경계획, 건축설비 및 건축관련 법규로 구성되어 있으며, 그 범위가 방대하기 때문에 각 장별로 핵심내용을 요약정리하면서 가급적 불필요한 부분은 삭제하였습니다.

이 책의 특징을 요약하면 다음과 같습니다.
첫째, 각 장별로 핵심내용을 간단하게 요약정리하여 단원별 학습에 쉽게 접근할 수 있도록 하고 반드시 필요한 내용은 자세하게 정리하였습니다.
둘째, 각 단원별 출제경향분석을 수록하여 수험자의 학습방향을 명확하게 설정할 수 있도록 하였습니다.
셋째, 각 단원별 기출문제와 출제예상문제를 수록하여 학습효과를 극대화할 수 있도록 하였으며, 자세한 해설을 통해 충분한 이해를 도모하였습니다.
넷째, 과년도 기출문제를 수록하여 출제경향과 난이도를 파악하여 자신의 학습정도를 확인할 수 있도록 하였습니다.

아무쪼록 이 책이 공무원을 준비하는 수험생뿐만 아니라 건축실무에 종사하는 실무자에게도 유용하게 활용되기를 바라고, 수험생 여러분의 합격이 꼭 이루어지길 진심으로 기원합니다. 앞으로도 부족한 내용이나 오류 등은 계속해서 수정하고 보완해 나가도록 하겠습니다.

끝으로 이 책의 출판을 위해 물심양면으로 도움을 주신 ㈜한솔아카데미의 대표이사님과 임직원 여러분들의 노고에 감사드립니다.

저자 이병억 드림

건축직 공무원 수험안내

❶ 건축직 공무원

건축직 공무원은 국가 및 지방자치단체에서 시행하는 각종 건축사업에 대한 조사, 설계, 기획, 시공 및 준공검사와 건축관계법령의 정비 및 운용 등에 대한 전문적이고 기술적인 업무를 담당하고 있다.

❷ 시험방법

① 1차 시험(필기시험) : 객관식 4지 선다형, 각 과목당 20문항(군무원 25문항), 매과목 100점 만점, 40점 미만 과락
② 2차 시험(면접) : 인성 및 적성검사, 건축에 대한 기본지식

❸ 시험과목

① 7급 : 1차 공직적격성평가(PSAT;Public Service Aptitude Test), 2차 물리학개론, 건축계획학, 건축구조학, 건축시공학
② 9급 : 국어, 영어, 한국사, 건축구조, 건축계획

❹ 응시자격

① 학력, 경력, 성별 : 제한없음(단, 일부 특별채용 등은 제외)
② 거주지 제한
　ㄱ 국가직 : 9급 공채시험 중 전국 모집은 거주지제한이 없고 지역별로 구분 모집하는 시험은 해당년도 1월 1일을 포함하여 1월 1일 전 또는 후로 연속하여 3개월 이상 당해지역에 주민등록이 되어 있어야 한다.(다만, 서울, 인천, 경기지역은 주민등록지와 관계없이 응시할 수 있다.)
　ㄴ 지방직 : 시험 당해연도 1월 1일 이전부터 최종시험일(당해 면접시험 최종일)까지 계속하여 본인의 주민등록상 주소지 또는 국내 거소지(재외국민에 한함)가 해당 지역에 되어 있는자(단, 동기간 중 말소 및 거주불명으로 등록된 사실이 없어야 함) 또는 시험 당해연도 1월 1일 현재, 본인의 주민등록상 주소지 또는 국내 거소지가 해당지역으로 되어 있는 기간이 모두 합하여 3년 이상인 자는 응시할 수 있다.(단 서울시는 지역제한 없음)
③ 응시연령(2023년 기준)

시험명	응시연령(해당 생년월일)	비고
7급 공개경쟁채용시험	20세 이상(2003. 12. 31. 이전 출생자)	
9급 공개경쟁채용시험	18세 이상(2005. 12. 31. 이전 출생자)	
교정·보호직	20세 이상(2003. 12. 31. 이전 출생자)	

※ 2024년도부터 7급 공개경쟁채용시험의 응시연령이 '18세 이상'으로 조정됩니다.(단, 교정 및 보호 직렬은 '20세 이상'으로 유지)

❺ 응시결격사유

해당 시험의 최종시험 시행예정일(면접시험 최종예정일) 현재를 기준으로 국가공무원법 제33조(외무공무원은 외무공무원법 제9조, 검찰직·마약수사직공무원은 검찰청법 제50조)의 결격사유에 해당하거나, 국가공무원법 제74조(정년)·외무공무원법 제27조(정년)에 해당하는 자 또는 공무원임용시험령 등 관계법령에 의하여 응시자격이 정지된 자는 응시할 수 없다.

❻ 시행처별 시험일자(2023년 기준)

시험	시험일자	발령처
국가직 9급	4월	국가기관
국가직 7급	1차 : 7월, 2차 : 10월	국가기관
지방직 9급, 서울시 9급, 교육청 9급	6월	지방자치단체, 교육청
서울시 7급	10월	서울시 기관
군무원	7월	국방부, 육군, 해군, 공군

❼ 가산점 적용

① 가산점 적용대상자 및 가산점 비율표

구 분	가산비율	비 고
취업지원대상자	과목별 만점의 10% 또는 5%	• 취업지원대상자 가점과 의사상자 등 가점은 1개만 적용 • 취업지원대상자/의사상자 등 가점과 자격증 가산점은 각각 적용
의사상자 등 (의사자 유족, 의상자 본인 및 가족)	과목별 만점의 5% 또는 3%	
직렬별 가산대상 자격증 소지자	과목별 만점의 3~5% (1개의 자격증만 인정)	

※ 직렬 공통으로 적용되었던 통신·정보처리 및 사무관리분야 자격증 가산점은 2017년부터 폐지되었다.

② 건축직

구분	7급		9급	
	기술사, 기능장, 기사 [시설직(건축)의 건축사 포함]	산업기사	기술사, 기능장, 기사, 산업기사 [시설직(건축)의 건축사 포함]	기능사 [농업직(일반농업)의 농산물품질관리사 포함]
가산비율	5%	3%	5%	3%

❽ 시행처별 선발인원(2023년 기준)

국가직	7급	16						
	9급	43						
지방직	9급	경기도	인천	강원도	대전	충북	충남	전북
		139	34	35	15	15	38	42
		전남	경북	경남	부산	광주	울산	대구	세종
		56	80	61	57	3	21	0	1
서울시	7급	16						
	9급	111						

❾ 응시율 및 경쟁률(2023년 국가직 기준, 합격선 76점)

		출원인원	응시인원	미응시인원	선발인원	경쟁률(합격률)
국가직	9급	1,645	1,254	391	43	38 : 1(2.61%)
						응시인원 대비
						29.2 : 1(3.43%)

❿ 개편 시행된 국가공무원 7급 공개경쟁채용 안내

① 국가공무원 7급 공개경쟁채용 1차 필기시험 : 7월 시행
  – 공직적격성평가(PSAT ; Public Service Aptitude Test) : 공직자에게 필요한 이해력, 논리적·비판적 사고능력, 분석 및 정보추론능력, 상황판단능력 등 종합적 사고력을 평가하는 시험
② 2차 전문과목 시험은 8월 1차 합격자 발표 이후 10월에 시행, 4개 전문과목별 25문항으로 출제, 시험시간은 과목별 25분으로 총 100분간 실시
③ 건축직렬 2차 전문과목 : 물리학개론, 건축계획학, 건축구조학, 건축시공학

국가직 9급 출제경향분석

■ 최근 5개년 출제경향분석

구 분	2019	2020	2021	2022	2023	합계	빈도율
제1편 건축계획각론	9	9	8	9	5	40	40%
제2편 건축사	2	3	2	2	3	12	12%
제3편 건축환경계획	2	1	3	2	3	11	11%
제4편 건축설비	4	4	4	3	3	18	18%
제5편 건축법규	3	3	3	4	6	19	19%
합계	20	20	20	20	20	100	100%

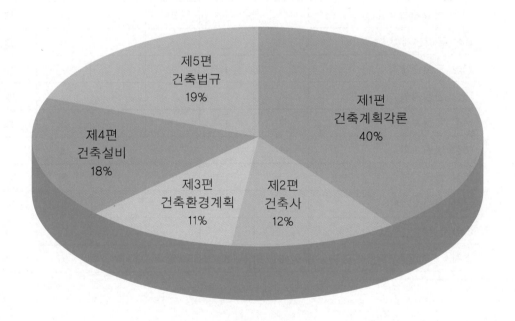

■ Chapter별 출제경향분석

• 제1편 건축계획각론

구 분	2019	2020	2021	2022	2023	소계	빈도율
1장 건축계획총론	2	1		3	1	7	7%
2장 건축과정				1		1	1%
3장 단독주택	1				1	2	2%
4장 공동주택		1	1			2	2%
5장 주거단지계획	1		1	2		4	4%
6장 사무소계획	1	1	1		1	4	4%
7장 은행계획		1				1	1%
8장 상점계획	1	1				2	2%
9장 백화점계획		1				1	1%
10장 학교계획			1	1	1	3	3%
11장 유치원계획						0	0%
12장 도서관계획			1	1		2	2%
13장 공장계획		1				1	1%
14장 호텔계획		1	1			2	2%
15장 병원계획	1	1	1			3	3%
16장 공연장계획	1			1	1	3	3%
17장 전시장계획	1		1			2	2%
기타						0	0%
소계	9	9	8	9	5	40	40%

• 제2편 건축사

구 분	2019	2020	2021	2022	2023	소계	빈도율
1장 시대구분, 고대건축						0	0%
2장 고전건축						0	0%
3장 중세건축						0	0%
4장 근세건축		1			1	2	2%
5장 근대건축	2	1	1			4	4%
6장 현대건축					1	1	1%
7장 한국건축의 특성						0	0%
8장 시대별 특징				1		1	1%
9장 한국건축의 각부 구성		1	1		1	3	3%
10장 궁궐 및 도성건축				1		1	1%
11장 유교 및 불교건축						0	0%
12장 전통주거건축						0	0%
소계	2	3	2	2	3	12	12%

• 제3편 건축환경계획

구 분	2019	2020	2021	2022	2023	소계	빈도율
1장 건축과 환경			2		2	4	4%
2장 패시브 디자인			1	1		2	2%
3장 열환경	2					2	2%
4장 공기환경		1		1		2	2%
5장 빛환경						0	0%
6장 음환경					1	1	1%
소계	2	1	3	2	3	11	11%

• 제4편 건축설비

구 분	2019	2020	2021	2022	2023	소계	빈도율
1장 급수설비	1	1	1			3	3%
2장 급탕설비						0	0%
3장 배수 및 통기설비				1	1	2	2%
4장 오수정화설비						0	0%
5장 소화설비			1		1	2	2%
6장 가스설비						0	0%
7장 위생기구 및 배관설비		1	1	1		3	3%
8장 난방설비	1	1			1	3	3%
9장 공기조화설비	1			1		2	2%
10장 냉동설비						0	0%
11장 전기설비		1				1	1%
12장 조명설비	1		1			2	2%
13장 승강 및 운송설비						0	0%
소계	4	4	4	3	3	18	18%

• 제5편 건축법규

구 분	2019	2020	2021	2022	2023	소계	빈도율
1장 건축법 총칙	1		1	1	1	4	4%
2장 건축법의 적용					1	1	1%
3장 건축물의 건축허가	1					1	1%
4장 건축물의 용도제한						0	0%
5장 건축물의 착공						0	0%
6장 건축물의 유지관리		1	1			2	2%
7장 건축물의 대지 및 도로			1	1		2	2%
8장 건축물의 구조와 재료	1					1	1%
9장 지역 및 지구안의 건축물		1			2	3	3%
10장 건축설비						0	0%
11장 보칙						0	0%
12장 주차장법						0	0%
13장 국계법 총칙						0	0%
14장 광역도시,도시군기본계획					1	1	1%
15장 도시군관리계획		1				1	1%
16장 용도지역 등의 건축제한						0	0%
17장 개발행위의 허가				2	1	3	3%
소계	3	3	3	4	6	19	19%

지방직 9급 출제경향분석

■ 최근 5개년 출제경향분석

구 분	2019	2020	2021	2022	2023	합계	빈도율
제1편 건축계획각론	7	8	10	8	11	44	44%
제2편 건축사	3	3	2	3	2	13	13%
제3편 건축환경계획	4	2	2	2	0	10	10%
제4편 건축설비	2	4	3	4	1	14	14%
제5편 건축법규	4	3	3	3	6	19	19%
합계	20	20	20	20	20	100	100%

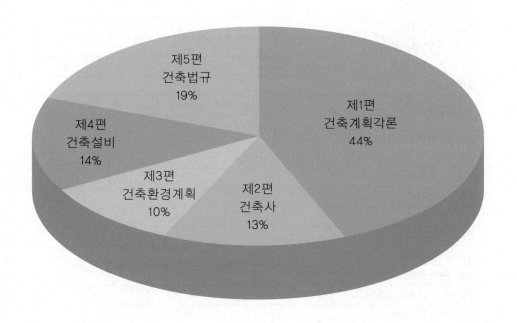

■ Chapter별 출제경향분석

• 제1편 건축계획각론

구 분	2019	2020	2021	2022	2023	소계	빈도율
1장 건축계획총론	1		3	1	1	6	6%
2장 건축과정	2	1		1		4	4%
3장 단독주택			1		1	2	2%
4장 공동주택	1			1		2	2%
5장 주거단지계획					1	1	1%
6장 사무소계획			1	1	1	3	3%
7장 은행계획			1			1	1%
8장 상점계획					1	1	1%
9장 백화점계획		1			1	2	2%
10장 학교계획	1	1		1	1	4	4%
11장 유치원계획					1	1	1%
12장 도서관계획		1	1			2	2%
13장 공장계획						0	0%
14장 호텔계획				1		1	1%
15장 병원계획		1	1	1	1	4	4%
16장 공연장계획	1	1		1	1	4	4%
17장 전시장계획	1	2	1		1	5	5%
기타			1			1	1%
소계	7	8	10	8	11	44	44%

• 제2편 건축사

구 분	2019	2020	2021	2022	2023	소계	빈도율
1장 시대구분, 고대건축				1		1	1%
2장 고전건축						0	0%
3장 중세건축			1			1	1%
4장 근세건축						0	0%
5장 근대건축	1	1		1	1	4	4%
6장 현대건축	1					1	1%
7장 한국건축의 특성					1	1	1%
8장 시대별 특징	1		1			2	2%
9장 한국건축의 각부 구성		1		1		2	2%
10장 궁궐 및 도성건축		1				1	1%
11장 유교 및 불교건축						0	0%
12장 전통주거건축						0	0%
소계	3	3	2	3	2	13	13%

• 제3편 건축환경계획

구 분	2019	2020	2021	2022	2023	소계	빈도율
1장 건축과 환경			1			1	1%
2장 패시브 디자인						0	0%
3장 열환경	2	1		1		4	4%
4장 공기환경		1				1	1%
5장 빛환경	1		1			2	2%
6장 음환경	1			1		2	2%
소계	4	2	2	2	0	10	10%

• 제4편 건축설비

구 분	2019	2020	2021	2022	2023	소계	빈도율
1장 급수설비		1	1	1		3	3%
2장 급탕설비			1			1	1%
3장 배수 및 통기설비				1		1	1%
4장 오수정화설비						0	0%
5장 소화설비	1			1		2	2%
6장 가스설비						0	0%
7장 위생기구 및 배관설비						0	0%
8장 난방설비		1	1			2	2%
9장 공기조화설비	1	1		1	1	4	4%
10장 냉동설비						0	0%
11장 전기설비		1				1	1%
12장 조명설비						0	0%
13장 승강 및 운송설비						0	0%
소계	2	4	3	4	1	14	14%

• 제5편 건축법규

구 분	2019	2020	2021	2022	2023	소계	빈도율
1장 건축법 총칙	2	1		2		5	5%
2장 건축법의 적용						0	0%
3장 건축물의 건축허가						0	0%
4장 건축물의 용도제한						0	0%
5장 건축물의 착공						0	0%
6장 건축물의 대지 및 도로						0	0%
7장 건축물의 구조와 재료		1	1			2	2%
8장 지역 및 지구안의 건축물		1			1	2	2%
9장 건축설비					2	2	2%
10장 보칙						0	0%
11장 주차장법	1		1	1		3	3%
12장 국계법 총칙						0	0%
13장 광역도시,도시군기본계획						0	0%
14장 도시군관리계획	1					1	1%
15장 용도지역 등의 건축제한						0	0%
16장 개발행위의 허가						0	0%
17장 장애인 등의 편의증진법			1		1	2	2%
기타					2	2	2%
소계	4	3	3	3	6	19	19%

CONTENTS

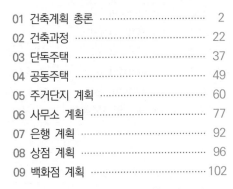

1편 건축계획

2편 건축사

3편 건축환경계획

부록 | 과년도 기출문제

CHAPTER 01 | 7급 국가직 기출문제

CHAPTER 02 | 9급 국가직 기출문제

CHAPTER 03 | 7급 지방직 기출문제

CHAPTER 04 | 9급 지방직 기출문제

Piece

01

건축계획

Chapter 01

건축계획 총론

건축계획 총론은 건축계획 전반에 걸친 개론적 내용을 포괄적으로 다루고 있는 부분이다. 여기에서는 건축의 형태 구성 원리, 건축공간의 치수와 모듈, 건축공간과 관련된 용어, 색채 구성 원리에 대한 문제가 출제된다.

출제빈도

12국가직⑨

[建築十書]
(The Ten Books on Architecture)
건축이 추구하는 목표는 BC25년경 로마시대의 건축가 비트루비우스(Vitruvius)의 편리(Commoditas), 견실(Firmitas), 우미(Venustas)의 정의로부터 현대의 기능, 구조, 미라는 건축의 3대요소가 되고 있다.

[Pier Luigi Nervi(1891~1979)]
현대적 의미를 지닌 건축의 3부론적 분류는 이탈리아의 건축가 네르비가 건축구성요소를 기능(Function), 구조(Structure), 형태(Form)로 정의한 것에서부터 시작된다.

1 건축의 3부론적 개념[☆]

건축가	기능	구조	형태
Vitruvius	편리(Commoditas)	견실(Firmitas)	우미(Venustas)
L.B.Alberti	편리(Commoditas)	견실(Firmitas)	육감(Voluptas)
J.F.Blondel	편리(Commodité)	견고(Solidité)	쾌적(Agrément)
M.Blondel	분배(Distribution)	축조(Construction)	장식(Decoration)
건축역사가협회	유용(Utilitas)	견실(Firmitas)	우미(Venustas)
Hector Guimard	조화(Harmonie)	논리(Logique)	감각(Sentiment)
Pier Luigi Nervi	기능(Function)	구조(Structure)	형태(Form)

· 예제 01 ·

건축의 3대 요소를 기능(Function), 구조(Structure), 형태(Form)라는 용어로 정의한 건축가는?　　　　　　　　　　　　　　　　【12국가직⑨】

① 비트루비우스(Vitruvius)
② 피에르 루이지 네르비(Pier Luigi Nervi)
③ 모리스 블롱델(Maurice Blondel)
④ 헥토르 기마르(Hector Guimard)

Pier Luigi Nervi(1891~1979)
현대적 의미를 지닌 건축의 3부론적 분류는 이탈리아의 건축가 네르비가 건축구성요소를 기능(Function), 구조(Structure), 형태(Form)로 정의한 것에서 부터 시작된다.

답 : ②

2 건축의 형태(Form) 구성 원리

(1) 형태구성 원리의 요소들[☆☆☆]

출제빈도

08국가직⑦ 09지방직⑦ 09지방직⑨
10국가직⑨ 11지방직⑦ 12국가직⑦
13국가직⑦ 17국가직⑨ 19국가직⑦
20국가직⑦ 21지방직⑨

① 비례(Proportion)
　㉠ 두 개의 비슷한 물체에 대한 양적 비교를 비율이라고 한다면, 비례는 비율의 동등성을 말한다.
　㉡ 비례체계는 시각적 구성요소들 사이에 질서감을 창출한다.

② 축(Axis)
　㉠ 공간 속의 두 점(Point)으로 이루어진 하나의 선(Line)으로, 건축의 형태와 공간을 구성하는 가장 기본적인 수단이다.

ⓛ 축(Axis)을 중심으로 각 요소들 간의 배치는 시각적인 힘의 우위를
   결정하는데 이용될 수 있다.

③ 대칭(Symmetry)
   축(Axis)의 조건은 대칭(Symmetry)의 조건이 동시에 존재하지 않아도
   되지만, 대칭의 조건은 축의 조건을 중심으로 이루어지는 축이나 구심점
   의 존재를 함축하고 있지 않으면 존재할 수 없는 성질을 내포하고 있다.

④ 기준(Base)
   ㉠ 음악에서 오선의 역할은 음계를 읽고 음조를 알 수 있는 시각적 조
      건을 제공하는 기준이 되는 것처럼, 건축에서 공간의 규칙성과 연
      속성을 기준(Base)이라고 한다.
   ㉡ 기준은 전체를 구성하는 모든 요소들이 관계를 맺을 수 있는 선
      (Line), 면(Plane), 입체(Volume)에 관한 것으로 규칙성과 연속성을
      통한 요소들의 불규칙한 패턴을 구성하게 된다.

⑤ 위계(Hierarchy)
   ㉠ 하나의 건축물이나 건축물이 모여서 이루게 되는 건축군의 구성에
      서 중요하고 의미있는 형태나 공간을 시각적으로 독특하게 만드는
      원리를 말한다.
   ㉡ 위계적으로 중요한 형태는 일반적인 형태와는 다른 형태로 표현함
      으로써, 위계적으로 중요한 공간은 주변환경의 규칙적인 패턴 속에서
      불규칙적으로 표현함으로써 중요성과 의미가 부여된다.

⑥ 변형(Transformation)
   ㉠ 건축물의 구조형태 및 요소간의 질서 내에서 적절하고 합리적인 모
      델의 기본형을 발췌하여 특수한 조건 및 맥락에 대응하기 위한 일
      련의 분석과정을 통하여 그것을 변형시킬 수 있도록 하는 것을 말
      한다.
   ㉡ 변형의 초기에는 그 이전의 것이나 원래의 기본적 모델의 질서체계
      를 지각하고 이해할 수 있도록 하는 것이 필요하다.

⑦ 통일성(Unity), 변화성(Variety)
   ㉠ 구성체 각 요소들 사이에 이질감이 느껴지지 않고 전체로서 하나의
      이미지를 주는 것을 통일성(Unity)이라고 하며, 통일성이 지나치게
      되면 단조로워지기 쉬우므로 적절한 변화성(Variety)이 주어져야
      한다.
   ㉡ 변화성은 무질서한 변화가 아닌 통일성의 테두리 내에서의 조화를
      이룰 수 있어야 한다. 건축에서는 형태뿐만 아니라 색깔이나 질감
      등에 있어서도 유사한 통일성을 얻을 수 있다.

[리듬(Rhythm)]

부분과 부분 사이에 시각적인 강약이 규칙적으로 연속될 때 나타나는 것으로 반복(Repetition), 점증(Gradation), 억양(Accentuation)이 리듬에 속한다.

[질감(Texture)]

물체를 만져보지 않아도 눈으로 표면의 상태를 알 수 있는 것을 질감(Texture)이라고 한다.

⑧ 균형(Balance), 조화(Harmony), 대비(Contrast)

㉠ 균형(Balance)을 얻는 가장 쉬운 방법으로는 대칭(Symmetry)을 통한 것이지만, 시각구성에서는 대칭보다는 비대칭의 기법을 통해 균형상태를 만드는 것이 구성적으로 더 역동적인 경우가 많다.

㉡ 부분과 부분 사이에 질적으로나 양적으로 모순되는 일이 없이 질서가 잡혀 있는 것을 조화(Harmony)라고 한다. 조화의 방법으로는 서로 비슷한 요소들을 통해 이루어지는 유사성(Similarity)과 서로 상반되는 요소를 대치시켜 상호간의 특징을 더욱 강조하는 대비(Contrast)가 있다.

· 예제 02 ·

> **건축의 형태구성 원리에 관한 설명으로 옳지 않은 것은?** 【10국가직⑨】
>
> ① 통일성이 지나치게 강조되면 단조로워지기 쉬우므로 적절한 변화성이 주어져야 하며 이러한 변화성은 무질서한 변화가 아니라 통일성의 테두리 속에서 조화롭게 이루어져야 한다.
> ② 균형을 얻는 가장 손쉬운 방법은 대칭을 통한 것으로 시각구성에서 대칭기법은 비대칭기법보다 균형의 상태를 만드는 것이 구성적으로 더 역동적인 경우가 많다.
> ③ 리듬에는 반복(Repetition), 점증(Gradation), 억양(Accentuation) 등이 있다.
> ④ 질감에 대한 고려는 실내계획에서 특히 중요한데, 이는 인간의 신체가 일상적으로 접촉하는 곳이기 때문이다.
>
> ---
> ② 균형(Balance)을 얻는 가장 쉬운 방법으로는 대칭(Symmetry)을 통한 것이지만, 시각구성에서는 대칭보다는 비대칭의 기법을 통해 균형상태를 만드는 것이 구성적으로 더 역동적인 경우가 많다.
>
> 답 : ②

(2) 형태 심리학(Gestalt, 게슈탈트)[☆]

형상(도형, figure)과 배경(ground) 이론으로 형태(Gestalt, 게슈탈트)의 지각심리학을 다룬 이론으로 시각적으로 뚜렷한 부분(형상, figure)과 그것과 관련되어 후퇴한 부분(배경, ground)을 통해 형태구성 요소 사이의 시각적 관계를 연구한 이론이다.

① 유사성의 법칙

유사한 형태, 색채, 질감 등 비슷한 성질의 요소를 가진 것끼리는 떨어져 있어도 무리지어 인식되는 것

② 근접성의 법칙

인간은 대상을 시각적으로 집단화 하려는 경향을 가지며, 멀리 있는 두 요소보단 가까이 있는 둘 또는 그 이상의 시각 요소들이 패턴이나 그룹으로 묶어서 지각되어질 가능성이 커진다.

출제빈도

13국가직⑦

[형태 심리학(Gestalat, 게슈탈트)]

유대계 독일의 심리학자인 베르트하이머(Max Wertheimer, 1880~1943)의 연구(1912)로부터 시작되었다.

③ 폐쇄성의 법칙

불안정한 형태 또는 그룹이 기존의 지식을 토대로 완전한 형태나 그룹으로 지각되는 것으로 닫혀있지 않은 도형이 심리적으로 닫혀 보이거나 무리지어 보인다.

④ 공통성의 법칙

대상들이 같은 방향으로 움직일 때 그것을 하나의 단위로 인식한다. 즉, 배열이나 성질이 같은 것끼리 집단화되어 보이는 성질이다.

⑤ 연속성의 법칙

유사한 배열이 하나의 묶음으로 시각적 이미지의 연속장면처럼 보이는 공동운명의 법칙이다.

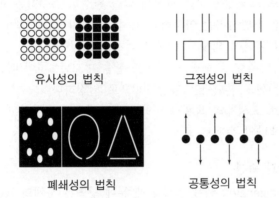

유사성의 법칙   근접성의 법칙

폐쇄성의 법칙   공통성의 법칙

3 건축의 색채(Color) 구성원리[☆☆]

(1) 색의 구분

① 기본색(Primary Color) : 적색(Red), 황색(Yellow), 청색(Blue)

② 2차색(Secondary Color) : Orange(Red+Yellow), Green(Yellow+Blue), Violet(Blue+Red)

③ 보색(Complementary Color) : 서로 상반하여 대조를 이루는 색을 말하며, 보색은 합치면 각각의 특성이 없어지고 무감각한 회색이 되는 경우 (Red+Green, Yellow+Violet, Orange+Blue)를 말한다.

(2) 먼셀(Muncell, 1858~1918)의 색구(色球)

① 색상(Hue) : 적색, 오렌지색, 녹색, 청색, 자색의 차례로 배치된 색의 종류를 말한다. 빨강(R), 노랑(Y), 녹색(G), 파랑(B), 보라(P)의 5색을 주가 되는 색으로 하고, 그 중간의 주황(YR), 연두(GY), 청록(BG), 남색(PB), 자주(RP)의 5색을 합하여 10색을 대표색으로 골라 그 사이를 10등분을 하여 색상을 나타낸다.

출제빈도
07국가직 ⑦ 08국가직 ⑦ 08국가직 ⑨
09국가직 ⑨ 09지방직 ⑨ 10지방직 ⑦
11국가직 ⑦ 17국가직 ⑨ 18국가직 ⑨
18지방직 ⑨ 19국가직 ⑦ 21국가직 ⑦

[먼셀(Muncell) 색의 표현 예]

① 5R-4/10 : 빨강의 색상5, 명도4, 채도10

② 7.5Y 5/10 : 노랑의 색상 7.5, 명도 5, 채도 10

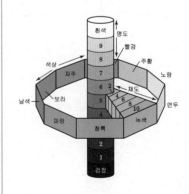

[색의 체계]

색채를 나타내는 체계를 포색계라고 하며 먼셀 표색계, 오스트발트 표색계, CIE(국제조명위원회) 표색계 등이 있으며, 우리나라에서는 먼셀 표색계를 한국공업규격(KSA0062)로 채택하여 가장 많이 사용하고 있다.

[색채(Color)]

일반적으로 심리학자들은 사람이 물건을 고를 때 80%가 색채를 선택하고 20%가 형상이나 선을 본다고 한다. 전체가 녹색으로 채색된 경우 보색인 적색을 약간 첨가하면 전체의 색채가 활기를 띠게 되며, 정적인 녹색에 대해 적색의 동적감각을 줄 수 있게 된다.

[오스트발트 표색계]

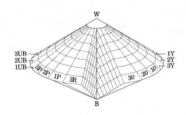

② **명도(Value)** : Muncell 색구의 세로방향의 중심축으로 표시되며 흑색, 회색, 백색의 차례로 배치된 색의 명암을 표시한다. 중심축의 최상부를 가장 밝은 단계인 순수한 흰색을 10으로 하고, 최하부를 가장 어두운 단계인 순수한 검정색을 0으로 하여 분할하였다.

③ **채도(Chroma)** : Muncell 색구의 축과 직각의 수평방향으로 표시되며 색의 선명도를 나타낸 것으로 색의 강약이라고도 한다. 중심축에 가까워질수록 무채색을 포함하여 채도가 낮아지고, 중심축에서 멀어질수록 순색에 가까우며 채도가 높아진다.

(3) 오스트발트 표색계

① 오스트발트 표색계는 모든 파장의 빛을 완전히 흡수하는 이상적인 흑색(B)과 완전히 반사하는 이상적인 백색(W)과 완전한 순색(C)으로 정의하고 이들의 혼합에 의해서 실제의 색채를 표시한다.

② 모든 색은 백색량, 흑색량, 순색량의 합을 100으로 하여 배합하였기 때문에 어떠한 색도 혼합량은 항상 100으로 일정하다.

③ 오스트발트 표색계의 색표시 : 색상은 24색으로 분할하고 색상기호, 백색량, 흑색량의 순서로 표시

(4) 색의 지각과 속성

① **항상성(Constancy)** : 색을 인식할 때 눈에 낯익은 물체의 색을, 그 밝기나 세기 등이 다소 변화해도 항상 동일하게 느끼는 경우가 있는데, 이를 색의 항상성(Color Constancy)이라고 하며, 반대로 작은 차이도 크게 느끼는 것을 색의 대비(Color Contrast)라 한다.

② **계시대비(=시간대비)** : 두 가지 색을 시간적인 차이를 두고 차례로 볼 때 생기는 색채 대비로 처음 본 색의 잔상이 남아 다른 색을 볼 때 처음 색의 보색 상이 망막에 나타나는 현상

③ 고명도 난색 계통은 가벼운 느낌을 주고, 저명도 한색 계통은 무거운 느낌을 준다. 저채도 고명도인 난색계가 저채도 저명도의 한색계보다 부드러운 느낌을 준다.

④ 난색계열의 색은 한색계열의 색보다 진출성이 있다. 채도가 낮은 색에 비해 채도가 높은 색의 것이 진출성이 있다. 배경색과 명도차가 큰 밝은 색은 진출성이 있다.

(5) 색의 혼합

① **색료혼합(감산혼합)** : 자주(M), 청록(C), 노랑(Y)의 색료혼합으로 혼합할수록 명도와 채도가 저하된다. 기본색을 모두 혼합하면 검정색(K)이 된다.

② **색광혼합(가산혼합)** : 빨강(R), 녹색(G), 파랑(B)의 색광혼합으로 혼합된 색의 명도는 높아진다. 기본색을 모두 혼합하면 백색(W)이 되며, 보색끼리의 혼합은 무채색이 된다.

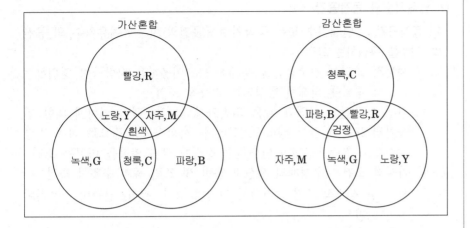

· 예제 03 ·

먼셀(Munsell)의 색채 표기법에 대한 설명 중 옳지 않은 것은?

【09국가직⑨】

① 색상은 색상환에 의해 표기되며, 기준색인 적(R), 청(B), 황(Y), 녹(G), 자(P)색 등 5종의 주요색과 중간색으로 구성된다.
② 명도는 완전흑(0)에서 완전백(10)까지의 스케일에 따른 반사율 및 외관에 대한 명암의 주관적 척도이다.
③ 채도의 단계는 흑색과 가장 강한 색상 사이의 색상 변화를 측정하는 단위이다.
④ 5R-4/10은 빨강의 색상5, 명도4, 채도10을 나타낸다.

먼셀(Munsell)의 명도와 채도
(1) 먼셀의 명도단계는 순수한 검정을 0, 순수한 흰색을 10으로 보고 그 사이를 9단계로 구분하여 11단계로 이루어져 있다.
(2) 먼셀의 채도단계는 회색계열을 시작점으로 놓고 0이라 표기하며, 색의 순도가 증가할수록 1, 2, 3… 등으로 숫자를 높여간다. 그러나 각 색상의 채도단계는 색상에 따라 다르게 만들어지며 5R이 14단계로 채도단계가 가장 많고 청색이 8단계로 가장 적다.

<u>답 : ③</u>

4 건축공간의 치수 및 모듈[☆☆☆]

(1) 치수(Scale)
① **물리적 스케일** : 출입구의 크기가 사람이나 물체의 물리적 크기에 의해 결정되는 경우와 같은 스케일
② **생리적 스케일** : 실내의 창문크기가 필요환기량으로 결정되는 경우와 같은 스케일
③ **심리적 스케일** : 압박감을 느끼지 않을 정도에서 천장의 높이가 결정되는 경우와 같은 스케일

출제빈도
07국가직 ⑦ 08국가직 ⑦ 09지방직 ⑦
09국가직 ⑦ 10지방직 ⑦ 10지방직 ⑨
11국가직 ⑦ 11지방직 ⑨ 12국가직 ⑨
13국가직 ⑦ 18국가직 ⑨ 21지방직 ⑨

[인체치수와 동작공간]

① 인간 개체의 크기에 관한 계측치를 일반적으로 인체치수라고 한다.

② 인체상의 주요 특징

- 여성의 신장은 11~12세 정도까지는 남성보다 크지만, 그 이후에는 남자가 더 크다.
- 양손을 옆으로 든 손끝의 길이를 지극(指極)이라 하며 이것은 신장과 거의 같다.
- 신장과 눈높이의 차는 약 11~12cm이다.
- 손으로 물건을 잡을 때의 잡는 중심은 손가락 끝에서 10cm 정도 낮다.
- 신발에 의한 발뒤꿈치의 증가치수는 남성이 약 3cm, 여성은 5~6cm 정도이다.
- 모자를 쓴 경우의 머리 윗부분의 증가치수는 모자의 모양에 따라 다르지만 대체로 머리에 씌워지는 치수를 8~10cm로 보고 산출한다.

[레오나르도 다 빈치(L. da Vinci, 1452~ 1519)]

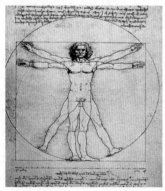

레오나르도 다빈치의 인체『인체 비례도』는 인체의 비례와 이로부터 도출한 단위가 어떻게 미의 이상을 구현하는지 보여준다. 『인체 비례도』를 『비트루비우스적 인간(Vitruvian Man)』이라고 부르는 이유는 다빈치가 이 그림을 그릴 때 로마시대의 비트루비우스의 글을 염두에 두었음이 틀림없기 때문이다.

(2) 인체치수와 동작공간

① 동작공간 : 「인체치수 또는 동작치수 + 물건의 치수 + 여유치수」의 공간

② 치수를 규정하는 요인

  ㉠ 행동적 조건 : 건축공간을 주체적으로 이용하는 사람들이 영위하는 물리적 행위에 의해서 형성되는 기능적 조건

  ㉡ 환경적 조건 : 자연과 같은 외적환경 및 인공적인 설비에 의한 인공환경 또는 인간이 생리적, 심리적, 사회적으로 필요로 하는 환경조건으로 건축구성재의 단면치수 결정에 크게 영향을 미치는 조건

  ㉢ 기술적 조건 : 구성재의 생산과 운반 및 조립 등의 구조적 조건

  ㉣ 사회 및 경제적 조건 : 건축적 시설의 경영, 관리, 건축비나 유지비 등의 조건

(3) 여유치수(Tolerance, α)를 고려한 공간의 최적치수 설정방법

① 최솟값 + α : 단위공간의 크기나 구성재의 크기를 정하는 가장 기본적인 방법으로 개구부의 높이, 천장의 높이, 인동간격의 결정 등에 이용

② 최댓값 - α : 치수가 어느 한도값을 넘게 되면 생활동작이나 행위가 불가능해지는 치수의 상한이 존재하는 경우 사용하는 방법으로 계단의 챌판높이, 야구장 관중석의 난간높이 등의 결정에 이용

③ 목표 값 ± α : 출입문 손잡이의 위치와 크기를 결정하는 것과 같이 어느 값 이하나 이상도 취할 수 없는 경우에 이용

(4) 모듈(Module, 기준단위)

① 등차수열적인 것

  ㉠ 미국의 『4inch 기본단위』, 유럽의 『10cm 기준단위』처럼 하나의 기초단위를 결정하여 그 배수를 사용하는 방법

  ㉡ 작은 단위의 설정은 편리하지만 큰 단위의 설정은 어려우므로 공업생산적이라고 볼 수는 없다.

② 등비수열적인 것

  ㉠ 작은 치수에는 작은 스케일, 큰 치수에는 큰 스케일을 주는 것과 같이 면적이나 공간의 표준화에 편리한 방법

  ㉡ 두 치수의 합이나 같은 치수의 반복사용에서는 배수가 모듈에서 벗어나는 결점이 있다.

③ 등차·등비수열을 복합시킨 것

  ㉠ ①, ②의 두 방법을 결합한 방법으로 건축용으로 우수하다고 평가

  ㉡ Le Corbusier의 『Le Modulor』 : 인체치수를 기본으로 한 황금비를 적용하여 등차적 배수를 전개한 방법

ⓒ 넘버 패턴(Number Pattern) : 1을 초기 값으로 한 피보나치 수열과 2배 수열, 3배 수열을 조합하여 3차원적으로 전개한 독창적인 모듈

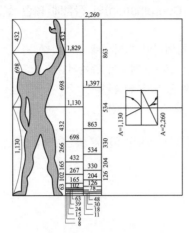

Le Corbusier의 『Le Modulor』

(5) (건축) 척도조정(MC, Modular Coordination)

① 정의 : 모듈을 사용하여 건축 전반에 사용되는 재료나 부품에서부터 설계 및 시공에 이르기까지 건축생산 전반에 걸쳐 치수의 유기적인 연계성을 만들어 건축물의 미적 질서를 갖게 하는 것

② 적용 : 건축평면의 MC화, 건축단면의 MC화로 분류해서 각 나라별 지역성을 고려하되, 가능한 한 국제적 MC의 합의사항에 맞도록 한다.

③ 장점
• 대량생산, 건축재료의 수송 및 취급의 편리하다.
• 설계작업이 단순해지고 간편해진다.
• 현장작업이 단순해지고 공기가 단축된다.
• 국제적인 MC 사용 시 국제교역이 용이하다.

④ 단점
• 건축물 형태의 창조성 및 인간성의 상실 우려가 있다.
• 동일한 형태가 집단을 이루는 경향이 있으므로 건물의 배치와 외관이 단순해지므로 배색에 신중을 기해야 한다.

⑤ 모듈의 적용방법
ⓐ 모든 치수는 1M(=10cm)의 배수가 되도록 한다.
ⓑ 건물의 높이는 2M의 배수가 되도록 한다.
ⓒ 건물의 평면상의 길이는 3M의 배수가 되도록 한다.
ⓓ 모든 모듈상의 치수는 공칭치수(줄눈과 줄눈간의 중심 길이)를 말한다.
ⓔ 창호치수는 문틀과 벽 사이의 줄눈 중심간거리가 조립식 건물은 각 조립부재의 줄눈 중심간거리가 모듈치수에 일치하여야 한다.
ⓕ 고층 라멘건물은 층높이 및 기둥 중심간거리가 모듈에 일치할 뿐만 아니라 커튼월의 재료를 모듈제품으로 사용할 수 있어야 한다.

[Fibonacci(1180~1250)의 등비수열]
① 1 1 2 3 5 8 13 21 34 55 89 144 …
② 연속하는 두 항을 더하면, 다음 항의 수가 되는 구조
1+1=2, 1+2=3, 2+3=5, 3+5=8, 5+8=13,…
③ 피보나치 수열에서 앞항의 수로 다음항의 수를 나누면, 2÷1=2, 3÷2=1.5, 5÷3≒1.666, 8÷5=1.6, 13÷8=1.625, 21÷13≒1.615, … 등이 되는데, 이러한 계산을 계속 해보면 그 값이 "황금비율"(황금비)이라고 부르는 1.618의 값에 가까워지게 된다.
④ 1.618로 1:1.1680이라는 비를 세우면 "황금분할"을 이루게 되는데, 예를 들어, A:B=1:1.618의 관계가 성립될 경우, A+B=C라고 할 때 B:C=1:1.6180이 성립된다.

[주택건설기준 등에 관한 규칙 제3조: 주택 평면과 각 부위의 치수 및 기준척도]
① 치수 및 기준척도는 안목치수를 원칙으로 한다.
② 거실 및 침실 평면 각 변 길이는 5cm를 단위로 한 것을 기준척도로 한다.
③ 부엌·식당·욕실·화장실·복도·계단 및 계단참 등의 평면 각 변의 길이 또는 너비는 5cm를 단위로 한 것을 기준척도로 한다.
④ 거실·침실의 반자높이는 2.2m 이상, 층높이는 2.4m 이상으로 하되 각각 5cm를 단위로 한 것을 기준척도로 한다.

· 예제 04 ·

척도조정(Modular Coordination)의 장점에 대한 설명으로 옳지 않은 것은?
【12국가직⑨】

① 다양한 형태의 창의적인 디자인에 유리하다.
② 부재의 대량생산으로 경제성이 증가된다.
③ 시공이 간편해져 공기가 단축된다.
④ 설계작업의 단순화가 이루어진다.

---

① 동일한 형태가 집단을 이루는 경향이 있으므로 건물의 배치와 외관이 단순해지므로 배색에 신중을 기해야 한다.

답 : ①

출제빈도

08국가직 ⑦ 09국가직 ⑨ 11국가직 ⑨
12국가직 ⑦ 12지방직 ⑨ 13국가직 ⑦
13지방직 ⑨ 17국가직 ⑨ 20국가직 ⑨
21국가직 ⑦

5 건축의 공간 관련 주요어휘[☆☆]

(1) 프럭시믹스(Proxemics)

① '사람과 사람간의 거리'를 나타내는 사회학 용어이다. 건축학에서는 인간의 공간확보나 공간에 대한 반응으로 의미를 전달하는 공간반응을 나타내는 용어로 홀(E. Hall)의 『보이지 않는 차원(The Hidden Dimension)』에서 정의하였다.

② 공간의 유형
  ㉠ 고정공간 : 눈에 보이지는 않지만 사람이 움직이는 경계로 구성된 물리적 공간
  ㉡ 반고정공간 : 개인의 물건을 놓을 때 형성되는 유동적인 공간
  ㉢ 비공식공간 : 사람들의 상황에 따라 달라지는 공간으로 4가지 유형으로 구분

③ 비공식공간의 4가지 유형
  ㉠ 근접공간 : 연인이나 친구의 경우에 작용, 15~45cm
  ㉡ 개인적공간 : 상대방의 손을 잡을 수 있는 거리, 45~120cm
  ㉢ 사회적공간 : 업무적인 상대와의 공간, 120~360cm
  ㉣ 공공적공간 : 모르는 사람들과의 거리, 360~750cm

(2) 적응성(Adaptability), 유연성(Flexibility)

① 물리적 변화 없이도 상이한 시간대에 상이한 행태패턴의 용도를 지원할 수 있는 것을 적응성(Adaptability)이라고 한다.
② 여러 상이한 기능을 수용하도록 그 구조 자체가 변화하기 쉬운 것을 유연성(Flexibility)이라고 한다.

(3) 밀도(密度, Density), 혼잡(混雜, crowded), 과밀(過密, Overcrowded)

① 사전적 의미로 밀도(密度)는 빽빽이 들어선 정도, 혼잡(混雜)은 여럿이 한데 뒤섞여 어수선하거나 불편한 정도, 과밀(過密)은 한 곳에 집중되어 있는 정도를 말한다.

② 밀도는 주어진 공간에 대한 인원수로 표현되는 물리적 개념이며, 과밀이란 밀도의 결과로부터 경험되고 측정될 수 있는 심리적 개념이다.

③ 과밀은 대인간의 상호접촉 정도가 적절히 유지되지 못할 때 발생되는 감정상태를 의미하며, 반드시 바람직하지 못하거나 압박을 받는 상황을 의미하지는 않는다. 지각된 밀도의 함수이며 이것은 기분, 개성 및 물리적 상황에 영향을 받는다.

(4) 프라이버시(Privacy)

① 타인의 방해를 받지 않고 개인의 사적 영역(Personal Space)을 유지하고자 하는 권리나 이익

② 다른 사람과의 상호작용에 대한 원하는 정도를 조절하는 경계를 설정하는 것으로서 물리적 환경 내에서 자신의 행동적 제약을 최소화하고 자유롭게 활동할 수 있는 위치에 자신을 두려는 행위로 볼 수 있다.

③ 프라이버시의 유형

　㉠ 독거(solitude) : 단절의 개념이 가장 강한 형태로 다른 사람들과의 시각적 접촉이나 관찰로부터 완전히 자유롭고 혼자인 상태

　㉡ 익명(anonymity) : 스스로를 드러내지 않는 상태

　㉢ 유보(reserve) : 제한적인 범위 내에서 프라이버시를 유지하는 상태

　㉣ 친밀(intimacy) : 소수의 사람들만 관계를 갖는 상태(예 : 동호회)

(5) 영역성(Territoriality)

① 어떤 물건 또는 장소를 개인화, 상징화함으로써 자신과 다른 사람을 구분하고 자기영역을 확보하고 유지하는 심리적·물리적 경계를 말한다.

② 영역성의 개념은 건축 및 도시계획 등 다양한 분야에 적용 가능하며, 범죄예방을 위한 공간설계에도 적용될 수 있다.

③ 방어적 공간은 영역성의 개념이 적용될 수 있는 공간으로서 각종 범죄발생을 방지할 수 있는 효과를 지닌다.

④ 영역의 유형

　㉠ 1차적 영역 : 일상생활의 중심이 되는 반영구적인 점유 공간으로 높은 프라이버시와 외부 침입에 대한 배타성을 지님

　㉡ 2차적 영역 : 어느 정도까지는 공간을 개인화할 수 있으며, 덜 영구적인 공간

　㉢ 공적 영역 : 배타성이 가장 낮으며, 프라이버시의 유지가 가장 낮음

[사회원심적 공간]

[사회구심적 공간]

[제프리의 범죄예방모델]
① 범죄억제모델 : 형벌을 통한 범죄억제
② 사회복귀모델 : 범죄자의 치료와 갱생 정책을 통한 사회복귀
③ 범죄통제모델 : 사회환경개선을 통한 범죄예방

[브랜팅엄(Brantingham)과 파우스트(Faust)의 범죄예방 3가지 모델]
① 제1차적 범죄예방 : 물리적, 사회적 환경들 중에서 범죄원인이 되는 조건 개선에 중점을 둔 환경설계, 이웃감시, 민간경비 및 범죄예방 교육 등
② 제2차적 범죄예방 : 범죄를 행할 가능성이 높은 개인이나 집단을 대상으로 지역사회 지도자, 교육자, 부모 등에 의한 감시 및 교육 등
③ 제3차적 범죄예방 : 범죄자를 대상으로 더 이상 범죄를 저지르지 않도록 하는 것으로, 교도소 구금 및 교정프로그램, 지역사회 내의 교정활동이 포함된다.

(6) 사회건축(Socio-Architecture)

① 공간의 형성이 사람들의 사회적 상호작용에 영향을 주는 것으로 1957년 영국 정신과 의사인 험프리 오스몬드(Humphry Osmond) 박사에 의해 연구되었다.

② 사회원심적 공간(Society centrifugal space = Sociofugal space) : 공항 대기실, 병원 대합실, 열차 대합실 등과 같이 고정된 의자를 배치하여 사람들이 서로 분리된 공간을 말하며, 보통 격자형 또는 사각형의 형태가 사회원심적 공간에 속한다.

③ 사회구심적 공간(Society centripetal space = Sociopetal space) : 프랑스의 노천카페, 유럽의 소광장 등과 같이 사람들이 모이기 쉬운 공간을 말하며, 보통 원형 또는 방사형의 공간이 사회구심적 공간에 속한다.

(7) 레이 제프리(R. Jeffery)의 범죄예방환경설계(CPTED)

CPTED(Crime Prevention Through Environmental Design) : 환경설계를 통한 범죄예방 설계기법을 말하며, 건축물 등 도시계획시설을 설계단계부터 범죄를 예방할 수 있는 환경으로 조성하는 기법 및 제도를 말한다.

① 자연감시 : 주변을 잘 볼 수 있고 은폐장소를 최소화시킨 설계
② 접근통제 : 외부인과 부적절한 사람의 출입을 통제하는 설계
③ 활동의 활성화 : 자연감시와 연계된 다양한 활동을 유도하는 설계
④ 유지관리 : 지속적으로 안전한 환경 유지를 위한 계획

(8) 오스카 뉴먼(O. Newman)의 방어적 공간(Defensible Space)

방어적 공간이란 물리적 설계로 범죄예방 공간을 형성하는 것으로 거주자를 범죄로부터 보호할 수 있도록 주택, 통행로, 외부 공간, 놀이터 및 주변 공간 등에 범죄 예방 여건이 조성된 주거 공간을 의미한다.

① 영역성 : 친숙하게 느낄 수 있는 주거 지역의 영역성 확보, 공동체의식의 강화를 통한 범죄예방
② 자연감시 : 주변을 잘 볼 수 있고 은폐장소를 최소화시킨 설계, 주민들에 의한 일상적인 영역 감시(Neighborhood Watch)
③ 이미지 : 건물이나 지역에 대한 부정적인 이미지 제거, 지속적으로 안전한 환경 유지
④ 환경 : 계획단계부터 범죄 발생요인이 적고 자연감시가 용이한 지역에 주거지 개발

· 예제 05 ·

영역성(Territoriality)에 대한 설명으로 옳지 않은 것은? 【11국가직⑨】

① 어떤 물건 또는 장소를 개인화, 상징화함으로써 자신과 다른 사람을 구분하는 심리적 경계를 말한다.

② 영역성의 개념은 동물과 사람 모두에게 적용되는 것이다.

③ 영역성이란 익명성과 유사한 의미이며 인간행동을 결정짓는다.

④ 방어적 공간은 영역성의 개념이 적용될 수 있는 공간으로서 각종 범죄발생을 방지할 수 있는 효과를 지닌다.

---

③ 익명성(匿名性 , anonymity)은 대중(大衆)이 중요한 구성원을 이루고 있는 현대사회에서 대중이 옆에 있는 사람이 누구인가를 모르는 현상을 말하며, 영역성과는 무관한 개념이다.

답 : ③

01 출제예상문제

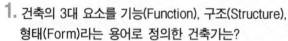

1. 건축의 3대 요소를 기능(Function), 구조(Structure), 형태(Form)라는 용어로 정의한 건축가는?

【12국가직⑨】

① 비트루비우스(Vitruvius)
② 피에르 루이지 네르비(Pier Luigi Nervi)
③ 모리스 블롱델(Maurice Blondel)
④ 헥토르 기마르(Hector Guimard)

[해설] Pier Luigi Nervi(1891~1979)
현대적 의미를 지닌 건축의 3부론적 분류는 이탈리아의 건축가 네르비가 건축구성요소를 기능(Function), 구조(Structure), 형태(Form)로 정의한 것에서 부터 시작된다.

2. 공간 속에 존재하는 두 점을 연결하는 선으로, 건축 형태와 공간의 구성에서 질서를 부여하기 위한 기본적인 건축구성 원리는?　【09지방직⑦】

① 기준(Base)
② 대칭(Symmetry)
③ 축(Axis)
④ 위계(Hierarchy)

[해설] 축(Axis)
(1) 공간 속의 두 점(Point)으로 이루어진 하나의 선(Line)으로, 건축의 형태와 구성을 구성하는 가장 기본적인 수단이다.
(2) 축(Axis)을 중심으로 각 요소들 간의 배치는 시각적인 힘의 우위를 결정하는데 이용될 수 있다.

3. 다음과 같은 특성을 갖는 공간구성의 원리는?

【12국가직⑦】

> • 건축의 형태와 공간을 구성하는 기본이 되는 수단
> • 형태와 공간은 이것을 중심으로 규칙적, 불규칙적인 배열을 이룸
> • 길이와 방향을 갖고 있음

① 위계(Hierarchy)
② 기준(Datum)
③ 축(Axis)
④ 리듬(Rhythm)

[해설] 축(Axis)
• 건축의 형태와 공간을 구성하는 기본이 되는 수단
• 형태와 공간은 이것을 중심으로 규칙적, 불규칙적인 배열을 이룸
• 길이와 방향을 갖고 있음

4. 건축 공간구성 원리에 대한 설명으로 옳지 않은 것은?　【11지방직⑦】

① 대칭(Symmetry)은 일반적으로 좌우대칭과 방사형 대칭 등 여러 가지 유형이 있다.
② 리듬(Rhythm)은 규칙적이거나 불규칙적으로 패턴화된 요소나 모티브에 의해 특성을 갖는다.
③ 축(Axis)은 연속성과 규칙성에 의해 형태 및 공간의 패턴을 한가지로 모아 구성하게 하는 선, 면, 부피 등을 말한다.
④ 위계(Hierarchy)는 일반적인 것과는 다른 크기, 차별화 되는 형상, 배치관계의 우열에 따라 공간을 구성한다.

[해설] 기준(Base)
연속성과 규칙성에 의해 형태 및 공간의 패턴을 한가지로 모아 구성하게 하는 선, 면, 부피 등을 말한다.

해답　1②　2③　3③　4③

5. 건축형태의 구성 원리에 대한 설명으로 옳지 않은 것은? 【09지방직⑨】

① 비례(Proportion)는 시각적 구성요소들 사이에 질서감을 창출하기 위하여 사용한다.

② 축(Axis)은 공간 속의 두 점으로 이루어진 하나의 선이며, 형태와 공간은 축을 중심으로 규칙적으로 또는 불규칙적 배열을 이룬다.

③ 기준(Base)은 건축의 구조형태와 요소간의 질서가 적절하고 합리적인 모델의 기본형을 만들며, 특수한 환경에 대응하도록 일련의 분석과정을 통하여 변형시킬 수 있는 원칙을 말한다.

④ 건축구성에 질서를 부여하기 위하여 사용되는 구성 원리는 비례(Proportion), 위계(Hierarchy), 축(Axis), 대칭(Symmetry), 기준(Base), 변형(Transformation) 등이 있다.

[해설] 기준(Base)
　기준은 전체를 구성하는 모든 요소들이 관계를 맺을 수 있는 선(Line), 면(Plane), 입체(Volume)에 관한 것으로 규칙성과 연속성을 통한 요소들의 불규칙한 패턴을 구성하게 된다.
　※ ③번은 변형에 대한 설명이다.

6. 디자인 형태구성 원리에 대한 설명으로 옳지 않은 것은? 【13국가직⑦】

① 균형은 미적 대상을 구성하는 부분과 부분 사이에 질적이나 양적으로 모순되는 일이 없이 질서가 잡혀 있는 것을 말한다.

② 비례는 부분과 부분 또는 부분과 전체와의 수량적 관계를 말한다.

③ 질감은 물체를 만져보지 않고 눈으로만 보아도 그 표면의 상태를 알 수 있는 것이다.

④ 통일성은 구성체 각 요소들 간에 이질감이 느껴지지 않고 전체로서 하나의 이미지를 주는 것이다.

[해설]
　① 조화(Harmony)는 미적 대상을 구성하는 부분과 부분 사이에 질적이나 양적으로 모순되는 일이 없이 질서가 잡혀있는 것을 말한다.

7. 건축의 형태구성 원리에 관한 설명으로 옳지 않은 것은? 【10국가직⑨】

① 통일성이 지나치게 강조되면 단조로워지기 쉬우므로 적절한 변화성이 주어져야 하며 이러한 변화성은 무질서한 변화가 아니라 통일성의 테두리 속에서 조화롭게 이루어져야 한다.

② 균형을 얻는 가장 손쉬운 방법은 대칭을 통한 것으로 시각구성에서 대칭기법은 비대칭기법보다 균형의 상태를 만드는 것이 구성적으로 더 역동적인 경우가 많다.

③ 리듬에는 반복(Repetition), 점증(Gradation), 억양(Accentuation) 등이 있다.

④ 질감에 대한 고려는 실내계획에서 특히 중요한데, 이는 인간의 신체가 일상적으로 접촉하는 곳이기 때문이다.

[해설]
　② 균형(Balance)을 얻는 가장 쉬운 방법으로는 대칭(Symmetry)을 통한 것이지만, 시각구성에서는 대칭보다는 비대칭의 기법을 통해 균형상태를 만드는 것이 구성적으로 더 역동적인 경우가 많다.

8. 균형(Balance)에 대한 설명으로 옳지 않은 것은? 【08국가직⑦】

① 시각적인 균형은 모양, 명도, 질감, 색채의 균형으로 구분해 볼 수 있고, 모양의 균형은 대칭과 비대칭의 두 가지 형태로 구별된다.

② 균형은 상대적 힘의 평형상태로 나타난다.

③ 시각구성에서는 대칭의 기법을 통하여 균형의 상태를 만드는 것이 구성적으로 역동적인 경우가 많다.

④ 대칭에 의한 안정감은 원시, 고전, 중세에서 중요시 되어 왔으며, 정적인 안정감과 위엄성 등이 풍부하여 기념건축이나 종교건축 등에 많이 사용되고 있다.

[해설]
　③ 균형(Balance)을 얻는 가장 쉬운 방법으로는 대칭(Symmetry)을 통한 것이지만, 시각구성에서는 대칭보다는 비대칭의 기법을 통해 균형상태를 만드는 것이 구성적으로 더 역동적인 경우가 많다.

해답　**5** ③　**6** ①　**7** ②　**8** ③

9. 게슈탈트 심리학(Gestalt Psychology)에 대한 설명으로 옳지 않은 것은? 【13국가직⑦】

① 20세기 초 브루넬레스키(Brunelleschi)가 주축이 되어 게슈탈트 이론의 토대를 마련하였다.

② 핵심이론은 도형과 배경 이론이다.

③ 건축가는 이 심리학을 이용하여 건물의 형태 구성 요소 사이의 시각적 관계를 강화시킬 수도 있고 약화시킬 수도 있다.

④ 주요 요인으로는 근접, 유사, 연속, 폐쇄 등이 있다.

[해설] 형태 심리학(Gestalt, 게슈탈트)
　① 유대계 독일의 심리학자인 베르트하이머(Max Wertheimer, 1880~1943)의 연구(1912)로부터 시작되었다.

10. 건축물의 형태 구성 원리에 대한 설명으로 옳지 않은 것은? 【10지방직⑦】

① 균형을 얻는 가장 손쉬운 방법은 대칭을 통한 것이지만, 시각구성에서는 대칭보다는 비대칭의 기법을 통하여 균형의 상태를 만드는 것이 구성적으로 더 역동적인 경우가 많다.

② 질감은 색채와 명암을 동시에 고려했을 때 더욱 큰 효과가 있으며, 특히 광선에 따른 질감의 효과는 매우 중요하다.

③ 일반적으로 물건을 고를 때 80%가 형상을, 20%가 색채를 보고 선택하는 경향이 있으므로 형상을 색채보다 중요하게 인지한다.

④ 건축물의 각 부분과 부분 간에서 뿐만 아니라, 부분과 전체와의 시각적 연관성을 만들어내는 비례 체계는 건물에 질서감각을 주게 된다.

[해설]
　③ 일반적으로 심리학자들은 사람이 물건을 고를 때 80%가 색채를 선택하고 20%가 형상이나 선을 본다고 한다.

11. 색채에 대한 설명으로 옳지 않은 것은? 【11국가직⑦】

① 색료의 기본 3원색은 일반적으로 마젠타(Magenta)와 노랑(Yellow) 그리고 시안(Cyan)을 말한다.

② 색료의 3원색을 전부 혼합하면 검정색(Black)이 된다.

③ 보색은 물리보색과 심리보색이 있으며, 물리보색은 서로 합치면 무채색이 된다.

④ 색료의 기본색인 마젠타(Magenta)와 노랑(Yellow)을 혼합하면 색광의 기본색인 보라(Violet)가 된다.

[해설]
　(1) 마젠타(Magenta)는 빨강과 파랑을 동일하게 혼합했을 때 나타나는 자홍색(紫紅色)으로 기본적으로 적색(Red) 계열이다.
　(2) 마젠타(Magenta)와 노랑(Yellow)을 혼합하면 오렌지(Orange)가 된다.

12. 먼셀(Munsell)의 색채 표기법에 대한 설명 중 옳지 않은 것은? 【09국가직⑨】

① 색상은 색상환에 의해 표기되며, 기준색인 적(R), 청(B), 황(Y), 녹(G), 자(P)색 등 5종의 주요색과 중간색으로 구성된다.

② 명도는 완전흑(0)에서 완전백(10)까지의 스케일에 따른 반사율 및 외관에 대한 명암의 주관적 척도이다.

③ 채도의 단계는 흑색과 가장 강한 색상 사이의 색상 변화를 측정하는 단위이다.

④ 5R-4/10은 빨강의 색상5, 명도4, 채도10을 나타낸다.

[해설] 먼셀(Munsell)의 명도와 채도
　(1) 먼셀의 명도단계는 순수한 검정을 0, 순수한 흰색을 10으로 보고 그 사이를 9단계로 구분하여 11단계로 이루어져 있다.
　(2) 먼셀의 채도단계는 회색계열을 시작점으로 놓고 0이라 표기하며, 색의 순도가 증가할수록 1, 2, 3…등으로 숫자를 높여간다. 그러나 각 색상의 채도단계는 색상에 따라 다르게 만들어지며 5R이 14단계로 채도단계가 가장 많고 청색이 8단계로 가장 적다.

해답　**9** ①　**10** ③　**11** ④　**12** ③

13. 먼셀 표색계 7.5Y 5/10이라는 색의 표시 중 3속성이 잘못 기술된 것은? 【09지방직⑨】

① 7.5Y는 황색 계열의 색상이다.

② 5/10은 색상 표시이다.

③ 10은 채도 표시이다.

④ 5는 명도 표시이다.

[해설] 먼셀 표색계(KSA0062-71 색의 3속성에 의한 표시방법)

(1) 먼셀은 색상을 휴(Hue), 명도를 밸류(Value), 채도를 크로마(Chroma)라고 부르고 있다. 곧 색상, 명도, 채도의 기호는 H, V, C 이며 이것을 표기하는 순서는 H V/C 이다.

(2) 빨강의 순색을 예로 들면 5R 4/14 로 적고 읽는 방법은 5R(색상), 4(명도), 14(채도)로 읽는다.

14. 색채계획의 내용으로 가장 옳지 않은 것은? 【07국가직⑦】

① 색은 동일 조건에서 면적이 클수록 명도가 높아 보인다.

② 색은 동일 조건에서 면적이 작을수록 채도가 낮아 보인다.

③ 색상표에 의해 실내계획을 할 때는 목표 색채보다 약간 높인 색상표를 선택하는 것이 좋다.

④ 먼셀의 색입체에서 동일 색상의 경우 위로 올라갈수록 명랑한 느낌을 주게 된다.

[해설]

③ 색상표에 의해 실내계획을 할 때는 목표 색채보다 약간 낮은 색상표를 선택하는 것이 좋다.

15. 항상성에 관한 설명으로 옳은 것은? 【08국가직⑦】

① 밝기나 색의 조명의 물리적인 변화에 의하여 망막 자극의 변화가 비례하지 않는 것

② 주어진 자극조건이 바뀔 때 새로운 자극조건에 적응하는 것

③ 새 자극이 제거되어도 동질 또는 이질의 감각이 남아 있는 현상

④ 색이 확실하게 보이는 정도

[해설] 색의 항상성(Color Constancy), 색의 대비(Color Contrast)
색을 인식할 때 눈에 낯익은 물체의 색을, 그 밝기나 세기 등이 다소 변화해도 항상 동일하게 느끼는 경우가 있는데, 이를 색의 항상성(Color Constancy)이라고 하며, 반대로 작은 차이도 크게 느끼는 것을 색의 대비(Color Contrast)라 한다.

16. 두 개의 색 자극을 동시에 주지 않고 시간차를 두어 제시함으로써 일어나는 현상으로 눈이 가지고 있는 잔상이라는 특수한 현상 때문에 생기는 색의 대비는? 【08국가직⑨】

① 보색대비

② 채도대비

③ 계시대비

④ 색의동화

[해설] 계시대비(=시간대비)
두 가지 색을 시간적인 차이를 두고 차례로 볼 때 생기는 색채 대비로 처음 본 색의 잔상이 남아 다른 색을 볼 때 처음 색의 보색 상이 망막에 나타나는 현상

17. 건축의장의 중요한 요소 중 스케일에 대한 설명으로 옳지 않은 것은? 【09지방직⑦】

① 스케일은 어떤 것의 규모를 다른 것과 비교하는 과정에서 생기는 개념이다.

② 건물이나 조각 등의 조형물은 휴먼스케일 내에서만 구성되어야 한다.

③ 건축계획 및 설계도면에서 사용되는 스케일은 일반적으로 실제 건물의 크기를 축소하여 도면이나 모형으로 표현하기 위해 사용되는 척도이다.

④ 스케일은 물리적 현상을 나타내는 요소인 동시에, 시각적 상대성을 나타내는 요소로도 사용된다.

[해설]

② 건물이나 조각 등의 조형물은 휴먼스케일 내에서만 구성되어야 하는 것이 아니라 모든 스케일(물리적, 생리적, 심리적)을 포함한 종합적 스케일이어야 한다.

18. 건축공간의 치수와 모듈에 대한 설명으로 옳지 않은 것은? 【13국가직⑦】

① 실내 창문크기가 필요환기량에 의해 결정되는 경우 이는 생리적 스케일이라 할 수 있다.

② 건축공간의 치수는 인간을 기준으로 물리적 스케일, 기능적 스케일, 생리적 스케일로 구분할 수 있다.

③ 르 꼬르뷔제의 모듈러는 인체의 치수를 기본으로 하여 황금비를 적용하고 여기에 등차적인 배수를 더한 경우이다.

④ 모듈이란 그리스에서 열주의 지름을 1m라 했을 때 다른 부분들(높이, 간격, 실폭, 길이 등)을 비례적으로 지칭하던 기본단위이다.

[해설]
② 건축공간의 치수는 인간을 기준으로 물리적·생리적·심리적 스케일로 구분 할 수 있다.

19. 건축계획에서 동작공간은 '인체치수 또는 동작치수+물건의 치수+여유치수'의 공간이다. 동작공간을 규정하는 요인으로 옳지 않은 것은? 【10지방직⑦】

① 행동적 조건　　② 사회 및 경제적 조건
③ 환경적 조건　　④ 지리적 조건

[해설] 치수(Scale) 규정요인
(1) 행동적 조건: 건축공간을 주체적으로 이용하는 사람들이 영위하는 물리적 행위에 의해서 형성되는 기능적 조건
(2) 환경적 조건: 자연과 같은 외적환경 및 인공적인 설비에 의한 인공환경 또는 인간이 생리적, 심리적, 사회적으로 필요로 하는 환경조건으로 건축 구성재의 단면치수 결정에 크게 영향을 미치는 조건
(3) 기술적 조건: 구성재의 생산과 운반 및 조립 등의 구조적 조건
(4) 사회·경제적 조건: 건축적 시설의 경영, 관리, 건축비나 유지비 등의 조건

20. 건축공간의 치수와 비례에 대한 설명 중 옳은 것은? 【08국가직⑦】

① 피보나치수열은 자연현상의 관찰을 바탕으로 상관적인 비례를 산정한 결과로, 1, 2, 3, 5, 8, 13, … 처럼 직전 두 수의 합이 다음 수가 되는 식으로 증가한다.

② 르 꼬르뷔제의 모듈러는 건축 부재의 규격을 기준으로 한다.

③ 건축공간의 치수는 물리적 치수, 생리적 치수, 심리적 치수로 분류될 수 있으며 심리적 치수는 환기, 채광 여건이 주요 요인이 된다.

④ 황금비례는 고대 로마에서 사용한 가장 아름다운 비례로 대략 1:1.618 또는 1:0.618의 비례관계를 이룬다.

[해설]
② 르 꼬르뷔지에의 모듈러는 인체치수를 기본으로 한 황금비를 적용하여 등차적 배수를 전개한 방법이다.
③ 건축공간의 치수는 물리적 치수, 생리적 치수, 심리적 치수로 분류될 수 있으며, 생리적 치수는 환기, 채광 여건이 주요 요인이 된다.
④ 황금비례는 고대 그리스에서 사용한 가장 아름다운 비례로 대략 1:1.618 또는 1:0.618의 비례관계를 이룬다.

21. 모듈의 설정에 대한 설명으로 옳지 않은 것은? 【09지방직⑦】

① 기본모듈은 1M=100mm로 정하고 있다.

② 수평방향에 사용되는 수평계획 모듈은 3M의 배수로 한다.

③ 수직방향에 사용되는 수직계획 모듈은 적용공간의 크기에 따라 증대모듈 중에서 설정하는 것을 원칙으로 하나, 주택은 기본모듈 1M의 증분치수를 사용한다.

④ 계획모듈은 설계의 편의를 위해서 도입된 것으로 시공 단계에서 다시 검토되어야 한다.

[해설]
④ 모듈을 사용하여 건축 전반에 사용되는 재료나 부품에서부터 설계 및 시공에 이르기까지 건축생산 전반에 걸쳐 치수의 유기적인 연계성을 만들어 건축물의 미적 질서를 갖게 한다.

22. 모듈(Module)의 설계원칙으로 가장 옳지 않은 것은? 【07국가직⑦】

① 수평계획 모듈은 일반적으로 3M(30cm)의 배수를 사용한다.
② 사무소 건축에서는 기둥 위치에 의한 구조격자모듈을 고려한다.
③ 수직모듈치수는 아래층 바닥기준면에서 위층 바닥기준면까지의 치수를 적용한다.
④ 기본모듈은 300mm를 사용한다.

[해설]
　④ 기본모듈은 1M(=100mm)를 사용한다.

23. 건축 모듈 계획에 관한 설명 중 옳지 않은 것은? 【09국가직⑦】

① 국내에서는 일반적으로 10cm를 최소기준 모듈로 사용한다.
② 국내에서는 현재 모든 공동주택에 원칙적으로 중심선치수를 사용하도록 『주택건설기준 등에 관한 규칙』에서 규정하고 있다.
③ 인치나 피트법을 사용하는 나라는 MC에 의거하여 기본모듈 4인치를 일반적으로 사용한다.
④ 르 꼬르뷔제(Le Corbusier)는 인체척도를 기준으로 하는 르 모듈러(Le Modular)를 설계에 적용하였다.

[해설] 주택건설기준 등에 관한 규칙 제3조 : 주택 평면과 각 부위의 치수 및 기준척도
(1) 치수 및 기준척도는 안목치수를 원칙으로 한다.
(2) 거실 및 침실 평면 각 변 길이는 5cm를 단위로 한 것을 기준척도로 한다.
(3) 부엌·식당·욕실·화장실·복도·계단 및 계단참 등의 평면 각 변의 길이 또는 너비는 5cm를 단위로 한 것을 기준척도로 한다.
(4) 거실·침실의 반자높이는 2.2m 이상, 층높이는 2.4m 이상으로 하되 각각 5cm를 단위로 한 것을 기준척도로 한다.

24. 건축에서 모듈을 사용하는 이유에 관한 설명으로 옳지 않은 것은? 【10지방직⑨】

① 설계작업이 단순화되어 노력의 낭비를 피할 수 있다.
② 나라마다 고유한 모듈을 사용하여야 국가경쟁력을 높일 수 있다.
③ 건축재의 대량생산이 가능하여 생산단가를 줄일 수 있다.
④ 현장작업이 단순화되어 공기가 단축된다.

[해설]
　② 건축평면의 MC화, 건축단면의 MC화로 분류해서 각 나라별 지역성을 고려하되, 가능한 한 국제적 MC의 합의사항에 맞도록 한다.

25. 척도조정(Modular Coordination)의 장점에 대한 설명으로 옳지 않은 것은? 【12국가직⑨】

① 다양한 형태의 창의적인 디자인에 유리하다.
② 부재의 대량생산으로 경제성이 증가된다.
③ 시공이 간편해져 공기가 단축된다.
④ 설계작업의 단순화가 이루어진다.

[해설]
　① 동일한 형태가 집단을 이루는 경향이 있으므로 건물의 배치와 외관이 단순해지므로 배색에 신중을 기해야 한다.

26. 모듈러 코디네이션(Modular Coordination)의 특징으로 옳지 않은 것은? 【11지방직⑨】

① 대량생산이 용이하여 생산가가 낮아지고 질이 향상 된다.
② 설계작업이 단순해지나 건축가의 창의력이 저하될 수 있다.
③ 개구부 치수가 동일하여 건물의 내구성이 높아진다.
④ 건축재의 수송이나 취급이 편리하고 현장작업이 단순해진다.

[해설]
　③ 개구부 치수가 동일한 것과 건물의 내구성이 높아지는 것은 무관한 관계이다.

해답　**22** ④　**23** ②　**24** ②　**25** ①　**26** ③

27. MC(Modular Coordination: 척도조정)의 특징으로 옳은 것은?　【11국가직⑦】

① 표준상세를 이용함으로써 상세도면 수를 줄일 수 있다.

② 고정된 가격으로 다양한 상세부재를 선택할 수 있다.

③ 주로 습식공법에 매우 효율적이다.

④ 동일형태가 집단으로 이루어지므로 시각적으로 다양한 이미지를 만들어낸다.

[해설]
　② 척도조정과 건축 부재의 가격의 고정화는 무관하다.
　③ 주로 건식공법에 매우 효율적이다.
　④ 동일형태가 집단으로 이루어지므로 시각적으로 다양한 이미지 창출이 어렵다.

28. 인간의 사회적 행동공간에 대한 환경심리적 특성에 대한 설명으로 옳지 않은 것은?　【12지방직⑨】

① 일반적으로 환경심리적 인자는 프라이버시, 개인공간, 영역성, 밀집성 등이 있다.

② 밀도는 심리적인 상태에서의 과밀한 정도를, 밀집성은 물리적인 상태에서의 과밀한 정도를 나타낸다.

③ 한 사람의 공간인지와 규모는 인지지도(Image Map)를 통해 파악된다.

④ 다목적공간으로 활용되는 공간의 유형은 적응성(Adaptable) 있는 공간과 유연성(Flexible) 있는 공간으로 구분되어질 수 있다.

[해설]
　② 밀도(密度, Density)는 주어진 공간에 대한 인원수로 표현되는 물리적 개념이며, 과밀(過密, Overcrowded)이란 밀도의 결과로부터 경험되고 측정될 수 있는 심리적 개념이다.

29. 과밀에 대한 설명으로 옳지 않은 것은?　【12국가직⑦】

① 과밀은 대인간의 상호접촉 정도가 적절히 유지되지 못할 때 발생되는 감정상태를 의미한다.

② 과밀은 반드시 바람직하지 못하거나 압박을 받는 상황을 의미하지는 않는다.

③ 과밀은 지각된 밀도의 함수이며, 이 지각은 기분, 개성, 물리적 상황에 영향을 받는다.

④ 과밀은 문화적 차이를 배제한 개인공간의 영역성을 의미한다.

[해설]
　④ 문화적 차이를 배제한 개인공간의 영역성은 프라이버시(Privacy)의 의미와 가깝다.

30. 건축계획 시 형태·심리를 고려하는 개념요소에 대한 설명으로 옳지 않은 것은?　【13국가직⑦】

① 개인공간은 정적이고, 치수가 일정하며, 침해당할 때 긴장과 불안을 야기한다.

② 프라이버시는 타인의 관찰과 관심으로부터 분리되고 싶은 상태를 뜻한다.

③ 영역성은 개인이 공간을 전용화하고 소유하고 지키는 일련의 행태를 뜻한다.

④ 혼잡은 밀도와 관계되는 개념이다.

[해설]
　① 개인공간을 정적(靜的, Static)이라고 단정 지을 수 없으며 또한 치수(Scale)가 일정하다고 단정 지을 수 없다.

31. 영역성에 대한 개념으로 옳지 않은 것은?　【09국가직⑨】

① 인간이 물리적인 경계를 정하여 자기영역을 확보하고 유지하는 행동을 영역성이라 한다.

② 개인공간이 고정된 반면 자기영역은 건축환경에 따라 움직이는 공간이다.

③ 범죄예방을 위한 공간설계에 적용될 수 있다.

④ 영역성의 개념은 건축 및 도시계획 등 다양한 분야에 적용 가능하다.

[해설]
　② 개인 공간(Personal Space)은 고정(固定, Fixed)된 영역으로 볼 수 없다.

해답　**27** ①　**28** ②　**29** ④　**30** ①　**31** ②

32. 영역성(Territoriality)에 대한 설명으로 옳지 않은 것은? 【11국가직⑨】

① 어떤 물건 또는 장소를 개인화, 상징화함으로써 자신과 다른 사람을 구분하는 심리적 경계를 말한다.

② 영역성의 개념은 동물과 사람 모두에게 적용되는 것이다.

③ 영역성이란 익명성과 유사한 의미이며 인간행동을 결정짓는다.

④ 방어적 공간은 영역성의 개념이 적용될 수 있는 공간으로서 각종 범죄발생을 방지할 수 있는 효과를 지닌다.

[해설]
③ 익명성(匿名性, anonymity)은 대중(大衆)이 중요한 구성원을 이루고 있는 현대사회에서 대중이 옆에 있는 사람이 누구인가를 모르는 현상을 말하며, 영역성과는 무관한 개념이다.

33. 오스카 뉴먼(O. Newman)의 방어적 공간(Defen -sible Space)의 개념에 대한 기술 중 가장 적절하지 않은 것은? 【08국가직⑦】

① 사회적 측면에서 거주지역의 방어를 목적으로, 거주자들 간의 공동책임의식을 고양하기 위한 공간계획이다.

② 영역의 위계나 프라이버시의 확보가 아니라 감시가 가능한 다목적용 공간을 강조한다.

③ 거리의 눈(Neighborhood Watch)의 개념은 방어적 공간의 요소 중 하나이다.

④ 특정공간의 접근을 원활하게 또는 어렵게 만들기 위한 공간계획이다.

[해설]
② '방어적 공간(Defensible Space)'은 범죄심리를 위축시키는 공간계획을 말하며, 영역성, 프라이버시의 확보를 통해 범죄를 예방할 수 있다는 이론이다.

34. 환경디자인 측면에서 범죄예방을 위한 건축계획에 관한 설명으로 옳지 않은 것은? 【13지방직⑨】

① 환경디자인을 통한 범죄예방이론은 잠재적 범죄가 발생할 수 있는 환경요소들의 다각적인 상황을 변화시키거나 개조시킴으로써 범죄를 예방할 수 있다는 이론이다.

② 환경디자인을 통한 범죄예방이론은 1972년 뉴먼(O. Newman)의 이론이 배경이 된 것으로, 다양한 연구가 진행되고 있다.

③ 뉴먼은 범죄로부터 안전한 환경의 창조를 위하여 개별적 혹은 결합해 작용하는 디자인 요소로 영역성, 자연스러운 감시, 이미지, 환경의 4개 요소를 제시하였다.

④ 범죄예방의 모델은 범죄 대상물의 약화, 관리자를 이용한 모델, 방임기능 모델, 개인 및 주택 모델 등으로 나눌 수 있다.

[해설] 브랜팅엄(Brantingham)과 파우스트(Faust)의 범죄예방 3가지 모델
(1) 제1차적 범죄예방: 물리적, 사회적 환경들 중에서 범죄원인이 되는 조건 개선에 중점을 둔 환경설계, 이웃감시, 민간경비 및 범죄예방 교육 등
(2) 제2차적 범죄예방: 범죄를 행할 가능성이 높은 개인이나 집단을 대상으로 지역사회 지도자, 교육자, 부모 등에 의한 감시 및 교육 등
(3) 제3차적 범죄예방: 범죄자를 대상으로 더 이상 범죄를 저지르지 않도록 하는 것으로, 교도소 구금 및 교정프로그램, 지역사회 내의 교정활동이 포함된다.

Chapter
02

건축과정

건축과정은 건축물을 만드는 전과정에 관련된 내용을 다루고 있는 부분이다.
여기에서는 건축과정, 프로그래밍과 설계의 정의, 건축계획의 정보수집방법, 건축설계
도서의 종류에 대한 문제가 출제된다.

출제빈도
09지방직 ⑦ 10지방직 ⑨ 11국가직 ⑨
11지방직 ⑨ 12국가직 ⑦

[프로그래밍(Programming) : 건축기획
(建築企劃)]

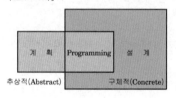

[Programming과 Design의 비교]

Programming	비 교	Design
선결 과정	선후 관계	후속 과정
문제점의 발견 (Problem Seeking)	문제점을 대하는 태도	문제점의 해결 (Problem Solving)
분석 (Analysis)	과정의 특성	종합 (Synthesis)
원하는 것 (Wants)	사용자 (User)의 태도	실제 요구하는 것 (Needs)

1 건축 과정[☆]

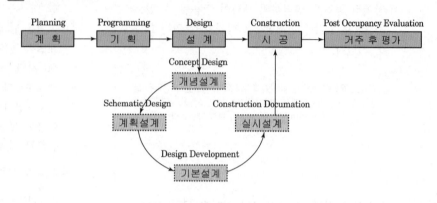

· 예제 01 ·

건축계획에서 시공에 이르는 과정을 순서대로 나열한 것은? 【09지방직⑦】

ㄱ. 시공(Construction)
ㄴ. 프로그래밍(Programming)
ㄷ. 거주 후 평가(Post Occupancy Evaluation)
ㄹ. 개념설계(Concept Design)
ㅁ. 기본설계(Design Development)
ㅂ. 실시설계(Construction Documentation)
ㅅ. 계획설계(Schematic Design)

① ㄴ-ㄹ-ㅅ-ㅁ-ㅂ-ㄱ-ㄷ
② ㄹ-ㅅ-ㅁ-ㅂ-ㄴ-ㄱ-ㄷ
③ ㄴ-ㅅ-ㄹ-ㅁ-ㅂ-ㄱ-ㄷ
④ ㄹ-ㄴ-ㅅ-ㅁ-ㅂ-ㄱ-ㄷ

프로그래밍(Programming)
→ 개념설계(Concept Design) → 계획설계(Schematic Design) → 기본설계(Design Development) → 실시
설계(Construction Documentation) → 시공(Construction) → 거주 후 평가(Post Occupancy Evaluation)

답 : ①

2 건축계획(建築計劃), 건축기획(建築企劃, Programming, Pre-Design)

(1) 초기 건축계획

① 건축계획 조사분석 순서

문제 제기 → 조사설계 → 대상선정 → 자료수집 및 분석 → 보고서 작성

② 마스터플랜(Master Plan, 기본종합계획)

㉠ 계획하고자 하는 대지의 환경분석과 다양한 설계기법을 고려하여 각 건물의 배치계획, 규모계획, 동선계획 등의 개략적 기본방향을 수립하기 위한 구체적인 계획의 전개이다.

㉡ 대지분석 및 주위환경 분석, 평면기능 분석, 건물외관 구상, 개략적 구조계획

③ 스페이스 프로그램(Space Program)

㉠ 해당 건축물에 필요한 소요공간의 종류, 기능, 규모, 특성 등을 분석하고 정리하는 것을 말한다.

㉡ 전체적인 규모는 물론 건축공사비용과도 관련된 것이므로 적절한 접점을 찾아야 한다.

㉢ 고객(Client)의 여러 상황에 따라 특수성과 가변성이 따르게 되므로 일반적인 기존의 통계자료에만 의거하여 동일하게 작성할 수 없다. 따라서 고객의 요구사항을 조사한 후, 일반적 계획기준과 가변적 상황, 설계자의 경험 등을 토대로 각 실별 면적을 산출해야 한다.

④ 건축계획 및 건축기획의 정보수집 다양한 방법

㉠ 문헌조사, 면접법(Interview)

㉡ 직접관찰법(Direct Observation), 추적관찰법(Tracking), 참여자관찰법(Participant Observation), 기구를 이용한 관찰법(Instrumented Observation), 행태도(Behavior Mapping), 행태표본기록법(Behavior Specimen Record)

㉢ 설문지법(Questionares) : 순위도표(Ranking Chart), 선호도 매트릭스(Preference Matrix), 어의차이척도(Semantic Differential Scale), 형용사 대조표(Adjective Checklists)

(2) 건축계획 정보수집의 주요 방법

① 척도(Scale) 구성 : 척도(Scale)는 지표들 간의 강도 구조를 연결시킴으로써 서열성을 더 확신하게 한다.

Bogardus Scale	Gurtman Scale	Semantic Differential Scale	Thurstone Scale	Likeret Scale

㉠ 어의차이 척도(Semantic Differential Scale) : 응답자로 하여금 2개의 상반된 수식어 사이의 거리를 연결하는 수식어를 선택하여 응답하도록 한 척도

[보가더스 사회적거리 척도(Bogardus Scale) 예]

(1) 귀하의 지역사회에 AIDS환자가 사는 것을 허용하는가?
(2) 귀하의 동네에 AIDS환자가 사는 것을 허용하는가?
(3) 귀하의 옆집에 AIDS환자가 사는 것을 허용하는가?
(4) 귀하의 자녀와 AIDS환자가 결혼하는 것을 허용하는가?

다른 유형의 사람들과 친밀성이 상이한 사회적 관계에 참여하고자 하는 의사를 측정하는 기법

[거트만 척도(Gurtman Scale) 예]

문항	지역거주 허용	이웃거주 허용	자녀와 결혼 허용	총점
A	O	O	O	3
B	O	O	X	2
C	O	X	X	1
D	X	X	X	0

척도를 구성하는 과정에서 문항들의 단일 차원성과 누적성이 경험적으로 검증되도록 설계된 척도

[서스톤 척도(Thurstone Scale) 예]

특정변수지표라 생각하는 100개의 문항을 심사원들에게 배포 후 가장 약한 지표에는 1을, 가장 강한 지표에는 10을 부여하도록 요구한 다음 평가작업을 마치면 연구자는 부여된 점수를 검사하고 척도의 점수를 결정한다.

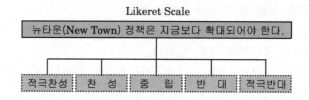

ⓛ 리커트 척도(Likeret Scale) : 여러 개의 문항과 해당항목에 대한 측정치를 합산하여 평가 대상자의 태도점수를 얻어내는 척도

Likeret Scale

뉴타운(New Town) 정책은 지금보다 확대되어야 한다.

| 적극찬성 | 찬 성 | 중 립 | 반 대 | 적극반대 |

② 직접관찰법(Direct Observation) : 사용자가 어떤 행태나 행위가 있는지를 시각적으로 직접 관찰

③ 이미지맵(Image Map) : 공간의 현황파악 및 공간계획을 위해 해당 공간의 상징적 이미지를 주는 건축물, 구조물, 자연경관 등의 위치와 특성에 관한 현황 또는 계획내용을 지도에 개념적으로 표시한 것을 말한다.

(3) 건축계획 정보결정의 주요 방법

① 요인분석(Factor Analysis) : 여러 변수들이 가지고 있는 데이터를 이용하여 공통적인 요인을 찾아 보다 적은 개수의 변수로 축소하여 전체자료를 설명하는 것

② 수리계획법(Mathematical Programming) : 현실에서 부딪히는 의사결정 상황을 수학적 모형으로 작성하여 그 해를 구함으로써 최적의 의사결정을 도모하는 방법

③ 대기행렬이론(Queueing Theory) : 대기행렬(Queue, Waiting Line)에 도착·대기·서비스되는 일련의 프로세스들에 대한 수학적, 확률적 분석을 가능하게 하는 방법으로 시스템의 평균 대기시간, 대기행렬의 추정, 서비스의 예측 등을 현재 상태를 기반으로 한 시스템의 확률을 기반으로 하여 성능을 측정하는 유용한 도구이다.

④ 몬테카를로 시뮬레이션(Monte-Carlo Simulation) : 계산하려는 값이 닫힌 형식으로 표현되지 않거나 복잡한 경우에 컴퓨터를 이용하여 상태변화에 따른 특성들을 근사적으로 계산할 때 사용된다.

[몬테카를로 시뮬레이션(Monte – Carlo Simulation)]

난수를 이용하여 함수의 값을 확률적으로 계산하는 알고리즘을 부르는 용어로서 모나코의 유명한 도박의 도시 몬테카를로의 이름을 본따 명명하였다.

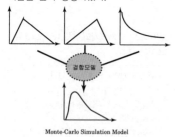

Monte-Carlo Simulation Model

3 건축설계(建築設計) 과정

(1) 건축설계의 기본적인 3단계

① 계획설계(SD, Schematic Design)
  기본설계 전 단계의 일련의 초기설계과정

② 기본설계(DD, Design Development)
  • 계획설계를 바탕으로 계획설계와 실시설계의 중간단계에서 진행하는 일련의 설계과정
  • 기본설계도서 : 설계설명서, 개략공사비, 기본설계도(평면도, 입면도, 단면도, 투시도, 내외 마감표, 주차장 평면도)

③ 실시설계(CD, Construction Document)
  기본설계를 바탕으로 건축주와 설계사 및 시공사 등 관련자가 협의하여 기본설계의 문제점을 보완하고 수정하여 최종 공사용 도면과 구조계산서, (특기)시방서 등을 작성하는 일련의 최종설계과정

(2) 건축허가 신청에 필요한 설계도서[☆]

도서의 종류	축척	표시하여야 할 내용
건축계획서	임의	개요(위치·대지면적 등)
		지역·지구 및 도시계획사항
		건축물의 규모(건축면적·연면적·높이·층수 등)
		건축물의 용도별 면적
		주차장 규모
		에너지절약계획서(해당건축물에 한한다.)
		노인 및 장애인 등을 위한 편의시설 설치계획서 (관계법령에 의하여 설치의무가 있는 경우에 한한다.)
배치도	임의	축척 및 방위
		대지에 접한 도로의 길이 및 너비
		대지의 종·횡단면도
		건축선 및 대지경계선으로부터 건축물까지의 거리
		주차동선 및 옥외주차계획
		공개공지 및 조경계획

[건축계획 및 건축설계에서 의사결정단계]
분석 → 종합 → 평가 → 최적화 → 실행

[시방서(Specification)]
계약서와 건축설계도면만으로는 표현하기 어려운 공사이행에 관련한 일반사항과 건축물의 요구품질과 규격, 시공방법의 상세, 자재 및 재료 등의 사항을 기재하여 도면과 함께 공사의 지침이 되도록 작성되는 설계도서의 일종이다.

출제빈도
07국가직 ⑨ 10지방직 ⑨ 11국가직 ⑦ 13국가직 ⑨

도서의 종류	축척	표시하여야 할 내용
평면도	임의	1층 및 기준층 평면도
		기둥·벽·창문 등의 위치
		방화구획 및 방화문의 위치
		복도 및 계단의 위치
		승강기의 위치
입면도	임의	2면 이상의 입면계획
		외부마감재료
단면도	임의	종·횡단면도
		건축물의 높이, 각층의 높이 및 반자높이
구조도 (구조안전확인 대상건축물)	임의	구조내력상 주요한 부분의 평면 및 단면
		주요부분의 상세도면
		구조안전 확인서
구조계산서 (구조안전확인 또는 내진설계 대상건축물)	임의	주요내력상 주요한 부분의 응력 및 단면 산정 과정
		내진설계의 내용(지진에 대한 안전여부 확인대상 건축물)
실내마감도	임의	벽 및 반자의 마감의 종류
소방설비도	임의	「소방시설설치유지 및 안전관리에 관한 법률」에 따라 소방관서의 장의 동의를 얻어야 하는 건축물 의 해당소방 관련 설비

· 예제 02 ·

> **건축허가 신청용 도서에 대한 설명으로 옳은 것은?**　　　　【11국가직⑦】
>
> ① 건축계획서, 배치도, 평면도, 입면도, 단면도, 구조도, 구조계산서, 내역명
> 세서 등이 필요하다.
> ② 배치도는 축척 및 방위, 대지에 접한 도로의 길이 및 너비, 대지의 종·횡단
> 면도, 건축선 및 대지경계선으로부터 건축물까지의 거리, 주차동선 및 옥
> 외주차계획, 공개공지 및 조경계획을 포함한다.
> ③ 구조계산서에는 구조내력상 주요한 부분의 응력 및 단면산정 과정, 내진설
> 계의 내용(지진에 대한 안전여부 확인대상 건축물), 구조내력상 주요한 부
> 분의 평면 및 단면이 필요하다.
> ④ 실내마감도는 벽 및 반자의 마감의 종류와 이를 지시하는 시방서가 필
> 요하다.
>
> ----
>
> ① 건축허가 신청용 도서에 내역명세서는 포함되지 않는다.
> ③ 구조도: 구조내력상 주요한 부분의 평면 및 단면, 주요 부분의 상세도면, 구조안전 확인서가 필요
> 　　구조계산서: 주요내력상 주요한 부분의 응력 및 단면 산정 과정, 내진설계의 내용(지진에 대한 안전
> 　　여부 확인대상 건축물)이 필요하다.
> ④ 실내마감도에는 시방서가 포함되지 않는다.
> 　　　　　　　　　　　　　　　　　　　　　　　　　　　　　　　　　　　답 : ②

(3) 컴퓨터를 이용한 설계[☆]

출제빈도

09지방직 ⑨

① CAD(Computer Aided Design)

㉠ 사용자의 명령에 따라 도면을 신속하고 정밀하게 그려주는 설계보조용 소프트웨어

㉡ CAD의 장점
- 도면 작업시간의 단축으로 생산성 증가
- 설계변경에 따른 수정 및 보완이 용이
- 도면의 정확도가 높고, 구조물 해석 등이 가능
- 하나의 도면을 여러 척도의 도면으로 나누어 작업할 수 있으며, 여러 도면을 한 도면으로 처리 가능
- 도면의 표준화 가능
- 설계자료의 참고가 쉽고 기술 축적이 가능

② BIM(건물정보모델링, Building information modeling)

㉠ 건축물에서 발생하는 정보를 통합 및 관리하는 기술

㉡ 건축설계를 평면(2D)에서 입체(3D)로 한 차원 높인 기술

㉢ 건설 가능한 모델을 이용해 구조물을 실물로 생성함으로써 현장의 구조물 건설에 앞서 미리 시험해 볼 수 있는 기회를 제공한다.

㉣ 설계에서부터 시공, 유지, 관리, 폐기에 이르는 전 과정을 시뮬레이션으로 보여 주기 때문에 설계과정부터 잘못된 부분을 수정할 수 있어 설계변경 요인이 감소하고 공기가 단축되며 비용절감의 효과가 크다.

㉤ 다양한 설계분야의 조기 협업이 가능하다.

㉥ 건물 설비의 교환주기 파악이나 에너지 소비량 및 단열성능 등을 효과적으로 관리할 수 있어 효율적인 시설관리가 가능하다.

③ 디지털 모델링 기법

① 표면모델링(Surface modeling) : 모델을 종이처럼 면적인 상태로 표현하는 모델링

② 구체처리방식(CSG : Constructive solid geometry) : 모형을 입체적인 상태로 표현하며, 기하학적 정보를 제공하는 모델링

③ 선화모델링(Wire-frame modeling) : 모형을 선분이나 뼈대구조로 표현하는 모델링

④ 곡면모델링(NURBS : Non-uniform rational B-spline) : 모형을 비정형적인 곡면으로 표현하는 모델링

[표면모델링]

[구체처리방식]

[선화모델링]

[곡면모델링]

출제빈도

07국가직 ⑨ 08국가직 ⑦ 09지방직 ⑨
13지방직 ⑨

4 POE(Post Occupancy Evaluation, 거주후평가)[☆]

(1) POE의 개념 및 정의 : 인터뷰, 현지답사, 관찰 등의 방법을 통하여 사용자들의 반응을 연구하여 사용 중인 건축물을 평가하게 되면 다음 디자인에 도움을 줄 수 있으며, 또한 건축물을 리모델링할 때 훌륭한 지침이 될 수도 있게 된다. 이러한 최적환경을 창출하는 방법을 본질화하는 연구과정을 POE(Post Occupancy Evaluation, 거주후평가)라고 한다.

(2) POE의 목적
① 유사 건축물의 건축계획에 대한 직접적인 지침(Guide Line) 제공
② 앞으로의 건축계획 및 평가에 필요한 이론을 발전시킴

(3) POE의 평가요소
① 환경장치(Setting) : POE의 직접적 대상이 되는 물리적 환경을 말하는 것으로서 사용자가 행동하는 배경이다.
② 사용자(User) : 사용자 그룹의 정의(특성, 나이, 성별, 수입, 교육 정도, 조직 내의 위치 등)
③ 주변환경(Proximate Environmental Context) : 그 지역의 기후, 공기의 오염도, 교통, 하수도, 문화시설 등 환경장치에 영향을 미치는 주변의 맥락(Context)
④ 디자인 활동(Design Activity) : 설계자, 건축주, 사용자 등 각각의 그룹 참여를 통한 그들의 가치, 태도 및 선호도 등을 건축과정에 반영하여 디자인을 창출하는 것

(4) POE의 유형

① 지시적(Indicative POE) : 완공된 건축물을 성능과 하자 등에 대해 1~2일 또는 2~3시간 등 간단히 평가하는 방법
② 조사적(Investigative POE) : 지시적 POE보다 좀 더 자세하게 문헌조사, 환경 및 시설물 평가 등을 통해 평가하는 방법
③ 진단적(Diagnostic POE) : 수개월에서 수년간 수행되고 전반적인 문제의 진단을 목표로 하여 대규모 프로젝트에 이용되는 방법

[맥락(Context, 컨텍스트)]
Context의 사전적 의미는 문장간의 관계, 문맥의 흐름이다. 건축적 사고방식을 언어학 내지는 기호학적으로 접근하였을 때, 개념적인 차원에서 시작하여 형태적인 요소의 추출 혹은 그 요소가 공간적인 요소로 창출되어지는 맥락의 의미로 해석된다.

· 예제 03 ·

> **건축설계 과정에서 거주 후 평가(POE)의 필요성으로 옳지 않은 것은?**
>
> 【07국가직⑨】
>
> ① 유사 건물의 건축계획에 좋은 지침을 제공한다.
> ② 건축물의 계획에서 사용자 요구에 부응하는 지침의 결정 자료로 이용한다.
> ③ 건축법규에 대한 적합성을 파악한다.
> ④ 해당 건축물에 대한 이용자의 만족도를 파악한다.
>
> ③ 이미 사용 중인 건축물을 평가하게 되면, 유사 건축물의 건축계획에 대한 직접적인 지침(Guide
>   Line)을 제공하거나 앞으로의 건축계획 및 평가에 필요한 이론을 발전시키고자 함이 POE의 필요성
>   이며, 건축법규에 대한 적합성을 파악하는 것은 건축과정 중에서 POE 이전의 계획단계 및 설계
>   단계에서 필요한 사항이다.
>
> 답 : ③

02 출제예상문제

1. 건축계획에서 시공에 이르는 과정을 순서대로 나열한 것은? 【09지방직⑦】

> ㄱ. 시공(Construction)
> ㄴ. 프로그래밍(Programming)
> ㄷ. 거주 후 평가(Post Occupancy Evaluation)
> ㄹ. 개념설계(Concept Design)
> ㅁ. 기본설계(Design Development)
> ㅂ. 실시설계(Construction Documentation)
> ㅅ. 계획설계(Schematic Design)

① ㄴ-ㄹ-ㅅ-ㅁ-ㅂ-ㄱ-ㄷ
② ㄹ-ㅅ-ㅁ-ㅂ-ㄴ-ㄱ-ㄷ
③ ㄴ-ㅅ-ㄹ-ㅁ-ㅂ-ㄱ-ㄷ
④ ㄹ-ㄴ-ㅅ-ㅁ-ㅂ-ㄱ-ㄷ

[해설] 프로그래밍(Programming)
→ 개념설계(Concept Design) → 계획설계(Schematic Design) → 기본설계(Design Development) → 실시설계(Construction Documentation) → 시공(Construction) → 거주 후 평가(Post Occupancy Evaluation)

2. 건축계획의 조사분석 순서로 옳은 것은? 【10지방직⑨】

① 문제제기 → 조사설계 → 자료수집 및 분석 → 대상(표본)선정 → 보고서 작성
② 조사설계 → 문제제기 → 대상(표본)선정 → 자료수집 및 분석 → 보고서 작성
③ 문제제기 → 조사설계 → 대상(표본)선정 → 자료수집 및 분석 → 보고서 작성
④ 대상(표본)선정 → 문제제기 → 조사설계 → 자료수집 및 분석 → 보고서 작성

[해설] 건축계획 조사분석 순서
문제 제기 → 조사설계 → 대상(표본)선정 → 자료수집 및 분석 → 보고서 작성

3. 건축설계 단계 중 가장 먼저 해야 하는 것으로 타당한 것은?

① 계획설계 ② 기획설계
③ 기본설계 ④ 실시설계

[해설]
프로그래밍(Programming) : 건축기획(建築企劃), Pre-Design
기획설계(Pre-Design) → 계획설계(Schematic Design) → 기본설계(Design Development) → 실시설계(Construction Documentation)

4. 건축설계를 위한 프로그래밍(Programming)에 대한 설명으로 옳지 않은 것은? 【11국가직⑨】

① 프로그래밍은 관련 정보의 분석이 종료된 후, 구체적인 건축형태를 만드는 단계이다.
② 프로그래밍 과정에 참여하는 사람으로는 일반적으로 건축주, 프로그래머, 건축가 등이 포함된다.
③ 현대에 와서 대규모 복합적 건물의 건립이 늘어나면서 직업적인 전문프로그래머의 필요성이 증대되고 있다.
④ 현대에 와서 디지털미디어와 컴퓨터의 활용은 프로그래밍 과정에 큰 영향을 미치게 되었다.

[해설]
프로그래밍(Programming): 건축기획(建築企劃), Pre-Design
① 프로그래밍(Programming)은 사용자와 함께 객관적 풀이(Solution)를 추구하기 위한 건축계획의 초기 단계라고 정의할 수 있으며, 구체적인 건축형태를 만드는 단계는 아니다.

해답 1 ① 2 ③ 3 ② 4 ①

5. 건축의 기획설계(Pre-Design) 단계에서 다루어지는 내용으로 옳지 않은 것은? 【12국가직⑦】

① 프로젝트의 배경이 되는 일체의 사회적, 법률적, 환경적 문제를 조사분석
② 건축주가 요구하는 일체의 설계조건과 설계자의 주된 창작의도를 협의, 조정
③ 주요 재료와 건축, 구조, 설비 시스템 결정
④ 부지사용에 관한 마스터플랜, 건물의 스페이스 프로그램 작성

[해설]
　③ 주요 재료와 건축, 구조, 설비 시스템 결정은 기획설계 이후의 기본설계 단계에서 다루어지는 내용이다.

6. 건축계획 초기단계에 건축물의 용도와 건축주에 따라 필요한 실의 종류, 기능, 규모, 특성 등을 분석하고 정리하는 것을 일컫는 용어는? 【11지방직⑨】

① 기능 프로그램(Function Program)
② 스케일 프로그램(Scale Program)
③ 클라이언트 프로그램(Client Program)
④ 스페이스 프로그램(Space Program)

[해설] 스페이스 프로그램(Space Program)
　(1) 해당 건축물에 필요한 소요공간의 종류, 기능, 규모, 특성 등을 분석하고 정리하는 것을 말한다.
　(2) 고객(Client)의 여러 상황에 따라 특수성과 가변성이 따르게 되므로 일반적인 기존의 통계자료에만 의거하여 동일하게 작성할 수 없다.

7. 건축설계과정을 프로그래밍(Programming) 과정과 디자인(Design) 과정으로 나누어 생각할 때 프로그래밍 과정에서의 작업이 아닌 것은?

① 요구공간 목록 작성
② 대지분석
③ 설계개념의 전개
④ 사례조사

[해설]
　③ 설계개념(Design Concept)의 전개는 디자인 과정(Design Process)이다.

8. 주택건축은 물론 공공건물, 근린, 가로, 정원 등 광범위한 분야에 걸쳐서 비전문가로서도 설계해 낼 수 있는 253개의 건축 형태언어(Pattern Language)를 개발한 건축가는?

① 안토니오 가우디(Antonio Gaudi)
② 르 꼬르뷔제(Le Corbusier)
③ 찰스 젱크스(Charles Jencks)
④ 크리스토퍼 알렉산더(Christopher Alexander)

[해설]
　C. Alexander : 『Design Pattern Language Based on American Life-Style』 미국 버클리대학교 명예교수인 C. Alexander는 건물 사용자들이 그들이 원하는 건물에 대해 건축가들보다 잘 알고 있다고 추론하였다. 그는 모든 인간 존재가 건물을 설계하고 지을 수 있게 만들어준 "패턴 언어(Pattern Language)"라는 개념을 만들어냈다.

9. 건축계획 정보수집의 주요 방법을 척도(Scale)로 구성할 때 응답자로 하여금 2개의 상반된 수식어 사이의 거리를 연결하는 수식어를 선택하여 응답하도록 한 척도(Scale)는?

① 거트만 척도(Gurtman Scale)
② 리커트 척도(Likeret Scale)
③ 보가더스 사회적거리 척도(Bogardus Scale)
④ 어의차이 척도(Semantic Differential Scale)

[해설]
　① 척도를 구성하는 과정에서 문항들의 단일차원성과 누적성이 경험적으로 검증되도록 설계된 척도
　② 여러 개의 문항과 해당항목에 대한 측정치를 합산하여 평가대상자의 태도 점수를 얻어내는 척도
　③ 다른 유형의 사람들과 친밀성이 상이한 사회적 관계에 참여하고자 하는 의사를 측정하는 기법

해답　5 ③　6 ④　7 ③　8 ④　9 ④

10. 건축설계과정의 조사분석법 중 관찰기법 (Observation Techniques)으로 타당한 것은?

① 인터뷰(Interview)
② 행태도 작성(Behavior Mapping)
③ 선호도 매트릭스(Preference Matrix)
④ 몬테카를로 시뮬레이션(Monte-Carlo Simulation)

[해설] 관찰기법(Observation Techniques)
　직접관찰법(Direct Observation), 참여자관찰법(Participant Observation), 추적관찰법(Tracking), 기구를 이용한 관찰법(Instrumented Observation), 행태도(Behavior Mapping), 행태표본기록법(Behavior Specimen Record)

11. 다수의 변수들간의 상관관계를 기초로 많은 변수들 속에 내재하는 체계적인 구조를 발견하려는 건축계획 조사방법은?　　　　　【13국가직⑦】

① 어의차이척도법(Semantic Differential Scale)
② 요인분석(Factor Analysis)
③ 거주 후 평가(Post Occupancy Evaluation)
④ 이미지 맵(Image Map)

[해설] 요인분석(Factor Analysis)
　여러 변수들이 가지고 있는 데이터를 이용하여 공통적인 요인을 찾아보다 적은 개수의 변수로 축소하여 전체자료를 설명하는 것

12. 요인분석(Factor Analysis)에 대한 설명 중 옳은 것은?

① 완성된 건물을 사용해 본 후 평가하는 것이다.
② 형용사에 의한 척도 실험을 말한다.
③ 이미지 지도를 개념적으로 표현하는 것이다.
④ 많은 변수의 상호관련성을 소수의 기본적인 요인으로 집약하는 방법이다.

[해설]
① POE(Post Occupancy Evaluation, 거주 후 평가)
② 형용사 대조표(Adjective Checklists)
③ 이미지맵(Image Map)

13. 건축계획에 관한 일반적인 설명 중 가장 옳지 않은 것은?　　　　　【07국가직⑨】

① 도서관 건축은 모듈시스템(Modular System)의 도입이 필요한 시설물이다.
② 계획과정에서 의사결정은 분석-종합-평가-최적화-실행의 단계로 이루어진다.
③ 계획의 모듈은 자재의 낭비를 막고 일정한 건축의 질을 확보할 수 있다.
④ 건축계획 결정기법 중의 하나인 수리계획법 중 대기행렬모델은 공장, 창고, 사무소 등의 배치계획 시 사용된다.

[해설] 대기행렬이론(Queueing Theory)
(1) 대기행렬(Queue, Waiting Line)에 도착·대기·서비스 되는 일련의 프로세스들에 대한 수학적, 확률적 분석을 가능하게 하는 방법으로 시스템의 평균 대기시간, 대기행렬의 추정, 서비스의 예측 등을 현재 상태를 기반으로 한 시스템의 확률을 기반으로 하여 성능을 측정하는 유용한 도구이다.
(2) 대기행렬이론(Queueing Theory)은 공장, 창고, 사무소 등의 배치계획 시 적용가능성이 매우 낮게 된다.

14. 건축계획의 수리계획기법 중 대기행렬모델이 사용되는 예로 가장 부적당한 것은?

① 택시 승강장 및 주차장 계획
② 공장, 창고, 사무소 계획
③ 각종 티켓매표소와 창구 계획
④ 병원 대합실과 의료부분 계획

[해설]
② 대기행렬이론(Queueing Theory)은 공장, 창고, 사무소 등의 배치계획 시 적용가능성이 매우 낮게 된다.

해답　10 ②　11 ②　12 ④　13 ④　14 ②

15. 건축계획 조사방법으로 다음 내용에 해당하는 이론은? 【11지방직⑦】

> 어떤 시스템이나 상황의 요소들을 수학적 또는 논리적 과정으로 모델화하고, 컴퓨터를 이용하여 상태변화에 따른 특성들을 예측하기 위한 방법

① 대기행렬 이론
② 시뮬레이션 이론
③ 그래프 이론
④ 수리계획 이론

[해설] 몬테카를로 시뮬레이션(Monte-Carlo Simulation)
(1) 계산하려는 값이 닫힌 형식으로 표현되지 않거나 복잡한 경우에 컴퓨터를 이용하여 상태변화에 따른 특성들을 근사적으로 계산할 때 시뮬레이션(Simulation) 이론이 적용된다.
(2) 몬테카를로 시뮬레이션(Monte-Carlo Simulation) 이론은 난수를 이용하여 함수의 값을 확률적으로 계산하는 알고리즘을 부르는 용어로서 모나코의 유명한 도박의 도시 몬테카를로의 이름을 본따 명명하였다.

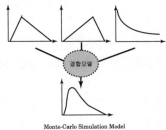

Monte-Carlo Simulation Model

16. 건축계획(計劃)과 건축설계(設計)의 내용을 비교한 것 중 옳지 않은 것은?

① 설계가 문제를 찾는 일이라면, 계획은 문제를 풀어내는 일이다.
② 설계가 형태위주의 작업인 반면, 계획은 형태적 해답을 찾기 이전의 이론적 작업이다.
③ 평면적이고 2차원적인 공간은 계획이며, 입면적이고 3차원적인 공간은 설계이다.
④ 개념적이고 추상적인 측면은 계획에서, 구체적이고 세부적인 측면은 설계에서 강조된다.

[해설]
① 계획이 문제를 찾는 일(Problem Seeking)이라면, 계획은 문제를 풀어내는 일(Problem Solving)이다.

17. 건축설계 과정에서 중요하게 고려할 내용 중 틀린 것은?

① 건축계획에서 기능분석(Functional Analysis)은 공간 규모계획(Space Program)이 결정된 후 이루어진다.
② 블록플랜(Block Plan)은 기능분석(Functional Analysis)에서 각층의 면적배분이 결정된 후 이루어진다.
③ 대지조닝(Site Zoning)계획은 각 공간의 기능적 위치결정 과정을 의미한다.
④ 평면계획은 공간규모계획에서 주어진 각 공간의 기능적 배열계획을 의미한다.

[해설]
① 건축계획에서 기능분석(Functional Analysis)은 공간규모계획(Space Program)이 결정 이전 단계이다.

18. 다음의 건축설계 단계를 순서에 맞게 나열한 것은? 【11지방직⑨】

> CD: Construction Document
> CS: Construction Supervision
> DD: Design Development
> FS: Feasibility Study
> POE: Post Occupancy Evaluation
> SD: Schematic Design

① POE - SD - FS - DD - CD - CS
② FS - SD - DD - CS - CD - POE
③ FS - SD - DD - CD - CS - POE
④ FS - DD - SD - CD - CS - POE

[해설]
FS(Feasibility Study, 사업수익성 검토) → SD(Schematic Design, 계획설계) → DD(Design Development, 기본설계) → CD(Construction Document, 실시설계) → CS(Construction Supervision, 건설감리) → POE(Post Occupancy Evaluation, 거주 후 평가)

해답 15 ② 16 ① 17 ① 18 ③

19. 건축설계 초기단계에서 건축CAD시스템이 가질 수 있는 특징으로 거리가 먼 것은?

① 부지 정보의 입력 및 규모검토 결과의 출력을 위한 그래픽 처리
② 관련 건축법의 검색을 위한 전문가(Expert) 시스템
③ 개략공사비 등의 산정을 위한 데이터베이스(Data Base)
④ 컴퓨터가 가지고 있는 다양한 채색기능을 이용한 색채계획

[해설]
④ 색채계획은 실시계획 단계에서 고려되며 초기단계와는 거리가 멀다.

20. CAD시스템의 이용으로 기대할 수 있는 효과에 대해 옳은 설명으로만 구성된 것은? 【09지방직⑨】

ㄱ. 설계변경에 따른 수정, 보완이 용이하다.
ㄴ. 도면의 표준화를 기할 수 있다.
ㄷ. 설계자료의 참고에는 용이하나 기술 축적에는 불리하다.
ㄹ. 하나의 도면을 여러 척도의 도면으로 나누어 작업할 수 있다.
ㅁ. 도면의 정확도가 크고, 구조물 해석이 가능하다.
---

① ㄱ, ㄴ, ㄷ, ㄹ, ㅁ   ② ㄱ, ㄴ, ㄹ, ㅁ
③ ㄴ, ㄷ, ㄹ, ㅁ   ④ ㄱ, ㄷ, ㄹ, ㅁ

[해설]
ㄷ. CAD시스템의 이용으로 설계자료의 참고 및 기술 축적에는 유리하다.

21. 2D정보를 3D의 입체설계로 전환하고 건축과 관련된 모든 정보를 데이터베이스(Data Base)화 하여 연계하는 시스템은?

① 서피스 모델링(Surface Modeling)
② 와이어프레임 모델링(Wire-Frame Modeling)
③ CIC(Computer Integrated System)
④ BIM(Building Information Modeling)

[해설]
④ BIM(Building Information Modeling)의 핵심은 3D입체설계라고 볼 수 있다.

22. 건축설계 제도에 관한 설명으로 옳지 않은 것은? 【10지방직⑨】

① 건축 제도선의 종류는 실선, 점선, 파선, 쇄선 등이 있다.
② 건축설계도서의 기능별 분류에는 의장설계도서, 구조설계도서, 설비설계도서가 있다.
③ 건물의 일반적인 부분의 절단을 표현하는 단면도는 X, Y 양축방향의 2면을 필요로 한다.
④ 건축설계도만으로는 설명이 불충분한 작업의 순서, 방법, 마무리 정도, 재료의 규격등급 등을 명확히 표시한 서류를 건축마감표라고 한다.

[해설]
④ 건축설계도만으로는 설명이 불충분한 작업의 순서, 방법, 마무리 정도, 재료의 규격등급 등을 명확히 표시한 서류를 시방서(Specification)라고 한다.

23. 기본설계도서에 해당하지 않는 것은? 【13국가직⑨】

① 기본설계도   ② 설계설명서
③ 개략공사비   ④ 실시설계도

[해설] 기본설계도서
설계설명서, 개략공사비, 기본설계도(평면도, 입면도, 단면도, 투시도, 내외 마감표, 주차장 평면도)

24. 기본설계 단계에서 건물의 평면도나 입면도에 주로 사용하는 척도는? 【07국가직⑨】

① 1/1~1/10
② 1/5~1/30
③ 1/50~1/300
④ 1/500~1/1,200

[해설]
특별하게 규정된 바는 없지만 일반적으로 1/50~1/300 내의 척도(축척, Scale)가 적용된다.

25. 건축도면 가운데 주변도로와 대지, 대지 내부 건축물 등의 위치관계를 분명히 하기 위해 작성되는 도면은?　【13국가직⑨】

① 배치도　　　　② 평면도
③ 입면도　　　　④ 단면도

[해설]
　① 주변도로와 대지, 대지 내부 건축물 등의 위치관계를 표현하는 도면은 배치도이다.

26. 건축허가 신청용 도서에 대한 설명으로 옳은 것은?

【11국가직⑦】

① 건축계획서, 배치도, 평면도, 입면도, 단면도, 구조도, 구조계산서, 내역명세서 등이 필요하다.
② 배치도는 축척 및 방위, 대지에 접한 도로의 길이 및 너비, 대지의 종·횡단면도, 건축선 및 대지경계선으로부터 건축물까지의 거리, 주차동선 및 옥외주차계획, 공개공지 및 조경계획을 포함한다.
③ 구조계산서에는 구조내력상 주요한 부분의 응력 및 단면산정 과정, 내진설계의 내용(지진에 대한 안전여부 확인대상 건축물), 구조내력상 주요한 부분의 평면 및 단면이 필요하다.
④ 실내마감도는 벽 및 반자의 마감의 종류와 이를 지시하는 시방서가 필요하다.

[해설]
　① 건축허가 신청용 도서에 내역명세서는 포함되지 않는다.
　③ 구조도: 구조내력상 주요한 부분의 평면 및 단면, 주요 부분의 상세도면, 구조안전 확인서가 필요 구조계산서: 주요내력상 주요한 부분의 응력 및 단면 산정 과정, 내진설계의 내용(지진에 대한 안전여부 확인대상 건축물)이 필요하다.
　④ 실내마감도에는 시방서가 포함되지 않는다.

27. 건축용어에 관한 일반적인 설명으로 가장 옳지 않은 것은?　【10국가직⑨】

① 척도조정(Modular Coordination, MC)은 건축물의 재료나 부품에서부터 설계·시공에 이르기까지 건축생산 전반에 걸쳐 치수의 유기적인 연계성을 만들어 내는 것이다.
② LCC(Life Cycle Cost)란 건축물의 기획 및 설계단계에서 건축물 완공단계까지 건축물의 제작에 소요되는 총비용을 말한다.
③ POE(Post Occupancy Evaluation)는 건축물이 완공되어 거주 후 사용자들의 반응을 진단 및 연구하는 과정을 말한다.
④ 인텔리전트 빌딩시스템(Intelligent Building System)이란 인간공학(Ergonomics)에 바탕을 둔 건물자동화(Building Automation), 사무자동화(Office Automation), 정보통신(Tele Communication) 기능 등이 적용된 것을 말한다.

[해설]
　② LCC(Life Cycle Cost)란 건설에서부터 제거 및 소멸에 이르기까지 건축물의 전 생애에 요구되는 비용의 합계를 말한다.

28. 거주후평가(POE)에 관한 설명으로 옳지 않은 것은?　【08국가직⑦】

① 건물 사용자의 만족도를 측정하여 해당 건물의 성능 개선의 필요성을 판단할 수 있다.
② 사용연한이 경과한 건물을 개조할 경우 유용한 설계 지침이 된다.
③ 인터뷰, 측정, 설문조사, 현지답사, 관찰 등 다양한 기법을 이용한다.
④ 해당 건물의 건축설계과정에서, 다양한 건축 주체가 참여하는 의사결정의 한 단계이다.

[해설] POE(Post Occupancy Evaluation, 거주후평가)의 정의
　인터뷰, 현지답사, 관찰 등의 방법을 통하여 사용자들의 반응을 연구하여 사용중인 건축물을 평가하게 되면 다음 디자인에 도움을 줄 수 있으며, 또한 건축물을 리모델링할 때 훌륭한 지침이 될 수도 있게 된다. 이러한 최적환경을 창출하는 방법을 본질화하는 연구과정을 POE(Post Occupancy Evaluation, 거주후평가)라고 한다.

29. 거주후평가(Post Occupancy Evaluation)에 대한 설명 중 옳지 않은 것은? 【09지방직⑨】

① 건축가의 직관과 경험에 의한 평가방법이다.

② 건물의 완공 후 거주자가 사용 중인 건물이 본래 계획된 기능을 제대로 수행하고 있는지 여부를 평가하는 것을 말한다.

③ 주요 평가요소로서 환경장치, 사용자, 주변환경, 디자인 활동 등이 고려되어야 한다.

④ 인터뷰, 답사, 관찰 등의 방법들을 이용하여 사용자의 반응을 조사한다.

[해설]
① 건축가의 직관과 경험에 의한 평가방법이 아닌 인터뷰, 현지답사, 관찰 등의 방법을 통하여 사용자들의 반응을 연구하여 사용 중인 건축물을 평가하는 방법이다.

30. 건축설계 과정에서 거주 후 평가(POE)의 필요성으로 옳지 않은 것은? 【07국가직⑨】

① 유사 건물의 건축계획에 좋은 지침을 제공한다.

② 건축물의 계획에서 사용자 요구에 부응하는 지침의 결정 자료로 이용한다.

③ 건축법규에 대한 적합성을 파악한다.

④ 해당 건축물에 대한 이용자의 만족도를 파악한다.

[해설]
③ 이미 사용중인 건축물을 평가하게 되면, 유사 건축물의 건축계획에 대한 직접적인 지침(Guide Line)을 제공하거나 앞으로의 건축계획 및 평가에 필요한 이론을 발전시키고자 함이 POE의 필요성이며, 건축법규에 대한 적합성을 파악하는 것은 건축과정 중에서 POE 이전의 계획단계 및 설계 단계에서 필요한 사항이다.

31. 건물의 거주후평가(POE)의 평가요소에 해당하지 않는 것은? 【13지방직⑨】

① 지가 변화　　② 사용자
③ 환경장치　　④ 디자인 활동

[해설] POE(Post Occupancy Evaluation, 거주후평가)의 평가요소
(1) 환경장치(Setting): POE의 직접적 대상이 되는 물리적 환경을 말하는 것으로서 사용자가 행동하는 배경이다.
(2) 사용자(User): 사용자 그룹의 정의(특성, 나이, 성별, 수입, 교육 정도, 조직 내의 위치 등)
(3) 주변환경(Proximate Environmental Context): 그 지역의 기후, 공기의 오염도, 교통, 하수도, 문화시설 등 환경장치에 영향을 미치는 주변의 맥락(Context)
(4) 디자인 활동(Design Activity): 설계자, 건축주, 사용자 등 각각의 그룹 참여를 통한 그들의 가치, 태도 및 선호도 등을 건축과정에 반영하여 창출하는 것

Chapter

03

단독주택

제1편 건축계획

주거건축에서 가장 기본이 되는 단독주택은 주택의 분류, 주생활수준의 기준, 주거설계의 방향, 공간의 구역부분과 동선계획, 각 실의 방위별 위치, 각 실별 계획 시 고려사항에 대한 문제가 출제된다.

1 단독주택의 분류

(1) 집합형식에 의한 분류

① 독립주택(단독주택) : 1호의 주택이 단층 또는 중층으로 구성된 단일건물
② 공동주택 : 2호 이상의 주택으로 구성된 단일건물
  • 연립주택 : 2호 이상의 주택이 단층 또는 중층으로 구성된 단일건물
  • 아파트 : 다수의 주호가 단층 또는 복층으로 구성된 단일건물

(2) 평면상의 분류

① 편복도형 : 각 실을 일렬로 배치하여 각 실의 한쪽 면에 복도를 배치한 형식
② 중복도형 : 건물의 중앙에 복도를 배치하고 그 양쪽 면에 각 실을 배치한 형식
③ 회랑형 : 여러 실의 외측에 복도를 환상형으로 배치한 형식
④ 중앙홀형 : 건물 중앙의 공용 홀을 통해 각 실로 접근하는 형식
⑤ 중정형(patio, courtyard) : 건물 내부에 중정을 두는 형식
⑥ 일실(one room)형 : 각 실을 독립된 공간으로 구성하지 않고 하나의 공간에 집약시킨 형식
⑦ 코어(core)형 : 설비부분 또는 수직동선 부분을 집약시켜 배치하는 형식

(3) 단면상의 분류

① 단층형 : 1층 건물
② 중층형 : 2층 이상의 건물
③ 취발형 : 한 건물 내에서 일부는 중층, 일부는 단층이 되는 형식
④ 스킵 플로어형(skip floor type) : 경사대지의 높이차를 이용하여 일부는 중층, 일부는 단층으로 구성되는 형식
⑤ 필로티형 : 1층은 기둥만을 배치하여 개방된 공간으로 사용하고 2층 이상에 각 실을 두어 생활공간으로 사용하는 형식

취발형

스킵플로어형

[규모에 따른 건축법상 주택의 분류]
① 다세대주택 : 주택으로 쓰는 1개 동의 바닥면적 합계가 660m^2 이하이고, 층수가 4개 층 이하인 주택
② 다가구주택 : 주택으로 쓰는 1개 동의 바닥면적 합계가 660m^2 이하이고, 층수가 3개 층 이하인 주택
③ 연립주택 : 주택으로 쓰는 1개 동의 바닥면적 합계가 660m^2 초과이고, 층수가 4개 층 이하인 주택
④ 아파트 : 주택으로 쓰는 1개 동의 바닥면적 합계가 660m^2 초과이고, 층수가 5개 층 이상인 주택

[코어의 종류와 역할]
① 평면적 코어 : 홀이나 계단 등을 건물의 중심적 위치에 집약시켜 유효면적을 증대시키는 역할
② 구조적 코어 : 건물의 일부에 내진벽 등을 집약시켜 건물 전체의 강도를 증대시키는 역할
③ 설비적 코어 : 부엌, 욕실, 화장실 등 설비부분을 건물의 일부에 집약시켜 설비관계 공간과 공사비를 절감시키는 역할

[중층과 복층]
① 중층 : 1층을 포함한 2층 이상으로 된 건물
② 복층 : 층수에 관계없이 한 주호가 2개 층 이상에 걸쳐서 구성된 형식

(4) 주거양식에 따른 분류

출제빈도
21지방직 ⑨

분류	한식주택	양식주택
평면구성	• 위치별 실의 구분 (안방, 건넌방) • 내향적 : 실의 조합, 은폐적	• 기능별 실의 구분 (침실, 식사실) • 외향적 : 실의 분화, 개방적
구조형식	• 목조가구식 • 바닥이 높고 개구부가 크다.	• 조적식 • 바닥이 낮고 개구부가 작다.
생활습관	• 좌식(온돌)	• 입식(의자, 침대)
실의 용도	• 다용도	• 단일용도
가구의 기능	• 부수적 존재 • 가구에 관계없이 실의 크기가 결정	• 필수적 존재 • 가구에 따라 실의 종류와 형태가 결정

2 주거생활수준의 기준과 주거설계의 방향

출제빈도
16국가직 ⑨

(1) 주거생활수준의 기준[☆]

① 주거면적
  ㉠ 주거면적 : 주택 연면적에서 공용부분을 제외한 순수 거주면적
  ㉡ 주택 연면적의 50~60% 정도

② 1인당 바닥면적(주거면적)
  ㉠ 최소 : $10m^2$/인
  ㉡ 표준 : $16m^2$/인

③ 각 국의 기준
  ㉠ 숑바르 드 로브(Chombard de lawve) 기준
   • 병리기준 : $8m^2$/인 이상
   • 한계기준 : $14m^2$/인 이상
   • 표준기준 : $16m^2$/인 이상
  ㉡ 콜른(Cologne) 기준 : $16m^2$/인 이상
  ㉢ 프랑크푸르트 암 마인(Frankfurt Am Main)의 국제주거회의
    : $15m^2$/인 이상

· 예제 01 ·

1929년 프랑크푸르트 암 마인(Frankfurt am Main)의 국제주거회의 에서 제시한 기준을 따를 때 5인 가족을 위한 최소 평균주거 면적은?

【16국가직⑨】

① $50m^2$ ② $60m^2$
③ $75m^2$ ④ $80m^2$

① 프랑크푸르트 암 마인의 국제주거 회의 : $15m^2/$인
② 5인$\times15m^2/$인$=75m^2$

답 : ③

(2) 주거설계의 방향[★]

① **생활의 쾌적함 증대**
건강하고 쾌적한 인간 본래의 생활을 유지해 가는 것

② **가사노동의 경감**
- 주부의 동선단축
- 필요 이상의 넓은 공간은 지양하고 청소의 노력을 덜 것
- 능률이 좋은 부엌설비를 갖출 것
- 설비를 좋게 하고 되도록 기계화할 것

③ **가족본위의 주거공간 구성** : 가장중심이 아닌 주부중심의 공간구성

④ **좌식과 입식의 혼용** : 좌식과 의자식 생활의 혼용

⑤ **거주자의 개성과 프라이버시 확립**
가족 전체의 단란은 물론 각 구성원들의 독립성 확보

출제빈도
10지방직 ⑨

[가사노동 경감]
① 주택설계시 가장 큰 비중을 두어야 할 사항
② 주부중심의 공간구성을 위한 기본 전제

· 예제 02 ·

주택설계의 방향에 관한 설명으로 옳지 않은 것은?   【10지방직⑨】
① 좌식보다는 입식으로 전용해야 한다.
② 주거면적이 적정토록 해야 한다.
③ 주부의 가사노동을 줄일 수 있도록 고려해야 한다.
④ 개인생활의 프라이버시를 유지하도록 한다.

① 좌식과 입식이 조화를 이루도록 계획한다.

답 : ①

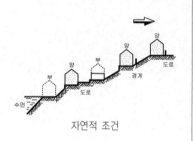

자연적 조건

3 기본계획

(1) 대지 선정조건

① 자연적 조건
  ㉠ 일조 및 채광이 양호한 곳
  ㉡ 전망이 좋고 통풍이 양호한 곳
  ㉢ 지반이 견고하고 배수가 잘 되는 곳
  ㉣ 주변환경이 조용하고 양호한 환경이 유지될 수 있는 곳
  ㉤ 부지의 형태 : 정형 또는 구형(矩形 : 직사각형)
  ㉥ 부지의 면적 : 건축면적의 3~5배 정도
  ㉦ 대지의 경사도 : 1/10 정도

② 사회적 조건
  ㉠ 교통이 편리한 곳
  ㉡ 도시의 제반시설(상하수도, 전기, 가스 등)의 이용이 편리한 곳
  ㉢ 공공시설, 학교, 의료시설, 공원 등의 이용이 편리한 곳
  ㉣ 법규적 조건에 적합한 곳
  ㉤ 상업시설의 이용이 편리한 곳

(2) 배치계획

① 배치계획 시 고려사항
  • 거실의 일조 및 채광   • 환기 및 통풍
  • 소음 및 건물의 연소방지   • 옥외공간의 확보
  • 건물은 가능한 한 동서로 긴 형태가 좋다.

② 인동간격
  ㉠ 남북간의 인동간격 : 일조조건은 동지 때 최소한 4시간 이상의 햇빛이 들어와야 한다.
  ㉡ 동서간의 인동간격 : 방화, 통풍상 최소 6m 이상 띄어야 한다.

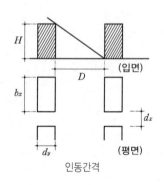

인동간격

4 평면계획

(1) 공간의 구역 구분(조닝, 지대별 계획)

① 조닝(zoning) 계획시 고려사항
  ㉠ 유사한 요소는 서로 공용시킨다.
  ㉡ 상호간의 요소가 다른 것은 서로 격리시킨다.
  ㉢ 구성원 본위가 유사한 것은 서로 접근시킨다.
  ㉣ 시간적 요소가 같은 것은 서로 접근시킨다.

[조닝(Zoning)]
공간을 몇 개의 구역별로 나누는 것을 말하며, 조닝과 융통성은 반대의 의미이다.

② 조닝의 방법

　㉠ 생활공간에 의한 분류

　　• 개인 생활공간 : 공부, 취침

　　• 보건위생공간 : 욕실, 변소, 부엌, 가사실

　　• 단란 생활공간 : 오락, 휴식, 식사

　㉡ 사용 시간별 분류

　　• 낮에 사용하는 공간 : 거실, 식당, 부엌

　　• 밤에 사용하는 공간 : 침실

　　• 낮 + 밤에 사용하는 공간 : 변소, 욕실

　㉢ 주행동에 의한 분류

　　• 주부의 생활 행동 : 요리, 세탁, 재봉, 유아 목욕

　　• 주인의 생활 행동 : 휴식, 생활

　　• 아동의 생활 행동 : 공부, 휴식, 놀이

(2) 동선계획[☆]

① 동선의 3요소 : 속도, 빈도, 하중

② 동선의 종류 : 개인권, 사회권, 가사노동권

③ 동선계획의 원칙

　㉠ 단순하고 명쾌하게 한다.

　㉡ 빈도가 높은 동선은 짧게 한다.

　㉢ 서로 다른 종류의 동선은 가능한 한 분리시키고 필요 이상의 교차
　　는 피한다.

　㉣ 동선은 서로 독립성을 유지해야 한다.

　㉤ 동선에는 공간이 필요하다.

• 예제 04 •

> **건축평면계획에 있어서 동선의 주요 구성요소에 해당되지 않는 것은?**
>
> 【15국가직⑨】
>
> ① 빈도(frequency)　　　　② 유형(type)
>
> ③ 하중(load)　　　　　　④ 속도(speed)
>
> ----
>
> 동선의 3요소 : 속도, 빈도, 하중
>
> 답 : ②

[주거건축의 욕구사항]

① 1차적 욕구사항(육체적인 요소)
　: 생식, 식사, 휴식, 배설

② 2차적 욕구사항(정신적인 요소)
　: 교육, 사교, 오락

출 제 빈 도
14국가직 ⑨　15국가직 ⑨　18국가직 ⑨

[동선계획]

사람이나 차량 또는 물건의 이동궤적을 동선이라 하며, 그것이 효율적이고 합리적으로 유도되기 위한 계획과 그 움직임에 대응하는 시설의 배치 등을 검토하는 것을 동선계획이라 한다.

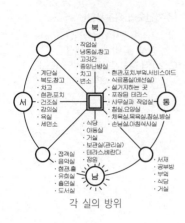

각 실의 방위

출제빈도
14국가직 ⑨ 14지방직 ⑨

(3) 방위에 따른 각 실의 배치계획

① **동쪽** : 아침의 태양광선이 실내에 깊이 들어와 겨울철의 아침은 따뜻하나 오후는 춥다.

② **서쪽** : 오후에 태양광선이 깊이 입사하므로 여름철 오후에는 무덥고, 음식의 부패가 쉽게 일어나므로 부엌은 서측에 면하게 배치해서는 안 된다.

③ **남쪽** : 태양고도가 여름철에는 높고 겨울철은 낮으므로 침실, 거실 등의 배치에 유리하다.

④ **북쪽** : 하루 종일 태양이 비치지 않고 겨울에는 북풍을 받아 추우므로 침실 등의 배치는 부적합하다.

5 세부계획

(1) 침실(Bed room)[☆]

① **침실의 기능상 분류**

　㉠ 부부침실(내실, 안방) : 취침, 의류수납, 갱의, 독서 등을 고려하여 부부의 독립성이 확보되고 편리해야 한다.

　㉡ 노인침실 : 일조가 충분하고 조용한 곳으로 주거중심에서 약간 떨어진 위치가 좋으며, 아동실과 욕실에 인접한 곳이 좋다.

　㉢ 아동실 : 주간에는 놀이와 공부방으로 사용되고 야간에는 침실로 사용된다.

　㉣ 객용침실 : 소규모 주택에서는 고려하지 않아도 되며, 소파 등을 이용해서 처리한다.

② **침실의 크기**

　㉠ 크기 결정시 고려사항

　　• 사용인원수

　　• 가구의 점유면적

　　• 공간형태에 의한 심리적 작용

　㉡ 침실의 사용 인원수에 따른 1인당 소요 바닥면적

　　• 성인 1인당 필요로 하는 신선한 공기 요구량 : $50m^3/h$(아동은 성인의 1/2)

　　• 소요공간의 크기 : 자연환기 횟수를 시간당 2회로 가정

$$50m^3/h \div 2회/h = 25m^3$$

　　• 1인당 소요 바닥면적 : 천장높이 2.5m로 가정

$$25m^3 \div 2.5m = 10m^2$$

· 예제 05 ·

성인 1인당 소요공기량 50m³/h, 실내 자연환기 횟수 3회/h, 천장 높이 2.5m 라고 가정하고 주거건물의 침실공간을 계획할 때, 성인 3인용 침실의 면적은?

【14지방직⑨】

① 15m²　　　　　　　　② 20m²

③ 25m²　　　　　　　　④ 30m²

침실 면적 $= \dfrac{50m^3/h \times 3인}{3회/h \times 2.5m} = 20m^2$

답 : ②

ⓒ 침대의 배치방법
- 침대 상부 머리쪽은 외벽에 면하도록 배치
- 누운채로 출입문이 보이도록 하며 안여닫이
- 침대 양쪽에 통로를 두고 벽과는 0.75m 이격
- 침대의 발쪽은 0.9m의 여유공간 확보
- 주요 통로 폭은 0.9m 이상 확보

[침대의 크기]
① 싱글 침대의 폭 : 0.9~1.0m
② 더블 침대의 폭 : 1.4m
③ 침대의 길이 : 1.95~2.0m

(2) 거실(Living room)

① 거실의 기능
- 가족생활의 중심공간
- 가족의 단란, 휴식, 접대
- 주부의 작업공간

② 거실의 크기
- 1인당 소요 바닥면적 : 최소 4~6m² 정도
- 면적구성비율 : 건축 연면적의 25~30% 정도
- 천장 높이 : 2.1m 이상

③ 거실의 위치
- 다른 실의 중심적 위치 : 각 실에서 자유롭게 출입할 수 있도록 한다.
- 남향 배치 : 채광과 통풍이 잘되는 곳
- 통로에 의해 실이 분할되지 않을 것
- 다른 실과 접속되면 유리
- 침실과 대칭되도록 배치
- 정원, 테라스와 연결하도록 하고 직접 출입하도록 한다.

[거실의 가구배치]

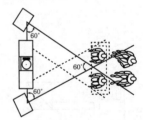

스테레오를 감상할 수 있는 최적거리

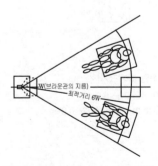

TV 및 8mm 영화를 볼 수 있는 범위

[포치(porch)]
현관문 바로 앞에 사람이나 차가 와서 닿는 곳으로서 대개는 건물과는 별도로 지붕을 가진다.

[테라스(terrace)]
거실 등의 외부의 지대를 일단 높게 만들고 위에 지붕 등을 꾸민 것

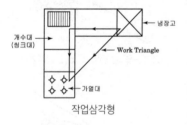
작업삼각형

[작업대의 크기]
① 폭 : 0.5~0.6m
② 높이 : 최소 0.73~0.83m
　　　　(최근 0.8~0.85m)

(3) 식당 및 부엌[☆]

① 식당의 분류
　㉠ 분리형 : 거실이나 식사실, 부엌이 분리된 형식
　㉡ 다이닝 키친(dining kitchen, DK) : 일명 다이넷(dinette)이라 하며 부엌의 일부에 식탁을 놓은 것
　㉢ 다이닝 앨코브(dining alcove, LD) : 거실의 일부에 식탁을 놓은 것
　㉣ 리빙 키친(living kitchen, LDK) : 거실, 식사실, 부엌을 한 공간에 꾸며 놓은 것
　㉤ 다이닝 포치(dining porch) : 다이닝 테라스(dining terrace)라 하며 여름철 등 좋은 날씨에 옥외의 포치나 테라스에서 식사하는 것

② 식당의 크기 결정 기준
　㉠ 가족수
　㉡ 식탁의 크기와 의자의 배치상태
　㉢ 주변 통로와 여유공간

③ 부엌의 위치
　㉠ 남쪽 또는 동쪽 모퉁이 부분
　㉡ 일사가 긴 서쪽은 음식물이 부패하기 쉬우므로 반드시 피해서 배치

④ 부엌의 크기
　㉠ 주택 연면적의 8~12% 정도
　㉡ 크기 결정 요소 : 주택의 연면적, 가족수, 작업대의 크기와 면적, 수납공간, 작업에 필요한 활동공간 등

⑤ 부엌의 작업순서
　㉠ 작업순서 : 준비 → 냉장고 → 개수대 → 조리대 → 가열대 → 배선대 → 해치 → 식당
　㉡ 작업 삼각형 : 냉장고, 개수대, 가열대를 잇는 삼각형, 길이는 3.6~ 6.6m
　㉢ 작업 삼각형의 가장 짧은 변은 냉장고와 개수대와의 거리

⑥ 부엌의 유형
　㉠ 직선형 : 좁은 부엌에 적합, 동선의 혼란이 없는 반면 동선이 길어지는 것이 단점
　㉡ L자형 : 정방형 부엌에 적합, 작업능률이 좋으나 모서리부분의 이용도가 낮음
　㉢ U자형 : 양측 벽면의 이용 가능, 수납공간이 넓게 확보되며 작업대의 이용이 편리
　㉣ 병렬형 : 직선형에 비해 작업동선이 단축, 외부로 통하는 출입구가 필요한 경우에 사용

⑦ 부엌의 부속공간

  ㉠ 가사실(utility space) : 주부의 세탁, 다림질, 재봉 등의 작업을 위한 공간으로 욕실 및 부엌과 근접한 위치에 배치

  ㉡ 다용도실(multipurpose room) : 서비스 발코니와 주방 사이의 공간으로 창고 등의 용도로 사용하는 공간

  ㉢ 옥외작업장(service yard) : 세탁, 건조, 연료저장, 장독대 등 옥외작업에 관련된 공간

  ㉣ 배선실(pantry) : 부엌과 식당 사이에 위치한 실로서 식품, 식기 등을 저장하기 위한 공간

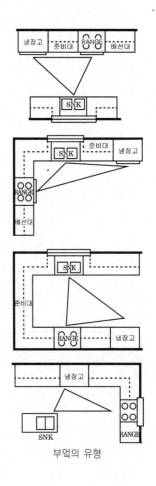

부엌의 유형

· 예제 06 ·

부엌 계획에 대한 설명 중 옳은 것으로만 묶은 것은? 【07국가직⑨】

ㄱ. 작업대의 배열순서는 준비대-개수대-가열대-조리대-배선대이다.

ㄴ. 작업대의 높이는 81~85cm가 적당하며, 기본이 되는 높이는 '팔꿈치 높이'이다.

ㄷ. 크기는 일반적으로 주택 연면적의 8~10%정도 확보하는 것이 좋다.

ㄹ. 일자형 작업대의 배치는 소규모의 부엌 형태에 알맞은 형식으로 동선의 혼란이 없고 한눈에 작업을 알아볼 수 있는 이점이 있다.

ㅁ. ㄷ자형 작업대의 배치는 세 벽면을 이용하여 작업대를 배치한 형태로서 매우 효율적인 형태로 작업대의 사이는 60~90cm 전후가 적당하다.

① ㄴ, ㄷ, ㄹ   ② ㄱ, ㄴ, ㄹ

③ ㄷ, ㄹ, ㅁ   ④ ㄴ, ㄷ, ㅁ

ㄱ. 작업대의 배열순서는 준비대-개수대-조리대-가열대-배선대이다.

ㅁ. 작업대 사이는 110~120cm 전후가 적당하다.

답 : ①

⑷ 현관

① 위치

  • 도로의 위치, 대지의 경사도 및 형태에 따라 위치 결정

  • 방위와는 무관

② 크기

  • 규모 : 주택 연면적의 7% 정도

  • 크기 : 폭 1.2m×깊이 0.9m 이상

(5) 복도

① 크기
- 폭 : 최소 0.9m 이상(일반적으로 1.1~1.2m)
- 규모 : 주택 연면적의 10%

② 기능
- 동선의 이동공간(내부의 통로)
- 어린이 놀이공간
- 응접실의 역할
- 창문을 설치한 경우 선룸(sun room)의 역할
- 소규모 주택에서는 비경제적

(6) 계단

① 계단의 폭 : 1.1~1.2m 정도, 복도와 연결
② 평면상의 길이 : 계단의 평면상의 길이 2.7m 정도
③ 단높이 : 23cm 이하
④ 단너비 : 15cm 이상

(7) 욕실 및 변소

① 위치 : 북쪽에 면하게 하고 설비배관상 부엌과 인접
② 욕실의 크기
- 최소 : 0.9~1.8m×1.8m
- 보통 : 1.6~1.8m×2.4~2.7m
③ 변소의 크기
- 최소 : 0.9m×0.9m
- 욕조, 세면기, 양변기를 함께 설치할 경우 : 최소 1.7m×2.1m

(8) 차고

① 크기
- 자동차의 폭과 길이보다 1.2m 더 크게 한다.
- 최소 3.0m×5.5m

② 고려사항
- ㉠ 차고의 벽이나 천장 등을 방화구조로 하고 출입구나 개구부에 갑종 방화문을 설치
- ㉡ 바닥은 내수재료를 사용하고 경사도는 1/50 정도
- ㉢ 벽은 2.0m 정도 높이까지 백색타일로 마감
- ㉣ 1.5m 정도 높이에 국부조명을 하여 작업의 편리성 도모
- ㉤ 통풍 고려, 배기구는 바닥에서 30cm 높이에 설치

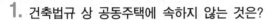

03 출제예상문제

1. 건축법규 상 공동주택에 속하지 않는 것은?

【09국가직⑦】

① 아파트
② 연립주택
③ 다세대주택
④ 다가구주택

[해설]
다가구주택은 단독주택에 속한다.
① 단독주택 : 단독주택, 다중주택, 다가구주택, 공관
② 공동주택 : 다세대주택, 연립주택, 아파트, 기숙사

2. 다세대주택에 관한 설명으로 가장 옳은 것은?

【10국가직⑨】

① 주택으로 쓰는 1개 동의 바닥면적 합계가 $660m^2$ 이하이고, 층수가 4개 층 이하인 주택
② 주택으로 쓰는 1개 동의 바닥면적 합계가 $660m^2$ 를 초과하고, 층수가 4개 층 이하인 주택
③ 주택으로 쓰는 1개 동의 바닥면적 합계가 $660m^2$ 이하이고, 층수가 3개 층 이하인 주택
④ 주택으로 쓰는 1개 동의 바닥면적 합계가 $660m^2$ 를 초과하고, 층수가 3개 층 이하인 주택

[해설]
다세대주택 : 주택으로 쓰는 1개 동의 바닥면적 합계가 $660m^2$ 이하이고, 층수가 4개 층 이하인 주택
※ 주택의 분류
① 다가구주택 : 주택으로 쓰는 1개 동의 바닥면적 합계가 $660m^2$ 이하이고, 층수가 3개 층 이하인 주택
② 연립주택 : 주택으로 쓰는 1개 동의 바닥면적 합계가 $660m^2$ 초과이고, 층수가 4개 층 이하인 주택
③ 아파트 : 주택으로 쓰는 1개 동의 바닥면적 합계가 $660m^2$ 초과이고, 층수가 5개 층 이상인 주택

3. 건축법령상 세부 용도가 공동주택에 해당되지 않는 것은?

【15지방직⑨】

① 다가구주택
② 연립주택
③ 다세대주택
④ 기숙사

[해설]
다가구주택은 단독주택에 속한다.
① 단독주택 : 단독주택, 다중주택, 다가구주택, 공관
② 공동주택 : 다세대주택, 연립주택, 아파트, 기숙사

4. 주택설계의 방향에 관한 설명으로 옳지 않은 것은?

【10지방직⑨】

① 좌식보다는 입식으로 전용해야 한다.
② 주거면적이 적정토록 해야 한다.
③ 주부의 가사노동을 줄일 수 있도록 고려해야 한다.
④ 개인생활의 프라이버시를 유지하도록 한다.

[해설]
① 좌식과 입식이 조화를 이루도록 계획한다.

5. 1929년 프랑크푸르트 암 마인(Frankfurt am Main)의 국제주거회의 에서 제시한 기준을 따를 때 5인 가족을 위한 최소 평균주거 면적은?

【16국가직⑨】

① $50m^2$
② $60m^2$
③ $75m^2$
④ $80m^2$

[해설]
① 프랑크푸르트 암 마인의 국제주거 회의 : $15m^2$/인
② 5인×$15m^2$/인=$75m^2$

6. 건축평면계획에 있어서 동선의 주요 구성요소에 해당되지 않는 것은?

【15국가직⑨】

① 빈도(frequency)
② 유형(type)
③ 하중(load)
④ 속도(speed)

[해설]
동선의 3요소 : 속도, 빈도, 하중

해답   1 ④   2 ①   3 ①   4 ①   5 ③   6 ②

7. 단독주택의 평면계획에 대한 설명으로 옳은 것은?

【14국가직⑨】

① 개인, 사회, 가사노동권의 3개 동선을 서로 분리하여 간섭이 없게 한다.
② 거주면적은 통상 주택 연면적의 약 80% 정도이다.
③ 노인 침실은 가족들에게 소외감을 받지 않도록 주택의 중앙에 둔다.
④ 부엌은 음식이 상하기 쉬우므로 남향을 피해야 한다.

[해설]
　② 거주면적은 통상 주택 연면적의 약 50~60% 정도이다.
　③ 노인 침실은 가족들에게 소외감을 받지 않도록 주택의 중앙에서 다소 떨어진 곳에 두고 아동실과 인접하여 배치한다.
　④ 부엌의 위치는 남향 또는 동향이 좋으며, 음식이 상하기 쉬우므로 서향을 피해야 한다.

8. 부엌 계획에 대한 설명 중 옳은 것으로만 묶은 것은?

【07국가직⑨】

ㄱ. 작업대의 배열순서는 준비대-개수대-가열대-조리대-배선대이다.
ㄴ. 작업대의 높이는 81~85cm가 적당하며, 기본이 되는 높이는 '팔꿈치 높이' 이다.
ㄷ. 크기는 일반적으로 주택 연면적의 8~10% 정도 확보하는 것이 좋다.
ㄹ. 일자형 작업대의 배치는 소규모의 부엌 형태에 알맞은 형식으로 동선의 혼란이 없고 한눈에 작업을 알아볼 수 있는 이점이 있다.
ㅁ. ㄷ자형 작업대의 배치는 세 벽면을 이용하여 작업대를 배치한 형태로서 매우 효율적인 형태로 작업대의 사이는 60~90cm 전후가 적당하다.

---

① ㄴ, ㄷ, ㄹ
② ㄱ, ㄴ, ㄹ
③ ㄷ, ㄹ, ㅁ
④ ㄴ, ㄷ, ㅁ

[해설]
　ㄱ. 작업대의 배열순서는 준비대-개수대-조리대-가열대-배선대이다.
　ㅁ. 작업대 사이는 110~120㎝ 전후가 적당하다.

9. 주택계획에 관한 설명으로 옳지 않은 것은?

【09지방직⑨】

① 거실은 전체 주택공간의 중심적 위치에 있어야 하며 식당, 계단, 현관 등과 같은 다른 공간과의 연계를 최대한 고려하여야 한다.
② 주방작업의 순서는 냉장고-준비대-조리대-개수대-가열기(레인지)-배선대 순이 바람직하다.
③ 식당과 부엌을 겸용하는 유형을 다이닝 키친이라고 하며 주로 소규모 주택에 적용된다.
④ 주택에서 동선계획의 중요한 요소는 길이, 폭, 빈도, 방향성 등이다.

[해설]
　② 주방작업의 순서 : 냉장고 – 준비대 – 개수대 – 조리대 – 가열기(레인지) – 배선대

10. 성인 1인당 소요공기량 50m³/h, 실내 자연환기 횟수 3회/h, 천장 높이 2.5m라고 가정하고 주거건물의 침실공간을 계획할 때, 성인 3인용 침실의 면적은?

【14지방직⑨】

① 15m²
② 20m²
③ 25m²
④ 30m²

[해설]

$$침실 면적 = \frac{50m^3/h \times 3인}{3회/h \times 2.5m} = 20m^2$$

11. 부엌 작업 순서에 따른 가구 배치가 바르게 나열된 것은?

【15지방직⑨】

① 배선대 → 개수대 → 조리대 → 가열대 → 냉장고
② 냉장고 → 조리대 → 개수대 → 가열대 → 배선대
③ 냉장고 → 배선대 → 개수대 → 조리대 → 가열대
④ 냉장고 → 개수대 → 조리대 → 가열대 → 배선대

[해설]
　부엌의 작업순서 : 냉장고 → 개수대 → 조리대 → 가열대 → 배선대

공동주택은 연립주택과 아파트로 구분되며, 그 중에서 아파트에 대한 내용이 출제빈도가 높은 부분이다. 여기에서는 공동주택의 분류, 연립주택의 종류, 아파트의 형식상 분류, 아파트의 세부계획에 대한 문제가 출제된다.

공동주택

1 연립주택

(1) 연립주택의 특징

① 장점

　㉠ 토지의 이용률을 높일 수 있다.

　㉡ 접지성과 집합형식에 따라 다양한 옥외공간을 조성할 수 있다.

　㉢ 경사지나 소규모 택지에서 건축이 가능

　㉣ 대지의 형태나 지형에 따라 계획할 수 있으며, 다양한 배치 형태와 외관의 형성이 가능

② 단점

　㉠ 단독주택에 비해 일조, 채광, 통풍 등의 환경조건이 불리

　㉡ 프라이버시 유지에 불리

　㉢ 계획이 성실하지 못할 경우 단조로운 공간과 외관이 형성

(2) 연립주택의 종류[☆]

① 2호 연립주택 : 2호의 주택이 벽체를 공유하는 순수한 연립주택

② 중정형 하우스(patio house, courtyard house) : 중정을 갖는 연립주택으로 중정으로 ㄴ자형, ㄷ자형, ㅁ자형으로 둘러싸는 형식

③ 테라스 하우스(terrace house) : 경사지에서 자연 지형에 따라 건물을 테라스 형식으로 축조한 연립주택으로, 각 세대마다 정원을 가질 수 있다.

④ 타운하우스(town house) : 토지의 효율적인 이용, 건설비 및 유지관리비의 절약을 고려한 연립주택의 한 종류로 단독주택의 이점을 최대한 살리고 있다.

⑤ 로우 하우스(low house) : 2동 이상의 단위주거가 벽을 공유하고 단위주거 출입은 홀을 거치지 않고 지면에서 직접 출입하며, 밀도를 높일 수 있는 저층주거로 층수는 3층 이하이다.

출제빈도
11국가직 ⑨　15지방직 ⑦　16국가직 ⑨
21국가직 ⑨

[테라스 하우스]

① 테라스 하우스(Terrace House)는 대지의 경사도가 30°가 되면 윗집과 아랫집이 절반정도 겹치게 되어 평지보다 2배의 밀도로 건축이 가능하다.

② 테라스 하우스(Terrace House)는 상향식이든 하향식이든 경사지에서는 스플릿 레벨(Split Level) 구성이 가능하다.

③ 테라스하우스의 밀도는 대지의 경사도에 따라 좌우되며, 경사가 심할수록 밀도가 높아진다.

④ 하향식 테라스하우스는 상층에 주생활공간을 두고, 하층에 휴식 및 수면공간을 두는 것이 일반적이다.

[타운하우스의 특징]

① 공동주차장 혹은 각 주호마다 주차장을 설치함으로써 주차가 용이하다.

② 인접 주호와의 사이에 경계벽을 설치하거나 적절한 식재를 통해 사생활 보호가 가능하다.

③ 동의 길이가 긴 경우 2~3세대씩 전진·후퇴할 수 있으며, 층의 다양화가 가능하다.

· 예제 01 ·

연립주택의 종류와 특성에 대한 설명으로 옳지 않은 것은? 【11국가직⑨】

① 테라스 하우스(Terrace House)는 대지의 경사도가 30°가 되면 윗집과 아 랫집이 절반정도 겹치게 되어 평지보다 2배의 밀도로 건축이 가능하다.

② 파티오 하우스(Patio House)는 1가구의 단층형 주택으로, 주거공간이 마 당을 부분적으로 또는 전부 에워싸고 있다.

③ 테라스 하우스(Terrace House)는 상향식이든 하향식이든 경사지에서는 스플릿 레벨(Split Level) 구성이 가능하다.

④ 타운 하우스(Town House)는 인접주호와의 경계벽 설치를 연장하고 있으 며, 대개 4~5층 이상으로 건립한다.

---

④ 타운 하우스(Town House)는 인접주호와의 경계벽 설치를 연장하고 있으며, 대개 2~3층 이하로 건립한다.

<u>답 : ④</u>

2 아파트

(1) 아파트의 성립 요인

① 사회적 요인
- 도시 인구밀도의 증가
- 도시 생활자의 이동
- 세대 인원의 감소

② 계획적 및 경제적 요인
- 가용토지 부족으로 인한 고밀도 개발의 필요성
- 공동설비에 대한 혜택의 증대
- 대지비, 건축비, 설비비, 유지비의 절약

(2) 아파트의 분류[☆☆☆]

① 평면 형식상의 분류

㉠ 계단실형(홀형)
- 독립성이 좋다.
- 출입이 편하다.
- 통행부의 면적이 작으므로 건물의 이용도가 높다
- 고층 아파트일 경우 각 계단실마다 엘리베이터를 설치해야 하므로 시설비가 많이 든다.

출제빈도

07국가직 ⑨	09지방직 ⑦	11지방직 ⑦
11지방직 ⑨	12국가직 ⑦	13국가직 ⑨
15국가직 ⑨	17국가직 ⑨	18국가직 ⑨
20국가직 ⑨	21국가직 ⑦	

[평면 형식상의 분류]

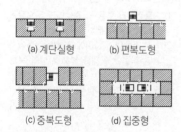

(a) 계단실형   (b) 편복도형

(c) 중복도형   (d) 집중형

ⓛ 편복도형(갓복도형)
- 복도 개방시 채광이나 환기에 유리
- 중복도에 비해 독립성이 유리
- 고층아파트에 적합
- 복도 개방시 주호 내부가 외부에 노출
- 복도 폐쇄시 채광이나 환기가 불리
- 고층 아파트의 경우 복도의 난간을 높게 해야 한다.

ⓒ 중복도형(속복도형)
- 부지의 이용률이 높다.
- 독립성이 나쁘며 소음이 크다.
- 채광 및 환기에 불리
- 복도의 면적이 넓어진다.

ⓔ 집중형
- 부지의 이용률이 가장 높다.
- 많은 주호를 집중 배치할 수 있다.
- 독립성이 가장 나쁘다.
- 채광 및 환기에 불리 : 고도의 설비시설 필요

· 예제 02 ·

공동주택계획에 있어 주호의 접근방식에 따라 평면형식을 분류할 때 채광, 전망, 사생활 확보가 양호하다는 점에서 가장 거주성이 뛰어난 형식은?

【15국가직⑨】

① 중복도형   ② 편복도형
③ 계단실형   ④ 집중형

③ 계단실형(홀형) : 채광, 전망, 사생활 확보(독립성)이 양호하여 거주성이 뛰어난 형식이며, 통행부의 면적이 작고 건물의 유효면적이 넓고 각 세대로의 출입이 편리하다.

답 : ③

② 단면 형식상의 분류
ⓐ 단층형
- 각 주호가 한 개층으로 구성
- 평면구성의 제약이 적다.
- 작은 면적에서도 설계가 가능하다.
- 프라이버시 유지가 어렵다.
- 각 주호의 규모가 커지면 호당 공용부분의 면적이 커진다.

[단면 형식상의 분류]

(a) 플랫형   (b) 메조넷형

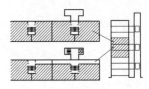

(c) 스킵 플로어형

ⓛ 복층형(duplex, maisonnette)
- 한 주호가 2개층 이상에 걸쳐 구성
- 독립성이 가장 좋다.
- 통로면적이 감소되고 유효면적이 증대
- 엘리베이터의 정지 층수가 적어지므로 엘리베이터 운행면에서 경제적이고 효율적
- 복도가 없는 층은 남북면이 트여 채광 및 환기에 유리
- 소규모 주택에서는 비경제적
- 복도가 없는 층에서 피난상 불리

ⓒ 스킵플로어형(skip floor type)
- 엘리베이터와 연결되는 복도가 2층 또는 3층마다 있고 복도에서 상하층을 계단으로 연결하는 형식
- 구조 및 설비계획상 복잡

· 예제 03 ·

> **공동주택 단위주거 단면 구성방법 중 메조네트형(Maisonnette Type)의 특성으로 옳지 않은 것은?** 【07국가직⑨】
>
> ① 통로면적의 감소로 임대면적이 증가한다.
> ② 소규모 주택에서는 면적의 효율적 이용에 유리하다.
> ③ 주택 내의 공간변화가 있다.
> ④ 다양한 입면 창출이 가능하다.
>
> ---
>
> ② 메조네트형(복층형, 듀플렉스형)은 내부계단으로 인한 공간활용에 제약이 발생하므로 소규모 주택에서는 비경제적이다.
>
> 답 : ②

[판상형과 타워형 아파트의 비교]
① 타워형 아파트는 ㅇ자형, ㅁ자형, ㅅ자형 등 다양한 형태가 가능하며, 2개 이상의 면에 발코니를 설치할 수 있는 개방형 설계가 용이하다.
② 판상형 아파트는 거실이 양면으로 개방되어 넓은 조망 및 일조권을 확보할 수 있으나 타워형 아파트에 비해 대지이용률이 낮다.
③ 타워형 아파트는 각 가구를 일렬로 길게 배열한 판상형 아파트와는 달리 한 개 층에 서너 가구 정도를 조합하는 방식이다.
④ 타워형 아파트는 판상형 아파트에 비해 부지활용도 측면에서 유리하고 단지 내의 공간확보가 쉬운 이점이 있으나 공사비가 많이 들어 분양가가 비싸질 수 있다.

③ 주동 형식상의 분류
ⓛ 판상형
- 각 주호를 균등한 조건으로 배치 가능
- 동일 형식의 주호 배열이 용이
- 대지의 조망 차단 우려
- 단조롭고 획일적인 배치가 될 우려
- 외부공간에 긴 음영이 생겨 공용시설 계획이 불리

ⓛ 탑상형(타워형)
- 대지의 조망, 경관 계획상 유리
- 단지 내의 랜드마크(landmark) 역할
- 외부 공간의 음영이 적어 공용시설 계획상 유리
- 주호가 중앙홀을 중심으로 배치됨으로써 각 주호의 환경조건이 불균등하다.

3 기본계획[☆]

(1) 배치계획 시 고려사항

① 자연 환경 및 사회적 환경 분석
② 인동간격 고려
③ 대지 내의 통풍, 연소 및 소음방지 고려

(2) 인동간격

① 남북간의 인동간격(D)

$D = 2H$ (H : 건물의 높이)

② 동서간의 인동간격(d_x) : 최소 6m 이상

• 1세대 건물 $d_x = b_x$ (b_x : 건물의 전면 길이)

• 2세대 건물 $d_x = 1/2 b_x$

• 아파트 $d_x = 1/5 b_x$

· 예제 04 ·

┌───┐
주택단지에서 인동간격을 결정하는 요소 중 가장 중요한 것은?

【09국가직⑦】

① 일조권   ② 건물 규모
③ 조망   ④ 건물 층고

───

① 주택단지에서 인동간격을 결정하는 요소 중 가장 중요한 것은 일조권이다.

답 : ①
└───┘

4 평면계획

(1) 단위평면(unit plan) 계획

① 거실에는 직접 출입이 가능하도록 한다.
② 침실에는 타실을 통하여 통행하지 않고 직접 출입이 가능하도록 한다.
③ 부엌은 식사실과 직결하고 외부에서 직접 출입할 수 있도록 한다.
④ 동선은 단순하고 혼란되지 않도록 한다.

(2) 주동(block plan) 계획

① 각 단위세대는 2면 이상 외기에 면할 것
② 중요한 거실이 모퉁이에 배치되지 않도록 한다.
③ 모퉁이 내에서 다른 주호가 들여다 보이지 않도록 한다.
④ 각 단위플랜에서 중요한 실의 환경은 균등하게 한다.
⑤ 계단실형의 경우 현관은 계단에서 6m 이내일 것

인동간격

[인동간격의 결정요소]

① 남북간의 인동간격
• 계절 : 태양의 고도가 가장 낮은 동지를 기준
• 그 지방의 위도(서울 : 37.5°)
• 태양 고도(동지 : 29°)
• 일조시간 : 최소 4시간 이상
• 대지의 지형
• 앞 건물의 높이
② 동서간의 인동간격 : 건물의 전면 길이

• 단위평면은 단독주택 계획에 준하여 계획한다.

• 블록플랜은 계단실형에 준하여 계획한다.

5 세부계획

(1) 거실, 식당, 부엌

① 다이닝키친 또는 리빙키친 형식으로 한다.
② 부엌에 면하여 베란다를 설치한다.
③ 거실의 층고는 2.4m 이상으로 하고 최상층은 단열을 위해 일반층보다 10~20cm 정도 더 높게 한다.

(2) 발코니

① 직접 외기에 면하는 장소에 배치
② 유아의 유희, 일광욕, 세탁물 건조의 장소로 사용된다.
③ 난간의 높이는 1.2m 정도로 한다.
④ 비상시 이웃집과 연락이 가능하게 한다.

(3) 현관

① 안여닫이가 원칙이나 홀이 좁아지므로 밖여닫이로 한다.
② 유효폭은 85cm 이상으로 하고 철제 방화문을 설치한다.

(4) 변소, 욕실

① 원칙적으로 변소와 욕실은 분리
② 변소는 될 수 있는 대로 거실에서 직접 출입하는 형식을 피하고 복도를 지나게 한다.

6 엘리베이터 계획

(1) 배치

① 복도형일 때 : 단위세대에서 30~40m 이내
② 계단실형일 때 : 홀에 배치

(2) 대수산출시 가정조건

① 2층 이상의 거주자 30%를 15분간에 일방향 수송한다.
② 1인이 승강에 필요한 시간은 문의 개폐시간을 포함하여 6초로 한다.
③ 한 층에서 승객을 기다리는 시간은 10초로 한다.
④ 실제 주행속도는 전속도의 80%로 한다.
⑤ 정원의 80%를 수송인원으로 한다.

⑶ 엘리베이터의 속도

① 경제적인 측면 : 저속(50m/min 이하)
② 능률적인 측면 : 중속(60~105m/min 이하)

⑷ 계획시 고려사항

① 엘리베이터 1대당 50~100호가 적당하고, 10인승 이하의 소규모가 좋다.
② 엘리베이터를 2대 이상 설치할 경우에는 한 곳에 통합하여 설치하는 것이 운전상 유리하다.

04 출제예상문제

1. 건축법규 상 공동주택에 속하지 않는 것은?

【09국가직⑦】

① 아파트
② 연립주택
③ 다세대주택
④ 다가구주택

[해설]
다가구주택은 단독주택에 속한다.
① 단독주택 : 단독주택, 다중주택, 다가구주택, 공관
② 공동주택 : 다세대주택, 연립주택, 아파트, 기숙사

2. 다세대주택에 관한 설명으로 가장 옳은 것은?

【10국가직⑨】

① 주택으로 쓰는 1개 동의 바닥면적 합계가 660m² 이하이고, 층수가 4개 층 이하인 주택
② 주택으로 쓰는 1개 동의 바닥면적 합계가 660m² 를 초과하고, 층수가 4개 층 이하인 주택
③ 주택으로 쓰는 1개 동의 바닥면적 합계가 660m² 이하이고, 층수가 3개 층 이하인 주택
④ 주택으로 쓰는 1개 동의 바닥면적 합계가 660m² 를 초과하고, 층수가 3개 층 이하인 주택

[해설]
다세대주택 : 주택으로 쓰는 1개 동의 바닥면적 합계가 660m² 이하이고, 층수가 4개 층 이하인 주택
※ 주택의 분류
① 다가구주택 : 주택으로 쓰는 1개 동의 바닥면적 합계가 660m² 이하이고, 층수가 3개 층 이하인 주택
② 연립주택 : 주택으로 쓰는 1개 동의 바닥면적 합계가 660m² 초과이고, 층수가 4개 층 이하인 주택
③ 아파트 : 주택으로 쓰는 1개 동의 바닥면적 합계가 660m² 초과이고, 층수가 5개 층 이상인 주택

3. 연립주택의 종류와 특성에 대한 설명으로 옳지 않은 것은?

【11국가직⑨】

① 테라스 하우스(Terrace House)는 대지의 경사도 가 30°가 되면 윗집과 아랫집이 절반정도 겹치게 되어 평지보다 2배의 밀도로 건축이 가능하다.
② 파티오 하우스(Patio House)는 1가구의 단층형 주택으로, 주거공간이 마당을 부분적으로 또는 전부 에워싸고 있다.
③ 테라스 하우스(Terrace House)는 상향식이든 하 향식이든 경사지에서는 스플릿 레벨(Split Level) 구성이 가능하다.
④ 타운 하우스(Town House)는 인접주호와의 경계 벽 설치를 연장하고 있으며, 대개 4~5층 이상으 로 건립한다.

[해설]
④ 타운 하우스(Town House)는 인접주호와의 경계벽 설치를 연 장하고 있으며, 대개 2~3층 이하로 건립한다.

4. 다음에 해당하는 집합주택의 유형은? 【15지방직⑦】

- 공동주차장 혹은 각 주호마다 주차장을 설치 함으로써 주차가 용이하다.
- 인접 주호와의 사이에 경계벽을 설치하거나 적절한 식재를 통해 사생활 보호가 가능하다.
- 동의 길이가 긴 경우 2~3세대씩 전진·후퇴할 수 있으며, 층의 다양화가 가능하다.

① 테라스하우스　　　　② 타운하우스
③ 다세대주택　　　　　④ 중정형주택

[해설] 타운하우스의 특징
① 공동주차장 혹은 각 주호마다 주차장을 설치함으로써 주차가 용이하다.
② 인접 주호와의 사이에 경계벽을 설치하거나 적절한 식재를 통 해 사생활 보호가 가능하다.
③ 동의 길이가 긴 경우 2~3세대씩 전진·후퇴할 수 있으며, 층의 다양화가 가능하다.

해답　1 ④　2 ①　3 ④　4 ②

5. 건축법령상 세부 용도가 공동주택에 해당되지 않는 것은? 【15지방직⑨】

① 다가구주택   ② 연립주택
③ 다세대주택   ④ 기숙사

[해설]
다가구주택은 단독주택에 속한다.
① 단독주택 : 단독주택, 다중주택, 다가구주택, 공관
② 공동주택 : 다세대주택, 연립주택, 아파트, 기숙사

6. 자연형 테라스하우스에 대한 설명으로 옳지 않은 것은? 【16국가직⑨】

① 각 세대의 깊이는 7.5m 이상으로 해야 한다.
② 테라스하우스의 밀도는 대지의 경사도에 따라 좌우되며, 경사가 심할수록 밀도가 높아진다.
③ 하향식 테라스하우스는 상층에 주생활 공간을 두고, 하층에 휴식 및 수면공간을 두는 것이 일반적이다.
④ 각 세대별로 전용의 뜰을 갖는 것이 가능하다.

[해설]
① 테라스 하우스의 경우 일반적으로 후면에 창이 안 나므로 각 세대의 깊이가 7.5m 이상 되어서는 안 된다.

7. 공동주택 단위주거 단면 구성방법 중 메조네트형 (Maisonnette Type)의 특성으로 옳지 않은 것은? 【07국가직⑨】

① 통로면적의 감소로 임대면적이 증가한다.
② 소규모 주택에서는 면적의 효율적 이용에 유리하다.
③ 주택 내의 공간변화가 있다.
④ 다양한 입면 창출이 가능하다.

[해설]
② 메조네트형(복층형, 듀플렉스형)은 내부계단으로 인한 공간활용에 제약이 발생하므로 소규모 주택에서는 비경제적이다.

8. 일조권에 관한 다음 글에서 옳지 않은 것은? 【07국가직⑦】

> 공동주택의 경우 인동간격은 건축법시행령에 따라 ⊙채광을 위한 창문 등이 있는 벽면으로부터 직각방향으로 건축물 각 부분의 높이의 0.8배 이상이지만 일조권의 침해를 방지하기 위하여, ⓒ동지를 기준으로 건축법시행령을 준용하여, ⓒ오전 9시에서 오후 3시 사이에 연속 2시간 이상의 직달일사 또는 대법원 판례기준으로 ⓒ오전 9시에서 오후 4시 사이에 최소 4시간 이상의 직달일사가 가능하도록 거리를 확보해야 한다.

① ⊙   ② ⓒ
③ ⓒ   ④ ⓒ

[해설]
⊙ 채광을 위한 창문 등이 있는 벽면으로부터 직각방향으로 건축물 각 부분의 높이의 0.5배 이상(도시형 생활주택의 경우 0.25배 이상)으로 한다.

9. 주택단지에서 인동간격을 결정하는 요소 중 가장 중요한 것은? 【09국가직⑦】

① 일조권   ② 건물 규모
③ 조망   ④ 건물 층고

[해설]
① 주택단지에서 인동간격을 결정하는 요소 중 가장 중요한 것은 일조권이다.

---

10. 판상형 아파트와 타워형 아파트 계획에 대한 설명으로 옳지 않은 것은? 【09지방직⑦】

① 타워형 아파트는 ㅇ자형, ㅁ자형, ㅅ자형 등 다양한 형태가 가능하며, 2개 이상의 면에 발코니를 설치할 수 있는 개방형 설계가 용이하다.

② 판상형 아파트는 거실이 양면으로 개방되어 넓은 조망 및 일조권을 확보할 수 있고 대지이용률이 높다.

③ 타워형 아파트는 각 가구를 일렬로 길게 배열한 판상형 아파트와는 달리 한 개 층에 서너 가구 정도를 조합하는 방식이다.

④ 타워형 아파트는 판상형 아파트에 비해 부지활용도 측면에서 유리하고 단지 내의 공간확보가 쉬운 이점이 있으나 공사비가 많이 들어 분양가가 비싸질 수 있다.

[해설]
② 대지이용률은 판상형 아파트보다 타워형 아파트가 더 높다.

11. 공동주택의 단면 형식에서 복층형(Maisonnette)의 특징으로 옳지 않은 것은? 【11지방직⑨】

① 듀플렉스 또는 중층형으로 부르며 하나의 주호가 2개 층으로 구성되는 형식이다.

② 플랫형에 비해 통로면적 등의 공용면적이 감소하여 전용면적비가 증가한다.

③ 수직방향 인접세대에 접하는 슬래브 면적이 늘어나 층간소음이 증가한다.

④ 엘리베이터의 정지층수가 적어 수직동선이 편리해진다.

[해설]
③ 수직방향 인접세대에 접하는 슬래브 면적이 줄어들어 층간소음이 감소한다.

12. 공동주택에 대한 설명으로 옳지 않은 것은? 【11국가직⑦】

① 연립주택은 주택으로 쓰이는 1개동의 바닥면적(지하주차장면적 제외)의 합계가 $660m^2$를 초과하고, 층수가 4개층 이하인 주택을 말한다.

② 아파트는 주택으로 쓰이는 층수가 5개층 이상인 주택을 말한다.

③ 공동주택의 중복도에는 채광 및 통풍이 원활하도록 50m 이내마다 1개소 이상 외기에 면하는 개구부를 설치하여야 한다.

④ '공동주택'이란 건축물의 벽·복도·계단이나 그 밖의 설비 등의 전부 또는 일부를 공동으로 사용하는 각 세대가 하나의 건축물 안에서 각각 독립된 주거생활을 할 수 있는 구조로 된 주택을 말한다.

[해설]
③ 공동주택의 중복도에는 채광 및 통풍이 원활하도록 40m 이내마다 1개소 이상 외기에 면하는 개구부를 설치하여야 한다.

13. 공동주택에 대한 설명으로 옳지 않은 것은? 【11지방직⑦】

① 단면형식에 의한 분류 중 플랫형(Flat Type)은 단위주거의 평면계획에 변화를 줄 수 있고 거주성, 프라이버시, 일조, 통풍, 전망에 유리하다.

② 주호집합형식에 의한 분류 중 테라스형은 경사지 이용에 적절한 형식으로 각 주호의 전망 및 채광이 양호하다.

③ 평면형식에 의한 분류 중 중복도형은 고밀도가 가능하나, 단위주거의 독립성이 좋지 못하다.

④ 평면형식에 의한 분류 중 홀형(계단실형)은 계단실 또는 엘리베이터 홀에서 직접 주거단위로 출입하는 평면형식으로 프라이버시가 양호하며, 공용부분의 면적이 적어 건물의 이용도가 높다.

[해설]
① 플랫형은 1개층에 1세대가 거주하는 형식으로 단위주거의 평면계획에 변화를 주기 어렵다.

14. 공동주택의 단면형식 중 메조넷형(Maisonnette Type)에 대한 설명으로 옳은 것은? 【12국가직⑦】

① 통로가 없는 층의 평면은 프라이버시가 좋아진다.
② 하나의 주거단위가 같은 층에만 한정되는 형식이다.
③ 프라이버시의 확보, 통로면적이나 피난계단 등을 설치하기 위한 공간이 필요 없으므로 규모에 제약받지 않는다.
④ 주거단위의 단면을 단층과 복층형의 동일층을 택하지 않고 반층씩 어긋나게 배치하는 형식이다.

[해설]
　② 하나의 주거단위가 2개 층을 사용하는 형식이다.
　③ 복도가 없는 층에서는 피난에 불리하므로 통로면적이나 피난계단 등을 설치하기 위한 공간이 필요하다.
　④ 주거단위의 단면을 단층과 복층형의 동일층을 택하지 않고 반층씩 어긋나게 배치하는 형식은 스킵플로어형이다.

15. 아파트의 사회적 성립요인으로 옳지 않은 것은? 【12국가직⑦】

① 핵가족화에 따른 세대인원의 감소
② 도시생활 근로자의 이동성
③ 대지비, 건축비, 관리비의 절약
④ 도시집중화에 따른 도시 인구밀도의 증가

[해설]
　계획적 및 경제적 요인 : 대지비, 건축비, 관리비의 절약

16. 아파트 주호계획 형식에 대한 설명으로 옳지 않은 것은? 【13국가직⑨】

① 계단실형은 거주의 프라이버시, 일조, 통풍 등의 거주조건이 양호하다.
② 편복도형은 공용복도쪽 프라이버시가 침해되기 쉽지만 계단실형보다 엘리베이터 효율성이 높다.
③ 중복도형은 통풍, 채광 및 프라이버시 등의 거주조건이 불리하다.
④ 복층형은 각 주호의 진입부가 2~3개 층마다 형성되므로 전용면적이 줄어드는 단점이 있다.

[해설]
　④ 복층형은 각 주호의 진입부가 2~3개 층마다 형성되므로 복도면적이 줄어들고 전용면적이 늘어나는 장점이 있다.

17. 공동주택계획에 있어 주호의 접근방식에 따라 평면형식을 분류할 때 채광, 전망, 사생활 확보가 양호하다는 점에서 가장 거주성이 뛰어난 형식은? 【15국가직⑨】

① 중복도형　　　　② 편복도형
③ 계단실형　　　　④ 집중형

[해설]
　③ 계단실형(홀형) : 채광, 전망, 사생활 확보(독립성)이 양호하여 거주성이 뛰어난 형식이며, 통행부의 면적이 작고 건물의 유효면적이 넓고 각 세대로의 출입이 편리하다.

18. 다음 설명에 해당하는 공동주택의 단위주거 단면형식은? 【20국가직⑨】

> • 단위주거의 평면구성 제약이 적고 소규모도 설계가 용이하다.
> • 복도가 있는 경우 단위주거의 규모가 크면 복도가 길어져 공용 면적이 증가하며, 프라이버시에 있어 타 형식보다 불리하다.
> • 단위주거가 한 개의 층에만 한정된 형식이다.

① 메조넷형
② 스킵 메조넷형
③ 트리플렉스형
④ 플랫형

[해설] 플랫형(flat type)
　① 단위주거의 평면구성 제약이 적고 소규모도 설계가 용이하다.
　② 복도가 있는 경우 단위주거의 규모가 크면 복도가 길어져 공용 면적이 증가하며, 프라이버시에 있어 타 형식보다 불리하다.
　③ 단위주거가 한 개의 층에만 한정된 형식이다.

Chapter 05

주거단지 계획

주거단지 계획은 주택지 내에 도로, 주거동 구성 및 형식 등을 고려하여 시설을 배치하는 계획으로 공동주택과 관련이 있는 부분이다. 여기에서는 근린주구이론, 근린생활권의 구성, 주거밀도의 설정, 주거단지 내의 교통계획에 대한 문제가 출제된다.

[단지계획의 목표]
① 기능의 충족성(Functional Integration)
② 개발비용의 효율성(Efficiency)
③ 환경 선택의 자유(Choice)
④ 건강성 및 쾌적성(Health and Amenity)
⑤ 이웃 간의 유대(Communication)
⑥ 변화에 대한 적응성(Adaptability)

1 주거단지 계획의 개요

(1) 주거단지 계획의 정의

주거단지 계획은 인간이 생활하는데 불편함이 없도록 외부의 물리적인 환경을 조성하는 기술로 환경 설계요소인 도로, 주거동 구성 및 형식, 인동간격, 프라이버시, 소음, 조망 등을 고려하여 시설 배치를 계획하는 것을 말한다.

(2) 커뮤니티와 공공시설

① 커뮤니티(community) : 도시의 발전으로 주택지의 편의는 증가하나 생활의 쾌적함과 질서가 급격히 저하됨에 따라 주택지의 균형있는 발전을 이룩하기 위해서 주택지를 지역적으로 통합하여 발전시키려는 사고방식
② 커뮤니티 센터(community center, 공동시설) : 공동생활에 필요한 시설이 형성된 군을 말한다.
③ 공동시설의 종류

구 분	시설의 종류
1차 공동시설 (기본적 주거시설)	급배수, 급탕, 난방, 환기, 전화설비, 엘리베이터, 각종 슈트, 소각로 등
2차 공동시설 (거주행위의 공유)	세탁장, 작업시설, 어린이 놀이터, 창고, 응접실 등
3차 공동시설 (집단생활의 기능촉진)	관리시설, 물품판매, 집회실, 체육시설, 의료시설, 보육시설, 정원 등
4차 공동시설 (공공시설)	우체국, 학교, 경찰서, 파출소, 소방서, 교통기관 등

출제빈도

07국가직 ⑨ 08국가직 ⑨ 09국가직 ⑦
11국가직 ⑨ 12국가직 ⑨ 14지방직 ⑨
14국가직 ⑦ 21국가직 ⑨

[에베네저 하워드(Ebenezer Howard, 1850~1928년)]
영국의 도시 계획 학자로, 현대 도시 계획의 선조라고 불린다. 전원도시를 주장하여 (Garden city movement) 자연과의 공생, 도시의 자율성을 제시한 후 현대 도시계획에 많은 영향을 미쳤다.

2 근린주구 이론 [☆☆☆]

(1) 하워드(E. Howard)의 전원도시이론(1898년)

① 인구는 3~5만 명 정도로서 시가지에 32,000명으로 인구제한
② 중심부에 400ha의 시가지와 주변에 2,000ha의 농경지 : 도시와 농촌의 결합, 도시가 일정 규모 이상으로 확산되는 것을 방지

③ 시청, 미술관, 병원 등을 중심부에 배치, 동심원상으로 상업지, 주택지, 공업지 등을 배치하여 자족성을 유지

④ 공공단체에 의한 토지의 위탁관리로 토지 사유화의 제한

⑤ 개발이익의 사회환원 : 정해진 성장 한계에 달할 때까지 도시의 번영과 성장으로 발생한 이익을 지역에 환원

(2) 페리(C. A. Perry)의 근린주구(1923년)

① 규모 : 초등학교 하나를 필요로 하는 인구, 지역의 반지름은 400m

② 경계 : 주구를 둘러싼 간선도로로 구획, 통과교통 배제

③ 공지 : 요구에 적합한 소공원, 레크리에이션 용지

④ 공공시설 용지 : 학교, 기타 공공시설들이 중심지 또는 공공지역에 군집되어 입지

⑤ 지구 점포 : 거주인구에 적합한 상점지구가 주거지 내에 1개소 이상 입지, 위치는 교통의 결절점, 인접지구의 점포지구에 인접하도록 배치

⑥ 내부 가로망 : 주구 내의 교통량에 비례하며, 주구 내를 통과하는 교통을 배제

(3) 라이트(Henry Wright)와 스타인(Clarence S. Stein)의 래드번(Radburn) 계획(1928년)

① 보행자와 자동차 교통의 분리

② 주거지는 슈퍼블록(Super block) 단위로 계획 : 간선도로에 의해 분할되지 않는 주구로 10~20ha로 구성

③ 주택과 가구안의 시설, 학교, 공원 등도 보도에 의해 연결

④ 쿨데삭(cul-de-sac)으로 차량의 서비스 도로 역할을 함

⑤ 주호계획에서 부엌 등 서비스 관계의 실은 쿨데삭 쪽에 배치

⑥ 거실, 침실 등은 중앙의 뜰이나 공원에 면하도록 배치

(4) 페더(G. Feder)의 새로운 도시(1932년)

① 중심부에 초등학교가 위치

② 일(日) 중심, 주(週) 중심, 월(月) 중심의 단계별 일상생활권 개념의 확립

③ 인구 2만명을 갖는 자급자족적인 소도시

(5) 아담스(T. Adams)의 주거지설계(1932년)

① 중심시설은 공민관(회관, 공공시설)과 상업시설이 위치

② 소주택의 근린지를 제안 : 페리의 근린주구와 거의 같은 규모로서 1,300~2,050호

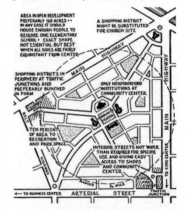
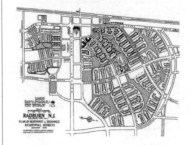

(6) 루이스(M. Lewis)의 현대도시 계획

① 어린이의 최대 통학거리 : 800~1,200m

② 점포지구에 이르는 최대거리 : 800m 이하

③ 5~15세까지의 소년에 대한 운동장의 크기 : 반지름 400~800m

④ 근린주구의 이상적인 크기 : 1/2평방마일 이하(높은 인구밀도 : 1/4평방마일)

· 예제 01 ·

> **근린주구 이론에 대한 설명으로 옳지 않은 것은?** 【12국가직⑨】
>
> ① 하워드(E. Howard)는 도시와 농촌의 장점을 결합한 전원도시(Garden City) 계획안을 발표하고, 런던 교외 신도시 지역인 레치워스에서 실현하였다.
>
> ② 페리(C. A. Perry)는 일조문제와 인동간격의 이론적 고찰을 통하여 근린주구의 중심시설을 교회와 커뮤니티센터로 하였다.
>
> ③ 페더(G. Feder)는 소주택의 근린지를 제안하고, 페리의 근린주구와 거의 같은 규모로 상업시설 등을 중심시설로 두었다.
>
> ④ 라이트(H. Wright)와 스타인(C. S .Stein)은 자동차와 보행자를 분리한 슈퍼블록을 제안하였고, 쿨드삭(Cul-de-Sac)의 도로형태를 제안하였다.
>
> ---
>
> ③ 소주택의 근린지를 제안하고, 페리의 근린주구와 거의 같은 규모로 상업시설 등을 중심시설로 제안한 사람은 아담스(T. Adams)이다.
>
> 답 : ③

3 근린생활권의 구성[☆]

출제빈도

09국가직 ⑨ 15국가직 ⑨

[근린생활권의 구성]

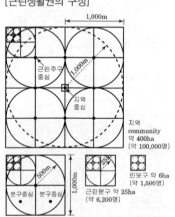

근린주구 약 100ha
(약 25,000명)

구분	면적	호수	인구규모	중심시설
인보구	0.5~2.5ha	20~40호	100~200명	유아 놀이터, 공동 세탁장
근린분구	15~25ha	400~500호	2,000~2,500명	• 소비시설 : 잡화상, 술집, 쌀가게 • 후생시설 : 공중목욕탕, 약국, 이발관, 진료소, 조산소, 공중변소 • 공공시설 : 공회당, 우체통, 파출소, 공중전화 • 보육시설 : 유치원, 탁아소, 아동공원
근린주구	100ha	1,600~2,000호	8,000~10,000명	초등학교, 병원, 어린이공원, 도서관, 우체국, 소방서, 동사무소

4 주거단지 계획 과정

(1) 단지계획 과정

| 목표설정 | ⇨ | 조사분석 | ⇨ | 기본구상 | ⇨ | 대안설정 | ⇨ |

| 기본계획 | ⇨ | 기본설계 | ⇨ | 실시설계 | ⇨ | 집행계획 |

(2) 단지계획의 접근방식

① 생태적접근 : 주거단지 계획에서 가장 기초가 되는 접근방법으로 생태적 결정론(Ecological Determinism)에 기초를 하고 있으며, 자연과 인간의 관계를 생태적으로 연결하는 방법

② 행태적접근 : 사회학, 심리학, 인류학 등의 인간행태 분야에 대한 연구결과는 단지계획에 응용하는 접근방법.

③ 시각·미학적접근 : 자연에 내재되어 있는 미적 질서를 파악하고, 이러한 미적 질서를 인간환경에 적용하고자 하는 접근방법

④ 사회·심리적접근 : 인간 본성의 형성과 발달, 인간과 환경과의 관계에 영향을 미치는 사회적 요인들을 분석하여 단지계획에 적용하고자 하는 접근방법

(3) 단지계획의 요소

① 자연환경 요소 : 기후, 일조, 수림, 지형, 토양, 공기, 생물, 자연경관, 소음 등 생태학적 요소와 지리적 요소

② 인위적 환경 요소 : 기존 시설물과 건축물, 경관, 조망, 장소성

③ 사회적 요소 : 인구, 건강, 복지, 범죄 등

④ 기타 제한 요소 : 법규, 관련계획 등

(4) 조사분석기법

① 문헌조사 : 참고자료 및 보고서의 활용

② 지리정보 시스템(GIS, Geographic Information System) : 지표의 여러 정보를 컴퓨터를 이용하여 수집, 저장, 검색, 갱신, 분석, 제어하는 시스템

③ 도시정보관리 시스템(UIS, Urban Information System) : 도시계획 분야의 정보를 수집, 저장, 관리하는 시스템으로 도시계획, 행정관리, 시민 편의 등에 이용

④ 토지정보관리 시스템(LIS, Land Information System) : 부동산의 크기, 가치, 소유관계 등 토지의 기록에 관련된 자료에 중점을 두는 지리적 정보체계

⑤ 면접법

⑥ 관찰법 : 직접관찰법, 추적관찰법, 참여자관찰법, 행태도

⑦ 설문지법 : 태도측정법, 견해차이법, 형용사 대조법, 순위도표, 선호도 매트릭스

⑧ 원격탐사(리모트센싱, Remote Sensing) : 항공기, 기구, 인공위성 등을 이용하여 지상의 어떤 대상물이나 현상을 탐사

5 토지이용 및 교통계획

(1) 주거밀도[☆]

① 주거밀도의 결정조건

ㄱ 주택 1인당 바닥면적 : 주택 규모

ㄴ 건축형식(독립주택, 연립주택, 아파트) : 인동간격

ㄷ 건축구조(목구조, 조적조, 철근콘크리트구조, 철골조 등)
: 동서방향의 인동간격

ㄹ 일사, 지반의 경사 : 남북방향의 인동간격

ㅁ 토지이용률

② 주거밀도를 나타내는 방법

ㄱ 인구밀도
- 토지와 인구와의 관계
- 인구밀도 = 주거인구/토지면적

ㄴ 순밀도
- 녹지나 교통용지를 제외한 주거 전용면적에 대한 인구밀도
- 순밀도 = 주거 전용면적의 인구/토지면적

ㄷ 총밀도
- 총대지면적에 대한 인구밀도
- 총밀도 = 총인구수/총대지면적

ㄹ 호수밀도(호/ha)
- 토지와 건축물과의 관계
- 호수밀도 = 주택 호수/토지면적

ㅁ 건폐율(%)
- 건축면적과 토지와의 관계
- 건폐율 = 건축면적/토지면적

ㅂ 용적률(%)
- 토지의 고도집약 이용도를 결정하는 지표
- 용적률 = 건축 연면적/토지면적

출제빈도
09지방직 ⑨ 10국가직 ⑨ 11국가직 ⑦
18국가직 ⑨

[주거밀도]
밀도란 토지의 집약적, 경제적 및 쾌적한 주거환경을 조성하기 위하여 토지와 건물, 토지와 인구와의 수량적 관계의 지표

[과밀과 고밀]
① 과밀 : 토지에 대한 인구의 밀도가 높은 현상
② 고밀 : 토지에 대한 건물의 밀도가 높은 고층화 현상

③ 도시의 주택 배치

분류	인구밀도	규모
중심부	500인/ha	고층 아파트, 주상복합건물
중심부의 외주부	300~400인/ha	중층 아파트, 연립주택
외주부	200인/ha	단독주택 단지
교외지역	50~100인/ha	전원주택
슬럼(slum)	600인/ha 이상 밀집	

• 예제 02 •

공동주택의 계획 시 고려해야 할 주거밀도에 관한 설명으로 옳지 않은 것은?

【09지방직⑨】

① 토지이용률은 대지 전체면적에 대한 각 시설의 용도별 면적의 비율(%)을 나타낸 것이다.

② 용적률은 대지면적에 대한 건축물 연면적의 비율로 대지의 평면적 구성과 토지이용상태를 표시한다.

③ 호수밀도는 단위토지면적당 주호수(호/ha)로 인구밀도를 산정하는 기초가 된다.

④ 인구밀도는 단위토지면적당 거주인구수(인/ha)로 총밀도와 순밀도로 표시한다.

② 용적률은 대지면적에 대한 건축물 연면적의 비율을 말하며, 대지의 평면적 구성과 토지이용상태는 배치도에 표시한다.

답 : ②

(2) **교통계획**[☆☆]

① 보행자동선

㉠ 계획원칙

• 목적 동선은 최단거리로 하고 오르내림이 없도록 한다.

• 대지 주변부의 보행자 전용로와 연결한다.

• 보행로의 폭은 어린이 놀이터를 포함한 생활공간으로 고려한다.

• 생활편의시설을 집중 배치한다.

• 어린이 놀이터나 공원은 보행자 보도에 인접하여 설치한다.

㉡ 보행자 공간계획시 유의사항

• 보행로에 흥미를 부여하고 질감, 밀도, 조경 및 스케일에 변화를 준다.

• 보행자가 차도를 걷거나 횡단하기 쉽지 않게 한다.

• 보행자 공간에 광장 등을 포함시켜 다양성을 높인다.

• 보차 교차부분은 시계(視界)를 넓게 하고, 차도를 쉽게 인지할 수 있게 한다.

출제빈도
11지방직 ⑦ 12지방직 ⑨ 13지방직 ⑨
13국가직 ⑦ 15국가직 ⑦ 17국가직 ⑨

[보차분리방식의 종류]

① 평면분리방식 : 쿨데삭(Cul-de-Sac), 루프형(Loop), T자형

② 면적분리방식 : 보행자 안전참, 보행자 공간의 확보

③ 입체분리방식 : 오버브릿지(over bridge), 언더패스(Under Path)

④ 시간분리방식 : 시간제 차량통행, 차량 없는 날의 지정

- 보행로에서 주민들의 접촉이 일어나도록 고려한다.
- 커뮤니티의 중심부에 유보로(遊步路)를 설치한다.
- 활동의 결절점은 커뮤니티의 어느 곳에서도 10분 정도의 보행거리 내에 위치하도록 하며 외부공간을 둔다.

ⓒ 보행자 보도의 조건
- 최소 폭 : 2.4m 이상(3인이 부딪치지 않고 통과할 수 있는 폭)
- 자전거 도로 : 보도와의 사이에 가이드레일 또는 단차가 있는 보도를 설치한다.
- 보도는 단지 내에서 단절되지 않고 다른 시설들에 의해 방해받지 않도록 한다.
- 규모가 큰 건축물의 입구에 직접 면하지 않도록 한다.
- 도로 폭 10m 이상시 보도가 필요하다.

② 차량 동선
ⓐ 계획원칙
- 최단거리 동선이 요구되며, 알기 쉽게 배치한다.
- 9m(버스), 6m(소로), 4m(주거동 진입도로)의 3단계 정도로 한다.
- 주차장계획과 합리적인 연결이 되도록 한다.
- 쓰레기 수집방식은 차량동선계획과 함께 고려한다.
- 긴급차량동선을 확보하고, 소음대책도 강구한다.

ⓑ 간선도로 계획

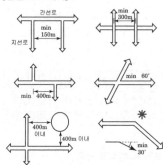

[간선도로 계획]

- 지구내 간선도로는 지선로에 의해 자주 끊겨서는 안된다.
- 간선도로에서 횡단보도는 300m 마다 설치한다.
- 간선도로의 교차는 T자형으로 하고 교차지점간의 간격은 400m 이상으로 한다.
- 간선도로의 교차각은 최소 60° 이상이어야 하며, 30° 이상 우회할 때 우회지점에 지표를 설치한다.
- 모든 공공시설물은 인접된 2 이상의 간선도로에서 보행거리 내에 설치한다.
- 도로와 주택지간의 최적거리는 60m이다.

ⓒ 주거단지 내의 교통계획
- 통행량이 많은 고속도로는 근린주구단위를 분리시킨다.
- 근린주구단위 내부로의 자동차 통과진입을 극소화한다.
- 도로패턴은 조직적이어야 하며, 주요 차도와 보도의 입구는 명확하게 구분할 수 있어야 한다.
- 2차 도로체계는 주도로와 연결되어 쿨데삭을 이루게 한다.
- 단지 내의 통과 교통량을 줄이기 위해 고밀도 지역은 단지 진입구 주변에 배치한다.
- 진입로 1개소당 200세대까지 서비스할 수 있도록 한다.
- 단지 내의 차량 이동은 저속을 유지하도록 한다.

・ 예제 03 ・

주거단지의 교통계획에 관한 설명으로 옳지 않은 것은?　【13지방직⑨】

① 주거단지의 주진입로는 기준 도로와 직각교차하며 다른 교차로에서 최소 60m 이상 떨어져 위치해야 한다.

② 근린주구 단위 내부로의 자동차 통과진입을 극소화한다.

③ 단지 내의 통과교통량을 줄이기 위해 고밀도지역은 기존 도로의 연결 및 잠재적 연결가능성을 고려하여 단지 중심부에 배치한다.

④ 2차 도로체계(Sub-System)는 주도로와 연결되어 쿨드삭(Cul-de-Sac)을 형성하고, 미연방주택국(FHA)에서는 쿨드삭의 적정길이를 120~300m 까지로 제안하고 있다.

---

③ 단지 내의 통과교통량을 줄이기 위해 고밀도지역은 기존 도로의 연결 및 잠재적 연결가능성을 고려하여 단지 외곽부에 배치한다.

답 : ③

출제빈도
18지방직 ⑨

6 주거단지 계획 및 도시설계 관련 이론[☆]

(1) 레이 제프리(R. Jeffery)의 범죄예방환경설계(CPTED)

CPTED(Crime Prevention Through Environmental Design) : 환경설계를 통한 범죄예방 설계기법을 말하며, 건축물 등 도시계획시설을 설계단계부터 범죄를 예방할 수 있는 환경으로 조성하는 기법 및 제도를 말한다.

① 자연감시 : 주변을 잘 볼 수 있고 은폐장소를 최소화시킨 설계

② 접근통제 : 외부인과 부적절한 사람의 출입을 통제하는 설계

③ 활동의 활성화 : 자연감시와 연계된 다양한 활동을 유도하는 설계

④ 유지관리 : 지속적으로 안전한 환경 유지를 위한 계획

(2) 오스카 뉴먼(O. Newman)의 방어적 공간(Defensible Space)

방어적 공간이란 물리적 설계로 범죄예방 공간을 형성하는 것으로 거주자를 범죄로부터 보호할 수 있도록 주택, 통행로, 외부 공간, 놀이터 및 주변 공간 등에 범죄 예방 여건이 조성된 주거 공간을 의미한다.

① 영역성 : 공동체의식의 강화를 통한 범죄예방

② 자연감시 : 주변을 잘 볼 수 있고 은폐장소를 최소화시킨 설계

③ 이미지 : 지속적으로 안전한 환경 유지

④ 환경 : 계획단계부터 범죄 발생요인이 적고 자연감시가 용이한 지역에 주거지 개발

[제프리의 범죄예방모델]

① 범죄억제모델 : 형벌을 통한 범죄억제

② 사회복귀모델 : 범죄자의 치료와 갱생 정책을 통한 사회복귀

③ 범죄통제모델 : 사회환경개선을 통한 범죄예방

[브랜팅엄(Brantingham)과 파우스트(Faust)의 범죄예방 3가지 모델]

① 제1차적 범죄예방: 물리적, 사회적 환경들 중에서 범죄원인이 되는 조건 개선에 중점을 둔 환경설계, 이웃감시, 민간경비 및 범죄예방 교육 등

② 제2차적 범죄예방: 범죄를 행할 가능성이 높은 개인이나 집단을 대상으로 지역사회 지도자, 교육자, 부모 등에 의한 감시 및 교육 등

③ 제3차적 범죄예방: 범죄자를 대상으로 더 이상 범죄를 저지르지 않도록 하는 것으로, 교도소 구금 및 교정프로그램, 지역사회 내의 교정활동이 포함된다.

[케빈 린치(Kevin Lynch)의 도시 이미지 구성요소]

① 통로(Paths) : 도로, 가로, 철도 등

② 지역(Districts) : 관찰자가 심리적으로 느끼는 어떤 공통적 특징을 갖는 구역

③ 결절(Nodes) : 광장, 교차로 등

④ 경계(Edges) : 해안선, 언덕 등

⑤ 랜드마크(Landmarks) : 기념물, 탑, 산 등

(3) 뉴어바니즘(New Urbanism)

① 도시의 무분별한 확산에 따른 도시문제를 극복하기 위한 대안으로 도시개발에 대한 접근법을 바꿈으로써 사회문제를 해결하자는 도시계획운동

② 기존의 승용차에 의한 도시활동 패턴을 탈피하여 도보 및 대중교통수단 등을 중심으로 한 지역사회 건설

③ 도시적 생활요소들을 변형시켜 전통적 생활방식으로 회귀

④ 다양한 기능 및 형태의 주거단지 조성

⑤ 생태계를 토대로 한 지속가능한 주거단지의 조성

- TND(Traditional Neighborhood Development) : 전통근린개발 전통도시에서 볼 수 있는 긴밀하게 연결된 도시조직 적용
- TOD(Transit Oriented Development) : 대중교통지향개발 대중교통수단의 이용과 에너지를 효율적으로 이용
- MUD(Mixed Use Development) : 복합용도개발 보행거리 내에 상업, 업무, 위락, 주거시설 등의 복합용도 개발

(4) 유비쿼터스(Ubiquitous) 도시

① 정의 : 첨단정보통신 인프라와 유비쿼터스 정보서비스가 도시공간에 융합된 지능형 미래도시

② 기존의 물리적 도시공간이 전자공간과 융합하여 지능화된 제 4의 공간을 기반으로 건설되는 도시이다.

③ 도로, 건물, 상하수도시설 등의 도시기반시설에 Wibro, RFID, 센서 등을 적용한 지능화된 도시를 말한다.

④ 교통, 교육, 의료, 쇼핑 등 모든 생활분야에서 유비쿼터스 서비스가 제공된다.

(5) 도시재생

① 도시재생은 도시의 물리적 환경개선에 대한 한계에 대응하기 위해 제안된 것이다.

② 도시재생은 다양한 참여주체의 통합적인 조정과 연계를 위한 코디네이팅 프로그램이 중요하다.

③ 도시재생이 지속가능한 상태를 유지하기 위해서는 지역주민의 자발적 참여가 중요하다.

④ 도시재생은 전략적 계획을 통해 체계적인 과정으로 이루어져야 한다.

05 출제예상문제

1. 래드번 주택단지 계획에 관한 설명으로 옳지 않은 것은? 【07국가직⑨】

① 자동차 시대에 맞는 새로운 개념의 주거단지로 1920년대 말에 조성되었다.

② 주택들은 쿨데삭(Cul-De-Sac) 도로방식에 의해 배치되었다.

③ 주택과 가구(街區) 내의 시설이나 학교, 공원 등은 보행자도로에 의해 연결되었다.

④ 클래런스 페리(Clarence A. Perry)와 헨리 라이트(Henry Wright)의 설계로 이루어졌다.

[해설]
④ 래드번 계획은 클래런스 슈타인(Clarence Stein)과 헨리 라이트(Henry Wright)의 설계로 이루어졌다.

2. 19세기 후반 전원도시(Garden City) 이론을 제창함으로써 이후 도시계획 및 단지계획에 큰 영향을 준 사람은? 【08국가직⑨】

① 월터 그로피우스(Walter Gropius)

② 안토니오 산텔리아(Antonio Sant'Elia)

③ 토니 가르니에(Tony Garnier)

④ 에베네저 하워드(Ebenezer Howard)

[해설]

에베네저 하워드(Ebenezer Howard, 1850~1928년) 영국의 도시 계획 학자로, 현대 도시 계획의 선조라고 불린다. 전원도시를 주창하여(Garden city movement) 자연과의 공생, 도시의 자율성을 제시한 후 현대 도시계획에 많은 영향을 미쳤다.

3. 헨리 라이트(Henry Wright)와 클라렌스 스타인(Clarence Stein)이 제안하였던 래드번(Radburn) 단지계획의 특징으로 옳지 않은 것은? 【09국가직⑦】

① 단지는 주택, 학교, 공원 등이 보도로 연결되는 슈퍼블록으로 구성되어 있다.

② 단지 내 막다른 골목의 끝에 차고를 포함한 주거를 자유롭게 배치하였다.

③ 단지 중심에 커뮤니티센터, 학교 등을 배치하여 접근성을 높였다.

④ 단지 내 도로형식은 전형적 쿨데삭(Cul-de-Sac)으로 차량이 주택접근, 배달, 기타 서비스 활동을 수행한다.

[해설]
③ 래드번 계획에서는 단지 중심에 공원을 배치하였다.

4. 건축계획에 대한 설명으로 옳지 않은 것은? 【10지방직⑦】

① 주거단지 계획 시 인구 10,000명, 면적 100ha, 중심과의 거리 400~800m의 근린주구 개념을 제안한 사람은 케빈 린치이다.

② 사무소의 유효율(Rentable Ratio)은 연면적에 대한 대실면적의 비율을 말하며, 전용사무소인 경우는 거주성과 여유를 중요시하여 유효율이 낮아질 수 있다.

③ 중앙홀 형식의 전시공간은 중앙에 큰 홀이 있고, 그 홀을 중심으로 각 전시실이 접해있는 형식으로서 F.L.Wright의 구겐하임 미술관은 이 형식을 입체적으로 발전시킨 예이다.

④ 병원건축에서 새로운 간호단위의 개념인 PPC(Progressive Patient Care)의 방식은 질병의 종류에 관계없이 환자를 단계적으로 구분하여 질병을 치료하는 방법이다.

[해설]
① 근린주구의 개념을 제시한 인물은 페리(C. A. Perry)이다.

해답 1 ④ 2 ④ 3 ③ 4 ①

5. 페리(C. Perry)가 1929년에 정립한 근린주구단위 개념에 따른 근린주구의 계획원리로서 옳지 않은 것은? 【11국가직⑨】

① 하나의 초등학교가 필요하게 되는 인구에 대응하는 '규모'를 가져야 하고, 그 물리적 크기는 인구밀도에 의해 결정된다.

② '근린점포'의 경우, 주민에게 적절한 서비스를 제공하는 1~2개소 이상의 상업지구가 주거지 내에 설치되어야 한다.

③ 단지경계와 일치한 서비스구역을 갖는 학교 및 '공공건축용지'는 중심 위치에 적절히 통합한다.

④ '경계'의 단위는 통과교통이 내부를 관통하여 지나갈 수 있도록 구획한다.

[해설]
　④ 내부 가로망은 주구 내의 교통량에 비례하며, 주구 내를 통과하는 교통을 배제한다.

6. 근린주구 이론에 대한 설명으로 옳지 않은 것은? 【12국가직⑨】

① 하워드(E. Howard)는 도시와 농촌의 장점을 결합한 전원도시(Garden City) 계획안을 발표하고, 런던 교외 신도시 지역인 레치워스에서 실현하였다.

② 페리(C. A. Perry)는 일조문제와 인동간격의 이론적 고찰을 통하여 근린주구의 중심시설을 교회와 커뮤니티센터로 하였다.

③ 페더(G. Feder)는 소주택의 근린지를 제안하고, 페리의 근린주구와 거의 같은 규모로 상업시설 등을 중심시설로 두었다.

④ 라이트(H. Wright)와 스타인(C. S .Stein)은 자동차와 보행자를 분리한 슈퍼블록을 제안하였고, 쿨드삭(Cul-de-Sac)의 도로형태를 제안하였다.

[해설]
　③ 소주택의 근린지를 제안하고, 페리의 근린주구와 거의 같은 규모로 상업시설 등을 중심시설로 제안한 사람은 아담스(T. Adams)이다.

7. 주거단지 계획에 있어 보행자와 자동차의 분리를 주된 특징으로 한 계획안은? 【14지방직⑨】

① 하워드(E. Howard)의 '내일의 전원도시'

② 아담스(T. Adams)의 '주거지의 설계'

③ 라이트(H.Wright)와 스타인(C. S. Stein)의 '래드번 설계'

④ 루이스(H.M. Lewis)의 '현대도시의 계획'

[해설] 라이트(H. Wright)와 스타인(C. Stein)의 「래드번(Radburn, 1928)」 설계
　① 슈퍼블록(Super Block): 자동차와 보행자를 분리하고, 주택들과 지역 내 시설, 학교, 공원들까지도 보도에 의하여 연결된다.
　② 도로형식: 전형적인 쿨드삭(Cul-de-Sac)으로 도로시설 역할을 하며 차량이 집과의 접근, 배달, 서비스 활동을 가능하게 한다.

8. 근린주구에 대한 설명으로 옳지 않은 것은? 【14국가직⑦】

① 페더(G. Feder)는 일조문제와 인동간격의 이론적 고찰을 통해 최초의 근린주구이론을 확립하였다. 그의 이론은 초등학교 1개교를 수용하는 약 5,000명 정도의 인구규모가 적당하며 보행권 중심의 생활권을 제안하고 있다.

② 라이트(H. Wright)와 스타인(C. S. Stein)이 제안한 미국 뉴저지의 래드번단지 계획은 10~20ha 크기의 블록을 단위로 하며, 보차(步車) 분리, 도로체계의 위계, 충분한 공지 확보, 인도를 통한 가구안의 시설물 접근 등이 특징이다.

③ 루이스(H. M. Lewis)는 현대도시의 계획에서 근린주구의 규모를 제약하는 요소는 근린시설에 대한 적당한 보행거리로서 어린이의 최대 통학거리는 800~1,200m, 점포지구에 이르는 최대거리는 800m 이하로 규정하였다.

④ 하워드(E. Howard)는 도시인구의 과밀현상을 해소하기 위해 내일의 전원도시를 제안하였으며, 이는 웰윈(Welwyn)가든 시티를 통해 실현되었다. 그의 이론은 자급자족성 중시, 인구 규모의 제한, 토지의 사유화 제한, 개발이익의 사회 환원 등에 초점을 두고 있다.

해답　**5** ④　**6** ③　**7** ③　**8** ①

[해설]
　① 페리(C. A. Perry)는 일조문제와 인동간격의 이론적 고찰을 통해 최초의 근린주구이론을 확립하였다. 그의 이론은 초등학교 1개교를 수용하는 약 5,000명 정도의 인구 규모가 적당하며 보행권 중심의 생활권을 제안하고 있다.

9. 다음에서 설명하는 도시계획가는? 【21국가직⑨】

> • 도시와 농촌의 관계에서 서로의 장점을 결합한 도시를 주장하였다.
> • 그의 이론은 런던 교외 신도시지역인 레치워스(Letchworth)와 웰윈(Welwyn) 지역 등에서 실현되었다.
> • 『내일의 전원도시(Garden Cities of Tomorrow)』를 출간하였다.

① 하워드(E. Howard)　② 페리(C. A. Perry)
③ 페더(G. Feder)　④ 가르니에(T. Garnier)

[해설]

　에베네저 하워드(Ebenezer Howard, 1850~1928년) 영국의 도시 계획 학자로, 현대 도시 계획의 선조라고 불린다. 전원도시를 주창하여(Garden city movement) 자연과의 공생, 도시의 자율성을 제시한 후 현대 도시계획에 많은 영향을 미쳤다.

10. 주거단지 근린생활권에 대한 설명 중 옳지 않은 것은? 【09국가직⑨】

① 근린생활권은 인보구(隣保區), 근린분구(近隣分區), 근린주구(近隣住區)의 세 가지로 분류된다.
② 근린분구(近隣分區)는 일상 소비생활에 필요한 공동시설이 운영가능한 단위이며, 소비시설, 후생시설, 보육시설을 설치한다.
③ 인보구(隣保區)는 어린이 놀이터가 중심이 되는 가장 작은 단위이다.
④ 근린주구(近隣住區)는 초등학교를 중심으로 하는 단위이며, 경찰서, 전화국 등의 공공시설이 포함된다.

[해설]
　④ 근린주구의 중심시설에는 초등학교, 어린이공원, 동사무소, 우체국, 근린상가 등이 포함되며, 경찰서와 전화국은 근린지구에 속하는 시설이다.

11. 주거단지를 계획하는 데 기본이 되는 근린주구이론에 대한 설명으로 옳지 않은 것은? 【15국가직⑨】

① 근린분구 3~4개가 모여 근린주구를 형성한다.
② 인보구-근린분구-근린주구 순으로 규모가 확장된다.
③ 인보구는 어린이놀이터가 중심이 되는 공간으로 400~500호로 구성되어 있다.
④ 초등학교를 중심으로 하는 근린주구는 도시계획의 종합계획에 따른 최소단위가 된다.

[해설]
　③ 인보구는 유아놀이터가 중심이 되는 공간으로 20~40호로 구성되어 있다.

12. 단지계획의 시설 및 설비계획에서 고려해야 할 사항으로 옳지 않은 것은? 【12국가직⑦】

① 주택 내의 화재경보기, 비상경보장치, 엘리베이터의 비상통보장치, 급배수펌프 경보장치 등은 관리실 또는 거주자가 직접 접촉할 수 있는 위치에 설치한다.
② 계획1일급수량은 지리적 조건이나 주민계층에 따라 다르지만 아파트를 기준으로 했을 때는 1명당 250~300리터 정도가 일반적이다.
③ 주거단지의 소방시설계획은 소방펌프자동차가 쉽게 접근할 수 있도록 주거동 배치계획 및 도로계획과 연계되어 이루어져야 한다.
④ 4~5세 유아를 대상으로 하는 단지 내의 유아공원 위치는 교통사고 위험이 없는 보행자전용도로에 접하고 있는 곳이 적합하며, 지형조건은 평탄한 곳이 좋다.

[해설]
　② 계획1일급수량은 지리적 조건이나 주민계층에 따라 다르지만 아파트를 기준으로 했을 때는 1명당 160~250리터 정도가 일반적이다.

해답　9 ④　10 ④　11 ③　12 ②

13. 공동주택 단지계획에서 보행중심 계획방법에 대한 설명으로 옳지 않은 것은? 【07국가직⑨】

① 보차분리를 통해 보행자의 안전을 도모한다.
② 생활편의시설 및 놀이터나 공원 등의 커뮤니티 시설은 보행자도로에 인접하게 계획한다.
③ 필로티, 스트리트 퍼니처, 도로의 텍스처 등을 배려한다.
④ 다양한 레벨을 두어 역동적으로 계획한다.

[해설]
　④ 보행자의 접근성, 안전성을 고려하여 가급적이면 레벨차를 두지 않는다.

14. 집합주거단지의 계획에 관한 설명으로 가장 옳지 않은 것은? 【07국가직⑦】

① 대규모 단지계획에서는 획일성을 피할 수 있도록 주거형식을 혼합하도록 한다.
② 아파트의 경우 200세대마다 단지를 관통하는 통과도로를 두어 교통소통이 원활하게 한다.
③ 래드번(Radburn) 주택단지 계획은 아동들이 큰 도로를 횡단하지 않고 학교에 갈 수 있도록 배려한 것이 특징으로서, 이후에 건설된 각 나라의 뉴타운(New Town) 계획에 큰 영향을 미쳤다.
④ 주거단지 계획의 단위로는 인보구, 근린분구, 근린주구가 있으며, 근린생활시설은 각 단위의 중심에 배치한다.

[해설]
　② 단지 내를 관통하는 통과도로를 둘 경우 보행자의 안전과 소음 등의 문제가 발생할 있으므로 가급적 통과도로를 두지 않는다.

15. 주거시설 계획 시 단지의 과밀화를 방지하기 위한 법적인 규제로 옳지 않은 것은? 【09국가직⑨】

① 도로에 의한 높이 제한
② 건폐율과 용적률 제한
③ 일조권에 의한 높이 제한
④ 주차대수 제한

[해설]
　④ 주차대수 제한과 주거단지의 과밀화 방지와는 무관하다.

16. 공동주택의 계획 시 고려해야 할 주거밀도에 관한 설명으로 옳지 않은 것은? 【09지방직⑨】

① 토지이용률은 대지 전체면적에 대한 각 시설의 용도별 면적의 비율(%)을 나타낸 것이다.
② 용적률은 대지면적에 대한 건축물 연면적의 비율로 대지의 평면적 구성과 토지이용상태를 표시한다.
③ 호수밀도는 단위토지면적당 주호수(호/ha)로 인구밀도를 산정하는 기초가 된다.
④ 인구밀도는 단위토지면적당 거주인구수(인/ha)로 총밀도와 순밀도로 표시한다.

[해설]
　② 용적률은 대지면적에 대한 건축물 연면적의 비율을 말하며, 대지의 평면적 구성과 토지이용상태는 배치도에 표시한다.

17. 근린주구 및 집합주거 단지계획에 관한 설명으로 가장 옳지 않은 것은? 【10국가직⑨】

① 단지 내 전면적에 대한 인구밀도를 총밀도라고 하며, 단지 내 주택건축용지에 관한 인구밀도를 호수밀도라 한다.
② 페리(C.A.Perry)의 근린주구이론은 일반적으로 초등학교 한 곳을 필요로 하는 인구가 적당하며, 지역의 반지름이 약 400m인 단위를 잡고 있다.
③ 근린주구 생활권의 주택지의 단위로는 인보구(隣保區), 근린분구(近隣分區), 근린주구(近隣住區)가 있다.
④ 공동주택의 16층 이상 또는 지하 3층 이하의 층으로부터 피난층 또는 지상으로 통하는 직통계단은 특별피난계단으로 한다.

[해설]
　① 순밀도 : 단지내 주택건축용지에 관한 인구밀도

18. 공동주택 계획 시 고려해야 할 주거밀도에 대한 용어의 설명으로 옳지 않은 것은? 【11국가직⑦】

① 건폐율은 대지면적에 대한 건축면적의 비율을 나타낸 것이다.

② 용적률은 대지면적에 대한 건축물의 전체 바닥면적의 비율을 나타낸 것이다.

③ 호수밀도는 대지면적에 대한 주택호수의 비율을 나타낸 것이다.

④ 인구밀도는 대지면적에 대한 거주인구의 비율을 나타낸 것이다.

[해설]
② 용적률은 대지면적에 대한 건축물의 연면적의 비율을 나타낸 것이다.

19. 단지계획에서 동선체계에 대한 설명으로 옳은 것은? 【11지방직⑦】

① 소규모광장, 공연장, 휴식공간 등이 보행자 전용도로와 연접된 경우에는 이들 공간과 보행자전용도로를 분리시켜 보행자들로부터 독립된 공간이 조성되도록 한다.

② 보차혼용도로는 보행자통행이 위주이고 차량통행이 부수적인 역할을 하는 도로로서, 네덜란드 델프트시의 본엘프(Woonerf)가 대표적이다.

③ 자전거는 차량밀도가 높은 도로와 만나거나 횡단하는 곳에서 위협을 받게 되므로 차량보다는 오히려 보행교통과 연관시켜야 한다.

④ 도로율은 전체면적에 대한 도로면적의 비율로 도로율 계산 시 도로면적에서 보도면적은 제외된다.

[해설]
① 소규모광장, 공연장, 휴식공간 등이 보행자 전용도로와 연접된 경우에는 이들 공간과 보행자전용도로를 연결시켜 유기적인 공간이 조성되도록 한다.
② 보행자통행이 위주이고 차량통행이 부수적인 역할을 하는 도로는 보차공존도로이며, 네덜란드 델프트시의 본엘프(Woonerf)가 대표적이다.
④ 도로율은 전체면적에 대한 도로면적의 비율로 도로율 계산 시 도로면적에서 보도면적도 포함된다.

20. 공동주택 설계에 대한 내용으로 옳지 않은 것은? 【12지방직⑨】

① 차량동선은 9m(버스), 6m(소로), 3m(주거동 진입도로)의 3단계 정도로 한다.

② 계단참의 설치는 높이 3m 이내마다 너비 1.2m 이상으로 한다.

③ 배치계획에서 유의해야 할 것은 일조, 풍향, 방화 등이고 인동간격과 방위에 따라 결정된다.

④ 피난층 외의 층에서는 피난층 또는 지상으로 통하는 직통계단을 거실에서 직통계단까지의 보행거리가 30m 이하가 되도록 설치해야 한다.

[해설]
① 차량동선은 9m(버스), 6m(소로), 4m(주거동 진입도로)의 3단계 정도로 한다.

21. 주거단지의 교통계획에 관한 설명으로 옳지 않은 것은? 【13지방직⑨】

① 주거단지의 주진입로는 기준 도로와 직각교차하며 다른 교차로에서 최소 60m 이상 떨어져 위치해야 한다.

② 근린주구 단위 내부로의 자동차 통과진입을 극소화한다.

③ 단지 내의 통과교통량을 줄이기 위해 고밀도지역은 기존 도로의 연결 및 잠재적 연결가능성을 고려하여 단지 중심부에 배치한다.

④ 2차 도로체계(Sub-System)는 주도로와 연결되어 쿨드삭(Cul-de-Sac)을 형성하고, 미연방주택국(FHA)에서는 쿨드삭의 적정길이를 120~300m까지로 제안하고 있다.

[해설]
③ 단지 내의 통과교통량을 줄이기 위해 고밀도지역은 기존 도로의 연결 및 잠재적 연결가능성을 고려하여 단지 외곽부에 배치한다.

해답 **18** ② **19** ③ **20** ① **21** ③

22. 주거 및 아파트 단지계획에 대한 설명으로 옳지 않은 것은? 【13국가직⑦】

① 주거단지와 연결되는 간선도로에서 횡단보도는 최소 300m 마다 설치한다.

② 근린주구는 초등학교를 중심으로 한 단위이며 어린이 공원, 운동장, 체육관, 소방서, 도서관, 병원 등이 설립된다.

③ 아파트 단지 내 자동차도로와 보행자전용도로는 평면분리방식이나 입체분리방식 등으로 분리시켜 보행자의 안전을 고려해야 한다.

④ 단지 내의 통과교통량을 줄이기 위해 고밀도 지역은 중앙에 배치한다.

[해설]
　④ 단지 내의 통과교통량을 줄이기 위해 고밀도 지역은 단지 진입구 주변에 배치한다.

23. 단지계획에서 동선에 대한 설명으로 옳지 않은 것은? 【15국가직⑦】

① 보행자의 목적동선은 최단거리로 요구되며, 보행로는 가능한 고저차가 없게 한다.

② 단지 내 차로계획 시 횡단물매·종단물매·곡선반경 등을 고려한다.

③ 보차분리기법에서 평면분리 방식은 쿨드삭(Cul-de-Sac), 루프(Loop), 언더패스(Under Path), T자형 등이 있다.

④ 차량동선계획 시 쓰레기 수집방식도 함께 고려한다.

[해설]
　③ 언더패스는 입체분리 방식에 속한다.
　※ 보차분리방식의 종류
　① 평면분리방식 : 쿨데삭(Cul-de-Sac), 루프형(Loop), T자형
　② 면적분리방식 : 보행자 안전참, 보행자 공간의 확보
　③ 입체분리방식 : 오버브릿지(over bridge), 언더패스(Under Path)
　④ 시간분리방식 : 시간제 차량통행, 차량 없는 날의 지정

24. 케빈 린치(Kevin Lynch)의 『도시 이미지(Image of the City)』의 다섯 가지 요소에 해당하지 않는 것은? 【07국가직⑦】

① 통로(Paths)

② 교점(Nodes)

③ 파사드(Facades)

④ 랜드마크(Landmarks)

[해설] 케빈 린치(Kevin Lynch)의 도시 이미지 구성요소
　① 통로(Paths) : 도로, 가로, 철도 등
　② 지역(Districts) : 관찰자가 심리적으로 느끼는 어떤 공통적 특징을 갖는 구역
　③ 결절(Nodes) : 광장, 교차로 등
　④ 경계(Edges) : 해안선, 언덕 등
　⑤ 랜드마크(Landmarks) : 기념물, 탑, 산 등

25. 오스카 뉴만(O. Newman)의 방어적 공간(Defensible Space)의 개념에 대한 기술 중 가장 적절하지 않은 것은? 【08국가직⑦】

① 사회적 측면에서 거주지역의 방어를 목적으로, 거주자들 간의 공동책임의식을 고양하기 위한 공간계획이다.

② 영역의 위계나 프라이버시의 확보가 아니라 감시가 가능한 다목적용 공간을 강조한다.

③ 거리의 눈(Neighborhood Watch)의 개념은 방어적 공간의 요소 중 하나이다.

④ 특정공간의 접근을 원활하게 또는 어렵게 만들기 위한 공간계획이다.

[해설]
　② 방어적 공간은 범죄심리를 위축시키는 공간계획을 말하며, 영역성, 프라이버시의 확보를 통해 범죄를 예방할 수 있다는 이론이다.

해답　22 ④　23 ③　24 ③　25 ②

26. 유비쿼터스(Ubiquitous) 도시란 첨단정보통신 인 프라와 유비쿼터스 정보서비스가 도시공간에 융합 된 지능형 미래도시라고 정의한다. 다음 중 유비쿼 터스 도시에 대한 설명으로 옳지 않은 것은?

【09지방직⑦】

① 기존의 물리적 도시공간이 전자공간과 융합하여 지능화된 제 4의 공간을 기반으로 건설되는 도시 이다.

② 도로, 건물, 상하수도시설 등의 도시기반시설에 Wibro, RFID, 센서 등을 적용한 지능화된 도시 를 말한다.

③ 교통, 교육, 의료, 쇼핑 등 모든 생활분야에서 유 비쿼터스 서비스가 제공된다.

④ 유비쿼터스 도시구축을 위하여 래드번(Radburn) 설계개념이 정립되었다.

[해설]
　④ 래드번 계획과 유비쿼터스와는 관련이 없다.

27. 뉴어바니즘(New Urbanism)에 대한 설명으로 옳 은 것은?　　　　　　　　　　　　【10국가직⑦】

① 슈퍼블록의 내부에 자동차의 통과를 배제함으로 써 격자형 도로에서의 불필요한 도로율 증가와 단 조로운 외부공간의 형성을 방지하고자 하는 기법 을 이용한다.

② 유비쿼터스 기술이 접목된 공간과 도시구성 요소 가 상호 전자공간으로 연결되어 언제, 어디서나 다양한 정보를 제공받을 수 있는 도시이다.

③ 계획기법으로는 전통적 근린개발(TND: Traditional Neighborhood Development)과 대중교통중심적개 발(TOD: Transit Oriental Development)을 들 수 있다.

④ 영국 런던 교외의 레치워스(Letchworth)와 웰윈 (Welwyn)은 뉴어바니즘이 적용되어 건설된 신도 시지역이다.

[해설] 뉴어바니즘(New Urbanism)
- 도시의 무분별한 확산에 따른 도시문제를 극복하기 위한 대안으 로 도시개발에 대한 접근법을 바꿈으로써 사회문제를 해결하자 는 도시계획운동
- 기존의 승용차에 의한 도시활동 패턴을 탈피하여 도보 및 대중 교통수단 등을 중심으로 한 지역사회 건설
- 도시적 생활요소들을 변형시켜 전통적 생활방식으로 회귀, 다양 한 기능 및 형태의 주거단지 조성
- TND(Traditional Neighborhood Development, 전통근린개발) : 전통도시에서 볼 수 있는 긴밀하게 연결된 도시조직 적용
- TOD(Transit Oriented Development, 대중교통지향개발) : 대중 교통수단의 이용과 에너지를 효율적으로 이용
- MUD(Mixed Use Development, 복합용도개발) : 보행거리 내에 상업, 업무, 위락, 주거시설 등의 복합용도 개발

28. 케빈 린치(Kevin Lynch)가 정의한 도시공간의 이 미지를 구성하는 핵심요소로 옳지 않은 것은?

【12국가직⑨】

① 통로(Path)　　　　② 가장자리(Edge)
③ 조경(Landscape)　④ 지구(District)

[해설] 케빈 린치(Kevin Lynch)의 도시 이미지 구성요소 통로(Paths), 지역(Districts), 결절(Nodes), 경계(Edges), 랜드마크 (Landmarks)

29. 도시중심을 복원하고, 확산하는 교외를 재구성하 며 도시의 커뮤니티, 경제, 환경을 통합적으로 고려 한 것은?　　　　　　　　　　　　【12지방직⑨】

① 뉴어바니즘(New Urbanism)
② 용도지역지구제
③ 위성도시
④ 메가폼(Megaform)

[해설] 뉴어바니즘(New Urbanism) : 도시중심을 복원하고, 확산하는 교 외를 재 구성하며 도시의 커뮤니티, 경제, 환경을 통합적으로 고려 한 도시설계방법이다.

30. 환경디자인 측면에서 범죄예방을 위한 건축계획에 관한 설명으로 옳지 않은 것은? 【13지방직⑨】

① 환경디자인을 통한 범죄예방이론은 잠재적 범죄가 발생할 수 있는 환경요소들의 다각적인 상황을 변화시키거나 개조시킴으로써 범죄를 예방할 수 있다는 이론이다.

② 환경디자인을 통한 범죄예방이론은 1972년 뉴먼(O. Newman)의 이론이 배경이 된 것으로, 다양한 연구가 진행되고 있다.

③ 뉴먼은 범죄로부터 안전한 환경의 창조를 위하여 개별적 혹은 결합해 작용하는 디자인 요소로 영역성, 자연스러운 감시, 이미지, 환경의 4개 요소를 제시하였다.

④ 범죄예방의 모델은 범죄 대상물의 약화, 관리자를 이용한 모델, 방임기능 모델, 개인 및 주택 모델 등으로 나눌 수 있다.

[해설] 제퍼리(C. R. Jeffery)의 범죄예방모델
　① 범제억제 모델 : 형벌을 통한 범죄억제
　② 사회복귀 모델 : 범죄자의 치료와 갱생정책을 통한 사회복귀
　③ 범죄통제 모델 : 사회환경개선을 통한 범죄예방

31. 공동주택 단지계획에 있어 방어적 공간 개념을 고려한 설계방법으로 옳지 않은 것은? 【14지방직⑨】

① 주동 출입구 주변에는 자연적 감시를 제공하는 공용시설을 배치하는 것이 바람직하다.

② 보행로는 전방에 대한 시야가 확보되어야 하며 급격한 방향 전환이 일어나지 않도록 계획한다.

③ 가로등은 보행자보다는 차량 위주로 계획한다.

④ 가로등은 높은 조도의 조명을 적게 설치하는 것보다 낮은 조도의 조명을 여러 개 설치하는 것이 바람직하다.

[해설]
　③ 가로등은 보행자 위주로 계획한다.

32. 케빈 린치(Kevin Lynch)가 제시한 도시의 물리적 형태에 대한 이미지를 구축하는 다섯 가지 요소가 아닌 것은? 【15지방직⑨】

① Edges
② Nodes
③ Paths
④ Emblem

[해설] 케빈 린치(Kevin Lynch)의 도시 이미지 구성요소
　통로(Paths), 지역(Districts), 결절(Nodes), 경계(Edges), 랜드마크(Landmarks)

33. 도시재생에 대한 설명으로 옳지 않은 것은?

【15국가직⑦】

① 도시재생은 도시의 물리적 환경개선에 대한 한계에 대응하기 위해 제안된 것이다.

② 도시재생은 다양한 참여주체의 통합적인 조정과 연계를 위한 코디네이팅 프로그램이 중요하다.

③ 도시재생이 지속가능한 상태를 유지하기 위해서는 지역주민의 자발적 참여가 중요하다.

④ 도시재생은 전략적 계획을 통해 진행되기보다 자발적이고 자연적인 과정을 통해 이루어지는 경우가 많다.

[해설]
　④ 도시재생은 전략적 계획을 통해 체계적인 과정으로 이루어져야 한다.

34. 오스카 뉴먼(O. Newman)이 제시한 공동주택의 안전한 환경창조를 위해 개별적으로 또는 결합해서 작용하는 4개의 요소가 아닌 것은? 【18지방직⑨】

① 영역성(Territoriality)
② 자연스러운 감시(Natural surveillance)
③ 이미지(Image)
④ 통제수단(Restriction method)

[해설] 오스카 뉴먼의 방어적 공간(Defensible Space)의 요소
　① 영역성 : 공동체의식의 강화를 통한 범죄예방
　② 자연감시 : 주변을 잘 볼 수 있고 은폐장소를 최소화시킨 설계
　③ 이미지 : 지속적으로 안전한 환경 유지
　④ 환경 : 계획단계부터 범죄 발생요인이 적고 자연감시가 용이한 지역에 주거지 개발

해답 　30 ④ 　31 ③ 　32 ④ 　33 ④ 　34 ④

Chapter

06

제1편 건축계획

사무소 계획에서는 출제빈도가 높은 부분이며, 여기에서는 면적구성비에 관한 유효율, 실단위에 따른 평면형태의 분류, 코어계획 및 기준층 계획, 엘리베이터 배치계획 및 대수산정 방법에 대한 문제가 출제된다.

사무소 계획

1 사무소건축의 개요

(1) 사무소의 분류

① 소유상

　㉠ 전용 : 완전한 자가소유의 사무소

　㉡ 준전용 : 여러 회사가 모여 관리운영과 소유를 공동으로 하는 사무소

② 임대상

　㉠ 대여 : 건물의 전부를 임대하는 사무소

　㉡ 준대여 : 건물의 주요 부분은 자기전용으로 하고, 나머지는 임대하는 사무소

(2) 사무소의 면적구성[☆]

① 유효율(렌터블비, rentable ratio)

　• 연면적에 대한 대실면적(유효면적)의 비율

　• 유효율 $= \dfrac{대실면적}{연면적} \times 100(\%)$

　• 연면적에 대해서는 70~75%　　　　• 기준층에서는 80%

② 사무소의 크기

　㉠ 사무실의 크기는 사무원 수에 따라 결정

　㉡ 1인당 바닥면적

　　• 대실면적 : $6{\sim}8\text{m}^2/$인　　　• 연면적 : $8{\sim}11\text{m}^2/$인

[관청]
전용사무소에 해당한다.

출 제 빈 도
09국가직 ⑦ 10국가직 ⑦ 14국가직 ⑦

· 예제 01 ·

> 기준층을 기준으로 임대하는 사무소의 대실면적이 4,000m² 인 경우, 평균 임대비 적용 시 가장 적절한 연면적은? 【14국가직⑦】
>
> ① 5,000m²　　　　　　　② 6,000m²
> ③ 7,000m²　　　　　　　④ 8,000m²
>
> ---
>
> 연면적 $= \dfrac{대실면적}{유효율} = \dfrac{4,000\text{m}^2}{80\%} = 5,000\text{m}^2$
>
> 답 : ①

2 배치계획

(1) 대지 선정 시 조건
① 도시의 상업중심지역으로 교통이 편리한 곳
② 모퉁이 대지 또는 2면 이상 도로에 면한 대지
③ 전면도로의 폭이 20m 이상인 곳
④ 대지의 형태가 직사각형에 가까우며 전면 도로에 길게 접한 대지

(2) 배치계획 시 고려사항
① 도시의 경제적 사정, 도시의 성격에 따라 사무소의 규모를 검토
② 소음이 적고 채광 조건이 양호할 것
③ 주차면적을 충분히 확보할 것
④ 건축법상 유리한 곳

3 평면계획

(1) 평면형태의 분류
① 실단위에 의한 분류
  ㉠ 개실형(individual room system) : 복도에 의해 각 층의 여러 부분으로 들어가는 방식
  ㉡ 개방형(open floor plan) : 개방된 큰 실로 설계하고 중역들을 위한 분리된 작은 실을 두는 방식
  ㉢ 오피스 랜드스케이핑(office landscaping) : 계급, 서열에 의한 획일적인 배치가 아니라 의사전달과 작업의 흐름에 의해 공간을 구성하는 방식

② 복도형태에 따른 분류
  • 단일지역 배치(편복도식)
  • 이중지역 배치(중복도식)
  • 삼중지역 배치(이중복도식)

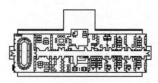
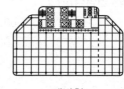

| 개실형 | 개방형 | 오피스랜드스케이핑 |

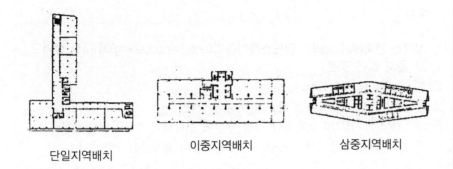

단일지역배치　　　　이중지역배치　　　　삼중지역배치

(2) 개실형의 특징

① 장점
- 독립성과 쾌적성이 양호
- 채광 및 환기에 유리
- 불경기일 때 임대가 용이

② 단점
- 공사비가 비교적 높다.
- 방 길이에는 변화를 줄 수 있지만 방깊이에는 변화를 줄 수 없다.

(3) 개방형의 특징

① 장점
- 전체 면적을 유효하게 이용할 수 있어 공간 절약상 유리
- 칸막이 벽이 없어 공사비가 개실형에 비해 저렴
- 방의 길이나 깊이에 변화를 줄 수 있다.

② 단점
- 소음이 크고 독립성이 떨어진다.
- 자연채광에 인공조명이 필요

(4) 오피스 랜드스케이핑의 특징[☆☆]

① 장점
- 의사소통의 융통성
- 변화하는 작업의 패턴에 따라 신속하고 경제적으로 대처 가능
- 공간이나 공사비의 절약이 가능

② 단점
- 소음이 크고 독립성이 떨어진다.

출제빈도
08국가직 ⑨ 09국가직 ⑦ 09지방직 ⑦
12국가직 ⑨ 13국가직 ⑦ 17국가직 ⑨

· 예제 02 ·

사무소 건축에서 오피스 랜드스케이핑(Office Landscaping)에 대한 설명으로 옳지 않은 것은? 【12국가직⑨】

① 소음이 발생하기 쉽다.
② 프라이버시 및 독립성 확보의 이점이 있다.
③ 변화하는 업무의 흐름이나 작업 패턴에 신속하게 대응이 가능하다.
④ 전 면적을 유용하게 이용할 수 있어 공간의 효용성을 높여준다.

② 오피스 랜드스케이핑은 프라이버시 및 독립성 확보가 어렵다.

답 : ②

⑸ 3중지역배치의 특징

① 장점
  • 고층 전용 사무실에 적합
  • 경제적이며 미적, 구조적 측면에서 유리

② 단점
  • 인공조명, 기계 환기설비가 필요
  • 대여사무실을 포함하는 건물에는 부적당

⑹ 기준층 계획

① 기준층의 평면 형태 제한 요소
  • 구조상 스팬(span)의 한도
  • 동선상의 거리 및 피난 거리
  • 설비 시스템(덕트, 배선, 배관 등)
  • 방화구획상 면적
  • 자연광에 의한 조명 한계 및 실 깊이

② 기준층 계획원칙
  ㉠ 경제성 고려 : 기준층의 면적이 클수록 임대율이 높아진다.
  ㉡ 대여 사무소의 입지성 고려 : 재실자의 규모와 수를 고려하여 출근 집중률, 주차장 이용율 등을 고려하여 기준층을 결정
  ㉢ 격자식 계획(Grid Planning) : 책상 배치, 칸막이벽의 설치, 지하 주차장의 주차, 설비 시스템 등을 고려하여 모듈에 따라 기준층을 결정
  ㉣ 법규 고려 : 기준층에 관계되는 방화구획, 방연계획 및 피난 거리 등을 고려하여 기준층을 결정

③ 스팬(span) 계획
  ㉠ 기둥 간격 결정 요소
   • 책상 단위 배치
   • 채광상 층고에 의한 안깊이
   • 주차 배치단위
  ㉡ 구조별 기둥 간격
   • 철근 콘크리트구조 : 5~6m
   • 철골철근 콘크리트구조 : 6~7m
   • 철골구조 : 7~9m
  ㉢ 창방향 기둥 간격
   • 책상 배치 고려 : 5.8m 정도
   • 지하 주차배치 단위 고려 : 6m 정도(5.8~6.2m)

⑺ **코어(core) 계획[☆☆☆]**

 ① **코어의 종류**
  ㉠ 편심코어
   • 바닥면적이 작은 경우에 적합
   • 고층일 경우 구조상 불리
   • 바닥면적이 커지면 코어 이외에 피난설비, 설비 샤프트 등이 필요
  ㉡ 독립코어
   • 코어와 관계없이 자유롭게 사무실 배치가 가능
   • 사무실 영역의 독립성이 확보
   • 피난 및 내진구조에 불리
  ㉢ 중심코어(중앙코어)
   • 바닥면적이 큰 경우에 적합
   • 고층에 적합하고 내진구조에 유리
   • 내부공간과 외관이 획일화될 우려
  ㉣ 양단코어(분리코어)
   • 2방향 피난에 이상적이며, 방재상 유리
   • 하나의 대공간을 필요로 하는 전용 사무소에 적합
   • 임대사무소일 경우 복도가 필요하게 되어 유효율이 저하됨

출제빈도		
07국가직 ⑨	09지방직 ⑨	10국가직 ⑨
11국가직 ⑨	11국가직 ⑦	11지방직 ⑦
13국가직 ⑨	14국가직 ⑦	14국가직 ⑨
15국가직 ⑦	15국가직 ⑨	15지방직 ⑨

· 예제 03 ·

사무소건축의 코어 종류별 특징으로 옳지 않은 것은? 【15지방직⑨】

① 편심코어형(편단코어형)은 바닥면적이 커질 경우 코어 이외에 별도의 피난 시설, 설비샤프트 등이 필요해진다.

② 중앙코어형(중심코어형)은 바닥면적이 큰 경우에 많이 사용되고 특히 고층, 초고층에 적합하다.

③ 독립코어형(외코어형)은 코어로부터 사무실까지 설비덕트나 배관의 연결이 효율적이므로 경제적 시공이 가능하다.

④ 양단코어형(분리코어형)은 코어가 분리되어 있이 방재상 유리하다.

---

③ 독립코어형(외코어형)은 코어로부터 사무실까지 설비덕트나 배관의 연결에 제한이 있고 길이가 길어져서 비효율적이다.

답 : ③

② **코어계획시 고려사항**
- 코어 내의 공간과 사무실 사이의 동선은 간단해야 한다.
- 코어 내의 공간의 위치를 명확히 한다.
- 계단과 엘리베이터 및 변소는 가능한 한 접근시킨다.
- 엘리베이터 홀이 출입구면에 근접해 있지 않도록 한다.
- 엘리베이터는 가급적 중앙에 집중시킨다.
- 코어 내의 각 공간은 각층마다 공통의 위치에 있어야 한다.

③ **코어 내의 공간**
- 소요실 : 계단실, 변소, 급탕실, 공조실, 잡용실 등
- 설비공간(샤프트) : 엘리베이터, 급배수, 전기, 통신, 덕트 등
- 통로 : 엘리베이터 홀, 복도, 계단 등

· 예제 04 ·

사무소건축의 코어(Core)에 대한 설명 중 옳은 것은? 【07국가직⑨】

① 코어는 수직교통시설과 설비시설이 집중된 공용공간인 동시에 내력벽 구조체의 역할을 함께 수행한다.

② 코어 내의 각 공간에는 계단실, 엘리베이터 통로 및 홀, 로비, 전기실 및 기계실, 복도, 공조실, 화장실, 굴뚝 등이 포함된다.

③ 엘리베이터와 화장실은 가급적 분리시킨다.

④ 코어 내의 각 공간은 각 층마다 조금씩 다른 위치에 있도록 한다.

---

② 전기실, 기계실 및 공조실은 코어에 위치시키지 않고 일반적으로 지하층에 배치한다.
③ 엘리베이터와 화장실은 가급적 근접시킨다.
④ 코어 내의 각 공간은 각 층마다 동일한 위치에 있도록 한다.

답 : ①

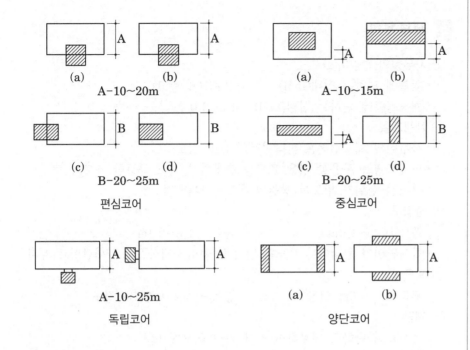

(a) (b)
A-10~20m

(a) (b)
A-10~15m

(c) (d)
B-20~25m

(c) (d)
B-20~25m

편심코어

중심코어

A-10~25m

(a) (b)

독립코어

양단코어

4 단면계획

⑴ **층고 결정요소** : 공간의 사용목적, 채광조건, 공사비 등

⑵ **층고의 크기**
　① **1층**
　　㉠ 소규모 : 4m
　　㉡ 은행이 있는 경우 : 4.5~5m 이상
　　㉢ 중 2층을 두는 경우 : 5.5~6.5m 정도
　② **기준층** : 3.3~4m
　③ **최상층** : 기준층 층고 + 0.3m
　④ **지하층**
　　㉠ 중요한 실을 두지 않는 경우 : 3.5~3.8m
　　㉡ 소규모 기계실 : 4~4.5m
　　㉢ 대규모 기계실 : 5~6.5m

⑶ **층고를 낮게 할 경우의 이점**
　① 공기조화 효과의 증대
　② 많은 층수의 확보
　③ 건축비의 절감

5 세부계획

① 사무실의 안깊이(L)
　• 외측에 면하는 실내(L/H) : 2.0~2.4(H : 층고)
　• 채광정측에 면하는 실내(L/H) : 1.5~2.0
② 채광계획
　• 사무실의 채광면적은 바닥면적의 1/10 정도
　• 인공조명을 사용할 경우 조도를 충분히 높이고 균등한 조도가 될 것
　• 장시간 현휘가 없도록 광원의 휘도를 낮출 것
③ 출입구
　• 폭 : 0.85~1.0m　　　　　　• 높이 : 1.8~2.1m
　• 밖여닫이가 원칙이나 복도의 면적을 많이 차지하므로 안여닫이로 계획
④ 복도 폭
　• 편복도 : 2.0m 이상　　　　• 중복도 : 2.0~2.5m 정도
⑤ 계단
　• 동선은 간단하고 명료하며 최단 거리에 오게 배치
　• 엘리베이터 홀에 근접　　　• 2개소 이상 균등하게 배치
　• 방화구획 내에서는 1개 이상의 계단을 배치
⑥ 화장실
　• 각 사무실에서 동선이 짧은 곳
　• 계단 및 엘리베이터 홀에 근접한 곳
　• 각층 공통된 위치에 배치　　• 1개소 또는 2개소에 집중 배치
　• 외기에 접할 것

6 환경 및 설비계획

(1) 엘리베이터 계획[☆]

① 배치계획 시 조건
　㉠ 주요 출입구나 홀에 직면 배치할 것
　㉡ 각 층의 위치는 되도록 동선이 짧고 간단할 것
　㉢ 외래자에게 잘 알려질 수 있는 위치일 것
　㉣ 한 곳에 집중 배치할 것
　㉤ 4대 이하는 직선으로 배치하고, 6대 이상은 앨코브 또는 대면배치로 할 것
　㉥ 엘리베이터 홀의 최소 넓이 : 0.5㎡/인, 폭 4m 정도

② 엘리베이터 대수 산정
　㉠ 대수 산정의 기본 : 아침 출근시간 5분간의 이용자
　㉡ 대수 산정 방식

출제빈도
09지방직 ⑨　10지방직 ⑦　12국가직 ⑦
14국가직 ⑨　15국가직 ⑨　18지방직 ⑨
21국가직 ⑨　21지방직 ⑨

[엘리베이터 배치형식]

	배 치
직선형	[| | | |]
앨코브형	3.5~4.5m
대면형	3.5~4.5m
대면혼용형	저고 층층 용용　6m 이상

- 5분간 수송능력(S) = $\dfrac{5분 \times 정원}{1대의 1회 왕복시간}$
- 엘리베이터 대수(N) = $\dfrac{5분간 최대 이용자수}{5분간 수송능력(S)}$

© 대수 약산식
- 대실면적(유효면적) 2,000㎡에 1대
- 연면적 3,000㎡에 1대

③ 엘리베이터 조닝계획

㉠ 엘리베이터 조닝의 장단점
- 엘리베이터의 설비비 감소, 수송시간 단축, 유효면적 증가
- 건물 이용상 제약이 발생
- 이용자가 혼란에 빠질 우려가 있다.

㉡ 엘리베이터 조닝의 방법
- 컨벤셔널 방식 : 저층용과 고층용으로 분리
- 더블데크 방식 : 복층형 승강기
- 스카이로비 방식 : 초고층 건물에 적합, 중간층에 로비를 형성

· 예제 05 ·

사무소건축의 코어계획 및 엘리베이터계획에 대한 설명으로 옳지 않은 것은?
【15국가직⑨】

① 고층용 엘리베이터와 저층용 엘리베이터는 각각 그룹으로 묶어 배치하는 것이 효율적이다.
② 사무실 면적이 작은 경우에는 중앙(center)코어형식에 따른 엘리베이터 배치가 바람직하다.
③ 더블데크시스템(double deck system)은 동일 샤프트(shaft) 내에 2대분의 수송력을 가진 엘리베이터를 사용하고 정지층도 2개 층으로 운행하는 방식이다.
④ 스카이로비방식(sky lobby system)은 초고층 사무소건축에 적용되는 방식의 하나로 큰 존을 설정하고 스카이로비에서 세분된 조닝으로 운행하는 방식이다.

② 사무실 면적이 큰 경우에는 중앙(center)코어형식에 따른 엘리베이터 배치가 바람직하다.

답 : ②

(2) **기타 설비계획**

① 스모크 타워(smoke tower)
- 비상계단의 전설에 설치하여 화재시 침입한 연기를 배기하기 위한 샤프트
- 계단이 굴뚝의 역할을 하는 것을 방지
② 메일 슈트 : 엘리베이터 홀에 설치
③ 급탕실 : 엘리베이터 홀, 계단, 화장실 등의 근처에 배치
④ 더스트 슈트 : 잡용실 내에 편리한 장소에 배치

06 출제예상문제

1. 임대사무소 건축에서 유효율(Rentable Ratio)이란?

【09국가직⑦】

① 대실면적과 연면적의 비율
② 대실면적과 대지면적의 비율
③ 업무공간과 공용공간의 비율
④ 업무공간과 대지면적의 비율

[해설]
유효율 : 연면적에 대한 대실면적(유효면적)의 비율

① 유효율 = $\dfrac{대실면적}{연면적} \times 100(\%)$

② 연면적에 대해서는 70~75%
③ 기준층에서는 80%

2. 사무소 평면계획에 대한 고려사항으로 옳지 않은 것은?

【10국가직⑦】

① 일반적으로 로비를 포함한 저층부는 외래객 등의 불특정 다수인들이 이용하는 장소이므로 공공성을 고려한 계획이 필수적이다.
② 렌터블비(Rentable Ratio)란 연면적에 대한 임대면적의 비율을 말하는 것으로 일반적으로 75~85%가 적절한 범위이다.
③ 엘리베이터는 초대규모의 건물이 아닌 이상 능률을 높이기 위해 되도록 한 곳에 집중하여 배치한다.
④ 코어는 수직교통시설과 설비시설을 집중시켜 두는 곳으로서의 역할 뿐만 아니라, 일반적으로 건물이 지진이나 풍압 등을 견딜 수 있도록 하는 구조체의 역할을 하도록 계획한다.

[해설]
② 렌터블비(Rentable Ratio)란 연면적에 대한 임대면적의 비율을 말하는 것으로 일반적으로 70~75%가 적절한 범위이다.

3. 기준층을 기준으로 임대하는 사무소의 대실면적이 4,000m²인 경우, 평균 임대비 적용 시 가장 적절한 연면적은?

【14국가직⑦】

① 5,000m² ② 6,000m²
③ 7,000m² ④ 8,000m²

[해설]

$$연면적 = \dfrac{대실면적}{유효율} = \dfrac{4,000\text{m}^2}{80\%} = 5,000\,\text{m}^2$$

4. 오피스 랜드스케이핑(Office Landscaping)에 대한 설명으로 옳은 것은?

【08국가직⑨】

① 공간낭비가 많고 작업공간 레이아웃에 제약이 많다.
② 의사전달, 작업 흐름의 연결이 용이하다.
③ 공사비가 많이 들며, 일반적으로 위계적인 조직구조에 적합하다.
④ 프라이버시가 완벽하게 보장된다.

[해설]
① 공간낭비가 없고 작업공간 레이아웃이 자유롭다.
③ 칸막이 공사에 필요한 공사비가 적게 들며, 직급이나 서열에 따른 위계적인 조직구조에는 부적합하다.
④ 프라이버시 보장이 어렵다. 특히 소음발생에 주의를 하여야 한다.

5. 사무실의 평면형식에 대한 설명으로 옳지 않은 것은?

【09국가직⑨】

① 셀룰러형(Cellular Type) : 개인 사무공간의 경계가 명확
② 콤비형(Combi Type) : 각 실의 프라이버시가 보호되는 개실과 조직 내의 커뮤니케이션 유지를 위해 개방된 사무실을 결합한 형태
③ 오픈형(Open Type) : 단일기업을 대상으로 한 공간으로 공간의 저밀도화에 유리한 평면형태
④ 랜드스케이프형(Landscape Type) : 오피스의 가구 및 패널 등을 이용하여 사무실의 공간을 배치하는 형식

해답　1 ①　2 ②　3 ①　4 ②　5 ③

[해설]
③ 오픈형(Open Type): 단일기업을 대상으로 한 공간으로 공간의 고밀도화에 유리한 평면형태

6. 사무소 배치형식 중 오피스 랜드스케이프(Office Landscape) 계획의 특징으로 옳지 않은 것은?
【09국가직⑦】

① 작업집단의 자유로운 그루핑(Grouping) 및 공간을 융통성 있게 사용하는데 효과적이다.
② 변화하는 작업의 패턴에 따라 신속히 근무환경에 대처할 수 있다.
③ 실내에 고정된 칸막이를 사용하여 개인적 공간이 확보된다.
④ 공간이용이 경제적이지만 소음발생 등의 단점이 있다.

[해설]
③ 오피스 랜드스케이프의 계획은 실내에 고정 또는 반고정된 칸막이를 하지 않는다.

7. 오피스 랜드스케이프(Office Landscape)에 대한 설명으로 옳지 않은 것은?
【09지방직⑦】

① 배치패턴이 일정한 기하학적 패턴으로부터 벗어났다.
② 사무환경에서 발생하는 다양한 시청각 문제와 프라이버시 결여 문제를 해결하였다.
③ 배치는 직위보다는 커뮤니케이션과 작업흐름의 실제적 패턴에 기초하고 있다.
④ 새로운 사무환경 변화에 맞추어 신속한 변경이 가능하다.

[해설]
② 오피스 랜드스케이프는 소음발생과 프라이버시 유지의 문제가 있다.

8. 사무소 건축에서 오피스 랜드스케이핑(Office Landscaping)에 대한 설명으로 옳지 않은 것은?
【12국가직⑨】

① 소음이 발생하기 쉽다.
② 프라이버시 및 독립성 확보의 이점이 있다.
③ 변화하는 업무의 흐름이나 작업 패턴에 신속하게 대응이 가능하다.
④ 전 면적을 유용하게 이용할 수 있어 공간의 효용성을 높여준다.

[해설]
② 오피스 랜드스케이핑은 프라이버시 및 독립성 확보가 어렵다.

9. 오피스 랜드스케이핑에 대한 설명으로 옳지 않은 것은?
【13국가직⑦】

① 의사전달에 융통성이 있고, 장애요인이 거의 없다.
② 가구배치 시 의사전달과 작업흐름의 실제적 패턴에 기초를 둔다.
③ 사무실을 모듈에 의해 설계할 때 배치방법에 제약을 받지 않는다.
④ 변화하는 작업의 패턴에 따라 다양한 공간계획이 가능하며, 신속하고 경제적으로 대처할 수 있다.

[해설]
③ 오피스 랜드스케이핑은 모듈에 의한 배치를 탈피하여 작업그룹을 자유롭게 배치하므로 불규칙한 평면을 만든다.

해답   6 ③   7 ②   8 ②   9 ③

10. 사무소건축의 코어(Core)에 대한 설명 중 옳은 것은? 【07국가직⑨】

① 코어는 수직교통시설과 설비시설이 집중된 공용공간인 동시에 내력벽 구조체의 역할을 함께 수행한다.

② 코어 내의 각 공간에는 계단실, 엘리베이터 통로 및 홀, 로비, 전기실 및 기계실, 복도, 공조실, 화장실, 굴뚝 등이 포함된다.

③ 엘리베이터와 화장실은 가급적 분리시킨다.

④ 코어 내의 각 공간은 각 층마다 조금씩 다른 위치에 있도록 한다.

[해설]
② 전기실, 기계실 및 공조실은 코어에 위치시키지 않고 일반적으로 지하층에 배치한다.
③ 엘리베이터와 화장실은 가급적 근접시킨다.
④ 코어 내의 각 공간은 각 층마다 동일한 위치에 있도록 한다.

11. 건축물의 코어(Core) 계획에 관한 설명으로 옳지 않은 것은? 【09지방직⑨】

① 건축물의 코어는 구조적인 역할을 할 수도 있다.

② 집중된 코어는 평면의 유효면적을 증가시킨다.

③ 층별로 다양한 기능이 요구되어도 가능하면 코어 위치를 각 층별로 같게 한다.

④ 하나의 단일용도의 대공간을 필요로 하는 전용사무소에는 중심코어형이 유리하다.

[해설]
④ 하나의 단일용도의 대공간을 필요로 하는 전용사무소에는 양단코어(양측코어)형이 유리하다.

12. 사무소건축에 관한 설명으로 옳지 않은 것은? 【10국가직⑨】

① 렌터블비(Rentable Ratio)란 임대면적과 연면적의 비율을 말하며, 값이 높을수록 수익성이 크다.

② 오피스 랜드스케이프(Office Landscape) 계획의 단점은 프라이버시가 결여되기 쉽다.

③ 중심코어(Center Core)는 고층 및 초고층보다 중층 및 저층에 주로 사용된다.

④ 사무소의 깊이는 외측에 면할 경우 일반적으로 층고의 2.0~2.4배 정도가 적당하다.

[해설]
③ 중심코어는 고층 및 초고층 사무소 건물에 적합한 형식이다.

13. 사무소건축에 있어서 코어(Core)계획에 대한 설명으로 옳지 않은 것은? 【11국가직⑨】

① 사무소의 유효면적률(Rentable Ratio)을 높이기 위해 각층의 서비스부분을 사무공간에서 분리하여 집중시킨 부분이다.

② 코어부분의 규모는 가능한 크게 하여 구조적으로 유리하도록 한다.

③ 샤프트나 공조실은 계단, 엘리베이터 및 설비실(Utility Closet)들 사이에 갇혀있지 않도록 한다.

④ 계단, 엘리베이터, 화장실 등은 근접배치하고 피난용특별계단은 법적거리 한도 내에서 가능한 멀리 이격시킨다.

[해설]
② 코어부분의 규모는 가능한 작게 하여 유효면적을 높이도록 한다.

14. 건축물 계획 시 코어(Core)의 배치에 따른 유형과 특성에 대한 설명으로 옳지 않은 것은? 【11국가직⑦】

① 편심코어형은 기준층 바닥면적이 작은 경우에 적합하며, 고층인 경우 구조상 불리하다.

② 중앙코어형은 기준층 바닥면적이 큰 경우 적합하며, 유효율이 높고 대여빌딩으로서 경제적인 계획을 할 수 있다.

③ 독립코어형은 자유로운 사무실 공간계획이 가능하며 각종 덕트, 배관 등의 길이가 짧아지는 장점이 있다.

④ 양단코어형은 대공간을 필요로 하는 전용사무실에 적합하며, 방재상 유리하다.

[해설]
③ 독립코어형은 자유로운 사무실 공간계획이 가능하나 각종 덕트, 배관 등의 길이가 길어지는 단점이 있다.

해답 10 ① 11 ④ 12 ③ 13 ② 14 ③

15. 사무소건축에서 코어 구성에 대한 설명으로 옳은 것은? 【11지방직⑦】

① 양측코어는 대공간을 필요로 하는 사무실에 적합하며, 방재상 유리하다.

② 고층건물에서 편심코어는 자유로운 사무실 배치가 가능하며, 구조상 유리하다.

③ 코어는 사무실과 달리 수익성이 낮은 부분이므로 반드시 최소한의 규모로 계획한다.

④ 코어의 샤프트는 고정된 공간으로 여유면적을 특별히 고려하지 않아도 된다.

[해설]
② 고층건물에서 편심코어는 구조상 불리하다.
③ 코어는 가능한 한 작게하는 것이 유리하기는 하나 반드시 최소한의 규모로 계획하지는 않는다.
④ 코어의 샤프트는 설비의 증감에 대해 대응하기 위해 여유면적을 고려한다.

16. 사무소 건축에서 코어(Core)시스템의 역할과 관계가 없는 것은? 【13국가직⑨】

① 코어는 일반적으로 내력 구조체 역할을 한다.

② 기능의 효율적 사용을 위해 각 층의 서비스 부분을 집약시키는 시스템이다.

③ 코어가 하중을 부담하고 있어 건물의 장스팬 구조계획에 불리하다.

④ 수평 및 수직동선 공간의 중심으로 작용한다.

[해설]
③ 코어가 내력 구조체 역할을 하면서 하중을 부담하고 있어 건물의 장스팬 구조계획에 유리하다.

17. 사무소 건물의 에너지 성능 측면에서 코어(Core)의 유형 중 효율적인 것부터 순서대로 바르게 나열한 것은? 【14국가직⑦】

① 편심코어형 → 중심코어형 → 편심이중코어형

② 편심이중코어형 → 편심코어형 → 중심코어형

③ 중심코어형 → 편심이중코어형 → 편심코어형

④ 중심코어형 → 편심코어형 → 편심이중코어형

[해설]
같은 연면적의 건물에서 사무실 영역이 외기에 접하는 면이 많을수록 에너지손실이 많아진다. 따라서 중심코어형은 4면이 외기에 접하므로 가장 열손실이 많고 편심이중코어형은 2면이 외기에 접하므로 가장 열손실이 적다.

18. 사무소건축의 코어 종류별 특징으로 옳지 않은 것은? 【15지방직⑨】

① 편심코어형(편단코어형)은 바닥면적이 커질 경우 코어 이외에 별도의 피난시설, 설비샤프트 등이 필요해진다.

② 중앙코어형(중심코어형)은 바닥면적이 큰 경우에 많이 사용되고 특히 고층, 초고층에 적합하다.

③ 독립코어형(외코어형)은 코어로부터 사무실까지 설비덕트나 배관의 연결이 효율적이므로 경제적 시공이 가능하다.

④ 양단코어형(분리코어형)은 코어가 분리되어 있어 방재상 유리하다.

[해설]
③ 독립코어형(외코어형)은 코어로부터 사무실까지 설비덕트나 배관의 연결에 제한이 있고 길이가 길어져서 비효율적이다.

19. 사무소건축에 대한 설명으로 옳지 않은 것은? 【15국가직⑦】

① 코어 내의 계단, 엘리베이터, 화장실은 가능한 접근시키고 피난용 특별계단 상호간은 법정거리 내에서 가급적 가까이 둔다.

② 오피스랜드스케이핑(Office Landscaping)은 의사전달과 작업흐름에 따라 작업공간을 배치하는 개방된 사무소 레이아웃 형식이다.

③ 대지는 직사각형이거나 전면도로에 길게 면하는 것이 유리하다.

④ 엘리베이터 홀의 면적은 1인당 0.5~0.8m^2 정도로 한다.

[해설]
① 코어 내의 계단, 엘리베이터, 화장실은 가능한 접근시키고 피난용 특별계단 상호간은 법정거리 내에서 가급적 멀리 둔다.

20. 업무시설 리모델링을 용이하게 하기 위한 건축설계 시 고려사항으로 옳지 않은 것은? 【16국가직⑨】

① 외부 확장가능성을 고려하여 서비스 코어를 가능한 한 편심코어나 양측코어로 계획하는 것이 바람직하다.

② 장래의 규모 확장을 고려하여 외부공간을 건축물에 의해 나누어지지 않도록 일정 규모 이상의 단일공간으로 확보하는 것이 바람직하다.

③ 서비스 코어에서는 설비 샤프트를 하나로 원룸화하여 공간 내에서의 가변성을 유도하는 것이 바람직하다.

④ 구조체의 확장을 고려하여 충분한 강성이 확보될 수 있도록 완결된 형태로 구조체를 계획하는 것이 바람직하다.

[해설]
④ 완결된 형태로 구조체를 계획하면 외부 확장가능성이나 공간 내에서의 가변성을 확보하기 어렵다.

21. 건축물의 층고 결정에 직접적인 영향을 미치는 요소로 옳지 않은 것은? 【10지방직⑨】

① 코어의 위치
② 건축공간의 용도
③ 보의 형태와 크기
④ 천장에 매입되는 필요 설비

[해설]
① 코어의 위치는 건축물의 층고에 직접적인 영향을 미치지 않는다.

22. 사무소건축의 엘리베이터 대수산정식에 사용되는 요소가 아닌 것은? 【09지방직⑨】

① 엘리베이터 정원
② 엘리베이터 일주(왕복)시간
③ 건물의 층고
④ 5분간에 1대가 운반하는 인원수

[해설] 엘리베이터 대수산정시 고려사항
① 5분간의 최대이용자수
② 엘리베이터 1대의 왕복시간
③ 5분간에 엘리베이터 1대가 운반하는 인원수
④ 엘리베이터의 정원

23. 업무시설인 사무소건축에서 엘리베이터 설치계획에 대한 설명으로 옳지 않은 것은? 【10지방직⑦】

① 높이 31m를 넘는 각층을 거실외의 용도로 쓰는 건축물은 비상용승강기를 설치하지 않아도 된다.

② 엘리베이터 대수 산정을 위한 노크스의 계산식에서 1인이 승강하는데 필요한 시간은 문의 개폐시간을 포함해서 6초로 가정한다.

③ 엘리베이터 대수 산정을 위한 노크스의 계산식은 2층 이상의 거주자 전원의 30%를 15분간에 한쪽 방향으로 수송한다고 가정한다.

④ 엘리베이터 대수 산정을 위한 약산방법으로, 사무소 건물의 유효면적(대실면적)이 3,000m²씩 늘어날 때마다 1대씩 늘어나는 것으로 계산한다.

[해설] 엘리베이터 대수 산정을 위한 약산방법
① 유효면적(대실면적) : 2,000m²마다 1대
② 연면적 : 3,000m²마다 1대

24. 엘리베이터 계획 시 고려해야 할 사항으로 옳지 않은 것은? 【12국가직⑦】

① 알코브형으로 배치할 경우, 대향거리는 3.5~4.5m를 확보하되 10대 이내로 하고, 그 이상은 군별로 분할하는 것이 타당하다.

② 승강기를 직렬배치할 경우, 도착 확인과 보행거리를 고려하여 4대 정도를 한도로 한다.

③ 주요 출입구, 홀에 직접 면해서 설치하고, 방문객이 파악하기 쉬운 곳에 집중하여 배치하는 것이 타당하다.

④ 비상용엘리베이터는 건물높이가 31m 이상일 때 설치하고, 화재 시 소방대가 활동할 수 있도록 물이나 열에 대한 충분한 보호가 필요하다.

[해설]
① 알코브형으로 배치할 경우, 대향거리는 3.5~4.5m를 확보하되 6대 이내로 하고, 그 이상은 군별로 분할하는 것이 타당하다.

해답 20 ④ 21 ① 22 ③ 23 ④ 24 ①

25. 사무소의 코어계획에 대한 설명으로 옳지 않은 것은? 【14국가직⑨】

① 코어는 계단, 엘리베이터 등의 사람 및 화물을 운반하기 위한 수직 교통시설과 파이프샤프트, 덕트 등 건물 내의 설비시설을 집중 배치시킨 곳을 말한다.

② 코어는 파이프샤프트, 엘리베이터 등을 내력벽으로 집중 설치하여 지진이나 풍압 등에 대비한 내력 구조체로 계획하는 것이 바람직하다.

③ 엘리베이터는 가급적 많은 수를 직선 배치하여 사용자가 빠르게 이동할 수 있도록 한다.

④ 코어 내 공간과 임대사무실 사이의 동선은 가급적 간단하고 명료하게 하는 것이 이용자의 편의 측면에서 도움이 된다.

[해설]
③ 엘리베이터는 4대 이하는 직선형으로 하고 6대 이상은 앨코브형 또는 대변배치가 효과적이다. 많은 수의 엘리베이터를 직선형으로 배치하는 경우 보행거리가 길어져 좋지 않다.

26. 사무소건축의 코어계획 및 엘리베이터계획에 대한 설명으로 옳지 않은 것은? 【15국가직⑨】

① 고층용 엘리베이터와 저층용 엘리베이터는 각각 그룹으로 묶어 배치하는 것이 효율적이다.

② 사무실 면적이 작은 경우에는 중앙(center)코어 형식에 따른 엘리베이터 배치가 바람직하다.

③ 더블데크시스템(double deck system)은 동일 샤프트(shaft) 내에 2대분의 수송력을 가진 엘리베이터를 사용하고 정지층도 2개 층으로 운행하는 방식이다.

④ 스카이로비방식(sky lobby system)은 초고층 사무소건축에 적용되는 방식의 하나로 큰 존을 설정하고 스카이로비에서 세분된 조닝으로 운행하는 방식이다.

[해설]
② 사무실 면적이 큰 경우에는 중앙(center)코어형식에 따른 엘리베이터 배치가 바람직하다.

27. 고층 건축물의 스모크 타워(Smoke tower) 계획에 대한 설명으로 옳지 않은 것은? 【16국가직⑨】

① 스모크 타워는 비상계단 내 전실에 설치한다.

② 스모크 타워의 배기구는 복도 쪽에, 급기구는 계단실 쪽에 가깝도록 설치한다.

③ 전실의 천장은 가급적 높게 한다.

④ 전실에 창이 설치된 경우에는 스모크 타워를 설치하지 않아도 된다.

[해설]
④ 전실에 창이 설치된 경우에도 스모크 타워를 설치하여야 한다.

28. 인텔리전트 빌딩(IB: Intelligent Building)에 대한 설명으로 옳지 않은 것은? 【09지방직⑨】

① 인텔리전트 빌딩은 고가의 설비를 초기에 투자해야 하므로 경제성 확보가 곤란한 소규모 건물에는 적용하기 어렵다.

② 인텔리전트 빌딩이란 건물자동화(BA), 사무자동화(OA) 및 정보통신(TC) 시스템 등을 갖춘 건물을 말한다.

③ 사무자동화(OA) 시스템은 오피스 업무의 변화 및 기술혁신에 따른 시스템 도입에 대응이 가능한 공간을 구성하는 것이다.

④ 정보통신(TC) 시스템은 정보의 통신이나 활용을 고도화함으로써 사무실의 생산성을 향상시키고 건물의 안정성을 높여준다.

[해설]
③ 사무자동화(OA) 시스템은 건물 내에 구축된 정보네트워크에 의해 정보 및 문서처리를 자동화하는 것이다.

29. 인텔리전트빌딩 시스템(IBS)의 구성요소에 해당하지 않는 것은? 【12국가직⑦】

① 모듈시스템(MS) ② 빌딩자동화(BA)
③ 정보통신화(TC) ④ 사무자동화(OA)

[해설]
인텔리전트빌딩 시스템의 구성요소 : 빌딩자동화(BA), 정보통신화(TC), 사무자동화(OA)

해답 25 ③ 26 ② 27 ④ 28 ③ 29 ①

Chapter

07

은행 계획

은행 계획은 출제빈도가 낮은 부분이다. 여기에서는 은행의 평면계획, 세부계획에 관한 문제가 출제된다.

1 기본계획

(1) 대지선정 조건

① 교통이 편리한 곳
② 상점가나 번화가에 위치할 것
③ 고객밀집지역 및 지역개발의 장래성이 있는 곳
④ 전면도로가 넓거나 가로 모퉁이 등 사람의 눈에 잘 띄는 곳

(2) 대지의 형태 및 방위

① 정방형 또는 직사각형에 가까운 형태
② 남쪽 또는 동쪽이 좋고 동남의 가로 모퉁이가 이상적이다.

출제빈도
18지방직 ⑨ 21지방직 ⑨

[은행의 주출입구]

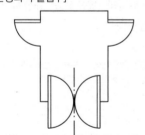

• 어린이들의 출입이 많은 곳에는 회전문이 위험하므로 사용하지 않는 것이 좋다.

• 규모가 큰 은행의 경우 고객출입구는 되도록 1개소로 한다.

2 평면계획[☆]

(1) 은행의 규모결정 조건

① 은행원수
② 내방 고객 수
③ 고객서비스 시설규모
④ 장래 예비공간

(2) 면적기준

① 영업장의 면적 : 4~6m^2/인
② 연면적 : 16~26m^2/인

(3) 은행실 계획

① 객장과 영업장으로 구분
② 전실을 두거나 방풍을 위한 칸막이를 설치
③ 도난방지상 안여닫이로 계획
④ 전실을 둘 경우 바깥문은 밖여닫이 또는 자재문을 설치
⑤ 객장 최소 폭 : 3.2m 이상
⑥ 영업장 : 객장 = 3 : 2

(4) 동선계획

① 고객의 공간과 업무공간 사이에는 원칙적으로 구분이 없어야 한다.

② 고객이 지나는 동선은 되도록 짧게 한다.

③ 고객과 직원의 출입구는 분리하여 설치한다.

④ 업무공간 내부의 일은 되도록 고객이 알기 어렵게 한다.

· 예제 01 ·

일반 건축물의 출입구 계획으로 옳은 것은?　　　【09국가직⑨】

① 공공 건축물의 주출입구에는 유니버설 디자인을 적용한다.

② 주출입구에 회전문을 설치하는 경우 출입용 여닫이문은 같이 설치하지 않는다.

③ 은행에서 일반 이용자들이 사용하는 주출입구의 문은 안여닫이로 해서는 안 된다.

④ 영화관의 관람석 출입문은 출입의 편의를 위해 홀에서 관람석 방향으로 열리도록 해야 한다.

---

② 주출입구에 회전문을 설치하는 경우 출입용 여닫이문을 같이 설치한다.

③ 은행에서 일반 이용자들이 사용하는 주출입구의 문은 도난방지상 안여닫이로 한다.

④ 영화관의 관람석 출입문은 피난을 고려하여 관람석에서 홀 방향으로 열리도록 해야 한다.

답 : ①

---

3 세부계획[☆]

(1) **소요조도** : 300~400lx 정도

(2) **천장 높이** : 5~7m 정도

(3) **카운터**

① 객장 쪽에서의 높이 : 100~110cm

② 영업장 쪽에서의 높이 : 90~95cm

③ 폭 : 60~75cm

④ 길이 : 150~180cm

(4) **금고실**

① 철근콘크리트 구조(벽, 바닥, 천장)

② 두께 : 30~45cm(큰 규모인 경우 60cm 이상)

③ 금고문 및 맨홀 문은 문틀과 문짝면 사이에 기밀성을 유지해야 한다.

출제빈도

11국가직 ⑦ 20국가직 ⑨

[금고의 종류]

① 현금고, 증권고 : 일반적으로 금고실이라고 하며, 칸막이 격자로 구분하여 사용한다.

② 보호금고 : 고객으로부터 보관물품을 받아 두고, 보관증서를 교부하는 보호예치업무를 위한 금고이다.

③ 대여금고 : 금고실 내에 대, 소 철제상자를 설치해 두고 고객에게 일정 금액으로 대여해 주는 금고로서 전실에 비밀실을 부수해서 설치한다.

④ 사고에 대비하여 전선케이블을 금고 벽체 안에 위치하게 하여 경보장치와 연결한다.

⑤ 비상전화를 설치한다.

⑥ 비상환기구 혹은 비상구가 별도로 필요한 경우에 한해 공기출입이 용이한 장소에 비상출입구를 설치한다.

⑦ 금고 안은 밀폐된 공간이므로 환기설비를 설치한다.

4 드라이브 인 뱅크(Drive in Bank)

(1) 계획시 주의사항

① 드라이브 인 창구에 자동차의 접근이 쉬워야 한다.

② 은행 차구에의 자동차 주차는 교차되거나 평행이 되도록 해야 한다.

③ 드라이브 인 뱅크 입구에는 차단물이 설치되지 않아야 한다.

④ 창구는 운전석 쪽으로 한다.

⑤ 외부에 면할 경우는 비나 바람을 막기 위한 차양시설이 필요하다.

(2) 창구의 소요설비

① 영업장과의 긴밀한 연락을 취할 수 있는 시설이 필요하다.

② 자동, 수동식을 겸비하여 서류를 처리할 수 있도록 한다.

③ 쌍방향 통화설비를 설치한다.

④ 한랭시 동결에 대비하여 창구에 보온장치를 부착한다.

⑤ 방탄설비를 부착한다.

[드라이브 인 뱅크]
자동차 교통수단의 급격한 발달로 도심에서의 극심한 교통란을 극복하기 위해 자동차를 탄 채로 은행업무를 볼 수 있는 은행을 말한다.

07 출제예상문제

1. 일반 건축물의 출입구 계획으로 옳은 것은?

【09국가직⑨】

① 공공 건축물의 주출입구에는 유니버설 디자인을 적용한다.
② 주출입구에 회전문을 설치하는 경우 출입용 여닫이문은 같이 설치하지 않는다.
③ 은행에서 일반 이용자들이 사용하는 주출입구의 문은 안여닫이로 해서는 안 된다.
④ 영화관의 관람석 출입문은 출입의 편의를 위해 홀에서 관람석 방향으로 열리도록 해야 한다.

[해설]
② 주출입구에 회전문을 설치하는 경우 출입용 여닫이문을 같이 설치한다.
③ 은행에서 일반 이용자들이 사용하는 주출입구의 문은 도난방지상 안여닫이로 한다.
④ 영화관의 관람석 출입문은 피난을 고려하여 관람석에서 홀 방향으로 열리도록 해야 한다.

2. 은행건축 계획에 대한 설명으로 옳지 않은 것은?

【11국가직⑦】

① 일반적으로 출입문은 도난방지상 안여닫이로 하는 것이 타당하다.
② 영업실의 조도는 감광률을 포함해서 책상 위에서 300~400lux를 표준으로 한다.
③ 금고실 구조체는 철근콘크리트구조로 하고 두께는 중소규모 은행에서는 최소 25cm 이상으로 한다.
④ 고객공간과 업무공간과의 사이에는 원칙적으로 구분이 없어야 한다.

[해설]
③ 금고실 구조체는 철근콘크리트구조로 하고 두께는 중소규모 은행에서는 최소 30cm 이상으로 하고 대규모 은행에서는 60cm 이상으로 한다.

3. 은행 건축계획에 대한 설명으로 옳지 않은 것은?

【20국가직⑨】

① 주 출입구에 전실을 두거나 칸막이를 설치한다.
② 주 출입구는 도난방지를 위해 안여닫이로 하는 것이 좋다.
③ 은행 지점의 시설규모(연면적)는 행원 수 1인당 16~26㎡ 또는 은행실 면적의 1.5~3배 정도이다.
④ 금고실에는 도난이나 화재 등 안전상의 이유로 환기설비를 설치하지 않는다.

[해설]
④ 금고실은 밀폐된 공간이므로 환기설비를 설치한다.

4. 다음의 은행 계획에 대한 설명 중 옳지 않은 것은?

① 고객이 지나는 동선은 되도록 짧게 한다.
② 업무 내부의 일의 효율은 되도록 고객이 알기 어렵게 한다.
③ 주출입구에 전실을 둘 경우에는 바깥문으로 밖여닫이 또는 자재문으로 할 수 있다.
④ 고객의 공간과 업무공간과의 사이에는 원칙적으로 구분이 있어야 한다.

[해설]
④ 은행 내부공간 계획 시 고객의 공간과 업무공간과의 사이에는 원칙적으로 구분이 없어야 한다.

5. 은행건축 계획에 관한 설명 중 부적당한 것은?

① 일반적으로 출입문은 도난방지상 안여닫이로 함이 타당하다.
② 어린이들의 출입이 많은 곳에서는 회전문을 설치하는 것이 좋다.
③ 고객이 지나는 동선은 되도록 짧게 한다.
④ 고객의 공간과 업무공간과의 사이에는 원칙적으로 구분이 없어야 한다.

[해설]
② 은행건축 계획에서 어린이들의 출입이 많은 곳에서는 안전사고 방지를 위해 회전문을 설치하지 않는 것이 좋다.

해답 1 ① 2 ③ 3 ④ 4 ④ 5 ②

Chapter 08

상점 계획

상점 계획은 출제빈도가 그리 높지 않다.
여기에서는 상점의 방위, 상점의 점내구성 및 동선계획, 상점의 세부계획에 대한 문제가 출제된다.

1 기본계획

(1) 대지선정 조건

① 교통이 편리한 곳
② 사람의 통행이 많고 번화한 곳
③ 사람의 눈에 잘 띄는 곳
④ 2면 이상 도로에 면한 곳
⑤ 부지가 불규칙적이며 구석진 곳을 피할 것

(2) 상점가로 고객을 유도할 수 있는 조건

① 한 가지 용무만이 아니고 몇 가지 일을 상점지역에서 볼 수 있어야 한다.
② 특정상품에 대한 비교와 자유로운 선택을 할 수 있는 곳이라야 한다.
③ 여러 성질의 다른 매력이 조합되어 있는 곳이라야 한다.
④ 번화함, 활기, 참신함 등의 분위기가 그 지역일대에 있어야 한다.
⑤ 오래전부터 사람들의 발길이 그 곳에 오는 습관이 있고 그것이 지속되고 있어야 한다.
⑥ 신개발지역으로 그 곳에서 특유의 활동이 요구되는 곳이라야 한다.

(3) 상점의 방위

상점	개념	도로에 의한 위치	방위에 의한 위치
부인용품점	오후에 그늘이 지지않는 방향	도로의 북동쪽	남서향
식료품점	강한 석양에 의한 음식물의 부패방지	도로의 동쪽은 피한다.	서향은 피한다.
양복점, 가구점, 서점	일사에 의한 퇴색, 변형, 파손 방지	도로의 남서쪽	북동향
여름용품점	남측광선을 취입	도로의 북쪽	남향
겨울용품점	추운 이미지	도로의 남쪽	북향
음식점	조용하고 양호한 환경	도로의 남쪽	북향
귀금속점	균일한 조도	도로의 남쪽	북향

2 평면계획

(1) 점외구성 방법

① A(주의, Attention) : 주목시킬 수 있는 배려
② I(흥미, Interest) : 공감을 주는 호소력
③ D(욕망, Desire) : 욕구를 일으키는 연상
④ M(기억, Memory) : 인상적인 변화
⑤ A(행동, Action) : 들어가기 쉬운 구성

(2) 점내구성 방법

① 대면판매
 • 설명하기가 편리하다.
 • 종업원의 정위치를 정하기가 용이하다.
 • 포장하기가 편리하다.
 • 종업원에 의해 통로가 소요되므로 진열면적이 감소한다.
 • 진열장이 많아지면 상점의 분위기가 딱딱해진다.
② 측면판매
 • 충동적 구매와 선택이 용이하다.
 • 진열면적이 커진다.
 • 상품에 대한 친근감이 있다.
 • 종업원의 정위치를 정하기가 어렵고 불안정하다.
 • 상품의 설명, 포장 등이 불편하다.

(3) 상점의 면적구성

① 판매부분 : 도입공간, 통로공간, 상품전시공간, 서비스공간
② 부대관리부분 : 상품관리공간, 점원후생공간, 영업관리공간, 시설관리공간, 주차장

(4) 동선계획

① 고객의 동선과 종업원의 동선은 교차되지 않는 것이 바람직하다.
② 고객의 동선은 가능한 한 길게 하여 다수의 손님을 수용하도록 한다.
③ 종업원의 동선은 가능한 한 짧게 하여 소수의 종업원으로도 판매가 능률적이 되도록 계획한다.
④ 바닥면에 고저차를 두지 않는다.

[구매심리 5단계]
① A(주의, Attention)
② I(흥미, Interest)
③ C(확신, Confidence)
④ M(기억, Memory)
⑤ A(행동, Action)

[출입구의 크기]
외여닫이인 경우 : 폭 0.8~0.9m 정도

[계단 계획]
① 계단의 설치위치와 주계단과 부계단의 관계, 계단의 경사도 등은 고객의 흡인과 밀접한 관계가 있다.
② 계단은 상점 내의 중요한 장식적 요소가 된다.
③ 소규모 상점에 있어서 계단의 경사가 너무 낮을 경우에는 매장면적을 감소시키게 되므로 규모에 알맞은 경사도를 선택해야 한다.

3 세부계획[☆]

출제빈도

12지방직 ⑨ 15지방직 ⑨ 20국가직 ⑨

[점두형식에 의한 분류]

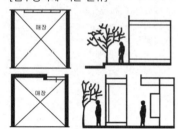

[진열창의 흐림(결로) 방지]
진열창에 외기가 통하도록 하고, 내·외부의 온도차를 적게 한다.

[진열창의 반사 방지]
① 주간시
· 진열창 내의 밝기를 외부보다 더 밝게 한다.
· 차양을 달아 외부에 그늘은 준다.
· 유리면을 경사지게 특수한 곡면유리를 사용한다.
· 건너편의 건물이 비치는 것을 방지하기 위해 가로수를 심는다.
② 야간시
· 광원을 감춘다.
· 눈에 입사하는 광속을 적게 한다.

[진열창 내부의 조명계획]
① 전반조명과 국부조명을 사용한다.
② 바닥면의 조도 : 150lx 이상

(1) 진열창(show window) 계획

① 점두형식(shop front)에 의한 분류
  ㉠ 개방형 : 손님이 잠시 머무르는 곳이나 손님이 많은 곳에 적합 (서점, 제과점, 철물점, 지물포)
  ㉡ 폐쇄형 : 손님이 비교적 오래 머무르는 곳이나 손님이 적은 곳에 적합(이발소, 미용원, 보석상, 카메라점, 귀금속점)
  ㉢ 중간형 : 개방형과 폐쇄형을 겸한 형식을 가장 많이 이용

② 진열창 형태에 의한 분류
  ㉠ 평형 : 점두의 외면에 출입구를 낸 가장 일반적인 형식으로 채광이 좋고 점내를 넓게 사용할 수 있어 유리하다.
  ㉡ 돌출형 : 점내의 일부를 돌출시킨 형식으로 특수도매상에 사용된다.
  ㉢ 만입형 : 점두의 일부를 만입시킨 형식으로 점내면적과 자연채광이 감소된다.
  ㉣ 홀형
  ㉤ 다층형 : 2층 또는 그 이상의 층을 연속되게 처리한 형식으로 가구점, 양복점 등에 유리하다.

③ 계획결정의 요소
  · 상점의 위치
  · 보도폭과 교통량
  · 상점의 출입구
  · 상품의 종류와 크기
  · 진열방법과 정돈상태

④ 진열창의 크기
  · 창대의 높이 : 0.3~1.2m 정도(보통 0.6~0.9m)
  · 유리의 크기 : 높이 2.0~2.5m 정도(그 이상은 비효과적)
  · 진열높이 : 스포츠용품, 양화점은 낮게, 시계, 귀금속은 높게 한다.
  · 가장 눈을 끄는 상품은 서있는 사람의 눈높이보다 약간 낮게 한다.

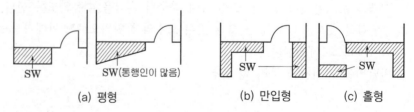

진열창 형태에 의한 분류

(2) 진열장(show case) 계획

① 진열장 배치형식

㉠ 굴절배열형 : 양품점, 모자점, 안경점, 문방구 등

㉡ 직렬배열형 : 통로가 직선이므로 고객의 흐름이 빨라 부분별 상품진열이 용이하고, 대량판매형식도 가능(침구점, 양복점, 식기점, 서점 등)

㉢ 환상배열형 : 수예점, 민예품점 등

㉣ 복합형 : 부인용품점, 피혁제품점 등

② 배치시 고려사항

㉠ 손님쪽에서 상품이 효과적으로 보이도록 한다.

㉡ 감시하고 쉽고 또한 손님에게 감시한다는 인상을 주지 않도록 한다.

㉢ 손님과 종업원의 동선을 원활하게 하여 다수의 손님을 수용하고 소수의 종업원으로 관리하게 편리하도록 한다.

㉣ 들어오는 손님과 종업원의 시선이 직접 마주치지 않도록 한다.

③ 진열장의 크기

상점에 따라 다르나 동일 상점의 것은 규격을 통일시키는 것이 좋고 이동식 구조로 한다.

• 폭 : 0.5~0.6m　　• 길이 : 1.5~1.8m　　• 높이 : 0.9~1.1m

　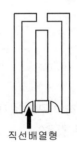　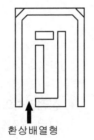　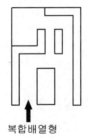

굴절배열형　　직선배열형　　환상배열형　　복합배열형

진열장 배치 형식

· 예제 01 ·

상점건축 계획에 대한 설명으로 옳지 않은 것은?　　【15지방직⑨】

① 상점의 부대부분은 상품관리공간, 점원후생공간, 영업관리공간, 시설관리공간, 주차장으로 구성되어 있다.

② 상점 진열창의 빛 반사를 방지하기 위해서 진열창 외부의 조도를 내부보다 밝게 한다.

③ 상점의 평면배치 형식 중 직렬배열형은 통로가 직선으로 계획되어 고객의 흐름이 빠르며 부분별로 상품 진열이 용이하다.

④ 진열창 내부조명은 전반조명과 국부조명이 쓰인다.

② 상점 진열창의 빛 반사를 방지하기 위해서 진열창 내부의 조도를 외부보다 밝게 한다.

답 : ②

08 출제예상문제

1. 상점 건축계획에 대한 설명으로 옳지 않은 것은?

【12지방직⑨】

① 매장계획은 고객동선과 상품동선이 서로 교차되도록 하는 것이 상품판매에 유리하다.

② 들어오는 고객과 점원의 시선이 정면으로 마주치지 않도록 한다.

③ 진열장의 반사를 방지하기 위해 진열장 내부의 밝기를 인공적으로 높게 한다.

④ 파사드의 형식은 외부와의 관계에 의할 경우 개방형, 폐쇄형, 중간형으로 분류할 수 있다.

[해설]

　① 매장계획에서 고객동선과 상품동선이 서로 교차되지 않도록 하는 것이 상품판매에 유리하다.

2. 상점건축 계획에 대한 설명으로 옳지 않은 것은?

【15지방직⑨】

① 상점의 부대부분은 상품관리공간, 점원후생공간, 영업관리공간, 시설관리공간, 주차장으로 구성되어 있다.

② 상점 진열창의 빛 반사를 방지하기 위해서 진열창 외부의 조도를 내부보다 밝게 한다.

③ 상점의 평면배치 형식 중 직렬배열형은 통로가 직선으로 계획되어 고객의 흐름이 빠르며 부분별로 상품 진열이 용이하다.

④ 진열창 내부조명은 전반조명과 국부조명이 쓰인다.

[해설]

　② 상점 진열창의 빛 반사를 방지하기 위해서 진열창 내부의 조도를 외부보다 밝게 한다.

3. 다음 중 상점 정면(Facade) 구성에 요구되는 상점과 관련되는 5가지 광고요소(AIDMA 법칙)에 속하지 않는 것은?

① Attention(주의)

② Interest(흥미)

③ Design(디자인)

④ Memory(기억)

[해설]

　① A(주의, Attention) : 주목시킬 수 있는 배려

　② I(흥미, Interest) : 공감을 주는 호소력

　③ D(욕망, Desire) : 욕구를 일으키는 연상

　④ M(기억, Memory) : 인상적인 변화

　⑤ A(행동, Action) : 들어가기 쉬운 구성

4. 상점건축의 매장 가구의 배치계획에서 고려할 사항으로 부적당한 것은?

① 고객 쪽에서 상품이 효과적으로 보이게 한다.

② 들어오는 고객과 직원의 시선이 바로 마주치는 것을 피하도록 한다.

③ 감시하기 쉽고 또한 고객에게 감시받고 있다는 인상을 주어 미연에 도난을 방지하도록 한다.

④ 고객과 직원의 동선이 원활하고, 소수의 직원으로 다수의 고객을 수용할 수 있어야 한다.

[해설]

　③ 상점건축에서 진열장을 배치할 때는 감시하기는 쉽지만 손님에게는 감시받고 있다는 인상을 주지 않도록 한다.

해답　1 ①·　2 ②　3 ③　4 ③

5. 상점 계획에 대한 설명 중 옳지 않은 것은?

① 고객의 동선은 일반적으로 짧을수록 좋다.

② 점원의 동선과 고객의 동선은 서로 교차되지 않는 것이 바람직하다.

③ 대면판매 형식은 일반적으로 시계, 귀금속, 의약품, 상점 등에서 쓰여진다.

④ 진열케이스, 진열대, 진열장 등이 입구에서 안을 향하여 직선적으로 구성된 평면배치는 주로 침재코너, 식기코너, 서점 등에서 사용된다.

[해설]
　① 상점 계획 시 고객동선은 가능한 한 길게, 종업원 동선은 가급적이면 짧게 한다.

6. 상점의 동선계획에 관한 설명으로 옳지 않은 것은?

① 고객동선은 가능한 길게 한다.

② 직원동선은 가능한 짧게 한다.

③ 상품동선과 직원동선은 동일하게 처리한다.

④ 고객출입구와 상품 반입/출 출입구는 분리하는 것이 좋다.

[해설]
　③ 고객동선, 종업원동선, 상품동선의 3가지 동선이 각각 교차되지 않게 판매장을 계획하는 것이 이상적이다.

7. 상점 건축계획에서 진열장 배치에 대한 설명으로 옳지 않은 것은?　　　　【20국가직⑨】

① 직렬배열형은 통로가 직선이므로 고객의 흐름이 빠르며, 부분별 상품진열이 용이하고 대량 판매형식도 가능한 형태이다.

② 굴절배열형은 진열케이스의 배치와 고객동선이 굴절 또는 곡선으로 구성된 형태로 대면판매와 측면판매의 조합으로 이루어진다.

③ 복합형은 서로 다른 배치형태를 적절히 조합한 형태로 뒷부분은 대면판매 또는 카운터 접객부분으로 계획된다.

④ 환상배열형은 중앙에는 대형상품을 진열하고 벽면에는 소형상품을 진열하며 침구점, 의복점, 양품점 등에 적합하다.

[해설]
　④ 환상배열형은 중앙에는 소형상품과 고가의 상품을 진열하고 벽면에는 대형상품을 진열하며 민예품점, 수예품점 등에 적합하다.

Chapter 09 백화점 계획

백화점 계획은 백화점과 쇼핑센터로 구성된다.
백화점에서는 백화점의 기능, 매장 계획시 고려사항, 승강설비계획에 대한 문제가 출제되며, 쇼핑센터에서는 쇼핑센터의 구성 요소 및 특성, 몰계획에 대한 문제가 출제된다.

[백화점의 성격]
① 외관은 멀리서도 눈에 띄고 상업적인 가치가 필요하다.
② 도로에서는 점내가 밝고 개방적이어서 항상 신선함과 화려함을 갖추어야 한다.
③ 매장은 2~3년마다 디자인을 변화될 수 있도록 계획한다.
④ 백화점의 매장 및 많은 접객시설은 많은 사람이 집중하므로 비상시에 피난 및 재해의 범위를 한정한다.

[백화점의 대지형태]

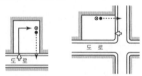

(a) 1방향도로의 경우 (b) 2방향도로의 경우(1)

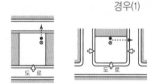

(c) 2방향도로의 경우(2) (d) 3방향도로의 경우

[백화점의 기능]

Ⅰ. 고객용 매장입구
Ⅱ. 고객용 매장출구
Ⅲ. 상품의 매장 반입구
Ⅳ. 상품의 매장 반출구
Ⅴ. 점원용 매장입구
Ⅵ. 점원용 매장출구
1. 상품운반동선과 점원동선의 교차점
2. 고객동선과 점원동선의 교차점
K. 고객동선
P. 점원동선
W. 상품동선

1 기본계획

(1) 대지선정 조건

① 교통이 편리한 곳
② 사람의 통행이 많고 번화한 곳
③ 사람의 눈에 잘 띄는 곳
④ 2면 이상 도로에 면한 곳
⑤ 역이나 버스 정류장으로부터 가까운 곳

(2) 대지의 형태

① 정방형에 가까운 장방형 대지
② 장변이 주요 도로에 면하고, 다른 1변 또는 2변이 상당한 폭원이 있는 도로에 면한 대지

2 평면계획

(1) 백화점의 기능 및 분류

① 고객권 : 고객용 출입구, 통로, 계단, 휴게실, 식당 등의 서비스시설 부분으로 대부분 판매권 등 매장에 결합되며 종업원권과 접하게 된다.
② 종업원권 : 종업원의 입구, 통로, 계단, 사무실, 식당 등의 부분으로 고객권과는 별도의 계통으로 독립되고, 매장 내에 접하고 매장외의 상품권과 접하게 된다.
③ 상품권 : 상품의 반입, 보관, 배달을 행하는 부분으로 판매권과 접하며, 고객권과 절대 분리시킨다.
④ 판매권 : 백화점의 가장 중요한 부분인 매장이며, 상품을 전시하여 영업하는 부분이다.

(2) 면적구성

① 판매부분 : 연면적의 60~70%
② 순수매장면적 : 연면적의 50%
③ 순수매장면적 중 진열장의 배치면적은 50~70%, 통로면적은 30~50%

3 단면계획

(1) 기둥간격 결정요소

① 진열장의 치수와 배치방법
② 지하주차장의 주차방식과 주차폭
③ 엘리베이터, 에스컬레이터의 배치
④ 기둥간격 : 보통 6.0×6.0m 정도

(2) 층고

① 1층 : 3.5~5.0m
② 2층 이상 : 3.3~4.0m
③ 지하층 : 3.4~5.0m
④ 최상층 : 식당 또는 연회장으로 사용되는 경우가 많으므로 층고를 높게 한다.

4 세부계획[☆]

(1) 매장의 종류

① 일반매장 : 자유형식으로 여러 층에 걸쳐 동일면적으로 설치
② 특별매장 : 일반매장 내에 설치

(2) 매장계획시 유의사항

① 매장 내의 교통계통을 정리한다.
② 매장 전체가 전망이 좋고 알기 쉽도록 한다. 융통성이 높고, 넓게 연속된 판매공간을 구성한다.
③ 동일층에서는 수평적 레벨차가 없도록 한다.
④ 입구, 엘리베이터, 에스컬레이터, 계단 등의 수직동선 배치를 기능적으로 하여 손님의 움직임이 매장 전체에 고르게 이루어지도록 한다.

(3) 통로

① 주통로 : 2.7~3.0m
② 부통로(객통로) : 1.8m 이상

(4) 진열장의 배치

① 직교(직각)배치 : 진열장을 직각배치함으로써 직교하는 통로가 나게 하는 가장 간단한 배치방법으로 판매장의 면적을 최대한 이용할 수 있다. 그러나 단조로운 배치이고, 통행량에 따른 폭을 조절하기 어려워 국부적인 혼란을 일으키기 쉽다.

출제빈도
20지방직 ⑨

[출입구 수]
① 도로에 면하여 30m에 1개소씩 설치한다.
② 점내의 엘리베이터 홀, 계단, 주요 진열장의 통로를 향하여 출입구를 설치한다.

[변소, 수세기]
① 각 층의 주계단, 엘리베이터 로비부근에 배치하며, 남녀별로 화장실과 전실을 둔다.
② 변기수 산정

객용	남자용	대변기, 수세기	매장면적 1,000m²에 대해서 1개
		소변기	매장면적 700m²에 대해서 1개
	여자용	대변기, 수세기	매장면적 500m²에 대해서 1개
종업원용	남자용	대변기, 수세기	50명에 대해서 1개
		소변기	40명에 대해서 1개
	여자용	대변기, 수세기	30명에 대해서 1개

[종업원 시설]
① 종업원의 수는 연면적 18~22m²에 대해 1인의 비율로 한다.
② 종업원의 남녀 비율은 4 : 6 정도로 한다.

② 사행(사교)배치 : 주통로를 직각배치하고, 부통로를 45° 경사지게 배치하는 방법으로 좌우 주통로에 가까운 통로를 택할 수 있고, 주통로에서 부통로의 상품이 잘 보인다. 그러나 이형의 진열장이 많이 필요하다.

③ 방사배치 : 판매장의 통로를 방사형으로 배치하는 방법으로 일반적으로 적용하기 곤란한 방식이다.

④ 자유유동(유선)배치 : 통로를 고객의 유동방향에 따라 자유로운 곡선으로 배치하는 방법으로 전시에 변화를 주고 매장의 특수성을 살릴 수 있다. 그러나 진열장의 특수한 형태가 필요하므로 비용이 많이 든다.

5 환경 및 설비계획[☆]

(1) 엘리베이터

① 최상층 급행용 이외에는 보조수단으로 이용된다.
② 크기 : 연면적 2,000~3,000m² 에 대해서 15~20인승 1대 정도로 한다.
③ 가급적 집중, 배치하며, 6대 이상인 경우 분산배치한다.
④ 고객용, 화물용, 사무용으로 구분하여 배치한다.

(2) 에스컬레이터

① 백화점에 있어서 가장 적합한 수송기관이며, 엘리베이터에 비해 10배 이상의 용량을 보유하고 있으며, 고객을 기다리게 하지 않는다.
② 수송량이 크며, 수송량에 비해 점유면적이 작다.
③ 고객이 매장을 여러 각도에서 보면서 오르내린다.
④ 점유면적이 크고, 설비비가 고가이다.
⑤ 층고, 기둥의 간격 등의 구조적 고려가 필요하다.
⑦ 엘리베이터 군(群)과 주출입구의 중간에 위치하는 것이 좋으며, 매장의 중앙에 가까운 곳에 설치하여 매장 전체를 쉽게 볼 수 있게 한다.

· 예제 01 ·

> **백화점의 수직이동요소에 대한 설명으로 옳지 않은 것은?** 【14지방직⑨】
>
> ① 엘리베이터는 고객용, 화물용, 사무용 등으로 구분하여 배치한다.
> ② 에스컬레이터의 점유면적이 적을 경우에는 교차식으로 배치하는 것이 유리하다.
> ③ 에스컬레이터를 직렬식으로 배치하는 경우에는 이용자들의 시야가 확보되는 장점이 있다.
> ④ 엘리베이터는 에스컬레이터보다 시간당 수송량이 많아 주요 수직동선으로 이용된다.
>
> ④ 에스컬레이터는 엘리베이터보다 시간당 수송량이 많아 백화점에서 주요 수직동선으로 이용된다.
>
> 답 : ④

[에스컬레이터 배치형식]

배치형식		승객의 시야	점유면적
직렬식		가장 좋다.	가장 크다.
병렬식	단속식	양호하다.	크다.
	연속식	일반적이다.	작다.
교차식		나쁘다.	가장 작다.

[무창백화점]

① 실내의 공기조화 및 냉난방설비에 유리하다.
② 실내의 조도를 균일하게 유지한다.
③ 창으로부터의 역광이 없어 상품전시에 유리하다.
④ 외벽에 창이 없어 진열면적이 넓어지고 매장의 공간을 효율적으로 이용한다.
⑤ 화재나 정전시에 고객들에게 혼란을 가져온다.

[출제빈도]

08국가직 ⑦ 14국가직 ⑨ 14지방직 ⑨
20국가직 ⑨

6 쇼핑센터[☆]

(1) 공간구성요소

① 핵상점(magnet store) : 핵상점은 쇼핑센터의 핵으로서 고객을 끌어 들이는 기능을 갖고 있으며, 일반적으로 백화점이 이에 해당된다.

② 전문점(retail shop) : 주로 단일종류의 상품을 전문적으로 취급하는 상점과 음식점 등의 서비스점으로 구성되며, 전문점의 구성과 레이아웃은 그 쇼핑센터의 특색에 의해 결정된다.

③ 몰(mall) : 몰은 고객의 주보행동선으로서 중심상점과 각 전문점에서의 출입이 이루어지는 곳이다.

④ 코트(court) : 고객이 머무를 수 있는 비교적 넓은 공간으로서 고객의 휴식처가 되는 동시에 각종 행사의 장이 되기도 한다.

⑤ 주차장

(2) 면적구성비율

핵상점(50%), 전문점(25%), 몰·코트 등(10%), 관리시설(15%)

· 예제 02 ·

쇼핑센터의 몰(Mall)에 관한 설명으로 옳지 않은 것은?　　　　【13지방직⑨】

① 몰은 고객의 주 보행동선으로, 중심상점들과 각 전문점에서 출입하는 곳이므로 확실한 방향성과 식별성이 요구된다.

② 전문점들과 중심상점들의 주출입구는 몰에 면하도록 하며, 자연광을 끌어들여 외부공간과 같게 하고, 시간에 따른 공간감의 변화·인공조명과의 대비효과 등을 얻을 수 있도록 하는 것이 바람직하다.

③ 일반적으로 공기조화에 의해 쾌적한 실내기후를 유지할 수 있는 오픈몰(Open Mall)이 선호된다.

④ 일반적으로 몰의 폭은 6~12m이며, 몰의 길이는 240m를 초과하지 않는 것이 바람직하다.

---

③ 일반적으로 공기조화에 의해 쾌적한 실내기후를 유지할 수 있는 인클로즈드 몰(Enclosed Mall)이 선호된다.

답 : ③

출제빈도

13지방직 ⑨　13국가직 ⑦

[터미널 데파트먼트 스토어 (Terminal department store)]

철도여행객을 대상으로 하며, 역의 업무에 지장이 없는 범위 내에서 역사를 입체화하고, 여러 가지 상품 및 음식의 판매 등을 하는 도심의 백화점을 말한다.

09 출제예상문제

1. 대규모 판매시설의 동선계획으로 옳은 것은?
【08국가직⑦】

① 매장 내의 고객동선은 가능한 한 많은 매장을 거치지 않도록 배려할 필요가 있다.
② 엘리베이터는 일반적으로 주출입구에서 가까운 곳에 배치한다.
③ 에스컬레이터는 비상용 계단으로 사용할 수 있다.
④ 에스컬레이터 사용은 수송력에 비해 점유면적이 적어 효율적이다.

[해설]
① 매장 내의 고객동선은 가능한 한 많은 매장을 거치도록 배려할 필요가 있다.
② 엘리베이터는 일반적으로 주출입구에서 먼 곳에 배치한다.
③ 에스컬레이터는 백화점에서 주요한 운송수단이며 비상용 계단으로 사용할 수 없다.

2. 건축 시설별 평면상 구조모듈을 결정하는 주요 요소로 바르게 연결되지 않은 것은?
【12국가직⑨】

① 호텔 - 객실의 폭
② 도서관 - 서가계획
③ 백화점 - 외장 창호모듈
④ 사무실 - 업무공간과 주차구획

[해설] 백화점의 모듈 결정 요소
① 진열장   ② 지하주차단위   ③ 에스컬레이터의 배치

3. 백화점 건축계획에 대한 설명으로 옳은 것은?
【12지방직⑨】

① 동선계획에서 스퀘어 타입(Square Type)은 매장의 직각배치에 적합한 동선계획이다.
② 평면계획의 기본은 기둥간격으로, 5m×5m 또는 5.6m×5.6m를 사용한다.
③ 동선계획 유형인 바이어스 타입(Buyers Type)은 30° 구성에 의해 상품진열이 배치된다.
④ 병렬연속식 에스컬레이터의 배치는 협소한 면적공간에서 가장 효율적인 배치방법이다.

[해설]
② 평면계획의 기본은 기둥간격으로, 6m×6m를 사용한다.
③ 동선계획 유형인 바이어스 타입(Buyers Type)은 45° 구성에 의해 상품진열이 배치된다.
④ 교차식 에스컬레이터의 배치는 협소한 면적공간에서 가장 효율적인 배치방법이다.

4. 백화점 건축의 스팬(Span) 길이를 결정하는 요인으로 옳지 않은 것은?
【12국가직⑦】

① 판매장 진열장치 수와 배치방법
② 엘리베이터와 에스컬레이터 등의 크기, 개수, 설치유무
③ 지하주차장의 주차방식과 주차폭
④ 보행자 및 차량진입로와 각 출입구의 위치

[해설] 백화점의 기둥간격 결정요소
① 진열장의 치수와 배치방법
② 엘리베이터와 에스컬레이터 등의 크기, 개수, 설치유무
③ 지하주차장의 주차방식과 주차폭

5. 백화점 계획에 대한 설명으로 옳지 않은 것은?
【14국가직⑨】

① 계단은 엘리베이터나 에스컬레이터와 같은 승강설비의 보조용이며, 동시에 피난계단의 역할을 한다.
② 부지의 형태는 정사각형에 가까운 직사각형이 이상적이다.
③ 고객의 편리를 위하여 엘리베이터를 주출입구에 가깝게 설치한다.
④ 판매장의 직각배치는 매장면적을 최대한 이용하는 배치방법이다.

[해설]
③ 고객의 편리를 위하여 에스컬레이터를 주출입구에 가깝게 설치한다.

해답   1 ④   2 ③   3 ①   4 ④   5 ③

6. 백화점의 수직이동요소에 대한 설명으로 옳지 않은 것은? 【14지방직⑨】

① 엘리베이터는 고객용, 화물용, 사무용 등으로 구분하여 배치한다.
② 에스컬레이터의 점유면적이 적을 경우에는 교차식으로 배치하는 것이 유리하다.
③ 에스컬레이터를 직렬식으로 배치하는 경우에는 이용자들의 시야가 확보되는 장점이 있다.
④ 엘리베이터는 에스컬레이터보다 시간당 수송량이 많아 주요 수직동선으로 이용된다.

[해설]
④ 에스컬레이터는 엘리베이터보다 시간당 수송량이 많아 백화점에서 주요 수직동선으로 이용된다.

7. 쇼핑센터의 몰(Mall)에 관한 설명으로 옳지 않은 것은? 【13지방직⑨】

① 몰은 고객의 주 보행동선으로, 중심상점들과 각 전문점에서 출입하는 곳이므로 확실한 방향성과 식별성이 요구된다.
② 전문점들과 중심상점들의 주출입구는 몰에 면하도록 하며, 자연광을 끌어들여 외부공간과 같게 하고, 시간에 따른 공간감의 변화·인공조명과의 대비효과 등을 얻을 수 있도록 하는 것이 바람직하다.
③ 일반적으로 공기조화에 의해 쾌적한 실내기후를 유지할 수 있는 오픈몰(Open Mall)이 선호된다.
④ 일반적으로 몰의 폭은 6~12m이며, 몰의 길이는 240m를 초과하지 않는 것이 바람직하다.

[해설]
③ 일반적으로 공기조화에 의해 쾌적한 실내기후를 유지할 수 있는 인클로즈드 몰(Enclosed Mall)이 선호된다.

8. 쇼핑센터 내의 몰(Mall) 계획에 대한 설명으로 옳지 않은 것은? 【13국가직⑦】

① 몰은 단층 또는 다층으로 계획할 수 있으나, 다층으로 계획 시 각 층 사이의 시야개방이 적극적으로 고려되어야 한다.
② 전문점과 중심상점의 주출입구는 몰에 면하도록 한다.
③ 몰은 층외로 개방된 오픈몰이나 닫혀진 실내공간으로 형성된 인클로즈드몰로 계획할 수 있으나 개방된 오픈몰이 선호된다.
④ 몰의 길이는 240m를 초과하지 않아야 하며, 20~30m마다 변화를 주어 단조로운 느낌이 들지 않도록 하여야 한다.

[해설]
③ 일반적으로 공기조화에 의해 쾌적한 실내기후를 유지할 수 있는 인클로즈드 몰(Enclosed Mall)이 선호된다.

9. 백화점 판매 매장의 배치형식 계획에 대한 설명으로 옳은 것은? 【20지방직⑨】

① 직각배치는 판매장 면적이 최대한으로 이용되고 배치가 간단하다.
② 사행배치는 많은 고객이 판매장 구석까지 가기 어렵다.
③ 직각배치는 통행폭을 조절하기 쉽고 국부적인 혼란을 제거할 수 있다.
④ 사행배치는 현대적인 배치수법이지만 통로폭을 조절하기 어렵다.

[해설]
② 사행배치는 많은 고객이 판매장 구석까지 가기 쉬운 이점이 있다.
③ 직각배치는 통행폭을 조절하기 어려워 국부적인 혼란을 일으키기 쉽다.
④ 자유유동(유선)배치는 현대적인 배치수법으로 매장의 특수성을 살릴 수 있으나 특수한 형태의 판매대가 필요하므로 매장의 변경 및 통로폭 조절이 어렵다.

해답　6 ④　7 ③　8 ③　9 ①

Chapter 10

학교 계획

학교 계획은 교사배치형식의 비교, 학교의 운영방식, 교실의 이용률과 순수율, 교실의 세부계획에 대한 문제가 출제된다. 특히, 학교의 운영방식에 관한 내용의 출제빈도가 높다.

1 기본계획

(1) 교지선정

① 교지선정 조건
- ㉠ 학생의 통학지역 내 중심이 될 수 있는 곳이 좋다.
- ㉡ 간선도로 및 번화가의 소음으로부터 격리되어야 한다.
- ㉢ 학교의 규모에 따른 장래의 확장면적을 고려해야 한다.
- ㉣ 의도하는 학교환경을 구성하는데 필요한 부지형과 지형을 택한다.
- ㉤ 필요한 일조 및 여름철 통풍이 좋은 곳이어야 한다.
- ㉥ 도시의 기반시설 등을 활용할 수 있는 곳이어야 한다.
- ㉦ 기타 법규적 제한을 받지 않는 곳이어야 한다.

② 교지의 형태와 면적
- 교지의 형태 : 정형에 가까운 직사각형이 유리
- 장변 : 단변 = 4 : 3
- 교지면적

학교의 종류	학교의 규모	1인당 점유면적
초등학교	12학급 이하	$20m^2$
	13학급 이상	$15m^2$
중학교	학생수 480명 이하	$30m^2$
	학생수 481명 이상	$25m^2$
고등학교	보통과, 상업과, 가정에 관한 학과를 둔 학교	$70m^2$
	농업, 수산, 공업에 관한 학과를 둔 학교	$110m^2$
대학교		$60m^2$

(2) 배치계획

① 교사의 배치형[☆]

㉠ 폐쇄형

- 운동장을 남쪽에 확보하여 부지의 북쪽에서 건축하기 시작하여 L자형에서 ㅁ자형으로 완결지어 가는 종래의 일반적인 형식이다.
- 부지의 효율적인 이용이 가능하다.
- 일조 및 통풍 등 환경조건이 불균등하다.
- 운동장에서 교실에의 소음이 크다.
- 교사주변에 활용되지 않는 부분이 많다.
- 화재 및 비상시에 피난에 불리하다.

㉡ 분산병렬형

- 일종의 핑거 플랜(finger plan)이다.
- 일조 및 통풍 등 환경조건이 균등하다.
- 구조계획이 간단하고 규격형의 이용이 편리하다.
- 각 건물 사이에 놀이터와 정원이 생겨 환경이 좋아진다.
- 넓은 부지가 필요하다.
- 편복도로 할 경우 복도면적이 길어지고, 단조로워 유기적인 구성을 취하기 어렵다.

출제빈도
10지방직 ⑦ 12지방직 ⑨ 15지방직 ⑨ 18지방직 ⑨

[교사의 방위]

남향 〉 남동향 〉 남서향

[집합형]

① 교육구조에 따른 유기적 구성이 가능하다.
② 동선이 짧아 학생의 이동이 유리하다.
③ 물리적 환경이 좋다.
④ 시설물을 지역사회에서 이용하게 하는 다목적계획이 가능하다.

· 예제 01 ·

학교건축에서 교사의 배치형식과 그 특성에 대한 설명으로 옳지 않은 것은?

【10지방직⑦】

① 폐쇄형은 대지이용의 효율성이 크나, 운동장에서 발생하는 소음이 교실에 영향을 미친다.
② 분산병렬형은 일조, 통풍 등 환경조건이 균등하고 구조계획이 간단하여 소규모의 대지에 적합하다.
③ 집합형은 교육과정의 변화에 용이하게 대처할 수 있으며, 이동동선이 단축된다.
④ 클러스터형은 공용공간을 중앙에 위치시키고, 몇 개의 교실을 하나의 유닛으로 하여 분리시키는 형식으로 중앙에 공용부분을 집약하고 외곽에 특별교실, 학년별 교실동을 두어 동선을 명확하게 분리시킬 수 있다.

---

② 분산병렬형은 일조, 통풍 등 환경조건이 균등하고 구조계획이 간단하며 대규모의 대지에 적합하다.

답 : ②

숫자는 건설 순서

폐쇄형

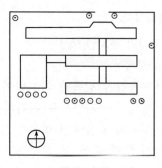

분산병렬형

② 학생 1인당 교사의 점유면적

구 분	1인당 소요면적
초등학교	$3.3 \sim 4.0 \text{m}^2$
중학교	$5.5 \sim 7.0 \text{m}^2$
고등학교	$7.0 \sim 8.0 \text{m}^2$
대학교	16m^2

③ 단층교사와 다층교사

㉠ 단층교사

- 학습활동을 실외로 연장할 수 있다.
- 계단을 오르내릴 필요가 없어 재해시 피난에 유리하다.
- 채광 및 환기에 유리하다.
- 개개의 교실 밖으로 직접 출입할 수 있으므로 복도가 혼잡하지 않다.

㉡ 다층교사

- 전기, 급배수, 난방 등의 배선 및 배관을 집약할 수 있다.
- 치밀한 평면계획을 할 수 있다.
- 부지의 이용률이 높다.
- 재해시 피난에 불리하다.
- 복도가 혼잡하다.

2 평면계획

출제빈도

07국가직 ⑦ 08국가직 ⑨ 08국가직 ⑦
10국가직 ⑦ 10지방직 ⑦ 12국가직 ⑨
14지방직 ⑨ 20지방직 ⑨ 21국가직 ⑦
21국가직 ⑨

(1) 학교운영방식 [☆☆]

① 종합교실형(U형)

㉠ 교실수는 학습수와 일치하며, 각 학급은 자기교실에서 모든 학습을 한다.

㉡ 초등학교의 저학년에 가장 적합하며, 1개의 교실에 1~2개의 변소를 가지고 있다.

㉢ 학생의 이동이 전혀 없고, 각 학급마다 가정적인 분위기를 만들 수 있다.

㉣ 시설의 정도가 낮은 경우에는 환경이 가장 열악하며, 특히 고학년에는 무리가 있다.

② 일반교실+특별교실형(U+V형)
  ㉠ 일반교실은 각 학급에 하나씩 배당하고, 그 밖에 특별교실을 갖는다.
  ㉡ 우리나라 교육과정의 70%를 차지하고 있으며, 가장 일반적인 형식이다.
  ㉢ 전용의 학급교실이 주어지기 때문에 홈룸활동 및 학생의 소지품을 두는데 안정된다.
  ㉣ 교실의 이용률은 낮아진다.
  ㉤ 시설수준을 높일수록 비경제적이다.

③ 교과(특별)교실형(V형)
  ㉠ 모든 교실이 특정교과를 위해 만들어지고, 일반교실이 없는 형식으로 학생들은 교과목이 바뀔 때마다 해당 교실을 찾아 수업을 듣는 방식이다.
  ㉡ 교실의 순수율이 가장 높아 교육의 질을 높일 수 있다.
  ㉢ 시설의 이용률이 높다.
  ㉣ 교실의 이용률이 가장 낮아 운영상 비경제적이다.
  ㉤ 학생의 이동이 심하고 이동시 동선의 혼란방지와 소지품 보관장소가 필요하다.

④ E형(U+V형과 V형의 중간)
  ㉠ 일반교실수는 학급수보다 적고, 특별교실의 순수율은 100%가 되지 않는다.
  ㉡ 교실의 이용률을 높일 수 있으므로 경제적이다.
  ㉢ 학생의 이동이 비교적 많다.
  ㉣ 학생이 생활하는 장소가 안정되지 않고 혼란이 발생한다.

⑤ 플래툰형(P형)
  ㉠ 각 학급을 2분단으로 나누어 한 분단이 일반교실을 사용할 때, 다른 분단은 특별교실을 사용한다.
  ㉡ 미국의 초등학교에서 과밀을 해결하기 위해 실시한 것이다.
  ㉢ E형 정도로 교실의 이용률을 높이면서 동시의 학생의 이동을 정리할 수 있다.
  ㉣ 교과담임제와 학급담임제를 병용할 수 있다.
  ㉤ 교사수가 부족하거나 시설의 수준이 낮은 경우, 환경이 열악해지며, 시간을 배당하는데 상당한 노력이 필요하다.

[개방학교(Open School)]
종래의 학급단위의 수업을 탈피하여 개인의 능력과 자질에 따라 편성하며, 경우에 따라서는 무학년제를 실시하여 보다 변화무쌍한 학급활동을 할 수 있도록 한 운영방식이다.
① 공간의 개방화, 대형화, 가변화
② 바닥 카펫 설치 : 흡음효과, 좌식생활공간의 연속감
③ 칸막이, 칠판, 스크린 등은 이동식으로 함
④ 책상, 의자의 감소
⑤ 2인 이상의 교사가 협력하여 팀티칭(team teaching)이 가능

⑥ 달톤형(D형)

㉠ 학급과 학년을 없애고 학생들은 각자의 능력에 따라서 교과를 선택하고 일정한 교과가 끝나면 졸업을 하는 형식이다.

㉡ 운영방식의 기본적인 목적이 있으므로 시설면에서 장단점을 말할 수 없다.

㉢ 하나의 교과에 출석하는 학생 수가 일정하지 않기 때문에 크고 작은 여러 교실을 설치해야 한다.

㉣ 우리나라의 학원, 직업학교 등에 적합한 형식이다.

· 예제 02 ·

학교 계획과 관련된 학교 운영방식에 대한 설명으로 옳지 않은 것은?

【12국가직⑨】

① 종합교실형(U형)은 학생의 이동이 없이 교실 안에서 모든 교과를 수행한다.

② 교과교실형(V형)은 학생의 이동이 많기 때문에 특히 동선처리에 주의해야 한다.

③ 플래툰형(P형)은 전 학급을 두 개로 나누어 한쪽이 일반교실을 사용할 때 다른 쪽은 특별교실을 사용하는 방식을 말한다.

④ 달톤형(D형)은 학생을 수준에 맞는 학급에 배정하기 때문에 같은 유형의 학급교실을 여러 개 설치하여야 한다.

---

④ 달톤형은 하나의 교과에 출석하는 학생 수는 정해져 있지 않기 때문에 같은 형태의 학급교실을 설치하는 것은 부적당하다.

답 : ④

---

(2) **교실의 이용률과 순수율**

① 이용률 : $\dfrac{\text{교실이 사용되고 있는 시간}}{\text{1주간의 평균 수업시간}} \times 100(\%)$

② 순수율 : $\dfrac{\text{일정한 교과를 위해 사용되는 시간}}{\text{교실이 사용되고 있는 시간}} \times 100(\%)$

출제빈도

09국가직 ⑦ 11국가직 ⑨ 15국가직 ⑨

• 블록플랜 결정시 학년단위로 구분하여 정리하는 것이 중요하다.

(3) **블록플랜(block plan) 결정조건[☆]**

① 초등학교 저학년

㉠ 1층에 있게 하여 교문에 근접시킨다.

㉡ 첫 공동생활에 들어가므로 다른 접촉과 되도록 적게 하는 것이 좋고, 출입구는 별도로 한다.

㉢ 많은 급우들과의 접촉은 큰 부담이 되므로 U(A)형이 이상적이며, 이 경우 각 교실은 독립되도록 한다.

㉣ 단층이 좋으며, 배치형태는 중정을 중심으로 둘러싸인 형, 특히 차폐되어 위요된 형태가 좋다.

② 초등학교 고학년 : U+V형의 운영방식이 이상적이다.

③ 교실배치

　ㄱ 일반교실의 양 끝에 특별교실을 배치하는 형식은 좋지 못하고, 일반교실과 특별교실을 분리하는 것이 좋다.

　ㄴ 특별교실군은 교과내용에 대한 융통성, 보편성, 학생의 이동시 소음방지를 검토해야 한다.

④ 실내체육관 배치

　실내체육관은 학생이 이용하기 쉬운 곳에 배치하며, 지역주민의 이용도 고려한다.

⑤ 관리실

　학교 전체의 중심위치에 배치하며, 학생의 동선을 차단해서는 안된다.

· 예제 03 ·

초등 및 중학교 건축계획에서 학생들의 행동특성을 고려한 블록플랜에 대한 설명으로 옳지 않은 것은?　　　　　　　　　　　　　　【11국가직⑨】

① 초등학교에서 저학년교실군은 출입구 근처의 1층이나 저층에 두는 것이 바람직하다.

② 저학년과 고학년교실군은 근접배치하거나 동일한 층에 배치한다.

③ 특별교실군은 교과내용에 대한 융통성과 학생 이동에 따른 소음방지에 유의한다.

④ 블록플랜은 학년단위로 배치하는 것이 원칙이며, 일반교실과 특별교실은 분리시킨다.

---

② 저학년과 고학년교실군은 근접배치하지 않으며 동일한 층에 배치하지 않는다. 저학년은 가급적 1층이나 저층에 배치하고 고학년의 경우 상층에 배치하는 것이 좋다.

답 : ②

[확장성과 융통성]

• 확장에 대한 융통성	• 칸막이의 변경 (건식 구조)
• 광범위한 교과내용이 변화하는데 대응할 수 있는 융통성	• 융통성있는 교실의 배치
• 학교 운영방식이 변화하는데 대응할 수 있는 융통성	• 공간의 다목적성

• 칠판의 조도 : 최소 100lx 이상

[교실의 색채]

고학년이 되면 남녀 간의 색감의 차이가 있지만 사고력의 증진을 위해 중성색이나 한색계통이 좋다.

[교실의 반사율]

① 반자 : 80~85%
② 벽 : 50~60%
③ 바닥 : 15~30%

[특수한 교실배치 방식]

① 엘보 엑서스(elbow access)형
• 복도를 교실에서 떨어지게 하는 형식
• 학습의 순수율이 높고 독립성이 크다.
• 일조, 통풍이 양호하고, 실내환경이 균일하다.
• 분관별로 특색있는 계획을 할 수 있다.
• 교실의 개성을 살리기가 어렵다.
• 복도의 면적이 늘어나고 소음이 크다.

② 클러스터(cluster)형
• 여러 개의 교실을 소단위별로 분리하여 배치하는 형식
• 각 교실이 외부와 접하는 면이 많다.
• 학년단위 또는 교실단위의 독립성이 크다.
• 넓은 부지가 필요하다.
• 관리부의 동선이 길어지며, 운영비가 많이 든다.

3 세부계획[☆☆]

(1) 일반교실 계획

① 교실의 크기
• 7.5m×9m
• 저학년 : 9m×9m

② 창대의 높이
• 초등학교 : 80cm
• 중학교 : 85cm
• 단층교사는 이보다 낮게 한다.

③ 출입구 : 각 교실마다 2개소에 설치하며, 여는 방향은 밖여닫이로 한다.

④ 교실의 채광
㉠ 일조시간이 긴 방위를 택한다.
㉡ 교실을 향해 좌측채광이 원칙이며, 칠판의 현휘를 방지하기 위해 정면의 벽에 접해 1m 정도의 측벽을 둔다.
㉢ 채광창의 유리면적은 실면적의 1/4 이상으로 한다.
㉣ 조명은 실내에 음영이 생기지 않게 칠판의 조도가 책상면의 조도보다 높아야 한다.

⑤ 색채계획
㉠ 저학년은 난색계통, 고학년은 중성색이나 한색계통이 좋다.
㉡ 음악, 미술교실 등 창작적이고 학습활동을 위한 교실은 난색계통이 좋다.
㉢ 반자는 교실 내 조도분포를 위해 80% 이상의 반사율을 확보하기 위해서는 백색에 가까운 색으로 마감하여야 한다.

(2) 특별교실 계획

① 자연과학교실
실험에 따른 유독가스를 막기 위해서 드래프트 체임버(draftchamber)를 설치한다.

② 미술실 : 균일한 조도를 얻기 위해서 북측채광을 사입한다.

③ 생물교실
남측면 1층에 두고, 사육장, 교재원과의 연락이 용이하도록 하고, 직접 옥외에서 출입할 수 있도록 한다.

④ 음악교실
적당한 잔향을 갖도록 하기 위해서 반사재와 흡음재를 적절히 사용한다.

⑤ 지학교실
장시간 계속되는 기상관측을 고려하여 교정 가까이에 둔다.

⑥ 도서실

  ㉠ 개가식으로 하며, 학교의 모든 곳으로부터 편리한 위치로 정한다.

  ㉡ 한 학급이 들어갈 수 있는 실과 동시에 개인 또는 그룹이 이용하는 작은 실이 필요하다.

· 예제 04 ·

학교건축의 실별 세부계획에 대한 설명으로 옳지 않은 것은?

【16지방직⑨】

① 음악실은 강당과 근접한 위치가 좋으며, 외부의 잡음 및 타 교실의 소음 방지를 위한 방음 처리 계획이 중요하다.

② 과학실험실은 바닥 재료를 화공약품에 견디는 재료로 사용하고, 환기에 유의하여 계획한다.

③ 미술실은 학생들의 미술활동 지도에 있어 쾌적한 환경이 되도록 남향으로 배치하는 것이 좋다.

④ 도서실은 학교의 모든 곳에서 접근이 용이한 곳으로 지역 주민들의 접근성도 고려하여야 한다.

---

③ 미술실은 균일한 조도를 얻기 위하여 북측채광을 사입한다.

답 : ③

---

(3) 교실의 면적

교실의 종류	점유 바닥면적(m²/인)	교실의 종류	점유 바닥면적(m²/인)
보통교실	1.4	공작교실	2.5
사회교실	1.6	가사실	2.4
자연교실	2.4	재봉실	2.1
음악교실	1.9	도서관	1.8
미술교실	1.9	체육관	4.0

(4) 강당

	점유 바닥면적(m²/인)
초등학교	0.4
중학교	0.5
고등학교	0.6

[복도 및 계단]

① 복도

• 편복도 : 1.8m 이상

• 중복도 : 2.4m 이상

② 계단

• 각 층의 학생이 균일하게 이용할 수 있는 위치에 둔다.

• 각 층의 계단위치는 상하 동일한 위치에 둔다.

• 계단에 접하여 옥외작업장과 기타 공지에 출입하기 쉬운 장소에 둔다.

• 보행거리 : 내화구조인 경우 50m 이내, 비내화구조인 경우 30m 이내

[위생시설]

① 급식실 및 식당 : 식당의 크기는 학생 1인당 0.7~1.0m²로 한다.

② 변소 : 보통교실로부터 35m 이내, 그 외에는 50m 이내의 거리에 설치한다.

③ 학생 50명당 소요 변기 수는 남자는 소변기 2개와 대변기 1개, 여자는 대변기 5개이다.

④ 수세장 : 4학급당 1개소 정도로 분산하여 설치하며, 급수전과 청소, 회화용을 겸하며, 식수용을 겸하는 것을 피한다.

⑤ 식수장 : 학생 75~100명당 수도꼭지 1개가 필요하다.

[강당]

① 강당은 전교생을 수용할 수 있도록 크기를 결정하지는 않는다.

② 강당을 체육관과 겸용할 경우에는 체육관 목적으로 치중하는 것이 좋다.

⑸ **체육관**

① 크기
- 농구코트를 둘 수 있는 정도
- 최소 $400m^2(12.8 \times 22.5m)$
- 표준 $500m^2(15.2 \times 28.6m)$

② 천장높이 : 6m 이상

③ 바닥마감 : 목재 마루판 2중 깔기

④ 징두리벽 : 각종 운동기구를 설치할 수 있도록 높이 2.5~2.7m 정도로 한다.

⑤ 샤워수 : 체육학급 3~4학급당 1개로 한다.

10 출제예상문제

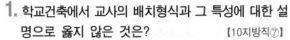

1. 학교건축에서 교사의 배치형식과 그 특성에 대한 설명으로 옳지 않은 것은? 【10지방직⑦】

① 폐쇄형은 대지이용의 효율성이 크나, 운동장에서 발생하는 소음이 교실에 영향을 미친다.

② 분산병렬형은 일조, 통풍 등 환경조건이 균등하고 구조계획이 간단하여 소규모의 대지에 적합하다.

③ 집합형은 교육과정의 변화에 용이하게 대처할 수 있으며, 이동동선이 단축된다.

④ 클러스터형은 공용공간을 중앙에 위치시키고, 몇 개의 교실을 하나의 유닛으로 하여 분리시키는 형식으로 중앙에 공용부분을 집약하고 외곽에 특별교실, 학년별 교실동을 두어 동선을 명확하게 분리시킬 수 있다.

[해설]
　② 분산병렬형은 일조, 통풍 등 환경조건이 균등하고 구조계획이 간단하며 대규모의 대지에 적합하다.

2. 학교 배치계획에 대한 설명으로 유형이 다른 것은? 【12지방직⑨】

① 공용공간을 중앙에 위치시키고 몇 개의 교실을 하나의 단위(Unit)로 하여 분리한다.

② 중앙에 공용부분을 집약하여 배치하고 외곽에 특별교실, 학년별교실 등을 배치시켜 동선을 원활하게 한다.

③ 운동장으로부터 교실로의 소음전달이 크다.

④ 교사동 사이에 놀이공간의 구성이 용이하다.

[해설]
　③ 운동장으로부터 교실로의 소음전달이 큰 형식은 폐쇄형이다.
　①, ②, ④번은 클러스터형에 대한 설명이다.

3. 학교건축 계획에 대한 설명으로 옳지 않은 것은? 【15지방직⑨】

① 운영방식의 유형 중 개방학교형(Open School Type)은 팀티칭 방식의 수업에 유리하다.

② 학교의 미술교실은 균일한 조도를 얻기 위하여 북측 채광이 유리하다.

③ 학교의 배치형식 중 폐쇄형은 화재 및 비상시에 유리하고, 일조·통풍조건이 우수하여 초등학교에서 주로 볼 수 있다.

④ 학교의 주차장 계획 시 학생들의 보행동선과 차량동선을 분리하여 배치하는 것이 좋다.

[해설]
　③ 학교의 배치형식 중 폐쇄형은 화재 및 비상시에 불리하고, 일조·통풍조건이 불균등하다.

4. 학교에서 학생들이 교과시간표에 따라 각 교과교실로 이동하여 수업을 받기 때문에 학교생활의 안정성이 결여되는 문제를 해결하기 위하여 설치되는 것은? 【07국가직⑨】

① 상담실　　　　　　② 홈룸

③ 재량활동교실　　　④ 서클실

[해설]
　홈룸 : 학생들이 교과시간표에 따라 각 교과교실로 이동하여 수업을 받기 때문에 학교생활의 안정성이 결여되는 문제를 해결하기 위하여 각 학급마다 배정된 전용의 학급교실

5. 전 학급을 2개의 집단으로 하고 한 쪽이 일반교실을 사용할 때 다른 쪽이 특별교실을 사용하는 학교운영방식은? 【07국가직⑦】

① 일반교실형　　　　② 교과교실형

③ 플라툰(Platoon)형　④ 달톤(Dalton)형

[해설]
　플라툰(Platoon)형 : 전 학급을 2개의 집단으로 하고 한 쪽이 일반교실을 사용할 때 다른 쪽이 특별교실을 사용하는 학교운영방식

해답　1 ②　2 ③　3 ③　4 ②　5 ③

6. 학교건축에서 학급 운영방식에 대한 설명으로 옳지 않은 것은? 【08국가직⑨】

① 일반교실·특별교실형(UV형)과 교과교실형(V형)의 중간형(E형)은 일반교실·특별교실형에 비해 일반교실의 이용률이 낮아진다.

② 교과교실형(V형)은 학생의 이동이 잦아 소지품을 보관할 장소가 필요한 방식이다.

③ 달톤형(D형)은 교실의 규모 및 규모별 교실의 수를 예측하기 어렵다는 문제가 있다.

④ 종합교실형(U형)의 교실 수는 학급 수와 일치하며, 초등학교 저학년에 적당한 방식이다.

[해설] E형(Especial Type)
　① 일반교실의 수는 학급수보다 적고, 특별교실의 순수율이 반드시 100%가 되지 않는다.
　② U·V형에 비해 일반교실의 이용률을 높일 수 있어 경제적이다.

8. 학교건축의 블록플랜(Block Plan)에 관한 내용으로 가장 적절하지 않은 것은? 【09국가직⑦】

① 학년 단위별로 교실군을 근접시키거나 동일층에 배치하는 것을 원칙으로 한다.

② 특별교실군은 이용도를 고려하여 저층, 저학년 교실군에 인접시켜야 한다.

③ 관리부분은 중앙에 배치하는 것이 좋지만 학생 동선을 난절하는 배치는 지양한다.

④ 유치부의 외부공간은 타 학년동의 외부공간과 가급적 분리하여 사용하도록 한다.

[해설]
　② 저학년 교실은 다른 학년과의 접촉을 피해야 하므로 특별교실군과 저학년 교실군은 분리하여 배치한다.

7. 학교건축의 계획방법에 관한 기술 중 옳지 않은 것은? 【08국가직⑦】

① 분산병렬형 배치는 각 건물사이에 놀이터, 정원이 생겨 생활환경이 좋아지는 반면, 상당히 넓은 부지를 필요로 한다.

② 최근 초등학교에서 시도되고 있는 오픈스쿨(Open School)의 개념은 학교를 지역사회에 개방하여 근린생활권의 문화 및 정보중심으로 활용하자는 것이다.

③ 클러스터(Cluster)형 배치는 팀티칭 시스템(Team Teaching System)에 유리한 배치형식으로, 중앙에 공용부분을 집약하고 외곽에 특별교실을 두어 동선을 원활하게 할 수 있다.

④ 학교운영방식 중 달톤형(Dalton Type)은 학생들이 학년과 학급 없이 각자의 능력에 맞게 교과를 선택하고, 일정한 교과가 끝나면 졸업하는 시스템이다.

[해설] 개방학교(Open School)
　② 학급단위의 수업을 부정하고 개인의 능력, 자질에 따라 교과과정을 편성하며, 경우에 따라서는 무학년제를 실시하여 보다 변화무쌍한 학급활동을 할 수 있도록 한 운영방식이다.

9. 학교건축 계획에 대한 설명으로 옳은 것은? 【10국가직⑦】

① 초등학교의 경우, 특별교실은 저학년 이용을 위하여 저학년 교실 근처에 배치한다.

② 학급별 일반교실을 각 1개씩 두고 특별교실을 별도로 주는 것을 U형이라고 한다.

③ 교과교실형은 학생들의 개인사물함이 필요하며 이동 동선이 복잡해질 수 있다.

④ 전교생을 두 개 그룹으로 나누고 한 그룹이 일반교실을 이용할 때 다른 그룹은 특별교실을 이용하도록 하는 방식을 오픈스쿨방식이라 한다.

[해설]
　① 저학년 교실은 다른 학년과의 접촉을 피해야 하므로 특별교실군과 저학년 교실군은 분리하여 배치한다.
　② 학급별 일반교실을 각 1개씩 두고 특별교실을 별도로 주는 것을 U+V형이라고 한다.
　④ 전교생을 두 개 그룹으로 나누고 한 그룹이 일반교실을 이용할 때 다른 그룹은 특별교실을 이용하도록 하는 방식을 플래툰형이라 한다.

해답 **6** ① **7** ② **8** ② **9** ③

10. 학교 운영방식에 대한 설명으로 옳지 않은 것은?

【10지방직⑦】

① 달톤형(Dalton Type)은 무학년, 무학급으로 사설 학원에서 많이 사용한다.

② 종합교실형(Usual Type)은 중·고등학교에 알맞은 교실형이다.

③ 플래툰형(Platoon Type)은 전학급(全學級)을 2분 단으로 나누어 운영함으로써 과밀현상을 해소한다.

④ 교과교실형(Department System)은 학생들의 소지품 보관을 위한 장소 등이 필요하다.

[해설]

② 종합교실형(Usual Type)은 초등학교 저학년에 알맞은 교실형이다.

11. 초등 및 중학교 건축계획에서 학생들의 행동특성을 고려한 블록플랜에 대한 설명으로 옳지 않은 것은?

【11국가직⑨】

① 초등학교에서 저학년교실군은 출입구 근처의 1층이나 저층에 두는 것이 바람직하다.

② 저학년과 고학년교실군은 근접배치하거나 동일한 층에 배치한다.

③ 특별교실군은 교과내용에 대한 융통성과 학생 이동에 따른 소음방지에 유의한다.

④ 블록플랜은 학년단위로 배치하는 것이 원칙이며, 일반교실과 특별교실은 분리시킨다.

[해설]

② 저학년과 고학년교실군은 근접배치하지 않으며 동일한 층에 배치하지 않는다. 저학년은 가급적 1층이나 저층에 배치하고 고학년의 경우 상층에 배치하는 것이 좋다.

12. 학교 계획과 관련된 학교 운영방식에 대한 설명으로 옳지 않은 것은?

【12국가직⑨】

① 종합교실형(U형)은 학생의 이동이 없이 교실 안에서 모든 교과를 수행한다.

② 교과교실형(V형)은 학생의 이동이 많기 때문에 특히 동선처리에 주의해야 한다.

③ 플래툰형(P형)은 전 학급을 두 개로 나누어 한쪽이 일반교실을 사용할 때 다른 쪽은 특별교실을 사용하는 방식을 말한다.

④ 달톤형(D형)은 학생을 수준에 맞는 학급에 배정하기 때문에 같은 유형의 학급교실을 여러 개 설치하여야 한다.

[해설]

④ 달톤형은 하나의 교과에 출석하는 학생수는 정해져 있지 않기 때문에 같은 형태의 학급교실을 설치하는 것은 부적당하다.

13. 어느 학교의 1주간 평균수업시간은 40시간이다. 과학교실이 사용되는 시간은 20시간이며, 그 중 4시간이 다른 과목을 위해 사용될 경우, 과학교실의 이용률[%]과 순수율[%]은?

【12국가직⑦】

	이용률[%]	순수율[%]
①	80	90
②	60	80
③	50	50
④	50	80

[해설]

① 이용률 $= \dfrac{20}{40} \times 100 = 50\%$

② 순수율 $= \dfrac{20-4}{20} \times 100 = 80\%$

14. 학교 계획에 대한 설명으로 옳지 않은 것은?

【15국가직⑨】

① 초등학교 교실계획에서 저학년 교실군은 고학년 교실군과 혼합배치한다.
② 음악교실, 공작실 등은 다른 일반교실에 방해가 되지 않도록 가급적 분리하여 배치한다.
③ 교사(校舍) 배치에 있어 폐쇄형은 일조, 통풍 등 환경 조건이 불균등하며 화재 및 비상시에 불리하다.
④ 학생들이 공통적으로 사용하는 공통학습실 중의 하나인 도서실은 학생의 접근성을 고려하여 일상 동선 가까이에 설치하고 시청각 교실 등과 관련시켜 학교의 중심 부분에 위치하도록 계획하는 것이 좋다.

[해설]
① 초등학교 교실계획에서 저학년 교실군은 고학년 교실군과 분리 배치한다.

15. 학교 운영방식 중 일반교실과 특별교실의 결합형 (U+V형)에 대한 설명으로 옳은 것은? 【14지방직⑨】

① 교실 수와 학급 수가 같고 학생의 이동이 없으며 가정적인 분위기를 만들 수 있어 초등학교 저학년에 적합하다.
② 학급과 학생의 구분을 없애고 학생들은 각자의 능력에 맞게 교과를 선택하며 학원 등에서 이 형을 채택하고 있다.
③ 전 학급을 2개의 집단으로 나누어 한쪽이 일반교실을 사용하면 다른 쪽은 특별교실을 사용하여야 하므로 시간표 작성에 많은 노력이 필요하다.
④ 특별교실이 있고 전용 학급교실이 주어지기 때문에 홈룸(Home Room) 활동 및 각 학생들의 소지품을 놓는 자리가 안정되어 있다.

[해설]
① 종합교실형   ② 달톤형   ③ 플래툰형

16. 학교건축의 계획기준에 대한 설명으로 옳지 않은 것을 모두 고른 것은?

【09지방직⑦】

> ㄱ. 일반교실은 충분한 일조를 고려하여 남향 또는 남동향으로 배치하는 방향설정이 중요하다.
> ㄴ. 일반교실의 채광면적은 바닥면적의 1/4 이상으로 계획한다.
> ㄷ. 복도의 유효너비는 중복도의 경우 2.1m 이상으로 한다.
> ㄹ. 초등학교 계단의 단높이는 19cm 이하로 한다.

① ㄱ, ㄴ   ② ㄴ, ㄷ
③ ㄷ, ㄹ   ④ ㄱ, ㄷ

[해설]
ㄷ. 복도의 유효너비는 중복도의 경우 2.4m 이상으로 한다.
ㄹ. 초등학교 계단의 단높이는 16cm 이하로 한다.

17. 학교건축에 대한 설명으로 옳지 않은 것은?

【11국가직⑦】

① 학교의 교사배치 형식에서 분산병렬형의 경우 일조, 통풍 등의 환경조건이 균등하다.
② 피난층 외의 각층으로부터 직통계단까지의 보행 거리는 내화구조인 경우 최대 60m 이내로 한다.
③ 초등학교 운동장의 경우 저학년용과 고학년용으로 구분하는 것이 바람직하다.
④ 초등학교 저학년에서는 U형의 학교운영방식이 장려되고, 고학년에서는 U형보다 U·V형의 방식이 일반적이다.

[해설]
② 피난층 외의 각층으로부터 직통계단까지의 보행거리는 내화구조인 경우 최대 50m 이내로 한다.

18. 교육시설에 대한 설명으로 옳지 않은 것은?

【11지방직⑦】

① 초등학교 운동장의 경우 저학년용과 고학년용으로 구분하는 것이 바람직하다.
② 실내마감은 휘도대비를 고려하여 반사율이나 명도가 낮은 것으로 마감한다.
③ 학교 운영방식에서 학생들은 각자의 능력에 맞게 교과를 선택하고 일정한 교과가 끝나면 졸업하는 형식을 달톤형(D형) 운영방식이라고 한다.
④ 일반적으로 화장실은 공용으로 하는 것이 많고, 그 때에는 각 교실로부터의 보행거리를 30~50m 이내로 한다.

[해설]
　② 실내마감은 휘도대비를 고려하여 반사율이나 명도가 높은 것으로 마감한다.

19. 초등학교의 건축계획에 대한 설명으로 옳지 않은 것은?

【16국가직⑨】

① 학교 부지의 형태는 정형에 가까운 직사각형으로 장변과 단변의 비가 4 : 3 정도가 좋다.
② 교사(校舍)의 위치는 운동장을 남쪽에 두고 운동장보다 약간 높은 곳에 위치하는 것이 바람직하다.
③ 강당과 체육관의 기능을 겸용할 경우 강당 기능을 위주로 계획하는 것이 바람직하다.
④ 학년별로 신체적·정신적 발달의 차이가 크기 때문에 교실배치 시 고학년과 저학년의 구분이 필요하다.

[해설]
　③ 강당과 체육관의 기능을 겸용할 경우 체육관 기능을 위주로 계획하는 것이 바람직하다.

20. 학교건축의 실별 세부계획에 대한 설명으로 옳지 않은 것은?

【16지방직⑨】

① 음악실은 강당과 근접한 위치가 좋으며, 외부의 잡음 및 타 교실의 소음 방지를 위한 방음 처리 계획이 중요하다.
② 과학실험실은 바닥 재료를 화공약품에 견디는 재료로 사용하고, 환기에 유의하여 계획한다.
③ 미술실은 학생들의 미술활동 지도에 있어 쾌적한 환경이 되도록 남향으로 배치하는 것이 좋다.
④ 도서실은 학교의 모든 곳에서 접근이 용이한 곳으로 지역 주민들의 접근성도 고려하여야 한다.

[해설]
　③ 미술실은 균일한 조도를 얻기 위하여 북측채광을 사입한다.

21. 현대적 학교운영방식인 개방형 학교(open school)에 대한 설명으로 옳지 않은 것은? 【20지방직⑨】

① 학생 개인의 능력과 자질에 따른 수준별 학습이 가능한 수요자 중심의 학교운영방식이다.
② 2인 이상의 교사가 협력하는 팀티칭(team teaching) 방식을 적용하기에 부적합하다.
③ 공간 계획은 개방화, 대형화, 가변화에 대응할 수 있어야 한다.
④ 흡음효과가 있는 바닥재 사용이 요구되며, 인공조명 및 공기조화 설비가 필요하다.

[해설]
　② 2인 이상의 교사가 협력하는 팀티칭(team teaching) 방식을 적용하기에 적합하다.

Chapter 11

유치원 계획

유치원 계획은 출제빈도가 높지 않다.
여기에서는 유치원 계획 시 유의사항, 유치원 교사의 평면형태, 세부계획에 대해 정리
하길 바란다.

1 유치원 계획 시 유의사항

(1) 유아본위의 계획

유치원의 시설은 유아생활에 속하는 것이기 때문에 유아본위로 생각해서
안치수 및 비탈치수 등에 주의한다.

(2) 다양한 평면 및 입면 구성

유아의 풍부한 상상력을 자극할 수 있도록 평면계획에서 단조로운 구성을
피하고, 입면 및 색채계획도 통일성을 해치지 않는 범위 내에서 다양한
구성이 되도록 한다.

(3) 옥외공간 구성

유아의 생활범위를 확대하기 위해 옥내와 옥외의 일체화를 도모하고, 교
실의 연장부분으로서 옥외공간을 계획한다.

(4) 시설설비

유아는 사회성이 없으므로 생활습관의 형성을 위한 시설설비면을 특별히
고려해야 하며, 이러한 시설설비는 학습교재와 같다는 것을 염두에 두고
계획한다.

2 교사의 평면형태

(1) **일실형** : 기능적으로는 좋지만 독립성이 떨어진다.

(2) **일자형** : 각 교실은 채광이 유리하지만 일렬로 병렬되어 단조로워지며, 건
물과 옥외공간이 일체화되기 어렵다.

(3) **L자형** : 관리실에서 교실 및 유희실을 바라볼 수 있는 장점이 있다.

(4) **중정형** : 중앙에 중정을 두어 채광을 좋게 할 수 있으며, 건물의 변화를
주어 다양한 계획이 가능하나 중정이 놀이터가 될 경우 소음문제
를 고려하여야 한다.

(5) **독립형** : 각 실을 독립적으로 자유롭게 구성하는 형식이다.

(6) **십자형** : 불필요한 공간이 없고 기능적이고 활동적이지만 정적인 분위기가 결여되기 쉽다.

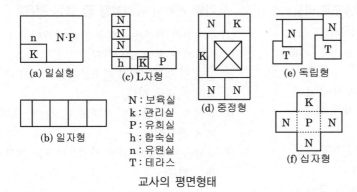

N : 보육실
k : 관리실
P : 유희실
h : 합숙실
n : 유원실
T : 테라스

교사의 평면형태

3 세부계획[☆]

출 제 빈 도
13지방직 ⑨ 15국가직 ⑦

(1) 변소

① 위치는 교실에서 가장 가까운 곳으로 늘 지켜보면서 지도할 수 있는 곳에 둔다.
② 변기 수는 원아 10명당 1개씩 설치한다.
③ 교실과의 단차를 없애고 문은 가급적 설치하지 않는다.
④ 세면기는 출입구 근처에 설치하여 손을 깨끗이 씻는 습관을 길러준다.
⑤ 원아 1명이 세면기에 면해서 사용하는 너비는 60cm 이상 필요하며, 근처에는 수건걸이, 컵, 칫솔 등을 두는 선반과 거울을 설치한다.

[변소 및 세면장]

변소는 문을 가급적 설치하지 않으며, 만약 문을 설치하는 경우에는 교사가 들여다볼 수 있도록 문의 높이를 1.0~1.2m 정도로 한다.

(2) 세면장

① 변소와 별도로 설치하는 경우 가능한 한 교실 한구석에 유리 스크린으로 막아 직접 출입할 수 있는 곳에 둔다.
② 세면, 음료수 이외에는 사용하지 않도록 한다.
③ 5명마다 1개의 세면기를 설치하되, 밝고 청결하며 충분한 넓이의 장소가 필요하다.

11 출제예상문제

1. 유치원 및 보육원의 조닝계획에 관한 설명으로 적절하지 않은 것은? 【13지방직⑨】

① 유아나 아동의 발달단계를 고려하여 공간의 형태를 다양하게 구성해야 한다.

② 유아영역과 아동영역으로 구분하는 것이 중요하며, 각 영역들을 연속적이 아닌 독립적인 체계로 구성한다.

③ 유아영역은 놀이그룹의 인원수 및 그룹수와 생활행위에 따른 공간의 분화를 고려한다.

④ 아동영역은 자체적인 구성에서도 단계적인 확장을 위한 조닝과 구성에 대한 계획을 수립해야 한다.

[해설]

② 유아영역과 아동영역으로 구분하는 것이 중요하며, 각 영역들을 독립적으로 구성하는 것보다 유기적이고 연속적 체계로 구성하는 것이 좋다.

2. 유치원의 건축계획에 대한 설명으로 옳지 않은 것은? 【15국가직⑦】

① 아동 1인당 교육공간의 면적에서 관리부분을 제외한 순수한 교실면적은 $1.5 \sim 2\text{m}^2$ 정도로 한다.

② 유치원의 최적 규모는 3~4학급 정도가, 한 학급당 인원수는 15~20명 정도가 적당하다.

③ 화장실은 교실에 인접시키되, 위생상 교실과 단차를 두고 문을 설치해야 한다.

④ 놀이장은 남측으로 향하는 것이 이상적이며, 교사와 같은 대지에 있어야 한다.

[해설]

③ 화장실은 교실에 인접시키되, 아동의 안전상 교실과 단차를 두지 않고 문은 가급적 설치하지 않는다.

3. 유치원 계획시 유의사항 중 틀린 것은?

① 유치원의 시설은 유아본위로 생각해서 안치수 및 비탈치수 등에 주의한다.

② 평면 및 입면계획시 단조로움을 피하고 다양한 구성이 되도록 한다.

③ 유아의 생활범위를 옥내로 한정하여 옥내시설계획에 전념한다.

④ 생활습관형성을 위한 시설설비면을 특별히 고려해야 한다.

[해설]

③ 유아의 생활범위를 확대하기 위해 옥내와 옥외의 일체화를 도모한다. 즉, 교실의 연장부분으로서 옥외공간을 계획한다.

4. 유치원 계획시 유아용 변소와 세면장에 대한 설명 중 틀린 것은?

① 변기수는 원아 10명당 1개씩 설치한다.

② 문의 높이는 교사가 들여다 볼 수 있도록 100~200cm로 한다.

③ 한 어린이가 세면기에 면해서 사용하는 너비는 90cm 이상 필요하다.

④ 유아용 화장실의 크기는 80cm×97.5cm 정도이다.

[해설]

③ 한 어린이가 세면기에 면해서 사용하는 너비는 60cm 이상 필요하다.

해답 1 ② 2 ③ 3 ③ 4 ③

Chapter
12

도서관 계획에서 주요한 부분은 출납시스템, 열람실과 서고 계획이다.
여기에서는 출납시스템의 종류와 특성, 열람실의 종류와 계획시 고려사항, 서고의 세부
계획에 대한 문제가 출제된다.

도서관 계획

1 기본계획

(1) 대지 선정 조건

① 대지 선정 시 고려사항

㉠ 지역사회의 중심적 위치로 이용하기 편리한 장소

㉡ 환경이 양호하고 채광, 통풍이 잘되는 곳

㉢ 조용하고 교통이 편리한 곳

㉣ 장래의 확장을 고려하여 충분한 공지를 확보할 수 있는 곳

㉤ 재해가 없고, 어린이의 이용을 위해 쉽게 접근할 수 있는 곳

㉥ 주차면적의 확보가 가능한 곳

② 증축예정지 고려사항

㉠ 도서관의 신축 시에는 대지선정과 배치단계에서부터 장래의 확장에 따른 증축 가능한 공간을 확보할 필요가 있다.

㉡ 도서관의 평면구성과 연관되어 고려되어야 장래에 증축되는 부분과의 기능적 긴밀성이 유지될 수 있다.

(2) 배치계획

① 배치계획 시 고려사항

㉠ 기능별로 동선을 분리한다.

㉡ 공중의 접근이 쉽도록 계획한다.

㉢ 서고의 증축공간을 반드시 확보해 둔다.

㉣ 장래의 확장계획은 건축적으로 최소한 50% 이상의 확장에 순응할 수 있어야 한다.

㉤ 융통성의 문제를 처음부터 고려해야 하므로 모듈러 플래닝(modular planning)으로 확장 변화에 대응

㉥ 지방도서관의 경우 자전거, 오토바이 등의 보관장소가 현관 근처에 필요하며, 필로티를 이용하는 방법도 고려한다.

㉦ 열람부분과 서고와의 관계가 중요하며, 직원수에 따라 조절한다.

[도서관의 종류]

① 공공도서관 : 일반 공중의 교양, 여가, 조사연구에 이용되는 것을 목적으로 하는 가장 일반적인 도서관

② 대학도서관 : 지적자원의 보존기능을 수행하는 동시에 학문의 존속기구로서 대학의 학생 및 교직원들에게 학문적 자료를 제공하는 역할을 하고 있으며, 교육활동과 연구활동을 위한 자료센터의 기능을 갖는 도서관

③ 전문도서관 : 기업체, 연구기관, 관공서에서 분야별 전문적 자료를 수집, 업무상 편익도모를 목적으로 하는 도서관

④ 국회도서관 : 도서 및 기타 도서관 자료를 수집하여 국회의원의 직무수행에 도움이 되도록 함과 동시에 전체 국민을 대상으로 행정 및 사법의 각 부분에 대한 봉사를 위한 도서관

⑤ 특수도서관 : 맹인도서관, 병원도서관, 해양도서관 등과 같이 국가나 지방자치단체 또는 기타 법인 등에서 도서 자료를 수집, 정리하여 그 소속원의 교양, 연구, 조사 등에 편의를 제공하는 도서관

[모듈러 플래닝(modular planning)]

① 개념 : 사전에 필요 조건의 변경을 예측하여 평면을 그리드로 분할하여 각 그리드마다 균일한 조건의 구조 및 설비 계획을 하고 어떠한 변경에도 무리없이 새로운 계획을 이행할 수 있는 평면을 계획하는 방법

② 계획 결정 요인

• 균일 스팬에 의한 그리드 : 각 그리드 내에 조명, 공조, 스프링클러 등의 설비를 하나의 유닛으로 설치

• 모듈에 의한 스팬 결정 : 서가나 열람책상을 배열을 기준으로 하여 주요 스팬을 결정

• 바닥 하중 : 서가 등 무거운 하중이 어느 곳에 실려도 무관하게 계획

• 설비의 배치 : 계단, 승강기, 화장실 등을 한 곳에 모아 증축 등 시설 확장시에 용이하도록 코어에 집중 배치

• 일정한 천정 높이 : 가동 칸막이벽이나 서가의 호환성이 가능

② 출입구 배치시 고려사항
　㉠ 이용자측과 직원, 자료의 출입구는 가능한 한 별도로 계획한다.
　㉡ 출입구의 배치장소에 따라 건물 내부의 공간배치가 좌우되므로 대지의
　　조건과 도서관의 내부기능의 관계를 검토하여 결정한다.
　㉢ 집회공간의 출입구에 대해서도 전용출입구를 계획하는 것이 바람직하다.

2 평면계획

(1) 도서관의 규모
① 도서관 규모 결정조건
 • 도서관의 종류
 • 소요실 구성방법
 • 열람실의 규모
 • 서고면적
 • 직원수
 • 작업내용에 따른 사무 및 관리시설
② 면적구성
 • 열람실 및 참고실 : 50%
 • 서고 : 20%
 • 대출실 : 10%
 • 관장실 및 사무실 : 8%
 • 서비스 및 기타 공간, 복도, 계단 등 : 12%

(2) 도서관의 기능
① 열람
　열람자가 구하는 자료를 도서관 내에 두고 직접 열람하는 기능
② 참고 업무(reference service)
　관원이 이용자의 조사, 의문, 질문에 대해 적절한 자료를 가르쳐 주는 방식
③ 관외 대출
　미리 등록한 사람에 대해 일정 기간 동안 도서를 대출하는 방식
④ 관외 활동
　지리적 또는 시간적 제약으로 도서관에 오기 힘든 사람들을 위해 대출문
　고, 북 모바일(book mobile) 등을 운영
⑤ 교육 및 기타
　집회 및 홍보활동, 시청각 및 사진 서비스, 자료의 상호협력

(3) 출납시스템 [☆☆]

① 자유개가식

열람자 자신이 서가에서 책을 꺼내어 책을 고르고 그대로 검열을 받지 않고 열람하는 형식으로 보통 1실형이고 10,000권 이하의 서적보관과 열람에 적당하다.

⊙ 장점
- 책 내용파악 및 선택이 자유롭고 용이하다.
- 책의 목록이 없어 간편하다.
- 책 선택시 대출기록 제출이 없어 분위기가 좋다.

ⓒ 단점
- 서가의 정리가 잘 안되면 혼란스럽게 된다.
- 책이 마모, 망실이 된다.

② 안전개가식

자유개가식과 반개가식의 장점을 취한 것으로서 열람자가 책을 직접 서가에서 꺼내지만 관원의 검열을 받고 기록을 남긴 후 열람하는 형식이다.

⊙ 장점
- 출납시스템이 필요하지 않아 혼잡하지 않다.
- 서가열람이 가능하여 책을 직접 선택할 수 있다.
- 감시가 필요하지 않다.

ⓒ 단점 : 도서열람의 체크시설이 필요하다.

③ 반개가식

열람자는 직접 서가에 면하여 책의 체제나 표지정도는 볼 수 있으나 내용을 보려면 관원에게 요구하여 대출기록을 남긴 후 열람하는 형식으로 신간서적 안내에 채용되며, 다량의 도서에는 부적당하다.

⊙ 장점 : 서가의 열람이나 감시가 불필요하다.
ⓒ 단점 : 출납시설이 필요하다.

④ 폐가식

열람자는 책의 목록에 의해 책을 선택하여 관원에게 대출기록을 제출한 후 대출받는 형식으로 서고와 열람실이 분리되어 있다.

⊙ 장점
- 도서의 유지관리가 양호하다.
- 감시할 필요가 없다.

ⓒ 단점
- 희망한 내용이 아닐 수 있다.
- 대출절차가 복잡하고 관원의 작업량이 많다.

· 예제 01 ·

도서관 건축계획에서 도서의 열람방식에 대한 설명으로 옳은 것은?

【16국가직⑨】

① 반개가식은 이용자가 자유롭게 자료를 찾고, 서가에서 자유롭게 열람하는 방식이다.
② 안전개가식은 이용자가 자유롭게 자료를 찾고, 서가에서 책을 꺼내고 넣을 수 있으나, 열람에 있어서는 직원의 검열을 필요로 하는 방식이다.
③ 폐가식은 이용자가 직접 자료를 찾아볼 수는 없으니, 서가에 와서 책의 표제를 볼 수 있으며, 직원에게 열람을 요청해야 하는 방식이다.
④ 자유개가식은 목록카드에 의해서 자료를 찾고, 직원의 검열을 받은 다음 책을 열람하는 방식이다.

---

① 반개가식 : 이용자가 직접 서가에 면하여 책의 체제나 표지정도는 볼 수 있으나 내용을 보려면 관원에게 요구하여 대출기록을 남긴 후 열람하는 형식
③ 폐가식 : 이용자는 목록카드에 의해서 자료를 찾고, 직원의 검열을 받은 다음 책을 열람하는 형식
④ 자유개가식 : 이용자가 자유롭게 자료를 찾고, 서가에서 자유롭게 열람하는 형식

<u>답 : ②</u>

출 제 빈 도
07국가직 ⑨ 09국가직 ⑨ 10지방직 ⑦
13국가직 ⑦ 14국가직 ⑦ 15국가직 ⑨
20지방직 ⑨ 20국가직 ⑦ 21국가직 ⑦

[열람실 관련 공간]

① 참고실
• 실내에는 참고서적을 두고 안내석을 배치
• 일반 열람실과 별도로 하여 목록실이나 출납실 가까이에 배치
② 신문, 잡지 열람실
• 출입이 편리한 현관, 로비, 1층 출입구 부근에 설치하며 일반 열람실과 떨어진 곳이 좋다.
• 크기 : 1석당 1.1~1.4m² 정도

3 세부계획 [☆☆]

(1) 열람실

① 계획시 고려사항
ㄱ 기둥은 서가, 열람석에 방해가 되지 않도록 간격을 설정
ㄴ 독서 분위기 증진을 위해 열람실을 소단위로 분할하여 구획
ㄷ 가까운 곳에 복사실을 배치
ㄹ 흡음성이 높은 바닥, 천장 마감재 사용
ㅁ 책상 위의 조도는 600lx 정도

② 일반열람실
ㄱ 일반인과 학생의 이용률은 7 : 3 정도이고, 일반인과 학생용 열람실을 분리한다.
ㄴ 성인 1인당 1.5~2.0m² 정도
ㄷ 아동 1인당 1.1m² 정도
ㄹ 1석당 평균 면적 : 1.8m² 내외
ㅁ 실 전체의 1석당 평균면적은 2.0~2.5m² 정도가 필요

③ 아동 열람실
ㄱ 성인과 구별하여 열람실을 설치하며 현관의 출입도 가능한 한 분리
ㄴ 실의 크기 : 아동 1인당 1.2~1.5m² 정도
ㄷ 열람은 자유개가식으로 하고 획일적인 책상 배치를 피하여 자유롭게 열람할 수 있도록 가구 배치

④ 특별 열람실(캐럴, carrel)

    ㉠ 서고 내에 설치하는 소규모 개인 연구실

    ㉡ 크기 : 1석당 $1.4 \sim 4.0m^2$ 정도(보통 $2.7 \sim 3.7m^2$)

(2) 서고

① 계획시 고려사항

    ㉠ 서고의 형식은 평면계획상 가장 중요한 요소로, 규모가 큰 도서관의 경우는 폐가식으로 하고, 규모가 작은 도서관의 경우는 개가식을 채용한다.

    ㉡ 서고의 목적은 도서를 수장, 보존하는데 있으므로 방화, 방습, 유해가스 제거에 중점을 두며 공기조화설비를 갖춘다.

    ㉢ 도서증가에 따른 장래의 확장을 고려한다.

    ㉣ 서고는 모듈러 플래닝(modular planning)이 가능하다.

    ㉤ 서고의 높이는 2.3m 전후로 한다.

② 서고의 위치

    • 건물의 후부에 독립된 위치

    • 열람실의 내부나 주위

    • 지하실 등

③ 서고의 수요능력

    • 서고 $1m^2$당 : 150~250권(평균 200권)

    • 서가 1단 : 20~30권

    • 서고 $1m^3$당 : 약 66권 정도

④ 서가의 배열

    ㉠ 평행 직선형이 일반적이며, 불규칙한 배열은 손실이 많다.

    ㉡ 통로 폭 : 0.75~1.0m(서가 사이를 열람자가 이용할 경우에는 1.4m 정도)

[서고의 자료보존상 고려사항]

① 철저한 관리 및 점검

② 온도 16℃, 습도 63% 이하

③ 자료 보존을 위해 소독, 제본, 수리에 편리해야 한다.

④ 내화, 내진 등을 고려한 건물과 서가가 재해에 대하여 안전해야 한다.

⑤ 도서보존을 위해 어두운 편이 좋고, 인공조명과 기계환기로 방진, 방온, 방습과 함께 세균의 침입을 막는다.

⑥ 서고 내의 조도는 50~100lx 정도로 하고, 직접적인 복사열을 피한다.

· 예제 02 ·

도서관 계획에 대한 설명으로 가장 옳지 않은 것은?　【15국가직⑨】

① 아동열람실은 개가식으로 계획하며 1층에 배치하는 것이 바람직하다.

② 서고는 증축이 가능하도록 설계하고, 온도 18℃, 습도 70% 이하가 되도록 계획한다.

③ 캐럴(carrel)은 개인연구용 열람실로 제공되고 있으며, 현대식 도서관에서는 서고 내부에 설치하는 경우도 있다.

④ 레퍼런스서비스(reference service)는 관원이 이용자의 조사 연구상의 의문사항이나 질문에 대한 적절한 자료를 제공하여 돕는 서비스이다.

② 서고는 증축이 가능하도록 설계하고, 온도 16℃, 습도 63% 이하가 되도록 계획한다.

답 : ②

12 출제예상문제

1. 지역 공공도서관의 건축계획에 대한 설명으로 옳지 않은 것은? 【14지방직⑨】

① 지역의 문화와 정보를 중심으로 계획하며 도서관의 공공성에 대해서도 고려한다.

② 장서수 증가 등의 장래 성장에 따른 공간의 증축을 고려한다.

③ 디지털 장서 및 정보검색에 대응하는 디지털 도서관을 고려한다.

④ 중·소규모 도서관의 경우에는 가능하면 한 층당 면적을 적게 하여 고층화할 것을 고려한다.

[해설]
④ 중·소규모 도서관의 경우 고층화할 경우 건설비용이 증가하고 활용되지 않는 공간이 발생하여 불합리하다.

2. 도서관 계획에 대한 설명으로 옳은 것은? 【10국가직⑦】

① 대규모보다는 중소규모의 열람실로 계획하여, 관련 서고 가까운 곳에 분산 배치하는 것이 바람직하다.

② 대지의 2면에 도로가 접하는 경우 주도로는 일반 방문객의 접근에 이용하고, 다른 도로는 집회전용 접근로로 구분하는 것이 좋다.

③ 출납시스템의 종류에는 개가식, 반개가식, 폐가식, 전자출납식이 있다.

④ 최근에는 서고 내에 도서운반의 편리를 위하여 북모빌(Book Mobile)을 사용하는 경향이 있다.

[해설]
② 대지의 2면에 도로가 접하는 경우 주도로는 일반 방문객의 접근에 이용하고, 다른 도로는 주차전용 접근로로 구분하는 것이 좋다.
③ 출납시스템의 종류에는 개가식, 반개가식, 폐가식, 안전개가식이 있다.
④ 북모빌(Book Mobile)은 지리적 또는 시간적 제약으로 도서관에 오기 힘든 사람들을 위한 대출문고로 이동도서관을 말한다.

3. 도서관 건축에 있어서 모듈러 계획의 특성에 대한 설명으로 옳지 않은 것은? 【12지방직⑨】

① 모듈러의 크기는 서고와 관련되며, 서가 배열은 중요한 요소이다.

② 모듈러 플랜은 스팬의 결정과 무관하며 임의로 치수를 정할 수 있다.

③ 조립화의 발달로 융통성 있는 공간을 연출할 수 있다.

④ 실내공간의 가동벽과 독립서가에 의해 구획을 변경할 수 있다.

[해설]
② 모듈러 플랜은 스팬의 결정과 밀접한 관계가 있다.

4. 도서관의 건축계획 시 고려할 사항으로 옳지 않은 것은? 【13지방직⑨】

① 현관 주위에는 신간서적 케이스와 각종 안내의 쇼케이스를 설치하는 것이 바람직하다.

② 입구 홀은 밖에서 내부가 충분히 들여다보이며, 경우에 따라서는 폐관 후 공공의 공간으로 개방할 수 있도록 한다.

③ 이용자를 위한 출입구는 하나로 하는 것이 도서관 내의 보안과 감시를 위해 유리하다.

④ 도서관의 사무실이나 작업실은 관원이 서비스하기에 용이하도록 주요 공간에서 멀리 두는 것이 바람직하다.

[해설]
④ 도서관의 사무실이나 작업실은 관원이 이용자들을 서비스하기에 용이하도록 주요 공간에서 가까이 두는 것이 바람직하다.

5. 도서관의 출납시스템에 대한 설명 중 옳지 않은 것은? 【09지방직⑨】

① 안전개가식은 이용자가 자유롭게 도서자료를 꺼내볼 수 있으며, 도서열람의 체크시설이 필요치 않다.

② 반개가식은 서가의 열람이나 감시가 필요치 않은 형식으로, 주로 새로 출간된 신간서적 안내에 채용되는 형식이다.

③ 폐가식은 주로 대규모 도서관의 서고에 적합하며, 도서의 관리 및 유지가 양호하다.

④ 자유개가식은 도서대출 기록의 제출이 필요 없는 관계로 책 열람 및 선택이 자유롭다.

[해설]
　① 안전개가식은 자유개가식과 반개가식의 장점을 취한 것으로서 이용자가 책을 직접 서가에서 꺼내지만 관원의 검열을 받고 기록을 남긴 후 열람하는 형식이다.

6. 도서관의 출납시스템에 대한 설명으로 옳지 않은 것은? 【12국가직⑨】

① 개가식은 열람자가 도서를 자유롭게 서고에서 꺼내서 열람할 수 있는 시스템이다.

② 안전개가식은 서고에서 도서를 자유롭게 찾아볼 수 있으나 열람 시에는 카운터에서 사서의 검열을 거친다.

③ 폐가식은 목록에서 원하는 책을 사서에게 신청하여 받은 다음 열람할 수 있는 시스템이다.

④ 반개가식은 시간대별로 개가식과 폐가식으로 시스템을 바꾸어 운영하는 절충형 시스템이다.

[해설]
　④ 반개가식 : 열람자는 직접 서가에 면하여 책의 표지 정도는 볼 수 있으나 내용을 보려면 관원에서 요구하여 대출 기록을 남긴 후 열람하는 형식으로 출납시스템이 필요하나 감시가 불필요하다.

7. 도서관 계획에 대한 설명으로 옳지 않은 것은? 【14국가직⑨】

① 일정 규모의 개실을 개인연구용으로 시간을 정하여 사용할 수 있도록 제공되는 개인열람실을 캐럴(carrel)이라 한다.

② 서고의 크기는 세계 각국 공통으로 150~250권/m^2이며 평균 200권/m^2로 한다.

③ 출납시스템 중 안전개가식은 이용자가 자유롭게 자료를 찾고 서가에서 책을 꺼내고 넣을 수 있으며, 관원의 허가와 대출기록 없이 자유롭게 열람하는 방식이다.

④ 서고의 적층식 구조는 특수구조를 사용하여 도서관 한쪽을 하층에서 상층까지 서고로 계획하는 유형이다.

[해설]
　③ 안전개가식 : 자유개가식과 반개가식의 장점을 취한 것으로서, 열람자가 책을 직접 서가에서 꺼내지만 관원의 검열을 받고 기록을 남긴 후 열람하는 형식이다.

8. 도서관 건축계획에서 도서의 열람방식에 대한 설명으로 옳은 것은? 【16국가직⑨】

① 반개가식은 이용자가 자유롭게 자료를 찾고, 서가에서 자유롭게 열람하는 방식이다.

② 안전개가식은 이용자가 자유롭게 자료를 찾고, 서가에서 책을 꺼내고 넣을 수 있으나, 열람에 있어서는 직원의 검열을 필요로 하는 방식이다.

③ 폐가식은 이용자가 직접 자료를 찾아볼 수는 없으나, 서가에 와서 책의 표제를 볼 수 있으며, 직원에게 열람을 요청해야 하는 방식이다.

④ 자유개가식은 목록카드에 의해서 자료를 찾고, 직원의 검열을 받은 다음 책을 열람하는 방식이다.

[해설]
　① 반개가식 : 이용자가 직접 서가에 면하여 책의 체제나 표지정도는 볼 수 있으나 내용을 보려면 관원에게 요구하여 대출기록을 남긴 후 열람하는 형식
　③ 폐가식 : 이용자는 목록카드에 의해서 자료를 찾고, 직원의 검열을 받은 다음 책을 열람하는 형식
　④ 자유개가식 : 이용자가 자유롭게 자료를 찾고, 서가에서 자유롭게 열람하는 형식

9. 도서관 계획에서 캐럴(Carrel)에 대한 설명 중 옳은 것은? 【07국가직⑨】

① 도서관 자료를 정리하여 보존하는 곳이다.
② 그룹 독서나 몇몇이 모여 연구 작업을 하기 위한 공간이다.
③ 개인 전용 연구를 위한 독립적인 개실이다.
④ 시청각 기자재를 보관하는 곳이다.

[해설]
　캐럴(Carrel) : 서고 내에 설치하는 개인 전용 연구를 위한 특수열람실

10. 도서관 계획에 관한 설명으로 옳지 않은 것은? 【09국가직⑨】

① 도서관 계획에는 모듈시스템(Module System)을 적용한다.
② 열람실의 소요면적 산정기준은 서가(書架)의 크기 및 장서수로 결정한다.
③ 서고는 모듈시스템(Module System)에 의하여 위치를 고정하지 않는다.
④ 도서관의 기능에는 조사, 연구, 수집, 정리 및 보존 기능과 학습, 레크리에이션 등의 사회교육 기능도 있다.

[해설]
　② 열람실의 소요면적은 1인당 바닥면적으로 산정한다.

11. 도서관의 건축계획 시 고려하여야 하는 사항으로 옳지 않은 것은? 【10지방직⑦】

① 서고의 면적은 일반적으로 150~250권/m²이며, 평균 200권/m²으로 한다.
② 자료의 보존을 위한 서고 내 기후로는 온도 18℃, 습도 68% 이하를 기준으로 한다.
③ 도서관을 모듈러 시스템에 의하여 계획할 경우 서고의 위치를 융통성 있게 배치할 수 있다.
④ 어린이를 위한 열람실은 될 수 있는 대로 1층에 배치함과 동시에 출입구를 별도로 만든다.

[해설]
　② 자료의 보존을 위한 서고 내 기후로는 온도 16℃, 습도 63% 이하를 기준으로 한다.

12. 공공도서관의 열람실 및 서고의 계획에 대한 설명으로 옳지 않은 것은? 【13국가직⑦】

① 열람부분은 전체면적에 대한 면적비를 20% 이하로 하는 것이 적당하다.
② 열람실의 면적은 성인 1인당 1.5~2.0m², 아동 1인당 1.1~1.5m²으로 한다.
③ 서고 크기는 150~250권/m²이며, 평균 200권/m²으로 한다.
④ 열람실은 흡음성이 높은 마감재를 사용하며, 책상 위의 조도는 600lx로 한다.

[해설]
　① 열람부분은 전체면적의 35% 정도로 계획한다.

13. 용도별 건축계획 시 적용되는 소요면적 기준에 대한 설명으로 옳지 않은 것은? 【14국가직⑦】

① 병원의 중환자실 소요면적은 병상당 8m² 정도이다.
② 도서관 일반열람실의 소요면적은 1인당 5m² 정도이다.
③ 영화관 객석의 소요면적은 관객 1인당 0.5~0.7m² 정도이다.
④ 일반 은행지점의 소요면적은 행원 1인당 16~26m² 정도이다.

[해설]
　② 도서관 일반열람실의 소요면적 : 1.5~2.0m²/인

14. 도서관 계획에 대한 설명으로 가장 옳지 않은 것은? 【15국가직⑨】

① 아동열람실은 개가식으로 계획하며 1층에 배치하는 것이 바람직하다.
② 서고는 증축이 가능하도록 설계하고, 온도 18℃, 습도 70% 이하가 되도록 계획한다.
③ 캐럴(carrel)은 개인연구용 열람실로 제공되고 있으며, 현대식 도서관에서는 서고 내부에 설치하는 경우도 있다.
④ 레퍼런스서비스(reference service)는 관원이 이용자의 조사 연구상의 의문사항이나 질문에 대한 적절한 자료를 제공하여 돕는 서비스이다.

[해설]
　② 서고는 증축이 가능하도록 설계하고, 온도 16℃, 습도 63% 이하가 되도록 계획한다.

해답　9 ③　10 ②　11 ②　12 ①　13 ②　14 ②

Chapter 13

공장 계획

공장 계획에서는 공장의 건축형식, 레이아웃의 종류 및 특성, 공장의 구조형식과 지붕 형식에 대한 문제가 출제되므로 정리하길 바란다.

1 기본계획

(1) 배치계획[☆]

① 대지 선정 시 고려사항
  ㉠ 국토계획, 도시계획상으로 적합할 것
  ㉡ 노동력의 공급과 원료의 공급이 쉽고 풍부할 것
  ㉢ 교통이 편리할 것
  ㉣ 유사 공업의 집단지이고 관련 공장과의 편리한 점이 있을 것
  ㉤ 평탄한 지형으로 정지 비용이 적게 드는 지형으로 지가가 저렴해서 토지 공급이 용이할 것
  ㉥ 동력원을 이용할 수 있을 것
  ㉦ 지반이 양호하고 습윤하지 않으며 배수가 편리할 것
  ㉧ 재료 또는 기후 작업에 대해 기후 풍토가 적합할 것
  ㉨ 잔류물, 폐수처리가 쉬울 것

② 배치계획 시 고려사항
  ㉠ 각 건물의 배치는 공장의 작업내용을 충분히 검토한 후 결정하는 것이 바람직하다.
  ㉡ 이상적으로 부지 내의 종합계획을 하고 그 일부로서 현 계획을 한다.
  ㉢ 장래 계획, 확장 계획을 충분히 고려해서 배치계획을 한다.
  ㉣ 동력시설은 증축시 지장을 주지 않는 위치를 고려한다.
  ㉤ 생산, 관리, 연구, 후생 등의 각 부분별 시설을 명쾌하게 나누고 결합한다.
  ㉥ 원료 및 제품을 운반하는 방법, 작업 동선을 고려한다.
  ㉦ 견학자의 동선을 고려한다.

출제빈도
14지방직 ⑨

[공장의 지형]
공장의 지형은 평지형으로 하는 것이 유리하다.

[배치계획]
생산, 관리, 연구는 유기적으로 결합시키고 후생과는 명쾌하게 나눈다.

· 예제 01 ·

공장건축 계획 시 경제성을 높이기 위한 부지로 적합하지 않은 것은?

【14지방직⑨】

① 평탄한 지형을 이루어야 하고 지반은 견고하며 습윤하지 않은 부지
② 동력, 전기, 수도, 용수 등의 여러 설비를 설치하는 데 편리한 부지
③ 타 종류의 공업이 집합되고 자재의 구입이 용이한 부지
④ 노동력의 공급이 풍부하고 교통이 편리한 부지

③ 유사공업의 집단지이고, 노동력의 공급과 원료의 공급이 쉽고 풍부한 부지

답 : ③

출제빈도
20국가직 ⑦

⑵ 공장의 건축형식[☆]

① 분관식(pavilion type)
  ㉠ 건축형식, 구조를 각각 다르게 할 수 있다.
  ㉡ 공장 건설을 병행할 수 있으므로 조기 완공이 가능하다.
  ㉢ 통풍 및 채광이 양호하다.
  ㉣ 배수 및 물홈통 설치가 쉽다.
  ㉤ 공장의 신설, 확장이 비교적 용이하다.
  ㉥ 화학공장, 일반기계 조립공장, 중층 공정에 적합하다.

② 집중식(block type)
  ㉠ 공간의 효율이 좋다.
  ㉡ 내부 배치 변경에 융통성이 있다.
  ㉢ 재료 및 제품의 운반이 용이하며 흐름이 단순하다.
  ㉣ 건축비가 저렴하다.
  ㉤ 일반기계 조립공장, 단층 건물이 많으며 평지붕 무창공장에 적합하다.

2 평면계획[☆]

⑴ 제품 중심의 레이아웃(연속 작업식)

① 생산에 필요한 모든 공정, 기계 및 기구를 제품의 흐름에 따라 배치하는 형식
② 공정간의 시간적, 수량적 균형을 이룰 수 있고, 제품의 연속성을 유지한다.
③ 대량생산에 유리하고, 생산성이 높다.
④ 장치공업(석유, 시멘트), 가전제품 조립공장 등

⑵ 공정 중심의 레이아웃(기계설비 중심)

① 동종의 공정, 동일한 기계, 기능이 유사한 것을 하나의 그룹으로 집합시키는 형식
② 다종 소량 생산으로 예상 생산이 불가능한 경우나 표준화가 행해지기 어려운 경우에 채용한다.
③ 생산성이 낮으나 주문 생산 공장에 적합

⑶ 고정식 레이아웃

① 주가 되는 재료나 조립 부분품이 고정되고, 사람이나 기계가 이동해 가며 작업을 하는 형식
② 선박, 건축 등과 같이 제품이 크고, 수량이 적은 경우에 적합하다.

⑷ 혼성식 레이아웃 : 위의 방식이 혼성된 형식

출제빈도
10지방직 ⑦ 15지방직 ⑨

[공장건축의 레이아웃(layout)]
① 공장 사이의 여러 부분, 작업장 내의 기계설비, 작업자의 작업구역, 자재나 제품을 두는 곳 등 상호 위치관계를 가리키는 것을 말한다.
② 장래 공장 규모의 변화에 대응한 융통성이 있어야 한다.
③ 공장의 생산성에 미치는 영향이 크고 공장 배치계획, 평면계획시 레이아웃은 건축적으로 종합한 것이 되어야 한다.

• 예제 02 •

> **공장건축 계획에 대한 설명으로 옳지 않은 것은?** 【15지방직⑨】
> ① 배치계획 시 장래 및 확장계획을 충분히 고려하여 전체 종합계획을 수립한 후 단일건물을 세부적으로 계획한다.
> ② 아파트형 공장은 토지와 공간을 효율적으로 이용하기 위해 동일 건물 내 다수의 공장이 동시에 입주할 수 있는 다층형 집합건축물을 말한다.
> ③ 공장의 위치는 동력, 전기, 수도, 용수 등의 여러 설비를 설치하는데 편리한 곳이 좋다.
> ④ 공장건축 레이아웃 형식 중 생산에 필요한 모든 공정과 제품의 흐름에 따라 기계 및 기구를 배치하는 방식은 공정중심 레이아웃이다.
>
> ---
>
> ④ 공장건축 레이아웃 형식 중 생산에 필요한 모든 공정과 제품의 흐름에 따라 기계 및 기구를 배치하는 방식은 제품중심(연속작업식) 레이아웃이다.
>
> 답 : ④

3 세부계획[☆]

(1) 구조형식

① 목구조
  ㉠ 스팬 18m 이하, 천장 높이 6m 이내의 소규모 단층공장에 적합
  ㉡ 경량이고 시설비가 저렴하다.
  ㉢ 내화성, 내구성이 낮다.

② 철근콘크리트 구조(R.C)
  ㉠ 내화, 내구, 내풍, 내진적 구조로 중층 공장에 적합
  ㉡ 단층에서는 스팬 10m 이내가 경제적이고, 중층에서는 스팬 6~7m로 균등해야 한다.

③ P.S 콘크리트 구조
  ㉠ 스팬 15m 정도이고 공장생산이 가능하다.
  ㉡ 공기를 단축할 수 있는 이점이 있으며 경제적이다.

④ 철골구조
  ㉠ 큰 스팬이 가능하여 경제적이므로 많이 채용한다.
  ㉡ 대규모의 단층 공장, 처마 높이가 높은 공장, 크레인을 갖춘 공장에 적합하다.

⑤ 철골철근콘크리트 구조(SRC)
  ㉠ 철근콘크리트 구조보다 스팬과 층수를 크게 할 수 있다.
  ㉡ 고층 공장에 적합하나 고가이다.

⑥ 쉘(shell)구조
  ㉠ 철근콘크리트 구조보다 큰 스팬의 지붕이 가능하다.
  ㉡ 특이한 외관을 만들 수 있으며 내부에 기둥을 적게 배치할 수 있다.

출 제 빈 도
20국가직 ⑨

[바닥형식]
① 흙바닥 : 주물공장에 사용
② 콘크리트 : 먼지와 소음이 많으며 파손되기 쉬운 제품을 생산하는 공장에 부적합
③ 목재 : 내화성이 없고 보행시 소음과 먼지가 많다.
④ 벽돌 : 미끄러지지 않고 열에 강하며 마멸 또는 훼손시 재시공이 용이
⑤ 아스팔트 타일 : 내수적이고 먼지가 생기지 않으며 탄력성이 있고 유류 사용시 주의해야 한다.

[공장의 색채계획]

① 공장 전체를 대상으로 한다.
② 공장 내의 수송기기, 회전기기, 위험물 등의 식별을 인식하기 쉬운 표지색을 이용하여 재해를 방지한다.
③ 작업장에서는 변화있는 색채 계획을 하여 작업 의욕을 증진할 수 있도록 한다.
④ 단조로운 작업을 할 때를 고려한다.
⑤ 피로감에 대한 고려를 한다.

[공장의 소음방지 계획]

① 소음원을 제거한다.
② 소음원을 차음재, 흡음재로 둘러싸 소음을 차단한다.
③ 실내의 벽, 천장에 흡음재를 사용하여 소음을 저감시킨다.

출 제 빈 도
16국가직 ⑨ 18국가직 ⑨

[무창공장]

① 창을 설치할 필요가 없으므로 건설비가 적게 든다.
② 실내의 조도는 자연채광에 의하지 않고 인공조명을 통하여 조절되므로 균일하게 할 수 있다.
③ 공조시 냉난방 부하가 적게 걸리므로 비용이 적게 들며, 운전하기가 용이하다.
④ 외부로부터의 자극이 적어 작업 능률이 향상된다.
⑤ 실내에서의 소음이 크다.
⑥ 방직 공장, 정밀기계 공장에 적합하다.

(2) 공장의 형태

① 단층 : 기계, 조선, 주물공장
② 중층 : 제지, 제분, 방직공장
③ 단층, 중층 병용 : 양조, 방적공장
④ 특수 구조 : 제분, 시멘트

(3) 지붕의 형식

① 평지붕 : 평지붕 : 중층식 건물의 최상층
② 뾰족지붕 : 동일면에 천창을 내는 방법으로 어느 정도 직사광선이 유입되는 결점이 있다.
③ 솟을지붕 : 채광 및 환기에 적합하다.
④ 톱날지붕 : 공장 특유의 지붕 형태로 채광창이 북향으로 하루 종일 변함없는 조도를 가진 약한 광선을 받아 들여 작업 능률에 지장이 없는 형식이다.
⑤ 샤렌(schalen) 지붕 : 내부의 기둥이 적게 소요되는 장점이 있다.

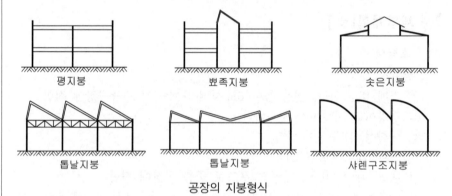

공장의 지붕형식

(4) 환경계획[☆]

① 채광 및 조명
  ㉠ 채광은 자연채광과 인공조명으로 분류하여 계획
  ㉡ 충분한 채광이 될 것
  ㉢ 적당한 채광방법이 될 것

② 자연채광 계획시 고려사항
  ㉠ 기계류를 취급하므로 가능한 한 창을 크게 낼 것
  ㉡ 창의 유효면적을 넓히기 위해 스틸새시(steel sash)를 사용
  ㉢ 천창은 북향으로 하여 항상 일정한 광선을 얻도록 할 것
  ㉣ 광선을 부드럽게 확산시키는 불투명유리(젖빛유리)나 프리즘유리를 사용할 것
  ㉤ 빛의 반사에 대한 벽 및 색채에 유의할 것
  ㉥ 동일 패턴의 창을 반복하는 것이 좋다.

13 출제예상문제

1. 공장건축 계획 시 경제성을 높이기 위한 부지로 적합하지 않은 것은? 【14지방직⑨】

① 평탄한 지형을 이루어야 하고 지반은 견고하며 습윤하지 않은 부지
② 동력, 전기, 수도, 용수 등의 여러 설비를 설치하는 데 편리한 부지
③ 타 종류의 공업이 집합되고 자재의 구입이 용이한 부지
④ 노동력의 공급이 풍부하고 교통이 편리한 부지

[해설]
③ 유사공업의 집단지이고, 노동력의 공급과 원료의 공급이 쉽고 풍부한 부지

2. 산업시설에 대한 설명으로 옳지 않은 것은? 【11지방직⑦】

① 배치계획 시 생산, 관리, 연구, 후생 등의 각 부분별 시설을 한 곳에 집중시킨다.
② 철근콘크리트조는 내화성, 내풍성, 내구성이 우수하고 중층 공장, 기밀형 공장에 적당하다.
③ 창고의 크기는 화물의 성질, 크기, 물량, 빈도 등에 의해 결정된다.
④ 공정중심의 레이아웃은 다품종 소량생산이나 표준화가 어려운 경우에 채용된다.

[해설]
① 배치계획 시 생산, 관리, 연구시설을 유기적으로 결합시키고 후생시설과는 명쾌하게 나눈다.

3. 공장건축 계획에 대한 설명으로 옳지 않은 것은? 【15지방직⑨】

① 배치계획 시 장래 및 확장계획을 충분히 고려하여 전체 종합계획을 수립한 후 단일건물을 세부적으로 계획한다.
② 아파트형 공장은 토지와 공간을 효율적으로 이용하기 위해 동일 건물 내 다수의 공장이 동시에 입주할 수 있는 다층형 집합건축물을 말한다.
③ 공장의 위치는 동력, 전기, 수도, 용수 등의 여러 설비를 설치하는데 편리한 곳이 좋다.
④ 공장건축 레이아웃 형식 중 생산에 필요한 모든 공정과 제품의 흐름에 따라 기계 및 기구를 배치하는 방식은 공정중심 레이아웃이다.

[해설]
④ 공장건축 레이아웃 형식 중 생산에 필요한 모든 공정과 제품의 흐름에 따라 기계 및 기구를 배치하는 방식은 제품중심(연속작업식) 레이아웃이다.

4. 유형별 건축물에 대한 설명으로 옳지 않은 것은? 【10지방직⑦】

① 실내체육관 설계 시 농구경기장 벽은 흡착효과를 지녀야 한다.
② 단층 창고의 경우는 스팬(Span)을 넓게 하기 위하여 철골구조가 많이 쓰이며, 내화구조로 하는 것이 바람직하다.
③ 공장건축의 레이아웃(Layout)형식 중 제품중심의 레이아웃은 다품종 소량생산이나 주문생산의 경우와 표준화가 어려운 경우에 적합하다.
④ 창고 면적의 크기는 화물의 성질, 크기, 물량, 반·출입빈도 등에 의해 결정된다.

[해설]
③ 공장건축의 레이아웃(Layout)형식 중 공정중심의 레이아웃은 다품종 소량생산이나 주문생산의 경우와 표준화가 어려운 경우에 적합하다.

해답 **1** ③ **2** ① **3** ④ **4** ③

5. 공장건축의 지붕 종류 중에서 톱날지붕의 장점으로 옳은 것은? 【08국가직⑦】

① 균일한 조도 확보가 용이하다.
② 진동방지에 효과적이다.
③ 소음완화에 효과적이다.
④ 빗물처리가 용이하다.

[해설]
톱날지붕 : 공장 특유의 지붕형식으로 채광창이 북향으로 균일한 조도 확보가 용이하다.

6. 공장건축에서 자연채광에 대한 설명으로 옳은 것은? 【16국가직⑨】

① 기계류를 취급하므로 창을 크게 낼 필요가 없다.
② 오염된 실내 환경의 소독을 위해 톱날형의 천창을 남향으로 하여 많은 양의 직사광선이 들어오도록 해야 한다.
③ 실내의 벽 마감과 색채는 빛의 반사를 고려하여 결정해야 한다.
④ 실내로 입사하는 광선의 손실이 없도록 유리는 투명해야 한다.

[해설]
① 기계류를 취급하므로 환기를 위해 가급적 창을 크게 계획한다.
② 톱날지붕의 천창은 북향으로 하여 균일한 조도가 확보되도록 해야 한다.
④ 실내로 입사하는 직사광선을 부드럽게 확산시키는 프리즘유리나 젖빛유리를 사용한다.

7. 공장의 클린룸(Clean Room)에 대한 설명으로 옳지 않은 것은? 【09지방직⑦】

① 평면형태는 좁고 긴 장방형이 양질의 층류식(層流式) 기류형성에 유리하다.
② 창문 등의 개구부를 되도록 많이 설치하여 실내환경을 청정하게 유지한다.
③ 바이오 하자드(Bio Hazard) 방지대책은 배관의 연결부분이나 관통부분에 대한 밀봉에 유의한다.
④ 설계에는 재료선정, 밀폐도, 실내가압, 공기류의 한정, 실내외의 차압제어의 방법이 사용된다.

[해설]
② 실내환경의 청정도를 확보하기 위해 창문 등의 개구부를 적게 하는 것이 좋다.

8. 공장건축의 계획 시 고려해야 할 사항으로 옳지 않은 것은? 【18국가직⑨】

① 건물의 배치는 공장의 작업내용을 충분히 검토하여 결정한다.
② 중층형 공장은 주로 제지·제분 등 경량의 원료나 재료를 취급하는 공장에 적합하다.
③ 증축 및 확장 계획을 충분히 고려하여 배치계획을 수립한다.
④ 무창공장은 냉·난방 부하가 커져 운영비용이 많이 든다.

[해설]
④ 무창공장은 창을 설치할 필요가 없으므로 온·습도의 조절이 유창공장에 비해 용이하고 냉난방부하가 적게 걸리므로 운영비용이 적게 든다.

9. 다음 설명에 해당하는 공장건축의 지붕 종류를 옳게 짝 지은 것은? 【20국가직⑨】

> ㄱ. 채광, 환기에 적합한 형태로, 환기량은 상부 창의 개폐에 의해 조절될 수 있다.
> ㄴ. 채광창을 북향으로 하는 경우 온종일 일정한 조도를 가진다.
> ㄷ. 기둥이 적게 소요되어 바닥면적의 효율성이 높다.

	ㄱ	ㄴ	ㄷ
①	솟을지붕	샤렌지붕	평지붕
②	솟을지붕	톱날지붕	샤렌지붕
③	평지붕	샤렌지붕	뾰족지붕
④	평지붕	톱날지붕	뾰족지붕

[해설]
ㄱ. 채광, 환기에 적합한 형태로, 환기량은 상부창의 개폐에 의해 조절될 수 있다. : 솟을지붕
ㄴ. 채광창을 북향으로 하는 경우 온종일 일정한 조도를 가진다. : 톱날지붕
ㄷ. 기둥이 적게 소요되어 바닥면적의 효율성이 높다. : 샤렌지붕

해답 5 ① 6 ③ 7 ② 8 ④ 9 ②

호텔 계획은 호텔과 레스토랑으로 구분되는데 호텔부분의 출제빈도가 높은 편이다. 여기에서는 호텔의 종류, 호텔의 기능과 면적구성비, 객실 계획, 식당의 동선계획에 대한 문제가 출제된다.

호텔 계획

1 기본계획

⑴ 호텔의 종류[☆]

① 시티호텔(City Hotel)

㉠ 커머셜 호텔(Commercial Hotel) : 일반 여행자용 호텔로서 비즈니스를 주체로 한 것으로 편리와 능률이 중요한 요소이다. 외래객에게 개방하므로 교통이 편리한 도시중심지에 위치하며, 부지는 제한되어 있으므로 주로 고층화한다.

㉡ 레지던셜 호텔(Residential Hotel) : 상업상의 여행자나 관광객 등이 단기체재하는 여행자용 호텔로서 커머셜 호텔보다 규모가 작고 설비는 고급이며 도심을 피하여 안정된 곳에 위치한다.

㉢ 아파트먼트 호텔(Apartment Hotel) : 장기간 체재하는데 적합한 호텔로서 부엌과 셀프 서비스 시설을 갖추는 것이 일반적이다.

㉣ 터미널 호텔(Terminal Hotel) : 철도역 호텔, 부두 호텔, 공항 호텔 등 교통시설의 발착지점에 위치한다.

② 리조트 호텔(Resort Hotel)

• 클럽하우스(Club House) : 스포츠 및 레져시설을 위주로 이용되는 시설
• 산장호텔   • 온천호텔   • 스키호텔
• 스포츠호텔   • 해변호텔

③ 기타

㉠ 모텔(Motel) : 모터리스트 호텔이라는 뜻으로서 자동차 여행자를 위한 숙박시설로 자동차 도로변, 도시근교에 많이 위치한다.

㉡ 유스 호스텔(Youth Hostel) : 청소년 국제활동을 위한 장소로 서로 환경이 다른 청소년이 우호적인 분위기 속에서 사용할 수 있는 숙박시설이다.

⑵ 대지 선정 시 고려사항

① 시티 호텔

㉠ 교통이 편리할 것
㉡ 환경이 양호하고 쾌적할 것
㉢ 자동차의 접근이 양호하고 주차설비가 충분할 것
㉣ 근처 호텔과의 경영상의 경쟁과 제휴를 고려할 것

출 제 빈 도
20국가직 ⑨

[유스호스텔의 건축기준]

① 주요구조부는 내화구조 또는 불연재료로 한다.
② 4대 이상 8대 이하의 침대를 준비하고, 침실은 총수의 반 수 이상으로 하고, 1실 20대를 초과하지 않는다.
③ 침실은 입구에서 남녀로 구분하다.
④ 수용인원에 대비한 로커를 설치한다.
⑤ 집회실을 만들고 150m²를 초과하는 집회실은 2실로 구분할 수 있게 한다.
⑥ 1인당 0.5m² 이상의 식당을 설치하고, 자취를 할 수 있게 적당한 너비의 조리실을 설치한다.
⑦ 15인 이하를 기준으로 1개의 온수 샤워시설을 샤워실에 설치한다.

② 리조트 호텔

　㉠ 수질이 좋고 수량이 풍부한 곳

　㉡ 자연재해의 위험이 없고 계절풍에 대한 대비가 있을 것

　㉢ 식료품이나 린넨류의 구입이 쉬울 것

　㉣ 조망이 좋은 곳

　㉤ 관광지의 주변경관을 충분히 이용할 수 있는 곳

(3) 배치계획

① 배치계획 시 고려사항

　㉠ 여러 계통의 접근체계와 고객의 자동차 동선을 고려한 교통계획이 중요하다.

　㉡ 주접근도 → 주현관 → 주차장의 관계가 대지 내에서 원활히 순환되도록 한다.

　㉢ 객실과 연회손님의 접근을 분리하며, 관리서비스의 교통은 별도로 계획한다.

　㉣ 연회장, 상업시설의 공공부분, 객실부분을 구분하여 조닝한다.

　㉤ 객실부는 주변으로부터 충분한 프라이버시를 확보한다.

② 호텔의 종류별 배치계획

　㉠ 시티 호텔 : 시가지에 건립되는 호텔은 부지가 제약되므로 복도면적을 작게 하고, 고층화에 적합한 평면형으로 계획한다.

　㉡ 아파트먼트 호텔 : 리조트 호텔과 시티 호텔의 중간적인 배치방법으로 특히 거주성을 고려하여 통풍 및 채광이 좋은 평면형으로 계획한다.

　㉢ 리조트 호텔 : 관광지에 건립되므로 복도면적이 다소 많아도 조망을 위주로 하여 객실의 방위를 결정하며 장래 증축이 가능한 구조와 저층부에는 자유로운 형태의 레크리에이션 시설을 배치하는 것이 좋다.

2 평면계획

(1) 호텔의 기능[☆☆]

① 숙박부분

　㉠ 호텔의 가장 중요한 부분으로 이에 의해 호텔의 형식이 결정된다. 객실은 쾌적성과 개성을 필요로 하며, 필요에 따라서 변화를 주어 호텔의 특성을 살린다.

　㉡ 소요실 : 객실, 보이실, 메이드실, 린넨실, 트렁크룸

② 관리부분

　㉠ 호텔 경영서비스의 중추적인 기능을 담당하는 곳으로 각 부분마다 신속하고 긴밀한 관계를 갖게 한다. 특히 프런트 오피스는 기계화설비가 필요하다.

　㉡ 소요실 : 프런트 오피스, 클로크룸, 지배인실, 사무실, 공작실, 창고, 복도, 변소, 전화 교환실

출제빈도		
11지방직 ⑦	12국가직 ⑨	13국가직 ⑦
16지방직 ⑨	19국가직 ⑦	

• 린넨실(Linen Room) : 숙박객의 세탁물 보관 또는 객실 내부에서 사용하는 물건들을 보관하는 실이다.

• 트렁크룸(Trunk Room) : 숙박객의 짐을 보관하는 장소로 화물용 엘리베이터가 필요하다.

• 클로크룸(Cloak Room) : 연회장을 이용하는 연회객의 소지품을 보관하는 장소

③ 공공부분

  ㉠ 공용성을 주체로 한 것으로 호텔 전체의 매개공간 역할을 한다. 일반적으로 1층과 지하층에 두며, 숙박부분과는 계단, 엘리베이터 등으로 연결한다.

  ㉡ 소요실 : 홀, 로비, 라운지, 식당, 연회장, 오락실, 바, 무도장, 미용실, 다방, 독서실 등

④ 요리부분

  ㉠ 식당과의 관계, 외부로부터 재료반입 등을 고려하여 위치를 결정하며, 관리부분과의 연락이 쉽게 될 수 있도록 통로를 설치한다.

  ㉡ 소요실 : 배선실, 부엌, 식기실, 창고, 냉장고 등

⑤ 설비관계부분 : 보일러실, 전기실, 기계실, 세탁실, 창고 등

⑥ 대실 : 상점, 창고, 대사무실, 클럽실 등

• 예제 01 •

호텔의 기능적 부분과 소요실을 연결한 것으로 옳지 않은 것은?

【16지방직⑨】

① 숙박부분 - 린넨실(리넨실)
② 관리부분 - 프런트 오피스
③ 공용부분 - 보이실
④ 요리관계부분 - 배선실

⋯⋯⋯⋯⋯⋯⋯⋯⋯⋯⋯⋯⋯⋯⋯⋯⋯⋯⋯⋯⋯⋯⋯⋯⋯⋯⋯⋯⋯

③ 보이실은 숙박부분에 속한다.

답 : ③

---

(2) 면적구성비[☆]

	리조트 호텔	커머셜 호텔	아파트먼트 호텔
규모(객실 1실에 대한 연면적)	$40{\sim}91\mathrm{m}^2$	$28{\sim}50\mathrm{m}^2$	$70{\sim}100\mathrm{m}^2$
숙박부 면적	41~56%	49~73%	32~48%
공용면적	22~38%	11~30%	35~58%
관리부 면적		6.5~9.3%	
설비면적		약 5.2%	
로비면적(객실 1실에 대한)	$3{\sim}6.2\mathrm{m}^2$	$1.9{\sim}3.2\mathrm{m}^2$	$5.3{\sim}8.5\mathrm{m}^2$

출제빈도

16국가직⑨

출제빈도

10국가직 ⑦ 21국가직 ⑨

(3) 동선계획[☆]

① 동선의 분류
- 고객동선 : 숙박객, 연회객, 일반 외래객
- 서비스 동선 : 종업원, 식품, 물품, 쓰레기
- 정보계통 동선 : 컴퓨터 시스템 등

② 동선계획상 고려사항
- ㉠ 고객동선과 서비스동선이 교차되지 않도록 출입구가 분리되어야 한다.
- ㉡ 숙박고객과 연회고객의 출입구를 분리한다.
- ㉢ 고객동선은 명료하고 유연한 흐름이 되도록 한다.
- ㉣ 숙박객이 프런트를 통하지 않고 직접 주차장으로 갈 수 있는 동선은 없도록 한다.
- ㉤ 종업원 출입구와 물품의 반출입구는 1개소로 하여 관리상의 효율을 도모한다.
- ㉥ 최상층에 레스토랑을 설치하는 방안은 엘리베이터 계획에도 영향을 주므로 기본계획시 결정한다.

출제빈도

13지방직 ⑨ 15국가직 ⑨

[기준층의 스팬]

(욕실 최소폭 + 객실 출입구 폭 + 반침 깊이)
× 2배

(4) 기준층 계획[☆]

① 기준층 계획시 고려사항
- ㉠ 기준층 평면은 규격과 구조적인 해결을 통해 호텔 전체를 통일시켜야 하므로 호텔 계획은 기준층 계획에서부터 시작된다.
- ㉡ 기준층의 객실 수는 기준층의 면적이나 기둥간격의 구조적인 문제에 영향을 받는다.
- ㉢ 기준층의 평면형은 편복도와 중복도로 한쪽면 또는 양면으로 객실을 배치한다.
- ㉣ 객실의 크기와 종류는 건물의 단부와 층으로 차이를 둔다.
- ㉤ 동일 기준층에 필요한 것으로는 서비스실, 배선실, 엘리베이터, 계단실 등이 있다.

② 기준층의 평면형
- ㉠ H형 또는 ㅁ자형 : 과거에서부터 자주 사용하던 형식으로 거주성은 좋지 않으나 한정된 체적 속에 외기접면을 최대로 할 수 있다.
- ㉡ T자, Y자 또는 十자형 : 객실층의 동선이 짧은 장점이 있으나 계단이 많이 요구된다.
- ㉢ 편복도 一자형 : 가장 많이 사용되는 평면형식이다.
- ㉣ 사각형이나 원형 : 증축이 불가능한 단점이 있다.
- ㉤ 중복도형 : 고층화 될 때 건물의 폭을 크게 하기 위해 사용하는 형식이다.

· 예제 02 ·

호텔의 기준층계획에 대한 설명으로 옳지 않은 것은? 【15국가직⑨】

① 객실의 유형, 구조, 설비, 동선계획 외에도 방재계획, 특히 피난계획에 주의한다.

② 기준층의 객실 수는 기준층의 면적이나 기둥간격의 구조적인 문제와 밀접한 관련이 있다.

③ 객실 기준층과 공공부문을 연결시키는 방법 중의 하나인 밀집형은 저층부를 기단모양으로 하고 그 위에 숙박부를 올린 형태이며, 도심지 고층호텔에 적합하다.

④ 일반적인 기준층의 스팬(span)을 정하는 방법으로 욕실폭, 각 실 입구 통로폭을 합한 1개의 객실 단위를 기둥간격으로 본다.

----

④ 일반적인 기준층의 스팬(span)을 정하는 방법으로 욕실폭, 각 실 입구 통로폭, 반침깊이를 합한 2개의 객실 단위를 기둥간격으로 본다.

답 : ④

3 세부계획

(1) 현관 및 홀, 로비, 라운지

① 현관 및 홀

고객이 최초 도착장소로 프런트 오피스와 접속이 원활해야 하며, 기능적으로 로비와 라운지에 연속된다.

② 로비(lobby)

㉠ 고객동선의 중심지로 현관에 도착하는 고객이 들어가서 예약이나 식사 및 사교를 위해서 이용된다.

㉡ 프런트 오피스에 용이하게 연속될 수 있는 위치로 엘리베이터, 계단에 의해 객실로 통하고 식당, 오락실 등에 용이하게 갈 수 있는 장소이다.

㉢ 공용부분의 중심이 되어 휴식, 면회, 담화, 독서 등 다목적으로 사용되는 공간이다.

③ 라운지(lounge)

넓은 복도이며, 현관 및 홀, 계단 등에 접하여 응접용, 담화용 등을 위하여 칸막이가 없는 공간이다.

(2) 프런트 오피스

① 프런트 오피스

㉠ 호텔의 중심부로 합리화와 기계화, 각종 통신설비를 통하여 업무의 신속화 및 능률화를 도모한다.

㉡ 구성 : 안내계, 객실계, 회계

② 지배인실

외래객이 알기 쉽도록 하며, 누구에게나 방해됨이 없이 자유롭게 출입하고 대화할 수 있는 위치에 두며, 후문으로 통하게 한다.

(3) 객실[☆]

① 크기

구분	실 폭	실깊이	층높이	출입문 폭
1인용실	2~3.6m	3~6m	3.3~3.5m	0.85~0.9m
2인용실	4.5~6m	5~6.5m		

② 1실의 평균면적(m^2)

싱글	더블	트윈	스위트	욕실의 최소 크기
18.55	22.41	30.43	45.89	1.5~3.0

③ 객실의 형태

• 가로, 세로의 비, 욕실, 벽장의 위치에 의해서 침대의 배치를 검토하여 결정한다.

• 일반적인 형태 : $\frac{b}{a}$ = 0.8~1.6

• 평면형태의 결정조건 : 침대의 위치, 욕실, 변소의 위치에 의해 결정된다.

(4) 식당 및 부엌

① 식당

• 식당과 주방의 관계에서 식당이 차지하는 면적은 70~80% 정도이다.

• 1석당 면적 : 1.1~1.5m^2

• 1m^2당 수용인원 : 0.6~0.75인

② 주방

• 능률적이고 경제적, 위생적이어야 한다.

• 조리실 등의 주요 부분은 식당면적은 25~35% 정도가 적당하다.

(5) 종업원 관계시설

① 종업원 수 : 객실수의 2.5배 정도의 인원

② 종업원의 숙박시설 : 종업원의 1/3 정도의 규모

③ 보이실, 메이드실

㉠ 숙박시설이 있는 각 층 코어에 인접하여 둔다.

㉡ 객실 150 베드(bed)당 리프트 1개를 설치하며, 25~30실당 1대씩 추가적으로 설치한다.

출제빈도

10국가직 ⑨

[객실의 실폭]

욕실 최소 폭 + 출입문 폭 + 반침 깊이

[객실의 형태]

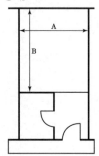

[연회장]

① 대연회장 : 1.3m^2/인

② 중·소 연회장 : 1.5~2.5m^2/인

③ 회의실 : 1.8m^2/인

⑹ 기타

① 복도 폭
- 편복도 : 1.2m 이상
- 중복도 : 1.5m 이상

② 변소
㉠ 공용부분의 층에서는 60m 이내마다 설치한다.
㉡ 종업원의 변소는 별도로 설치하여 고객과의 혼용을 방지한다.
㉢ 변기수는 25인에 대해 1개의 비율로 설치한다.
㉣ 설치비율은 대 : 소 : 여 = 1 : 2 : 1의 비율로 설치한다.

4 레스토랑

⑴ 레스토랑의 종류

① 식사를 주로 하는 음식점
㉠ 레스토랑(restaurant) : 넓은 의미의 서양식 식당으로 테이블 서비스를 주로 한다.
㉡ 런치 룸(lunch room) : 레스토랑을 실용화한 식당
㉢ 그릴(grill) : 불고기, 생선구이 등 일품요리 내는 음식점으로 카운터 서비스가 주체이다.
㉣ 카페테리어(cafeteria) : 레스토랑의 변형으로 간단한 식사를 위주로 하며 셀프 서비스를 주체로 하는 음식점이다.
㉤ 뷔페(buffet) : 음식 진열장에 차려진 메뉴에 따라 각자 취향에 맞는 음식을 선택하는 셀프 서비스 음식점이다.
㉥ 스넥 바(snack bar) : 간단한 식사를 할 수 있게 되어 있는 식당으로 카운터 서비스 또는 셀프 서비스로 운영된다.
㉦ 샌드위치 숍(sandwich shop)
㉧ 드라이브 인 레스토랑(drive in restaurant)
㉨ 한식점   ㉩ 화식점

② 가벼운 음식을 주로 하는 음식점
㉠ 다방   ㉡ 베이커리(bakery)
㉢ 캔디 스토어(candy store)
㉣ 프루츠 파알러(fruits parlour)

③ 주류를 주로 하는 음식점
㉠ 바(bar)   ㉡ 비어 홀(beer hall)
㉢ 카페(cafe)   ㉣ 스탠드(stand)

④ 사교를 주로 하는 음식점
㉠ 캬바레(cabaret)   ㉡ 나이트클럽(night club)
㉢ 댄스 홀(dance hall)

⑵ 서비스의 방식과 특성

① 테이블 서비스

　㉠ 웨이터가 요리상을 방으로 옮기는 시스템으로 과거부터 사용된 형식이다.

　㉡ 조용하고 쾌적한 분위기가 되고, 서비스는 신속하지 않아도 정중하게 취급할 수 있도록 세심한 주의가 필요하다.

　㉢ 인건비, 유지비, 손님의 순환율도 다른 형식보다 비경제적이므로 음식의 가격이 높다.

　㉣ 평면은 손님, 웨이터, 요리 등의 각 동선의 혼란함은 물론, 손님과 서비스 동선의 교차를 피하고 요리식기를 내리는 곳, 출구는 별도로 하며 바닥의 고저차가 없어야 한다.

② 카운터 서비스

　㉠ 카운터 앞에서 웨이터 없이 서비스로 식사를 하는 형식이다.

　㉡ 서비스가 신속하고, 면적의 이용률이 높고, 어떠한 부지에도 자유로이 배치할 수 있으며, 손님의 순환율이 높다.

　㉢ 식당 내부가 시끄럽고 안정되지 못하다.

　㉣ 항상 손님이 오는 음식점이나 일시적으로 혼잡한 음식점, 사무실 등에서 점심식사 시간에 식사를 하려는 손님이 오는 곳에서는 적당하지만 테이블 서비스와 혼용하는 편이 융통성이 있어서 좋다.

　㉤ 부지가 좁은 곳에서는 1층을 카운터 서비스로 하고 2층을 테이블 서비스로 하는 것도 적절한 방법이다.

　㉥ 카운터의 길이는 손님을 12인 이상 앉는 것을 한도로 하고, 의자는 바닥에 고정하든가 아래를 무겁게 해서 넘어지거나 배열이 난잡하지 않게 하는 것이 좋다.

③ 셀프 서비스

　㉠ 손님 자신이 서비스를 하는 형식으로 학교 식당, 사무실 건물의 지하식당 등 형식을 가리지 않고 신속하고 식사를 자유로 선택하는 효율이 좋고 가격이 싼 것이 특징이다.

　㉡ 손님 자신이 서비스하는 것이므로, 손님의 동선계획이 중요하다.

　㉢ 손님의 동선 내에 음료수 겸 세면기가 비치된다.

　㉣ 동선 순서 : 입구 → 쟁반, 식기 준비 → 서비스 카운터 → 계산대 → 식탁 → 출구

(3) 공간구성

기 능	면적비율	소요실명
영업부분	50~85%	현관, 로비, 클로크 룸, 프런트 오피스, 라운지, 런치룸, 바, 칵테일 라운지, 다방, 화장실, 주식당, 그릴룸, 특별실, 연회장, 집회실
관리부분	2~30%	종업원실, 종업원 화장실, 사무실, 지배인실, 전기실, 기계실, 보일러실
조리부분	5~50%	부엌, 배선실, 창고, 냉장고

(4) 동선계획[☆]

출제빈도
10국가직 ⑦

① 동선의 종류
  ㉠ 고객동선 : 종업원의 서비스 동선과 교차되지 않도록 한다. 음식점의 규모에 따라 다르지만 주통로는 0.9~1.2m, 부통로는 0.6~0.9m, 최종 통로는 0.4~0.6m 정도가 필요하다.
  ㉡ 서비스동선 : 주방과 객석을 왕래하는 종업원의 동선으로 가능한 한 짧게 단축시킨다.
  ㉢ 식품동선 : 식품의 반입과 쓰레기의 반출을 위한 동선이다.

② 동선계획시 고려사항
  ㉠ 손님의 동선과 종업원, 부엌 관계의 동선이 혼란하지 않아야 한다.
  ㉡ 배선실, 식당 간의 종업원 동선은 손님의 동선과 관계없이 바닥의 고저차가 없게 하고, 요리의 출구, 식기의 회수를 별도로 하여 종업원의 동선을 단순화한다.
  ㉢ 주방 관계의 동선과 손님의 동선은 완전히 격리시킨다.
  ㉣ 연회장, 집회장이 있을 경우에는 그 전용의 클로크 룸, 대합실을 두는 것이 좋다.
  ㉤ 화장실은 식당에서 직접 통하지 않고, 로비나 라운지 등에서 출입하도록 한다.
  ㉥ 로비, 라운지, 다방, 식당 등을 따로 별실로 하지 않고, 개방적으로 취급하여 유리 칸막이나 화분 등으로 구획하고 바(bar)에는 별실로 하는 것이 좋다.

14 출제예상문제

1. 다음 중 호텔건축의 종류가 나머지 셋과 다른 것은?
【15국가직⑦】

① 아파트먼트 호텔
② 터미널 호텔
③ 커머셜 호텔
④ 리조트 호텔

[해설]
　① 시티 호텔 : 커머셜 호텔, 레지던셜 호텔, 아파트먼트 호텔, 터미널 호텔
　② 리조트 호텔 : 해변호텔, 산장호텔, 스키호텔, 온천호텔, 스포츠호텔, 클럽하우스

2. 호텔건축 계획에 대한 설명으로 옳지 않은 것은?
【10국가직⑦】

① 연면적이 200m²를 초과하는 건물의 객실층은 각 당해층 거실의 바닥면적합계가 200m² 이상이고, 중복도인 경우 건축법령상의 최소 복도폭은 1.5m이나 일반적으로 2.1m가 적정하다.
② 숙박고객이 프런트를 통하지 않고 직접 주차장으로 갈 수 있도록 동선을 계획하여야 한다.
③ 종업원의 출입구 및 물품의 반출입구는 각각 1개소로 함으로써 관리상의 효율화를 도모한다.
④ 최상층에 레스토랑을 설치하는 방안은 엘리베이터 계획에 영향을 미치므로 기본계획 시 결정되어야 한다.

[해설]
　② 숙박고객이 프런트를 통하지 않고 직접 주차장으로 갈 수 있는 동선은 없도록 계획하여야 한다.

3. 호텔의 소요실에 대한 분류로 옳지 않은 것은?
【11지방직⑦】

① 숙박부분: 객실, 보이실, 메이드실, 트렁크실
② 공공부분: 현관, 홀, 로비, 식당
③ 관리부분: 프런트오피스, 클로크 룸, 창고, 린넨실
④ 요리관계부분: 배선실, 식기실, 주방, 식료품창고

[해설]
　③ 린넨실은 숙박부분의 소요실이다.

4. 호텔 계획에 대한 설명으로 옳지 않은 것은?
【12국가직⑨】

① 레지덴셜 호텔(Residential Hotel)은 시티 호텔(City Hotel)의 분류에 속한다.
② 커머셜 호텔(Commercial Hotel)은 각종 비즈니스를 위한 여행자에 대해 편의를 제공하는 시설이다.
③ 오락실은 공공부분(Public Part)에 속한다.
④ 린넨룸(Linen Room)의 용도는 식품, 식기, 조리기구를 넣어 두는 곳이다.

[해설]
　④ 린넨룸은 객실의 물품이나 숙박객의 세탁물을 관리하는 곳이다.

5. 호텔의 기준층 계획에 관한 설명으로 옳지 않은 것은?
【13지방직⑨】

① 기준층의 평면은 규격과 구조적인 해결을 통해 호텔 전체를 통일해야 한다.
② 객실의 크기와 종류는 건물의 단부와 층으로 달리할 수 있고, 동일 기준층에 필요한 것으로 서비스실, 배선실, 엘리베이터, 계단실 등이 있다.
③ 기준층의 기둥간격은 실의 크기에 따라 달라질 수 있으나 최소의 욕실폭, 각 실 입구 통로폭과 반침폭을 합한 치수의 1/2배로 산정된다.
④ H형 또는 ㅁ자형 평면은 호텔에서 자주 사용되었던 유형으로 한정된 체적 속에 외기접면을 최대로 할 수 있다.

해답 1 ④ 2 ② 3 ③ 4 ④ 5 ③

[해설]

③ 기준층의 기둥간격은 실의 크기에 따라 달라질 수 있으나 최소의 욕실폭, 각 실 입구 통로폭과 반침폭을 합한 치수의 2배로 산정된다.

6. 호텔의 건축계획에 대한 설명으로 옳지 않은 것은?

【13국가직⑦】

① 클로크 룸 카운터의 길이는 일반실용일 때 100명당 1m 이상으로 하여야 한다.
② 숙박고객이 프런트를 통하지 않고 직접 주차장에 갈 수 있는 동선은 관리상 피하는 것이 좋다.
③ 호텔 소요실 중 관리부분은 프런트 오피스, 클로크 룸, 지배인실, 린넨실, 트렁크실 등으로 구성된다.
④ 최상층에 레스토랑을 설치하는 방안은 엘리베이터 계획에도 영향을 미치므로 기본계획 시 결정하여야 한다.

[해설]

③ 린넨실과 트렁크실은 숙박부분에 속하는 공간이다.

7. 호텔의 기준층계획에 대한 설명으로 옳지 않은 것은?

【15국가직⑨】

① 객실의 유형, 구조, 설비, 동선계획 외에도 방재계획, 특히 피난계획에 주의한다.
② 기준층의 객실 수는 기준층의 면적이나 기둥간격의 구조적인 문제와 밀접한 관련이 있다.
③ 객실 기준층과 공공부문을 연결시키는 방법 중의 하나인 밀집형은 저층부를 기단모양으로 하고 그 위에 숙박부를 올린 형태이며, 도심지 고층호텔에 적합하다.
④ 일반적인 기준층의 스팬(span)을 정하는 방법으로 욕실폭, 각 실 입구 통로폭을 합한 1개의 객실 단위를 기둥간격으로 본다.

[해설]

④ 일반적인 기준층의 스팬(span)을 정하는 방법으로 욕실폭, 각 실 입구 통로폭, 반침깊이를 합한 2개의 객실 단위를 기둥간격으로 본다.

8. 호텔의 기능적 부분과 소요실을 연결한 것으로 옳지 않은 것은?

【16지방직⑨】

① 숙박부분 – 린넨실(리넨실)
② 관리부분 – 프런트 오피스
③ 공용부분 – 보이실
④ 요리관계부분 – 배선실

[해설]

③ 보이실은 숙박부분에 속한다.

9. 호텔의 건축계획에 대한 설명으로 옳지 않은 것은?

【16국가직⑨】

① 숙박고객과 연회고객의 출입구를 분리하는 것이 바람직하다.
② 숙박고객이 프런트를 통하지 않고 직접 주차장으로 갈 수 있는 동선은 관리상 피하도록 한다.
③ 연면적에 대한 숙박부분의 면적비는 커머셜 호텔이 아파트먼트 호텔보다 크다.
④ 관리부분에는 라운지, 프런트데스크, 클로크룸(Cloak room) 등이 포함되며, 면적비는 호텔 유형에 관계없이 일정하다.

[해설]

④ 관리부분의 면적비는 호텔의 유형에 따라 결정되며, 일반적으로 연면적에 대하여 6.5~9.3% 정도로 계획한다.

10. 호텔객실의 형태계획에 있어 2인용 일반객실의 유효폭(a)과 길이(b)가 다음 그림과 같을 때 가장 많이 적용되는 b/a의 치수비율은?

【10국가직⑨】

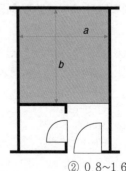

① 0.6~1.2
② 0.8~1.6
③ 1.5~2.0
④ 2.0~2.5

[해설]

$\dfrac{b}{a} = 0.8 \sim 1.6$

11. 호텔의 설비계획에 대한 내용으로 옳지 않은 것은?

【11국가직⑨】

① 인체에 적합한 온도는 15~20℃, 습도는 40~60%이다.
② 실내온도 설정은 객실은 20℃, 주방은 15℃, 연회장은 21℃ 전후로 유지하도록 한다.
③ 객실이나 퍼블릭 스페이스는 온수난방이 좋다.
④ 대형호텔의 급수방식은 압력수조방식보다 고가수조방식이 유리하다.

[해설]
　③ 객실에는 온수난방이 좋고 공용부분에는 증기난방을 적용한다.

12. 음식점의 동선계획에 대한 설명으로 옳지 않은 것은?

【10국가직⑦】

① 고객의 출입과 식자재의 반·출입을 명확하게 구분하여 계획한다.
② 고객이 식사하는 영역과 음식을 조리하는 영역을 바닥의 고저차를 두어 구분한다.
③ 고객을 위한 화장실은 식사공간에서 직접 연결하지 않고 로비 등을 통한다.
④ 식전 요리의 흐름과 식후 식기의 흐름을 분리하여 종업원의 동선을 단순화시킨다.

[해설]
　② 음식점은 바닥의 고저차를 두지 않는다.

13. 호텔계획에서 숙박부분에 해당하는 것은?

【19국가직⑦】

① 보이실
② 클로크 룸
③ 배선실
④ 프런트 오피스

[해설]
　② 클로크 룸 : 관리부분
　③ 배선실 : 요리부분
　④ 프런트 오피스 : 관리부분

14. 호텔건축에 대한 설명으로 옳지 않은 것은?

【20국가직⑨】

① 아파트먼트호텔은 리조트호텔의 한 종류로 스위트룸과 호화로운 설비를 갖추고 있는 호텔이다.
② 리조트호텔은 조망 및 자연환경을 충분히 고려하고 있으며, 호텔 내외에 레크리에이션 시설을 갖추고 있다.
③ 터미널호텔은 교통기관의 발착지점에 위치하여 손님의 편의를 도모한 호텔이다.
④ 커머셜호텔은 주로 상업상, 업무상의 여행자를 위한 호텔로 도시의 번화한 교통의 중심에 위치한다.

[해설]
　① 아파트먼트호텔은 시티호텔의 한 종류로 스위트룸과 호화로운 설비를 갖추고 있는 호텔이다.

Chapter

15

병원 계획

병원 계획은 어려운 내용이 많이 있다고 생각되어지지만 병원 구성의 핵심 내용을 정리하면 쉽게 그 내용을 이해할 수 있다. 병원 계획의 핵심내용은 병원의 건축형식, 병원의 구성과 면적비율, 외래진료부, 중앙진료부, 병동부의 계획이며, 이 부분의 문제가 출제된다.

1 기본계획

(1) 병원의 건축형식[☆]

① 분관식 : 분동식(pavilion type)

　㉠ 평면 분산식으로 각 건물은 3층 이하의 저층 건물로 외래진료부, 중앙진료부, 병동부를 각각 별동으로 하여 분산시키고 복도로 연결시키는 형식이다.

　㉡ 각 병실을 남향으로 할 수 있어 일조 및 통풍조건이 좋아진다.

　㉢ 넓은 부지가 필요하며, 설비가 분산적이고 보행거리가 멀어진다.

　㉣ 내부 환자는 주로 경사로를 이용하거나 들것으로 이동한다.

② 집중식 : 집약식(block type)

　㉠ 외래진료부, 중앙진료부, 병동부를 합쳐서 한 건물로 하고, 특히 병동부의 병동은 고층으로 하여 환자를 운송하는 형식이다.

　㉡ 일조, 통풍 등의 조건이 불리해지며, 각 병실의 환경이 균일하지 못하다.

　㉢ 유지관리가 편리하고 설비 등의 시설비가 적게 든다.

·예제 01·

> **병원건축의 형식 중 분관식(Pavilion Type) 계획에 대한 설명으로 옳지 않은 것은?**　　　　　　　　　　　　　　　　　【11국가직⑨】
>
> ① 보행거리는 길어지나 설비비는 감소한다.
> ② 상대적으로 넓은 부지가 필요하다.
> ③ 외래진료부, 중앙진료실, 병동부 등을 각각 별동으로 하여 분산시키고 복도로 연결하는 방식이다.
> ④ 각 동들은 저층 건물 위주로 계획한다.
>
> ───────────────────────────────
>
> ① 각 동에 이르는 보행거리는 길어지고 설비가 분산되어 있으므로 설비비는 증가한다.
>
> 답 : ①

[분관식과 집중식의 비교]

	분관식	집중식
배치형식	저층 분산식	고층 집약식
환경조건	양호(균등)	불량(불균등)
부지의 이용도	비경제적 (넓은 부지)	경제적 (좁은 부지)
설비시설	분산적	집중적
유지관리	불편	편리
보행거리	멀다	짧다
적용대상	특수병원	도심지 병원

[다익형]

의료수요의 변화, 진료기술 및 설비의 진보와 변화에 따라 병원 각부의 증·개축이 필요하게 되어 출현하게 된 형식이다.

[소요병상수 산정]

소요병상수(B) = $\dfrac{A \cdot L}{365\,U}$

• A : 1년간 입원환자의 실제 인원수
• L : 평균재원일수
• U : 병상 이용률

(2) 병원의 규모[☆]

① 병상 1개에 대한 각 면적의 표준
- 건축연면적(외래진료부, 간호사 기숙사 포함) : $43 \sim 66\,\text{m}^2/\text{bed}$
- 병동면적 : $20 \sim 27\,\text{m}^2/\text{bed}$
- 병실면적 : $10 \sim 13\,\text{m}^2/\text{bed}$

② 병원의 면적구성 비율
- 병동부 : 30~40%   • 중앙진료부 : 15~20%
- 외래진료부 : 10~14%   • 관리부 : 8~10%
- 서비스부 : 20~25%

· 예제 02 ·

> 종합병원에서 일반적으로 가장 넓은 면적을 차지하는 부분은?
>
> 【12국가직⑦】
>
> ① 병동부   ② 서비스부
> ③ 중앙진료부   ④ 외래진료부
>
> ─────────────────────────────────
> 병동부는 병원 전체 면적 중 30~40%를 차지하며 가장 넓은 면적을 차지한다.
>
> 답 : ①

2 평면계획

(1) 병원의 구성

① 외래진료부 : 내과, 외과, 안과, 이비인후과, 부인과, 치과 등으로 매일 출입하는 환자를 취급하는 곳
② 중앙진료부 : X선과, 물리요법부, 검사부, 수술부, 산과부, 약국, 주사실 등 기타 입원환자와 외래환자를 취급하는 곳
③ 병동부 : 장기치료 입원환자를 취급하는 곳
④ 관리부 : 입 · 퇴원환자들의 수속사무를 중심으로 하며 원장실 등의 사무실을 배치한다.
⑤ 서비스부(공급부) : 급식 및 배선

[병원의 구성]

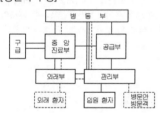

(2) 동선계획

① 제 1 입구 : 외래부의 출입구로서 병원 전체의 주출입구 역할을 한다.
② 제 2 입구 : 병동부의 출입구로서 입원환자 및 방문객의 출입구가 된다.
③ 제 3 입구 : 구급차 및 사체의 출입구로서 되도록 사람 눈에 띄지 않도록 출입하도록 한다.
④ 제 4 입구 : 창고, 기계실, 세탁실, 취사장 등의 보급을 위한 출입구이다.

3 세부계획

(1) 외래진료부[☆]

① 외래진료부 계획시 고려사항

㉠ 환자의 이용에 편리한 위치로 한 장소에 모으고, 환자에게 친근감을 주도록 한다.

㉡ 외래진료, 간단한 처치, 소검사 등을 주로 하고, 특수시설을 필요로 하는 의료시설, 검사시설은 원칙적으로 중앙진료부에 둔다.

㉢ 약국, 중앙주사실, 회계 등은 외래진료 환자의 이용의 편리성을 위해 정면 출입구 근처에 둔다.

㉣ 동선은 체계화하고 대기공간을 통로공간과 분리해서 대기실을 독립적으로 배치하면서 프라이버시를 확보하도록 한다.

㉤ 장래확장, 용도변경 등에 대응할 수 있도록 한다.

㉥ 외래진료부의 규모산정시 환자 수는 병원의 입지조건에도 관계가 있으나, 보통 병상수의 2~3배의 환자를 1일 환자수로 예상한다.

㉦ 외래진료실은 1실당 1일 최대 30~35인 정도를 진료하는 것으로 본다.

• 예제 03 •

> **병원건축에서 클로즈드 시스템(Closed System)의 외래진료부 계획요건으로 옳지 않은 것은?** 【10국가직⑨】
> ① 환자의 이용이 편리하도록 1층 또는 2층 이하에 둔다.
> ② 부속 진료시설을 인접하게 한다.
> ③ 전체병원에 대한 외래부의 면적비율은 10~15% 정도로 한다.
> ④ 외래부 중앙주사실은 가급적 정면출입구에서 먼 곳에 배치한다.
>
> ④ 중앙주사실, 약국, 회계는 환자들의 이용에 편리하도록 가급적 정면출입구에서 가까운 곳에 배치한다.
>
> 답 : ④

② 각 과의 구성

㉠ 내과 : 진료검사에 시간이 걸리므로 소진료실을 다수 설치한다.

㉡ 외과 : 진찰실과 처치실로 구분하며, 소수술실과 깁스실을 인접하여 설치하는 것이 좋다. 또한 외과계통의 각 과는 1실에서 여러 환자를 볼 수 있도록 대실로 구성한다.

㉢ 소아과 : 부모가 동반하므로 충분한 넓이가 필요하며, 면역성이 떨어지므로 전염우려가 있는 환자를 위한 격리실을 별도로 인접하여 설치한다.

㉣ 정형외과 : 최하층에 두며, 미끄러질 염려가 있는 바닥마감재와 경사로 등도 피한다.

㉤ 부인과 : 내진실을 설치하여 외부에서 보이지 않도록 커튼, 칸막이 등으로 차단한다.

출제빈도

10국가직 ⑨ 15국가직 ⑦

[진료방식의 분류]

① 오픈 시스템(open system) : 종합병원 근처의 일반 개업의사는 종합병원에 등록되어 있어서 종합병원 내의 시설을 이용할 수 있고, 자신의 환자를 종합병원 진찰실에서 예약된 장소와 시간에 행할 수 있으며 입원시킬 수 있는 시스템

② 클로즈드 시스템(closed system) : 대규모의 각종 과를 필요로 하고 환자가 매일 병원에 출입하는 형식

[외래진료부의 반자높이와 실깊이]

① 반자높이 : 2.7m
② 창대높이 : 0.75~0.9m
③ 실깊이
• 이비인후과, 치과 : 4.5m
• 기타 : 5.5m

ⓗ 피부비뇨기과 : 피부과와 비뇨기과로 나누어 진찰실과 처치실을 두며, 비뇨기과에는 검뇨실과 인접하여 채뇨를 할 수 있도록 변소를 인접시킨다.

ⓢ 이비인후과 : 북측채광을 원칙으로 하며, 수술 후 휴식을 위한 침대와 청력검사용 방음실을 둔다.

ⓞ 안과 : 진료, 처치, 검사, 암실을 설치하며, 검안을 위해 5m 정도의 거리를 확보해야 한다.

ⓙ 치과 : 진료실, 기공실, 휴게실을 설치하며, 진료실은 북측채광을 하며 기공실은 별도의 배기설비를 해야 한다.

(2) 중앙진료부[☆☆]

① 중앙진료부 계획시 고려사항

ⓖ 병동부와 외래진료부의 관계를 고려하여 위치를 정한다.

ⓛ 환자와 물건의 동선은 교차되지 않도록 한다.

ⓒ 환자의 동선은 이동하기 쉬운 저층부에 둔다.

ⓓ 중앙진료부는 외래진료부와 병동부의 중간 위치가 좋으며, 특히 수술실, 물리치료실, 분만실 등은 통과교통이 되지 않도록 한다.

ⓜ 약국은 현관과 가깝고, 외래진료부와 연락이 좋은 곳에 설치한다.

② 수술실

ⓖ 위치 : 타부분의 통과교통이 없는 건물의 익단부로 격리된 위치

ⓛ 규모 : 100병상에 대하여 2실(1실은 대수술실)로 하고, 50병상 증가시 1실씩 증가한다.

ⓒ 수술실의 크기 : 대수술실 6×6m, 소수술실 4.5×4.5m

ⓓ 실내환경 : 온도 26.6℃, 습도 55% 이상

ⓜ 공조설비시 중앙식보다는 개별식으로 하며, 공기는 재순환시키지 않는다.

ⓗ 벽재료 : 적색의 식별이 용이하도록 녹색계 타일을 사용한다.

ⓢ 바닥재료 : 전기도체성 타일을 사용한다.

ⓞ 출입구 : 쌍여닫이로 1.5m 전후의 폭으로 하고 손잡이는 팔꿈치 조작식으로 한다.

ⓙ 방위 : 전혀 무관하고, 인공조명(무영등)으로 하여 직사광선을 차단하고 조도를 균일하게 유지한다.

출제빈도

07국가직 ⑨	09지방직 ⑦	10지방직 ⑦
12국가직 ⑨	13국가직 ⑨	13국가직 ⑦
16지방직 ⑨		

[중앙진료부의 구성]

① 약국 : 외래환자들이 이용하기 쉬운 장소로 출입구 부근이 좋다.

② 중앙소독재료부 : 각종 기구의 포장, 비품, 의료재료 등을 저장해 두었다가 요구시 수술실에 공급하는 장소로 수술실 부근에 둔다.

③ 분만부 : 20병동 이하의 산과 병상수에 대해 1실을 둔다.

④ X-레이실 : 각 병동에 가깝고, 외래진료부나 구급부 등으로부터 편리한 장소에 위치한다.

⑤ 물리요법부 : 외래환자가 많으므로 이용에 편리한 위치에 둔다.

⑥ 검사부 : 병동과 외래진료부에서 가까운 곳으로 북향이 좋고, 오물소각로에 가깝게 둔다.

⑦ 혈액은행

⑧ 의료사업부 : 의료 및 신변상담을 하는 곳으로 외래진료부의 일부에 두는 것이 좋으며, 상담실 등이 필요하다.

⑨ 구급부(응급부) : 병원 후면의 1층에 위치하여 구급차가 출입할 수 있도록 플랫폼을 설치한다.

⑩ 육아부 : 산과의 중앙에 배치하며, 분만실과는 격리시킨다.

[무영등(無影燈)]

병원의 수술실에서 사용하는 그림자가 생기지 않는 조명등

• 예제 04 •

> **병원건축의 수술부 계획에 대한 설명으로 옳지 않은 것은?** 【16지방직⑨】
>
> ① 수술 중에 검사를 요하는 조직병리부, 진단방사선부와 협조가 잘 될 수 있는 장소이어야 한다.
> ② 멸균재료부(C.S.S.D.)에 수직 및 수평적으로 근접이 쉬운 장소이어야 한다.
> ③ 타 부분의 통과교통이 없는 장소이어야 한다.
> ④ 수술실의 공기조화설비를 할 때는 오염 방지를 위해 독립된 설비계통으로 하여 수술실의 공기를 재순환시킨다.
>
> ---
>
> ④ 수술실의 공기조화설비를 할 때는 오염 방지를 위해 독립된 설비계통으로 하여 수술실의 공기를 재순환시키지 않는다.
>
> 답 : ④

(3) 병동부[☆☆☆]

① 병동부 계획시 고려사항

ㄱ 건물을 평면적으로 넓히는 것을 피하고, 특히 병동부를 고층화 하여 간호와 서비스에 있어서 능률화를 도모한다.

ㄴ 병동부와 관계있는 사람들의 통과교통이 생기지 않도록 계획한다.

ㄷ 간호상 환자를 관찰하기 쉽고, 환자의 프라이버시가 확보될 수 있도록 한다.

ㄹ 외래부, 중앙진료부와 근접하도록 하여 환자의 동선을 줄이고 문병의 빈번함을 감안하여 편의를 도모한다.

ㅁ 간호사가 간호업무에 전념할 수 있도록 조리, 세탁, 조제, 수술실, 검사실, 기타 특수시설 등을 두지 않는다.

② 간호단위(nurse unit)

ㄱ 간호단위의 구성 : 1조는 8~10명으로 구성되며, 간호사가 간호하기에 적절한 병상수는 25베드가 이상적이며, 보통 30~40베드 이다.

ㄴ 간호사 대기실(nurse station) : 각 간호단위 또는 층별, 동별로 설치하며, 환자를 돌보기 쉽도록 병실군의 중앙에 위치하며, 간호작업에 편리한 수직동선과 가까운 곳으로 외부인의 출입도 감시할 수 있게 한다.

ㄷ 간호사의 보행거리 : 24m 이내

③ 병실 계획

ㄱ 크기 : 1인용실 $10m^2$ 이상, 2인용실 이상은 1인당 $6.3m^2$ 이상

ㄴ 병실의 천장은 환자의 시선이 늘 닿는 곳으로 조도가 높고 반사율이 큰 마감재료는 피한다.

ㄷ 병실의 조명은 형광등이 반드시 좋은 것은 아니다.

ㄹ 병실 출입문은 안여닫이로 하고 문지방은 두지 않는다.

ㅁ 외여닫이 문으로 폭은 1.1m 이상으로 한다.

출제빈도

09국가직⑨ 10국가직⑦ 14지방직⑨
15국가직⑨ 17국가직⑨ 18국가직⑨
20국가직⑨ 20지방직⑨ 20국가직⑦
21국가직⑦ 21국가직⑨

[간호사 대기실의 부속시설]

① 간호사 호출벨 및 인터폰 설비
② 카운터 및 서랍
③ 약품장 및 자물쇠 장치가 된 마약장
④ 싱크, 주사기 등의 소독설비용 전열장치, 의무기록 전송을 위한 에어 슈트
⑤ 환자체온표, 전화 등

[총실(cubicle system)]

병실 내에 천장에 닿지 않는 가벼운 커튼이나 칸막이로 나누어 병상을 여러 개 배치하는 형식

① 간호나 급식 서비스가 용이하며, 실의 개방감이 있다.
② 북향부분에서도 실의 환경이 균등하게 되며, 공간을 유효하게 사용할 수 있다.
③ 독립성이 떨어지며 실내의 공기가 오염될 가능성이 크고 소음이 심하다.

[병실의 비율]

총실 : 개실 = 4 : 1 또는 3 : 1

[병동부 복도의 폭]

① 편복도 : 1.2m 이상
② 중복도 : 1.8m 이상
③ 경사로의 기울기 : 1/20 이하

ⓑ 창면적은 바닥면적의 1/3~1/4 정도로 하며, 창대의 높이는 90cm 이하로 하여 외부전망이 가능하도록 한다.

ⓢ 환자마다 머리 후면에 개별 조명시설을 하고, 병실의 중앙에는 전등을 달지 않는다.

· 예제 05 ·

병원건축에서 병동부에 대한 설명 중 옳지 않은 것은?　　　【09국가직⑨】

① 간호대기소의 위치는 계단과 엘리베이터에 인접하여 보행거리가 30m 이내가 되도록 한다.

② 간호단위는 내·외과계 혼합의 경우 병상수 40~45개 정도로 한다.

③ 병동부 복도는 침대가 자유로이 통할 수 있는 넓은 폭이 필요하며, 보통 2.1~2.7m가 필요하다.

④ 병동부 간호단위는 가능한 한 진료과별, 남녀별 등으로 구분한다.

---

① 간호대기소의 위치는 계단과 엘리베이터에 인접하여 보행거리가 24m 이내가 되도록 한다.

답 : ①

⑷ **급식 및 배선**

① **중앙배선방식**

환자 각 개인의 식사를 주방에서 준비하여 리프트 등을 이용하여 각 간호사실에 부설된 배선실을 통하여 각 환자에게 전하는 방식

② **병동배선방식**

전기보온장치가 되어 있는 식사 운반차에 여러 환자의 음식을 싣고 입원실 문전에서 각 환자에게 전하는 방식

15 출제예상문제

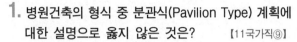

1. 병원건축의 형식 중 분관식(Pavilion Type) 계획에 대한 설명으로 옳지 않은 것은? 【11국가직⑨】

① 보행거리는 길어지나 설비비는 감소한다.
② 상대적으로 넓은 부지가 필요하다.
③ 외래진료부, 중앙진료실, 병동부 등을 각각 별동으로 하여 분산시키고 복도로 연결하는 방식이다.
④ 각 동들은 저층 건물 위주로 계획한다.

[해설]
① 각 동에 이르는 보행거리는 길어지고 설비가 분산되어 있으므로 설비비는 증가한다.

2. 병원건축 계획에 있어서 분관식(Pavilion Type)의 특징으로 옳은 것은? 【11지방직⑦】

① 급수, 난방, 위생, 기계설비 등의 시설비가 적게 들고, 관리가 편리하다.
② 각 병실을 남향으로 할 수 있어 일조, 통풍조건이 좋아진다.
③ 의료, 간호, 급식의 서비스가 원활하다.
④ 고층화가 가능해서 대지가 협소한 도시지역에 적합하다.

[해설]
분관식과 집중식의 비교

	분관식	집중식
배치형식	저층 분산식	고층 집약식
환경조건	양호(균등)	불량(불균등)
부지의 이용도	비경제적(넓은 부지)	경제적(좁은 부지)
설비시설	분산적	집중적
유지관리	불편	편리
보행거리	멀다	짧다
적용대상	특수병원	도심지 병원

3. 병원건축에서 미래의 성장과 변화를 위하여 각각의 부문별 확장을 가장 많이 고려한 형식은? 【15지방직⑨】

① 집중형(Block Type)
② 이중복도형
③ 다익형
④ 중복도형

[해설]
다익형 : 의료수요의 변화, 진료기술 및 설비의 변화에 따라 병원 각 부문의 확장을 고려한 형식

4. 종합병원에서 일반적으로 가장 넓은 면적을 차지하는 부분은? 【12국가직⑦】

① 병동부
② 서비스부
③ 중앙진료부
④ 외래진료부

[해설]
병동부는 병원 전체 면적 중 30~40%를 차지하며 가장 넓은 면적을 차지한다.

5. 종합병원의 건축계획에 대한 설명으로 옳지 않은 것은? 【16국가직⑨】

① 병동은 환자를 병류, 성별, 과별, 연령별 등으로 구분하여 구성할 수 있으나 과별로 구분하여 운영하는 것이 일반적이다.
② 중앙진료부는 외래부와 병동부 사이 중간에 설치하는 것이 바람직하다.
③ 외래진료부의 대기실은 통로공간에 설치하는 것보다 각 과별로 소규모의 대기실을 계획하는 것이 바람직하다.
④ 병원에서 면적 배분이 가장 큰 부문은 중앙진료부다.

[해설]
④ 병원에서 면적 배분이 가장 큰 부문은 병동부로서 30~40%를 차지한다.

해답　1 ①　2 ②　3 ③　4 ①　5 ④

6. 병원의 적절한 병상규모를 추정하기 위한 산출식은?

【09국가직⑦】

> B : 소요병상수
> A : 1년간 입원환자의 실제 인원수
> L : 평균재원일수
> U : 병상 이용률

① B = A ÷ L × U × 365
② B = A ÷ L × U ÷ 365
③ B = A × L × U ÷ 365
④ B = A × L ÷ U ÷ 365

[해설]
　B = A × L ÷ U ÷ 365

7. 병원건축에서 클로즈드 시스템(Closed System)의 외래진료부 계획요건으로 옳지 않은 것은?

【10국가직⑨】

① 환자의 이용이 편리하도록 1층 또는 2층에 이하에 둔다.
② 부속 진료시설을 인접하게 한다.
③ 전체병원에 대한 외래부의 면적비율은 10~15% 정도로 한다.
④ 외래부 중앙주사실은 가급적 정면출입구에서 먼 곳에 배치한다.

[해설]
　④ 중앙주사실, 약국, 회계는 환자들의 이용에 편리하도록 가급적 정면출입구에서 가까운 곳에 배치한다.

8. 종합병원의 외래진료실 평면계획에 대한 설명으로 옳지 않은 것은?

【15국가직⑦】

① 정형외과는 환자이동에 편리하도록 가능하면 1층에 둔다.
② 외과는 환자가 탈의를 하는 경우가 많으므로 소진료실로 구획한다.
③ 이비인후과는 직사광선을 차단하기 위해 북측으로 배치하는 것이 유리하다.
④ 안과는 검안을 위해 방의 길이를 5~6m 정도 확보하는 것이 좋다.

[해설]
　② 외과 : 진찰실과 처치실로 구분하며, 소수술실과 깁스실을 인접하여 설치하는 것이 좋다. 또한 외과계통의 각 과는 1실에서 여러 환자를 볼 수 있도록 대실로 구성한다.

9. 병원건축 계획에 관한 기술로서 가장 옳지 않은 것은?

【07국가직⑨】

① 병원의 수술실은 병동 및 응급부에서 환자수송이 용이한 곳에 둔다.
② 병원 수술실의 바닥재료는 전기 도체성 타일을 사용한다.
③ 병원의 외래 규모산정 시 환자수는 보통 병상수의 2~3배 정도로 본다.
④ X선부는 방사선 관계로 지하에 배치한다.

[해설]
　④ X선부는 각 병동에 가깝고 외래진료부나 구급부 등으로부터 편리한 장소에 배치한다.

10. 병원건축계획에 대한 설명으로 옳지 않은 것은?

【09지방직⑦】

① 응급부의 위치는 병원의 중앙출입구에 포함시켜 계획되어야 한다.
② 1개의 간호사 대기실은 보행거리 24m 이내로 하고, 관리할 수 있는 병상수는 30~40병상이 적합하다.
③ 병실의 출입구는 1.1m 이상으로 하여 스트레쳐가 통과할 수 있도록 한다.
④ 수술부는 복도에 다른 통과교통이 없는 위치에 배치하는 것이 좋다.

[해설]
　① 응급부의 위치는 병원 후면의 1층에 위치하여 구급차가 출입할 수 있도록 플랫폼을 설치한다.

해답 6 ④ 7 ④ 8 ② 9 ④ 10 ①

11. 병원건축의 중앙진료부 계획에 대한 설명으로 옳지 않은 것은?　【10지방직⑦】

① 중앙진료부는 병동부와 외래부의 중간에 배치한다.
② 진단방사선부는 병동부와 외래부로부터 편리한 위치에 배치하지만 외래부와 더욱 가깝게 배치한다.
③ 멸균재료부는 감염방지를 위하여 수술부와는 이격되도록 가능한 한 별동으로 설치한다.
④ 검사부를 병원의 어디에 설치하느냐 하는 것은 병원의 규모에 따라 다르게 할 수 있다.

[해설]
　③ 멸균재료부는 각종 기구, 비품, 의료재료 등을 저장해 두었다가 요구시 수술실에 공급하는 장소로 수술실 부근에 둔다.

12. 병원의 각 부분에 대한 세부 건축계획으로 옳지 않은 것은?　【12국가직⑨】

① 1개의 간호사 대기소에서 간호사의 보행거리는 24m 이내가 되도록 한다.
② 수술실 위치는 중앙재료멸균실에 수직적으로 또는 수평적으로 근접이 쉬운 장소이어야 한다.
③ 수술실은 외래진료부와 병동부 중간에 배치한다.
④ 수술실의 온도는 22.6℃, 습도는 50%로 한다.

[해설]
　④ 수술실의 온도는 26.6℃, 습도는 55% 이상으로 한다.

13. 종합병원 수술부 계획에 대한 설명으로 옳지 않은 것은?　【13국가직⑨】

① 수술실의 공기조화설비 계획 시 공기 재순환을 시키지 않도록 별도의 공조시스템으로 계획하는 것이 바람직하다.
② 수술부는 병원의 모든 부분에서 누구나 쉽게 접근 및 이용할 수 있도록 계획해야 한다.
③ 수술실의 실내벽 재료는 피의 보색인 녹색 계통의 마감을 하여 적색의 식별이 용이하게 계획해야 한다.
④ 수술부는 청결동선과 오염동선을 철저히 구분하는 것이 바람직하다.

[해설]
　② 수술실은 타부분의 통과교통이 없는 건물의 익단부로 격리된 위치에 배치하여, 병동 및 응급부에서 환자의 수송이 용이한 곳에 계획한다.

14. 병원의 건축계획에 대한 설명으로 옳지 않은 것은?　【13국가직⑦】

① 수술실의 실내온도는 26.6℃ 이하의 저온이어야 하고, 습도는 55% 이상이어야 한다.
② 집중간호는 밀도 높은 의료와 간호, 계속적인 관찰을 필요로 하는 중환자를 대상으로 한다.
③ 각 간호단위에는 간호사 대기소, 간호사 작업실, 처치실, 배선실, 일광욕실 등을 설치한다.
④ 중앙(부속)진료부는 방사선부, 물리치료부, 수술부, 분만부, 약제부 등으로 구성된다.

[해설]
　① 수술실의 실내온도는 26.6℃ 이상의 고온이어야 하고, 습도는 55% 이상이어야 한다.

15. 병원건축의 수술부 계획에 대한 설명으로 옳지 않은 것은?　【16지방직⑨】

① 수술 중에 검사를 요하는 조직병리부, 진단방사선부와 협조가 잘 될 수 있는 장소이어야 한다.
② 멸균재료부(C.S.S.D.)에 수직 및 수평적으로 근접이 쉬운 장소이어야 한다.
③ 타 부분의 통과교통이 없는 장소이어야 한다.
④ 수술실의 공기조화설비를 할 때는 오염 방지를 위해 독립된 설비계통으로 하여 수술실의 공기를 재순환시킨다.

[해설]
　④ 수술실의 공기조화설비를 할 때는 오염 방지를 위해 독립된 설비계통으로 하여 수술실의 공기를 재순환시키지 않는다.

16. 병원건축에서 병동부에 대한 설명 중 옳지 않은 것은? 【09국가직⑨】

① 간호대기소의 위치는 계단과 엘리베이터에 인접하여 보행거리가 30m 이내가 되도록 한다.
② 간호단위는 내·외과계 혼합의 경우 병상수 40~45개 정도로 한다.
③ 병동부 복도는 침대가 자유로이 통할 수 있는 넓은 폭이 필요하며, 보통 2.1~2.7m가 필요하다.
④ 병동부 간호단위는 가능한 한 진료과별, 남녀별 등으로 구분한다.

[해설]
　① 간호대기소의 위치는 계단과 엘리베이터에 인접하여 보행거리가 24m 이내가 되도록 한다.

17. 병원건축에 대한 설명으로 옳지 않은 것은? 【10국가직⑦】

① 간호단위의 개념인 PPC(Progressive Patient Care)는 질병의 종류에 관계없이 단계적으로 구분하여 치료하는 방식이다.
② 종합병원의 건축군은 크게 외래진료부, 병동부, 중앙진료부, 공급부, 관리부로 나뉜다.
③ 외래진료부는 오픈시스템(Open System)과 클로즈드시스템(Closed System)이 있는데, 클로즈드시스템의 경우 대규모의 각종 진료과를 필요로 한다.
④ 중환자실은 중앙진료부에 속한다.

[해설]
　④ 중환자실은 병동부에 속한다.

18. 병원 건물의 병실 계획 시 유의해야 할 사항으로 옳지 않은 것은? 【14지방직⑨】

① 병실 출입문에는 문지방을 두지 않는다.
② 환자마다 머리 후면에 개별 조명시설을 설치한다.
③ 병실의 천장은 조도가 높고 반사율이 큰 마감재료로 한다.
④ 병실의 창면적은 바닥면적의 1/3~1/4 정도로 한다.

[해설]
　③ 병실의 천장은 환자의 심리적 안정을 위해 조도가 낮고 반사율이 낮은 마감재료로 한다.

19. 병원 계획에 대한 설명으로 옳지 않은 것은? 【15국가직⑨】

① 수술실은 공기재순환이 되지 않도록 공기조화설비를 설치하고 실내 벽체는 가급적 녹색계통으로 마감하는 것이 바람직하다.
② 종합병원의 주요 건축군은 외래부, 병동부, 중앙(부속)진료부 등으로 구분할 수 있고, 외래부는 저층에 두는 방식이 일반적이다.
③ 중앙소독실 및 공급실은 소독과 관련된 가제, 탈지면, 붕대 등을 공급하는 장소로 되도록 수술부에 가깝게 배치한다.
④ 간호사대기소인 너스스테이션(nurse station)은 환자를 돌보기 쉽도록 병실군의 중앙에 위치하게 하고, 외부인의 출입에 의해 방해받지 않도록 계단과 엘리베이터에서 가급적 멀리 배치한다.

[해설]
　④ 간호사대기소인 너스스테이션(nurse station)은 환자를 돌보기 쉽도록 병실군의 중앙에 위치하게 하고, 외부인의 출입에 의해 방해받지 않도록 계단과 엘리베이터에서 근접한 곳에 배치한다.

20. 병원건축 계획에 대한 설명으로 옳지 않은 것은? 【18국가직⑨】

① 중앙진료부에 해당하는 수술실은 병동부와 외래부 중간에 위치시킨다.
② ICU(Intensive Care Unit)는 중증 환자를 수용하여 집중적인 간호와 치료를 행하는 간호단위이다.
③ 종합병원의 병동부 면적비는 연면적의 1/3정도이다.
④ 1개 간호단위의 적절한 병상 수는 종합병원의 경우 70~80 bed가 이상적이다.

[해설]
　④ 1개 간호단위의 적절한 병상 수는 종합병원의 경우 25 bed가 이상적이며, 보통 30~40 bed이다.

해답 　16 ①　17 ④　18 ③　19 ④　20 ④

공연장 계획

공연장 계획의 주된 내용을 구성하는 것은 극장계획이며, 극장계획에 대한 다음 내용에서 출제된다. 극장의 평면형, 관객석의 가시거리, 객석의 크기와 좌석의 배열, 관객석의 음향계획, 무대관련 용어에 대한 내용을 정리하길 바란다.

1 극장의 평면형식[☆☆☆]

(1) 오픈 스테이지형(open stage)

① 무대를 중심으로 객석이 동일 공간에 있는 형식이다.
② 관객석에 의해서 무대의 대부분을 둘러싸고 있으므로 많은 관객들은 시각거리 내에 수용된다.
③ 배우는 관객석 사이나 무대 아래로부터 출입한다.
④ 연기자와 관객 사이의 친밀감을 높일 수 있다.

(2) 애리너형(arena stage, central stage)

① 관객이 무대를 360°로 둘러싼 형식이다.
② 가까운 거리에서 관람하게 되며, 가장 많은 관객을 수용할 수 있다.
③ 무대배경은 주로 낮은 가구로 구성되며, 배경을 만들지 않으므로 경제적이다.

(3) 프로시니엄형(proscenium stage, picture frame stage)

① 프로시니엄 벽에 의해 연기공간이 분리되어 관객이 프로시니엄 아치의 개구부를 통해서 무대를 보는 형식이다.
② 어떤 배경이라도 창출이 가능하다.
③ 관객에게 장치, 광원을 보이지 않고도 여러 가지의 장면을 연출할 수 있다.
④ 무대 가까이에 많은 관객을 수용하는 것은 곤란하다.
⑤ 배경은 한 폭이 그림과 같은 느낌을 준다.
⑥ 연기자가 제한된 방향으로만 관객을 대하게 된다.
⑦ 강연, 음악회, 연극 공연에 가장 좋으며, 일반 극장의 대부분이 이 형식에 속한다.

(4) 가변형 무대(adaptable stage)

① 필요에 따라 무대의 객석이 변화될 수 있는 형식으로 하나의 극장 내에 몇 개의 다른 형태로 무대를 만들 수 있게 구성된 형식이다.
② 공연물의 종류, 출연방법에 가장 적합한 공간을 구성시키려는 생각에서 발생한 것이다.
③ 최소한의 비용으로 극장표현에 대한 최대한의 선택 가능성을 부여한다.
④ 대학연구소 등의 실험적 요소가 있는 공간에 많이 이용된다.

출제빈도		
10지방직 ⑨	11지방직 ⑦	12국가직 ⑨
14국가직 ⑨	15지방직 ⑨	20지방직 ⑨

[극장의 기능]

극장의 평면구성은 연극을 상연하는 무대와 이것을 관람하는 관람석을 축으로 연결하여 이에 부수되는 여러 기능의 실을 구성하여 배치하는 것이다.
① 현관
② 매표소
③ 로비
④ 휴대품 보관소
⑤ 라운지
⑥ 화장실

[오픈 스테이지형]

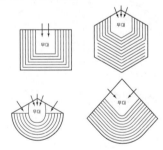

[애리너형]

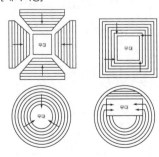

[프로시니엄형]

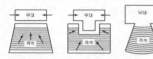

[가변형]

출제빈도

08국가직 ⑦	10지방직 ⑦	11국가직 ⑦
12국가직 ⑦	13국가직 ⑦	18국가직 ⑨

[가시거리]

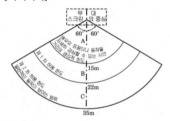

[좌석의 한도]

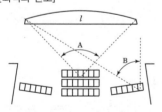

(a) 평면상 최전열좌석의 한도

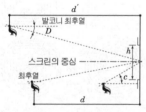

(b) 단면상 최전열좌석의 한도

· 예제 01 ·

극장의 평면형에 대한 설명으로 옳지 않은 것은? 【15지방직⑨】

① 프로시니엄형은 Picture Frame Stage라고도 불리며 강연, 콘서트, 독주 등에 적합한 형식이다.

② 오픈 스테이지형은 무대와 객석이 하나로 어우러지는 형태로 공연자와 관객이 친근감을 느낄 수 있는 형식이다.

③ 아레나형은 의도된 무대배경의 설치 및 통일감 있는 무대 연출을 쉽게 계획할 수 있는 형식이다.

④ 가변형은 상연하는 작품의 특성에 따라서 무대와 객석의 규모, 형태 및 배치 등을 변경하여 새로운 공간연출이 가능한 형식이다.

---

③ 아레나형은 무대 배경은 주로 낮은 가구로 구성되며, 배경을 만들지 않으므로 경제적이다.

※ 의도된 무대배경의 설치 및 통일감 있는 무대 연출을 쉽게 계획할 수 있는 형식은 프로시니엄형이다.

답 : ③

2 관객석 계획[☆☆☆]

(1) 관객석의 평면형

부채꼴형, 우절형이 많이 쓰여지고 있으며, 시각적, 음향적으로 우수한 형태이다.

(2) 가시거리의 설정

① A구역

배우의 표정이나 동작을 상세히 감상할 수 있는 시선거리의 생리적 한도는 15m까지 이다.(인형극이나 아동극)

② B구역

실제의 극장에서는 될 수 있는 한 관객의 수용을 많이 하기 위해 22m까지를 1차 허용한도로 정한다.(국악, 실내악)

③ C구역

배우의 일반적인 동작만 보이며 감상하는데 별로 지장이 없으므로 이를 2차 허용한도로 하고 35m까지 둘 수 있다.(연극, 오페라, 발레, 뮤지컬, 오케스트라)

(3) 좌석의 한도

① 최전열 좌석의 한도

· 평면상 : A≤90°, B≤60°

· 단면상 : C≤30°, D≤15°

② 스크린과 객석의 거리
  • 최소 : 스크린 폭의 1.2~1.5배
  • 최대 : 스크린 폭의 4~6배(30m) 정도
  • 뒷벽의 객석 폭 : 스크린 폭의 2.5~3.5배
③ 객석의 크기
  • 연면적의 약 50%
  • 1인당 바닥면적 : 0.5~0.6m² 정도
④ 좌석의 배열
  ㉠ 무대의 중심 또는 스크린의 중심을 중심으로 하는 원호의 배열이 이상적
    이며, 수용인원을 증가시키고 시공을 용이하게 하기 위해서는 동일 반지
    름 또는 그에 내접하는 접선에 의한 배열이 일반적이다.
  ㉡ 객석의 바닥구배를 작게 하면서도 무대방향을 보기 쉽게 하기 위하여
    무대의 중심을 향해서 바로 앞줄에 앉은 사람의 머리가 오지 않도록
    좌석을 엇갈리게 배열하는 방법이 있다.
  ㉢ 객석의 세로 통로는 무대를 중심으로 하는 방사선상이 좋다.

⑷ 관객석의 음향계획

  ① 일반계획
    ㉠ 객석의 형태가 원형이나 타원형일 경우 음이 집중되거나 불균등한 분포를
      보이며, 에코가 형성되어 불리하게 되므로 확산작용을 하도록 하여 개선한다.
    ㉡ 오디토리움 양쪽의 벽은 무대의 음을 반사에 의해 객석 뒷부분까지 이르
      도록 보강해 주는 역할을 한다. 측면벽의 경사도는 1/20 정도로 한다.
  ② 오디토리움(객석부)의 음향계획
    ㉠ 객석부 공간의 앞면 경사천장은 객석 뒤쪽에 도달하는 음을 보강하도록
      계획한다.
    ㉡ 발코니 하부는 깊이가 개구부 높이의 2배 이상으로 깊어지면 충분한 양의
      음이 발코니 하부의 뒤쪽 객석까지 이르지 못하게 되므로 바람직하지 않다.
    ㉢ 발코니 앞면의 핸드레일 부분은 일반적으로 넓은 폭으로 된 큰 곡률반경
      의 오목면인 경우 에코가 생기게 된다. 그러므로 발코니 앞면은 확산작
      용을 하도록 계획하든가 높은 흡음성이 있는 재료를 사용하여 반사율이
      생기지 않도록 한다.
  ③ 객석의 소음방지
    ㉠ 객석 내의 소음은 30~35dB 이하로 한다.
    ㉡ 출입구는 밀폐하고, 도로면을 피한다.(가능한 한 2중문으로 한다.)
    ㉢ 창은 2중창으로 하고, 지붕과 천장은 차음구조로 한다.
    ㉣ 영사실은 천장에 반드시 흡음재를 사용한다.
    ㉤ 공기의 난류에 의한 소음을 방지하기 위하여 덕트를 유선화한다.

[객석당 실용적]
① 영화관 : 4~5m³
② 음악홀 : 5~9m³
③ 다목적홀 : 5~7m³

[객석과 통로의 치수]
① 객석 의자의 크기 : 폭 45cm 이상
② 객석 전후의 간격 : 85~110cm
③ 통로의 폭
  • 세로통로의 폭 : 80cm 이상
    (편측통로일 경우 : 60~100cm)
  • 가로통로의 폭 : 100cm 이상
④ 객석의 구배 : 최소 1/10 이하,
                 표준 1/12 이하

[영사실]
① 영사실 출입구의 폭은 0.7m 이상, 높이
  는 1.75m 이상, 개폐방법은 외여닫이로
  하고, 방화문을 둔다.
② 영사실과 스크린과의 영사각은 0°가
  되는 것이 이상적이나 최소 평균 15°
  이내로 한다.

④ 객석의 음 전달계획
  ⊙ 직접음과 1차 반사음 사이의 경로차는 17m 이내로 한다.
  ⓛ 천장은 음을 객석에 골고루 분산시키는 형태이어야 한다.
  ⓒ 발코니의 길이는 객석 길이의 1/3 이내로 한다.
  ⓔ 발코니 저면 및 후면은 특히 흡음에 유의하여야 한다.
  ⓜ 잔향시간을 조절한다.

· 예제 02 ·

공연장 객석계획에 대한 설명으로 옳지 않은 것은?　　【13국가직⑦】

① 발코니계획 시 발코니의 깊이는 높이의 1.5배 이상으로 계획하여야 하며, 발코니 후면 객석에서 홀 천장면적이 1/2 정도가 보이도록 계획하여야 한다.
② 천장계획 시 음원의 위치 여하를 막론하고 천장에서 반사된 음이 한 곳으로 집중되는 돔형의 천장은 피해야 한다.
③ 연극 등을 감상하는 경우 가시한계는 15m 정도이고, 제1차 허용한도는 22m 까지이다.
④ 2층에 발코니를 설치할 경우에 단면의 경사가 급하면 위험하므로 객석의 단높이는 50cm 이내, 폭은 80cm 이상으로 하여야 한다.

---

① 발코니계획 시 발코니의 깊이는 높이의 2배 이하로 계획하여야 하며, 발코니 후면 객석에서 홀 천장면적이 1/2 정도가 보이도록 계획하여야 한다.

답 : ①

---

3 무대 계획[☆☆☆]

(1) 무대의 평면

① 커튼라인(curtain line)
  프로시니엄 아치의 바로 뒤에 처진 막
② 에이프런 스테이지(apron stage, 앞무대)
  막을 경계로 하여 바깥 부분 즉, 객석쪽으로 나온 부분의 무대
③ 사이드 스테이지(side stage, 측면무대)
  객석의 측면벽을 따라 돌출한 부분
④ 액팅 에어리어(acting area)
  연기부분 무대로 앞무대에 대해서 커튼 라인 안쪽의 무대
⑤ 무대의 폭과 깊이
  무대의 폭은 프로시니엄 아치 폭의 2배 정도로 하고, 무대의 깊이는 프로시니엄 아치 폭 이상으로 한다.

(2) 무대의 단면

① 플라이 로프트(fly loft)

ㄱ 무대 상부의 공간으로 이상적인 높이는 프로시니엄 높이의 4배 정도이다.

ㄴ 그리드 아이언(grid iron, 격자철판) : 무대의 천장 밑에 위치하는 곳에 철골로 촘촘히 깔아 바닥을 이루게 한 것으로 여기에 배경이나 조명기구, 연기자 또는 음향반사판 등을 메어 달 수 있게 한 장치

ㄷ 플라이 갤러리(fly gallery) : 그리드 아이언에 올라가는 계단과 연결되어 무대 주위의 벽에 6~9m 높이에 설치되는 좁은 통로

ㄹ 록 레일(lock rail) : 로프를 한 곳에 모아서 조정하는 장소

ㅁ 잔교(light bridge) : 프로시니엄 아치 바로 뒤에 설치하는 1m 정도의 발판으로 조명조작이나 눈, 비 등의 연출을 위해 사용된다.

② 프로시니엄 아치(proscenium arch)

ㄱ 관람석과 무대사이에 격벽이 설치되고 이 격벽의 개구부를 프로시니엄 아치라고 한다.

ㄴ 그림에 있어서 액자와 같이 관객의 눈을 무대로 쏠리게 하는 시각적 효과가 있다.

ㄷ 조명기구나 무대장치를 막아 후면무대를 가리는 역할을 한다.

③ 무대배경

ㄱ 사이클로라마(cyclorama) : 무대 제일 뒤에 설치되는 무대배경용 벽으로 쿠펠 호리즌트(Kuppel Horizont)라고도 한다.

ㄴ 배경제작실의 위치는 무대에 가까울수록 편리하나, 제작 중의 소음을 고려해서 차음설비가 필요하다.

ㄷ 배경제작실의 넓이는 규모에 따라 다르나 5m×7m 내외, 천장의 높이는 6m 이상으로 한다.

ㄹ 배경제작실에는 배경의 반출입 관계상 외부의 출입구는 물론 내부의 천장높이를 충분히 고려해야 한다.

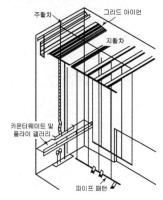

[무대의 단면구성]

주활차
그리드 아이언
지활차
카운터웨이트 및 플라이 갤러리
파이프 패턴

[오케스트라 박스
(orchestra box 또는 orchestra pit)]

① 오페라, 연극 등의 경우 음악을 연주하는 곳으로 객석의 최전방 무대의 선단에 둔다.

② 넓이는 적은 수의 것은 10~40명, 많은 수의 것은 100명 내외, 점유면적은 1인당 1m² 정도

· 예제 03 ·

┌───┐
│ **극장의 무대부분 용어와 관련된 설명으로 옳지 않은 것은?**   【11국가직⑨】

① 사이클로라마(Cyclorama)는 무대의 뒷배경을 비추는 조명장치를 말한다.

② 그리드아이언(Grid Iron)은 무대의 천장밑에 배열된 철골로서 배경, 조명, 반사판 등이 매달릴 수 있게 장치된다.

③ 플라이로프트(Fly Loft)는 무대의 상부공간으로, 이상적인 높이는 프로세니엄 높이의 4배 이상이다.

④ 프로세니엄 아치(Proscenium Arch)는 무대와 관람석 사이의 개구부이자 무대와 무대배경을 제외한 다른 부분을 관객의 시선으로부터 가려주는 역할을 한다.

① 사이클로라마(Cyclorama)는 무대의 뒷배경을 만드는 벽을 말한다.

답 : ①
└───┘

(3) 무대의 바닥부분

① 활주이동무대

무대자체를 이동시켜 무대를 전환시키는 것으로 전후로 이동하는 왜건 (wagon)형식과 좌우로 이동하는 왜건형식이 있다.

② 회전무대

㉠ 고정식 회전무대 : 무대 바닥 밑에 설치하며, 구조는 철골조로 모터를 동력으로 한다.

㉡ 이동식 회전무대 : 무대 바닥 위에 설치하는 것으로, 무대 위 임의의 장소에서 특수한 연출상의 효과를 위해서 사용한다.

㉢ 복합식 회전무대 : 2개 이상의 회전체로 구성되어, 2중 또는 3중 회전무대가 있다.

㉣ 궁형 왕복활주무대 : 부채꼴의 무대를 3등분하여 궁형으로 왕복 운동시키면서 전환시킨다.

③ 플로어 트랩(floor trap)

무대에는 연기자의 등장과 퇴장이 임의의 장소에서 이루어질 수 있도록 무대와 트랩 룸 사이를 계단이나 사다리로 오르내릴 수 있는 플로어 트랩이 필요하다.

④ 승강무대

무대 바닥의 일부 또는 전부를 오르내리게 하여 연기자의 출입, 무대 배경의 이동, 무대장치의 입체적인 구성 등에 이용된다.

(4) 후무대 관련실

① 의상실

- 실의 크기 : 1인당 최소 4~5m^2 정도가 필요
- 위치 : 가능하면 무대 근처가 좋고, 또 같은 층에 있는 것이 이상적이다.
- 그린 룸이 있는 경우 무대와 동일한 층에 배치할 필요는 없다.

② 그린 룸(green room, 출연자 대기실)

무대와 가깝고 무대와 같은 층에 두며, 크기는 30m^2 이상으로 한다.

③ 앤티룸(anti room)

무대와 출연자 대기실 사이에 있는 작은 방으로 출연자들이 출연 바로 직전에 기다리는 공간이다.

④ 프롬프터 박스(prompter box)

대사박스라고도 하며, 무대 중앙에 설치하여 프롬프터가 들어가는 박스로서 객석 쪽은 둘러싸고 무대측만이 개방되어 이곳에서 대사를 불러주는 장소이다.

16 출제예상문제

1. 평면형에서 관객석이 무대를 360° 둘러싼 형식으로 표현되는 공연장 형식은? 【10지방직⑨】

① 오픈 스테이지(Open Stage)형
② 가변형 무대(Adaptable Stage)
③ 프로세니움(Proscenium)형
④ 애리너(Arena)형

[해설]
애리너(Arena)형 : 관객이 360° 둘러싼 형식
① 가까운 거리에서 관람하게 되며, 가장 많은 관객을 수용할 수 있다.
② 무대배경은 주로 낮은 가구로 구성되며, 배경을 만들지 않으므로 경제적이다.

2. 극장의 평면형식에 대한 설명으로 옳지 않은 것은? 【11지방직⑦】

① 프로시니엄형은 콘서트, 독주, 연극공연 등에 적합하다.
② 오픈 스테이지형은 관객이 연기자에게 좀 더 근접하여 관람할 수 있다.
③ 애리너형은 무대의 장치나 소품을 주로 낮은 기구들로 구성한다.
④ 가변형은 무대의 배경을 만들지 않으므로 경제성이 있다.

[해설]
④ 무대의 배경을 만들지 않는 형식은 애리너형이다.

3. 공연장의 형식 중에서 아레나(Arena)형에 대한 설명으로 옳지 않은 것은? 【12국가직⑨】

① 무대의 배경을 만들지 않는다.
② 관객이 연기자를 향하여 한 방향으로 관람하는 평면을 말한다.
③ 관객이 연기자를 둘러싸고 관람하는 형식이다.
④ 관객은 가까운 거리에서 연기를 관람할 수 있다.

[해설]
② 관객이 연기자를 향하여 한 방향으로 관람하는 형식은 프로세니움형이다.

4. 공연장 평면형식 중 다음에 해당하는 것은? 【14국가직⑨】

- 연기자가 일정한 방향으로만 관객을 대하게 된다.
- 연기자와 관객의 접촉면이 한정되어 있으므로, 많은 관람객을 두려면 거리가 멀어져 객석 수용능력에 제한을 받는다.
- 배경이 한 폭의 그림과 같은 느낌을 주게 되어 전체적인 통일의 효과를 얻는 데 가장 좋은 형태이다.

① 아레나(Arena)형
② 프로시니엄(Proscenium)형
③ 오픈스테이지(Open Stage)형
④ 가변형무대(Adaptable Stage)형

[해설] 프로시니엄(Proscenium)형
① 연기자가 일정한 방향으로만 관객을 대하게 된다.
② 연기자와 관객의 접촉면이 한정되어 있으므로, 많은 관람객을 두려면 거리가 멀어져 객석 수용능력에 제한을 받는다.
③ 배경이 한 폭의 그림과 같은 느낌을 주게 되어 전체적인 통일의 효과를 얻는 데 가장 좋은 형태이다.
④ 프로시니엄 아치에 의해 관객에게 무대장치, 조명 등을 보이지 않게 할 수 있다.

5. 극장의 평면형에 대한 설명으로 옳지 않은 것은? 【15지방직⑨】

① 프로시니엄형은 Picture Frame Stage라고도 불리며 강연, 콘서트, 독주 등에 적합한 형식이다.
② 오픈 스테이지형은 무대와 객석이 하나로 어우러지는 형태로 공연자와 관객이 친근감을 느낄 수 있는 형식이다.
③ 아레나형은 의도된 무대배경의 설치 및 통일감 있는 무대 연출을 쉽게 계획할 수 있는 형식이다.
④ 가변형은 상연하는 작품의 특성에 따라서 무대와 객석의 규모, 형태 및 배치 등을 변경하여 새로운 공간연출이 가능한 형식이다.

해답 1 ④ 2 ④ 3 ② 4 ② 5 ③

[해설]
　③ 아레나형은 무대 배경은 주로 낮은 가구로 구성되며, 배경을 만들지 않으므로 경제적이다.
　※ 의도된 무대배경의 설치 및 통일감 있는 무대 연출을 쉽게 계획할 수 있는 형식은 프로시니엄형이다.

6. 공연장에 대한 설명으로 옳지 않은 것은?

【16국가직⑨】

① 박스오피스(Box office)는 휴대품 보관소를 의미하며 위치는 현관을 중심으로 정면 중앙이나 로비의 좌우측이 바람직하다.
② 프로시니엄(Proscenium)은 무대와 객석의 경계가 되며 관객의 시선을 무대로 집중시키는 역할도 하게 된다.
③ 오케스트라 피트(Orchestra pit)의 바닥은 일반적으로 객석 바닥보다 낮게 설치한다.
④ 아레나(Arena)형은 객석과 무대가 하나의 공간을 이루게 되는 공연장의 평면형식이다.

[해설]
　① 박스오피스(Box office)는 매표소를 의미하며 위치는 현관을 중심으로 정면 중앙이나 로비의 좌우측이 바람직하다.

7. 공연장(극장, 영화관, 음악당 등)의 관객석에 관한 내용으로 옳지 않은 것은?

【08국가직⑦】

① 일반적으로 극장의 경우, 발코니 하부는 깊이가 개구부 높이의 2배 이상으로 깊어지면 충분한 양의 음이 전달되지 못하므로 바람직하지 않다.
② 연극 등을 감상하는 경우, 배우의 세밀한 표정이나 몸의 동작을 볼 수 있는 한계는 대체로 15m 정도이고, 소규모 오페라와 발레 등의 감상에 적합한 거리는 22m 정도이다.
③ 일반적으로 인간이 색채를 식별할 수 있는 시계각(視界角)은 약 40°이며, 주시력(注視力)을 갖고 볼 수 있는 각도는 10°~15°이다.
④ 공연시설에 따른 1인당 실용적(Volume)의 적정치는 일반적으로 영화관이 음악당(Concert Hall)보다 크다.

[해설]
　④ 공연시설에 따른 1인당 실용적(Volume)의 적정치는 일반적으로 음악당(Concert Hall)이 영화관보다 크다.

8. 공연시설에 대한 설명으로 옳지 않은 것은?

【10지방직⑦】

① 일반적으로 오페라 공연장의 운영에 적합한 객석 수는 800~1,000석이다.
② 애리너(Arena)형은 객석과 무대가 하나의 공간에 있으므로 관객과 연기자의 일체감을 높여 준다.
③ 관람에 적합한 객석의 가시거리 한계는 뮤지컬이나 발레 공연보다 연극이나 아동극의 경우가 더 길다.
④ 그린룸(Green Room)은 출연자 대기실로서 연기자가 대기하는 공간이다.

[해설]
　③ 관람에 적합한 객석의 가시거리 한계는 연극이나 아동극 공연보다 뮤지컬이나 발레 공연의 경우가 더 길다.

9. 공연장 시설에 대한 설명으로 옳지 않은 것은?

【11국가직⑦】

① 천장계획에 있어 돔형은 음원의 위치여하를 막론하고 천장에서 반사된 음이 한곳으로 집중하게 되므로 돔형의 천장은 피해야 한다.
② 무대의 크기는 객석의 사용목적에 의해서 무대의 액팅에어리어(Acting Area)의 안깊이와 전면폭이 규정된다. 발레나 오페라를 공연할 경우에는 무대 안깊이가 최소한 18m 정도 필요하다.
③ 음향계획에 있어서 발코니의 계획은 될 수 있는 한 피하는 것이 좋다. 그 이유는 발코니 밑에서 음이 크거나 작게 되는 현상을 유발하게 되어, 실내음향에 있어 가장 나쁜 현상인 데드 포인트(Dead Point)가 생기기 때문이다.
④ 관객이 객석에서 무대를 볼 때 적당한 수평시각이 필요하며, 무대의 연극이 보이기 위해서는 각 객석에서 무대 전면이 모두 보여야 되기 때문에 시각은 클수록 이상적이다.

[해설]
　④ 관객이 객석에서 무대를 볼 때 적당한 수평시각이 필요하며, 무대의 연극이 보이기 위해서는 각 객석에서 무대 전면이 모두 보여야 되기 때문에 시각은 작을수록 이상적이다.

해답　6 ①　7 ④　8 ③　9 ④

10. 공연장 설계에서 고려해야 할 사항들에 대한 설명으로 옳지 않은 것은? 【12국가직⑦】

① 발판(Grid Iron)은 무대막을 제작하기 위해 무대 천장에 설치하는 구조물로, 작업자가 안전하게 활동할 수 있도록 발판부터 천장까지 최소 1.8m 정도의 높이가 확보되어야 한다.

② 발코니의 경우, 발코니 하부에서 발코니 깊이는 개구부 높이의 2배 이내로 하며, 2층 발코니 전면에는 음을 반사시켜 음의 혼화도를 높일 수 있도록 반사재를 설치한다.

③ 객석(Auditorium)의 벽이나 천장에 일반적으로 사용되는 흡음재료는 코펜하겐리브, 텍스류, 칩보드, 플라스터 등이 있다.

④ 객석(Auditorium) 내에서는 직접음과 1차반사음의 경로차이가 17m 이내가 되도록 음향계획이 되어야 한다.

[해설]
② 발코니의 경우, 발코니 하부에서 발코니 깊이는 개구부 높이의 2배 이내로 하며, 2층 발코니 전면에는 흡음재를 설치한다.

11. 문화시설의 특징에 대한 설명으로 옳지 않은 것은? 【12국가직⑦】

① 공연장 무대는 어디에서도 보이도록 객석의 안길이를 가시거리 내로 계획해야 하며, 연극 등과 같이 연기자의 표정을 읽을 수 있는 가시한계는 15m 정도이다.

② 오페라하우스는 음원이 무대와 오케스트라피트 2개소에서 나오기 때문에 음향설계에 주의해야 하며, 천장계획은 천장에서 반사된 음을 객석으로 집중시키기 위해 돔형으로 하는 것이 바람직하다.

③ 영화관은 영사설비와 스크린을 구비하고, 객석의 가시선과 시각을 주의해서 계획해야 하며, 영사각은 평면적으로 객석중심선에서 2° 이내로 하는 것이 바람직하다.

④ 지역의 시민회관이나 군민회관을 포함하는 다목적 홀은 지역사회 커뮤니케이션의 핵이 되며, 복합적인 기능을 한 건축물에서 수행하기 때문에 발생하는 상호기능간의 모순을 해결하는 것이 중요하다.

[해설]
② 돔형은 음원의 위치에 관계없이 천장에서 반사된 음이 한 곳에 집중되므로 돔형의 천장은 음향계획상 불리하다.

12. 공연장 객석계획에 대한 설명으로 옳지 않은 것은? 【13국가직⑦】

① 발코니계획 시 발코니의 깊이는 높이의 1.5배 이상으로 계획하여야 하며, 발코니 후면 객석에서 홀 천장면적이 1/2 정도가 보이도록 계획하여야 한다.

② 천장계획 시 음원의 위치 여하를 막론하고 천장에서 반사된 음이 한 곳으로 집중되는 돔형의 천장은 피해야 한다.

③ 연극 등을 감상하는 경우 가시한계는 15m 정도이고, 제1차 허용한도는 22m 까지이다.

④ 2층에 발코니를 설치할 경우에 단면의 경사가 급하면 위험하므로 객석의 단높이는 50cm 이내, 폭은 80cm 이상으로 하여야 한다.

[해설]
① 발코니계획 시 발코니의 깊이는 높이의 2배 이하로 계획하여야 하며, 발코니 후면 객석에서 홀 천장면적이 1/2 정도가 보이도록 계획하여야 한다.

13. 문화시설 중 공연장의 건축설계에 대한 고려사항으로서 가장 옳지 않은 것은? 【07국가직⑦】

① 플라이 로프트(Fly Loft)는 무대배경을 매달 수 있는 공간이 필요하므로 프로시니엄 높이의 4배 이상으로 하는 것이 이상적이다.

② 무대의 폭은 프로시니엄(Proscenium) 아치 폭의 2배, 깊이는 동일하거나 그 이상의 깊이를 확보해야 한다.

③ 무대에서 막을 경계로 관람석 쪽으로 나온 돌출무대를 앞무대(Apron Stage)라 한다.

④ 무대의 플라이 갤러리(Fly Gallery)의 높이에 따라 사이크로라마(Cyclorama)의 높이를 적정하게 산정해야 한다.

[해설]
④ 플라이 갤러리(Fly Gallery)는 그리드아이언(Grid Iron)으로 올라가는 연결통로를 말한다. 사이크로라마(Cyclorama)는 무대의 제일 뒤에 설치되는 무대배경용 벽으로 쿠펠 호리존트(Kuppel Horizont)라고도 한다.

해답 10 ② 11 ② 12 ① 13 ④

14. 공연장의 건축계획에 있어서 옳지 않은 것은?

【08국가직⑨】

① 플로어트랩(Floor Trap)은 일반적으로 무대에 여러 개 설치되는데, 그 중 무대 뒤쪽에 있는 것이 이용빈도가 높다.
② 그리드아이언(Grid Iron)은 무대천장 밑의 제일 낮은 보 밑에서 0.5m 높이에 바닥을 위치하면 된다.
③ 무대의 폭은 프로시니엄(Proscenium) 아치 폭의 2배, 깊이는 동일하거나 그 이상의 깊이를 확보해야 한다.
④ 사이크로라마는 무대배경용 벽을 말하며 쿠펠 호리존트(Kuppel Horizont)라고도 한다.

[해설] 그리드 아이언(grid iron, 격자철판)
① 무대 천장 밑에 위치하여 철골로 촘촘히 깔아 바닥을 이루게 한 것으로, 배경이나 조명기구, 연기자 또는 음향 반사판 등을 매어 달 수 있게 한 장치
② 무대 천장 밑의 제일 낮은 보 밑에서 1.8m 높이에 바닥을 위치하면 된다.

15. 극장계획에 관한 각 용어의 설명이 옳지 않은 것은?

【08국가직⑦】

① 잔교(Light Bridge) – 오페라, 연극 등의 경우, 음악을 연주하는 곳으로 객석의 최전방 무대의 선단에 두며, 관객의 가시선을 방해하지 않도록 바닥을 관람석보다 낮게 한다.
② 플로어트랩(Floor Trap) – 무대와 트랩룸 사이를 계단이나 사다리로 오르내릴 수 있도록 설치한 것이다.
③ 플라이갤러리(Fly Gallery) – 무대 주의 벽에 6~9m 높이로 설치되는 좁은 통로로서, 그리드아이언(Grid Iron)에 올라가는 계단과 연결된다.
④ 호리전트(Horizont) – 무대 뒤쪽에 설치된 벽으로, 여기에 조명기구를 사용하여 구름, 무지개 등의 자연현상을 나타내게 한다.

[해설]
① 잔교는 프로시니엄 바로 뒤에 설치된 발판으로 조명의 조작, 비나 눈이 내리는 장면의 연출 등을 위해 필요하며, 바닥높이는 관람석보다 높아야 한다.

16. 공연장 내부 음향실험에서 고음이 너무 많이 들리는 것으로 결과가 나와 이를 줄이고자 한다. 가장 적절한 흡음재의 재질은?

【09지방직⑦】

① 합판재　　　　　　② 섬유재
③ 아스팔트 루핑재　　④ 금속패널재

[해설]
유리섬유나 암면 등과 같은 다공성 흡음재료는 고주파 영역의 흡음률이 크다.

17. 공연장의 무대에 관한 설명으로 가장 옳지 않은 것은?

【10국가직⑨】

① 측면무대(Side Stage)에는 조명기구나 사이클로라마(Cyclorama)를 주로 설치한다.
② 무대의 상부공간(Fly Loft) 높이는 프로세니움(Proscenium) 높이의 4배 이상이 필요하다.
③ 플라이갤러리(Fly Gallery)는 그리드아이언에 올라가는 계단과 연결되게 무대 주위의 벽에 설치되는 좁은 통로를 말한다.
④ 그리드아이언(Grid Iron)은 무대배경, 조명기구, 연기자, 음향반사판 등을 매달 수 있는 장치이다.

[해설]
① 사이클로라마는 무대 뒤의 벽으로 프로세니움 스테이지의 배경을 만드는 벽을 말한다.

18. 극장의 무대부분 용어와 관련된 설명으로 옳지 않은 것은?

【11국가직⑨】

① 사이클로라마(Cyclorama)는 무대의 뒷배경을 비추는 조명장치를 말한다.
② 그리드아이언(Grid Iron)은 무대의 천장밑에 배열된 철골로서 배경, 조명, 반사판 등이 매달릴 수 있게 장치된다.
③ 플라이로프트(Fly Loft)는 무대의 상부공간으로, 이상적인 높이는 프로세니움 높이의 4배 이상이다.
④ 프로세니움 아치(Proscenium Arch)는 무대와 관람석 사이의 개구부이자 무대와 무대배경을 제외한 다른 부분을 관객의 시선으로부터 가려주는 역할을 한다.

해답　**14** ②　**15** ①　**16** ②　**17** ①　**18** ①

[해설]
① 사이클로라마(Cyclorama)는 무대의 뒷배경을 만드는 벽을 말한다.

19. 공연장 관련 용어의 설명으로 옳지 않은 것은?
【11지방직⑨】

① 사이클로라마(Cyclorama)는 무대배경용 벽을 말하며, 호리존트(Horizont)라고도 한다.
② 플라이 갤러리(Fly Gallery)는 객석의 양쪽 측면에 돌출된 발코니 형식의 좌석을 말한다.
③ 그린 룸(Green Room)은 분장을 끝낸 연기자나 어느 장면에서 연기를 끝낸 연기자가 잠시 동안 대기하는 장소로 무대 가까이 설치한다.
④ 프롬프터 박스(Prompter Box)는 무대 중앙에 객석측을 둘러싸고 무대측만 개방하여 이곳에서 대사를 불러주고 기타 연기의 주의환기를 주지시키는 곳이다.

[해설]
② 플라이 갤러리는 그리드 아이언에 올라가는 계단과 연결되어 무대 주위의 벽에 6~9m 높이로 설치되는 좁은 통로를 말한다.

20. 공연장의 무대 천장부분의 설비 내용에 대한 설명으로 옳지 않은 것은?
【12지방직⑨】

① 그리드아이언(Grid Iron)은 무대천장 밑에 설치되며 배경, 조명기구, 음향반사판 등을 매달 수 있다.
② 플라이갤러리(Fly Gallery)는 그리드아이언(Grid Iron)으로 올라가는 연결통로이며, 필요에 따라 상하이동의 조절이 가능하다.
③ 록레일(Lock Rail)은 와이어로프(Wire Rope)를 한곳에 모아서 조정하는 장소이며, 벽에 가이드 레일을 설치해야 되기 때문에 무대의 좌우 한쪽 벽에 위치한다.
④ 사이클로라마(Cyclorama)는 쿠펠 호리존트(Kuppel Horizont)라고도 한다.

[해설]
④ 사이클로라마(Cyclorama)는 무대의 제일 뒤에 설치되는 무대 배경용 벽으로 쿠펠 호리존트(Kuppel Horizont)라고도 한다.

21. 공연장 건축계획과 관련한 용어에 대한 설명으로 옳지 않은 것은?
【16지방직⑨】

① 그리드아이언(gridiron)−무대의 천장 바로 밑에 철골을 촘촘히 깔아 바닥을 이루게 한 것으로, 배경이나 조명기구, 연기자 또는 음향 반사판 등이 매달릴 수 있도록 장치된다.
② 사이클로라마(cyclorama)−그림의 액자와 같이 관객의 눈을 무대에 쏠리게 하는 시각적 효과를 가지게 하며 관객의 시선에서 공연무대나 무대 배경을 제외한 다른 부분들을 가리는 역할을 한다.
③ 플로어 트랩(floor trap)−무대의 임의 장소에서 연기자의 등장과 퇴장이 이루어질 수 있도록 무대와 트랩룸 사이를 계단이나 사다리로 오르내릴 수 있는 장치이다.
④ 플라이 갤러리(fly gallery)−그리드아이언에 올라가는 계단과 연결된 무대 주위의 벽에 설치되는 좁은 통로이다.

[해설]
② 프로시니엄 아치(proscenium arch) : 그림의 액자와 같이 관객의 눈을 무대에 쏠리게 하는 시각적 효과를 가지게 하며 관객의 시선에서 공연무대나 무대 배경을 제외한 다른 부분들을 가리는 역할을 한다.
※ 사이클로라마(Cyclorama)는 무대의 제일 뒤에 설치되는 무대 배경용 벽으로 쿠펠 호리존트(Kuppel Horizont)라고도 한다.

Chapter 17

전시장 계획

전시장 계획은 미술관계획이 주된 내용을 구성한다.
여기에서는 미술관의 순로형식, 전시실의 크기, 전시실의 채광방식과 조명계획에 대한 문제가 출제된다.

1 기본계획[☆]

(1) 대지 선정 시 고려사항

① 대중이 용이하게 이용할 수 있는 위치
② 매연, 먼지, 소음, 방재 등으로부터의 피해가 없을 것
③ 일상생활과 밀접한 장소
④ 도심지역과 주거지역의 중간적 지역

(2) 배치계획 시 고려사항

① 관람객의 흐름을 의도하는 대로 유도할 수 있는 배치계획이 되어야 한다.
② 일반 관람객용과 서비스용으로 동선을 분리한다.
③ 일반 관람객용 입구와 단체용 입구를 예비로 설치하되, 현관 내에서는 입구와 출구를 별도로 구분한다.
④ 상설전시장과 특별전시장은 입구를 별도로 구분한다.

2 평면계획

(1) 동선계획[☆]

① 동선계획의 기본원칙
   ㉠ 관람객의 흐름을 의도하는 대로 유도할 수 있는 평면구성이 되어야 한다.
   ㉡ 관람객의 흐름이 막힘이 없어야 한다.
   ㉢ 관람객을 피로하지 않게 해야 한다.
   ㉣ 독립전시, 벽면전시 등에 따른 동선체계의 변화를 준다.
   ㉤ 관람객이 전후, 좌우를 다 볼 수 있도록 한다.

② 동선계획시 고려사항
   ㉠ 전시공간의 동선계획은 규모, 위치조건, 공간구성 요소, 전시실의 배치 조건에 따라 결정된다.
   ㉡ 전시실의 주동선방향이 정해지면 개개의 전시실은 입구에서 출구까지 연속적인 동선으로 교차의 역순을 피해야 한다.
   ㉢ 전시공간의 연속성을 통하여 동선을 자유스럽게 유도하고, 작품과 긴밀하게 교감할 수 있도록 한다.
   ㉣ 전시공간 내 인간의 지각은 작품과 공간지각측면에서 이루어지므로 전시공간은 간명하게 구성하여 공간에 내재된 동선체계를 쉽게 지각할 수 있도록 한다.

· 예제 01 ·

박물관 동선계획의 기본원리로 적절하지 않은 것은?　【12지방직⑨】

① 동선계획은 관람객을 피로하지 않게 해야 한다.

② 자연환경과 접하는 부분에 휴식을 위한 장소를 제공하여 일반적인 전시실과는 색다른 분위기를 준다.

③ 입구에 진입하여 홀 부분에서 대표적인 전시물을 볼 수 없도록 한다.

④ 관람객의 흐름을 의도하는 데로 유도할 수 있는 레이아웃이 되어야 한다.

---

③ 입구에 진입하여 홀 부분에서 대표적인 전시물을 볼 수 있도록 한다.

답 : ③

(2) 전시실의 순로형식[☆]

① 연속순로형식

- 단순하고 공간이 절약된다.
- 소규모 전시실에 적합하다.
- 전시벽면을 많이 만들 수 있다.
- 많은 실을 순서별로 통해야 하고 1실을 닫으면 전체 동선이 막히게 된다.

② 갤러리(gallery) 및 코리도(corridor) 형식

ㄱ 각 실에 직접 들어갈 수 있는 점이 유리하며, 필요시에 자유로이 독립적으로 폐쇄할 수 있다.

ㄴ 복도 자체도 전시공간으로 이용이 가능하다.

③ 중앙홀 형식

ㄱ 과거에서부터 많이 사용한 형식으로 중앙홀에 높은 천창을 설치하여 고창으로부터 채광하는 방식이 많다.

ㄴ 부지의 이용률이 높은 지점에 건립할 수 있으며, 중앙홀이 크면 동선의 혼란은 없으나 장래의 확장에 무리가 따른다.

출제빈도
09지방직⑨ 10국가직⑨ 14지방직⑨
18지방직⑨ 20국가직⑦ 21국가직⑦

[연속순로형식]

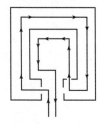

[갤러리 형식]

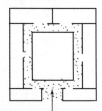

[중앙홀 형식]

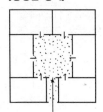

· 예제 02 ·

미술관 계획에 관한 설명으로 옳지 않은 것은?　【09지방직⑨】

① 전시실 관리의 편리를 위해서는 연속순로형식이 유리하다.

② 연속순로형식은 각 실을 독립적으로 폐쇄할 수 있는 형식이다.

③ 중앙홀 형식은 관람자의 피로를 방지하는데 유리한 형식이다.

④ 복도형은 복도 자체가 전시공간이 될 수도 있다.

---

② 갤러리형(코리도형, 복도형) : 복도에 면한 각 실을 독립적으로 폐쇄할 수 있는 형식이다.

답 : ②

(3) 전시공간의 평면형태

① 부채꼴형

㉠ 관람자에게 많은 선택의 가능성을 제시하고 빠른 판단을 요구한다.

㉡ 많은 선택을 자유로이 할 수 있으나 관람자는 혼동을 일으켜 감상 의욕을 저하시킨다.

㉢ 관람자에게 과중한 심리적 부담을 주지 않는 소규모 전시실에 적합하다.

② 직사각형

일반적으로 사용되는 형태로 공간형태가 단순하고 분명한 성격을 지니고 있기 때문에 지각이 쉽고 명쾌하며 변화있는 전시계획이 시도될 수 있다.

③ 원형

㉠ 고정된 축이 없어 안정된 상태에서 지각하기 어렵다.

㉡ 배경이 동적 관람자의 주의를 집중하기 어렵고, 위치파악도 어려워 방향 감각을 잃어버리기 쉽다.

㉢ 중앙에 핵이 되는 전시물을 중심으로 주변에 그와 관련되거나 유사한 성격의 전시물을 전시함으로써 공간이 주는 불확실성을 극복할 수 있다.

④ 자유형

㉠ 형태가 복잡하여 한눈에 전체를 파악하기 힘들므로 규모가 큰 전시공간에는 부적당하고, 전체적인 조망이 가능한 한정된 공간에 적합하다.

㉡ 모서리 부분에 예각이 생기는 것을 가능한 한 피하고, 너무 빈번히 벽면이 꺾이지 않도록 한다.

⑤ 조합형

작은 규모의 전시실을 조합한 형식으로 관람자가 자유로이 둘러볼 수 있도록 공간의 형태에 의한 동선의 유도가 필요하며, 한 전시실의 규모는 작품을 고려한 시선 계획이 이루어지지 않으면 동선이 흐트러지기 쉽다.

③ 세부계획

(1) 특수전시기법[☆]

출제빈도

09국가직 ⑨ 09지방직 ⑦ 11국가직 ⑨
15지방직 ⑨ 16지방직 ⑨ 21지방직 ⑨

① 파노라마 전시(panorama)

연속적인 주제를 선적으로 관계성 깊게 표현하기 위하여 전경으로 펼쳐 지도록 연출하여 맥락이 중요시될 때 사용되는 전시기법이다. 벽면전시와 입체물이 병행되는 것이 일반적인 유형으로 넓은 시야의 실경(實景)을 보는 듯한 감각을 주는 전시기법이다.

② 디오라마 전시(diorama)

하나의 사실 또는 주제의 시간상황을 고정시켜 연출하는 것으로 현장에 임한 듯한 느낌을 가지고 관찰할 수 있는 전시기법이다.

③ 아일랜드형 전시(island)

벽이나 천장을 직접 이용하지 않고 전시물 또는 전시장치를 배치함으로 써 전시공간을 만들어내는 기법으로 대형 전시물이거나 소형일 경우에 유리

④ 하모니카 전시(harmonica)

전시평면이 하모니카 흡입구처럼 동일한 공간으로 연속되어 배치되는 전 시기법으로 동일 종류의 전시물을 반복하여 전시하는 경우에 유리하다.

⑤ 영상전시

레이저, 비디오, 컴퓨터 등의 영상매체를 활용하여 보여주거나 영상매체 를 이용하는 전시기법이다.

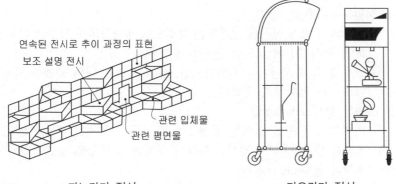

파노라마 전시   디오라마 전시

· 예제 03 ·

미술관 또는 박물관의 특수전시기법 중 '하나의 사실' 또는 '주제의 시간 상황' 을 고정시켜 연출함으로써 현장감을 느낄 수 있도록 표현하는 것은?

【16지방직⑨】

① 디오라마 전시   ② 파노라마 전시
③ 아일랜드 전시   ④ 하모니카 전시

디오라마 전시기법 : '하나의 사실' 또는 '주제의 시간상황을 고정'시켜 연출하는 것으로 현장에 임한 듯한 느낌을 가지고 관찰할 수 있는 특수전시기법

답 : ①

(2) 전시실의 크기

① 전시실의 최소 크기

• 실 폭 : 최소 5.5m, 큰 전시실에서는 최소 6m 이상(평균 8m)
• 실 길이 : 실 폭의 1.5~2배 정도(소형 1.8m 이상, 대형 6m 이상)
• 시각은 45° 이내 떨어져 관람하는 것이 보통이다.
• 다수의 관객이 통행할 경우 2m 이내의 통로 여유가 필요하다.

[수장고 계획시 고려사항]

① 가능하면 외기의 온도, 습도의 변화에서 오는 영향을 받지 않는 곳을 선택한다.
② 출입구는 1개소를 원칙으로 하며, 자료 운반용 대차가 지날 수 있도록 단 차이 를 두지 않는다.
③ 자료의 하중을 감안하여 필요한 적재하 중을 고려해야 한다.
④ 수장고는 보관에 필요한 자연광선을 차 단하고 인공조명으로 조절한다.
⑤ 증축을 고려해야 하며, 전시면적의 50% 이상을 환산하여 설정한다.

② 마그너스 안(Magnus)
- 천장높이 : 전시실 폭의 5/7
- 벽면의 진열범위 : 바닥에서 1.25~4.7m까지(실폭이 11m일 경우)
- 천창의 폭 : 전시실 폭의 1/3~1/2
- 벽면의 최고 조도 위치 : 천장에서 5.3m의 밑점까지(실폭이 11m 일 경우)

③ 티드 안(Tiede)
- ㉠ 회화 높이의 중심에서 수평선과 실의 중심선과의 교차점을 중심으로 원을 그렸을 때 바닥에서 0.95m의 벽면에서부터 회화 전시면으로 하고, 이에 대한 45° 선과 교차점을 천창과 천장의 높이로 한다.
- ㉡ 실 폭과 실 길이는 자연채광의 경우 창상단의 높이와의 관계로 정해진다.

[전시실의 채광형식]

① 정광 형식

② 측광형식

③ 고측광 형식

④ 정측광 형식

(3) 전시실의 자연채광 형식[☆☆]

① 정광창 형식(top light)
- ㉠ 천장의 중앙에 천창을 설계하는 방법으로 전시실의 중앙부는 가장 밝게 하여 전시벽면에 조도를 균등하게 한다.
- ㉡ 조각 등의 전시실에는 적합하지만, 유리 케이스 내의 공예품 전시물에 대해서는 적합하지 못하다.

② 측광창 형식(side light)
- ㉠ 측면창에 광선을 들이는 방법으로 소규모 이외에는 부적합하다.
- ㉡ 조도가 불균등하므로 광선의 확산 및 광량의 조절 등의 방법이 요구된다.

③ 고측광창 형식(clerestory)
- ㉠ 천장부근에서 채광하며 측광창 형식과 정광창 형식의 절충식이다.
- ㉡ 전시실 벽면이 관람자 부근의 조도보다 낮다.

④ 정측광창 형식(top side light)
- ㉠ 관람자가 서 있는 상부에 천장을 불투명하게 하여 측벽에 가깝게 채광창을 설치하는 형식이다.
- ㉡ 관람자의 위치는 어둡고 전시벽면의 조도가 밝은 이상적인 형식이다.
- ㉢ 채광부의 구조에 따라 전시공간의 천장높이가 높게 될 경우가 있고 광선이 약할 우려가 있다.

· 예제 04 ·

채광계획의 특성 및 시공방법에 대한 설명으로 옳지 않은 것은?

【13국가직⑨】

① 측창채광 – 타 채광방식에 비해 구조, 시공, 개폐조작, 보수 등이 용이하다.
② 천창채광 – 높은 채광효과를 얻을 수 있으나 방수가 힘들기 때문에 방수시공 등에 각별한 주의가 필요하다.
③ 정측창채광 – 관람자의 위치는 어둡고 전시벽면의 조도가 밝아 미술관에 이상적인 방식이다.
④ 고측창채광 – 천장에 채광창을 뚫고 직사광선을 막기 위해 루버 등을 설치하는 방식이다.

---
④ 고측창채광 – 천장부근에 측창을 높게 설치하는 형식으로 측창채광과 천창채광 형식의 절충형이다.

답 : ④

(4) 전시실의 조명계획

① 전시장 조명계획 기준

　㉠ 광원에 의한 현휘를 방지할 것.

　㉡ 전시물은 항상 적당한 조도로서 균등한 조명일 것.

　㉢ 실내의 조도 및 휘도 분포가 적당할 것.

　㉣ 관람객의 그림자가 전시물위에 생기지 않도록 할 것.

　㉤ 화면 또는 케이스의 유리면에 다른 영상(제 2반사)이 생기지 않게 할 것.

　㉥ 대상에 따라 필요한 점광원(방향성을 나타냄)을 고려할 것.

　㉦ 광색이 적당하고 변화가 없을 것.

② 전시물에 대한 광원의 위치

　㉠ 전시물과 최량의 각도는 15~45° 이내에 광원의 위치를 결정한다.

　㉡ 실내 조명은 눈부심, 반사를 일으키지 않도록 확산광이 되도록 한다.

　㉢ 시점의 위치는 성인 1.5m를 기준으로 화면의 대각선에 1~1.5배를 이상적 거리 간격으로 잡는다.

　㉣ 조각류의 작품은 보조 조명시설을 한다.

　㉤ 케이스 내 전시물의 유리면에 의한 영상을 없이하게 하여야 하며 케이스 내 휘도를 다른 것보다 크게 하거나 케이스 내부조명으로 해결한다.

　㉥ 인공조명 사용 시 관객에게 광원을 감추어 보이지 않고 눈부심을 없애는 방향으로 투시하는 것이 원칙이다.

③ 시각계획

　㉠ 시야는 약 40° 각도를 갖는 범위의 사물을 지각하는데 익숙하다.

　㉡ 수직적인 시야는 위아래로 각각 27° 로 잡는다.

[광원의 위치]

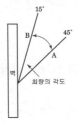

[관람자와 거리에 따른 벽면의 크기]

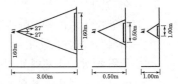

17 출제예상문제

1. 박물관 건축의 현대적 경향으로 볼 수 없는 것은?

【07국가직⑨】

① 과거에 비해 기획전시 비중이 감소하는 경향이 있다.
② 지역 주민의 참여와 활동을 유도하는 대중화 경향이 있다.
③ 다양한 장르를 전시하기 위하여 전시공간이 가변화되는 경향이 있다.
④ 권위적 상징 표현에서 인간적이고 친근감을 주는 조형적 표현으로 변화하고 있다.

[해설] 박물관 건축의 현대적 경향
　① 지역 주민의 참여와 활동을 유도하는 대중화 경향
　② 다양한 장르를 전시하기 위하여 전시공간의 가변성 추구
　③ 인간적이고 친근감을 주는 조형적 표현
　④ 다양한 장르와 주제를 다루는 기획전시의 비중 증가

2. 미술관 계획에서 관객을 위한 공간계획으로 옳지 않은 것은?

【10지방직⑨】

① 건물의 각 전시실로 용이하게 출입할 수 있어야 한다.
② 관람 도중에 휴식할 수 있는 공간을 설치한다.
③ 전시실의 규모는 전시물의 크기, 수 그리고 관객의 수에 맞춰 결정한다.
④ 전시물을 건물 내외부로 쉽게 운반하기 위한 시설을 한다.

[해설]
　④ 전시물을 건물 내외부로 쉽게 운반하기 위한 시설을 하는 것은 관객을 위한 공간계획 사항이 아니다.

3. 미술관 건축계획에 대한 설명으로 옳은 것은?

【10국가직⑦】

① 전시실 전체의 주동선방향이 정해지면 개개의 전시실은 입구에서 출구에 이르기까지 연속적인 동선으로 이루어져야 하며 교차와 역순을 피해야 한다.
② 개개의 전시실 앞 홀 부분에 전시내용을 암시하는 전시물을 전시하는 것은 바람직하지 않다.
③ '파노라마 형식'은 통일된 전시내용이 규칙적으로나 반복적으로 나타날 때 쓸 수 있으며, 동선계획이 용이한 전시방법이다.
④ 전시실 순회형식 중 중앙홀 형식의 경우에는 중앙홀이 크면 동선의 혼란이 발생하고 장래의 확장에도 어려움이 많으므로 계획 시 유의하여야 한다.

[해설]
　② 개개의 전시실 앞 홀 부분에 전시내용을 암시하는 전시물을 전시하는 것은 관람객에게 흥미를 유발하는 좋은 방법이 될 수 있다.
　③ '하모니카 형식'은 통일된 전시내용이 규칙적으로나 반복적으로 나타날 때 쓸 수 있으며, 동선계획이 용이한 전시방법이다.
　④ 전시실 순회형식 중 중앙홀 형식의 경우에는 중앙홀이 크면 동선의 혼란이 발생하지 않으나 장래의 확장에 어려움이 많으므로 계획 시 유의하여야 한다.

4. 미술관 및 박물관의 전시공간 계획에 있어 새로운 경향에 대한 설명으로 옳지 않은 것은? 【11지방직⑨】

① 전시의 기능이 사회적 교육활동으로 변화하면서 전시품과 관람객 사이의 관계가 더 밀접해졌다.
② 전시물 뿐 아니라 공간의 정체성도 중요해지면서 장식적인 실내공간 구성이 강조되고 있다.
③ 정적인 전시를 벗어나 일러스트레이션, 모형, 영상, 음향효과 등 다양한 기법이 사용되어 이를 위한 설비가 필요해졌다.
④ 현대미술관의 경우 현대미술의 특징인 연극적, 음악적, 체험적 작품행위를 포용할 수 있어야 한다.

[해설]
　② 현대 미술관 계획의 특징은 공간의 정체성보다는 전시물의 효과적인 전시를 위한 다양한 기법이 사용되며, 공간의 가변성이 요구되고 있다.

해답　1 ①　2 ④　3 ①　4 ②

5. 박물관 동선계획의 기본원리로 적절하지 않은 것은?

【12지방직⑨】

① 동선계획은 관람객을 피로하지 않게 해야 한다.

② 자연환경과 접하는 부분에 휴식을 위한 장소를 제공하여 일반적인 전시실과는 색다른 분위기를 준다.

③ 입구에 진입하여 홀 부분에서 대표적인 전시물을 볼 수 없도록 한다.

④ 관람객의 흐름을 의도하는 데로 유도할 수 있는 레이아웃이 되어야 한다.

[해설]
③ 입구에 진입하여 홀 부분에서 대표적인 전시물을 볼 수 있도록 한다.

6. 전시관의 공간배치 구성형식에 따라 분류된 유형의 설명으로 옳지 않은 것은?

【13지방직⑨】

① 중정형은 중정이 중심이 되는 형식으로, 폐쇄적인 성격이 강하여 유기적인 평면구성이 불가능하다.

② 집약형은 단일 건축물 내 대·소 전시관을 모은 형식으로, 개별전시공간은 전체적인 주제를 시대별, 국가별, 유형별로 상세히 보여준다.

③ 개방형은 전시공간 전체가 구획됨이 없이 개방된 형식으로, 전시내용에 따라 가동적인 특성이 있다.

④ 분동형은 몇 개의 전시공간들이 핵이 되는 광장을 중심으로 구성된 형식으로, 많은 관객의 집합과 분산이 용이하다.

[해설]
① 중정형은 중정이 중심이 되는 형식으로, 폐쇄적인 성격이 강하며 유기적인 평면구성이 가능하다.

7. 대규모 미술관의 전시실 계획에 대한 설명으로 옳지 않은 것은?

【14지방직⑨】

① 전시물의 크기와 수량 및 관람객 수를 고려하여 전시실의 규모를 설정한다.

② 관람 및 관리의 편리를 위하여 전시실의 순회형식은 주로 연속순로방식을 취한다.

③ 채광방식 중 측광창 형식은 대규모 전시실에 적합하지 않다.

④ 관람자의 시각은 45° 이내, 최량(最良)시각은 27° ~ 30° 이다.

[해설]
② 연속순로형식은 많은 실을 순서별로 통해야 하므로 1실을 닫으면 전체 동선이 막히게 된다. 그러므로 대규모 미술관에서는 중앙홀형식을 채택한다.

8. 미술관 계획에 관한 설명으로 옳지 않은 것은?

【09지방직⑨】

① 전시실 관리의 편리를 위해서는 연속순로형식이 유리하다.

② 연속순로형식은 각 실을 독립적으로 폐쇄할 수 있는 형식이다.

③ 중앙홀 형식은 관람자의 피로를 방지하는데 유리한 형식이다.

④ 복도형은 복도 자체가 전시공간이 될 수도 있다.

[해설]
② 갤러리형(코리도형, 복도형) : 복도에 면한 각 실을 독립적으로 폐쇄할 수 있는 형식이다.

해답 5 ③ 6 ① 7 ② 8 ②

9. 미술관 건축계획에 관한 설명으로 옳지 않은 것은?
【10국가직⑨】

① 측광창 형식은 소규모 전시실에 적합한 채광방식이다.
② 갤러리(Gallery) 및 코리도(Corridor) 형식은 각 실로 직접 들어갈 수 있다는 점이 유리하다.
③ 연속순로형식은 1실이 폐문되더라도 전체동선의 흐름이 원활하여 비교적 대규모전시실 계획에 사용된다.
④ 중앙홀 형식은 장래의 확장에 많은 무리가 따른다.

[해설]
　③ 연속순로형식은 1실이 폐쇄되면 전체동선의 흐름이 막히게 되며 일반적으로 소규모전시실 계획에 사용된다.

10. 미술관의 특수전시기법 중 '하나의 사실' 또는 '주제의 시간상황을 고정'시켜 연출하는 것으로 현장에 임한 듯한 느낌을 가지고 관찰할 수 있는 것으로 옳은 것은?　　　　　【09국가직⑨】

① 디오라마 전시기법
② 파노라마 전시기법
③ 아일랜드 전시기법
④ 하모니카 전시기법

[해설]
　디오라마 전시기법 : 하나의 사실 또는 주제의 시간 상황을 고정시켜 연출하는 것으로 현장에 임한 듯한 느낌을 가지고 관찰할 수 있는 특수전시기법

11. 전시방법에 대한 설명으로 옳은 것은? 【09지방직⑦】

① 파노라마 형식은 통일된 전시내용을 반복하여 설치하는데 유리하다.
② 디오라마 형식은 어떤 상황을 배경과 실물 및 모형으로 재현하는 수법이다.
③ 아일랜드 형식은 전시공간을 섬과 같이 계획하기 때문에 한정된 공간을 가지게 되어 전시매체를 다양하게 구사할 수 없는 단점이 있다.
④ 하모니카 전시는 전시내용이 규칙적으로 나타날 때 유리하나 동선이 매우 복잡하여 동선계획이 불리하게 된다.

[해설]
　① 파노라마 형식은 연속적인 주제를 선적으로 연출하여 맥락이 중요시될 때 사용되는 전시형식이다.
　③ 아일랜드 형식은 전시공간을 벽이나 천장을 직접 이용하지 않기 때문에 전시매체를 다양하게 구사할 수 있는 장점이 있다.
　④ 하모니카 전시는 동일 종류의 전시내용이 규칙적으로 나타날 때 유리하며 동선계획이 유리하다.

12. 미술관 계획에 대한 설명으로 옳지 않은 것은?
【11국가직⑨】

① 라이트의 구겐하임 미술관은 전시실 순회형식에서 볼 때 중앙홀 형식의 변형이다.
② 갤러리 및 코리도 형식은 각 실에 직접 출입이 유리하며, 필요 시 독립적으로 폐쇄할 수 있다.
③ 디오라마(Diorama) 전시는 연속적인 주제를 전경으로 펼쳐지도록 연출하는 특수전시기법이다.
④ 천연광(자연채광)은 색온도가 높고 자외선 포함률이 높다.

[해설]
　③ 디오라마 전시기법 : '하나의 사실' 또는 '주제의 시간상황을 고정'시켜 연출하는 것으로 현장에 임한 듯한 느낌을 가지고 관찰할 수 있는 특수전시기법

해답　9 ③　10 ①　11 ②　12 ③

13. 미술관 특수전시기법에 대한 설명으로 옳지 않은 것은? 【15지방직⑨】

① 파노라마 전시는 주제의 맥락을 강조하기 위해 연속적으로 펼쳐 연출하는 방식이다.

② 하모니카 전시는 전시평면이 동일 공간으로 연속되어 배치되는 기법으로, 동일한 종류의 전시물을 반복 전시할 경우에 유리하다.

③ 아일랜드 전시는 벽이나 천장을 직접 활용하여 전시물의 크기와 상관없이 배치하는 기법으로, 소형보다 대형 전시 연출에 유리하다.

④ 영상 전시는 전시물의 보조적 수단 또는 주요 수단으로써 영상기법을 이용하는 방식이다.

[해설]
　③ 아일랜드(island) 전시 : 벽이나 천장을 직접 이용하지 않고 전시물 또는 전시장치를 배치함으로써 전시공간을 만들어 내는 기법으로 대형 전시물이거나 아주 소형일 경우 유리하며, 주로 집합시켜 배치한다.

14. 미술관 또는 박물관의 특수전시기법 중 '하나의 사실' 또는 '주제의 시간 상황'을 고정시켜 연출함으로써 현장감을 느낄 수 있도록 표현하는 것은? 【16지방직⑨】

① 디오라마 전시
② 파노라마 전시
③ 아일랜드 전시
④ 하모니카 전시

[해설]
　디오라마 전시기법 : '하나의 사실' 또는 '주제의 시간상황을 고정'시켜 연출하는 것으로 현장에 임한 듯한 느낌을 가지고 관찰할 수 있는 특수전시기법

15. 미술관 계획에 대한 설명으로 옳지 않은 것은? 【11국가직⑦】

① 전시공간의 동선계획은 규모, 위치조건, 공간구성요소의 조건이나 배치에 따라 결정된다.

② 동선체계의 가장 일반적인 방법은 일방통행에 의한 일반관람이 이루어지게 하는 것이다.

③ 전시실 순회형식 중 연속순로형식은 비교적 소규모 전시실에 적합하다.

④ 평면적 전시물은 최량의 각도를 5~15° 범위 내에서 광원의 위치를 정하는 것이 바람직하다.

[해설]
　④ 평면적 전시물은 최량의 각도를 27°~30° 범위 내에서 광원의 위치를 정하는 것이 바람직하다.

16. 미술관 전시실 창의 자연채광 형식에 대한 설명으로 옳지 않은 것은? 【11지방직⑦】

① 정광창 형식(Top Light) : 전시실 천장의 중앙에 천창을 계획하는 방법으로, 전시실의 중앙부를 가장 밝게 하여 전시벽면에 조도를 균등하게 한다.

② 측광창 형식(Side Light) : 전시실의 직접 측면창에서 광선을 사입하는 방법으로 광선이 강하게 투과할 때는 간접사입으로 조도분포가 좋아질 수 있게 하여야 한다.

③ 고측광창 형식(Clerestory) : 천장에 가까운 측면에서 채광하는 방법으로 측광식과 정광식을 절충한 방법이다.

④ 정측광창 형식(Top Side Light Monitor) : 관람자가 서 있는 위치의 상부에 천장을 불투명하게 하여 측벽에 가깝게 채광창을 설치하는 방법이며, 천장의 높이가 낮아져 광선이 강해지는 것이 결점이다.

[해설]
　④ 정측광창 형식(Top Side Light Monitor) : 관람자가 서 있는 위치의 상부에 천장을 불투명하게 하여 측벽에 가깝게 채광창을 설치하는 방법이며, 채광부의 구조에 따라 전시공간의 천장높이가 높게 될 경우가 있으며 광선이 약해지는 것이 결점이다.

17. 미술관(박물관)의 전시공간계획에 대한 설명으로 옳지 않은 것은? 【15국가직⑨】

① 자연채광방식 중 측광창형식은 대규모 전시실에 적합한 방식이다.
② 연속순로형식은 각 전시실이 연속적으로 동선을 형성하며, 소규모 전시실에 적용하면 작은 부지면적에서도 공간계획이 가능하다.
③ 디오라마(diorama) 전시는 현장성에 충실하도록 표현하기 위한 기법으로, 하나의 사실 또는 주제의 시간 상황을 고정시켜 연출하는 기법이다.
④ 갤러리(gallery) 및 코리더(corridor) 형식은 각 실에 직접 들어갈 수 있으며, 필요시에는 자유로이 전시공간의 독립적인 폐쇄가 가능하다.

[해설]
① 자연채광방식 중 측광창형식은 조도 분포가 불균등하여 대규모 전시실에 부적합한 방식이며 소규모 전시실에 적용되는 형식이다.

18. 미술관의 자연채광형식 중 다음 설명에 해당하는 것은? 【13국가직⑦】

> • 관람자가 서 있는 위치 상부 천장을 불투명하게 하고 측벽에 가깝게 채광창을 설치하는 방법이다.
> • 채광부의 구조에 따라 전시공간의 천장높이가 높게 될 경우가 있다.

① 고측광창 형식　　② 정광창 형식
③ 측광창 형식　　④ 정측광창 형식

[해설] 정측광창 형식
① 관람자가 서 있는 위치 상부 천장을 불투명하게 하고 측벽에 가깝게 채광창을 설치하는 방법이다.
② 채광부의 구조에 따라 전시공간의 천장높이가 높게 될 경우가 있다.
③ 관람자의 위치는 어둡고 전시벽면의 조도가 밝은 이상적인 형식이다.

19. 채광계획의 특성 및 시공방법에 대한 설명으로 옳지 않은 것은? 【13국가직⑨】

① 측창채광 – 타 채광방식에 비해 구조, 시공, 개폐조작, 보수 등이 용이하다.
② 천창채광 – 높은 채광효과를 얻을 수 있으나 방수가 힘들기 때문에 방수시공 등에 각별한 주의가 필요하다.
③ 정측창채광 – 관람자의 위치는 어둡고 전시벽면의 조도가 밝아 미술관에 이상적인 방식이다.
④ 고측창채광 – 천장에 채광창을 뚫고 직사광선을 막기 위해 루버 등을 설치하는 방식이다.

[해설]
④ 고측창채광 – 천장부근에 측창을 높게 설치하는 형식으로 측창채광과 천창채광 형식의 절충형이다.

20. 미술관 건축계획에 대한 설명으로 옳지 않은 것은? 【18지방직⑨】

① 전시실 순회형식 중 중앙홀 형식은 홀이 클수록 동선 혼란이 적어지고 장래 확장에 유리하다.
② 전시실 순회형식 중 갤러리 및 코리더 형식은 각 실에 직접 들어갈 수 있는 장점이 있다.
③ 특수전시기법 중 아일랜드전시는 벽이나 천장을 직접 이용하지 않고 전시물 또는 전시장치를 배치함으로써 전시공간을 만들어내는 기법이다.
④ 출입구는 관람객용과 서비스용으로 분리하고, 오디토리움이 있을 경우 별도의 전용 출입구를 마련하는 것이 좋다.

[해설]
① 전시실 순회형식 중 중앙홀 형식은 홀이 클수록 동선 혼란이 적어지는 장점이 있으나 장래 확장에 무리가 있다.

21. 미술관 출입구 계획에 대한 설명으로 옳지 않은 것은? 【20지방직⑨】

① 일반 관람객용과 서비스용 출입구를 분리한다.
② 상설전시장과 특별전시장은 입구를 같이 사용한다.
③ 오디토리움 전용 입구나 단체용 입구를 예비로 설치한다.
④ 각 출입구는 방재시설을 필요로 하며 셔터 등을 설치한다.

[해설]
② 상설전시장과 특별전시장은 입구를 별도로 설치한다.

해답　17 ①　18 ④　19 ④　20 ①　21 ②

Piece

02

건축사

Chapter 01

시대구분, 고대건축

서양건축사는 우선 시대순으로 나열할 수 있어야 한다.
고대건축의 이집트와 바빌로니아 건축의 특징을 정리하길 바란다.

1 시대구분 [☆]

① 고대건축	이집트, 바빌로니아
② 고전건축	그리스, 로마
③ 중세건축	초기기독교, 비잔틴, 로마네스크, 고딕
④ 근세건축	르네상스, 바로크, 로코코
⑤ 근대건축	태동기 : 신고전주의, 낭만주의, 절충주의
	여명기 : 수공예운동, 아르누보운동, 세제션운동, 독일공작연맹
	성숙기 : 데스틸, 바우하우스, 국제주의
⑥ 현대건축	대중주의, 신합리주의, 지역주의, 구조주의, 신공업기술주의, 해체주의

· 예제 01 ·

서양건축을 시대순으로 바르게 나열한 것은?   【12국가직⑨】
① 로마네스크 → 고딕 → 르네상스 → 비잔틴
② 고딕 → 르네상스 → 비잔틴 → 로마네스크
③ 로마네스크 → 고딕 → 비잔틴 → 르네상스
④ 비잔틴 → 로마네스크 → 고딕 → 르네상스

그리스 → 로마 → 초기기독교 → 비잔틴 → 로마네스크 → 고딕 → 르네상스 → 바로크 → 로코코

답 : ④

2 고대건축

(1) 이집트 건축

① 기둥형식
- 기하학주(각기둥) : 4각, 8각, 16각 기둥
- 식물주 : 로터스(수련)기둥, 파피루스기둥, 종려기둥
- 조각주 : 주두에 인상(人像)을 새기거나 인신(人身)을 조각하여 기둥 모양으로 사용한 것(헤토르신기둥, 오시리신 기둥)

② 건축의 사례

㉠ 분묘건축

- 영혼불멸사상, 육체복귀사상으로 분묘를 영원한 주거로 생각하고 시체를 미이라 분묘에 보관하였다.
- 분묘의 형식 : 마스터바(mastaba), 피라미드(pyramid)

㉡ 신전건축 : 콘스대신전

- 구조형식 : 석재의 가구식(Post & Lintel) 구조와 암굴의 일체식 구조를 결합한 형식이다.
- 평면구성 : 중정(court), 다주실(hypostyle hall), 성소 (sanctuary)의 3부분으로 구성되었으며, 정문에 탑문(pylon), 그 앞에 기념비(obelisk)가 있는 중심의 좌우대칭형이다.
- 신전의 내부공간 : 중심에서 성소로 들어갈수록 바닥이 높아지고, 천장은 낮아진다.

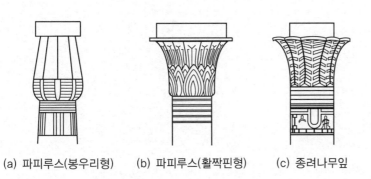

(a) 파피루스(봉우리형)   (b) 파피루스(활짝핀형)   (c) 종려나무잎

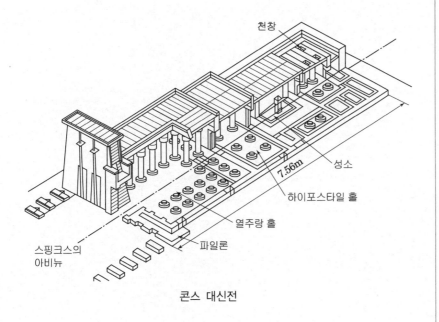

콘스 대신전

[우르(Ur)의 지구라트]

(2) 바빌로니아 건축

① 구법

- 아치(arch)와 볼트(vault)의 발달 : 점토사용으로 조적식 구법이 발달
  하였다.
- 첨두형 아치가 많이 사용되었다.
- 목재와 석재의 사용으로 아치구법이 매우 발달하였다.

② 건축의 사례

지구라트(ziggurat)

- 천문학의 발달 : 과학과 종교의 두 목적으로 축조
- 궁전 및 신의 주거라는 개념을 도입하였다.

01 출제예상문제

1. 서양건축을 시대순으로 바르게 나열한 것은?

【12국가직⑨】

① 로마네스크 → 고딕 → 르네상스 → 비잔틴
② 고딕 → 르네상스 → 비잔틴 → 로마네스크
③ 로마네스크 → 고딕 → 비잔틴 → 르네상스
④ 비잔틴 → 로마네스크 → 고딕 → 르네상스

[해설]
그리스 → 로마 → 초기기독교 → 비잔틴 → 로마네스크 → 고딕 → 르네상스 → 바로크 → 로코코

2. 서양 건축양식의 변천과정을 시기 순으로 바르게 나열한 것은?

【16지방직⑨】

① 비잔틴 → 고딕 → 로마네스크 → 르네상스 → 바로크
② 비잔틴 → 로마네스크 → 고딕 → 르네상스 → 바로크
③ 로마네스크 → 비잔틴 → 고딕 → 바로크 → 르네상스
④ 로마네스크 → 비잔틴 → 고딕 → 르네상스 → 바로크

[해설]
그리스 → 로마 → 초기기독교 → 비잔틴 → 로마네스크 → 고딕 → 르네상스 → 바로크 → 로코코

3. 다음 건축물에 대한 설명으로 옳지 않은 것은?

【11국가직⑦】

① 지구라트(Ziggurat)는 고대 메소포타미아 종교건축으로 건축적 형태는 사각형에 기초한 중앙집중식 배치이며, 수직축이 강조되었다.
② 베니핫산(Benihassan)에 있는 핫셉수트(Hatshepsut) 여왕의 분묘신전은 시기적으로 이집트의 고왕국 건축에 해당한다.
③ 로마시대의 주거건축인 인슐라(Insula)는 1층에 상점이 있고, 중앙에 뜰이 있다.
④ 고대 그리스의 신전 건축물인 에렉테이온(Erechtheion)은 여인의 모습을 형상화한 기둥으로 유명하다.

[해설]
② 베니핫산(Benihassan)에 있는 핫셉수트(Hatshepsut) 여왕의 분묘신전은 시기적으로 이집트의 신왕국(기원전 1570~1070) 건축에 해당한다. 이집트 유일한 여왕인 하셉수트의 영혼을 기리는 장제신전으로 태양신 아문(Amun)과 자신의 영혼을 위한 이중 기능을 가진 건물로 신전 및 사당의 성격을 담고 있다.

4. 고대 메소포타미아 지역의 지구라트에 대한 설명으로 옳지 않은 것은?

① 주된 형태 요소는 점이다.
② 이집트 건축보다 수직축을 더 강조하였다.
③ 평면은 정사각형에 기초한 중앙집중식 배치로 되어있다.
④ 이집트 신전과 유사한 직선 축 진입방식으로 이루어져 있다.

[해설]
④ 경사로처럼 보이는 100개의 단을 가진 3개의 계단은 네 귀퉁이에 탑이 있는 출입문에 만나며, 여기에서 또 하나의 계단이 올라가 신전으로 연결되는데 이러한 의식행렬용의 길은 일종의 각이 진 나선형과 유사하다고 볼 수 있으며, 이집트 신전의 직선축에 의한 접근방식과 대조를 이룬다.

해답　1 ④　2 ②　3 ②　4 ④

02 고전건축

고전건축은 서양건축사에서 출제빈도가 높은 부분이며 그리스 건축과 로마건축으로 구성된다. 그리스 건축에서는 기둥양식, 건축구성의 각 부재의 명칭, 건축의 사례, 로마건축에선 기둥양식과 건축의 사례에 대한 문제가 출제된다.

출제빈도
14국가직 ⑨ 15지방직 ⑨ 16지방직 ⑨

[아고라와 아크로폴리스]

[디오니소스 극장]

1 그리스건축 [☆]

(1) 그리스건축의 특성

① 구법 : 포스트 린텔(post-lintel)식 사용
② 구성의 척도가 매우 명확함.
③ 관념적인 비례(proportion)에 의해 진보적인 추구
④ 삼각형(이등변)의 시스템 도입
⑤ 착시교정기법 : 엔타시스(entasis, 기둥의 배흘림), 기둥 안쏠림, 처마선의 휨, 기단의 휨

(2) 기둥양식 : 도리아(doric)식, 이오니아(ionic)식, 코린트(corinthian)식

(3) 신전건축의 구성

① 기단   ② 기둥(column)
③ 엔터블리처(entablature) : 아키트레이브, 프리즈, 코니스
④ 박공(페디먼트, pediment)

(4) 건축의 사례

① 극장 : 에피다리우스 극장, 디오니소스 극장
② 경기장 : 아테네의 스타디움
③ 광장 : 아고라(Agora)
④ 신전 : 파르테논 신전, 에렉테이온 신전

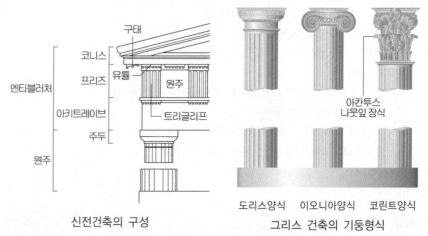

신전건축의 구성

그리스 건축의 기둥형식
도리스양식   이오니아양식   코린트양식

파르테논 신전

에렉테이온 신전

• 예제 01 •

고대 그리스 도시에서 교역이나 집회의 장(場)으로 사용되었던 옥외 공공광장을 지칭하는 용어는?　【15지방직⑨】

① 팔라초(Palazzo)　　　② 아고라(Agora)

③ 포럼(Forum)　　　　　④ 아크로폴리스(Acropolis)

아고라(Agora) : 고대 그리스 도시에서 교역이나 집회의 장(場)으로 사용되었던 옥외 공공광장

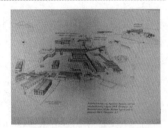

답 : ②

2 로마건축 [☆]

(1) 로마건축의 특성

① 건축재료 : 주로 석재(대리석, 응회암 등)를 사용하였으며, 콘크리트를 발명하였다.

② 그리스건축의 가구식 구조를 채용하고 아치, 볼트 및 돔을 장식적 기법으로 활용하고, 에트러스컨 건축에서 인용하여 기둥, 보, 아치 등에 구조체로 활용하였다.

③ 벽돌로 리브(Rib)를 만들고 돔, 볼트, 교차 볼트 등을 사용하였다.

④ 볼트와 아치를 병용한 아케이드는 아치와 기둥을 자유로이 조합하여 사용하였다.

⑤ 의장면에서 그리스건축을, 구조면에서는 에트러스컨 건축의 전통을 결합하여 사용하였다.

⑥ 실제적, 공리적 관념의 발달로 건축공법을 상수도, 교량 등 실용적인 면에 적용하였다.

출제빈도
10국가직 ⑦ 11국가직 ⑨ 19국가직 ⑦ 20국가직 ⑦

[원통형 볼트와 교차 볼트]

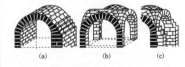
(a)　　(b)　　(c)

[프랑스 님(Nimes)의 가르교(Pont du Gard)]

[판테온 신전]

[콜로세움]

(2) 기둥양식

① 그리스건축의 도리아식, 이오니아식, 코린트식 오더의 3종류에 터스칸 오더, 복합식 오더 등 주범을 발전, 변형시켰다.

② 터스칸(Tuscan)오더 : 도리아식 오더의 단순화된 형태이다.

③ 복합식(컴포지트, composite) 오더 : 코린트식 + 이오니아식의 복합이다.

④ 순전히 장식으로 사용되었다.

(3) 건축의 사례

① 신전건축 : 판테온신전　　② 바실리카(Basilica) : 법정과 상업교역소

③ 포름(Forum) : 광장　　④ 콜로세움　　⑤ 개선문

· 예제 02 ·

시대별 건축의 특징에 대한 설명으로 옳지 않은 것은? 【11국가직⑨】

① 이집트건축은 석기시대의 목조건축에서 비롯되었으며 석조건축이 기본이 된다.

② 로마시대에는 벽돌과 돌을 사용한 아치구조와 볼트구조가 발전하였으나 콘크리트는 사용되지 않았다.

③ 고딕양식에서는 플라잉 버트레스, 첨두아치, 리브볼트 등을 사용하여 높이를 높이고 횡력에 대한 보강을 하였다.

④ 르네상스건축의 돔 구조법은 비잔틴양식에서 이어진 것이며, 돔 하부의 드럼을 높게 하여 이 부분에 창을 두어 채광효과를 주었다.

---

② 로마시대에는 벽돌과 돌을 사용한 아치구조와 볼트구조가 발전하였으며 화산재와 석회석을 섞어서 만든 콘크리트를 사용하였다. 콘크리트의 발견으로 아치와 볼트의 사용이 더욱 촉진되었다.

답 : ②

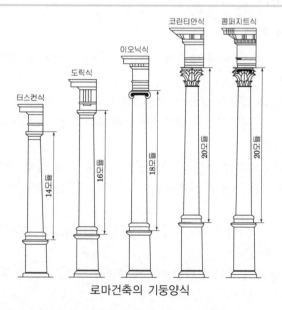

로마건축의 기둥양식

02 출제예상문제

1. 고대 그리스 도시에서 교역이나 집회의 장(場)으로 사용되었던 옥외 공공광장을 지칭하는 용어는?

【15지방직⑨】

① 팔라초(Palazzo)
② 아고라(Agora)
③ 포럼(Forum)
④ 아크로폴리스(Acropolis)

[해설]
아고라(Agora) : 고대 그리스 도시에서 교역이나 집회의 장(場)으로 사용되었던 옥외 공공광장

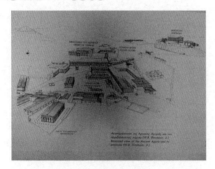

2. 그리스 기둥 양식 중 도리아 주범(Doric order)에 대한 설명으로 옳지 않은 것은?

【16지방직⑨】

① 장중하고 남성적인 느낌이 난다.
② 그리스 기둥 양식 중 가장 오래된 기둥 양식이다.
③ 파르테논신전 설계자 익티누스가 창안하였다.
④ 초반(base)이 없이 주두(capital)와 주신(shaft)으로 구성되어 있다.

[해설]
③ 도리아 주범은 도리아민족에 의해 창안되었다.

3. 로마시대 기둥(Roman Order)에 대한 설명으로 옳지 않은 것은?

【10국가직⑦】

① 로마시대 기둥에는 터스칸(Tucan), 도릭(Doric), 이오닉(Ionic), 코린티안(Corinthian), 컴포지트(Composite)가 있다.
② 일반적으로 이오닉 오더는 주로 건물의 하부에 사용하고, 도릭 오더는 주로 건물의 상부에 사용하였다.
③ 로마시대 기둥에 사용된 모듈은 기둥 단면의 반경으로, 원주율 π와 황금비 사이의 밀접한 관계가 이 모듈을 선택하게 된 계기가 된 것으로 추측된다.
④ 로마시대 기둥은 비트루비우스(Vitruvius)의 건축십서(建築十書)에 분류되어 있다.

[해설]
② 일반적으로 이오닉 오더는 주로 건물의 상부에 사용하고, 도릭 오더는 주로 건물의 하부에 사용하였다.

4. 시대별 건축의 특징에 대한 설명으로 옳지 않은 것은?

【11국가직⑨】

① 이집트건축은 석기시대의 목조건축에서 비롯되었으며 석조건축이 기본이 된다.
② 로마시대에는 벽돌과 돌을 사용한 아치구조와 볼트구조가 발전하였으나 콘크리트는 사용되지 않았다.
③ 고딕양식에서는 플라잉 버트레스, 첨두아치, 리브볼트 등을 사용하여 높이를 높이고 횡력에 대한 보강을 하였다.
④ 르네상스건축의 돔 구조법은 비잔틴양식에서 이어진 것이며, 돔 하부의 드럼을 높게 하여 이 부분에 창을 두어 채광효과를 주었다.

[해설]
② 로마시대에는 벽돌과 돌을 사용한 아치구조와 볼트구조가 발전하였으며 화산재와 석회석을 섞어서 만든 콘크리트를 사용하였다. 콘크리트의 발견으로 아치와 볼트의 사용이 더욱 촉진되었다.

해답 1 ② 2 ③ 3 ② 4 ②

5. 시대별 건축 특징의 연결로 옳지 않은 것은?

【14국가직⑨】

① 그리스시대 건축-도리아식, 이오니아식, 코린트식 오더-파르테논 신전

② 로마시대 건축-아치, 볼트-아고라

③ 비잔틴시대 건축-펜던티브 돔-하기야 소피아 성당

④ 고딕시대 건축-첨두아치, 플라잉버트레스, 리브 볼트-파리 노틀담 성당

[해설]
　② 아고라(Agora) : 그리스의 광장
　　※ 포름(Forum) : 로마의 광장

6. 그리스 신전건축에 사용된 착시현상의 보정방법으로 옳지 않은 것은?

① 모서리 쪽의 기둥 간격을 넓혔다.

② 기둥의 전체적인 윤곽을 중앙부에서 약간 부풀게 만들었다.

③ 기둥 같은 수직 부재들은 올라가면서 약간 안쪽으로 기울였다.

④ 기단, 아키트레이브, 코니스 등이 이루는 긴 수평 선들을 약간 위로 볼록하게 만들었다.

[해설]
　① 모서리 쪽의 기둥 간격을 좁게 처리하였다.

중세건축은 초기기독교, 비잔틴, 로마네스크, 고딕건축으로 구성되며, 각 양식별 특징을 정리하는 것이 중요하다. 특히, 각 양식의 구조방식과 부재의 명칭, 평면구성상의 특징이 출제된다.

1 초기 기독교건축

(1) 바실리카식 교회의 평면형식

① 동서로 주축을 잡고 서측 현관을 통해 중정(atrium)에 들어간다.

② 중정에서 장방형의 회당으로 들어가는데 회당은 전실(나르텍스 : narthex)과 회중석으로 되어 있다.

③ 회중석은 중앙의 좌우에 주열이 있고 천장이 높은 신랑(네이브 : nave)과 주열 밖의 천장이 낮은 측랑(아일 : aisle)이 3~5주간으로 구성되어 있으며, 바닥이 높은 성단은 반원형으로 돌출한 앱스(apse)와 횡단부분인 후진(bema)으로 되어 있다.

(2) 구조

① 구조상 지붕은 간단한 목조 트러스 지붕으로 덮었다.

② 채광은 신랑과 측랑의 높이 차이에 고측창(clerestory)을 설치하였다.

③ 측랑은 2층으로 만들어 트리포리움(triforium)을 설치하기도하였다.

출 제 빈 도

21국가직 ⑦ 21지방직 ⑨

[바실리카식 교회 평면]

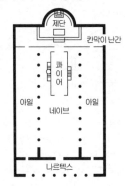

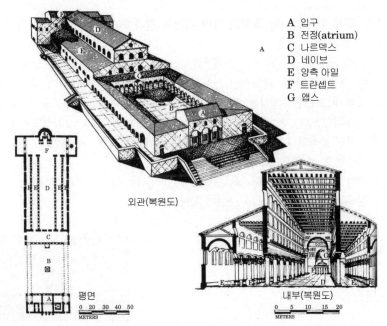

A 입구
B 전정(atrium)
C 나르덱스
D 네이브
E 양측 아일
F 트란셉트
G 앱스

외관(복원도)

평면

내부(복원도)

구(舊) 성베드로 성당 복원도

[부주두(도서렛)]

[펜던티브 돔]

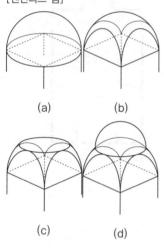

| (a) | (b) |
| (c) | (d) |

2 비잔틴 건축[☆]

(1) 비잔틴건축의 특성

① 동양적 요소를 가미한 건축형식을 장려하였고 동서건축의 기조가 되었다.

② 건물의 외부는 단조롭고 재료의 본질성만을 강조하는 정도이나 건물의 내부는 조각, 회화 장식을 화려하게 마감했다.

③ 평면의 각 부분은 정사각형으로 취급되었으며, 로마 카톨릭에서 부터 그리스정교로 분리되면서 라틴십자형에서 그리스십자형을 즐겨 사용하였다.

④ 주두에 부주두(도서렛, dosseret)를 겹쳐 얹었다.

⑤ 콘크리트나 벽돌로 구체구성을 하고 그 표면을 대리석으로 포장하였다.

⑥ 벽돌쌓기는 색을 달리하여 횡선을 만드는 비잔틴식 쌓기법을 창안하였다.

⑦ 구조적으로 진실된 표현과 펜던티브 돔(pendentive dome)을 창안하였다.

(2) 건축의 사례

• 성 소피아(St. Sophia) 성당

• 성 비타레(St. Vitale) 성당

· 예제 01 ·

서양 중세 건축양식별 특징과 그와 관련된 건축물에 대한 설명으로 옳지 않은 것은?　【16지방직⑨】

① 고딕 건축양식은 플라잉 버트레스(flying buttress), 첨두아치(pointed arch)를 사용하였으며, 대표적인 건축물로 성 소피아(St. Sophia) 성당이 있다.

② 로마네스크 건축양식은 반원 아치(arch), 교차볼트(intersecting vault)를 사용하였으며, 대표적인 건축물로 성 미니아토(St. Miniato) 성당이 있다.

③ 비잔틴 건축양식은 돔(dome), 펜던티브(pendentive)를 사용하였고, 대표적인 건축물로 성 비탈레(St. Vitale) 성당이 있다.

④ 사라센 건축의 모스크(mosque)는 미나렛(minaret)이 특징이며, 대표적인 건축물로 코르도바(Cordoba) 사원이 있다.

① 성 소피아성당은 대표적인 비잔틴 건축물이다.

답 : ①

③ 로마네스크 건축[☆]

출제빈도
08국가직 ⑨ 13지방직 ⑨

(1) 로마네크스건축의 특성

① 성당, 수도원 등의 종교건축이 주류를 이루었다.

② 장축형 평면(라틴십자가, Latin Cross)과 종탑의 첨가 : 초기 기독교 바실리카식 교회로부터 발전한 평면형식은 이 시기에 와서는 중정(atrium)을 없애고 현관을 도로에 접하게 하여 고탑을 올렸다.

③ 신자의 증가에 따라 신랑(nave)과 측랑(aisle)의 장·단축의 길이를 연장하고, 성직자 전용의 기도소(transept : 수랑)를 측랑 끝에 둠으로써 라틴십자형 평면형식을 완성하였다.

④ 신도석인 신랑, 측랑과 성단은 시각적으로 구분짓는 대아치(영광의 문 : Triumphal Arch) 가 있다.

⑤ 아치구조법의 발달로 교차볼트(intersection vault)가 사용되었고, 여기서의 하중은 리브(rib)를 통해 피어(pier)로 전달하였다.

⑥ 클러스터 피어(clustered pier)와 버트레스(buttress)를 사용하였다.

[리브볼트]

[클러스터 피어]

(2) 건축의 사례

- 피사의 대성당(이탈리아)
- 성 프롬성당(프랑스)
- 브롬스 대성당(독일)
- 더램 성당(영국)

피사 대성당

더램 성당

· 예제 02 ·

서양건축사에 대한 설명으로 옳지 않은 것은?　　　　【08국가직⑨】

① 비잔틴건축의 특징요소로는 펜덴티브(Pendentive), 볼트(Vault), 부주두 (Dosseret) 등을 들 수 있다.

② 로마네스크 교회 건축의 공통적인 특징은 리브(Rib)의 활용에 의한 경간 (Bay)의 가변성이다.

③ 로마의 성 파울(St. Paolo) 교회당은 초기 기독교 시대의 바실리카식 교회 당이다.

④ 플라잉 버트레스(Flying Buttress)는 고딕건축의 특징에 해당하는 요소이다.

---

② 로마네스크 건축에서 기둥이 지붕의 모든 하중을 전달받게 되며 지붕의 하중을 기둥에 전달하는 부재가 리브이다. 리브는 홈통같은 모양의 가는 기둥으로 변한 것들이 기둥 주변을 감싸고 있는 형태가 되는데 이러한 형태의 기둥을 클러스터 피어(Clustered pier)라고 한다. 따라서 경간의 가변성을 확보하기 어려운 구조형식이다.

▲ 리브볼트　　　　　　　▲ 클러스터 피어

답 : ②

출제빈도

08국가직 ⑨ 09지방직 ⑦ 10지방직 ⑦ 19국가직 ⑦

[플라잉 버트레스]

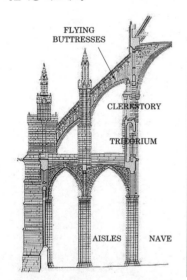

4 고딕 건축[☆]

(1) 고딕 건축의 특성

① 대성당, 길드 홀, 공공건축 등 도시건축이 활발하였다.

② 로마네스크 교회의 장축을 늘리고 앱스(apse) 둘레에 보회랑(ambulatorium) 과 방사상의 제실형식(chevet)을 둔 후진공간을 만들어 기도소(transept)의 위치를 강조하였다.

③ 보회랑 주위의 앱스(apse)들이 반원평면의 성직자 기도소였고, 뚜렷한 로마 십자형평면은 아니었다.

④ 첨두형 아치(pointer arch)와 볼트의 발달로 그 반경길이를 자유로이 가감할 수 있었고 정점의 높이조절과 횡력작용을 수직으로 변환시킬 수 있었다.

⑤ 첨탑(spire)과 플라잉 버트레스((flying buttress)의 발달로 횡력을 합리적으로 처리했으며, 그로 인해 창호가 커졌다. 수직하중은 피어에서, 수평하중은 플라잉 버트레스에서 부담하므로 벽체는 자유로이 개방할 수 있어 창면적을 최대로 할 수 있었고 여기에 착색유리(stained glass)를 끼웠다.

(2) 건축의 사례

- 노틀담 성당(프랑스)
- 솔즈베리 성당(영국)
- 밀라노 대성당(이탈리아)
- 샤르트르 대성당(프랑스)
- 쾰른 대성당(독일)

[첨두형 아치(pointed arch)]

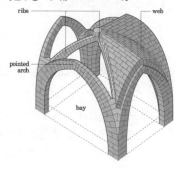

파리 노틀담 성당

밀라노 대성당

· 예제 03 ·

다음 중 고딕양식의 성당이 아닌 것은? 【08국가직⑨】

① 샤르트르(Chartres) 성당
② 쾰른(Köln) 성당
③ 성 암브로죠(St. Ambrozio) 성당
④ 밀라노(Milano) 대성당

성 암브로죠 성당
379년에 건축되기 시작하여 386년 성 암브로죠에 의해 이탈리아 밀라노에 창건한 성당으로 롬바르디아의 로마네스크 양식의 여왕으로 불리운다.

▲ 성 암브로죠 성당

<u>답 : ③</u>

03 출제예상문제

1. 서양건축사에 대한 설명으로 옳지 않은 것은?

【08국가직⑨】

① 비잔틴건축의 특징요소로는 펜덴티브(Pendentive), 볼트(Vault), 부주두(Dosseret) 등을 들 수 있다.
② 로마네스크 교회 건축의 공통적인 특징은 리브 (Rib)의 활용에 의한 경간(Bay)의 가변성이다.
③ 로마의 성 파울(St. Paolo) 교회당은 초기 기독교 시대의 바실리카식 교회당이다.
④ 플라잉 버트레스(Flying Buttress)는 고딕건축의 특징에 해당하는 요소이다.

[해설]
② 로마네스크 건축에서 기둥이 지붕의 모든 하중을 전달받게 되며 지붕의 하중을 기둥에 전달하는 부재가 리브이다. 리브는 홈통같은 모양의 가는 기둥으로 변한 것들이 기둥 주변을 감싸고 있는 형태가 되는데 이러한 형태의 기둥을 클러스터 피어 (Clustered pier)라고 한다. 따라서 경간의 가변성을 확보하기 어려운 구조형식이다.

▲ 리브볼트　　　　▲ 클러스터 피어

2. 다음 중 고딕양식의 성당이 아닌 것은?

【08국가직⑨】

① 샤르트르(Chartres) 성당
② 쾰른(Köln) 성당
③ 성 암브로죠(St. Ambrozio) 성당
④ 밀라노(Milano) 대성당

[해설] 성 암브로죠 성당
379년에 건축되기 시작하여 386년 성 암브로죠에 의해 이탈리아 밀라노에 창건한 성당으로 롬바르디아의 로마네스크 양식의 여왕으로 불린다.

▲ 성 암브로죠 성당

3. 건축양식에 대한 설명으로 옳지 않은 것은?

【09지방직⑦】

① 고딕 건축은 독일에서 시작되었으며 대표적으로 독일의 보름스 대성당(Worms Cathedral)이 있다.
② 고딕 건축의 구조적 및 장식적 특징은 리브볼트 (Rib Vault), 첨두아치(Pointed Arch) 그리고 플라잉버트레스(Flying Butress) 등에서 찾을 수 있다.
③ 르네상스 건축의 돔(Dome)에서 상부에 정탑 (Lantern)을 두는 방법이 나타나기 시작하였다.
④ 르네상스 건축은 수평선을 의장의 주된 요소 중하나로 취급하였다.

[해설]
① 고딕건축의 12세기에 프랑스에서 시작되었으며, 특히 프렌치 노르망(French Norman) 건축이라 칭하는 독특한 건축양식이 발생하여 고딕 양식의 기초가 되었다.

해답　1 ②　2 ③　3 ①

4. 교회의 건축양식에 대한 설명으로 옳지 않은 것은?

【10지방직⑦】

① 비잔틴양식 교회는 힘의 균형을 바탕으로 한 합리적인 구조방식의 채택을 통한 플라잉 버트레스의 활용으로 균형과 안정을 이루었다.

② 로마네스크양식 교회는 아치의 발달과 교회세력의 확장으로 규모가 커지고 변화가 풍부해졌다.

③ 초기기독교양식 교회는 로마건축을 계승한 바실리카식 교회와 바실리카식이 발전된 형이 있다.

④ 고딕양식 교회는 첨두아치의 사용이 특징이며, 의장적 요소는 신에 대한 신앙심을 상징했던 첨탑을 들 수 있다.

[해설]
　① 플라잉 버트레스는 고딕건축에서 사용한 구법이다.

5. 서양 건축양식에 대한 설명으로 옳지 않은 것은?

【13지방직⑨】

① 비잔틴 양식은 4세기~15세기에 걸친 건축양식으로, 사라센 문화의 영향을 받아 동양적인 요소가 가미된 건축양식이다.

② 로마네스크 양식은 11세기~12세기에 융성했던 건축양식으로 건물에 아치(활모양)를 사용하지 않는 것이 특징이다.

③ 고딕 양식은 12세기~16세기에 나타난 건축양식이며, 구조와 장식적 특징으로는 리브 볼트, 첨두아치 및 플라잉 버트레스 등을 들 수 있다.

④ 르네상스 양식은 15세기~17세기에 나타난 건축양식이며, 구조적인 특징으로는 돔 하부의 드럼(Drum)을 높게 하고 여기에 창을 두어 내부공간에 신비로운 채광효과를 높인 점을 들 수 있다.

[해설]
　② 로마네스크 양식은 11세기~12세기에 융성했던 건축양식으로 로마시대의 구법을 모방하여 건물에 아치(활모양)와 볼트를 사용하였다.

6. 서양 중세 건축양식별 특징과 그와 관련된 건축물에 대한 설명으로 옳지 않은 것은? 　【16지방직⑨】

① 고딕 건축양식은 플라잉 버트레스(flying buttress), 첨두아치(pointed arch)를 사용하였으며, 대표적인 건축물로 성 소피아(St. Sophia) 성당이 있다.

② 로마네스크 건축양식은 반원 아치(arch), 교차볼트(intersecting vault)를 사용하였으며, 대표적인 건축물로 성 미니아토(St. Miniato) 성당이 있다.

③ 비잔틴 건축양식은 돔(dome), 펜던티브(pendentive)를 사용하였고, 대표적인 건축물로 성 비탈레(St. Vitale) 성당이 있다.

④ 사라센 건축의 모스크(mosque)는 미나렛(minaret)이 특징이며, 대표적인 건축물로 코르도바(Cordoba) 사원이 있다.

[해설]
　① 성 소피아성당은 대표적인 비잔틴 건축물이다.

7. 다음의 서양건축에 대한 설명 중 옳지 않은 것은?

① 로마 건축의 기둥에는 그리스 건축의 오더 이외에 터스칸 오더, 콤포지트 오더가 사용되었다.

② 고딕 건축은 수직적인 요소가 특히 강조되었다.

③ 비잔틴 건축은 사라센 문화의 영향을 받았으며 동양적 요소가 가미되었다.

④ 로마네스크 건축은 내부보다는 외부의 장식에 치중하였으며, 바실리카에 비하면 단순하고 간소하다.

[해설]
　④ 로마네스크 건축은 외부보다는 내부의 장식에 치중한 건축양식이며, 바실리카(Basilica) 보다는 화려해졌다.

해답　4 ①　5 ②　6 ①　7 ④

Chapter 04 근세건축

근세건축은 르네상스, 바로크, 로코코 건축으로 구성되며, 특히 르네상스 건축에 대한 출제빈도가 높다. 여기에서는 각 양식별 특징을 정리하고 특히 근세건축부터는 건축가와 해당 작품들을 숙지하여야 한다.

출제빈도
11지방직 ⑦ 12지방직 ⑨ 18국가직 ⑨ 20국가직 ⑨

[빌라 로툰다]

[피렌체 대성당]

[성베드로 성당]

1 르네상스 건축[☆]

(1) 르네상스 건축의 특성

① 비례(proportion)와 미적 대칭(symmetry) 등을 중시하였다.

② 교회당의 경우는 로마의 바실리카식에 의한 것이었고 구획을 크게 하여 광활하게 하였다.

③ 구조의 복고와 신구성양식 : 그리스 3주범과 로마의 2주범을 구조적 독립 기둥으로 취급하고 로마시대의 배럴볼트, 대아치를 재활용 하면서 새로운 구조기술을 도입하여 시공하였다.

④ 재질감의 강조 : 외벽이 중층일 때는 매층마다 돌림띠(코니스 : cornice)로 수평성을 강조하고 위층으로 향할수록 점차 강(强)에서 유(柔)로 다루었다.

⑤ 창 형식은 삼각 박공형 창(pediment type), 중앙 기둥 2연창(order type), 연속 홍예형 창(arcade type)이 있다.

⑥ 동일 건축정면에도 2가지 이상을 겸용하고 후면은 정면과 다르게 취급하였다.

⑦ 중층일 때는 각층마다 다른 주범을 겸용하였다.

⑧ 외부는 벽체로, 내부는 벽면으로 취급하여 석고판(stucco panel)으로 천장과 같이 완성하는 수법을 취했으며 벽화와 천장화를 그렸다.

⑨ 내부의 주제는 아치와 볼트이고, 이것을 그대로 노출시켜 구성미를 이루었다.

⑩ 조각의 주제는 다양하게 공공건축과 시민광장에 건립하여 일반시민들의 공유물로 하였다.

⑪ 종교건축뿐만 아니라 귀족의 저택(팔라쪼), 별장(빌라) 등의 건축물이 건립되었다.

(2) 건축의 사례

① 브루넬레스키 : 피렌체 대성당의 돔, 피티 궁(피렌체)

② 알베르티 : 루첼라이 궁(피렌체), 「건축론」

③ 미켈란젤로 : 로마 캐피톨(로마), 파르네제 궁(로마)

④ 팔라디오 : 「건축4서」, 빌라 로툰다

피티 궁(피렌체)

루첼라이 궁(피렌체)

· 예제 01 ·

교회건축은 시대의 변천에 따라 여러 가지 양식으로 변화해 왔다. 다음 내용에 해당하는 교회건축 양식은? 【11지방직⑦】

- 교회건축의 정상에 정탑(Lantern)을 올려놓으며, 돔 아래에는 드럼(Drum)이라는 원통부를 설치하였다.
- 외벽이 중층일 경우에는 매 층마다 돌림띠(Cornice)로 수평선을 강조하여 위층으로 갈수록 약하게 다루었다.
- 벽면은 음과 양을 표현하여 3차원의 벽체로 취급하였으며, 깊은 줄눈으로 외벽을 마무리한 러스티카(Rustica) 방법으로 표현하였다.
- 대표적 교회는 성 피터(St.Peter) 대성당이다.

① 르네상스 양식　　　　　② 로마네스크 양식
③ 비잔틴 양식　　　　　　④ 고딕 양식

르네상스 양식
① 교회건축의 정상에 정탑(Lantern)을 올려놓으며, 돔 아래에는 드럼(Drum)이라는 원통부를 설치하였다.
② 외벽이 중층일 경우에는 매 층마다 돌림띠(Cornice)로 수평선을 강조하여 위층으로 갈수록 약하게 다루었다.

답 : ①

2 바로크 건축[☆]

(1) 바로크건축의 특성

① 강렬한 극적 효과를 추구하여 감각적이며 관찰자의 주관적 감흥을 중시함.
② 건축의 구조, 표현, 장식 등 모든 것이 전체의 효과를 위해 사용함.
③ 교향악적인 특성 : 공간과 매스, 움직임과 정지, 빛과 음영, 돌출과 후퇴, 큰 것과 작은 것 등의 대조적인 것들을 종합적으로 통합하였음.

출제빈도
11지방직 ⑨ 14지방직 ⑨

④ 기하학적으로 명확히 감지되지 않는 공간, 확산 공간, 역동적인 공간, 풍요한 공간의 특징으로 구성하였음.

⑤ 곡선의 도입, 파동치는 벽, 타원평면의 선호, 현란한 장식이 많이 사용함

⑥ 과장된 투시도적 효과의 수평, 수직적 요소간의 상호관입

(2) 건축의 사례

- 베르니니 : 성 베드로 성당(이탈리아)
- 베르사이유 궁(프랑스)
- 크리스토퍼 렌 : 세인트 폴 성당(영국)

[세인트 폴 성당]

[산 카를로 알레 콰트로 폰타네]

성 베드로 성당

베르사이유 궁

· 예제 02 ·

크리스토퍼 렌(Christopher Wren)의 바로크 양식에 해당하는 작품은?

【14지방직⑨】

① 쾰른 대성당(Köln Cathedral)
② 메디치 궁전(Palazzo Medici)
③ 솔즈베리 대성당(Salisbury Cathedral)
④ 세인트 폴 대성당(St. Paul's Cathedral)

영국 런던에 있는 영국 성공회 교회의 성당. 크리스토퍼 렌(Wren, C.)의 설계로 1710년에 준공된 것으로, 르네상스건축의 특색을 살렸다. 지하에 화가 터너, 넬슨제독, 소설가 로렌스(Lawrence, D. H.), 나이팅게일 등의 묘가 있다.

답 : ④

3 로코코 건축

(1) 로코코 건축의 특성

① 프랑스 바로크의 최후단계
② 바로크의 둔중한 인상에 비해 세련된 아름다운 곡선으로 표현
  (여성적인 인상)
③ 개인위주의 프라이버시를 중요시한 양식
④ 기능적 공간구성과 개인적인 쾌락주의 공간구성으로 주거건축에 큰 발전도래
⑤ 장식하는데 중점을 두었고 특히 부분적 효과를 중시
⑥ 벽, 천장은 일련의 곡선으로 연결하여 유동성 있는 공간을 만들고 수직선
  만 명확히 표현

(2) 건축의 사례

• 장 꾸르티엔스 : 드 마티뇽 호텔(프랑스)
• 뷔르첸 하일리겐 교회당(독일)
• 배스(Bath)의 광장(영국)

뷔르첸 하일리겐 교회당

수비즈 호텔

04 출제예상문제

1. 서양의 종교건축에 대한 설명으로 옳지 않은 것은?

【11지방직⑨】

① 독일 아헨에 있는 팔라틴 채플은 돔으로 덮인 8각형의 공간으로, 그보다 수 세기 전에 건립된 성 비탈레 성당의 공간과 구조를 모델로 한 것으로 평가받고 있다.

② 고딕 성당건축은 플라잉 버트레스(Flying Buttress)와 같은 새로운 요소의 등장으로 역학적 구조가 직접 예술적으로 표현되는 모습을 보여주고 있다.

③ 브루넬레스키(Brunelleschi)가 설계한 이탈리아 피렌체의 대성당 산타마리아 델 피오레의 거대한 돔(큐폴라)은 르네상스 건축의 상징이 되었다.

④ 바로크 교회건축은 정형적이며 정적(靜的)인 공간적 특성을 지니고 가급적 정사각형의 평면을 유지하려 하였다.

[해설]
　④ 바로크 양식의 교회건축은 비정형적이며, 동적인 공간적 특성을 지니고 있으며, 곡선과 타원형 평면을 사용하였다.

2. 르네상스 건축의 특징에 대한 설명으로 옳지 않은 것은?

【12지방직⑨】

① 고전 로마의 다섯 종류의 오더(Order)를 채용하며 변화를 주거나 새롭게 구성하였다.

② 파르네제 궁전은 규칙성, 단순성과 위엄을 잘 나타내고 있는 성기 르네상스의 작품이다.

③ 합리적이며 수학적 규범과 법칙을 바탕으로 건축물의 비례, 질서, 조화 등을 표현하였다.

④ 피렌체에 있는 성 미니아토(St. Miniato)가 대표적 건축물이다.

[해설]
　성 미니아토는 1018년, 베네딕트회 수도원으로 지어졌다. 성 미니아토는 로마네스크 양식으로 지어졌으며, 피렌체 최초의 순교 성인인 싱 미니아토에게 헌정되었다.

3. 교회건축은 시대의 변천에 따라 여러 가지 양식으로 변화해 왔다. 다음 내용에 해당하는 교회건축 양식은?

【11지방직⑦】

> • 교회건축의 정상에 정탑(Lantern)을 올려 놓으며, 돔 아래에는 드럼(Drum)이라는 원통부를 설치하였다.
> • 외벽이 중층일 경우에는 매 층마다 돌림띠(Cornice)로 수평선을 강조하여 위층으로 갈수록 약하게 다루었다.
> • 벽면은 음과 양을 표현하여 3차원의 벽체로 취급하였으며, 깊은 줄눈으로 외벽을 마무리한 러스티카(Rustica) 방법으로 표현하였다.
> • 대표적 교회는 성 피터(St. Peter) 대성당이다.

① 르네상스 양식
② 로마네스크 양식
③ 비잔틴 양식
④ 고딕 양식

[해설] 르네상스 양식
　① 교회건축의 정상에 정탑(Lantern)을 올려 놓으며, 돔 아래에는 드럼(Drum)이라는 원통부를 설치하였다.
　② 외벽이 중층일 경우에는 매 층마다 돌림띠(Cornice)로 수평선을 강조하여 위층으로 갈수록 약하게 다루었다.

해답　1 ④　2 ④　3 ①

③ 벽면은 음과 양을 표현하여 3차원의 벽체로 취급하였으며, 깊은 줄눈으로 외벽을 마무리한 러스티카(Rustica) 방법으로 표현하였다.

④ 대표적 교회는 성 피터(St. Peter) 대성당이다.

4. 크리스토퍼 렌(Christopher Wren)의 바로크 양식에 해당하는 작품은? 【14지방직⑨】

① 퀼른 대성당(Köln Cathedral)
② 메디치 궁전(Palazzo Medici)
③ 솔즈베리 대성당(Salisbury Cathedral)
④ 세인트 폴 대성당(St. Paul's Cathedral)

[해설]
영국 런던에 있는 영국 성공회 교회의 성당. 크리스토퍼 렌(Wren, C.)의 설계로 1710년에 준공된 것으로, 르네상스건축의 특색을 살렸다. 지하에 화가 터너, 넬슨제독, 소설가 로렌스(Lawrence, D. H.), 나이팅게일 등의 묘가 있다.

5. 르네상스 교회 건축양식의 특징으로 옳은 것은?

① 수평을 강조하며 정사각형, 원 등을 사용하여 유심적 공간구성을 하였다.
② 직사각형의 평면구성으로 볼트구조의 지붕을 구성하며 종탑을 설치하였다.
③ 로마네스크 건축의 반원아치를 발전시킨 첨두형 아치를 주로 사용하였다.
④ 타원형 등 곡선평면을 사용하여 동적이고 극적인 공간 연출을 하였다.

[해설]
② 로마네스크 건축양식의 특성
③ 고딕 건축양식의 특성
④ 바로크 건축양식의 특성

6. 바로크 시대의 건축적 특징과 가장 거리가 먼 것은?

① 풍부한 장식
② 공간의 해방
③ 고전건축의 복원
④ 유동하는 벽체

[해설]
③ 고전건축의 복원은 르네상스 건축의 특징이다.

7. 르네상스 시대의 건축가와 그의 작품의 연결이 옳지 않은 것은? 【18국가직⑨】

① 안드레아 팔라디오–빌라 로톤다(빌라 카프라)
② 필리포 브루넬레스키 – 일 레덴토레 성당
③ 미켈란젤로 부오나로티–라우렌찌아나 도서관
④ 레온 바티스타 알베르티–루첼라이 궁전

[해설]
② 필리포 브루넬레스키 – 플로렌스 대성당의 돔, 로렌조 성당, 스피리토 성당
※ 일 레덴토레 성당(Chiesa del Santissimo Redentore)
안드레아 팔라디오의 작품으로 이탈리아 베네치아 인근의 쥬데카 섬에 있으며, 1576년 베네치아의 전체 인구 중 80%를 사망하게 만든 흑사병이 사라진 것을 기념하기 위해 건설된 성당이다.

해답　4 ④　5 ①　6 ③　7 ②

Chapter 05 근대건축

근대건축은 태동기, 여명기, 성숙기, 전환기로 구성되며, 각 시기에 등장한 건축운동의 특징과 관련 건축가를 정리하고, 근대건축의 4대 거장의 작품과 이론에 대해 숙지하여야 한다.

[베를린 고대박물관]

[대영박물관]

[영국국회의사당]

[오페라하우스]

1 태동기

(1) 신고전주의

① 신고전주의 운동의 특성

  ㉠ 고고학자들에 의한 그리스 - 로마건축의 발굴을 통한 고전주의 운동 고취

  ㉡ 순수한 고전건축의 복원이나 묘사에 주력 : 단순한 묘사가 아닌 원리추구

  ㉢ 프랑스는 로마양식을, 영국은 그리스양식과 로마양식을 사용함.

  ㉣ 구조적 고전주의와 18세기말 개성적이고 독창적인 낭만적 고전주의 양식의 개척

② 건축의 사례

  • 상그린(Jean Francois Chalgrine) – 파리 에토알 개선문(Arcade Etoile)

  • 존 나쉬(John Nash) – 버킹검 궁(영국)

  • 스머크 경(Sir Robert Smirk) – 대영박물관(영국)

  • 쉰켈(Karl Friedrich Schinkel) – 베를린 고대박물관

(2) 낭만주의

① 낭만주의 운동의 특성

  ㉠ 중세건축 문화의 동경과 그 양식형태에 대한 애착으로 말미암은 고딕건축 양식의 부흥 양상

  ㉡ 여하한 장소에도 평형균제를 가지던 고전예술의 냉정한 주지적 경향에 반발하여 정열적인 예술창조운동이 일어남

  ㉢ 당시의 자기 민족, 국가를 중심으로 그 특수성을 파악하여 그것을 이상화함. (향토주의, 평민주의, 중세주의가 내포됨)

② 건축의 사례

  • 어거스투스 퓨진(Augustus Pugin) : 국회의사당(영국)

  • 비올레 르 둑(Viollet-le-Duc) : 데니스 성당(프랑스)

(3) 절충주의 건축

① 절충주의 운동의 특성

  ㉠ 과거양식에 메이지 않고 자유롭게 예술가의 창조성을 우선하였다.

  ㉡ 르네상스, 바로크, 로코코, 비잔틴 건축 등의 자유로운 건축양식의 선택으로 여러 종류의 건축양식이 생겨났다.(신르네상스운동과 신바로크운동 등)

② 건축의 사례
- 찰스 가르니에(Charles Garnier) : 오페라하우스(프랑스)
- 앙리 라브루스테(Henri Labrouste) : 성 제네비에브(St. Genevieve) 도서관 – 프랑스
- 가트너(Friedrich von Gartner) : 뮌헨 국립도서관(독일)

[수정궁]

(4) 신재료

① 철 : 에펠(Gustave Eiffel) – 에펠탑(프랑스)
② 유리 : 팩스톤(J. Paxton) – 수정궁(crystal palace) – 영국
③ 철근콘크리트 : 오귀스트 페레(Auguste Perret) – 프랭클린가 아파트 (Rue Franklin APT) – 프랑스

2 여명기[☆☆]

(1) 수공예운동(Art & Craft Movement)

① 수공예운동의 특성
존 러스킨의 영향을 받아 윌리암 모리스 등이 예술품의 기계생산의 배격, 수공예에 의한 예술의 복귀 및 민중을 위한 예술을 주장

② 건축가 및 건축의 사례
윌리암 모리스(William Morris) : 수공예운동의 선구자, 붉은 집(Red House)

출제빈도
07국가직 ⑨ 08국가직 ⑦ 09국가직 ⑨
11지방직 ⑨ 12국가직 ⑦ 12국가직 ⑨
16국가직 ⑨ 20국가직 ⑨

[붉은 집]

(2) 아르누보(Art Nouveau) 운동

① 아르누보운동의 특성
㉠ 영국의 수공예운동의 자극과 영향
㉡ 역사주의의 거부
㉢ 장식 수법 : 자유곡선, 역학적 곡선, 기하학적인 선
㉣ 철이라는 새로운 재료를 사용하여 곡선장식을 표현함.

[타셀주택]

② 건축가 및 건축의 사례
- 빅터 오르타(Victor Horta) : 타셀주택
- 헥토 귀마르(Hector Guimard) : 파리 지하철역 입구
- 안토니오 가우디(Antonio Gaudi) : 사그라다 파밀리아, 카사 밀라

· 예제 01 ·

다음과 같은 특징을 가지는 근대건축 및 예술의 사조는? 【16국가직⑨】

> 곡선화된 물결문양, 비대칭적 형태의 곡선과 같은 장식적 가치에 치중하
> 였다. 또한 자연형태를 디자인의 원천으로 삼아 철이라는 재료의 휘어지
> 는 특성을 이용하여 식물문양, 자유곡선 등을 장식적으로 사용하였다.

① 독일공작연맹(Deutscher Werkbund)
② 아르누보(Art Nouveau)
③ 데스틸(De Stijl)
④ 바우하우스(Bauhaus)

아르누보(Art Nouveau) 운동의 특징
① 곡선화된 물결문양, 비대칭적 형태의 곡선과 같은 장식적 가치에 치중하였다.
② 자연형태를 디자인의 원천으로 삼아 철이라는 재료의 휘어지는 특성을 이용하여 식물문양, 자유곡
선 등을 장식적으로 사용하였다.
③ 관련 건축가 : 빅터 오르타, 안토니오 가우디, 매킨토쉬

답 : ②

[홈 인슈러스 빌딩]

[세제션 전시관]

[AEG 터빈공장]

(3) 시카고(Chicago)파

① 시카고파의 특성
  ㉠ 비역사주의
  ㉡ 철골구조의 사용과 그 가능성의 탐구
  ㉢ 건물형태에 있어서 정적인 구조, 기능적인 구조를 분명하게 표현하고 직접
     적이고, 새로운 건축어휘를 사용함.(구조골조가 그대로 건축형태로 노출됨)
  ㉣ 고층건물의 선결조건 : 엘리베이터(elevator)의 발명
  ㉤ 적절한 구조체계의 마련 : 방화구조 및 고층 건물높이를 허용해 주
     는 체계의 마련

② 건축가 및 건축의 사례
  • 윌리엄 바론 제니(William Baron Jenney) : 홈 인슈런스 빌딩
  • 루이스 헨리 설리반(Louis Henry Sullivan) : 개런티 빌딩

(4) 세제션(Secession) 운동

① 세제션운동의 특성
  ㉠ 오스트리아의 빈(Wien)에서 생겨난 예술운동
  ㉡ 객관적, 합리적, 합목적적인 건축사상을 추진하였음.
  ㉢ 형식적으로 직선, 직각, 직사각형, 원 등의 기하학적 형태를 실현

② 건축가 및 건축의 사례
  • 오토 바그너(Otto Wagner) : 슈타인호프 교회
  • 조셉 마리아 올브리히(Joseph Maria Olbrich) : 세제션 전시관

(5) 독일공작연맹(Deutscher Werkbund)

① 독일공작연맹의 특성

㉠ 수공예운동을 기반으로 해서 설립됨

㉡ 공업발전의 불가피성을 인식함.

㉢ 디자인을 담당하는 예술가와 디자인을 실현하고 구체화하는 산업가 사이의 공백을 메우려고 함.

② 건축가 및 건축의 사례

• 무테지우스(H. Muthesius) : 독일공작연맹의 주도자

• 페터 베렌스(Peter Behrens) : AEG 터빈공장

• 예제 02 •

독일공작연맹(Deuscher Werkbund)에 대한 설명으로 옳지 않은 것은?

【12국가직⑨】

① 예술품의 기계적 생산을 배척하고 수공예에 의한 예술의 복귀를 주장하였다.

② 무테지우스(H. Muthesius)의 주도에 의해 1907년 결성되었다.

③ 1927년 바이센호프 주택단지(Weissenhof Siedlung) 전시회를 개최했다.

④ 베렌스(P. Behrens)의 AEG 터빈공장이 해당된다.

① 예술품의 기계적 생산을 배척하고 수공예에 의한 예술의 복귀를 주장한 운동은 영국의 수공예운동 (Art and Crafts Movement, 1860~1905년)이다.

답 : ①

---

3 성숙기[☆☆☆]

(1) 데스틸(De Stijl)파

① 데스틸 파의 특성

㉠ 네덜란드 로테르담의 예술가 집단

㉡ 진리, 객관성, 질서, 명확성, 단순성 등과 같은 윤리적 원리를 옹호

㉢ 객관적이고 보편적인 접근방법을 추구하고 개인주의를 포기

㉣ 자연주의적인 패턴과 결별하고 극단적으로 추상적인 형태 언어를 사용

㉤ 서로 직교하는 직선과 완벽한 표면을 사용

㉥ 백, 흑, 회색과 대비되는 적, 청, 황색의 3원색을 사용

㉦ 정적인 구성요소가 아니라 무한한 환경의 일부분으로서 역동적으로 분해된 순수입방체

② 건축가 및 건축의 사례

• 게리트 리트벨트(Gerrit T. Rietveld) : 슈뢰더 주택

• 테오 반 되스버그(Theo van Doesburg) : 데스틸의 주도자

출제빈도
07국가직⑦ 09지방직⑨ 09국가직⑦
10국가직⑨ 13국가직⑨ 15국가직⑨
15지방직⑨ 18국가직⑨ 19국가직⑦
20지방직⑨ 20국가직⑦ 21국가직⑦
21국가직⑨

[슈뢰더 주택]

· 예제 03 ·

다음 글에서 설명하는 서양의 근대건축 운동은? 【11국가직⑨】

- 1917년 네덜란드의 화가, 조각가, 건축가들에 의해 시작되었으며, 순수추상주의를 표방하였다.
- 이 운동의 중심인물들로는 몬드리안(Piet Mondrian), 반 되스버그(Theo van Doesburg), 리트벨트(Gerrit Rietvelt) 등을 들 수 있다.
- 기하학적이며 신조형적 표현들과 무채색과 대비되는 적, 청, 황색 등을 사용하였다.

① 아르누보(Art Nouveau) ② 데 스틸(De Stijl)
③ 세제션(Sezession) ④ 입체파(Cubism)

데 스틸(De Stijl)
(1) 1917년 네덜란드의 화가, 조각가, 건축가들에 의해 시작되었으며, 순수 추상주의를 표방하였다.
(2) 주요 인물 : 몬드리안(Piet Mondrian), 반 되스버그(Theo van Doesburg), 리트벨트(Gerrit Rietvelt)
(3) 운동의 특징 : 기하학적이며 신조형적 표현들과 무채색과 대비되는 적, 청, 황색 등을 사용하였다.

답 : ②

[제3인터내셔널 기념탑]

(2) **러시아 구성주의(Russia Constructivism)**

① 러시아 구성주의의 특성
  ㉠ 1917년 러시아 혁명으로 인하여 사회주의 국가에 적합한 새로운 기능의 건물과 새로운 미학이 대두
  ㉡ 입체파와 미래파의 영향을 받았고, 러시아 화가 말레비치(Malevich)의 절대주의 이론으로 시작
  ㉢ 바우하우스와 유사한 건축학교인 브후데마스(Vkhutemas)가 구성주의 이론의 실험의 장이 되었다.
  ㉣ 기능주의적 기술지상주의, 비대칭의 기하학적 역동성이 새로운 미학으로 수용

② 건축가 및 건축의 사례
  - 타틀린(Vlamir Tatlin) : 제3인터내셔널 기념탑
  - 엘 리스츠키(El Lissitzky) : 구성주의 이념을 유럽에 전파 – 프라운(Proun)

(3) 바우하우스(Bauhaus)

① 바우하우스의 특성

 ㉠ 월터 그로피우스(W. Gropius)가 바이마르(Weimar)에 만든 미술학교와 공예학교를 합병하여 바이마르 국립 바우하우스(Staatiches Bauhaus in Weimar)라고 명명함.

 ㉡ 예술과 공업의 협력

 ㉢ 기계화, 표준화를 통한 대량생산방식 도입

 ㉣ 모든 예술을 건축의 구성요소로 재통합

 ㉤ 이론교육과 실제교육의 병행(직인-도제-마이스터)

② 건축가 및 건축의 사례

 월터 그로피우스(W. Gropius) : 바우하우스 초대 교장, 데사우(Dessau) 바우하우스 교사, 파구스 구두공장

바우하우스 교사

파구스 구두공장

[낙수장]

(4) 국제주의양식(International Style)

① 국제주의양식의 특성

 ㉠ 실용적 기능중시, 재료 및 구조의 합리적 적용과 민족적, 지역적인 차이를 없애고 어느 곳에서도 적합한 현대인의 합리적, 주지적 정신에 기초를 두는 새로운 건축양식을 수립함.

 ㉡ 대칭성의 배제

 ㉢ 조형의 주안점을 정면에 국한하지 않고 평면계획에 의하여 공간이나 매스를 유동적으로 배치

 ㉣ 몰딩, 조각 등 장식을 배격하고 단순한 수직, 수평의 직선적 구성 위주(곡선이나 곡면을 피했음)

 ㉤ 백색이나 엷은 색을 많이 사용하고, 재료의 특색을 그대로 표현함

 ㉥ CIAM(현대건축 국제회의)을 결성

[시그램빌딩]

② 건축가 및 건축의 사례

 • 르 꼬르뷔지에(Le Corbusier) : 빌라 사보아, 롱샹 교회, 마르세이유 주거단지

 • 미스 반 데 로에(Mies van der Rohe) : I.I.T대학 크라운 홀, 시그램 빌딩, 바르셀로나 파빌리온, I.I.T대학 종합계획

 • 프랭크 로이드 라이트 : 탈리아신 지역 건축, 낙수장(카우프만 주택), 구겐하임 미술관, 존슨 왁스빌딩

 • 알바 알토 : MIT 공대 기숙사

[마르세이유 집합주택]

빌라 사보아

롱샹 교회

바르셀로나 파빌리온

I.I.T 크라운 홀

구겐하임 미술관

MIT 공대 기숙사

· 예제 04 ·

다음은 현대건축 발전에 결정적 역할을 하였던 근대건축 운동과 건축가를 설명한 것이다. 연결이 바르지 않은 것은? 【13국가직⑨】

① 프랭크 로이드 라이트(Frank Lloyd Wright) - 역동적 캔틸레버를 사용, 내·외부가 상호 소통하는 유기적 공간개념을 도입하였다.

② 미스 반 데어 로에(Mies van der Rohe) - 주로 유리와 철골을 사용하여 장식을 제거한 미니멀한 건축을 추구하였다.

③ 르 꼬르뷔제(Le Corbusier) - '돔이노(Mom-ino)' 이론을 확립하였으며 순수 기하학적 형태와 역동성을 강조한 제3 인터내셔날 기념관을 설계하였다.

④ 게리트 리트벨트(Gerrit Thomas Rietveld) - 신조형주의운동 데스틸(De Stijl)에 참여하였으며 원색과 요소화, 반중력 원리를 적용한 적·청·황 의자와 슈뢰더(Schroeder) 하우스를 설계하였다.

③ 제3 인터내셔널 기념관은 타틀린(Vladmir Tatlin)이 설계하였다.

답 : ③

4 전환기

출제빈도
18지방직 ⑨

(1) 전환기의 특성

① 제2차 세계대전 이후 C.I.A.M 의 붕괴

② C.I.A.M 의 해체 후 Team X, G.E.A.M, Archigram 등은 가동적 개념을 도입함

③ 현대건축 선구자들의 기존 이론에 회의를 품고 이를 보완, 발전시키는 새로운 방향을 모색 : 브루탈리즘(Brutalism), 형태주의(Formalism)

④ 획일적 건축양식, 도시의 시각적 혼돈과 무질서, 지역문화의 특성 (identity)의 상실, 건축의 의미와 상징성 결여 등을 비판하고 지역 문화의 특수성을 존중하게 됨.

⑤ 공업기술의 탁월성을 인식하고 재료, 구조, 역학적인 가능성을 철저히 탐구

(2) 건축가 및 건축의 사례

① 요나 프리드만(Yona Friedman) : G.E.A.M(움직이는 건축연구그룹)

② 아키그램(Archigram) : 피터 쿡 - Instant City, Plug-in City, 론 해론 - Walking City

③ 에로 사리넨(Eero Saarinen) : 뉴욕 케네디공항, MIT 공대 강당 및 예배당

④ 스미손(Smithson) 부부 : 브루탈리즘(Brutalism)

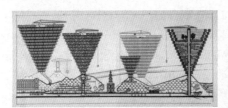

Plug-in City

Walking City

뉴욕 케네디공항

05 출제예상문제

1. 다음 글에서 설명하는 서양의 근대 건축 운동은?
【07국가직⑨】

- 19세기 말 벨기에에서 앙리 반 데 벨데(Velde, Henry van de)의 지도하에 구조와 형태가 건축의 참된 기반이라는 새로운 방향이 조형 예술가들 사이에서 주장되었다.
- 예술에 있어서의 전통과 역사적 절충주의를 거부하고, 예술가 개인의 창의성에 의한 예술 양식을 추구하였으며, 철과 유리의 미학적 가능성을 제시하였다.
- 이 운동의 대표적인 작품으로는 빅터 오르타의 타셀 주택, 앙리 반 데 벨데의 독일공작연맹 전시회장, 안토니오 가우디의 카사밀라 공동주택 등을 들 수 있다.

① 예술과 수공예 운동(Arts and Crafts Movement)
② 빈 제세션 운동(Wien Secession)
③ 아르누보 건축(Art Nouveau)
④ 바우하우스(Bauhaus)

[해설] 아르누보 건축(Art Nouveau)
(1) 19세기 말 벨기에에서 앙리 반 데 벨데(Velde, Henry van de)의 지도하에 구조와 형태가 건축의 참된 기반이라는 새로운 방향이 조형 예술가들 사이에서 주장되었다.
(2) 운동의 특징 : 예술에 있어서의 전통과 역사적 절충주의를 거부하고, 예술가 개인의 창의성에 의한 예술양식을 추구하였으며, 철과 유리의 미학적 가능성을 제시하였다.
(3) 대표적인 건축가 : 빅터 오르타, 앙리 반 데 벨데, 안토니오 가우디

2. 근대건축의 여러 사조와 그와 관련된 건축가가 바르게 연결된 것은?
【09지방직⑨】

① 아르누보(Art Nouveau): 에릭 멘델손(Eric Mendelsohn)
② 바우하우스(Bauhaus): 빅터 오르타(Victor Horta)
③ 데 슈틸(De Stijl): 아돌프 로스(Adolf Loos)
④ 미래파(Futurism): 안토니오 샨텔리아(Antonio Sant'Elia)

[해설]
① 에릭 멘델손(Eric Mendelsohn) : 독일 표현주의
② 빅터 오르타(Victor Horta) : 아르누보(Art Nouveau) 운동
③ 아돌프 로스(Adolf Loos) : 빈 제세션(Wien Secession)운동

3. 다음 중 건축가와 작품, 사조가 바르게 연결된 것으로 옳은 것은?
【09국가직⑨】

ㄱ. J. M. Olbrich – 슈타이너 주택 – 비엔나 분리주의
ㄴ. William Morris – 붉은 집 – 영국 수공예 운동
ㄷ. J. G. Soufflot – 판테온 – 신고전주의
ㄹ. Peter Behrens – 파구스 제화공장 – 독일 표현주의
ㅁ. Hector Guimard – 파리 지하철역 입구 – 아르누보

① ㄱ, ㅁ   ② ㄷ, ㄹ
③ ㄱ, ㄴ, ㄹ   ④ ㄴ, ㄷ, ㅁ

[해설]
ㄱ. 올브리히(J. M. Olbrich) – 분리파 전시관 – 비엔나 분리주의
※ 아돌프 로스 – 슈타이너 주택 – 비엔나 분리주의
ㄹ. 월터 그로피우스(W. Gropius) – 파구스 제화공장 – 바우하우스

해답 1 ③ 2 ④ 3 ④

4. 근대디자인의 발전과 변천에 영향을 미친 주요 사상과 운동에 관한 설명 중 옳지 않은 것은?

【08국가직⑦】

① 영국 수공예운동(Arts & Crafts Movement)은 기계생산에 의한 예술품 제작을 비판하고, 수공예에 의한 예술활동의 가치를 중요하게 인식하였다.

② 독일공작연맹(Deutscher Werkbund) 운동은 수공예운동을 기반으로 시작되었으며, 공업발전에 의한 대량생산방법을 반대하는 내용을 담고 있다.

③ 시카고파(Chicago School)는 건물형태의 기능적인 구조를 표현하는 특징이 있다.

④ 바우하우스(Bauhaus)의 교육과정은 이론교육과 실습교육의 병행을 원칙으로 하고 있으며, 기계화, 표준화를 통한 대량생산 방식의 도입을 추구하였다.

[해설]
② 독일공작연맹(Deutscher Werkbund) 운동은 수공예운동을 기반으로 시작되었으며, 공업발전의 불가피성을 인식하였다.

5. 다음 글에서 설명하는 서양의 근대건축 운동은?

【11국가직⑨】

> • 1917년 네덜란드의 화가, 조각가, 건축가들에 의해 시작되었으며, 순수추상주의를 표방하였다.
> • 이 운동의 중심인물들로는 몬드리안(Piet Mondrian), 반 되스버그(Theo van Doesburg), 리트벨트(Gerrit Rietvelt) 등을 들 수 있다.
> • 기하학적이며 신조형적 표현들과 무채색과 대비되는 적, 청, 황색 등을 사용하였다.

① 아르누보(Art Nouveau)
② 데 스틸(De Stijl)
③ 세제션(Sezession)
④ 입체파(Cubism)

[해설] 데 스틸(De Stijl)

(1) 1917년 네덜란드의 화가, 조각가, 건축가들에 의해 시작되었으며, 순수 추상주의를 표방하였다.
(2) 주요 인물 : 몬드리안(Piet Mondrian), 반 되스버그(Theo van Doesburg), 리트벨트(Gerrit Rietvelt)
(3) 운동의 특징 : 기하학적이며 신조형적 표현들과 무채색과 대비되는 적, 청, 황색 등을 사용하였다.

6. 독일공작연맹(Deuscher Werkbund)에 대한 설명으로 옳지 않은 것은?

【12국가직⑨】

① 예술품의 기계적 생산을 배척하고 수공예에 의한 예술의 복귀를 주장하였다.

② 무테지우스(H. Muthesius)의 주도에 의해 1907년 결성되었다.

③ 1927년 바이센호프 주택단지(Weissenhof Siedlung) 전시회를 개최했다.

④ 베렌스(P. Behrens)의 AEG 터빈공장이 해당된다.

[해설]
① 예술품의 기계적 생산을 배척하고 수공예에 의한 예술의 복귀를 주장한 운동은 영국의 수공예운동(Art and Crafts Movement, 1860~1905년)이다.

7. 19세기 말 유럽을 중심으로 유행하였던 아르누보 건축의 특징에 대한 설명으로 옳지 않은 것은?

【12국가직⑦】

① 고도의 장식적 표현
② 철의 사용
③ 자연속에서 생동감 있는 형태를 표현
④ 빅터 호르타는 주 디자인 모티브로 기계미학적 선을 사용

[해설]
④ 빅터 호르타는 주 디자인 모티브로 자연물을 모방한 곡선을 사용

8. 다음 중 시기적으로 가장 먼저 나타난 것은?

【11지방직⑨】

① 수공예운동(Arts & Crafts Movement)
② 포스트 모더니즘(Post Modernism)
③ 브루탈리즘(Brutalism)
④ 바우하우스(Bauhaus)

[해설]
수공예운동 - 바우하우스 - 브루탈리즘 - 포스트 모더니즘

해답 4 ②   5 ②   6 ①   7 ④   8 ①

9. 건축가에 대한 연결로 옳지 않은 것은?
【14국가직⑨】

① 웹(Philip S. Webb)－Red House－Arts and Crafts Movement
② 번햄(Daniel H. Burnham)－Home Insurance Building－Chicago School
③ 베렌스(Peter Behrens)－A. E. G. Turbine Factory－Deutscher Werkbund
④ 산텔리아(Antonio Sant'Elia)－Citta Nuova－Futurism

[해설]
② 윌리엄 르 바론 제니(William Le Baron Jenny)
－ Home Insurance Building : 세계 최초의 마천루(1885년)로 60m 높이의 10층 건물

10. 다음과 같은 특징을 가지는 근대건축 및 예술의 사조는?
【16국가직⑨】

> 곡선화된 물결문양, 비대칭적 형태의 곡선과 같은 장식적 가치에 치중하였다. 또한 자연형태를 디자인의 원천으로 삼아 철이라는 재료의 휘어지는 특성을 이용하여 식물문양, 자유곡선 등을 장식적으로 사용하였다.

① 독일공작연맹(Deutscher Werkbund)
② 아르누보(Art Nouveau)
③ 데스틸(De Stijl)
④ 바우하우스(Bauhaus)

[해설] 아르누보(Art Nouveau) 운동의 특징
① 곡선화된 물결문양, 비대칭적 형태의 곡선과 같은 장식적 가치에 치중하였다.
② 자연형태를 디자인의 원천으로 삼아 철이라는 재료의 휘어지는 특성을 이용하여 식물문양, 자유곡선 등을 장식적으로 사용하였다.
③ 관련 건축가 : 빅터 오르타, 안토니오 가우디, 매킨토쉬

11. 르 꼬르뷔지에가 주창한 근대건축 5원칙에 관한 내용으로 옳지 않은 것은?
【09지방직⑨】

① 필로티(Pilotis): 기둥은 독립하여 건축의 개방된 공간을 관통하여 세워져야 한다.
② 골조와 벽의 기능적 통합: 외벽뿐만 아니라 내부 칸막이벽에 있어서도 골조와 벽이 기능적으로 통합되어야 한다.
③ 자유로운 입면(Facade): 기둥은 건물 표면보다 후퇴시켜서 세워지며, 바닥면은 기둥 외부로 돌출하여 나간다.
④ 옥상정원: 기술적, 경제적, 기능적 및 정신적인 이유로 평지붕과 옥상정원을 채택할 것을 권유한다.

[해설] 르 꼬르뷔제(Le Corbusier)의 근대건축 5원칙
(1) 필로티(Pilotis)
(2) 수평 띠창
(3) 자유로운 평면
(4) 자유로운 파사드(Facade)
(5) 옥상정원(Roof Garden)

12. 프랭크 로이드 라이트(Frank Lloyd Wright)의 작품이 아닌 것은?
【09국가직⑦】

① 라신(Racine)의 존슨 왁스(Johnson Wax) 빌딩
② 펜실베니아(Pennsylvania)의 낙수장(Falling Water) 저택
③ 위스콘신(Wisconsin)의 탈리에신(Taliesin) 저택
④ 브루노(Bruno)의 튜겐트하트(Tugendhat) 저택

[해설]
④ 브루노(Bruno)의 튜겐트하트(Tugendhat) 저택 : 미스 반 데 로에

13. 르 꼬르뷔지에가 주창한 근대건축 5원칙에 해당
하는 것은? 【10국가직⑨】

① 주택은 살기 위한 기계이다.
② 보다 적을수록 보다 풍부하다.
③ 자유로운 입면 디자인을 강조한다.
④ 장식은 죄악이다.

[해설] 르 꼬르뷔지에의 근대건축 5원칙
　① 필로티
　② 자유로운 평면
　③ 자유로운 입면
　④ 긴 수평 띠창
　⑤ 옥상정원

14. 건축가와 그의 건축사상 및 작품의 연결이 가장
옳지 않은 것은? 【07국가직⑦】

① 프랭크 로이드 라이트 – 유기적 건축 – 로비하우스
② 월터 그로피우스 – 국제주의 건축 – 바우하우스
③ 요른 웃존 – 지역주의 건축 – 시드니 오페라하우스
④ 미스 반 데어 로에 – 구조주의 건축 – IIT 종합배
치계획

[해설]
　④ 미스 반 데어 로에 – 국제주의 건축 – IIT 종합배치계획

15. 르 꼬르뷔제(Le Corbusier)의 근대건축 설계 5원칙
에 대한 설명으로 옳지 않은 것은? 【13국가직⑨】

① 옥상정원 – 지붕을 평지붕으로 계획하여 대지 위
정원과 같은 공간을 조성한다.
② 기능적인 평면 – 내부공간이 합리적이고 기능적
으로 구성되도록 계획한다.
③ 필로티(Pilotis) – 건물을 대지에서 들어 올려 지
상층에 기둥으로 이루어진 개방공간을 조성한다.
④ 자유로운 입면 – 구조방식의 발전으로 인하여 가
능하게 된 비내력벽 입면을 자유롭게 구성한다.

[해설] 르 꼬르뷔지에의 근대건축 5원칙
　① 필로티
　② 자유로운 평면
　③ 자유로운 입면
　④ 긴 수평 띠창
　⑤ 옥상정원

16. 다음은 현대건축 발전에 결정적 역할을 하였던
근대건축 운동과 건축가를 설명한 것이다. 연결이
바르지 않은 것은? 【13국가직⑨】

① 프랭크 로이드 라이트(Frank Lloyd Wright) –
역동적 캔틸레버를 사용, 내·외부가 상호 소통하
는 유기적 공간개념을 도입하였다.
② 미스 반 데어 로에(Mies van der Rohe) – 주로
유리와 철골을 사용하여 장식을 제거한 미니멀한
건축을 추구하였다.
③ 르 꼬르뷔제(Le Corbusier) – '돔이노(Dom-ino)'
이론을 확립하였으며 순수기하학적 형태와 역동성
을 강조한 제3 인터내셔날 기념관을 설계하였다.
④ 게리트 리트벨트(Gerrit Thomas Rietveld) – 신
조형주의운동 데스틸(De Stijl)에 참여하였으며
원색과 요소화, 반중력 원리를 적용한 적·청·황
의자와 슈뢰더(Schroeder) 하우스를 설계하였다.

[해설]
　③ 제3 인터내셔날 기념관은 타틀린(Vladmir Tatlin)이 설계하였다.

17. 모더니즘시대의 건축가와 그가 설계한 건축물을
연결한 것으로 옳지 않은 것은? 【15국가직⑨】

① 프랭크 로이드 라이트(Frank Lloyd Wright) – 도
쿄 제국호텔 (Imperial Hotel, Tokyo)
② 르 꼬르뷔지에(Le Corbusier) – 핀란디아 홀(Finlandia
Hall)
③ 미스 반 데어 로에(Mies van der Rohe) – 시그램
빌딩(Seagram Building)
④ 월터 그로피우스(Walter Gropius) – 데사우 바우
하우스 빌딩(Dessau Bauhaus Building)

[해설]
　② 핀란디아 홀(Finlandia Hall) – 알바 알토(Alvar Aalto)

해답　**13** ③　**14** ④　**15** ②　**16** ③　**17** ②

18. 건축가와 그가 한 말을 바르게 연결하지 않은 것은? 【15지방직⑨】

① 루이스 설리번(Louis H. Sullivan) – 형태는 기능을 따른다.
② 빅토르 호르타(Victor Horta) – 집은 살기 위한 기계
③ 르 꼬르뷔지에(Le Corbusier) – 정육면체, 원뿔, 구, 원통, 피라미드는 위대한 원초적 형태들
④ 루이스 칸(Louis I. Kahn) – 제공하는 공간(Servant Space)과 제공받는 공간(Served Space)

[해설]
② 집은 살기 위한 기계 – 르 꼬르뷔지에

19. 건축가와 그의 건축사상 및 작품을 바르게 나열한 것은? 【19국가직⑦】

① 르 꼬르뷔지에(Le Corbusier) – 신고전주의 – 라 투레트 수도원(Monastery of Sainte Marie de La Tourette)
② 로버트 벤츄리(Robert Venturi) – 포스트 모더니즘 – 시드니 오페라하우스(Sydney Opera House)
③ 시저 펠리(Cesar Pelli) – 형태주의 – 비트라 소방서(Vitra Fire Station)
④ 프랭크 게리(Frank Gehry) – 해체주의 – 월트 디즈니 콘서트 홀(Walt Disney Concert Hall)

[해설]
① 르 꼬르뷔지에(Le Corbusier) – 기능주의
② 요른 웃존(Jorn Utzon) – 시드니 오페라하우스(Sydney Opera House)
③ 자하 하디드(Zaha Hadid) – 비트라 소방서(Vitra Fire Station)

20. 주요 작품으로는 씨그램빌딩과 베를린 신 국립미술관 등이 있으며 "Less is more"라는 유명한 건축적 개념을 주장했던 건축가는? 【20지방직⑨】

① 미스 반 데어 로에
② 알바 알토
③ 프랭크 로이드 라이트
④ 루이스 설리반

[해설]
① 루트비히 미스 판 데어 로에(Ludwig Mies van der Rohe, 1886년 3월 27일 ~ 1969년 8월 17일)은 독일의 건축가로 본명은 마리아 루트비히 미하엘 미스(Maria Ludwig Michael Mies)이다. 미스 판 데어 로에는 발터 그로피우스, 르 코르뷔지에와 함께 근대 건축의 개척자로 꼽힌다. 제1차 세계 대전 이후 당시의 많은 사람들처럼 미스도 예전에 고전이나 고딕 양식이 그 시대를 대표했던 것 같이 근대의 시대를 대표할 수 있는 새로운 건축 양식을 성립하려고 노력했다. 미스는 극적인 명확성과 단순성으로 나타나는 주요한 20세기 건축양식을 만들어냈다. 완숙기의 그의 건물은 공업용 강철과 판유리와 같은 현대적인 재료들로 만들어져 내부 공간을 정의하였다. 최소한의 구조 골격이 그 안에 포함된 거침없는 열린 공간의 자유에 대해 조화를 이루는 건축을 위해 미스는 노력하였다. 미스는 그의 건물을 "피부와 뼈"(skin and bones) 건축으로 불렀다. 미스는 이성적인 접근으로 건축 설계의 창조적 과정을 인도하려고 노력했고, 이는 그의 격언인 "less is more"(적을수록 많다)와 "God is in the details"(신은 상세 안에 있다)로 잘 알려져 있다. 주요작품으로는 베를린 국립미술관 신관, IIT대학 크라운홀, 튜겐트저택, 시그램빌딩 등이 있다.

Chapter

06

제2편 건축사

현대건축의 동향으로 포스트모더니즘부터 해체주의까지 정리할 수 있다. 여기에서는 작가와 작품을 중심으로 출제되고 있다.

현대건축

1 포스트 모더니즘과 레이트 모더니즘[☆]

(1) 포스트 모더니즘(Post-Modernism)

① 의미 전달체로서의 건축
- 건축을 관습적 기호로서 의사를 전달하는 사회적 예술로 간주
- 전통적, 역사적, 토속적 요소와 장식을 도입
- 은유, 상징, 연상, 기억 등을 통하여 건축을 상징화, 기호화, 다원화, 대중화하려고 함

② 맥락(context)과 대중성의 강조
- 기존 환경의 지역적, 전통적, 문화적 맥락을 중요시함
- 건축의 기념비적, 오브제(object)적 성격을 반대함
- 이웃 환경과의 관계 속에서 사회적 동질성, 대중성, 상징성, 문화적 연속성을 구현

③ 공간의 애매성
- 근대건축의 합리적인 유클리드(Euclid) 기하학적 공간 개념에서 탈피
- 대립적 요소의 중첩, 혼합, 변형, 왜곡 등에 의해 그 경계가 분명치 않고 공간의 명확한 구분없이 상호간 작용, 융합되는 애매한 공간 구성을 시도

④ 대표적 건축가
- 미국 : 로버트 벤츄리(Robert Venturi), 찰스 무어(Charles Moore), 마이클 그레이브스(Michael Graves), 로버트 스턴(Robert Stern)
- 유럽 : 알도 로시(Aldo Rossi), 크리에 형제(Loen & Robert Krier), 제임스 스털링(James Stirling), 오스발트 마티아스 웅거스(Osward M. Ungers)

(2) 레이트 모더니즘(Late-Modernism)

① 기계미학
- 공업기술을 바탕으로 하며 기술적 이미지를 강조
- 미래파, 풀러(Fuller), 아키그램(Archigram) 등의 영향을 받음
- 규격화, 표준화, 공업화되고 극단적으로 분절된 부재를 사용함
- 이러한 기계미학은 퐁피두(Pompidou) 센터에서 절정을 이룸

② 구조의 왜곡과 표피의 강조
- 슬릭 테크(slick tech)적인 미학 : 투명성, 반사성, 평활성을 강조
- 유리, 반사유리, 금속판 등으로 건물을 피복함으로써 기술적 이미지를 강조

출제빈도

09국가직 ⑦ 10지방직 ⑨ 21국가직 ⑦

③ 대표적 건축가
• 미국 : 시저 펠리(Cesar Pelli), 케빈 로쉬(Kevin Roche), 아이 엠 페이(I. M. Pei)
• 유럽 : 노만 포스터(Norman Foster), 리차드 로저스(Richard Rogers)

· 예제 01 ·

포스트모던 건축에 관한 설명으로 옳지 않은 것은?　　　　【10지방직⑨】
① 2중 코드화된 건축으로 일반 대중과 전문 건축가 모두에게 의사전달 시도
② 상징화, 대중화, 기호화의 특성
③ 초감각주의, 슬릭테크 등의 표현
④ 역사적 맥락 중시

③ 초감각주의, 슬릭테크 등의 표현 : 하이테크 건축(레이트 모더니즘)

답 : ③

2 현대건축의 이론

(1) 대중주의(大衆主義 ; Populism)

① 맥락주의(contextualism)
• 주위 환경에의 적합성, 기존 맥락과의 동질성의 확보를 주장
• 지역적, 문화적, 전통적 맥락의 연속성을 추구
• 전통적, 지역적 요소와 장식을 건축에 도입
② 대중적 이미지
• 은유, 유추, 기억, 연상 등을 통해 건축을 상징화
• 대중에 친숙하고 대중적이며 평범한 이미지 부여
• 추상적이 아닌 관습적 건축형태를 이용
③ 건축가 및 건축의 사례
• 로버트 벤츄리(Robert Venturi) : 대중주의 건축의 선구자 – 『건축의 복합성과 대립성』, 『라스베가스의 교훈』 – 체스트넛 힐 주택, 길드 하우스
• 찰스 무어(Charles Moore) : 이탈리아 광장
• 로버트 스턴(Robert Stern) : 웨스트 체스터 주택

[이탈리아 광장]

[갈라라테제 집합주택]

(2) 신합리주의(Neo-Rationalism)

① 맥락주의와 유형학(Typology)
• 유추된 형태들을 참조하는 "유추의 건축"을 주장
• 단편된 기억들 속에서 존재하는 건물 형태들을 유형학에 의해 도시적, 문화적 맥락 속에서 종합하는 건축을 주장
• 도시의 맥락과 유형을 강조

② 건축가 및 건축의 사례
- 알도 로시(Aldo Rossi) : 모데나 공동묘지, 갈라라테제 집합주택
- 제임스 스털링(James Stirling) : 슈투트가르트 미술관
- 크리에 형제(Loen & Robert Krier) : 도시형태학(Urban Morphology) 주장
- 오스발트 마티아스 웅거스(Osward M. Ungers) : 독일건축박물관

(3) 지역주의(地域主義 ; Regionalism)

① 지역주의의 특성
지역에 따라 특정한 풍토, 기후, 기술, 문화 및 자원 등에 대응하여 그 지역 환경에 적합한 건축을 지향하는 건축 사조

② 건축가 및 건축의 사례
- 요른 웃존(Jorn Utzon) : 시드니 오페라하우스
- 알바로 시자(Alvaro Siza) : S. A. A. L 집합주택

[시드니 오페라하우스]

(4) 구조주의(構造主義 ; Structuralism)

① 구조주의의 특성
불확실성의 시대라 일컬어지는 현대가 처한 미래를 예측할 수 없는 상황에서 현실의 진행과 과거의 변혁의 이념을 주도해 온 이데올로기인 역사주의, 실존주의 및 마르크스주의 사이에 생긴 이상적 간격을 메우고 인간인식에 대한 이론을 창조 또는 재생시키는 매개자로 등장하였다.

② 건축가 및 건축의 사례
- 알도 반 아이크(Aldo van Eyck)
- 헤르만 헤르츠베르거(Herman Hertzberger)

[홍콩 상해은행]

(5) 신공업기술주의(Neo-Productivism)

① 기계미학
- 공업기술을 바탕으로 하며 기술적 이미지를 강조
- 미래파, 풀러(Fuller), 아키그램(Archigram) 등의 영향을 받음
- 규격화, 표준화, 공업화되고 극단적으로 분절된 부재를 사용함
- 이러한 기계미학은 퐁피두(Pompidou) 센터에서 절정을 이룸

② 구조의 왜곡과 표피의 강조
- 슬릭 테크(slick tech)적인 미학 : 투명성, 반사성, 평활성을 강조
- 유리, 반사유리, 금속판 등으로 건물을 피복함으로써 기술적 이미지를 강조

③ 대표적 건축가
- 노만 포스터(Norman Foster) : 홍콩 상해 은행, 세인즈버리 시각 예술센터
- 리차드 로저스(Richard Rogers) : 퐁피두 센터, 로이드 보험 사옥
- 케빈 로쉬(Kevin Roche) : 오클랜드 박물관
- 시저 펠리(Cesar Pelli) : 교보생명 빌딩
- 렌조 피아노(Renzo Piano) : 오사카 간사이 국제공항

[퐁피두 센터]

출제빈도

07국가직 ⑦ 10국가직 ⑨ 11국가직 ⑨
13국가직 ⑦ 16국가직 ⑨

⑹ **해체주의(Deconstructivism)[☆]**

① 해체주의의 특성

㉠ 데리다(Derrida)와 푸코(Fuco)등 철학자들의 이론과 공동작업

㉡ 서구사회를 지배해 온 "이성"에 대한 도전으로 고정관념의 해체를 목적으로 함.

㉢ 형태면에서 러시아 구성주의의 영향을 받음

② 건축가 및 건축의 사례

• 버나드 츄미(Bernard Tschumi) : 라 빌레뜨 공원

• 피터 아이젠만(Peter Eisenman) : 뉴욕5의 일원, 웩스너 시각 예술센터

• 렘 콜하스(Rem Koolhaas) : 쿤스트할

• 자하 하디드(Zaha Hadid) : 동대문 디자인 플라자

• 다니엘 리베스킨트(Daniel Libeskind) : 베를린 유대인 박물관

[라 빌레뜨 공원]

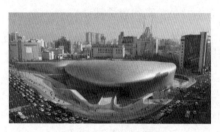

동대문 디자인 플라자

베를린 유대인 박물관

· 예제 02 ·

건축가와 그가 설계한 건축물을 연결한 것으로 옳지 않은 것은?

【16국가직⑨】

① 르 꼬르뷔지에(Le Corbusier)－사보아 주택(Villa Savoye)

② 렌조 피아노(Renzo Piano)－퐁피두 센터(Pompidou Center)

③ 프랭크 게리(Frank Gehry)－동대문 디자인 플라자(Dongdaemun Design Plaza)

④ 프랭크 로이드 라이트(Frank Lloyd Wright)－낙수장(Falling Water)

③ 자하 하디드(Zaha Hadid)－동대문 디자인 플라자(Dongdaemun Design Plaza)

답 : ③

06 출제예상문제

1. 현대 건축가와 그의 작품의 연결이 옳지 않은 것은? 【07국가직⑦】

① 다니엘 리베스킨드(Daniel Libeskind) – 베를린 유대인 박물관(Jewish Museum in Berlin)
② 프랭크 게리(Frank Gehry) – LA 디즈니 콘서트홀(Disney Concert Hall in Los Angeles)
③ 라파엘 비뇰리(Rafael Vinoly) – 도쿄 인터내셔널 포럼(Tokyo International Forum)
④ 자하 하디드(Zaha Hadid) – 게티 센터(Getty Center)

[해설]
④ 게티 센터(Getty Center) – 리차드 마이어(Richard Meier)

2. 미노루 야마자끼가 세인트루이스에 설계한 주거단지로, 당시 AIA상을 수상하였지만 슬럼화와 범죄발생으로 인해 폭파됨으로써, 포스트모더니즘을 주창했던 찰스 젱크스(Charles Jencks)가 근대건축 종말의 상징으로 언급한 건축물은? 【08국가직⑦】

① 갈라라테세(Gallaratese) 집합주거단지
② 프루이트 이고우(Pruitt Igoe) 아파트
③ 레버 하우스(Lever House)
④ IBA 공동주택(IBA Social Housing)

[해설]
② 프루이트 이고우(Pruitt Igoe) 아파트 : 미노루 야마자끼가 세인트루이스에 설계한 주거단지로, 당시 AIA상을 수상하였지만 슬럼화와 범죄발생으로 인해 폭파됨으로써, 포스트모더니즘을 주창했던 찰스 젱크스(Charles Jencks)가 근대건축 종말의 상징으로 언급한 건축물

3. 다음 건축사조를 표방하는 건축가는? 【09국가직⑦】

로버트 벤츄리(Robert Venturi)는 그의 저서 '복합성과 대립성(Complexity and Contradiction in Architecture)'에서 과거의 건축적 의미를 다시 복원시켜야 한다고 주장하였다. 이러한 사상적 흐름을 타고 출현한 건축물들은 고전언어를 다시 상징적으로 수용하면서 대중성에 기인한 희화적 과장법을 사용하였다.

① 폴 루돌프(Paul Rudolph)
② 노먼 포스터(Norman Foster)
③ 마이클 그레이브스(Michael Graves)
④ 다니엘 리베스킨드(Daniel Libeskind)

[해설]
① 대중주의 건축(Populism) : 과거의 건축적 의미를 다시 복원시켜야 한다고 주장한 사조로 고전언어를 다시 상징적으로 수용하면서 대중성에 기인한 희화적 과장법을 사용하였다.
② 대중주의 건축가 : 로버트 벤츄리(Robert Venturi), 마이클 그레이브스(Michael Graves), 찰스 무어(charles Moore), 로버트 스턴(Robert Stern)

4. 스페인의 쇠락해 가던 빌바오시는 구겐하임 미술관을 신축함으로써 문화도시로 부흥하게 되는 계기를 마련하였다. 빌바오 구겐하임 미술관을 설계한 건축가는? 【10국가직⑨】

① 프랑크 게리(Frank Owen Gehry)
② 자하 하디드(Zaha Hadid)
③ 다니엘 러벤스킨드(Daniel Libenskind)
④ 피터 아이젠만(Peter Eisenman)

[해설]
① 프랭크 게리(Frank Gehry) – 빌바오 구겐하임 미술관, 비트라 디자인 박물관 – 해체주의적 조형성을 도입한 건축

해답 1 ④ 2 ② 3 ③ 4 ①

5. 포스트모던 건축에 관한 설명으로 옳지 않은 것은?

【10지방직⑨】

① 2중 코드화된 건축으로 일반 대중과 전문 건축가 모두에게 의사전달 시도
② 상징화, 대중화, 기호화의 특성
③ 초감각주의, 슬릭테크 등의 표현
④ 역사적 맥락 중시

[해설]
　　③ 초감각주의, 슬릭테크 등의 표현 : 하이테크 건축(레이트 모더니즘)

6. 건축가와 작품, 그리고 건축가의 특성에 관한 연결이 옳지 않은 것은?

【11국가직⑨】

① 르 꼬르뷔지에(Le Corbusier) – 롱샹의 노트르담 듀오 성당 – 콘크리트의 가소성을 표현한 벽과 지붕의 건축
② 에리히 멘델존(Erich Mendelsohn) – 아인슈타인 타워 – 부정형의 표현주의적 건축
③ 루이스 칸(Louis I.Kahn) – 비트라 디자인 박물관 – 해체주의적 조형성을 도입한 건축
④ 미스 반 데어 로에(Mies van der Rohe) – 시그램 빌딩 – 절제된 단순미를 보여주는 국제주의 양식의 건축

[해설]
　　③ 프랭크 게리(Frank Gehry) – 비트라 디자인 박물관 – 해체주의적 조형성을 도입한 건축

7. 건축가와 그가 설계한 작품의 조합으로 옳지 않은 것은?

【13국가직⑨】

① 프랭크 게리 – 빌바오 구겐하임 미술관
② 아이엠 페이 – 파리 라데팡스 그랜드 아치
③ 르 꼬르뷔제 – 마르세이유 유니떼 다비따시옹
④ 베르나르 츄미 – 파리 라빌레뜨 공원

[해설]
　　② 파리 라데팡스 그랜드 아치 – 요한 오토 본 스프렉켈슨
　　※ 아이엠 페이 – 홍콩 중국은행, 루브르 박물관 증축

8. 다음에서 설명하는 현대 건축가는?　【13국가직⑦】

> • 뉴욕5(New York Five) 건축가 중 한 명이다.
> • '변형생성문법' 이론과 '해체' 이론을 건축에 접목시켰다.
> • 대표작으로 콜럼버스 컨벤션센터, 오하이오 주립대학 웩스너 시각예술센터 등이 있다.

① 리차드 마이어(Richard Meier)
② 베르나르 추미(Bernard Tschumi)
③ 프랭크 게리(Frank Gehry)
④ 피터 아이젠만(Peter Eisenman)

[해설] 피터 아이젠만(Peter Eisenman)
　　① 뉴욕5(New York Five) 건축가 중 한 명이다.
　　② '변형생성문법' 이론과 '해체' 이론을 건축에 접목시켰다.
　　③ 대표작으로 콜럼버스 컨벤션센터, 오하이오 주립대학 웩스너 시각예술센터 등이 있다.

9. 건축가와 그가 설계한 건축물을 연결한 것으로 옳지 않은 것은?

【16국가직⑨】

① 르 꼬르뷔지에(Le Corbusier) – 사보아 주택(Villa Savoye)
② 렌조 피아노(Renzo Piano) – 퐁피두 센터(Pompidou Center)
③ 프랭크 게리(Frank Gehry) – 동대문 디자인 플라자(Dongdaemun Design Plaza)
④ 프랭크 로이드 라이트(Frank Lloyd Wright) – 낙수장(Falling Water)

[해설]
　　③ 자하 하디드(Zaha Hadid) – 동대문 디자인 플라자
　　　　　　　　　　　　　(Dongdaemun Design Plaza)

해답　5 ③　6 ③　7 ②　8 ④　9 ③

Chapter 07

한국건축의 특성

한국건축의 특성은 의장계획, 배치계획, 평면계획, 도시구성, 조경계획의 특징으로 구분하여 정리해 두어야 한다.

1 한국 전통건축의 특성

(1) 소박, 유려, 청초, 단아하고 유려한 멋
(2) 중국의 건축문화의 영향, 일본에 전달
(3) 대륙과 해양문화 공존 : 온돌과 마루
(4) 불교, 유교, 풍수지리의 영향
(5) 멀리서 바라보는 건축 : 일본은 가까이서 쓰다듬는 건축
(6) 자연과의 조화, 비대칭적 균형미
(7) 무기교의 기교, 무계획의 계획
(8) 다양하고 변화있는 장식과 색의 사용 : 오행사상에 의하여 적, 청, 황, 백, 흑의 5색 사용

출제빈도
07국가직 ⑦ 07국가직 ⑨ 09지방직 ⑦
14지방직 ⑨ 16지방직 ⑨

2 의장계획상의 특성[☆☆]

(1) **친근감을 주는 척도** : 외관이 아담함 : 도편수에 의하여 적정 모듈 사용

(2) **자연과의 조화**

① 풍수지리 적용 : 좌청룡 우백호, 배산임수, 장풍득수
② 인위적인 기교를 사용하지 않음
③ 자연 본래의 특성을 이용한 재료사용
④ 무기교의 자연미

[후림]

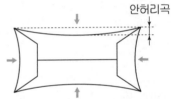

[조로]

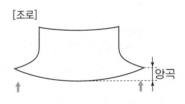

(3) **착시보정기법 사용**

① 후림(안허리곡) : 평면에서 처마의 안쪽을 휘어 들어올리는 것
② 조로(앙곡) : 입면에서 처마의 양끝을 들어 올리는 것
③ 귀솟음(우주) : 건물의 귀기둥을 중간 평주(平柱)보다 높게 한 것
④ 오금(안쏠림) : 귀기둥을 안쪽으로 기울어지게 한 것
⑤ 배흘림기둥 : 기둥의 직경이 밑에서 1/3 지점에서 가장 크고 위와 아래로 갈수록 작아지는 기둥

[귀솟음]

[오금]

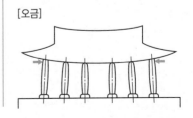

[배흘림기둥]

(4) 유기적인 공간구성

- 비대칭성 : 자연지세를 이용
- 공간의 연속성 및 상호침투
- 공간의 폐쇄성 : 외적폐쇄, 내적개방
- 정연하고 계획적인 비례

· 예제 01 ·

한식 목조 건축의 특징에 대한 설명으로 옳지 않은 것은? 【16지방직⑨】
① 후림-처마선을 안쪽으로 굽게 하여 날렵하게 보이도록 하는 것
② 조로-처마 양쪽 끝을 올려 지붕선을 아름답고 우아하게 하는 것
③ 귀솟음-평주를 우주보다 약간 길게 하여 처마 끝쪽이 다소 올라가게 하는 것
④ 안쏠림-우주를 수직선보다 약간 안쪽으로 기울임으로써 안정감이 느껴지
　도록 하는 것

---

③ 귀솟음-우주를 평주보다 약간 길게 하여 처마 끝쪽이 다소 올라가게 하는 것

답 : ③

③ 배치계획상 특성

(1) 경사지의 적절한 활용으로 인하여 비대칭적 배치
(2) 자연지세의 활용 : 우회로, 곡선의 길
(3) 지붕면을 정면으로 함 : 서양건축은 박공면이 정면

[종묘의 정전]
정면 19칸으로 이루어져 있다.

[통도사 대웅전]
정면 3칸, 측면 5칸으로 측면이 길다.

④ 평면계획상 특성

(1) 정면칸(도리칸)은 홀수를 사용하여 정면성을 가짐
(2) 측면(보칸)은 홀수와 짝수를 모두 사용
(3) 정면은 최소 1칸, 최대 19칸
(4) 정면이 측면보다 길다 : 정면 1칸, 측면 3칸일 때에도 정면의 길이가 길다.
(5) 칸수의 다소가 건물의 규모를 결정하는 것이 아니었다.
(6) 어칸이 가장 넓고 퇴칸이 좁다.

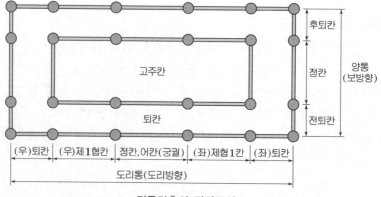

전통건축의 평면구성

5 궁궐, 도성건축의 특성

(1) 주례고공기(周禮考工記)에 따른 도성계획 : 전조후침, 면조후시, 좌조우사
(2) 자연지세를 이용한 가로망 구성 : 불규칙한 가로, 우회로
(3) 정전법(井田法) 사용 : 경주, 평양
(4) 구성건축물 : 종묘, 사직단, 원구단, 선잠단, 관아 및 객사

종묘

사직단

6 전통 조경의 특성

(1) 조경의 원리
 ① 인(因) : 지형, 지세, 주어진 공간에 따르는 것
 ② 차(借) : 차경을 말하는 것으로 건축물이 주위에 있는 자연과 잘 조화가 되는 것

(2) 전통조경의 특성
 ① 자연과의 조화 : 자연적 요소의 사용
 ② 후원을 잘 꾸밈 : 주요한 조경 대상
 ③ 물은 항상 흐르게 함
 ④ 주택의 정원은 앉아서 바라보는 구성을 함
 ⑤ 수심양성의 장
 ⑥ 천지사상과 도교의 신선사상이 반영

(3) 시대별 정원
 ① 통일신라시대 : 안압지   ② 고려시대 : 문수원 정원
 ③ 조선시대 : 소쇄원, 활래정(강릉 선교장), 부용정(보길도)

소쇄원

부용정

07 출제예상문제

1. 다음 중 한국 전통건축에 대한 설명으로 옳지 않은 것은? 【07국가직⑨】

① 열환경의 측면에서 불리한 측면도 가지고 있다.

② 주택의 배치계획은 대칭적 형상의 평면으로 구성되는 것이 특징이다.

③ 구조 요소가 드러나 건축의 아름다움을 이루는 경우가 많다.

④ 온돌과 마루가 하나의 건물에서 결합되어 나타나는 것이 특징이다.

[해설]
　② 주택의 배치는 자연지형에 순응하기 때문에 비대칭적인 구성을 이룬다.

2. 한국 전통 의장계획에 관한 설명으로 가장 옳지 않은 것은? 【07국가직⑦】

① 오방색은 적색, 청색, 황색, 흑색, 백색이다.

② 문자의 자획 속에 그림을 그려 넣는 문자도는 주로 어린이의 방에 장식되었다.

③ 청색은 동향을 상징한다.

④ 모란꽃은 잡귀를 물리치는 상징으로 사용된다.

[해설]
　④ 모란꽃은 부귀영화의 상징으로 사용된다.

3. 한국 전통건축의 조형의장 특징으로 옳지 않은 것은? 【09지방직⑦】

① 기둥의 배흘림

② 우주(隅柱)의 솟음

③ 기둥의 안쏠림

④ 자연과의 조화를 고려한 대칭성

[해설]
　④ 한국 전통건축은 자연지형에 따라 건물의 배치가 이루어져서 비대칭적 구성을 갖는 것이 특징이다.

4. 우리나라 전통 건축의 지붕 평면상에 있어 처마선을 안쪽으로 굽게 하여 날렵하게 보이도록 하는 기법은? 【14지방직⑨】

① 조로　　　　　　② 안쏠림

③ 후림　　　　　　④ 귀솟음

[해설]
　① 조로 : 입면에서 처마의 양끝이 들여 올라가는 것
　② 안쏠림(오금) : 귀기둥을 안쪽으로 쏠리게 하는 것
　④ 귀솟음(우주) : 건물의 귀기둥을 중간 기둥보다 높게 한 것

5. 한식 목조 건축의 특징에 대한 설명으로 옳지 않은 것은? 【16지방직⑨】

① 후림－처마선을 안쪽으로 굽게 하여 날렵하게 보이도록 하는 것

② 조로－처마 양쪽 끝을 올려 지붕선을 아름답고 우아하게 하는 것

③ 귀솟음－평주를 우주보다 약간 길게 하여 처마 끝쪽이 다소 올라가게 하는 것

④ 안쏠림－우주를 수직선보다 약간 안쪽으로 기울임으로써 안정감이 느껴지도록 하는 것

[해설]
　③ 귀솟음－우주를 평주보다 약간 길게 하여 처마 끝쪽이 다소 올라가게 하는 것

해답　1 ②　2 ④　3 ④　4 ③　5 ③

Chapter 08 시대별 특징

여기에서는 각 시대별 특징과 사례에 대해 정리하고, 특히 고려시대와 조선시대의 전통건축양식의 사례, 근현대건축의 사례에 대한 문제가 출제된다.

1 고구려 건축

(1) 북위의 영향을 주로 받았다.
(2) 현존하는 것은 분묘건축뿐이다.(장군총, 쌍영총, 무용총)
(3) 분묘형식 : 토총과 석총
(4) 평면형태 : 정사각형 혹은 직사각형으로 천장은 투팔천장의 형식으로 되어 있다.

장군총

쌍영총

[투팔천장]
네 귀를 삼각형의 판석으로 쌓아서 그 위에 사각형의 큰 판석을 덮어 천장을 만든 것

2 백제 건축

(1) 백제는 궁전, 누각, 대사, 조원의 기술이 발달하여 특히 절이 많다.
(2) 가람은 중국의 영향을 많이 받았고 중문, 탑, 본당, 강당 등을 일직선으로 배치하였다.
(3) 건축사례 : 미륵사지 석탑, 정림사지 석탑, 무령왕릉

무령왕릉

정림사지

3 신라 건축

(1) 신라의 탑은 기단이 대부분 4각형으로 되어 있다.(수 · 당의 영향)
    → 통일 신라 때에는 다각형으로 변화(송의 영향)
(2) 재료 : 화강석이 사용되고 그 밖에 벽돌모양으로 돌을 쌓은 모전탑도 있다.
(3) 불탑 : 건물 중심선 위에 1개만 배치한 형식으로 했다.
(4) 건축사례 : 황룡사, 황룡사 9층탑, 분황사 모전탑

황룡사지

분황사 모전탑

4 통일신라시대 건축

(1) 불교예술이 중점
(2) 초기에는 당의 영향을 받고 후기에는 송의 영향을 받았다.
(3) 1탑식 가람배치에서 2탑식으로 변화, 산지가람배치 형성
(4) 건축사례 : 불국사, 해인사, 범어사, 석굴암, 다보탑, 석가탑

불국사

석굴암

5 고려시대 건축

(1) 신라의 불교문화를 그대로 전수하였다.
(2) 송의 영향 : 주심포 양식
(3) 말기 원의 영향 : 다포 양식의 도입
(4) 건축사례 : 봉정사 극락전, 부석사 무량수전, 수덕사 대웅전, 심원사 보광전

| 부석사 | 범어사 |

6 조선시대 건축[☆]

출제빈도
10지방직 ⑦ 13국가직 ⑦ 15지방직 ⑨ 18국가직 ⑨

(1) 궁궐을 비롯하여 성곽과 누문, 분묘, 서원, 사고, 객사 등의 건축물이 세워졌다.
(2) 고려시대의 건축에 비해 규모는 웅대, 장식과 세부가 복잡해졌다.
(3) 후기에 들어갈수록 기둥의 배흘림이 없어졌다.
(4) 기둥머리에 있는 포작은 지나치게 장식적이며 형식주의로 기울어졌으나 지붕의 선은 부드러우면서도 긴장된 곡선의 조화로 아름다움을 지녔다.
(5) 창문살의 기하학적인 구성에도 뛰어난 작품이 나타났다.
(6) 익공식 : 기둥 위에 익공이 1개 또는 2개가 있고 포작이 없는 형식으로 작은 건물에 많이 사용되었다.
(7) 다포식 : 기둥 위와 기둥 사이에도 포작이 있는 형식으로 큰 건물에 사용되었다.
(8) 건축사례 : 서울 남대문, 경복궁, 창덕궁, 강릉 오죽헌, 통도사, 법주사 팔상전

| 경복궁 근정전 | 창덕궁 인정전 |

강릉 오죽헌

통도사

· 예제 01 ·

다음 중 주심포식 건물이 아닌 것은?

① 강릉 객사문   ② 수덕사 대웅전

③ 서울 남대문   ④ 무위사 극락전

③ 서울 남대문은 조선 초기 다포식이다.

답 : ③

7 근대건축

⑴ 한국 전통건축양식으로부터 벗어나 서구의 양식이 도입

⑵ 선교계통의 종교 및 의료시설이 다수 건설

⑶ 공관건물은 르네상스 양식을, 종교건축은 고딕양식으로 건립

⑷ 건축사례 : 약현성당, 명동성당, 한국은행 본점, 서울역, 서울성공회성당, 독립문, 덕수궁 정관헌

⑸ **근현대건축가**

• 박길용 : 화신백화점

• 박동진 : 고려대학교 본관 및 도서관

• 이광노 : 어린이회관, 주중대사관

• 김중업 : 삼일로빌딩, 명보극장, 주불대사관

• 김수근 : 국회의사당, 국립부여박물관, 경동교회

약현성당

명동성당

서울성공회성당

독립문

덕수궁 정관헌

고려대학교 본관

08 출제예상문제

1. 한국건축에 대한 설명으로 옳지 않은 것은?

【13국가직⑦】

① 통일신라시대의 가람배치는 탑 중심에서 금당 중심으로 변화되었으며, 산지가람으로는 부석사, 해인사, 범어사 등이 있다.

② 봉정사 극락전은 현존하는 가장 오래된 주심포식 목조건축물로 알려져 있다.

③ 조선시대 후기의 대표적인 건축물로는 서울 숭례문, 개성 남대문 등이 있다.

④ 조선시대에는 서원건축이 발달하였으며, 건축물의 공간적 질서와 주변 자연환경과의 조화가 뛰어난 것이 특징이다.

[해설]
③ 서울 숭례문은 조선초기의 다포식 건축물이며, 개성 남대문은 고려 말에 지어서 조선 초기에 완성된 다포식 건축물이다.

2. 조선시대 건축에 대한 설명 중 옳지 않은 것은?

【15지방직⑨】

① 조선시대는 유교를 통치이념으로 삼았기 때문에 엄격한 질서와 합리성을 내세우는 단정하고 검소한 조형이 주류를 이루었다.

② 조선시대 서원의 시작은 1543년 주세붕이 세운 백운동서원이다.

③ 조선시대에는 살림집의 터나 집 자체의 크기를 법령으로 규제하는 가사제한(家舍制限)이 있었다.

④ 조선시대 중기 이후부터 방바닥 전체에 구들을 설치하는 전면 온돌이 지배층의 주택에서 널리 사용되었다.

[해설]
④ 방바닥 전체에 구들을 설치하는 전면 온돌이 사용된 것은 고려시대 후기부터이다.

3. 17세기 후반에서 18세기 중반의 한국 전통건축의 특징에 대한 설명으로 옳지 않은 것은?

【10지방직⑦】

① 주자의 가례서(家禮書)에 입각하여 주택 내에 가묘(家廟)를 설치하는 사례는 사대부 계층을 중심으로 전국적으로 확산되었다.

② 사대부 지배계층의 건축을 상징하는 서원은 선현에 대한 제사기능과 후진에 대한 교육기능이 조화되어 건축형태도 중세에 비해 자유롭게 활기 있게 표현되었다.

③ 승려 장인들은 전문적으로 목수나 석공 일에 종사하였고, 17세기 이후 무수히 지어진 불교사찰은 거의 이들에게 독점되어 있었다.

④ 예불활동을 효과적으로 치를 수 있도록 불교건축에서는 실내천장을 높게 설치하여 내부공간의 크기가 확장되었고, 용이나 봉황조각으로 부재를 장식하였다.

[해설]
② 서원건축은 절제가 중시되고 형식적인 면이 강조되어 건축형태의 자유로운 표현이 제한되었다.

4. 전통적 조형성을 표현한 건축물과 작가의 연결이 옳지 않은 것은?

【12국가직⑦】

① 에밀레 미술관 – 조자용

② 서울여자상업고등학교 교사 소석관 – 조승원

③ 국립민속박물관 – 강봉진

④ 국립광주미술관 – 김수근

[해설]
④ 국립광주미술관 – 박춘명

---

5. 다음 중 현존하는 한국 고대 석탑으로 가장 오래된 것은?

① 미륵사지 석탑　　　② 경천사지 석탑
③ 원각사지 석탑　　　④ 불국사 다보탑

[해설]
① 미륵사지 석탑(백제 30대 무왕: 600~641년)

6. 다음 중 주심포식 건물이 아닌 것은?

① 강릉 객사문　　　② 수덕사 대웅전
③ 서울 남대문　　　④ 무위사 극락전

[해설]
③ 서울 남대문은 조선 초기 다포식이다.

7. 현존하는 우리나라 목조건축물 중 가장 오래된 것은?

① 부석사 무량수전　　　② 봉정사 극락전
③ 법주사 팔상전　　　　④ 화엄사 보광대전

[해설]
② 봉정사 극락전 : 현존하는 최고(最古)의 목조건축

8. 다포식(多包式) 건축으로 가장 오래된 것은?

① 창경궁 명정전　　　② 전등사 대웅전
③ 불국사 극락전　　　④ 심원사 보광전

[해설]
④ 심원사 보광전(心源寺 普光殿, 1374년) : 황해북도 연탄군 연탄
읍 심원사에 있는 고려 말기의 불전으로 다포식 건축양식으로
가장 오래된 건축물

9. 한국 근대건축 중 르네상스 양식을 취하고 있는 것은?

① 한국은행　　　　　② 명동성당
③ 서울 성공회성당　　④ 덕수궁 정관헌

[해설]
② 명동성당 : 고딕양식
③ 서울 성공회성당 : 로마네스크 양식
④ 덕수궁 정관헌 : 절충식

10. 우리나라의 현대건축가 김수근의 작품이 아닌 것은?

① 삼일로 빌딩　　　② 자유센터
③ 경동교회　　　　④ 타워호텔

[해설]
① 삼일로빌딩 : 김중업

11. 우리나라 시대별 전통건축의 특징에 대한 설명으로 옳지 않은 것은?　　【18국가직⑨】

① 통일신라시대의 가람배치는 불사리를 안치한 탑을 중심으로 하였던 1탑식 가람배치 방식에서 불상을 안치한 금당을 중심으로 그 앞에 두 개의 탑을 시립(侍立)한 2탑식 가람배치로 변화하였다.
② 고려 초기에는 기둥 위에 공포를 배치하는 주심포식 구조형식이 주류를 이루었고, 고려 말경에는 창방 위에 평방을 올려 구성하는 다포식 구조형식을 사용하였다.
③ 조선시대에는 다포식과 주심포식이 혼합된 절충식이 나타나기도 하였으며, 절충식 건축물로는 해인사 장경판고(대장경판전), 옥산서원 독락당, 서울 동묘, 서울 사직단 정문 등이 있다.
④ 20세기 초에 서양식으로 지어진 건물 중 조선은행(한국은행 본관)은 르네상스식 건물이고, 경운궁의 석조전은 신고전주의 양식을 취한 건물이다.

[해설]
③ 절충식 건축물로는 평양의 보통문, 개심사 대웅전, 전등사 약사전 등이 있으며, 해인사 장경판고(대장경판전), 옥산서원 독락당, 서울 동묘, 서울 사직단 정문은 익공양식이다.

해답　5 ①　6 ③　7 ②　8 ④　9 ①　10 ①　11 ③

Chapter 09

한국건축의 각부 구성

한국건축의 각부 구성은 전통건축양식의 각부의 구성방법과 부재의 명칭, 사례로 구성되어 있다. 특히, 주심포양식과 다포양식의 공포의 구성, 부재의 명칭, 각 양식별 사례 및 특징에 대한 문제가 출제된다.

[장대석기단]
일정한 길이로 가공된 장대석을 쌓아올린 기단으로 조선시대에 널리 사용되었다.

[가구식기단]
지면에 지대석을 놓은 후 기둥석을 세우고 기둥석 사이에는 면석을 놓고 그 위에 수평을 갑석을 올려 쌓는 기단으로 매우 고급스러운 기단이다.

[전축기단]
벽돌을 쌓아올려 만든 기단이다.

[정평주초]

[덤벙주초]

[그렝이질]

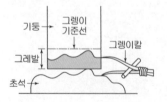

1 기단

(1) 매우 중요시하여 규모에 무관하게 모든 건물에 사용하였다.
(2) 공사 초기에 설치하고 최후에 기단의 마무리 시공을 한다.
(3) 장식이 없이 단순하게 처리하였다.
(4) 월대 : 높은 석단을 만들고 그 위에 기단을 만든 것으로 궁궐 정전의 기단을 말한다.
(5) 종류 : 자연석기단, 장대석기단, 가구식기단, 전축기단

월대와 기단

장대석 기단

자연석 기단

가구식 기단

2 초석(주춧돌)

(1) 정평주초

① 자연석을 가공하여 초석을 만든 것
② 주좌(쇠시리)가 있음
③ 궁궐건축에 주로 사용
④ 삼국시대 이전에 사찰에서도 사용

(2) 덤벙주초(막돌초석, 호박돌 초석)

① 초석을 가공하지 않고 자연 그대로 사용함

② 조선시대에 주로 사용

③ 그렝이질 : 초석을 다듬지 않고 기둥을 초석 형상에 맞추어 깎는 기법

3 기둥[☆]

(1) 위치에 따른 분류

① 외진주 : 건물의 외부 칸을 둘러서 있는 기둥

② 내진주 : 건물의 내부 공간을 둘러서 있는 기둥

③ 우주 : 모서리 기둥

④ 평주 : 같은 높이로 이루어진 기둥의 열

⑤ 활주 : 추녀를 받친 가는 기둥으로 원형과 팔각형이 있다.

⑥ 옥심주 : 다층 건물의 중심에 세우는 가늘고 높은 기둥

⑦ 동자주 : 대들보나 중보 위에 올라가는 짧은 기둥

(2) 단면형태에 따른 분류

• 원주

• 각주 : 4각, 6각, 8각

(3) 기둥의 치목기법

• 민흘림 : 기둥 머리보다 기둥 아래부분의 직경이 큰 형태

• 배흘림 : 기둥의 직경이 밑에서 1/3 지점에서 가장 크고 위와 아래로 갈수록 작아지는 기둥

출제빈도
15국가직 ⑦ 16국가직 ⑨ 20지방직 ⑨

[위치에 따른 기둥의 종류]

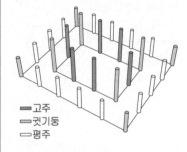

■ 고주
■ 귓기둥
▭ 평주

[활주]

[민흘림 기둥과 배흘림 기둥]

민흘림 기둥   배흘림 기둥

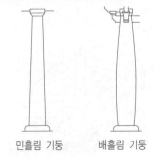

민흘림 기둥   배흘림 기둥

[외목도리]

외출목상에 있는 도리

[주두와 소로의 형태]

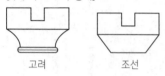

• 봉정사 극락전은 고려시대 건축물이지
만 주두에 굽받침이 없다.

[출목]

공포에서 도리, 장혀, 첨차 등이 주심에서
밖으로 나가 앉는 것을 말한다.

[제공]

공포가 층으로 겹겹이 짜이는 것을 말한다.

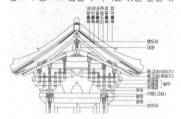

[익공]

---

4 공포(두공, 포작)[☆☆☆]

(1) 종류

① 주심포 : 기둥 위에 주두를 놓고 공포를 배치함
② 다포 : 기둥 위에 창방과 평방을 놓고 그 위에 공포를 배치함
③ 익공 : 평방이 없고 주심포 양식이 단순화되고 간략화된 공포

(2) 구성부재

① 주두 : 공포 최하부에 놓인 방형부재로 공포를 타고 내려온 하중을 기둥
   에 전달하는 역할을 한다.
② 소로 : 소로는 주두와 모양은 같고 크기가 작다. 첨차와 첨차, 살미와 살
   미 사이에 놓여 상부하중을 아래로 전달하는 역할을 한다.
③ 첨차 : 도리방향으로 놓인 부재
   ㉠ 크기에 따라 : 소첨차, 대첨차
   ㉡ 살미첨차 : 보방향의 첨차
   ㉢ 헛첨차 : 기둥머리에서 보방향으로 반쪽짜리 첨차가 빠져나와 출목첨차
      를 받치는 부재로 주심포에만 있음
   ㉣ 행공첨차 : 외목도리를 받치는 첨차

(3) 주두와 소로의 형태에 따른 시대구분

• 고려 : 굽면이 곡면이고 굽받침이 있음
• 조선 : 굽면이 사절이고 굽받침이 없음

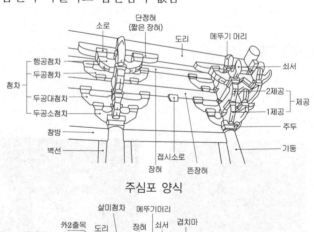

주심포 양식

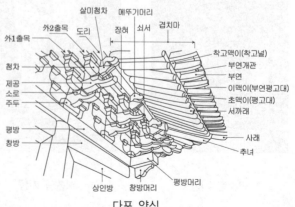

다포 양식

[주심포 양식과 다포 양식의 비교]

구 분	주심포식	다포식
① 전래	남송에서 고려 중기에 전래	고려 말 원나라에서 전래
② 공포배치	기둥 위에 주두를 놓고 배치	기둥 위에 창방과 평방을 놓고 그 위에 공포배치
③ 공포의 출목	2출목 이하	2출목 이상
④ 첨차의 형태	하단의 곡선을 S자형으로 길게하여 둘을 이어서 연결한 것 같은 형태	밋밋한 원호 곡선으로 조각
⑤ 소로배치	비교적 자유스럽게 배치	상하로 동일 수직선상에 위치를 고정
⑥ 내부 천장구조	가구재의 개개 형태에 대한 장식화와 더불어 전체 구성에 미적인 효과를 추구(연등 천장)	가구재가 눈에 띄지 않으며 구조상의 필요만 충족(우물천장)
⑦ 보의 단면형태	위가 넓고 아래가 좁은 4각형을 접은 단면	춤의 높은 4각형으로 아랫모를 접은 단면
⑧ 기타	마루대공 좌우에 소슬 사용 우미량 사용	

[주심포 양식과 다포 양식의 시대별 사례]

구 분		주심포식	다포식
① 고려		• 봉정사 극락전 : 현존하는 최고(最古)의 목조건축 • 부석사 무량수전 : 주심포 양식이면서 팔작지붕 • 수덕사 대웅전 • 강릉 객사문	• 심원사 보광전 : 다포식 건물로 가장 오래된 건축물 • 석왕사 응진전 • 평양 숭인전 : 제사를 위한 사당
② 조선	초기	• 송광사 극락전 • 무위사 극락전	• 서울 남대문 • 봉정사 대웅전 • 신륵사 조사당
	중기	봉정사 화엄강당	• 화엄사 각황전 • 범어사 대웅전 • 전등사 대웅전 • 창경궁 명전전 • 창덕궁 돈화문
	후기	전주 풍남문	• 불국사 극락전 및 대웅전 • 경복궁 근정전 • 창덕궁 인정전 • 서울 동대문 • 덕수궁 중화전

[소슬(소슬합장)]
종도리와 종보 사이에 설치되며, 대공의 옆으로 종도리에서 벌려 人자형으로 설치한 버팀부재로 대공의 수평 이동을 방지하고 종도리의 측면을 보강하는 역할을 한다.

[우미량]
맞배지붕에서 도리와 도리를 연결하는 곡선형(소꼬리 형태)의 보

[심원사 보광전]

[송광사 극락전]

[전등사 대웅전]

[무위사 극락전]

[신륵사 조사당]

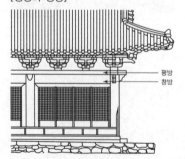

봉정사 극락전

부석사 무량수전

· 예제 01 ·

우리나라 전통 목조건축 양식 중 주심포계, 다포계 양식에 관한 설명으로 옳지 않은 것은? 【10국가직⑨】

① 주심포계 양식은 다포계 양식보다 기둥의 배흘림이 강조되어 있다.
② 주심포계 양식은 다포계 양식과 달리 공포가 기둥 사이사이에 배치되어 있다.
③ 숭례문은 다포계 양식에 속한다.
④ 조선왕조의 다포계 양식은 주심포계 양식과의 절충이 많다.

② 주심포계 양식은 공포가 주심 위에만 배치되어 있다.

답 : ②

출제빈도
11지방직 ⑦ 21국가직 ⑦

[뺄목]
부재 머리가 다른 부재의 구멍이나 홈을 뚫고 내민 부분

[평방과 창방]

평방
창방

5 창방과 평방[☆]

(1) 창방

① 외부 기둥의 기둥머리를 연결하는 부재로서 모서리에서는 뺄목으로 구성
  : 모든 건물에 있음
② 창방은 세워서 사용한다.
③ 기둥 사이의 하중을 부담하지 않는 부재이다.

(2) 평방

① 공포 등을 받치기 위해 평주 위에 가로지르고 창방 위에 얹히는 가로부재
  : 기둥과 기둥 위에서 공포의 하중을 지탱하는 부재
② 다포에서만 사용된다.
③ 단면적은 일반적으로 창방보다 크다.
④ 평방은 눕혀서 사용한다.

6 보

(1) 대들보 : 건물구조에서 수직방향으로 작용하는 하중을 받치는 수평부재
(2) 종보(마루보) : 마루대공을 받는 보로서 5량 이상의 가구에서부터 사용
(3) 중보 : 대들보와 종보 사이의 보로 7량 이상의 가구에서 사용
(4) 퇴보 : 퇴칸에서 평주와 고주 사이를 연결하는 보
(5) 충량(저울대보) : 팔작지붕 또는 우진각 지붕의 측면 기둥에서 내부에 기둥이 없어서 수평으로 보를 잇지 못하므로, 측면기둥에서 대들보 위로 직접 걸리는 보
(6) 우미량 : 맞배지붕에서 도리와 도리를 연결하는 곡선형(소꼬리 형태)의 보
(7) 귀보 : 팔작지붕, 우진각 지붕의 추녀마루 하단에 45° 방향으로 걸리는 보

[대들보, 종보, 중보]
종보
중보
대들보

7 도리와 대공[☆]

출제빈도
10지방직 ⑨

(1) 도리

① 기둥과 기둥 위에 건너 얹어 그 위에 서까래를 놓는 부재
② 단면형태에 따라 굴도리(원형), 납도리(각형)가 있다.
③ 위치에 따라 주심도리, 중도리, 종도리, 상중도리, 하중도리, 내목도리, 외목도리로 구분한다.
④ 량가산정 : 도리의 개수로 산정하며, 고주가 있으면 고주 숫자를 먼저 읽음(예 : 1고주 5량, 2고주 7량 등)

[귀보]

(2) 대공

① 중반이라고도 하며 종보 위에서 종도리를 받치는 부재
② 동자대공 : 가장 간단한 형식이며 다포양식의 건물에 사용하며, 천장은 우물천장으로 구성된다.
③ 접시대공 : 판재를 층층이 쌓아서 만든 대공
④ 판대공 : 사다리꼴 모양의 판재로 만든 대공
⑤ 포대공(공포대공) : 공포로 구성된 대공으로 연등천장에 사용한다.
⑥ 인자대공 : 人자형태로 만든 대공
⑦ 화반대공(파련대공) : 가장 화려한 형태로 만든 대공

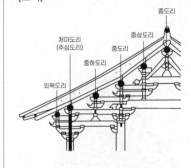

[도리]
종도리
처마도리
(주심도리)
중상도리
중도리
중하도리
외목도리

(3) 장혀(장여)

① 도리 밑에 놓인 도리받침부재로 도리에 비해 폭이 좁으며 도리와 함께 서까래의 하중을 분담한다.
② 장혀(긴장혀, 통장혀) : 주로 다포식 건물에 사용
③ 단장혀 : 짧은 장혀로 주로 주심포 건물에 사용
④ 뜬장혀 : 도리없이 장혀만 있는 것

[종도리]
용마루 밑에 서까래를 걸쳐 놓은 도리로 마루도리 또는 마룻대라고도 하며, 상량문에 사용한다.

[내목도리]

다포양식의 건물에만 있다.

[상중도리, 하중도리]

7량가 이상에만 있다.

[주심포 양식의 대공]

접시대공, 판대공, 포대공, 화반대공은 주심포 양식에 사용한 대공이며, 천장은 주로 연등천장으로 구성되었다.

[연등천장]

천장을 만들지 않고 서까래가 노출되도록 구성된 천장

[인자대공]

고구려 고분벽화에서도 사용되었다.

출 제 빈 도
11지방직 ⑨

[추녀]

지붕 모서리에서 45도 방향으로 걸린 방형단면 부재

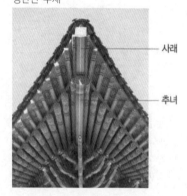
- 사래
- 추녀

[내림(내림마루)]

내림마루는 지붕마루 중에서 용마루의 양쪽 끝단에서 수직 방향, 즉 기왓골 방향으로 내려오는 마루이다. 맞배지붕이나 팔작지붕에서 생기며, 격식이 있는 건물의 경우 끝 단에 용두 장식과 잡상을 두기도 한다.

동자대공

포대공

파련대공

人자대공

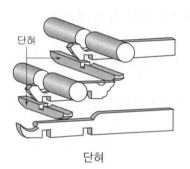
단허

종도리
장혀
뜬장혀
대공

장혀와 뜬장혀

8 지붕, 천장, 바닥[☆]

(1) 지붕

① 지붕의 종류
- 맞배지붕 : 가장 간단하며 추녀와 활주가 없다.
- 우진각지붕 : 지붕면이 4면으로 추녀가 있으며 내림이 없다.
- 팔작지붕 : 맞배지붕 + 우진각지붕, 내림마루와 추녀가 있다.
- 모임지붕 : 용마루 없이 하나의 꼭짓점에서 지붕골이 만나는 형식

② 서까래
㉠ 도리 위에 건너지르는 긴 부재로 지붕을 받치는 부재
㉡ 서까래의 배열
- 평연 : 평행배열, 맞배지붕에 사용
- 선자연 : 방사배열, 우진각지붕에 사용
- 마족연 : 평연 + 선자연, 팔작지붕에 사용

ⓒ 서까래의 종류
- 단연 : 중도리에서 종도리까지 걸치는 서까래
- 장연 : 처마도리에서 중도리까지 걸치는 서까래
- 부연 : 처마를 깊게 하기 위해 서까래 끝에 걸어주는 방형의 짧은 서까래로 장식적인 효과도 있다.
- 중연 : 7량 이상의 가구에서 장연과 단연 사이에도 걸리는 서까래

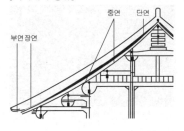

맞배지붕

우진각지붕

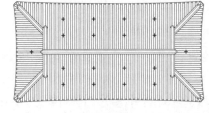
팔작지붕

모임지붕

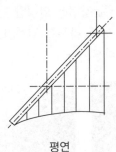
선자연

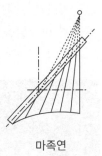
평연

마족연

[연등천장]

[귀접이천장]

(2) **천장**

① 구조천장

　ⓐ 연등천장(삿갓천장) : 천장을 만들지 않아 서까래가 그대로 노출되어 보이는 천장을 말한다. 연등천장은 가구부재들이 아름다워 천장을 가리지 않아도 충분한 고려시대 주심포건물에서 많이 볼 수 있다. 살림집에서는 보통 대청마루 천장을 연등천장으로 한다.

　ⓑ 귀접이 천장 : 현존하는 일반건물에서는 거의 찾아 볼 수 없는 천장형식이다. 모서리를 점차 줄여나가면서 만든 천장으로 주로 고구려 건축에서 사용했던 것으로 알려져 있다.

[우물천장]

[보개천장]

[빗천장]

② 의장천장

　㉠ 우물천장 : 우물 정(井)자 모양이라고 하여 붙인 이름이다. 살림집에서는 거의 찾아 볼 수 없고 궁궐이나 사찰 등에서 주로 사용 되었다. 또 조선시대 5포 이상의 다포형식 건물에서 많이 쓰였다.

　㉡ 보개천장 : 궁궐 정전에서 임금이 앉는 어좌 위나 불전에서 부처 머리 위 정도에만 설치되는 특별한 천장이다. 일반적으로 우물 천장 일부를 감실을 만들 듯 높이고 여기에 모형을 만들듯 작은 첨차를 화려하게 짜 올려 장식한 다음 가운데는 용이나 봉황을 그리거나 조각해 장식한다.

　㉢ 빗천장 : 수평이 아닌 서까래방향을 따라 비스듬하게 설치된 천장을 말한다.

　㉣ 순각천장 : 공포의 출목과 출목 사이를 좁고 긴 판재로 막아대는 특수한 반자를 가리킨다.

　㉤ 층급천장(층급반자) : 천장의 갓 둘레를 한층 높게 하거나 낮게 하여 층이 진 천장

(3) **바닥**

① **전바닥**

　바닥에 전석(塼石)을 깐 것으로 주로 궁궐의 정전에 사용되었다.

② **마루바닥**

　㉠ 우물마루 : 우물 정(井)자 모양이라고 하여 붙인 이름이다. 마루귀틀을 짜고 넓은 널을 끼워 넣은 마루이다.

　㉡ 장마루 : 기둥 사이에 장선을 일정한 간격으로 걸고 그 위에 폭이 좁고 긴 마루널을 깔아 만든 마루를 말한다. 한국의 현존 유적에서는 거의 찾아 볼 수 없는 마루이다.

장귀틀
동귀틀
마루청판

전바닥　　　　　　우물마루　　　　　　장마루

9 단청[☆]

(1) 사용목적

목재의 부패방지, 옹이 은폐, 장엄한 권위의 표출, 건물의 격과 쓰임, 주술적 상징

(2) 단청의 색

오행사상에 따라 적(赤 ; 붉은색), 청(靑 ; 푸른색), 황(黃 ; 노란색), 흑(黑 ; 검은색), 백(白 ; 흰색)을 기본색으로 한다.

(3) 단청의 종류

① 가칠단청 : 무늬 없이 단색으로 칠한 단청을 말하며 가칠단청은 화려한 의장성보다는 목재를 보호하는 방부 본래 목적에 충실한 단청이라고 할 수 있다. 주로 수직부재인 기둥이나 동자주 등은 붉은색으로 칠하고 나머지 창방이나 보, 서까래, 문짝 등은 옥색인 뇌록으로 칠한다.

② 긋기단청 : 가칠단청 위에 선만을 그어 마무리한 단청이다. 이때 선은 검은색인 먹과 흰색인 분을 복선으로 긋는 것이 일반적이다.

③ 모로단청 : 부재 끝부분에만 문양을 넣고 가운데는 긋기로 마무리한 단청을 말한다. 이때 부재 끝에 들어가는 화려한 문양부분을 머리초라고 한다.

④ 금단청(錦丹靑) : 모로단청의 중간 긋기 부분에 금문(錦紋)이나 별화(別畵)로 장식한 단청을 말하며 비단무늬처럼 기하학적인 문양으로 머리초 사이를 꽉 채운 단청이란 의미이다. 금단청은 모로단청에 비해 전체적으로 격식이 높은 것으로 대들보에서는 웅장한 용문으로 장식하기도 한다.

출제빈도
12지방직 ⑨

[가칠단청]

[긋기단청]

[모로단청]

[금단청]

09 출제예상문제

1. 한국 고건축의 목조건축형식 중 공포(栱包)에 대한 설명으로 옳은 것은? 【08국가직⑨】

① 안동 봉정사 극락진은 나포(多包)계 양식의 대표적인 건물이다.

② 주심포(柱心包)계 양식은 고려시대 중기부터 존재하였으나, 다포(多包)계 양식은 조선시대 초기가 되어서야 나타난 양식이다.

③ 다포(多包)계 양식은 창방과 주상단(柱上端)에 평방을 얹어놓고 그 위에 주심포작과 주간포작을 배치한 것이다.

④ 익공(翼工)계 양식은 장식적인 경향이 강하여 경복궁 근정전 등 매우 중요한 건물에 전반적으로 사용되었다.

[해설]
　① 안동 봉정사 극락전은 주심포계 양식의 대표적인 건물로 목조건축물 중 가장 오래된 건물이다.
　② 주심포(柱心包)계 양식은 고려시대 중기부터 존재하였으며, 다포(多包)계 양식은 고려시대 후기에 나타난 양식이다.
　④ 익공계 양식은 주심포계 양식에 비해 간결한 형식으로 주로 서원, 관아, 양반가옥 등 소규모 건물에 사용되었다.

2. 조선시대 다포식 목조건축의 특성으로 옳지 않은 것은? 【09국가직⑨】

① 주두와 소로의 형상은 굽의 하반부가 곡면

② 주심포식보다 덜 현저한 배흘림

③ 평방

④ 주간포작

[해설] 주두와 소로의 형태
　① 주심포양식 : 굽면이 곡면이고, 굽받침이 있음(봉정사 극락전은 없음)
　② 다포양식 : 굽면이 사절이고, 굽받침이 없음

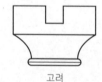

고려

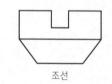

조선

3. 한국건축의 일반적 내용을 기술한 사항 중 옳지 않은 것은? 【09지방직⑨】

① 주심포식은 공포가 기둥 위에만 짜여져 있으나, 다포식은 기둥 사이에도 여럿 설치된다.

② 주심포식은 주로 소규모의 건축물에 사용되며, 지붕의 형태는 맞배지붕이 일반적이다.

③ 팔작지붕의 경우 연등천장을 사용하여 실내의 개방감을 높이고 있다.

④ 봉정사 극락적은 고려시대의 건축물로 건립연대가 알려진 우리나라에서 가장 오래된 목조건축물이다.

[해설]
　③ 팔작지붕은 용마루, 내림마루, 추녀마루를 모두 갖춘 가장 화려하고 장식적인 지붕형태로, 측면 서까래 말구가 내부에서 노출되어 보이기 때문에 우물천장을 설치하였다.

4. 우리나라 전통 목조건축 양식 중 주심포계, 다포계 양식에 관한 설명으로 옳지 않은 것은? 【10국가직⑨】

① 주심포계 양식은 다포계 양식보다 기둥의 배흘림이 강조되어 있다.

② 주심포계 양식은 다포계 양식과 달리 공포가 기둥 사이사이에 배치되어 있다.

③ 숭례문은 다포계 양식에 속한다.

④ 조선왕조의 다포계 양식은 주심포계 양식과의 절충이 많다.

[해설]
　② 주심포계 양식은 공포가 주심 위에만 배치되어 있다.

해답　1 ③　2 ①　3 ③　4 ②

5. 한국 전통 목조건축에 관한 설명으로 옳지 않은 것은? 【10지방직⑨】

① 보와 직각방향의 횡가구재인 도리는 단면이 방형인 굴도리와 단면이 원형인 납도리가 있다.

② 공포의 기본형은 첨차와 소로로 구성되어 있다.

③ 다포식 건축은 창방 위에 평방을 두고 주간포작을 형성하는 것이 특징이다.

④ 처마는 있으나 추녀를 구성하지 않는 맞배지붕의 대표적 건물로는 봉정사 극락전이 있다.

[해설]
① 보와 직각방향의 횡가구재인 도리는 단면이 방형인 납도리와 단면이 원형인 굴도리가 있다.

6. 다음 전통 목조건축 중 건립연대가 가장 오래된 것은? 【11국가직⑨】

① 고산사 대웅전

② 수덕사 대웅전

③ 부석사 무량수전

④ 봉정사 극락전

[해설]
④ 봉정사 극락전은 현존하는 목조건축물로서는 가장 오래된 건축물로 주심포 양식에 맞배지붕 형식으로 고려시대 건축물이다.

7. 한국 전통주택의 지붕 구성요소인 서까래에 대한 설명으로 옳지 않은 것은? 【11지방직⑨】

① 서까래는 지붕을 형성하는 기본 부재로 일반적으로 장연, 단연, 처마서까래, 부연 등을 통틀어서 부르는 명칭이다.

② 겹처마의 경우 서까래를 2중으로 설치하는데 먼저 설치한 것을 부연이라고 한다.

③ 종도리와 중도리 사이의 길이가 짧은 서까래를 단연이라고 한다.

④ 서까래는 구조재로서 중요한 부재인 동시에 의장적인 면에서도 중요하다.

[해설]
② 서까래만으로 구성된 처마를 홑처마라고 하며, 부연이 첨가되면 이를 겹처마라고 한다.

8. 공포양식의 특징에 대한 설명으로 옳지 않은 것은? 【11국가직⑦】

① 주심포식은 기둥 위 주두에 공포를 배치하여 하중을 기둥으로 직접 전달하는 양식이다.

② 다포식은 기둥 사이에 공포를 배치하기 위해 창방 위에 평방을 덧대어 구조적 안정을 가지는 양식이다.

③ 익공식은 청나라 건축방식의 영향을 받아 조선후기 대규모 건축에서 사용한 양식이다.

④ 다포식 건물은 대체적으로 주심포식 건물에 비해 외관이 화려하게 보이는 특징을 갖는다.

[해설]
③ 익공식은 소규모 건축에서 사용한 양식이다.

9. 한국 전통 목조건축의 구성요소에 대한 설명으로 옳지 않은 것은? 【11지방직⑦】

① 원형의 기둥은 일반 주거건축보다 궁궐이나 사찰건축에서 주로 사용되었다.

② 창방(昌枋)은 평방(平枋) 위에 덧대어 공포(栱包)를 통해 내려오는 지붕의 하중을 직접 기둥에 전달하는 역할을 한다.

③ 공포(栱包)는 주두, 첨차, 소로 등이 조합되어 지붕의 하중을 기둥에 전달하는 역할을 한다.

④ 조선시대 궁궐의 정전이나 사찰의 주불전 등 주요 건물에 주로 사용한 공포양식은 다포식이다.

[해설]
② 평방(平枋)은 창방(昌枋) 위에 덧대어 공포(栱包)를 통해 내려오는 지붕의 하중을 직접 기둥에 전달하는 역할을 한다.

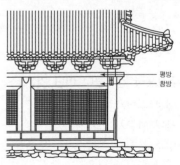

해답 **5** ① **6** ④ **7** ② **8** ③ **9** ②

10. 한국의 단청에 대한 설명으로 옳지 않은 것은?

【12지방직⑨】

① 단청의 색조화는 주로 이색(異色)과 보색(補色)을 위주로 한다.
② 단청을 시공하기 위해서는 공사주가 우선 단청화원들 가운데서 도채장(途彩匠)을 선출하여 시공과정을 지도하고 책임지게 하였다.
③ 건축물이나 기물(器物) 등을 장기적으로 보호하고 재질의 조악성을 은폐하는 목적이 있다.
④ 고려시대의 단청을 엿볼 수 있는 벽화는 경상남도 거창군 둔마리 고분에 남아있다.

[해설]
　② 단청을 시공하기 위해서는 공사주가 우선 단청화원들 가운데서 편수를 선출하여 시공과정을 지도하고 책임지게 하였다.

11. 한국건축에 대한 설명으로 옳지 않은 것은?

【13국가직⑦】

① 통일신라시대의 가람배치는 탑 중심에서 금당 중심으로 변화되었으며, 산지가람으로는 부석사, 해인사, 범어사 등이 있다.
② 봉정사 극락전은 현존하는 가장 오래된 주심포식 목조건축물로 알려져 있다.
③ 조선시대 후기의 대표적인 건축물로는 서울 숭례문, 개성 남대문 등이 있다.
④ 조선시대에는 서원건축이 발달하였으며, 건축물의 공간적 질서와 주변 자연환경과의 조화가 뛰어난 것이 특징이다.

[해설]
　③ 서울 숭례문은 조선초기의 다포식 건축물이며, 개성 남대문은 고려 말에 지어서 조선 초기에 완성된 다포식 건축물이다.

12. 주심포식 건축물이 아닌 것은?　【14국가직⑨】

① 예산 수덕사 대웅전
② 창녕 관룡사 약사전
③ 영주 부석사 무량수전
④ 경산 환성사 대웅전

[해설]
　④ 경산 환성사 대웅전 : 경상북도 경산군 하양읍 사기리에 있는 조선 중기의 불전으로 다포양식의 건축물이다.

13. 한국의 전통건축형식에 대한 설명으로 옳은 것은?

【15국가직⑨】

① 서울시에 있는 숭례문(남대문)은 주심포식 건물이며, 지붕은 팔작지붕으로 되어 있다.
② 안동시 봉정사 극락전, 영주시 부석사 무량수전, 충남 예산군 수덕사 대웅전은 다포식 건물이다.
③ 평방은 주심포식 건물에서 창방 밑에 있는 부재로 공포로부터 내려오는 지붕의 하중을 받는다.
④ 서산시 개심사 대웅전은 전·후면에서 볼 때는 다포 형식을 취하고 있으며, 지붕은 맞배지붕, 내부 천장은 연등천장으로 되어 있다.

[해설]
　① 남대문은 다포식 건물로 지붕은 우진각지붕으로 되어 있다.
　② 봉정사 극락전, 부석사 무량수전, 수덕사 대웅전은 주심포식 건물이다.
　③ 평방은 다포식 건물에서 창방 위에 있는 부재이다.

14. 우리나라 전통건축에서 기둥에 대한 설명으로 옳지 않은 것은?　【15국가직⑦】

① 안쏠림－기둥머리 부분을 밖으로 향하게 하고 기둥뿌리는 안쪽으로 향하게 하여 시각 착오를 조절하는 수법
② 배흘림－기둥의 몸부분이 가늘게 보이는 착각을 교정하기 위하여 기둥머리나 기둥뿌리보다 기둥 몸의 지름을 굵게 하는 수법
③ 귀솟음－중앙의 기둥으로부터 모서리 기둥 방향으로 갈수록 기둥 높이를 조금씩 높게 하여 추녀 부분을 위로 치솟도록 하는 수법
④ 민흘림－기둥머리 상면지름이 기둥뿌리 하면지름보다 작은 것으로 건축물에 안정감을 주는 수법

[해설]
　① 안쏠림－기둥머리 부분을 안쪽으로 향하게 하고 기둥뿌리는 밖으로 향하게 하여 시각 착오를 조절하는 수법

15. 한국 전통건축의 기둥에 대한 설명으로 옳지 않은 것은? 【16국가직⑨】

① 동자주는 대들보나 중보 위에 올라가는 짧은 기둥을 말한다.

② 흘림기둥은 모양에 따라 배흘림기둥과 민흘림기둥으로 나뉘는데 강릉의 객사문은 민흘림 정도가 가장 강하다.

③ 활주는 추녀 밑을 받쳐주는 보조기둥으로 추녀 끝에서 기단 끝으로 연결되기 때문에 경사져 있는 것이 일반적이다.

④ 동바리는 마루 밑을 받치는 짧은 기둥이며, 외관상 보이지 않기 때문에 정밀하게 가공하지 않는다.

[해설]
  ② 강릉의 객사문은 배흘림기둥이다.

16. 다음 설명에 해당하는 공포 양식을 적용한 건축물을 옳게 짝 지은 것은? 【20국가직⑨】

> ㄱ. 창방 위에 평방을 올리고 그 위에 공포를 배치한 형식
> ㄴ. 소로와 첨차로 공포를 짜서 기둥 위에만 배치한 형식

	ㄱ	ㄴ
①	수원 화서문	강릉 객사문
②	영주 부석사 무량수전	서울 숭례문
③	서울 창경궁 명정전	예산 수덕사 대웅전
④	안동 봉정사 대웅전	경주 불국사 대웅전

[해설]
① 수원 화서문 : 익공양식
    강릉 객사문 : 주심포양식
② 영주 부석사 무량수전 : 주심포양식
    서울 숭례문 : 다포양식
③ 서울 창경궁 명정전 : 다포양식
    예산 수덕사 대웅전 : 주심포양식
④ 안동 봉정사 대웅전 : 다포양식
    경주 불국사 대웅전 : 다포양식

17. 한국 목조건축의 구성요소 중 기둥에 적용된 의장 기법에 대한 설명으로 옳지 않은 것은? 【20지방직⑨】

① 배흘림은 평행한 수직선의 중앙부가 가늘어 보이는 착시현상을 교정하기 위한 기법이다.

② 민흘림은 상단(주두) 부분의 지름을 굵게 하여 안정감을 주는 기법이다.

③ 귀솟음은 중앙 기둥부터 모서리 기둥으로 갈수록 기둥 높이를 약간씩 높게 하는 기법이다.

④ 안쏠림은 모서리 기둥을 안쪽으로 약간 경사지게 하는 기법이다.

[해설]
  ② 민흘림은 상단(주두) 부분보다 기둥 아랫부분의 지름을 굵게 하여 안정감을 주는 기법이다.

Chapter 10

궁궐 및 도성건축

궁궐 및 도성건축은 출제빈도가 그리 높지 않다. 여기에서는 궁궐 및 도성건축의 조영(造營)원칙, 각 시대별 사례, 조선시대 궁궐의 구성에 대하여 정리하길 바란다.

[주례고공기(周禮考工記)]

중국의 도시계획기본서로 동주(東周)시대 (BC770~BC256)에 제(齊)나라 사람에 의해 씌여진 것으로 추정된다.
① 한 방(坊)의 길이가 9리(里)인 도성을 만들고 그 중앙에 방(坊) 길이가 3리(里)인 궁성을 배치한다. 성벽의 각 면에는 3개씩 성문을 배치하고 도성 안에는 세로방향과 가로방향으로 9개의 도로를 교차시킨다.
② 궁성 좌측에 종묘를 만들고 조종을 봉기하고 궁성 우측에 사직단을 두어 토지와 오곡지신에 제사를 지낸다. 궁성 전면에는 조정을 배치하고 궁성 후면에는 시장을 설치한다.

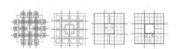

주례고공기의 가구 구성

[제단의 종류와 역할]
① 종묘 : 왕들의 신위(정전, 영령전)
② 사직단 : 사단(토지신), 직단(곡식신)
③ 선잠단 : 잠농
④ 환구단 : 기우제

1 궁궐 및 도성건축의 특징

(1) 자연지세를 이용한 가로망 형성 : 불규칙한 가로, 우회로
(2) 궁궐과 사찰의 배치 및 구성이 동일 : 중국의 사기, 천관서의 오성좌를 배치의 기본형식으로 한다.
(3) 주례고공기(周禮考工記)에 바탕을 둔 도시계획 : 전조후침, 면조후시, 좌조우사
(4) 정전법의 적용 : 바둑판식 도시계획
   • 평양 : 고구려 평원왕(586년) 한반도 최초의 방리제(坊里制)도입
   • 경주 : 신문왕(682년)
   • 한양은 경복궁 정면에 부분적으로 적용
(5) 구성건축물 : 종묘, 사직단, 원구단, 선잠단, 관아 및 객사

고구려 평양성의 도성계획

조선 한양의 도성계획

종묘

사직단

2 시대별 사례

(1) 고구려

- 국내성 : ㅁ자형, 해자설치
- 평양성 : 중국 수나라의 도성제 모방(북성, 외성, 내성)

(2) 백제

- 사비성 : 중국식 축성법의 응용(산성 + 시가지포위식)
- 성흥산성 : 산정상을 중심으로 방형의 성곽 축조

(3) 신라 : 나성이 없음 : 주변에 산성을 만들어 나성 역할을 함

(4) 통일신라

- 외성(外城)을 쌓지 않고, 도성의 영역을 넓혀 나갔다.
- 임해전지 : 궁중잔치, 사신영접
- 안압지 : 임해전지의 정원, 장안성의 금원 모방
- 포석정 : 국가 중대사 발생시 왕이 직접 제사를 지내던 곳

(5) 고려

- 만월대(개성) : 산지 경사지형 궁궐
- 수녕궁 : 원나라의 궁전 건축형식
- 서경(평양), 남경(양주), 동경(경주)의 3경(三京) 설치

(6) 조선[⭐]

① 도시 주위에 성벽을 쌓고 사방에 성문을 두고 성문 위에 문루를 두었다.
② 성곽의 둘레에는 동, 서, 남, 북, 정방위에 사대문인 남대문으로 숭례문(崇禮門), 동대문으로 흥인지문(興仁之門), 북대문으로 숙정문(肅靖門), 서대문으로 돈의문(敦義門)을 세우고 이들 정방위의 대문 사이에 다시 동남의 광희문(光熙門), 동북의 홍화문(弘化門), 서북의 창의문(彰義門), 서남의 소덕문(昭德門)을 건립하였다.
③ 수원 화성 : 실학사상의 반영, 거중기를 이용한 서구식 축성법, 돌과 벽돌의 혼합, 옹성(甕城)으로 축조
④ 법궁(法宮, 정궁)과 이궁(離宮)을 구분하여 건립
⑤ 주례고공기의 삼문삼조(三門三朝)의 궁제(宮制)에 따라 건립
⑥ 경복궁 : 조선의 법궁(정궁)으로 태조 3년(1394년)에 창건되었으나 임진왜란 때 소실, 1867년 흥선대원군에 의해 재건

[해자]
성벽 주변에 인공으로 땅을 파서 고랑을 내거나 자연하천을 이용하여 적의 접근을 막는 성곽시설이다.

[나성(羅城)]
안팎 2중으로 구성된 성곽에서 안쪽의 작은 성과 그 바깥의 도시까지 감싼 바깥쪽의 긴 성벽. 고대 중국과 한국에서는 흔히 왕궁을 둘러싼 성벽을 왕성(王城) 혹은 내성(內城)이라 부르고, 그 바깥의 민가 · 도시 · 농토까지 둘러싼 또 하나의 성벽을 외곽(外郭) 혹은 곽(郭) · 곽성(郭城)이라 불렀는데, 외곽을 나중에 나성(羅城) 혹은 나곽(羅郭)이라 부르기도 했다.

[안압지(雁鴨池)]

출제빈도
10국가직 ⑦ 14국가직 ⑦ 20지방직 ⑨

[이궁]
행궁(行宮)이라고도 한다. 피서(避暑) · 피한(避寒) · 요양을 위해 짓거나 경승지(景勝地)에 짓기도 하였지만, 통치력의 효과적인 파급을 위해 지방의 요지에 이궁을 지어 돌아가면서 머물기도 하였다. 조선의 이궁(離宮)은 창덕궁(昌德宮), 창경궁(昌慶宮), 경희궁(慶熙宮), 경운궁(慶雲宮)이었다.

[주례고공기의 삼문삼조(三門三朝)]
치조(治朝)는 내조(內朝)라고도 하는데, 임금이 정사(政事)를 보는 영역이고, 외조(外朝)는 신하들이 모여 국사를 논의하고 임금에게 진언하는 영역이며, 연조(燕朝)는 왕과 그 가족들이 기거하며 쉬는 영역이다. 다음 고문(庫門)은 외조의 정문이고, 치문(雉門)은 외조와 치조를 연결하는 문이며, 치조와 연조 사이의 문이 노문(路門)이다.

[옹성(甕城)]

철옹산성(鐵甕山城)의 준말로, 성문 앞에 설치되는 시설물로 모양이 마치 항아리와 같다고 하여 붙은 이름이다. 옹성(甕城)은 성문을 공격하거나 부수는 적을 측면과 후방에서 공격할 수 있는 시설이다.

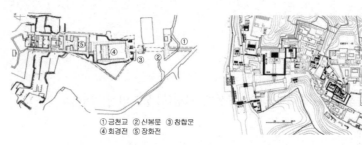

① 금천교 ② 신복문 ③ 창합문
④ 회경전 ⑤ 장화전

만월대 배치도　　　　　창덕궁 배치도

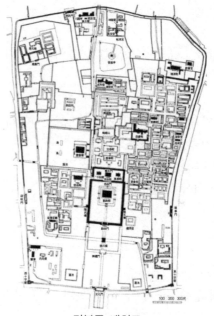

경복궁 배치도

③ 조선시대 궁궐 건축

	경복궁	창덕궁	창경궁	경희궁
별칭	북궐	동궐	동궐	서궐
성격	법궁(정궁)	이궁	이궁	이궁
창건	태조 3년 (1394년)	태종 5년 (1405년)	성종 14년 (1483년)	광해 8년 (1616년)
좌향	남향	남향	동향	남향
정문	광화문	돈화문	홍화문	홍화문
중문	근정문	인정문	명전문	숭정문
정전	근정전	인정전	명정전	숭정전
편전	사정전, 천추전, 만춘전	선정전	문정전	자정전
침전	강령전	대조전	통명전	
내전	교태전, 자경전	희정당	경춘전, 환경전	
부속건물	경회루, 향원전, 집옥재	숭문당, 부용정, 낙선재, 연경당	양화당, 경춘전	

경복궁 근정전

창덕궁 인정전

창경궁 명정전

경희궁 숭정전

경복궁 경회루

창덕궁 낙선재

4 읍성건축

(1) 행정상 주요한 지점에 읍성을, 국방상 중요한 지점에 산성을 설치
(2) 고려말 등장하여 조선초기에 크게 성행함
(3) 배후에 산을 등지고 평기와 산기슭을 함께 에워쌈
(4) 성안에 관아와 민가가 함께 있음
(5) 왕권을 상징하는 객사가 가장 중요한 위치에 배치
(6) 서측에는 문관이 사용하는 본부향청이 놓이게 되며, 동측에는 중영, 훈련원, 군기고 등이 배치
(7) 문묘와 향교는 한적한 곳에 배치
(8) 사직단은 서쪽에 배치
(9) 가로망 : 자연발생적, 불규칙적, 성곽 내외에 순환로 구축

• 동익헌 : 문관의 숙소
• 서익헌 : 무관의 숙소

5 관아건축

(1) 조선시대 각 도의 중요한 읍성에는 반드시 객사가 건축됨
(2) 객사는 읍성에서 가장 중심이 되는 곳에 배치하며, 맞배지붕으로 높은 기단위에 서게 되고, 가장 큰 규모로 지어짐
(3) 정당에는 국왕의 위폐를 안치하고 동서익헌은 조성에서 파견된 관리의 숙소로 사용
(4) 현존하는 건물 : 안변객사 가학루, 고령 가야관, 성천 동명관, 경주 동경관 중단, 밀양 영남루

안변객사 가학루

밀양 영남루

10 출제예상문제

1. 한국건축에 대한 설명으로 옳지 않은 것은?

【13국가직⑦】

① 통일신라시대의 가람배치는 탑 중심에서 금당 중심으로 변화되었으며, 산지가람으로는 부석사, 해인사, 범어사 등이 있다.

② 봉정사 극락전은 현존하는 가장 오래된 주심포식 목조건축물로 알려져 있다.

③ 조선시대 후기의 대표적인 건축물로는 서울 숭례문, 개성 남대문 등이 있다.

④ 조선시대에는 서원건축이 발달하였으며, 건축물의 공간적 질서와 주변 자연환경과의 조화가 뛰어난 것이 특징이다.

[해설]
③ 서울 숭례문은 조선초기의 다포식 건축물이며, 개성 남대문은 고려 말에 지어서 조선 초기에 완성된 다포식 건축물이다.

2. 수원 화성에 대한 설명으로 옳지 않은 것은?

【10국가직⑦】

① 산성과 읍성을 두어 방어력을 강화했다.

② 화성의 도시계획상 특징은 상업활동이 원활한 도시를 만들고자 한 데 있다.

③ 성곽 축조과정에 벽돌이 크게 활용됨으로써 재래 성곽에는 없었던 새로운 형태의 구조물이 만들어졌다.

④ 공사과정에서 변화하는 경제흐름을 반영하여 모든 작업은 임금지급을 원칙으로 하였다.

[해설]
① 화성은 평지형 읍성을 강화한 것이다.

3. 수원화성과 관련된 설명으로 가장 옳지 않은 것은?

【14국가직⑦】

① 화성은 평지형 읍성을 강화한 것이다.

② 화성의 방어시설은 조선시대 건축에서 드물게 벽돌을 구조 재료로 사용한 대표적 사례이다.

③ 화성 건립에는 거중기라는 기계적 장치가 고안되어 사용되었다.

④ 대포를 장착하기 위한 포루로서 공심돈을 설치하였다.

[해설]
④ 공심돈은 적의 동향을 살피기 위한 망루이다.

4. 한국 전통건축물에 관한 설명으로 부적합한 것은 다음 중 어느 것인가?

① 경복궁은 근정전을 중심으로 남북축선상에 좌우 대칭으로 배치되었으나 기타 대부분의 건물은 비대칭적 구성으로 배치되었다.

② 조선조에서 궁궐의 침전(寢殿)이나 불사(佛事)의 전간 등은 익공계 형식이 주로 사용되었다.

③ 가람형태는 초기에는 탑을 중심으로 후기에는 금당(불상)을 중심으로 배치되었다.

④ 우진각(모임)지붕은 외관의 위용으로 보아 정전(正殿)이 되는 중심 건축물에 많이 사용되었다.

[해설]
④ 정전이 되는 중심 건축물에는 팔작지붕이 많이 사용되었다.

해답 1 ③ 2 ① 3 ④ 4 ④

5. 조선시대 읍성에 위치하였던 객사와 관아에 대한 기술로서 가장 부적당한 것은?

① 객사와 관아는 읍성의 중심부에 위치하는 것이 보통이며, 그 중 객사는 읍성에서 가장 격식 높은 건축물이었다.

② 객사는 정청(正廳)과 좌우 익헌(翼軒)으로 구성되었다.

③ 관아는 공무를 보던 외아(外衙)와 살림집의 기능을 하는 내아로 구성되었다.

④ 객사는 매달 일정한 때 수령이 왕에 대한 배례만을 행하였던 공간이므로 온돌방 없이 마루로 구성되었다.

[해설]
　④ 객사는 중앙관청의 사신이 왕명을 지방에 전달하기 위한 장소로써 온돌이 구비되었다.

6. 우리나라 고대 도시에 관한 설명 중 가장 부적합한 것은?

① 고구려 평양성 내에는 기자정전(箕子井田)으로 불리는 바둑판과 같은 도시가 있었다.

② 백제 사비성은 주변 상선을 있는 라성(羅城)제도를 이용한 도성이다.

③ 신라 경주 도성은 궁성과 산성으로 이루어졌으며 라성(羅城)은 없었다.

④ 통일신라 이후 처음으로 왕경건설에 방리제도(坊里制度)를 시행하였다.

[해설]
　④ 통일신라 이전부터 궁성과 성곽 건설에 적용된 방리제도를 바탕으로 왕경건설이 이루어졌다.

7. 조선시대 궁궐에 대한 설명으로 가장 부적당한 것은?

① 덕수궁은 원래 왕족의 사저(私邸)이었으나 고종 말에 가서 궁궐로 사용되었다.

② 창경궁 명정전은 현존하는 궁궐 건물 중 가장 오래된 것이며, 남향배치이다.

③ 경복궁은 태조 때 초창된 것으로 중심 건물들이 남북 축선 상에 좌우대칭으로 배치되어 있다.

④ 창덕궁은 임진왜란 이후 경복궁 재건 시까지 정궁으로 사용되었으며, 입지는 산지형이다.

[해설]
　② 창경궁 명정전은 동향으로 배치되었다.

8. 조선시대 궁궐에 대한 설명으로 옳지 않은 것은?

【20지방직⑨】

① 경복궁 – 근정전을 중심으로 하는 일곽의 중심건물은 남북축선상에 좌우 대칭으로 배치하였다.

② 창덕궁 – 인정전을 정전으로 하며 궁궐배치는 산 기슭의 지형에 따라서 자유롭게 하였다.

③ 창경궁 – 명정전을 정전으로 하며 정전이 동향을 한 특유한 예로서 창덕궁의 서쪽에 위치한다.

④ 덕수궁 – 임진왜란 후에 선조가 행궁으로 사용하였으며 서양식 건물이 있다.

[해설]
　③ 창경궁 – 명정전을 정전으로 하며 정전이 동향을 한 특유한 예로서 창덕궁의 동쪽에 위치한다.

해답　**5** ④　**6** ④　**7** ②　**8** ③

Chapter 11

유교 및 불교건축

유교 및 불교건축에서는 유교건축의 구성요소 및 구성방법, 서원의 사례, 불교건축의 가람배치형식, 각 시대별 사찰 및 탑의 사례에 대한 문제가 출제된다.

1 유교건축

(1) 사당

① 왕실 : 종묘
② 일반인 : 가묘
③ 공자 및 성현
  • 서원 : 사당
  • 향교, 성균관 : 대성전, 동무, 서무

(2) 향교, 성균관

① 향교, 성균관 : 고려시대 정몽주의 주자가례(朱子家禮)에서 시작, 관학 (官學) 교육기관
② 성균관 : 한양
③ 향교 : 지방
④ 제향공간 : 대성전, 동무, 서무
⑤ 강학공간 : 명륜당, 동재, 서재, 존경각

(3) 서원

① 사학(私學) 교육기관
② 조선중기 이후 발생
③ 최초의 사액서원(賜額書院) : 풍기의 소수서원
④ 사당에는 성현을 배향(동무, 서무가 없음)
⑤ 배치 : 전학후묘(前學後墓)
⑥ 대부분 익공양식으로 건립

(4) 각 서원의 특징

	배향인물	강당명칭	건립시기
소수서원	안유, 안축	명륜당	1542년
옥산서원	이언적, 채인묘	구인당	1573년
도산서원	이황	전교당	1574년
필암서원	김인후	청절당	1590년
도동서원	이굉필, 정구	중정당	1604년

[향교의 배치]
① 평지 : 전묘후학 – 나주 향교
② 경사지 : 전학후묘 – 영천 향교, 강릉 향교
③ 병치 : 청도 향교, 동래 향교

[대성전]
공자를 배향하기 위한 공간

[무(廡)]
성균관이나 향교의 문묘(文廟)에서 유현(儒賢)의 위패를 모시기 위해 대성전 앞에 세운 건물

[재(齋)]
성균관이나 향교의 유생들의 학습공간

[존경각(尊經閣)]
명륜당 바로 뒤에 위치하였으며, 현재의 도서관의 역할을 하였다.

[사액서원(賜額書院)]
왕으로부터 편액과 함께 서적, 노비, 전답을 하사 받음으로써 국가적으로 공인 받게 된 서원

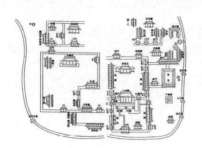

성균관 배치도   소수서원

2 불교건축

(1) 가람배치

① 가람(伽藍) : 승원, 절 : 승려와 신도가 모여 사는 곳

② 구성

- 강당 : 승려의 수도 및 참선을 위한 공간
- 탑 : 석가모니 사후 사리봉안
- 금당 : 본존불을 안치하는 가람(伽藍)의 중심 건물

③ 탑의 배치에 따른 분류

- 1탑식 : 삼국시대, 탑이 1개
- 2탑식 : 통일신라시대, 탑이 2개, 불국사의 다보탑과 석가탑
- 무탑식 : 고려시대부터 탑의 의미를 상실, 혼용하거나 사용하지 않는 가람 배치 형식이 나타남

④ 전각의 구성

일주문 → 금강문(사천왕문) → 불이문(해탈문) → 탑 → 금당

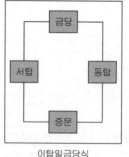

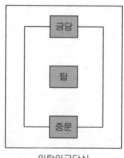

이탑일금당식   일탑일금당식   일탑삼금당식

가람배치 형식

전각의 구성

[불이문(해탈문)]
삼문의 마지막 문으로 불이(不二)의 경지를 상징한다. 불이문 (不二門)은 중생이 극락에 가기 위한 마지막 관문이다. 이미 마음이 둘이 아닌 불이의 경지에 다다른 것이며 이것이 곧 해탈의 경지이기 때문에 불이문을 해탈문(解脫門)이라고도 한다.

(2) 탑(탑파)

① **구성** : 기단부, 탑신부, 상륜부

② **전래** : 인도 – 중국 – 고구려, 백제

③ **재료** : 초기는 목탑(木塔), 백제시대 석탑(石塔) 발생

[탑(탑파)]
탑파(塔婆)는 본래 석가모니의 진신사리를 봉안하기 위하여 만든 축조물로, 인도에서는 범어로 'stupa'라 하여 이를 한문으로 스투파[率堵婆]라 음역한 것이며, 탑파는 팔리(Pali)어의 'thupa'를 한문으로 표기한 것이다.

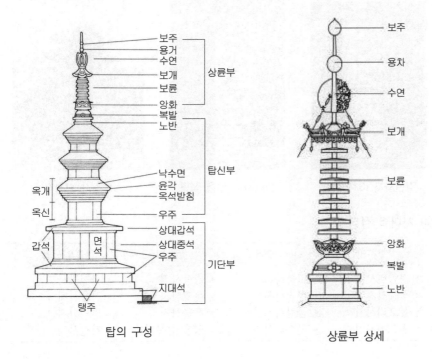

탑의 구성

상륜부 상세

(3) 시대별 탑의 사례

고구려	백제	신라	고려	조선
木塔	• 미륵사지 서(西) 석탑 • 정림사지 5층 석탑	• 황룡사지 9층 목탑 • 분황사지 모전석탑	• 경천사지 10층 석탑(다포양식)	• 법주사 팔상전 • 원각사 10층 석탑 (경천사 10층 석탑 모방)

미륵사지 석탑

정림사지 5층 석탑

분황사 모전석탑

경천사지 10층 석탑

원각사지 10층 석탑

법주사 팔상전

(4) 시대별 절터

고구려	백제	신라	통일신라
• 청암리사지 • 정릉사지 • 상오리사지 • 원오리사지	• 미륵사지 • 정림사지 • 금강사지 • 군수리사지	• 황룡사지 • 분황사지 • 흥륜사지 • 영흥사(문헌)	• 사천왕사 • 감은사지 • 망덕사지 • 감산사지

황룡사지   감은사지

(5) 사찰 내 각 전각의 의미

전각 명칭	주불	비고
요사체		승려의 생활공간
대웅전, 대웅보전	석가모니	
대적광전, 비로전, 화엄전	비로자나불	
극락전, 무량수전, 아미타전	아미타불	대웅전 다음으로 많음
관음전, 원통전	관세음보살	
나한전, 응진전	석가모니	
팔상전	석가모니 생애를 8개의 그림으로 봉안	법주사 팔상전
지장전, 명부전, 시왕전	지장보살	
미륵전, 용화전	미륵불	
조사당, 국사전	해당 사찰의 고승	그림을 봉안

[현존하는 중층 사찰 건물]
① 5층 : 법주사 팔상전
② 3층 : 금산사 미륵전
③ 2층 : 화엄사 각황전, 마곡사 대웅전, 무량사 극락전, 법주사 대웅전

11 출제예상문제

1. 종교건축에 대한 설명으로 옳지 않은 것은?
【10국가직⑦】

① 당간지주(幢竿支柱)란 주로 사찰의 입구나 중정의 한쪽에 설치하는 것으로 석주(石柱) 한 쌍을 이루고 있으며, 석가탄신일 등 대행사 때 쓰인다.

② 교회건축에서 회중석(Body of Church)은 일반 신자의 좌석부분으로, 교회에서 가장 넓은 공간을 차지한다.

③ 비잔틴양식 교회의 특징은 4각형의 평면위에 펜덴티브(Pendentive)라는 3각형 곡면부를 도입하여 구성하는 돔(Dome) 이다.

④ 일주문(一柱門)은 사찰과 속세와의 경계를 나타내는 문으로서, 해탈문이라고도 한다.

[해설] 불이문(해탈문)
삼문의 마지막 문으로 불이(不二)의 경지를 상징한다. 불이문(不二門)은 중생이 극락에 가기 위한 마지막 관문이다. 이미마음이 둘이 아닌 불이의 경지에 다다른 것이며 이것이 곧 해탈의 경지이기 때문에 불이문을 해탈문(解脫門)이라고도 한다.

2. 17세기 후반에서 18세기 중반의 한국 전통건축의 특징에 대한 설명으로 옳지 않은 것은?
【10지방직⑦】

① 주자의 가례서(家禮書)에 입각하여 주택 내에 가묘(家廟)를 설치하는 사례는 사대부 계층을 중심으로 전국적으로 확산되었다.

② 사대부 지배계층의 건축을 상징하는 서원은 선현에 대한 제사기능과 후진에 대한 교육기능이 조화되어 건축형태도 중세에 비해 자유롭게 활기 있게 표현되었다.

③ 승려 장인들은 전문적으로 목수나 석공 일에 종사하였고, 17세기 이후 무수히 지어진 불교사찰은 거의 이들에게 독점되어 있었다.

④ 예불활동을 효과적으로 치를 수 있도록 불교건축에서는 실내천장을 높게 설치하여 내부공간의 크기가 확장되었고, 용이나 봉황조각으로 부재를 장식하였다.

[해설]
② 서원건축은 절제가 중시되고 형식적인 면이 강조되어 건축형태의 자유로운 표현이 제한되었다.

3. 한국건축에 대한 설명으로 옳지 않은 것은?
【13국가직⑦】

① 통일신라시대의 가람배치는 탑 중심에서 금당 중심으로 변화되었으며, 산지가람으로는 부석사, 해인사, 범어사 등이 있다.

② 봉정사 극락전은 현존하는 가장 오래된 주심포식 목조건축물로 알려져 있다.

③ 조선시대 후기의 대표적인 건축물로는 서울 숭례문, 개성 남대문 등이 있다.

④ 조선시대에는 서원건축이 발달하였으며, 건축물의 공간적 질서와 주변 자연환경과의 조화가 뛰어난 것이 특징이다.

[해설]
③ 서울 숭례문은 조선초기의 다포식 건축물이며, 개성 남대문은 고려 말에 지어서 조선 초기에 완성된 다포식 건축물이다.

4. 조선시대 건축에 대한 설명 중 옳지 않은 것은?
【15지방직⑨】

① 조선시대는 유교를 통치이념으로 삼았기 때문에 엄격한 질서와 합리성을 내세우는 단정하고 검소한 조형이 주류를 이루었다.

② 조선시대 서원의 시작은 1543년 주세붕이 세운 백운동서원이다.

③ 조선시대에는 살림집의 터나 집 자체의 크기를 법령으로 규제하는 가사제한(家舍制限)이 있었다.

④ 조선시대 중기 이후부터 방바닥 전체에 구들을 설치하는 전면 온돌이 지배층의 주택에서 널리 사용되었다.

[해설]
④ 방바닥 전체에 구들을 설치하는 전면 온돌이 사용된 것은 고려 시대 후기부터이다.

해답 1 ④ 2 ② 3 ③ 4 ④

5. 종묘건축에 관한 설명으로 잘못된 것은?

① 종묘에는 정전과 영령전이 있다.
② 종묘는 주례고공기대로 좌묘우사의 배치원칙에
　따랐다.
③ 문묘는 공자의 위패를 주향한 묘건축이다.
④ 서원의 묘 건축에도 문묘에서처럼 공자의 위패를
　모신다.

[해설]
　④ 성균관과 지방의 향교에서는 문묘가 필수적이었으나 서원은 그
　　지역의 성현의 위패를 모셨다.

6. 다음 중 조선시대 유교건축에 속하지 않는 것은?

① 향교　　　　　　② 서원
③ 객사　　　　　　④ 문묘

[해설]
　③ 객사는 관아건축으로 왕권을 상징하였다.

7. 향교에 관한 설명 중 틀린 것은?

① 대성전과 명륜당은 앞과 뒤에 위치하는 경우가 있다.
② 향교의 경내는 교육공간과 제향공간으로 나눈다.
③ 동무와 서무는 향교에서 반드시 건립된 것은 아니다.
④ 대성전은 공자를 비롯한 성현을 모신 곳이다.

[해설]
　③ 동무와 서무는 공문의 제자들과 현인들의 위패는 모시는 곳으
　　로 성균관과 향교에 반드시 건립되었다.

8. 조선 후기 불교사찰 건축에 관한 설명 중 틀린 것은?

① 탑은 축소되어 소멸되어가기 시작했다.
② 건물의 구성축과 진입축은 반드시 일치하지는 않는다.
③ 산지 가람이 대부분이어서 경사지의 이용을 잘 하였다.
④ 강당의 기능이 강조되면서 그 위치는 사찰에서 가
　장 좋은 자리를 잡게 되었다.

[해설]
　④ 금당(불상)의 기능이 강조되면서 주불상을 모시는 곳이 가장 좋
　　은 자리에 위치하게 되었다.

해답　5 ④　6 ③　7 ③　8 ④

Chapter 12

전통주거건축

전통주거건축은 주택의 공간구성 특성, 주거건축의 원리, 서민주택의 유형, 상류주택의 공간구성과 사례에 대한 문제가 출제된다.

[쌍창]

문짝이 둘 달린 창문

[맹장지]

햇빛을 막기 위해 창살의 안팎에 두꺼운 종이를 겹으로 발라서 방과 마루 사이나 방과 방 사이의 칸을 막아 끼우는 문으로 안과 밖을 두껍게 싸발랐기 때문에 빛이 투과하지 않으므로 맹장지라 한다.

[방장]

외기를 막기 위하여 방안에 치는 휘장

[『三國史記』 '屋舍' 條(삼국사기 옥사조)]

① 건물의 길이, 담장높이, 마구간의 크기, 장식, 기와, 대문 등에 대하여 계급에 따른 건축의 규제를 제정
② 신분과 계급에 따른 통치질서를 엄격하게 하기 위해 제정되었으며, 성골은 모든 것이 가능하였다.

1 전통주거건축의 특성[☆]

(1) 배치와 구조

① 비대칭적 구성 : 좌우대칭이 없다.
② 가구식 구조 : 1칸이 6, 7, 8, 9, 10척(尺) 등 다양했으며, 장부와 맞춤으로 부재를 접합시켰다.
③ 사생활 보호
  • 도덕적 : 내외법   • 물리적 : 덧문 – 쌍창 – 맹장지 – 방장 – 병풍
④ 공간의 상호침투 : 내적개방, 외적폐쇄, 담장에 살창 및 교창을 설치하여 시각적 개방감 확보
⑤ 자연과의 조화, 정원의 조성

(2) 주택의 공간구성

① 사회적 공간 : 남성 공간, 사랑채, 사랑마당
② 가정적 공간 : 여성 공간, 안채, 안마당
③ 제사 공간 : 가묘, 조상숭배, 사당 배치

2 주거건축의 원리

(1) 건축의 제한

① 집터(대지면적) 제한
② 건물규모 제한 : 건물 칸(間) 수, 고주의 사용
③ 건물장식 제한 : 단청, 공포, 돌의 사용
④ 삼국시대부터 계급에 의한 가사제한이 존재
    : 삼국사기 옥사조(『三國史記』 '屋舍' 條)

(2) 풍수지리와 음양오행

① 집터의 선정과 배치, 좌향(坐向)을 결정하는 결정적인 역할
② 양택 : 집자리   ③ 음택 : 묫자리
④ 주택의 평면형태
  • 길 : 日, 月, 口, 用   • 흉 : 工, 尸
  • 자연에 조화하려는 배치이론으로 이해

(3) 동서사택론(東西四宅論)

① 건축방위의 대표적 이론
② 이론의 핵심 : 주역의 팔괘(八卦)
③ 구성 : 8괘의 성격을 부여하여 8방위 분할
  - 동사택 : 감, 이, 진, 손
  - 서사택 : 건, 곤, 간, 태
④ 대지 내에 마당의 중심을 기준으로 건물중심과 대문의 방위를 판단하여 상호관계로 길흉을 판단
⑤ 건물방위와 대문방위가 같은 사택 안에 있으면 길하고, 비거주실은 반대 사택에 두면 길하다고 여김

(4) 숭유(崇儒)사상

① 고려시대 정몽주의 주자가례(朱子家禮)에 따라 가묘를 세움
② 조선시대의 상류주택과 중인주택에 가묘를 둠
③ 서민주택은 대청에 상청을 꾸밈

3 주택문헌 및 유적

(1) 주택문헌

① 삼국사기 옥사조(『三國史記』 '屋舍' 條)
② 고려시대 : 고려사(高麗史)
③ 조선시대 : 경국대전(經國大典), 대전회통(大典會通)
④ 택리지(擇里志) 복거총론(卜居總論) : 이중환
⑤ 산림경제(山林經濟) : 홍만선
⑥ 임원십육지(林園十六志) : 서유구

(2) 주택유적

① 안악3호분(동수묘) : 고구려 고분, 부엌, 고깃간, 축사를 별도로 설치한 벽화 보존
② 창덕궁 연경당 : 사대부의 주택을 모방하여 99칸의 주택을 궁궐에 건축, 궁궐 내의 건축물이므로 사당이나 별당이 없다.
③ 강릉 오죽헌 : 방과 대청으로 구성된 별당, 이익공의 공포

[조선시대 가사제한]
경국대전(經國大典), 대전회통(大典會通)에 집터, 건물의 규모, 장식 등에 대한 규제가 기록되어 있다.

[상청(喪廳)]
죽은 이의 영위(靈位)를 두는 영궤와 그에 따른 물건을 차려 놓는 곳을 말한다.

4 조선시대의 서민주택[☆]

(1) 함경도지방형

① 함경도와 강원도 일대에 분포한 '田자형 주택'
② 부엌과 정주간 사이에 벽체가 없이 하나의 커다란 공간을 형성하고 그 옆으로 방들이 서로 붙어 있고 부엌 한쪽에는 외양간, 디딜방앗간 등이 배치
③ 여름철의 공간인 '대청'을 두지 않고 있다.

(2) 평안도지방형

① 평안도와 황해도 북부의 일부 지방에 분포된 형으로 부엌과 방들이 한 줄로 구성된 '一자형' 주택
② 부엌과 방 두 개가 연이어 구성
③ 일반적으로 몸채를 이 '一자형'으로 하고 여기에 따로 광, 외양간, 측간 등이 하나의 채로 구성

(3) 중부지방형

① 황해도 남부와 경기도, 충청도 일대의 중부지방에 분포된 형으로 'ㄱ자형' 주택
② 부엌과 안방의 향이 남향으로 배치

(4) 서울지방형

① 서울을 중심으로 경기도, 충청도 등의 중부지방에 분포되며, 'ㄱ자형' 주택
② 조선시대 말에는 점차 지방의 도시에 확산
③ 도심에서 건립될 때에는 ㄱ자형에 문간과 사랑방, 광, 측간 등이 한 지붕 속에 연이어져 'ㄷ자형' 평면을 이루게 된다.

(5) 남부지방형

① 부엌, 방, 대청마루, 방이 일렬로 구성된 '一자형' 주택
② 대청마루가 방과 방 사이에 있어 더운 여름철에 대비
③ 몸채 이외에 광, 헛간, 외양간, 측간 등으로 구성된 부속채가 별도로 세워지는 것이 일반적이다.

⑹ 제주도형

① 중앙에 대청마루인 상방을 두고 그 서쪽으로 부엌과 작은 구들, 동쪽으로 큰구들과 고팡을 배치

② 큰구들은 부모들이, 작은구들은 자녀들의 공간이고, 부엌의 부뚜막은 작은구들 쪽과 반대되는 위치에 두어 취사시의 열이 방에 들지 않도록 하였다.

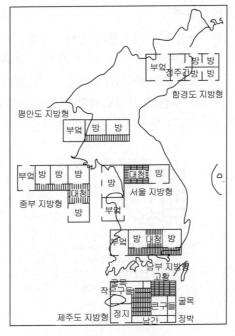

서민주택의 유형

[고팡]
물건을 보관하는 수장고

5 조선시대의 상류주택[☆]

⑴ 배치와 평면

① 상류주택 배치와 평면은 풍수지리의 양택론에 근거하여 결정

② 대가족제도에 의하여 한 주택 내에 보통 3대에서 4대에 이르는 가족들이 생활할 수 있는 공간을 마련

③ 내외법(內外法)에 따라 남성의 공간인 사랑채와 여성의 공간인 안채를 따로 짓고 공간적으로 구분

④ 같은 집안에서 생활하는 많은 솔거노비(率居奴婢)들을 위하여 행랑채를 건축

⑤ 조상 신위(神位)를 모시는 사당(祠堂) 또는 가묘(家廟)를 주택 외곽 담장 안쪽, 주택의 뒤편에 따로 담장을 쌓고 그 안에 세운다.

⑵ 안채

① 안채는 부엌, 안방, 대청, 건넌방, 윗방 등으로 구성되는데, 부엌과 안방은 일반적으로 연이어져 배치

② 안방은 안주인의 일상거처로 주간에는 안주인의 거실이 되고 야간에는 침실이 된다.

③ 대청은 안방과 건넌방 사이에 자리 잡고 안방과 건넌방에 출입할 때 전실로서의 기능을 하고, 여름철에는 안주인의 거실 기능

출제빈도
09국가직 ⑦

[수졸당(守卒堂)]

경상북도 경주시 강동면 양동리에 있는 이 주택은 회재 이언적 선생의 4대손인 사마(司馬) 현감(縣監) 이의잠(李宜潛)의 호 수졸당(守卒堂)을 당호(堂號)로 채택한 1616년경에 지은 주택이다.

[양진당(養眞堂)]

경상북도 안동시 하회마을에 있는 이 주택은 서애(西厓) 유성룡(柳成龍, 1542~1607) 선생의 가형(家兄) 되는 겸암(謙庵) 유운룡(柳雲龍)의 고택으로 1500년대 말의 건축으로 추정된다. ㅁ자형 안채의 동쪽변 남북쪽에 一자형 솟을대문 간채와 一자형 사랑채가 붙어있다.

(3) 사랑채

① 사랑채는 사랑방과 침방, 대청, 누마루로 구성

② 사랑방은 주인의 주간 거실로 이곳에서 손님을 맞이하였다.

③ 사랑방과 붙어있는 대청은 사랑방에 출입할 때 전실로서의 기능과 여름철 주간의 거실로서의 역할을 전담하는 곳

④ 대청과 연이어져 건립된 누마루는 여름철에는 거실로서의 역할을 하는 곳

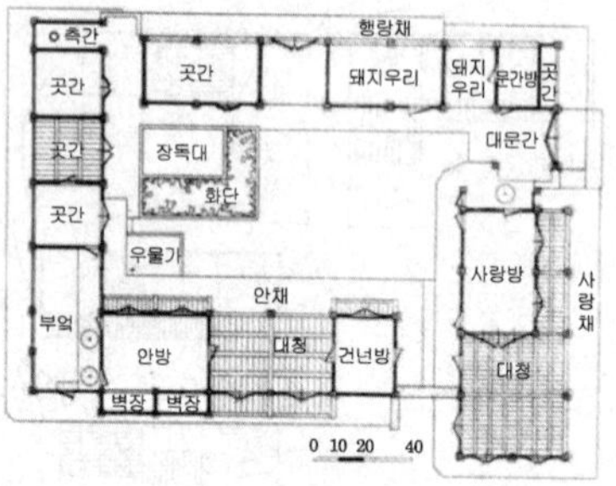

수졸당

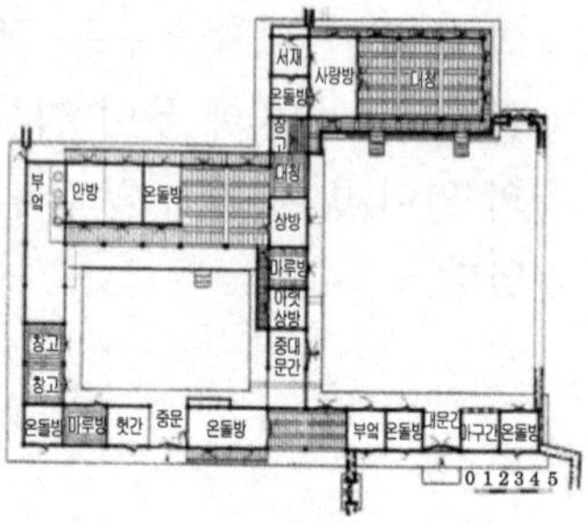

양진당

12 출제예상문제

1. 다음 중 한국 전통건축에 대한 설명으로 옳지 않은 것은? 【07국가직⑨】

① 열환경의 측면에서 불리한 측면도 가지고 있다.

② 주택의 배치계획은 대칭적 형상의 평면으로 구성되는 것이 특징이다.

③ 구조 요소가 드러나 건축의 아름다움을 이루는 경우가 많다.

④ 온돌과 마루가 하나의 건물에서 결합되어 나타나는 것이 특징이다.

[해설]
② 주택의 배치는 자연지형에 순응하기 때문에 비대칭적인 구성을 이룬다.

2. 우리나라 한옥의 건축계획 방법으로 옳지 않은 것은? 【09국가직⑦】

① 행랑채는 하인의 숙소나 창고로 사용되고 주택 내 외부의 완충역할을 한다.

② 배치계획에 관련된 풍수지리 이론을 양택론이라 했다.

③ 조선시대 사랑채는 사랑방과 침방, 대청, 부엌으로 구성된다.

④ 한옥에서 길이의 대소에 관계없이 기둥과 기둥 사이를 칸(間)이라 한다.

[해설]
③ 조선시대 사랑채는 사랑방, 툇마루, 대청마루로 구성된다.

3. 우리나라의 민가 형식에 대한 설명으로 옳지 않은 것은? 【11지방직⑨】

① 一자 형식은 부엌, 방, 마루 등이 일렬로 연속 배치되어 모든 실의 개구부를 남향으로 계획할 수 있다.

② ㄱ자 형식에서 용마루가 직각으로 꺾이는 부분에 안방을 배치하고 앞으로는 부엌을, 옆으로는 대청과 건넌방을 배치하는 형식은 안방의 일조와 일사에 불리하나 독립성을 철저히 보장한다.

③ 一자 형식에서 정면이 4칸일 때는 부엌, 안방, 마루, 건넌방으로 하고 각 방 앞에는 툇마루를 두어서 3칸형과 같이 개방적인 공간 성격을 가진다.

④ 田자 형식은 한랭지방의 주택형식으로 일조와 일사를 최대화하기 위해 창을 크게 낸 것이 특징이다.

[해설]
④ 田자 형식은 한랭지방의 주택형식으로 겨울철 바람을 막고 열손실을 방지하기 위해 마당을 둘러싸는 주택형식으로 창의 수가 적고 창의 크기도 작다.

4. 한국 전통주택의 지붕 구성요소인 서까래에 대한 설명으로 옳지 않은 것은? 【11지방직⑨】

① 서까래는 지붕을 형성하는 기본 부재로 일반적으로 장연, 단연, 처마서까래, 부연 등을 통틀어서 부르는 명칭이다.

② 겹처마의 경우 서까래를 2중으로 설치하는데 먼저 설치한 것을 부연이라고 한다.

③ 종도리와 중도리 사이의 길이가 짧은 서까래를 단연이라고 한다.

④ 서까래는 구조재로서 중요한 부재인 동시에 의장적인 면에서도 중요하다.

[해설]
② 서까래만으로 구성된 처마를 홑처마라고 하며, 부연이 첨가되면 이를 겹처마라고 한다.

해답   1 ②   2 ③   3 ④   4 ②

5. 조선시대 건축에 대한 설명 중 옳지 않은 것은?

【15지방직⑨】

① 조선시대는 유교를 통치이념으로 삼았기 때문에 엄격한 질서와 합리성을 내세우는 단정하고 검소한 조형이 주류를 이루었다.

② 조선시대 서원의 시작은 1543년 주세붕이 세운 백운동서원이다.

③ 조선시대에는 살림집의 터나 집 자체의 크기를 법령으로 규제하는 가사제한(家舍制限)이 있었다.

④ 조선시대 중기 이후부터 방바닥 전체에 구들을 설치하는 전면 온돌이 지배층의 주택에서 널리 사용되었다.

[해설]

④ 방바닥 전체에 구들을 설치하는 전면 온돌이 사용된 것은 고려시대 후기부터이다.

해답　5 ④

03

건축환경계획

Chapter 01 건축과 환경

건축과 환경은 건축환경계획의 총론에 해당하는 내용으로 자연환경과 건축, 환경친화적 건축으로 구성된다. 여기에서는 건축의 환경조절 방법, 기후대별 건축계획, 일사와 일조의 조절계획, 환경친화적 건축의 개념에 대해 출제된다.

[한국의 기후와 건축계획]
① 우리나라는 온난기후대에 속하며, 계절별로 큰 기온차를 보이며, 계절별로 일사강도가 다르다.
② 연교차는 크나 일교차는 다른 기후대와 비교하여 중간 정도이다.

[열대습윤기후 지역의 고상식주택]

[고온건조기후 지역의 중정형주택]

[한냉기후 지역의 이글루]

1 건축환경조절

(1) 자연형 조절(Passive control)

① 건물의 형태, 구조, 공간구성, 외피구성 등 건축계획을 통하여 기계적 장치없이 실내환경을 조절하는 방법
② 각종 설계기법을 통하여 자연환경이 가진 이점을 최대한 활용함으로써 에너지를 절약하고 실내환경조건을 조절하는 방법

(2) 설비형 조절(Active control)

① 환경조절을 위하여 에너지를 소모하는 기계적 장치를 이용하는 방법
② 실내환경에 대한 적극적인 조절방법이고, 외부의 환경조건과는 무관하게 일정한 수준으로 조절하는 방법

(3) 자연형 조절과 설비형 조절의 관계

① 건축환경 조절은 자연형 조절이 우선이며 설비형 조절은 자연형 조절의 한계를 보완하는 보조수단이 되어야 한다.
② 야간이나 겨울철 등에는 인공조명이나 난방 등 설비의 사용이 불가피하므로 자연형 조절과 설비형 조절을 적절히 조화시켜야 한다.

2 자연환경과 건축

(1) 기후대별 건축환경계획

① **열대습윤 기후**
• 건물간의 거리 이격, 큰 창문 : 통풍 유도
• 고상식 주택 : 건물하부와 지표면 사이 통풍 유도, 지표면의 습기나 강우로부터 보호
• 지붕과 천장사이 공간의 환기
• 경량구조 : 통풍 유도 및 야간의 신속한 냉각

② **고온건조 기후**
• 큰 일교차
• 작은 창문 : 온도가 높아 통풍의 효과가 없다.
• 밀집된 건물배치 : 직사광선, 강한 바람 및 먼지 차단
• 중정형 주택 : 중정은 그늘이 형성되어 서늘하고 개구부는 중정에 면하여 설치

- 건물표면은 흰색 : 열반사
- 중량구조 : 축열

③ 온난기후
- 계절별 큰 기온차
- 남향 큰 창문이 유리 : 여름에 통풍, 겨울에 일사량 확보
- 적절한 길이의 차양 : 여름에 일사차단, 겨울에 일사확보
- 더위와 추위에 대비하여 단열

④ 한냉기후
- 작은 창문, 2중 또는 3중창
- 건물체적에 비해 작은 외피면적 : 이글루
- 단열구조
- 지붕 : 남측은 높게 하여 일사획득, 북쪽은 낮게 하여 겨울바람에 대처

(2) **기후요소**

① 기후요소 : 기후의 특성을 나타내는 요소로 기온, 습도, 풍속, 풍압, 일조, 일사, 강수량 등
② 기온 : 대기의 온도로 월평균기온, 일평균 최고 및 최저기온, 일교차등이 주로 사용
③ 습도 : 공기 중에 포함되어 있는 수증기량의 다소를 의미하며, 절대습도, 상대습도, 수증기압력, 노점온도 등
④ 바람 : 압력차 및 온도차에 의한 공기의 이동현상으로 계절풍과 해안풍으로 구분
⑤ 강수량 : 강우량과 강설량을 합한 것
⑥ 일사 : 태양의 열에너지로 직달일사와 천공일사로 구분
⑦ 일조 : 태양의 빛에너지로 건물 내로 빛이 들어오는 것을 의미

(3) **일사조절계획[☆]**

① 한국의 일사량
ⓐ 수평면 일사량은 여름에 매우 많다.
ⓑ 남향 수직면의 일사량은 여름에 적고 겨울에 많다.
ⓒ 동서향 수직면의 일사량은 여름에 많고 겨울에 적다.
ⓓ 북향 수직면의 일사량은 여름에만 약간 있다.

② **방위 계획**
ⓐ 남향이 난방기간 중 최대 일사량을 받고 냉방기간 중 최소 일사량을 받도록 한다.
ⓑ 일사의 조건상 동서로 긴 남향 배치가 유리하다.
ⓒ 주택의 경우 난방기간 중 수직면 일사량을 가장 많이 받는 남향이 가장 유리하다.

[기상과 기후]
① 기상 : 시시각각으로 변화하는 대기의 상태
② 기후 : 특정지역에 있어서 일정 기간에 걸친 기상의 평균상태

[기후요소와 기후인자]
① 기후요소 : 기온, 습도, 풍속, 풍압, 일조, 일사, 강수량 등의 연간분포
② 기후인자 : 기후요소와 지리적 분포를 지배하는 인자로 해류의 분포, 위도, 표고, 해류, 고기압, 저기압의 위치 등

출제빈도

| 07국가직 ⑨ | 10지방직 ⑦ | 12국가직 ⑦ |
| 16지방직 ⑨ | 20국가직 ⑦ | |

[일사량]
① 단위시간에 단위면적당 받는 열량으로 단위는 W/m^2
② 직달일사 : 태양으로부터 복사로 지구 대기권외에 도달하여 대기를 투과해서 직접 지표에 도달하는 것
③ 천공일사(확산일사) : 태양으로부터 복사하여 공기분자, 먼지 등에 의해 산란을 일으켜 방향성이 없는 일사로 되어 지상으로 도달하는 것
④ 반사일사 : 직달일사와 천공일사가 지면으로부터 다시 반사되어 받는 일사
⑤ 전청공일사 : 직달일사 + 천공일사

[일조시간과 일조율]

① 가조시간 : 일출부터 일몰까지의 시간
② 일조시간 : 직사일광이 지표면을 비춘 시간
③ 일조율 : 가조시간에 대한 일조시간의 백분율

④ 일조율 $= \dfrac{일조시간}{가조시간} \times 100(\%)$

[일조권 확보]

① 건물의 일조계획시 우선적으로 고려해야 할 사항은 일조권의 확보이며, 일조권은 적정한 인동간격을 유지함으로써 확보할 수 있다.
② 공동주택의 경우 동지 때 4시간 이상의 일조가 확보되어야 한다.

③ **형태 계획**

  ㉠ 건물의 길이, 폭, 높이의 비율을 조정하여 겨울에는 태양열 획득이 최대가 되고 열손실을 최소화하며 여름에는 태양열 획득이 최소가 되도록 한다.
  ㉡ 외피면적을 작게 한다.
  ㉢ 동서축의 건물로 단변과 장변의 비가 1 : 1.5 정도가 유리하다.
  ㉣ 정사각형의 건물은 최적형태가 아니다.

④ **지붕 계획**

  ㉠ 평지붕보다 경사지붕이 유리
  ㉡ 남향의 급구배 지붕이 가장 유리, 동서향이 가장 불리

⑤ **개구부 계획**

  ㉠ 채광, 조망, 환기 등을 고려해서 쾌적범위 내에서 크기를 결정
  ㉡ 일사조절을 위해 흡수유리, 반사유리, 반투명 유리 등을 사용

⑥ **차양 계획**

  ㉠ 연간 일사의 차폐범위를 고려하여 결정
  ㉡ 수평차양 : 남쪽 창에 유리(태양 고도에 따라 결정)
  ㉢ 수직차양 : 동서쪽 창에 유리(태양의 방위각에 따라 결정)
  ㉣ 수평수직차양 : 가장 효과적인 차양 계획

· **예제 01** ·

건축물의 에너지 절약 설계에 대한 설명으로 옳은 것은?　　【16지방직⑨】

① 동일한 형상의 건물이라면 방위에 따른 열 부하는 동일하다.
② 건물의 외표면적비(외피면적비)가 작을수록 에너지 절약에 불리하다.
③ 건물의 평면 형태는 복잡한 형태가 에너지 절약에 유리하다.
④ 건물의 코어 공간을 건물 외벽 쪽에 배치하면 열 부하를 작게 할 수 있다.

---

① 동일한 형상의 건물이라도 방위에 따라 열 부하는 달라진다.
② 건물의 외표면적비(외피면적비)가 작을수록 에너지 절약에 유리하다.
③ 건물의 평면 형태는 복잡한 형태보다 단순한 형태가 에너지 절약에 유리하다.

답 : ④

(4) **일조조절계획[☆]**

① 인동간격

인동간격에 영향을 주는 요소 : 일조권, 전면 건물높이, 태양고도, 대지
의 경사도 및 경사방향, 태양방위각, 그 지역의 위도

② 일조조절계획

㉠ 건물의 향 : 정남향보다 동남향이 일조계획상 유리
㉡ 건물의 형태 : 정방형보다 동서로 긴 장방형이 유리
㉢ 창의 면적 : 채광, 조망, 환기 등을 고려하여 크기 결정
㉣ 수목을 이용하여 일조 조절
㉤ 내부차양 또는 외부차양 설치 : 블라인드, 루버, 커텐 등

출제빈도
08국가직 ⑦ 09국가직 ⑦

[인동간격]

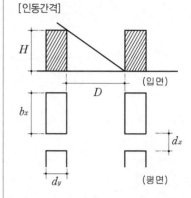

③ 환경친화적 건축[☆]

구 분	기본항목	세부항목
자연환경에 미치는 영향의 최소화	에너지절약형 건축	에너지 소비절감
		자연에너지 이용
		폐(열)에너지 이용
	자원절약형 건축	자원 재활용 및 재사용
		자원 절감
		자원 보존
	환경오염의 최소화 건축	공기(대기)오염 방지
		수질오염 방지
		폐기물 처리
자연환경과의 조화	자연친화형 건축	옥외의 수공간 조성
		옥외의 녹지공간 조성
		실내에 자연요소 도입
	지역 특성화 건축	지역의 자연적 특성 보존
		지역의 문화, 사회적 특성 보존

출제빈도
13지방직 ⑨ 14지방직 ⑨ 15국가직 ⑦

[환경친화적 건축]

에너지절약, 자원절약, 지구환경 보존 등
을 목표로 재생 가능한 자연에너지를 활용
하고 자연이 주는 혜택을 활용하는 건축으
로 생태건축(Ecological Architecture), 지
속가능한 건축(Sustainable Architecture)
등이 모두 여기에 해당된다.

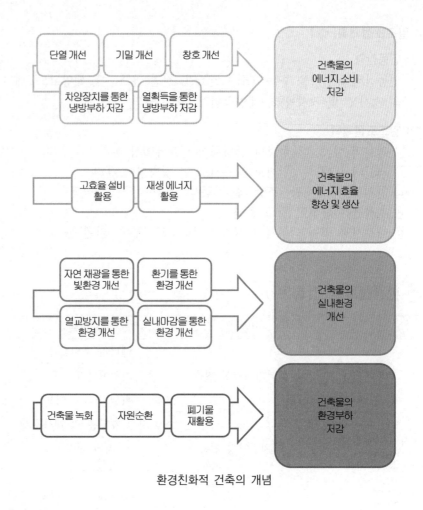

환경친화적 건축의 개념

· 예제 02 ·

친환경건축의 목적에 관한 설명으로 옳지 않은 것은?　　　　【13지방직⑨】

① 자연의 순환체계와 재생가능한 자원을 효율적으로 활용한다.

② 물과 공기의 오염, 외부로 방출되는 열, 폐기물, 폐수의 양과 농도, 토양 포장 등을 최소화한다.

③ 자연에서 서식하는 다양한 종의 동식물들이 인간과 공존할 수 있는 환경을 지향한다.

④ 건축물의 시공과 유지관리에 필요한 에너지와 자원의 수요를 최대화한다.

----

④ 건축물의 시공과 유지관리에 필요한 에너지와 자원의 수요를 최소화한다.

답 : ④

1. 일사조절 방법 중 고정 돌출차양 설치에 관한 설명으로 옳지 않은 것은?　　　　【07국가직⑨】

① 여름에 햇빛을 차단하고 겨울에 가능한 한 많은 빛을 받아들일 수 있도록 계획한다.
② 남측창에는 수평차양을 설치한다.
③ 동서측창에는 수직차양을 설치한다.
④ 주광에 의한 조명효과를 높이기 위해 돌출차양의 밑면은 어두운 색으로 한다.

[해설]
　④ 주광의 반사에 의한 조명효과를 높이기 위해 돌출차양의 밑면은 밝은 색으로 한다.

2. 국내에서 일조권에 대한 설명으로 옳지 않은 것은?　　　　【08국가직⑦】

① 태양의 고도가 가장 낮은 동짓날을 기준으로 검토한다.
② 건축물의 높이를 제한하는 요소이다.
③ 공동주택에서 동서간 인동간격을 결정하는 요소이다.
④ 중심상업지역에 건축되는 공동주택의 건물높이는 일조권에 제한받지 않는다.

[해설]
　③ 공동주택에서 남북간 인동간격을 결정하는 요소이다.

3. 주택단지에서 인동간격을 결정하는 요소 중 가장 중요한 것은?　　　　【09국가직⑦】

① 일조권　　　　② 건물 규모
③ 조망　　　　　④ 건물 층고

[해설]
　① 주택단지에서 인동간격을 결정하는 요소 중 가장 중요한 것은 일조권이다.

4. 차양설계에 대한 설명으로 옳지 않은 것은?　　　　【10지방직⑦】

① 외부고정 차양장치에서 남쪽창은 수직차양, 동쪽과 서쪽창은 수평차양을 설치하는 것이 빛의 차단에 효과적이다.
② 외부고정 차양장치는 겨울바람을 막아주기 때문에 바람으로 인한 열손실과 침기현상을 줄일 수 있다.
③ 차양, 처마 또는 발코니와 같은 수직남면벽에 돌출한 수평차양장치의 길이는 주로 수직음영각에 의해 결정된다.
④ 차양장치는 일사의 조절을 위하여 실내와 실외에서 차단시키는 방법이 있는데, 후자가 보다 효과적이다.

[해설]
　① 외부고정 차양장치에서 남쪽창은 수평차양, 동쪽과 서쪽창은 수직차양을 설치하는 것이 빛의 차단에 효과적이다.

5. 건물의 열환경 계획에 영향을 미치는 건물형태의 외피면적과 체적의 관계에 대한 설명으로 옳은 것은?　　　　【12국가직⑦】

① 사각형인 건물들 중에서 정육면체가 동일한 체적에 대한 외피면적이 가장 크다.
② 건물 체적에 대한 외피면적비는 같은 체적이지만 형태가 다른 건물의 열환경을 비교하기 위해 사용될 수 있다.
③ 높고 좁은 건물은 상대적으로 건물 체적에 대한 외피면적비가 낮다.
④ 건물 체적에 대한 외피면적비는 외피로 둘러싸인 공간이 재실자를 위하여 유용한 공간을 제공하는지를 평가하는 지표로 사용되고 있다.

[해설]
　① 사각형인 건물들 중에서 정육면체가 동일한 체적에 대한 외피면적이 가장 작다.
　③ 높고 좁은 건물은 상대적으로 건물 체적에 대한 외피면적비가 높다.
　④ 건물 체적에 대한 외피면적비는 외피로 둘러싸인 공간의 열손실을 평가하는 지표로 사용되고 있다.

해답　1 ④　2 ③　3 ①　4 ①　5 ②

6. 친환경건축의 목적에 관한 설명으로 옳지 않은 것은? 【13지방직⑨】

① 자연의 순환체계와 재생가능한 자원을 효율적으로 활용한다.
② 물과 공기의 오염, 외부로 방출되는 열, 폐기물, 폐수의 양과 농도, 토양 포장 등을 최소화한다.
③ 자연에서 서식하는 다양한 종의 동식물들이 인간과 공존할 수 있는 환경을 지향한다.
④ 건축물의 시공과 유지관리에 필요한 에너지와 자원의 수요를 최대화한다.

[해설]
④ 건축물의 시공과 유지관리에 필요한 에너지와 자원의 수요를 최소화한다.

7. 에너지절약형 친환경주택을 건설하는 경우에 이용하는 기술에 해당하지 않은 것은? 【14지방직⑨】

① 신·재생에너지를 생산하는 BIM 기반 설계기술
② 고효율 열원설비, 제어설비 및 고효율 환기설비 등 에너지 고효율 설비기술
③ 자연지반의 보존, 생태면적율의 확보 및 빗물의 순환 등 생태적 순환기능 확보를 위한 외부환경 조성기술
④ 고단열·고기능 외피구조, 기밀설계, 일조확보 및 친환경자재 사용 등 저에너지 건물 조성기술

[해설]
① BIM(Building Information Modeling, 건물정보모델링) : 2D 정보를 3D의 입체 설계로 전환하고 건축과 관련된 모든 정보를 데이터베이스화하여 연계하는 시스템

8. 패시브하우스(Passive House)에 대한 설명으로 옳지 않은 것은? 【15국가직⑦】

① 건물에서 손실되는 열을 줄여 난방에너지를 절약한다.
② 창호의 맞물림 부분에서 공기의 흐름을 최소화하여 열손실이 발생하는 것을 억제한다.
③ 실내공기의 열손실을 최소화하기 위해서는 자연환기가 효율적이다.
④ 건축자재로 고단열, 고기밀 자재 및 부품을 사용하고, 벽과 지붕, 창문의 단열 및 기밀성능을 높이는 구법을 사용한다.

[해설]
③ 실내공기의 열손실을 최소화하기 위해서는 기계환기가 효율적이다.

9. 건축물의 에너지 절약 설계에 대한 설명으로 옳은 것은? 【16지방직⑨】

① 동일한 형상의 건물이라면 방위에 따른 열 부하는 동일하다.
② 건물의 외표면적비(외피면적비)가 작을수록 에너지 절약에 불리하다.
③ 건물의 평면 형태는 복잡한 형태가 에너지 절약에 유리하다.
④ 건물의 코어 공간을 건물 외벽 쪽에 배치하면 열 부하를 작게 할 수 있다.

[해설]
① 동일한 형상의 건물이라도 방위에 따라 열 부하는 달라진다.
② 건물의 외표면적비(외피면적비)가 작을수록 에너지 절약에 유리하다.
③ 건물의 평면 형태는 복잡한 형태보다 단순한 형태가 에너지 절약에 유리하다.

해답 6 ④ 7 ① 8 ③ 9 ④

Chapter 02

패시브 디자인

패시브 디자인은 건축물의 열환경을 조절하는 자연형 조절방법에 대한 내용으로 여기에서는 자연형 태양열 시스템, 이중외피 시스템, 패시브 하우스와 제로빌딩에 대해 출제된다.

1 자연형 태양열 시스템[☆]

(1) 태양열 시스템

① 자연형 태양열 시스템
집열창, 축열체(축열벽, 축열지붕 등), 부착온실 등의 건축적인 요소들로 구성되어 있고, 별도의 기계장치 없이 열전달이 자연전인 전도, 대류, 복사에 의해 이루어진다.

② 설비형 태양열 시스템
집열판, 축열조, 순환펌프, 보조보일러 등의 기계장치를 별도로 설치하여 태양열을 급탕과 난방 등에 적극적으로 이용하는 방식이다.

(2) 자연형 태양열 시스템의 종류

① 적용방법에 따른 분류
㉠ 직접획득형 : 남향면의 집열창을 통하여 겨울철에 많은 양의 햇빛이 실내로 유입되도록 하여 얻어진 태양에너지를 바닥이나 실내 벽에 열에너지로서 저장하여 야간이나 흐린 날 난방에 이용하는 방법이다.
㉡ 간접획득형 : 태양에너지를 벽돌벽 또는 물벽 등에 집열하여 열전도, 복사 및 대류와 같은 자연현상에 의하여 실내 난방효과를 얻는 방법으로 축열벽형, 축열지붕형 등이 있다.
㉢ 분리획득형 : 집열 및 축열부와 이용부를 격리시킨 형태로서 실내와 단열되거나 떨어져 있는 부분에 태양에너지를 저장할 수 있는 집열부를 두어 실내 난방시 대류작용에 의하여 그 효과를 얻을 수 있다.

② 물리적 구조에 따른 분류
㉠ 직접획득방식 : 일반건물에서 쉽게 적용되고 투과체가 자연채광, 조망 등과 같은 다양한 기능을 갖지만 과열현상이 초래된다.
㉡ 축열벽방식 : 추운지방에서 유리하고 거주공간 내의 온도변화가 적으나 조망이 결핍되기 쉽다.
㉢ 부착온실방식 : 인접된 공간의 온도변화가 적고 기존 건물에 적용하기 쉽고 여유공간을 확보할 수 있으나 시공비가 높다.
㉣ 축열지붕방식 : 냉난방에 모두 효과적이며 성능이 우수하나 구조적 처리가 어렵고 다층건물에서는 활용이 제한된다.

<table>
<tr><td colspan="3">출제빈도</td></tr>
<tr><td>09지방직 ⑦</td><td>10지방직 ⑦</td><td>11지방직 ⑦</td></tr>
<tr><td colspan="2">20국가직 ⑦</td><td>21국가직 ⑨</td></tr>
</table>

[설비형 태양열 시스템]

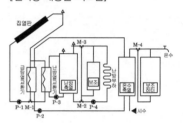

[자연대류방식]

ⓜ 자연대류방식 : 열손실이 가장 적으며 설치비용이 저렴하지만 설치 위치가 제한되고 축열조가 필요하다.

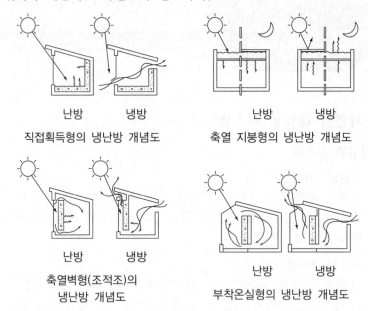

난방 　　냉방

직접획득형의 냉난방 개념도

난방 　　냉방

축열 지붕형의 냉난방 개념도

난방 　　냉방

축열벽형(조적조)의
냉난방 개념도

난방 　　냉방

부착온실형의 냉난방 개념도

· 예제 01 ·

태양열 시스템에 대한 설명으로 옳은 것은? 　　【10지방직⑦】

① 설비형 태양열 시스템의 중심이 되는 것은 집열(集熱)장치이다.
② 설비형 태양열 시스템의 효율에 가장 큰 영향을 미치는 것은 축열(畜熱)기이다.
③ 자연형 태양열 시스템의 하나인 축열벽형(또는 트롬월형: Trombe Wall System)은 직접획득형(Direct Gain System)의 하나이다.
④ 자연형 태양열 시스템의 필수적인 요소인 축열체의 주성분으로 가장 흔히 쓰이는 물질은 콘크리트나 벽돌 등의 조적조와 물이다.

① 설비형 태양열 시스템의 중심이 되는 것은 축열장치이다.
② 설비형 태양열 시스템의 효율에 가장 큰 영향을 미치는 것은 집열기이다.
③ 자연형 태양열 시스템의 하나인 축열벽형(또는 트롬월형: Trombe Wall System)은 간접획득형(Indirect Gain System)의 하나이다.

답 : ④

출제빈도

08국가직 ⑨ 13지방직 ⑨

2 이중외피(Double Skin) 시스템[☆]

(1) 이중외피(Double Skin) 시스템

건물 남측면에 유리로 된 이중외피를 설치하여 여름철에는 태양빛에 의한 열이 직접 건물 내부에 유입되는 것을 방지하고 겨울철에는 열을 모아 건물 내의 난방에 쓰이는 에너지 절약형 시스템

(2) 특징

① 자연환기유도 : 창문 개폐가 자유로워 자연환기가 가능하며, 초고층 건물에서 풍압의 감소로 인해 창문 개폐가 가능
② 에너지 절약 : 여름철 냉방부하 감소, 겨울철 난방부하 감소
③ 차양역할 : 중공층에 의해 하절기의 태양의 직접적인 일사를 감소
④ 유지관리비 절감 : 냉난방 부하 감소로 인해 공조설비의 비용이 감소되어 유지관리비를 절감

(3) 종류

① 박스형 시스템 : 창호 부분만 이중외피 형식이고 그 외의 부분은 일반건물과 마찬가지로 외벽으로 구성
② 복도형 시스템 : 각 층의 상부와 하부에 급기구와 배기구를 설치하여 각 층별 급기와 배기가 가능한 시스템
③ 다층형 시스템 : 급기구는 건물의 최하층부에, 배기구는 건물의 최상층부에 설치한 시스템

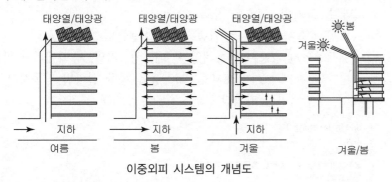

이중외피 시스템의 개념도

· 예제 02 ·

이중외피에 대한 설명으로 옳지 않은 것은?　　　　【08국가직⑨】

① 자연환기를 적용함으로써 기존의 기계적인 환기로 인한 에너지 소비를 최소화할 수 있다.
② 외부환경과 실내환경 사이에 완충공간인 중공층(Cavity)으로 인해 새로운 열획득 및 열손실 증가의 원인이 되므로 주의해야 한다.
③ 이중외피를 계획하는 가장 큰 이유는 자연환기를 도입하여 건물의 냉방부하를 감소시키기 위함이다.
④ Second-Skin Facade는 태양열의 최적이용, 자연채광, 외부의 환경조건 변화에 순응하도록 디자인된 이중외피 구조이다.

---

② 외부환경과 실내환경 사이에 완충공간인 중공층(Cavity)으로 인해 여름철 열획득 및 겨울철 열손실을 감소시킬 수 있다.

<u>답 : ②</u>

[패시브 하우스 요소기술]

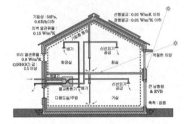

[에너지 요구량과 에너지 소요량]
① 에너지요구량이라 함은 건축물의 냉방, 난방, 급탕, 조명 부문에서 표준 설정조건을 유지시키기 위하여 해당 공간에서 필요로 하는 에너지량을 말한다.
② 에너지소요량이라 함은 에너지요구량을 만족시키기 위하여 건축물의 냉방, 난방, 급탕, 조명, 환기 부문의 설비기기에 사용되는 에너지량을 말한다.
③ 1차 에너지 소요량 : 에너지 소요량에 연료를 채취, 가공, 운송, 변환 등 공급과정 등의 손실을 포함한 에너지량으로 에너지 소요량에 사용연료별 환산계수를 곱하여 얻을 수 있다.

[BEMS(Building Energy Management System)]
건물에너지관리시스템으로 건물의 쾌적한 실내환경 유지 및 효율적인 에너지관리를 위하여 에너지 사용내역을 실시간으로 모니터링하여 최적화된 건물에너지 관리방안을 제공하는 계측 · 제어 · 관리 · 운영 등이 통합된 시스템을 말한다.

[FMS(Facility Management System)]
주요 설비를 관리하는 부대설비(UPS, 항온/항습기, 분전반, 소화설비 등) 및 시스템 운영에 영향을 미치는 필수적인 요소(온도, 습도, 누수, 화재, 전력량관리 등)의 장애 및 임계값 등을 실시간 감시함으로써 돌발적인 시스템의 운영 중단을 사전 예방하고 사고 발생시 신속한 대응을 함으로써 피해를 최소화하는 시스템

3 패시브 하우스 및 제로에너지 빌딩

(1) 패시브 하우스 인증 성능기준

① 난방에너지 요구량 : $15kWh/m^2 \cdot yr$ 이하 또는 최대 난방부하 $10W/m^2$ 이하
② 냉방에너지 요구량 : $15kWh/m^2 \cdot yr$ 이하
③ 기밀성능 : 50Pa, 0.6회/h 이하
④ 1차 에너지 소비량 : 급탕, 난방, 냉방, 전열, 조명 등 전체 에너지 소비에 대한 1차 에너지 소요량 : $120kWh/m^2 \cdot yr$ 이하
⑤ 전열교환기 효율 : 75% 이상

(2) 제로에너지 빌딩(Zero Energy Building)

① 제로 에너지(Zero Energy) 기술
　㉠ 건물부하 저감기술
　　• 패시브 시스템(passive system)
　　• 건물의 향, 건물형태
　　• 고단열, 고기밀, 고효율 창호
　㉡ 시스템 효율향상 기술 : 각종 설비시스템들의 효율향상
　㉢ 신재생에너지 활용기술 : 태양열, 태양광, 지열, 풍력에너지 활용
　㉣ 통합 유지관리기술 : BEMS, FMS 등을 통한 설비별 작동시간 최적제어, 종합적인 유지관리

1 야간 분사식 복사냉각
2 차양
3 고성능 유리창
4 열회복기능을 갖춘 효율적인 통풍구
5 복사슬래브 냉난방
6 광선반
7 자연적으로 환기되는 2층
8 스펙트럼 선택적인 지붕
9 자연 수원지를 활용한 증발냉각
10 제어기능을 갖춘 충분한 자연채광이 제공된 실내
11 마주보는 개구부를 통한 맞통풍

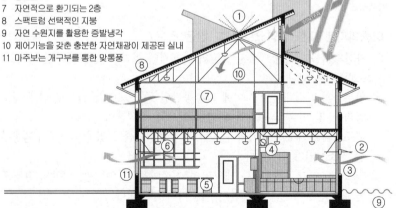

제로에너지 빌딩 개념도

02 출제예상문제

1. 자연형 태양에너지 활용수법(Passive Solar System)으로 옳지 않은 것은? 【09지방직⑦】

① 태양열집열판방식   ② 지붕연못방식
③ 직접획득방식   ④ 부착온실방식

[해설]
   ① 태양열집열판방식은 설비형 태양열 시스템이다.

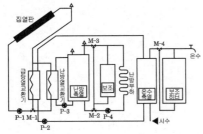

2. 태양열 시스템에 대한 설명으로 옳은 것은?

【10지방직⑦】

① 설비형 태양열 시스템의 중심이 되는 것은 집열(集熱)장치이다.
② 설비형 태양열 시스템의 효율에 가장 큰 영향을 미치는 것은 축열(畜熱)기이다.
③ 자연형 태양열 시스템의 하나인 축열벽형(또는 트롬월형: Trombe Wall System)은 직접획득형(Direct Gain System)의 하나이다.
④ 자연형 태양열 시스템의 필수적인 요소인 축열체의 주성분으로 가장 흔히 쓰이는 물질은 콘크리트나 벽돌 등의 조적조와 물이다.

[해설]
   ① 설비형 태양열 시스템의 중심이 되는 것은 축열장치이다.
   ② 설비형 태양열 시스템의 효율에 가장 큰 영향을 미치는 것은 집열기이다.
   ③ 자연형 태양열 시스템의 하나인 축열벽형(또는 트롬월형: Trombe Wall System)은 간접획득형(Indirect Gain System)의 하나이다.

3. 자연형 태양열시스템 중 축열지붕방식에 대한 설명으로 옳은 것은? 【11지방직⑦】

① 추운 지방에서 유리하고 거주공간 내 온도변화가 적지만 조망이 결핍되기 쉽다.
② 일반건물에서 쉽게 적용되고 투과체가 다양한 기능을 갖지만 과열현상이 초래된다.
③ 기존 재래식 건물에 적용하기 쉽고 점유공간을 확보할 수 있지만 시공비가 비싸다.
④ 냉난방에 모두 효과적이고 성능이 우수하지만 구조적 처리가 어렵고 다층건물에는 활용이 제한된다.

[해설]
   ① 조망이 결핍되기 쉬운 방식은 축열벽방식이다.
   ② 일반건물에서 쉽게 적용되고 투과체가 다양한 기능을 갖지만 과열현상이 초래되는 방식은 직접획득방식이다.
   ③ 기존 재래식 건물에 적용하기 쉽고 점유공간을 확보할 수 있지만 시공비가 비싼 방식은 부착온실방식이다.

4. 이중외피에 대한 설명으로 옳지 않은 것은?

【08국가직⑨】

① 자연환기를 적용함으로써 기존의 기계적인 환기로 인한 에너지 소비를 최소화할 수 있다.
② 외부환경과 실내환경 사이에 완충공간인 중공층(Cavity)으로 인해 새로운 열획득 및 열손실 증가의 원인이 되므로 주의해야 한다.
③ 이중외피를 계획하는 가장 큰 이유는 자연환기를 도입하여 건물의 냉방부하를 감소시키기 위함이다.
④ Second-Skin Facade는 태양열의 최적이용, 자연채광, 외부의 환경조건 변화에 순응하도록 디자인된 이중외피 구조이다.

[해설]
   ② 외부환경과 실내환경 사이에 완충공간인 중공층(Cavity)으로 인해 여름철 열획득 및 겨울철 열손실을 감소시킬 수 있다.

해답   1 ①   2 ④   3 ④   4 ②

5. 이중외피에 대한 설명으로 옳지 않은 것은?

【13지방직⑨】

① 중공층 내부에 루버와 같은 차양장치를 두어 태양 복사의 양을 조절할 수 있다.

② 여름철의 경우, 중공층 내에서 열 정체현상이 발생해서 중공층의 기온이 외기온도보다 높아질 수 있다.

③ 중공층 내부 공기의 부력을 이용하여 자연환기에 의한 통풍을 극대화하지만 냉방부하를 감소시키지는 못한다.

④ 이중외피 중 Twin face Facade, Second Skin Facade는 굴뚝효과에 의한 자연환기를 유도하는 방식이다.

[해설]
③ 중공층 내부 공기의 부력을 이용하여 자연환기에 의한 통풍을 극대화하여 냉방부하를 감소시킬 수 있다.

6. 패시브하우스(Passive House)에 대한 설명으로 옳지 않은 것은?

【15국가직⑦】

① 건물에서 손실되는 열을 줄여 난방에너지를 절약한다.

② 창호의 맞물림 부분에서 공기의 흐름을 최소화하여 열손실이 발생하는 것을 억제한다.

③ 실내공기의 열손실을 최소화하기 위해서는 자연환기가 효율적이다.

④ 건축자재로 고단열, 고기밀 자재 및 부품을 사용하고, 벽과 지붕, 창문의 단열 및 기밀성능을 높이는 구법을 사용한다.

[해설]
③ 실내공기의 열손실을 최소화하기 위해서는 기계환기가 효율적이다.

7. 자연형 태양열시스템 중 부착온실방식에 대한 설명으로 옳지 않은 것은?

【21국가직⑨】

① 집열창과 축열체는 주거공간과 분리된다.

② 온실(green house)로 사용할 수 있다.

③ 직접획득방식에 비하여 경제적이다.

④ 주거공간과 분리된 보조생활공간으로 사용할 수 있다.

[해설]
③ 직접획득방식에 비하여 비경제적이다.

해답 5 ③ 6 ③ 7 ③

Chapter 03 열환경

열환경은 인체의 열쾌적에 영향을 미치는 지표와 건축물 내에서 전열과정으로 구성되어 있으며 이에 대하여 이해하여야 한다. 여기에서는 인체의 열쾌적에 영향을 미치는 지표, 건축물의 전열과정, 단열과 결로에 대한 문제가 출제된다.

1 열쾌적지표

(1) 인체의 열생산과 열손실

① 인체의 열생산(대사)

  ㉠ 인체는 일정한 체온을 유지하기 위해서 음식과 산소를 섭취하고, 이것을 화학적으로 처리하여 생명활동의 에너지를 만들어 내는데, 이것을 신진대사라고 하며 대사에는 기초대사와 근육대사가 있다.

  ㉡ 기초대사 : 생명보존을 위한 열생산으로 연속적이고 무의식적으로 일어난다.

  ㉢ 근육대사(노동대사) : 일을 할 때 근육에 의해 생산되는 열을 말한다.

  ㉣ 1 met : 조용히 앉아있는 성인남자의 신체 표면적 $1m^2$에서 발산되는 평균열량으로 $58.2W/m^2$에 해당한다.

② 인체의 열손실

  ㉠ 체내 깊숙한 곳의 근육조직에서 생산된 열은 피부 표면으로 운반되며, 대류, 복사, 증발, 전도에 의해 주위로 방출된다.

  ㉡ 전도에 의한 열손실이 없을 경우 복사 45%, 대류 30%, 증발 25%로 복사에 의한 열손실이 가장 많다.

(2) 열쾌적에 영향을 미치는 물리적 변수

① 기온

  ㉠ 인체의 쾌적에 가장 큰 영향을 미친다.

  ㉡ 건구온도(DBT : Dry Bulb Temperature)를 말하며, 쾌적범위는 16~28℃이다.

  ㉢ 한국의 권장 실내온도는 겨울철 18℃, 여름철 26℃이다.

② 습도

  ㉠ 고온이나 저온에서 인체의 열평형에 크게 작용하지만 쾌적온도 범위 내에서는 거의 영향을 미치지 않으나 증발에는 큰 영향을 미친다.

  ㉡ 쾌적온도 범위 내에서 습도의 범위는 55±15%(40~70%)이다.

출제빈도

18지방직 ⑨ 20국가직 ⑨

[활동정도에 따른 열발산량]

활동정도	열발산량(met)
취침	0.7
조용히 앉아 휴식하는 상태	1.0
천천히 걷기	2.0
청소	2.0~3.4
일반사무	1.1~1.3
강의	1.6
테니스	3.6~4.6

③ 기류
  ㉠ 기류는 대류에 의한 열손실을 증가시킨다.
  ㉡ 기류는 증발을 증가시켜 인체를 냉각시킨다.
  ㉢ 쾌적한 기류 속도 : 0.5m/s 이하
  ㉣ 1.5m/s 이상이면 불쾌감을 느낀다.
④ 복사열
  ㉠ 인체의 복사에 의해 열을 교환하는 주변 공간의 평균표면온도로 평
     균복사온도(MRT : Mean Radiant Temperature)라고 한다.
  ㉡ 기온 다음으로 열쾌적에 영향을 미친다.
  ㉢ 기온보다 2℃ 정도 높은 상태일 때 가장 쾌적하게 느낀다.

(3) 열쾌적에 영향을 미치는 개인적 변수

① 착의상태(착의량)
  ㉠ 의복의 단열성능을 측정하는 지표로 단위는 clo로 나타낸다.
  ㉡ 1 clo는 기온 21℃, 습도 50%, 기류 0.1m/s의 실내에서 안정상태로
     있는 사람이 평균 피부표면온도가 33℃를 유지하기 위한 의복의 단
     열값으로 평균적으로 6.5W/m² 이다.

[의복의 종류에 따른 clo]
① 수영복 : 0.05 clo
② 반바지 : 0.1 clo
③ 양복정장 : 1 clo
④ 겨울의복 : 1.5 clo
⑤ 방한복 : 4.5 clo

② 기타
  • 인체의 활동, 연령과 성별
  • 신체형상과 피하지방량
  • 건강상태, 재실시간

(4) 열쾌적지표

① 유효온도(ET : Effective Temperature)
  ㉠ 기온, 습도, 기류를 조합한 감각지표로서 효과온도, 감각온도, 실효
     온도 또는 체감온도라고도 한다.
  ㉡ 상대습도 100%, 기류 0m/s, 기온은 임의로 설정할 수 있는 실의
     온도이다.
  ㉢ 복사열이 고려되지 않은 온도이다.
  ㉣ 습도의 영향이 저온역에서 과대, 고온역에서는 과소로 된다.
  ㉤ 쾌적환경의 유효온도는 겨울 17.2~21.7℃, 여름 18.9~23.9℃이다.
② 수정유효온도(CET : Corrected Effective Temperature)
  ㉠ 기온, 습도, 기류, 복사열을 조합한 쾌적지표
  ㉡ 건구온도 대신 글로브 온도를 사용하여 복사열을 고려한 쾌적지표
③ 신유효온도(ET*)
  유효온도의 습도에 대한 과대평가를 보완하여 상대습도 100% 대신 50%
  와 건구온도의 교차로 표시한 쾌적지표

④ 표준유효온도(SET : Standard Effective Temperature)
  ㉠ 신유효온도를 발전시킨 최신 쾌적지표로서 세계적으로 널리 사용되고 있다.
  ㉡ 상대습도 50%, 기류 0.125m/s, 활동량 1 met, 착의량 0.6 clo의 동일한 표준환경조건에서 환경변수들을 조합한 쾌적지표
  ㉢ 활동량, 착의량 및 환경주건에 따라 달라지는 온열감, 불쾌감 및 생리적 영향을 비교할 때 매우 유용하다.
⑤ 흑구온도(GT : Globe Temperature)
  ㉠ 보통온도계의 감온부위를 약 15cm 지름의 흑색구의 중심부에 위치시켜 측정한 온도
  ㉡ 기온과 기류 및 평균복사온도를 종합한 지표로서 평균복사온도를 산정하는 방법으로 사용되고 있다.
⑥ 작용온도(OT : Operative Temperature)
  ㉠ 기온과 주변의 복사열 및 기류의 영향을 조합시킨 쾌적지표
  ㉡ 습도의 영향이 고려되지 않은 온도이다.
  ㉢ 기류가 0m/s인 실내에서의 작용온도는 평균복사온도와 기온의 평균값이다.
⑦ 합성온도(RT : Resultant Temperature)
  ㉠ 기온, 기류, 복사열을 종합한 쾌적지표
  ㉡ 기류가 0.1m/s인 실내에서의 합성온도는 평균복사온도와 기온의 평균값이다.

2 건물의 전열과정[☆☆☆]

(1) 열관류
  ㉠ 고체의 격리된 공간의 한쪽에서 다른 쪽으로 전도·대류·복사에 의해 열이 전달되는 것을 말한다. 즉, 벽을 매개로 하여 높은 온도의 공기가 낮은 온도의 공기 측으로 전달되는 현상이다.

- 열관류량 Q = $K(t_1-t_2) A \cdot T$
  여기서, K : 열관류율(w/m²·K)
  A : 표면적(m²)
  t_1, t_2 : 온도(℃)
  T : 시간(h)

출제빈도

| 09국가직 ⑨ | 10국가직 ⑦ | 16지방직 ⑨ |
| 18국가직 ⑨ | 20지방직 ⑨ | 21국가직 ⑦ |

[전열의 기본원리]
전열(傳熱, Heat Transmission)이란 열의 전달 또는 열의 이동을 말한다. 보통 전열현상은 다음의 전열형태의 하나가 단독으로 일어나는 것이 아니고 복합된 형태로 일어난다.
① 전도(conduction) : 고체 또는 정지한 유체(공기, 물 등)에서 분자 또는 원자에너지의 확산에 의해 열이 전달되는 형태이다.
② 대류(convection) : 유체가 온도차에 의해 밀도의 차이가 발생하여 유체의 이동에 의해 열이 전달되는 형태이다.
③ 복사(radiation) : 고온의 물체 표면에서 전자파가 발생하여 저온의 물체 표면으로 열이 전달되는 형태로 진공에서도 일어난다.

ⓛ 열관류율(K) : 벽체를 사이에 두고 공기 온도차가 $1℃$일 경우 $1m^2$의 벽면을 통해 1시간 동안 흘러가는 열량을 말한다.

- 열관류율 $K = \dfrac{1}{\dfrac{1}{a_1} + \Sigma\dfrac{d}{\lambda} + \dfrac{1}{a_2}}$

  여기서, K : 열관류율$(w/m^2 \cdot K)$
  a_1, a_2 : 실내 · 외 열전달률$(w/ \cdot K)$
  d : 벽체의 두께(m)
  λ : 벽체의 열전도율$(w/m \cdot K)$

(2) 열전달

ⓐ 고체와 이에 접하는 유체 사이에서 대류와 복사에 의한 열의 흐름을 말한다. 즉, 유체가 이동하여 고체에 열을 전하는 현상을 말한다.

- 열전달량 $Q = a(t_1 - t_2)A \cdot T$
  여기서, a : 열전달률$(w/m^2 \cdot K)$
  A : 표면적(m^2)
  t_1, t_2 : 온도$(℃)$
  T : 시간(h)

ⓛ 열전달률(a) : 고체 표면과 유체 간의 열의 이동정도를 나타내며 벽 표면적 $1m^2$, 벽체와 공기의 온도차 $1℃$일 때 1시간 동안 흐르는 열량을 말한다.

(3) 열전도

ⓐ 고체 내부의 고온 측에서 저온 측으로 열이 이동하는 현상을 말한다. 즉, 순수한 고체 내부에서의 열 흐름을 말한다.

- 열전도량 $Q = \dfrac{\lambda \cdot A \cdot (t_1 - t_2) \cdot T}{d}$

  여기서, λ : 열전도율$(w/m \cdot K)$
  A : 표면적(m^2)
  t_1, t_2 : 온도$(℃)$
  T : 시간(h)

ⓛ 열전도율(λ) : 어떤 재료의 두께 1m당 $1℃$의 온도차에서 1시간 동안 전하는 열량을 말한다.

[재료의 특성과 열전도율]
① 재료의 열전도저항 값이 클수록, 열전도율이 낮을수록 단열효과가 우수하다.
② 작은 공극이 많고 비중이 낮은 재료가 열전도율이 작다.
③ 재료에 습기가 차면 열전도율은 커진다.

(4) 열관류저항

열관류율의 역수로 고체로 격리된 공간의 한쪽에서 다른 쪽으로 열이 흘러가는 것을 막으려는 현상

• 단위 : $m^2 \cdot K/w$

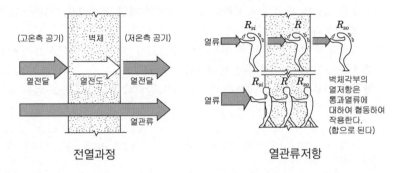

전열과정 · 열관류저항

3 단열[☆☆☆]

(1) 단열의 원리

① 저항형

ㄱ 열전도율이 작은 많은 기포로 구성되어 있기 때문에 열전도율이 낮다.

ㄴ 발포폴리스티렌폼, 유리면, 암면 등 다공질이나 섬유질의 기포성 단열재

② 반사형

ㄱ 복사열전달을 차단시키거나 반사시키는 형태로 중공층에 유효하다.

ㄴ 은박지, 광택성 금속박판 등 복사율이 낮고 반사율이 높은 재료

③ 용량형

ㄱ 건물 외피의 축열용량을 이용한 것으로 건물 외표면에 작용하는 복사열에 의한 온도변화와 건물 내표면에 작용하는 온도변화의 시간지연(time lag)을 이용한 것이다.

ㄴ 중량벽 등

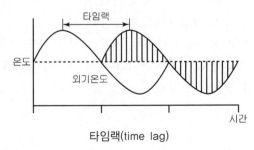

타임랙(time lag)

출제빈도		
09국가직 ⑨	10국가직 ⑨	11국가직 ⑦
12지방직 ⑨	13국가직 ⑦	14지방직 ⑨
16지방직 ⑨	18국가직 ⑨	

[저항형 단열재]

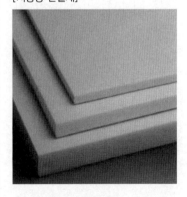

[반사형 단열재]

· 예제 01 ·

단열방식은 저항형 단열, 반사형 단열, 그리고 용량형 단열로 구분된다. 용량형 단열방식의 특성으로 옳은 것은? 【09국가직⑨】

① 건축재료의 열저항값에 따른 전체 구조체의 열관류 성능을 계산하여 적정 단열두께를 결정하는 방식이다.
② 여름철 지붕의 단열에 사용하면 높은 고도의 태양 복사열을 차단할 수 있는 방식이다.
③ 구조체의 축열성능에 의해 외부에서 내부로의 열전달을 지연시키는 타임 랙(Time-Lag)을 이용하는 방식이다.
④ 방사율이 낮은 재료를 사용하여 복사열을 반사하여 단열효과를 얻는 방식이다.

---

① 저항형 단열재 : 건축재료의 열저항값에 따른 전체 구조체의 열관류 성능을 계산하여 적정 단열두께를 결정하는 방식이다.
② 반사형 단열재 : 여름철 지붕의 단열에 사용하면 높은 고도의 태양 복사열을 차단할 수 있는 방식이다.
④ 반사형 단열재 : 방사율이 낮은 재료를 사용하여 복사열을 반사하여 단열효과를 얻는 방식이다.

답 : ③

(2) 내단열과 외단열

① 내단열

[내단열과 외단열]

(좌 : 실내측, 우 : 실외측)

ㄱ 구조체의 실내측에 단열재를 시공하는 방법
ㄴ 열용량이 작고 빠른 시간에 더워지므로 간헐난방을 필요로 하는 강당이나 집회장과 같은 곳에 유리하다.
ㄷ 실온변동의 폭이 크고 타임 랙도 짧다.
ㄹ 표면결로는 발생하지 않으나 한쪽 벽이 차가운 상태이기 때문에 내부결로가 발생하기 쉽다.
ㅁ 내단열 방법은 고온측에 방습층을 설치하는 것이 좋다.
ㅂ 열교현상에 의한 국부 열손실을 방지하기가 어렵다.

② 외단열

ㄱ 구조체의 실외측에 단열재를 시공하는 방법
ㄴ 열용량이 커지며 연속난방에 유리하다.
ㄷ 실온변동의 폭이 작고 타임 랙도 길다.
ㄹ 전체 구조물의 보온에 유리하며 내부결로의 위험도 감소시킬 수 있다.
ㅁ 외단열은 벽체의 습기뿐만 아니라 열적 문제에서도 유리한 방법이다.
ㅂ 열교현상이 발생하지 않는다.

(3) 열교현상

① 벽이나 바닥, 지붕 등의 건축물 부위에 단열이 연속되지 않은 부분이 있을 때, 이 부분이 열적으로 취약부위가 되어 열의 이동이 많아지는데, 이것을 열교(heat bridge) 또는 냉교(cold bridge)라고 한다.

② 열교현상이 발생하면 구조체의 단열성이 저하되어 표면온도가 낮아지며 결로가 발생된다.

③ 중공벽의 연결철물이 통과하는 구조체, 벽체와 지붕 또는 바닥과의 접합 부위, 창틀 등에서 발생한다.

④ 접합 부위의 단열설계 및 단열재가 불연속됨이 없도록 외단열 시공을 하면 열교현상을 방지할 수 있다.

[열교현상]

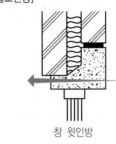

창 윗인방

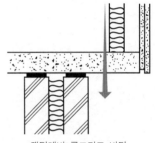

캔틸레버 콘크리트 바닥

· 예제 02 ·

> **단열재를 건축물의 외부에 설치하는 외단열에 관한 설명으로 옳은 것은?**
>
> 【10국가직⑨】
>
> ① 난방을 정지했을 때 온도의 하락폭이 크다.
> ② 간헐난방은 표면결로의 관점에서는 유리한 방법이 된다.
> ③ 구조체의 축열냉각효과를 기대할 수 없다.
> ④ 열용량이 큰 건물은 재빠른 냉난방이 어렵다는 정성적인 특징이 있다.
>
> ───────────────────────
>
> ① 난방을 정지했을 때 온도의 하락폭이 작다.
> ② 간헐난방은 표면결로의 관점에서는 불리한 방법이 된다.
> ③ 구조체의 축열냉각효과를 기대할 수 있다.
>
> 답 : ④

4 결로[★★☆]

(1) 정의

① 습공기가 차가운 벽이나 천장, 바닥 등에 닿으면 공기 중의 수증기가 응축되어 물방울이 맺히는데 이것을 결로하고 한다.

② 결로의 종류로는 물체의 표면에 발생하는 표면결로와 구조체 내부에 발생하는 내부결로가 있다.

(2) 결로의 원인

① 실내외의 온도차가 클수록 많이 발생한다.
② 실내 습기의 과다발생으로 결로가 발생한다.
③ 생활 습관에 의한 환기부족 : 대부분 창문을 닫은 야간에 발생
④ 구조체의 열적 특성
⑤ 단열시공의 불량
⑥ 시공 직후의 미건조 상태에 따른 결로

출제빈도		
07국가직 ⑨	09국가직 ⑨	09지방직 ⑨
11지방직 ⑨	12국가직 ⑦	13국가직 ⑨
15국가직 ⑨	17지방직 ⑨	21국가직 ⑦

(3) 결로의 종류에 따른 방지대책

① 표면결로

    ㉠ 건물의 표면온도가 접촉하고 있는 공기의 노점온도보다 낮은 경우에 표면에 발생

    ㉡ 벽표면 온도를 실내공기의 노점온도보다 높게 한다.

    ㉢ 실내의 수증기 발생 억제 및 환기를 통한 발생습기를 배제한다.

② 내부결로

    ㉠ 벽체 내의 어느 부분의 건구온도가 그 부분의 노점온도보다 낮을 때 구조체 내부에서 결로가 발생

    ㉡ 외단열 시공 : 벽체 내부온도를 그 부분의 노점온도보다 높게 한다.

    ㉢ 방습층의 설치 : 구조체의 고온측(실내)에 방습층을 설치하여 벽체 내부의 수증기압을 포화수증기압보다 작게 한다.

· 예제 03 ·

결로에 대한 설명으로 옳지 않은 것은?　　　　　　【15국가직⑨】

① 열교가 일어나는 부분에서 결로가 발생하기 쉽다.

② 내부결로를 방지하기 위해 방습층은 단열층의 온도가 높은 쪽에 설치하는 것이 효과적이며, 단열재의 실내측에 위치하도록 한다.

③ 내부결로를 방지하기 위해서는 내측단열구법이 효과가 크며 이는 단열층을 벽의 실내측 가까이에 설치하는 것이다.

④ 내부결로 방지를 위한 기본원리는 벽체 내의 건구온도가 그 지점에서의 노점온도 아래로 내려가지 않도록 하는 것이다.

----

③ 내부결로를 방지하기 위해서는 외단열이 효과가 크며 이는 단열층을 벽의 실외측에 설치하는 것이다.

답 : ③

---

03 출제예상문제

1. 건물의 결로(結露)에 대한 설명 중 가장 부적합한 것은? 【07국가직⑨】

① 다층구성재(多層構成材)의 외측(저온측)에 방습층이 있을 때 결로를 효과적으로 방지할 수 있다.

② 온도차에 의해 벽표면 온도가 실내공기의 노점온도보다 낮게 되면 결로가 발생하며, 이러한 현상은 벽체내부에서도 생긴다.

③ 구조체의 온도변화는 결로에 영향을 크게 미치는데, 중량구조는 경량구조보다 열적 반응이 늦다.

④ 내부결로가 발생되면 경량콘크리트처럼 내부에서 부풀어 오르는 현상이 생겨 철골부재와 같은 구조체에 손상을 준다.

[해설]
① 다층구성재(多層構成材)의 내측(고온측)에 방습층이 있을 때 결로를 효과적으로 방지할 수 있다.

2. 건물 내부의 결로방지를 위한 방법으로 옳지 않은 것은? 【09국가직⑨】

① 외부 벽체의 열관류저항을 크게 한다.

② 실내의 외기환기 횟수를 늘린다.

③ 외단열을 사용하여 벽체 내의 온도를 상대적으로 높게 유지한다.

④ 외부 벽체의 방습층을 실 외측에 가깝게 한다.

[해설]
④ 외부 벽체의 방습층을 실내측(고온측)에 가깝게 한다.

3. 단열방식은 저항형 단열, 반사형 단열, 그리고 용량형 단열로 구분된다. 용량형 단열방식의 특성으로 옳은 것은? 【09국가직⑨】

① 건축재료의 열저항값에 따른 전체 구조체의 열관류 성능을 계산하여 적정 단열두께를 결정하는 방식이다.

② 여름철 지붕의 단열에 사용하면 높은 고도의 태양 복사열을 차단할 수 있는 방식이다.

③ 구조체의 축열성능에 의해 외부에서 내부로의 열전달을 지연시키는 타임랙(Time-Lag)을 이용하는 방식이다.

④ 방사율이 낮은 재료를 사용하여 복사열을 반사하여 단열효과를 얻는 방식이다.

[해설]
① 저항형 단열재 : 건축재료의 열저항값에 따른 전체 구조체의 열관류 성능을 계산하여 적정 단열두께를 결정하는 방식이다.
② 반사형 단열재 : 여름철 지붕의 단열에 사용하면 높은 고도의 태양 복사열을 차단할 수 있는 방식이다.
④ 반사형 단열재 : 방사율이 낮은 재료를 사용하여 복사열을 반사하여 단열효과를 얻는 방식이다.

4. 건축환경계획에 필요한 용어와 단위이다. 연결이 옳지 않은 것은? 【09국가직⑨】

① 상대습도 – %

② 열전도율 – $W/m^2 \cdot K$

③ 주광률 – %

④ 광도 – cd

[해설]
② 열전도율 – $W/m \cdot K$

해답 1 ① 2 ④ 3 ③ 4 ②

5. 결로의 발생 원인에 대한 설명 중 옳지 않은 것은?

【09지방직⑨】

① 더운 습공기가 그 공기의 노점온도와 같거나 낮은 온도의 표면과 접촉할 때 발생한다.

② 재실자의 호흡, 취사, 세탁 등에 의한 실내 수증기의 발생원에 의해 발생한다.

③ 건물의 기밀성 강화는 결로의 감소에 큰 효과를 발휘한다.

④ 노점온도 이하인 실내표면이나 구조체 내부에 발생한다.

[해설]
③ 건물의 기밀성 강화는 건물 내의 자연환기가 이루어지지 않아 환기부족에 의한 결로가 발생할 우려가 있다.

6. 단열재를 건축물의 외부에 설치하는 외단열에 관한 설명으로 옳은 것은?　　　【10국가직⑨】

① 난방을 정지했을 때 온도의 하락폭이 크다.

② 간헐난방은 표면결로의 관점에서는 유리한 방법이 된다.

③ 구조체의 축열냉각효과를 기대할 수 없다.

④ 열용량이 큰 건물은 재빠른 냉난방이 어렵다는 정성적인 특징이 있다.

[해설]
① 난방을 정지했을 때 온도의 하락폭이 작다.
② 간헐난방은 표면결로의 관점에서는 불리한 방법이 된다.
③ 구조체의 축열냉각효과를 기대할 수 있다.

7. 열의 이동에 대한 설명으로 옳은 것은?

【10국가직⑦】

① 전도는 물질 내에서 저온의 분자로부터 고온의 분자로 열이 전달되는 형태이다.

② 대류란 열이 고온의 물체표면으로부터 저온의 물체표면으로 공간을 통해 전달되는 것을 의미한다.

③ 열관류율은 벽체를 사이에 두고 공기온도차가 1℃일 경우 1㎡의 벽면을 통해 1분 동안 흘러가는 열량을 말한다.

④ 공기는 재료 중에서 밀도가 가장 낮으며 열저항이 가장 큰 재료이다.

[해설]
① 전도는 물질 내에서 고온의 분자로부터 저온의 분자로 열이 전달되는 형태이다.
② 대류란 유체가 온도차에 의해 밀도의 차이가 발생하여 유체의 이동에 의해 열이 전달되는 형태이다.
③ 열관류율은 벽체를 사이에 두고 공기온도차가 1℃일 경우 1㎡의 벽면을 통해 1시간 동안 흘러가는 열량을 말한다.

8. 건축물의 에너지 소비를 절감시킬 수 있는 방법으로 옳지 않은 것은?　　　【10지방직⑦】

① 단열성능을 강화하기 위해 열전도율이 높은 재료를 사용한다.

② 대체 에너지 및 기타 자연 에너지를 활용한다.

③ 냉난방·전기조명기구의 기준을 강화하고, 효율을 증대시킨다.

④ 폐열을 회수·재사용하고, HVAC시스템의 효율적인 디자인을 활용한다.

[해설]
① 단열성능을 강화하기 위해 열전도율이 낮은 재료를 사용한다.

해답　5 ③　6 ④　7 ④　8 ①

9. 벽체 일부와 지붕이 유리로 마감된 실내수영장에서 유리 표면결로를 없앨 수 있는 가장 효율적인 방법은? 【11지방직⑨】

① 수영장 유리면을 난방하여 실내공기의 노점온도보다 높여준다.
② 수영장 실내를 난방하여 실온을 높인다.
③ 수영장 풀의 수온을 높인다.
④ 수영장 바닥의 온도를 노점온도 이하로 낮춘다.

[해설]
　① 수영장의 유리면을 난방하면 유리표면의 온도가 실내공기의 노점온도보다 높아져 결로를 방지할 수 있다.

10. 건물 단열설계에 있어서 내단열과 외단열에 대한 설명으로 옳은 것은? 【11국가직⑦】

① 내단열은 외단열에 비해 실온변동이 작다.
② 외단열은 내단열에 비해 열교부분의 단열처리가 시공 상 곤란할 때가 많다.
③ 내단열의 방습층은 실내 고온측면에 설치하는 것이 좋다.
④ 외단열은 내단열에 비해 단시간 난방에 적합하다.

[해설]
　① 내단열은 외단열에 비해 실온변동이 크다.
　② 내단열은 외단열에 비해 열교부분의 단열처리가 시공 상 곤란할 때가 많다.
　④ 외단열은 내단열에 비해 지속(연속)난방에 적합하다.

11. 건물외피 계획에서 단열에 대한 설명으로 옳지 않은 것은? 【12지방직⑨】

① 저항형 단열은 열전도율이 작은 재료를 선택하여 단열성능을 높이는 단열방식을 말한다.
② 결로발생에 대한 대책으로는 환기, 난방, 단열에 의한 방법이 있다.
③ 내단열은 외단열에 비해 내부결로현상의 발생가능성이 낮다.
④ 반사형 단열은 방사율(Emissivity)이 낮은 재료를 사용하여 복사열에너지를 반사시키는 단열방식이다.

[해설]
　③ 내단열은 외단열에 비해 내부결로현상의 발생가능성이 크다.

12. 결로 방지대책에 대한 설명으로 옳지 않은 것은? 【12국가직⑦】

① 벽체의 열관류 저항을 높인다.
② 실내측 벽의 표면온도를 실내공기의 노점온도보다 낮게 한다.
③ 실내공기의 수증기압을 포화수증기압보다 작게 한다.
④ 방습층은 온도가 높은 단열재의 실내측에 위치하도록 한다.

[해설]
　② 실내측 벽의 표면온도를 실내공기의 노점온도보다 높게 한다.

13. 실내의 결로를 방지하기 위한 방법으로 가장 적합하지 않은 것은? 【13국가직⑨】

① 환기를 자주 시킨다.
② 고온난방을 단시간 제공한다.
③ 벽체의 단열성능을 높인다.
④ 창문 주변의 틈새를 단열재로 충진시켜 준다.

[해설]
　② 고온난방을 단시간에 제공하는 간헐난방보다 낮은 온도의 지속난방이 결로방지에 유리하다.

14. 건축물의 에너지 절약방안으로 옳지 않은 것은?

【13국가직⑨】

① 구조체를 기밀화하고 단열을 강화한다.
② 보일러의 기능을 향상시키고, 효율적인 에너지기기를 활용한다.
③ 자연형 태양열 설계기법을 적극 활용한다.
④ 벽체의 열관류율을 크게 한다.

[해설]
　④ 벽체의 구조체를 기밀화하고 단열을 강화하여 열관류율을 작게 한다.

15. 건물의 단열설계에 대한 설명으로 옳지 않은 것은?

【13국가직⑦】

① 내단열은 외단열에 비해 실내온도의 변화폭이 크며 타임랙이 짧다.
② 외단열은 단열의 불연속부분이 없다.
③ 내단열은 내부측의 열용량이 커서 연속난방에 유리하다.
④ 외단열은 구조체의 열적변화가 적어서 내구성이 크게 향상된다.

[해설]
　③ 외단열은 내부측의 열용량이 커서 연속난방에 유리하다. 내단열은 간헐난방에 유리하다.

16. 외단열 및 내단열에 대한 설명으로 옳지 않은 것은?

【14지방직⑨】

① 내단열은 고온측에 방습막을 설치하는 것이 좋다.
② 외단열은 단열재를 건조한 상태로 유지하여야 하며 외부충격에 견뎌야 한다.
③ 내단열은 연속난방에, 외단열은 간헐난방에 유리하다.
④ 외단열은 벽체의 습기 문제와 열적 문제에 유리한 방법이다.

[해설]
　③ 내단열은 간헐난방에, 외단열은 연속난방에 유리하다.

17. 결로에 대한 설명으로 옳지 않은 것은?

【15국가직⑨】

① 열교가 일어나는 부분에서 결로가 발생하기 쉽다.
② 내부결로를 방지하기 위해 방습층은 단열층의 온도가 높은 쪽에 설치하는 것이 효과적이며, 단열재의 실내측에 위치하도록 한다.
③ 내부결로를 방지하기 위해서는 내측단열구법이 효과가 크며 이는 단열층을 벽의 실내측 가까이에 설치하는 것이다.
④ 내부결로 방지를 위한 기본원리는 벽체 내의 건구온도가 그 지점에서의 노점온도 아래로 내려가지 않도록 하는 것이다.

[해설]
　③ 내부결로를 방지하기 위해서는 외단열이 효과가 크며 이는 단열층을 벽의 실외측에 설치하는 것이다.

18. 단열공법에 대한 설명으로 옳은 것은?

【16지방직⑨】

① 내단열은 외단열에 비해 일시적 난방에 적합하다.
② 내단열은 외단열에 비해 열교 부분의 단열 처리가 유리하다.
③ 외단열은 적은 열용량을 갖고 있으므로 실온 변동이 크다.
④ 내단열 설계에서 방습층은 실외 저온 측면에 설치하여야 한다.

[해설]
　② 내단열은 외단열에 비해 열교 부분의 단열 처리가 불리하다.
　③ 외단열은 큰 열용량을 갖고 있으므로 실온 변동이 작다.
　④ 내단열 설계에서 방습층은 실내 고온 측면에 설치하여야 한다.

해답　14 ④　15 ③　16 ③　17 ③　18 ①

공기환경은 실내공기의 오염원에 대해 이해하고 필요환기량의 산정과 환기방식의 결정에 대해 이해하여야 한다. 여기에서는 실내공기 오염원과 오염물질, 자연환기방법, 필요환기량의 산정에 대해 출제된다.

1 공기환경의 기초사항[☆]

(1) 실내공기 오염원

① 실내 온도와 습도의 상승
② 산소의 감소 및 이산화탄소의 증가
③ 취기의 증가
④ 부유분진의 증가
⑤ 세균의 증가
⑥ 일산화탄소, 포름알데히드, 라돈 등의 유해가스의 발생

(2) 발생원별 오염물질

① 인체 및 사람의 활동 : 체취, 이산화탄소, 암모니아, 수증기, 먼지
② 연소 : 일산화탄소, 이산화탄소, 탄화수소, 매연 등
③ 흡연 : 타르, 니코틴 등의 분진, 일산화탄소, 이산화탄소, 암모니아
④ 건축재료 : 석면, 라돈, 포름알데히드, 벤젠, 아세톤 등
⑤ 사무기기 및 유지관리용 재료 : 암모니아, 진균, 세제 등

(3) 환기의 역할

① 신선한 공기 공급을 통한 실내공기질의 향상
② 공기 교체로 인한 열과 습기의 이동을 이용한 실내 온열환경의 조절

(4) 환기의 종류

① 강제환기(인공환기, 기계환기) : 환기팬과 기계장치를 이용하는 가장 효과적인 환기
② 자연환기 : 창과 같은 개구부를 통한 환기로 재실자가 조절 가능한 환기
③ 극간풍(침기) : 풍압과 온도차에 의한 압력에 의해 공기가 들어오거나 나가는 현상

(5) 건축법상의 실내공기 성능기준

① 공기 중에 섞여 있는 먼지의 양 : 0.15mg/m^3 이하
② 일산화탄소의 함유율 : 10ppm 이하

출제빈도
09국가직 ⑦ 10지방직 ⑨ 20지방직 ⑨

[빌딩증후군의 원인과 대책]
① 몸이 불편함을 느낀다고 말하는 사람이 보통보다 많은 건물로 개개의 오염물질은 전부 허용농도 범위 내에 있으면서 재실자가 두통, 피로, 눈의 아픔, 구토, 어지러움, 가려움증 등의 증상으로 불쾌감을 나타내며 그 원인이 명확하지 않은 경우를 말한다. 주로 새 건물에서 많이 발생하여 새집증후군이라고도 한다.
② 건축자재 등으로부터 발생되는 빌딩증후군의 원인 물질
 • 합판이나 각종 목질보드류에서 방산되는 포름알데히드
 • 도장합판 등에서의 도장 및 코팅 수지에서 발산되는 휘발성 유기용제(VOC)
 • 현장의 시공에 사용한 접착제에서 발산되는 각종 휘발성 유기용제
 • 내장재(벽지, 미장재)에서 방산되는 포름알데히드와 휘발성 유기용제
 • 마루바닥재나 목질 건축재에서 도포한 각종 살충제류
 • 가구나 집기, 선반류에서 방산되는 포름알데히드와 휘발성 유기용제
③ 빌딩증후군 방지 대책
 • 휘발성 유기용제 및 포름알데히드 등의 방출강도가 낮은 친환경 건축자재 사용
 • 입주 전 bake-out(실내의 온도를 높여 유해물질인 휘발성 유기용제와 포름알데히드의 배출을 일시적으로 증가시킨 후 환기시키는 방법) 실시
 • 입주 후 오염물질 배출을 위한 환기

③ 이산화탄소의 함유율 : 1,000ppm 이하

④ 상대습도 : 40% 이상 70% 이하

⑤ 기류의 속도 : 0.5m/sec 이하

(6) 이산화탄소량을 기준으로 한 환기량

① 성인 1인당 소요 환기량 : $50\text{m}^3/\text{h}$

② 주택 : $30\sim40\text{m}^3/\text{h}$

③ 학교, 사무실, 극장, 호텔, 백화점 : $50\text{m}^3/\text{h}$

④ 병원 : $60\sim80\text{m}^3/\text{h}$

(7) 필요환기량

실의 종류, 재실자수, 실내에서 발생하는 유해물질, 외기 등의 여러 가지 조건에 따라 결정되며, 환기량은 어떤 오염물질의 실내농도를 허용치 이하로 유지하기 위해 필요하고, 이를 위한 최소풍량을 필요환기량이라 한다.

(8) 환기량을 나타내는 방법

① 1인당 환기량 : $\text{m}^3/\text{h}\cdot$ 인

② 환기횟수 : 1시간에 교체된 환기량을 실의 체적으로 나눈 값으로 1시간에 실내공기가 몇 번 교체되었는가를 말한다.

$$n = \frac{Q}{V}(\text{회}/\text{h})$$

여기서, Q : 환기량(m^3/h)   V : 실의 체적(m^3)

출제빈도
11지방직 ⑨ 12지방직 ⑨ 16지방직 ⑨ 17지방직 ⑨

2 환기의 종류[☆]

(1) 자연환기

① 풍압차에 의한 환기

㉠ 바람에 의한 환기는 풍압에 의해 발생한다.

㉡ 자연풍이 건물에 부딪치면 건물 주위에 복잡한 기류가 발생한다.

㉢ 건물에서의 환기량은 압력차가 커지면 증가하게 되며, 창문이 닫혀 있는 경우에도 극간풍에 의한 환기가 일어나기도 한다.

② 온도차에 의한 환기

㉠ 실내 기온이 외기 기온보다 높으면 실내 공기밀도가 외기 밀도보다 작게 된다. 또 실내에서는 천장부분의 공기밀도가 바닥 부분의 공기밀도보다 작다. 이와 같이 온도차에 의한 압력차로 환기가 이루어진다.

ⓛ 굴뚝효과(연돌효과) : 실 외부에 개구부가 있으면 실내공기는 위쪽으로 나가고 실외 공기는 아래쪽으로 유입되는 현상
  • 수직파이프나 덕트에 의해 환기가 이루어지는 곳에서는 환기 경로의 유효높이가 길어 온도차에 의한 환기가 이루어진다.
  • 굴뚝 효과는 실내공기의 유동이 거의 없을 때에도 환기를 유발시킨다.
ⓒ 중성대 : 실내외의 압력차가 0이 되어 공기의 유출이나 유입이 없는 면을 말한다.
  • 일반적으로 실내의 중앙부에 위치하나 개구나 틈새가 많은 면으로 이동한다.
  • 온도차에 의한 내외 압력차는 공기 비중량의 차와 중성대로부터의 수직거리에 비례한다.

③ 실내 기류의 특징
  ㉠ 실외의 풍속이 클수록, 실내외의 온도차가 클수록 환기량은 크다.
  ㉡ 2개의 창을 나란히 두는 것보다 상하로 두는 것이 환기량이 크다.
  ㉢ 같은 면적의 개구부일 땐 큰 것 하나보다 2개로 나누어 설치하는 것이 환기량이 크다.
  ㉣ 마주보는 벽에 유입구와 유출구는 상호 어긋나게 설치하는 것이 환기량이 크다.
  ㉤ 유입구와 유출구의 크기는 같게 하는 것이 일반적이나 크기를 달리하는 경우 유입구의 크기를 작게 하는 것이 실내 기류속도를 증가시키는데 효과적이다.
  ㉥ 유입구는 실내 기류속도 및 패턴에 큰 영향을 미치나 유출구는 실내 기류속도 및 패턴에 영향이 거의 없다.

⑵ 기계환기
 ① 제1종 환기방식(강제급기, 강제배기)
  ㉠ 급기와 배기를 모두 송풍기를 설치한다.
  ㉡ 가장 안전한 환기방식으로 정압(+압)과 부압(-압)의 유지가 가능하다.
  ㉢ 용도 : 병원의 수술실 등
 ② 제2종 환기방식(강제급기, 자연배기)
  ㉠ 급기에만 송풍기를 사용한다.
  ㉡ 실내를 정압으로 유지하여 다른 실에서의 먼지 침입이 없다.
  ㉢ 용도 : 무균실, 클린룸 등
 ③ 제3종 환기방식(자연급기, 강제배기)
  ㉠ 배기에만 배풍기를 사용한다.
  ㉡ 실내를 부압으로 유지하여 실내의 냄새나 유해물질은 외부로 방출시킨다.
  ㉢ 용도 : 주방, 화장실, 가스실 등 수증기, 유해가스나 냄새 등의 발생장소

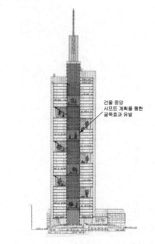

[굴뚝효과]

건물 중앙
샤프트 계획을 통한
굴뚝효과 유발

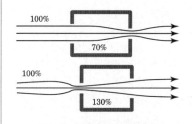

개구부 · 배출구 크기에 따른
실내 기류속도 변화

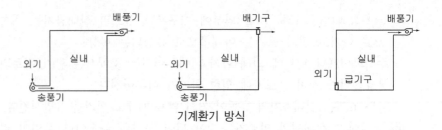

기계환기 방식

· 예제 01 ·

환기설비의 설계기준에 대한 설명으로 옳지 않은 것은? 【12지방직⑨】

① 환기는 자연환기와 기계환기로 대별되는데 자연환기가 보다 더 강력하다.

② 환기량은 환기인자에 대한 실내의 허용농도에 따라 다르다.

③ 자연환기는 풍력환기와 중력환기로 구분된다.

④ 기계환기에서 적당한 급·배기구의 설치는 실내공기분포를 균일하게 한다.

---

① 기계환기가 자연환기보다 환기능력이 우수하다.

답 : ①

[실내 공기오염의 척도]

농도에 따라 실내 공기오염과 비례하므로 이산화탄소 농도를 실내 공기오염의 척도로 사용한다.

(3) 필요환기량 계산방법

점검 사항	산출방법 (Qf : 필요환기량 $m^3 \cdot h$)	비 고
CO_2 농도	$Qf = \dfrac{K}{P_i - P_o}$	K : 실내의 CO_2 발생량(m^3/h) Pa : CO_2의 허용농도(m^3/m^3) Po : 외기 CO_2의 농도($0.0003 m^3/m^3$)
발열량	$Qf = \dfrac{H_s}{C_p \cdot \gamma(t_i - t_o)}$ $= \dfrac{H_s}{0.34(t_i - t_o)}$	Hs : 발열량(현열)[w/h] Cp : 공기의 비열 Υ : 공기의 비중량 ti : 허용실내온도(℃) to : 신선한 공기온도(℃)
수증 기량	$Qf = \dfrac{W}{\gamma(G_a - G_o)}$ $= \dfrac{W}{1.2(G_a - G_o)}$	W : 수증기 발생량(kg/h) Υ : 공기의 비중량 Ga : 허용 실내 절대습도 Go : 신선한 공기의 절대습도
유해 가스	$Qf = \dfrac{K}{P_a - P_o}$	K : 유해가스발생량(m^3/h) Pa : 신선한 공기 중 농도 Po : 허용농도
끽연량	$Qf = \dfrac{M}{C_a} = \dfrac{M}{0.017}$	M : 끽연량(g/h) Ca : $1m^3/h$의 환기량에 대해 자극을 한계점 이하로 억제할 수 있는 허용담배연소량
진애 (먼지)	$Qf = \dfrac{K}{P_a - P_o}$	K : 진애발생량(개/h 또는 mg/m^3) Pa : 허용 진애농도 Po : 신선한 공기의 진애농도

04 출제예상문제

1. 건축환경 계획에 대한 설명 중 옳지 않은 것은?
【09국가직⑦】

① 환기회수는 24시간의 환기량을 실의 용적으로 나눈 값으로 24시간에 몇 회의 공기가 교체되는가를 나타낸다.
② 인체가 느끼는 쾌적함에 영향을 주는 요소 중 기온, 습도, 기류, 복사열을 물리적 온열요소라 한다.
③ 주광률은 실내의 밝기를 나타내는 지표 중 하나로 자연채광 대비 실내조도의 정도를 말한다.
④ 온도변화에 관여하는 열을 현열이라 하고, 동일 온도에서 물체의 상태변화에 관여하는 열을 잠열이라 한다.

[해설]
① 환기횟수 : 1시간에 교체된 환기량을 실의 체적으로 나눈 값으로 1시간에 실내공기가 몇 번 교체되었는가를 말한다.

2. 빌딩 증후군(Sick Building Syndrome)을 초래하는 화학물질 중 건축자재에 의해 방출되는 오염 물질은?
【10지방직⑨】

① 휘발성 유기화학 물질(VOCs)
② 피토케미컬(Phytochemical)
③ 중탄산나트륨(Soldium Hydrogen Carbonate)
④ 클로로마이세틴(Chloromycetin)

[해설]
① 휘발성 유기화학 물질(VOCs) : 빌딩 증후군(Sick Building Syndrome)을 초래하는 화학물질 중 건축자재에 의해 방출되는 오염 물질

3. 굴뚝효과(Stack Effect)에 대한 설명으로 옳지 않은 것은?
【11지방직⑨】

① 온도차에 의한 효과에 의존한다.
② 바람이 불지 않는 날에는 굴뚝효과가 생기지 않는다.
③ 환기경로의 수직높이가 클 경우 더 잘 발생한다.
④ 화재 시 고층건물 계단실에서 나타날 수 있다.

[해설]
② 굴뚝효과는 온도차에 의해 발생하므로 바람이 불지 않는 날에도 발생할 수 있다.

4. 다음과 같은 현상을 무엇이라고 하는가?
【16지방직⑨】

> 부엌, 욕실 및 화장실 등의 수직 파이프나 덕트에 의해 환기가 이루어지는 곳에서는 환기경로의 유효높이가 몇 개 층을 관통하여 길어지므로 온도차에 의한 자연환기가 발생한다.

① 윈드스쿠프(windscoop)
② 굴뚝효과(stack effect)
③ 맞통풍(cross ventilation)
④ 전반환기(general ventilation)

[해설] 굴뚝효과
부엌, 욕실 및 화장실 등의 수직 파이프나 덕트에 의해 환기가 이루어지는 곳에서는 환기경로의 유효높이가 몇 개 층을 관통하여 길어지므로 온도차에 의한 자연환기가 발생한다.

해답 1 ① 2 ① 3 ② 4 ②

5. 환기설비의 설계기준에 대한 설명으로 옳지 않은 것은? 【12지방직⑨】

① 환기는 자연환기와 기계환기로 대별되는데 자연 환기가 보다 더 강력하다.

② 환기량은 환기인자에 대한 실내의 허용농도에 따라 다르다.

③ 자연환기는 풍력환기와 중력환기로 구분된다.

④ 기계환기에서 적당한 급·배기구의 설치는 실내공 기분포를 균일하게 한다.

[해설]
　① 기계환기가 자연환기보다 환기능력이 우수하다.

6. 패시브하우스(Passive House)에 대한 설명으로 옳지 않은 것은? 【15국가직⑦】

① 건물에서 손실되는 열을 줄여 난방에너지를 절약 한다.

② 창호의 맞물림 부분에서 공기의 흐름을 최소화하여 열손실이 발생하는 것을 억제한다.

③ 실내공기의 열손실을 최소화하기 위해서는 자연 환기가 효율적이다.

④ 건축자재로 고단열, 고기밀 자재 및 부품을 사용하고, 벽과 지붕, 창문의 단열 및 기밀성능을 높이는 구법을 사용한다.

[해설]
　③ 실내공기의 열손실을 최소화하기 위해서는 기계환기가 효율적이다.

7. 1인당 공기공급량(m^3/h)을 기준으로 할 때 다음과 같은 규모의 실내 공간에 1시간당 필요한 환기 횟수[회]는? 【20지방직⑨】

- 정원: 500명
- 실용적: 2,000m^3
- 1인당 소요 공기량: 40m^3/h

① 8　　　　　　② 10
③ 16　　　　　④ 25

[해설]

$$시간당 환기횟수 = \frac{1인당 소요 공기량 \times 인원}{실의 체적}$$

$$= \frac{40 \times 500}{2,000} = 10회/h$$

빛환경에서는 빛환경에 관련된 용어와 빛의 성질과 시각과의 관계를 이해하고, 자연채광방식과 실내의 주광설계지침에 대해 정리하여야 한다.
여기에서는 빛환경의 용어, 자연채광방식, 실내의 주광설계 방법에 대해 출제된다.

1 빛환경의 기초사항[☆]

(1) 빛의 단위

① 광속	단위시간당 흐르는 빛의 에너지량	lm(luman : 루멘)	
② 광도	빛의 세기를 나타내는 말이며, 단위입체각당 발산광속	cd(candela : 칸델라)	
③ 조도	비치고 있는 면의 밝기로 단위면적당 입사광속	lx(lux : 룩스)	$lx = \dfrac{cd}{L^2}$ • cd : 광도 • L : 거리
④ 휘도	빛을 발산하는 면의 단위면적당 광도	cd/m^2	nt(니트) sb(스틸브)
⑤ 광속발산도	단위면적당 발산광속	rlx(radlux : 레드룩스)	

출 제 빈 도

08국가직 ⑦ 12국가직 ⑨ 21지방직 ⑨

[빛의 정의]

빛은 전자파 에너지 방사 중에서 자외선과 적외선 사이에 있는 약 380~760nm(nanometer = 10^{-9}m) 파장범위의 가시광선을 말한다. 인간의 눈은 가시광선의 파장에 따라 각기 다른 색을 지각하게 된다.

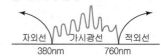

・예제 01・

빛에 대한 설명으로 옳지 않은 것은?   【12국가직⑨】

① 광속은 단위시간에 여러 면을 통과하는 방사에너지의 양을 말하며 단위로는 와트(W)를 사용한다.

② 광도(Luminous Intensity)는 광원에서 발산하는 광의 세기를 말한다.

③ 조도는 면에 투사되는 광속의 밀도를 말하며, 단위로는 룩스(lux)를 사용한다.

④ 휘도는 광원면, 투과면 또는 반사면의 어느 방향에서 보았을 때의 밝기를 말하며, 단위로는 스틸브(sb)와 니트(nt)가 사용된다.

---

① 광속의 단위는 lm(lumen, 루멘)을 사용한다.

답 : ①

(2) 빛의 성질

① 투과
- 투명체 : 어느 정도 빛을 투과하는 물질
- 불투명체 : 빛을 투과하지 못하는 물질
- 반투명체 : 빛을 통과시키기는 하나 빛의 직진을 교란시켜 확산광원을 형성하는 물질

② 반사
- 경면반사 : 빛의 방향을 한 방향으로만 변화시키는 것
- 확산반사 : 빛의 반사광선이 여러 방향으로 확산되는 것

③ 굴절
- ㉠ 빛이 하나의 투명매체에서 다른 매체로 들어갈 때 빛의 방향이 변화하는 것
- ㉡ 입사광선, 법선, 굴절광선은 같은 평면상에 있다.
- ㉢ 평행한 한 쌍의 투과매체에 대해 그 굴절률은 일정하다.

(3) 시각

① 명시(明視)의 조건
- ㉠ 시대상이 보기 쉽고 잘 보이는 것을 명시(明視)라고 한다.
- ㉡ 명시를 위한 기본적인 조건 : 크기, 밝기, 대비, 시간
- ㉢ 크기란 시대상의 크기를 말하며, 시각으로 나타낼 수 있다. 일반적으로 시각이 큰 시대상일수록 보기 쉽다고 생각한다.
- ㉣ 밝기란 시대상의 휘도를 말한다.
- ㉤ 대비란 휘도대비를 말하며, 시대상과 그 배경의 휘도의 차로 표시한다.

② 순응(順應)
- ㉠ 순응 : 안구의 내부에 입사하는 빛의 양에 따라 망막의 감도가 변화하는 현상과 변화하는 상태를 말한다.
- ㉡ 암순응(暗順應) : 입사하는 빛의 양이 감소할 때 즉, 어두워질 때 망막의 감도가 높아지며, 소요시간은 약 30분이다.
- ㉢ 명순응(明順應) : 입사하는 빛의 양이 증대할 때 즉, 밝아질 때 망막의 감도가 낮아지며, 소요시간은 약 5분이다.

(4) 휘도와 조도 분포

① 휘도분포
- ㉠ 시각 환경의 밝기 분포를 말하며, 시대상의 잘보임이나 시작업성에 영향을 준다.
- ㉡ 특히 주광 조명일 때에는 창면의 휘도가 다른 부분의 휘도에 비해 현저히 높아지는 경우가 많으므로 창면의 휘도를 낮게 조정할 필요가 있다.

[휘도비의 추천치]
① 작업면과 작업면의 주변 : 1 : 1/3
② 작업면과 작업면에서부터 다소 떨어진 어두운 마감면 : 1 : 1/5
③ 작업면과 작업면에서부터 다소 떨어진 밝은 마감면 : 1 : 5

② 조도분포

㉠ 조도의 분포는 실내 마감면의 반사율 등 반사 특성과 관계가 있다.

㉡ 주광조명 : 최대조도 : 최저조도 = 10 : 1 이하

㉢ 인공조명 : 최대조도 : 최저조도 = 3 : 1 이하

㉣ 병용조명(주광조명 + 인공조명) : 최대조도 : 최저조도 = 6 : 1

⑸ 글레어와 실루엣 현상

① 글레어(glare, 현휘)

㉠ 시야 내에 눈이 순응하고 있는 휘도보다 현저하게 휘도가 높은 부분이 있거나 휘도대비가 큰 부분이 있어 잘 보이지 않거나 불쾌감을 느끼는 현상

㉡ 불능글레어 : 잘 보이지 않게 되는 글레어

㉢ 불쾌글레어 : 잘 보이지 않을 정도는 아니라 신경이 쓰이거나 불쾌감을 느끼게 하는 글레어

② 실루엣(silhouette)현상과 창가 모델링(modeling)

㉠ 실루엣 현상 : 밝은 창문을 배경으로 한 사람의 얼굴이 잘 보이지 않는 현상

㉡ 실내에서 창문 쪽으로 흐르는 빛의 양을 증대하여 얼굴면의 휘도와 창면 휘도의 비가 0.007을 초과하면 해소된다.

㉢ 창가 모델링 : 실외로부터 들어오는 빛이 너무 강하면 창쪽의 얼굴면은 밝게 보이고 안쪽의 얼굴면은 어둡게 보이는 현상

㉣ 실내에서 실외로 흐르는 빛의 양을 증대하여 창쪽의 조도와 실안쪽의 조도비가 10보다 작으면 해소된다.

[실루엣 현상의 해소]

$$\frac{얼굴면의\ 휘도}{창면의\ 휘도} > 0.007$$

[창가 모델링의 해소]

$$\frac{창쪽연직면조도}{실안쪽연직면조도} < 10$$

2 자연채광

⑴ 주광률

① 자연광원

㉠ 직사일광 : 태양으로부터 방사되어 지구에 도달하는 빛 중 대기층을 투과하여 지표면에 직접 도달하는 빛

㉡ 천공광 : 대기층과 구름에서 확산, 투과, 반사되어 지표면에 도달하는 빛

㉢ 주광 : 직사일광 + 천공광

② 주광률

㉠ 시시각각 변화하는 천공의 밝기에 따라 실내조도도 변화하므로 실내조도를 설계기준으로 삼기 곤란하므로 주광률을 이용하여 채광계획의 지표로 한다.

[자연광원]

① 주광 : 직사일광 + 천공광

② 천공광 : 청천공 + 담천공

③ 청천공 : 맑을 때의 천공광

④ 담천공 : 흐릴 때의 천공광

ⓛ 주광률 : 전천공수평면의 조도에 대한 실내조도와의 관계로 주광의 유입정도를 나타내는 지표로 사용

$$주광률(DF) = \frac{실내조도(E)}{전천공조도(Es)} \times 100(\%)$$

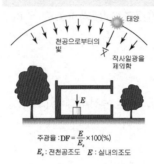

주광율 : $DF = \frac{E}{E_s} \times 100(\%)$
E_s : 전천공조도 E : 실내의조도

주광의 구성

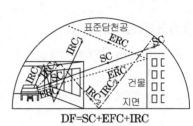

DF=SC+EFC+IRC

주광률의 구성

출제빈도

| 11지방직 ⑦ | 13국가직 ⑨ | 14지방직 ⑨ |
| 15지방직 ⑨ | 16국가직 ⑨ | |

[자연채광방식]

① 정광 형식

② 측광 형식

③ 고측광 형식

④ 정측광 형식

[광막반사]

① 휘도가 높지 않은 경우에도 시대상의 표면 등에서 반사가 되어 잘 보이지 않는 경우가 있다. 이러한 현상은 반사영상에 의해 시대상의 휘도대비가 저하되기 때문이며 이러한 현상을 광막반사라고 한다.

② 광막반사를 감소시키기 위해서는 조명기구나 밝은 창 등을 반사시야범위 외부에 배치한다.

(2) **자연채광방식**[☆☆☆]

① **측창채광**

㉠ 창문이 측면에 배치된 것을 말하며 같은 면적일 경우 수직창이 수평창보다 채광량이 많고 1개의 큰 창보다 여러 개로 분할하는 것이 효과적이다.

ⓛ 조도분포가 불균일하여 실깊이에 제한을 받으므로 넓은 실에는 불리하다.

㉢ 주변 상황에 큰 영향을 받는다.

② **고측창채광**

㉠ 창문의 위치가 시선보다 위에 있는 측창채광 형식

ⓛ 통풍 등의 기능을 떨어지지만 실내의 조도분포는 양호하다.

㉢ 주로 천장이 높은 건축물에서만 가능하며, 미술관, 공장 등에서 이용한다.

③ **천창(정광창)채광**

㉠ 지붕면에 있는 수평 또는 수평에 가까운 창에 의한 채광 형식

ⓛ 조도분포가 균일하다.

㉢ 작은 창 면적으로도 채광이 가능하다.

㉣ 채광상 이웃 건축물에 의한 영향을 거의 받지 않는다.

㉤ 창 이외의 천장 부분과의 휘도 대비가 심하여 눈부심을 일으킬 수 있으며, 주간의 직접광선이 유입되어 반사장애가 일어나기 쉽다.

④ **정측창채광**

㉠ 지붕면에 있는 수직 또는 수직에 가까운 창에 의한 채광 형식

ⓛ 조도분포가 균일하다.

㉢ 측창을 이용하기가 곤란한 공장이나 수평면보다 연직면의 조도를 높이기 위한 미술관 등에서 사용한다.

• 예제 02 •

편측(광)창(Unilateral light window)과 비교할 때 천창(Top light)의 특징으로 옳지 않은 것은? 【16국가직⑨】

① 더 많은 채광량을 확보할 수 있다.

② 조망 및 통풍·차열의 측면에서 우수하다.

③ 방수에 대한 계획 및 시공이 비교적 어렵다.

④ 실내의 조도를 균일하게 할 수 있다.

---

② 조망 및 통풍·차열의 측면에서 불리하다.

답 : ②

---

(3) 주광설계지침

① 주광설계의 기본사항

　㉠ 건축물 내부로 가능한 한 많은 양의 주광을 유입시킨다.

　㉡ 건축물 내외부에서 시야 내의 휘도를 조절하고 시력을 감소시키는 큰 휘도차가 생기지 않도록 한다.

　㉢ 주요한 작업면에 광막반사현상이 생기지 않도록 한다.

② 주광설계지침

　㉠ 주요한 작업면에는 직사광을 피하도록 한다. 직사광이 사입되면 과도한 휘도차가 발생하여 시각에 불쾌감을 느끼게 하기 때문에 주광은 반사과정을 거쳐 실내에 사입시킨다.

　㉡ 높은 곳에서 사입시키며, 천창, 고측창 등을 사용한다.

　㉢ 주광을 확산 분산시킨다.

　㉣ 양측채광을 한다. 주광과 부근 벽면간의 심한 대비현상을 막기 위해 2면 이상의 창으로 주광을 사입시킨다.

　㉤ 지면의 반사광을 실내로 사입시키기 위해서는 수평차양장치가 유리하다.

　㉥ 천창은 현휘를 감소시키기 위해 밝은 색이나 흰색으로 마감하고, 천창 밑에는 빛을 확산시키는 장치를 한다.

　㉦ 현휘를 방지하기 위하여 예각 모서리의 개구부는 피하고, 개구부 부근의 벽면을 경사지게 한다.

　㉧ 주광을 실내 깊이 사입시키기 위해 곡면경이나 평면경을 사용한다.

　㉨ 주광과 다른 환경요소들 즉, 환기, 조망 등을 종합시켜 계획한다.

　㉩ 작업 위치는 창과 평행하게 하고 가능한 한 창에 근접시킨다. 또 현휘를 줄이기 위해 작업시선과 주광의 방향이 수직으로 교차하도록 한다.

[주광설계지침]

① 높은 곳에서 사입시키며 천창, 고측창 등을 사용

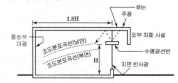

② 주광을 확산 분산

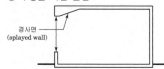

③ 주광과 다른 환경요소들을 종합

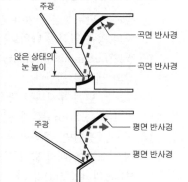

곡면경과 평면경을 이용한 주광사입

05 출제예상문제

1. 건축물의 빛 환경에 대한 설명 중 옳지 않은 것은?

【08국가직⑦】

① 대형공간의 천창은 측창에 비하여 상대적으로 균일한 실내조도 분포를 확보할 수 있다.

② 색온도는 광원의 색을 나타내는 척도로서, 그 단위는 켈빈(K)을 사용한다.

③ 휘도란 광원 또는 조명된 면이 특정한 방향으로 빛을 방사하는 세기의 정도를 의미하며, 그 단위로는 루멘(Lumen)을 사용한다.

④ 실내의 평균조도를 계산하는 방법인 광속법은 실내 공간의 필요 조명기구의 개수를 계산하고자 할 때 사용할 수 있다.

[해설]
③ 휘도란 광원 또는 조명된 면이 특정한 방향으로 빛을 방사하는 세기의 정도를 의미하며, 그 단위로는 스틸브(sb)와 니트(nt)가 사용된다.

2. 빛에 대한 설명으로 옳지 않은 것은? 【12국가직⑨】

① 광속은 단위시간에 여러 면을 통과하는 방사에너지의 양을 말하며 단위로는 와트(W)를 사용한다.

② 광도(Luminous Intensity)는 광원에서 발산하는 광의 세기를 말한다.

③ 조도는 면에 투사되는 광속의 밀도를 말하며, 단위로는 룩스(lux)를 사용한다.

④ 휘도는 광원면, 투과면 또는 반사면의 어느 방향에서 보았을 때의 밝기를 말하며, 단위로는 스틸브(sb)와 니트(nt)가 사용된다.

[해설]
① 광속의 단위는 lm(lumen, 루멘)을 사용한다.

3. 미술관 전시실 창의 자연채광 형식에 대한 설명으로 옳지 않은 것은? 【11지방직⑦】

① 정광창 형식(Top Light): 전시실 천장의 중앙에 천창을 계획하는 방법으로, 전시실의 중앙부를 가장 밝게 하여 전시벽면에 조도를 균등하게 한다.

② 측광창 형식(Side Light): 전시실의 직접 측면창에서 광선을 사입하는 방법으로 광선이 강하게 투과할 때는 간접사입으로 조도분포가 좋아질 수 있게 하여야 한다.

③ 고측광창 형식(Clerestory): 천장에 가까운 측면에서 채광하는 방법으로 측광식과 정광식을 절충한 방법이다.

④ 정측광창 형식(Top Side Light Monitor): 관람자가 서 있는 위치의 상부에 천장을 불투명하게 하여 측벽에 가깝게 채광창을 설치하는 방법이며, 천장의 높이가 낮아져 광선이 강해지는 것이 결점이다.

[해설]
④ 정측광창 형식(Top Side Light Monitor): 관람자가 서 있는 위치의 상부에 천장을 불투명하게 하여 측벽에 가깝게 채광창을 설치하는 방법이며, 채광부의 구조에 따라 전시공간의 천장높이가 높게 될 경우가 있으며 광선이 약해지는 것이 결점이다.

4. 채광계획의 특성 및 시공방법에 대한 설명으로 옳지 않은 것은? 【13국가직⑨】

① 측창채광 – 타 채광방식에 비해 구조, 시공, 개폐조작, 보수 등이 용이하다.

② 천창채광 – 높은 채광효과를 얻을 수 있으나 방수가 힘들기 때문에 방수시공 등에 각별한 주의가 필요하다.

③ 정측창채광 – 관람자의 위치는 어둡고 전시벽면의 조도가 밝아 미술관에 이상적인 방식이다.

④ 고측창채광 – 천장에 채광창을 뚫고 직사광선을 막기 위해 루버 등을 설치하는 방식이다.

해답 1 ③ 2 ① 3 ④ 4 ④

[해설]
　④ 고측창채광 – 천장부근에 측창을 높게 설치하는 형식으로 측창
　　채광과 천창채광 형식의 절충형이다.

8. 빛의 단위로 옳은 것은? 【21지방직⑨】

① 광도 – 칸델라(cd)
② 휘도 – 켈빈(K)
③ 광속 – 라드럭스(rlx)
④ 광속발산도 – 루멘(lm)

[해설]
　② 휘도 – nt(니트), sb(스틸브)
　③ 광속 – 루멘(lm)
　④ 광속발산도 – 라드럭스(rlx)

5. 일반적인 건축물의 자연 채광방식에 대한 설명으로 옳은 것은? 【14지방직⑨】

① 천창 채광방식은 통풍에 불리하고 인접건물에 의한 채광 효과의 감소가 별로 없다.
② 천창 채광방식은 실 외부의 조망을 중요시할 경우에 사용한다.
③ 편측창 채광방식이 천창 채광방식보다 실내 조도 분포를 균일하게 하는 데 유리하다.
④ 정측창 채광방식은 연직면보다 수평면의 조도를 높이기 위한 방식이며 열람실 등에서 사용한다.

[해설]
　② 천창 채광방식은 실 외부의 조망을 중요시할 경우에 부적합하다.
　③ 편측창 채광방식이 천창 채광방식보다 실내 조도분포를 균일하게 하는 데 불리하다.
　④ 정측창 채광방식은 수평면보다 연직면의 조도를 높이기 위한 방식이다.

6. 건축물의 자연채광 방식 중 채광방식의 분류가 나머지 셋과 다른 것은? 【15지방직⑨】

① 편측창 채광　　② 고측창 채광
③ 양측창 채광　　④ 정측창 채광

[해설]
　④ 정측창 채광은 측창방식이 아닌 정광창(천창)방식이다.

7. 편측(광)창(Unilateral light window)과 비교할 때 천창(Top light)의 특징으로 옳지 않은 것은? 【16국가직⑨】

① 더 많은 채광량을 확보할 수 있다.
② 조망 및 통풍·차열의 측면에서 우수하다.
③ 방수에 대한 계획 및 시공이 비교적 어렵다.
④ 실내의 조도를 균일하게 할 수 있다.

[해설]
　② 조망 및 통풍·차열의 측면에서 불리하다.

음환경은 음의 특성과 음의 전파에 대해 이해하고, 실내음향 계획에서의 고려사항에 대해 정리하여야 한다. 여기에서는 음의 특성, 흡음재의 종류 및 특성, 실내음향 설계 시 고려사항, 잔향시간에 대한 문제가 출제된다.

Chapter 06 음환경

출제빈도

19국가직 ⑦

1 음환경의 기초사항 [☆]

(1) 음의 특성

① 음의 전파속도

$$v = 331.5\sqrt{\frac{273+t}{273}} = 331.5 + 0.6t \, (\mathrm{m/s})$$

여기서, t는 기온(℃)이며, t=15℃ 일 때의 음의 속도는 340m/s를 사용한다.

② 주파수

ㄱ 음이 전파될 때 파동현상을 나타내며, 방사상의 방향으로 종파의 형태로 전파된다.

ㄴ 이 때 1초간에 왕복 진동하는 횟수를 주파수라고 하며, 단위는 Hz를 사용한다.

ㄷ 가청주파수 : 20~20,000Hz

ㄹ 표준음 : 1,000Hz

ㅁ 건축재료나 실내음향적 성질을 표시할 때의 표준음 : 500Hz

ㅂ 음의 파장(λ), 주파수(f), 음속(v)의 관계 : $\lambda = \dfrac{c}{f}$

　: 음의 파장은 음속에 비례하고 주파수에 반비례한다.

③ 음의 3요소

ㄱ 음의 강도(세기) : 음압에 따라 결정된다.

ㄴ 음의 고저 : 주파수에 따라 결정된다.

ㄷ 음색 : 음의 파형(순음, 복합음)에 따라 결정된다.

④ 음의 높이

심리적 감각의 음청각 성질로서 저주파수 음은 낮게, 고주파수 음은 높게 감지된다.

(2) 음의 전파

① 회절(diffraction)

ㄱ 음이 진행중에 장애물이 있으면 파동은 직진하지 않고 그 뒤쪽으로 돌아가는 현상으로서 벽 뒤의 소리가 들리는 것은 회절현상에 의한 것이다.

ㄴ 음파의 회절현상은 고주파수 음보다는 저주파수 음에서 크게 나타난다.

② 간섭(interference)

2개 이상의 음파가 동시에 어떤 점에 도달하면 서로 강화하거나 약화시키는 현상을 말한다.

③ 울림(echo)

직접음이 들린 후에 뚜렷이 분리되어 반사음이 들리는 현상을 말한다.

④ 공명(resonance)

입사음의 진동수가 벽이나 천장 등의 고유진동수와 일치되어 같은 소리를 내는 현상

⑤ 확산(diffusion)

음파가 요철 표면에 부딪쳐 여러 개의 작은 파형으로 나뉘는 현상을 말한다.

⑥ 반사(reflection)

음이 물체에 부딪쳐 소리의 방향을 변화시키는 현상을 말한다.

⑶ 음압과 음압레벨

① 음압

음파에 의해 공기진동으로 생기는 대기 중의 변동으로서 단위면적에 작용하는 힘

• 단위 : $N/m^2(Pa)$
• 가청음압 : $2 \times 10^{-5} \sim 2 \times 10^2 \ N/m^2(Pa)$

② 음압레벨

$2 \times 10^{-5} \ N/m^2$를 기준값으로 하여 어떤 음의 음압이 기준음압의 몇 배인가를 대수로 표시한 것

$$SPL = 20\log\frac{p}{p_o}(dB)$$

• 가청음압레벨의 범위 : 0~140dB

⑷ 음의 세기와 음의 세기레벨

① 음의 세기

음파의 방향에 직각되는 단위면적을 통하여 1초간에 전파되는 음의 에너지량

• 단위 : W/m^2
• 가청음의 세기 : $10^{-12} \sim 10^2 \ W/m^2$

② 음의 세기레벨

$10^{-12} W/m^2$를 기준값으로 하여 어떤 음의 세기가 기준음의 몇 배인가를 대수로 표시한 것

$$IL = 10\log\frac{I}{I_o}(dB)$$

• 가청음의 세기레벨의 범위 : 0~140dB

[점음원과 선음원]

① 점음원

• 측정거리에 비해 음원의 크기가 작으면 점음원으로 취급된다. 자유음장에서 점음원의 음파는 구의 형태로서 모든 방향으로 일정하게 확산된다.
• 음파가 점음원일 때는 거리가 2배가 될 때마다 6dB씩 감쇠한다.

② 선음원

• 선음원은 점음원의 집합으로 그 음파는 원통형태로 확산된다.
• 음파가 선음원일 때는 거리가 2배가 될 때마다 3dB씩 감쇠한다.

(5) 음의 크기와 음크기 레벨

① 음의 크기

청각의 감각량으로서 음의 감각적 크기를 보다 직접적으로 표시한 것
- 단위 : 손(sone)
- sone 값을 2배로 하면 음크기는 2배로 감지

② 음의 크기레벨

귀의 감각적 변화를 고려한 주관적인 척도
- 단위 : 폰(phone)
- 1 sone은 40 phone에 해당되며 sone 값을 2배로 하면 10 phone씩 증가
- 2 sone = 50 phone, 4 sone = 60 phone

(6) 음의 명료도와 요해도

① 명료도 : 사람이 말을 할 때 어느 정도 정확하게 알아들을 수 있는가를 표시하는 기준으로 백분율(%)로 나타낸 것이다.
② 요해도 : 말의 내용이 얼마나 이해되느냐 하는 정도를 백분율(%)로 나타낸 것이다.
③ 요해도와 명료도의 관계는 각 음절의 전부를 확실하게 들을 수는 없어도 말의 내용이 이해되는 경우가 있으므로 요해도는 명료도보다 높은 값을 갖게 된다.

출 제 빈 도
07국가직 ⑨ 09지방직 ⑦ 11지방직 ⑦ 12국가직 ⑦ 13지방직 ⑨

2 흡음과 차음 [☆☆]

(1) 흡음률과 흡음력

① 흡음률(a)

입사에너지와 재료 표면에 흡수된 에너지와의 비율로서 주파수에 따라 다르며 0~1.0 사이에서 변화한다.
② 흡음률 값이 1이 되는 것은 모든 개구부를 완전히 열어 놓았을 때의 경우로서, 이를 오픈 윈도(Open Window) 단위라고 한다.
③ 흡음률 값이 0이 되는 것은 모든 음이 반사되어 전혀 흡음이 되지 않는 상태를 말하며, 흡음률 값이 1이 되는 것은 창이나 문을 완전히 열어놓아 반사가 전혀 되지 않는 상태를 말한다.
④ 표면의 흡음력(A)
  ㉠ 어느 재료의 흡음률(a)과 그 표면적(S)과의 곱이다.
  ㉡ 흡음력의 단위는 ㎡이며 미터세이빈이라 읽는다.
  ㉢ 표면의 흡음력은 재료 표면의 흡음력과 고주파수에서 공기에 의한 흡음력, 재실자와 물체의 흡음력에 따라 결정된다.

(2) 흡음재료

① 다공성 흡음재

㉠ 다공성 흡음재는 글라스울, 암면 등의 광물면, 식물성 섬유류, 발포 플라스틱과 같이 표면에 미세한 구멍이 있는 재료로서 흡음재료의 대부분이 여기에 속한다.

㉡ 중·고주파에서의 흡음률은 크지만 저주파수에서는 급격히 저하

㉢ 재료의 두께나 공기층 두께를 증가시킴으로써 저주파수의 흡음률 증가

㉣ 다공질 재료의 표면이 다른 재료에 의하여 피복되어 통기성이 저하되면 중·고주파수에서의 흡음률 저하

② 판(막)진동 흡음재

㉠ 합판, 섬유판, 석고보드, 석면슬레이트, 플라스틱판 등의 얇은 판에 음이 입사되면 판진동이 일어나서 음에너지의 일부가 내부마찰에 의하여 소비된다.

㉡ 보통 공명주파수 범위가 80~300Hz의 저음역에 있으므로 저음용의 흡음재로서 유용하며, 재료의 중량이 크거나 배후 공기층이 클수록 공명주파수 범위가 저음역으로 이동한다.

㉢ 흡음률은 저음역에서는 0.2~0.5이고, 고음역에서는 0.1내외이므로 반사판 구실을 한다.

㉣ 흡음판은 막진동하기 쉬운 얇은 것일수록 흡음률이 크며, 기밀하게 접착하는 것보다는 못으로 고정하는 것이 진동하기 쉬우므로 흡음률이 커진다.

③ 공동공명기

㉠ 음파가 입사될 때 구멍부분의 공기는 입사음과 일체가 되어 앞뒤로 진동하며, 동시에 배후 공기층의 공기가 압축되어 압축과 팽창을 반복한다.

㉡ 특히, 공명주파수 부근에서는 공기의 진동이 커지고 공기의 마찰 점성저항이 생겨 음에너지가 열에너지로 변화는 양이 증가하므로 흡음률은 최대가 된다.

㉢ 종류 : 단일공동공명기, 천공판 공명기, 슬리트(slit) 공명기

㉣ 원하는 특정 주파수의 음만을 효과적으로 처리할 수 있다.

④ 특수 흡음구조

㉠ 매달은(懸垂) 흡음구조 : 동, 알루미늄, 하드보드 등의 구멍뚫린 판으로 패널, 입방체, 구, 원통, 원추형 등의 모양을 만들고 그 내부에 암면, 유리면 등의 흡음재를 넣어 천장을 매단 구조이다.

㉡ 가변 흡음구조 : 실의 용도에 따라 잔향시간을 조절할 수 있으므로 다목적용 오디토리엄과 방송국 스튜디오, 시청각실 등 특수실의 경우에 이용된다.

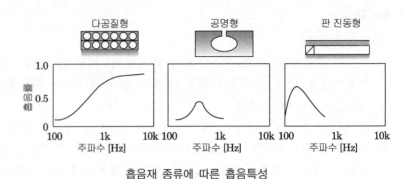

흡음재 종류에 따른 흡음특성

· 예제 01 ·

> **흡음재료 및 구조의 특성에 대한 설명으로 옳은 것은?**　　【11지방직⑦】
> ① 다공질 흡음재는 특히 저주파수에서 높은 흡음률을 나타낸다.
> ② 판진동 흡음재의 흡음판은 막진동 하기 쉬운 얇은 것일수록 흡음효과가 작다.
> ③ 공동공명기는 배후 공기층의 두께를 증가시키면 최대흡음률의 위치가 고음역으로 이동한다.
> ④ 가변흡음구조는 실의 용도에 따라 잔향시간을 조절할 수 있으므로 다목적용 오디토리엄, 방송스튜디오, 시청각실 등에 이용되고 있다.
>
> ---
>
> ① 다공질 흡음재는 특히 중·고주파수에서 높은 흡음률을 나타낸다.
> ② 판진동 흡음재의 흡음판은 막진동 하기 쉬운 얇은 것일수록 흡음효과가 크다.
> ③ 공동공명기는 배후 공기층의 두께를 증가시키면 최대흡음률의 위치가 저음역으로 이동한다.
>
> 답 : ④

(3) 차음

① 투과율과 투과손실

㉠ 투과율 : 투과에너지의 입사에너지에 대한 비율

㉡ 투과손실 : 입사음 중에서 투과되지 않고 손실되는 음으로서 차음성능을 나타낸다.

㉢ 투과율과 투과손실은 서로 반대 관계로서 투과율이 크면 투과손실(차음성능)은 작아진다.

② 단일벽의 투과손실

㉠ 단일벽의 투과손실은 벽의 면밀도(kg/m^2)와 투과하는 음의 주파수에 따라 결정된다.(음장입사 질량법칙)

㉡ 벽의 두께, 질량이나 주파수를 2배로 하여도 최대 6dB 밖에 커지지 않는다.

③ 이중벽(중공벽)의 차음

서로 연결되지 않은 이중벽의 경우 투과손실은 일반적으로 같은 질량의 단일벽보다 8dB 정도 커진다.

[흡음과 차음]

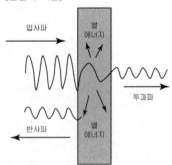

④ 차음성능의 저하
 ㉠ 차음효과는 공명과 일치효과에 의해 감소된다.
 ㉡ 공명(resonance) : 입사하는 소리의 파동이 벽체의 고유 주파수와 같을 때 발생하는 것으로 주로 중공층 구조에서 발생하기 쉽다.
 ㉢ 일치효과(coincidence effect) : 음파의 주파수와 벽체의 진동 파동이 갖고 있는 주파수의 일치현상이 임계주파수에서 나타나는 것으로 중공벽이나 블록벽과 같은 이중벽체에서 발생하기 쉽다.

3 실내 음향계획[☆☆☆]

(1) 실내 음향계획 기준
① 실내 전체에 충분한 음압이 고르게 분포되도록 한다.
② 객석은 가급적 무대 음원 가까이 배치하여 음원으로부터의 거리를 짧게 한다.
③ 음원 근처에 반사체를 두어 초기 반사를 이용하고 반사체의 크기는 반사되는 음원의 파장 이상으로 한다.
④ 객석바닥은 시각적인 이유와 직접음을 받도록 경사지게 하는 것이 유리하며, 부득이 수평일 때는 무대 음원의 위치를 가급적 높이는 것이 좋다.(오디토리엄 : 최저 8°, 극장 : 최저 15°)
⑤ 실 바닥면적과 용적은 합리적인 최소치로써 직접음과 반사음의 거리를 짧게 한다.
⑥ 실내 어디서나 장시간 지연 반사음, 반향(echo), 음의 집중, 음의 그림자, 실의 공명 등 음향적 결함이 없어야 한다.

(2) 잔향
① 잔향과 잔향시간
 ㉠ 잔향 : 음 발생이 중지된 후에도 소리가 실내에 남는 현상
 ㉡ 잔향시간 : 실내에 일정한 세기의 음을 제공하여 일정 상태가 되었을 때 음원으로부터 음의 발생을 중지시킨 후 실내의 에너지 밀도가 최초값보다 60dB 감쇠하는데 걸리는 시간
② sabine의 잔향식

$$\bullet \ RT = K\frac{V}{A} = 0.16\frac{V}{A}$$

여기서, V : 실의 용적(m^3)
  K : 비례상수(0.16)
  A : 실내 총흡음력(m^2)

출제빈도
07국가직 ⑨ 08국가직 ⑦ 09국가직 ⑨
10지방직 ⑨ 11지방직 ⑨ 14지방직 ⑨
15국가직 ⑨ 18지방직 ⑨

[잔향시간 계산식]
① sabine의 잔향식 : 흡음력이 매우 적은 실에 적합
② Eyring의 잔향식 : 흡음력이 큰 실에 적합
③ Knudsen의 잔향식 : 실용적이 큰 실에 적합하며, 공기의 점성저항에 의한 음의 감쇠를 고려

③ 최적잔향시간

　㉠ 강연이나 연극 등 언어전달을 주목적으로 할 경우 잔향시간은 비교적 짧게 하여 음성의 명료도를 우선으로 한다.

　㉡ 오케스트라나 뮤지컬 등 음악을 주목적으로 할 경우 잔향시간은 비교적 길게 하여 음악의 음질을 우선으로 한다.

　㉢ 전기음향설비를 주로 이용하는 경우에는 잔향시간을 짧게 하는 것이 좋다.

　㉣ 실의 용도가 다목적인 경우는 잔향시간을 언어와 음악의 중간 정도로 하여 요구되는 목적에 따라 변경할 수 있도록 가변흡음 장치 등을 설치한다.

· 예제 02 ·

잔향 및 잔향시간에 대한 설명으로 옳지 않은 것은? 【15국가직⑨】

① 잔향시간이 너무 길면 대화음의 요해도가 저하된다.
② 잔향시간이란 정상상태에서 30 dB 음이 감쇠하는 데 소요되는 시간을 말한다.
③ 고주파수에서의 잔향은 거칠고 짜증스러운 청취조건을 유발하기 쉽다.
④ 회화청취를 주로 하는 실은 음악을 주목적으로 하는 실보다 짧은 잔향시간이 요구된다.

---

② 잔향시간이란 정상상태에서 60 dB 음이 감쇠하는 데 소요되는 시간을 말한다.

답 : ②

---

(3) 실의 형태계획

① 실의 형태계획

　㉠ 부채꼴형이나 우절형 평면은 음확산을 위해 효과가 좋으나 타원 또는 원형평면은 음의 집중, 반향 등의 음향적 결함을 일으킬 수 있다.

　㉡ 음원에 가까운 부분은 반사성(live end), 후면에는 흡음성(dead end)을 갖도록 계획한다.

② 음향상 장애가 되는 현상

　㉠ 에코(echo) : 직접음이 들린 후에 뚜렷이 분리되어 반사음이 들리는 현상으로 직접음과 반사음의 경로차가 17m 이상일 때 발생한다.

　㉡ 플러터 에코(flutter echo) : 박수소리나 발자국 소리가 천장과 바닥면 또는 옆벽과 옆벽 사이에서 왕복 반사하여 독특한 음색으로 울리는 현상

　㉢ 속삭임의 회랑(回廊) : 음원으로부터 나온 음이 요철면을 따라 반사를 되풀이함으로써 속삭임과 같은 작은 소리라도 먼 곳까지 들리는 현상

(4) 소음의 원인과 방지대책

① 소음원 대책

소음원의 제거 또는 밀폐, 기계장비의 적절한 선택, 소음원의 위치 선정 및 시간 계획을 통해 소음을 조절할 수 있다.

② 실외에서의 소음조절

㉠ 거리에 의한 조절
- 점음원의 경우(모터, 비행기 소음) : 거리가 2배가 될 때 6dB 감소
- 도로교통소음(점음원과 선음원의 중간) : 거리가 2배가 될 때 4dB 감소

㉡ 장벽에 의한 조절 : 벽, 울타리, 건물, 발코니, 식재 등

③ 건축물 배치에 의한 소음조절

㉠ 소음원에서부터 되도록 멀리 건물을 배치

㉡ 부지경계선에 장벽 설치

㉢ 소음원 쪽에 건물의 배면이 향하도록 배치, 주택의 경우 침실, 서재 등은 소음원의 반대쪽에 배치하면 30dB 정도 감소한다.

④ 건축물 각 부위별 계획

- 벽 : 차음의 목적으로 쓰이는 대표적인 부분으로 투과손실을 크게 한다.
- 바닥 : 중량이 있으므로 공기음을 차음하기에 매우 좋다.
- 천장 : 천장 속에 흡음재를 사용하고, 통기성과 틈이 없도록 시공 한다.
- 개구부 : 차음, 채광, 환기, 조망, 실용성 및 경제성을 고려하여 설계한다.

· 예제 03 ·

건물 내의 소음 방지대책에 대한 설명으로 옳지 않은 것은? 【14지방직⑨】

① 고체의 진동에 의해 전달되는 소음의 경우에는 별도의 방진설계를 검토한다.
② 소음이 공기 중으로 직접 전달되는 경우에는 흡음재 등을 부착한다.
③ 주택의 경우 침실과 서재는 소음원에서 멀리 배치하도록 한다.
④ 건물 내에서 소음이 발생되는 공간은 가능한 분산 배치한다.

----

④ 건물 내에서 소음이 발생되는 공간은 가능한 한 집중 배치하여 소음이 확산되는 것을 방지한다.

답 : ④

(5) 진동의 원인과 방지대책

① 진동의 원인과 방지대책

㉠ 진동의 원인 : 보행, 물건의 이동 또는 낙하, 바닥 위의 기계장치 등에 의하여 구조체가 받는 충격이 벽, 바닥을 진동시켜 소리를 방사한다.

㉡ 배치계획에 의한 진동조절 : 진동발생원을 격리시켜 설치

㉢ 발생부위에서의 조절 : 발생원 감소 및 방진재 설치

  ② 진동 발생원과 구조체와의 절연 : 송풍기, 공조기, 냉각탑, 펌프 등 진동발생기기의 설치시 방진스프링, 방진고무 등을 이용하여 구조체와의 절연

  ⑩ 방진구조를 이용한 진동조절 : 바닥 충격음을 감소시키기 위한 방진구조의 채택

② 방진구조

 ⑦ 2중 천장공법 : 슬래브와 하부층 천장의 공기층을 충분히 확보하고 동시에 천장재료의 면밀도를 높여 상부층에서 충격 진동으로 발생하는 방사소음을 차단하는 방법으로 중량 충격음에 대해서 효과가 있으나 천장틀의 구조 및 지지방법에 따라 차이가 있다.

 ⓒ 중량·고강성 바닥공법 : 바닥 슬래브의 두께를 늘리거나 밀도를 높여 중량화 시키거나 강성이 높은 바닥재료를 사용하여 충격에 대한 바닥진동을 최소화하거나 충격에 의한 발생음을 저하시키는 방법으로 중량충격음에 있어서 효과가 있으나 경량충격음에 대해서는 저감효과가 높지 않다.

 ⓒ 뜬바닥공법 : 완충재를 사용하여 충격에너지를 가능한 한 하부 구조체에 전달되지 않도록 하거나 전달과정에서 흡수하는 방법으로 완충재의 설치 유무에 따라 바닥 충격음레벨의 큰 차이를 보이며, 중량충격음보다 경량충격음 저감에 효과적이다.

 ⓐ 표면완충공법 : 충격원의 특성을 변화시키는 방법으로 유연한 바닥 마감재를 사용하여 피크 충격력을 줄이고 고주파 영역에서 충격음레벨을 저하시키는 방법으로 경량충격음 저감에는 효과가 크나 중량충격음에는 효과가 거의 없다.

06 출제예상문제

1. 음환경에 대한 설명으로 옳지 않은 것은?

【11국가직⑨】

① 담장 뒤에 숨어 있어도 음이 들리는 것은 음이 담장을 돌아 나오기 때문이고, 이를 회절현상이라 하며 주파수가 높은 음일수록 회절현상을 일으키기 쉽다.
② 사람이 음을 지각할 수 있는 것은 음의 크기, 높이, 음색의 미묘한 조합의 차이를 판단하기 때문이고, 이 3가지 조건을 음의 3요소라 한다.
③ 진동수가 같다면 음의 크기는 진폭이 클수록 큰 음으로 지각된다.
④ 이상적인 선음원일 경우는 거리가 2배가 되면 음의 세기는 1/2배가 되고, 음압레벨은 3dB 감소한다.

[해설]
　① 주파수가 낮은 음일수록 회절현상을 일으키기 쉽다.

2. 음환경에 대한 설명 중 가장 부적합한 것은?

【07국가직⑨】

① 간벽의 차음성능은 투과율과 투과손실에 의해 표시된다.
② 흡음률 값은 0~1.0 사이에서 변화하는데, 흡음률이 0이 되는 것은 모든 개구부를 완전히 열어 놓았을 때의 경우로서, 이를 오픈 윈도(Open Window) 단위라고 한다.
③ 측벽은 객석 후면의 음을 보강하는 역할을 하며, 특히 확성장치를 하지 않은 오디토리움에 있어서는 유용하게 이용된다.
④ 다목적용 오디토리움에는 강연용일 경우와 음악용일 경우에 적정한 잔향시간이 서로 다른데, 강연을 위해서는 짧은 잔향시간이 필요하다.

[해설] 흡음률
　① 흡음률 값은 0~1 사이에서 변화하는데, 흡음률이 1이 되는 것은 모든 개구부를 완전히 열어 놓았을 때의 경우로서, 이를 오픈 윈도(Open Window) 단위라고 한다.

② 흡음률 값이 0이 되는 것은 모든 음이 반사되어 전혀 흡음이 되지 않는 상태를 말하며, 흡음률 값이 1이 되는 것은 창이나 문을 완전히 열어놓아 반사가 전혀 되지 않는 상태를 말한다.

3. 공연장 내부 음향실험에서 고음이 너무 많이 들리는 것으로 결과가 나와 이를 줄이고자 한다. 가장 적절한 흡음재의 재질은?

【09지방직⑦】

① 합판재
② 섬유재
③ 아스팔트 루핑재
④ 금속패널재

[해설]
　② 유리섬유나 암면 등과 같은 다공성 흡음재료는 고주파 영역의 흡음률이 크다.

4. 흡음재료 및 구조의 특성에 대한 설명으로 옳은 것은?

【11지방직⑦】

① 다공질 흡음재는 특히 저주파수에서 높은 흡음률을 나타낸다.
② 판진동 흡음재의 흡음판은 막진동 하기 쉬운 얇은 것일수록 흡음효과가 작다.
③ 공동공명기는 배후 공기층의 두께를 증가시키면 최대흡음률의 위치가 고음역으로 이동한다.
④ 가변흡음구조는 실의 용도에 따라 잔향시간을 조절할 수 있으므로 다목적용 오디토리움, 방송스튜디오, 시청각실 등에 이용되고 있다.

[해설]
　① 다공질 흡음재는 특히 중·고주파수에서 높은 흡음률을 나타낸다.
　② 판진동 흡음재의 흡음판은 막진동 하기 쉬운 얇은 것일수록 흡음효과가 크다.
　③ 공동공명기는 배후 공기층의 두께를 증가시키면 최대흡음률의 위치가 저음역으로 이동한다.

해답　1 ①　2 ②　3 ②　4 ④

5. 음환경에 대한 설명으로 옳지 않은 것은?
【12국가직⑦】

① 간벽의 차음성능은 투과율과 투과손실에 의해 표시된다.

② 흡음률값은 0~1.0 사이에서 변화하며, 흡음률이 0이 되는 것은 모든 개구부를 완전히 열어 놓았을 때이다.

③ 벽과 측벽은 객석 후면의 음을 보강하는 역할을 하며, 특히 확성장치가 없는 오디토리움에서 유용하게 이용된다.

④ 다목적용 오디토리움에서는 강연용과 음악용의 적정한 잔향시간이 서로 다르며, 강연용의 경우 짧은 잔향시간이 필요하다.

[해설] 흡음률
① 흡음률 값은 0~1 사이에서 변화하는데, 흡음률이 1이 되는 것은 모든 개구부를 완전히 열어 놓았을 때의 경우로서, 이를 오픈 윈도(Open Window) 단위라고 한다.
② 흡음률 값이 0이 되는 것은 모든 음이 반사되어 전혀 흡음이 되지 않는 상태를 말하며, 흡음률 값이 1이 되는 것은 창이나 문을 완전히 열어놓아 반사가 전혀 되지 않는 상태를 말한다.

6. 건축음향학상 음악당 객석(Auditorium) 설계기법으로 옳지 않은 것은?
【07국가직⑨】

① 음향계획에 있어서 발코니는 가능한 한 설치하는 것이 좋다.

② 장방형 실의 경우 실의 길이는 폭의 1.2~2배 이내가 바람직하다.

③ 객석은 실의 중심축으로부터 각각 60° 이내가 적당하다.

④ 객석 후방의 벽면을 흡음재로 구성하면 객석에 소리가 명료하게 들리는데 도움이 된다.

[해설]
① 객석계획에 있어서 건축음향학상 발코니는 가능한 한 설치하지 않는 것이 좋으며, 발코니를 설치하는 경우 객석 길이의 1/3 이내로 하는 것이 좋다.

7. 건축공간에서 음의 효과적인 확산은 반향을 방지하고 실내음압 분포를 고르게 하며, 음악이나 음성에 적당한 여운을 주어 자연성을 증가시킨다. 효과적인 음의 확산 방법 중 옳지 않은 것은? 【08국가직⑦】

① 벽, 기둥, 창문, 보, 격자천장, 발코니, 조각, 장식재 등 불규칙한 표면을 형성하는 건축적 요소를 효과적으로 이용한다.

② 흡음재와 반사재를 적절하게 배치한다.

③ 평행되거나 대칭으로 된 벽을 사용한다.

④ 측벽에 의한 지연반사음이 예상되는 경우 불규칙한 표면처리나 흡음재를 부착한다.

[해설]
③ 다중반사에 의한 울림을 방지하기 위해서 반사율이 높은 대칭벽은 피한다.

8. 실내 음환경에서 잔향시간에 대한 설명 중 옳은 것은?
【09국가직⑨】

① 잔향시간은 음성전달을 목적으로 하는 공간이 음향청취를 목적으로 하는 공간보다 짧아야 한다.

② 잔향시간을 길게 하기 위해서는 실내공간의 용적이 작아야 한다.

③ 실의 흡음력이 클수록 잔향시간은 길어진다.

④ 잔향시간은 흡음재료의 사용 위치에 따라 달라진다.

[해설]
② 잔향시간을 길게 하기 위해서는 실내공간의 용적이 커야 한다.
③ 실의 흡음력이 클수록 잔향시간은 짧아진다.
④ 잔향시간은 흡음재료의 사용 위치와 무관하며 실의 용적에 따라 달라진다.

9. 잔향시간에 관한 설명으로 옳은 것은? 【10지방직⑨】

① 잔향시간이란 정상상태에서 80dB의 음이 감소하는데 소요되는 시간을 말한다.

② 잔향시간은 실의 체적에 비례한다.

③ 잔향시간은 재료의 평균흡음률에 비례한다.

④ 음악을 연주하는 홀은 강연을 위한 실보다 짧은 잔향시간이 요구된다.

해답 5 ② 6 ① 7 ③ 8 ① 9 ②

[해설]
① 잔향시간이란 정상상태에서 60dB의 음이 감소하는데 소요되는 시간을 말한다.
③ 잔향시간은 재료의 평균흡음률에 반비례한다.
④ 음악을 연주하는 홀은 강연을 위한 실보다 긴 잔향시간이 요구된다.

10. 실내 음향계획에 대한 설명으로 옳지 않은 것은?
【11지방직⑨】

① 실내에 일정한 세기의 음을 발생시킨 후 그 음이 중지된 때로부터 음의 세기레벨이 60dB 감쇠하는데 소요되는 시간을 잔향시간이라 한다.
② Sabine의 잔향시간(RT)의 값은 '0.16×실의 용적/실내의 총흡음력'으로 구한다.
③ 일반적으로 음원에 가까운 부분은 흡음성, 후면에는 반사성을 갖도록 계획한다.
④ 평면계획에서 타원이나 원형의 평면은 음의 집중이나 반향 등의 문제가 발생하기 쉬우므로 피한다.

[해설]
③ 일반적으로 음원에 가까운 부분은 반사성, 후면에는 흡음성을 갖도록 계획한다.

11. 잔향 및 잔향시간에 대한 설명으로 옳지 않은 것은?
【15국가직⑨】

① 잔향시간이 너무 길면 대화음의 요해도가 저하된다.
② 잔향시간이란 정상상태에서 30dB 음이 감쇠하는데 소요되는 시간을 말한다.
③ 고주파수에서의 잔향은 거칠고 짜증스러운 청취조건을 유발하기 쉽다.
④ 회화청취를 주로 하는 실은 음악을 주목적으로 하는 실보다 짧은 잔향시간이 요구된다.

[해설]
② 잔향시간이란 정상상태에서 60dB 음이 감쇠하는 데 소요되는 시간을 말한다.

12. 건축물 계획에서 효과적인 차음을 위한 설명으로 옳지 않은 것은?
【13지방직⑨】

① 2중벽에서 중공층의 두께는 최소한 100mm 이상이 되어야 공기층에 의한 결함을 차단하고 공명주파수가 가청주파수 이하로 될 수 있다.
② 2중창의 유리는 가능한 무거운 것을 쓰며, 양쪽 유리의 두께를 같게 하여 일치효과의 주파수를 변화시키는 방법이 있다.
③ 바닥구조는 충격성 소음을 줄이기 위해 중간에 완충재를 삽입하고, 바닥표면 마무리는 카펫, 고무타일, 고무패드 등 유연한 탄성재를 사용하면 효과적이다.
④ 문은 가능한 무거운 재료(Solid Core Panel)를 사용하여 만들고 개스킷(Gasket)처리 등으로 기밀화하는 방법이 있다.

[해설]
② 2중창의 유리는 가능한 한 가벼운 것을 쓰는 것이 좋다.

13. 건물 내의 소음 방지대책에 대한 설명으로 옳지 않은 것은?
【14지방직⑨】

① 고체의 진동에 의해 전달되는 소음의 경우에는 별도의 방진설계를 검토한다.
② 소음이 공기 중으로 직접 전달되는 경우에는 흡음재 등을 부착한다.
③ 주택의 경우 침실과 서재는 소음원에서 멀리 배치하도록 한다.
④ 건물 내에서 소음이 발생되는 공간은 가능한 분산 배치한다.

[해설]
④ 건물 내에서 소음이 발생되는 공간은 가능한 한 집중 배치하여 소음이 확산되는 것을 방지한다.

14. 건축법과 소음·진동관리법 및 관련 법규 등에서 규정하고 있는 공동주택 건축 시 소음과 관련하여 반드시 고려할 필요가 없는 것은? 【14국가직⑦】

① 아파트 외벽체의 재료별 두께
② 철도 및 고속도로에서의 이격거리에 따른 방음벽 설치 여부
③ 소음배출시설이 있는 공장으로부터 이격거리에 따른 수림대 설치 여부
④ 세대간 경계벽체의 재료별 두께

[해설]
① 소음·진동관리법에서는 아파트 외벽체의 재료별 두께에 대한 규정은 없다.

15. 바닥충격음 저감공법에 대한 설명으로 옳은 것은? 【15국가직⑨】

① 2중 천장공법은 슬래브와 하부층 천장의 공기층을 충분히 확보하고 동시에 천장재료의 면밀도를 높여 상부층에서 충격진동으로 발생하는 방사소음을 차단하는 저감방법이다.
② 중량·고강성 바닥공법은 바닥 슬래브의 중량을 감소시켜 충격 시에 바닥이 같이 진동하게 하여 충격에 의한 발생음을 저하시키는 방법으로, 저감효과는 바닥의 구조조건에 따라 고려하여야 한다.
③ 뜬바닥공법은 충격원의 특성을 변화시키는 방법으로 카펫, 발포비닐계 바닥재 등 유연한 바닥 마감재를 사용함으로써 충격시간을 길게 하여 피크 충격력을 작게 하는 방법이다.
④ 표면완충공법은 질량이 있는 구조체를 탄성재로 지지하여 구성된 공진계의 특성을 이용하여 진동 전달을 줄이는 방진의 기본적인 방법이다.

[해설] 바닥충격음 저감공법
① 2중 천장공법 : 슬래브와 하부층 천장의 공기층을 충분히 확보하고 동시에 천장재료의 면밀도를 높여 상부층에서 충격 진동으로 발생하는 방사소음을 차단하는 방법으로 중량충격음에 대해서 효과가 있으나 천장틀의 구조 및 지지방법에 따라 차이가 있다.
② 중량·고강성 바닥공법 : 바닥 슬래브의 두께를 늘리거나 밀도를 높여 중량화 시키거나 강성이 높은 바닥재료를 사용하여 충격에 대한 바닥진동을 최소화하는 방법으로 경량충격음에 대해서는 저감효과가 높지 않다.
③ 뜬바닥공법 : 완충재를 사용하여 충격에너지를 가능한 한 하부 구조체에 전달되지 않도록 하거나 전달과정에서 흡수하는 방법으로 완충재의 설치 유무에 따라 바닥 충격음레벨의 큰 차이를 보이며, 경량충격음 저감에 효과적이다.
④ 표면완충공법 : 충격원의 특성을 변화시키는 방법으로 유연한 바닥 마감재를 사용하여 피크 충격력을 줄이고 고주파 영역에서 충격음레벨을 저하시키는 방법으로 경량충격음 저감에는 효과가 크나 중량충격음에는 효과가 거의 없다.

건축설비

Chapter

01

급수설비

급수설비에서는 수압과 수두의 관계, 급수방식의 종류별 특징, 급수설계 시 고려사항, 펌프의 종류 및 특징에 대해 정리하여야 한다. 특히 급수방식의 종류별 특징과 급수설계 시 고려사항에 대해 출제된다.

1 급수설계

(1) 수원의 수질

① 물의 경도

물 속에 용해되어 있는 마그네슘이나 칼슘의 양을 이것에 대응하는 탄산칼슘($CaCO_3$)의 100만분율(ppm)로 환산표시한 것을 의미한다. 음용수의 총 경도는 300ppm을 넘어서는 안 된다.

② 탄산칼슘의 함유량에 따른 분류

㉠ 극연수(증류수, 멸균수)
- 탄산칼슘의 함유량이 0ppm인 순수한 물
- 황동관을 부식시킨다.
- 병원에서 증류수의 수송관은 주석 도금한 황동관을 사용한다.

㉡ 연수
- 탄산칼슘의 함유량이 90ppm 이하인 물
- 세탁, 보일러 등에 사용이 적합하다.

㉢ 적수 : 탄산칼슘의 함유량이 110ppm 이하인 물

㉣ 경수
- 탄산칼슘의 함유량이 110ppm 이상인 물
- 세탁, 보일러 등에 사용이 부적합하다.

③ 정수법

㉠ 침전법(Sedimentation)
- 중력침전법 : 원수를 침전지에서 정지상태로 방치 또는 저속으로 침전지를 통과시켜 단순히 비중차에 의해 침전시킨다.
- 약품침전법 : 원수에 명반이나 황산알루미늄과 같은 약품을 혼합하여 화학작용에 의해 침강속도를 촉진시켜 침전시킨다.

㉡ 여과법(Filtration) : 침전지의 물을 모래층으로 통과시켜 그 부유물 및 고형물을 완전히 제거하는 방법을 말한다.

㉢ 폭기법(Aeration) : 수중에 포함된 철 성분을 제거하기 위해, 원수를 공기에 접속시킨 후 이를 산화시켜 제거하는 방법이다.

㉣ 소독법(Sterilization) : 침전과 여과의 과정을 거치면 물 속의 세균은 대부분 제거되지만 잔존하는 세균을 염소, 차아염소산나트륨 등을 이용하여 살균하는 방법을 말한다.

[경수를 보일러에 사용하면]
① 보일러 관내에 물때(스케일)가 형성된다.
② 보일러의 전열효율이 감소된다.
③ 보일러 과열의 원인이 된다.
④ 보일러의 수명이 단축된다.

⑵ 수압과 압력수두, 손실수두

① 압력의 단위

압력은 유체에 대한 단위면적당 작용하는 힘을 말하며, 표준기압(1atm)은 해발고도 0m에서 공기의 무게가 수평면 위에 작용하는 힘을 말한다.

$$1atm = 760mmHg = 1.033kgf/cm^2 = 10.33mAq = 0.1013MPa$$

② 수압과 압력수두

액체의 압력은 액체의 임의의 면에 대하여 항상 수직으로 작용하며, 수압과 압력수두와의 관계는 다음과 같다.

- $P(수압) = W \cdot H = 1,000kg/m^3 \times H(m) = 1,000H(kg/m^2)$
  $$= 0.1H(kg/cm^2) = 0.01H(MPa)$$

- $P(수압) = 0.01H(MPa)$
  $H(수두) = 100P(m)$

여기서, W : 물의 단위체적당 중량(kg/m^3)

　　　　H : 수두 또는 수전고(m)

③ 마찰손실수두

관 속을 흐르는 유체는 관내의 마찰, 굴곡부의 저항 등에 의하여 압력이 손실되는데 이를 마찰손실수두라고 한다. 마찰손실수두는 관의 길이에 비례하고 관의 직경에 반비례한다.

$$H = \lambda \cdot \frac{l}{d} \cdot \frac{v^2}{2g}$$

여기서, λ : 마찰계수　　　　l : 관 길이(m)

　　　　d : 관경(m)　　　　v : 유속(m/sec)

　　　　g : 중력가속도$(9.8m/sec^2)$

⑶ 급수량의 산정

① 급수 인원에 의한 산정

$$Qd = N \cdot q$$

여기서, Qd : 1일 급수량(ℓ/day)　　　　N : 급수 인원(인)

　　　　q : 건물 용도별 1일 1인당 사용수량(ℓ/day·인)

② 건물 면적에 의한 산정

$$Qd = A \cdot k \cdot n \cdot q$$

여기서, Qd : 1일 급수량(ℓ/day)　　　　A : 건물의 연면적(m^2)

　　　　k : 유효 면적 비율(%)

　　　　n : 유효 면적당 거주 인원$(인/m^2)$

　　　　q : 건물 용도별 1일 1인당 사용수량(ℓ/day·인)

③ 위생기구수에 의한 산정

$$Qd = Qf \cdot F \cdot P$$

여기서, Qd : 1일 급수량(ℓ/day)

Qf : 위생기구당 사용수량(ℓ/day)

F : 위생기구수(개)

P : 기구의 동시사용률(%)

건축물 종류별 사용수량

건축물의 종류	1일 평균 사용시간(h)	1일 1인당 사용급수량 (ℓ/d·인)	연면적에 대한 유효면적비(%)	유효면적당 거주인원 (인/m²)
사무소·은행·관청	8	100~120	55~57	0.2
병원	10	250~1,000	45~48	1병상당 3.5
극장·영화관	3~5	10~30	53~55	1.0
백화점	3	100	55~60	1.0
점포	7	100~160		0.16
주택	8~10	160~200	50~53	0.16
아파트	8~10	160~200	45~50	0.16
기숙사	8	120	-	0.2
호텔	10	250~300	-	0.17
여관	10	200	-	0.24
초등·중학교	5~6	40~100	58~60	0.14~0.25
고등학교	6	80	53~55	0.1
도서관	6	25	-	0.4

기구의 동시 사용률

기구수(개)	2	3	4	5	10	15	20	30	50	100
동시사용률(%)	100	80	75	70	53	48	44	40	36	33

2 급수방식[☆☆☆]

⑴ 수도직결방식

① 급수방식 : 상수도본관 → 분수전 → 지수전 → 양수기 → 급수전

② 특징

  ㉠ 장점
  - 설비비가 저렴하다.
  - 정전시에도 급수가 가능하다.
  - 급수 오염 가능성이 가장 적다.

  ㉡ 단점
  - 단수시 급수가 불가능하다.
  - 급수 높이에 제한이 있다.
  - 지역 및 높이에 따른 급수압의 차이가 크다.

③ 용도 : 소규모 주택 및 건물

④ 수도 본관의 최저 필요 압력

$$P \geq P_1 + P_2 + P_3$$

여기서, P_1 : 수전고에 해당하는 압력(MPa)

  P_2 : 기구별 최저 소요압력(MPa)

  P_3 : 관내마찰손실(MPa)

⑵ 고가탱크(옥상탱크, 고가수조) 방식

① 급수방식 : 상수 → 지하 저수조 → 양수펌프 → 옥상탱크 → 급수전

② 특징

  ㉠ 장점
  - 일정한 수압으로 급수할 수 있다.
  - 대규모 급수설비에 적합하다.
  - 단수시 급수가 가능하다.

  ㉡ 단점
  - 저수조에서의 급수 오염 가능성이 크다.
  - 구조물 보강이 필요하다.   • 설비비가 많이 든다.
  - 미관을 저해한다.

③ 용도 : 대규모의 고층 건물(아파트, 사무소 등)

④ 고가 탱크의 설치 높이

$$H \geq H_1 + H_2 + H_3$$

여기서, H_1 : 최고층에 있는 수전까지의 높이(m)

  H_2 : 기구별 최저 소요압력에 해당하는 높이(m)

  H_3 : 관내마찰손실수두(m)

출제빈도

08국가직 ⑨	11지방직 ⑦	13국가직 ⑨
14국가직 ⑨	15국가직 ⑨	18지방직 ⑨
21지방직 ⑨		

[수도직결방식]

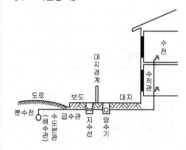

[기구별 최저 소요압력]

기구명	필요압력(MPa)
보통밸브	0.03
세정밸브	
샤워	0.07
자동밸브	
블로우아웃식 대변기	0.1

[고가탱크방식]

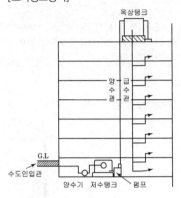

[피크아워, 피크로드]
① 피크아워(Peak hour) : 하루 중 물의 사용량이 가장 많은 시간으로 아침 출근 시간으로 정한다.
② 피크로드(Peak load) : 피크아워의 사용 수량을 의미하며, 1일 사용수량의 10~15%를 차지한다.

[압력탱크방식]

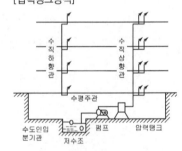

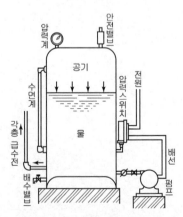

⑤ 고가 탱크의 용량

$$V_h = Q_h \cdot (1 \sim 3\text{시간})$$

여기서, V_h : 고가탱크의 용량(ℓ)
　　　　 Q_h : 시간 최대 사용 급수량(ℓ/h)
• 대규모 : 1시간
• 중·소규모 : 2~3시간

⑥ 급수장치
　㉠ 볼탭(Ball tap) : 유량을 조절하기 위해 지하 저수탱크와 옥상탱크에 설치한다.
　㉡ 플로트 스위치(Float switch) : 양수펌프의 스위치를 탱크의 수위에 따라 작동시켜 탱크 내의 적정 수위를 유지시켜 주는 장치이다.
　㉢ 넘침관(Overflow pipe) : 스위치 고장으로 양수가 계속될 때 안전 수위를 확보하기 위해 탱크에서 넘쳐 흐르는 물을 배수하는 관으로 양수관 굵기의 2배 크기로 한다.

(3) **압력탱크방식**

① 급수방식 : 상수 → 저수조 → 양수펌프 → 압력탱크 → 급수전
② 특징
　㉠ 장점
　　• 특정 부위에 고압이 필요할 때 적합하다.
　　• 옥상에 탱크가 없어 구조물의 보강이 필요없다.
　　• 외관이 깨끗하다.
　　• 탱크의 설치위치에 제한을 받지 않는다.
　㉡ 단점
　　• 최고와 최저의 압력차가 커서 급수압이 일정하지 않다.
　　• 공기 압축기 등의 시설비와 관리비가 많이 든다.
　　• 저수량이 적어 정전이나 펌프 고장시 급수가 불가능하다.
　　• 취급 및 작동이 어렵고 고장이 많다.
　　• 펌프가 고양정이어야 한다.
③ 용도 : 체육관, 경기장
④ 압력탱크의 필요압력

$$P \geq P_1 + P_2 + P_3$$

여기서, P_1 : 수전고에 해당하는 압력(MPa)
　　　　 P_2 : 기구별 최저 소요압력(MPa)
　　　　 P_3 : 관내마찰손실(MPa)

(4) 부스터방식

① 급수방식 : 상수 → 저수조 → 급수펌프 → 급수

② 특징

　㉠ 장점

　　• 기계 기구의 점유면적을 작게 할 수 있다.

　　• 운전비가 적게 든다.

　　• 에너지를 절약할 수 있다.

　㉡ 단점 : 자동제어설비에 비용이 많이 든다.

③ 용도 : 주택단지, 공업단지

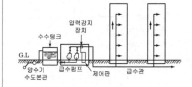

[부스터방식]

• 예제 01 •

급수방식에 대한 설명으로 옳은 것은?　　　　【14국가직⑨】

① 수도직결방식은 저수량이 적어 중규모 이하의 건축물 또는 체육관, 경기장과 같이 사용빈도가 낮고 물탱크의 설치가 어려운 건축물에 사용된다.

② 압력수조방식은 건물의 필요개소에 직접 급수하는 방식으로 탱크나 펌프가 필요하지 않아 설비비가 적게 든다.

③ 고가수조방식은 급수압력이 일정하고 대규모 급수수요에 대응하지만, 물이 오염될 우려가 있고 초기투자비가 비싸며 건축외관을 손상시킨다.

④ 부스터방식은 기계기구의 점유면적이 크고 운전비가 많이 들지만, 초기투자비가 적어서 대규모 건축물에 사용된다.

---

① 수도직결방식은 도로에 매설되어 있는 수도 본관에서 급수 인입관을 분기하고, 부지 내에서 건물 내의 필요한 장소에 급수하는 방식으로 주택과 같은 소규모 건물에 많이 이용된다.

② 압력수조방식은 밀폐된 압력탱크 내부에 펌프로 물을 압입하면서 탱크 안의 공기가 압축되어 이 공기압을 이용해서 상향급수하는 방식이다.

④ 부스터방식은 압력탱크나 옥상탱크 대신 펌프를 사용하여 직접 급수하는 방식으로 기계기구의 점유면적이 작고 운전비가 적게 든다.

답 : ③

---

3 초고층 건축물의 급수방식

(1) 급수조닝

초고층 건물에서 저층에 과도한 급수압이 걸리는 문제와 이로 인한 수격작용(water hammering)의 발생을 최소화하기 위해 급수조닝이 필요하다.

(2) 급수조닝의 필요성

① 급수배관 내의 적정수압 유지

② 수격작용에 의한 소음 및 진동 방지

③ 기구의 부속품 파손방지

④ 기기의 용량 균등화

(3) **건축물 종류별 급수조닝의 압력**

• 사무소 : 0.4~0.5MPa(40~50m)
• 호텔 및 아파트 : 0.3~0.4MPa(30~40m)

(4) **종류** : 층별식, 중계식, 조압펌프식, 감압밸브식

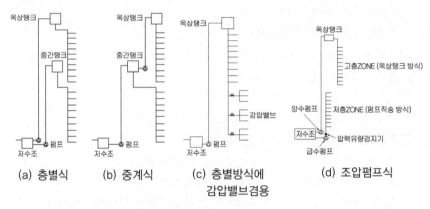

|(a) 층별식|(b) 중계식|(c) 층별방식에 감압밸브겸용|(d) 조압펌프식|

급수조닝의 종류

출제빈도

10국가직 ⑨

[마찰저항선도]

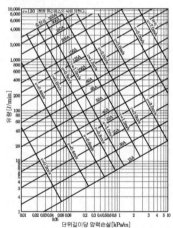

4 급수관경 결정법[☆]

(1) **기구연결관의 관경에 의한 방법**

급수관경은 각종 위생기구의 순간최대유량을 고려하여 그 접속구경을 정하며, 기구 1개를 담당하는 급수관의 관경은 표의 해당 위생기구의 관경 이상을 사용하여야 한다.

(2) **급수관경 균등표에 의한 방법**

① 옥내 급수관의 경우처럼 간단한 급수관의 관경을 정할 경우 급수 관경 균등표를 사용하여 그 관경은 결정하며, 다음과 같은 방법으로 산정한다.
② 각 위생기구의 연결관 관경을 구한다.
③ 각 접속관경을 15A관에 상당하는 개수로 환산한다.
④ 15A관 상당 개수를 누계한 각각의 값에 기구의 동시사용율을 곱하여 동시사용개수를 구한다.
⑤ 동시사용개수를 만족시키는 15A관 상당 개수의 관경을 균등표에 의해 결정한다.

(3) 마찰저항선도에 의한 방법

이 방법은 급수관 속을 흐르는 유량과 허용마찰을 계산하여 급수관의 관경을 구하는 방법이며, 특히 대규모 건축물에 적용한다.

각종 위생기구의 순간최대유량 및 접속구경

기구의 종류	1회당 사용량(ℓ)	순간최대유량(ℓ/min)	접속구경(mm)
세면기	10	15	15
소변기(일반)	4.5	8	15
소변기(세정밸브)	5	30	20
대변기(일반)	15	15	15
대변기(세정밸브)	15	110	25
싱크	25	25	20
욕조	125	30	20
샤워	60	12	20

급수관경 균등표

관경	15	20	25	32	40	50	65	80	100	125	150
15	1										
20	2	1									
25	3.7	1.8	1								
32	7.2	3.6	2	1							
40	11	5.3	2.9	1.5	1						
50	20	10	5.5	2.8	1.9	1					
65	31	15.5	8.5	4.3	2.9	1.6	1				
80	54	27	15	7	5	2.7	1.7	1			
100	107	53	29	15	9.9	5.3	3.4	2	1		
125	188	93	51	26	17	9.3	6	3.5	1.8	1	
150	297	147	80	41	28	15	9.5	5.5	2.8	1.6	1

5 급수배관의 방식 및 시공

(1) 급수배관 시공시 주의사항

① 급수배관의 구배

　　㉠ 최소 1/250 이상

　　㉡ 고가탱크 급수배관에 있어서 하향배관의 횡주관은 선하향구배, 각 층의 횡주관은 선상향구배로 한다.

② 밸브

　　㉠ 공기빼기 밸브(Air vent valve) : 관 내에 공기가 찰 우려가 있는 곳에 설치하며, 공기를 제거하여 물의 흐름을 원활하게 한다.

　　㉡ 지수밸브(Stop valve)

　　　• 설치목적 : 부분적인 단수, 수량조절이나 수리를 위해 설치한다.

　　　• 설치장소 : 급수관의 분기점, 집단 기구의 분기점마다 설치한다.

　　　• 사용밸브 : 슬루스밸브(sluice valve), 글로브밸브(globe valve)

③ 슬리브

　　㉠ 배관이 벽이나 바닥을 관통하는 경우 콘크리트 타설 전에 미리 슬리브를 매설하고 그 속에 관을 통과시켜 배관한다.

　　㉡ 설치목적 : 배관의 신축과 팽창을 흡수하고, 배관의 교체를 쉽게 하기 위해 설치한다.

④ 수압시험

　　㉠ 배관공사 후 접합부 및 기타 부분에서의 누수의 유무, 수압에 대한 저항 등 시공의 불량여부를 확인하기 위해 수압시험을 해야 한다.

　　㉡ 공공수도 직결식 : 1.75MPa

　　㉢ 탱크 및 급수관 : 1.5MPa

⑤ 방동 및 방로 피복

　　급수배관의 동파 및 결로를 방지하기 위해 관의 외부를 보온재로 피복을 해야 하며, 그 두께는 25mm 이상으로 한다.

(2) 수격작용(Water hammering)[☆]

① 정의

　　관 속을 충만하게 흐르고 있는 액체의 속도를 급격히 변화시키면 이 액체에 큰 압력 변화가 발생하여 소음이나 진동이 발생하는 현상을 말한다.

② 원인

　　㉠ 플러시밸브나 수전류를 급격히 열고 닫을 때

　　㉡ 유속이 빠를수록

　　㉢ 관경이 작을수록

　　㉣ 굴곡부분이 많을수록

　　㉤ 감압밸브를 많이 사용할수록 발생하기 쉽다.

<table>
<tr><td colspan="3" align="center">출제빈도</td></tr>
<tr><td>11지방직 ⑨</td><td>20지방직 ⑨</td><td>21국가직 ⑨</td></tr>
</table>

③ 방지대책

　　㉠ 기구 가까이에 공기실(air chamber)을 설치한다.

　　㉡ 밸브를 서서히 열고 닫는다.

　　㉢ 유속을 느리게 한다.

　　㉣ 관경을 크게 한다.

　　㉤ 될 수 있는 한 직선배관을 한다.

　　㉥ 감압밸브를 적게 사용한다.

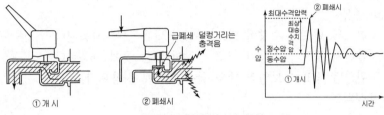

수격작용시 관내의 압력변화

(3) 크로스커넥션(cross connection)

① 정의

　　급수배관이나 기구 구조의 불량으로 급수관 내에 오수가 역류해서 급수를 오염시키는 현상을 말한다.

② 방지대책

　　㉠ 역류작용을 방지하기 위해 역류방지기(진공방지기, Vacuum breaker)를 설치한다.

　　㉡ 연결관을 해체한다.

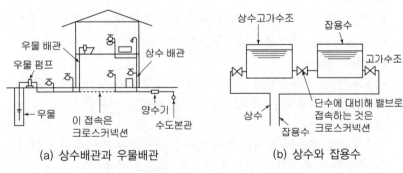

(a) 상수배관과 우물배관　　　(b) 상수와 잡용수

크로스커넥션의 예

[진공방지기의 구조]

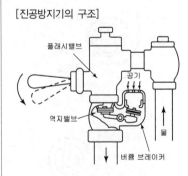

출제빈도

20국가직 ⑨

[피스톤펌프]

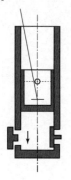

[플런저펌프]

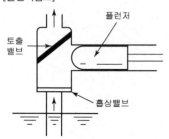

터빈펌프

볼류트펌프

6 펌프[☆]

(1) 펌프의 종류와 특성

① 왕복펌프

　㉠ 양수량 조절이 용이하지 않다.

　㉡ 송수압 변동이 심하다.

　㉢ 양수량이 적고, 저양정에 사용한다.

　㉣ 규정 이상의 왕복운동을 하면 효율이 저하된다.

　㉤ 종류

　　• 피스톤 펌프 : 수량이 많고 수압이 낮은 곳에 사용된다.

　　• 플런저 펌프 : 수량이 적고 수압이 높은 곳에 사용된다.

　　• 워싱턴 펌프 : 보일러 내의 급수 펌프로 사용된다.

② 원심펌프

　㉠ 진동이 적고 고속운전에 적합하다.

　㉡ 양수량 조절이 용이하다.

　㉢ 양수량이 많고 고양정에 적합하다.

　㉣ 종류

　　• 볼류트 펌프 : 20m 이하인 저양정에 사용한다.

　　• 터빈 펌프 : 20m 이상인 고양정에 사용한다.

　　• 보어홀 펌프 : 심정 펌프로 깊은 우물물을 양수하는데 적합하다.

　　• 수중 모터 펌프 : 모터에 직결된 펌프를 물에 넣어 양수한다.

(2) 특수펌프

① 기어펌프

두 개의 치차의 회전에 의하여 치차 사이의 액체가 케이싱의 내벽을 따라서 송출되는 펌프로 기름 반송용으로 사용한다.

② 논클러그 펌프

가옥오수 등 오물잔해의 고형물이나 천조각 등이 섞인 물을 배제하면서 양수하는데 사용되는 펌프로 오배수용 펌프로 사용한다.

③ 제트 펌프

노즐로부터 고압의 유체를 분사시켜 노즐 끝부분의 압력이 낮아져서 물을 흡상하여 송수하는 펌프로 소화용 펌프로 사용한다.

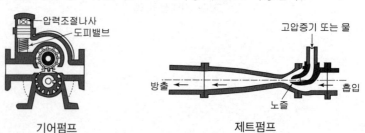

기어펌프　　　　　　　　제트펌프

(3) 펌프의 양정

① 전양정

$$H \, I \; = \; Hs + Hd + Hf$$

② 실양정

$$H \, II \; = \; Hs + Hd$$

여기서, Hs : 흡입양정

Hd : 토출양정

Hf : 관내마찰손실수두

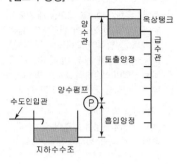

(4) 펌프의 양수량과 구경

① 원심펌프의 양수량

$$Q = A \cdot V = \frac{\pi d^2}{4} \cdot V$$

여기서, Q : 펌프의 양수량($\mathrm{m^3/sec}$)

A : 펌프 흡입구의 단면적($\mathrm{m^2}$)

V : 유속(m)

d : 펌프 흡입구의 관경(m)

② 펌프의 구경

$$d = \sqrt{\frac{4Q}{V\pi}} = 1.13\sqrt{\frac{Q}{V}}$$

(5) 펌프의 소요동력

$$축동력(\mathrm{kW}) : \frac{WQH}{6,120E}$$

여기서, W : 물의 단위용적중량($1,000\mathrm{kg/m^3}$)

Q : 유량($\mathrm{m^3/min}$) H : 펌프의 전양정(m)

E : 효율(%)

(6) 펌프 설치시 주의사항

① 펌프의 효율과 흡상높이

㉠ 펌프의 효율은 구경이 클수록 높다.

㉡ 펌프의 흡상높이는 표준기압 하에서 이론적으로 10.33m이다.

㉢ 펌프의 실제 흡상높이는 6~7m이다.

㉣ 물의 온도가 올라갈수록 흡상높이는 낮아지며, 수온이 100℃에서 흡상높이가 0m이다.

[펌프의 공동현상(Cavitation)]

① 정의 : 유체가 밸브를 통과할 때 압력이 떨어지게 되면 기포가 발생하고, 발생된 기포는 압력이 회복되는 부분까지 이동하여 터지게 된다. 이 때 기포의 폭발로 압력이 상승하여 소음이 발생하는데, 이 현상을 공동현상이라고 한다.

② 공동현상 방지대책

- 펌프의 흡입양정을 낮추어 설치한다.
- 흡입배관을 단순화하고 굴곡배관을 하지 않는다.
- 마찰저항이 큰 글로브 밸브보다 슬루스 밸브를 사용한다.
- 2대 이상의 펌프를 사용한다.
- 흡입관경을 펌프의 구경보다 크게 하여 흡입관의 마찰손실을 작게 한다.
- 펌프의 회전수를 낮추어 운전한다.

② 펌프 설치시 주의사항

㉠ 펌프는 흡입양정을 낮추어 설치한다. : 펌프의 흡입양정을 높게 설치하는 경우 격심한 소음과 진동이 일어나는 공동현상(cavitation)이 발생한다.

㉡ 흡입구(풋밸브)는 수면에서 관경의 2배 이상을 물 속에 잠기게 한다.

㉢ 펌프와 전동기는 동력전달의 효율을 위해 일직선상에 설치한다.
  : 일직선상에 설치하지 않으면 과부하의 최대 원인이 된다.

수온과 펌프의 흡상높이

수온(℃)	0	20	50	60	70	80	90	100
이론상의 흡상높이(m)	10.33	9.685	9.042	7.894	7.208	5.562	2.926	0
실제 흡상높이(m)	7.0	6.5	4.0	2.5	0.5	0	0	0

01 출제예상문제

1. 급수관의 관경을 결정하는 방법으로 가장 옳지 않은 것은? 【10국가직⑨】

① 기구연결관의 관경에 의한 결정
② 균등표에 의한 관경 결정
③ 배수부하단위에 의한 관경 결정
④ 마찰저항선도에 의한 관경 결정

[해설] 급수관의 관경 결정방법
　① 기구연결관의 관경에 의한 결정
　② 균등표에 의한 관경 결정
　③ 마찰저항선도에 의한 관경 결정
　※ 배수부하단위에 의한 관경 결정방법은 배수관의 관경을 결정하는 방법이다.

2. 건물 내의 급수방식에 대한 설명으로 옳은 것은?

【08국가직⑨】

① 압력탱크방식은 급수압이 일정한 것이 장점이다.
② 탱크가 없는 부스터방식은 수도 본관으로부터 물을 받아 물받이탱크에 저수한 후 급수펌프만으로 건물 내에 급수하는 방식이다.
③ 고가탱크방식은 기계실의 면적이 가장 많이 필요한 방식이다.
④ 수도직결방식은 수질오염의 가능성이 큰 것이 단점이다.

[해설]
　② 탱크가 없는 부스터방식은 수도 본관으로부터 물을 받아 물받이 탱크가 없이 급수펌프만으로 건물 내에 급수하는 방식으로 펌프 직송방식이라고도 한다.

3. 상수도와 지하수 등을 이용하여 건물 내·외부에 급수하는 급수방식에 대한 설명으로 옳은 것은?

【11지방직⑦】

① 부스터방식은 저수조에 있는 물을 급수펌프만으로 건물 내의 소요 개소에 급수하는 방식으로 급수사용량에 따라 가동하는 펌프의 개수가 다르다.
② 옥상탱크방식은 탱크의 수위에 따라 급수압력이 변한다.
③ 압력탱크방식은 급수펌프에 들어오고 나가는 물의 양을 일정하게 조절하므로 압력탱크의 압력은 거의 일정하게 유지된다.
④ 수도직결방식은 물을 끌어오기 위한 양수펌프가 필요하여 정전 시 단수될 수 있다.

[해설]
　② 옥상탱크방식은 탱크의 수위에 관계없이 급수압력이 일정하다.
　③ 압력탱크방식은 최고압과 최저압의 차이가 심하다.
　④ 수도직결방식은 물을 끌어오기 위한 양수펌프 필요가 없으므로 정전 시에도 급수할 수 있다.

4. 급수방식 중 고가수조 방식에 대한 설명으로 옳은 것은? 【13국가직⑨】

① 수질오염이 적어서 위생상 가장 바람직한 방식이다.
② 중력에 의하여 건물의 각 위생기구로 급수하는 방식이다.
③ 주택 또는 2~3층 정도의 저층건물에 주로 적용하는 경제적 방식이다.
④ 정전 시에도 계속 급수가 가능하지만 단수 시는 급수가 불가능하다.

[해설]
　① 고가수조 방식은 수질오염 가능성이 가장 큰 방식이다.
　③ 고층건물의 급수에 적용되는 방식이다.
　④ 정전이나 단수시에도 부분적으로 급수가 가능하다.

해답　1 ③　2 ②　3 ①　4 ②

5. 급수방식에 대한 설명으로 옳은 것은? 【14국가직⑨】

① 수도직결방식은 저수량이 적어 중규모 이하의 건축물 또는 체육관, 경기장과 같이 사용빈도가 낮고 물탱크의 설치가 어려운 건축물에 사용된다.

② 압력수조방식은 건물의 필요개소에 직접 급수하는 방식으로 탱크나 펌프가 필요하지 않아 설비비가 적게 든다.

③ 고가수조방식은 급수압력이 일정하고 대규모 급수수요에 내응하지만, 물이 오염될 우려가 있고 초기투자비가 비싸며 건축외관을 손상시킨다.

④ 부스터방식은 기계기구의 점유면적이 크고 운전비가 많이 들지만, 초기투자비가 적어서 대규모 건축물에 사용된다.

[해설]

① 수도직결방식은 도로에 매설되어 있는 수도 본관에서 급수 인입관을 분기하고, 부지 내에서 건물 내의 필요한 장소에 급수하는 방식으로 주택과 같은 소규모 건물에 많이 이용된다.

② 압력수조방식은 밀폐된 압력탱크 내부에 펌프로 물을 압입하면서 탱크 안의 공기가 압축되어 이 공기압을 이용해서 상향급수하는 방식이다.

④ 부스터방식은 압력탱크나 옥상탱크 대신 펌프를 사용하여 직접 급수하는 방식으로 기계기구의 점유면적이 작고 운전비가 적게 든다.

6. 건축물의 급수방식에 대한 설명으로 옳지 않은 것은? 【15국가직⑨】

① 수도직결방식은 단독주택과 같은 소규모 건축물에 많이 이용된다.

② 펌프직송방식은 급수펌프로 저수조에 있는 물을 건물 내의 사용처에 급수하는 방식이다.

③ 고가수조방식은 급수압력이 비교적 일정하며, 단수 시에도 수조의 남은 용량만큼은 급수가 가능하다.

④ 압력수조방식은 급수압력 변동이 작고, 유지관리비도 다른 방식에 비하여 경제적이다.

[해설]

④ 압력수조방식은 최고압과 최저압의 차이가 큰 방식이다.

7. 배관 내 수격현상을 방지하기 위한 방법으로 옳지 않은 것은? 【11지방직⑨】

① 급격한 밸브 폐쇄는 피한다.

② 기구류 부근에 공기실을 설치한다.

③ 관내의 유속을 빠르게 한다.

④ 굴곡배관을 억제하고 직선배관으로 한다.

[해설]

③ 관내의 유속을 느리게 한다.

8. 급수방식에서 수도직결 방식에 대한 설명으로 옳지 않은 것은? 【18지방직⑨】

① 수질오염이 적어서 위생상 바람직한 방식이다.

② 중력에 의하여 압력을 일정하게 얻는 방식이다.

③ 주택 또는 소규모 건물에 적용이 가능하고 설비비가 적게 든다.

④ 저수조가 없기에 경제적이지만 단수 시는 급수가 불가능하다.

[해설]

② 중력에 의하여 압력을 일정하게 얻는 방식은 고가탱크(옥상탱크)방식이다.

9. 급수펌프에 대한 설명으로 옳은 것은? 【20국가직⑨】

① 펌프의 진공에 의한 흡입 높이는 표준기압상태에서 이론상 12.33 m이나 실제로는 9 m 이내이다.

② 히트펌프는 고수위 또는 고압력 상태에 있는 액체를 저수위 또는 저압력의 곳으로 보내는 기계이다.

③ 원심식 펌프는 왕복식 펌프에 비해 고속운전에 적합하고 양수량 조정이 쉬워 고양정 펌프로 사용된다.

④ 왕복식 펌프는 케이싱 내의 회전자를 회전시켜 케이싱과 회전자 사이의 액체를 압송하는 방식의 펌프이다.

[해설]

① 펌프의 진공에 의한 흡입 높이는 표준기압상태에서 이론상 10.33 m이나 실제로는 6~7 m 이내이다.

② 히트펌프는 저온의 물체에서 열을 흡수하여, 높은 온도의 물체로 열을 운반하는 장치로 냉난방기에 사용하며 열펌프라고도 한다.

④ 회전식(원심식) 펌프는 케이싱 내의 회전자를 회전시켜 케이싱과 회전자 사이의 액체를 압송하는 방식의 펌프이다.

해답　**5** ③　**6** ④　**7** ③　**8** ②　**9** ③

Chapter

02

급탕설비

제4편 건축설비

급탕설비에서는 열량과 급탕부하의 계산, 급탕방식의 종류와 특성, 급탕설계시 고려사항에 대하여 정리하여야 한다.
여기에서는 급탕방식의 종류와 특성, 급탕설계시 고려사항에 대해 출제된다.

1 급탕설계[☆]

(1) 물의 수축과 팽창

① 순수한 물은 0℃에서 얼게 되며 이 때 약 9%의 체적이 팽창한다.
② 4℃의 물이 100℃가 되면 그 체적이 약 4.3% 팽창한다.
③ 100℃의 물이 증기로 변하면 그 체적이 약 1,700배로 팽창한다.

출제빈도

09지방직 ⑨

(2) 비열과 열량

① 비열

어떤 물질 1kg을 1℃ 올리는데 필요한 열량을 비열이라 하며, 물의 비열은 $4.2KJ/kg \cdot K$ 이다.

② 열량

어떤 물질이 일정한 온도까지 상승하는 데 필요한 열량, 즉 어떤 물질이 축적할 수 있는 열량

$$Q = c \cdot m \cdot \Delta t$$

여기서, Q : 열량(KJ)　　　c : 물질의 비열(KJ/kg·K)
　　　　 m : 질량(kg)　　　Δt : 변한온도(℃)

③ 급탕부하

㉠ 급탕부하 산정시 온수의 표준온도는 60℃를 기준으로 하며, 표준 급탕부하는 약 252KJ이다.
㉡ 표준 급탕온도를 60~70℃로 볼 때, 0~10℃의 물 1kg을 급탕할 경우
$Q = c \cdot m \cdot \Delta t = 4.2KJ/kg \cdot K \times 1kg \times 60℃ = 252KJ$

용도별 급탕온도

용 도	사용온도(℃)	용 도	사용온도(℃)
음료용	50~55	세탁(면, 모직물)	33~37
목욕용	42~45	세탁(린넨, 견직물)	49~52
세면, 수세용	40~42	수영장용	21~27
주방용	45	세차용	24~30
접시세정시 헹구기용	70~80	샤워	43

(3) 급탕량의 산정

① 급탕 인원에 의한 산정

$$Q = N \cdot qa$$

여기서, Q : 1일 최대 급탕량(ℓ/d)   N : 사용인원(인)
　　　　qa : 1일 1인 급탕량(ℓ/d·인)

② 기구수에 의한 산정

$$Q = Fh \cdot f \cdot P$$

여기서, Q : 1일 최대 급탕량(ℓ/d)
　　　　Fh : 기구의 시간당 급탕량(ℓ/h)
　　　　f : 기구의 수(개)　　　　P : 동시사용률(%)

③ 저탕조의 용량
　㉠ 저탕조는 온수탱크로 탕물을 저장함과 동시에 가열기능을 한다.
　㉡ 저탕조의 용량 계산
　• 직접가열식 :
　　V = (1시간 최대 급탕량 − 온수보일러의 탕량) × 1.25
　• 간접가열식 : V = 1시간 최대 급탕량 × (0.6~0.9)

출제빈도

15국가직 ⑨

[저탕형 탕비기]

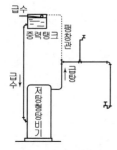

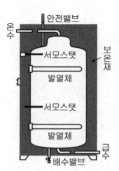

2 급탕방식[☆]

(1) 개별식 급탕방식

① 특징
　㉠ 필요한 개소에 보일러를 설치하여 필요한 장소에 온수를 공급하는
　　 방법으로 소규모 급탕에 적합하다.
　㉡ 배관의 거리가 짧고 배관 도중의 열손실이 적다.
　㉢ 수시로 급탕하여 사용할 수 있다.
　㉣ 높은 온도의 물을 쉽게 얻을 수 있다.
　㉤ 급탕 개소가 적을 경우 시설비가 적게 든다.
　㉥ 어느 정도 급탕규모가 크면 추가적으로 가열기가 필요하므로, 유지
　　 관리가 어렵다.
　㉦ 급탕 개소마다 가열기의 설치공간이 필요하다.
② 종류
　㉠ 순간온수기(즉시탕비기)
　• 급탕관의 일부를 가스나 전기로 가열하여 직접 온수를 얻는 방식이다.
　• 급탕 기구수가 적고 급탕의 범위가 좁은 주택의 욕실, 부엌의 싱크,
　　이발소, 미용실 등에 적합하다.
　• 가열온도 : 60~70℃

ⓛ 저탕형 탕비기
- 가열된 온수를 저탕조 내에서 저장하여 두는 것으로 열손실은 비교적 많지만 많은 온수를 일시에 필요로 하는 곳에 적합한 방식이다.
- 저탕온도를 일정하게 유지하기 위해 서모스탯(Thermostat)을 사용한다.
- 용도 : 여관, 기숙사 등
ⓒ 기수혼합 탕비기
- 보일러에서 생긴 증기를 급탕용 저탕조에 직접 불어 넣어 온수를 얻는 방식이다.
- 고압의 증기를 사용하므로 소음이 크다.
- 소음을 방지하기 위해 스팀사일런서(Steam silencer)를 사용한다.
- 용도 : 공장, 병원 등의 욕조

(2) 중앙식 급탕방식

① 특징
ⓖ 지하실 등 일정한 장소에 급탕장치를 설치해 놓고 배관에 의해 필요한 장소에 온수를 공급하는 방법으로 대규모 급탕에 적합한 방식이다.
ⓛ 연료비가 적게 든다.
ⓒ 열효율이 좋다.
ⓔ 관리상 유리하다.
ⓜ 초기 투자비용이 많이 든다.
ⓗ 전문 기술자가 필요하다.
ⓢ 배관 도중에 열손실이 많다.
ⓞ 시공 후 기구 증설에 따른 배관변경 공사가 어렵다.

② 종류
ⓖ 직접가열식
- 보일러 내에서 모든 물이 가열된 후 각 계통으로 공급되는 방식이다.
- 열효율면에서는 경제적이나 대규모 급탕설비에 부적합하다.
- 고압의 보일러가 필요하다.
- 보일러 내에 스케일이 발생하여 열효율이 저하된다.
- 용도 : 주택 또는 소규모 건물
ⓛ 간접가열식
- 저탕조 내에 가열코일을 설치하고 이 코일에 증기 또는 고온수를 보내 저탕조 내의 물을 가열하는 방식이다.
- 난방용 보일러의 증기를 사용하는 경우 급탕용 보일러가 불필요하다.
- 보일러 내면에 스케일이 거의 생기지 않는다.
- 고압의 보일러가 불필요하다.
- 용도 : 대규모 급탕설비

[서모스탯(Thermostat)]
일종의 자동온도조절기로 바이메탈 또는 벨로즈에 의해서 일정온도 이하로 내려가면 가열기가 작동되도록 한다.

[스팀사일런서(Steam silencer)]

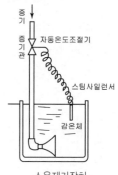

소음제거장치

[중앙식 급탕방식의 비교]

구 분	직접 가열식	간접 가열식
가열장소	온수보일러의 내부	저탕조 내부
보일러	급탕용과 난방용 보일러를 각각 설치	난방용 보일러로 급탕까지 사용가능
보일러의 압력	고압	저압
보일러 내의 스케일	많이 낀다.	거의 끼지 않는다.
급탕 규모	중·소규모	대규모
저탕조 내의 가열코일	불필요	필요

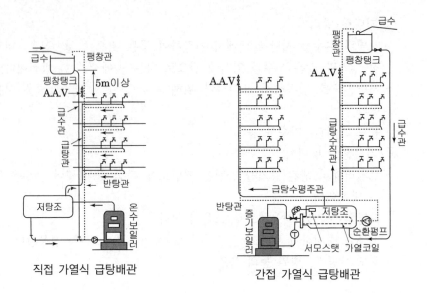

직접 가열식 급탕배관   간접 가열식 급탕배관

· 예제 01 ·

건축물의 급탕방식에 대한 설명으로 옳지 않은 것은? 【15국가직⑨】

① 순간식 급탕방식은 저탕조를 갖지 않고, 기기 내의 배관 일부를 가열기에서 가열하여 탕을 얻는 방법으로 소규모 주택, 아파트 등에 이용된다.

② 증기취입식 급탕방식은 수조에 스팀 사일렌서(steam silencer)를 이용하여 직접 증기를 취입해서 온수를 만드는 방법을 말하며, 병원이나 공장 등에 이용된다.

③ 간접가열식 급탕방식은 저탕조 내에 가열코일을 설치하고 고압보일러에서 만들어진 증기 또는 고온수를 가열코일 내로 통과시켜 물을 가열하는 방식으로 중·소규모 건물에 많이 이용된다.

④ 저탕식 급탕방식은 가열된 탕이 항상 저장되어 있어서 사용한 만큼의 탕이 볼탭(ball tap)이 달린 수조에서 공급되며, 열손실은 비교적 크지만, 점심때의 학교식당처럼 특정한 시간에 다량의 탕을 필요로 하는 장소에 적합하다.

---

③ 간접가열식 급탕방식은 저탕조 내에 가열코일을 설치하고 고압보일러에서 만들어진 증기 또는 고온수를 가열코일 내로 통과시켜 물을 가열하는 방식으로 대규모 건물에 많이 이용된다.

답 : ③

3 태양열 급탕방식

(1) 구성요소

ㄱ 집열장치(collector) : 집열판

ㄴ 축열장치(heat storage tank) : 축열조 집열판에서 흡수된 열을 저탕조 내부의 축열 매체인 물에 전달하여 축열하는 것으로 열 저장 매체로는 물이나 화학 물질 또는 자갈을 이용한다.

ㄷ 급열(공급)장치(distributor) : 순환펌프 저탕조 내의 가열된 물을 난방 및 급탕을 위해 공급한다.

ㄹ 열원 보조 장치(auxiliary heater) : 보조 보일러 장시간의 흐린 날씨나 외부 기온 강하시 부족한 열량을 공급하는 보일러이다.

ㅁ 제어 장치(control box) : 모든 시스템이 효율적으로 작동될 수 있도록 자동 제어한다.

(2) 종류

① 자연형 태양열 시스템(passive type system)

ㄱ 보조 보일러 없이 집열판, 축열조, 순환펌프만을 이용하여 급탕하는 방식이다.

ㄴ 열효율이 다소 낮다.

ㄷ 시공비가 적게 든다.

ㄹ 배관 시스템이 단순하다.

ㅁ 연료비가 들지 않는다.

② 인공형 태양열 시스템(active type system, 설비형 태양열 시스템)

ㄱ 보일러를 사용하므로 열효율이 높다.

ㄴ 시공비가 많이 든다.

ㄷ 배관 시스템이 다소 복잡하다.

ㄹ 보일러의 연료공급을 위해 연료비가 소요된다.

4 급탕배관 방식 및 시공[☆]

(1) 배관방식

① 배관방식

ㄱ 단관식

• 온수를 급탕전까지 운반하는 배관을 하나의 관으로만 설치한 것으로 순환관이 없다.

• 처음에는 찬물이 나온다.

• 보일러에서 급탕전까지의 거리는 15m 이내가 되도록 한다.

• 용도 : 주택 등의 소규모 급탕설비

[태양열 급탕장치]

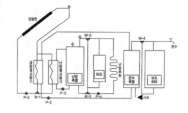

[태양열 주택]

출제빈도
12국가직 ⑨ 21지방직 ⑨

[역환수 배관(reverse return)]

온수의 유량을 균등하게 분배하기 위하여 각 방열기마다 배관회로 길이를 같게 하는 방식

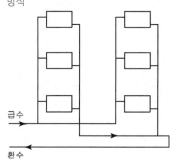

ⓛ 복관식
- 보일러에서 급탕전까지 공급관과 순환관을 배관하는 방식이다.
- 수전을 열면 즉시 온수가 나온다.
- 시설비가 다소 비싸다.
- 용도 : 대규모 급탕설비

② 공급방식 : 상향 공급식, 하향 공급식, 상·하향 혼용 공급식

③ 순환방식
- ㉠ 중력식 : 물의 온도차에 의한 밀도차에 의해서 대류 작용을 일으켜 자연 순환시키는 방식으로 소규모 배관에 적합하다.
- ㉡ 강제식 : 급탕 순환펌프를 설치하여 강제적으로 온수를 순환 시키는 방식으로 중규모 이상 건물의 중앙식 급탕법에 적합하다.

⑵ 급탕배관 시공시 주의사항

① 급탕관의 관경
- ㉠ 급탕관의 최소 관경 : 20mm 이상
- ㉡ 급탕관경은 급수관경보다 한 치수 큰 것을 사용한다.
- ㉢ 반탕관은 급탕관보다 작은 치수의 것을 사용한다.

[급탕관 및 반탕관의 구경]

급탕관경(mm)	25	32	40	50	65	80
급수관경(mm)	20	25	32	40	50	65
반탕관경(mm)	20	20	25	32	40	40

② 배관의 구배
- 중력순환식 : 1/150
- 강제순환식 : 1/200

③ 밸브
- ㉠ 공기빼기 밸브(Air vent valve) : 관 내에 공기가 찰 우려가 있는 곳에 설치하며, 공기를 제거하여 물의 흐름을 원활하게 한다.
- ㉡ 지수밸브(Stop valve)
  - 설치목적 : 부분적인 단수, 수량조절이나 수리를 위해 설치한다.
  - 설치장소 : 급수관의 분기점, 집단 기구의 분기점마다 설치한다.
  - 사용밸브 : 슬루스밸브(sluice valve), 글로브밸브(globe valve)

④ 수압시험 및 보온 피복
배관의 보온피복을 하기 전에 수압시험을 실시하며, 수압시험은 사용압력의 2배 이상을 가하여 10분 이상이 유지되어야 한다.

⑶ 배관의 신축이음(Expansion joint)

① 정의
온수의 온도에 의해서 관의 신축이 심하여 누수의 원인이 된다. 이를 방지하기 위해 신축이음을 설치한다.

② 종류
- ㉠ 스위블 조인트
  - 난방배관 주위에 설치하여 방열기의 이동을 방지한다.
  - 누수의 우려가 있다.

ⓛ 신축곡관
- 고압배관의 옥외배관에 주로 사용된다.
- 다소 넓은 공간이 요구되며, 1개의 신축길이가 큰 것이 단점이다.

ⓒ 슬리브형
- 배관의 고장이나 건물의 손상을 방지한다.
- 벽, 바닥 등의 관통배관에 사용된다.

ⓔ 벨로즈형
- 주름 모양으로 되어 있다.
- 고압에 부적당하다.

ⓜ 신축이음의 간격
- 강관 : 30m 마다
- 동관 : 20m 마다

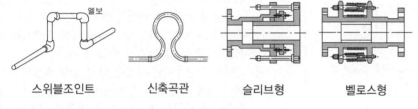

| 스위블조인트 | 신축곡관 | 슬리브형 | 벨로스형 |

신축이음의 종류

⑷ 팽창탱크

① 설치 목적

온수 순환배관 도중에 이상 압력이 생겼을 때, 그 압력을 흡수하는 도피구이자 안전장치이다.

② 종류

개방식과 밀폐식이 있다.

③ 설치위치 및 설치방법

ⓠ 개방형 팽창탱크는 탱크의 저면이 최고층의 급탕전보다 5m 이상 높은 곳에 설치한다.

ⓛ 밀폐식 팽창탱크는 설치위치에 제한을 받지 않으므로 보통 지하의 기계실에 설치한다.

ⓒ 급탕수직관을 연결하여 팽창관으로 하며, 팽창탱크에 자유개방 한다.

ⓔ 팽창관 도중에는 절대로 밸브를 달아서는 안 된다.

ⓜ 팽창관의 배수는 간접배수로 한다.

[개방식 팽창탱크와 그 위치]

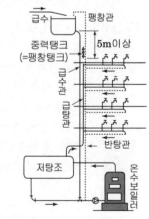

02 출제예상문제

1. 급탕설비에 대한 설명으로 옳지 않은 것은?

【09지방직⑨】

① 급탕온도는 80℃를 기준으로 하며, 급탕량부하를 산정할 경우 80kcal/ℓ로 보는 것이 보통이다.
② 급탕배관의 구배는 급구배로 하며, 관은 3~5cm 정도의 보온재를 감싸준다.
③ 급탕배관의 수압시험은 피복 전에 실시하며, 실제로 사용하는 최고압력의 2배 이상의 압력으로 10분 이상 유지될 수 있어야 한다.
④ ㄷ자형 배관을 피해야 하며, ㄷ자형 배관이 불가피할 경우에는 공기빼기밸브를 설치한다.

[해설]
　① 급탕온도는 60℃를 기준으로 하며, 급탕량부하를 산정할 경우 60kcal/ℓ(252KJ/ℓ)로 보는 것이 보통이다.

2. 건물 내의 급탕설비에 대한 설명으로 옳은 것은?

【12국가직⑨】

① 급탕온도는 70℃를 기준으로 하며, 급탕량부하를 산정할 경우 70kcal/ℓ로 보는 것이 보통이다.
② 급탕용 배관기기의 수압시험은 일반적으로 피복하기 전 실제 사용하는 최고압력의 2배 이상으로 10분 이상 유지될 수 있어야 한다.
③ 급탕배관에는 굴곡배관이 가장 합당하다.
④ 급탕배관에서 구배는 완만하게 하며, 관은 3~5cm 정도의 보온재로 감싸준다.

[해설]
　① 급탕온도는 60℃를 기준으로 하며, 급탕량부하를 산정할 경우 60kcal/ℓ(252KJ/ℓ)로 보는 것이 보통이다.
　③ 급탕배관에는 직선배관이 가장 합당하다.
　④ 급탕배관에서 구배는 중력식의 경우 1/150, 강제식은 1/200로 하며, 관은 3~5cm 정도의 보온재로 감싸준다.

3. 건축물의 급탕방식에 대한 설명으로 옳지 않은 것은?

【15국가직⑨】

① 순간식 급탕방식은 저탕조를 갖지 않고, 기기 내의 배관 일부를 가열기에서 가열하여 탕을 얻는 방법으로 소규모 주택, 아파트 등에 이용된다.
② 증기취입식 급탕방식은 수조에 스팀 사일렌서(steam silencer)를 이용하여 직접 증기를 취입해서 온수를 만드는 방법을 말하며, 병원이나 공장 등에 이용된다.
③ 간접가열식 급탕방식은 저탕조 내에 가열코일을 설치하고 고압보일러에서 만들어진 증기 또는 고온수를 가열코일 내로 통과시켜 물을 가열하는 방식으로 중·소규모 건물에 많이 이용된다.
④ 저탕식 급탕방식은 가열된 탕이 항상 저장되어 있어서 사용한 만큼의 탕이 볼탭(ball tap)이 달린 수조에서 공급되며, 열손실은 비교적 크지만, 점심 때의 학교식당처럼 특정한 시간에 다량의 탕을 필요로 하는 장소에 적합하다.

[해설]
　③ 간접가열식 급탕방식은 저탕조 내에 가열코일을 설치하고 고압보일러에서 만들어진 증기 또는 고온수를 가열코일 내로 통과시켜 물을 가열하는 방식으로 대규모 건물에 많이 이용된다.

4. 다음 중 급탕설비에 관한 설명으로 맞는 것은?

① 팽창탱크는 반드시 개방식으로 한다.
② 리버스 리턴(Reverse-Return)방식은 전 계통의 탕의 순환을 촉진하는 방식이다.
③ 직접가열식 중앙급탕법은 보일러 안에 스케일 부착이 없어 내부에 방식 처리가 불필요하다.
④ 간접가열식 중앙급탕법은 저탕조와 보일러를 직결하여 순환 가열하는 것으로 고압용 보일러가 주로 사용된다.

[해설]
　① 팽창탱크는 개방식과 밀폐식이 있다.
　③ 직접가열식은 새로운 물이 항상 보일러를 거쳐 공급되므로 보일러 내부에 스케일이 발생할 수 있다.
　④ 간접가열식은 저압용 보일러가 주로 사용된다.

해답　1 ①　2 ②　3 ③　4 ②

Chapter 03

배수 및 통기설비

배수 및 통기설비에서는 배수방식의 종류, 트랩과 통기관의 설치목적, 트랩과 통기관의 종류, 배수배관시 고려사항에 대해 정리하여야 한다.
여기에서는 트랩과 통기관의 종류와 특성, 배수배관시 고려사항에 대해 출제된다.

1 배수의 분류

(1) 오염 정도에 따른 분류

① 오수 : 인간의 배설물을 포함하고 있는 배수로 대변기, 소변기, 비데 등으로부터 발생되는 배수
② 잡배수 : 건물 내의 오수 이외에 세면기, 싱크, 욕조 등에서 배출 되는 배수
③ 우수 : 옥상이나 마당으로 떨어지는 빗물의 배수
④ 특수배수 : 공장폐수 등과 같이 유해한 물질이나, 병원균, 방사능 물질 등을 포함한 물의 배수

(2) 옥내·옥외배수

건물 외벽면에서 1m 떨어진 곳을 기준으로 옥내배수와 옥외배수를 구분한다.

(3) 중력배수와 기계배수

① 중력배수 : 중력에 의한 배수방식으로 일반적인 배수방식이다.
② 기계배수 : 지하층과 같이 배수집수정이 공공하수관보다 낮을 경우 배수펌프를 사용하여 공공하수관으로 배출하는 방식이다.

(4) 분류배수와 합류배수

① 분류배수 : 건물에서 나오는 배수를 오수, 잡배수, 우수로 나누어 각각 배출하는 방식으로 오수만을 정화조에서 처리한 후 하천으로 방류한다.
② 합류배수 : 오수와 잡배수를 한데 모아 하수종말처리장에서 처리한 다음 하천으로 방류한다.

(5) 직접배수와 간접배수

① 직접배수 : 위생기구와 배수관이 연결된 일반 위생기구에서의 배수를 말한다.
② 간접배수 : 냉장고, 세탁기, 공기조화기 등에서의 배수방식으로 배수관에 바로 연결하지 않고 공기 중에 노출시켰다가 배수관으로 흘려보내는 배수를 말한다.

[배수 트랩과 증기 트랩]

① 배수 트랩 : 배수관 속의 악취, 유독가스 및 벌레 등이 실내로 침투하는 것을 방지하기 위해 배수계통의 일부에 봉수를 고이게 하는 기구, S트랩, P트랩, U트랩, 드럼트랩, 벨트랩 등이 있다.

② 증기 트랩 : 응축수만을 보일러 등에 환수시키기 위해 사용되는 장치로, 벨로우즈트랩, 버킷트랩, 플로트트랩, 바이메탈트랩 등이 있다.

2 배수용 트랩[☆☆☆]

(1) 트랩(trap)과 봉수

① 트랩의 설치목적

배수관 속의 악취, 유독가스 및 벌레 등이 실내로 침투하는 것을 방지하기 위해 배수계통의 일부에 봉수를 고이게 하는 기구를 트랩이라 한다.

② 봉수의 유효깊이

봉수의 깊이는 트랩의 구경에 관계없이 50~100mm가 일반적이다.

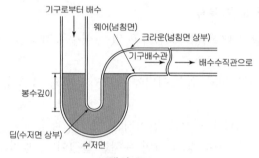

트랩의 구조

· 예제 01 ·

배수관 트랩(Trap)에서 봉수(封水)의 직접적인 역할이 아닌 것은?

【15지방직⑨】

① 악취의 실내 침투방지   ② 배수소음의 제거
③ 벌레 등의 실내 침입방지   ④ 하수가스의 역류방지

배수용 트랩에서 봉수의 역할
① 악취의 실내 침투방지
② 벌레 등의 실내 침입방지
③ 하수가스의 역류방지

답 : ②

(2) 트랩의 종류와 특성

① S 트랩
  ㉠ 바닥 밑의 배수횡지관에 접속할 때 사용된다.
  ㉡ 사이펀 작용을 일으키기 쉬운 형태로 봉수가 쉽게 파괴된다.
  • 용도 : 세면기, 대변기, 소변기

② P 트랩
  ㉠ 일반적으로 가장 많이 사용된다.
  ㉡ 벽체 내의 배수수직관에 접속할 때 사용된다.
  • 용도 : 세면기

③ U 트랩
   ㉠ 일명 가옥트랩, 메인트랩이라고도 한다.
   ㉡ 배수횡주관 도중에 설치하여 공공하수관에서의 하수가스의 역류 방지용으로 사용한다.
   ㉢ 수평배수관 도중에 설치한 경우 유속을 저해하는 결점이 있다.
   • 용도 : 옥내 배수횡주관
④ 드럼 트랩
   ㉠ 관트랩에 비하여 다량의 봉수를 가지고 있으므로 봉수가 잘 파괴되지 않는다.
   ㉡ 자정작용이 없어 침전물이 정체되기 쉽다.
   • 용도 : 주방의 싱크
⑤ 벨 트랩
   종모양의 기구를 배수구에 씌운 형태의 트랩이다.
   • 용도 : 화장실, 샤워실, 주방 등의 바닥 배수용

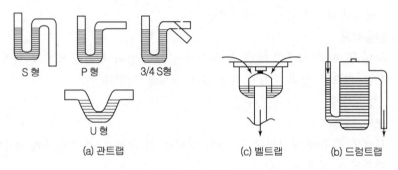

S형   P형   3/4 S형
U형
(a) 관트랩   (c) 벨트랩   (b) 드럼트랩

트랩의 종류

(3) **특수 트랩(저집기, 포집기, Intercepter)**

① 그리스 저집기
   주방 등에서 나오는 기름기가 많은 배수로부터 기름기를 제거 및 분리시키는 트랩이다.
   • 용도 : 주방, 식당
② 가솔린 저집기
   가솔린을 많이 사용하는 곳에 사용하며, 가솔린을 트랩의 수면에 띄워 배기관을 통해 휘발시킨다.
   • 용도 : 차고, 세차장, 주유소
③ 플라스터 저집기(석고 트랩)
   금이나 은 등의 부스러기나 석고를 걸러낸다.
   • 용도 : 치과의 기공실, 외과의 깁스실
④ 헤어 저집기(모발 트랩)
   모발 등이 배수관 내에 침투하여 막히는 것을 방지한다.
   • 용도 : 이발소, 미장원, 공중목욕탕

⑤ 세탁장 저집기(런드리 트랩, Laundry trap)

단추, 실 등의 세탁 불순물을 제거한다.

• 용도 : 세탁소

⑷ **트랩의 봉수 파괴원인과 대책**

① 자기사이펀 작용

㉠ 배수시에 트랩 및 배수관은 다량의 공기가 배수 중 혼합되어 사이펀관을 형성하는데 만수상태로 흐르면 사이펀 작용으로 트랩의 봉수가 모두 배수관쪽으로 유입되어 봉수가 파괴된다.

㉡ S 트랩에서 자주 발생한다.

• 방지대책 : 통기관을 설치한다.

② 유인사이펀 작용

수직관 상부에서 일시에 다량의 물을 배수할 경우 감압에 의해 봉수가 배수관쪽으로 유입되는 현상을 말한다.

• 방지대책 : 통기관을 설치한다.

③ 분출작용

하류 및 하층 기구의 트랩 속 봉수가 공기의 압력에 의해 역으로 역압작용을 일으켜 실내 측으로 토출되는 현상을 말한다.

• 방지대책 : 통기관을 설치한다.

④ 모세관현상

트랩의 출구에 모발이나 실 등이 걸렸을 때 모세관 현상에 의해 봉수가 파괴되는 현상을 말한다.

• 방지대책 : 이물질을 제거한다.

⑤ 증발

위생기구의 사용빈도가 적을 경우 트랩의 봉수가 증발되어 없어진다.

• 방지대책 : 기름 투입

⑥ 운동량에 의한 관성

강풍이나 지진 등의 원인으로 배관 중에 급격한 압력변화가 일어날 경우 봉수면 이 상하 동요를 일으켜 사이펀 작용으로 봉수가 파괴되는 현상을 말한다.

• 방지대책 : 격자석쇠 설치

	(a)자기사이편작용	(b)유인사이펀작용	(c)분출작용	(d)증발작용	(e)모세관작용
원인	공기 / 통기관 / 만수상태시 사이펀이 됨	공기 / 다량의 배수 / 부압으로 봉수 흡인	공기 / 다량의 배수 / 압력 급상승	증발 / 장기 부재로 증발	머리카락·걸레
	세면기로부터 나오는 배수	배수수직관에서 공기의 흐름저해로 인해 부압 발생	배수수평주관 내 폐쇄의 정압발생	장기 부재로 증발	머리카락이나 실밥 등으로 흡출

배수 트랩의 봉수 파괴 원인

· 예제 02 ·

봉수의 파괴원인과 그 대책으로 옳지 않은 것은?　【11국가직⑨】

① 모세관 현상 : 정기적으로 이물질 제거
② 자기사이펀 작용 : 트랩의 유출부분 단면적이 유입부분 단면적보다 큰 것을 사용
③ 역사이펀 작용 : 수직관의 낮은 부분에 통기관을 설치
④ 유도사이펀 작용 : 수직관 하부에 통기관을 설치하고 수직배수관경을 충분히 크게 선정

---

④ 유도사이펀 작용(유인사이펀 작용) : 수직관 상부에 통기관을 설치하고 수직배수관경을 충분히 크게 선정

답 : ④

3 통기설비 [☆☆]

(1) 통기관의 설치목적

① 트랩의 봉수를 보호한다.
② 배수관 내의 악취를 실외로 배출하여 청결을 유지한다.
③ 배수의 흐름을 원활하게 한다.
④ 배수관 내의 압력을 일정하게 유지한다.

(2) 통기관의 종류와 특성

① 각개통기관
　㉠ 각 위생기구마다 통기관을 세우는 것으로 가장 이상적인 통기방식이다.
　㉡ 관경은 접속되는 배수관 구경의 1/2 이상으로 한다.
　　• 관경 : 32mm 이상

출제빈도
12국가직 ⑨ 13국가직 ⑨ 14지방직 ⑨ 21국가직 ⑦

[특수통기방식]

통기관을 별도로 설치하지 않고 하나의 배수 수직관으로 배수와 통기를 겸하는 방식으로 소벤트 방식과 섹스티아 방식이 있다.
① 소벤트 방식(Sovent system)
• 통기관을 별도로 설치하지 않고 하나의 배수 수직관으로 배수와 통기를 겸하는 방식으로 2개의 특수한 이음쇠가 사용된다.
• 공기혼합이음쇠 : 배수 수직관과 각층 배수 수평지관의 접속부분에 설치한다. 배수 수평지관에서 유입하는 배수와 공기를 수직관 중에서 효과적으로 혼합하여 유하수의 유속을 줄여 수직관 꼭대기에서의 공기흡입현상을 방지한다.
• 공기분리이음쇠 : 배수 수직관이 배수 수평주관에 접속되기 바로 전에 설치한다. 배수가 수평주관에 원활히 유입하도록 배수와 공기를 분리시킨다.

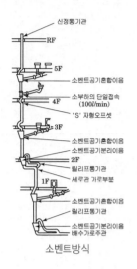

신정통기관
RF
5F
소벤트공기혼합이음
소부하의 단일접속
(100ℓ/min)
4F
'S' 자형오프셋
3F
소벤트공기혼합이음
소벤트공기분리이음
2F
릴리프통기관
1F
세루관 가루부분
소벤트공기혼합이음
릴리프통기관
소벤트공기분리이음
배수가로주관

소벤트방식

② 섹스티아 방식(Sextia system)
• 섹스티아 이음쇠와 섹스티아 벤트관을
사용하여 유수에 선회력을 주어 공기
코어를 유지시켜 하나의 관으로 배수
와 통기를 겸한다.
• 층수의 제한이 없으며, 통기 및 배수배
관이 간단하고 소음이 적다.
• 섹스티아 이음쇠 : 각 층의 배수 수직관
과 배수 수평지관의 접속부분에 설치한
다. 배수 수평지관 내의 유수에 선회력
을 주어 관의 바깥부분으로 물을 흐르
게 하고 안쪽부분으로 공기를 흐르게
한다.
• 섹스티아 벤트관(45° 곡관) : 배수 수직
관과 배수 수평주관의 접속부분에 설치
하며, 배수 수직관 내의 유수에 선회력
을 주어 공기코어를 유지한다.

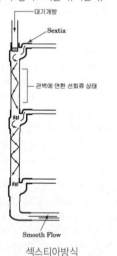

대기개방
Sextia
관벽에 면한 선회류 상태
Smooth Flow

섹스티아방식

② 공용통기관
2개의 위생기구가 같은 위치에 설치되어 있을 때 배수관의 교점에서 접
속되어 수직으로 올려 세운 통기관이다.
• 관경 : 32mm 이상

③ 루프통기관(Loop vent pipe, 회로통기관, 환상통기관)
㉠ 최상류 기구로부터 기구배수관이 배수 수평지관에 연결된 직후 하
류측에서 입상하는 통기관에 연결한다.
㉡ 기구 수는 8개 이하, 통기관의 길이는 7.5m 이내로 한다.
• 관경 : 40mm 이상

④ 도피통기관
㉠ 루프통기관의 통기능력을 촉진시키기 위해서 설치하는 통기관이다.
㉡ 최하류 위생기구 배수관과 배수 수직관 사이에 설치한다.
• 관경 : 32mm 이상

⑤ 습식통기관(습윤통기관)
㉠ 배수횡지관의 최상류 기구 바로 아래에서 연결하는 통기관이다.
㉡ 통기와 배수의 역할을 겸하는 통기관이다.

⑥ 신정통기관
㉠ 배수 수직주관의 관경을 줄이지 않고 옥상으로 연장하여 통기관으
로 사용하는 부분을 말한다.
㉡ 옥상 등에 돌출시켜 대기 중에 개구하는 통기관이다.

⑦ 결합통기관
㉠ 고층 건물의 경우 배수 수직주관과 통기 수직주관을 접속하는 통기
관이다.
㉡ 5개 층마다 설치하여 배수 수직주관의 통기를 촉진시킨다.
㉢ 통기 수직주관과 같은 구경으로 한다.
• 관경 : 50mm 이상

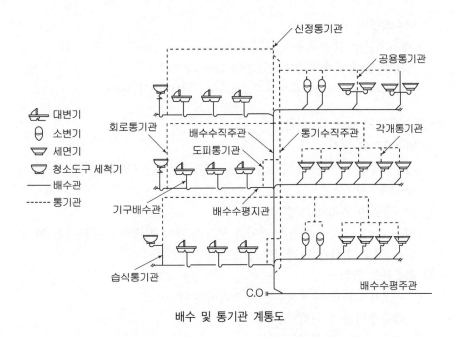

배수 및 통기관 계통도

· 예제 03 ·

통기관에 대한 설명으로 옳지 않은 것은? 【12국가직⑨】

① 배수관 계통의 환기를 도모하여 관내를 청결하게 유지한다.

② 사이펀 작용 및 배압에 의해서 트랩 봉수가 파괴되는 것을 방지한다.

③ 도피통기관은 배수수직관 상부에서 관경을 축소하지 않고 연장하여 대기 중에 개구한 통기관을 말한다.

④ 각개 통기방식은 기능적으로 가장 우수하고 이상적이다.

③ 배수수직관 상부에서 관경을 축소하지 않고 연장하여 대기 중에 개구한 통기관은 신정통기관이다.

답 : ③

4 배수 및 통기배관의 시공

(1) 배수배관의 관경과 구배

① 관경

ㄱ 배수관의 관경은 너무 크거나 작으면 배수능력이 저하되며, 자기세정작용이 어려워진다.

ㄴ 배수관의 자기세정작용을 위해 배수유수면의 높이는 관경의 $1/2 \sim 2/3$ 사이가 적당하다.(관단면적의 50~75%)

ㄷ 배수관의 구경은 세면기의 순간 최대배수량($30\ell/min$)을 기준으로 해서($Fu=1$) 다른 기구의 관경도 결정한다.

② 배수배관의 구배
- 배수배관의 표준구배 : 1/50∼1/100
- 배수배관의 유속 : 0.6m/sec∼1.2m/sec
- 기름섞인 배수관의 유속은 1.2m/sec 이상이어야 한다.

⑵ **배수배관의 설계 및 시공**

① 배수배관의 순서

기구배수관 → 배수횡(수평)지관 → 배수수직관 → 배수횡(수평)주관 → 공공하수관

② 수직주관의 위치와 대변기

배수 및 통기 수직주관은 파이프 샤프트 내에 배관하고 대변기는 될 수 있는 대로 수직관 가까이에 설치한다.

③ 청소구의 위치
- ㉠ 가옥배수관과 부지하수관이 접속하는 곳
- ㉡ 배수수직관의 최하단부
- ㉢ 배수 수평지관의 최상단부
- ㉣ 가옥배수 수평주관의 기점
- ㉤ 배관이 45° 이상의 각도로 구부러지는 곳
- ㉥ 설치거리
  - 수평관 관경 100mm 이하 : 직선거리 15m 이내
  - 수평관 관경 100mm 이상 : 직선거리 30m 이내

④ 통기배관시 주의사항
- ㉠ 바닥 아래의 통기배관은 금지한다.
- ㉡ 통기관은 기구의 오버플로면 150㎜ 위에서 입상통기주관에 연결한다.
- ㉢ 이중 트랩이 되지 않도록 연결한다.
- ㉣ 오물정화조의 개구부는 단독으로 개구한다.
- ㉤ 통기수직관과 빗물수직관은 겸용하지 않는다.
- ㉥ 오수피트나 잡배수피트의 통기관은 각각 설치한다.
- ㉦ 통기관과 실내환기용 덕트를 연결해서는 안된다.

⑤ 배수 및 통기배관의 시험

건물 내의 배수 및 통기관 시공 후 피복공사 이전에 수압시험 및 기압시험을 하고 위생기구 등의 설치가 완료된 후에는 모든 트랩에 봉수를 채우고 기밀시험을 한다.
- ㉠ 수압시험 : 0.03MPa에서 15분 이상을 견디어야 한다.
- ㉡ 기압시험 : 0.035MPa에서 15분 이상을 견디어야 한다.
- ㉢ 기밀시험 : 연기시험과 박하시험이 있다.
- ㉣ 통수시험 : 위생기구가 설치된 후 최종적으로 실시하는 시험으로 사용상태의 수량으로 시험하며, 배수상태, 트랩의 이상유무, 소음 등을 조사한다.

[배수관의 최소 관경과 배수 부하단위]

기 구	최소 관경 (mm)	부하단위 (fu)
세면기	30	1
대변기	75	8
소변기	40	4
비데	40	2.5
음수기	30	0.5
욕조	40∼75	2∼3
샤워	40	2
청소 수채	65	3
세탁 수채	40	2
요리 수채 (주택용)	40	2
요리 수채 (영업용)	40∼50	2∼4
바닥 배수	50∼75	1∼2

[중수도 시스템]

① 중수도의 개념

중수도란 대변기와 소변기 이외의 위생기구로부터 배출되는 비교적 오염이 적은 물을 재처리하여 음료수를 제외한 각 용도에 적합한 수질의 물을 만들어 공급하는 설비를 말한다. 중수도의 원수로는 잡배수, 우수, 지하수, 하천수 등을 사용한다.

② 중수도의 용도 : 음료수를 제외한 수세식 화장실 용수, 조경용수, 청소용수, 살수용수, 세차용수, 소방용수, 냉각용 보급수

03 출제예상문제

1. 트랩(Trap)에 관한 설명으로 옳지 않은 것은?

【10지방직⑨】

① 관(Pipe) 트랩, 드럼(Drum) 트랩, 가옥(House) 트랩 등이 있다.

② 봉수 보호를 위해서는 봉수의 깊이가 200mm 이상일 필요가 있다.

③ 트랩은 구조가 간단하고 자기세정작용을 할 수 있어야 한다.

④ 봉수파괴는 자기사이폰작용. 감압에 의한 흡입작용 등이 원인이다.

[해설]
② 봉수의 유효깊이 : 50~100mm

2. 실내를 난방하기 위해 필요한 기기 또는 기구가 아닌 것은?

【12지방직⑨】

① 인젝터(Injector)

② 컨벡터(Convector)

③ 팽창탱크(Expansion Tank)

④ 조집기(Intercepter)

[해설]
④ 조집기(포집기, Intercepter) : 배수트랩

3. 배수관 트랩(Trap)에서 봉수(封水)의 직접적인 역할이 아닌 것은?

【15지방직⑨】

① 악취의 실내 침투방지

② 배수소음의 제거

③ 벌레 등의 실내 침입방지

④ 하수가스의 역류방지

[해설] 배수용 트랩에서 봉수의 역할
① 악취의 실내 침투방지
② 벌레 등의 실내 침입방지
③ 하수가스의 역류방지

4. 배수설비 계획에서 트랩(Trap)에 대한 설명으로 옳지 않은 것은?

【15국가직⑦】

① S트랩은 옥내 수평배수주관의 말단에 설치하여 공공하수관 가스의 침입을 방지하는 트랩이다.

② P트랩은 일반적으로 세면기에 사용하는 트랩이다.

③ 드럼트랩은 관트랩에 비해 봉수가 잘 파괴되지 않는다.

④ 벨트랩은 하수대나 바닥 배수용 트랩으로 사용하며, 벨형 부속을 제거하면 봉수가 파괴된다.

[해설]
① U트랩은 옥내 수평배수주관의 말단에 설치하여 공공하수관 가스의 침입을 방지하는 트랩이다.

5. 봉수의 파괴원인과 그 대책으로 옳지 않은 것은?

【11국가직⑨】

① 모세관 현상 : 정기적으로 이물질 제거

② 자기사이펀 작용 : 트랩의 유출부분 단면적이 유입부분 단면적보다 큰 것을 사용

③ 역사이펀 작용 : 수직관의 낮은 부분에 통기관을 설치

④ 유도사이펀 작용 : 수직관 하부에 통기관을 설치하고 수직배수관경을 충분히 크게 선정

[해설]
④ 유도사이펀 작용(유인사이펀 작용) : 수직관 상부에 통기관을 설치하고 수직배수관경을 충분히 크게 선정

6. 통기관의 설치 목적으로 옳지 않은 것은?

【14지방직⑨】

① 배수관의 환기

② 사이펀 작용의 촉진

③ 트랩의 봉수 보호

④ 배수의 원활화

해답 **1** ② **2** ④ **3** ② **4** ① **5** ④ **6** ②

[해설] 통기관의 설치목적
  ① 트랩의 봉수를 보호
  ② 배수 흐름의 원활
  ③ 신선한 공기를 관내로 유통시켜 청결 유지

7. 통기관에 대한 설명으로 옳지 않은 것은?

【12국가직⑨】

① 배수관 계통의 환기를 도모하여 관내를 청결하게 유지한다.
② 사이펀 작용 및 배압에 의해서 트랩 봉수가 파괴되는 것을 방지한다.
③ 도피통기관은 배수수직관 상부에서 관경을 축소하지 않고 연장하여 대기 중에 개구한 통기관을 말한다.
④ 각개 통기방식은 기능적으로 가장 우수하고 이상적이다.

[해설]
  ③ 배수수직관 상부에서 관경을 축소하지 않고 연장하여 대기 중에 개구한 통기관은 신정통기관이다.

8. 통기관과 통기배관 시스템에 대한 설명으로 옳지 않은 것은?

【13국가직⑨】

① 환상통기관의 최대관경은 40mm 이다.
② 도피통기관은 배수수평지관의 하류에서 배수수직관과 가장 가까운 기구배수관의 접속점 사이에 설치하여 환상통기관에 연결시킨다.
③ 결합통기관은 배수수직관과 통기수직관을 접속하는 관이다.
④ 각개통기방식은 환상통기방식에 비하여 통기성능이 비교적 좋은 편이다.

[해설]
  ① 환상통기관의 최소관경이 40mm 이다.

9. 중수(中水)에 관한 설명 중 가장 옳지 않은 것은?

【07국가직⑨】

① 연수와 경수의 중간 수(水)를 칭하는 것이다.
② 중수원(中水源)으로는 주방배수, 청소용수, 빗물, 우물물, 하천수 등이 이용되고 있다.
③ 중수도 설치대상은 『수도법 시행령』에 명시되어 있다.
④ 중수도 설치가 보편화되면 댐 및 수도건설 비용이 절감된다.

[해설]
  ① 연수와 경수의 중간의 수질은 적수라고 하며 탄산칼슘 함유량이 90~110ppm인 물을 말한다.
  ※ 중수도 시스템 : 중수도는 종래의 수도에 의해 공급된 상수를 1차로 사용한 후, 하수로 방출하기 전에 다시 정화하여 음료수를 제외한 각 용도에 적합한 수질의 물을 만들어 공급하는 설비를 말한다. 일반적으로 중수도의 원수로는 일반하수, 우수, 지하수, 하천수, 해수 등을 사용한다.

10. 최근 친환경 건축에 대한 관심이 높아지면서 중수(中水) 이용에 대한 관심도 증가하고 있다. 다음 중 중수 이용 계획에 대한 설명으로 옳지 않은 것은?

【14국가직⑦】

① 일정 규모 이상의 사업장에서 중수 이용 시 재정 혜택을 받을 수 있다.
② 중수는 상수가 되지 못하는 물로서 일정 강도의 소독 과정을 거쳐 가장 많이 사용될 수 있다.
③ 중수는 소화용수, 변기세정수, 청소용수로 사용할 수 있다.
④ 도시의 빗물은 중수로 사용할 수 없다.

[해설]
  ④ 중수원(中水源)으로는 주방배수, 청소용수, 빗물, 우물물, 하천수 등이 이용되고 있으며, 특히 빗물의 활용이 많다.

오수정화설비

1 오수정화설비의 기초사항

(1) 오수정화설비

수세식 화장실에서 배출되는 오수를 하수도에 방류하고자 할 때 반드시 설치해야 할 정화시설을 말한다.

(2) 용어의 정의

ㄱ BOD(Biochemical Oxygen Demand) : 생물학적 산소요구량으로, 주로 미생물이 포함된 생활하수의 유기물 농도를 측정하고자 할 때 사용된다.

ㄴ COD(Chemical Oxygen Demand) : 화학적 산소요구량으로, 주로 중금속이 포함되어 미생물이 살 수 없는 공장폐수의 유기물 농도를 측정하고자 할 때 사용된다.

ㄷ DO(Dissolved Oxygen : 용존산소량) : 오수 중에 용해되어 있는 산소의 양으로 ppm으로 나타낸다.

ㄹ SS(Suspended Solid : 부유물질) : 오수 중에 함유되어 있는 입경 2mm 이하의 불용성 부유물질로 ppm으로 나타낸다.

ㅁ 스컴(Scum) : 정화조 내의 오수표면 위에 떠오르는 오물찌꺼기를 말한다.

ㅂ 활성오니(Activated sludge) : 미생물 덩어리를 말한다.

(3) BOD 제거율

$$\text{BOD 제거율(\%)} = \frac{\text{유입수의 BOD} - \text{유출수의 BOD}}{\text{유입수의 BOD}} \times 100$$

[BOD와 COD]

BOD와 COD의 수치가 낮을수록 깨끗한 물을 의미하며, 단위는 ppm(Parts Per Million)이란 백만분율을 사용한다.

[BOD 제거율]

오물정화조의 성능을 나타내는 지표로 BOD 제거율은 높을수록, 유출수의 BOD는 낮을수록 성능이 우수한 정화조이다.

2 정화조의 구조[☆]

(1) 정화조의 정화순서

오물 유입 → 부패조 → 여과조 → 산화조 → 소독조 → 방류

(2) 정화조의 구조

① 부패조
- ㉠ 부패조와 여과조를 조합하여 구성한다.
- ㉡ 제1, 제2 부패조와 여과조의 용적비는 4:2:2 또는 4:2:1로 한다.
- ㉢ 공기를 차단하여 혐기성균으로 하여금 오물을 소화시킨다.
- ㉣ 부패조는 45cm 이상의 맨홀을 설치하여 밀폐시킨다.
- ㉤ 오수를 저유하는 부분의 깊이는 1~3m 이내로 한다.
- ㉥ 부패조의 용량은 유입 오수량의 2일분(48시간) 이상을 기준으로 한다.

② 산화조
- ㉠ 공기의 유입으로 호기성균에 의해 산화처리 시킨다.
- ㉡ 쇄석층의 두께 : 90cm 이상
- ㉢ 살수홈통의 밑면과 쇄석층의 윗면과의 거리 : 10cm 이상
- ㉣ 쇄석받이 밑면과 정화조 바닥과의 거리 : 10cm 이상
- ㉤ 공기의 유입을 위해 지상 3m 이상의 배기관을 설치한다.
- ㉥ 산화조 밑면은 소독조를 향해 1/100 정도의 내림구배로 한다.

③ 소독조
- ㉠ 산화조에서 나오는 각종 세균을 멸균시킨다.
- ㉡ 소독액 : 차아염소산나트륨, 차아염소산소다
- ㉢ 약액조의 용량 : 25ℓ(10일분 이상)

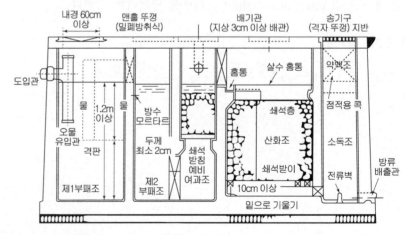

정화조의 구조

3 정화조의 용량 계산

(1) 부패조의 용량

① 처리대상인원을 기준으로 산정

② 5인 이하 : $V \geq 1.5m^3$

③ 5인 초과 500인 이하 : $V \geq 1.5 + (n-5) \times 0.1(m^3)$

④ 500인 초과 : $V \geq 51 + (n-500) \times 0.075(m^3)$

(2) 산화조의 용량

㉠ 부패조 용량의 1/2 이상으로 한다.

㉡ $V1 \geq V \times \dfrac{1}{2}$

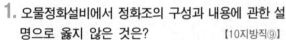

1. 오물정화설비에서 정화조의 구성과 내용에 관한 설명으로 옳지 않은 것은? 【10지방직⑨】

① 부패조는 호기성균에 의해 분해시키며, 최소 2개 이상의 부패조와 예비여과조로 구성된다.

② 여과조는 오수 중의 부유물을 쇄석층에서 제거한다.

③ 산화조는 살수홈통에 공기를 공급하여 산화처리한다.

④ 소독조는 차아염소산나트륨[NaClO] 등의 소독제를 이용하여 세균을 소독한다.

[해설]
　① 부패조는 혐기성균에 의해 오수를 분해시킨다.

2. 다음 중 산화조에 관한 내용으로 틀린 것은?

① 용량은 부패조 용량의 1/2 이상으로 한다.

② 배기관 및 송기구를 설치하여 통기설비를 한다.

③ 소독조를 향해 산화조 밑면을 1/100 정도 내림구배 한다.

④ 산소를 공급함으로써 혐기성균에 의해 분해(산화)처리시킨다.

[해설]
　④ 산화조는 호기성균에 의해 산화 처리시킨다.

3. 오수의 BOD 제거율이 80%인 정화조에서 정화 후의 방류수 BOD 농도가 40ppm일 경우, 정화조로 유입되는 오수의 농도는 몇 ppm인가?

① 80ppm
② 120ppm
③ 160ppm
④ 200ppm

[해설]

$$BOD\ 제거율 = \frac{유입수의\ BOD - 유출수의\ BOD}{유입수의\ BOD} \times 100(\%)$$

$$0.8 = \frac{x - 40}{x}$$

$$x = 200ppm$$

4. 수질오염의 지표로서, 물 속에 용존하고 있는 산소를 의미하는 것은?

① DO
② SS
③ BOD
④ COD

[해설]
　① DO(Dissolved Oxygen) : 용존산소량

5. <보기>에서 오수의 수질을 나타내는 지표를 모두 고른 것은?

[보 기]
ㄱ. VOCs (Volatile Organic Compounds)
ㄴ. BOD (Biochemical Oxygen Demand)
ㄷ. SS (Suspended Solid)
ㄹ. PM (Particulate Matter)
ㅁ. DO (Dissolved Oxygen)

① ㄱ, ㄴ
② ㄴ, ㄷ
③ ㄱ, ㄷ, ㄹ
④ ㄴ, ㄷ, ㅁ

[해설]
　ㄴ. BOD (Biochemical Oxygen Demand) : 생물학적 산소요구량
　ㄷ. SS (Suspended Solid) : 부유물질
　ㅁ. DO (Dissolved Oxygen) : 용존산소량

6. 하수설비에서 부패탱크식 정화조의 오물 정화 순서가 옳은 것은? 【18지방직⑨】

① 오수 유입 → 1차 처리(혐기성균) → 소독실 → 2차 처리(호기성균)→방류

② 오수 유입 → 1차 처리(혐기성균) → 2차 처리(호기성균) → 소독실 → 방류

③ 오수 유입 → 스크린(분쇄기) → 침전지 → 폭기탱크 → 소독탱크 → 방류

④ 오수 유입 → 스크린(분쇄기) → 폭기탱크 → 침전지 → 소독탱크 → 방류

[해설] 부패탱크식 정화조의 오물정화순서
　오수 유입 → 1차 처리(혐기성균) → 2차 처리(호기성균) → 소독실 → 방류

해답　1 ①　2 ④　3 ④　4 ①　5 ④　6 ②

Chapter 05 소화설비

소화설비에서는 화재의 분류와 소화방법, 소방시설의 종류 및 특징을 정리하여야 한다. 여기에서는 소방시설의 종류와 특징에 대해 출제되며, 특히 각 초기소화설비의 특징과 설치기준에 대해 출제된다.

1 소화의 기초사항[☆]

(1) 화재의 분류

① A급 화재(일반화재) : 목재, 종이, 섬유류 등 일반가연물 화재
② B급 화재(유류, 가스) : 석유류 등의 유류, 알코올, 가스 등의 화재
③ C급 화재(전기화재) : 전기를 사용하는 변전실, 개폐기 등의 화재

(2) 연소의 원리

연소는 가연물, 산소, 점화원의 세 가지 조건이 만족될 때 일어나며, 이들 세 요소 중 하나 이상을 제거 또는 희석시킴으로써 소화가 된다.

(3) 소화의 원리

① 제거소화 : 가연물을 제거하는 방법을 통해 소화한다.
② 희석소화 : 산소의 농도와 가연물의 조성을 연소한계점보다 묽게 하는 방법이다.
③ 냉각소화 : 액체 또는 고체를 사용하여 점화원의 온도를 발화점 이하로 냉각시켜 소화하는 방법이다.
④ 질식소화 : 포말이나 불연성기체 등으로 연소물을 감싸 산소의 공급을 차단시켜 소화하는 방법이다.
⑤ 억제소화(부촉매소화) : 증발잠열이 크고 비열이 큰 부촉매를 사용하여 가연물의 연소를 억제하는 소화방법이다.(분말소화약제 등)

출제빈도
14국가직 ⑨

2 소방시설의 종류[☆]

구 분	소방설비의 종류	설치 목적
경보설비	• 자동화재 탐지설비 • 비상경보설비 • 비상방송설비 • 누전경보기	• 화재의 감지 및 정보전달 • 피난개시시간 단축 • 초기 진압시간 단축
초기소화 설비	• 소화기 • 옥내소화전 • 옥외소화전 • 스프링클러 • 물분무 등 소화설비	• 피난의 여부 결정 • 화재 초기에 화재진압
피난시설 및 설비	• 피난기구 (미끄럼대, 공기안전매트, 완강기 등) • 유도등, 비상조명등 • 직통계단, 피난계단, 특별피난계단 • 비상탈출구, 옥상광장 및 헬리포트	• 안전한 피난과 피난경로의 확보 • 화재진압 및 구조의 원활한 수행
연소확대 방지시설 및 설비	• 내화구조 • 방화구획, 방화셔터, 방화문, 방화벽 • 드렌처 설비	• 화염 및 연기의 확대방지 • 피난 경로의 안전성 확보 • 화염 및 연기에 의한 피해 최소화
소화활동 보장설비	• 연결송수관설비 • 연결살수설비 • 소화용수설비 • 무선통신보조설비 • 비상용 콘센트 및 비상용 승강기 • 배연설비 및 제연설비	• 피난성능의 향상 및 안전성 확보 • 소방관의 화재진압능력 향상 • 효율적인 화재진압
유지설비	• 방재설비 (수신기, 발신기 등 소화설비 제어반) • 방재센터	• 화재안전시스템의 제어 • 조직적인 화재 진압 • 안전하고 효율적인 관리 및 피난

[소화기]

3 소화설비[☆☆]

(1) 소화기

① 소화기의 종류

  ⊙ 수동소화기 : 방화대상물로부터 보행거리 20m 이내에 설치한다.

  ⓒ 자동소화기 : 화재발생을 자동으로 경보하고 소화약제를 자동으로 방출하는 방식의 소화기이다.

  ⓒ 간이소화용구 : 소규모 소화용구, 마른 모래, 물 등

② 소화기의 종류와 사용대상 화재

소화기의 종류	적용하는 화재의 종류		
	A급 화재	B급 화재	C급 화재
산·알칼리 소화기	○	○	−
포말 소화기	○	○	−
이산화탄소 소화기	○	○	○
할로겐화합물 소화기	−	○	○
분말 소화기	○	○	○

⑵ 옥내소화전 설비

① 설치목적

건물 내의 화재발생시 초기소화를 목적으로 각층 벽면에 호스, 방수구, 소화전밸브를 내장한 소화전함을 설치한 설비이다.

② 옥내소화전의 설치기준

- 표준 방수압력 : 0.17MPa
- 표준 방수량 : 130ℓ/min
- 노즐 구경 : 13mm
- 호스 구경 : 40mm
- 호스의 길이 : 15m 또는 30m
- 설치거리 : 건물의 각 부분에서 소화전까지의 거리는 25m 이하
- 소화전의 높이 : 바닥에서 1.5m 이하

③ 소화수량(수원의 수량)

$$Q = 130ℓ/min \times 20분 \times 동시 \ 사용개수(최대 \ 2개)$$

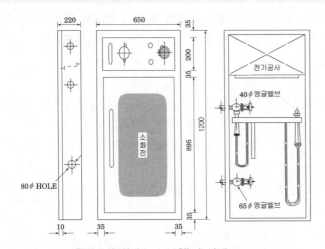

옥내소화전(방수구 부착)의 상세도

옥내소화전

[옥외소화전]

[스프링클러설비의 구성]

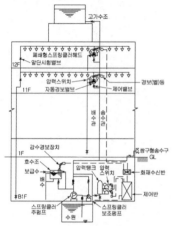

스프링클러 설비의 계통도

[스프링클러 헤드의 구조 및 작동원리]
① 스프링클러 헤드의 구성요소
• 프레임(Frame) : 스프링클러의 몸체
• 가용편(Fusible link) : 온도의 상승으로 이를 감지하고 용해된다.
• 디플렉터(Deflector) : 방수구에서 방출된 물이 부딪쳐 균일하게 살수되도록 한다.
② 작동원리
• 평상시에는 가용편이 관내 압력수의 유출을 막고 있다가 화재가 발생하면 실내온도의 상승으로 가용편이 용해되어 관내의 물이 방출된다.
• 작동온도 : 65~75℃(정온식)

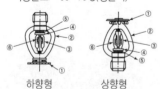

하향형   상향형

① Deflector(반사판) ② Frame
③ Fusihle link(가용 합금편)
④ Valve cap   ⑤ Metal gusket
⑥ Cyinder
폐쇄형 스프링클러헤드의 구조

(3) 옥외소화전 설비
① 설치목적
건물의 1층과 2층 부분의 화재를 옥외에서 진압하기 위해 설치하는 설비이다.
② 옥외소화전의 설치기준
• 표준 방수압력 : 0.25MPa
• 표준 방수량 : 350ℓ/min
• 호스 구경 : 65mm
• 설치거리 : 건물 외부의 각 부분에서 소화전까지의 거리는 40m 이하
③ 소화수량(수원의 수량)

$$Q = 350ℓ/min × 20분 × 동시 사용개수(최대 2개)$$

(4) 스프링클러 설비
① 설치목적
실내에 있는 사람들에게 화재의 발생을 경보로 통보하여 신속한 피난을 유도하고 화재를 초기에 소화하는 자동소화설비이다.
② 특징
㉠ 자동소화설비로 초기소화율이 높다.
㉡ 화재경보의 기능이 있으며, 야간에도 자동감지하여 소화한다.
㉢ 수명이 길고 소화제가 물이므로 경제적이다.
㉣ 감지부의 구조가 기계적이므로 오작동 및 오보가 적다.
㉤ 초기공사비가 많이 든다.
㉥ 물로 인한 2차 피해가 발생할 수 있다.
③ 설치기준
㉠ 표준 방수압력 : 0.1MPa
㉡ 표준 방수량 : 80ℓ/min
㉢ 설치간격
• 소화면적 : 약 10㎡
• 헤드의 설치간격 : 건물의 구조와 용도에 따라 1.7~3.2m 이하
④ 소화수량(수원의 수량)

$$Q = 80ℓ/min × 20분 × 동시 사용개수(10~30개)$$

⑤ 스프링클러 시스템의 종류
㉠ 폐쇄형 습식 시스템
• 가압된 물이 배관 내에 항상 차 있어 화재시 헤드의 개방과 동시에 자동적으로 살수되는 방식이다.
• 가장 일반적으로 많이 사용되는 방식이다.
• 용도 : 거실, 사무실, 숙박업소, 옥내판매장 등

ⓛ 폐쇄형 건식 시스템
- 2차측 배관 내에 물 대신 압축공기를 넣어 화재시 헤드의 개방과 동시에 공기압이 저하되고 이때 건식 밸브가 이를 감지하여 소화펌프를 가동시켜 1차측의 물이 2차측으로 유입되어 살수되는 방식이다.
- 용도 : 동결의 우려가 있는 주차장, 창고 등

ⓒ 폐쇄형 준비작동식 시스템
- 2차측 배관 내에 물 대신 압축공기를 넣어 화재감지기가 화재를 감지하면 준비작동밸브(preaction valve)가 개방됨과 동시에 소화펌프를 가동시켜 1차측의 물이 2차측으로 유입되어 각 헤드가 열의 의하여 개방되면 즉시 살수되는 방식이다.
- 용도 : 동결의 우려가 있는 주차장, 로비, 공장, 창고 등

ⓡ 개방형 일제살수식
- 화재감지기가 화재를 감지하면 일제개방밸브가 개방됨과 동시에 소화펌프를 작동시켜 살수되는 방식이다.
- 용도 : 천장이 높아서 폐쇄형 헤드를 설치하기 곤란한 장소, 순간적으로 연소 확대가 우려되는 장소, 무대부, 위험물 저장소, 페인트 공장 등

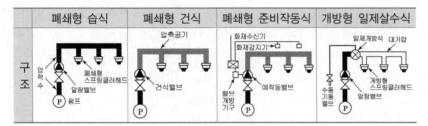

스프링클러 시스템의 종류

· 예제 01 ·

스프링클러 설비시설에 대한 설명으로 옳지 않은 것은? 【13국가직⑨】
① 화재의 열에 의해 스프링클러 헤드가 자동적으로 개구되어 방수하는 방식을 개방형 스프링클러 설비라 한다.
② 특수 가연물을 저장 취급하는 장소에 위치한 스프링클러 헤드 1개의 유효반경은 1.7m 이하로 한다.
③ 스프링클러 헤드의 방수압력은 1kg/cm^2 이상으로 한다.
④ 스프링클러 헤드의 방수량은 80ℓ/min 이상으로 한다.

---

① 화재의 열에 의해 스프링클러 헤드가 자동적으로 개구되어 방수하는 방식을 폐쇄형 스프링클러 설비라 한다.

답 : ①

(5) **특수소화설비**

① 물분무소화설비

   ㉠ 물을 미세하게 분무시켜서 냉각작용과 질식작용으로 소화하는 방식이다.

   ㉡ 적용 장소 : 차고, 주차장, 통신기기 및 전기기기 등의 설치장소

② 포말소화설비

   ㉠ 화재시 거품을 덮어 산소의 공급을 차단시키는 질식작용으로 소화하는 방식이다.

   ㉡ 용도 : 주차장, 위험물 저장탱크, 비행기 격납고 등

③ 이산화탄소 소화설비

   ㉠ 공기 중의 산소농도를 낮추어 희석작용으로 소화하는 방식으로 이산화탄소를 액체상태로 저장한 후 화재시 발화장소에 분사하는 방식이다.

   ㉡ 무색·무취이다.

   ㉢ 동력비 및 유지관리가 필요없다.

   ㉣ 수명이 반영구적이다.

   ㉤ 질식의 우려가 있다.

   ㉥ 용도 : 도서관의 서고, 전기실, 통신기기실, 유류저장고 등

④ 할로겐화합물 소화설비(하론소화설비)

   ㉠ 할로겐화합물 가스를 충전시켜 화재시 방출시켜 소화하는 방식이다.

   ㉡ 인체에 무해하며 소화로 인한 2차 피해가 없다.

   ㉢ 소화력이 가장 우수하다.

   ㉣ 용도 : 전자계산실, 변전실, 서고, 병원의 수술실 등

[연결송수관]

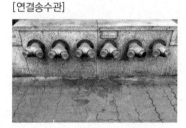

[드렌쳐설비]

수평형　　　수직형

드렌처 헤드

드렌처 헤드 분사

4 소화활동보장설비 등과 방재센터

(1) **연결송수관 설비(Siamese connection, 사이머즈 커넥션)**

① 설치목적

   소방대전용 소화전인 송수구를 통하여 건물 내의 방수구 및 소화전, 스프링클러 등에 송수하기 위한 소화활동보장설비이다.

② 연결송수관의 설치기준

   • 표준 방수압력 : 0.35MPa

   • 표준 방수량 : 800ℓ/min

   • 방수구의 구경 : 65mm

   • 주관의 구경 : 100mm

   • 설치거리 : 건물의 각 부분에서 방수구까지의 거리는 50m 이하

(2) 연결살수설비

① 설치목적

소방대전용 소화전인 송수구를 통하여 실내로 물을 공급하여 그 공급압력에 의해 헤드에서 살수되는 설비로 지하층의 화재 진압용으로 사용되는 소화활동보장설비이다.

② 설치기준

지하층 부분의 면적합계가 150m^2 이상

(3) 드렌처(Drencher) 설비

① 설치목적

건축물의 창, 외벽, 지붕 등에 설치하여 이웃 건물의 화재시 수막을 형성함으로써 연소의 확대를 방지하는 설비이다.

② 설치기준

㉠ 헤드의 설치간격
- 수평 : 2.5m 이하
- 수직 : 4m 이하

㉡ 방수압력 : 0.1MPa

5 경보설비

(1) 설치목적

경보설비는 자동화재탐지설비, 비상경보설비, 비상방송설비 등을 말하며, 이들 중 주가 되는 자동화재탐지설비는 화재발생을 신속히 알리기 위한 설비로 화재 초기단계에서 발생한 열이나 연기를 자동적으로 발견하고 그 신호를 수신기에 보내고 벨, 사이렌 등의 음향장치로 재실자가 신속히 대피하도록 알리는 설비이다.

(2) 자동화재탐지설비(감지기)

① 열감지기

㉠ 정온식 스폿형 감지기
- 실온이 일정 온도 이상으로 상승했을 때 작동한다.
- 바이메탈 사용
- 용도 : 보일러실, 주방 등 열취급 장소

㉡ 차동식 스폿형 감지기
- 주위 온도가 일정한 온도상승률 이상을 나타냈을 때 작동한다.
- 다이어프램 사용
- 용도 : 거실, 사무실 등

[발신기와 수신기]

① 발신기

소화활동과 피난 등을 신속하게 하기 위한 장치로 화재의 발생을 내부의 사람들에게 알리는 동시에 화재발생신호를 수신기에 보내는 기능을 한다.

② 수신기

감지기나 발신기로부터 화재발생신호를 받아 경보음을 울리는 동시에 화재발생 장소를 램프로 표시하는 장치로 종류는 P형, R형, M형이 있다.

ⓒ 차동식 분포형 감지기
- 동파이프 속의 공기가 팽창하여 파이프 속에 접속된 감압실의 접점을 작동시켜 화재신호를 발신한다.
- 용도 : 강당, 공장 등

ⓓ 보상식 감지기
- 정온식과 차동식 성능을 혼합한 감지기
- 공기의 팽창과 금속의 용융을 이용한 감지기

② 연기 감지기
ⓐ 이온화식 감지기 : 연기의 이온농도를 감지하여 작동
ⓑ 광전식 감지기 : 감지기 내에 연기가 일정농도 이상이면 광속이 감지되어 작동
ⓒ 복도, 계단, 무대와 같이 천장높이가 15m 이상인 곳 등

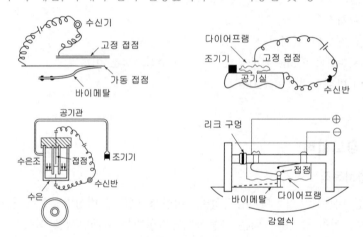

열감지기의 작동원리

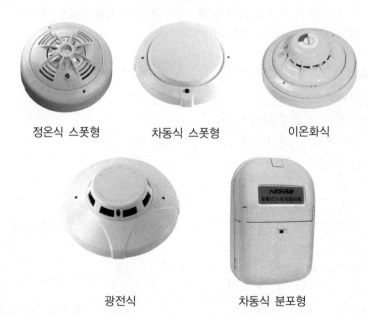

정온식 스폿형   차동식 스폿형   이온화식

광전식   차동식 분포형

05 출제예상문제

1. 건축물의 소방에 필요한 소화설비의 종류가 아닌 것은? 【09국가직⑨】

① 자동화재경보 설비
② 스프링클러 설비
③ 드렌처(Drencher) 설비
④ 옥내소화전 설비

[해설]
  ① 자동화재경보설비 : 열이나 연기를 감지하여 화재발생을 감지하여 화재신호를 발신하는 경보설비이다.

2. 소화방법에 대한 설명으로 옳지 않은 것은? 【14국가직⑨】

① 질식소화법은 불연성 포말 혹은 액체로 연소물을 덮어 산소의 공급을 차단하는 방법이다.
② 희석소화법은 가연물 가스의 산소 농도와 가연물의 조성을 연소 한계점보다 묽게 하는 방법이다.
③ 냉각소화법은 발화점 이하로 온도를 낮추어 연소가 중지되도록 하는 소화방법이다.
④ 촉매소화법은 증발잠열이 크고 비열이 큰 부촉매를 사용하여 가연물의 연소를 억제하는 소화방법이다.

[해설]
  ④ 부촉매소화법(억제소화) : 증발잠열이 크고 비열이 큰 부촉매를 사용하여 가연물의 연소를 억제하는 소화방법으로 연소과정에서 발생하는 수소라디칼이나 수산라디칼을 흡수하는 할로겐화합물이나 분말소화약제 등의 부촉매를 투입하여 연소를 화학적으로 억제하는 방법

3. 다음 중 건축물의 화재에 대비하기 위한 자동소화설비는? 【15지방직⑨】

① 스프링클러 설비
② 옥내 소화전 설비
③ 소화기 및 간이 소화용구
④ 옥외 소화전 설비

[해설]
  ① 스프링클러 설비 : 화재시 실내열을 감지하여 화재통보와 소화가 발화 초기에 동시에 행해지는 자동소화설비

4. 소화설비에 대한 설명으로 옳지 않은 것은? 【11국가직⑦】

① 옥내소화전 설비는 연면적 2,000㎡ 이상인 소방대상물의 전층에 설치한다.
② 연결송수관 설비는 층수가 5층 이상으로서 연면적 6,000㎡ 이상인 건물에 적용한다.
③ 스프링클러 헤드를 설치하는 천장, 반자, 선반 등의 각 부분으로부터 하나의 헤드까지의 수평거리는 2.1m 이하로 하며, 내화구조인 경우에는 2.3m로 한다.
④ 외벽, 창, 지붕 등에 수막을 형성하여 화재연소를 방지하는 것은 드렌처(Drencher)이다.

[해설]
  ① 옥내소화전 설비는 연면적 3,000㎡ 이상인 소방대상물의 전층에 설치한다.

해답 1 ①   2 ④   3 ①   4 ①

5. 다음 설명에 해당하는 스프링클러 설비는?
【09국가직⑦】

> 스프링클러에 감열부가 없는 설비방식으로 물의 분출구가 항상 열려있는 개방형 헤드를 사용하여 화재감지 시 헤드가 설치된 방수구역 내에 동시에 살수하는 방식이다. 또한 사람이 수동으로 밸브를 개방하여 스프링클러가 설치된 모든 구역에 살수가 가능하다.

① 건식설비(Dry Pipe Sprinkler System)
② 습식설비(Wet Pipe Sprinkler System)
③ 준비작동식설비(Preaction System)
④ 일제살수식설비(Deluge System)

[해설]
④ 개방형 일제살수식설비(Deluge System) : 스프링클러에 감열부가 없는 설비방식으로 물의 분출구가 항상 열려있는 개방형 헤드를 사용하여 화재감지 시 헤드가 설치된 방수구역 내에 동시에 살수하는 방식이다. 또한 사람이 수동으로 밸브를 개방하여 스프링클러가 설치된 모든 구역에 살수가 가능하다.

6. 스프링클러 설비시설에 대한 설명으로 옳지 않은 것은?
【13국가직⑨】

① 화재의 열에 의해 스프링클러 헤드가 자동적으로 개구되어 방수하는 방식을 개방형 스프링클러 설비라 한다.
② 특수 가연물을 저장 취급하는 장소에 위치한 스프링클러 헤드 1개의 유효반경은 1.7m 이하로 한다.
③ 스프링클러 헤드의 방수압력은 $1kg/cm^2$ 이상으로 한다.
④ 스프링클러 헤드의 방수량은 $80\ell/min$ 이상으로 한다.

[해설]
① 화재의 열에 의해 스프링클러 헤드가 자동적으로 개구되어 방수하는 방식을 폐쇄형 스프링클러 설비라 한다.

7. 소방설비에 대한 설명으로 옳은 것은?
【19국가직⑦】

① 고층건축물이나 지하층에는 스프링클러의 설치를 피하는 것이 좋다.
② 연결송수관설비, 연결살수설비, 제연설비는 소화활동설비에 해당한다.
③ 드렌처(Drencher)란 건축물의 외벽, 창, 지붕 등에 설치하여, 인접건물에 화재가 발생하였을 때 인접건물에 살수를 하여 화재를 진압하는 방화설비이다.
④ 분당 방수량(ℓ/min)이 많은 것은 옥외소화전설비 〉 옥내소화전설비 〉 연결송수관설비 〉 스프링클러 〉 드렌처 순이다.

[해설]
① 고층건축물이나 지하층에는 스프링클러를 설치하는 것이 좋다.
③ 드렌처(Drencher)란 건축물의 외벽, 창, 지붕 등에 설치하여, 인접건물에 화재가 발생하였을 때 인접건물에 살수를 하여 연소의 확대를 방지하는 방화설비이다.
④ 분당 방수량(ℓ/min)의 순서 : 연결송수관설비 〉 옥외소화전설비 〉 옥내소화전설비 〉 스프링클러 = 드렌처

8. 소화설비 중 소화활동설비에 해당하지 않는 것은?
【18국가직⑨】

① 자동화재탐지설비   ② 제연설비
③ 비상콘센트설비   ④ 연결살수설비

[해설]
① 자동화재탐지설비는 경보설비에 해당한다.

해답   5 ④   6 ①   7 ②   8 ①

Chapter 06

가스설비

가스설비는 분량도 많지 않고 출제빈도가 낮으므로, 간략하게 도시가스의 종류와 가스배관시 고려사항을 정리하길 바란다.

---

① 도시가스의 기초사항

(1) 도시가스의 원료

도시가스란 도시가스의 원료인 석탄, 나프타, LPG, 천연가스 등을 제조·정제 혼합하여 소정의 발열량을 조정한 것을 말한다.

• 고체연료 : 석탄, 코크스
• 액체연료 : 나프타, LPG, SNG
• 기체연료 : 천연가스, LNG

(2) 도시가스의 연료와 특성

① LPG(액화석유가스, Liquefied Petroleum Gas)

ㄱ 주성분 : 석유제품의 제조시 부생하는 프로판, 부탄 등을 액화시킨다.
ㄴ 액화하면 체적이 1/250로 감소된다.
ㄷ 무색·무취이므로 감지가 어렵기 때문에 향료를 배합한다.
ㄹ 공기보다 무거워 가스경보기는 바닥에서 30cm 높이에 설치한다.
ㅁ 연소시 많은 양의 공기가 필요하다.
ㅂ 발열량이 LNG보다 크다.
ㅅ 중독의 위험성이 있다.

② LNG(액화천연가스, Liquefied Natural Gas)

ㄱ 주성분 : 메탄을 주성분으로 하는 천연가스를 냉각하여 액화시킨다.
ㄴ 1기압, -162℃에서 냉각·액화하면 체적이 1/600로 감소된다.
ㄷ 무독성, 무공해이다.
ㄹ 발열량은 LPG에 비해 작다.
ㅁ 공기보다 가벼워 가스경보기는 천장에서 30cm 높이에 설치한다.
ㅂ 폭발성이 LPG보다 적다.
ㅅ 작은 용기에 담아서 사용할 수가 없고 대규모 저장시설을 갖추어 공급해야 한다.

[LPG와 LNG의 비교]

가스의 종류	단위	특성	무게	가스경보기 위치
LPG	kg/h	• 무색·무취 • 발열량이 크다	공기보다 무겁다	바닥에서 30cm
LNG	m³/h	• 폭발성이 적다 • 무독성·무공해	공기보다 가볍다	천장에서 30cm

2 가스 공급설비와 공급압력

(1) 가스 공급설비의 구성

가스 공급설비는 원료에서부터 제조, 압송, 저장, 압력조정, 소비설비에 이르기까지의 과정에 필요한 설비를 말한다.
- 제조설비 : 가스의 제조 또는 발생설비, 정제설비 등
- 공급설비 : 압송기, 정압기, 가스관, 가스미터 등
- 소비실비 : 접속구, 기타 기구와 부속설비 등

(2) 가스의 공급압력

- 저압공급방식 : 공급압력 0.1MPa 미만
- 중압공급방식 : 공급압력 0.1~1MPa
- 고압공급방식 : 공급압력 1MPa 이상

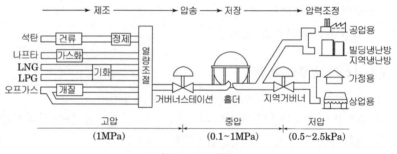

도시가스 공급계통도

3 도시가스의 배관설계

(1) 도시가스의 배관설계시 주의사항

① 가스관의 관경
- 가스공급 본관 : 최소 25mm 이상
- 분기관의 관경 : 20mm 이상

② 가스미터기의 설치위치
- 저압전선과 15cm 이상 이격한다.
- 굴뚝, 콘센트와 30cm 이상 이격한다.
- 전기계량기, 전기개폐기, 전기안전기와는 60cm 이상 이격한다.
- 설치높이 : 1.6~2m 이내
- 화기에서 2m 이상 이격한다.

③ 배관의 위치
- ㉠ 외부로부터 부식이나 손상이 우려되는 곳은 피한다.
- ㉡ 온도변화를 받지 않는 장소를 택한다.
- ㉢ 시공관리가 용이한 곳을 택한다.
- ㉣ 필요한 콕이나 물빼기 장치 등의 설치가 가능해야 한다.

[가스미터기]

(2) 가스설비 시공시 주의사항

① 가스배관상 주의사항

ㄱ 응축수의 유입을 방지하기 위해 1/100~1/200의 구배를 둔다.

ㄴ 신축이음을 설치한다.

ㄷ 노출배관으로 한다.

ㄹ 지중매설깊이는 0.6~1.2m로 하며, 콘크리트에 매설하지 않는다.

ㅁ 배관재료는 관경 50mm 이하는 강관으로 75mm 이상은 주철관으로 시공한다.

ㅂ 주요구조부를 관통하지 않아야 한다.

ㅅ 기밀시험은 최고 사용압력의 1.1배 이상의 압력을 사용한다.

② 가스용기(봄베) 설치시 주의사항

ㄱ 용기는 통풍이 잘되는 옥외에 설치하고 직사광선을 피한다.

ㄴ 용기는 40℃ 이하로 보관하고 2m 이내에는 화기의 접근을 피한다.

ㄷ 부식이 되지 않도록 습기가 없는 장소에 설치한다.

ㄹ 용기에 충격을 금하며 안전한 장소에 설치한다.

[가스배관 시공]

가스관과 전기설비와의 이격거리

배선의 종류	이격 거리
저압옥내·옥외배선	15cm 이상
전기점멸기, 전기콘센트	30cm 이상
전기개폐기, 전기계량기, 전기안전기	60cm 이상
고압옥내배선	60cm 이상
저압옥상전선로	1m 이상
특별고압 지중·옥내배선	1m 이상
피뢰설비	1.5m 이상

1. 도시가스사용시설의 시설기준에 관한 설명으로 옳지 않은 것은?

① 건축물 안의 배관은 매설하여 시공하는 것을 원칙으로 한다.
② 가스계량기와 전기계량기의 거리는 60cm 이상 유지하여야 한다.
③ 지상배관은 부식방지도장 후 표면색상을 황색으로 도색하는 것이 원칙이다.
④ 가스계량기는 보호상자 안에 설치할 경우 직사광선이나 빗물을 받을 우려가 있는 곳에 설치할 수 있다.

[해설]
① 건축물 안의 배관은 노출하여 시공하는 것을 원칙으로 한다.

2. LNG 가스의 특성에 대한 설명 중 틀린 것은?

① LNG의 단위는 kg/h를 사용한다.
② 공기보다 가벼우므로 LPG가스보다 상대적으로 안전하다.
③ 무공해, 무독성이다.
④ 대규모의 저장시설을 필요로 하며, 공급은 배관을 통하여 이루어진다.

[해설]
① LNG의 단위는 m^3/h를 사용한다.

3. 가스설비에 대한 설명으로 옳지 않은 것은?

① 가스배관은 저압전선과 15cm 이상 이격해야 한다.
② 가스미터기는 전기미터기와 60cm 이상 이격해야 한다.
③ 가스배관은 전기콘센트로부터 30cm 이상 이격해야 한다.
④ 세대에 공급되는 도시가스는 500~550mmAq의 압력으로 공급된다.

[해설]
④ 세대에 공급되는 도시가스는 50~250mmAq의 압력으로 공급된다.

4. 가스설비에 관한 설명으로 옳지 않은 것은?

① 액화천연가스(LNG)는 공기보다 가볍다.
② 공동주택의 가스배관은 기본적으로 단열재를 설치해야 한다.
③ 가스배관의 부식과 손상에 의한 가스누설은 안전사고로 이어질 수 있다.
④ 정압기(governor)는 가스의 압력을 조정하는 것으로 가스공급설비에 포함된다.

[해설]
② 가스배관은 노출배관으로 한다.

해답 1 ① 2 ① 3 ④ 4 ②

위생기구 및 배관설비는 출제빈도가 낮으므로 기출문제 중심으로 학습하면 된다.
여기에서는 배관 종류별 특징, 각종 밸브의 특징, 배관의 도시기호에 대한 문제가
출제된다.

1 위생기구

(1) 위생기구의 조건 및 위생도기의 특징

① 위생기구의 조건
   ㉠ 흡수성이 작을 것
   ㉡ 내식성 및 내마모성이 있을 것
   ㉢ 제작이 용이할 것
   ㉣ 설치가 용이할 것
   ㉤ 항상 청결하게 유지할 수 있을 것
② 위생 도기의 특징
   ㉠ 장점
   • 경질이고 산·알칼리에도 침식되지 않으며 내구성이 풍부하다.
   • 청소하기 쉬워 위생적이다.
   • 흡수성이 없고, 오수나 악취 등에 흡수되지 않으며 변질되지 않는다.
   • 복잡한 형태의 기구도 제작할 수 있다.
   ㉡ 단점
   • 탄력성이 없어 충격에 약하므로 파손이 쉽다.
   • 파손되면 보수가 불가능하다.
   • 팽창계수가 아주 작으므로 금속기구나 콘크리트와의 접속에 특수공
     법이 요구된다.
   • 정밀한 치수를 기대할 수 없다.

세면기

대변기

욕조

(2) 위생설비의 유닛(unit)화

① 유닛화의 목적
- ㉠ 공사기간의 단축
- ㉡ 공정의 단순화 및 합리화
- ㉢ 시공 정도의 향상
- ㉣ 재료의 절약
- ㉤ 인건비의 절감
- ㉥ 작업최소화로 능률향상

② 유닛화의 필수조건
- ㉠ 가볍고 운반이 용이할 것
- ㉡ 현장조립이 용이할 것
- ㉢ 가격이 저렴할 것
- ㉣ 대량생산이 가능할 것
- ㉤ 유닛 내의 배관이 단순할 것
- ㉥ 배관이 방수부를 통과하지 않고 바닥 위에서 처리가 가능할 것

2 수세식 대변기(water closet)

(1) 세정방식에 의한 분류

① 세출식
- ㉠ 동양식 변기에 가장 많이 사용한다.
- ㉡ 악취가 심하고, 비위생적이다.
- ㉢ 트랩의 봉수 유효깊이 : 50mm 이상

② 세락식
- ㉠ 일반적으로 양식변기에 많이 사용한다.
- ㉡ 트랩의 봉수 유효깊이 : 50mm 이상

③ 사이펀식
- ㉠ 사이펀작용을 일으켜 흡인 · 배출하는 방식이다.
- ㉡ 세락식보다 배수능력이 떨어진다.
- ㉢ 트랩의 봉수 유효깊이 : 65mm 이상

④ 사이펀 제트식
- ㉠ 수세식변기 중에서 성능이 가장 우수하다.
- ㉡ 가장 많이 사용되는 대변기이다.
- ㉢ 트랩의 봉수 유효깊이 : 75mm 이상

⑤ 블로아웃식(취출식)
- ㉠ 급수압이 0.1MPa 이상이기에 소음이 크다.
- ㉡ 호텔, 주택 등에는 적합하지 않고 학교, 공장 등에 쓰인다.
- ㉢ 트랩의 봉수 유효깊이 : 55mm 이상

[세정방식에 따른 대변기의 종류]

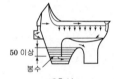

세출식

세락식

사이펀식

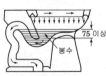

사이펀제트식

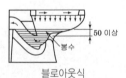

블로아웃식

(2) 세정 급수방식에 의한 분류

① 하이탱크식

ㄱ 탱크의 높이는 1.9m, 탱크의 용량은 15ℓ

ㄴ 급수관경은 15mm, 세정관경은 32mm

ㄷ 변기의 설치면적을 작게 할 수 있다.

ㄹ 세정시 소음이 많이 난다.

ㅁ 탱크 내 고장이 있을 때 수리가 곤란하다.

② 로우탱크식

ㄱ 급수관경 15mm, 세정관경 50mm

ㄴ 인체공학적으로 편리하다.

ㄷ 소음이 적어 주택, 호텔 등에 적합하다.

ㄹ 고장시 수리가 편리하다.

③ 세정밸브식

ㄱ 급수관의 최소관경은 25mm이다.

ㄴ 급수관의 수압은 0.07MPa 이상이다.

ㄷ 호텔, 학교, 사무소 등에서 많이 사용한다.

ㄹ 역류(진공)방지기를 사용해야 한다.

ㅁ 일정양의 물이 나온 후에 자동으로 잠긴다.

④ 기압탱크식

15mm의 급수관으로 조금씩 압력수를 저수해 놓고 그 물을 플러시밸브에 의해 단시간에 세차게 사수하는 방식

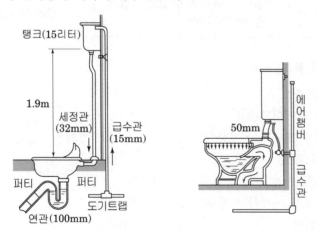

세정 급수방식에 따른 종류

[세정밸브식 대변기]

[배관재료의 종류]

주철관

강관

동관

PVC관

스테인레스관

출 제 빈 도
08국가직 ⑨ 12국가직 ⑨ 20국가직 ⑨ 21국가직 ⑨

3 배관설비

(1) 배관재료의 종류

종 류	특 징	용 도
① 주철관	• 내식성, 내구성, 내압성이 우수하다. • 충격과 인장강도 약하다.	오배수관, 가스배관, 지중매설배관 등
② 강 관	• 가격이 싸고 강도가 크나. • 부식되기 쉽다. • 접합과 시공이 용이하다.	물, 기름, 가스 등을 사용하는 배관
③ 동관 및 황동관	• 내식성 강하고 열전도율이 우수하다. • 관내마찰손실이 작다. • 극연수에 부식된다.	급탕관, 난방관, 냉온수관 등
④ 연 관 (납관)	• 부식이 적고, 굴곡이 용이하다. • 산에는 강하나 알칼리에는 약하므로 콘크리트 매설시 방식 피복해야 한다.	수도인입관, 기구배 수관, 공업용 배관 등
⑤ 경질염화 비닐관 (PVC)	• 내산·내알칼리성, 전기전열성이 우수하다. • 관내 마찰손실이 적다. • 가볍고, 가격이 저렴하다. • 열팽창률이 크며, 충격에 약하다.	급수관, 배수관, 통기관 등
⑥ 스테인레 스 강관	• 내식성이 우수하다. • 강관에 비해 두께가 얇고 가볍다. • 가공성이 우수하다.	급수관, 급탕관, 냉온수관 등

(2) 밸브의 종류[☆]

① 슬루스밸브
  ㉠ 일명 게이트밸브
  ㉡ 배관 도중에 설치하여 수압 및 유량조절, 개폐용
② 글로브밸브
  ㉠ 일명 스톱밸브, 옥형밸브, 구형밸브
  ㉡ 유로를 폐쇄하는 경우나 유량조절에 적합
③ 체크밸브
  ㉠ 역류방지용 밸브, 일명 역지밸브
  ㉡ 리프트형 : 수평배관에 사용
  ㉢ 스윙형 : 수직배관, 수평배관에 사용
④ 콕 : 꼭지를 90° 회전시켜 급속히 개폐. 가스, 물, 기름 등에 사용
⑤ 앵글밸브 : 유체의 흐름을 직각으로 바꾸는 경우에 사용
⑥ 플러시밸브 : 대·소변기에 사용

⑦ 볼탭밸브 : 옥상탱크, 지하저수탱크, 대변기탱크 내 설치

[체크밸브]

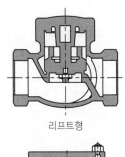

리프트형

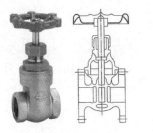

슬루스 밸브

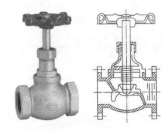

글로브 밸브

스윙형

(3) 배관의 각종 이음류

① 직관의 접합 : 소켓, 니플, 유니언, 플랜지
② 배관을 굴곡할 경우 : 엘보, 밴드
③ 분기할 경우 : T(티), 크로스(＋자), Y(와이)
④ 관경이 다른 경우 : 이경소켓, 이경엘보, 이경티, 부싱, 리듀서
⑤ 배관 말단부 : 플러그, 캡

| 소켓 | 유니온 | 플랜지 | 니플 |

| 티 | 크로스 | 90도 엘보 | 45도 엘보 |

| 리듀서 | 이경 엘보 | 이경 티 |

| 플러그 | 캡 |

각종 이음류의 형상

4 배관설비용 도시기호

(1) 색체에 의한 배관의 식별[☆]

종 류	식별색	종 류	식별색
공 기	백 색	유 류	진한 황적색
가 스	황 색	산 · 알칼리	회자색
증 기	진한 적색	전 기	엷은 황적색
물	청 색		

(2) 밸브류의 도시기호

종 류	도시기호	종 류	도시기호
밸브		역지밸브	
슬루스밸브		공기빼기밸브	
글로브밸브		콕	
앵글밸브		전동밸브	

(3) 배관류 도시기호

종 류	도시기호	종 류	도시기호
급수관		배수관	── D ──
급탕관	─ ┃ ── ┃ ─	배수주철관	
반탕관	─ ‖ ── ‖ ─	소화수관	── x ── x ──
통기관	- - - - - - -	가스관	── G ── G ──

(4) 신축이음 및 연결 부속

종 류	도시기호	종 류	도시기호
플랜지		슬리브형	
유니언		벨로즈형	
		곡관형	

(5) 위생기구 및 소화기구

종 류	도시기호	종 류	도시기호
볼탭		송수구	
샤워		청소구	

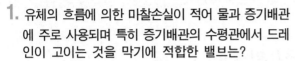

출제예상문제

1. 유체의 흐름에 의한 마찰손실이 적어 물과 증기배관에 주로 사용되며 특히 증기배관의 수평관에서 드레인이 고이는 것을 막기에 적합한 밸브는?

【08국가직⑨】

① 글로브 밸브(Globe Valve)
② 슬루스 밸브(Sluice Valve)
③ 체크 밸브(Check Valve)
④ 앵글 밸브(Angle Valve)

[해설]
　② 슬루스 밸브(Sluice Valve) : 밸브의 통로에 변화가 없어 유체의 마찰손실이 적고 일명 게이트밸브라고 한다. 배관 도중에 설치하여 수압 및 유량조절, 수리용으로 이용하며 증기배관의 경우 수평관에 드레인이 고이는 것을 막기에 적합하다.

2. 배관의 부속품에서 유체의 흐름을 한 방향으로만 흐르게 하고 반대 방향으로는 흐르지 못하게 하는 밸브는?

【12국가직⑨】

① 체크 밸브(Check Valve)
② 글로브 밸브(Globe Valve)
③ 슬루스 밸브(Sluice Valve)
④ 볼 밸브(Ball Valve)

[해설]
　① 체크 밸브(Check Valve) : 유체의 흐름을 한 방향으로만 흐르게 하고 반대 방향으로는 흐르지 못하게 하는 밸브로서 역류방지용 밸브로 사용된다.

3. 위생 및 소화, 가스설비에서 배관 색채기호와 대상의 조합이 옳지 않은 것은?

【11국가직⑨】

① 물(W) : 청색
② 가스(G) : 진한 회색
③ 기름(O) : 진한 황적색
④ 증기(S) : 진한 적색

[해설]
　② 가스 : 황색

4. 위생기구에 관한 설명으로 옳지 않은 것은?

① 우수한 대변기의 조건으로는 건조면적이 크고 유수면이 좁아야 한다.
② 위생기구의 재질은 흡수성이 작아야 하며, 내식성, 내마모성 등이 우수해야 한다.
③ 사이펀 제트식(syphon-jet type) 대변기는 세출식(wash-out type)에 비하여 유수면을 넓게, 봉수 깊이를 깊게 할 수 있다.
④ 세출식(wash-out type) 대변기는 오물을 대변기의 얕은 수면에 받아 대변기 가장자리의 여러 곳에서 분출되는 세정수로 오물을 씻어내리는 방식이다.

[해설]
　① 대변기의 유수면이 넓어야 변기의 오염이 적어진다.

5. 세정밸브식 대변기에 관한 설명으로 옳지 않은 것은?

① 소음이 적어서 일반주택에서 많이 사용한다.
② 급수관의 관지름은 25mm 이상으로 한다.
③ 연속사용이 가능한 화장실에 많이 사용된다.
④ 급수관이 부압이 되면 오수가 급수관 내로 역류할 위험이 있어 진공방지기를 설치한다.

[해설]
　① 세정밸브식 대변기는 소음이 많아 일반주택에서는 사용하지 않는다.

6. 배관 부속의 용도에 관한 설명으로 옳지 않은 것은?

① 니플 : 배관의 방향을 바꿀 때
② 플러그, 캡 : 배관 끝을 막을 때
③ 티, 크로스 : 배관을 도중에서 분기할 때
④ 이경 소켓, 리듀서 : 서로 다른 지름의 관을 연결할 때

[해설]
　① 니플 : 배관의 직관이음을 할 때

해답　1 ②　2 ①　3 ②　4 ①　5 ①　6 ①

난방설비에서는 열량과 전열에 대한 이해가 요구되며, 난방방식의 종류와 특징, 난방설비의 배관설계, 표준방열량과 상당방열면적, 보일러의 종류와 특성에 대한 문제가 출제된다.

---

1 난방설비의 기초사항[☆☆☆]

(1) 열과 열량

① **열량**

표준기압(760mmHg) 하에서 순수한 물 1kg을 14.5℃에서 15.5℃까지 온도를 1℃ 올리는 데 필요한 열량을 1kcal = 4.2kJ 이라 한다.

② **비열**

- 물질 1kg을 1℃ 올리는 데 필요한 열량
- 단위는 kJ/kg·K
- 물의 비열은 4.2kJ/kg·K

③ **열용량**

어떤 물질이 일정한 온도까지 상승하는 데 필요한 열량, 즉 어떤 물질이 축적할 수 있는 열량

$$Q = c \cdot m \cdot \varDelta t$$

여기서, Q : 열량(KJ)

    c : 물질의 비열(KJ/kg·K)

    m : 질량(kg)

    $\varDelta t$: 변한온도(℃)

④ **현열**

  ㉠ 상태는 변하지 않고 온도가 변하면서 출입하는 열

  ㉡ 온수난방에서 이용

⑤ **잠열**

  ㉠ 온도는 변하지 않고 상태가 변하면서 출입하는 열

  ㉡ 증기난방에서 이용

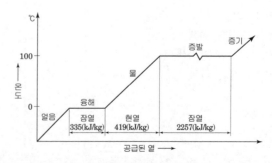

열의 종류와 열량 변화

출제빈도

08국가직 ⑨ 09국가직 ⑨ 10국가직 ⑨
10국가직 ⑦ 16지방직 ⑨ 20지방직 ⑨
21국가직 ⑦

[온열환경의 요소]

① 쾌적영역의 4대 요소 : 온도, 습도, 기류, 복사열

② 공기조화의 4대 요소 : 온도, 습도, 기류, 청정도

  ※ 쾌적영역 : 최소의 생리적 노력에 의해 생산열량과 발열량이 평형을 이루는 덥지도 춥지도 않은 열환경 상태의 범위를 말한다.

[물의 변화에 따른 열량의 변화]

① 0℃ 물 → 100℃ 물 : 420kJ(현열)

② 0℃ 얼음 → 0℃ 물 : 335kJ(융해잠열)

③ 100℃ 물 → 100℃ 수증기 : 2,257kJ (증발잠열)

· 예제 01 ·

열(熱)에 대한 설명으로 옳지 않은 것은? 【08국가직⑨】
① 열은 에너지의 일종으로 물체의 온도를 올리거나 내리게 하는 효과가 있다.
② 현열(Sensible Heat)은 온도계의 눈금으로 나타나지만 잠열(Latent Heat)
은 나타나지 않는다.
③ 물 1kg을 14.5℃에서 15.5℃로 높이는데 필요한 열량을 1kcal라 한다.
④ 온도를 상승시키는 열을 잠열(Latent Heat)이라 하고 동일 온도에서 물체
의 상태만을 변화시키는 열을 현열(Sensible Heat)이라 한다.

④ 온도를 상승시키는 열을 현열(Latent Heat)이라 하고 동일 온도에서 물체의 상태만을 변화시키는
열을 잠열(Sensible Heat)이라 한다.

답 : ④

(2) 온도

① 섭씨온도 ℃

표준기압 하에서 순수한 물의 빙점을 0, 끓는점은 100으로 하여 그 사이
를 100등분 한 것을 눈금으로 잡은 것이다. 이 단위는 우리나라에서 사
용한다.

② 화씨온도 ℉

순수한 물의 빙점을 32, 끓는점을 212로 하여 그 사이를 180등분 한 것
을 눈금으로 잡은 것이다. 이 단위는 영국과 미국에서 사용한다.

(3) 전열이론

① 열관류

㉠ 고체의 격리된 공간의 한쪽에서 다른 쪽으로 전도·대류·복사에 의
해 열이 전달되는 것을 말한다. 즉, 벽을 매개로 하여 높은 온도의
공기가 낮은 온도의 공기 측으로 전달되는 현상이다.

• 열관류량 $Q = K(t_1 - t_2) A \cdot T$
여기서, K : 열관류율$(w/m^2 \cdot K)$
A : 표면적(m^2)
t_1, t_2 : 온도(℃)
T : 시간(h)

[전열의 기본원리]

전열(傳熱, Heat Transmission)이란 열의
전달 또는 열의 이동을 말한다. 보통 전열
현상은 다음의 전열형태의 하나가 단독으
로 일어나는 것이 아니고 복합된 형태로
일어난다.
① 전도(conduction) : 고체 또는 정지한
유체(공기, 물 등)에서 분자 또는 원자
에너지의 확산에 의해 열이 전달되는
형태이다.
② 대류(convection) : 유체가 온도차에 의
해 밀도의 차이가 발생하여 유체의 이
동에 의해 열이 전달되는 형태이다.
③ 복사(radiation) : 고온의 물체 표면에서
전자파가 발생하여 저온의 물체 표면으
로 열이 전달되는 형태로 진공에서도
일어난다.

ⓒ 열관류율(K) : 벽체를 사이에 두고 공기 온도차가 1℃일 경우 1㎡의 벽면을 통해 1시간 동안 흘러가는 열량을 말한다.

$$\text{열관류율 } K = \cfrac{1}{\dfrac{1}{a_1} + \Sigma \dfrac{d}{\lambda} + \dfrac{1}{a_2}}$$

여기서, K : 열관류율(w/m² · K)
a_1, a_2 : 실내·외 열전달률(w/m² · K)
d : 벽체의 두께(m)
λ : 벽체의 열전도율(w/m · K)

② 열전달

ⓐ 고체와 이에 접하는 유체 사이에서 대류와 복사에 의한 열의 흐름을 말한다. 즉, 유체가 이동하여 고체에 열을 전하는 현상을 말한다.

$$\text{열전달량 } Q = a(t_1 - t_2) \, A \cdot T$$

여기서, a : 열전달률(w/m² · K)
A : 표면적(m²)
t_1, t_2 : 온도(℃)
T : 시간(h)

ⓑ 열전달률(a) : 고체 표면과 유체 간의 열의 이동정도를 나타내며 벽 표면적 1㎡, 벽체와 공기의 온도차 1℃일 때 1시간 동안 흐르는 열량을 말한다.

③ 열전도

ⓐ 고체 내부의 고온 측에서 저온 측으로 열이 이동하는 현상을 말한다. 즉, 순수한 고체 내부에서의 열 흐름을 말한다.

$$\text{열전도량 } Q = \frac{\lambda \cdot A \cdot (t_1 - t_2) \cdot T}{d}$$

여기서, λ : 열전도율(w/m · K)
A : 표면적(m²)
t_1, t_2 : 온도(℃)
T : 시간(h)

ⓑ 열전도율(λ) : 어떤 재료의 두께 1m당 1℃의 온도차에서 1시간 동안 전하는 열량을 말한다.

[재료의 특성과 열전도율]
① 재료의 열전도저항 값이 클수록, 열전도율이 낮을수록 단열효과가 우수하다.
② 작은 공극이 많고 비중이 낮은 재료가 열전도율이 작다.
③ 재료에 습기가 차면 열전도율은 커진다.

④ 열관류저항

㉠ 열관류율의 역수로 고체로 격리된 공간의 한쪽에서 다른 쪽으로 열이 흘러가는 것을 막으려는 현상

㉡ 단위 : $m^2 \cdot K/w$

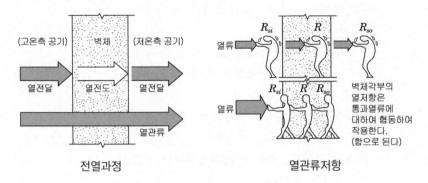

전열과정 　　　　　　 열관류저항

2 **난방방식[☆☆☆]**

(1) 난방방식의 분류

① **증기난방** : 증기를 방열기로 보내 증기의 증발잠열을 이용한 난방방식이다.
② **온수난방** : 온수를 방열기로 보내 온수의 현열을 이용하는 난방방식이다.
③ **복사난방** : 실을 구성하는 바닥, 천장, 벽체에 배관을 매설하고 온수를 공급하여 그 복사열로 난방하는 방식이다.
④ **온풍난방** : 온풍난방은 온풍로로 가열한 공기를 직접 실내로 공급하는 난방방식이다.

(2) 증기난방

① **증기난방의 특징**

㉠ 장점
• 열의 운반능력이 크다.
• 예열시간이 짧고 증기순환이 빠르다.
• 방열면적 및 관경이 작아도 된다.
• 설비비, 유지비가 싸다.
• 동결우려가 적다.

㉡ 단점
• 방열량조절이 어렵다.
• 먼지 등의 상승으로 비위생적이다.
• 소음이 크다.(스팀해머 발생)
• 방열기 표면에 접하면 화상의 우려가 있다.
• 온수난방에 비해 쾌감도가 떨어진다.

[난방도일(H・D : heating degree – days)]

① 실내의 평균기온과 외기의 평균기온과의 차에 일수를 곱한 것이다.

$H \cdot D = \Sigma(t_i - t_o) \cdot days$

(t_i : 실내평균기온, t_o : 실외평균기온)

② 어느 지방의 추운 정도를 나타내는 지표가 될 수 있다.
③ 연료소비량을 추정・평가하는 데 편리하다.
④ 난방도일이 크면 클수록 연료소비량은 많아진다.
⑤ 단위 : ℃×days

출제빈도		
09지방직 ⑦	11국가직 ⑨	11지방직 ⑨
13국가직 ⑨	15국가직 ⑨	15지방직 ⑨
20국가직 ⑨	20지방직 ⑨	21지방직 ⑨

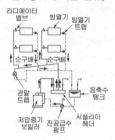

[응축수 환수방식에 따른 분류]

진공환수식

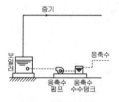

기계환수식

[환수주관 위치에 따른 분류]

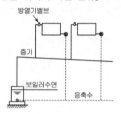

습식 환수배관

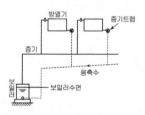

건식 환수배관

[배수 트랩과 증기 트랩]
① 배수 트랩 : 배수관 속의 악취, 유독가스 및 벌레 등이 실내로 침투하는 것을 방지하기 위해 배수계통의 일부에 봉수를 고이게 하는 기구, S트랩, P트랩, U트랩, 드럼트랩, 벨트랩 등이 있다.
② 증기 트랩 : 응축수만을 보일러 등에 환수시키기 위해 사용되는 장치으로, 벨로우스트랩, 버킷트랩, 플로트트랩, 바이메탈트랩 등이 있다.

② 증기난방방식의 분류
  ㉠ 응축수 환수방식에 의한 분류
  • 중력 환수식
    – 방열기가 보일러보다 항상 높은 위치에 있어야 한다.
    – 순환속도가 느리며, 소규모 건물에 사용
  • 기계 환수식
    – 응축수 펌프를 이용하는 보일러에 환수시키는 방식
    – 방열기 설치위치에 제한을 받지 않고, 대규모 건물에 사용
  • 진공 환수식
    – 진공펌프를 이용하여 환수하는 방식
    – 순환이 가장 빠르며, 방열기 설치위치에 제한을 받지 않는다.
    – 관경이 작아도 되며, 공기빼기밸브가 필요치 않다.
    – 대규모에 적합하다.
  ㉡ 배관방식에 의한 분류
  • 상향식 : 단관식, 복관식
  • 하향식 : 단관식, 복관식
  • 상하 혼용식 : 대규모 건물의 불리한 온도차를 줄인다.
  ㉢ 환수주관 위치에 의한 분류
  • 습식 : 보일러 수면보다 환수주관이 낮은 위치에 있을 때
  • 건식 : 보일러 수면보다 환수주관이 높은 위치에 있을 때
  ㉣ 사용압력에 따른 분류
  • 저압 증기난방 : 0.1MPa 미만(보통 0.015~0.035MPa)
  • 고압 증기난방 : 0.1MPa 이상

③ 증기난방용 부속품
  ㉠ 방열기밸브 : 방열량 조절이 목적, 증기용 · 온수용
  ㉡ 방열기트랩(증기트랩, 열동트랩) : 응축수만을 보일러 등에 환수시키기 위해 사용되는 장치
  • 벨로우스트랩   • 버킷트랩
  • 플로트트랩   • 바이메탈트랩
  ㉢ 2중 서비스밸브 : 한랭지배관에서 응축수의 동결을 막기 위한 장치
  ㉣ 감압밸브 : 고압증기를 저압증기로 감압시키는 밸브
  ㉤ 공기빼기밸브 : 방열기 안의 공기 제거
  ㉥ 인젝터 : 증기보일러의 급수장치
  ㉦ 증기헤더 : 증기를 각 계통별로 고르게 송기하기 위한 장치

각종 증기트랩의 외형

각종 증기트랩의 단면

방열기트랩

버킷트랩

증기트랩의 종류

④ 증기난방 배관법

　㉠ 냉각다리(냉각테, Cooling leg)

　　• 완전한 응축수를 트랩에 보내는 역할

　　• 노출배관으로 보온피복을 할 필요가 없다.

　　• 냉각면적을 넓히기 위해 1.5m 이상의 길이로 한다.

　　• 관경은 증기주관보다 작게 한다.

　㉡ 하트포드배관(Hartford connection)

　　• 저압 증기난방에서 보일러 내의 안전수위를 확보하기 위한 배관법으로 보일러에 빈불 때는 것을 방지한다.

　　• 증기압과 환수압의 균형을 유지한다.

　㉢ 리프트이음(Lift fitting)

　　• 환수관을 방열기보다 높은 곳에 설치할 때, 환수주관보다 높은 곳에 진공펌프를 설치할 때에 환수관의 응축수를 끌어올릴 수 있는 배관법이다.

　　• 1단의 높이는 1.5m 이내로 한다.

　　• 수직관은 수평관보다 한 치수 가는 관으로 한다.

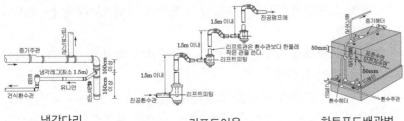

냉각다리　　　리프트이음　　　하트포드배관법

증기난방의 배관방법

國家職· 지방직 · 서울시 대비

[증기난방과 온수난방의 비교]

내 용	증기난방	온수난방
열용량	작다	크다
예열시간	짧다	길다
열운반 능력	크다	작다
관 경	작다	크다
방열기면적	작다	크다
설비유지비	작다	크다
스팀해머 (소음)	발생	발생하지 않는다
방열량 조정	어렵다	용이하다
쾌감도	불쾌 (사무소·학교 ·백화점 등)	쾌적 (아파트·호텔 ·병원 등)
사용하는 열의 종류	잠열	현열
표준방열량	0.756 kW/m²·h	0.523 kW/m²·h

개방형 팽창탱크

(3) 온수난방

① 온수난방의 특징
  ㉠ 장점
  • 온도조절이 용이하다.
  • 증기난방에 비해 쾌감도가 좋다.
  • 보일러취급이 용이하고 안전하다.
  • 증기난방에 비해 관부식이 적다.
  • 스팀해머가 생기지 않아 소음이 작다.
  • 보일러가 정지하여도 난방효과가 오래간다.
  ㉡ 단점
  • 예열시간이 길다.
  • 증기난방에 비해 설비비가 많이 든다.
  • 한랭시 난방을 정지할 경우 동결의 우려가 있다.
  • 온수순환시간이 길다.
  • 증기난방에 비해 방열면적과 배관의 관경이 커진다.

② 온수난방방식의 분류
  ㉠ 온수순환방식에 의한 분류
  • 중력순환식 : 온도차(소규모난방)
  • 강제순환식 : 순환펌프(대규모난방)

  ㉡ 배관방식에 의한 분류
  • 상향식 : 단관식, 복관식
  • 하향식 : 단관식, 복관식

  ㉢ 온수온도에 의한 분류
  • 보통온수난방 : 100℃ 이하(65~80℃)의 온수, 소규모 건물에 이용 (저압용 보일러 : 주철제 보일러 사용)
  • 고온수난방 : 100℃ 이상(100~150℃)의 온수, 지역난방 등 대규모 건물에 이용(고압용 보일러 : 강판제 보일러 사용)

③ 온수난방의 배관방식 및 부속기기
  ㉠ 팽창탱크 : 물의 온도변화에 따라 팽창하는 체적에 대응하기 위해 설치하는 것으로 안전밸브 역할을 한다.
  • 개방식 팽창탱크(보통온수난방) : 최상층 방열기보다 높은 위치에 설치한다.
  • 밀폐식 팽창탱크(고온수난방) : 팽창탱크의 위치는 방열기 위치에 영향을 받지 않는다.
  ㉡ 리턴콕 : 온수의 유량을 조절하는 밸브
  ㉢ 공기빼기밸브 : 방열기 안에 생긴 공기를 제거하기 위한 밸브로 방열기 유입구 상부에 설치한다.

388 • 제4편 건축설비

ⓔ 3방 밸브 : 부주의로 밸브가 닫힌 채로 운전하는 경우 위험을 방지하기 위한 특수구조의 밸브

ⓜ 역환수 배관 : 온수의 유량을 균등하게 분배하기 위하여 각 방열기마다 배관회로 길이를 같게 하는 방식

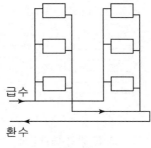

역환수방식

밀폐형 팽창탱크

· 예제 02 ·

온수(보통온수)난방 및 증기난방의 특징으로 옳지 않은 것은?

【15국가직⑨】

① 온수난방은 열용량이 크므로 난방부하의 변동에 따른 온수온도 조절이 곤란하다.

② 온수난방은 온수의 현열을 이용한 난방이므로 증기난방에 비해 난방 쾌감도가 높다.

③ 온수난방은 증기난방에 비하여 방열면적과 배관의 관경이 커야 한다.

④ 온수난방은 연속난방, 증기난방은 간헐난방에 더 적합하다.

① 온수난방은 열용량이 크고 난방부하의 변동에 따른 온수온도 조절이 증기난방에 비해 용이하다.

답 : ①

⑷ 복사난방

① 복사난방의 특징

ⓐ 장점
• 실내의 온도분포가 균등하여 쾌감도가 높다.
• 방을 개방상태로 하여도 난방효과가 높다.
• 바닥의 이용도가 높다.
• 실온이 낮아도 난방효과가 있다.
• 천장이 높은 방의 난방도 가능하다.

ⓑ 단점
• 외기온도의 급변에 따른 방열량조절이 곤란하다.
• 시공이 어렵고 수리비, 설비비가 고가이다.
• 매입배관이므로 고장 발견이 어렵다.
• 열손실을 막기 위한 단열층이 필요하다.

② 복사난방 설계시 주의사항

㉠ 배관의 매설깊이 : 관경의 1.5~2.0배 이상

㉡ 배관의 길이 : 배관회로 하나의 길이는 50m 이하

㉢ 배관의 간격 : 20~30cm

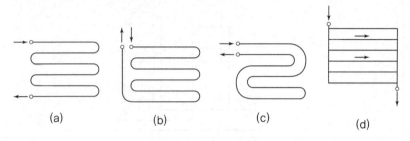

(a) (b) (c) (d)

복사난방의 배관방식

· 예제 03 ·

일반적인 온수온돌 복사난방에 대한 설명으로 옳지 않은 것은?

【11국가직⑨】

① 실내의 온도분포가 균등하고 쾌감도가 높다.
② 평균온도가 낮기 때문에 동일 방열량에 대해 손실열량이 크다.
③ 구조체를 덥히게 되므로 예열시간이 길어져 일시적으로 쓰는 방에는 부적당하다.
④ 하자 발견 및 보수가 어렵다.

② 평균온도가 낮기 때문에 동일 방열량에 대해 손실열량이 작다.

답 : ②

(5) **온풍난방**

㉠ 장점

• 열효율이 높고 연료비가 적게 든다.
• 예열시간이 짧고 실온상승이 빠르다.
• 설치가 쉽고 설비비도 적게 든다.
• 온도조절이 쉽고 유지관리도 용이하다.

㉡ 단점

• 소음이 크고 쾌감도가 좋지 않다.
• 풍량이 적을 경우 실내의 온도분포가 좋지 않다.

[온풍난방의 종류]
① 온기로식
• 직접 취출형 : 각 실에 온기로를 설치하여 덕트없이 온풍을 직접 공급한다.
• 덕트식 : 기계실에 온기로를 설치하여 덕트를 통하여 온풍을 공급한
② 가열코일식 : 증기 또는 온수를 코일에 통과시켜 공기를 가열하여 각 실에 공급하는 방식으로 설비비가 고가이다.

(6) 지역난방

㉠ 장점

- 열효율이 좋고 연료비가 절약된다.
- 대규모이므로 인건비가 싸다.
- 건물 내의 유효면적이 증대된다.
- 매연 및 진애에 의한 도시의 대기오염이 감소된다.

㉡ 단점

- 배관 도중 열손실이 크다.
- 열 사용량이 적으면 기본요금이 높아진다.
- 초기 시설투자비가 높다.

3 보일러[☆]

(1) 보일러의 종류와 특성

종류	사용압력	특징	용도
주철제 보일러	• 증기 : 0.1MPa 이하 • 온수 : 0.3MPa 이하	① 내식성이 우수하고 수명이 길다. ② 취급이 간편하고 분할·반입이 용이하다. ③ 가격이 싸다. ④ 보일러의 능력변경이 가능하다. ⑤ 재질이 약하여 고압에는 부적당하다.	소규모건축물의 난방, 급탕, 증기, 온수보일러
노통연관식 보일러	0.4~0.7MPa 정도 (1.0MPa 이하)	① 보유수량이 많으므로 부하변동에도 안전하다. ② 수명이 짧고 고가이다. ③ 예열시간이 길다. ④ 열효율이 좋다.	중·대규모건축물의 증기·온수난방용 보일러
수관식 보일러	1.0MPa 이상	① 열효율이 좋고 보유수량이 적으므로 증기발생이 빠르다. ② 설치면적이 넓고 고가이며 급수처리가 까다롭다. ③ 대용량이다.	대규모 건축물이나 지역난방의 보일러
관류식 보일러	증기발생기	① 소음 발생에 유의하여야 하며, 물처리가 복잡하다. ② 누수 등이 적고 열효율이 좋다. ③ 가동시간이 짧고 증발속도가 빠르다.	중·소규모 건물

출제빈도

14국가직 ⑨

[주철제 보일러]

[노통연관식 보일러]
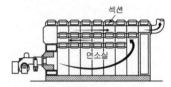

[수관식 보일러]
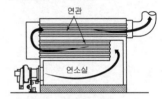

[관류식 보일러]
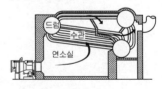
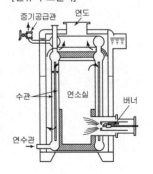

(2) 보일러의 효율과 능력

① 보일러마력

㉠ 1시간에 100℃의 물 15.65kg을 전부 증기로 증발시키는 능력을 1보일러마력이라 한다.

㉡ 유효열량 : 15.65kg/h × 2,257kJ/kg ≒ 35,322kJ/h ≒ 9.8kW

② 부하 및 용량

㉠ 보일러의 부하

$$H = H_r + H_w + H_p + H_e$$

H_r : 난방부하(kW/h)　　　　H_w : 급탕부하(kW/h)

H_p : 배관부하(kW/h)　　　　H_e : 예열부하(kW/h)

㉡ 보일러의 용량

• 정격출력 = 난방부하+급탕부하+배관부하+예열부하

• 상용출력 = 난방부하+급탕부하+배관부하

• 정미출력 = 난방부하+급탕부하

③ 위치 및 구조

㉠ 보일러의 위치

• 건물중앙부의 난방부하 중심에 위치

• 굴뚝위치는 보일러에 가깝게 설치

㉡ 보일러실의 구조

• 내화구조

• 천장 높이는 보일러의 최상부에서 1.2m 이상

• 보일러 외벽에서 벽까지 거리는 0.45m 이상

• 2개 이상의 출입구, 보일러의 반출입이 용이

• 채광, 통풍이 용이　　　　• 정온식 감지기 부착

4 방열기

(1) 방열기의 종류

① 형상에 따른 분류

㉠ 주형 방열기(Column radiator) : 2주형, 3주형, 3세주형, 5세주형 등이 있다.

㉢ 벽걸이형 방열기(Wall radiator) : 횡형(가로형)과 종형(세로형)이 있다.

㉣ 대류방열기(Convector) : 열의 대류현상을 원리로 하여 만든 방열기이다. 열효율이 좋아 널리 사용되고 있으며, 특히 낮은 위치에 설치된 것을 베이스보드히터라고 한다.

㉤ 길드방열기(Gilled radiator) : 방열면적을 증가시키기 위해 열전도율이 좋은 금속핀을 여러 개 끼운 방열기이다.

② 재료에 따른 분류

　㉠ 주철제 방열기 : 니플(Nipple)을 이용하여 필요한 절수를 조립하여 만든 방열기로, 부식에 강하고 내구성이 있다. 0.1MPa 이하의 저압 증기난방에 사용된다.

　㉡ 강판제 방열기 : 고압에 사용한다.

　㉢ 알루미늄제 방열기 : 화장실 등 간단한 곳에 사용한다.

[방열기의 설치]
방열기는 반드시 개구부 아래에 설치한다.

(2) **방열기 표시법**

① 호칭

　㉠ 주형방열기 : 2주 → Ⅱ, 3주 → Ⅲ(※ 로마 숫자 사용)

　㉡ 세주형방열기 : 3세주 → 3, 5세주 → 5(※ 아라비아 숫자 사용)

　㉢ 벽걸이방열기(W) : 횡형 → H, 종형 → V

② 도면상의 표시법

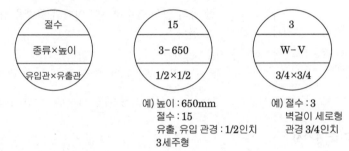

예) 높이 : 650mm
　　절수 : 15
　　유출, 유입 관경 : 1/2인치
　　3세주형

예) 절수 : 3
　　벽걸이 세로형
　　관경 3/4인치

③ 방열기의 표준방열량

열매온도와 실내온도가 표준상태일 때, 방열기의 표면적 1㎡당 1시간 동안의 방열량을 말한다.

• 증기난방 : $0.756kW/m^2h$

• 온수난방 : $0.523kW/m^2h$

④ 상당방열면적(EDR : Equivalent Direct Radiation)

필요한 방열량을 낼 수 있는 방열기의 면적을 말한다.

$$EDR = \frac{총손실열량(난방부하)}{표준방열량} (m^2)$$

⑤ 소요 방열기 계산

$$방열기 \ 절수 = \frac{총손실열량(난방부하)}{표준방열량 \times 1절의 면적} (개)$$

방열기의 표준방열량

열매	표준상태의 온도(℃)		표준 온도차(℃)	방열 계수	표준방열량 (kW/m²h)	상당방열 면적(EDR)	섹션 수
	열매온도	실내온도					
증기	102	18.5	83.5	7.8	0.756	HL/0.756	HL/0.756·a
온수	80	18.5	61.5	7.2	0.523	HL/0.523	HL/0.523·a

08 출제예상문제

1. 열(熱)에 대한 설명으로 옳지 않은 것은?

【08국가직⑨】

① 열은 에너지의 일종으로 물체의 온도를 올리거나 내리게 하는 효과가 있다.

② 현열(Sensible Heat)은 온도계의 눈금으로 나타나지만 잠열(Latent Heat)은 나타나지 않는다.

③ 물 1kg을 14.5℃에서 15.5℃로 높이는데 필요한 열량을 1kcal라 한다.

④ 온도를 상승시키는 열을 잠열(Latent Heat)이라 하고 동일 온도에서 물체의 상태만을 변화시키는 열을 현열(Sensible Heat)이라 한다.

[해설]
④ 온도를 상승시키는 열을 현열(Latent Heat)이라 하고 동일 온도에서 물체의 상태만을 변화시키는 열을 잠열(Sensible Heat)이라 한다.

2. 실내에서 인체의 온열 감각에 영향을 미치는 4가지 요소로 옳은 것은?

【09국가직⑨】

① 기온, 습도, 기압, 복사열

② 기온, 습도, 기류, 복사열

③ 열관류, 열전도, 복사열, 대류열

④ 기온, 습도, 기류, 압력

[해설]
온열환경의 요소 : 기온, 습도, 기류, 복사열

3. 열에너지에 대한 설명 중 옳지 않은 것은?

【09국가직⑨】

① 분자의 무질서한 운동의 형태를 갖는 에너지를 현열이라고 한다.

② 온도계로 측정하고 느낄 수 있는 열을 현열이라고 한다.

③ 물체의 상태변화에 사용되는 열을 현열이라고 한다.

④ 부피와 온도 모두 현열의 함수이다.

[해설]
③ 물체의 상태변화에 사용되는 열을 잠열이라고 한다.

4. 열환경에 관한 설명으로 옳지 않은 것은?

【10국가직⑨】

① 질량 m[kg], 비열 c[kcal/kg·℃]의 물체의 온도를 1℃ 높이는 데에는 mc[kcal/℃]의 열량이 필요하며, 이 열량을 그 물체의 열용량이라고 한다.

② 난방도일(Heating Degree Day)은 1년 중 난방을 하는 일수이다.

③ 상대습도는 그 상태 수증기의 분압과 그 온도에 있어서 포화수증기압과의 비이다.

④ 물체는 상태가 변화할 때 온도의 변화 없이 일정한 양의 열을 흡수하는데 이때의 열량을 잠열량이라 한다.

[해설] 난방도일
① 실내의 평균기온과 외기의 평균기온과의 차이에 일(days)을 곱한 것이다.
② 어느 지방의 추위의 정도와 연료소비량을 추정 평가하는데 사용된다.

5. 열의 이동에 대한 설명으로 옳은 것은?

【10국가직⑦】

① 전도는 물질 내에서 저온의 분자로부터 고온의 분자로 열이 전달되는 형태이다.

② 대류란 열이 고온의 물체표면으로부터 저온의 물체표면으로 공간을 통해 전달되는 것을 의미한다.

③ 열관류율은 벽체를 사이에 두고 공기온도차가 1℃일 경우 1m^{2}의 벽면을 통해 1분 동안 흘러가는 열량을 말한다.

④ 공기는 재료 중에서 밀도가 가장 낮으며 열저항이 가장 큰 재료이다.

[해설]
① 전도는 물질 내에서 고온의 분자로부터 저온의 분자로 열이 전달되는 형태이다.
② 대류란 유체가 온도차에 의해 밀도의 차이가 발생하여 유체의 이동에 의해 열이 전달되는 형태이다.
③ 열관류율은 벽체를 사이에 두고 공기온도차가 1℃일 경우 1m² 의 벽면을 통해 1시간 동안 흘러가는 열량을 말한다.

해답 1 ④ 2 ② 3 ③ 4 ② 5 ④

6. 건축환경계획에 필요한 용어와 단위이다. 연결이 옳지 않은 것은? 【09국가직⑨】

① 상대습도 – % ② 열전도율 – W/m² · K
③ 주광률 – % ④ 광도 – cd

[해설]
② 열전도율 – W/m · K

7. 다음 건축재료를 열전도율(W/m · ℃)이 높은 것부터 나열한 것은? 【10지방직⑨】

ㄱ. 대리석	ㄴ. 유리
ㄷ. 나무	ㄹ. 철

① ㄱ – ㄹ – ㄴ – ㄷ
② ㄱ – ㄹ – ㄷ – ㄴ
③ ㄹ – ㄱ – ㄴ – ㄷ
④ ㄹ – ㄱ – ㄷ – ㄴ

[해설]
철(60 W/m · ℃) > 대리석(4 W/m · ℃) > 유리(1.2 W/m · ℃) > 나무(0.12 W/m · ℃)

8. 건축물의 에너지 소비를 절감시킬 수 있는 방법으로 옳지 않은 것은? 【10지방직⑦】

① 단열성능을 강화하기 위해 열전도율이 높은 재료를 사용한다.
② 대체 에너지 및 기타 자연 에너지를 활용한다.
③ 냉난방 · 전기조명기구의 기준을 강화하고, 효율을 증대시킨다.
④ 폐열을 회수 · 재사용하고, HVAC시스템의 효율적인 디자인을 활용한다.

[해설]
① 단열성능을 강화하기 위해 열전도율이 낮은 재료를 사용한다.

9. 열환경에 대한 단위로 옳지 않은 것은? 【16지방직⑨】

[참고]		
W : 와트	N : 뉴튼	s : 초
h : 시	μg : 마이크로그램	

① 열관류율 – W/m²℃
② 투습계수 – μg/Ns
③ 열전도율 – W/mh℃
④ 열전도저항 – m²h℃/kcal

[해설]
② 투습계수 : g/m² · h · mmHg

10. 다음의 난방 방식 중 직접난방 방식이 아닌 것은? 【15지방직⑨】

① 증기난방 ② 온풍난방
③ 온수난방 ④ 복사난방

[해설] 난방방식
① 직접난방 : 증기보일러, 온수보일러 등의 열원설비로부터 가열된 증기, 온수 등의 열매를 직접 실내의 방열장치에 공급하여 난방하는 방식을 말하며, 증기난방, 온수난방, 복사난방이 이에 속한다.
② 간접난방 : 온풍난방과 같이 온풍로로 가열된 공기를 직접 난방실 내로 공급하여 난방하는 방식을 말하며, 실내의 습도조절이나 공기의 청정도 유지가 곤란하다.

11. 온수(보통온수)난방 및 증기난방의 특징으로 옳지 않은 것은? 【15국가직⑨】

① 온수난방은 열용량이 크므로 난방부하의 변동에 따른 온수온도 조절이 곤란하다.
② 온수난방은 온수의 현열을 이용한 난방이므로 증기난방에 비해 난방 쾌감도가 높다.
③ 온수난방은 증기난방에 비하여 방열면적과 배관의 관경이 커야 한다.
④ 온수난방은 연속난방, 증기난방은 간헐난방에 더 적합하다.

[해설]
① 온수난방은 열용량이 크고 난방부하의 변동에 따른 온수온도 조절이 증기난방에 비해 용이하다.

해답 6 ② 7 ③ 8 ① 9 ② 10 ② 11 ①

12. 복사난방의 장점으로 옳지 않은 것은?

【09지방직⑦】

① 방열기가 없으므로 방의 바닥면적 활용성이 높다.
② 실내온도분포가 일정하며 쾌적도가 높다.
③ 설비비가 비싸고 시공도 용이하다.
④ 손실열량이 적고 개방상태에서도 난방효과가 있다.

[해설]
　③ 설비비가 비싸고 시공도 용이하지 않다.

13. 일반적인 온수온돌 복사난방에 대한 설명으로 옳지 않은 것은?

【11국가직⑨】

① 실내의 온도분포가 균등하고 쾌감도가 높다.
② 평균온도가 낮기 때문에 동일 방열량에 대해 손실열량이 크다.
③ 구조체를 덥히게 되므로 예열시간이 길어져 일시적으로 쓰는 방에는 부적당하다.
④ 하자 발견 및 보수가 어렵다.

[해설]
　② 평균온도가 낮기 때문에 동일 방열량에 대해 손실열량이 작다.

14. 복사난방에 대한 설명으로 옳은 것은?

【11지방직⑨】

① 바닥면의 이용도가 낮다.
② 높이에 따른 실내온도의 분포가 비교적 균일하다.
③ 열손실을 막기 위한 단열층이 필요하지 않다.
④ 대류가 많아 바닥면의 먼지가 상승한다.

[해설]
　① 바닥면의 이용도가 높다.
　③ 열손실을 막기 위한 단열층이 필요하다.
　④ 대류가 적어 바닥면의 먼지가 적게 상승한다.

15. 건축물의 설비장치에 대한 설명으로 옳지 않은 것은?

【11지방직⑨】

① 항공장애등은 비행기의 안전을 위해 높이 60m 이상인 건물 및 공작물에 설치하는 것을 기준으로 한다.
② 에스컬레이터는 엘리베이터에 비하여 수송인원이 훨씬 많으므로 백화점에서 유리하다.
③ 난방장치 중 쾌적성이 가장 좋은 것부터 나열하면 온수난방, 복사난방, 증기난방, 온풍난방 순이다.
④ 형광등은 전력소비가 적은 편이고 타 조명방식에 비하여 현휘가 발생하지 않아 사무실용으로 적절하다.

[해설]
　쾌감도가 좋은 순서 : 복사난방 〉 온수난방 〉 증기난방 〉 온풍난방

16. 난방방식에 대한 설명으로 옳지 않은 것은?

【13국가직⑨】

① 증기난방은 예열시간이 온수난방에 비해 짧다.
② 온수난방은 현열을 이용한 난방방식이다.
③ 복사난방 방식은 바닥, 벽, 천장에 설치 가능하다.
④ 복사난방은 방을 개방하면 난방효과가 없다.

[해설]
　④ 복사난방은 방을 개방하여도 난방의 효과가 있다.

17. 보일러에 대한 설명으로 옳지 않은 것은?

【14국가직⑨】

① 1보일러 마력은 1시간에 100℃의 물 15.65kg을 전부 증기로 증발시키는 능력을 말한다.
② 주철제 보일러는 반입이 용이하지 않지만, 내식성이 강하여 수명이 길다.
③ 수관보일러는 예열시간이 짧고 효율이 좋아서 병원이나 호텔 등의 대형건물 또는 지역난방에 사용된다.
④ 보일러의 설치 위치는 보일러 동체 최상부로부터 천장, 배관 또는 구조물까지 1.2m 이상의 거리를 확보하여야 한다.

[해설]
　② 주철제 보일러는 각 절을 분할할 수 있어 조립과 해체가 쉽고 반입과 반출이 용이하다.

해답　**12** ③　**13** ②　**14** ②　**15** ③　**16** ④　**17** ②

Chapter 09

공기조화설비

공기조화설비에서는 습공기선도, 공기의 성질에 대해 이해하고, 냉난방부하계산, 공기조화방식의 특징, 공기조화기의 구성요소에 대하여 정리하여야 한다. 여기에서는 습공기선도와 공기의 성질, 냉난방부하계산, 공기조화방식의 종류와 특성에 대한 문제가 출제된다.

1 공기조화설비의 기초사항[☆]

(1) 공기조화의 개념

① 공기조화
공기조화란 실내공간의 온도·습도·기류·청정도를 그 실의 사용 목적에 적합한 상태로 유지시키는 것을 말한다. 따라서 실내의 온도만을 주로 조절하는 냉난방설비와는 구별된다.

② 공기조화의 종류
- 쾌적용 공기조화 : 인간을 대상으로 하는 하며 일반 건축물에서 사용
- 산업용 공기조화 : 각종 물품의 생산 및 저장을 위한 설비(반도체 공장 등)
- 의료용 공기조화 : 의료활동 및 환자를 위한 설비(수술실, 제약 공장 등)

③ 공기조화 계획시 고려사항
- ㉠ 실내의 공기 및 열환경의 조절
- ㉡ 건물 용도에 적합한 공기조화방식의 결정
- ㉢ 공기조화의 열원방식 결정
- ㉣ 건축물의 의장 및 구조 등을 고려
- ㉤ 공사비, 유지관리비 및 내구성 등 경제성 고려

(2) 공기의 성질과 습공기 선도

① 공기의 성질
- ㉠ 공기를 냉각 또는 가열하여도 절대습도는 변하지 않는다.
- ㉡ 공기를 냉각하면 상대습도는 높아지고, 공기를 가열하면 상대습도는 낮아진다.
- ㉢ 습구온도와 건구온도가 같다는 것은 상대습도가 100%인 포화상태임을 말하며, 이때의 온도를 이슬점(노점온도)이라고 한다.
- ㉣ 습공기 선도를 구성하는 요소 중 2가지만 알면 나머지 모든 요소들을 알 수 있다.

② 습공기 선도
- ㉠ 습공기 선도(Psychrometric chart)는 습공기의 여러 가지 특성치를 나타내는 그림으로서 인간의 쾌적범위 결정, 결로 판정, 공기조화 부하계산 등에 이용된다.

출제빈도
07국가직 ⑦ 13지방직 ⑨ 14국가직 ⑨

[온열환경의 요소]
① 쾌적영역의 4대 요소 : 온도, 습도, 기류, 복사열
② 공기조화의 4대 요소 : 온도, 습도, 기류, 청정도
   ※ 쾌적영역 : 최소의 생리적 노력에 의해 생산열량과 발생열량이 평형을 이루는 덥지도 춥지도 않은 열환경 상태의 범위를 말한다.

[현열비]
현열과 잠열을 합하여 전열(全熱)이라고 하며 전열 중 현열이 차지하는 비율을 현열비라고 한다.

$$현열비(SHF) = \frac{현열}{전열} = \frac{현열}{현열+잠열}$$

ⓛ 습공기 선도의 구성요소 : 건구온도, 습구온도, 노점온도, 절대습도, 상대습도, 포화도, 수증기압, 엔탈피, 비용적, 현열비, 열수분비

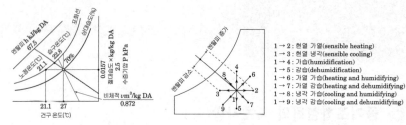

습공기선도 보는 방법　　　　　　공기조화의 각 과정

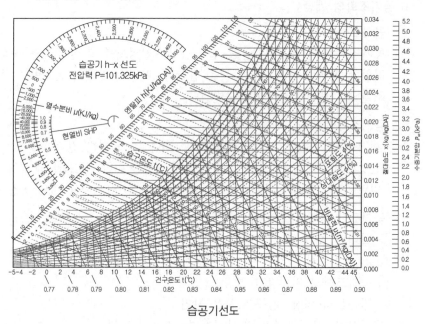

습공기선도

(3) 습공기선도의 구성요소

① 건구온도(DBT : Dry Bulb Temperature) : ℃

기온을 측정할 때 온도계의 감온부가 건조상태에서 측정한 온도

② 습구온도(WBT : Wet Bulb Temperature) : ℃

건구온도의 감온부를 천으로 싸고 물로 적셔 증발의 냉각효과를 고려한 온도

③ 노점온도(DPT : Dew Point Temperature) : ℃

습공기가 냉각될 때 어느 온도에 다다르면 공기 속의 수분이 수증기의 형태로만 존재할 수 없어 이슬로 맺히는 온도 즉, 습공기가 포화상태일 때의 온도

④ 수증기(분)압(Vapor Pressure) : p(KPa)

대기압은 건공기의 압력과 수증기 압력의 합으로 표시되는데, 이 중 수증기만의 압력을 말하는 것으로 수증기량이 많을수록 크게 된다.

⑤ 포화수증기압(Saturated Vapor Pressure) : ps(KPa)
   포화상태 습공기의 수증기압으로 온도가 높아질수록 포화수증기압도 높아진다.

⑥ 절대습도(AH : Absolute Humidity) : x (kg/kgDA)
   습공기를 구성하고 있는 건조공기 1kg당의 수증기의 양

⑦ 상대습도(RH : Relative Humidity) : ψ (%)
   습공기의 수증기압 p와 같은 온도의 포화수증기압 ps와의 비
   • $\psi = \dfrac{p}{p_s} \times 100$

⑧ 엔탈피(Enthalpy) : i (kJ/kgDA)
   건조공기 1kg당의 습공기 속에 현열 및 잠열의 형태로 포함되는 열량으로 건 공기의 엔탈피와 습공기의 엔탈피를 더한 것이다.
   • $i = 1.01t + x(1.85t+2,501)$
     여기서, t : 건구온도(℃)　　　x : 절대습도(kg/kgDA)

⑨ 포화도 : ϕ (%)
   습공기의 절대습도 x와 포화공기의 절대습도 x_s와의 비율이다.
   • $\phi = \dfrac{x}{x_s} \times 100$

[공기의 비열과 증발잠열]
① 1.01 : 건공기의 정압비열(kJ/kgDA)
② 1.85 : 수증기의 정압비열(kJ/kgDA)
③ 2,501 : 0℃ 포화수의 증발잠열((kJ/kg)

· 예제 01 ·

습공기선도(Psychrometric Chart)의 요소가 아닌 것은?　　【14국가직⑨】
① 수증기분압　　　　　　② 엔탈피
③ 절대습도　　　　　　　④ 유효온도

습공기선도의 구성 요소 : 건구온도, 습구온도, 노점온도, 절대습도, 상대습도, 수증기분압, 비용적, 엔탈피, 열수분비, 현열비

답 : ④

출 제 빈 도

10국가직 ⑨

2 공기조화 부하계산[☆]

(1) 냉난방부하의 개념과 종류

① 냉난방부하의 개념
   실내 공기의 온도, 습도와 공기의 청정도를 적절한 상태로 유지하기 위해서는 공기조화설비를 이용하여 열을 제거하거나 공급해야 한다. 여름철에는 열이 유입되기 때문에 냉방시 제거해야할 열량을 냉방 부하, 겨울철에는 열이 유출되기 때문에 난방시 보급해야 할 열량을 난방부하라 한다.

[냉난방부하의 개념]

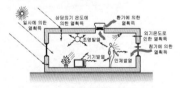

건물의 열획득

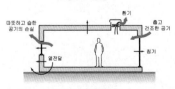

건물의 열손실

② 냉난방부하의 종류

구분		부하 발생 요인		열의 종류	부하계산
실내 취득 열량	외부 부하	구조체 관류에 의한 관류열량		현열	냉방, 난방
		유리를 통한 획득열량	일사에 의한 열량	현열	냉방
			전도에 의한 열량	현열	냉방
		틈새바람에 의한 열량		현열, 잠열	냉방, 난방
	내부 부하	인체의 발생열량		현열, 잠열	냉방
		조명기구의 발생열량		현열	냉방
		실내기기의 발생열량		현열, 잠열	냉방
장치부하		송풍기, 덕트 등에서 발생하는 열량		현열	냉방, 난방
환기부하		환기에 의한 열량		현열, 잠열	냉방, 난방

· 예제 02 ·

냉난방 부하에 관한 설명으로 옳지 않은 것은? 【10국가직⑨】

① 난방부하의 요인으로 실내외 온도차에 의한 관류열손실, 틈새바람에 의한 열손실 등이 있다.

② 난방부하란 실내에서 실외로 빼앗기는 열손실량을 공급해야 하는 단위시간당 열량을 말한다.

③ 냉방부하의 요인으로 실내발생열량취득, 장치로부터의 열량취득 등이 있다.

④ 인체발생열량은 냉방부하의 발생요인에 속하지 않는다.

----

④ 인체발생열량은 냉방부하의 발생요인으로 현열과 잠열을 고려한다.

답 : ④

(2) 난방부하 계산

① 난방부하의 종류

㉠ 전도에 의한 열손실 : 실내·외의 온도차에 의하여 외벽, 바닥 등을 통해 관류하는 열

㉡ 틈새바람 : 문틈, 창문틈을 통한 열손실

㉢ 환기에 의한 열손실

㉣ 배관 및 덕트에서의 열손실

② 난방부하 계산식

　㉠ 전도에 의한 열손실(Hc) : w

$$Hc = K \cdot A(ti - to)k = K \cdot A \cdot \Delta t \cdot k$$

여기서, K : 열관류율(w/㎡K)

　　　　A : 전열면적(㎡)

　　　　ti : 실내의 평균온도(℃)

　　　　to : 외기의 평균온도(℃)

　　　　Δt : 온도차

　　　　k : 방위계수

　㉡ 환기에 의한 열손실(Hí) : w

$$Hí = 0.34 \cdot Q \cdot (ti - to) = 0.34 \cdot n \cdot v \cdot \Delta t$$

여기서, Q : 환기량(㎥/h)　　　n : 환기횟수(회/h)

　　　　v : 실의 체적(㎥)　　　ti : 실내의 평균온도(℃)

　　　　to : 외기의 평균온도(℃)　Δt : 온도차

(3) 냉방부하 계산

① 냉방부하의 종류

　㉠ 전도에 의한 열손실 : 실내·외의 온도차에 의하여 외벽, 바닥 등을 통해 관류하는 열

　㉡ 환기에 의한 열손실

　㉢ 태양복사열 : 유리창을 통한 일사 열부하

　㉣ 내부 발생열량 : 조명기구, 인체의 발열량, 기타 열원기기를 통한 취득 열량

　㉤ 장치 내의 취득열량 : 덕트, 송풍기 등을 통한 취득 열량

② 냉방부하 계산식

　㉠ 전도에 의한 열손실(qc) : w

　• 일사의 영향을 무시할 때

$$q_c = K \cdot A(ti - to)$$

　• 일사의 영향을 고려할 때

$$qc = K \cdot A(t_{sol} - ti) = K \cdot A \cdot \Delta t_e$$

여기서, K : 열관류율(w/㎡ K)

　　　　A : 전열면적(㎡)

　　　　ti : 실내의 평균온도(℃)

　　　　to : 외기의 평균온도(℃)

　　　　t_{sol} : 상당외기온도(℃)

　　　　Δt_e : 상당외기온도차

[방위계수]
① 남측 : 1.0
② 동측, 서측 : 1.1
③ 북측 : 1.2

[상당외기온도(Sol-Air Temperature)]
외벽이 일사를 받으면 복사열에 의해 외표면온도가 상승하는데, 이 상승되는 온도와 외기온도를 고려한 것이 상당외기온도이다.

ⓛ 환기에 의한 열손실(Hi) : w

• 현열

$$H_i = 0.34 \cdot Q \cdot (ti - to) = 0.34 \cdot n \cdot v \cdot \varDelta t$$

• 잠열

$$H_i = 834Q(x_o - x_i)$$

여기서, Q : 환기량(㎥/h)

　　　 n : 환기횟수(회/h)

　　　 v : 실의 체적(㎥)

　　　 ti : 실내의 평균온도(℃)

　　　 to : 외기의 평균온도(℃)

　　　 $\varDelta t$: 온도차

　　　 x_o : 외기의 절대습도(kg/kgDA)

　　　 x_i : 실내의 절대습도(kg/kgDA)

ⓒ 태양복사열(q_g) : w

$$q_g = I \cdot ks \cdot A$$

여기서, I : 일사량(w/㎡)

　　　 A : 유리창의 면적(㎡)

　　　 ks : 차폐계수

ⓓ 인체발생열(qh) : w

• 현열

$$qh = n \cdot h_S$$

• 잠열

$$qh = n \cdot h_L$$

여기서, n : 재실자수(인)

　　　 hs : 인체발생현열량(w/인)

　　　 h_L : 인체발생잠열량(w/인)

ⓜ 조명에 의한 발생열(qL) : w

$$q_L = n \cdot w$$

여기서, n : 조명등 개수(개)

　　　 w : 소비전력(w)

[차폐계수]
① 보통유리 – 1.0
② 중간색 블라인드 – 0.75
③ 밝은색 블라인드 – 0.65
④ 반사유리 – 0.5

3 공기조화 방식[☆☆☆]

(1) 공기조화설비의 계획

① 공기조화설비의 구성
   ⊙ 공기조화장치 : 공기여과기, 공기냉각기, 공기가열기, 가습기
   ⓒ 열원장치 : 보일러, 냉동기, 냉각탑
   ⓒ 열운반장치 : 송풍기, 덕트, 취출구, 흡입구, 펌프, 배관
   ⓔ 자동제어장치 : 실내공기의 상태를 유지하고 경제적인 운전을 위한 장치

② 공기조화의 과정
   ⊙ 공기조화의 순환경로 : 공조기 → 급기덕트 → 취출구 → 실내 → 흡입구 → 환기덕트 → 공조기
   ⓒ 환기덕트를 지나온 공기의 약 70~80%는 에너지를 절약하기 위해 재순환시키며 나머지 20~30%를 외부로 배출한다.
   ⓒ 버려지는 공기의 열을 도입 외기에 전달하기 위해 전열교환기를 설치하면 에너지를 절약할 수 있는 방법이 된다.

③ 에너지절약 방안
   ⊙ 공기조화설비의 조닝(Zoning) : 부하별, 층별, 용도별, 방위별, 사용자별
   ⓒ 에너지절약형 공기방식의 채택 : 가변풍량방식(VAV system)
   ⓒ 열회수장치 설치 : 전열교환기 또는 히트 파이프(Heat pipe), 히트 펌프(Heat Pump system) 등 설치
   ⓔ 외기냉방 : 중간기(봄, 가을)에 내부발생열로 인한 냉방이 필요한 경우 온도와 습도가 비교적 낮은 외기를 도입하여 냉방기의 운전 없이 환기만으로 냉방을 할 수 있다.

④ 공기조화설비의 조닝
   ⊙ 부하별 조닝 : 외기온도의 영향에 따라 건물의 외부 존과 내부 존을 나누거나 층별로 구분하는 방법이다.
   ⓒ 방위별 조닝 : 일사, 일조조건이 다른 방위별로 조닝하는 방법이다.
   ⓒ 사용시간별 조닝 : 각 실의 사용 시간대를 검토하여 사용시간별로 조닝하는 방법이다.
   ⓔ 사용목적별 조닝 : 각 실의 사용목적을 고려한 방법이다.
   ⓜ 사용자별 조닝 : 사용자별로 조닝하여 운전 및 유지비의 부과방법을 달리하는 방법으로 임대건물에 적용하는 방법이다.

출제빈도
07국가직 ⑨ 08국가직 ⑦ 10국가직 ⑨
10지방직 ⑨ 10지방직 ⑦ 11국가직 ⑦
11지방직 ⑦ 13국가직 ⑦ 14지방직 ⑨
15국가직 ⑦ 16지방직 ⑨ 18지방직 ⑨
20지방직 ⑨ 21국가직 ⑦

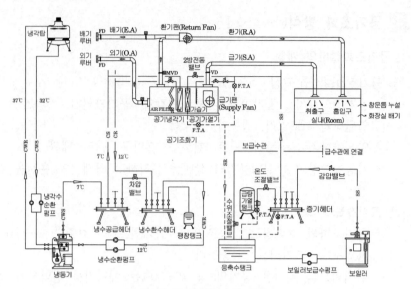

공기조화 및 열원설비의 구성

(2) 공기조화방식의 종류 및 특성

① 열의 분배방법에 따른 분류

㉠ 중앙식
* 중앙기계실에서 처리된 공기나 냉·온수를 각 실로 공급하는 방식
* 덕트공간이 필요하고 유지관리가 용이하여 대규모 건축물에 주로 적용한다.

㉡ 개별식
* 각 층 각 실별로 공기조화용 기기를 설치하여 개별적인 제어와 국소 운전이 가능
* 외기냉방의 도입이나 유지관리가 곤란한 방식이다.

② 열원에 따른 분류

[전공기방식]

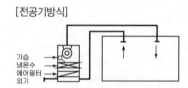

구 분	종류	특 징	용 도
전공기 방식	단일덕트방식, 이중덕트방식, 멀티존유닛방식, 각층유닛방식	㉠ 실내의 기류분포가 좋다. ㉡ 외기냉방이 가능하다. ㉢ 공기의 청정도가 높다. ㉣ 누수 및 부식에 의한 고장이 적다. ㉤ 설비비가 저렴하다. ㉥ 대형 덕트와 대형 공조실이 필요 ㉦ 팬의 송풍동력이 크다. ㉧ 공조실을 위한 큰 면적이 필요하다.	극장, 수술실, 클린룸, 다층 건축물의 내부 존(zone)

구 분	종 류	특 징	용 도
공기수방식	유인유닛방식, 팬코일유닛 덕트병용식, 복사패널 덕트병용식	㉠ 전공기방식에 비해 덕트공간을 적게 설치할 수 있다. ㉡ 전공기방식보다 송풍동력이 적게 들며, 각 실의 제어가 가능하다. ㉢ 존(zone)의 구성이 용이하다. ㉣ 전공기방식에 비해 공기의 청정도가 낮다. ㉤ 누수의 우려가 있다. ㉥ 외기냉방이 곤란하다. ㉦ 유닛의 실내설치로 건축계획상 지장을 초래한다.	사무실, 호텔, 병원 등 다실 건축물의 외부 존(zone)
전수방식	팬코일유닛, 복사패널방식	㉠ 개별제어 및 개별운전이 가능하다. ㉡ 덕트면적이 필요없다. ㉢ 열운반 동력이 적게 든다. ㉣ 실내공기가 오염되기 쉽다. ㉤ 실내 배관의 누수의 우려가 있다. ㉥ 유닛의 방음 및 방진에 유의해야 한다. ㉦ 유닛의 설치로 건축계획상 유의해야 한다.	사무실, 호텔, 병원 등 다실 건축물의 외부 존(zone)
냉매방식	패키지유닛	㉠ 송풍동력이 적게 든다. ㉡ 개별제어 및 개별운전이 가능하다. ㉢ 운전 및 취급이 간단하다. ㉣ 덕트면적이 작거나 필요없다. ㉤ 소음 및 진동이 크다. ㉥ 공기의 습도 및 청정도의 제어가 곤란하다. ㉦ 외기냉방이 곤란하다.	주택, 소규모 사무실, 점포 등

[공기수방식]

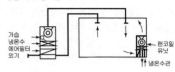

[전수방식]

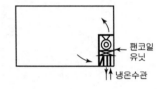

· 예제 03 ·

공기조화방식에 대한 설명으로 옳지 않은 것은? 【14지방직⑨】

① 공기조화방식은 열순환 매체 종류에 따라 전공기방식, 공기-수방식, 전수방식, 냉매방식으로 분류된다.
② 공기-수방식의 종류로는 멀티존 방식, 단일덕트 방식, 이중덕트 방식이 있다.
③ 전공기방식은 반송동력이 커지는 단점이 있다.
④ 전수방식은 물을 냉난방 열매로 사용한다.

─────────────────────────────

② 멀티존 방식, 단일덕트 방식, 이중덕트 방식은 전공기방식이다.

<u>답 : ②</u>

[단일덕트방식]

건물 전체를 냉·난방하는데 필요한 전풍량을 1대의 공조기와 1개의 주덕트를 사용해서 냉풍 또는 온풍을 송풍하는 방식으로 정풍량(CAV)방식과 가변풍량(VAV)방식이 있다.

(3) 공기조화 방식별 특징

① 단일덕트방식

	종류	특 징	용도
단일덕트 방식	정풍량 방식	㉠ 외기냉방이 가능하다. ㉡ 설치비가 싸고 운전관리 및 보수가 용이하다. ㉢ 실내의 송풍량이 많아 외기의 도입이나 환기에 유리하다. ㉣ 큰 덕트가 필요하여 천장 속에 충분한 덕트 공간이 요구된다. ㉤ 가변풍량방식에 비해 에너지 소비가 많다. ㉥ 각 실에서의 온도조절이 곤란하다.	극장, 공장, 백화점 등
	가변풍량 방식	㉠ 에너지손실이 가장 적다(에너지절약형 공조설비). ㉡ 각 실 또는 각 존별로 개별적인 실내제어가 가능하다. ㉢ 외기냉방이 가능하다. ㉣ 칸막이나 부하의 변동에 대응하기 쉽다. ㉤ 저부하시 풍량이 감소되어 송풍동력을 절약할 수 있다. ㉥ 가변풍량유닛의 단말장치, 덕트압력조정을 위한 설비비가 고가이다. ㉦ 부하가 작아지면 송풍량이 작아져 환기량 확보가 어려워 실내 공기가 오염될 수 있다.	발열량 변화가 심한 내주부, 일사량 변화가 심한 외주부

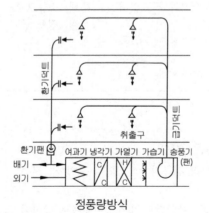

정풍량방식

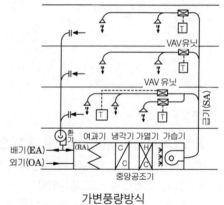

가변풍량방식

② 이중덕트방식
  ㉠ 특징
  • 각 실 또는 각 존별로 개별제어가 가능하다.
  • 냉·난방을 동시에 할 수 있으므로 계절마다 냉·난방의 전환이 필요없다.
  • 칸막이나 부하증감에 따라 융통성있는 계획이 가능하다.
  • 덕트의 면적이 증가하여 설비비가 높다.
  • 혼합상자에서의 혼합손실로 인하여 에너지소비가 크다.
  • 실내온도유지를 위해 여름에도 보일러를 운전해야 한다.
  ㉡ 용도 : 고층 사무소 등 냉난방부하의 분포가 복잡한 건축물
③ 멀티존유닛방식
  ㉠ 특징
  • 존(zone)별로 제어가 가능하다.
  • 계절마다 냉·난방의 전환이 필요없다.
  • 운전관리가 용이하다.
  • 냉동기의 부하가 크고 변동이 심할 경우 각 실의 송풍 불균형이 발생한다.
  • 중간기에 혼합손실이 발생하여 에너지 손실이 많다.
  ㉡ 용도 : 중규모 이하의 건축물
④ 각층유닛방식
  ㉠ 특징
  • 각 층 및 각 실을 구획하여 온도조절이 가능하다.
  • 중앙 공조기나 덕트 면적이 작아도 된다.
  • 외기냉방이 가능하다.
  • 공조기의 대수가 많으므로 설비비가 많이 든다.
  • 각 층마다 공조기가 분산되어 유지관리가 곤란하다.
  • 공조기의 설치공간으로 인해 건축물의 유효면적이 감소한다.
  • 각 층마다 공조기의 소음과 진동에 유의해야 한다.
  ㉡ 용도 : 대규모 사무소 건물, 백화점 등과 같이 층마다 실내부하의
    특성이 다른 건축물

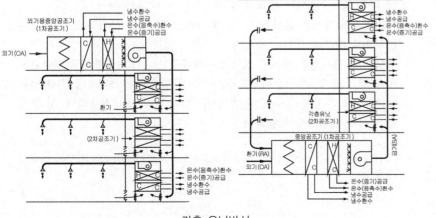

각층 유닛방식

[이중덕트방식]
1대의 공조기에 의해 냉풍과 온풍을 각각의 덕트로 보내 말단의 혼합상자에서 이를 혼합하여 실의 조건에 따라 냉풍과 온풍을 조절하여 송풍하는 방식이다.

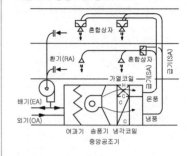

[멀티존유닛방식]
1대의 공조기로 냉·온풍을 동시에 만들어 공조기 출구에서 각 존(zone)마다 필요한 냉·온풍을 혼합한 후 각각의 덕트로 송풍하는 방식이다.

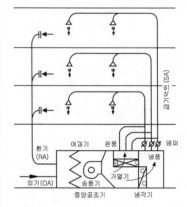

[각층유닛방식]
외기처리용 공조기(1차 공조기)가 있어 1차로 처리된 외기를 각 층에 설치된 각층 유닛(2차 공조기)에 보내면 이곳에서 부하에 따라 가열 또는 냉각하여 실내에 송풍하는 방식이다.

[유인유닛방식]

중앙에 설치된 1차 공조기에서 가열 또는 냉각한 1차 공기를 고속·고압으로 실내에 위치한 유닛으로 보내어 유닛의 노즐에서 불어내고 그 압력으로 실내의 2차 공기를 유인하여 혼합분출하는 방식이다.

⑤ 유인유닛방식

　㉠ 특징
　　• 부하변동에 대응하기 쉽고 개별제어가 가능하다.
　　• 중앙공조기와 덕트면적이 작다.
　　• 실내 유닛에 송풍기나 전동기 등의 동력장치가 없으므로 전기배선이 필요없다.
　　• 1차 공기가 고속이며, 소음이 발생한다.
　　• 유닛의 수량이 많아져 유지관리가 곤란하다.
　　• 배관계통이 복잡하고 유닛의 가격이 비싸다.
　　• 유닛이 실내에 위치하여 건축계획상 유의해야 한다.
　㉡ 용도 : 병원, 호텔, 사무실 등 다실 건축물의 외부 존(zone)

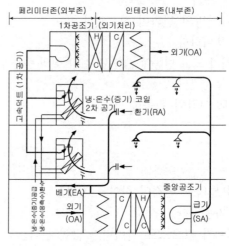

유인유닛방식

· 예제 04 ·

공기조화방식에 대한 설명으로 옳지 않은 것은?　　【13국가직㉠】

① 2중덕트 방식은 중앙식 공조기에서 냉·난방이 동시에 이루어지므로 계절에 따라 교체, 조닝할 필요가 없다.

② 패키지유닛 방식은 유닛을 각 실 및 존에 1대씩 설치하여 공조를 행하는 방식으로 일부는 덕트를 병용하는 경우도 있다.

③ 복사패널, 덕트병용 방식은 실내에 유닛류를 설치하지 않으므로 바닥면적을 넓게 이용할 수 있으며, 현열부하가 큰 방송국 스튜디오에 적합하다.

④ 변풍량 방식은 건축의 규모, 종별에 관계없이 가장 많이 사용되며, 타 방식에 비하여 설비비가 저렴하다.

---

④ 변풍량 방식은 발열량 변화가 심한 내주부, 일사량 변화가 심한 외주부에 많이 적용하며, 변풍량 유닛의 설치로 인하여 타 방식에 비하여 설비비가 증가한다.

답 : ④

⑥ 복사패널 덕트병용방식

㉠ 특징

- 쾌감도가 높고 외기부족현상이 적다.
- 현열부하가 큰 경우에 효과적이다.
- 구조체의 열용량이 커서 축열을 기대할 수 있다.
- 실내의 이용공간이 넓다.
- 덕트공간과 열운반동력을 줄일 수 있다.
- 설비비가 고가이고 단열시공을 필요로 한다.
- 고장발견 및 수리가 곤란하다.

㉡ 용도 : 주택, 아파트, 병원, 호텔의 객실 등

⑦ 팬코일유닛방식

㉠ 특징

- 덕트면적이 작거나 필요없다.
- 기존 건물에 설치시 유리하다.
- 동력비가 적게 들고 기계실의 면적도 적게 소요된다.
- 장래의 부하증가에 대해 유닛의 증설만으로 용이하게 계획할 수 있다.
- 각 실에서의 개별제어가 가능하다.
- 외기냉방이 곤란하다.
- 유닛이 실내에 위치하므로 건축계획상 유의해야 한다.
- 다수의 유닛이 분산되어 있으므로 보수 및 유지관리가 어렵다.
- 전공기방식에 비해 공기의 청정도가 낮다.

㉡ 용도 : 호텔의 객실, 병원의 병실 등 다실 건축물의 외부 존(zone)

4 공기조화설비의 부속기기

(1) 공기조화기의 장치

① 공기여과기(Air filter)

㉠ 점착식 : 여과재에 기름과 같은 점착물질을 부착시켜 먼지를 제거하는 방식이다.

㉡ 건식 : 석면, 유리섬유 등의 여과재를 설치하여 섬유질의 먼지를 제거하는 방식이다.

㉢ 습식 : 물방울과 공기를 접촉시켜 여과하는 방식이다.

㉣ 전기집진식 : 전기적 성질을 이용하여 먼지를 제거하는 방식이다. 먼지제거율이 높고 세균제거도 가능하다. 정밀기계공장, 약품공업, 수술실, 클린룸 등에 사용한다.

㉤ 활성탄 흡착식 : 활성탄을 이용하여 유해가스나 냄새 등을 제거하는 방식이다.

[복사패널 덕트병용방식]
바닥, 천장 또는 벽면을 복사면으로 하여 실내부하의 50~70% 정도를 처리하고 나머지의 부하는 중앙공조기로부터 덕트를 통해 공급되는 공기로 처리하는 방식이다.

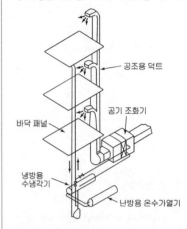

[팬코일유닛방식]
소형 송풍기, 냉·온수 코일 및 필터 등을 구비한 소형 유닛을 각 실에 배치하여 중앙기계실로부터 냉수 또는 온수를 공급하여 공기조화를 하는 방식이다.

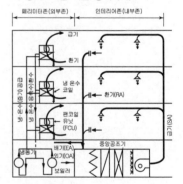

[공기조화기(AHU)]
공기조화설비의 기본요소인 공기조화기는 공기를 여과, 가열, 냉각, 가습 또는 감습 등 정화처리된 공기를 실내로 보내는 장치이다.

ⓑ HEPA(High Efficiency Particulate Air Filter, 고성능 공기여과기)
여과율이 99.97% 이상으로 병원의 수술실, 클린룸, 방사선물질 취급소에서 사용하는 공기여과기로 성능이 가장 우수하다.

② 공기냉각기
코일내부에 냉수를 흐르게 하고 외부로 공기를 통과시켜 상호 열교환을 하게 하여 공기를 냉각한다.

③ 공기가열기
코일내부에 온수나 증기를 흐르게 하고 외부로 공기를 통과시켜 상호 열교환을 하게 하여 공기를 가열한다.

④ 가습기
난방시 공기가 가열되면 상대습도가 낮아져 건조해지므로 가습을 하여 습도를 높이는 장치이다.

⑤ 송풍기
㉠ 익형 송풍기(Air foil fan) : 효율이나 강도를 올려 소음을 저하시키기 위해 익형의 날개를 사용하며, 공조기의 급기용 송풍기로 많이 사용한다.
㉡ 다익형 송풍기(Sirocco fan) : 날개가 회전방향으로 굽은 전곡형으로 다른 형식에 비해 많은 유량과 정압을 얻을 수 있으나 효율이 낮고 소음이 크다. 환기설비나 공조기의 리턴팬 등에 사용한다.
㉢ 터보 송풍기(Turbo fan) : 날개가 회전방향의 뒤로 굽은 후곡형으로 효율은 가장 높다. 고속덕트용 송풍기로 많이 사용하며, 터보 송풍기의 일종인 사일런트 팬(Silent fan)은 소음이 적다.
㉣ Reverse 익형 송풍기 : 날개가 전곡형과 후곡형이 조합한 형태로 성능은 다익형과 터보형의 중간 정도가 된다.
㉤ 축류형 송풍기 : 기류의 방향이 회전축과 같은 방향의 것으로 환기팬, 소형냉각탑 등에 사용되는 송풍기이다.

[팬과 블로어]
① 팬(Fan)
토출압력이 0.01MPa(1,000mmAq) 미만인 송풍기
② 블로어(Blower)
토출압력이 0.01MPa(1,000mmAq) 이상인 송풍기

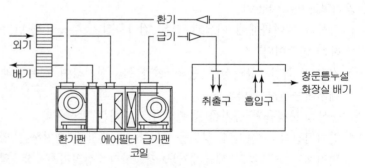

공기조화기의 구조

(2) 덕트

① 덕트의 배치방식에 따른 분류

    ㉠ 간선덕트방식 : 가장 간단한 방법으로 설비비가 싸다. 덕트면적이 작아도 된다.

    ㉡ 개별덕트방식 : 취출구마다 덕트를 단독으로 설치하는 방식으로 가장 이상적인 방식이다. 풍량조절이 용이하나 설비비가 비싸고 덕트면적이 크다.

    ㉢ 환상덕트방식 : 덕트를 연결하여 회로형으로 배치하는 방식이다. 말단 취출구의 압력조절이 용이하다

② 덕트의 형상에 따른 분류

    ㉠ 장방형 덕트 : 저속덕트에 적합하다. 강도면에서 약하다.

    ㉡ 원형덕트 : 고속덕트에 적합하다. 강도면에서 유리하나 대형의 경우 공간의 제약을 받는다.

③ 풍속에 따른 분류

    ㉠ 저속덕트 : 풍속 15m/sec 이하, 일반건물에 적용한다.

    ㉡ 고속덕트 : 풍속 15~20m/sec로 고압이며, 소음이 발생한다.

④ 덕트의 부속품

    ㉠ 풍량조절댐퍼(Volume damper) : 덕트 내의 풍량을 조절하거나 폐쇄하기 위해 사용한다.

    ㉡ 스플릿댐퍼(Split damper) : 덕트 분기부에서 풍량을 조절하기 위해 사용한다.

    ㉢ 슬라이드댐퍼(Slide damper) : 전체 개폐를 위해 사용한다.

    ㉣ 방화댐퍼(Fire damper) : 화재발생시 덕트를 통해서 다른 실로 연소되는 것을 방지하기 위해 사용한다.

    ㉤ 방연댐퍼(Smoke damper) : 연기감지기로 연기를 감지하여 덕트를 폐쇄하고 다른 구역으로의 연기침투를 방지한다.

    ㉥ 가이드베인(Guide vane) : 덕트 내의 굴곡된 부분의 기류를 안정시켜 저항을 줄이기 위한 장치를 말한다. 가이드베인은 굴곡부의 내측에 조밀하게 부착한다.

    ㉦ 챔버 및 소음엘보 : 공조기와 덕트의 접속부분, 취출구 직전에 설치하여 기류를 안정시키고 소음을 줄이기 위한 장치이다.

[풍량조절댐퍼]

① 단익댐퍼(버터플라이 댐퍼) : 소형덕트에 사용한다.

② 다익댐퍼(루버 댐퍼) : 2개 이상의 날개를 가진 것으로 대형덕트에 사용한다.

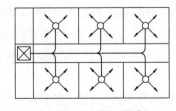
(a) 간선덕트(천장취출)

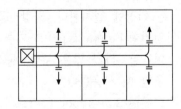
(b) 간선덕트(벽취출)

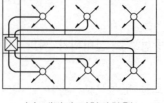

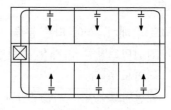

(c) 개별덕트(천장취출)　　　　(d) 환상덕트(벽취출)

덕트의 배치방식

[베인격자형]
① 그릴(grille) : 셔터가 없고 풍량조절이 불가능하다.
② 레지스터(register) : 셔터나 댐퍼를 부착하여 풍량을 조절할 수 있다.

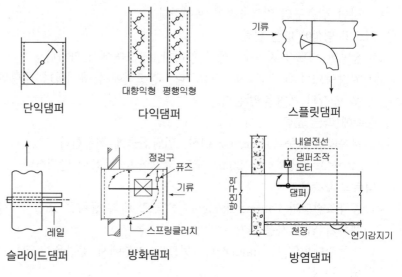

덕트의 부속품

⑶ 취출구(Diffuser)와 흡입구

① 취출구

ㄱ 베인격자형(Vane type, Universal type) : 가장 널리 사용된다.

ㄴ 애니모스탯형(Annemostat type) : 콘(cone)이라 불리는 여러 개의 동심원추 또는 각추형의 날개로 되어 있으며, 풍량을 광범위하게 조절할 수 있고 공기의 분포가 균일하여 천장에 부착하여 사용한다.

ㄷ 팬형(Pan type) : 애니모스탯형의 콘 대신 원판 모양의 팬을 붙인 것으로 소음이 적다.

ㄹ 노즐형(Nozzle type) : 구조가 간단하고 도달거리가 크며, 벽이나 높은 천장에 설치한다. 극장, 공장, 방송국 스튜디오 등에 사용한다.

ㅁ 펑커형(Punka type) : 기류의 방향을 자유로이 변경시킬 수 있으며, 열부하가 많은 주방, 공장 등 사람이 있는 제한된 방향으로 취출할 때 사용한다.

ㅂ 슬롯형(Slot type) : 가로와 세로의 비가 크고 길이가 1m 이상인 띠모양의 취출구로 평면분류형의 기류를 분출한다.

② 흡입구

　㉠ 도어그릴(Door grille) : 문짝 하부에 부착되는 고정식 베인격자형
　　의 흡입구를 말한다.

　㉡ 루버(Louver) : 외기도입구나 각층 유닛방식에서 공조기실로의 환
　　기구 등에 사용한다.

　㉢ 머쉬룸형(Mushroom type) : 바닥의 먼지 등을 직접 배기하는 경우
　　에 사용되며, 특히 극장 등의 좌석 밑에 설치하여 사용한다.

노즐형

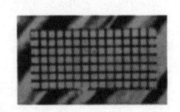
베인격자형

아네모스탯형

캄 라인형

펑커형

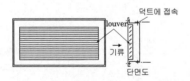
(a) 루버(Louver)형

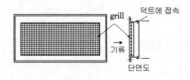
(b) 그릴(Grill)형
격자(Slit)형 흡입구

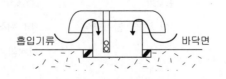
머시룸형 흡입구

출제빈도

09국가직 ⑦ 11국가직 ⑨ 12지방직 ⑨
20지방직 ⑨

5 환기설비[☆]

(1) 환기방식의 분류 및 특성

① 자연환기방식

㉠ 바람 및 실내의 온도차에 의한 압력차를 이용하여 환기하는 방식으로 환기량이 일정하지 않다.

㉡ 개구부를 통한 자연환기량은 개구부 면적 및 유속에 비례하며, 실내외 압력차, 공기밀도차, 온도차, 개구부간의 수직거리차의 제곱근에 비례한다.

② 기계환기방식(강제환기방식)

㉠ 제1종 환기방식(강제급기, 강제배기)
- 급기와 배기를 모두 송풍기를 설치한다.
- 가장 안전한 환기방식으로 정압(+압)과 부압(−압)의 유지가 가능하다.
- 용도 : 병원의 수술실 등

㉡ 제2종 환기방식(강제급기, 자연배기)
- 급기에만 송풍기를 사용한다.
- 실내를 정압으로 유지하여 다른 실에서의 먼지 침입이 없다.
- 용도 : 무균실, 클린룸 등

㉢ 제3종 환기방식(자연급기, 강제배기)
- 배기에만 배풍기를 사용한다.
- 실내를 부압으로 유지하여 실내의 냄새나 유해물질은 외부로 방출시킨다.
- 용도 : 주방, 화장실, 가스실 등 수증기, 유해가스나 냄새 등의 발생장소

③ 환기 영역에 따른 분류

㉠ 전반환기 : 열, 수증기, 오염물질의 발생이 실내에 널리 분포하는 경우에 사용한다.

㉡ 국소(국부)환기 : 발생원이 집중되고 고정되어 있는 경우 오염이 실 전체에 확산되기 전에 실외로 배기후드나 부스를 사용하여 오염물질을 제거하는 방식이다.

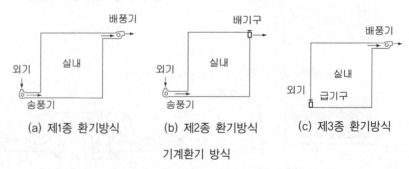

(a) 제1종 환기방식　　(b) 제2종 환기방식　　(c) 제3종 환기방식

기계환기 방식

(2) 필요환기량

① 필요환기량

실의 종류, 재실자수, 실내에서 발생하는 유해물질, 외기 등의 여러 가지 조건에 따라 결정되며, 환기량은 어떤 오염물질의 실내농도를 허용치 이하로 유지하기 위해 필요하고, 이를 위한 최소풍량을 필요환기량이라 한다.

② 환기량을 나타내는 방법

㉠ 1인당 환기량 : m³/h·인
㉡ 환기횟수 : 1시간에 교체된 환기량을 실의 체적으로 나눈 값으로 1시간에 실내공기가 몇 번 교체되었는가를 말한다.

$$n = \frac{Q}{V}(회/h)$$

여기서, Q : 환기량(m³/h) V : 실의 체적(m³)

[실내 공기오염의 척도]

농도에 따라 실내 공기오염과 비례하므로 이산화탄소 농도를 실내 공기오염의 척도로 사용한다.

(3) 필요환기량 계산방법

점검 사항	산출방법 (Qf : 필요환기량 m³·h)	비 고
CO_2 농도	$Qf = \dfrac{K}{P_i - P_o}$	K : 실내의 CO_2 발생량(m³/h) P_a : CO_2의 허용농도(m³/m³) P_o : 외기 CO_2의 농도(0.0003m³/m³)
발열량	$Qf = \dfrac{H_s}{C_p \cdot \gamma(t_i - t_o)}$ $= \dfrac{H_s}{0.34(t_i - t_o)}$	H_s : 발열량(현열)[w/h] C_p : 공기의 비열 γ : 공기의 비중량 t_i : 허용실내온도(℃) t_o : 신선한 공기온도(℃)
수증 기량	$Qf = \dfrac{W}{\gamma(G_a - G_o)}$ $= \dfrac{W}{1.2(G_a - G_o)}$	W : 수증기 발생량(kg/h) γ : 공기의 비중량 G_a : 허용 실내 절대습도 G_o : 신선한 공기의 절대습도
유해 가스	$Qf = \dfrac{K}{P_a - P_o}$	K : 유해가스발생량(m³/h) P_a : 신선한 공기 중 농도 P_o : 허용농도

끽연량	$Qf = \dfrac{M}{C_a} = \dfrac{M}{0.017}$	M : 끽연량(g/h)
		C_a : 1m³/h의 환기량에 대해 자극을
		     한계점 이하로 억제할 수 있는
		     허용담배연소량

진애 (먼지)	$Qf = \dfrac{K}{P_a - P_o}$	K : 진애발생량(개/h 또는 mg/m³) P_a : 허용 진애농도 P_o : 신선한 공기의 진애농도

09 출제예상문제

1. 습공기의 건구온도와 습구온도를 알 때, 습공기선도를 사용하여 알 수 없는 것은? 【13지방직⑨】

① 습공기의 엔탈피
② 습공기의 노점온도
③ 습공기의 기류
④ 현열비

[해설]
　습공기선도의 구성요소 : 건구온도, 습구온도, 노점온도, 절대습도, 상대습도, 수증기압, 엔탈피, 비체적, 열수분비, 현열비

2. 습공기선도(Psychrometric Chart)의 요소가 아닌 것은? 【14국가직⑨】

① 수증기분압　　　　② 엔탈피
③ 절대습도　　　　　④ 유효온도

[해설]
　습공기선도의 구성 요소 : 건구온도, 습구온도, 노점온도, 절대습도, 상대습도, 수증기분압, 비용적, 엔탈피, 열수분비, 현열비

3. 어느 건물의 취득열량이 현열 35,000kcal/hr, 잠열 15,000kcal/hr 이었다. 실내온도를 26℃, 습도를 40%로 유지하고자 할 때 현열비는? 【07국가직⑦】

① 0.3　　　　　　　② 0.5
③ 0.7　　　　　　　④ 0.9

[해설]

$$\text{현열비} = \frac{\text{현열}}{\text{현열+잠열}} = \frac{35,000}{35,000+15,000} = 0.7$$

4. 냉난방 부하에 관한 설명으로 옳지 않은 것은? 【10국가직⑨】

① 난방부하의 요인으로 실내외 온도차에 의한 관류열손실, 틈새바람에 의한 열손실 등이 있다.
② 난방부하란 실내에서 실외로 빼앗기는 열손실량을 공급해야 하는 단위시간당 열량을 말한다.
③ 냉방부하의 요인으로 실내발생열량취득, 장치로부터의 열량취득 등이 있다.
④ 인체발생열량은 냉방부하의 발생요인에 속하지 않는다.

[해설]
　④ 인체발생열량은 냉방부하의 발생요인으로 현열과 잠열을 고려한다.

5. 건물의 에너지 절약에 관련된 내용으로 옳지 않은 것은? 【08국가직⑦】

① 조닝을 상세하게 많이 할수록 설비비용이 감소하며 에너지도 절약된다.
② 가변풍량시스템(VAV System)은 실의 부하조건에 따라 풍량을 제어하여 실내온도를 조절하는 에너지 절약적인 공조방식이다.
③ 외부 조건에 따라 온습도(엔탈피)가 낮은 외기를 도입하여 실내로 송풍하면 냉동기의 운전을 하지 않고도 냉방을 하여 에너지를 절약할 수 있다.
④ 건물에서 쓰고 난 열을 그대로 버리지 않고 다시 건물 내에서 사용할 수 있도록 고안된 열회수장치를 사용한다.

[해설]
　① 조닝을 상세하게 많이 할수록 설비비용이 증가하지만 에너지가 절약된다.

해답 1 ③　2 ④　3 ③　4 ④　5 ①

6. 공기조화설비 중 에너지 절약에 가장 도움이 되지 않는 것은? 【11국가직⑦】

① 전열교환기　　② 변풍량(VAV) 방식
③ 외기 냉방　　④ 2중덕트 방식

[해설]
④ 이중덕트방식 : 1대의 공조기에 의해 냉풍과 온풍을 각각의 덕트로 보내 말단의 혼합상자에서 이를 혼합하여 실의 조건에 따라 냉풍과 온풍을 조절하여 송풍하는 방식으로 혼합손실로 인한 에너지소비가 많은 방식이다.

7. 팬 코일 유닛(fan coil unit) 공조방식의 장점이 아닌 것은? 【07국가직⑨】

① 각 유닛마다 조절할 수 있으므로 각 실 조절에 적합하다.
② 전 공기식(all air system)에 비해 덕트 면적이 작다.
③ 장래의 부하 증가에 대하여 팬 코일 유닛의 증설만으로 용이하게 계획할 수 있다.
④ 일반적으로 외기 공급을 위한 별도의 설비를 병용할 필요가 없다.

[해설]
④ 팬코일 유닛방식은 전공기식에 비해 기류분포가 불균등하기 때문에 외기도입을 위한 별도의 설비를 병용할 필요가 있다.

8. 다음 글에서 설명하는 공조방식은? 【10국가직⑨】

・온도의 개별제어가 가능하다.
・냉난방을 동시에 할 수 있어 계절마다 냉난방 전환이 필요하지 않다.
・전공기식(All-Air Duct)이므로 냉온수관이나 전기배선을 실내에 설치하지 않아도 된다.
・운전동력비가 많이 든다.

① 정풍량 방식　　② 2중덕트 방식
③ 각층 유닛 방식　　④ 팬코일 유닛 방식

[해설] 이중덕트방식의 특징
① 온도의 개별제어가 가능하다.
② 냉난방을 동시에 할 수 있어 계절마다 냉난방 전환이 필요하지 않다.
③ 전공기식(All-Air Duct)이므로 냉온수관이나 전기배선을 실내에 설치하지 않아도 된다.
④ 운전동력비가 많이 든다.

9. 공기조화방식의 특성으로 옳지 않은 것은? 【10지방직⑨】

① 이중덕트방식 – 각 실별로 혼합상자(Mixing Box)를 설치
② 단일덕트 정풍량방식 – 각 실의 부하변동에 대한 대응에 불리
③ 단일덕트 변풍량방식 – 타 방식에 비해 에너지 절약에 유리
④ 팬코일유닛방식 – 건물의 내주부에 적용

[해설]
④ 팬코일 유닛방식 – 건물의 외주부에 적용

10. 건물 종류별 공조설비의 적용이 적절하지 않은 것은? 【10지방직⑦】

① 임대사무실 건물 – 이중덕트 방식(Dual Duct System)
② 백화점 매장 – 유인유닛 방식(Induction Unit System)
③ 호텔의 객실 – 팬코일유니트 방식(Fan Coil Unit System)
④ 극장 – 단일덕트 방식(Single Duct System)

[해설]
② 백화점 매장은 단일덕트 정풍량 방식을 적용하는 것이 유리하다.

11. 공기조화방식이 다른 것은? 【12국가직⑨】

① 단일덕트 방식　　② 이중덕트 방식
③ 팬코일유닛 방식　　④ 멀티존 방식

[해설] 공조조화방식의 분류
① 전공기방식 : 단일덕트방식, 이중덕트방식, 멀티존유닛방식, 각층유닛방식
② 공기수방식 : 유인유닛방식
③ 전수방식 : 팬코일유닛방식, 복사패널방식

해답　6 ④　7 ④　8 ②　9 ④　10 ②　11 ③

12. 공기조화방식에 대한 설명으로 옳은 것은?

【11지방직⑦】

① 전공기방식은 실내에 설치되는 기기가 없으므로 실의 유효스페이스가 증대되며, 사무소 건물이나 병원의 외부존에 적합하다.

② 공기-수방식은 유닛 제어에 의해 개별제어가 가능하며 사무소, 병원, 호텔 등의 내부존에 사용한다.

③ 수방식은 여관, 주택 등 주거인원이 적고 틈새바람에 의한 외기도입이 가능한 건물에 사용한다.

④ 냉매방식은 고장 시 다른 것에 영향이 없고 융통성(Flexibility)이 풍부한 개별공조방식으로 많은 풍량과 높은 정압이 요구되는 공장이나 극장과 같은 대형건물에 많이 사용된다.

[해설]

① 전공기방식은 실내에 설치되는 기기가 없으므로 실의 유효스페이스가 증대되며, 사무소 건물이나 병원의 내부존에 적합하다.

② 공기-수방식은 유닛 제어에 의해 개별제어가 가능하며 사무소, 병원, 호텔 등의 외부존에 사용한다.

④ 냉매방식은 고장 시 다른 것에 영향이 없고 융통성(Flexibility)이 풍부한 개별공조방식으로 적은 풍량과 낮은 정압이 요구되는 소형건물에 많이 사용된다.

13. 공기조화방식에 대한 설명으로 옳지 않은 것은?

【13국가직⑦】

① 2중덕트 방식은 중앙식 공조기에서 냉·난방이 동시에 이루어지므로 계절에 따라 교체, 조닝할 필요가 없다.

② 패키지유닛 방식은 유닛을 각 실 및 존에 1대씩 설치하여 공조를 행하는 방식으로 일부는 덕트를 병용하는 경우도 있다.

③ 복사패널, 덕트병용 방식은 실내에 유닛류를 설치하지 않으므로 바닥면적을 넓게 이용할 수 있으며, 현열부하가 큰 방송국 스튜디오에 적합하다.

④ 변풍량 방식은 건축의 규모, 종별에 관계없이 가장 많이 사용되며, 타 방식에 비하여 설비비가 저렴하다.

[해설]

④ 변풍량 방식은 발열량 변화가 심한 내주부, 일사량 변화가 심한 외주부에 많이 적용하며, 변풍량 유닛의 설치로 인하여 타 방식에 비하여 설비비가 증가한다.

14. 공기조화방식에 대한 설명으로 옳지 않은 것은?

【14지방직⑨】

① 공기조화방식은 열순환 매체 종류에 따라 전공기방식, 공기-수방식, 전수방식, 냉매방식으로 분류된다.

② 공기-수방식의 종류로는 멀티존 방식, 단일덕트 방식, 이중덕트 방식이 있다.

③ 전공기방식은 반송동력이 커지는 단점이 있다.

④ 전수방식은 물을 냉난방 열매로 사용한다.

[해설]

② 멀티존 방식, 단일덕트 방식, 이중덕트 방식은 전공기방식이다.

15. 공기조화설비 계획에서 단일덕트변풍량방식에 대한 설명으로 옳지 않은 것은? 【15국가직⑦】

① 각 실별로 개별제어가 가능하다.

② 동시사용률을 고려하여 설비용량을 줄일 수 있다.

③ 이중덕트방식에 비해 에너지 절감효과가 크다.

④ 정풍량방식보다 설비비가 많이 들지 않는다.

[해설]

④ 정풍량방식보다 설비비가 많이 든다.

16. 팬코일유닛(FCU) 방식에 대한 설명으로 옳지 않은 것은? 【16지방직⑨】

① 각 유닛마다 조절할 수 있다.

② 전공기 방식에 비해 덕트 면적이 작다.

③ 전공기 방식에 비해 중간기 외기냉방 적용이 용이하다.

④ 장래의 부하 증가 시 팬코일유닛의 증설로 용이하게 대응할 수 있다.

[해설]

③ 전공기 방식에 비해 중간기 외기냉방 적용이 곤란하다.

17. 건축환경 계획에 대한 설명 중 옳지 않은 것은?

【09국가직⑦】

① 환기회수는 24시간의 환기량을 실의 용적으로 나눈 값으로 24시간에 몇 회의 공기가 교체되는가를 나타낸다.

② 인체가 느끼는 쾌적함에 영향을 주는 요소 중 기온, 습도, 기류, 복사열을 물리적 온열요소라 한다.

③ 주광률은 실내의 밝기를 나타내는 지표 중 하나로 자연채광 대비 실내조도의 정도를 말한다.

④ 온도변화에 관여하는 열을 현열이라 하고, 동일 온도에서 물체의 상태변화에 관여하는 열을 잠열이라 한다.

[해설]

① 환기횟수 : 1시간에 교체된 환기량을 실의 체적으로 나눈 값으로 1시간에 실내공기가 몇 번 교체되었는가를 말한다.

18. 환기방식과 그에 적절한 실의 용도에 대한 설명으로 옳은 것은?

【11국가직⑨】

① 반도체공장의 클린룸 - 2종 환기방식 : 외부의 오염된 먼지유입을 줄일 수 있다.

② 화장실 - 1종 환기방식 : 급기와 배기량을 일정하게 함으로써 악취를 빨리 배출할 수 있다.

③ 자동차공장의 도장공장 - 3종 환기방식 : 실내를 항상 정압으로 유지한다.

④ 주방 - 1종 환기방식 : 급기와 배기를 충분히 할 필요가 있다.

[해설] 환기방식

(1) 제1종 환기방식(강제급기, 강제배기)
① 급기와 배기를 모두 송풍기를 설치한다.
② 가장 안전한 환기방식으로 정압(+압)과 부압(-압)의 유지가 가능하다.
③ 용도 : 병원의 수술실 등

(2) 제2종 환기방식(강제급기, 자연배기)
① 급기에만 송풍기를 사용한다.
② 실내를 정압으로 유지하여 다른 실에서의 먼지 침입이 없다.
③ 용도 : 무균실, 클린룸 등

(3) 제3종 환기방식(자연급기, 강제배기)
① 배기에만 배풍기를 사용한다.
② 실내를 부압으로 유지하여 실내의 냄새나 유해물질은 외부로 방출시킨다.
③ 용도 : 주방, 화장실, 가스실 등 수증기, 유해가스나 냄새 등의 발생장소

19. 환기설비의 설계기준에 대한 설명으로 옳지 않은 것은?

【12지방직⑨】

① 환기는 자연환기와 기계환기로 대별되는데 자연환기가 보다 더 강력하다.

② 환기량은 환기인자에 대한 실내의 허용농도에 따라 다르다.

③ 자연환기는 풍력환기와 중력환기로 구분된다.

④ 기계환기에서 적당한 급·배기구의 설치는 실내공기분포를 균일하게 한다.

[해설]

① 기계환기가 자연환기보다 환기능력이 우수하다.

20. 클린룸에 대한 설명으로 옳지 않은 것은?

【08국가직⑨】

① 비정류방식은 기류의 난류로 인하여 오염입자가 실내에 순환할 우려가 있다.

② 클린룸 청정도의 기준은 $1\,ft^3$의 공기 중에 $0.5\,\mu m$ 크기의 입자수로 결정된다.

③ BCR(Biological Clean Room)은 식품공장, 약품공장, 수술실 등의 청정을 목적으로 한다.

④ 수직정류방식은 설치비가 가장 저렴하다.

[해설] 수직정류 방식

(1) 천장 또는 벽면 전체에 HEPA filter 또는 ULPA filter를 설치하고 공기를 바닥면 또는 반대편 벽면으로 이동시키는 방식

(2) 특징
① 비정류방식에 비해 설비비 비싸다.
② 실의 확장이 곤란하다.
③ 고도의 청정도를 확보할 수 있으며, 오염확산이 적다.

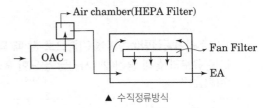

▲ 수직정류방식

21. 공장의 클린룸(Clean Room)에 대한 설명으로 옳지 않은 것은? 【09지방직⑦】

① 평면형태는 좁고 긴 장방형이 양질의 층류식(層流式) 기류형성에 유리하다.

② 창문 등의 개구부를 되도록 많이 설치하여 실내환경을 청정하게 유지한다.

③ 바이오 하자드(Bio Hazard) 방지대책은 배관의 연결부분이나 관통부분에 대한 밀봉에 유의한다.

④ 설계에는 재료선정, 밀폐도, 실내가압, 공기류의 한정, 실내외의 차압제어의 방법이 사용된다.

[해설]
② 실내환경의 청정도를 확보하기 위해 창문 등의 개구부를 적게 하는 것이 좋다.

22. 공기조화방식에서 변풍량단일덕트방식(VAV)에 대한 설명으로 옳지 않은 것은? 【18지방직⑨】

① 고도의 공조환경이 필요한 클린룸, 수술실 등에 적합하다.

② 가변풍량 유닛을 적용하여 개별 제어가 가능하다.

③ 저부하 시 송풍량이 감소되어 기류 분포가 나빠지고 환기성능이 떨어진다.

④ 정풍량 방식에 비해 설비용량이 작아지고 운전비가 절약된다.

[해설]
① 고도의 공조환경이 필요한 클린룸, 수술실 등에는 정풍량 단일 덕트방식이 적합하다.

23. 1인당 공기공급량(m^3/h)을 기준으로 할 때 다음과 같은 규모의 실내 공간에 1시간당 필요한 환기 횟수[회]는? 【20지방직⑨】

• 정원 : 500명
• 실용적 : 2,000m^3
• 1인당 소요 공기량 : 40m^3/h

① 8 　　　　　② 10

③ 16 　　　　　④ 25

[해설]

$$시간당\ 환기횟수 = \frac{1인당\ 소요\ 공기량 \times 인원}{실의\ 체적}$$

$$= \frac{40 \times 500}{2,000} = 10회/h$$

24. 공기조화방식 중 패키지 유닛방식에 대한 설명으로 옳지 않은 것은? 【20지방직⑨】

① 설비비가 저렴하다.

② 각 유닛을 각각 단독으로 조절할 수 있다.

③ 일반적으로 진동과 소음이 적다.

④ 용량이 작으므로 대규모 건물에는 적합하지 않다.

[해설]
③ 패키지 유닛방식은 일반적으로 진동과 소음이 크다.

25. 공기조화방식에 대한 설명으로 옳지 않은 것은? 【21국가직⑦】

① 전공기방식은 외기냉방이 가능하며 공기청정 제어가 용이한 공조방식이지만 설치공간을 많이 필요로 하는 단점이 있다.

② 팬코일유닛방식은 냉매방식으로 덕트스페이스는 크지만 각 실 조절이 편리하다는 장점이 있다.

③ 전공기방식에는 단일덕트방식, 이중덕트방식 등이 있다.

④ 단일덕트 변풍량방식(VAV)은 단일덕트 정풍량방식(CAV)에 비해 에너지소비 및 송풍동력이 절약된다.

[해설]
② 팬코일유닛방식은 전수방식으로 덕트스페이스는 작거나 필요 없으며, 각 실 조절이 편리하다는 장점이 있다.

해답 21 ② 22 ① 23 ② 24 ③ 25 ②

냉동설비는 출제빈도가 낮은 부분이지만 냉동능력과 냉동톤의 개념, 냉동기의 종류 및
특성, 냉각탑의 역할에 대한 이해가 요구된다.

냉동설비

1 냉동설비의 기초사항

(1) 냉동의 원리

냉동이란 물체 또는 일정한 장소로부터 열을 얻거나 제거하여 주위의 온도
보다 낮은 온도로 냉각하는 것을 말한다. 냉각을 하는 방법으로는 보통 증
발하기 쉬운 액체를 증발시켜 그 잠열을 이용하는 방법이 사용된다.

(2) 냉동능력

0℃의 순수한 물 1ton(1,000kg)을 24시간 동안에 0℃의 얼음으로 만드는
데 필요한 냉동능력을 말하며, 냉동톤이라고 부른다.

(3) 냉동톤

- $1냉동톤(RT) = \dfrac{335kJ/kg \times 1,000kg}{24h} ≒ 13,900kJ/h = 3.86kW$

- $1USRT = \dfrac{12,000BTU \times 1.055KJ/BTU}{3,600s/h} = 3.52kW$

2 냉동기의 종류와 특성

(1) 압축식 냉동기

① 종류 : 왕복식, 회전식, 터보식

② 특징

　㉠ 기계가 작아 취급이 용이하다.

　㉡ 운전이 용이하고 낮은 온도의 냉수를 얻을 수 있다.

　㉢ 보일러를 필요로 하지 않는다.

　㉣ 소음과 진동의 발생에 유의해야 한다.

　㉤ 구동에너지가 전기이므로 전력소비가 많다.

　㉥ 냉매순환 사이클 : 압축기 → 응축기 → 팽창밸브 → 증발기

③ 구성요소 : 압축기, 응축기, 팽창밸브, 증발기

[냉매]

냉동설비에서 냉동효과를 얻기 위해 냉동
사이클 내를 순환하는 동작유체를 말하며,
이 냉매는 증발·압축에 의해서 열을 흡수
또는 방출한다.

① 냉매의 구비조건

- 온도가 낮아도 대기압 이상의 압력으로
  증발 기화하고, 상온에서도 비교적 낮
  은 압력으로 응축 액화해야 한다.
- 증발잠열이 크고 냉동작용에 저해가 되
  지 않아야 한다.
- 임계온도가 높고 반드시 상온에서 액화
  할 수 있어야 한다.
- 누설의 발견이 용이해야 한다.
- 부식성, 폭발성, 인화성, 악취 등이 없
  어야 하며 인체에 무해해야 한다.
- 용적이 작아야 한다.

② 냉매의 종류

- 1차 냉매 : 현열과 잠열을 이용, 프레온,
  암모니아, 물
- 2차 냉매 : 현열을 이용, 염화칼슘, 염
  화마그네슘

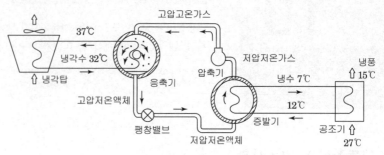

압축식 냉동기

⑵ 흡수식 냉동기

① 종류 : 흡수식

② 특징

　㉠ 도시가스를 주원료로 사용하므로 전력소비가 적다.

　㉡ 소음과 진동이 적다.

　㉢ 압축식 냉동기에 비해 냉각열량이 크므로 냉각탑의 용량이 커진다.

　㉣ 낮은 온도의 냉수를 얻기가 곤란하다.

　㉤ 여름에도 보일러를 가동해야 한다.

　㉥ 냉매순환 사이클 : 증발기 → 흡수기 → 발생기 → 응축기

③ 구성요소 : 흡수기, 응축기, 발생기, 증발기

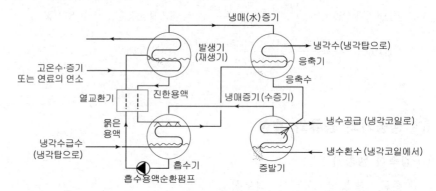

흡수식 냉동기

3 냉각탑의 종류와 용량

(1) 냉각탑

냉각탑은 지하수 또는 상수를 냉방 설비의 냉각수로 사용하며, 응축기용 냉각수를 재사용하기 위해 대기와 접촉시켜서 물을 냉각하는 장치를 말한다.

(2) 냉각탑의 종류

① 대기식 : 대기의 풍속을 이용하는 방식이다.
② 자연통풍식 : 냉각탑 내·외 공기의 비중차에 의해 냉각탑 하부로부터 공기가 들어가 상부로 공기가 상승하여 배출되는 방식이다.
③ 강제(기계)통풍식 : 기계장치를 이용하여 통풍시키는 방식이다.
④ 밀폐식 : 최근 사용되는 특수냉각탑으로 연중 사용하는 전산실용 냉동기의 냉각탑으로 사용한다.

(3) 냉각탑의 설치위치

① 소음의 발생되어도 문제가 적은 장소
② 먼지나 매연이 없는 장소
③ 급수와 배수가 용이한 장소
④ 관리면적이 충분한 장소
⑤ 통풍이 잘되는 장소

(4) 냉각탑의 용량

• 압축식 냉동기 : 냉동열량의 1.2~1.3배
• 흡수식 냉동기 : 냉동열량의 2.5배

4 기타 열원설비

(1) 빙축열 시스템

① 빙축열 시스템
빙축열 시스템은 전력부하가 적은 야간(22:00~08:00)의 심야전력을 이용하여 얼음을 생성·저장하였다가 주간에 이 얼음을 녹여서 건물의 냉방에 활용하는 시스템으로 주로 얼음의 융해열(79.5kcal/kg = 335kJ/kg)을 이용한다.

② 특징
㉠ 전력부하 균형에 기여한다.
㉡ 심야전력 이용으로 전력운전비가 감소한다.
㉢ 수전설비 용량의 축소 및 계약전력이 감소된다.

[냉각탑]

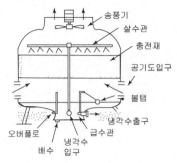

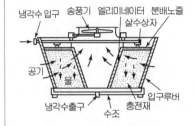

② 축열로 열공급이 안정되며 냉동기를 고효율로 운전할 수 있다.
⑩ 초기 투자비가 비싸다.
⑪ 축열조 설치를 위한 면적이 필요하다.

(2) 열병합발전 시스템(Co-generation system)

① 열병합발전 시스템

열병합발전 시스템은 화력발전소에 있어서 버려져 왔던 막대한 양의 배열을 회수하여 활용하고 송전손실을 줄임으로써 전체 에너지 이용율을 높이기 위해 개발된 것이다. 전체 에너지 유효 이용율이 70~80%에 달해 종래의 화력발전소에 비하여 2배 이상의 에너지 유효이용이 가능하다.

② 특징

㉠ 발전시 폐열 이용에 따른 에너지를 절감할 수 있다.
㉡ 에너지 소비량 감소에 따른 환경보호에 기여한다.
㉢ 연료의 다원화에 따른 에너지 수급계획의 합리화와 에너지 가격 절감효과가 있다.
㉣ 24시간 가동하므로 실내 온도에 변화가 없다.
㉤ 초기 투자비가 비싸다.
㉥ 배관도중에 열손실이 크다.

10 출제예상문제

1. 압축식 냉동기의 주요 구성요소가 아닌 것은?

① 재생기　　　　② 압축기
③ 증발기　　　　④ 응축기

[해설]
　압축식 냉동기 : 압축기, 응축기, 팽창밸브, 증발기

2. 터보 냉동기의 특징에 대한 설명 중 옳지 않은 것은?

① 임펠러 회전에 의한 원심력으로 냉매가스를 압축한다.
② 일반적으로 대용량에는 부적합하며 비례제어가 불가능하다.
③ 30% 이하의 출력에서는 서징(Surging) 현상이 일어나므로 운전이 곤란하다.
④ 왕복동식에 비하여 진동이 적다.

[해설]
　② 왕복식 냉동기 : 일반적으로 대용량에는 부적합하며 비례제어가 불가능하다.

3. 다음의 설명에 알맞은 냉동기는?

> • 기계적 에너지가 아닌 열에너지에 의해 냉동효과를 얻는다.
> • 구조는 증발기, 흡수기, 재생기(발생기), 응축기 등으로 구성되어 있다.

① 터보식 냉동기　　② 스크류식 냉동기
③ 흡수식 냉동기　　④ 왕복동식 냉동기

[해설] 흡수식 냉동기
　① 구성 : 응축기 - 증발기 - 흡수기 - 재생기(발생기)
　② 특징 : 도시가스를 주연료로 사용하므로 전력소비가 적다.

4. 다음 중 냉각탑을 설치하는 장소로 가장 적당한 곳은?

① 지하실
② 보일러실
③ 바람이 안 통하는 곳
④ 바람이 잘 통하는 옥상

[해설] 냉각탑의 설치위치
　(1) 소음의 발생되어도 문제가 적은 장소
　(2) 먼지나 매연이 없는 장소
　(3) 급수와 배수가 용이한 장소
　(4) 관리면적이 충분한 장소
　(5) 통풍이 잘되는 장소

5. 빙축열 시스템에 대한 설명 중 옳지 않은 것은?

① 냉동기와 관련 기기의 용량을 작게 할 수 있다.
② 유지보수가 용이하고 방열손실의 발생이 없다.
③ 하절기 피크 전력부하가 감소하여 전기요금이 절감된다.
④ 심야의 값싼 전력을 사용하므로 일반 냉동 시스템보다 운전비용이 줄어든다.

[해설]
　② 빙축열 시스템은 유지보수가 비교적 어렵고 축열조 설치를 위한 별도의 공간이 필요하다.

해답　1 ①　2 ②　3 ③　4 ④　5 ②

전기설비에서는 부하설비용량 및 수변전설비의 계획에 대한 이해가 요구되며, 변전실의 구조, 예비전원설비의 구성, 간선 및 분전반의 배선방식, 배선공사방식에 대한 문제가 출제된다.

1 전기설비의 기초사항

(1) 전기설비의 용어

① 전압, 전류, 저항

㉠ 전류는 전압에 비례하고 저항에 반비례한다.(오옴의 법칙)

$$전압(V) = 전류(I) \times 저항(R), \ 즉 \ I = \frac{V}{R}$$

㉡ 전선의 저항은 그 단면적에 반비례하고 길이에 비례한다.

$$R = \rho \times \frac{L}{S}$$

여기서, ρ : 비저항
L : 전선의 길이(m)
S : 전선의 단면적(cm^2)

② 직류와 교류

㉠ 직류
- 시간에 관계없이 세기와 방향이 일정하게 흐르는 전류
- 전화, 전기시계를 비롯한 통신설비와 고속엘리베이터의 전원

㉡ 교류
- 시간에 따라서 세기와 방향이 주기적으로 변화하는 전류
- 건물의 전등, 동력, 전열 등 대부분의 전기설비의 전원

③ 주파수

교류에 있어 전류가 어떤 상태에서 출발하여 차츰 변화되어 최초의 상태로 돌아올 때까지의 행정을 사이클이라 하고 1초간 사이클 수를 주파수라 한다. 우리나라는 60사이클을 사용하고 있다.

④ 전력

㉠ 전류가 단위시간에 하는 일의 양을 전력이라 한다.

㉡ 단위 : W, kW

㉢ 전력계산
- 직류 : $W = VI = I^2 \cdot R = V^2/R$
- 단상 교류 : $W = VI \times$ 역률
- 3상 교류 : $W = VI \times \sqrt{3}$ 역률

[역률]

교류의 경우 전압과 전류의 크기와 방향이 시간에 따라 변화 하므로 전류가 전압보다 빠르거나 늦게 발생한다. 이와 같은 전압과 전류의 시간적인 위상차를 역률이라 한다.
① 유효전력 = 피상전력(전압×전류) × 역률(cosθ)
② 역률은 항상 1보다 작으며 그 값이 작을수록 역률이 나쁘다.
③ 역률이 나쁠수록 설비용량이 커져야 한다.
④ 역률을 개선하기 위한 기기는 콘덴서이다.

⑤ 전압의 구분

전압의 종류	직 류	교 류
저압	1,000V 이하	1,500V 이하
고압	1,000V 초과 7,000V 이하	1,500V 초과 7,000V 이하
특별고압	7,000V 초과	

⑥ 전기설비의 분류
  ㉠ 전원설비(강전설비) : 수변전설비, 예비전원설비 등
  ㉡ 동력설비(강전설비) : 공기조화기, 급배수설비에 사용되는 송풍기, 펌프 등의 동력, 엘리베이터, 에스컬레이터 등의 동력 에너지로 이용하는 설비
  ㉢ 조명설비(강전설비) : 전기에너지를 빛에너지로 전환하여 이용하는 설비
  ㉣ 정보통신설비(약전설비) : 전화설비, 전기시계, 안테나 설비, 방송설비 등
  ㉤ 방재설비(강전 및 약전설비) : 피뢰침설비, 소방전기설비, 항공장애등설비 등

[강전설비와 약전설비]
① 강전설비 : 100V 이상의 교류전기를 사용하는 조명, 동력, 전원설비 등
② 약전설비 : 주로 9V, 12V, 24V 등을 사용하는 전화, 전기시계, 방송설비 등

2 수변전설비

(1) 수변전설비의 설계순서

① 설비용량을 각 부하별로 산출한다.
② 최대 수용전력에 따라 변압기의 용량을 산출한다.
③ 계약전력과 수전전압을 결정한다.
④ 인입방식과 배전방식을 결정한다.
⑤ 주회로의 결선도를 작성한다.
⑥ 변전설비의 형식을 결정한다.
⑦ 제어방식을 결정한다.
⑧ 변전실의 위치와 면적을 결정한다.
⑨ 기기의 배치를 결정한다.

[수변전설비]
발전소에서 생산된 전기는 매우 높은 전압으로 여러 단계의 변전소를 거쳐 수용가로 공급된다. 이러한 전기를 받아 사용하기에 적당한 전압으로 낮추는 장치를 수변전설비라 한다. 수변전설비는 단로기, 변성기, 차단기, 변압기, 개폐기 등의 기기로 구성되는데 이러한 기기를 설치하는 장소를 변전실이라 한다.

(2) 부하설비용량의 산정

① 부하설비용량

$$부하설비용량(VA) = 부하밀도(VA/m^2) \times 연면적(m^2)$$

② 각종 건물의 부하밀도(VA/m²)

	사무실	점포, 백화점	호텔	주택, 아파트
전등부하	20~35	40~80	25~35	15~30
동력부하	35~60	25~60	15~40	10~35
냉방부하	25~45	30~35	35~40	20~30
합 계	80~140	96~175	75~110	45~95

(3) 수변전 설비 용량[☆]

출제빈도

20국가직 ⑨

① 수용률 = $\dfrac{최대수용전력(kW)}{부하설비용량(kW)} \times 100(\%)$

② 부등률 = $\dfrac{각 부하의 최대수용전력의 합계(kW)}{합계부하의 최대수용전력(kW)} \times 100(\%)$

③ 부하율 = $\dfrac{평균수용전력(kW)}{최대수용전력(kW)} \times 100(\%)$

④ • 수용률 : 0.4~1.0(1보다 작다)
　• 부등률 : 1.1~1.5(1보다 크다)
　• 부하율 : 0.25~0.6(1보다 작다)

(4) 계약전력과 수전전압

① 업무용 : 전등과 동력을 병용하는 경우 20kW 이상
② 소규모 공장 : 50~500kW 미만
③ 대규모 공장 : 500kW 이상

(5) 변전설비용 기기

① 변압기(TR)
　수변전설비의 모체가 되는 기기로서 이 기기의 성능과 신뢰도에 따라 전체의 신뢰도가 좌우되며, 전압을 전환하는 기능을 수행한다.
② 차단기 : 전로를 자동적으로 개폐하여 기기를 보호하는 목적에 사용된다.
③ 콘덴서 : 역률개선에 사용한다.
④ 배전반
　기기나 회로를 감시하기 위한 계기류, 개전기류, 개폐기류를 한 곳에 집중하여 시설하며 전기계통의 중추적인 역할을 한다.
⑤ 유입개폐기(POS)
　고장전류를 차단하지 못하고 단지 부하전류만 개폐하는 역할을 한다.
⑥ 단로기(DS) : 전기기기의 점검 및 수리하는 경우 그 부분의 전원을 개폐한다.
⑦ 보호장치
　수변전설비의 전기회로 이상을 검출하여 차단기를 작동시키거나 경보신호를 발생시키는 것으로 보호계전기, 검루기, 피뢰기 등이 있다.

(6) 변전실의 위치와 구조[☆]

① 위치

　㉠ 가능한 한 부하의 중심에 가깝고 배전에 편리한 장소일 것

　㉡ 기기 반출입이 용이할 것

　㉢ 전원 인입이 쉬운 곳일 것

　㉣ 습기와 먼지가 적은 곳일 것

　㉤ 천장의 높이가 충분할 것

　㉥ 화재 등의 위험이 적은 곳

　㉦ 기타 전기설비와 인접한 장소일 것

② 구조

　㉠ 내화 구조로 할 것

　㉡ 환기·통풍 시설을 할 것

　㉢ 채광·조명 설비를 할 것

　㉣ 누수우려가 없도록 할 것

　㉤ 천장높이 : 고압(보 밑 3m 이상), 특고압(보 밑 4.5m 이상)

　㉥ 바닥하중 : 500~1,000kg/m^2

　㉦ 바닥콘크리트 두께 : 20~30cm 정도

출제빈도
18국가직 ⑨

[변전실]

(7) 예비전원설비[☆]

① 필요한 장소

　병원의 수술실, 사람의 출입이 많은 건물, 동력설비에 있어서 배수 펌프, 소화전용 펌프, 양수펌프, 환기팬, 엘리베이터, 신호용 전원(화재경보장치, 도난경보장치, 확성장치 등)

② 예비전원이 갖추어야 할 조건

　㉠ 축전지 : 충전 후 충전하지 않고 30분 이상 방전할 수 있을 것

　㉡ 자가발전설비 : 10초 이내에 가동하여 규정전압을 유지, 30분 이상 전력공급이 가능할 것

　㉢ 축전지와 자가발전설비의 병용 : 자가발전설비는 비상사태 발생 후 45초 이내에 시동해서 30분 이상 안정된 전원을 공급하고 축전지 설비는 충전함이 없이 20분 이상 방전할 수 있을 것

③ 위치와 구조

　㉠ 내화구조로 할 것

　㉡ 부하중심에 가까운 곳(변전실에 가까운 곳)

　㉢ 채광·조명 설비를 할 것

　㉣ 실내에 급수 및 배수시설을 한다.

　㉤ 환기·통풍 시설을 할 것

　㉥ 기기의 반출입이 쉽고 운전관리가 용이한 곳

출제빈도
10지방직 ⑨

[자가발전설비]

발전기실은 진동시 문제가 발생하므로 건물의 기초와 별도로 기초를 계획한다.

[축전지설비]

· 예제 01 ·

> **발전기실의 위치 및 구조에 관한 설명으로 옳지 않은 것은?** 【10지방직⑨】
> ① 기기의 반출입이나 운전, 보수가 용이한 곳이 좋다.
> ② 발전기실은 진동 시 문제가 발생하므로 기초와 연결하는 것이 바람직하다.
> ③ 배기 배출기에 가깝고 연료보급이 용이한 곳이 좋다.
> ④ 부하 중심 가까운 곳에 둔다.
>
> ---
>
> ② 발전기실은 진동시 문제가 발생하므로 건물의 기초와 별도로 기초를 계획한다.
>
> 답 : ②

3 배전 및 배선설비

(1) 배전설비

① 배전설비

전력을 일으키는 것을 발전이라 하고, 발생된 전력을 변전소까지 수송하는 것을 송전이라 하며, 변전소에서 수용가까지 전기를 보내는 것을 배전이라 한다.

② 인입과 배선

㉠ 소규모 건물 : 저압인입 → 전력계 → 분전반 → 분기회로 → 스위치

㉡ 대규모 건물 : 고압인입 → 변전실 → 전력계 → 주배전반 → 분전반 → 분기회로 → 스위치

③ 인입시 주의사항

㉠ 약전전선과 접근하지 않도록 한다.

㉡ 인입구에 빗물이 스며들지 않도록 한다.

㉢ 배전선에서 인입하기 쉬워야 한다.

(2) 간선

① 간선

건물로의 인입개폐기로부터 각 층마다 설치된 분전반의 분기개폐기까지의 배선을 말한다.

② 간선의 설계순서

㉠ 간선의 부하용량을 산정한다.

㉡ 전기방식과 배선방식을 결정한다.

㉢ 배선방법을 결정한다.

㉣ 전선의 굵기를 결정한다.

③ 배선방식

　ㄱ 나뭇가지식(수지상식) : 1개의 간선이 각각의 분전반을 배선하는 방식으로 배선공사비가 적게 든다. 소규모 건축물에 적용하며 간선의 굵기가 변하는 접속점에 보안장치가 필요하며 전압강하가 크다.

　ㄴ 평행식 : 단독배선으로 각각의 분전반마다 배선하는 방식으로, 대규모 건축물의 큰 용량의 부하 또는 넓은 분포로 분산되어 있는 경우에 사용한다. 배선공사비가 많이 든다. 전압강하가 평균화되고 사고 발생시 그 범위를 좁게 할 수 있다.

　ㄷ 병용식 : 부하의 중심에 분전반을 설치하여 각 부하에 배선하는 방식으로, 나뭇가지식과 평행식의 단점을 보완한 것으로 가장 많이 사용한다.

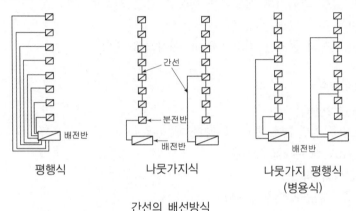

평행식　나뭇가지식　나뭇가지 평행식 (병용식)

간선의 배선방식

(3) 분전반[☆]

① 분전반

　각 간선에서 소요 부하에 따라 배선을 분기하는 개소에 설치하는 것으로 배전반의 일종이며, 여러 가지 형식이 있다. 분전반은 주개폐기, 분기회로용 분기개폐기 및 자동차단기 등을 한 곳에 모아 설치한 것이다.

② 설치시 주의사항

　ㄱ 매층 부하의 중심에 둔다.
　ㄴ 보수나 조작이 용이한 곳
　ㄷ 고층 건물은 가능한 한 파이프샤프트(pipe shaft) 부근
　ㄹ 전화용 단자함이나 소화전과 조화를 이루도록 한다.
　ㅁ 설치간격은 30m 이하가 되도록 설치
　ㅂ 가능한 한 매층마다 설치
　ㅅ 분전반의 접지는 제3종 접지공사로 한다.

③ 용량

　ㄱ 10~20회선 이하가 되도록 설치한다.
　ㄴ 예비회로를 포함하여 최대 40회선까지 설치할 수 있다.
　ㄷ 1개 분기회로의 용량은 200A 이하로 한다.

[전압강하]
부하에 걸리는 전압은 전원전압보다 항상 낮으며 이것은 전류가 배선을 통과하는 사이에 저항에 의하여 전압이 떨어지기 때문이다. 이러한 현상을 전압강하라고 한다. 전압강하가 크면 불필요한 전력손실이 발생한다.
① 인입선과 간선의 전압강하 : 1% 이내
② 분기회로의 전압강하 : 2% 이내

출제빈도
20지방직 ⑨

주택용 분전반

저압용 분전반

⑷ 분기회로

① 분기회로

분기회로는 건물 내의 분전반으로부터 분기하여 전등이나 콘센트 등의 전기기기에 이르는 저압 옥내배선을 말한다. 분기회로를 설치하는 목적은 전기설비의 모든 기기들을 안전하게 사용하고 고장이 생겼을 경우 그 피해를 최소화하고 신속하게 보수할 수 있도록 하기 위해서이다.

② 설치시 주의사항

㉠ 전등, 콘센트 등은 보통 15A 분기로 한다.

㉡ 계단, 복도 등은 될 수 있으면 같은 회로로 한다.

㉢ 같은 실, 같은 방향의 회로는 될 수 있는 한 같은 회로로 한다.

㉣ 같은 스위치로 점멸되는 전등은 같은 회로로 한다.

㉤ 습기가 있는 곳은 별도의 회로로 한다.

㉥ 전선의 굵기는 최소 1.6mm 이상으로 한다.

⑸ 배전방식

① 단상2선식

• 보통 일반주택 등 소규모건물에 이용

• 110V 또는 220V 사용

② 단상3선식

• 중 · 대규모 건물에 이용

• 110V, 220V를 동시에 얻을 수 있다.

③ 3상3선식

• 주로 동력설비용 전원으로 많이 이용

• 220V

④ 3상4선식

• 대규모건물, 공장 등

• 220V, 380V 등을 얻을 수 있다.

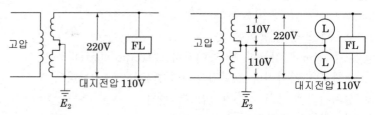

(주) Ⓛ 백열등(110V용) FL 형광등(220V용) Ⓜ 전동기(220V,380V용)

단상 2선식 220V   단상 3선식 110/220V

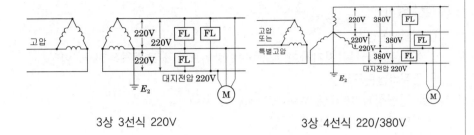

3상 3선식 220V   3상 4선식 220/380V

4 배선기구 및 배선공사

(1) 배선재료

① 전선의 굵기 결정
㉠ 전선의 허용전류 : 전류가 절연물을 손상시키지 않고 안전하게 흐를 수 있는 최대전류값을 허용전류라 한다. 옥내배선의 굵기를 결정하는 가장 중요한 요소로 부하에 알맞은 전선의 굵기를 결정 한다.

㉡ 전압강하 : 부하에 걸리는 전압은 전원전압보다 항상 낮으며 이것은 전류가 배선을 통과하는 사이에 저항에 의하여 전압이 떨어지기 때문이다. 이러한 현상을 전압강하라고 한다. 전압강하가 크면 불필요한 전력손실이 발생한다.

㉢ 기계적 강도 : 옥내 배선의 안전을 위해 직경이 1.6mm 이상인 연동선이나 동등한 성능 이상의 기계적 강도를 갖는 전선을 사용한다.

② 전선관의 굵기 결정
㉠ 전선의 삽입이나 교체를 용이하게 할 수 있는 안지름이 있어야 한다.

㉡ 하나의 전선관 내에 배선할 수 있는 전선수는 10본 이하로 한다.

㉢ 전선의 단면적은 전선관 단면적의 40% 이하가 되도록 한다.

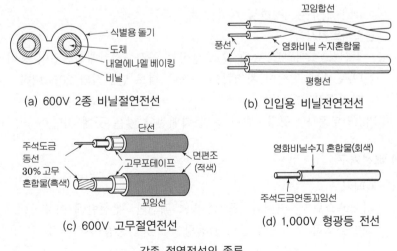

(a) 600V 2종 비닐절연전선

(b) 인입용 비닐전연전선

(c) 600V 고무절연전선

(d) 1,000V 형광등 전선

각종 절연전선의 종류

[애자]

[금속관 공사]

[플로어 덕트공사]

[금속덕트공사]

(2) **배선공사**

① 애자사용공사

　애자로 전선을 지지하여 배선하는 방법으로 상호간격은 6cm 이상

② 경질비닐관공사

　㉠ 절연성과 내식성 우수하고 시공이 용이

　㉡ 열과 기계적 강도에 약함

③ 금속관공사

　㉠ 콘크리트 속에 매설하는 배선공사

　㉡ 전선의 과열로 인한 화재의 위험성이 적다.

　㉢ 기계적 강도가 우수하다.

　㉣ 전선의 인입 및 교체가 용이하다.

　㉤ 습기나 먼지가 있는 장소에도 시공이 가능하다.

　㉥ 증설이 곤란하다.

　㉦ 제3종 접지공사

④ 몰드공사

　㉠ 몰드에 전선을 넣고 뚜껑을 덮어 설치하는 공사방법(금속, 목재, 합성수지 몰드)

　㉡ 은폐된 장소에는 부적합하다.

　㉢ 접속점이 없는 절연전선을 사용한다.

⑤ 가요전선관공사

　㉠ 굴곡이 많은 곳에 이용하며, 엘리베이터 배선 등에 적합

　㉡ 콘크리트 내에 매입하여 시공하지 않는다.

⑥ 플로어덕트공사

　㉠ 콘크리트 바닥 속에 플로어덕트를 통하게 하고 여기에 바닥면과 일치하는 플로어 콘센트를 설치하여 이용하도록 한 공사방법이다.

　㉡ 넓은 사무실, 백화점 바닥에 배선하는 공사

⑦ 금속덕트공사

　㉠ 전선을 철재덕트 속에 넣고 행하는 공사, 전기배선변경이 용이

　㉡ 덕트 내에 전선이 차지하는 면적은 덕트 단면적의 20% 이하

　㉢ 제 3종접지 공사

⑧ 버스덕트공사 : 공장, 빌딩 등 동력배선이 많은 곳에 적당

(3) **배선기구**

① 개폐기

　• 나이프스위치, 커버나이프스위치 : 배전반, 분전반에 이용

　• 컷아웃스위치 : 주택 등의 소용량에 이용, 일명 두꺼비집

② 과전류보호기
- 자동차단기(CB) : 과전류(정격전류의 120% 이상) 또는 단락시에 자동적으로 전류를 차단
- 서킷브레이커 또는 노퓨즈 브레이커

③ 점멸기
- 텀블러스위치 : 전등 점멸용
- 풀스위치 : 천장 등의 높은 곳에 이용
- 타임스위치 : 현관, 복도 등
- 오토매틱스위치 : 외부 가로등
- 3로스위치 : 계단, 긴 복도 등에 이용
- 캐노피스위치 : 전등기구에 끈으로 점멸
- 플로트스위치 : 수위조절용
- 마그넷스위치 : 펌프의 전동기 제어용

④ 접속기
- 로젯트(Rosette) : 옥내배선과 전등코드의 접속
- 코드 커넥터(Cord connector) : 코드와 코드의 접속
- 소켓(Socket) : 나사식으로 전구와 코드의 접속
- 리셉터클(Receptacle) : 옥내배선과 전등의 접속
- 아웃트렛(Outlet)과 플러그(Plug) : 벽길이 5m 마다 설치하고 설치높이는 바닥에서 30㎝로 한다.

[서킷브레이커]

[텀블러 스위치]

5 동력설비

(1) 전동기의 종류

① 교류용 전동기	단상 교류전동기	분상기동 유도전동기 반발기동 유도전동기 콘덴서 분상전동기
	3상 교류전동기	보통 농형 유도전동기 동기전동기 권선형 유도전동기
② 직류용 전동기	직권, 분권, 복권 전동기	

(2) 전동기의 특성

① 교류용 전동기
- ㉠ 가격이 저렴한 편이다.
- ㉡ 속도조절이 용이하지 못하다.
- ㉢ 시동토크가 작아서 고도의 속도제어가 요구되는 장소에 부적합하다.
- ㉣ 저속엘리베이터, 송풍기, 전기기기 등에 사용한다.

② 직류용 전동기
　㉠ 가격이 비싼 편이다.
　㉡ 속도조절이 용이하다.
　㉢ 시동토크가 크므로 고도의 속도제어가 요구되는 장소에 사용한다.
　㉣ 고속엘리베이터, 전차 등에 사용한다.
　㉤ 교류를 직류로 변환하는 정류기가 필요하다.

6 접지공사

(1) 접지공사의 종류와 용도

구 분	용 도	접지저항	접지선의 굵기
① 제1종 접지	• 피뢰침 • 고압전동기 • 변압기의 외함	10Ω 이하	2.6mm 이상
② 제2종 접지	변압기 내부	5~10Ω	고압 : 2.6mm 이상 특별고압 : 4mm 이상
③ 제3종 접지	• 분전반 • 금속관 공사 • 버스덕트 공사	100Ω 이하	1.6mm 이상
④ 특별 제3종 접지	• 저압 배선공사 • 저압 전기기기의 외함	10Ω 이하	1.6mm 이상

(2) 피뢰침 설비 설치기준 [☆]

① 피뢰침 설비의 설치기준
　• 낙뢰의 우려가 있는 건축물
　• 높이 20m 이상의 건축물
② 피뢰침의 보호각
　• 일반건축물 : 60° 이하
　• 위험물관련 건축물 : 45° 이하

(3) 피뢰침설비의 구성

① 돌침부
　㉠ 지름 12mm, 14mm, 16mm의 구리 막대
　㉡ 돌침부의 첨단은 피보호물로부터 25cm 이상 돌출하여 설치
　㉢ 풍하중에 견딜 수 있는 구조
② 피뢰도선
　㉠ 낙뢰전류를 흐르게 하기 위한 돌침과 접지전극과의 접속하는 도선
　㉡ 단면적은 50mm^2 이상

출 제 빈 도
13지방직 ⑨

[피뢰침 보호각]

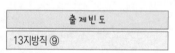

$R=\sqrt{3}L$
(a) 일반 건축물

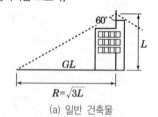

$R=L_1+L$
(b) 위험물 저장고

ⓒ 가연성 물질과는 20cm 이상 떨어질 것

ⓔ 전등선, 전화선, 가스관으로부터 1.5m 이상 떨어질 것

③ 접지전극

　ⓐ 두께 1.4mm 이상, 면적 $0.35m^2$ 이상의 동판 사용

　ⓑ 접지전극 상호간의 거리 : 2m 이상

　ⓒ 접지전극의 매설깊이 : 0.75m 이상 또는 상수면 이하

⑷ 피뢰침 설비의 시공방법과 설치높이

① 피뢰침 설비의 시공방법

　ⓐ 돌침 파이프 및 피뢰도선은 전용지지 철물로부터 2m 이내의 간격
　　으로 건물에 고정한다.

　ⓑ 피뢰도선은 전등선, 전화선 또는 가스관 등으로부터 1.5m 이상 이
　　격시킨다.

　ⓒ 피뢰도선간의 간격은 50m 이하로 한다.

　ⓓ 피뢰도선은 도중접속을 피하고 부득이한 경우에는 슬리브접속, 단
　　자접속 등을 사용한다.

　ⓔ 땅 속에 들어가는 도선부분이나 도선을 보호할 필요가 있는 부분에
　　는 경질비닐관, 도관 또는 동관 등을 사용한다.

② 피뢰침의 높이

$$h = A \times \tan\theta$$

여기서, A : 건축물 외벽에서부터 피뢰침까지의 거리(m)
　　　　θ : 피뢰침 보호각(°)

[피뢰침의 높이]

7 전기설비용 도시기호

⑴ 감시 및 제어

종 류	용 도	표시 방법
전원표시	전원의 유무 표시	백색램프
운전표시	작동상태를 표시	적색램프
정지표시	정지상태를 표시	녹색램프
고장표시	고장 유무를 표시	오렌지색램프와 부저음 또는 벨
경보표시	경보신호	백색램프와 부저음 또는 벨

⑵ 전등의 도시기호

형광등(20W×1)	▭◯▭	백열등	◯─┤
형광등(20W×2)	▭◯▭	비상용 조명등	◉
형광등(20W×3)	▭◯▭	외등	◯

⑶ 콘센트의 도시기호

콘센트	◖:	콘센트(방수용)	◖:WP
콘센트(3극)	◖:3P	비상 콘센트	⊙⊙ ⊙⊙

⑷ 전기기기 도시기호

전동기	Ⓜ	변류기	ⒸⓉ
발전기	Ⓖ	축전지	|ㅣ|
전열기	Ⓗ	콘덴서	╪

⑸ 전선 도시기호

천장은폐배선	──────	지중매설선	─·─·─
노출배선	- - - - -	전선수 표시	─///─
바닥은폐배선	─ ─ ─	접지	⏚

⑹ 분배전반, 개폐기 도시기호

배전반 또는 분전반	▬	동력용	⊠
전등용	◩	개폐기	S

8 약전설비

⑴ 전화설비

① 구내교환설비(PBX)

전화설비는 국선의 인입용 관로, 주배선반(MDF), 구내교환설비(PBX), 단자별 분기배선, 전화기로 구성되어 있으며 외부와 내부 및 내부 상호 간 연락을 하기 위한 설비를 말한다.

② 인터폰 설비

㉠ 구내 또는 옥내 전용의 상호간 통화하는 구내전용 전화로 전화기형 과 확성형이 있다.

ⓛ 통화방식에 의한 분류 : 모자식, 상호식, 복합식

ⓒ 작동원리에 따른 분류 : 프레스토크방식, 동시통화식

ⓔ 시공방법

• 설치높이는 바닥에서부터 1.5m 정도로 한다.

• 전원장치는 보수가 용이하고 안전한 장소에 설치한다.

• 전화내선과는 별도의 계통으로 한다.

⑵ 전기시계

① 전기시계

모시계 1대와 그 충격전류에 의하여 운침되는 여러 대의 자시계 및 배선을 말한다.

② 모시계

• 소규모 모시계 : 수정식 Ⅱ급, 진자식 Ⅰ·Ⅱ급

• 중규모 모시계 : 수정식 Ⅰ·Ⅱ급, 진자식 Ⅰ급

• 대규모 모시계 : 수정식 Ⅰ급

③ 자시계

㉠ 모시계로부터의 충격전류에 의하여 지침을 움직인다.

ⓛ 직류전원을 사용한다.

ⓒ 전압은 12V 또는 24V를 사용한다.

⑶ 공동수신설비

① 공동수신설비

공동주택, 병원, 사무소건물 등의 각 실에 설치하는 텔레비전 및 라디오 등의 공동시청 안테나 설비를 말한다.

② 공동수신설비의 구성

• 정합기 : 교류에서 전압과 전류의 비가 다른 것을 정합시키기 위해 사용한다.

• 분배기 : 선로를 몇 개의 회로로 분배하는 장치이다.

• 증폭기

③ 안테나 설치시 주의사항

㉠ 피뢰침 보호각 내에 안테나를 설치하도록 한다.

ⓛ 안테나는 풍속 40m/s 정도에 견디도록 한다.

ⓒ 강전류로부터 3m 이상 이격시킨다.

ⓔ 정합기는 바닥 위 30cm 높이에 설치한다.

(4) 비상용 콘센트 설비

① 초고층 건물에서 화재시 소방관이 배연 및 환기설비, 조명설비 등을 이용하기 위한 설비
② 설치기준 : 건축물의 11층 이상의 층에 각 층마다 설치
③ 설치간격 : 층의 각 부분으로부터 수평거리 50m 이하
④ 설치높이 : 바닥에서부터 1~1.5m 정도
⑤ 1회선에 접속되는 콘센트의 수는 10개 이하로 한다.

(5) 항공장애등

① 야간에 운행하는 항공기에 대하여 항공의 장애가 되는 물체의 존재를 시각적으로 인식시키기 위한 설비를 말한다.
② 설치기준 : 높이 60m 이상의 건축물이나 공작물
③ 고광도 장애등 : 1분간의 명멸횟수는 20~60회 정도, 최대광도는 2,000cd 이상
④ 저광도 장애등 : 최대광도는 20cd 이상

11 출제예상문제

1. 건축전기설비에서 변전설비용 기기에 해당하지 않는 것은? 【07국가직⑦】

① 변압기　　　② 차단기
③ 콘덴서　　　④ 발신기

[해설] 발신기
　　소화활동과 피난 등을 신속하게 하기 위한 장치로 화재의 발생을 내부의 사람들에게 알리는 동시에 화재발생신호를 수신기에 보내는 기기

2. 발전기실의 위치 및 구조에 관한 설명으로 옳지 않은 것은? 【10지방직⑨】

① 기기의 반출입이나 운전, 보수가 용이한 곳이 좋다.
② 발전기실은 진동 시 문제가 발생하므로 기초와 연결하는 것이 바람직하다.
③ 배기 배출기에 가깝고 연료보급이 용이한 곳이 좋다.
④ 부하 중심 가까운 곳에 둔다.

[해설]
　　② 발전기실은 진동시 문제가 발생하므로 건물의 기초와 별도로 기초를 계획한다.

3. 피뢰설비에 관한 설명으로 옳지 않은 것은?
【13지방직⑨】

① 돌침은 건축물의 맨 윗부분으로부터 25cm 이상 돌출시켜 설치하되, 건축물의 구조기준 등에 관한 규칙에 따른 설계하중에 견딜 수 있는 구조이어야 한다.
② 피뢰설비는 한국산업표준이 정하는 피뢰레벨등급에 적합해야 한다.
③ 피뢰설비의 재료는 최소단면적이 피복이 없는 동선을 기준으로 수뢰부, 인하도선 및 접지극은 50mm^2 이상이거나 이와 동등 이상의 성능을 갖추어야 한다.
④ 건축물의 설비기준 등에 관한 규칙에 따르면 지면상 10m 이상의 건축물에는 반드시 피뢰설비를 설치하도록 규정하고 있다.

[해설]
　　④ 피뢰침의 설치기준 : 20m 이상 건축물

4. 각각 50kW, 100kW, 200kW 용량의 전기부하설비가 설치되어 있고 수용률이 80%일 경우의 최대전력량은?

① 140kW　　　② 280kW
③ 350kW　　　④ 560kW

[해설]
　　최대전력량 = (50+100+200) × 0.8 = 280kW

5. 전기설비의 배선공사에 대한 설명으로 옳지 않은 것은?

① 가요전선관 공사는 주로 철근콘크리트 건물의 매립배선 등에 사용된다.
② 금속몰드 공사는 주로 철근콘크리트 건물에서 기설치된 금속관 배선을 증설할 경우에 사용된다.
③ 합성수지 몰드 공사는 접속점이 없는 절연전선을 사용하여 전선이 노출되지 않도록 해야 하며, 내식성이 좋다.
④ 경질비닐관 공사는 관 자체가 우수한 절연성을 가지고 있으며, 중량이 가볍고 시공이 용이하나 열에 약하고 기계적 강도가 낮은 단점이 있다.

[해설]
　　① 가요전선관 공사는 철근콘크리트 건물에 매립하여 배선하지 않는다.

6. 변전실의 위치에 대한 설명으로 옳지 않은 것은?
【18국가직⑨】

① 기기의 반출입이 용이할 것
② 습기와 먼지가 적은 곳일 것
③ 가능한 한 부하의 중심에서 먼 장소일 것
④ 외부로부터 전원의 인입이 쉬운 곳일 것

[해설]
　　③ 변전실의 위치는 가능한 한 부하의 중심에 가까운 장소에 둔다.

해답　1 ④　2 ②　3 ④　4 ②　5 ①　6 ③

Chapter 12

조명설비

조명설비에서는 조명설비의 용어를 이해하고, 조명방식, 광원의 종류 및 특성, 조명설계방법에 대한 이해가 요구된다.
여기에서는 조명설비의 용어, 조명방식, 조명설계에 대한 문제가 출제된다.

1 조명설비의 기초사항[☆]

(1) 조명설비 용어

용 어	정 의	단 위	비 고
광 속	광원에서 나오는 빛의 양	lm(luman : 루멘)	
광 도	광원에서 나오는 빛의 세기	cd(candela : 칸델라)	
조 도	비치고 있는 면의 밝기	lx(lux : 룩스)	$lx = \dfrac{cd}{L^2}$ • cd : 광도 • L : 거리
휘 도	빛을 발산하는 면의 단위면적당 광도	cd/m^2	nt(니트) sb(스틸브)
광속발산도	발산광속에 대한 물체의 밝기	rlx (radlux : 레드룩스)	

(2) 조명의 조건

① 사용목적에 따라 적당한 조도를 갖출 것
② 조도분포를 균일하게 하여 시야 내에 밝음의 차가 적을 것
③ 눈부심이 없을 것
④ 주광색에 가까울 것
⑤ 작업자의 심리적 효과를 증진시킬 수 있을 것

• 예제 01 •

> **빛에 대한 설명으로 옳지 않은 것은?** 【12국가직⑨】
>
> ① 광속은 단위시간에 여러 면을 통과하는 방사에너지의 양을 말하며 단위로는 와트(W)를 사용한다.
> ② 광도(Luminous Intensity)는 광원에서 발산하는 광의 세기를 말한다.
> ③ 조도는 면에 투사되는 광속의 밀도를 말하며, 단위로는 룩스(lux)를 사용한다.
> ④ 휘도는 광원면, 투과면 또는 반사면의 어느 방향에서 보았을 때의 밝기를 말하며, 단위로는 스틸브(sb)와 니트(nt)가 사용된다.
>
> ─────────────────
> ① 광속의 단위는 lm(lumen, 루멘)을 사용한다.
>
> 답 : ①

2 조명방식

(1) 기구배치에 따른 분류

① 전반조명

실내의 조도가 균일하도록 조명기구를 일정하게 분산 배치하는 방식
- 용도 : 학교, 사무실 등

② 국부조명

특정 작업면에서 높은 조도를 필요로 할 때 사용하는 방식
- 용도 : 조립공장, 전시장 등

③ 전반국부 병용조명

㉠ 조도의 변화를 적게 하여 명시효과를 높이기 위해 사용하는 방식
㉡ 매우 경제적인 조명방식
㉢ 전반조명의 조도는 국부조명 조도의 1/10 정도로 한다.
- 용도 : 정밀공장, 실험실 등

(2) 배광에 따른 분류

① 직접조명
- 조명효율이 높다.
- 벽이나 천장의 반사율에 영향이 적다.
- 소요전력이 적다.
- 조도분포가 불균일하다.
- 기구의 선택을 잘못하면 눈부심의 우려가 있다.

② 간접조명
- 조도분포가 균일하다.　　　　　- 조명효율이 낮다.
- 천장의 반사율에 영향을 받는다.　- 시설비가 비싸다.

③ 전반확산조명 : 상하향 광속이 각각 40~60%로 균등하게 확산되는 방식

조 명	직 접	반 직 접	전 반 확 산	반 간 접	간 접
백열등 기구 배광	상방 0~10% / 하방 100~90%	10~40% / 90~60%	40~60% / 60~40%	60~90% / 40~10%	90~100% / 10~0%
형광등 기구 배광					
적용 장소	공 장 다운라이트 천장매입	사무실 학 교 상 점	사무실 학 교 상 점	병 실 침 실 다방·바	병 실 침 실 다방·바

배광에 따른 조명방식의 분류

출제빈도

10지방직 ⑨ 21국가직 ⑨

(3) 건축화조명 [☆]

① 건축화조명

건물의 내부와 일체가 되게 천장, 벽, 기둥 등의 건축부분에 광원을 배치하여 실내계획을 하는 조명방식을 말한다.

② 특징

- 조도분포가 균일하다.
- 쾌적한 환경을 만들 수 있다.
- 현대적인 감각을 느끼게 한다.
- 시설비가 비싸다.
- 유지관리가 어렵다.
- 조명효율이 낮다.

③ 종류

㉠ 다운라이트(Down light) : 천장에 작은 구멍을 뚫어 그 속에 기구를 매입하는 방식이다.

㉡ 광창조명 : 넓은 사각형의 면적을 가진 광원을 천장 또는 벽에 매입하는 방식이다.

㉢ 광천장조명 : 천장에 기구를 설치하고 그 밑에 루버나 확산투과 플라스틱 판을 설치하는 방식이다.

㉣ 광량조명 : 조명기구를 보, 천장에 매입하는 방식으로 확산차폐용으로 사용하는 방식이다.

㉤ 코브라이트(Cove light) : 천장 또는 벽의 구조로 조명기구를 이용하는 방식이다.

㉥ 벽면조명 : 벽의 구조로 조명기구를 이용하는 방식으로 코니스 라이트(Cornice light)와 밸런스라이트(Balance light)가 있다.

㉦ 코퍼라이트(Coffer light) : 천장면에 반원구의 구멍을 뚫어 반사갓이 달린 조명기구를 매입하는 방식이다.

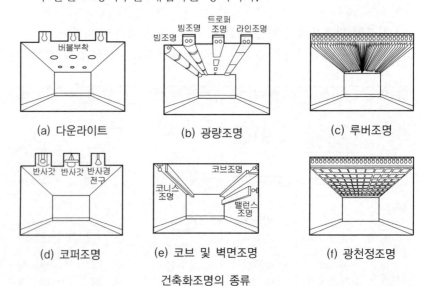

(a) 다운라이트　　(b) 광량조명　　(c) 루버조명

(d) 코퍼조명　　(e) 코브 및 벽면조명　　(f) 광천정조명

건축화조명의 종류

3 각종 광원의 특성

(1) 백열등

- 연색성이 좋다.
- 점등이 빠르다.
- 효율이 낮다.
- 실내 온도 상승의 원인이 되며 전압의 변화에 따라 영향을 받는다.
- 수명이 짧다.

(2) 형광등

- 백열등에 비해 효율이 높아 경제적이다.
- 연색성이 좋다.
- 수명이 길다.
- 휘도가 낮아 눈부심이 없다.
- 점등이 늦다.
- 0℃ 이하에서는 점등이 곤란하다.

(3) 수은등

- 수명이 길다.
- 연색성이 나쁘다.
- 점등시 시간이 걸린다.
- 휘도가 높다.
- 용도 : 옥외 가로등

(4) 나트륨등

- 효율이 가장 좋다.
- 유지비가 싸다.
- 연색성이 나쁘다.
- 수명이 길다.
- 용도 : 터널조명, 가로등

(5) 메탈할라이드등

- 효율이 우수하다.
- 연색성이 좋다.
- 수명이 길다.
- 용도 : 천장이 높은 옥내, 옥외조명, 경기장 등

[각종 광원의 비교]
① 발광효율이 좋은 순서 : 나트륨등 〉메탈할라이드램프 〉형광등 〉수은등 〉백열전구
② 연색성이 좋은 순서 : 백열전구 〉주광색형광등 〉메탈할라이드램프 〉수은등 〉나트륨등
③ 광원의 수명 : 나트륨등 〉수은등 〉형광등 〉백열전구

수은등의 구조

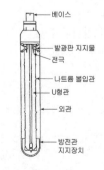

나트륨등의 구조

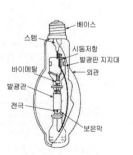

메탈할라이드등의 구조

출제빈도

12국가직 ⑨

[실지수]

① 방의 크기와 형태에 따라 달라지며 실지수가 커지면 조명율도 커진다.

② 실지수 $= \dfrac{XY}{H(X+Y)}$

　여기서, X : 방의 가로 길이(m)

　　　　Y : 방의 세로 길이(m)

　　　　H : 작업면으로부터 광원까지의 거리(m)

[조명률]

① 조명시설 전체의 종합적인 효율로 실내 반사율이 높을수록, 실지수가 높을수록 조명률은 높다.

② 조명률

　$= \dfrac{\text{작업면의 광속(lm)}}{\text{광원의 총 광속(lm)}} \times 100(\%)$

[감광보상률]

조명기구는 사용함에 따라 작업면의 조도가 점차 감소하는데, 이러한 감소를 예상하여 소요광속에 여유를 두는데 그 정도를 감광보상률이라 한다.

4 조명설계[☆]

(1) 조명설계의 순서

① 소요조도결정 　　　　② 광원의 선정

③ 조명방식 및 조명기구 선정 　④ 실지수와 조명률 결정

⑤ 감광보상률 결정 　　　⑥ 광속, 광원의 수량 계산

⑦ 조명기구의 배치 　　　⑧ 조도분포, 휘도 등을 재검토

⑨ 스위치, 콘센트 등의 배치 결정

· 예제 02 ·

옥내조명설계의 순서가 바르게 연결된 것은?　　　【12국가직⑨】

① 조명방식의 결정 → 광원의 선정 → 소요조도의 결정 → 조명기구 필요수의 산출 → 조명기구 배치의 결정

② 소요조도의 결정 → 조명방식의 결정 → 광원의 선정 → 조명기구 필요수의 산출 → 조명기구 배치의 결정

③ 광원의 선정 → 소요조도의 결정 → 조명기구 배치의 결정 → 조명기구 필요수의 산출 → 조명방식의 결정

④ 광원의 선정 → 조명방식의 결정 → 소요조도의 결정 → 조명기구 배치의 결정 → 조명기구 필요수의 산출

소요조도의 결정 → 조명방식의 결정 → 광원의 선정 → 조명기구 필요수의 산출 → 조명기구 배치의 결정

답 : ②

---

(2) 소요조도의 결정

거실의 용도	조도구분	바닥 위 85cm의 수평면의 조도(lux)
거 주	독서 · 식사 · 조리	150
	기타	70
집 무	설계 · 제도 · 계산	700
	일반사무	300
	기타	150
작 업	검사 · 시험 · 정밀검사 · 수술	700
	일반작업 · 제조 · 판매	300
	포장 · 세척	150
	기타	70
집 회	회의	300
	집회	150
	공연 · 관람	70
오 락	오락 일반	150
	기타	30
기타 명시되지 아니한 것		1란 내지 5란에 유사한 기준을 적용함

⑶ 광원의 수량 계산과 배치

① 광원의 수량 계산

$$F = \frac{E \cdot A \cdot D}{N \cdot U} = \frac{E \cdot A}{N \cdot U \cdot M}$$

여기서, F : 광속(lm) 　　　E : 소요조도(lx)

　　　　A : 피조명면적(m^2)　D : 감광보상률

　　　　N : 광원의 개수　　　U : 조명률

② 광원의 배치간격

- 표준 : $S \leq 1.5H$
- 벽면에서 작업하지 않을 때 : $S_0 \leq H/2$
- 벽면에서 작업을 할 때 : $S_0 \leq H/3$

[조명기구의 배치]

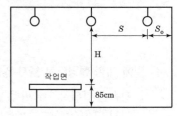

1. 빛에 대한 설명으로 옳지 않은 것은? 【12국가직⑨】

① 광속은 단위시간에 여러 면을 통과하는 방사에너지의 양을 말하며 단위로는 와트(W)를 사용한다.
② 광도(Luminous Intensity)는 광원에서 발산하는 광의 세기를 말한다.
③ 조도는 면에 투사되는 광속의 밀도를 말하며, 단위로는 룩스(lux)를 사용한다.
④ 휘도는 광원면, 투과면 또는 반사면의 어느 방향에서 보았을 때의 밝기를 말하며, 단위로는 스틸브(sb)와 니트(nt)가 사용된다.

[해설]
　① 광속의 단위는 lm(lumen, 루멘)을 사용한다.

2. 건축물의 빛 환경에 대한 설명 중 옳지 않은 것은? 【08국가직⑦】

① 대형공간의 천창은 측창에 비하여 상대적으로 균일한 실내조도 분포를 확보할 수 있다.
② 색온도는 광원의 색을 나타내는 척도로서, 그 단위는 켈빈(K)을 사용한다.
③ 휘도란 광원 또는 조명된 면이 특정한 방향으로 빛을 방사하는 세기의 정도를 의미하며, 그 단위로는 루멘(Lumen)을 사용한다.
④ 실내의 평균조도를 계산하는 방법인 광속법은 실내 공간의 필요 조명기구의 개수를 계산하고자 할 때 사용할 수 있다.

[해설]
　③ 휘도란 광원 또는 조명된 면이 특정한 방향으로 빛을 방사하는 세기의 정도를 의미하며, 그 단위로는 스틸브(sb)와 니트(nt)가 사용된다.

3. 건축화조명에 관한 설명으로 옳지 않은 것은? 【10지방직⑨】

① 가급적 조명기구를 노출시키지 않고 벽, 천정, 기둥 등의 구조물을 이용한 조명이 되도록 한다.
② 직접조명보다는 조명효율이 높은 편이다.
③ 발광하는 면적이 넓어져 확산되는 빛으로 인하여 실내가 부드럽다.
④ 주간과 야간에 따라 실내 분위기를 전혀 다르게 할 수 있다.

[해설]
　② 건축화조명은 직접조명보다 조명효율이 낮다.

4. 옥내조명설계의 순서가 바르게 연결된 것은? 【12국가직⑨】

① 조명방식의 결정→광원의 선정→소요조도의 결정→조명기구 필요수의 산출→조명기구 배치의 결정
② 소요조도의 결정→조명방식의 결정→광원의 선정→조명기구 필요수의 산출→조명기구 배치의 결정
③ 광원의 선정→소요조도의 결정→조명기구 배치의 결정→조명기구 필요수의 산출→조명방식의 결정
④ 광원의 선정→조명방식의 결정→소요조도의 결정→조명기구 배치의 결정→조명기구 필요수의 산출

[해설]
　소요조도의 결정 → 조명방식의 결정 → 광원의 선정 → 조명기구 필요수의 산출 → 조명기구 배치의 결정

5. 실내상시보조인공조명(PSALI) 구역의 인공조명 조도수준을 계산하는 경험식은? 【08국가직⑨】

① $E = 200DF\,[\text{lux}]$
② $E = 300DF\,[\text{lux}]$
③ $E = 400DF\,[\text{lux}]$
④ $E = 500DF\,[\text{lux}]$

[해설]
　인공조명 조도수준 E = 500DF[lux]
　• DF : PSALI 구역의 평균주광률(%)

해답　1 ①　2 ③　3 ②　4 ②　5 ④

Chapter 13

승강 및 운송설비

승강 및 운송설비에는 엘리베이터, 에스컬레이터 및 기타 운송설비로 구성되는데 엘리베이터와 에스컬레이터의 구조와 안전장치, 설치대수 산정에 대한 문제가 출제된다.

1 엘리베이터[☆]

(1) 엘리베이터의 분류

① 용도에 의한 분류

- 승객용
- 화물용
- 침대용
- 자동차용
- 전동 덤웨이터

② 속도에 의한 분류

구분	속도(m/min)	구동방식	용 도
저속	15, 20, 30, 45	교류 1·2단	중·소규모건물
중속	60, 70, 90, 105	교류 2단, 직류 기어	아파트, 병원
고속	120, 150, 180, 210, 240	직류 기어레스	초고층 건물, 호텔

③ 구동방식에 의한 분류

구 분	교류 엘리베이터	직류 엘리베이터
기동	기동토크가 작다	임의의 기동토크를 얻을 수 있다
속도조정	속도제어가 불가능	임의의 속도를 얻을 수 있으며, 속도제어가 가능
승강기분	직류에 비해 떨어진다	원활하게 가감속이 가능하며, 승강기분이 좋다
착상오차	수 mm의 오차가 생긴다	1mm 이내의 오차가 생긴다
효율	40~60%	60~80%
가격	저렴	교류의 1.5~2배
속도	저속, 중속	고속
감속기	기어식	기어레스식
기계실 면적	승강로 단면적의 2배	승강로 단면적의 3~3.5배
용도	중·소규모 건물	고층 건물

출제빈도

09지방직 ⑨ 10지방직 ⑦ 12국가직 ⑦

[운전방식에 의한 분류]

① 운전원에 의한 방식

- 카스위치방식 : 시동은 운전원의 조작에 의해 이루어진다.
- 레코드컨트롤방식 : 운전원이 목적층 단추를 누르면 목적층 순서로 자동적으로 정지하는 방식이다.
- 시그널컨트롤방식 : 시동은 핸들조작으로 정지는 목적층의 단추를 누르는 것으로 호출 순서대로 자동적으로 정지하는 방식이다.

② 운전원이 없는 방식

- 단독 자동방식 : 승객 자신이 작동시켜 목적층까지 운행하는 방식으로 운전 중 다른 호출신호가 있어도 운전 종료까지 그 호출에 응하지 않는 방식이다.
- 승합 전자동방식 : 승객 자신이 운전하며 각 층의 누름단추에 의해서 전부 작동하는 방식이다.
- 하강 승합 자동방식 : 중간층에서 하강하는 승객이 버튼을 눌러도 그냥 지나가고 나중에 내려올 때 정지하는 방식이다.

[엘리베이터의 구조]

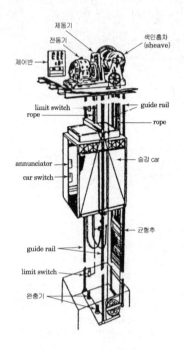

(2) 엘리베이터의 구조

① 엘리베이터의 구조

엘리베이터는 기계실, 권상기, 승강카, 승강로, 승강장, 안전장치, 제어장치 등으로 구성되어 있다.

② 권상기

권상기는 승강카를 운행시키는 중요한 구동장치로서 전동기, 제동기, 감속기, 견인구차, 로프, 균형추로 구성되어 있다.

㉠ 전동기
- 교류용 : 3상 유도전동기를 사용
- 직류용 : 직류전동기를 사용

㉡ 제동기(Break)
- 전기식 제동기 : 역회전력을 이용하여 제동한다.
- 기계식 제동기 : 전동기의 제동바퀴를 브레이크로 조여 제동한다.

㉢ 감속기
- 기어식 : 웜기어로 전동기를 회전시켜 감속한다.
- 기어레스식 : 웜기어없이 전동기로 감속하며, 고속 엘리베이터에 적용된다.

㉣ 견인구차(색인홈차, Sheave)
- 로프에 무리를 주지 않기 위해 로프 지름의 40~48배의 직경을 사용한다.
- 미끄럼을 방지하기 위해 마찰력을 크게 한다.

㉤ 로프 : 승강카나 균형추를 매단 로프는 각각 3본 이상, 직경 12mm 이상의 로프를 사용한다.

㉥ 균형추
- 권상기의 부하를 가볍게 하고 전기절약을 위해 사용한다.
- 균형추의 중량 = 카의 중량 + 최대 적재 중량 × (0.4~0.6)

③ 승강카
- 성인 1인당 기준 : 바닥면적 $0.2m^2$, 무게는 75kg을 기준
- 이상적인 비율 = 10 : 7(나비 : 깊이)

④ 가이드레일(Guide rail)

승강카 및 균형추의 상하 이동시 승강로 벽에 부딪힘이 없이 운전하기 위해 흔들림을 잡아준다.

⑤ 안전장치

㉠ 완충기 : 충격을 완화시켜 주는 장치로 유압식과 스프링식이 있다.

㉡ 조속기 : 승강카의 속도가 정격속도의 120%가 되면 정지시키는 장치이다.

㉢ 비상정지장치 : 승강카의 속도가 130~140%에 이르면 정지시키는 장치이다.

ⓔ 리밋스위치 : 종점스위치가 고장났을 때 전동기를 정지시키고 전자
   브레이크를 작동시켜 승강카를 급정지시킨다.

ⓜ 안전스위치 : 엘리베이터 보수, 점검시 이용

ⓗ 리타이어링캠 : 카의 문과 승강장의 문을 동시에 개폐시키는 장치이다.

⑥ 승강장의 구조

ⓖ 출입문은 갑종방화문으로 한다.

ⓛ 출입구는 2개 이상 두지 않는다.

ⓒ 승강기 위에 0.25m² 이상의 피난구를 설치한다.

ⓔ 권상기, 전동기 등을 승강기마다 설치한다.

ⓜ 정전시 비상조명등은 조도 1룩스(lux) 이상 유지하도록 한다.

권상기

가이드레일

견인구차

비상정지장치

안전스위치

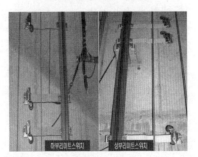
리미트스위치

[승용승강기 설치 예외기준]
6층인 건축물로서 각층 거실 바닥면적 $300m^2$ 이내마다 1개소 이상의 직통계단을 설치한 경우

[승용승강기 설치대수]
① 대수 산정의 기본 : 아침 출근시간 5분간의 이용자
② 대수 산정 방식
• 5분간 수송능력(S)
$$= \frac{5분 \times 정원}{1대의 1회 왕복시간}$$
• 설치대수(N)
$$= \frac{5분간 최대 이용자 수}{5분간 수송능력(S)}$$

[비상용승강기 설치대수]
① 높이 31m를 넘는 각층의 바닥면적 중 최대바닥면적이 $1,500m^2$ 이하인 경우에는 1대 이상
② 높이 31m를 넘는 각층의 바닥면적 중 최대바닥면적이 $1,500m^2$를 넘는 경우에는 $1,500m^2$를 넘는 $3,000m^2$ 이내마다 1대씩 가산

(3) 엘리베이터의 설치규정

① 승용승강기
ㄱ 설치기준 : 6층 이상으로서 연면적 $2,000m^2$ 이상인 건축물
ㄴ 엘리베이터의 배치계획
• 사람이 이용하기 쉬운 주출입구 근처에 설치한다.
• 운전능률과 운행시간 단축을 위해 집중배치하는 것이 유리하다.
• 6대 이상은 앨코브 또는 대면배치가 효과적이다.
• 대면배치시 홀이 관통 통로가 되지 않도록 한다.

② 비상용 승강기
ㄱ 설치기준 : 높이 31m를 넘는 건축물
ㄴ 비상용 승강기와 승강장의 구조
• 승용 승강기의 구조기준에 적합할 것
• 승강기 외부와 연락이 가능한 전화를 설치할 것
• 예비전원으로 가동할 수 있을 것
• 운행속도 : 60m/min 이상
• 승강장의 벽 및 바닥은 내화구조로 구획한다.
• 출입구에는 갑종 방화문을 설치한다.
• 외부를 향하여 열 수 있는 창이나 배연설비를 설치한다.
• 채광창이 있거나 예비전원에 의한 조명설비를 갖추어야 한다.
• 피난층이 있는 승강장의 출입구로부터 도로 등에 이르는 거리가 30m 이하로 한다.
• 잘 보이는 곳에 비상용 승강기임을 알 수 있는 표지를 설치한다.

· 예제 01 ·

사무소건축의 엘리베이터 대수산정식에 사용되는 요소가 아닌 것은?

【09지방직⑨】

① 엘리베이터 정원
② 엘리베이터 일주(왕복)시간
③ 건물의 층고
④ 5분간에 1대가 운반하는 인원수

엘리베이터 대수산정 시 고려사항
① 5분간의 최대이용자수
② 엘리베이터 1대의 왕복시간
③ 5분간에 엘리베이터 1대가 운반하는 인원수
④ 엘리베이터의 정원

답 : ③

2 에스컬레이터[☆]

출제빈도

08국가직 ⑦ 14지방직 ⑨ 16국가직 ⑨

(1) 에스컬레이터의 구조

① 에스컬레이터의 구조
- 경사도 : 30° 이하
- 속도 : 30m/min 이하
- 계단폭 : 60~120cm가 많이 사용
- 전동기 : 권선형 또는 농형 3상 유도전동기

② 에스컬레이터 대수 산정

$$R = \frac{10 \times 2층 이상의 유효바닥면적(m^2)}{1시간의 수송능력}$$

- R값이 20~25이면 수송설비 양호

③ 에스컬레이터 설치시 주의사항
- 보나 기둥에 균등하게 하중이 걸리도록 한다.
- 사람의 흐름의 중심, 엘리베이터와 주출입구의 중간 등에 배치한다.
- 에스컬레이터의 바닥면적은 적게 한다.
- 주행거리가 짧도록 한다.
- 승객의 시야가 넓게 되도록 한다.

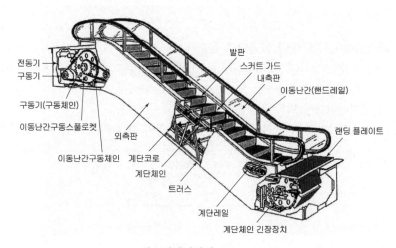

에스컬레이터의 구조

(2) 배열방식과 특징

형식		장 점	단 점
연속 직선형		• 승객의 시야가 가장 넓다.	• 점유면적이 넓다.

평행
중복형
(병렬
단속식)
		• 에스컬레이터의 존재를 잘
		  알 수 있다.
		• 양단부의 전망이 좋다
			• 교통이 연속되지 않
			  는다.
			• 승객이 혼잡하다.
			• 점유면적이 넓다.

평행 승계형 (병렬 연속식)		• 교통이 연속된다. • 승객의 시야가 넓어진다. • 에스컬레이터의 존재를 잘 알 수 있다.	• 점유면적이 넓다.

복렬
교차형
		• 교통이 연속된다.
		• 승강객의 구분이 명확하므
		  로 혼잡하지 않다.
		• 점유면적이 적다.
			• 승객의 시야가 좁다.
			• 양단부에서 시야가
			  마주친다.

· 예제 02 ·

> **에스컬레이터에 대한 설명으로 옳지 않은 것은?** 【16국가직⑨】
> ① 건물 내 교통수단 중의 하나로 40° 이하의 기울기를 가진 계단식 컨베이어다.
> ② 디딤바닥의 정격속도는 30m/min 이하로 한다.
> ③ 엘리베이터에 비해 점유면적당 수송능력이 크다.
> ④ 직렬식, 병렬식, 교차식 배치 중 점유면적이 가장 작은 것은 교차식이다.
>
> ---
> ① 건물 내 교통수단 중의 하나로 30° 이하의 기울기를 가진 계단식 컨베이어다.
>
> <u>답 : ①</u>

3 기타 운송설비

① 덤웨이터(Dumbwaiter)

- 사람이 타지 않는 소형 화물용 운송설비이다.
- 천장 높이 : 1.2m 이하
- 바닥면적 : $1m^2$ 이하
- 최대 적재량 : 500kg 이하
- 운행 속도 : 15, 20, 30m/min
- 전동기 용량 : 최대 3마력

② 이동보도

- 경사도 : 10° 이내
- 속도 : 40~50m/min
- 수송능력 : 시간당 1,500명 정도
- 전동기 : 3상 교류용 전동기
- 용도 : 역, 공항, 백화점 등

[이동보도]

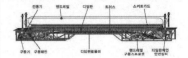

13 출제예상문제

1. 사무소건축의 엘리베이터 대수산정식에 사용되는 요소가 아닌 것은? 【09지방직⑨】

① 엘리베이터 정원
② 엘리베이터 일주(왕복)시간
③ 건물의 층고
④ 5분간에 1대가 운반하는 인원수

[해설] 엘리베이터 대수산정 시 고려사항
　① 5분간의 최대이용자수
　② 엘리베이터 1대의 왕복시간
　③ 5분간에 엘리베이터 1대가 운반하는 인원수
　④ 엘리베이터의 정원

2. 업무시설인 사무소건축에서 엘리베이터 설치계획에 대한 설명으로 옳지 않은 것은? 【10지방직⑦】

① 높이 31m를 넘는 각층을 거실외의 용도로 쓰는 건축물은 비상용승강기를 설치하지 않아도 된다.
② 엘리베이터 대수 산정을 위한 노크스의 계산식에서 1인이 승강하는데 필요한 시간은 문의 개폐시간을 포함해서 6초로 가정한다.
③ 엘리베이터 대수 산정을 위한 노크스의 계산식은 2층 이상의 거주자 전원의 30%를 15분간에 한쪽 방향으로 수송한다고 가정한다.
④ 엘리베이터 대수 산정을 위한 약산방법으로, 사무소 건물의 유효면적(대실면적)이 3,000m²씩 늘어날 때마다 1대씩 늘어나는 것으로 계산한다.

[해설] 엘리베이터 대수 산정을 위한 약산방법
　① 유효면적(대실면적) : 2,000m²마다 1대
　② 연면적 : 3,000m²마다 1대

3. 엘리베이터 계획 시 고려해야 할 사항으로 옳지 않은 것은? 【12국가직⑦】

① 알코브형으로 배치할 경우, 대항거리는 3.5~4.5m를 확보하되 10대 이내로 하고, 그 이상은 군별로 분할하는 것이 타당하다.
② 승강기를 직렬배치할 경우, 도착 확인과 보행거리를 고려하여 4대 정도를 한도로 한다.
③ 주요 출입구, 홀에 직접 면해서 설치하고, 방문객이 파악하기 쉬운 곳에 집중하여 배치하는 것이 타당하다.
④ 비상용엘리베이터는 건물높이가 31m 이상일 때 설치하고, 화재 시 소방대가 활동할 수 있도록 물이나 열에 대한 충분한 보호가 필요하다.

[해설]
　① 알코브형으로 배치할 경우, 대항거리는 3.5~4.5m를 확보하되 6대 이내로 하고, 그 이상은 군별로 분할하는 것이 타당하다.

4. 대규모 판매시설의 동선계획으로 옳은 것은? 【08국가직⑦】

① 매장 내의 고객동선은 가능한 한 많은 매장을 거치지 않도록 배려할 필요가 있다.
② 엘리베이터는 일반적으로 주출입구에서 가까운 곳에 배치한다.
③ 에스컬레이터는 비상용 계단으로 사용할 수 있다.
④ 에스컬레이터 사용은 수송력에 비해 점유면적이 적어 효율적이다.

[해설]
　① 매장 내의 고객동선은 가능한 한 많은 매장을 거치도록 배려할 필요가 있다.
　② 엘리베이터는 일반적으로 주출입구에서 먼 곳에 배치한다.
　③ 에스컬레이터는 백화점에서 주요한 운송수단이며 비상용 계단으로 사용할 수 없다.

해답 1 ③ 　2 ④ 　3 ① 　4 ④

5. 백화점의 수직이동요소에 대한 설명으로 옳지 않은 것은? 【14지방직⑨】

① 엘리베이터는 고객용, 화물용, 사무용 등으로 구분하여 배치한다.
② 에스컬레이터의 점유면적이 적을 경우에는 교차식으로 배치하는 것이 유리하다.
③ 에스컬레이터를 직렬식으로 배치하는 경우에는 이용자들의 시야가 확보되는 장점이 있다.
④ 엘리베이터는 에스컬레이터보다 시간당 수송량이 많아 주요 수직동선으로 이용된다.

[해설]
　④ 에스컬레이터는 엘리베이터보다 시간당 수송량이 많아 백화점에서 주요 수직동선으로 이용된다.

6. 에스컬레이터에 대한 설명으로 옳지 않은 것은? 【16국가직⑨】

① 건물 내 교통수단 중의 하나로 40° 이하의 기울기를 가진 계단식 컨베이어다.
② 디딤바닥의 정격속도는 30m/min 이하로 한다.
③ 엘리베이터에 비해 점유면적당 수송능력이 크다.
④ 직렬식, 병렬식, 교차식 배치 중 점유면적이 가장 작은 것은 교차식이다.

[해설]
　① 건물 내 교통수단 중의 하나로 30° 이하의 기울기를 가진 계단식 컨베이어다.

Piece

05

건축법규

Chapter 01

총 칙

총칙에서는 건축법에서 정의하고 있는 용어를 다루고 있다. 여기에서는 용어의 사전적 의미가 아니라 건축법의 적용범위를 기준하는 것이므로 용어의 정의를 통해 건축법의 제정취지를 이해하여야 한다.

1 건축법의 목적

(1) 건축법의 목적

건축물의 대지ㆍ구조ㆍ설비 기준 및 용도 등을 정하여 건축물의 안전ㆍ기능ㆍ환경 및 미관을 향상시킴으로써 공공복리의 증진에 이바지하는 것을 목적으로 한다.

(2) 목적 : 공공복리의 증진

(3) 규정내용 : 건축물의 대지, 구조, 설비, 용도

출제빈도
15지방직 ⑨ 19국가직 ⑦

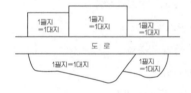

2 용어의 정의

(1) 대지

① 정의

「공간정보의 구축 및 관리 등에 관한 법률」에 따라 각 필지(筆地)로 나눈 토지를 말한다.

② 예외사항

㉠ 2 이상의 필지를 하나의 대지로 할 수 있는 토지

• 하나의 건축물을 두 필지 이상에 걸쳐 건축하는 경우 : 그 건축물이 건축되는 각 필지의 토지를 합한 토지

• 「공간정보의 구축 및 관리 등에 관한 법률」에 따라 합병이 불가능한 경우 : 그 합병이 불가능한 필지의 토지를 합한 토지

• 「국토의 계획 및 이용에 관한 법률」에 따른 도시ㆍ군계획 시설에 해당하는 건축물을 건축하는 경우 : 그 도시ㆍ군계획 시설이 설치되는 일단(一團)의 토지

• 「주택법」에 따른 사업계획승인을 받아 주택과 그 부대시설 및 복리시설을 건축하는 경우 : 「주택법」에 따른 주택단지

• 도로의 지표 아래에 건축하는 건축물의 경우 : 특별시장ㆍ광역시장ㆍ특별자치시장ㆍ특별자치도지사ㆍ시장ㆍ군수 또는 구청장이 그 건축물이 건축되는 토지로 정하는 토지

• 사용승인을 신청할 때 둘 이상의 필지를 하나의 필지로 합칠 것을 조건으로 건축허가를 하는 경우 : 그 필지가 합쳐지는 토지. 다만, 토지의 소유자가 서로 다른 경우는 제외한다.

ⓛ 1 이상의 필지의 일부를 하나의 대지로 할 수 있는 토지
- 하나 이상의 필지의 일부에 대하여 도시·군계획시설이 결정·고시된 경우 : 그 결정·고시된 부분의 토지
- 하나 이상의 필지의 일부에 대하여 「농지법」에 따른 농지 전용허가를 받은 경우 : 그 허가받은 부분의 토지
- 하나 이상의 필지의 일부에 대하여 「산지관리법」에 따른 산지전용허가를 받은 경우 : 그 허가받은 부분의 토지
- 하나 이상의 필지의 일부에 대하여 「국토의 계획 및 이용에 관한 법률」에 따른 개발행위허가를 받은 경우 : 그 허가받은 부분의 토지
- 사용승인을 신청할 때 필지를 나눌 것을 조건으로 건축허가를 하는 경우 : 그 필지가 나누어지는 토지

(2) 건축물

① 정의

토지에 정착(定着)하는 공작물 중 지붕과 기둥 또는 벽이 있는 것과 이에 딸린 시설물, 지하나 고가(高架)의 공작물에 설치하는 사무소·공연장·점포·차고·창고, 그 밖에 대통령령으로 정하는 것을 말한다.

② 고층건축물 : 30층 이상이거나 건축물 높이 120m 이상인 건축물

③ 초고층 건축물 : 층수가 50층 이상이거나 높이가 200m 이상인 건축물

④ 준초고층 건축물 : 고층건축물 중 초고층 건축물이 아닌 것

⑤ 다중이용건축물
- ㄱ 불특정한 다수의 사람들이 이용하는 건축물
- ㄴ 16층 이상인 건축물
- ㄷ 다음의 어느 하나에 해당하는 용도로 쓰는 바닥면적의 합계가 5,000m² 이상인 건축물
- 문화 및 집회시설(동물원 및 식물원은 제외한다)
- 종교시설 ・판매시설
- 운수시설 중 여객용 시설 ・의료시설 중 종합병원
- 숙박시설 중 관광숙박시설

⑥ 준다중이용건축물
- ㄱ 다중이용 건축물 외의 건축물로서 다음의 어느 하나에 해당하는 용도로 쓰는 바닥면적의 합계가 1,000m² 이상인 건축물
- 문화 및 집회시설(동물원 및 식물원은 제외한다)
- 종교시설 ・판매시설
- 운수시설 중 여객용 시설 ・의료시설 중 종합병원
- 교육연구시설 ・노유자시설
- 운동시설 ・숙박시설 중 관광숙박시설
- 위락시설 ・관광 휴게시설
- 장례식장

⑦ 특수구조건축물

　ㄱ 한쪽 끝은 고정되고 다른 끝은 지지(支持)되지 아니한 구조로 된 보
　　· 차양 등이 외벽의 중심선으로부터 3m 이상 돌출된 건축물

　ㄴ 기둥과 기둥 사이의 거리가 20m 이상인 건축물

　ㄷ 특수한 설계 · 시공 · 공법 등이 필요한 건축물로서 국토교통부장관이
　　정하여 고시하는 구조로 된 건축물

⑧ 한옥

「한옥 등 건축자산의 진흥에 관한 법률」에 따른 다음 조건을 모두 갖춘
건축물 및 그 부속건축물

· 기둥 및 보가 목구조 방식　　　· 한식 지붕틀
· 자연재료 마감　　　　　　　　· 전통양식 반영

⑨ 일정규모가 넘는 공작물

　ㄱ 높이 2m를 넘는 옹벽, 담장

　ㄴ 높이 4m를 넘는 광고탑, 광고판, 장식탑 · 기념탑 · 첨탑

　ㄷ 높이 5m를 넘는 태양에너지를 이용하는 발전설비

　ㄹ 높이 6m를 넘는 굴뚝 · 골프연습장 등의 운동 시설을 위한 철탑, 주
　　거지역 · 상업지역에 설치하는 통신용 철탑

　ㅁ 높이 8m를 넘는 고가수조

　ㅂ 높이 8m 이하의 기계식 주차장 및 철골조립식 주차장으로서 외벽
　　이 없는 것

　ㅅ 바닥면적 30m^{2}를 넘는 지하대피호

⑶ **건축물의 용도 [☆☆☆]**

① 단독주택[노인복지주택을 제외한 단독주택의 형태를 갖춘 가정어린이
집 · 공동생활가정 · 지역아동센터 및 노인복지시설 등을 포함]

　ㄱ 단독주택

　ㄴ 다중주택 : 연면적 330m^2 이하이고 주택으로 쓰는 층수가 3개 층
　　이하일 것

　ㄷ 다가구주택

· 주택으로 쓰는 층수(지하층은 제외한다)가 3개 층 이하일 것. 다만,
1층의 전부 또는 일부를 필로티 구조로 하여 주차장으로 사용하고
나머지 부분을 주택 외의 용도로 쓰는 경우에는 해당 층을 주택의
층수에서 제외한다.

· 1개 동의 주택으로 쓰이는 바닥면적(부설 주차장 면적은 제외한다.)
의 합계가 660m^2 이하일 것

· 19세대(대지 내 동별 세대수를 합한 세대를 말한다) 이하가 거주할
수 있을 것

　ㄹ 공관(公館)

출제빈도

09국가직 ⑦	10국가직 ⑨	11국가직 ⑦
13국가직 ⑨	15국가직 ⑨	15국가직 ⑦
16국가직 ⑦	19국가직 ⑦	

[도시형 생활주택(「주택법」)]

도시지역에 건설하는 300세대 미만의 국민
주택 규모에 해당하는 주택

① 단지형 주택 : 연립주택, 다세대주택 건
축위원회 심의를 받는 경우 주택으로 쓰
는 층수를 5층까지 할 수 있다.

② 원룸형 주택 : 아파트, 연립주택, 다세대
주택

· 세대별 독립된 주거가 가능하도록 욕실,
부엌을 설치할 것

· 욕실, 보일러실을 제외한 부분을 하나의
공간으로 구성할 것(단, 30m^2 이상인
경우 제외)

· 세대별 주거전용면적은 14m^2 이상
50m^2 이하일 것

· 각 세대는 지하층에 설치하지 아니할 것

② 공동주택[노인복지주택을 제외한 공동주택의 형태를 갖춘 가정어린이집·공동생활가정·지역아동센터·노인복지시설 및 「주택법 시행령」에 따른 원룸형 주택을 포함하며, 지하층을 주택의 층수에서 제외]

   ⊙ 아파트 : 주택으로 쓰는 층수가 5개 층 이상인 주택

   ⓒ 연립주택 : 주택으로 쓰는 1개 동의 바닥면적 합계가 660m²를 초과하고, 층수가 4개 층(1층 전부를 필로티 구조로 하여 주차장으로 사용하는 경우 제외) 이하인 주택

   ⓒ 다세대주택 : 주택으로 쓰는 1개 동의 바닥면적 합계가 660m²(지하주차장 면적 제외)이하이고, 층수가 4개 층(1층 바닥면적의 1/2 이상을 필로티 구조로 하여 주차장으로 사용하는 경우 제외) 이하인 주택

   ⓔ 기숙사 : 학교 또는 공장 등의 학생 또는 종업원 등을 위하여 쓰는 것으로서 1개 동의 공동취사시설 이용 세대 수가 전체의 50% 이상인 것

· 예제 01 ·

다세대주택에 관한 설명으로 가장 옳은 것은? 【10국가직⑨】

① 주택으로 쓰는 1개 동의 바닥면적 합계가 660m² 이하이고, 층수가 4개 층 이하인 주택

② 주택으로 쓰는 1개 동의 바닥면적 합계가 660m²를 초과하고, 층수가 4개 층 이하인 주택

③ 주택으로 쓰는 1개 동의 바닥면적 합계가 660m² 이하이고, 층수가 3개 층 이하인 주택

④ 주택으로 쓰는 1개 동의 바닥면적 합계가 660m²를 초과하고, 층수가 3개 층 이하인 주택

다세대주택 : 주택으로 쓰는 1개 동의 바닥면적 합계가 660m² 이하이고, 층수가 4개 층 이하인 주택
※ 주택의 분류
① 다가구주택 : 주택으로 쓰는 1개 동의 바닥면적 합계가 660m² 이하이고, 층수가 3개 층 이하인 주택
② 연립주택 : 주택으로 쓰는 1개 동의 바닥면적 합계가 660m² 초과이고, 층수가 4개 층 이하인 주택
③ 아파트 : 주택으로 쓰는 1개 동의 바닥면적 합계가 660m² 초과이고, 층수가 5개 층 이상인 주택

답 : ①

---

③ 제1종 근린생활시설

   ⊙ 식품·잡화·의류·완구·서적·건축자재·의약품·의료기기 등의 소매점 : 바닥면적의 합계가 1,000m² 미만

   ⓒ 휴게음식점, 제과점 : 바닥면적의 합계가 300m² 미만

   ⓒ 이용원, 미용원, 목욕장, 세탁소

   ⓔ 의원, 치과의원, 한의원, 침술원, 접골원(接骨院), 조산원, 안마원, 산후조리원

    ⑩ 탁구장, 체육도장 : 바닥면적의 합계가 500m² 미만

    ⑪ 지역자치센터, 파출소, 지구대, 소방서, 우체국, 방송국, 보건소, 공공도서관, 건강보험공단 사무소 등 : 바닥면적의 합계가 1,000m² 미만

    ⑫ 마을회관, 마을공동작업소, 마을공동구판장, 공중화장실, 대피소, 지역아동센터

    ⑬ 변전소, 도시가스배관시설, 통신용 시설, 정수장, 양수장

④ 제2종 근린생활시설

    ㉠ 공연장, 종교집회장 : 바닥면적의 합계가 500m² 미만

    ㉡ 청소년게임제공업소, 복합유통게임제공업소, 인터넷컴퓨터게임 시설제공업소 : 바닥면적의 합계가 500m² 미만

    ㉢ 학원, 테니스장, 체력단련장, 에어로빅장, 볼링장, 당구장, 실내낚시터, 골프연습장, 놀이형시설 : 바닥면적의 합계가 500m² 미만

    ㉣ 금융업소, 사무소, 부동산중개사무소, 결혼상담소, 제조업소, 수리점 : 바닥면적의 합계가 500m² 미만

    ㉤ 다중생활시설 : 고시원으로서 바닥면적의 합계가 500m² 미만

    ㉥ 자동차영업소 : 바닥면적의 합계가 1,000m² 미만

    ㉦ 서점, 총포판매소, 사진관, 표구점, 독서실, 기원

    ㉧ 장의사, 동물병원, 동물미용실

    ㉨ 일반음식점, 안마시술소, 노래연습장

    ㉩ 휴게음식점, 제과점 : 바닥면적의 합계가 300m² 이상

    ㉪ 단란주점 : 바닥면적의 합계가 150m² 미만

· 예제 02 ·

건축법 시행령 상 용도별 건축물의 종류가 옳지 않은 것은? 【16국가직⑦】

① 자동차영업소로서 같은 건축물의 해당용도로 쓰는 바닥면적의 합계가 1,000m² 미만인 것 – 제1종 근린생활시설

② 장의사, 동물병원, 동물미용실, 그 밖에 이와 유사한 것 – 제2종 근린생활시설

③ 동물원, 식물원, 수족관, 그 밖에 이와 비슷한 것 – 문화 및 집회시설

④ 오피스텔(업무를 주로 하며, 분양하거나 임대하는 구획 중 일부 구획에서 숙식을 할 수 있도록 한 건축물로서 국토교통부장관이 고시하는 기준에 적합한 것) – 업무시설

① 자동차영업소로서 같은 건축물의 해당용도로 쓰는 바닥면적의 합계가 1,000m² 미만인 것 – 제2종 근린생활시설

답 : ①

---

⑤ 문화 및 집회시설
  ㉠ 공연장, 집회장 : 바닥면적의 합계가 500m^2 이상
  ㉡ 관람장(경마장, 경륜장, 경정장, 자동차 경기장, 그 밖에 이와 비슷한 것과 체육관 및 운동장) : 바닥면적의 합계가 1,000m^2 이상
  ㉢ 전시장 : 박물관, 미술관, 과학관, 문화관, 체험관, 기념관, 산업전시장, 박람회장
  ㉣ 동·식물원 : 동물원, 식물원, 수족관
⑥ 종교시설
  ㉠ 종교집회장 : 바닥면적의 합계가 500m^2 이상
  ㉡ 봉안당(奉安堂) : 종교집회장에 설치한 것
⑦ 판매시설
  ㉠ 도매시장(농수산물도매시장, 농수산물공판장)
  ㉡ 소매시장
  ㉢ 상점
  ㉣ 청소년게임제공업의 시설, 일반게임제공업의 시설, 인터넷컴퓨터 게임시설제공업의 시설, 복합유통게임제공업의 시설
⑧ 운수시설 : 여객자동차터미널, 철도시설, 공항시설, 항만시설
⑨ 의료시설
  ㉡ 병원 : 종합병원, 병원, 치과병원, 한방병원, 정신병원 및 요양병원
  ㉢ 격리병원 : 전염병원, 마약진료소
⑩ 교육연구시설
  ㉠ 학교 : 유치원, 초등학교, 중학교, 고등학교, 전문대학, 대학, 대학교, 그 밖에 이에 준하는 각종 학교
  ㉡ 직업훈련소 : 운전 및 정비 관련 직업훈련소는 제외
  ㉢ 학원 : 자동차학원·무도학원 및 정보통신기술을 활용하여 원격으로 교습하는 것은 제외
  ㉣ 교육원, 연수원, 연구소, 도서관
⑪ 노유자시설
  ㉠ 아동 관련 시설 : 어린이집, 아동복지시설
  ㉡ 노인복지시설, 사회복지시설 및 근로복지시설
⑫ 수련시설
  ㉠ 생활권 수련시설 : 청소년수련관, 청소년문화의집, 청소년특화 시설
  ㉡ 자연권 수련시설 : 청소년수련원, 청소년야영장
  ㉢ 유스호스텔, 야영장 시설

⑬ 운동시설

　　㉠ 탁구장, 체육도장, 테니스장, 체력단련장, 에어로빅장, 볼링장, 당구장, 실내낚시터, 골프연습장, 놀이형시설 : 바닥면적의 합계가 $500m^2$ 이상

　　㉡ 체육관, 운동장 : 관람석이 없거나 관람석의 바닥면적이 $1,000m^2$ 미만

⑭ 업무시설

　　㉠ 공공업무시설 : 국가 또는 지방자치단체의 청사와 외국공관의 건축물로서 바닥면적의 합계가 $1,000m^2$ 이상

　　㉡ 일반업무시설 : 바닥면적의 합계가 $500m^2$ 이상인 금융업소, 사무소, 결혼상담소 등 소개업소, 출판사, 신문사와 오피스텔

⑮ 숙박시설

　　㉠ 일반숙박시설 및 생활숙박시설

　　㉡ 관광숙박시설 : 관광호텔, 수상관광호텔, 한국전통호텔, 가족호텔, 호스텔, 소형호텔, 의료관광호텔 및 휴양 콘도미니엄

　　㉢ 다중생활시설(고시원) : 바닥면적의 합계가 $500m^2$ 이상

⑯ 위락시설

　　㉠ 단란주점 : 바닥면적의 합계가 $150m^2$ 이상

　　㉡ 유흥주점　　　　　　　　㉢ 유원시설업의 시설

　　㉣ 무도장, 무도학원　　　　　㉤ 카지노영업소

⑰ 공장

　　물품의 제조 · 가공[염색 · 도장(塗裝) · 표백 · 재봉 · 건조 · 인쇄 등을 포함한다] 또는 수리에 계속적으로 이용되는 건축물로서 제1종 근린생활시설, 제2종 근린생활시설, 위험물저장 및 처리시설, 자동차 관련 시설, 자원순환 관련 시설 등으로 따로 분류되지 아니한 것

⑱ 창고시설

　　㉠ 창고 : 일반창고, 냉장 및 냉동 창고

　　㉡ 하역장, 물류터미널, 집배송 시설

⑲ 위험물 저장 및 처리시설

　　㉠ 주유소(기계식 세차설비를 포함한다) 및 석유 판매소

　　㉡ 액화석유가스 충전소 · 판매소 · 저장소(기계식 세차설비를 포함한다)

　　㉢ 위험물 제조소 · 저장소 · 취급소

　　㉣ 액화가스 취급소 · 판매소

　　㉤ 유독물 보관 · 저장 · 판매시설

　　㉥ 고압가스 충전소 · 판매소 · 저장소

　　㉦ 도료류 판매소

　　㉧ 도시가스 제조시설

　　㉨ 화약류 저장소

⑳ 자동차 관련시설(건설기계관련 시설을 포함)

　㉠ 주차장, 세차장, 폐차장

　㉡ 검사장, 매매장, 정비공장

　㉢ 운전학원 및 정비학원(운전 및 정비 관련 직업훈련시설을 포함)

　㉣ 차고 및 주기장(駐機場)

㉑ 동물 및 식물관련 시설

　㉠ 축사(양잠 · 양봉 · 양어시설 및 부화장 등을 포함)

　㉡ 가축시설 : 가축용 운동시설, 인공수정센터, 관리사(管理舍), 가축용 창고, 가축시장, 동물검역소, 실험동물 사육시설

　㉢ 도축장, 도계장

　㉣ 작물 재배사, 종묘배양시설, 화초 및 분재 등의 온실

㉒ 자원순환 관련시설

　㉠ 하수 등 처리시설

　㉡ 고물상

　㉢ 폐기물재활용시설, 폐기물 처분시설, 폐기물감량화시설

㉓ 교정 및 군사시설

　㉠ 교정시설 : 보호감호소, 구치소 및 교도소

　㉡ 갱생보호시설, 그 밖에 범죄자의 갱생 · 보육 · 교육 · 보건 등의 용도로 쓰는 시설

　㉢ 소년원 및 소년분류심사원

　㉣ 국방 · 군사시설

㉔ 방송통신시설

　㉠ 방송국, 전신전화국

　㉡ 촬영소, 통신용 시설

㉕ 발전시설

　발전소(집단에너지 공급시설을 포함)로 사용되는 건축물

㉖ 묘지관련시설

　㉠ 화장시설

　㉡ 봉안당 : 종교시설에 해당하는 것은 제외

　㉢ 묘지와 자연장지에 부수되는 건축물

㉗ 관광휴게시설

　㉠ 야외음악당, 야외극장

　㉡ 어린이회관

　㉢ 관망탑, 휴게소

　㉣ 공원 · 유원지 또는 관광지에 부수되는 시설

㉘ 장례식장 : 의료시설의 부수시설에 해당하는 것은 제외

㉙ 야영장 시설

야영장 시설로서 관리동, 화장실, 샤워실, 대피소, 취사시설 등의 용도로 쓰는 바닥면적의 합계가 $300m^2$ 미만

⑷ **건축설비**

① 전기 · 전화 설비, 초고속 정보통신 설비, 지능형 홈네트워크 설비
② 가스 · 급수 · 배수(配水) · 배수(排水) · 환기 · 난방 · 냉방 · 소화(消火) · 배연(排煙) 및 오물처리의 설비
③ 굴뚝, 승강기, 피뢰침, 국기 게양대, 공동시청 안테나, 유선방송 수신시설, 우편함, 저수조(貯水槽), 방범시설

⑸ **지하층**

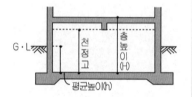

지하층의 인정조건
h(평균높이)≥1/2H

지하층의 정의

① 건축물의 바닥이 지표면 아래에 있는 층으로서 바닥에서 지표면까지 평균높이가 해당 층 높이의 2분의 1 이상인 것
② 지표면의 높이가 일정하지 않을 경우에는 건축물 주위에 접하는 지표에 대한 가중평균높이의 수평면으로 한다.
③ 가중평균지표면(h) = $\dfrac{\text{흙에 접한 건축물의 벽면적}(m^2)}{\text{건축물의 둘레길이}(m)}$

⑹ **거실**

① 건축물 안에서 거주, 집무, 작업, 집회, 오락, 그 밖에 이와 유사한 목적을 위하여 사용되는 방을 말한다.
② 거실의 예 : 주거공간, 의료시설의 병실, 숙박시설의 객실, 학교의 교실 등
③ 비거실의 예 : 현관, 복도, 계단실, 변소, 욕실, 창고 등

⑺ **주요구조부**

출제빈도

21국가직 ⑨

① 내력벽(耐力壁), 기둥, 바닥, 보, 지붕틀 및 주계단(主階段)
② 사이 기둥, 최하층 바닥, 작은 보, 차양, 옥외 계단은 제외

⑻ **건축**

① 신축
  ㉠ 건축물이 없는 대지에 건축물 축조
  ㉡ 기존 건축물의 전부를 철거(멸실) 한 후 종전 규모보다 크게 건축물 축조
  ㉢ 부속 건축물만 있는 대지에 새로이 주된 건축물 축조
② 증축
  ㉠ 기존 건축물의 규모 증가
  ㉡ 기존 건축물의 일부를 철거(멸실) 한 후 종전 규모보다 크게 건축물 축조
  ㉢ 주된 건축물이 있는 대지에 새로이 부속 건축물 축조

③ **개축**

기존 건축물의 전부 또는 일부를 철거하고 당해 대지 안에 종전과 동일한 규모의 범위 안에서 건축물을 다시 축조

④ **재축**

자연재해로 인하여 건축물의 일부 또는 전부가 멸실된 경우 그 대지 안에 종전과 동일한 규모의 범위 안에서 다시 축조

⑤ **이전**

기존 건축물의 주요구조부를 해체하지 않고 동일 대지 내에서 건축물의 위치를 옮기는 행위

⑼ **대수선**

① 내력벽을 증설 또는 해체하거나 그 벽면적을 $30m^2$ 이상 수선 또는 변경

② 기둥, 보, 지붕틀을 증설 또는 해체하거나 3개 이상 수선 또는 변경

③ 방화벽 또는 방화구획을 위한 바닥 또는 벽을 증설 또는 해체하거나 수선 또는 변경

④ 주계단·피난계단 또는 특별피난계단을 증설 또는 해체하거나 수선 또는 변경

⑤ 다가구주택의 가구 간 경계벽 또는 다세대주택의 세대 간 경계벽을 증설 또는 해체하거나 수선 또는 변경

⑽ **도로**

① 보행과 자동차 통행이 가능한 너비 4m 이상의 도로

② 「국토의 계획 및 이용에 관한 법률」, 「도로법」, 「사도법」, 그 밖의 관계 법령에 따라 신설 또는 변경에 관한 고시가 된 도로

③ 건축허가 또는 신고 시에 특별시장·광역시장·특별자치시장·도지사·특별자치도지사 또는 시장·군수·구청장이 위치를 지정하여 공고한 도로

④ 특별자치시장·특별자치도지사 또는 시장·군수·구청장이 지형적 조건으로 인하여 차량 통행을 위한 도로의 설치가 곤란하다고 인정하여 그 위치를 지정·공고하는 구간의 너비 3m 이상(길이가 10m 미만인 막다른 도로인 경우에는 너비 2m 이상)인 도로

⑤ 막다른 도로의 경우

막다른 도로의 길이	도로의 너비
10m 미만	2m 이상
10m 이상 35m 미만	3m 이상
35m 이상	6m 이상(도시·군계획구역이 아닌 읍·면 지역에서는 4m 이상

(11) 내화구조

구분	철근콘크리트조, 철골철근 콘크리트조	철골조		무근콘크리트조, 콘크리트 블록조, 벽돌조, 석조, 기타구조
		피복재	피복 두께	
① 벽	두께 10cm 이상	철망모르타르	4cm 이상	• 철재로 보강된 콘크리트블록조, 벽돌조, 석조로서 철재로 덮은 콘크리트 블록 등의 두께가 5cm 이상인 것 • 벽돌조로서 두께가 19cm 이상인 것 • 고온·고압의 증기로 양생된 경량기포 콘크리트 패널 또는 경량기포 콘크리트 블록조로서 두께가 10cm 이상인 것
		콘크리트블록, 벽돌, 석재	5cm 이상	
② 외벽 중 비내력벽	두께 7cm 이상	철망모르타르	3cm 이상	• 철재로 보강된 콘크리트블록조, 벽돌조, 석조로서 철재로 덮은 콘크리트 블록 등의 두께가 4cm 이상인 것 • 무근콘크리트조, 콘크리트 블록조, 벽돌조 또는 석조로서 그 두께가 7cm 이상인 것
		콘크리트블록, 벽돌, 석재	4cm 이상	
③ 기둥	작은 지름이 25cm 이상인 것	철망모르타르	6cm 이상	–
		철망모르타르 (경량골재사용)	5cm 이상	
		콘크리트블록, 벽돌, 석재	7cm 이상	
		콘크리트	5cm 이상	
④ 바닥	두께 10cm 이상	철망모르타르, 콘크리트	5cm 이상	• 철재로 보강된 콘크리트블록조, 벽돌조, 석조로서 철재로 덮은 콘크리트 블록 등의 두께가 5cm 이상인 것

구분	철근콘크리트조, 철골철근 콘크리트조	철골조		무근콘크리트조, 콘크리트 블록조, 벽돌조, 석조, 기타구조
		피복재	피복 두께	
⑤ 보	-	철망모르타르	6cm 이상	-
		철망모르타르 (경량골재사용)	5cm 이상	
		콘크리트	5m 이상	
		• 철골조의 지붕틀(바닥으로부터 그 아래부분까지의 높이가 4m 이상인 것에 한함)로서 바로 아래에 반자 가 없거나 불연재료로 된 반자가 있는 것		
⑥ 지붕	-	• 철재로 보강된 유리블 록 또는 망입유리로 된 것		• 철재로 보강된 콘크리트 블 록조, 벽돌조 또는 석조
⑦ 계단	-	• 철골조 계단		• 철재로 보강된 콘크리트 블 록조, 벽돌조 또는 석조 • 무근콘크리트조, 콘크리트 블록조, 벽돌조 또는 석조

⑿ **방화구조**

①	철망모르타르 바르기	바름두께가 2cm 이상
②	석고판 위에 시멘트 모르타르 또는 회반죽 을 바른 것	두께의 합계가 2.5cm 이상
③	시멘트 모르타르 위에 타일을 붙인 것	
④	심벽에 흙으로 맞벽치기 한 것	두께에 관계없이 인정
⑤	한국산업표준이 정한 방화2급 이상에 해당하는 것	

⒀ **건축재료**

① **내수재료** : 인조석·콘크리트 등 내수성을 가진 재료

② **불연재료** : 콘크리트, 석재 등 불에 타지 아니하는 성질을 가진 재료

③ **준불연재료** : 불연재료에 준하는 성질을 가진 재료

④ **난연재료** : 불에 잘 타지 아니하는 성능을 가진 재료

⒁ **부속건축물과 부속용도**

① 부속건축물

같은 대지에서 주된 건축물과 분리된 부속용도의 건축물로서 주된 건축물을 이용 또는 관리하는 데에 필요한 건축물

② 부속용도

㉠ 건축물의 설비, 대피, 위생, 그 밖에 이와 비슷한 시설의 용도

㉡ 사무, 작업, 집회, 물품저장, 주차, 그 밖에 이와 비슷한 시설의 용도

㉢ 구내식당·직장어린이집·구내운동시설 등 종업원 후생복리 시설, 구내소각시설

⒂ **기타용어**

① 건축주

건축물의 건축·대수선·용도변경, 건축설비의 설치 또는 공작물의 축조에 관한 공사를 발주하거나 현장 관리인을 두어 스스로 그 공사를 하는 자

② 설계자

자기의 책임(보조자의 도움을 받는 경우를 포함)으로 설계도서를 작성하고 그 설계도서에서 의도하는 바를 해설하며, 지도하고 자문에 응하는 자

③ 설계도서

- 공사용 도면
- 시방서
- 토질 및 지질 관계서류
- 구조계산서
- 건축설비 관계서류
- 기타 공사에 필요한 서류

④ 공사감리자

자기의 책임(보조자의 도움을 받는 경우를 포함한다)으로 건축물, 건축설비 또는 공작물이 설계도서의 내용대로 시공되는지를 확인하고, 품질관리·공사관리·안전관리 등에 대하여 지도·감독하는 자

⑤ 공사시공자 : 「건설산업기본법」에 따라 건설공사를 하는 자

⑥ 건축물의 유지·관리

건축물의 소유자나 관리자가 사용 승인된 건축물의 대지·구조·설비 및 용도 등을 지속적으로 유지하기 위하여 건축물이 멸실될 때까지 관리하는 행위

⑦ 관계전문기술자

건축물의 구조·설비 등 건축물과 관련된 전문기술자격을 보유하고 설계와 공사감리에 참여하여 설계자 및 공사감리자와 협력하는 자

⑧ 리모델링

건축물의 노후화를 억제하거나 기능 향상 등을 위하여 대수선하거나 일부 증축 또는 개축하는 행위

⑨ 특별건축구역

조화롭고 창의적인 건축물의 건축을 통하여 도시경관의 창출, 건설기술 수준향상 및 건축 관련 제도개선을 도모하기 위하여 건축법 또는 관계 법령에 따라 일부 규정을 적용하지 아니하거나 완화 또는 통합하여 적용할 수 있도록 특별히 지정하는 구역

⑩ 실내건축

건축물의 실내를 안전하고 쾌적하며 효율적으로 사용하기 위하여 내부 공간을 칸막이로 구획하거나 벽지, 천장재, 바닥재, 유리 등 대통령령으로 정하는 재료 또는 장식물을 설치하는 것

⑪ 발코니

㉠ 건축물의 내부와 외부를 연결하는 완충공간으로서 전망이나 휴식 등의 목적으로 건축물 외벽에 접하여 부가적(附加的)으로 설치되는 공간

㉡ 주택에 설치되는 발코니로서 국토교통부장관이 정하는 기준에 적합한 발코니는 필요에 따라 거실·침실·창고 등의 용도로 사용할 수 있다.

⑫ 층고

방의 바닥구조체 윗면으로부터 위층 바닥구조체의 윗면까지의 높이

⑬ 처마높이

지표면으로부터 건축물의 지붕틀 또는 이와 비슷한 수평재를 지지하는 벽·깔도리 또는 기둥의 상단까지의 높이로 한다.

01 출제예상문제

1. "건축법"상 용어의 정의에 대한 설명으로 옳지 않은 것은?　　　　　　　　　　　【15지방직⑨】

① "지하층"이란 건축물의 바닥이 지표면 아래에 있는 층으로서 바닥에서 지표면까지 평균높이가 해당 층 높이의 3분의 1이상인 것을 말한다.

② "대수선"이란 건축물의 기둥, 보, 내력벽, 주계단 등의 구조나 외부형태를 수선·변경하거나 증설하는 것으로서 대통령령으로 정하는 것을 말한다.

③ "거실"이란 건축물 안에서 거주, 집무, 작업, 집회, 오락, 그 밖에 이와 유사한 목적을 위하여 사용되는 방을 말한다.

④ "고층건축물"이란 층수가 30층 이상이거나 높이가 120미터 이상인 건축물을 말한다.

[해설]
　① "지하층"이란 건축물의 바닥이 지표면 아래에 있는 층으로서 바닥에서 지표면까지 평균높이가 해당 층 높이의 2분의 1 이상인 것을 말한다.

2. 다음 건축물에 설치하는 것 중 건축법 상 건축설비에 해당하지 않는 것은?　　　　【15국가직⑨】

① 저수조(貯水槽)

② 우편함

③ 코너비드(corner bead)

④ 유선방송 수신시설

[해설]
　③ 코너비드(Corner Bead) : 기둥이나 벽의 모서리에 대어 미장바름의 모서리가 상하지 않도록 보호하는 철물을 말하며, 아연도금철제, 스테인리스, 황동 등의 제품이 있다.

3. 건축법규 상 공동주택에 속하지 않는 것은?　　　　　　　　　　　　　　　【09국가직⑦】

① 아파트　　　　　② 연립주택

③ 다세대주택　　　④ 다가구주택

[해설]
　다가구주택은 단독주택에 속한다.
　① 단독주택 : 단독주택, 다중주택, 다가구주택, 공관
　② 공동주택 : 다세대주택, 연립주택, 아파트, 기숙사

4. 다세대주택에 관한 설명으로 가장 옳은 것은?　　　　　　　　　　　　　　【10국가직⑨】

① 주택으로 쓰는 1개 동의 바닥면적 합계가 660m² 이하이고, 층수가 4개 층 이하인 주택

② 주택으로 쓰는 1개 동의 바닥면적 합계가 660m² 를 초과하고, 층수가 4개 층 이하인 주택

③ 주택으로 쓰는 1개 동의 바닥면적 합계가 660m² 이하이고, 층수가 3개 층 이하인 주택

④ 주택으로 쓰는 1개 동의 바닥면적 합계가 660m² 를 초과하고, 층수가 3개 층 이하인 주택

[해설] 다세대주택
　주택으로 쓰는 1개 동의 바닥면적 합계가 660m² 이하이고, 층수가 4개 층 이하인 주택
　※ 주택의 분류
　① 다가구주택 : 주택으로 쓰는 1개 동의 바닥면적 합계가 660m² 이하이고, 층수가 3개 층 이하인 주택
　② 연립주택 : 주택으로 쓰는 1개 동의 바닥면적 합계가 660m² 초과이고, 층수가 4개 층 이하인 주택
　③ 아파트 : 주택으로 쓰는 1개 동의 바닥면적 합계가 660m² 초과이고, 층수가 5개 층 이상인 주택

5. 『건축법시행령』의 용도분류 상 위락시설에 해당되지 않는 것은?　　　　　　　【11국가직⑦】

① 유흥주점　　　　② 안마시술소

③ 무도학원　　　　④ 카지노 영업소

[해설]
　② 안마시술소는 2종 근린생활시설이다.

해답　1 ①　2 ③　3 ④　4 ①　5 ②

6. 『건축법』의 용도별 건축물 종류 가운데 관광휴게 시설에 해당하지 않는 것은? 【13국가직⑨】

① 식물원　　　　　② 야외극장
③ 어린이회관　　　④ 관망탑

[해설]
① 식물원 : 문화 및 집회시설
※ 관광휴게시설
① 야외음악당　　　② 야외극장
③ 어린이회관　　　④ 관망탑
⑤ 휴게소　　　　　⑥ 공원·유원지

7. 건축법령상 세부 용도가 공동주택에 해당되지 않는 것은? 【15지방직⑨】

① 다가구주택　　　② 연립주택
③ 다세대주택　　　④ 기숙사

[해설]
다가구주택은 단독주택에 속한다.
① 단독주택 : 단독주택, 다중주택, 다가구주택, 공관
② 공동주택 : 다세대주택, 연립주택, 아파트, 기숙사

8. 다음 중 건축법령상 세부 용도가 위락시설에 해당하지 않는 것은? 【15국가직⑦】

① 노래연습장　　　② 무도학원
③ 카지노영업소　　④ 유흥주점

[해설]
① 노래연습장은 제2종 근린생활시설에 속한다.

9. 건축법 시행령 상 용도별 건축물의 종류가 옳지 않은 것은? 【16국가직⑦】

① 자동차영업소로서 같은 건축물의 해당용도로 쓰는 바닥면적의 합계가 $1,000m^2$ 미만인 것 – 제1종 근린생활시설
② 장의사, 동물병원, 동물미용실, 그 밖에 이와 유사한 것 – 제2종 근린생활시설
③ 동물원, 식물원, 수족관, 그 밖에 이와 비슷한 것 – 문화 및 집회시설
④ 오피스텔(업무를 주로 하며, 분양하거나 임대하는 구획 중 일부 구획에서 숙식을 할 수 있도록 한 건축물로서 국토교통부장관이 고시하는 기준에 적합한 것) – 업무시설

[해설]
① 자동차영업소로서 같은 건축물의 해당용도로 쓰는 바닥면적의 합계가 $1,000m^2$ 미만인 것 – 제2종 근린생활시설

10. 국토교통부가 가구의 변화에 대응하기 위해 추진하고 있는 도시형 생활주택에 대한 규정으로 옳지 않은 것은? 【14국가직⑦】

① 도시형 생활주택으로는 단지형 연립주택, 단지형 다세대주택, 원룸형 주택이 있다.
② 원룸형 주택의 공용면적을 포함한 세대별 주거면적은 $14m^2$ 이상 $50m^2$ 이하이다.
③ 원룸형 주택의 경우 각 세대는 지하층에 설치할 수 없다.
④ 층간 바닥충격음 규정을 공동주택과 동일하게 적용한다.

[해설]
② 원룸형 주택은 공용면적을 제외한 세대별 주거전용면적은 $14m^2$ 이상 $50m^2$ 이하이다.

11. 주택법령상 도시형 생활주택에 대한 설명으로 옳은 것은? 【16국가직⑨】

① 도시형 생활주택이란 도시지역에 건설하는 400세대 이하의 국민주택규모에 해당하는 주택을 말한다.
② 단지형 연립주택, 단지형 다세대주택, 원룸형 주택으로 구분된다.
③ 원룸형 주택은 경우에 따라 세대별로 독립된 욕실을 설치하지 않고 단지 공용공간에 공동욕실을 설치할 수 있다.
④ 필요성이 낮은 부대·복리시설은 의무설치대상에서 제외하고 분양가상한제를 적용한다.

[해설]
① 도시형 생활주택이란 도시지역에 건설하는 300세대 이하의 국민주택규모에 해당하는 주택을 말한다.
③ 원룸형 주택은 세대별로 독립된 주거가 가능하도록 욕실과 주방을 설치하여야 한다.
④ 필요성이 낮은 부대·복리시설은 의무설치대상에서 제외하고 분양 가상한제를 적용하지 않는다.

해답　6 ①　7 ①　8 ①　9 ①　10 ②　11 ②

12. 「건축법 시행령」상 다중주택이 되기 위한 요건에 해당하지 않는 것은? 【19국가직⑦】

① 학생 또는 직장인 등 여러 사람이 장기간 거주할 수 있는 구조로 되어 있는 것
② 19세대(대지 내 동별 세대수를 합한 세대를 말한다) 이하가 거주할 수 있을 것
③ 독립된 주기의 형태를 갖추지 아니한 것(각 실별로 욕실은 설치할 수 있으나, 취사시설은 설치하지 아니한 것을 말한다)
④ 1개 동의 주택으로 쓰이는 바닥면적의 합계가 330제곱미터 이하이고 주택으로 쓰는 층수(지하층은 제외한다)가 3개 층 이하일 것

[해설]
　② 19세대(대지 내 동별 세대수를 합한 세대를 말한다) 이하가 거주할 수 있을 것 : 다가구주택

13. 「건축법」상 용어의 정의로 옳은 것은? 【19국가직⑦】

① '대지(垈地)'란 「공간정보의 구축 및 관리 등에 관한 법률」에 따라 각 필지(筆地)로 나눈 토지를 말한다. 다만, 대통령령으로 정하는 토지는 둘 이상의 필지를 하나의 대지로 하거나 하나 이상의 필지의 일부를 하나의 대지로 할 수 있다.
② '지하층'이란 건축물의 바닥이 지표면 아래에 있는 층으로서 바닥에서 지표면까지 평균높이가 해당 층 높이의 3분의 1 이상 인 것을 말한다.
③ '리모델링'이란 건축물의 기둥, 보, 내력벽, 주계단 등의 구조나 외부 형태를 수선·변경하거나 증설하는 것으로서 대통령령으로 정하는 것을 말한다.
④ '건축'이란 건축물을 이전하는 것을 제외하고, 신축·증축·개축·재축(再築)하는 모든 행위를 말한다.

[해설]
　② '지하층'이란 건축물의 바닥이 지표면 아래에 있는 층으로서 바닥에서 지표면까지 평균높이가 해당 층 높이의 2분의 1 이상 인 것을 말한다.
　③ '대수선'이란 건축물의 기둥, 보, 내력벽, 주계단 등의 구조나 외부 형태를 수선·변경하거나 증설하는 것으로서 대통령령으로 정하는 것을 말한다.
　④ '건축'이란 건축물을 이전하는 것을 포함하고, 신축·증축·개축·재축(再築)하는 모든 행위를 말한다.

14. 「건축법」상 '주요구조부'에 속하는 것만을 모두 고르면? 【21국가직⑨】

ㄱ. 내력벽	ㄴ. 작은 보
ㄷ. 주계단	ㄹ. 지붕틀
ㅁ. 옥외 계단	ㅂ. 최하층 바닥

① ㄱ, ㄴ, ㄷ　　　　② ㄱ, ㄷ, ㄹ
③ ㄱ, ㄷ, ㅂ　　　　④ ㄴ, ㄹ, ㅁ

[해설]
　작은보, 옥외계단, 최하층바닥은 주요구조부에 속하지 않는다.

Chapter

02

제5편 건축법규

건축법은 건축물에 대해서 적용되나, 건축물의 성격, 건축물의 위치 등에 따라 건축법의
적용범위가 달라지므로 건축법의 적용대상, 적용의 완화대상에 대해 숙지하여야 한다.

건축법의 적용

1 건축법의 적용

(1) 건축법의 적용

①	도시지역
②	지구단위계획구역
③	동 또는 읍의 지역(섬의 경우 인구 500인 이상)

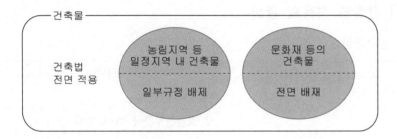

(2) 건축법이 적용되지 않는 건축물

①	「문화재보호법」에 따른 지정문화재나 임시지정(臨時指定) 문화재
②	철도나 궤도의 선로 부지(敷地)에 있는 운전보안시설, 철도 선로의 위나 아래를 가로지르는 보행시설, 플랫폼, 해당 철도 또는 궤도사업용 급수(給水)·급탄(給炭) 및 급유(給油) 시설
③	고속도로 통행료 징수시설
④	컨테이너를 이용한 간이창고
⑤	「하천법」에 따른 하천구역 내의 수문조작실

(3) 건축법의 일부 규정이 적용되지 않는 건축물

도시지역 또는 지구단위계획구역에 속하지 않는 지역	• 동 또는 읍 이외의 지역, 인구 500인 미만인 섬의 지역 • 대지와 도로와의 관계 • 도로의 지정, 폐지 또는 변경 • 건축선의 지정 • 건축선에 의한 건축제한 • 방화지구 내의 건축물 • 대지의 분할제한
도로예정지 내의 건축	• 도시·군 계획시설로 결정된 도로의 예정지에 건축물·공작물을 건축하는 경우 • 도로의 지정, 폐지 또는 변경 • 건축선의 지정 • 건축선에 의한 건축제한

2 건축법 적용의 완화

(1) 완화대상

완화대상	완화규정
① 수면 위에 건축하는 건축물 등 대지의 범위를 설정하기 곤란한 경우	대지의 안전 등
	토지굴착부분에 대한 조치 등
	대지 안의 조경
	대지와 도로와의 관계
	도로의 지정, 폐지 또는 변경
	건축선의 지정
	건축선에 의한 건축제한
	건폐율
	용적률
	대지의 분할제한
	건축물의 높이제한
	일조 등의 확보를 위한 건축물의 높이제한
	공개공지 등의 확보
② 거실이 없는 통신시설 및 기계설비시설인 경우	대지와 도로와의 관계
	도로의 지정, 폐지 또는 변경
	건축선의 지정

완화대상	완화규정
③ 31층 이상인 건축물(공동주택 제외)과 발전소, 제철소 및 운동시설 등 특수용도의 건축물	건축물의 피난시설, 용도제한 등
	건축물의 내화구조, 방화벽
	방화지구 안의 건축물
	건축물의 내부마감재료
	건축설비기준 등
	승강기
	건축물의 에너지 이용 및 폐자재 활용
	관계전문기술자
	기술적 기준
	공개공지의 확보
④ 전통사찰, 전통한옥 밀집지역으로서 시·도조례로 정한 지역의 건축물	도로의 정의
	건축선 지정
	대지와 도로와의 관계
	가로구역별 높이제한
⑤ 사용승인을 얻은 후 15년 이상 경과되어 리모델링이 필요한 건축물	대지 안의 조경
	건축선의 지정
	건폐율
	용적률
	건축물의 높이제한
	일조 등의 확보를 위한 건축물의 높이제한
	공개공지의 확보
⑥ 경사진 대지에 계단식 공동주택인 경우 및 초고층 건축물	건폐율
⑦ 기존 건축물에 장애인 등의 편의시설을 설치한 경우	건폐율
	용적률
⑧ 방재지구 또는 지반붕괴위험 지역 내 건축물로서 재해예방 조치를 한 경우	건폐율
	용적률
	건축물의 높이제한
	일조 등의 확보를 위한 건축물의 높이제한
⑨ 허가권자가 인정한 창의적 건축물과 도시형 생활주택(아파트 제외)	건축물의 높이제한
	일조 등의 확보를 위한 건축물의 높이제한

완화대상	완화규정
⑩ 보금자리주택	공동주택에 대한 일조권 제한
⑪ 다음 공동주택에 대한 주민공동시설 • 사업계획 승인을 받은 공동주택 • 상업지역, 준주거지역 내 건축허가를 받은 200세대 이상 300세대 미만의 공동주택 • 건축허가를 받은 도시형 생활주택	용적률
⑫ 건축협정을 체결한 건축물의 건축, 대수선, 리모델링	건폐율
	용적률

(2) 완화여부 및 적용기준

완화대상	적용기준
① 수면 위에 건축하는 건축물 등 대지의 범위를 설정하기 곤란한 경우	• 공공의 이익을 저해하지 아니하고, 주변의 대지 및 건축물에 지나친 불이익을 주지 아니할 것 • 도시의 미관이나 환경을 지나치게 저해하지 아니할 것
② 거실이 없는 통신시설 및 기계설비시설인 경우	
③ 31층 이상인 건축물(공동주택 제외)과 발전소, 제철소 및 운동시설 등 특수용도의 건축물	
④ 전통사찰, 전통한옥 밀집지역으로서 시·도조례로 정한 지역의 건축물	
⑤ 사용승인을 얻은 후 15년 이상 경과되어 리모델링이 필요한 건축물	㉠ 연면적의 증가 • 공동주택(원룸형으로의 용도변경을 위한 증축 포함) : 건축위원회에서 정한 범위 내 • 이외의 건축물 : 1/10(리모델링 활성화 지역은 3/10) 이내에서 건축위원회가 정한 범위 내 • 건축물의 층수 및 높이의 증가 : 건축위원회에서 정한 범위 내

완화대상	적용기준
	ⓛ 증축할 수 있는 범위 • 공동주택 : 승강기, 계단 및 복도, 각 세대 내의 노대, 화장실, 창고 및 거실, 주택법에 의한 부대시설 및 분양을 목적으로 하지 않는 복리시설, 높이, 층수, 세대수 • 공동주택 이외의 건축물 : 승강기, 계단 및 주차시설, 노인 및 장애인 등을 위한 편의시설, 외부벽체, 통신시설, 기계설비, 화장실, 정화조 및 오수처리시설, 높이, 층수, 거실
⑥ 방재지구 또는 지반붕괴위험지역 내 건축물로서 재해예방 조치를 한 경우	• 건폐율 • 용적률 • 건축물의 높이제한 • 일조 등의 확보를 위한 건축물의 높이제한 → 100분의 140 이하의 범위에서 건축조례로 정하는 비율을 적용

(3) 리모델링에 대비한 특례

① 각 세대는 인접한 세대와 수직 또는 수평 방향으로 통합하거나 분할할 수 있을 것 ② 구조체에서 건축설비, 내부마감재료 및 외부 마감재료를 분리할 수 있을 것 ③ 개별세대 안에서 구획된 실의 크기, 개수 또는 위치 등을 변경할 수 있을 것	• 용적률 • 건축물의 높이제한 • 일조 등의 확보를 위한 건축물의 높이제한 → 100분의 120 이하의 범위에서 완화적용 가능

02 출제예상문제

1. 다음 중 건축법에 적용을 받는 건축물에 속하는 것은?

① 실내낚시터
② 고속도로 통행료 징수시설
③ 철도의 선로 부지에 있는 플랫폼
④ 문화재보호법에 따른 임시지정 문화재

[해설] 실내낚시터
  (1) 500m² 미만 : 제2종근린생활시설
  (2) 500m² 이상 : 운동시설

2. 공동주택의 건축허가 신청시 건축물의 용적률에 대한 기준을 완화하여 적용받을 수 있는 리모델링이 쉬운 구조에 속하지 않는 것은?

① 구조체가 철골구조로 구성되어 있을 것
② 구조체에서 건축설비, 내부 마감재료 및 외부 마감 재료를 분리할 수 있을 것
③ 개별 세대 안에서 구획된 실의 크기, 개수 또는 위치 등을 변경할 수 있을 것
④ 각 세대는 인접한 세대와 수직 또는 수평방향으로 통합하거나 분할할 수 있을 것

[해설]

① 각 세대는 인접한 세대와 수직 또는 수평 방향으로 통합하거나 분할할 수 있을 것 ② 구조체에서 건축설비, 내부마감재료 및 외부 마감 재료를 분리할 수 있을 것 ③ 개별세대 안에서 구획된 실의 크기, 개수 또는 위치 등을 변경할 수 있을 것	• 용적률 • 건축물의 높이제한 • 일조 등의 확보를 위한 건축물의 높이제한 → 100분의 120 이하의 범위에서 완화적용 가능

3. 다음은 건축법상 리모델링에 대비한 특례 등에 관한 내용이다. 밑줄 친 기준 내용에 속하지 않는 것은?

> 리모델링이 쉬운 구조의 공동주택의 건축을 촉진하기 위하여 공동주택을 대통령령으로 정하는 구조로 하여 건축허가를 신청하면 <u>제56조, 제60조 및 제61조에 따른 기준</u>을 100분의 120의 범위에서 대통령령으로 정하는 비율로 완화하여 적용할 수 있다.

① 건축물의 건폐율
② 건축물의 용적률
③ 건축물의 높이 제한
④ 일조 등의 확보를 위한 건축물의 높이 제한

[해설]

① 각 세대는 인접한 세대와 수직 또는 수평 방향으로 통합하거나 분할할 수 있을 것 ② 구조체에서 건축설비, 내부마감재료 및 외부 마감 재료를 분리할 수 있을 것 ③ 개별세대 안에서 구획된 실의 크기, 개수 또는 위치 등을 변경할 수 있을 것	• 용적률 • 건축물의 높이제한 • 일조 등의 확보를 위한 건축물의 높이제한 → 100분의 120 이하의 범위에서 완화적용 가능

4. 다음 중 건축기준의 적용 완화대상이 아닌 건축물은?

① 수면 위에 건축하는 건축물
② 거실이 없는 통신시설
③ 31층의 공동주택
④ 전통한옥 밀집지역 등의 건축물

[해설]
  ③ 31층 이상의 건축물 중 공동주택은 적용 완화대상 건축물에서 제외된다.

Chapter 03

건축물의 건축허가

건축물의 허가신청은 건축물의 건축, 대수선 및 용도변경 행위에 대한 허가 또는 신고대상의 건축행정절차를 다루고 있다. 허가 또는 신고 등의 행정처리에 대한 절차, 제출서류, 의제사항에 대하여 정리하여야 한다.

1 사전결정

(1) 사전결정신청

① 건축허가 대상 건축물을 건축하려는 자는 건축허가를 신청하기 전에 허가권자에게 그 건축물의 건축에 관한 다음 각 호의 사항에 대한 사전결정을 신청할 수 있다.
- 해당 대지에 건축하는 것이 건축법이나 관계 법령에서 허용되는지 여부
- 건축법 또는 관계 법령에 따른 건축기준 및 건축제한, 그 완화에 관한 사항 등을 고려하여 해당 대지에 건축 가능한 건축물의 규모
- 건축허가를 받기 위하여 신청자가 고려하여야 할 사항
- 사전결정을 신청하는 자는 건축위원회 심의와 「도시교통정비 촉진법」에 따른 교통영향평가서의 검토를 동시에 신청할 수 있다.
- 허가권자는 사전결정이 신청된 건축물의 대지면적이 「환경영향평가법」에 따른 소규모 환경영향평가 대상사업인 경우 환경부장관이나 지방환경관서의 장과 소규모 환경영향 평가에 관한 협의를 하여야 한다.

(2) 사전결정에 따른 타법의 의제

① 사전결정 통지를 받은 경우에는 다음의 허가를 받거나 신고 또는 협의를 한 것으로 본다.
- 「국토의 계획 및 이용에 관한 법률」에 따른 개발행위허가
- 「산지관리법」에 따른 산지전용허가와 산지전용신고
- 「농지법」에 따른 농지전용허가 · 신고 및 협의
- 「하천법」에 따른 하천점용허가
② 허가권자는 사전결정을 하려면 미리 관계 행정기관의 장과 협의하여야 하며, 협의를 요청받은 관계 행정기관의 장은 요청받은 날부터 15일 이내에 의견을 제출하여야 한다.

(3) 사전결정통지 및 효력상실

① 허가권자는 사전결정신청을 받으면 입지, 건축물의 규모, 용도 등을 사전결정한 후 사전결정일부터 7일 이내에 사전결정 신청자에게 알려야 한다.
② 사전결정신청자는 사전결정을 통지받은 날부터 2년 이내에 건축허가를 신청하여야 하며, 이 기간에 건축허가를 신청하지 아니하면 사전결정의 효력이 상실된다.

2 건축허가

(1) 건축허가 대상

① 특별자치시장, 특별자치도지사, 시장, 군수, 구청장의 허가	건축물을 건축 또는 대수선하고자 하는 자
② 특별시장, 광역시장의 허가	특별시나 광역시에 건축하는 • 21층 이상의 건축물 • 연면적의 합계가 100,000m^2 이상인 건축물 • 연면적의 3/10 이상의 증축으로 인하여 층수가 21층 이상으로되거나 연면적의 합계가 100,000m^2 이상인 건축물 ※ 예외 : 공장, 창고, 지방건축위원회의 심의를 거친 건축물
③ 도지사의 사전승인	㉠ 특별시, 광역시 이외의 지역에서 건축하는 • 21층 이상의 건축물 • 연면적의 합계가 100,000m^2 이상인 건축물 • 연면적의 3/10 이상의 증축으로 인하여 층수가 21층 이상으로 되거나 연면적의 합계가 100,000m^2 이상인 건축물 ※ 예외 : 공장, 창고, 지방건축위원회의 심의를 거친 건축물 ㉡ 자연환경 또는 수질보호를 위해 도지사가 공고한 구역 : 3층 이상 또는 1,000m^2 이상의 공동주택, 일반음식점, 일반업무시설, 숙박시설, 위락시설 ㉢ 주거환경 또는 교육환경의 보호가 필요하여 도지사가 공고한 구역 : 위락시설, 숙박시설

(2) 건축허가 신청[☆]

허가신청서식 • 허가신청서 • 사전결정서		• 토지권리관계증명서 • 허가신청에 필요한 설계도서
건축계획서	임의	• 개요(위치 · 대지면적 등) • 지역 · 지구 및 도시계획사항 • 건축물의 규모 　(건축면적 · 연면적 · 높이 · 층수 등) • 건축물의 용도별 면적 • 주차장규모 • 에너지절약계획서(해당건축물에 한한다) • 노인 및 장애인 등을 위한 편의시설 설치계획서 　(관계법령에 의하여 설치의무가 있는 경우에 한한다)

배치도	임의	• 축척 및 방위 • 대지에 접한 도로의 길이 및 너비 • 대지의 종·횡단면도 • 건축선 및 대지경계선으로부터 건축물까지의 거리 • 주차동선 및 옥외주차계획 • 공개공지 및 조경계획
평면도	임의	• 1층 및 기준층 평면도 • 기둥·벽·창문 등의 위치 • 방화구획 및 방화문의 위치 • 복도 및 계단의 위치 • 승강기의 위치
입면도	임의	• 2면 이상의 입면계획 • 외부마감재료 • 간판 및 건물번호판의 설치계획(크기·위치)
단면도	임의	• 종·횡단면도 • 건축물의 높이, 각층의 높이 및 반자높이
구조도 (구조안전 확인 또는 내진설계 대상 건축물)	임의	• 구조내력상 주요한 부분의 평면 및 단면 • 주요부분의 상세도면 • 구조안전확인서
구조계산서 (구조안전 확인 또는 내진설계 대상 건축물)	임의	• 구조내력상 주요한 부분의 응력 및 단면 산정 과정 • 내진설계의 내용(지진에 대한 안전 여부 확인 대 상 건축물)
실내마감도	임의	벽 및 반자의 마감의 종류
소방설비도	임의	「소방시설설치유지 및 안전관리에 관한 법률」에 따라 소방관서의 장의 동의를 얻어야 하는 건축물 의 해당소방 관련 설비

(3) 허가에 따른 타법의 의제

관련법	허가 및 신고내용
① 건축법	• 공사용 가설건축물의 축조신고
	• 공작물의 축조허가·신고
② 국토의 계획 및 이용에 관한 법	• 개발 행위 허가
	• 도시·군계획사업 시행자의 선정
	• 도시·군계획사업의 실시계획 인가
③ 산지관리법	• 산지전용허가
	• 산지전용신고
④ 사도법	• 사도개설허가
⑤ 도로법	• 도로의 점용허가
	• 비관리청 공사시행 허가 및 도로의 연결 허가
⑥ 농지법	• 농지점용허가·신고 또는 협의
⑦ 하천법	• 하천점용 등의 허가
⑧ 하수도법	• 배수설비의 설치신고
	• 개인하수처리시설의 설치신고
⑨ 수도법	• 수도사업자가 지방자치단체인 경우 조례에 의한 상수도 공급신청
⑩ 전기사업법 등	• 자가용 전기설비 공사계획의 인가 또는 신고

(4) 건축허가의 불허

대상 건축물	불허이유	절차
① 위락시설 또는 숙박시설	당해 대지에 건축하고자 하는 건축물의 용도, 규모 또는 형태가 주거환경 또는 교육환경 등 주변환경을 감안할 때 부적합하다고 인정하는 경우	허가권자는 건축위원회의 심의를 거쳐 건축허가를 하지 않을 수 있다.
② 방재지구 및 자연재해위험 지구 등 상습 침수(우려) 지역	지하층 등 일부공간을 주거용 또는 거실로 설치하는 것이 부적합하다고 인정하는 경우	

(5) 건축허가의 취소

취소사유	절차
① 허가 후 2년 이내 착공하지 아니한 경우(단, 정당한 사유가 있다고 인정하는 경우에는 1년간 연장 가능)	허가권자가 청문 절차없이 허가 취소
② 공사의 완료가 불가능하다고 인정한 경우	

3 건축신고

(1) 건축신고 대상

① 바닥면적 합계가 $85m^2$ 이내의 증축, 개축 또는 재축
  ※ 다만, 3층 이상 건축물인 경우에는 증축, 개축 또는 재축하려는 부분의 바닥면적의 합계가 건축물 연면적의 1/10 이내인 경우로 한정
② 읍·면지역에서 농·수산업에 필요한 건축물의 건축
  • 창고 : 연면적 $200m^2$ 이하
  • 축사, 작물재배사 : 연면적 $400m^2$ 이하
③ 관리지역, 농림지역 또는 자연환경보전지역 안에서 연면적 $200m^2$ 미만이고 3층 미만인 건축물의 건축
  ※ 다만, 지구단위계획구역, 방재지구 및 붕괴위험지역 안에서의 건축은 제외
④ 연면적 $200m^2$ 미만이고 3층 미만인 건축물의 대수선
⑤ 주요구조부의 해체가 없는 대수선
  ㉠ 내력벽의 면적을 $30m^2$ 이상 수선
  ㉡ 기둥, 보, 지붕틀을 3개 이상 수선
  ㉢ 방화벽 또는 방화구획을 위한 바닥 또는 벽을 수선
  ㉣ 주계단, 피난계단 또는 특별피난계단을 수선
⑥ 소규모 건축물
  ㉠ 연면적 합계 $100m^2$ 이하인 건축물
  ㉡ 건축물의 높이를 3m 이하의 범위 안에서 증축하는 건축물
  ㉢ 표준설계도서에 의한 건축물로서 조례로 정한 건축물
  ㉣ 공업지역, 산업단지, 지구단위계획구역(산업·유통형) 안의 2층 이하로서 연면적 합계가 $500m^2$ 이하인 공장

(2) 건축신고의 취소

① 취소사유 : 허가 후 1년 이내 착공하지 아니한 경우
② 비고 : 착공기한의 연장이 허용되지 않는다.

4 허가 · 착공제한

(1) 제한사유와 제한권자

① 국토교통부장관
 ㉠ 국토관리상 특히 필요하다고 인정한 경우
 ㉡ 주무장관이 국방, 문화재보존, 환경보존, 국민경제상 특히 필요하다고
   요청하는 경우
② 시 · 도지사 : 지역계획 또는 도시 · 군계획상 특히 필요하다고 인정하는 경
   우(국토교통부장관에게 보고)

(2) 제한절차 : 주민의견 청취 후 건축위원회의 심의를 거쳐 제한

(3) 제한방법

① 제한기간은 2년 이내로 하되 연장은 1회에 한하여 1년 이내로 할 것(착공
   을 제한하는 경우 착공을 제한한 날부터 2년)
② 제한목적을 상세히 할 것
③ 대상구역의 위치, 면적, 구역경계 등을 상세히 할 것
④ 대상건축물의 용도를 상세히 할 것

5 허가 · 신고사항의 변경

(1) 설계변경에 대한 재허가 또는 재신고의 행정절차

설계변경 행위	절차
① 바닥면적의 합계가 $85m^2$를 초과하는 부분에 대한 증축, 개축에 해당하는 경우	재허가
② 상기 ①이 아닌 기타의 경우	재신고
③ 신고로서 허가를 갈음한 건축물 중 연면적이 신고로서 허가에 갈음할 수 있는 규모 안에서의 변경	재신고
④ 건축주, 공사시공자 또는 공사감리자를 변경하는 경우	재신고
⑤ 건축, 대수선 또는 용도변경에 해당하지 않는 변경	건축주 임의

(2) 사용승인 신청시 일괄신고의 범위

일괄변경 신고대상	조건
① 변경부분의 바닥면적의 합계가 $50m^2$ 이하인 경우	건축물의 동수나 층수를 변경하지 아니하는 경우에 한함
② 변경되는 부분이 연면적 합계의 1/10 이하인 경우 (연면적이 $5,000m^2$ 이상인 경우 각층 바닥면적이 $50m^2$ 이하인 경우로 한다.)	
③ 대수선에 해당하는 경우	–
④ 변경되는 부분의 높이가 1m 이하이거나 전체 높이의 1/10 이하인 경우	건축물의 층수를 변경하지 아니하는 경우에 한함
⑤ 변경되는 부분의 위치가 1m 이하인 경우	–

6 가설건축물

(1) 허가대상 가설건축물

① 허가대상	도시·군계획시설 또는 도시·군계획시설 예정지에 설치하는 가설건축물
② 설치기준	• 철근콘크리트조 또는 철골철근콘크리트조가 아닐 것 • 존치기간은 3년 이내일 것 • 3층 이하일 것 • 전기, 수도, 가스 등 새로운 간선공급설비의 설치를 요하지 아니할 것 • 공동주택, 판매시설, 운수시설 등의 분양을 목적으로 건축하는 건축물이 아닐 것 • 국토의 계획 및 이용에 관한 법률 규정에 의한 도시·군계획시설 부지에서의 개발행위에 적합할 것
③ 건축법 적용의 제외	• 도로의 지정, 폐지 또는 변경 • 건축선의 지정 • 건축선에 의한 건축제한

(2) 신고대상 가설건축물

① 신고대상	재해복구, 흥행, 전람회, 공사용가설건축물 등 제한된 용도의 가설건축물은 존치기간을 정하여 신고(존치기간 3년 이내)
② 설치기준	• 재해가 발생한 구역 또는 그 인접구역으로서 특별자치도지사 및 시장·군수·구청장이 지정하는 구역 안에서 일시 사용을 위하여 건축하는 것 • 특별자치도지사 및 시장·군수·구청장이 도시미관이나 교통소통에 지장이 없다고 인정하는 농수산물 직거래용 가설점포, 가설전람회장 등 • 공사에 필요한 규모의 범위 안의 공사용 가설건축물 및 공작물 • 전시를 위한 견본주택 등 • 조립식구조로 된 경비용에 쓰이는 가설건축물로서 연면적이 10㎡ 이하인 것 • 조립식경량구조로 된 외벽이 없는 임시자동차차고 • 컨테이너, 폐차량으로 된 임시사무실, 임시창고, 임시숙소 (건축물의 옥상에 설치하는 것은 제외) • 도시지역 중 주거지역·상업지역·공업지역에 건축하는 농·어업용 비닐하우스로서 연면적이 100㎡ 이상인 것 • 연면적 100㎡ 이상인 간이축사용, 가축운동용, 가축 비가림용 비닐하우스, 천막구조의 건축물 • 농·어업용 고정식 온실 등
③ 건축법 적용의 제외	• 건축물의 공사감리　　• 건축물 대장 • 등기촉탁　　　　　　• 건축물의 대지 및 도로 • 건축물의 구조 및 재료　• 지역 및 지구안의 건축물 • 건축설비

03 출제예상문제

1. 특별시나 광역시에 건축물을 건축하려는 경우, 특별시장 또는 광역시장의 허가를 받아야 하는 대상 건축물의 층수 기준은?

① 6층 이상　　　　② 16층 이상
③ 21층 이상　　　　④ 30층 이상

[해설] 특별시장 또는 광역시장의 허가대상
(1) 층수 : 21층 이상인 건축물
(2) 연면적 합계 : 100,000㎡ 이상인 건축물
(3) 증축 : 연면적 3/10 이상의 증축으로 인하여 21층 이상 또는 연면적 합계가 100,000㎡ 이상 되는 건축물

2. 건축허가 신청용 도서에 대한 설명으로 옳은 것은?

【11국가직⑦】

① 건축계획서, 배치도, 평면도, 입면도, 단면도, 구조도, 구조계산서, 내역명세서 등이 필요하다.
② 배치도는 축척 및 방위, 대지에 접한 도로의 길이 및 너비, 대지의 종·횡단면도, 건축선 및 대지경계선으로부터 건축물까지의 거리, 주차동선 및 옥외주차계획, 공개공지 및 조경계획을 포함한다.
③ 구조계산서에는 구조내력상 주요한 부분의 응력 및 단면산정 과정, 내진설계의 내용(지진에 대한 안전여부 확인대상 건축물), 구조내력상 주요한 부분의 평면 및 단면이 필요하다.
④ 실내마감도는 벽 및 반자의 마감의 종류와 이를 지시하는 시방서가 필요하다.

[해설]
① 내역명세서는 포함되지 않는다.
③ 구조계산서에는 응력 및 단면산정 과정이 포함되지 않는다.
④ 실내마감도에는 시방서가 포함되지 않는다.

3. 미리 시장·군수·구청장에게 국토교통부령이 정하는 바에 의하여 신고함으로써 건축허가를 받은 것으로 보는 기준으로 틀린 것은?

① 바닥면적 합계가 85㎡ 이내의 증축·개축 또는 재축
② "국토의 계획 및 이용에 관한 법률"에 의한 관리지역·농림지역 또는 자연환경보전지역 안에서 연면적 200㎡ 미만이고 3층 미만인 건축물의 건축(다만, 지구단위계획구역 안에서의 건축을 제외한다.)
③ 건축물 높이 3m 이하의 범위 안에서 증축하는 건축물
④ 연면적 합계가 150㎡ 이하인 건축물

[해설]
④ 연면적의 합계가 100㎡ 이하인 건축물

4. 가설건축물을 축조하려고 할 때 특별자치도지사 또는 시장·군수·구청장에게 신고하여야 할 대상 가설건축물에 해당하지 않는 것은?

① 농업용 고정식 온실
② 전시를 위한 견본주택
③ 공장에 설치하는 창고용 천막
④ 조립식 구조로 된 경비용에 쓰는 가설건축물로서 연면적이 15㎡인 것

[해설]
④ 조립식 구조로 된 경비용에 쓰이는 가설건축물로서 연면적이 10㎡ 이하인 것은 신고대상 가설건축물이다.

해답　1 ③　2 ②　3 ④　4 ④

5. 밑줄 친 대통령령으로 정하는 용도의 가설건축물에 해당하지 않는 것은?

> 재해복구, 흥행, 전람회, 공사용 가설건축물 등 대통령령으로 정하는 용도의 가설건축물을 축조하려는 자는 존치기간, 설치기준 및 절차에 따라 특별자치시장·특별자치도지사 또는 시장·군수·구청장에게 신고한 후 착공하여야 한다.

① 연면적 50m²인 간이 축사용 비닐하우스
② 조립식 경량구조로 된 외벽이 없는 임시 자동차 차고
③ 전시를 위한 견본 주택
④ 공사에 필요한 규모의 공사용 가설건축물

[해설]
① 연면적 100m² 이상인 간이 축사용 비닐하우스

Chapter

04

건축물의 용도제한

제5편 건축법규

건축물의 용도제한은 건축물의 용도분류, 국토의 계획 및 이용에 관한 법률에 따른 용도지역 안에서의 건축제한 규정, 용도변경 행위에 대한 제한규정과 행정절차에 대해 이해하여야 한다.

1 용도지역 안에서 건축물의 건축제한

(1) 전용주거지역 안에서 건축할 수 있는 건축물

① 제1종 전용주거지역	• 단독주택(다가구주택 제외) • 제1종 근린생활시설 중 식품 · 잡화 · 의류 · 완구 · 서적 · 건축자재 · 의약품 · 의료기기 등의 소매점, 마을회관, 마을공동작업소, 마을공동구판장, 공중화장실, 대피소, 지역아동센터
② 제2종 전용주거지역	• 단독주택 • 공동주택 • 제1종 근린생활시설

(2) 일반주거지역 안에서 건축할 수 있는 건축물

① 제1종 일반주거지역	• 단독주택 • 공동주택(아파트 제외) • 제1종 근린생활시설 • 유치원, 초등학교, 중학교 및 고등학교 • 노유자시설
② 제2종 일반주거지역, 제3종 일반주거지역	• 단독주택 • 공동주택 • 제1종 근린생활시설 • 유치원, 초등학교, 중학교 및 고등학교 • 노유자시설 • 종교시설

• 제1종 일반주거지역 안에서 건축할 수 있는 건축물 : 4층 이하의 건축물에 한한다.

(3) 준주거지역 안에서 건축할 수 없는 건축물

① 제2종 근린생활시설 중 단란주점
② 의료시설 중 격리병원
③ 숙박시설
④ 위락시설
⑤ 공장
⑥ 위험물 저장 및 처리시설 중 시내버스 차고지 외의 지역에 설치하는 액화석유가스 충전소 및 고압가스 충전소 · 저장소
⑦ 자동차관련시설 중 폐차장
⑧ 동물 및 식물관련시설 중 축사, 도축장, 도계장
⑨ 자원순환관련시설
⑩ 묘지관련시설

⑷ 상업지역 안에서 건축할 수 없는 건축물

① 중심상업지역	• 단독주택(다른 용도와 복합된 것은 제외) • 공동주택 • 숙박시설 중 일반숙박시설 및 생활숙박시설 • 위락시설　　　　　　　• 공장 • 위험물 저장 및 처리시설 중 시내버스 차고지 외의 지역에 설치하는 액화석유가스 충전소 및 고압가스 충전소·저장소 • 자동차관련시설 중 폐차장　• 동물 및 식물관련시설 • 자원순환관련시설　　　　• 묘지관련시설
② 일반상업지역	• 숙박시설 중 일반숙박시설 및 생활숙박시설 • 위락시설　　　　　　　• 공장 • 위험물 저장 및 처리시설 중 시내버스 차고지 외의 지역에 설치하는 액화석유가스 충전소 및 고압가스 충전소·저장소 • 자동차관련시설 중 폐차장　• 동물 및 식물관련시설 • 자원순환관련시설　　　　• 묘지관련시설
③ 근린상업지역	• 의료시설 중 격리병원 • 숙박시설 중 일반숙박시설 및 생활숙박시설 • 위락시설　　　　　　　• 공장 • 위험물 저장 및 처리시설 중 시내버스 차고지 외의 지역에 설치하는 액화석유가스 충전소 및 고압가스 충전소·저장소 • 자동차관련시설 중 폐차장　• 동물 및 식물관련시설 • 자원순환관련시설　　　　• 묘지관련시설
④ 유통상업지역	• 단독주택　　　　　　　• 공동주택 • 의료시설 • 숙박시설 중 일반숙박시설 및 생활숙박시설 • 위락시설　　　　　　　• 공장 • 위험물 저장 및 처리시설 중 시내버스 차고지 외의 지역에 설치하는 액화석유가스 충전소 및 고압가스 충전소·저장소 • 자동차관련시설 중 폐차장　• 동물 및 식물관련시설 • 자원순환관련시설　　　　• 묘지관련시설

(5) 공업지역 안에서 건축할 수 있는 건축물

① 전용공업지역	• 제1종 근린생활시설 • 제2종 근린생활시설(공연장, 종교집회장, 장의사, 동물병원, 동물미용실, 독서실, 기원은 제외) • 공장　　　　　　　　　• 창고시설 • 위험물 저장 및 처리시설　• 자동차관련시설 • 자원순환관련시설　　　　• 발전시설
② 일반공업지역	• 제1종 근린생활시설 • 제2종 근린생활시설(단란주점, 안마시술소 제외) • 판매시설　　　　　　　　• 운수시설 • 공장　　　　　　　　　　• 창고시설 • 위험물 저장 및 처리시설　• 자동차관련시설 • 자원순환관련시설　　　　• 발전시설
③ 준공업지역	다음의 시설을 건축할 수 없다. • 위락시설　　　　　　　　• 묘지관련시설

(6) 녹지지역 안에서 건축할 수 있는 건축물

① 보전녹지지역	• 교육연구시설 중 초등학교 • 창고시설(농업, 임업, 축산업, 수산업용) • 교정 및 군사시설 중 국방, 군사시설
② 생산녹지지역	• 단독주택　　　　　　　　• 제1종 근린생활시설 • 유치원, 초등학교　　　　• 노유자시설 • 수련시설　　　　　　　　• 운동시설 중 운동장 • 창고시설(농업, 임업, 축산업, 수산업용) • 위험물저장 및 처리시설 중 액화석유가스 충전소 및 고압가스 충전소·저장소 • 동물 및 식물관련시설(도축장, 도계장 제외) • 교정 및 군사시설　　　　• 방송통신시설 • 발전시설
③ 자연녹지지역	• 단독주택　　　　　　　　• 제1종 근린생활시설 • 제2종 근린생활시설(종교집회장, 일반음식점, 단란주점 및 안마시술소 제외) • 의료시설(종합병원, 병원, 치과병원 및 한방병원 제외) • 교육연구시설(직업훈련소 및 학원 제외) • 노유자시설　　　　　　　• 수련시설 • 운동시설 • 창고시설(농업, 임업, 축산업, 수산업용) • 동물 및 식물관련시설　　• 자원순환관련시설 • 교정 및 군사시설　　　　• 방송통신시설 • 발전시설　　　　　　　　• 묘지관련시설 • 관광휴게시설　　　　　　• 장례식장

• 녹지지역 안에서 건축할 수 있는 건축물
: 4층 이하의 건축물에 한한다.

• 관리지역 안에서 건축할 수 있는 건축물
 : 4층 이하의 건축물에 한한다.

(7) 관리지역 안에서 건축할 수 있는 건축물

① 관리지역	• 단독주택 • 제1종 근린생활시설(휴게음식점 및 제과점 제외) • 의료시설(종합병원, 병원, 치과병원 및 한방병원 제외) • 교육연구시설 중 학교, 교육원, 도서관 • 노유자시설　　　　　　　• 수련시설 • 운동시설 중 운동장　　　• 공장 • 창고시설(농업, 임업, 축산업, 수산업용) • 동물 및 식물관련시설　　• 자원순환관련시설 • 교정 및 군사시설　　　　• 방송통신시설 • 발전시설　　　　　　　　• 장례식장
② 보전관리지역	• 단독주택 • 교육연구시설 중 초등학교 • 교정 및 군사시설
③ 생산관리지역	• 단독주택 • 제1종 근린생활시설 중 식품 · 잡화 · 의류 · 완구 · 서적 · 건축자재 · 의약품 · 의료기기 등의 소매점, 변전소, 도시가스배관시설, 통신용 시설, 정수장, 양수장 • 교육연구시설 중 초등학교 • 운동시설 중 운동장 • 창고시설(농업, 임업, 축산업, 수산업용) • 동물 및 식물관련시설 중 작물 재배사, 종묘배양시설, 화초 및 분재 등의 온실 • 교정 및 군사시설　　　　• 발전시설
④ 계획관리지역	다음의 시설을 건축할 수 없다. • 공동주택 중 아파트 • 제1종 근린생활시설 중 휴게음식점 및 제과점 • 제2종 근린생활시설 중 일반음식점, 휴게음식점, 제과점 • 판매시설　　　　　　　　• 업무시설 • 숙박시설　　　　　　　　• 위락시설 • 공장

(8) 농림지역 안에서 건축할 수 있는 건축물

농림지역	• 단독주택으로서 현저한 자연훼손을 가져오지 아니하는 범위 안에서 건축하는 농어가주택 • 제1종 근린생활시설 중 변전소, 도시가스배관시설, 통신용 시설, 정수장, 양수장 • 교육연구시설 중 초등학교 • 창고시설(농업, 임업, 축산업, 수산업용) • 동물 및 식물관련시설 중 작물 재배사, 종묘배양시설, 화초 및 분재 등의 온실 • 발전시설

(9) 자연환경보전지역 안에서 건축할 수 있는 건축물

- 자연환경보전지역
  - ㉠ 단독주택으로서 현저한 자연훼손을 가져오지 아니하는 범위 안에서 건축하는 농어가주택
  - ㉡ 교육연구시설 중 초등학교

2 건축물의 대지가 지역 등에 걸치는 경우

(1) 적용원칙

① 대지가 2개 이상의 지역 등에 걸치는 경우에 있어서는 그 대지의 과반이 속하는 지역, 지구 또는 구역 안의 건축제한을 적용

② 다만, 녹지지역은 걸쳐진 면적에 관계없이 각각의 지역, 지구에 관한 규정을 적용

(2) 적용 예외(건축물의 일부가 걸치는 지구)

- 방화지구 : 건축물에 대해서만 제한 적용

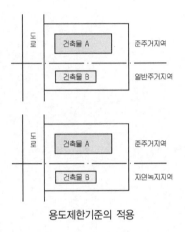

용도제한기준의 적용

3 용도변경

(1) 용도변경 절차

분류	시설군	절차
① 자동차 관련 시설군	자동차관련시설	• 허가대상 : 상위군(오름차순)에 해당하는 용도로 변경하는 행위 • 신고대상 : 하위군(내림차순)에 해당하는 용도로 변경하는 행위 • 건축물대장 기재 변경 신청 : 동일한 시설군 내에서 용도를 변경하는 행위
② 산업 등의 시설군	운수시설	
	창고시설	
	공장	
	위험물저장 및 처리시설	
	자원순환관련시설	
	묘지관련시설	
	장례식장	
③ 전기통신시설군	방송통신시설	
	발전시설	
④ 문화 및 집회시설군	문화 및 집회시설	
	종교시설	
	위락시설	
	관광휴게시설	

분류	시설군	절차
⑤ 영업시설군	판매시설	
	운동시설	
	숙박시설	
	고시원 (제2종 근린생활시설)	
⑥ 교육 및 복지시설군	의료시설	
	교육연구시설	
	노유자시설	
	수련시설	
⑦ 근린생활시설군	제1종 및 제2종 근린생활시설 (고시원 제외)	
⑧ 주거업무시설군	단독주택	
	공동주택	
	업무시설	
	교정 및 군사시설	
⑨ 기타 시설군	동물 및 식물관련시설	

⑵ **용도변경에 대한 적용법령의 완화기준**

① **건축물의 사용승인**

허가나 신고대상인 경우 용도변경하는 부분의 바닥면적 합계가 $100m^2$ 미만인 용도변경의 사용승인

② **건축물의 설계**

허가대상인 경우 용도변경하고자 하는 부분의 바닥면적 합계가 $500m^2$ 미만인 용도변경의 설계

[용도변경하는 부분의 바닥면적 합계가 $100m^2$ 이상인 경우]

용도변경 완료 후 그 건축물을 사용하려면 공사감리자가 작성한 감리완료보고서와 공사완료도서를 첨부하여 허가권자에게 사용승인을 신청

[용도변경하는 부분의 바닥면적 합계가 $500m^2$ 이상인 경우]

설계자 : 건축사

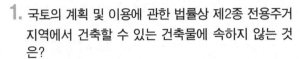

출제예상문제

1. 국토의 계획 및 이용에 관한 법률상 제2종 전용주거 지역에서 건축할 수 있는 건축물에 속하지 않는 것은?

① 단독주택
② 종교시설(당해 용도에 쓰이는 바닥면적의 합계가 2,000m² 미만인 것)
③ 공동주택
④ 제1종 근린생활시설(당해 용도에 쓰이는 바닥면적의 합계가 1,000m² 미만인 것)

[해설]
② 제2종 전용주거지역에서 종교집회장의 경우 당해 용도에 쓰이는 바닥면적의 합계가 1,000m² 미만인 경우 건축할 수 있다.

2. 제1종 일반주거지역 안에서 건축할 수 있는 건축물에 속하지 않는 것은?

① 단독주택
② 노유자시설
③ 공동주택 중 아파트
④ 제1종 근린생활시설

[해설]
제1종 일반주거지역 안에서 건축할 수 있는 건축물 : 단독주택, 공동주택(아파트 제외), 제1종 근린생활시설, 유치원, 초등학교, 중학교 및 고등학교, 노유자시설

3. 다음 중 아파트를 건축할 수 없는 용도지역은?

① 준주거지역
② 제1종 일반주거지역
③ 제2종 전용주거지역
④ 제3종 일반주거지역

[해설]
② 제1종 일반주거지역 안에서 건축할 수 있는 건축물 : 단독주택, 공동주택(아파트 제외), 제1종 근린생활시설, 유치원, 초등학교, 중학교 및 고등학교, 노유자시설

4. 다음 중 준주거지역 안에서 건축할 수 있는 건축물은? (단, 도시계획조례가 정하는 건축물은 제외)

① 발전시설
② 장례식장
③ 안마시술소
④ 교육연구시설

[해설]
준주거지역 내에서 건축 가능한 건축물 : 단독주택·공동주택, 제1종 및 제2종 근린생활시설(단란주점 및 안마시술소 제외), 종교시설, 의료시설(격리병원 제외), 교육연구시설

5. 용도변경과 관련된 시설군 중 교육 및 복지시설군에 속하지 않는 것은?

① 의료시설
② 수련시설
③ 종교시설
④ 노유자시설

[해설]
교육 및 복지시설군 : 의료시설, 교육연구시설, 노유자시설, 수련시설

6. 다음 중 용도변경 시 허가를 받아야 하는 경우에 해당하지 않는 것은?

① 주거업무시설군에 속하는 건축물의 용도를 근린생활시설군에 해당하는 용도로 변경하는 경우
② 문화 및 집회시설군에 속하는 건축물의 용도를 영업시설군에 해당하는 용도로 변경하는 경우
③ 전기통신시설군에 속하는 건축물의 용도를 산업 등의 시설군에 해당하는 용도로 변경하는 경우
④ 교육 및 복지시설군에 속하는 건축물의 용도를 문화 및 집회시설군에 해당하는 용도로 변경하는 경우

[해설]
② 문화 및 집회시설군에 속하는 건축물의 용도를 영업시설군에 해당하는 용도로 변경하는 경우 : 신고

해답　1 ②　2 ③　3 ②　4 ④　5 ③　6 ②

7. 다음 중 신고대상에 속하는 용도변경은?

① 주거업무시설군에서 영업시설군으로의 용도변경
② 영업시설군에서 근린생활시설군으로의 용도변경
③ 산업 등의 시설군에서 자동차 관련 시설군으로의 용도변경
④ 교육 및 복지시설군에서 문화 및 집회시설군으로의 용도변경

[해설]
　① 주거업무시설군에서 영업시설군으로의 용도변경 : 허가
　③ 산업 등의 시설군에서 자동차 관련 시설군으로의 용도변경 : 허가
　④ 교육 및 복지시설군에서 문화 및 집회시설군으로의 용도변경
　　 : 허가

Chapter 05

건축물의 착공

건축물의 착공은 허가 또는 신고된 건축물에 대한 착공신고부터 설계, 공사감리 및 사용승인에 대한 운영기준을 정하고 있다. 따라서 허가 또는 신고된 건축물의 착공부터 사용승인까지의 행정절차와 적법한 시공을 위한 설계 및 감리기준에 대해 이해하도록 한다.

1 건축물의 착공신고

(1) **대상** : 건축허가 대상, 건축신고 대상, 가설건축물 축조허가 대상

(2) **의무자 및 시기** : 건축주가 공사착수 전 허가권자에게 공사계획을 신고

(3) **첨부서류 및 도서**

① 건축관계자 상호간의 계약서 사본
② 시방서, 실내마감도, 건축설비도, 토지굴착 및 옹벽도(공장의 경우)
③ 흙막이 구조 도면(지하 2층 이상의 지하층을 설치하는 경우)
④ 석면조사 결과 사본(석면조사대상 건축물의 경우)
⑤ 구조안전확인서

(4) **절차**

① 공사계획을 신고하거나 변경신고하는 경우 해당 공사감리자 및 공사시공자가 신고서에 함께 서명
② 건축주는 공사착수시기를 연기하고자 하는 경우 착공연기 신청서를 허가권자에게 제출
③ 허가권자는 착공신고서 또는 착공연기신청서를 접수한 때에는 착공신고필증, 착공연기확인서를 신고인이나 신청인에 교부
④ 허가권자는 가스, 전기, 통신, 상하수도 등 지하매설물에 영향을 줄 우려가 있는 토지굴착공사를 수반하는 건축물의 착공신고가 있을 경우 당해 지하매설물의 관리기관에 토지굴착공사에 관한 사항을 통보

[공사시공자의 제한]

다음 건축물의 건축 또는 대수선에 관한 건설공사는 건설산업기본법에서 정하는 건설업자가 시공하여야 한다.
① 연면적이 200m²를 초과하는 건축물
② 연면적이 200m² 이하인 공동주택, 다중주택, 다가구주택 공관
③ 연면적이 200m² 이하임에도 불구하고 다중이 이용하는 건축물

2 건축물의 사용승인

(1) **사용승인 절차**

① 건축주의 사용승인신청에 대하여 허가권자는 신청 접수일로부터 7일 이내에 사용승인검사를 실시하여 검사에 합격한 후 즉시 사용승인서를 교부
② 하나의 대지에 2 이상의 건축물을 건축하는 경우 동별 공사를 완료한 경우 사용승인신청을 할 수 있다.
③ 건축주는 원칙적으로 사용승인을 얻은 후에 그 건축물을 사용할 수 있다.

[사용승인을 받지 않는 건축물]

① 국가 등이 건축하는 공공건축물
② 바닥면적 100m² 미만의 용도변경
③ 신고대상 가설건축물

(2) 임시사용승인

① 대상
　㉠ 사용승인서를 교부받기 전에 공사가 완료된 부분
　㉡ 식수 등 조경에 필요한 조치를 하기에 부적합한 시기에 건축공사가
　　 완료된 건축물
② 기간 : 2년 이내
③ 신청 : 건축주가 임시사용승인 신청서를 허가권자에게 제출
④ 승인 : 신청받은 날부터 7일 이내에 임시사용승인서를 신청인에 교부

(3) 사용승인의 의제처리

① 하수도법	개인하수처리시설의 준공검사
	배수설비의 준공검사
② 공간정보의 구축 및 관리 등에 관한 법률	지적공부 변동사항의 등록신청
③ 승강기시설 안전관리법	승강기의 완성검사
④ 에너지이용합리화법	보일러의 설치검사
⑤ 전기사업법	전기설비 사용전 검사
⑥ 정보통신공사업법	정보통신공사 사용전 검사
⑦ 도로법	도로점용검사 완료 확인

3 건축설계

(1) 건축사 설계 대상

① 건축허가 대상 건축물
② 건축신고 대상 건축물
③ 「주택법」에 따른 리모델링 건축물
④ 허가대상 가설건축물

(2) 예외

① 바닥면적 합계가 85m² 미만의 증축, 개축 또는 재축
② 연면적이 200m² 미만이고 층수가 3층 미만인 건축물의 대수선
③ 읍, 면지역에서 연면적 200m² 이하의 창고, 농막과 400m² 이하인 축사
　 및 재배사
④ 신고대상 가설건축물

4 공사감리

(1) 공사감리대상

감리자의 자격	해당건축물의 용도 및 규모	예외
① 건축사	• 건축허가 대상 건축물 • 사용승인 후 15년 이상 경과되어 리모델링을 하는 건축물	• 용도변경 • 신고대상 건축물 • 신고대상 가설건축물 • 공작물
② 건설기술용역업자	다중이용건축물	건설기술진흥법 규정에 의하여 감리원을 배치하는 경우에는 건축사를 공사감리자로 지정할 수 있다.

※ 건설기술용역업자 : 종합감리전문회사, 건축감리전문회사

(2) 공사감리자의 업무처리 절차

① 공사시공자에게 시정 또는 재시공 요청
  ㉠ 건축법 또는 관계법령에 위반된 사항을 발견한 경우
  ㉡ 공사시공자가 설계도서대로 공사를 하지 아니하는 경우
② 공사시공자에게 공사중지요청
  ㉠ 공사시공자가 시정 또는 재시공하지 아니하는 경우
  ㉡ 공사중지요청을 받은 공사시공자는 정당한 사유가 없는 한 즉시 공사를 중지하여야 한다.
③ 허가권자에게 위법사항의 보고
  ㉠ 공사시공자가 시정, 재시공 또는 공사중지요청에 따르지 아니하는 경우
  ㉡ 명시한 기간이 만료되는 날로부터 7일 이내에 위법건축공사 보고서를 허가권자에게 제출

(3) 감리보고서의 제출

구조	공정	공사의 진도
① 철근콘크리트조 철골조 철골철근콘크리트조 조적조 보강콘크리트 블록조	기초공사	기초철근 배치를 완료한 때
	지붕공사	지붕슬래브 배근을 완료한 때
	3층 이상 건축물	• 지상 5개 층 마다 상부 슬래브 배근을 완료한 때 • 철골조의 경우 지상 3개 층 마다 또는 20m 마다 주요구조부 조립을 완료한 때
② 기타구조	기초공사	거푸집 또는 주춧돌 설치를 완료한 때

(4) 공사감리자의 감리업무

① 공사시공자가 설계도서에 적합하게 시공하는지 여부 확인
② 공사시공자가 사용하는 건축자재가 기준에 적합한지 여부 확인
③ 건축물 및 대지가 관계법령에 적합하도록 시공자 및 건축주 지도
④ 시공계획 및 공사관리의 적정 여부
⑤ 공사현장의 안전관리 지도
⑥ 공정표 검토
⑦ 상세시공도면의 검토 및 확인
⑧ 구조물의 위치와 규격의 적정 여부 검토 및 확인
⑨ 품질시험의 실시여부 및 시험성과 검토 및 확인
⑩ 설계변경의 적정 여부 검토 및 확인
⑪ 기타 공사감리계약으로 정하는 사항

(5) 현장상주 감리

① 현장상주 감리 대상 건축물
　㉠ 바닥면적의 합계 $5,000m^2$ 이상의 건축공사(축사, 작물재배사 제외)
　㉡ 연속된 5개층 이상으로서 바닥면적의 합계 $3,000m^2$ 이상의 건축공사(지하층을 층수에 삽입)
　㉢ 아파트의 건축공사
　㉣ 준다중이용건축물의 건축공사
② 감리인원 및 감리기간
　㉠ 건축분야 건축사보 1인 이상 : 전체 공사기간동안 상주
　㉡ 토목, 전기, 기계분야 건축사보 1인 이상 : 각 분야별 해당공사 기간동안 상주
③ 건축사보의 자격
　건축사보는 해당분야의 건축공사의 설계, 시공, 시험, 검사, 공사감독 또는 감리업무 등에 2년 이상 종사한 경력이 있는 자

5 허용오차

(1) 대지관련 건축기준의 허용오차

① 건축선의 후퇴거리	
② 인접대지 경계선과의 거리	3% 이내
③ 인접건축물과의 거리	
④ 건폐율	0.5% 이내(단, 건축면적 $5m^2$를 초과할 수 없다.)
⑤ 용적률	1% 이내(단, 연면적 $30m^2$를 초과할 수 없다.)

[준다중이용건축물]
다중이용 건축물 외의 건축물로서 다음의 어느 하나에 해당하는 용도로 쓰는 바닥면적의 합계가 1,000㎡ 이상인 건축물
① 문화 및 집회시설
　(동물원 및 식물원은 제외한다)
② 종교시설
③ 판매시설
④ 운수시설 중 여객용 시설
⑤ 의료시설 중 종합병원
⑥ 교육연구시설
⑦ 노유자시설
⑧ 운동시설
⑨ 숙박시설 중 관광숙박시설
⑩ 위락시설
⑪ 관광 휴게시설
⑫ 장례식장

⑵ 건축물 관련 건축기준의 허용오차

① 건축물의 높이	2% 이내(단, 1m를 초과할 수 없다.)
② 출구너비	2% 이내
③ 반자높이	2% 이내
④ 평면길이	• 건축물 전체 길이는 1m를 초과할 수 없다. • 벽으로 구획된 각 실은 10cm를 초과할 수 없다.
⑤ 벽체두께, 바닥판 두께	3%

05 출제예상문제

1. 착공신고를 할 때에 흙막이 구조도면 제출대상의 기준으로 맞는 것은?

① 지하 2층 이상의 지하층을 설치하는 경우
② 지하 3층 이상의 지하층을 설치하는 경우
③ 지표면으로부터 3m 이상의 지하를 굴착하는 경우
④ 지표면으로부터 5m 이상의 지하를 굴착하는 경우

[해설]
① 착공신고 시 흙막이 구조도면의 제출은 지하 2층 이상의 지하층을 설치하는 경우에 한한다.

2. 건축물의 사용승인에 대한 설명 중 옳지 않은 것은?

① 건축주는 허가를 받았거나 신고를 한 건축물의 건축공사를 완료한 후 그 건축물을 사용하고자 하는 경우에 허가권자에게 사용승인을 신청하여야 한다.
② 특별시장·광역시장이 사용승인을 한 때에는 3일 이내에 시장, 군수, 구청장에게 통지하여 건축물대장에 기재하게 하여야 한다.
③ 건축주는 사용승인을 신청할 때 공사감리자가 작성한 감리완료보고서(공사감리자가 지정된 경우) 및 국토교통부령이 정하는 공사완료도서를 첨부한다.
④ 허가권자는 사용승인신청서를 받은 날부터 7일 이내에 사용승인을 위한 검사를 하여야 한다.

[해설]
② 특별시장 또는 광역시장이 사용승인을 한 때에는 지체없이 그 사실을 시장, 군수, 구청장에게 통지하여 건축물 대장에 기재하게 하여야 한다.

3. 공사감리자가 수행하여야 하는 감리업무에 해당하지 않는 것은? (단, 기타 공사감리계약으로 정하는 사항은 제외)

① 상세시공도면의 검토·확인
② 공사현장에서의 안전관리의 지도
③ 설계변경의 적정여부의 검토·확인
④ 공사금액의 적정여부의 검토·확인

[해설]
④ 공사금액의 적정여부의 검토 및 확인은 공사감리자의 감리업무에 해당하지 않는다.

4. 건축분야의 건축사보 1인 이상을 전체 공사기간 동안 토목·전기 또는 기계 분야의 건축사보 1인 이상을 각 분야별 해당 공사기간 동안 각각 공사현장에서 감리업무를 수행하게 하여야 하는 대상 건축공사의 기준에 속하지 않는 것은?

① 바닥면적의 합계가 5,000m² 이상인 건축공사
② 건축물의 층수가 10층 이상인 건축공사
③ 연속된 5개층 이상으로서 바닥면적의 합계가 3,000m² 이상인 건축공사
④ 아파트의 건축공사

[해설] 건축사보에 의한 상주공사 감리대상 건축물

①	바닥면적의 합계 5,000m² 이상의 건축공사
②	연속된 5개층(지하층을 층수에 삽입) 이상으로서 바닥면적의 합계 3,000m² 이상의 건축공사
③	아파트의 건축공사

해답　1 ①　2 ②　3 ④　4 ②

5. 건축물관련 건축기준의 허용오차가 옳지 않은 것은?

① 출구 너비 : 2% 이내
② 바닥판 두께 : 3% 이내
③ 건축물 높이 : 3% 이내
④ 벽체 두께 : 3% 이내

[해설] 건축물 관련 건축기준의 허용오차

① 건축물의 높이	2% 이내(단, 1m를 초과할 수 없다.)
② 출구너비	2% 이내
③ 반자높이	2% 이내
④ 평면길이	• 건축물 전체 길이는 1m를 초과할 수 없다. • 벽으로 구획된 각 실은 10cm를 초과할 수 없다.
⑤ 벽체두께, 바닥판 두께	3%

Chapter 06

건축물의 대지 및 도로

건축물의 대지 및 도로는 건축법상 대지와 도로로서 인정하는 조건과 대지의 안전성, 조경설치면적, 공개공지에 대한 내용을 다루고 있다. 여기에서는 건축물의 용도와 용도지역에 따른 조경설치면적, 공개공지의 설치기준에 대하여 정리하길 바란다.

1 건축물의 대지

(1) **정의** : 「공간정보의 구축 및 관리 등에 관한 법률」에 따라 각 필지(筆地)로 나눈 토지를 말한다.

(2) **예외사항**

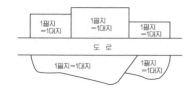

　㉠ 2 이상의 필지를 하나의 대지로 할 수 있는 토지
　• 하나의 건축물을 두 필지 이상에 걸쳐 건축하는 경우 : 그 건축물이 건축되는 각 필지의 토지를 합한 토지
　• 「공간정보의 구축 및 관리 등에 관한 법률」에 따라 합병이 불가능한 경우 : 그 합병이 불가능한 필지의 토지를 합한 토지
　• 「국토의 계획 및 이용에 관한 법률」에 따른 도시·군계획 시설에 해당하는 건축물을 건축하는 경우 : 그 도시·군계획 시설이 설치되는 일단(一團)의 토지
　• 「주택법」에 따른 사업계획승인을 받아 주택과 그 부대시설 및 복리시설을 건축하는 경우 : 「주택법」에 따른 주택단지
　• 도로의 지표 아래에 건축하는 건축물의 경우 : 특별시장·광역시장·특별자치시장·특별자치도지사·시장·군수 또는 구청장이 그 건축물이 건축되는 토지로 정하는 토지
　• 사용승인을 신청할 때 둘 이상의 필지를 하나의 필지로 합칠 것을 조건으로 건축허가를 하는 경우 : 그 필지가 합쳐지는 토지. 다만, 토지의 소유자가 서로 다른 경우는 제외한다.
　㉡ 1 이상의 필지의 일부를 하나의 대지로 할 수 있는 토지
　• 하나 이상의 필지의 일부에 대하여 도시·군계획시설이 결정·고시된 경우 : 그 결정·고시된 부분의 토지
　• 하나 이상의 필지의 일부에 대하여 「농지법」에 따른 농지 전용허가를 받은 경우 : 그 허가받은 부분의 토지
　• 하나 이상의 필지의 일부에 대하여 「산지관리법」에 따른 산지전용허가를 받은 경우 : 그 허가받은 부분의 토지
　• 하나 이상의 필지의 일부에 대하여 「국토의 계획 및 이용에 관한 법률」에 따른 개발행위허가를 받은 경우 : 그 허가받은 부분의 토지
　• 사용승인을 신청할 때 필지를 나눌 것을 조건으로 건축허가를 하는 경우 : 그 필지가 나누어지는 토지

2 대지의 안전

(1) 대지의 안전

① 대지는 이와 인접하는 도로면보다 낮아서는 안 된다.

② 습한 토지, 물이 나올 우려가 많은 토지 또는 쓰레기, 기타 이와 유사한 것으로 매립된 토지에 건축물을 건축하는 경우에는 성토, 지반의 개량 및 기타 필요한 조치를 하여야 한다.

③ 대지에는 빗물 및 오수를 배출하거나 처리하기 위하여 필요한 하수관, 하수구, 저수탱크 및 기타 이와 유사한 시설을 하여야 한다.

(2) 옹벽의 설치

① 손궤의 우려가 있는 토지에 대지를 조성할 경우 옹벽의 설치 등 필요한 조치를 하여야 한다.

② 성토, 절토하는 부분의 경사도가 1 : 1.5 이상으로서 높이가 1m 이상인 부분에는 옹벽을 설치하여야 한다.

③ 높이 2m 이상인 옹벽의 경우에는 콘크리트구조로 하여야 한다.

④ 옹벽의 외벽면에는 옹벽의 지지 또는 배수를 위한 시설외의 구조물이 밖으로 튀어나오지 않아야 한다.

[옹벽의 경사도]

1 : 1.5 = 수직 : 수평

옹벽의 경사도

(3) 옹벽에 관한 기술적 기준

① 옹벽의 윗가장자리로부터 안쪽으로 2m 이내에 묻는 배수관은 주철관, 강관 또는 흄관으로 하고 이음부분에는 물이 새지 않도록 할 것

② 옹벽에는 $3m^2$ 마다 하나 이상의 배수구멍을 설치할 것

③ 옹벽의 윗가장자리로부터 2m 이내에서의 지표수는 지상으로 또는 배수관으로 배수하여 옹벽의 구조상 지장이 없도록 할 것

④ 성토부분의 높이는 대지의 안전 등에 지장이 없는 한 인접대지의 지표면보다 0.5m 이상 높게 하지 아니할 것

⑤ 옹벽의 윗가장자리로부터 건축물의 외벽면까지의 거리
  • 1층 : 1.5m 이상   • 2층 : 2m 이상   • 3층 : 3m 이상

(4) 토지굴착 부분 등에 대한 조치

① 위험발생의 방지조치

  ㉠ 지하에 묻은 수도관, 하수도관, 가스관 및 케이블 등이 토지굴착으로 인하여 파손되지 아니하도록 할 것

  ㉡ 건축물 및 공작물에 근접하여 토지를 굴착하는 경우에는 그 건축물 및 공작물의 기초 또는 지반의 구조내력의 약화를 방지하고 급격한 배수를 피하는 등 토지의 붕괴에 의한 위해를 방지하도록 할 것

[토질에 따른 경사파기]

① 경암 1 : 0.5
② 연암 1 : 1.0
③ 암괴 또는 호박돌이 섞인 점성토 1 : 1.5
④ 모래 1 : 1.8
⑤ 모래질흙, 사력질흙, 암괴 또는 호박돌이 섞인 모래질흙, 점토, 점성토 1 : 1.2

ⓒ 토지를 깊이 1.5m 이상 굴착하는 경우 흙막이를 설치하거나 토질에 따른 경사파기를 할 것

ⓔ 공사시공자는 대지를 조성하거나 건축공사에 수반하는 토지를 굴착하는 경우에는 그 굴착부분에 대하여 필요한 조치를 한 후 당해 공사현장에 그 사실을 게시하여야 한다.

ⓜ 허가권자는 토지굴착부분 등의 조치를 위반한 자에 대하여 그 의무이행에 필요한 조치를 명할 수 있다.

② 환경의 보전을 위한 조치

성토부분, 절토부분 또는 되메우기를 하지 아니하는 굴착부분의 비탈면으로서 옹벽을 설치하지 않는 경우

ⓖ 배수를 위한 수로는 돌 또는 콘크리트를 사용하여 토양의 유실을 막을 수 있도록 할 것

ⓛ 높이가 3m를 넘는 경우에는 높이 3m 이내마다 그 비탈면적의 1/5 이상에 해당하는 면적의 단을 만들 것

ⓒ 비탈면에는 토양의 유실방지와 미관의 유지를 위하여 나무 또는 잔디를 심어야 한다.

ⓔ 나무 또는 잔디를 심는 것으로는 비탈면의 안전을 유지할 수 없는 경우 돌붙이기를 하거나 콘크리트 블록격자 등의 구조물을 설치하여야 한다.

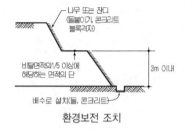

환경보전 조치

③ 대지의 조경

(1) 대지 안의 조경면적의 설치 대상

① 적용기준	도시지역과 지구단위계획구역 안에 위치하는 대지면적이 200m² 이상인 대지에 건축하는 건축물
② 예외	ⓖ 녹지지역에 건축하는 건축물 ⓛ 공장 • 5,000m² 미만인 대지 • 연면적 합계가 1,500m² 미만 • 산업단지 안에 건축하는 경우 ⓒ 대지에 염분이 함유되어 있는 경우 ⓔ 건축물의 용도 특성상 조경 조치를 하기가 곤란하거나 불합리한 경우로서 건축조례가 정하는 건축물 ⓜ 축사 ⓗ 가설건축물 ⓢ 연면적의 합계가 1,500m² 미만인 물류시설(주거지역, 상업지역에 건축하는 것은 제외) ⓞ 관광지, 관광단지 또는 관광휴양형 지구단위계획구역 내 관광시설 ⓩ 전문휴양업시설, 종합휴양업시설 ⓩ 골프장 ⓚ 농림지역, 자연환경보전지역, 관리지역(지구단위계획구역 제외)의 건축물

(2) 조경설치면적의 기준

대상건축물	조경설치면적
① 공장 ② 물류시설	• 연면적 합계 2,000m² 이상 : 대지면적의 10% 이상 • 연면적 합계 1,500m² 이상 2,000m² 미만 : 대지면적의 5% 이상
③ 공항시설	• 대지면적의 10% 이상 • 대지면적에서 활주로, 유도로, 계류장 등 항공기의 이착륙에 이용하는 면적은 제외한다.
④ 대지면적 200m² 이상 300m² 미만인 대지에 건축하는 건축물	• 대지면적의 10% 이상
⑤ 철도역시설	• 대지면적의 10% 이상 • 대지면적에서 선로, 승강장 등 철도운행에 이용되는 시설의 면적은 제외한다.

(3) 옥상조경면적의 인정기준

① 건축물의 옥상에 조경을 한 경우 : 옥상조경면적의 2/3를 대지 안의 조경면적으로 인정

② 대지 안의 조경면적으로 산입되는 옥상조경면적의 최대 기준 : 전체 조경면적의 50% 이내

4 공개공지의 확보

(1) 공개공지 확보대상

출제빈도
21국가직 ⑨

대상지역	용도	규모
• 일반주거지역 • 준주거지역 • 상업지역 • 준공업지역 • 특별자치시장, 특별자치도지사, 시장, 군수, 구청장이 도시화의 가능성이 크다고 인정하여 지정, 공고하는 지역	• 문화 및 집회시설 • 판매시설 (농수산물 유통시설은 제외) • 업무시설 • 숙박시설 • 종교시설 • 운수시설 (여객용시설만 해당)	연면적의 합계 5,000m² 이상
	다중이 이용하는 시설로서 건축조례가 정하는 건축물	

(2) 공개공지 설치기준

① 공개공지 확보면적 : 대지면적의 10% 이내
② 공개공지에 확보해야 하는 시설
  ㉠ 긴의자, 파고라 등 공중이 이용할 수 있는 시설
  ㉡ 공개공지는 필로티의 구조로 설치할 수 있다.
  ㉢ 연간 60일 이내의 기간 동안 문화행사 등을 할 수 있다.

(3) 건축기준의 완화

① 용적률 : 당해지역에 적용되는 용적률의 1.2배 이하
② 건축물의 높이제한 : 당해 건축물에 적용되는 높이기준에 1.2배 이하
③ 설치대상 건축물이 아닌 경우
  • 공개공지 설치대상 건축물이 아니더라도 설치기준에 적합하게 공개공지 등을 설치한 경우 완화규정을 준용한다.

5 대지와 도로[☆]

(1) 도로

① 보행과 자동차 통행이 가능한 너비 4m 이상의 도로
② 「국토의 계획 및 이용에 관한 법률」, 「도로법」, 「사도법」, 그 밖의 관계 법령에 따라 신설 또는 변경에 관한 고시가 된 도로
③ 건축허가 또는 신고 시에 특별시장 · 광역시장 · 특별자치시장 · 도지사 · 특별자치도지사 또는 시장 · 군수 · 구청장이 위치를 지정하여 공고한 도로
④ 특별자치시장 · 특별자치도지사 또는 시장 · 군수 · 구청장이 지형적 조건으로 인하여 차량 통행을 위한 도로의 설치가 곤란하다고 인정하여 그 위치를 지정 · 공고하는 구간의 너비 3m 이상(길이가 10m 미만인 막다른 도로인 경우에는 너비 2m 이상)인 도로
⑤ 막다른 도로의 경우

막다른 도로의 길이	도로의 너비
10m 미만	2m 이상
10m 이상 35m 미만	3m 이상
35m 이상	6m 이상 (도시 · 군계획구역이 아닌 읍 · 면 지역에서는 4m 이상)

(2) 대지와 도로와의 관계

① 건축물의 대지는 2m 이상을 도로에 접하여야 한다.
② 연면적의 합계가 2,000m² 이상인 건축물(공장인 경우 3,000m² 이상)의 대지는 너비 6m 이상의 도로에 4m 이상을 접하여야 한다.

(3) 건축선의 지정

① 원칙 : 건축선은 대지와 도로의 경계선으로 한다.

② 소요너비에 미달되는 도로의 건축선

   ㉠ 도로의 양쪽에 대지가 있을 때 : 미달되는 도로의 중심선에서 소요 너비의 1/2 수평거리를 후퇴한 선

   ㉡ 도로의 반대쪽에 경사지, 하천, 철도, 선로부지 등이 있을 때 : 경 사지 등이 있는 쪽의 도로경계선에서 소요너비에 필요한 수평거리 를 후퇴한 선

③ 도로모퉁이에서의 건축선

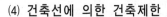

도로의 교차각	해당 도로의 너비		교차되는 도로의 너비
	6m 이상 8m 미만	4m 이상 6m 미만	
90° 미만	4m	3m	6m 이상 8m 미만
	3m	2m	4m 이상 6m 미만
90° 이상 120° 미만	3m	2m	6m 이상 8m 미만
	2m	2m	4m 이상 6m 미만

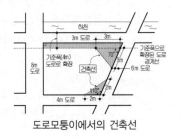

도로모퉁이에서의 건축선

(4) 건축선에 의한 건축제한

① 건축물 및 담장 : 건축선의 수직면을 넘어서는 안된다.

② 출입구, 창문 등의 구조

   도로면으로부터 높이 4.5m 이하에 있는 출입구, 창문 등의 구조물은 개 폐시에 건축선의 수직면을 넘는 구조로 할 수 없다.

06 출제예상문제

1. 1 필지 이상의 일부를 하나의 대지로 할 수 있는 토지에 해당되지 않는 경우는?

① 사용승인을 신청하는 때에 분필할 것을 조건으로 하여 건축허가를 하는 경우 그 분필대상이 되는 부분의 토지
② 농지전용허가를 받은 경우 그 허가받은 부분의 토지
③ 산지전용허가를 받은 경우 그 허가받은 부분의 토지
④ 도로의 지표하에 건축하는 건축물의 경우에 허가권자가 정하는 토지

[해설]
④ 도로의 지표하에 건축하는 건축물의 경우는 2 이상의 필지를 하나의 대지로 인정하는 경우이다.

2. 건축법상 2 이상의 필지를 하나의 대지로 할 수 있는 토지가 아닌 것은?

① 각 필지의 지번이 서로 다른 경우
② 토지의 소유자가 다르고 소유권 외의 권리관계가 같은 경우
③ 각 필지의 도면의 축척이 다른 경우
④ 상호 인접하고 있는 필지로서 각 필지의 지반이 연속되지 아니한 경우

[해설]
② 당해 토지에 대한 소유권을 포함한 권리관계가 같은 경우 2 이상의 필지를 하나의 대지로 인정할 수 있다.

3. 대지조성시 안전조치를 하여야 할 사항 중 틀린 것은?

① 성토 또는 절토하는 부분의 경사도 1:1.5 이상으로서 높이가 1m 이상인 부분에는 옹벽을 설치할 것
② 건축물의 층수가 3층일 때 석축인 옹벽의 윗가장자리로부터 건축물의 외벽면까지 2m 이상 띄울 것
③ 옹벽의 윗가장자리로부터 안쪽으로 2m 이내에 묻는 배수관은 주철관, 강관 또는 흄관으로 할 것
④ 옹벽에는 3m² 마다 1개 이상의 배수구멍을 설치할 것

[해설]
② 건축물의 층수가 3층일 때 석축인 옹벽의 윗가장자리로부터 건축물의 외벽면까지 3m 이상 띄울 것

4. 대지 안의 조경 등의 조치를 하여야 하는 건축물은? (단, 대지면적이 200m² 이상인 경우)

① 연면적의 합계가 1,200m²인 공장
② 대지면적이 4,500m²인 대지에 건축하는 공장
③ 전용주거지역에 건축하는 건축물
④ 자연녹지지역에 건축하는 건축물

[해설] 조경설치 대상에서 제외되는 경우
(1) 녹지지역에 건축하는 건축물
(2) 공장
  ㉠ 5,000m² 미만인 대지
  ㉡ 연면적 합계가 1,500m² 미만
  ㉢ 산업단지 안에 건축하는 경우
(3) 대지에 염분이 함유되어 있는 경우
(4) 건축물의 용도 특성상 조경 조치를 하기가 곤란하거나 불합리한 경우로서 건축조례가 정하는 건축물
(5) 축사
(6) 가설건축물
(7) 연면적의 합계가 1,500m² 미만인 물류시설(주거지역, 상업지역에 건축하는 것은 제외)
(8) 관광지, 관광단지 또는 관광휴양형 지구단위계획구역 내 관광시설
(9) 전문휴양업시설, 종합휴양업시설
(10) 골프장
(11) 농림지역, 자연환경보전지역, 관리지역(지구단위계획구역 제외)의 건축물

5. 대지면적이 600m²일 때 옥상에 조경면적을 60m²를 설치할 경우 대지에 설치하여야 하는 최소조경면적은?(단, 조경설치기준은 대지면적의 10%)

① 10m²
② 15m²
③ 20m²
④ 30m²

[해설]
(1) 조경면적 = 600m² × 0.1 = 60m²
(2) 옥상조경면적 = 60m² × 2/3 = 40m²
(3) 옥상조경면적이 조경면적의 1/2인 30m²를 초과하므로 옥상조경면적으로 인정받을 수 있는 면적은 30m²이므로 지표면의 조경면적은 30m²이다.

해답 1 ④   2 ②   3 ②   4 ③   5 ④

6. 『건축법』상 다음 규정의 대상지역이 아닌 것은?

【11국가직⑦】

> 다음 각 호의 어느 하나에 해당하는 지역의 환경을 쾌적하게 조성하기 위하여 대통령령으로 정하는 용도와 규모의 건축물은 일반이 사용할 수 있도록 대통령령으로 정하는 기준에 따라 소규모 휴식시설 등의 공개공지(空地 : 공터) 또는 공개공간을 설치하여야 한다.

① 일반공업지역
② 상업지역
③ 일반주거지역, 준주거지역
④ 특별자치도지사 또는 시장·군수·구청장이 도시화의 가능성이 크다고 인정하여 지정·공고하는 지역

[해설]
　① 일반공업지역은 공개공지를 설치해야 하는 지역에 속하지 않는다.

7. 건축법령상 건축물의 대지에 공개공지 또는 공개공간을 확보하여야 하는 대상 건축물에 속하지 않는 것은?(단, 해당 용도로 쓰는 바닥면적의 합계가 5,000m²인 경우)

① 숙박시설　　　② 종교시설
③ 의료시설　　　④ 문화 및 집회시설

[해설] 공개공지 확보대상
　바닥면적의 합계가 5,000m² 이상인 문화 및 집회시설, 판매시설(농수산물 유통시설은 제외), 업무시설, 숙박시설, 종교시설, 운수시설(여객용시설만 해당)

8. 공개공지 등의 확보에 대한 기술 중 옳지 않은 것은?

① 연면적의 합계가 5,000m² 이상인 업무시설은 공개공지를 확보해야 한다.
② 일반주거지역은 소규모 휴식시설의 공개공지를 확보해야 한다.
③ 연면적의 합계가 5,000m² 이상인 숙박시설은 공개공간을 확보해야 한다.
④ 전용공업지역은 소규모 휴식시설의 공개공지 또는 공개공간을 설치해야 한다.

[해설]
　④ 전용공업지역은 공개공지를 설치해야 하는 지역에 속하지 않는다.

9. 다음 중 건축법상의 도로로 볼 수 없는 것은?

① 도로법에 의한 고속도로
② 사도법에 의하여 신설 또는 변경에 관한 고시가 된 도로
③ 국토의 계획 및 이용에 관한 법률에서 신설에 관한 고시가 된 도로
④ 건축허가 시 시장이 그 위치를 지정·공고한 도로

[해설]
　① 건축법상 도로는 보행 및 자동차 통행이 가능한 구조이어야 한다.

10. 도로의 너비가 각각 7m이고 그 교차각이 90도인 도로모퉁이에 위치한 대지의 도로모퉁이 부분의 건축선은 대지에 접한 도로경계선의 교차점으로부터 도로경계선을 따라 각각 얼마를 후퇴하여야 하는가?

① 1m　　　② 2m
③ 3m　　　④ 4m

[해설] 도로모퉁이에서의 건축선

도로의 교차각	해당 도로의 너비		교차되는 도로의 너비
	6m 이상 8m 미만	4m 이상 6m 미만	
90° 미만	4m	3m	6m 이상 8m 미만
	3m	2m	4m 이상 6m 미만
90° 이상 120° 미만	3m	2m	6m 이상 8m 미만
	2m	2m	4m 이상 6m 미만

11. 건축선에 관한 내용으로 옳은 것은?

① 소요 너비에 미달되는 너비의 도로인 경우에는 그 중심선으로부터 해당 소요 너비에 상당하는 수평 거리를 후퇴한 선으로 한다.

② 지상 및 지표하의 건축물은 건축선의 수직면을 넘어서는 아니 된다.

③ 도로면으로부터 높이 5.0m 이하에 있는 창문을 개폐 시 건축선의 수직면을 넘는 구조로 하여서는 아니 된다.

④ 도로의 교차각이 90°인 당해 도로의 너비와 교차되는 도로의 너비가 각각 6m인 도로모퉁이 부분의 건축선은 그 대지의 접한 도로경계선의 교차점으로부터 도로경계선에 따라 각각 3m씩 후퇴한 2점을 연결한 것으로 한다.

[해설]
① 중심선으로부터 소요너비의 1/2 후퇴한 선으로 한다.
② 지표하의 건축은 건축선의 수직면을 넘을 수 있다.
③ 4.5m 이하인 창문의 개폐 시 해당된다.

12. 다음의 건축선에 따른 건축제한과 관련된 기준 내용 중 ( )안에 알맞은 것은?

> 도로면으로부터 높이 ( )미터 이하에 있는 출입구, 창문, 그 밖의 이와 유사한 구조물은 열고 닫을 때 건축선의 수직면을 넘지 아니하는 구조로 한다.

① 1.5 ② 3
③ 4.5 ④ 6

[해설]
출입구·창문 등의 구조 : 도로면으로부터 높이 4.5m 이하에 있는 출입구·창문 등의 구조물은 개폐 시 건축선의 수직면을 넘는 구조로 할 수 없다.

13. 「건축법 시행령」상 막다른 도로의 길이에 따른 최소한의 너비 기준으로 옳은 것은? 【20국가직⑨】

	막다른 도로의 길이	도로의 너비
①	10 m 미만	2 m 이상
②	10 m 미만	3 m 이상
③	10 m 이상 35 m 미만	4 m 이상
④	10 m 이상 35 m 미만	6 m 이상

[해설]
막다른 도로의 너비기준

막다른 도로의 길이	도로의 너비
10m 미만	2m
10m 이상 35m 미만	3m
35m 이상	6m (도시지역이 아닌 읍·면지역은 4m)

14. 건축법령상 공개 공지 또는 공개 공간(이하 공개공지 등)에 대한 설명으로 옳지 않은 것은?

【21국가직⑨】

① 공개공지 등을 설치하는 경우 건축물의 용적률, 건폐율, 높이제한 등을 완화하여 적용할 수 있다.

② 공개 공지는 필로티의 구조로 설치하여서는 아니 되며, 울타리를 설치하는 등 공개공지 등의 활용을 저해하는 행위를 해서는 아니 된다.

③ 공개공지 등의 면적은 대지면적의 100분의 10 이하의 범위에서 건축조례로 정하며, 이 경우 「건축법」 제42조에 따른 조경면적을 공개공지 등의 면적으로 할 수 있다.

④ 공개공지 등에는 일정 기간 동안 건축조례로 정하는 바에 따라 주민들을 위한 문화행사를 열거나 판촉활동을 할 수 있다.

[해설]
② 공개 공지는 필로티의 구조로 설치할 수 있다.

해답 11 ④ 12 ③ 13 ① 14 ②

Chapter

07

건축물의 구조와 재료

건축물의 구조와 재료는 출제빈도가 높은 부분으로 건축물의 안전확인을 위한 구조설계에 대한 기준과 피난규정 및 방화규정에 있어서 계단과 관련된 기준, 내화구조 기준 및 방화지구 안의 건축제한 등은 반드시 이해하여야 한다.

1 구조내력[☆]

(1) 구조계산에 의한 구조안전 확인 대상 건축물

① 다음에 해당하는 건축물의 건축주는 착공신고시 설계자로부터 받은 구조안전확인서를 허가권자에게 제출
② 연면적 200m² 이상(창고, 축사, 작물재배사, 표준설계도서 건축물 제외)
③ 2층 이상 건축물
④ 건축물 높이 13m 이상
⑤ 처마높이 9m 이상
⑥ 경간 10m 이상
⑦ 중요도 특 또는 중요도 1에 해당하는 건축물
⑧ 국가적 문화유산으로서 보존가치가 있는 연면적 합계 5,000m² 이상인 박물관, 기념관 등
⑨ 한쪽 끝은 고정되고 다른 끝은 지지되지 아니한 구조로 된 보, 차양 등이 외벽의 중심선으로부터 3m 이상 돌출된 건축물
⑩ 단독주택 및 공동주택

(2) 건축구조 기술사 협력 대상 건축물

① 6층 이상 건축물
② 경간 20m 이상인 특수구조 건축물
③ 보, 차양 등의 내민길이가 3m 이상인 건축물
④ 다중이용건축물
⑤ 준다중이용건축물
⑥ 지진구역 1의 지역 안의 중요도 특에 해당하는 건축물
⑦ 3층 이상인 필로티형식의 건축물

<table>
<tr><td>출제빈도</td></tr>
<tr><td>16국가직 ⑦</td></tr>
</table>

· 예제 01 ·

> **건축법 시행령 상 건축물 착공신고 때 구조안전확인서를 허가권자에게 제출해야 하는 것은?** 【16국가직⑦】
>
> ① 처마높이가 6m인 건축물
> ② 연면적 100m²인 건축물
> ③ 높이가 13m인 건축물
> ④ 기둥과 기둥사이의 거리가 9m인 건축물
>
> ---
>
> 구조안전 확인 대상 건축물
> (1) 층수가 2층 이상인 건축물 　　　　(2) 연면적이 200m² 이상인 건축물
> (3) 높이가 13m 이상인 건축물 　　　　(4) 처마높이가 9m 이상인 건축물
> (5) 기둥과 기둥사이의 거리가 10m 이상인 건축물
>
> 답 : ③

2 건축물의 부위별 구조제한

(1) 거실의 시설기준

① 거실의 반자높이
  ㉠ 모든 건축물 : 2.1m 이상
  ㉡ 바닥면적 200m² 이상인 문화 및 집회시설, 종교시설, 장례식장, 유흥주점의 관람실, 집회실 : 4.0m 이상(노대 밑부분은 2.7m 이상)
   ※ 단, 기계환기장치를 설치한 경우 노대 밑부분의 반자높이는 2.1m 이상

② 채광 및 환기
  ㉠ 건축물의 용도 : 주택의 거실, 학교의 교실, 의료시설의 병실, 숙박시설의 객실
  ㉡ 채광 : 거실바닥면적의 1/10 이상
  ㉢ 환기 : 거실바닥면적의 1/20 이상

③ 방습 및 내수재료
  ㉠ 최하층 목조바닥 : 거실바닥의 높이는 지표면상 45cm 이상
  ㉡ 목욕장의 욕실, 일반음식점, 휴게음식점의 조리장, 숙박시설의 욕실 : 바닥 및 안벽 1m까지 내수재료 사용

④ 배연설비
  ㉠ 요양병원, 정신병원, 노인요양시설, 장애인 거주시설, 장애인의료재활시설의 거실
  ㉡ 6층 이상인 문화 및 집회시설, 종교시설, 판매시설, 운수시설, 의료시설, 연구소, 아동관련시설, 노인복지시설, 유스호스텔, 운동시설, 업무시설, 숙박시설, 위락시설, 관광휴게시설, 장례식장, 다중생활시설(고시원), 제2종 근린생활시설 중 300m² 이상인 공연장, 종교집회장, 인터넷컴퓨터게임시설 제공업소의 거실

[거실의 반자높이 예외규정]
공장, 창고시설, 위험물 저장 및 처리시설, 동물 및 식물 관련시설, 자원순환시설, 묘지관련시설은 제외

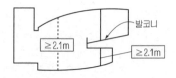

바닥면적 〈 200m²인 경우
 - 가중평균한 반자높이 ≧2.1m

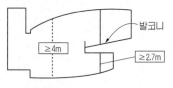

바닥면적 ≧200m²인 경우
 - 가중평균한 반자높이 ≧4m
발코니 하부(가중평균) ≧2.7m
※ 기계환기장치 설치시는 2.1m이상

집회시설 등의 관람실 또는
집회실의 반자높이

(2) 경계벽 및 층간바닥 등의 구조제한

① 경계벽 및 칸막이벽의 구조

대상건축물	구획되는 부분	구조 및 설치방법
• 공동주택(기숙사제외) • 다가구주택	각 세대간 또는 가구간의 경계벽(발코니부분 제외)	차음구조 및 내화구조로 하고 이를 지붕 및 또는 바로 윗층의 바닥판까지 닿게 하여야 한다.
• 기숙사의 침실 • 의료시설의 병실 • 학교의 교실 • 숙박시설의 객실	각 거실간의 경계벽	
다중생활시설 (제2종근린생활시설)	호실간 경계벽	
노인복지주택	세대간 경계벽	
노인요양시설	호실간 경계벽	

② 차음구조의 기준

벽체의 구조	기준두께
• 철근콘크리트조 • 철골철근콘크리트조	10cm 이상
• 무근콘크리트조 • 석조	10cm 이상 (시멘트모르타르, 회반죽 또는 석고플라스터의 바름두께 포함)
• 콘크리트블록조 • 벽돌조	19cm 이상

③ 층간바닥 구조제한 대상

   ㄱ 단독주택 중 다가구주택

   ㄴ 공동주택

   ㄷ 다중생활시설(고시원)

   ㄹ 오피스텔

[공동주택의 차음구조]
공동주택의 차음구조는 주택건설기준의 규정에 따른다.

벽체의 구조	기준두께
• 철근콘크리트조 • 철골철근콘크리트조	15cm 이상 (마감두께 포함)
• 무근콘크리트조 • 석조 • 콘크리트블록조 • 벽돌조	20cm 이상 (마감두께 포함)
PC조	12cm 이상

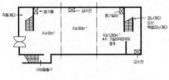

지하층의 구조

(3) 지하층의 구조기준

바닥면적 규모	구조기준
① 거실 바닥면적 50m² 이상인 층	• 직통계단 외에 피난층 또는 지상으로 통하는 비상탈출구 및 환기통 설치 • 직통계단이 2이상 설치되어 있는 경우는 제외
② 거실 바닥면적이 50m² 이상인 • 2종 근린생활시설 : 공연장, 단란주점, 당구장, 노래연습장 • 문화 및 집회시설 : 예식장, 공연장 • 수련시설 : 생활권수련시설, 자연권수련시설 • 숙박시설 : 여관, 여인숙 • 위락시설 : 단란주점, 유흥주점 • 다중이용업	직통계단을 2개소 이상 설치
③ 거실 바닥면적의 합계가 1,000m² 이상인 층	환기설비 설치
④ 층 바닥면적 300m² 이상인 층	식수공급을 위한 급수전을 1개소 이상 설치
⑤ 층 바닥면적 1,000m² 이상인 층	피난층 또는 지상으로 통하는 직통계단을 방화구획으로 구획하는 각 부분마다 1이상의 피난계단 또는 특별피난계단 설치

(4) 비상탈출구의 구조기준

① **비상탈출구의 크기**
유효너비 0.75m 이상으로 하고 유효높이는 1.5m 이상으로 할 것
② **비상탈출구의 구조**
피난방향으로 열리도록 하고, 실내에서 항상 열 수 있는 구조로 하며, 내부 및 외부에는 비상탈출구 표시를 할 것
③ **비상탈출구의 위치** : 출입구로부터 3m 이상 떨어진 곳에 설치할 것
④ **사다리의 설치**
지하층 바닥으로부터 비상탈출구의 하단까지가 높이 1.2m 이상이 되는 경우 벽체에 발판의 너비가 20cm 이상인 사다리를 설치할 것
⑤ **피난통로의 유효너비**
0.75m 이상으로 하고, 피난통로의 실내에 접하는 부분의 마감과 그 바탕은 불연재료로 할 것

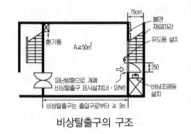

비상탈출구의 구조

3 피난규정

(1) 거실로부터 복도로의 출구설치

① 문화 및 집회시설 등의 출구방향
  ㉠ 제한용도 : 문화 및 집회시설, 종교시설, 300㎡ 이상인 공연장 및
     종교집회장, 장례식장, 위락시설
  ㉡ 관람실 또는 집회실의 바깥쪽 출구로 쓰이는 문은 안여닫이로 해서
     는 안 된다.

② 공연장 개별 관람실의 출구기준
  ㉠ 대상 : 개별 관람실 바닥면적 300㎡ 이상
  ㉡ 출구설치 : 2개소 이상
  ㉢ 출구유효너비 : 최소 1.5m 이상
  ㉣ 출구유효너비의 합계 : $\dfrac{관람실\ 바닥면적(m^2)}{100m^2} \times 0.6m$ 이상

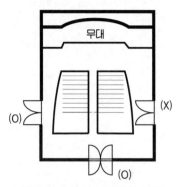

관람실 등의 실내로부터의 출구방향

(2) 복도의 설치[☆]

① 공연장의 복도
  ㉠ 개별관람실의 바닥면적이 300㎡ 이상 : 공연장 양쪽 및 뒤쪽에 각
     각 복도를 설치할 것
  ㉡ 개별관람실의 바닥면적이 300㎡ 미만 : 하나의 층에 개별관람실을
     2개소 이상 연속하여 설치하는 경우 관람실의 바깥쪽의 앞쪽과 뒤
     쪽에 각각 복도를 설치할 것

출제빈도

11국가직 ⑦ 18지방직 ⑨ 19국가직 ⑦

용도에 따른 복도의 폭	㉠ 유치원, 초등학교, 중학교, 고등학교 　: 중복도 2.4m 이상, 기타 1.8m 이상 ㉡ 공동주택, 오피스텔 : 중복도 1.8m 이상, 기타 1.2m 이상 ㉢ 당해 층 거실의 바닥면적이 200㎡ 이상인 경우 　: 중복도 1.5m 이상(의료시설 : 1.8m 이상), 기타 1.2m 이상 ㉣ 공연장, 집회장, 관람장, 전시장, 종교집회장, 아동관련시설, 노인복지시설, 생활권 수련시설, 유흥주점, 장례식장의 당해 층 바닥면적에 따라 • 500㎡ 미만 : 1.5m 이상 • 1,000㎡ 미만 : 1.8m 이상 • 1,000㎡ 이상 : 2.4m 이상

· 예제 02 ·

> **복도폭의 계획기준에 대한 설명으로 옳지 않은 것은?**　　【11국가직⑦】
> ① 오피스텔에서 양 옆에 거실이 있는 복도폭은 최소 1.8m 이상의 유효너비를 확보한다.
> ② 해당 층의 바닥면적의 합계가 500m² 미만인 교회의 집회실과 접하는 복도폭은 최소 1.5m 이상의 유효너비를 확보한다.
> ③ 해당 층의 바닥면적의 합계가 1,000m² 이상인 공연장의 관람실과 접하는 복도폭은 최소 2.4m 이상의 유효너비를 확보한다.
> ④ 고등학교에서 복도폭은 최소 1.5m 이상의 유효너비를 확보한다.
>
> ─────────────────────────────
> ④ 고등학교의 복도폭은 최소 1.8m 이상의 유효너비가 확보되어야 하며, 양 옆에 거실이 있는 복도의 경우 2.4m 이상의 유효너비가 확보되어야 한다.
>
> 답 : ④

(3) 직통계단의 설치

① 보행거리에 의한 직통계단의 설치

출제빈도

21국가직⑦

구분		보행거리
원칙		30m 이하
주요구조부가 내화구조 또는 불연재료로 된 건축물	일반적인 경우	50m 이하
	16층 이상 공동주택	40m 이하
	자동화생산시설의 자동식 소화설비를 설치한 공장	75m 이하 (무인화공장 : 100m 이하)

② 2개소 이상의 직통계단 설치대상

건축물 용도	해당부분	바닥면적 합계
문화 및 집회시설, 종교시설, 300m² 이상인 공연장 및 종교집회장, 장례식장, 유흥주점	해당층의 관람실 또는 집회실	200m² 이상
다중주택, 다가구주택, 학원, 독서실, 300m² 이상인 인터넷 컴퓨터게임시설 제공업소, 판매시설, 운수시설, 의료시설, 아동관련시설, 노인복지시설, 유스호스텔, 숙박시설	3층 이상으로서 당해 용도로 쓰이는 거실	200m² 이상
지하층	해당층의 거실	200m² 이상
공동주택(층당 4세대 이하인 것을 제외), 오피스텔	해당층의 거실	300m² 이상
기타 용도	3층 이상으로서 해당층의 거실	400m² 이상

⑷ 직통계단의 추가설치

① 피난계단, 특별피난계단의 추가설치

㉠ 5층 이상의 층

㉡ 용도 : 전시장, 동식물원, 판매시설, 운수시설, 운동시설, 위락시설, 관광휴게시설, 생활권수련시설

㉢ 설치규모 $= \dfrac{A - 2{,}000\text{m}^2}{2{,}000\text{m}^2}$

※ A : 5층 이상의 층으로서 해당 층에 당해 용도로 쓰이는 바닥면적의 합계

② 옥외피난계단의 추가설치

㉠ 3층 이상의 층

㉡ 공연장, 유흥주점 : 해당 층의 거실의 바닥면적 합계가 300m² 이상인 층

㉢ 집회장 : 해당층의 거실의 바닥면적 합계가 1,000m² 이상인 층

⑸ 피난계단의 설치

① 피난계단 또는 특별피난계단

㉠ 5층 이상의 층, 지하 2층 이하의 층에 설치

㉡ 예외 : 내화구조 또는 불연재료 건축물의 5층 이상의 층이

• 바닥면적의 합계가 200m² 이하인 경우

• 바닥면적 200m² 마다 방화구획이 되어 있는 경우

※ 판매시설의 용도로 쓰이는 층으로부터의 직통계단은 1개소 이상 특별피난계단으로 설치하여야 한다.

② 특별피난계단

㉠ 11층 이상의 층(공동주택은 16층 이상), 지하 3층 이하의 층에 설치

㉡ 예외

• 갓복도식 공동주택

• 지하층의 바닥면적 400m² 미만인 층은 층수산정에서 제외

⑹ 계단의 구조제한[☆]

① 계단참

㉠ 높이 3m를 넘는 계단 : 높이 3m 이내마다 너비 1.2m 이상의 계단참 설치

㉡ 높이 1m를 넘는 계단 및 계단참 : 양옆에 난간 설치

㉢ 너비가 3m를 넘는 계단 : 계단의 중간에 너비 3m 이내마다 난간 설치(단, 계단의 단높이가 15cm 이하이고 단너비가 30cm 이상 경우 제외)

• 계단의 유효높이 : 2.1m 이상

출제빈도
11지방직 ⑨

[계단의 유효높이]
계단의 유효높이란 계단의 바닥마감면으로부터 상부구조체의 하부마감면까지의 연직방향의 높이

② 계단폭(단위 : cm)

	계단 및 계단참의 폭	단높이	단너비
초등학교	150 이상	16 이하	26 이상
중, 고등학교		18 이하	26 이상
문화 및 집회시설, 판매시설	120 이상	–	–
윗층의 거실 바닥면적의 합계가 200m² 이상		–	–
거실 바닥면적의 합계가 100m² 이상인 지하층		–	–
기타	60 이상	–	–

· 예제 03 ·

건축법규에 따른 계단의 구조에 대한 설명으로 옳지 않은 것은?

【11지방직⑨】

① 계단높이가 3m를 넘는 것은 높이 2m 이내마다 너비 1m 이상의 계단참을 설치해야 한다.
② 돌음계단의 단너비는 그 좁은 너비의 끝부분으로부터 30cm의 위치에서 측정한다.
③ 초등학교 학생용 계단의 단높이는 16cm 이하, 단너비는 26cm 이상으로 한다.
④ 계단을 대체하여 설치하는 경사로는 1:8의 경사도를 넘지 않도록 한다.

---

① 계단높이가 3m를 넘는 것은 높이 3m 이내마다 너비 1.2m 이상의 계단참을 설치해야 한다.

답 : ①

(7) 피난계단 및 특별피난계단의 구조 [☆☆]

출제빈도

10국가직 ⑦ 13국가직 ⑨ 16국가직 ⑦
20지방직 ⑨

	옥내피난계단	특별피난계단	옥외피난계단
	• 내화구조의 벽으로 구획(단, 출입구, 창문 등은 제외) • 돌음계단 금지		
① 계단실	피난층 또는 지상층까지 직접연결		지상층까지 직접연결
	–	노대 또는 부속실 (배연설비 설치)과 연결	–
② 마감재료	불연재료		–
③ 외부 창문	다른 창문으로부터 2m 이상 띄울 것 (단, 망입유리로 $1m^2$ 이하인 것은 제외)		
④ 내부 창문	계단실과 옥내 사이에 설치	계단실과 노대 또는 부속실 사이에 설치	
	망입유리의 붙박이창으로서 각각 $1m^2$ 이하로 할 것		
⑤ 출입문	피난방향으로 열 수 있는 구조	옥내에서 노대 또는 부속실을 통해 계단 실로 통하는 구조	옥내에서 계단실로 통하는 구조
	60+ 방화문 또는 60분 방화문	• 옥내와 노대 또는 부속실 사이 : 60+ 방화문 또는 60분 방화문 • 노대, 부속실과 계 단실 사이 : 60+ 방화문, 60분 방화문 또는 30분 방화문	60+ 방화문 또는 60분 방화문
	유효너비 0.9m 이상으로 할 것		–
⑥ 계단너비	–		유효너비 0.9m 이상으로 할 것
⑦ 조명	채광이 될 수 있는 창문 또는 예비전원에 의한 조명설비		–

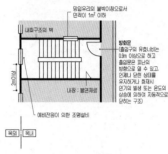

옥내피난계단

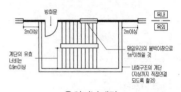

옥외피난계단

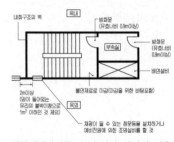

배연설비가 있는 부속실이 설치된 경우

· 예제 04 ·

> **건축물의 피난·방화구조 등의 기준에 관한 규칙 상 건축물의 내부에 설치하는 피난계단의 구조로 옳지 않은 것은?** 【16국가직⑦】
>
> ① 계단실은 예비전원에 의한 조명설비를 한다.
> ② 계단실은 창문·출입구 기타 개구부를 제외한 당해 건축물의 다른 부분과 내화구조의 벽으로 구획한다.
> ③ 건축물 내부와 접하는 계단실 창문 등(출입구를 제외한다)은 망이 들어있는 유리의 붙박이창으로서 그 면적은 각각 1m² 이하로 한다.
> ④ 건축물 내부에서 계단실로 통하는 출입구의 유효너비는 80cm 이상으로 하고 그 출입구에는 피난 방향으로 열 수 있는 구조로 한다.
>
> ---
> ④ 건축물 내부에서 계단실로 통하는 출입구의 유효너비는 90㎝ 이상으로 하고 그 출입구에는 피난 방향으로 열 수 있는 구조로 한다.
>
> 답 : ④

⑧ 피난안전구역

① 설치대상
  ㉠ 초고층 건축물 : 지상층으로부터 최대 30개 층 마다 1개소 이상
  ㉡ 준초고층 건축물 : 해당 건축물 전체 층수의 1/2에 해당하는 층으로부터 상하 5개층 이내에 1개소 이상

② 구조기준
  ㉠ 피난안전구역은 해당 건축물의 1개층을 대피공간으로 설치
  ㉡ 피난안전구역에 설치되는 특별피난계단은 피난안전구역을 거쳐서 상하층으로 갈 수 있는 구조로 설치
  ㉢ 피난안전구역의 바로 아래층과 윗층은 단열재를 설치
  ㉣ 내부마감재료는 불연재료로 설치
  ㉤ 건축물 내부에서 피난안전구역으로 통하는 계단은 특별피난계단 구조로 설치
  ㉥ 비상용 승강기는 피난안전구역에서 승하차할 수 있는 구조로 설치
  ㉦ 식수공급을 위한 급수전을 1개소 이상 설치
  ㉧ 긴급 연락이 가능한 경보 및 통신시설을 설치
  ㉨ 높이는 2.1m 이상일 것

[고층건축물]
① 고층건축물
 : 30층 이상이거나 높이 120m 이상
② 초고층건축물
 : 50층 이상이거나 높이 200m 이상
③ 준초고층건축물
 : 49층 이하 높이 200m 미만

⑼ **피난층에서의 보행거리**

대상건축물	구분	원칙	주요구조부가 내화구조, 불연재료일 경우
• 문화 및 집회시설 • 판매시설 • 국가 또는 지방자치단체의 청사 • 장례식장 • 위락시설 • 학교 • 종교시설 • 연면적 5,000m² 이상인 창고시설 • 300m² 이상인 공연장, 종교 집회장, 인터넷컴퓨터 게임 시설 제공업소 • 승강기를 설치해야 하는 건축물	계단으로부터 옥외로의 출구에 이르는 보행거리	30m 이하	50m 이하 (16층 이상 공동주택 : 40m 이하)
	거실로부터 옥외로의 출구에 이르는 보행거리	60m 이하	100m 이하 (16층 이상 공동주택 : 80m 이하)

⑽ **건축물의 바깥쪽으로의 출구설치 기준**

구분	설치대상	설치기준
① 출구의 개폐방향	• 문화 및 집회시설 • 장례식장 • 위락시설 • 종교시설	안여닫이로 해서는 안된다.
② 출구수	관람실의 바닥면적의 합계 300m² 이상인 공연장, 집회장	건축물 바깥쪽으로의 주된 출구 외에 보조출구 또는 비상구를 2개소 이상 설치
③ 옥외로의 출구의 유효너비 합계	판매시설	유효너비 합계 $= \dfrac{A}{100m^2} \times 0.6m$ 이상 ※ A : 해당용도로 쓰이는 바닥면적이 최대인 층의 바닥면적
④ 회전문	• 계단이나 에스컬레이터로부터 2m 이상 이격 • 회전문 길이 140cm 이상 • 회전속도 : 분당 8회 이하	

⑾ **경사로의 설치**

① 설치기준	건축물의 피난층 또는 피난층의 승강장으로부터 건축물의 바깥쪽에 이르는 통로	
② 제1종 근린생활시설	지역자치센터, 파출소, 지구대, 소방서, 우체국, 방송국, 보건소, 공공도서관, 지역건강보험조합 등	바닥면적 합계 1,000m² 미만
	마을회관, 마을공동작업소, 마을공동구판장, 변전소, 양수장, 정수장, 대피소, 공중화장실 등	

③ 운수시설, 학교, 국가 또는 지방자치단체의 청사와 외국공관, 승강기를 설치하여야 하는 건축물, 연면적 5,000m² 이상인 판매시설

⑿ **옥상광장의 설치**

① 설치대상

　㉠ 5층 이상의 층

　㉡ 문화 및 집회시설

　㉢ 300m² 이상인 공연장, 종교집회장, 인터넷컴퓨터게임시설 제공업소

　㉣ 종교시설

　㉤ 판매시설

　㉥ 장례식장

　㉦ 유흥주점

⒀ **헬리포트의 설치**

① 설치대상

　11층 이상인 건축물로서 11층 이상의 층의 바닥면적 합계가 10,000m² 이상인 건축물

② 헬리포트 설치기준

　㉠ 헬리포트의 길이와 너비 : 각각 22m 이상

　㉡ 헬리포트의 중심에서 반경 12m 이내에는 헬리콥터 이착륙에 장애가 되는 건축물, 공작물 또는 난간 등을 설치하지 않을 것

　㉢ 헬리포트 주위한계선 : 백색으로 너비 38cm

　㉣ 헬리포트 중앙부분 : 지름 8m의 백색 ㉮ 표지, H 표지의 선너비 38cm, 원(○) 표지의 선너비 60cm

　㉤ 직경 10m 이상의 인명구조공간을 확보할 것

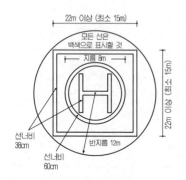

헬리포트의 설치기준

4 방화규정

(1) 방화에 장애가 되는 용도의 제한

① 용도제한의 원칙

동일한 건축물 안에 공동주택의 시설과 위락시설 등의 시설을 함께 설치할 수 없다.

㉠ 공동주택 등
- 공동주택
- 의료시설
- 아동관련시설, 노인복지시설
- 장례식장

㉡ 위락시설 등
- 위락시설
- 위험물저장 및 처리시설
- 공장, 자동차정비 공장

㉢ 예외
- 기숙사와 공장이 같은 건축물에 있는 경우
- 중심상업지역, 일반상업지역 또는 근린상업 지역에서 도시 및 주거환경정비법에 의한 도시환경정비사업을 시행하는 경우
- 공동주택과 위락시설이 같은 초고층 건축물에 있는 경우

㉣ 필요조치
- 출입구는 서로 그 보행거리가 30m 이상이 되도록 설치
- 내화구조의 바닥 및 벽으로 구획하여 차단
- 서로 이웃하지 않게 배치할 것
- 건축물의 주요구조부를 내화구조로 할 것
- 거실의 벽 및 반자가 실내에 면하는 부분의 마감은 불연재료, 준불연재료, 난연재료로 할 것
- 복도, 계단 및 그 밖의 통로의 벽 및 반자가 실내에 면하는 부분의 마감은 불연재료 또는 준불연재료로 할 것

② 용도제한의 강화

㉠ 아동관련시설, 노인복지시설과 도소매시장은 같은 건축물 안에 설치할 수 없다.

㉡ 공동주택, 다가구주택, 다중주택, 조산원, 산후조리원과 다중생활 시설(제2종 근린생활시설인 고시원)은 같은 건축물 안에 설치할 수 없다.

(2) 주요구조부를 내화구조로 하여야 하는 건축물

건축물의 용도	당해 용도의 바닥면적의 합계	비고
① 관람실, 집회실 • 문화 및 집회시설 • 300㎡ 이상인 공연장, 종교 집회장 • 종교시설　• 장례식장 • 유흥주점	200m² 이상	옥외관람석의 경우에는 1,000㎡ 이상
② • 전시장 및 동식물원 　• 판매시설　• 운수시설 　• 수련시설 　• 체육관 및 운동장 　• 위락시설　• 창고시설 　• 위험물저장 및 처리시설 　• 자동차 관련시설 　• 방송국, 전신전화국 및 촬영소 　• 화장장 　• 관광휴게시설	500m² 이상	–
③ 공장	2,000m² 이상	화재의 위험이 적은 공장으로서 주요구조부가 불연재료로 된 2층 이하로 된 공장은 제외
④ 건축물의 2층이 • 다중주택, 다가구주택 • 공동주택 • 제1종 근린생활시설 중 의료의 용도로 쓰이는 시설 • 제2종 근린생활시설 중 다중생활시설(고시원) • 의료시설 • 아동관련시설, 노인복지 시설 및 유스호스텔 • 오피스텔　• 숙박시설 • 장례식장	400m² 이상	–
⑤ • 3층 이상 건축물 　• 지하층이 있는 건축물	모든 건축물	단독주택, 동물 및 식물관련 시설, 발전소, 교도소 및 감화원, 묘지관련 시설은 제외

(3) 방화구획

① 방화구획 적용대상

주요구조부가 내화구조 또는 불연재료로 된 건축물로서 연면적이 $1,000\text{m}^2$ 를 넘는 건축물

② 방화구획기준

규모	구획기준		
10층 이하의 층	바닥면적 $1,000\text{m}^2(3,000\text{m}^2)$ 이내마다 구획		• 내화구조의 바닥, 벽 및 60+ 방화문 또는 60분 방화문(자동화셔텨 포함)으로 구획 • ( ) 안의 면적은 스프링클러 등 자동식소화설비를 설치한 경우
11층 이상의 층	실내마감이 불연재료인 경우	바닥면적 $500\text{m}^2(1,500\text{m}^2)$ 이내마다 내화구조 벽으로 구획	
	실내마감이 불연재료가 아닌 경우	바닥면적 $200\text{m}^2(600\text{m}^2)$ 이내마다 내화구조 벽으로 구획	
지상층	면적에 관계없이 층마다 구획		
지하층			
필로티의 부분을 주차장으로 사용하는 경우 그 부분과 건축물의 다른 부분을 구획			

③ 방화구획의 구조

구분	구조기준
출입구 방화문	• 항상 닫힌 상태로 유지 • 연기발생 또는 온도의 상승에 의하여 자동으로 닫히는 구조로 할 것
급수관, 배전관 등에 관통하는 경우	급수관, 배전관과 방화구획과의 틈을 시멘트모르타르 또는 불연재료로 메울 것
환기, 난방, 냉방 시설의 풍도가 관통하는 경우	• 관통부분 또는 이에 근접한 부분에 다음의 댐퍼를 설치할 것 • 철재로 된 철판의 두께가 1.5mm 이상일 것 • 화재가 발생한 경우에는 연기의 발생 또는 온도의 상승에 의하여 자동적으로 닫힐 것

④ 방화구획 기준의 완화

㉠ 문화 및 집회시설, 종교시설, 장례식장, 운동시설의 용도에 쓰이는 거실 : 시선 및 활동공간의 확보를 위하여 불가피한 부분

㉡ 물품의 제조, 가공 및 운반 등에 필요한 부분 : 대형기기 설비의 설치, 운영을 위하여 불가피한 부분

㉢ 계단실 부분, 복도 또는 승강기의 승강로 부분 : 당해 건축물의 다른 부분과 방화구획으로 구획된 부분

　　　② 건축물의 최상층 또는 피난층 : 대규모 회의장, 강당, 스카이라운지, 로비 또는 피난안전구역 등의 용도에 사용되는 부분으로 당해 용도로서의 사용을 위하여 불가피한 부분

　　　⑩ 복층형인 공동주택 : 세대 안의 층간 바닥부분

　　　ⓑ 주요 구조부가 내화구조 또는 불연재료로 된 주차장 부분

　　　ⓢ 단독주택, 동물 및 식물관련시설, 군사시설에 쓰이는 건축물

(4) 방화벽

① 방화벽 적용대상

　주요구조부가 내화구조 또는 불연재료가 아닌 연면적 $1,000m^2$ 이상인 건축물

② 구획기준

　㉠ 바닥면적 $1,000m^2$ 미만마다 방화벽으로 구획

　㉡ 외벽 및 처마 밑의 연소우려가 있는 부분은 방화구조로 해야 한다.

　㉢ 지붕은 불연재료로 한다.

③ 구획기준의 완화

　㉠ 단독주택, 동물 및 식물관련시설, 교도소, 감화원, 화장장을 제외한 묘지관련시설

　㉡ 구조상 방화벽으로 구획할 수 없는 창고시설

④ 방화벽의 구조기준

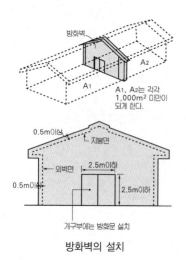

방화벽의 설치

구분	구조기준
방화벽의 구조	• 내화구조로서 자립할 수 있는 구조 • 양쪽 끝과 위쪽 끝을 건축물의 외벽면, 지붕면으로부터 0.5m 이상 튀어나오게 할 것
방화벽 출입문	• 크기 : 2.5m × 2.5m • 항상 닫힌 상태로 유지 • 연기발생 또는 온도상승에 의하여 자동적으로 닫히는 구조로 할 것

(5) 방화지구 안의 건축물

① 건축물의 구조제한

　㉠ 주요구조부 및 외벽 : 내화구조

　㉡ 지붕 : 내화구조가 아닌 것은 불연재료로 해야 한다.

　㉢ 연소할 우려가 있는 부분의 창문의 방화설비

　　• 60+ 방화문 또는 60분 방화문

　　• 창문 등에 설치하는 드렌처

　　• 내화구조나 불연재료로 된 벽, 담장

　　• 환기구멍에 설치하는 불연재료로 된 방화카바 또는 그물눈 2mm 이하의 금속망

② 공작물의 구조제한

　㉠ 대상 : 간판, 광고탑, 공작물

　㉡ 지붕 위의 것, 높이 3m 이상의 것 : 공작물의 주요부를 불연재료로 한다.

③ 방화문의 성능

구분	연기·불꽃 차단시간	열 차단시간
60+ 방화문	60분 이상	30분 이상
60분 방화문	60분 이상	–
30분 방화문	30분 이상 60분 미만	

(6) 건축물의 외부마감재료

① 마감재료 제한기준

　건축물의 외벽에 사용하는 마감재료는 방화에 지장이 없는 불연재료 또는 준불연재료로 하여야 한다.

② 상업지역의 건축물(근린상업지역 제외)

　㉠ 당해 용도의 바닥면적 합계 $2,000m^2$ 이상

　㉡ 제1종 및 제2종 근린생활시설, 문화 및 집회시설, 종교시설, 판매시설, 의료시설, 교육연구시설, 노유자시설, 운동시설, 위락시설

　㉢ 공장에서 6m 이내에 위치한 건축물

③ 기타 지역

　• 3층 이상 건축물 　　　　• 높이 9m 이상 건축물

　• 의료시설, 교육연구시설, 노유자시설, 수련시설

　• 필로티구조의 1층 주차장

(7) 건축물의 내부마감재료

건축물의 용도	당해용도 바닥면적의 합계
① 다중주택, 다가구주택, 공동주택	면적에 관계없이 적용
② 제2종 근린생활시설 중 공연장, 종교집회장, 인터넷컴퓨터게임시설제공업소, 학원, 독서실, 당구장, 다중생활시설(고시원)	
③ 위험물저장 및 처리시설, 자동차관련시설, 발전시설 방송국, 촬영소	
④ 문화 및 집회시설, 종교시설, 판매시설, 운수시설, 의료시설, 초등학교, 노유자시설, 수련시설, 오피스텔, 숙박시설, 위락시설, 장례식장, 다중이용업	
⑤ 공장	1층 이하이고 연면적 $1,000m^2$ 미만인 경우 제외
⑥ 5층 이상의 건축물	$500m^2$ 이상
⑦ 창고	$600m^2$ 이상 (자동식 소화설비 설치시 $1,200m^2$) 이상

[내부마감재료 제한의 예외]

주요구조부가 내화구조 또는 불연재료인 건축물로서

① 스프링클러 등 자동소화설비 설치시

② 바닥면적 $200m^2$ 이내마다 방화구획시

[내부마감재료의 적용기준]

구분		마감재료
지상층	거실	불연, 준불연, 난연
	통로	불연, 준불연
지하층	거실, 통로	불연, 준불연

출제빈도

20국가직 ⑦

5 건축물의 범죄예방[☆]

대상 건축물	구조기준
다가구주택, 아파트, 연립주택 및 다세대주택	안전한 생활환경을 위하여 국토교통부장관이 고시한 기준에 따라 건축하여야 한다.
제1종 근린생활시설 중 일용품을 판매하는 소매점	
제2종 근린생활시설 중 다중생활시설	
문화 및 집회시설(동·식물원은 제외한다)	
교육연구시설(연구소 및 도서관은 제외한다)	
노유자시설	
수련시설	
업무시설 중 오피스텔	
숙박시설 중 다중생활시설	

1. 건축법 시행령 상 건축물 착공신고 때 구조안전확인서를 허가권자에게 제출해야 하는 것은?

【16국가직⑦】

① 처마높이가 6m인 건축물
② 연면적 100m²인 건축물
③ 높이가 13m인 건축물
④ 기둥과 기둥사이의 거리가 9m인 건축물

[해설] 구조안전 확인 대상 건축물
(1) 층수가 2층 이상인 건축물
(2) 연면적이 200m² 이상인 건축물
(3) 높이가 13m 이상인 건축물
(4) 처마높이가 9m 이상인 건축물
(5) 기둥과 기둥사이의 거리가 10m 이상인 건축물

2. 피난계단의 구조에 대한 설명으로 옳지 않은 것은?

【10국가직⑦】

① 건축물의 바깥쪽에 설치하는 피난계단의 유효너비는 0.9m 이상으로 한다.
② 건축물의 바깥쪽에 설치하는 피난계단은 그 계단으로 통하는 출입구 외의 창문 등으로부터 1m 이상의 거리를 두고 설치한다. 단, 망이 들어있는 유리의 붙박이창으로서 그 면적이 각각 1m² 이하인 것은 제외한다.
③ 건축물의 5층 이상 또는 지하 2층 이하의 층으로부터 피난층 또는 지상으로 통하는 직통계단은 피난계단 또는 특별피난계단으로 설치한다.
④ 건축물의 내부와 접하는 계단실의 창문 등(출입구를 제외한다)은 망이 들어 있는 유리의 붙박이창으로서 그 면적을 각각 1m² 이하로 한다.

[해설]
② 건축물의 바깥쪽에 설치하는 피난계단은 그 계단으로 통하는 출입구 외의 창문 등으로부터 2m 이상의 거리를 두고 설치한다. 단, 망이 들어있는 유리의 붙박이창으로서 그 면적이 각각 1m² 이하인 것은 제외한다.

3. 건축법규에 따른 계단의 구조에 대한 설명으로 옳지 않은 것은?

【11지방직⑨】

① 계단높이가 3m를 넘는 것은 높이 2m 이내마다 너비 1m 이상의 계단참을 설치해야 한다.
② 돌음계단의 단너비는 그 좁은 너비의 끝부분으로부터 30cm의 위치에서 측정한다.
③ 초등학교 학생용 계단의 단높이는 16cm 이하, 단너비는 26cm 이상으로 한다.
④ 계단을 대체하여 설치하는 경사로는 1:8의 경사도를 넘지 않도록 한다.

[해설]
① 계단높이가 3m를 넘는 것은 높이 3m 이내마다 너비 1.2m 이상의 계단참을 설치해야 한다.

4. 복도폭의 계획기준에 대한 설명으로 옳지 않은 것은?

【11국가직⑦】

① 오피스텔에서 양 옆에 거실이 있는 복도폭은 최소 1.8m 이상의 유효너비를 확보한다.
② 해당 층의 바닥면적의 합계가 500m² 미만인 교회의 집회실과 접하는 복도폭은 최소 1.5m 이상의 유효너비를 확보한다.
③ 해당 층의 바닥면적의 합계가 1,000m² 이상인 공연장의 관람실과 접하는 복도폭은 최소 2.4m 이상의 유효너비를 확보한다.
④ 고등학교에서 복도폭은 최소 1.5m 이상의 유효너비를 확보한다.

[해설]
④ 고등학교의 복도폭은 최소 1.8m 이상의 유효너비가 확보되어야 하며, 양 옆에 거실이 있는 복도의 경우 2.4m 이상의 유효너비가 확보되어야 한다.

해답   1 ③   2 ②   3 ①   4 ④

5. 방재계획에 대한 설명으로 옳지 않은 것은?

【12지방직⑨】

① 다층계의 건물에서 계단은 가장 중요한 피난로가 되므로 알기 쉬운 위치에 균등하게 분산계획한다.

② 피난동선은 되도록 짧은 거리로 계획하고, 두 방향 이상의 피난통로를 확보하는 것이 좋다.

③ 인명구조기구는 7층 이싱인 관광호텔과 5층 이상인 병원에 설치해야 한다.

④ 특별피난계단은 지하 3층 이하의 바닥면적 300㎡ 미만인 층은 제외한다.

[해설]
④ 특별피난계단은 지하 3층 이하의 바닥면적 400㎡ 미만인 층은 제외한다.

6. 특별피난계단에 설치하는 배연설비에 대한 설명으로 옳지 않은 것은?

【13국가직⑨】

① 배연구가 외기에 접하지 아니하는 경우에는 배연기를 설치해야 한다.

② 배연구는 평상 시 닫힌 상태를 유지하고, 열린 경우에는 배연에 의한 기류로 인해 닫히지 않도록 해야 한다.

③ 배연구에 설치하는 자동개방장치는 열 혹은 연기 감지기에 의해서 작동되는 것으로, 수동으로는 열고 닫을 수 없도록 해야 한다.

④ 배연기에는 예비전원을 설치해야 한다.

[해설]
③ 배연구에 설치하는 자동개방장치는 수동으로도 열고 닫을 수 있도록 해야 한다.

7. 건축물의 피난·방화구조 등의 기준에 관한 규칙 상 건축물의 내부에 설치하는 피난계단의 구조로 옳지 않은 것은?

【16국가직⑦】

① 계단실은 예비전원에 의한 조명설비를 한다.

② 계단실은 창문·출입구 기타 개구부를 제외한 당해 건축물의 다른 부분과 내화구조의 벽으로 구획한다.

③ 건축물 내부와 접하는 계단실 창문 등(출입구를 제외한다)은 망이 들어있는 유리의 붙박이창으로서 그 면적은 각각 1㎡ 이하로 한다.

④ 건축물 내부에서 계단실로 통하는 출입구의 유효너비는 80cm 이상으로 하고 그 출입구에는 피난 방향으로 열 수 있는 구조로 한다.

[해설]
④ 건축물 내부에서 계단실로 통하는 출입구의 유효너비는 90㎝ 이상으로 하고 그 출입구에는 피난 방향으로 열 수 있는 구조로 한다.

8. 「건축물의 피난·방화구조 등의 기준에 관한 규칙」 상 공연장의 피난시설에 대한 설명으로 옳지 않은 것은? (단, 공연장 또는 개별 관람실의 바닥면적합계는 300제곱미터 이상이다)

【18지방직⑨】

① 관람실로부터 바깥쪽으로의 출구로 쓰이는 문은 안여닫이로 하여서는 안 된다.

② 개별 관람실의 각 출구의 유효너비는 1.5미터 이상으로 해야 한다.

③ 개별 관람실 출구의 유효너비의 합계는 개별 관람실의 바닥 면적 100제곱미터마다 0.6미터의 비율로 산정한 너비 이상으로 하여야 한다.

④ 개별 관람실의 바깥쪽에는 앞쪽 및 뒤쪽에 각각 복도를 설치하여야 한다.

[해설]
④ 개별 관람실의 양쪽과 뒤쪽에 각각 복도를 설치하여야 한다.

지역 및 지구 안의 건축물은 면적 및 높이산정기준에 관한 규정으로 구성되어 있다. 여기에서는 면적산정의 기준, 대지의 분할제한, 도로에 의한 건축물 높이 및 일조권의 제한조건에 대해 이해하여야 한다.

1 면적의 산정[☆]

(1) 대지면적의 산정기준

① 산정기준

건축법상의 기준폭이 확보된 도로의 경계선과 인접대지 경계선으로 구획된 수평투영면적

② 대지면적에서 제외되는 부분

㉠ 기준폭이 미달된 도로에 접한 대지에 있어서는 도로의 기준폭을 확보하기 위하여 지정된 건축선과 도로 경계선 사이의 면적

㉡ 교차하는 2개의 도로 모퉁이에 지정되는 건축선과 도로 경계선 사이의 면적

㉢ 대지 안에 도시·군계획시설인 도로, 공원 등이 있는 경우 그 도시·군계획시설에 포함되는 대지면적

③ 대지 내 지정 건축선이 있는 경우

도시지역에 있어서 도시미관을 위하여 기준폭이 확보된 도로일지라도 4m 이내의 범위에서 대지 내에 건축선을 지정할 수 있으며 이때의 도로 경계선과 건축선 사이의 경계면적은 대지면적으로 인정한다.

· 예제 01 ·

> **대지면적의 산정에 대한 설명으로 옳지 않은 것은?** 【12지방직⑨】
> ① 대지면적은 표면적이 아닌 수평투영면적으로 산정한다.
> ② 건축선이 정해진 경우에 그 건축선과 도로 사이의 면적은 대지면적 산정에 포함시킨다.
> ③ 대지안에 도시계획시설인 도로, 공원이 있는 경우에 그 도시계획시설에 포함되는 부분은 대지면적 산정에서 제외한다.
> ④ 기준도로폭 미달로 도로확보를 위해 후퇴한 건축선과 도로 사이의 면적은 대지면적 산정에서 제외한다.
>
> ----
>
> ② 건축선이 정해진 경우에 그 건축선과 도로 사이의 면적은 대지면적 산정에서 제외시킨다.
>
> 답 : ②

출 제 빈 도

12지방직 ⑨ | 13지방직 ⑨ | 19국가직 ⑦

[막다른 도로의 너비]

막다른 도로의 길이	도로의 너비
10m 미만	2m 이상
10m 이상 35m 미만	3m 이상
35m 이상	6m 이상 (도시·군계획구역이 아닌 읍·면 지역에서는 4m 이상)

[도로모퉁이에서의 건축선]

도로의 교차각	해당 도로의 너비		교차되는 도로의 너비
	6m 이상 8m 미만	4m 이상 6m 미만	
90° 미만	4m	3m	6m 이상 8m 미만
	3m	2m	4m 이상 6m 미만
90° 이상 120° 미만	3m	2m	6m 이상 8m 미만
	2m	2m	4m 이상 6m 미만

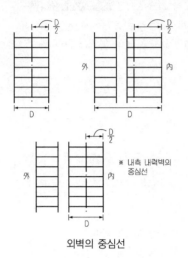

외벽의 중심선

[노대 등의 면적]
돌출길이가 1.5m 이내에서는 면적에 산입하지 않는다.

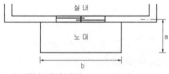

노대의 바닥면적 A=(a×b)-(b×1.5)

[필로티가 바닥면적에서 산입되지 않는 경우]
① 공중의 통행에 전용되는 경우
② 차량의 통행, 주차에 전용되는 경우
③ 공동주택의 경우

(2) 건축면적의 산정기준

① 산정기준
㉠ 건축물의 외벽의 중심선으로 둘러싸인 부분의 수평투영면적
㉡ 이중벽인 경우 이중벽 전체 두께의 중심선으로 둘러싸인 부분의 수평투영면적으로 산정
㉢ 태양열을 이용하는 주택과 외벽에 단열시공을 한 건축물은 내측 내력벽 두께의 중심선으로 산정

② 건축면적에서 제외되는 부분
㉠ 지표면으로부터 1m 이하의 부분
㉡ 생활폐기물 보관함
㉢ 지상층에 설치한 보행통로 또는 차량통로
㉣ 지하주차장의 경사로
㉤ 지하층의 출입구 상부

(3) 바닥면적의 산정기준

① 산정기준
각 층의 외벽 또는 외곽 기둥의 중심선으로 둘러싸인 부분의 수평투영면적으로 산정

② 바닥면적 산정
㉠ 건축물의 각층 또는 그 일부로서 벽, 기둥 기타 이와 유사한 구획의 중심선으로 둘러싸인 부분의 수평투영면적으로 산정
㉡ 벽, 기둥의 구획이 없는 건축물은 그 지붕 끝부분으로부터 수평거리를 1m 후퇴한 선으로 둘러싸인 부분의 수평투영면적으로 산정
㉢ 노대 등의 바닥면적 : 노대 등의 면적에서 노대 등의 접한 가장 긴 외벽에 접한 길이에 1.5m를 곱한 값을 공제한 면적으로 산정
㉣ 필로티 등의 바닥면적 : 필로티, 기타 이와 유사한 구조의 부분도 바닥면적에 산입한다.

③ 바닥면적 산정시 제외되는 부분
㉠ 승강기탑, 계단탑, 장식탑, 건축물 내외에 설치하는 설비덕트, 굴뚝, 더스트슈트, 층고 1.5m(경사진 형태인 경우 1.8m) 이하인 다락
㉡ 옥상, 옥외 또는 지하에 설치하는 물탱크, 기름탱크, 냉각탑, 정화조, 도시가스정압기 등의 설치를 위한 구조물
㉢ 공동주택의 지상층에 설치한 기계실, 전기실, 어린이놀이터, 조경시설, 생활폐기물 보관함
㉣ 지하주차장의 경사로
㉤ 리모델링시 외벽에 부가하여 마감재 등을 설치하는 부분
㉥ 장애인용 승강기, 에스컬레이터, 경사로, 승강장, 휠체어 리프트 설치부분

2 면적의 규제

(1) 건폐율, 용적률, 연면적

① 건폐율 : $\dfrac{건축면적}{대지면적} \times 100(\%)$

② 용적률 : $\dfrac{연면적의\ 합계}{대지면적} \times 100\%$

③ 연면적

ㄱ) 하나의 건축물의 각층 바닥면적의 합계

ㄴ) 지하층의 면적, 주차용 면적, 고층건축물의 피난안전구역 및 경사지붕아래에 설치하는 대피공간의 면적은 용적률 산정시 연면적에서 제외된다.

(2) 대지의 분할제한

① 대지의 분할 규모	• 주거지역 : $60m^2$ 이상 • 상업지역, 공업지역 : $150m^2$ 이상 • 녹지지역 : $200m^2$ 이상 • 기타 : $60m^2$ 이상
② 대지분할의 제한	건축물이 있는 대지는 다음의 기준에 미달되게 분할할 수 없다. • 대지와 도로의 관계 　　• 건폐율 • 용적률 　　　　　　　• 대지 안의 공지 • 건축물의 높이제한 • 일조 등의 확보를 위한 건축물의 높이제한

(3) 건축선으로부터 건축물까지 띄어야 하는 거리

① 당해 용도로 사용되는 바닥면적의 합계가 $500m^2$ 이상인 공장, 창고	• 3m 이상 6m 이하 • 준공업지역 : 1.5m 이상 6m 이하
② 당해 용도로 사용되는 바닥면적의 합계가 $1,000m^2$ 이상인 판매시설, 숙박시설, 문화 및 집회시설, 종교시설, 다중이 이용하는 건축물	3m 이상 6m 이하
③ 공동주택	• 아파트 : 2m 이상 6m 이하 • 연립주택 : 2m 이상 5m 이하 • 다세대주택 : 1m 이상 4m 이하
④ 기타	1m 이상 6m 이하

(4) 인접대지경계선으로부터 건축물까지 띄어야 하는 거리

① 전용주거지역(공동주택 제외)	1m 이상 6m 이하
② 당해 용도로 사용되는 바닥면적의 합계가 500m² 이상인 공장	• 1.5m 이상 6m 이하 • 준공업지역 : 1m 이상 6m 이하
③ 당해 용도로 사용되는 바닥면적의 합계가 1,000m² 이상인 판매시설, 숙박시설, 문화 및 집회시설, 종교시설, 다중이 이용하는 건축물	• 1.5m 이상 6m 이하 • 단, 상업지역은 제외
④ 공동주택	• 아파트 : 2m 이상 6m 이하 • 연립주택 : 1.5m 이상 5m 이하 • 다세대주택 : 0.5m 이상 4m 이하 • 단, 상업지역은 제외
⑤ 기타	0.5m 이상 6m 이하

3 높이 산정[☆]

(1) 높이산정의 기준

① 산정기준
  ㉠ 지표면으로부터 당해 건축물 상단까지의 높이
  ㉡ 다만, 건축물의 높이제한과 공동주택에 대한 일조권 제한을 적용함에 있어 건축물에 필로티가 설치되어 있는 경우에는 필로티 상단을 지표면으로 한다.

② 지표면에 고저차가 있는 경우
  ㉠ 건축물의 주위가 접하는 각 지표면 부분의 높이를 당해 지표면 부분의 수평거리에 따라 가중 평균한 높이의 수평면을 지표면으로 한다.
  ㉡ 고저차가 3m를 넘는 경우에는 그 고저차 3m 이내 부분마다 지표면을 산정한다.

③ 건축물 옥상부분의 높이산정
  ㉠ 옥탑을 거실의 용도로 사용할 경우 : 건축물 높이에 산입
  ㉡ 옥탑을 승강기탑, 계단탑, 망루, 장식탑 등으로 사용할 경우 수평투영면적의 합계가
    • 건축면적의 1/8 이하 : 12m를 넘는 부위만 높이에 산정
    • 건축면적의 1/8 초과 : 건축물 높이에 산입
  ㉢ 지붕마루장식, 굴뚝, 방화벽의 옥상돌출부 등의 돌출물과 벽면적의 1/2 이상이 공간으로 되어 있는 난간벽 : 높이산정에서 제외

· 예제 02 ·

> **건축법 시행령 상 건축물의 높이에 산입되는 것은?** 【16국가직⑨】
> ① 벽면적의 2분의 1 미만이 공간으로 되어 있는 난간벽
> ② 방화벽의 옥상돌출부
> ③ 지붕마루장식
> ④ 굴뚝
>
> ---
> 방화벽의 옥상돌출부, 지붕마루장식, 굴뚝, 용마루 등은 건축물의 높이에 산입되지 않는다.
> ※ 건축물의 높이에 산입되는 사항
> ① 옥탑층(승강기탑, 계단탑, 망루 등) - 단, 건축면적의 1/8 이하인 경우 12m까지 공제
> ② 난간벽 : 1/2 미만이 공간으로 되어있는 경우
>
> 답 : ①

⑵ 일조 등의 확보를 위한 높이산정의 기준

① 정북방향 규정
건축물 대지의 지표면과 인접대지의 지표면 간의 고저차가 있는 경우에는 그 지표면의 평균 수평면을 지표면으로 한다.

② 공동주택 채광규정
ㄱ 인접대지와 고저차가 있는 경우
- 높은 지표면 대지 내의 건축물 : 인접대지간 지표면의 평균 수평면을 지표면으로 한다.
- 낮은 지표면 대지 내의 건축물 : 당해 대지의 지표면을 기준으로 한다.
ㄴ 1층 전체를 필로티로 한 경우 : 필로티 부분은 건축물 높이에서 제외된다.
ㄷ 복합용도 건축물 : 공동주택의 가장 낮은 부분을 기준으로 한다.
ㄹ 동일 대지 내에 고저차가 있는 경우 : 건축물이 접하는 당해 지표면을 기준으로 한다.

⑶ 도로에 의한 건축물의 높이산정 기준

① 산정기준
대지가 접한 전면도로의 중심면으로부터 당해 건축물 상단까지의 높이로 한다.

② 전면도로가 지표면보다 높게 있는 경우
당해 전면도로의 중심면으로부터 건축물 상단까지의 높이로 한다.

③ 전면도로가 지표면보다 낮게 있는 경우
전면도로의 중심면과 지표면과의 고저차의 1/2의 높이만큼 올라온 위치를 도로의 중심면으로 하여 건축물 상단까지를 높이로 한다.

④ 전면도로가 경사도로인 경우

건축물과 접하는 부분의 전면도로의 가중평균면을 당해 도로의 중심면으로 하여 건축물 상단까지를 높이로 한다.

⑷ 층수산정

① 산정기준

㉠ 지상층의 층수만으로 산정한다.

㉡ 층의 구분이 명확하지 않을 경우 건축물 높이 4m마다 1개층으로 한다.

㉢ 부분적으로 층수를 달리할 경우에는 그 중 가장 많은 층수로 산정한다.

② 옥탑층에 대한 층수 산정의 기준

㉠ 거실의 용도로 사용하는 옥탑 등은 층수에 산입한다.

㉡ 거실 이외의 용도로 쓰이는 옥탑 등의 수평투영면적 합계가 건축면적의 1/8(공동주택 : 세대별 전용면적이 85m^2 이하인 경우에는 1/6) 이하인 것은 층수 산정에서 제외된다.

4 높이의 규제

⑴ 가로구역별 건축물의 높이제한

① 건축물의 높이지정

허가권가는 가로구역을 단위로 하여 최고높이 지정기준에 따라 건축물의 최고높이를 지정할 수 있다.

[가로구역]
도로로 둘러싸인 일단의 지역

② 지정기준 : 가로구역별로 건축물의 최고높이 지정시 고려사항

㉠ 도시 · 군관리계획 등의 토지이용계획

㉡ 당해 가로구역이 접하는 도로의 너비

㉢ 당해 가로구역의 상 · 하수도 등 시설의 수용능력

㉣ 도시미관 및 경관계획

㉤ 당해 도시의 장래발전계획

⑵ 일조 등의 확보를 위한 건축물의 높이제한

① 전용주거지역, 일반주거지역

일조 등의 확보를 위해 건축물의 각 부분을 정북방향의 인접대지 경계선으로부터 일정 거리 이상을 띄어 건축하여야 한다.

㉠ 높이 9m 이하 : 1.5m 이상

㉡ 높이 9m를 초과하는 부분 : 인접대지 경계선으로부터 당해 건축물의 각 부분 높이의 1/2 이상

② 정남방향으로 일조 기준을 적용하는 경우

    ㉠ 택지개발지구, 대지조성사업지구

    ㉡ 지역개발사업지역

    ㉢ 국가산업단지, 일반산업단지, 도시첨단산업단지, 농공단지

    ㉣ 도시개발구역

    ㉤ 정비구역

    ㉥ 정북방향으로 도로, 공원, 하천 등 건축이 금지된 공지에 접하는 대지

    ㉦ 정북방향으로 접하고 있는 대지의 소유자가 합의한 경우

(3) 공동주택의 일조 등의 확보를 위한 높이제한

① 채광을 위한 창문 등이 향하는 방향의 높이제한

    ㉠ 공동주택(기숙사 제외)의 각 부분의 높이는 그 부분으로부터 채광을 위한 창문 등이 있는 벽면으로부터 직각방향으로 인접대지 경계선까지의 수평거리의 2배 이하

    ㉡ 근린상업지역, 준주거지역 안의 건축물인 경우에는 4배 이하

② 동일 대지 내에서 건축물이 서로 마주보고 있는 경우

    ㉠ 마주보고 있는 외벽간 간격

    • 건축물 각 부분 높이의 0.5배(도시형 생활주택 0.25배) 이상

    • 마주보는 건축물 중 남측방향 건축물의 높이가 낮은 경우 : 높은 건축물 높이의 0.4배(도시형 생활주택 : 0.5배)와 낮은 건축물 높이의 0.5배(도시형 생활주택 0.25배) 중 큰 값

    ㉡ 채광창이 없는 벽면과 측벽이 마주보는 경우 : 8m 이상

    ㉢ 측벽과 측벽이 마주보는 경우 : 4m 이상

08 출제예상문제

1. 대지면적의 산정에 대한 설명으로 옳지 않은 것은?

【12지방직⑨】

① 대지면적은 표면적이 아닌 수평투영면적으로 산정한다.

② 건축선이 정해진 경우에 그 건축선과 도로 사이의 면적은 대지면적 산정에 포함시킨다.

③ 대지 안에 도시계획시설인 도로, 공원이 있는 경우에 그 도시계획시설에 포함되는 부분은 대지면적 산정에서 제외한다.

④ 기준도로폭 미달로 도로확보를 위해 후퇴한 건축선과 도로 사이의 면적은 대지면적 산정에서 제외한다.

[해설]
② 건축선이 정해진 경우에 그 건축선과 도로 사이의 면적은 대지면적 산정에서 제외시킨다.

2. 건축관련법에서 규정하고 있는 면적산정 관련기준들에 대한 내용으로 옳지 않은 것은? 【13지방직⑨】

① 지표면으로부터 1m 이하에 있는 부분은 건축면적에 산입하지 않는다.

② 채광을 위하여 거실에 설치하는 창문 등의 면적은 그 거실의 바닥면적의 1/10 이상이어야 한다.

③ 용적률 산정 시 건축물의 부속용도의 지상층 주차장 면적은 연면적에서 제외한다.

④ 대지에 도시·군계획시설인 도로·공원 등이 있는 경우 그 도시·군계획시설에 포함되는 대지면적은 대지면적 산정 시 포함한다.

[해설]
④ 대지에 도시·군계획시설인 도로·공원 등이 있는 경우 그 도시·군계획시설에 포함되는 대지면적은 대지면적 산정 시 제외된다.

3. 건축법 시행령 상 건축물의 높이에 산입되는 것은?

【16국가직⑨】

① 벽면적의 2분의 1 미만이 공간으로 되어 있는 난간벽

② 방화벽의 옥상돌출부

③ 지붕마루장식

④ 굴뚝

[해설]
방화벽의 옥상돌출부, 지붕마루장식, 굴뚝, 용마루 등은 건축물의 높이에 산입되지 않는다.
※ 건축물의 높이에 산입되는 사항
① 옥탑층(승강기탑, 계단탑, 망루 등) - 단, 건축면적의 1/8 이하인 경우 12m까지 공제
② 난간벽 : 1/2 미만이 공간으로 되어있는 경우

4. 다음 중 건축면적에 산입하지 않는 대상 기준으로 옳지 않은 것은?

① 지하주차장의 경사로

② 지표면으로부터 1.8m 이하에 있는 부분

③ 건축물 지상층에 일반인이 통행할 수 있도록 설치한 보행통로

④ 건축물 지상층에 차량이 통행할 수 있도록 설치한 차량통로

[해설] 건축면적에 산입되지 않는 부분
① 지표면으로부터 1m 이하의 부분
② 다중이용업소의 비상구에 연결하는 폭 2m 이하의 옥외피난계단
③ 지상층에 설치한 보행통로 또는 차량통로
④ 지하주차장의 경사로
⑤ 지하층의 출입구 상부
⑥ 생활폐기물 보관함

해답　1 ②　2 ④　3 ①　4 ②

5. 건축물의 면적, 높이 및 층수 산정의 기본원칙으로 옳지 않은 것은?

① 대지면적은 대지의 수평투영면적으로 한다.
② 연면적은 하나의 건축물 각 층의 거실면적의 합계로 한다.
③ 건축면적은 건축물의 외벽(외벽이 없는 경우에는 외곽 부분의 기둥)의 중심선으로 둘러싸인 부분의 수평투영면적으로 한다.
④ 바닥면적은 건축물의 각 층 또는 그 일부로서 벽, 기둥 기타 이와 유사한 구획의 중심선으로 둘러싸인 부분의 수평투영면적으로 한다.

[해설]
　② 연면적은 하나의 건축물에 있어서 지하층, 지상층 바닥면적의 합이다.

6. 그림과 같은 직사각형 대지의 대지면적은?

① 280m²
② 300m²
③ 320m²
④ 340m²

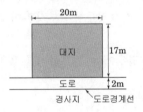

[해설]
$A = 20 \times (17 - 2) = 300 \text{m}^2$

7. 「건축법 시행령」상 건축물의 지하층에 대한 설명으로 옳은 것은? 【19국가직⑦】

① 연면적 산정 시 지하층 면적은 제외한다.
② 용적률 산정 시 지하층 면적은 제외한다.
③ 층수 산정 시 포함한다.
④ 지하층의 일부분이 지표면으로부터 0.8미터 이상에 있는 경우는 건축면적 산정 시 포함한다.

[해설]
　① 연면적 산정 시 지하층 면적은 포함한다.
　③ 층수 산정 시 제외한다.
　④ 지하층의 일부분이 지표면으로부터 1미터 이상에 있는 경우는 건축면적 산정 시 포함한다.

8. 「건축법 시행령」상 면적 등의 산정방법에 대한 설명으로 옳지 않은 것은? 【20지방직⑨】

① 층고는 방의 바닥구조체 아랫면으로부터 위층 바닥구조체의 아랫면까지의 높이로 한다.
② 처마높이는 지표면으로부터 건축물의 지붕틀 또는 이와 비슷한 수평재를 지지하는 벽·깔도리 또는 기둥의 상단까지의 높이로 한다.
③ 지하주차장의 경사로는 건축면적에 산입하지 아니한다.
④ 해당 건축물의 부속용도인 경우 지상층의 주차용으로 쓰는 면적은 용적율 산정 시 제외한다.

[해설]
　① 층고는 방의 바닥구조체 윗면으로부터 위층 바닥구조체의 윗면까지의 높이로 한다.

9. 정남방향의 인접 대지경계선으로부터의 거리에 따라 건축물의 높이를 제한할 수 있는 경우에 해당하지 않는 것은?

① 주택법에 따른 대지조성사업지구인 경우
② 도시개발법에 따른 도시개발구역인 경우
③ 택지개발촉진법에 따른 택지개발지구인 경우
④ 국토의 계획 및 이용에 관한 법률에 따른 농림지역인 경우

[해설] 정남방향으로 일조 기준을 적용하는 경우
　① 택지개발지구, 대지조성사업지구
　② 지역개발사업지역
　③ 국가산업단지, 일반산업단지, 도시첨단산업단지, 농공단지
　④ 도시개발구역
　⑤ 정비구역
　⑥ 정북방향으로 도로, 공원, 하천 등 건축이 금지된 공지에 접하는 대지
　⑦ 정북방향으로 접하고 있는 대지의 소유자가 합의한 경우

해답　5 ②　6 ②　7 ②　8 ①　9 ③

Chapter 09

건축설비

건축설비는 승강설비, 열손실방지와 각종 설비기준 등으로 구성되어 있으며, 관계전문 기술사와의 협력, 설비대상 건축물과 해당 설비의 설치기술기준에 대한 문제가 출제된다. 따라서 설비대상 건축물의 범위와 설비기준을 잘 정리하기 바란다.

1 건축설비 기준

(1) 건축설비 설치의 기준

① 건축물에 설치하는 급수, 배수, 난방, 환기, 피뢰 등 건축설비의 설치에 관한 기술적 기준은 국토교통부령으로 정한다.

② 에너지이용합리화와 관련된 건축설비와 기술적 기준에 관하여는 산업통상자원부 장관과 협의하여 정한다.

③ 건축물에 설치하여야 하는 장애인관련시설 및 설비는 장애인·노인·임산부 등의 편의증진 보장에 관한 법률이 정하는 바에 의한다.

④ 사업계획승인대상 공동주택 또는 바닥면적합계 $5,000m^2$ 이상인 업무시설, 숙박시설에는 과학기술정보통신부장관이 정하는 방송공동수신설비를 설치하여야 한다.

⑤ 연면적 $500m^2$ 이상인 경우에는 전기설비를 위한 배전공간을 확보하여야 한다.

(2) 중앙집중 냉방방식

용도	규모	설계기준
• 교육연구시설 중 연구소 • 업무시설 • 판매시설	당해 용도의 바닥면적 합계 $3,000m^2$ 이상	산업통상자원부 장관이 국토교통부 장관과 협의하여 정하는 바에 따라 축냉식 또는 가스를 이용한 중앙집중 냉방방식으로 하여야 한다.
• 공동주택 중 기숙사 • 의료시설 • 수련시설 중 유스호스텔 • 숙박시설	당해 용도의 바닥면적 합계 $2,000m^2$ 이상	
• 제1종 근린생활시설 중 목욕장 • 실내물놀이형 시설 • 운동시설 중 실내수영장	당해 용도의 바닥면적 합계 $500m^2$ 이상	
• 문화 및 집회시설 (동식물원 제외) • 종교시설 • 장례식장 • 교육연구시설 (연구소 제외)	당해 용도의 바닥면적 합계 $10,000m^2$ 이상	

2 관계기술전문기술사와의 협력

(1) 건축구조기술사

건축물의 규모	협력사항
• 6층 이상 건축물 • 경간 20m 이상 건축물 • 다중이용 건축물 • 준다중이용 건축물 • 내민구조 차양의 길이가 3m 이상인 건축물 • 지진구역 1지역 안의 중요도 특에 해당하는 건축물 • 3층 이상 필로티형식의 건축물	구조안전의 확인

(2) 건축기계설비기술사, 공조냉동기술사

용도	규모	설계기준
• 교육연구시설 중 연구소 • 업무시설 • 판매시설	당해 용도의 바닥면적 합계 3,000m² 이상	• 전기, 피뢰침, 승강기, 전기분야 : 건축전기설 비 기술사, 발송배전기 술사 • 가스, 급수, 배수, 환기, 냉방, 난방, 오물처리설 비 : 건축기계설비기술 사, 공조냉동기술사
• 공동주택 중 기숙사 • 의료시설 • 수련시설 중 유스호스텔 • 숙박시설	당해 용도의 바닥면적 합계 2,000m² 이상	
• 제1종 근린생활시설 중 목 욕장 • 실내물놀이형 시설 • 운동시설 중 실내수영장	당해 용도의 바닥면적 합계 500m² 이상	
• 문화 및 집회시설 (동식물원 제외) • 종교시설 • 장례식장 • 교육연구시설 (연구소 제외)	당해 용도의 바닥면적 합계 10,000m² 이상	
• 아파트 • 연립주택	–	
창고시설을 제외한 모든 용 도의 건축물	연면적이 10,000m² 이상인 건축물	

(3) 토목분야 기술사, 지질 및 지반기술사

건축물의 규모	협력사항
• 깊이 10m 이상 토지굴착공사 • 높이 5m 이상의 옹벽 등의 공사	• 지질조사 • 토공사의 설계 및 감리 • 흙막이벽, 옹벽 설치 등에 관한 방지 및 기타 필요한 사항

3 승강설비

(1) 승용승강기

① 승용승강기 설치대상

　　층수가 6층 이상으로서 연면적 2,000m² 이상인 건축물

② 예외

　　㉠ 층수가 6층인 건축물로서 각층 거실바닥면적 300m² 이내마다 1개
　　　소 이상 직통계단을 설치한 경우

　　㉡ 승용승강기가 설치되어 있는 건축물에 1개층을 증축하는 경우

(2) 승용승강기 설치기준[☆]

출제빈도

15국가직 ⑦

건축물의 용도	6층 이상의 거실면적의 합계가 3,000m² 이하	6층 이상의 거실면적의 합계가 3,000m² 초과
• 공연장, 집회장, 관람장 • 판매시설　• 의료시설	2대	$2대 + \dfrac{A-3,000m^2}{2,000m^2}$
• 전시장 및 동식물원 • 업무시설　• 위락시설 • 숙박시설	1대	$1대 + \dfrac{A-3,000m^2}{2,000m^2}$
• 기타시설	1대	$1대 + \dfrac{A-3,000m^2}{3,000m^2}$

· 예제 01 ·

층수가 6층 이상이고 연면적 2,000m² 이상인 건축물에 8~15인승의 승용승
강기를 설치하려고 한다. 다음 중 승용승강기의 최소설치 대수가 가장 많은
시설은?　　　　　　　　　　　　　　　　　　　　　　　　　　【15국가직⑦】

① 숙박시설　　　　　　② 위락시설

③ 전시장　　　　　　　④ 병원

승용승강기의 설치기준(6층 이상, 3,000m² 이하)

(1) 공연장, 집회장, 관람장, 판매시설, 병원 : 2대

(2) 전시장 및 동식물원, 업무시설, 위락시설, 숙박시설 : 1대

(3) 기타시설 : 1대

답 : ④

(3) 비상용승강기

① 비상용승강기 설치대상 : 높이 31m를 넘는 건축물

② 예외

　㉠ 승용승강기를 비상용 승강기의 구조로 한 경우

　㉡ 높이 31m를 넘는 부분이

　　• 거실 외의 용도로 쓰이는 건축물

　　• 각층 바닥면적의 합계가 500m^2 이하인 건축물

　　• 4개층 이하로서 당해 각층의 바닥면적 합계 200m^2(500m^2) 이내마다 방화구획한 건축물

　　　※ (　　) 안은 벽 및 반자가 실내에 접하는 부분의 마감을 불연재료로 한 경우

(4) 비상용승강기 설치기준

출제빈도

18국가직 ⑨

높이 31m를 넘는 각층의 바닥면적 중 최대바닥면적	1,500m^2 이하	1대
	1,500m^2 초과	1대 + $\dfrac{A - 1,500m^2}{3,000m^2}$

(5) 비상용승강기의 구조

① 승강장 구조

　㉠ 승강장은 건축물의 다른 부분과 내화구조의 바닥, 벽으로 구획

　㉡ 승강장은 피난층을 제외한 각층의 내부와 연결될 수 있도록 하되 그 출입구에는 60+ 방화문 또는 60분 방화문을 설치할 것

　㉢ 노대 또는 외부를 향하여 열 수 있는 창문이나 배연설비를 설치할 것

　㉣ 벽 및 반자가 실내에 접하는 부분의 마감재료는 불연재료로 할 것

　㉤ 채광이 되는 창문이 있거나 예비전원에 의한 조명설비를 할 것

　㉥ 승강장의 바닥면적은 비상용 승강기 1대에 대하여 6m^2 이상으로 할 것

　㉦ 피난층이 있는 승강장의 출입구로부터 도로 또는 공지에 이르는 거리가 30m 이하일 것

　㉧ 승강장 출입구 부근의 잘 보이는 곳에 당해 승강기가 비상용 승강기임을 알 수 있는 표시를 할 것

② 승강로 구조

　㉠ 당해 건물의 다른 부분과 내화구조로 구획할 것

　㉡ 전층을 단일구조로서 연결하여 설치할 것

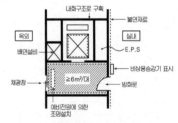

비상용승강기의 승강장 및 승강로의 구조

⑹ **피난용승강기**

① 설치대상 : 고층건축물(단, 준초고층 건축물 중 공동주택은 제외)

② 설치기준 : 승용승강기 중 1대 이상

③ 승강장 구조

㉠ 승강장은 건축물의 다른 부분과 내화구조의 바닥, 벽으로 구획

㉡ 승강장은 피난층을 제외한 각층의 내부와 연결될 수 있도록 하되 그 출입구에는 60+ 방화문 또는 60분 방화문을 설치할 것

㉢ 노대 또는 외부를 향하여 열 수 있는 창문이나 배연설비를 설치할 것

㉣ 벽 및 반자가 실내에 접하는 부분의 마감재료는 불연재료로 할 것

㉤ 채광이 되는 창문이 있거나 예비전원에 의한 조명설비를 할 것

㉥ 승강장의 바닥면적은 비상용 승강기 1대에 대하여 $6m^2$ 이상으로 할 것

㉦ 피난층이 있는 승강장의 출입구로부터 도로 또는 공지에 이르는 거리가 30m 이하일 것

㉧ 승강장 출입구 부근의 잘 보이는 곳에 당해 승강기가 비상용 승강기임을 알 수 있는 표시를 할 것

㉨ 배연설비를 설치할 것

④ 승강로 구조

㉠ 당해 건물의 다른 부분과 내화구조로 구획할 것

㉡ 전층을 단일구조로서 연결하여 설치할 것

㉢ 승강로 상부에 배연설비를 설치할 것

⑤ 승강기 기계실

㉠ 출입구를 제외한 부분은 당해 건축물의 다른 부분과 내화구조의 바닥 및 벽으로 구획할 것

㉡ 출입구에는 60+ 방화문 또는 60분 방화문을 설치할 것

⑥ 전용 예비전원

㉠ 정전시 피난용승강기, 기계실, 승강장 및 폐쇄회로 텔레비전 등의 설비를 작동할 수 있는 별도의 예비전원 설비를 설치할 것

㉡ 예비전원은 초고층 건축물의 경우에는 2시간 이상, 준초고층 건축물의 경우에는 1시간 이상 작동이 가능한 용량일 것

㉢ 상용전원과 예비전원의 공급을 자동 또는 수동으로 전환이 가능한 설비를 갖출 것

㉣ 전선관 및 배선은 고온에 견딜 수 있는 내열성 자재를 사용하고 방수조치를 할 것

4 개별 난방설비 기준

(1) **대상** : 공동주택과 오피스텔의 난방설비

(2) **보일러 설치 위치**
- 거실 외의 곳에 설치
- 보일러실과 거실 사이는 내화구조의 벽으로 구획

(3) **보일러실의 환기**
- 윗부분에 $0.5m^2$ 이상의 환기창 설치
- 지름 10cm 이상의 공기흡입구 및 배기구를 항상 개방상태로 외기에 접하도록 설치할 것

(4) **보일러실과 거실 사이의 출입구**
출입구가 닫힌 경우에는 보일러 가스가 거실에 들어갈 수 없는 구조로 할 것

(5) **기름저장소** : 보일러실 외의 곳에 설치할 것

(6) **보일러 연도** : 내화구조로서 공동연도로 설치할 것

(7) **오피스텔 난방구획**
난방구획마다 방화구획으로 구획(내화구조의 벽, 바닥, 60+ 방화문 또는 60분 방화문으로 출입문 구획)

5 배연설비

(1) **거실에 설치하는 배연설비**
① 건축물의 용도
  ㉠ 요양병원, 정신병원, 노인요양시설, 장애인 거주시설, 장애인 의료재활시설
  ㉡ 6층 이상의 문화 및 집회시설, 의료시설, 운동시설, 숙박시설, 관광휴게시설, 종교시설, 운수시설, 판매시설, 연구소, 아동관련시설, 노인복지시설, 유스호스텔, 업무시설, 위락시설, 장례식장, 다중생활시설(고시원)
② 배연창의 위치
  ㉠ 건축물에 방화구획이 설치된 경우 그 구획마다 1개소 이상의 배연창을 설치하되 배연창의 상변과 천장 또는 반자로부터 수직거리가 0.9m 이내일 것
  ㉡ 반자높이가 3m 이상인 경우 배연창의 하변이 바닥으로부터 2.1m 이상의 위치에 놓이도록 설치

③ 배연창의 유효면적 : $1m^2$ 이상으로서 바닥면적의 1/100 이상

④ 배연구의 구조

　㉠ 연기감지기, 열감지기에 의해 자동으로 열 수 있는 구조로 하되 손으로 여닫을 수 있도록 할 것

　㉡ 예비전원에 의해 열 수 있도록 할 것

⑤ 기계식 배연설비 : 소방관계법령의 규정을 따른다.

출제빈도

13국가직 ⑨

(2) 특별피난계단 및 승강기의 승강장 등에 설치하는 배연설비[☆]

① 배연구 및 배연풍도

　불연재료로 하고, 화재가 발생한 경우 원활하게 배연시킬 수 있는 규모로서 외기 또는 평상시에 사용하지 아니하는 굴뚝에 연결할 것

② 배연구의 구조

　㉠ 배연구에 설치하는 수동개방장치 또는 자동개방장치는 손으로도 열고 닫을 수 있도록 할 것

　㉡ 평상시에는 닫힌 상태를 유지하고, 연 경우에는 배연에 의한 기류로 인하여 닫히지 아니하도록 할 것

　㉢ 배연구가 외기에 접하지 아니하는 경우에는 배연기를 설치할 것

③ 배연기

　㉠ 개폐방식 : 배연구의 열림에 따라 자동적으로 작동하고 충분한 공기배출 또는 가압능력이 있을 것

　㉡ 예비전원을 설치할 것

④ 공기유입방식

　급기 가압방식 또는 급배기방식으로 하는 경우 소방관계법령의 규정에 따를 것

· 예제 02 ·

특별피난계단에 설치하는 배연설비에 대한 설명으로 옳지 않은 것은?

【13국가직⑨】

① 배연구가 외기에 접하지 아니하는 경우에는 배연기를 설치해야 한다.

② 배연구는 평상 시 닫힌 상태를 유지하고, 열린 경우에는 배연에 의한 기류로 인해 닫히지 않도록 해야 한다.

③ 배연구에 설치하는 자동개방장치는 열 혹은 연기감지기에 의해서 작동되는 것으로, 수동으로는 열고 닫을 수 없도록 해야 한다.

④ 배연기에는 예비전원을 설치해야 한다.

----

③ 배연구에 설치하는 자동개방장치는 수동으로도 열고 닫을 수 있도록 해야 한다.

답 : ③

---

(3) **공동주택 등의 환기설비기준**

① 대상

㉠ 30세대 이상 공동주택 또는 주택이 30세대 이상이 되는 복합건축물의 신축 및 리모델링

㉡ 시간당 0.5회 이상

② 환기설비의 구조

㉠ 다중이용시설의 기계환기설비 용량기준은 시설이용 인원 당 환기량을 원칙을 산정

㉡ 기계환기설비는 다중이용시설로 공급되는 공기의 분포를 최대한 균등하게 하여 실내 기류의 편차가 최소활 될 수 있도록 할 것

㉢ 공급공급체계, 공기배출체계 또는 공기흡입구, 배기구 등에 설치되는 송풍기는 외부의 기류로 인하여 송풍능력이 떨어지는 구조가 아닐 것

㉣ 바깥 공기를 공급하는 공기공급체계 또는 공기흡입구는 입자형, 가스형, 오염물질의 제거, 여과장치 등 외부로부터 오염물질이 유입되는 것을 최대한 차단할 수 있는 설비를 갖추어야 하며, 제거, 여과장치 등의 청소 및 교환 등 유지관리가 쉬운 구조일 것

㉤ 공기배출체계 및 배기구는 배출되는 공기가 공기공급체계 및 공기흡입구로 직접 들어가지 아니하는 위치에 설치할 것

출제빈도
18국가직 ⑨ 20국가직 ⑦ 21국가직 ⑦

6 배관설비

(1) **배관설비의 설치기준**

① 급수, 배수용 배관설비

㉠ 배관설비를 콘크리트에 묻는 경우 부식의 우려가 있는 재료는 부식방지조치를 할 것

㉡ 건축물의 주요부분을 관통하여 배관하는 경우에는 건축물의 구조내력에 지장이 없도록 할 것

㉢ 승강기의 승강로 안에는 승강기의 운행에 필요한 배관설비 외의 배관설비를 설치하지 아니할 것

㉣ 압력탱크 및 급탕설비에는 폭발 등의 위험을 막을 수 있는 시설을 설치할 것

② 배수용 배관설비

㉠ ①항의 기준에 충족할 것

㉡ 배관설비와 오수에 접하는 부분은 내수재료를 사용할 것

㉢ 우수관과 오수관은 분리하여 배관할 것

ㄹ 콘크리트 구조체에 배관을 매설하거나 배관이 콘크리트 구조체를 관통할 경우에는 구조체에 덧관을 미리 매설하는 등 배관의 부식을 방지하고 그 수선 및 교체가 용이하도록 할 것

③ 음용수용 배관설비

ㄱ ①항의 기준에 충족할 것

ㄴ 음용수용 배관설비는 다른 용도의 배관설비와 직접 연결하지 아니할 것

ㄷ 음용수의 급수관의 지름은 건축물의 용도 및 규모에 적정한 규격 이상으로 할 것

(2) 주거용 건축물의 급수관 지름

주거바닥면적에 따른 가구수	가구 또는 세대수	급수관 지름의 최소기준(mm)
	1	15
• 바닥면적 85m² 이하 : 1가구	2~3	20
• 바닥면적 85m² 초과 150m² 이하 : 3가구	4~5	25
• 바닥면적 150m² 초과 300m² 이하 : 5가구	6~8	32
• 바닥면적 300m² 초과 500m² 이하 : 16가구	9~16	40
• 바닥면적 500m² 초과 : 17가구	17 이상	50

출제빈도

13지방직 ⑨

7 피뢰설비[☆]

(1) 설치대상

• 높이 20m 이상의 건축물(공작물 포함)

• 낙뢰의 우려가 있는 건축물

(2) 피뢰설비 최소단면적

수뢰부, 인하도선, 접지극 : 50mm² 이상

(3) 측면 낙뢰방지(60m 초과 건축물)

① 60m 초과 : 지면에서 건축물 높이의 4/5되는 지점부터 측면에 수뢰부를 설치할 것

② 150m 초과 : 120m 지점부터 최상단까지의 측면에 수뢰부를 설치할 것

⑷ 철골(철근) 구조체를 인하도선으로 사용할 경우의 전기저항

① 구조체의 상단부와 하단부 사이의 전기저항을 0.2Ω 이하로 할 것
② 전기적 연속성이 보장될 것

· 예제 03 ·

피뢰설비에 관한 설명으로 옳지 않은 것은?　　　　　【13지방직⑨】

① 돌침은 건축물의 맨 윗부분으로부터 25cm 이상 돌출시켜 설치하되, 건축물의 구조기준 등에 관한 규칙에 따른 설계하중에 견딜 수 있는 구조이어야 한다.
② 피뢰설비는 한국산업표준이 정하는 피뢰레벨등급에 적합해야 한다.
③ 피뢰설비의 재료는 최소단면적이 피복이 없는 동선을 기준으로 수뢰부, 인하도선 및 접지극은 50mm^2 이상이거나 이와 동등 이상의 성능을 갖추어야 한다.
④ 건축물의 설비기준 등에 관한 규칙에 따르면 지면상 10m 이상의 건축물에는 반드시 피뢰설비를 설치하도록 규정하고 있다.

---

④ 피뢰침의 설치기준 : 20m 이상 건축물

답 : ④

09 출제예상문제

1. 특별피난계단에 설치하는 배연설비에 대한 설명으로 옳지 않은 것은? 【13국가직⑨】

① 배연구가 외기에 섭하지 아니하는 경우에는 배연기를 설치해야 한다.

② 배연구는 평상 시 닫힌 상태를 유지하고, 열린 경우에는 배연에 의한 기류로 인해 닫히지 않도록 해야 한다.

③ 배연구에 설치하는 자동개방장치는 열 혹은 연기 감지기에 의해서 작동되는 것으로, 수동으로는 열고 닫을 수 없도록 해야 한다.

④ 배연기에는 예비전원을 설치해야 한다.

[해설]
③ 배연구에 설치하는 자동개방장치는 수동으로도 열고 닫을 수 있도록 해야 한다.

2. 층수가 6층 이상이고 연면적 2,000m² 이상인 건축물에 8~15인승의 승용승강기를 설치하려고 한다. 다음 중 승용승강기의 최소설치 대수가 가장 많은 시설은? 【15국가직⑦】

① 숙박시설   ② 위락시설

③ 전시장   ④ 병원

[해설] 승용승강기의 설치기준(6층 이상, 3,000m² 이하)
(1) 공연장, 집회장, 관람장, 판매시설, 병원 : 2대
(2) 전시장 및 동식물원, 업무시설, 위락시설, 숙박시설 : 1대
(3) 기타시설 : 1대

3. 피뢰설비에 관한 설명으로 옳지 않은 것은? 【13지방직⑨】

① 돌침은 건축물의 맨 윗부분으로부터 25cm 이상 돌출시켜 설치하되, 건축물의 구조기준 등에 관한 규칙에 따른 설계하중에 견딜 수 있는 구조이어야 한다.

② 피뢰설비는 한국산업표준이 정하는 피뢰레벨등급에 적합해야 한다.

③ 피뢰설비의 재료는 최소단면적이 피복이 없는 동선을 기준으로 수뢰부, 인하도선 및 접지극은 50mm² 이상이거나 이와 동등 이상의 성능을 갖추어야 한다.

④ 건축물의 설비기준 등에 관한 규칙에 따르면 지면상 10m 이상의 건축물에는 반드시 피뢰설비를 설치하도록 규정하고 있다.

[해설]
④ 피뢰침의 설치기준 : 20m 이상 건축물

4. 건축물에 가스, 급수, 배수, 환기설비를 설치하는 경우 건축기계설비기술사 또는 공조냉동기계기술사의 협력을 받아야 하는 대상 건축물에 속하지 않는 것은?

① 기숙사로서 해당 용도에 사용되는 바닥면적의 합계가 2,000m²인 건축물

② 판매시설로서 해당 용도에 사용되는 바닥면적의 합계가 2,000m²인 건축물

③ 의료시설로서 해당 용도에 사용되는 바닥면적의 합계가 2,000m²인 건축물

④ 숙박시설로서 해당 용도에 사용되는 바닥면적의 합계가 2,000m²인 건축물

해답   1 ③   2 ④   3 ④   4 ②

[해설] 건축기계설비기술사 또는 공조냉동기계기술사의 협력
① 아파트 및 연립주택
② 용도 바닥면적 합계 10,000m² 이상 : 문화 및 집회시설(동·식물원 제외), 종교시설, 장례식장, 교육연구시설(연구소 제외)
③ 용도 바닥면적 합계 3,000m² 이상 : 연구소, 업무시설, 판매시설
④ 용도 바닥면적 합계 2,000m² 이상 : 기숙사(공동주택 중), 의료시설, 유스호스텔, 숙박시설
⑤ 용도 바닥면적 합계 500m² 이상 : 목욕장, 실내수영장, 실내물놀이형 시설

5. 6층 이상의 건축물의 연면적이 2,000m² 이상일 때 다음 건축물 중 승용승강기를 가장 적게 설치할 수 있는 건축물의 용도는?

① 병원　　　　　② 위락시설
③ 숙박시설　　　④ 공동주택

[해설] 승용승강기의 설치기준(6층 이상, 3,000m² 이하)
(1) 공연장, 집회장, 관람장, 판매시설, 병원 : 2대
(2) 전시장 및 동식물원, 업무시설, 위락시설, 숙박시설 : 1대
(3) 기타시설 : 1대

6. 층수가 16층이며, 각 층의 거실면적이 1,000m²인 관광호텔에 설치하여야 하는 승용승강기의 최소 대수는? (단, 8인승 승강기의 경우)

① 3대　　　　　② 4대
③ 5대　　　　　④ 6대

[해설]
숙박시설 6층 이상의 거실면적의 합계가 3,000㎡를 초과하므로
$$N = 1대 + \frac{A - 3,000}{2,000} = 1대 + \frac{(11,000) - 3,000}{2,000} = 5대$$

7. 비상용 승강기에 대한 설명 중 옳지 않은 것은?

① 높이 31m를 초과하는 건축물에는 비상용 승강기를 설치하는 것이 원칙이다.
② 높이 31m를 넘는 각 층을 거실 외의 용도로 쓰는 건축물에는 비상용 승강기를 설치하지 아니할 수 있다.
③ 높이 31m를 넘는 각 층의 바닥면적의 합계가 400m²인 건축물에는 비상용 승강기를 설치하지 아니할 수 있다.
④ 높이 31m를 넘는 층수가 5개층으로서 당해 각 층의 바닥면적의 합계 300m² 이내마다 방화구획으로 구획한 건축물에는 비상용 승강기를 설치하지 아니할 수 있다.

[해설]
④ 4개 층 이하로서 각 층의 바닥면적 합계가 200m²(벽 및 반자가 실내에 접하는 부분의 마감을 불연재료로 한 경우 500m²) 이내마다 방화구획을 한 건축물에는 비상용 승강기를 설치하지 아니할 수 있다.

8. 공동주택과 오피스텔의 난방설비를 개별난방방식으로 하는 경우에 관한 기준 내용으로 옳지 않은 것은?

① 보일러의 연도는 내화구조로서 개별연도로 설치할 것
② 기름보일러를 설치하는 경우, 보일러실의 윗부분에는 그 면적이 0.5m² 이상인 환기창을 설치할 것
③ 기름보일러를 설치하는 경우에는 기름저장소를 보일러실 외의 다른 곳에 설치할 것
④ 오피스텔의 경우에는 난방구획마다 내화구조로 된 벽·바닥과 60+ 방화문 또는 60분 방화문으로 구획할 것

[해설]
① 보일러의 연도는 내화구조로서 공동연도로 설치하여야 한다.

9. 피난층이 아닌 거실에 배연설비를 설치하여야 하는 대상 건축물에 속하지 않는 것은? (단, 6층 이상인 건축물의 경우)

① 판매시설
② 종교시설
③ 교육연구시설 중 학교
④ 운수시설

해답　5 ④　6 ③　7 ④　8 ①　9 ③

[해설]
배연설비 설치규정 : 6층 이상인 건축물
① 문화 및 집회시설, 종교시설, 판매시설, 의료시설
② 연구소, 아동관련시설, 노인복지시설, 유스호스텔
③ 운동시설, 업무시설, 숙박시설, 위락시설, 관광휴게시설

10. 특별피난계단 및 비상용승강기의 승강장에 설치하는 배연설비에 관한 기준 내용으로 옳지 않은 것은?

① 배연기에는 예비전원을 설치할 것
② 배연구가 외기에 접하지 아니하는 경우에는 배연기를 설치할 것
③ 배연기는 배연구의 열림에 따라 자동적으로 작동하고, 충분한 공기배출 또는 가압능력이 있을 것
④ 배연구는 평상시에 열린 상태를 유지하고, 닫힌 경우에는 배연에 의한 기류로 인하여 열리지 아니하도록 할 것

[해설]
④ 배연구는 평상시에 닫힌 상태를 유지하고, 열린 경우에는 배연에 의한 기류로 인하여 닫히지 아니하도록 해야 한다.

11. 건축법령상 비상용 승강기에 대한 설명으로 옳지 않은 것은?　　　　【18국가직⑨】

① 비상용 승강기를 설치하는 경우 설치대수는 건축물 층수를 기준으로 한다.
② 피난층이 있는 승강장의 출입구로부터 도로 또는 공지에 이르는 거리는 30m 이하로 계획하여야 한다.
③ 2대 이상의 비상용 승강기를 설치하는 경우에는 화재가 났을 때 소화에 지장이 없도록 일정한 간격을 두고 설치하여야 한다.
④ 승강장의 바닥면적은 옥외에 승강장을 설치하는 경우를 제외하고 비상용승강기 1대에 대하여 6m² 이상으로 한다.

[해설]
① 비상용 승강기를 설치하는 경우 설치대수는 건축물 높이를 기준으로 하며 31m를 넘는 건축물에 설치한다.

12. 「건축물의 설비기준 등에 관한 규칙」상 공동주택 및 다중이용시설의 환기설비기준에 대한 설명으로 옳지 않은 것은?　　　　【18국가직⑨】

① 다중이용시설의 기계환기설비 용량기준은 시설이용 인원당 환기량을 원칙으로 산정한다.
② 환기구를 안전펜스 또는 조경 등을 이용하여 보행자 및 건축물 이용자의 접근을 차단하는 구조로 하는 경우에는 환기구의 설치 높이 기준을 완화해 적용할 수 있다.
③ 신축 또는 리모델링하는 30세대 이상의 공동주택은 시간당 0.5회 이상의 환기가 이루어질 수 있도록 자연환기설비 또는 기계환기설비를 설치하여야 한다.
④ 환기구는 보행자 및 건축물 이용자의 안전이 확보되도록 바닥으로부터 1.8미터 이상의 높이에 설치하는 것이 원칙이다.

[해설]
④ 환기구는 보행자 및 건축물 이용자의 안전이 확보되도록 바닥으로부터 2미터 이상의 높이에 설치하는 것이 원칙이다.

해답 10 ④ 11 ① 12 ④

Chapter

10

보칙

제5편 건축법규

보칙의 내용은 위반건축물과 기존건축물에 대한 행정처분에 대해 이해하고, 건축위원회와 건축분쟁조정에 대하여 정리하기 바란다.

1 위반건축물 등에 대한 조치

(1) 위반건축물에 대한 조치사유

대지 또는 건축물이 건축법 또는 동법의 규정에 의한 명령이나 처분에 위반한 경우

(2) 위반건축물의 조치

① 1차적 조치
  ㉠ 건축허가 또는 승인의 취소
  ㉡ 건축주 등에게 공사의 중지명령
  ㉢ 상당한 기간을 정하여 건축물의 철거, 개축, 증축, 수선, 용도변경, 사용금지, 사용제한, 기타 필요한 조치명령

② 2차적 조치
  ㉠ 이행강제금의 부과
  ㉡ 당해 건축물을 사용하여 행할 다른 법령에 의한 영업, 기타 행위의 허가를 하지 아니하도록 요청

2 건축위원회

(1) 건축위원회의 조직

	중앙건축위원회	지방건축위원회
① 설치	국토교통부	특별시, 광역시, 도, 시, 군 및 자치구
② 위원	70인 이내(위원장 포함)	25인 이상 150인 이하 (위원장 포함)
③ 위원장	국토교통부 장관이 임명	시, 도지사 및 시장, 군수, 구청장이 임명
④ 임기	2년으로 하되 1회 연임가능(공무원 제외)	3년으로 하되 1회 연임가능(공무원 제외)
⑤ 전문위원회	건축분쟁 전문위원회	건축민원 전문위원회

⑵ 건축위원회의 심의사항

중앙건축위원회	지방건축위원회
• 법 및 표준설계도서의 인정에 관한 사항 • 분쟁의 조정 또는 재정에 관한 사항 • 법 및 시행령의 시행에 관한 사항 • 다른 법령에서 심의를 받도록 한 사항	• 건축조례의 재정, 개정에 관한 사항 • 건축선의 지정에 관한 사항 • 다중이용건축물 및 특수구조건축물의 안전에 관한 사항

3 건축분쟁 전문위원회

⑴ **설치** : 국토교통부 중앙건축위원에 건축분쟁 전문위원회를 설치

⑵ **위원의 구성**

① 위원장과 부위원장 각 1인을 포함하여 15인 이내
② 임기 : 3년으로 하되 연임할 수 있다.(공무원 제외)

⑶ **분쟁조정 사항**

① 건축관계자와 인근주민 간의 분쟁
② 관계전문기술자와 인근주민 간의 분쟁
③ 건축관계자와 관계전문기술자 간의 분쟁
④ 건축관계자 간의 분쟁
⑤ 인근주민 간의 분쟁
⑥ 관계전문기술자 간의 분쟁
⑦ 기타 대통령령으로 정하는 사항

10 출제예상문제

1. 중앙건축위원회에 관한 설명으로 옳은 것은?

① 위원회의 회의는 재적위원 2/3의 출석으로 개의하고, 출석위원 과반수의 찬성으로 의결한다.

② 공무원이 아닌 위원의 임기는 2년으로 하되 1회 연임할 수 있다.

③ 위원회의 위원장은 위원 중에서 국무총리가 임명 또는 위촉한다.

④ 위원회의 위원은 관계 공무원과 건축에 관한 학식 또는 경험이 풍부한 사람 중 국토교통부차관이 임명 또는 위촉하는 자가 된다.

[해설]
① 중앙건축위원회의 회의는 재적위원 과반수의 출석으로 개의하고, 출석위원 과반수의 찬성으로 의결한다.
③ 국토교통부장관이 임명 또는 위촉한다.
④ 중앙건축위원회의 위원은 관계 공무원과 건축에 관한 학식 또는 경험이 풍부한 사람 중 국토교통부 장관이 임명 또는 위촉하는 자가 된다.

2. 지방건축위원회의 심의사항에 속하지 않는 것은?

① 건축선의 지정에 관한 사항

② 다중이용건축물의 구조안전에 관한 사항

③ 특수구조건축물의 구조안전에 관한 사항

④ 경관지구 내의 건축물의 건축에 관한 사항

[해설] 지방건축위원회의 심의사항
① 건축조례의 제정, 개정에 관한 사항
② 건축선의 지정에 관한 사항
③ 다중이용건축물 및 특수구조건축물의 안전에 관한 사항

3. 다음 중 건축분쟁전문위원회에 관한 설명으로 옳지 않은 것은?

① 건축관계자 상호 간의 분쟁, 인근주민 상호 간의 분쟁도 조정한다.

② 위원장과 부위원장 각 1인을 포함한 15인 이내의 위원으로 구성한다.

③ 공무원이 아닌 위원의 임기는 2년으로 하되, 연임할 수 있다.

④ 회의는 재적위원 과반수의 출석으로 개의하고 출석위원 과반수의 찬성으로 의결한다.

[해설]
③ 공무원이 아닌 위원의 임기는 3년으로 하되, 연임할 수 있다.

해답 1 ②   2 ④   3 ③

Chapter 11

주차장법

주차장법은 출제빈도가 높은 범위로 주차구획의 크기, 주차장의 종류에 따른 설치기준 및 설비기준, 부설주차장의 주차대수 산정에 대한 문제들이 출제된다.

1 총칙

(1) 주차장법의 목적

① 목적

주차장법은 주차장의 설치, 정비 및 관리에 관하여 필요한 사항을 정함으로써 자동차 교통을 원활하게 하여 공중의 편의를 도모함을 목적으로 한다.

② 목적 : 공중의 편의 도모

③ 규정내용 : 주차장의 설치, 정비 및 관리에 관한 사항

(2) 용어의 정의

① **노상주차장** : 도로의 노면, 교통광장 중 교차점 광장에 설치된 것

② **노외주차장** : 노상주차장 설치장소 이외의 곳에 설치된 것

③ **부설주차장** : 건축물, 골프연습장, 기타 주차수요를 유발하는 시설에 부대하여 설치되는 주차장

④ **기계식주차장치** : 노외주차장 및 부설주차장에 설치하는 주차설비로서 기계장치에 의하여 자동차를 주차할 장소로 이동시키는 설비

⑤ **기계식주차장** : 기계식 주차장치를 설치한 노외주차장 및 부설주차장

⑥ **주차전용 건축물** : 건축물의 연면적 중 일정비율 이상이 주차장으로 제공되는 건축물

(3) 주차전용 건축물

주차장 이외 부분의 용도	주차장 면적비율	비고
일반용도	연면적 중 95% 이상	
• 제1종 및 제2종 근린생활시설 • 자동차 관련시설 • 단독주택　　• 공동주택 • 문화 및 집회시설 • 판매시설　　• 종교시설 • 운수시설　　• 운동시설 • 업무시설	연면적 중 70% 이상	특별시장, 광역시장, 특별자치도지사 또는 시장은 조례로 기타 용도의 구역별 제한 가능

2 주차장 설비기준

(1) 주차장의 형태

구분	형식	종류
자주식 주차장	운전자가 직접 운전하여 주차장으로 들어가는 형식	지하식, 지평식, 건축물식
기계식 주차장	기계식 주차장치를 설치한 노외주차장 및 부설주차장	지하식, 건축물식

(2) 주차장의 주차구획[☆]

구분	주차장 종류	너비 × 길이
① 평행주차 형식	경형 자동차	1.7m × 4.5m 이상
	일반 주차장	2.0m × 6.0m 이상
	주거지역의 보도와 차도의 구분이 없는 도로	2.0m × 5.0m 이상
	이륜자동차 전용주차장	1.0m × 2.3m 이상
② 평행주차 이외의 형식	경형 자동차	2.0m × 3.6m 이상
	일반주차장	2.5m × 5.0m 이상
	확장형 주차장	2.6m × 5.2m 이상
	장애인 전용주차장	3.3m × 5.0m 이상
	이륜자동차 전용주차장	1.0m × 2.3m 이상

3 노상주차장[☆]

(1) 노상주차장의 설치와 폐지

① 설치

노상주차장은 특별시장, 광역시장, 특별자치시장, 특별자치도지사, 시장, 군수 또는 구청장이 설치

② 폐지

㉠ 주차로 인하여 대중교통수단의 운행 장애를 유발하는 경우

㉡ 주차로 인하여 교통소통에 장애를 주는 경우

㉢ 노상주차장에 대체되는 노외주차장의 설치로 노상주차장이 필요없게 된 경우

[주차단위 구획 표시]

주차단위 구획은 백색 실선으로 한다. 다만, 경형자동차 전용 주차구획은 청색실선으로 표시한다.

출제빈도
14국가직 ⑦ 18국가직 ⑨ 20국가직 ⑦

출제빈도
11국가직 ⑨

(2) 노상주차장의 설비기준

① 장애인 전용주차구획의 설치
  ㉠ 주차대수 규모가 20대 이상 50대 미만인 경우 : 한 면 이상
  ㉡ 주차대수 규모가 50대 이상인 경우 : 주차대수의 2%~4%의 범위에
     서 장애인의 주차 수요를 고려하여 해당 지방자치단체의 조례로 정
     하는 비율 이상
② 노상주차장을 설치할 수 없는 경우

설치금지 장소	예외
주간선도로	분리대, 기타 도로의 부분으로서 도로교통에 지장을 초래하지 않는 부분
너비 6m 미만의 도로	보행자의 통행이나 연도의 이용에 지장이 없는 경우로서 당해 지방자치단체의 조례로 따로 정하는 경우
종단경사도가 4%를 초과하는 도로	종단경사도가 6% 이하로서 보도와 차도의 구별이 되어 있고 차도의 너비가 13m 이상인 경우
	종단경사도가 6% 이하의 도로로서 시장, 군수, 구청장이 안전에 지장이 없다고 인정하는 도로의 주거지역에 설치된 노상주차장으로서 인근주민의 자동차를 위한 경우
고속도로, 자동차전용도로, 고가도로	
주·정차 금지구역에 해당하는 도로의 부분	

· 예제 01 ·

노상주차장의 설치기준에 대한 설명으로 옳지 않은 것은?　　【11국가직⑨】
① 주간선도로에는 설치가 불가하나, 분리대나 그 밖에 도로의 부분으로서 도로교통에 크게 지장을 주지 않는 부분은 예외로 한다.
② 주차대수 규모가 20대 이상인 경우에는 장애인전용주차구획을 1면 이상 설치해야 한다.
③ 너비 8m 미만의 도로에 설치해서는 안 된다.
④ 종단경사도가 6% 이하의 도로로서 보도와 차도의 구별이 되어 있고 그 차도의 너비가 13m 이상인 도로에는 설치가능하다.

③ 노상주차장은 너비 6m 미만의 도로에 설치해서는 안 된다.

답 : ③

4 노외주차장[☆☆☆]

(1) 노외주차장의 설치

① 설치와 폐지
노외주차장을 설치 또는 폐지한 자는 설치하거나 폐지한 날부터 30일 이내에 주차장 소재지 관할 시장, 군수, 구청장에게 통보하여야 한다.

② 설치제한
특별시장, 광역시장, 특별자치도지사 또는 시장은 노외주차장 설치로 인하여 교통혼잡을 가중시킬 우려가 있는 지역에 대하여는 조례에 의하여 설치를 제한할 수 있다.

(2) 노외주차장인 주차전용건축물의 특례

① 건폐율 : 90/100 이하

② 용적률 : 1,500% 이하

③ 대지면적의 최소한도 : 45m^2 이상

④ 높이제한(대지가 2 이상의 도로에 접한 경우에는 가장 넓은 도로를 기준으로 적용한다.)

    ㉠ 대지가 너비 12m 미만의 도로에 접한 경우 : 그 부분으로부터 대지에 접한 도로의 반대쪽 경계선까지의 수평거리의 3배

    ㉡ 대지가 너비 12m 이상의 도로에 접한 경우 : 그 부분으로부터 대지에 접한 도로의 반대쪽 경계선까지의 수평거리의 $\frac{36}{도로의폭}$배 다만, 배율이 1.8배 미만인 경우 1.8배로 한다.

(3) 노외주차장의 설치에 대한 계획기준

① 출구와 입구의 설치위치
노외주차장과 연결되는 도로가 2 이상인 경우에는 자동차 교통에 미치는 지장이 적은 도로에 노외주차장의 출구와 입구를 설치하여야 한다.

② 입구와 출구를 설치할 수 없는 곳
    ㉠ 육교 및 지하 횡단보도를 포함한 횡단보도에서 5m 이내의 도로부분

    ㉡ 종단구배 10%를 초과하는 도로

    ㉢ 유아원, 유치원, 초등학교, 특수학교, 노인복지시설, 장애인 복지시설 및 아동전용시설 등의 출입구로부터 20m 이내의 도로부분

    ㉣ 폭 4m 미만의 도로(단, 주차대수 200대 이상인 경우에는 폭 10m 미만의 도로에는 설치할 수 없다.)

    ㉤ 도로교통법에 의한 주·정차금지 장소

③ 장애인 전용주차구획 설치

특별시장, 광역시장, 시장, 군수 또는 구청장이 설치하는 노외주차장의 주차대수 규모가 50대 이상인 경우 : 주차대수의 2%~4%의 범위에서 장애인의 주차 수요를 고려하여 해당 지방자치 단체의 조례로 정하는 비율 이상

⑷ 노외주차장의 구조 및 설비기준

① 출입구

ㄱ 노외주차장의 입구와 출구는 자동차의 회전을 용이하게 하기 위해 필요할 때는 차로와 도로가 접하는 부분의 각지를 곡선형으로 하여야 한다.

ㄴ 출구로부터 2m 후퇴한 차로의 중심선상 1.4m의 높이에서 도로의 중심선에 직각으로 향한 좌우측 각 60°의 범위 안에서 당해 도로를 통행하는 자의 존재를 확인할 수 있어야 한다.

ㄷ 노외주차장의 출입구의 폭은 3.5m 이상으로 하여야 한다.

ㄹ 주차대수 규모가 50대 이상인 경우에는 출구와 입구를 분리하거나 폭 5.5m 이상의 출입구를 설치하여 소통이 원활하도록 하여야 한다.

ㅁ 주차대수 400대를 초과하는 규모의 노외주차장의 경우에는 노외주차장의 출구와 입구를 각각 따로 설치하여야 한다.

② 차로의 구조기준

주차형식	차로의 너비	
	출입구가 2개 이상인 경우	출입구가 1개인 경우
평행주차	3.3m	5.0m
45° 대향주차	3.5m	5.0m
교차주차		
60° 대향주차	4.5m	5.5m
직각주차	6.0m	6.0m

③ 주차부분의 높이 : 바닥면으로부터 2.1m 이상

④ 내부공간의 환기

실내 일산화탄소(CO) 농도는 차량이용이 빈번한 전·후 8시간의 평균치가 50ppm 이하가 되도록 한다.

⑤ 경보장치

자동차 출입 또는 도로교통의 안전확보를 위한 필요 경보장치를 설치하여야 한다.

⑥ 노외주차장 바닥조도

- 주차구획 및 차로 : 최소 10 lux 이상, 최대는 최소조도의 10배 이내
- 주차장 출구와 입구 : 최소 300 lux 이상
- 사람출입통로 : 최소 50 lux 이상

⑦ 방범설비

주차대수 30대 초과시 주차장 내부 전체를 볼 수 있는 폐쇄회로 텔레비전 및 녹화장치를 포함한 방범설비 설치

⑧ 자주식 주차장의 차로 기준

ㄱ 높이 : 바닥면으로부터 2.3m 이상

ㄴ 진입로 굴곡부 : 자동차가 6m 이상의 내변 반경으로 회전이 가능하도록 하여야 한다.(단, 총 주차대수가 50대 이하인 경우에는 5m 이상으로 한다.)

ㄷ 경사로(진입로)의 차로 폭
- 직선인 경우 : 3.3m 이상(2차선인 경우 6m 이상)
- 곡선인 경우 : 3.6m 이상(2차선인 경우 6.5m 이상)

ㄹ 경사로의 종단구배
- 직선부분 : 17% 이하
- 곡선부분 : 14% 이하

ㅁ 경사로의 노면은 거친면으로 하여야 한다.

ㅂ 주차대수 규모가 50대 이상인 경우의 경사로 너비는 6m 이상인 2차선의 차로를 확보하거나 진입차로와 진출차로를 분리하여야 한다.

⑨ 자동차용 승강기의 설치

자동차용 승강기로 운반된 자동차가 주차구획까지 자주식으로 들어가는 노외주차장의 경우에는 주차대수 30대마다 1대의 자동차용 승강기를 설치하여야 한다.

⑩ 추락방지용 안전시설

2층 이상의 건축물식 및 특별시장, 광역시장, 특별자치도지사, 시장, 군수가 정하여 고시하는 주차장에는 자동차의 추락을 방지하기 위한 안전시설을 설치하여야 한다.

⑪ 확장형 주차단위구획 설치

총주차단위구획수(평행주차형식의 주차단위구획수 제외)의 30% 이상 설치하여야 한다.

⑫ 노외주차장에 설치할 수 있는 부대시설

ㄱ 부대시설의 총면적은 주차장 총시설면적의 20% 이하

ㄴ 관리사무소, 휴게소 및 공중화장실

ㄷ 간이매점, 자동차 장식품 판매점, 전기자동차 충전시설, 주유소

ㄹ 노외주차장의 관리, 운영상 필요한 편의시설

ㅁ 특별자치도, 시, 군 또는 구의 조례가 정하는 이용자의 편의시설

· 예제 02 ·

주차장의 차량동선 계획 시 고려해야 할 사항에 해당하지 않는 것은?

【13국가직⑨】

① 노외주차장의 출입구는 육교나 횡단보도에서 10m 이내의 도로 부분에 설치하여서는 안 된다.

② 주차대수가 50대 이상의 주차장에는 출구와 입구를 분리하거나 너비 5.5m 이상의 출입구를 설치하여 소통이 원활하도록 하여야 한다.

③ 해당 출구로부터 2m를 후퇴한 노외주차장의 차로 중심선상 1.4m의 높이에서 도로의 중심선에 직각으로 향한 왼쪽, 오른쪽 각각 60°의 범위에서 해당 도로를 통행하는 자를 확인할 수 있도록 하여야 한다.

④ 경사로의 종단경사도는 직선 부분에서는 17%, 곡선 부분에서는 14%를 초과하지 말아야 한다.

---

① 노외주차장의 출입구는 육교나 횡단보도에서 5m 이내의 도로 부분에 설치하여서는 안 된다.

답 : ①

5 부설주차장

(1) 부설주차장의 설치기준

시설물	설치기준
① 위락시설	시설면적 $100m^2$당 1대 (시설면적/$100m^2$)
② 문화 및 집회시설(관람장은 제외한다), 종교시설, 판매시설, 운수시설, 의료시설(정신병원 · 요양병원 및 격리병원은 제외한다), 운동시설(골프장 · 골프연습장 및 옥외수영장은 제외한다), 업무시설(외국공관 및 오피스텔은 제외한다), 방송통신시설 중 방송국, 장례식장	시설면적 $150m^2$당 1대 (시설면적/$150m^2$)
③ 제1종 근린생활시설(공중화장실, 대피소, 지역아동센터는 제외한다)은 제외, 제2종 근린생활시설, 숙박시설	시설면적 $200m^2$당 1대 (시설면적/$200m^2$)
④ 단독주택(다가구주택은 제외한다)	• 시설면적 $50m^2$ 초과 $150m^2$ 이하 : 1대 • 시설면적 $150m^2$ 초과 : 1대에 $150m^2$를 초과하는 $100m^2$당 1대를 더한 대수 $[1+\{(시설면적-150m^2)/100m^2\}]$

시설물	설치기준
⑤ 다가구주택, 공동주택(기숙사는 제외한다), 업무시설 중 오피스텔	「주택건설기준 등에 관한 규정」 제27조제1항에 따라 산정된 주차대수. 이 경우 다가구주택 및 오피스텔의 전용면적은 공동주택의 전용면적 산정방법을 따른다.
⑥ 골프장, 골프연습장, 옥외수영장, 관람장	• 골프장 : 1홀당 10대(홀의 수×10) • 골프연습장 : 1타석당 1대(타석의 수×1) • 옥외수영장 : 정원 15명당 1대(정원/15명) • 관람장 : 정원 100명당 1대(정원/100명)
⑦ 수련시설, 공장(아파트형은 제외한다), 발전시설	시설면적 350m²당 1대 (시설면적/350m²)
⑧ 창고시설	시설면적 400m²당 1대 (시설면적/400m²)
⑨ 학생용 기숙사	시설면적 400m²당 1대 (시설면적/400m²)
⑩ 그 밖의 건축물	시설면적 300m²당 1대 (시설면적/300m²)

[주택건설기준 등에 관한 규정에 따른 주차대수]

산정방법

주택규모별(전용면적 : m²)	주차장 설치기준(대/m²)			
	특별시	광역시, 특별자치시, 및 수도권 내의 시지역	가목 및 나목 외의 시지역과 수도권 내의 군지역	그 밖의 지역
85 이하	1/75	1/85	1/95	1/110
85 초과	1/65	1/70	1/75	1/85

(2) 부설주차장의 인근설치

① 인근설치 대상
  ㉠ 주차대수 300대 이하
  ㉡ 차량통행이 금지된 장소의 시설물인 경우
  ㉢ 시설물의 부지에 접한 대지나 시설물의 부지와 통로로 연결된 대지에 부설주차장을 설치하는 경우
  ㉣ 시설물의 부지가 12m 이하인 도로에 접하여 있는 경우로서 도로의 맞은 편 토지에 부설주차장을 당해 도로에 접하도록 설치하는 경우

② 부지인근의 범위
  ㉠ 당해부지 경계선으로부터 부설주차장 경계선까지 직선거리 300m 이내, 도보거리 600m 이내
  ㉡ 당해 시설물의 소재하는 동·리
  ㉢ 당해 시설물과의 통행여건이 편리하다고 인정되는 인접 동·리

(3) 부설주차장의 구조 및 설비기준

① 부설주차장의 구조 및 설비기준

단독주택 및 다세대주택을 제외한 부설주차장은 노외주차장의 구조 및 설비기준을 준용한다.

② 주차대수가 8대 이하인 자주식 부설주차장의 별도기준

㉠ 차로의 너비 : 2.5m 이상

주차 단위구획과 접하어 있는 차로의 너비

주차형식	차로의 너비
평행주차	3.0m 이상
45° 대향주차	3.5m 이상
교차주차	
60° 대향주차	4.0m 이상
직각주차	6.0m 이상

㉡ 보도와 차로의 구분이 없는 너비 12m 미만인 도로에 접한 부설주차장은 그 도로를 차로로 하여 주차단위구획을 배치할 수 있다.

· 차로의 너비 : 6m 이상(평행주차 : 4m 이상)

· 도로의 범위 : 중앙선(중앙선이 없는 경우에는 반대측 경계선)

㉢ 보도와 차로의 구분이 없는 12m 이상의 도로에 접하여 있고 주차대수가 5대 이하인 경우에 한하여 그 도로를 차로로 하여 직각주차형식으로 주차단위구획을 배치할 수 있다.

㉣ 주차대수 5대 이하의 주차단위구획은 차로를 기준으로 하여 세로로 2대까지 접하여 배치할 수 있다.

㉤ 보행인의 통행로가 필요한 경우에는 시설물과 주차단위구획 사이에 0.5m 이상의 거리를 두어야 한다.

㉥ 출입구 너비 : 3m 이상(막다른 도로에 접한 경우 : 2.5m 이상)

㉦ 경사로 : 종단구배 17% 이하

6 기계식 주차장

(1) 기계식 주차장의 설치기준

주차장 종류	크기	전면공지	방향전환장치
중형 기계식 주차장	5.05m × 1.85m × 1.55m 이하 (무게 1,850kg 이하)	8.1m × 9.5m 이상	직경 4m 이상 및 이에 접한 너비 1m 이상의 여유공지
대형 기계식 주차장	5.75m × 2.15m × 1.85m 이하 (무게 2,200kg 이하)	10m × 11m 이상	직경 4.5m 이상 및 이에 접한 너비 1m 이상의 여유공지

⑵ 정류장(자동차 대기장소)의 설치

① 정류장 확보
주차대수 20대를 초과하는 매 20대마다 1대분의 정류장 확보

② 정류장 규모
㉠ 중형 기계식 주차장 : 5.05m × 1.85m
㉡ 대형 기계식 주차장 : 5.3m × 2.15m

③ 완화규정
㉠ 주차장의 출구와 입구가 따로 설치된 경우
㉡ 종단구배가 6% 이하인 진입로의 너비가 6m 이상인 경우 진입로 6m마다 1대분의 정류장을 확보한 것으로 인정

⑶ 기계식 주차장의 사용검사

검사의 종류	검사내용	유효기간
① 사용검사	기계식 주차장의 설치를 완료하고 이를 사용하기 전에 실시하는 검사	3년
② 정기검사	사용검사의 유효기간이 지난 후 계속하여 사용하고자 하는 경우에 주기적으로 실시하는 검사	2년

11 출제예상문제

1. 주차계획에 관한 내용으로 옳지 않은 것은?

【09국가직⑨】

① 보행자진입로와 차량진입로는 통행이 주로 이루어지는 주도로에 둔다.

② 차량출입구는 전면도로의 종단구배가 10%를 초과하는 곳에 설치해서는 안 된다.

③ 차량출입구의 너비는 주차대수가 50대 이상인 경우 5.5m 이상, 50대 미만인 경우에는 3.5m 이상으로 한다.

④ 주차장의 경사로는 구배가 직선부 17%(1/6) 이하, 곡선부 14% 이하로 하고, 경사로의 시작과 끝 부분은 구배를 1/12 이내로 완화한다.

[해설]
① 보행자진입로는 통행이 주로 이루어지는 주도로에 두고 차량진입로는 부도로에 둔다.

2. 노상주차장의 설치기준에 대한 설명으로 옳지 않은 것은?

【11국가직⑨】

① 주간선도로에는 설치가 불가하나, 분리대나 그 밖에 도로의 부분으로서 도로교통에 크게 지장을 주지 않는 부분은 예외로 한다.

② 주차대수 규모가 20대 이상인 경우에는 장애인전용주차구획을 1면 이상 설치해야 한다.

③ 너비 8m 미만의 도로에 설치해서는 안 된다.

④ 종단경사도가 6% 이하의 도로로서 보도와 차도의 구별이 되어 있고 그 차도의 너비가 13m 이상인 도로에는 설치가능하다.

[해설]
③ 노상주차장은 너비 6m 미만의 도로에 설치해서는 안 된다.

3. 노외주차장의 출구 및 입구(노외주차장의 차로의 노면이 도로의 노면에 접하는 부분)의 설치 장소로 옳지 않은 것은?

【09지방직⑨】

① 주차대수 200대 이상인 경우 너비 12m 미만의 도로에 설치하여서는 아니 된다.

② 초등학교의 출입구로부터 20m 이내의 도로의 부분에 설치하여서는 아니 된다.

③ 종단구배가 10%를 초과하는 도로에 설치하여서는 아니 된다.

④ 횡단보도에서 5m 이내의 도로의 부분에 설치하여서는 아니 된다.

[해설]
① 주차대수 200대 이상인 경우 너비 10m 미만의 도로에 설치하여서는 아니 된다.

4. 노외주차장의 차로에 관한 기준내용으로 옳지 않은 것은?

【10국가직⑨】

① 경사로의 종단경사도는 직선부분에서는 17%, 곡선부분에서는 14%를 초과하여서는 아니 된다.

② 주차대수 규모가 50대 이상인 경우의 경사로는 너비 6m 이상인 2차선의 차로를 확보하거나 진입차로와 진출차로를 분리하여야 한다.

③ 경사로의 노면은 이를 거친 면으로 하여야 한다.

④ 높이는 주차바닥면으로부터 3m 이상으로 하여야 한다.

[해설]
④ 지하식 또는 건축물식 노외주차장의 차로 높이는 주차바닥면으로부터 2.3m 이상으로 하여야 한다.

해답 1 ①   2 ③   3 ①   4 ④

5. 노외주차장 출입구 설치계획에 대한 설명으로 옳지 않은 것은? 【10국가직⑦】

① 주차장과 연결되는 도로가 2 이상인 경우에는 자동차교통에 미치는 지장이 적은 도로에 출입구를 설치하는 것이 원칙이다.

② 주차대수 400대를 초과하는 규모의 경우에는 출구와 입구를 각각 따로 설치하는 것이 원칙이다.

③ 종단구배가 10%를 초과하는 도로에 주차장 출입구를 설치하여서는 안 된다.

④ 횡단보도에서 5m 이내의 도로의 부분에 주차장 출입구가 위치하도록 하는 것이 원칙이다.

[해설]

④ 횡단보도에서 5m 이내의 도로의 부분에 주차장 출입구를 설치할 수 없다.

6. 노외주차장 계획 시 고려하여야 하는 사항으로 옳지 않은 것은? 【10지방직⑦】

① 주차대수가 400대를 초과하는 경우에는 주차장 출구와 입구를 각각 따로 설치한다. 다만, 출입구의 너비의 합이 5.5m 이상으로서 출구와 입구가 차선 등으로 분리되는 경우에는 함께 설치할 수 있다.

② 새마을유아원·유치원·초등학교·특수학교·노인복지시설·장애인복지시설 및 아동전용시설 등의 출입구로부터 20m 이내의 도로의 부분에는 출입구를 설치하지 않는다.

③ 경사로의 종단경사도는 직선부분에서는 17%를, 곡선부분에서는 14%를 초과하지 않는다.

④ 지하식주차장 차로의 높이는 주차바닥면으로부터 2.1m 이상이 되도록 한다.

[해설]

④ 지하식주차장 차로의 높이는 주차바닥면으로부터 2.3m 이상이 되도록 한다.

7. 노외주차장 계획에 대한 설명으로 옳지 않은 것은? 【11국가직⑦】

① 도로의 노면 및 교통광장 외의 장소에 설치된 주차장으로서 일반의 이용에 제공되는 것이다.

② 노외주차장에서 주차에 사용되는 부분의 높이는 주차바닥면으로부터 2.1m 이상으로 하여야 한다.

③ 주차부분의 장·단변 중 1변 이상이 차로에 접하여야 한다.

④ 주차대수 규모가 50대인 노외주차장의 출입구의 너비는 3.5m 이상이어야 한다.

[해설]

④ 주차대수 규모가 50대 이상인 노외주차장은 입구와 출구를 분리하거나 출입구의 너비를 5.5m 이상으로 하여야 한다.

8. 주차장의 차량동선 계획 시 고려해야 할 사항에 해당하지 않는 것은? 【13국가직⑨】

① 노외주차장의 출입구는 육교나 횡단보도에서 10m 이내의 도로 부분에 설치하여서는 안 된다.

② 주차대수가 50대 시상의 주차장에는 출구와 입구를 분리하거나 너비 5.5m 이상의 출입구를 설치하여 소통이 원활하도록 하여야 한다.

③ 해당 출구로부터 2m를 후퇴한 노외주차장의 차로 중심선상 1.4m의 높이에서 도로의 중심선에 직각으로 향한 왼쪽, 오른쪽 각각 60°의 범위에서 해당 도로를 통행하는 자를 확인할 수 있도록 하여야 한다.

④ 경사로의 종단경사도는 직선 부분에서는 17%, 곡선 부분에서는 14%를 초과하지 말아야 한다.

[해설]

① 노외주차장의 출입구는 육교나 횡단보도에서 5m 이내의 도로 부분에 설치하여서는 안 된다.

해답 5 ④ 6 ④ 7 ④ 8 ①

9. 주차장법 시행규칙 상 노외주차장의 구조 및 설비기준에 대한 설명으로 옳지 않은 것은? 【14국가직⑨】

① 주차구획선의 긴 변과 짧은 변 중 한 변 이상이 차로에 접하여야 한다.

② 주차대수 규모가 50대 이상인 경우에는 출구와 입구를 분리하거나 너비 5.5m 이상의 출입구를 설치하여야 한다.

③ 노외주차장의 출구와 입구에서 자동차의 회전을 쉽게 하기 위하여 필요한 경우에는 차로와 도로가 접하는 부분을 곡선형으로 하여야 한다.

④ 지하식 또는 건축물식 노외주차장의 차로 높이는 주차바닥면으로부터 2.0m 이상으로 하여야 한다.

[해설]
④ 지하식 또는 건축물식 노외주차장의 차로 높이는 주차바닥면으로부터 2.3m 이상으로 하여야 한다.

10. 신속하고 안전한 주차 진출입을 유도하기 위해 주차장법 시행규칙을 개정하여 주차구획의 넓이를 확장하였다. ㉠, ㉡에 들어갈 내용으로 바르게 짝지은 것은? 【14국가직⑦】

- 주차장의 주차구획에 있어 평행주차형식 외의 경우, 확장형 주차단위구획의 너비는 (㉠) 이상이어야 한다.
- 노외주차장에는 확장형 주차단위구획을 주차단위구획 총수(평행주차형식의 주차단위구획 수는 제외한다)의 (㉡) 이상 설치하여야 한다.

	㉠	㉡
①	2.3미터	40%
②	2.4미터	35%
③	2.5미터	30%
④	2.6미터	30%

[해설]
㉠ 주차장의 주차구획에 있어 평행주차형식 외의 경우, 확장형 주차단위구획의 너비는 2.6m 이상이어야 한다.
㉡ 노외주차장에는 확장형 주차단위구획을 주차단위구획 총수의 30% 이상 설치하여야 한다.

11. 다음 중 출입구가 2개 이상인 노외주차장에서 차로의 너비를 가장 좁게 할 수 있는 주차 형식은? 【15국가직⑦】

① 평행주차 ② 직각주차
③ 60° 대향주차 ④ 45° 대향주차

[해설] 차로의 너비
(1) 평행주차 : 3.3m (2) 직각주차 : 6.0m
(3) 60° 대향수자 : 4.5m (4) 45° 대향주차 : 3.5m

12. 「주차장법 시행규칙」 상 주차장의 주차구획으로 옳지 않은 것은? 【18국가직⑨】

① 평행주차형식의 이륜자동차전용: 1.2m 이상(너비) × 2.0m 이상(길이)

② 평행주차형식의 경형: 1.7m 이상(너비) × 4.5m 이상(길이)

③ 평행주차형식 외의 확장형: 2.6m 이상(너비) × 5.2m 이상(길이)

④ 평행주차형식 외의 장애인전용: 3.3m 이상(너비) × 5.0m 이상(길이)

[해설]
① 평행주차형식의 이륜자동차전용: 1.0m 이상(너비) × 2.3m 이상(길이)

13. 「주차장법 시행규칙」 상 업무시설에 부대하여 설치된 건축물식 노외주차장(자주식) 계획 시 옳지 않은 것은? (단, 평행주차형식의 주차단위구획 수를 제외한 총 주차대수는 150대이며, 조례는 고려하지 않는다) 【19국가직⑦】

① 확장형 주차대수를 30대로 계획하였다.

② 지하주차장 출구 및 입구 바닥면의 조도를 300럭스로 계획하였다.

③ 주차에 사용되는 부분의 높이는 주차 바닥면으로부터 2.1미터로 계획하였다.

④ 2차로 직선형 경사로의 차로 너비는 6미터로 계획하였다.

[해설]
① 확장형 주차대수는 총 주차대수의 30% 이상을 설치해야 하므로 45대로 계획한다.

Chapter

12

제5편 건축법규

국토의 계획 및 이용에 관한 법은 국토의 이용, 개발, 보전을 위한 도시·군계획 등의
수립 및 집행을 위한 법이다. 총칙에서는 이 법의 적용범위와 용어의 정의, 국토의 용
도지역 구분 및 지정 목적을 이해하여야 한다.

[국계법] 총칙

1 목적

(1) 국토의 계획 및 이용에 관한 법의 목적

국토의 이용, 개발 및 보전을 위한 계획의 수립 및 집행 등에 관하여 필요
한 사항을 정함으로써 공공복리의 증진과 국민의 삶의 질을 향상하게 함
을 목적으로 한다.

(2) 목적 : 공공복리의 증진, 국민의 삶의 질 향상

(3) 규정내용 : 국토의 이용, 개발 및 보전을 위한 계획의 수립 및 집행

2 용어의 정의

(1) 광역도시계획 : 광역계획권의 장기발전방향을 제시하는 계획을 말한다.

(2) 도시 · 군계획

특별시·광역시·특별자치시·특별자치도·시 또는 군의 관할 구역에 대
하여 수립하는 공간구조와 발전방향에 대한 계획으로서 도시·군기본계
획과 도시·군관리계획으로 구분한다.

(3) 도시 · 군기본계획

특별시·광역시·특별자치시·특별자치도·시 또는 군의 관할 구역에 대
하여 기본적인 공간구조와 장기발전방향을 제시하는 종합 계획으로서 도
시·군관리계획 수립의 지침이 되는 계획을 말한다.

(4) 도시 · 군관리계획

특별시·광역시·특별자치시·특별자치도·시 또는 군의 개발·정비 및
보전을 위하여 수립하는 토지 이용, 교통, 환경, 경관, 안전, 산업, 정보통
신, 보건, 복지, 안보, 문화 등에 관한 계획을 말한다.
㉠ 용도지역·용도지구의 지정 또는 변경에 관한 계획
㉡ 개발제한구역, 도시자연공원구역, 시가화조정구역, 수산자원보호 구
역의 지정 또는 변경에 관한 계획
㉢ 기반시설의 설치·정비 또는 개량에 관한 계획

② 도시개발사업이나 정비사업에 관한 계획
⑩ 지구단위계획구역의 지정 또는 변경에 관한 계획과 지구단위계획
⑭ 입지규제최소구역의 지정 또는 변경에 관한 계획과 입지규제최소
구역계획

(5) 지구단위계획

도시 · 군계획 수립 대상지역의 일부에 대하여 토지 이용을 합리화하고 그 기능을 증진시키며 미관을 개선하고 양호한 환경을 확보하며, 그 지역을 체계적 · 계획적으로 관리하기 위하여 수립하는 도시 · 군관리계획을 말한다.

(6) 입지규제최소구역계획

입지규제최소구역에서의 토지의 이용 및 건축물의 용도 · 건폐율 · 용적률 · 높이 등의 제한에 관한 사항 등 입지규제최소구역의 관리에 필요한 사항을 정하기 위하여 수립하는 도시 · 군관리계획을 말한다.

(7) 도시 · 군계획시설 : 기반시설 중 도시 · 군관리계획으로 결정된 시설을 말한다.

(8) 기반시설

① 도로 · 철도 · 항만 · 공항 · 주차장 등 교통시설
② 광장 · 공원 · 녹지 등 공간시설
③ 유통업무설비, 수도 · 전기 · 가스공급설비, 방송 · 통신시설, 공동구 등 유통 · 공급시설
④ 학교 · 운동장 · 공공청사 · 문화시설 및 공공필요성이 인정되는 체육시설 등 공공 · 문화체육시설
⑤ 하천 · 유수지(遊水池) · 방화설비 등 방재시설
⑥ 화장시설 · 공동묘지 · 봉안시설 등 보건위생시설
⑦ 하수도 · 폐기물처리시설 등 환경기초시설

[기반시설의 세분]
① 도로 : 일반도로, 자동차전용도로, 보행자전용도로, 자전거전용도로, 고가도로, 지하도로
② 광장 : 교통광장, 경관광장, 지하광장, 건축물부설광장, 일반광장
③ 자동차정류장 : 여객자동차터미널, 화물터미널, 공영차고지, 공동차고지

(9) 광역시설

기반시설 중 광역적인 정비체계가 필요한 시설로서 대통령령으로 정하는 시설을 말한다.
㉠ 둘 이상의 특별시 · 광역시 · 특별자치시 · 특별자치도 · 시 또는 군의 관할 구역에 걸쳐 있는 시설
㉡ 둘 이상의 특별시 · 광역시 · 특별자치시 · 특별자치도 · 시 또는 군이 공동으로 이용하는 시설

(10) **공동구**

전기 · 가스 · 수도 등의 공급설비, 통신시설, 하수도시설 등 지하 매설물을 공동 수용함으로써 미관의 개선, 도로구조의 보전 및 교통의 원활한 소통을 위하여 지하에 설치하는 시설물을 말한다.

(11) **도시 · 군계획시설사업** : 도시 · 군계획시설을 설치 · 정비 또는 개량하는 사업을 말한다.

(12) **도시 · 군계획사업**

• 도시 · 군계획시설사업
• 「도시개발법」에 따른 도시개발사업
• 「도시 및 주거환경정비법」에 따른 정비사업

(13) **도시 · 군계획사업** : 시행자 : 도시 · 군계획사업을 하는 자를 말한다.

(14) **공공시설** : 도로 · 공원 · 철도 · 수도, 그 밖에 대통령령으로 정하는 공공용 시설을 말한다.

(15) **국가계획**

중앙행정기관이 법률에 따라 수립하거나 국가의 정책적인 목적을 이루기 위하여 수립하는 계획 중 도시 · 군기본계획 또는 도시 · 군 관리계획으로 결정하여야 할 사항이 포함된 계획을 말한다.

(16) **용도지역**

토지의 이용 및 건축물의 용도, 건폐율, 용적률, 높이 등을 제한함으로써 토지를 경제적 · 효율적으로 이용하고 공공복리의 증진을 도모하기 위하여 서로 중복되지 아니하게 도시 · 군관리 계획으로 결정하는 지역을 말한다.

(17) **용도지구**

토지의 이용 및 건축물의 용도 · 건폐율 · 용적률 · 높이 등에 대한 용도지역의 제한을 강화하거나 완화하여 적용함으로써 용도지역의 기능을 증진시키고 미관 · 경관 · 안전 등을 도모하기 위하여 도시 · 군관리계획으로 결정하는 지역을 말한다.

(18) **용도구역**

토지의 이용 및 건축물의 용도 · 건폐율 · 용적률 · 높이 등에 대한 용도지역 및 용도지구의 제한을 강화하거나 완화하여 따로 정함으로써 시가지의 무질서한 확산방지, 계획적이고 단계적인 토지 이용의 도모, 토지이용의 종합적 조정 · 관리 등을 위하여 도시 · 군 관리계획으로 결정하는 지역을 말한다.

(19) 개발밀도관리구역

개발로 인하여 기반시설이 부족할 것으로 예상되나 기반시설을 설치하기 곤란한 지역을 대상으로 건폐율이나 용적률을 강화하여 적용하기 위하여 지정하는 구역을 말한다.

(20) 기반시설부담구역

개발밀도관리구역 외의 지역으로서 개발로 인하여 도로, 공원, 녹지 등 대통령령으로 정하는 기반시설의 설치가 필요한 지역을 대상으로 기반시설을 설치하거나 그에 필요한 용지를 확보하게 하기 위하여 지정·고시하는 구역을 말한다.

(21) 기반시설설치비용

단독주택 및 숙박시설 등 대통령령으로 정하는 시설의 신·증축 행위로 인하여 유발되는 기반시설을 설치하거나 그에 필요한 용지를 확보하기 위하여 부과·징수하는 금액을 말한다.

3 국토이용 및 관리의 기본원칙

(1) 국토는 자연환경의 보전과 자원의 효율적 활용을 통하여 환경적으로 건전하고 지속가능한 발전을 이루기 위하여 다음 각 호의 목적을 이룰 수 있도록 이용되고 관리되어야 한다.

(2) 국민생활과 경제활동에 필요한 토지 및 각종 시설물의 효율적 이용과 원활한 공급

(3) 자연환경 및 경관의 보전과 훼손된 자연환경 및 경관의 개선 및 복원

(4) 교통·수자원·에너지 등 국민생활에 필요한 각종 기초 서비스 제공

(5) 주거 등 생활환경 개선을 통한 국민의 삶의 질 향상

(6) 지역의 정체성과 문화유산의 보전

(7) 지역 간 협력 및 균형발전을 통한 공동번영의 추구

(8) 지역경제의 발전과 지역 및 지역 내 적절한 기능 배분을 통한 사회적 비용의 최소화

(9) 기후변화에 대한 대응 및 풍수해 저감을 통한 국민의 생명과 재산의 보호

4 국토의 용도구분

(1) 도시지역
인구와 산업이 밀집되어 있거나 밀집이 예상되어 그 지역에 대하여 체계적인 개발 · 정비 · 관리 · 보전 등이 필요한 지역

(2) 관리지역
도시지역의 인구와 산업을 수용하기 위하여 도시지역에 준하여 체계적으로 관리하거나 농림업의 진흥, 자연환경 또는 산림의 보전을 위하여 농림지역 또는 자연환경보전지역에 준하여 관리할 필요가 있는 지역

(3) 농림지역
도시지역에 속하지 아니하는 「농지법」에 따른 농업진흥지역 또는 「산지관리법」에 따른 보전산지 등으로서 농림업을 진흥시키고 산림을 보전하기 위하여 필요한 지역

(4) 자연환경보전지역
자연환경 · 수자원 · 해안 · 생태계 · 상수원 및 문화재의 보전과 수산자원의 보호 · 육성 등을 위하여 필요한 지역

12 출제예상문제

1. 국토의 계획 및 이용에 관한 법률상 다음과 같이 정의되는 것은?

> 도시·군계획 수립 대상지역의 일부에 대하여 토지이용을 합리화하고 그 기능을 증진시키며 미관을 개선하고 양호한 환경을 확보하며, 그 지역을 체계적·계획적으로 관리하기 위하여 수립하는 도시·군관리계획

① 광역도시계획　　② 지구단위계획
③ 도시·군기본계획　④ 입지규제최소구역계획

[해설]
　② 지구단위계획 : 도시·군계획 수립 대상지역의 일부에 대하여 토지이용을 합리화하고 그 기능을 증진시키며 미관을 개선하고 양호한 환경을 확보하며, 그 지역을 체계적·계획적으로 관리하기 위하여 수립하는 도시·군관리계획

2. 국토의 계획 및 이용에 관한 법령에 따른 기반시설에 속하지 않는 것은?

① 아파트　　　　② 방재시설
③ 공간시설　　　④ 환경기초시설

[해설] 기반시설
　① 도로·철도·항만·공항·주차장 등 교통시설
　② 광장·공원·녹지 등 공간시설
　③ 유통업무설비, 수도·전기·가스공급설비, 방송·통신시설, 공동구 등 유통·공급시설
　④ 학교·운동장·공공청사·문화시설 및 공공필요성이 인정되는 체육시설 등 공공·문화체육시설
　⑤ 하천·유수지(遊水池)·방화설비 등 방재시설
　⑥ 화장시설·공동묘지·봉안시설 등 보건위생시설
　⑦ 하수도·폐기물처리시설 등 환경기초시설

3. 국토의 계획 및 이용에 관한 법령상 도시·군관리계획의 내용에 속하지 않는 것은?

① 투기과열지구의 지정 또는 변경에 관한 계획
② 개발제한구역의 지정 또는 변경에 관한 계획
③ 기반시설의 설치·정비 또는 개량에 관한 계획
④ 용도지역·용도지구의 지정 또는 변경에 관한 계획

[해설] 도시·군관리계획
　① 용도지역·용도지구의 지정 또는 변경에 관한 계획
　② 개발제한구역, 도시자연공원구역, 시가화조정구역, 수산자원보호구역의 지정 또는 변경에 관한 계획
　③ 기반시설의 설치·정비 또는 개량에 관한 계획
　④ 도시개발사업이나 정비사업에 관한 계획
　⑤ 지구단위계획구역의 지정 또는 변경에 관한 계획과 지구단위계획
　⑥ 입지규제최소구역의 지정 또는 변경에 관한 계획과 입지규제최소구역계획

4. 국토의 계획 및 이용에 관한 법률에 따른 국토의 용도지역 구분에 속하지 않는 것은?

① 도시지역　　　② 농림지역
③ 관리지역　　　④ 보전지역

[해설]
　국토의 용도지역 구분 : 도시지역, 관리지역, 농림지역, 자연환경보전지역

5. 국토의 계획 및 이용에 관한 법령에 따른 기반시설 중 도로의 세분에 속하지 않는 것은?

① 고속도로　　　② 일반도로
③ 고가도로　　　④ 보행자전용도로

[해설]
　도로 : 일반도로, 자동차전용도로, 보행자전용도로, 자전거전용도로, 고가도로, 지하도로

해답　1 ②　2 ①　3 ①　4 ④　5 ①

광역도시, 도시·군기본계획

출제빈도가 매우 낮은 부분이지만, 광역도시계획 및 도시·군기본계획의 수립권자, 수립대상지역과 내용에 대하여 정리하길 바란다.

1 광역도시계획

(1) 광역계획권

① 지정사유

2 이상의 특별시, 광역시, 시 또는 군의 공간구조 및 기능을 상호 연계시키고 환경을 보전하며 광역시설을 체계적으로 정비하기 위하여 필요한 경우

② 대상구역

인접한 2 이상의 특별시, 광역시, 시 또는 군의 관할구역 전부 또는 일부

③ 지정권자

㉠ 국토교통부 장관은 시, 도지사, 시장, 군수의 의견청취 후 중앙 도시계획위원회의 심의를 거쳐야 한다.

㉡ 도지사는 관계 중앙행정기관의 장 및 관계 시, 도지사, 시장, 군수의 의견청취 후 지방도시계획위원회의 심의를 거쳐야 한다.

(2) 광역도시계획의 수립

① 관할 시장, 군수 공동 : 광역계획권이 같은 도의 관할구역에 속하여 있는 경우

② 관할 시, 도지사 공동 : 광역계획권이 2 이상의 시, 도의 관할구역에 걸쳐 있는 경우

③ 관할 도지사

㉠ 광역계획권을 지정한 날부터 3년이 지날 때까지 관할 시장 또는 군수로부터 광역도시계획의 승인 신청이 없는 경우

㉡ 시장 또는 군수가 협의를 거쳐 요청하는 경우

④ 국토교통부장관

국가계획과 관련된 광역도시계획의 수립이 필요한 경우나 광역계획권을 지정한 날부터 3년이 지날 때까지 관할 시·도지사로부터 광역도시계획의 승인 신청이 없는 경우

⑤ 관할 시장, 군수 및 도지사 공동 : 관할 시장, 군수의 요청이 있을 경우

⑥ 국토교통부장관과 관할 시, 도지사 : 시, 도지사의 요청이 있는 경우

[광역도시계획의 승인]

수립권자	승인권자
시장, 군수	도지사
특별시장, 광역시장, 도지사	국토교통부 장관

(3) 광역도시계획의 내용

① 광역계획권의 공간구조와 기능분담에 관한 사항
② 광역계획권의 녹지관리체계와 환경보전에 관한 사항
③ 광역시설의 배치, 규모, 설치에 관한 사항
④ 경관계획에 관한 사항
⑤ 광역계획권의 교통 및 물류유통체계에 관한 사항
⑥ 광역계획권의 문화, 여가공간 및 방재에 관한 사항

2 도시 · 군기본계획

(1) 도시 · 군기본계획의 수립

① 수립권자 : 특별시장, 광역시장, 특별자치시장, 특별자치도지사, 시장 또는 군수
② 대상지역
   ㉠ 관할구역에 대하여 도시 · 군기본계획을 수립
   ㉡ 인접한 관할구역 전부 또는 일부 포함 : 미리 해당 특별시장, 광역시장, 특별자치시장, 특별자치도지사, 시장 또는 군수와 협의
③ 수립제외지역
   ㉠ 수도권에 속하지 아니하고 광역시와 경계를 같이하지 아니한 시 또는 군으로서 인구 10만명 이하인 시, 군
   ㉡ 관할구역 전부에 대하여 광역도시계획이 수립되어 있는 시, 군으로서 도시 · 군기본계획의 내용이 모두 포함되어 있는 경우

(2) 도시 · 군기본계획 작성기준

① 장기계획으로 작성하며, 5년마다 그 타당성을 검토하여 도시 · 군기본계획에 반영
② 도시 · 군기본계획은 광역도시계획에 부합되어야 한다.
③ 도시 · 군기본계획의 내용이 광역도시계획의 내용과 다른 때에는 광역도시계획의 내용이 우선한다.

(3) 도시 · 군기본계획의 내용

① 지역적 특성 및 계획의 방향, 목표에 관한 사항
② 공간구조, 생활권의 설정 및 인구의 배분에 관한 사항
③ 토지의 이용 및 개발에 관한 사항
④ 토지의 용도별 수요 및 공급에 관한 사항
⑤ 환경의 보전 및 관리에 관한 사항
⑥ 기반시설에 관한 사항

[도시 · 군기본계획의 승인]

수립권자	승인권자
시장, 군수	도지사
특별시장, 광역시장, 특별자치시장, 특별자치도지사	수립 후 확정

⑦ 공원, 녹지, 경관에 관한 사항

⑧ 기후변화 대응 및 에너지절약에 관한 사항

⑨ 방재 및 안전에 관한 사항

⑩ 도심 및 주거환경의 정비, 보전에 관한 사항

⑪ 다른 법률에 따라 도시·군기본계획에 반영되어야 하는 사항

⑫ 도시·군기본계획의 시행을 위하여 필요한 재원조달에 관한 사항

⑬ 단계별 추진에 관한 사항

⑭ 그 밖에 도시·군기본계획 승인권자가 필요하다고 인정하는 사항

13 출제예상문제

1. 도시·군기본계획의 내용에 포함되지 않는 정책방향 사항은?

① 환경의 보전 및 관리에 관한 사항
② 공원·녹지에 관한 사항
③ 공간구조, 생활권의 설정 및 인구의 배분에 관한 사항
④ 주택건설 촉진에 관한 사항

[해설] 도시·군기본계획의 내용

(1)	지역적 특성 및 계획의 방향·목표에 관한 사항
(2)	공간구조, 생활권의 설정 및 인구의 배분에 관한 사항
(3)	토지의 이용 및 개발에 관한 사항, 토지의 용도별 수요 및 공급에 관한 사항
(4)	환경의 보전 및 관리에 관한 사항
(5)	기반시설·공원·녹지·경관에 관한 사항

2. 국토의 계획 및 이용에 관한 법률상 도시·군기본계획에 포함되어야 하는 내용이 아닌 것은?

① 토지의 이용 및 개발에 관한 사항
② 토지의 용도별 수요 및 공급에 관한 사항
③ 공원·녹지에 관한 사항
④ 주차장의 설치·정비 및 관리에 관한 사항

[해설] 도시·군기본계획의 내용

(1)	지역적 특성 및 계획의 방향·목표에 관한 사항
(2)	공간구조, 생활권의 설정 및 인구의 배분에 관한 사항
(3)	토지의 이용 및 개발에 관한 사항, 토지의 용도별 수요 및 공급에 관한 사항
(4)	환경의 보전 및 관리에 관한 사항
(5)	기반시설·공원·녹지·경관에 관한 사항

3. 광역도시계획에 관한 다음 기준 중 가장 부적합한 것은?

① 광역도시계획은 장기계획으로 작성한다.
② 광역도시계획은 도시·군기본계획에 부합되어야 한다.
③ 시, 도지사가 수립한 광역도시계획은 국토교통부장관의 승인을 받아야 한다.
④ 광역도시계획을 공동으로 수립할 때 서로의 협의가 이루어지지 않으면 국토교통부장관 또는 도지사에게 조정을 신청할 수 있다.

[해설]
② 도시·군기본계획이 광역도시계획에 부합되어야 한다.

4. 도시·군기본계획에 관한 다음 설명 중 틀린 것은 어느 것인가?

① 도시·군기본계획의 내용이 광역도시계획의 내용과 다른 때에는 도시·군기본계획의 내용이 우선한다.
② 시장, 군수는 도시·군기본계획에 대하여 5년마다 그 타당성 여부를 검토하여 도시·군기본계획에 반영하여야 한다.
③ 도시·군기본계획 수립시 시장, 군수는 공청회를 열어 의견을 청취하여야 한다.
④ 시장, 군수는 도시·군기본계획 수립 전에 기초조사를 실시하여야 한다.

[해설]
① 도시·군기본계획과 광역도시계획의 내용이 서로 다른 때에는 광역도시계획의 내용이 우선한다.

5. 도시·군기본계획의 정비는 몇 년 단위로 하는가?

① 5년   ② 10년
③ 15년   ④ 20년

[해설]
도시·군기본계획은 장기계획으로 5년마다 그 타당성을 검토하여 도시·군기본계획에 반영한다.

해답 1 ④ 2 ④ 3 ② 4 ① 5 ①

Chapter 14

도시·군관리계획

도시·군관리계획은 도시·군관리계획의 입안, 결정, 효력에 관련된 기준을 이해하고, 지구단위계획의 수립기준 및 내용, 지구단위계획구역 안에서의 건축에 대하여 이해하여야 한다.

1 도시·군관리계획

(1) 도시·군관리계획

① 용도지역, 용도지구의 지정 또는 변경에 관한 계획

② 개발제한구역, 도시자연공원구역, 시가화조정구역, 수산자원보호구역의 지정 또는 변경에 관한 계획

③ 기반시설의 설치, 정비 또는 개량에 관한 계획

④ 도시개발사업 또는 정비사업에 관한 계획

⑤ 지구단위계획구역의 지정 또는 변경에 관한 계획과 지구단위계획

⑥ 입지규제 최소지역의 지정 또는 변경에 관한 계획과 입지규제 최소구역계획

(2) 도시·군관리계획의 입안

① 원칙 : 특별시장, 광역시장, 특별자치시장, 특별자치도지사, 시장, 군수

② 공동입안

인접한 특별시, 광역시, 특별자치시, 특별자치도, 시 또는 군의 관할구역에 대한 도시·군관리계획은 관계 특별시장, 광역시장, 특별자치시장, 특별자치도지사, 시장 또는 군수가 협의하여 공동으로 입안하거나 입안할 자를 정한다.

③ 지정입안

㉠ 협의가 이루어지지 않을 경우에는 다음의 자가 입안할 자를 지정하고 이를 고시한다.

㉡ 같은 도의 관할구역에 속할 때 : 도지사

㉢ 다른 시, 도의 관할구역에 걸칠 때 : 국토교통부 장관

④ 국토교통부장관

㉠ 국가계획과 관련된 경우

㉠ 2 이상의 시, 도에 걸쳐 지정되는 용도지역 등과 2 이상의 시, 군에 걸쳐 이루어지는 사업의 계획 중 도시·군관리계획으로 결정하여야 할 사항이 있는 경우

⑤ 도지사

㉠ 2 이상의 시, 도에 걸쳐 지정되는 용도지역 등과 2 이상의 시, 군에 걸쳐 이루어지는 사업의 계획 중 도시·군관리계획으로 결정하여야 할 사항이 있는 경우

ⓛ 도지사가 직접 수립하는 사업의 계획으로서 도시·군관리계획으로 결정하여야 할 사항이 포함되어 있는 경우

(3) 도시·군관리계획의 결정권자

① 일반적인 경우

특별시장, 광역시장, 특별자치시장, 특별자치도지사, 시장, 군수

② 국토교통부 장관

㉠ 국토교통부 장관이 입안한 도시·군관리계획

ⓛ 개발제한구역의 지정 및 변경에 관한 도시·군관리계획

㉢ 입지규제 최소구역의 지정 및 변경과 입지규제 최소구역계획에 관한 도시·군관리계획

③ 시, 도지사

㉠ 시가화조정구역의 지정 및 변경에 관한 도시·군관리계획

ⓛ 국가계획시 : 국토교통부 장관

④ 해양수산부 장관

수산자원보호구역의 지정 및 변경에 관한 도시·군관리계획

(4) 도시·군관리계획의 정비

① 도시·군관리계획

㉠ 정비의무자 : 특별시장, 광역시장, 특별자치시장, 특별자치도지사, 시장, 군수

ⓛ 정비기간 : 결정고시일로부터 5년마다

② 도시·군계획시설

㉠ 정비의무자 : 특별시장, 광역시장, 특별자치시장, 특별자치도지사, 시장, 군수

ⓛ 정비기간 : 결정고시일로부터 10년마다

③ 도시·군계획시설의 실효

도시·군관리계획에 의하여 결정 고시된 도시·군계획시설에 대하여 그 결정고시일로부터 20년이 경과될 때까지 당해 시설의 설치에 관한 도시·군계획시설 설치사업이 시행되지 아니하는 경우 그 도시·군관리계획의 결정은 그 결정고시일로부터 20년이 되는 날의 다음날에 효력을 상실한다.

② 지구단위계획 [☆☆]

(1) 지구단위계획구역의 지정

① 의무지정
  ㉠ 정비구역, 택지개발지구에서 시행사업이 끝난 후 10년이 지난 지역
  ㉡ 면적이 30만m^2 이상인 시가화조정구역 또는 공원에서 해제되는 지역
  ㉢ 면적이 30만m^2 이상인 녹지지역에서 주거지역, 상업지역 또는 공업지역으로 변경되는 지역

② 임의지정
  • 용도지구   • 도시개발구역
  • 정비구역   • 택지개발지구
  • 대지조성사업지구   • 산업단지 및 준산업단지
  • 관광단지 및 관광특구   • 개발행위허가 제한구역
  • 주택재건축사업에 의하여 공동주택을 건축하는 지역
  • 개발제한구역, 도시자연공원구역, 시가화조정구역 또는 공원에서 해제되는 구역
  • 녹지지역에서 주거지역, 상업지역, 공업지역으로 변경되는 지역

③ 도시지역 외의 지역에서의 임의지정
  • 대상지역 : 계획관리지역, 개발진흥지구
  • 아파트, 연립주택건설지 : 30만m^2 이상
  • 기타 건설사업지 : 3만m^2 이상

(2) 지구단위계획 수립시 고려사항

① 도시의 정비, 관리, 보전, 개발 등 지구단위계획구역의 지정목적
② 주거, 산업, 유통, 관광휴양, 복합 등 지구단위계획구역의 중심기능
③ 해당 용도지역의 특성
④ 지역공동체의 활성화
⑤ 안전하고 지속가능한 생활권의 조성
⑥ 해당 지역 및 인근 지역의 토지이용을 고려한 토지이용계획과 건축계획의 조화

(3) 지구단위계획의 수립기준

① 개발제한구역에 지구단위계획을 수립할 때에는 개발제한구역의 지정 목적이나 주변환경이 훼손되지 아니하도록 하고, 「개발제한구역의 지정 및 관리에 관한 특별조치법」을 우선하여 적용할 것
② 지구단위계획의 내용 중 기존의 용도지역 또는 용도지구를 용적률이 높은 용도지역 또는 용도지구로 변경하는 사항이 포함되어 있는 경우 변경되는 구역의 용적률은 기존의 용도지역 또는 용도지구의 용적률을 적용하되, 공공시설부지의 제공현황 등을 고려하여 용적률을 완화할 수 있도록 계획할 것

출제빈도
08국가직 ⑦ 08국가직 ⑨ 12지방직 ⑨

③ 도시지역 내 주거, 상업, 업무 등의 기능을 결합하는 복합적 토지이용의 증진이 필요한 지역은 지정 목적을 복합용도개발형으로 구분하되, 3개 이상의 중심기능을 포함하여야 하고 중심기능 중 어느 하나에 집중되지 아니하도록 계획할 것

④ 도시지역 외의 지역에 지정하는 지구단위계획구역은 해당 구역의 중심기능에 따라 주거형, 산업유통형, 관광휴양형 또는 복합형 등으로 지정목적을 구분할 것

⑷ 지구단위계획의 내용

① 용도지역 또는 용도지구를 세분하거나 변경하는 사항
② 기반시설의 배치와 규모
③ 도로로 둘러싸인 일단의 지역 또는 계획적인 개발, 정비를 위하여 계획된 일단의 토지의 규모와 조성계획
④ 건축물의 용도제한, 건축물의 건폐율 또는 용적률, 건축물 높이의 최고한도 또는 최저한도
⑤ 건축물의 배치, 형태, 색채 또는 건축선에 관한 계획
⑥ 환경관리계획 또는 경관계획
⑦ 교통처리계획
⑧ 토지이용의 합리화, 도시 또는 농·산·어촌의 기능증진 등에 필요한 사항

⑸ 지구단위계획구역 안에서의 완화적용

① 국토의 계획 및 이용에 관한 법
  • 건폐율
  • 용적률
  • 용도지역 안에서의 건축제한
② 건축법
  • 대지의 조경
  • 공개공지 등의 확보
  • 대지와 도로와의 관계
  • 건축물의 높이제한
  • 일조 등의 확보를 위한 건축물의 높이제한
③ 주차장법
  • 부설주차장의 설치
  • 부설주차장 설치 계획서

[지구단위계획에 반드시 포함되어야 할 사항]
① 기반시설의 배치와 규모
② 건축물의 용도제한, 건축물의 건폐율 또는 용적률, 건축물 높이의 최고한도 또는 최저한도
③ 이외의 사항은 필요에 따라 포함시킬 수 있다.

[지구단위계획에서 시·도 도시계획위원회와 시·도 건축위원회가 공동으로 심의하여 결정해야 하는 사항]
① 건축물 높이의 최고한도 또는 최저한도에 대한 사항
② 건축물의 배치, 형태, 색채 또는 건축선에 대한 계획
③ 경관계획에 대한 사항

[지구단위계획구역의 건폐율, 용적률 최대 완화]
해당 용도지역, 용도지구 적용 기준값에 대비하여
① 건폐율 : 150% 이내
② 용적률 : 200% 이내

· 예제 01 ·

> 지구단위계획에 대한 설명으로 가장 적합하지 않은 것은?　【08국가직⑨】
> ① 지구단위계획의 목표는 해당지역을 체계적, 계획적으로 관리하기 위해 수립하는 도시관리계획이다.
> ② 지구단위계획은 도시차원에서의 2차원적 접근을 위주로 한다.
> ③ 지구단위계획은 '도시설계'와 '상세계획'이라는 두가지 유사제도를 통합하여 도입된 제도이다.
> ④ 지구단위계획구역 안에서 필요한 경우에는 특정 부분을 별도의 구역으로 지정하여 계획의 상세 정도를 따로 정할 수 있다.
>
> ─────────────────────────
> ② 지구단위계획은 도시차원에서의 3차원적 접근을 위주로 한다.
>
> 답 : ②

3 입지규제 최소구역

(1) 입지규제 최소구역 지정

① 지정권자 : 국토교통부 장관
② 지정대상
  ㉠ 도시·군기본계획에 따른 도심, 부도심 또는 생활권의 중심지역
  ㉡ 철도역사, 터미널, 항만, 공공청사, 문화시설 등의 기반시설 중 지역의 거점역할을 수행하는 시설을 중심으로 주변지역을 중점적으로 정비할 필요가 있는 지역
  ㉢ 3개 이상의 노선이 교차하는 대중교통 결절지로부터 1km 이내에 위치한 지역
  ㉣ 「도시 및 주거환경정비법」에 따른 노후, 불량건축물이 밀집한 주거지역 또는 공업지역으로 정비가 시급한 지역
  ㉤ 「도시재생 활성화 및 지원에 관한 특별법」에 따른 도시재생 활성화지역 중 도시경제기반형 활성화계획을 수립하는 지역

(2) 입지규제 최소구역계획의 내용

① 건축물의 용도, 종류 및 규모 등에 관한 사항
② 건축물의 건폐율, 용적률, 높이에 관한 사항
③ 간선도로 등 주요 기반시설의 확보에 관한 사항
④ 용도지역, 용도지구, 도시·군계획시설 및 지구단위계획의 결정에 관한 사항
⑤ 다른 법률 규정 적용의 완화 또는 배제에 관한 사항
⑥ 그 밖의 입지규제 최소구역의 체계적 개발과 관리에 필요한 사항

⑶ **입지규제 최소구역 및 계획의 지정기준**

① 입지규제 최소구역의 지정목적
② 해당 지역의 용도지역, 기반시설 등 토지이용 현황
③ 도시·군기본계획과의 부합성
④ 주변지역의 기반시설, 경관, 환경 등에 미치는 영향 및 도시환경 개선, 정비 효과
⑤ 도시의 개발 수요 및 지역에 미치는 사회적, 경제적 파급효과

14 출제예상문제

1. 다음 중 도시·군관리계획에 포함되지 않는 것은?

① 용도지역·용도지구의 지정 또는 변경에 관한 계획
② 광역계획권의 장기발전방향을 제시하는 계획
③ 도시개발사업이나 정비사업에 관한 계획
④ 기반시설의 설치·정비 또는 개량에 관한 계획

[해설] 도시·군관리계획의 내용

(1)	용도지역, 용도지구의 지정 또는 변경에 관한 계획
(2)	개발제한구역, 도시자연공원구역, 시가화조정구역, 수산자원보호구역의 지정 또는 변경에 관한 계획
(3)	기반시설의 설치, 정비 또는 개량에 관한 계획
(4)	도시개발사업 또는 정비사업에 관한 계획
(5)	지구단위계획구역의 지정 또는 변경에 관한 계획과 지구단위계획
(6)	입지규제 최소지역의 지정 또는 변경에 관한 계획과 입지규제 최소구역계획

2. 다음의 도시·군계획시설 결정의 실효와 관련된 기준 내용 중 ( ) 안에 알맞은 내용은?

> 도시·군계획시설 결정이 고시된 도시계획시설에 대하여 그 고시일부터 ( )년이 지날 때까지 그 시설의 설치에 관한 도시·군계획시설 사업이 시행되지 아니하는 경우 그 도시·군계획시설 결정은 그 고시일부터 ( )년이 되는 날의 다음 날에 그 효력을 잃는다.

① 5
② 10
③ 15
④ 20

[해설]
도시·군계획시설 결정의 효력상실 : 결정, 고시일로부터 20년이 될 때까지 미시행 시 20년이 되는 날의 다음날

3. 지구단위계획에 대한 설명으로 가장 적합하지 않은 것은? 【08국가직⑨】

① 지구단위계획의 목표는 해당지역을 체계적, 계획적으로 관리하기 위해 수립하는 도시관리계획이다.
② 지구단위계획은 도시차원에서의 2차원적 접근을 위주로 한다.
③ 지구단위계획은 '도시설계'와 '상세계획'이라는 두 가지 유사제도를 통합하여 도입된 제도이다.
④ 지구단위계획구역 안에서 필요한 경우에는 특정 부분을 별도의 구역으로 지정하여 계획의 상세 정도를 따로 정할 수 있다.

[해설]
② 지구단위계획은 도시차원에서의 3차원적 접근을 위주로 한다.

4. 지구단위계획에 대한 설명 중 옳지 않은 것은? 【08국가직⑦】

① 지구단위계획은 도시계획 수립대상지역 안의 일부에 대하여 토지이용을 합리화하고 도시의 기능과 미관을 증진시키는 계획이다.
② 도시계획과 건축계획의 중간단계에 해당한다.
③ 지구단위계획구역 및 지구단위계획은 도시관리계획으로 결정한다.
④ 지구단위계획에서는 건폐율, 용적률에 대한 규정을 다루지 않으며, 지구 전체의 건축선, 건물형태 등 지구 전체와 관련된 내용을 주로 규정한다.

[해설]
④ 지구단위계획에서는 건폐율, 용적률뿐만 아니라, 지구 전체의 건축선, 건물형태 등 지구 전체와 관련된 내용을 규정한다.

해답 1 ② 2 ④ 3 ② 4 ④

5. 지구단위계획에서 시·도 도시계획위원회와 시·도 건축위원회가 공동으로 심의하여 결정해야 하는 사항으로 옳지 않은 것은? 【12지방직⑨】

① 건축물 높이의 최고한도 또는 최저한도에 대한 사항
② 건축물의 건폐율과 용적률
③ 건축물의 배치, 형태, 색채 또는 건축선에 대한 계획
④ 경관계획에 대한 사항

[해설]
　지구단위계획에서 시·도 도시계획위원회와 시·도 건축위원회가 공동으로 심의하여 결정해야 하는 사항
　① 건축물 높이의 최고한도 또는 최저한도에 대한 사항
　② 건축물의 배치, 형태, 색채 또는 건축선에 대한 계획
　③ 경관계획에 대한 사항

6. 지구단위계획구역 및 지구단위계획을 결정하는 계획은?

① 국가계획
② 광역도시계획
③ 도시·군기본계획
④ 도시·군관리계획

[해설] 도시·군관리계획의 내용

(1)	용도지역, 용도지구의 지정 또는 변경에 관한 계획
(2)	개발제한구역, 도시자연공원구역, 시가화조정구역, 수산자원보호구역의 지정 또는 변경에 관한 계획
(3)	기반시설의 설치, 정비 또는 개량에 관한 계획
(4)	도시개발사업 또는 정비사업에 관한 계획
(5)	지구단위계획구역의 지정 또는 변경에 관한 계획과 지구단위계획
(6)	입지규제 최소지역의 지정 또는 변경에 관한 계획과 입지규제 최소구역계획

7. 지구단위계획에 관한 설명으로 옳지 않은 것은?

① 지구단위계획구역 및 지구단위계획은 도시·군관리 계획으로 결정한다.
② 토지이용을 합리화·구체화하기 위하여 수립하는 계획이다.
③ 도시 또는 농·산·어촌의 기능의 증진, 미관의 개선 및 양호한 환경을 확보하기 위하여 수립하는 계획이다.
④ 시장·군수·구청장이 지정한다.

[해설]
　④ 지구단위계획(구역)의 결정은 국토교통부장관 또는 도지사·시장·군수가 도시·군관리계획으로 결정한다.

도시·군관리계획으로 결정된 용도지역에 있어서 건폐율과 용적률에 대한 내용을 숙지
하고, 용도지역별 건축제한에 대하여 정리하여야 한다.

1 용도지역[☆]

출제빈도

18지방직 ⑨ 20국가직 ⑨ 20국가직 ⑦

(1) 국토의 용도구분

① 도시지역

인구와 산업이 밀집되어 있거나 밀집이 예상되어 그 지역에 대하여 체계
적인 개발·정비·관리·보전 등이 필요한 지역

② 관리지역

도시지역의 인구와 산업을 수용하기 위하여 도시지역에 준하여 체계적
으로 관리하거나 농림업의 진흥, 자연환경 또는 산림의 보전을 위하여
농림지역 또는 자연환경보전지역에 준하여 관리할 필요가 있는 지역

③ 농림지역

도시지역에 속하지 아니하는 「농지법」에 따른 농업진흥지역 또는 「산지
관리법」에 따른 보전산지 등으로서 농림업을 진흥시키고 산림을 보전하
기 위하여 필요한 지역

④ 자연환경보전지역

자연환경·수자원·해안·생태계·상수원 및 문화재의 보전과 수산자원의
보호·육성 등을 위하여 필요한 지역

(2) 용도지역의 지정

① 도시지역

㉠ 주거지역 : 거주의 안녕과 건전한 생활환경의 보호를 위하여 필요한
지역

㉡ 상업지역 : 상업 그 밖의 업무의 편익증진을 위하여 필요한 지역

㉢ 공업지역 : 공업의 편익증진을 위하여 필요한 지역

㉣ 녹지지역 : 자연환경·농지 및 산림의 보호, 보건위생, 보안과 도시
의 무질서한 확산을 방지하기 위하여 녹지의 보전이 필요한 지역

② 관리지역

㉠ 보전관리지역 : 자연환경 보호, 산림 보호, 수질오염 방지, 녹지 공
간 확보 및 생태계 보전 등을 위하여 보전이 필요하나, 주변 용도
지역과의 관계 등을 고려할 때 자연환경보전지역으로 지정하여 관
리하기가 곤란한 지역

ⓛ 생산관리지역 : 농업·임업·어업 생산 등을 위하여 관리가 필요하나, 주변 용도지역과의 관계 등을 고려할 때 농림지역으로 지정하여 관리하기가 곤란한 지역

ⓒ 계획관리지역 : 도시지역으로의 편입이 예상되는 지역이나 자연 환경을 고려하여 제한적인 이용·개발을 하려는 지역으로서 계획적·체계적인 관리가 필요한 지역광역계획권이 2 이상의 시, 도의 관할 구역에 걸쳐 있는 경우

(3) 용도지역의 세분

[전용주거지역과 일반주거지역]
① 전용주거지역 : 양호한 주거환경을 보호하기 위하여 필요한 지역
② 일반주거지역 : 편리한 주거환경을 조성하기 위하여 필요한 지역

① 주거지역	전용 주거지역	제1종전용주거지역 : 단독주택 중심의 양호한 주거환경을 보호하기 위하여 필요한 지역
		제2종전용주거지역 : 공동주택 중심의 양호한 주거환경을 보호하기 위하여 필요한 지역
	일반 주거지역	제1종일반주거지역 : 저층주택을 중심으로 편리한 주거환경을 조성하기 위하여 필요한 지역
		제2종일반주거지역 : 중층주택을 중심으로 편리한 주거환경을 조성하기 위하여 필요한 지역
		제3종일반주거지역 : 중고층주택을 중심으로 편리한 주거환경을 조성하기 위하여 필요한 지역
	준 주거지역	주거기능을 위주로 이를 지원하는 일부 상업기능 및 업무기능을 보완하기 위하여 필요한 지역
② 상업지역	중심 상업지역	도심 · 부도심의 상업기능 및 업무기능의 확충을 위하여 필요한 지역
	일반 상업지역	일반적인 상업기능 및 업무기능을 담당하게 하기 위하여 필요한 지역
	근린 상업지역	근린지역에서의 일용품 및 서비스의 공급을 위하여 필요한 지역
	유통 상업지역	도시내 및 지역간 유통기능의 증진을 위하여 필요한 지역
③ 공업지역	전용 공업지역	주로 중화학공업, 공해성 공업 등을 수용하기 위하여 필요한 지역
	일반 공업지역	환경을 저해하지 아니하는 공업의 배치를 위하여 필요한 지역
	준 공업지역	경공업 그 밖의 공업을 수용하되, 주거기능·상업기능 및 업무기능의 보완이 필요한 지역
④ 녹지지역	보전 녹지지역	도시의 자연환경·경관·산림 및 녹지공간을 보전할 필요가 있는 지역
	생산 녹지지역	주로 농업적 생산을 위하여 개발을 유보할 필요가 있는 지역
	자연 녹지지역	도시의 녹지공간의 확보, 도시확산의 방지, 장래 도시용지의 공급 등을 위하여 보전할 필요가 있는 지역으로서 불가피한 경우에 한하여 제한적인 개발이 허용되는 지역

2 용도지구[☆]

⑴ 용도지구의 지정

출제빈도
16국가직 ⑨ 19국가직 ⑦

① 경관지구 : 경관을 보전·관리 및 형성하기 위하여 필요한 지구

② 고도지구

쾌적한 환경 조성 및 토지의 효율적 이용을 위하여 건축물 높이의 최고 한도를 규제할 필요가 있는 지구

③ 방화지구 : 화재의 위험을 예방하기 위하여 필요한 지구

④ 방재지구

풍수해, 산사태, 지반의 붕괴, 그 밖의 재해를 예방하기 위하여 필요한 지구

⑤ 보호지구

문화재, 중요 시설물(항만, 공항 등 대통령령으로 정하는 시설물을 말한다) 및 문화적 · 생태적으로 보존가치가 큰 지역의 보호와 보존을 위하여 필요한 지구

⑥ 취락지구

녹지지역 · 관리지역 · 농림지역 · 자연환경보전지역 · 개발제한구역 또는 도시자연공원구역의 취락을 정비하기 위한 지구

⑦ 개발진흥지구

주거기능 · 상업기능 · 공업기능 · 유통물류기능 · 관광기능 · 휴양기능 등을 집중적으로 개발 · 정비할 필요가 있는 지구

⑧ 특정용도제한지구

주거 및 교육 환경 보호나 청소년 보호 등의 목적으로 오염물질 배출시설, 청소년 유해시설 등 특정시설의 입지를 제한할 필요가 있는 지구

⑨ 복합용도지구

지역의 토지이용 상황, 개발 수요 및 주변 여건 등을 고려하여 효율적이고 복합적인 토지이용을 도모하기 위하여 특정시설의 입지를 완화할 필요가 있는 지구

(2) 용도지구의 세분

① 경관지구	자연경관지구	산지 · 구릉지 등 자연경관을 보호하거나 유지하기 위하여 필요한 지구
	시가지경관지구	지역 내 주거지, 중심지 등 시가지의 경관을 보호 또는 유지하거나 형성하기 위하여 필요한 지구
	특화경관지구	지역 내 주요 수계의 수변 또는 문화적 보존가치가 큰 건축물 주변의 경관 등 특별한 경관을 보호 또는 유지하거나 형성하기 위하여 필요한 지구
② 방재지구	시가지방재지구	건축물 · 인구가 밀집되어 있는 지역으로서 시설 개선 등을 통하여 재해 예방이 필요한 지구
	자연방재지구	토지의 이용도가 낮은 해안변, 하천변, 급경사지 주변 등의 지역으로서 건축 제한 등을 통하여 재해 예방이 필요한 지구
③ 보호지구	역사문화환경 보호지구	문화재 · 전통사찰 등 역사 · 문화적으로 보존가치가 큰 시설 및 지역의 보호와 보존을 위하여 필요한 지구
	중요시설물 보호지구	국방상 또는 안보상 중요한 시설물의 보호와 보존을 위하여 필요한 지구
	생태계보호지구	야생동식물서식처 등 생태적으로 보존가치가 큰 지역의 보호와 보존을 위하여 필요한 지구
④ 취락지구	자연취락지구	녹지지역 · 관리지역 · 농림지역 또는 자연환경보전지역 안의 취락을 정비하기 위하여 필요한 지구
	집단취락지구	개발제한구역안의 취락을 정비하기 위하여 필요한 지구
⑤ 개발진흥지구	주거개발진흥지구	주거기능을 중심으로 개발 · 정비할 필요가 있는 지구
	산업 · 유통산업 개발진흥지구	공업기능 및 유통 · 물류기능을 중심으로 개발 · 정비할 필요가 있는 지구
	관광휴양개발진흥지구	관광 · 휴양기능을 중심으로 개발 · 정비할 필요가 있는 지구
	복합개발진흥지구	주거기능, 공업기능, 유통 · 물류기능 및 관광 · 휴양 기능 중 2 이상의 기능을 중심으로 개발 · 정비할 필요가 있는 지구
	특정개발진흥지구	주거기능, 공업기능, 유통 · 물류기능 및 관광 · 휴양 기능 외의 기능을 중심으로 특정한 목적을 위하여 개발 · 정비할 필요가 있는 지구

3 용도구역

⑴ 용도구역의 지정

① 개발제한구역

도시의 무질서한 확산을 방지하고 도시주변의 자연환경을 보전하여 도시민의 건전한 생활환경을 확보하기 위하여 도시의 개발을 제한할 필요가 있거나 국방부 장관의 요청이 있어 보안상 도시의 개발을 제한할 필요가 있다고 인정되는 경우

② 도시자연공원구역

도시의 자연환경 및 경관을 보호하고 도시민에게 건전한 여가, 휴식 공간을 제공하기 위하여 도시지역 안의 식생이 양호한 산지의 개발을 제한할 필요가 있다고 인정하는 경우에는 도시자연공원 구역의 지정 또는 변경을 도시·군관리계획으로 결정할 수 있다.

③ 시가화조정구역

직접 또는 관계 행정기관의 장의 요청을 받아 도시지역과 그 주변 지역의 무질서한 시가화를 방지하고 계획적, 단계적인 개발을 도모하기 위하여 5년 이상 20년 이내 기간 동안 시가화를 유보할 필요가 있다고 인정되는 경우에는 시가화조정구역의 지정 또는 변경을 도시·군관리계획으로 결정할 수 있다.

④ 수산자원보호구역

수산자원의 보호, 육성을 위하여 필요한 공유수면이나 그에 인접된 토지에 대한 수산자원보호구역의 지정 또는 변경을 도시·군관리 계획으로 결정할 수 있다.

⑤ 입지규제 최소구역

도시지역에서 복합적인 토지이용을 증진시켜 도시 정비를 촉진하고 지역 거점을 육성할 필요가 있다고 인정되는 지역과 그 주변지역의 전부 또는 일부를 입지규제 최소구역으로 지정할 수 있다.

4 용도지역 안에서 건축물의 건축제한

(1) 전용주거지역 안에서 건축할 수 있는 건축물

① 제1종 전용주거지역	• 단독주택(다가구주택 제외) • 제1종 근린생활시설 중 식품 · 잡화 · 의류 · 완구 · 서적 · 건축자재 · 의약품 · 의료기기 등의 소매점, 마을회관, 마을공동작업소, 마을공동구판장, 공중화장실, 대피소, 지역아동센터
② 제2종 전용주거지역	• 단독주택 • 공동주택 • 제1종 근린생활시설

(2) 일반주거지역 안에서 건축할 수 있는 건축물

• 제1종 일반주거지역 안에서 건축할 수 있는 건축물 : 4층 이하의 건축물에 한한다.

① 제1종 일반주거지역	• 단독주택 • 공동주택(아파트 제외) • 제1종 근린생활시설 • 유치원, 초등학교, 중학교 및 고등학교 • 노유자시설
② 제2종 일반주거지역, 제3종 일반주거지역	• 단독주택 • 공동주택 • 제1종 근린생활시설 • 유치원, 초등학교, 중학교 및 고등학교 • 노유자시설 • 종교시설

(3) 준주거지역 안에서 건축할 수 없는 건축물

① 제2종 근린생활시설 중 단란주점

② 의료시설 중 격리병원

③ 숙박시설

④ 위락시설

⑤ 공장

⑥ 위험물 저장 및 처리시설 중 시내버스 차고지 외의 지역에 설치하는 액화석유가스 충전소 및 고압가스 충전소 · 저장소

⑦ 자동차관련시설 중 폐차장

⑧ 동물 및 식물관련시설 중 축사, 도축장, 도계장

⑨ 자원순환관련시설

⑩ 묘지관련시설

⑷ 상업지역 안에서 건축할 수 없는 건축물

① 중심상업지역	• 단독주택(다른 용도와 복합된 것은 제외) • 공동주택 • 숙박시설 중 일반숙박시설 및 생활숙박시설 • 위락시설 • 공장 • 위험물 저장 및 처리시설 중 시내버스 차고지 외의 지역에 설 치하는 액화석유가스 충전소 및 고압가스 충전소·저장소 • 자동차관련시설 중 폐차장 • 동물 및 식물관련시설 • 자원순환관련시설 • 묘지관련시설
② 일반상업지역	• 숙박시설 중 일반숙박시설 및 생활숙박시설 • 위락시설 • 공장 • 위험물 저장 및 처리시설 중 시내버스 차고지 외의 지역에 설 치하는 액화석유가스 충전소 및 고압가스 충전소·저장소 • 자동차관련시설 중 폐차장 • 동물 및 식물관련시설 • 자원순환관련시설 • 묘지관련시설
③ 근린상업지역	• 의료시설 중 격리병원 • 숙박시설 중 일반숙박시설 및 생활숙박시설 • 위락시설 • 공장 • 위험물 저장 및 처리시설 중 시내버스 차고지 외의 지역에 설 치하는 액화석유가스 충전소 및 고압가스 충전소·저장소 • 자동차관련시설 중 폐차장 • 동물 및 식물관련시설 • 자원순환관련시설 • 묘지관련시설
④ 유통상업지역	• 단독주택 • 공동주택 • 의료시설 • 숙박시설 중 일반숙박시설 및 생활숙박시설 • 위락시설 • 공장 • 위험물 저장 및 처리시설 중 시내버스 차고지 외의 지역에 설 치하는 액화석유가스 충전소 및 고압가스 충전소·저장소 • 자동차관련시설 중 폐차장 • 동물 및 식물관련시설 • 자원순환관련시설 • 묘지관련시설

(5) 공업지역 안에서 건축할 수 있는 건축물

① 전용공업지역	• 제1종 근린생활시설 • 제2종 근린생활시설(공연장, 종교집회장, 장의사, 동물병원, 동물미용실, 독서실, 기원은 제외) • 공장 　　　　　　　　• 창고시설 • 위험물 저장 및 처리시설 • 자동차관련시설 　　　• 자원순환관련시설 • 발전시설
② 일반공업지역	• 제1종 근린생활시설 • 제2종 근린생활시설(단란주점, 안마시술소 제외) • 판매시설 　　　　　　• 운수시설 • 공장 　　　　　　　　• 창고시설 • 위험물 저장 및 처리시설 • 자동차관련시설 　　　• 자원순환관련시설 • 발전시설
③ 준공업지역	다음의 시설을 건축할 수 없다. • 위락시설 　　　　　　• 묘지관련시설

(6) 녹지지역 안에서 건축할 수 있는 건축물

• 녹지지역 안에서 건축할 수 있는 건축물
: 4층 이하의 건축물에 한한다.

① 보전녹지지역	• 교육연구시설 중 초등학교 • 창고시설(농업, 임업, 축산업, 수산업용) • 교정 및 군사시설 중 국방, 군사시설
② 생산녹지지역	• 단독주택 　　　　　　• 제1종 근린생활시설 • 유치원, 초등학교 　　• 노유자시설 • 수련시설 　　　　　　• 운동시설 중 운동장 • 창고시설(농업, 임업, 축산업, 수산업용) • 위험물저장 및 처리시설 중 액화석유가스 충전소 및 고압가스 충전소·저장소 • 동물 및 식물관련시설(도축장, 도계장 제외) • 교정 및 군사시설 　　• 방송통신시설 • 발전시설
③ 자연녹지지역	• 단독주택 　　　　　　• 제1종 근린생활시설 • 제2종 근린생활시설(종교집회장, 일반음식점, 단란주점 및 안마시술소 제외) • 의료시설(종합병원, 병원, 치과병원 및 한방병원 제외) • 교육연구시설(직업훈련소 및 학원 제외) • 노유자시설 　　　　　• 수련시설 • 운동시설 • 창고시설(농업, 임업, 축산업, 수산업용) • 동물 및 식물관련시설 　• 자원순환관련시설 • 교정 및 군사시설 　　• 방송통신시설 • 발전시설 　　　　　　• 묘지관련시설 • 관광휴게시설 　　　　• 장례식장

(7) 관리지역 안에서 건축할 수 있는 건축물

• 관리지역 안에서 건축할 수 있는 건축물
: 4층 이하의 건축물에 한한다.

① 관리지역	• 단독주택 • 제1종 근린생활시설(휴게음식점 및 제과점 제외) • 의료시설(종합병원, 병원, 치과병원 및 한방병원 제외) • 교육연구시설 중 학교, 교육원, 도서관 • 노유자시설　　　　• 수련시설 • 운동시설 중 운동장　• 공장 • 창고시설(농업, 임업, 축산업, 수산업용) • 동물 및 식물관련시설　• 자원순환관련시설 • 교정 및 군사시설　　• 방송통신시설 • 발전시설　　　　　• 장례식장
② 보전관리지역	• 단독주택 • 교육연구시설 중 초등학교 • 교정 및 군사시설
③ 생산관리지역	• 단독주택 • 제1종 근린생활시설 중 식품·잡화·의류·완구·서적·건축 자재·의약품·의료기기 등의 소매점, 변전소, 도시가스배관 시설, 통신용 시설, 정수장, 양수장 • 교육연구시설 중 초등학교 • 운동시설 중 운동장 • 창고시설(농업, 임업, 축산업, 수산업용) • 동물 및 식물관련시설 중 작물 재배사, 종묘배양시설, 화초 및 분재 등의 온실 • 교정 및 군사시설　　• 발전시설
④ 계획관리지역	다음의 시설을 건축할 수 없다. • 공동주택 중 아파트 • 제1종 근린생활시설 중 휴게음식점 및 제과점 • 제2종 근린생활시설 중 일반음식점, 휴게음식점, 제과점 • 판매시설　　　　　• 업무시설 • 숙박시설　　　　　• 위락시설 • 공장

(8) 농림지역 안에서 건축할 수 있는 건축물

농림지역	• 단독주택으로서 현저한 자연훼손을 가져오지 아니하는 범위 안에서 건축하는 농어가주택 • 제1종 근린생활시설 중 변전소, 도시가스배관시설, 통신용 시설, 정수장, 양수장 • 교육연구시설 중 초등학교 • 창고시설(농업, 임업, 축산업, 수산업용) • 동물 및 식물관련시설 중 작물 재배사, 종묘배양시설, 화초 및 분재 등의 온실 • 발전시설

(9) **자연환경보전지역 안에서 건축할 수 있는 건축물**

① 자연환경보전지역
  ㉠ 단독주택으로서 현저한 자연훼손을 가져오지 아니하는 범위 안에서 건축하는 농어가주택
  ㉡ 교육연구시설 중 초등학교

5 용도지역별의 건폐율, 용적률 기준

(1) 지역별 건폐율의 기준

지역	지역의 세분	건폐율의 최대값
① 도시지역	주거지역	70% 이하
	상업지역	90% 이하
	공업지역	70% 이하
	녹지지역	20% 이하
② 관리지역	보전관리지역	20% 이하
	생산관리지역	
	계획관리지역	40% 이하
③ 농림지역		20% 이하
④ 자연환경보전지역		20% 이하

(2) 지역별 건폐율의 세분

지역	지역의 세분	건폐율의 최대값
① 주거지역	제1종전용주거지역	50% 이하
	제2종전용주거지역	
	제1종일반주거지역	60% 이하
	제2종일반주거지역	
	제3종일반주거지역	50% 이하
	준주거지역	70% 이하
② 상업지역	근린상업지역	70% 이하
	일반상업지역	80% 이하
	유통상업지역	
	중심상업지역	90% 이하
③ 공업지역	전용공업지역	70% 이하
	일반공업지역	
	준공업지역	
④ 녹지지역	보전녹지지역	20% 이하
	생산녹지지역	
	자연녹지지역	
⑤ 관리지역	보전관리지역	20% 이하
	생산관리지역	
	계획관리지역	40% 이하

출제빈도 19국가직 ⑦

[건폐율과 용적률]
① 건폐율 $= \dfrac{건축면적}{대지면적} \times 100(\%)$
② 용적률 $= \dfrac{연면적의 합계}{대지면적} \times 100(\%)$
③ 용적률 산정시의 연면적은 건축법의 산정기준에 따른다.
• 하나의 건축물의 각층 바닥면적의 합계
• 지하층의 면적, 주차용 면적, 고층건축물의 피난안전 구역 및 경사지붕아래에 설치하는 대피공간의 면적은 용적률 산정시 연면적에서 제외된다.

⑶ 지역별 용적률의 기준

지역	지역의 세분	용적률의 최대값
① 도시지역	주거지역	500% 이하
	상업지역	1,500% 이하
	공업지역	400% 이하
	녹지지역	100% 이하
② 관리지역	보전관리지역	80% 이하
	생산관리지역	
	계획관리지역	100% 이하
③ 농림지역		80% 이하
④ 자연환경보전지역		80% 이하

⑷ 지역별 용적률의 세분

지역	지역의 세분	건폐율의 최대값
① 주거지역	제1종전용주거지역	100% 이하
	제2종전용주거지역	150% 이하
	제1종일반주거지역	200% 이하
	제2종일반주거지역	250% 이하
	제3종일반주거지역	300% 이하
	준주거지역	500% 이하
② 상업지역	근린상업지역	900% 이하
	일반상업지역	1,300% 이하
	유통상업지역	1,100% 이하
	중심상업지역	1,500% 이하
③ 공업지역	전용공업지역	300% 이하
	일반공업지역	350% 이하
	준공업지역	400% 이하
④ 녹지지역	보전녹지지역	80% 이하
	생산녹지지역	100% 이하
	자연녹지지역	
⑤ 관리지역	보전관리지역	80% 이하
	생산관리지역	
	계획관리지역	100% 이하

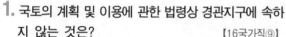

15 출제예상문제

1. 국토의 계획 및 이용에 관한 법령상 경관지구에 속하지 않는 것은? 【16국가직⑨】
① 자연경관지구
② 특화경관지구
③ 역사경관지구
④ 시가지경관지구

[해설]
　경관지구 : 자연경관지구, 시가지경관지구, 특화경관지구

2. 공동주택 중심의 양호한 주거환경을 보호하기 위하여 주거지역을 세분하여 지정하는 지역은?
① 제1종 전용주거지역
② 제2종 전용주거지역
③ 제1종 일반주거지역
④ 제2종 일반주거지역

[해설]
　② 2종 전용주거지역 : 공동주택 중심의 양호한 주거환경을 보호하기 위하여 필요한 지역

3. 제1종 일반주거지역 안에서 건축할 수 있는 건축물에 속하지 않는 것은?
① 노유자시설
② 제1종 근린생활시설
③ 공동주택 중 아파트
④ 교육연구시설 중 고등학교

[해설]
　제1종 일반주거지역에서 건축할 수 있는 건축물 : 단독주택, 공동주택(아파트 제외), 제1종 근린생활시설, 유치원, 초등학교, 중학교 및 고등학교, 노유자시설

4. 주거기능을 중심으로 개발·정비할 필요가 있는 지구는?
① 자연취락지구
② 집단취락지구
③ 주거개발진흥지구
④ 특정개발진흥지구

[해설]
　③ 주거개발진흥지구 : 주거기능을 중심으로 개발·정비할 필요가 있는 지구

5. 국토의 계획 및 이용에 관한 법령에 따른 보호지구에 속하지 않는 것은?
① 역사문화환경보호지구
② 중요시설물보호지구
③ 생태계보호지구
④ 자연경관보호지구

[해설]
　보호지구 : 역사문화환경보호지구, 중요시설물보호지구, 생태계보호지구

6. 용도지역에 따른 건폐율의 최대한도가 옳지 않은 것은?
① 녹지지역 : 30% 이하
② 주거지역 : 70% 이하
③ 공업지역 : 70% 이하
④ 상업지역 : 90% 이하

[해설]
　① 녹지지역 : 20% 이하

7. 국토의 계획 및 이용에 관한 법률에 따른 용도지역에서의 용적률 최대 한도 기준이 옳지 않은 것은? (단, 도시지역의 경우)
① 주거지역 : 500% 이하
② 녹지지역 : 100% 이하
③ 공업지역 : 400% 이하
④ 상업지역 : 1,000% 이하

[해설]
　④ 상업지역 : 1,500% 이하

8. 「국토의 계획 및 이용에 관한 법률」상 용도지역의 지정에 해당되지 않는 것은? 【18지방직⑨】
① 도시지역
② 자연환경보전지역
③ 관리지역
④ 산업지역

[해설]
　국토의 용도구분 : 도시지역, 관리지역, 농림지역, 자연환경보전지역

해답　1 ③　2 ②　3 ③　4 ③　5 ④　6 ①　7 ④　8 ④

9. 「국토의 계획 및 이용에 관한 법률 시행령」상 용도지구의 지정에서 경관지구에 해당하지 않는 것은?

① 특화경관지구
② 자연경관지구
③ 시가지경관지구
④ 역사문화경관지구

[해설]

경관지구 : 자연경관지구, 시가지경관지구, 특화경관지구

10. 다음 보기 중 「국토의 계획 및 이용에 관한 법령」상 용도지역 안에서 허용 용적률이 가장 높은 것은? (단, 조례는 고려하지 않는다) 【19국가직⑦】

― 〈 보 기 〉 ―

ㄱ. 제1종일반주거지역
ㄴ. 제3종일반주거지역
ㄷ. 준주거지역
ㄹ. 준공업지역

① ㄱ ② ㄴ
③ ㄷ ④ ㄹ

[해설]

ㄱ. 제1종일반주거지역 : 200% 이하
ㄴ. 제3종일반주거지역 : 300% 이하
ㄷ. 준주거지역 : 500% 이하
ㄹ. 준공업지역 : 400% 이하

개발행위의 허가

출제빈도가 매우 낮은 부분이지만, 개발행위에 관한 허가 대상, 허가절차에 관한 사항을 이해하고 도시계획위원회의 구성에 관한 기준을 정리하여야 한다.

1 개발행위

(1) 허가대상

① 건축물의 건축 또는 공작물의 설치
② 토지의 형질변경
③ 토석채취
④ 토지분할
⑤ 녹지지역, 관리지역, 자연환경보전지역 안에서 물건을 1개월 이상 쌓아 놓는 행위

(2) 허가기준

① 허가절차
특별시장, 광역시장, 특별자치시장, 특별자치도지사, 시장, 군수는 개발행위허가의 신청내용이 적합한 경우에 신청서 접수일로부터 15일 이내에 개발행위허가를 하여야 한다.

② 개발행위 허가규모
㉠ 주거지역, 상업지역, 자연녹지지역, 생산녹지지역 : 1만m^2 미만
㉡ 공업지역 : 3만m^2 미만
㉢ 보전녹지지역 : 5,000m^2 미만
㉣ 관리지역, 농림지역 : 3만m^2 미만
㉤ 자연환경보전지역 : 5,000m^2 미만

[형질변경행위에 관한 심의기관]

형질변경면적	심의기관
1km² 이상	중앙도시계획위원회
30만m² 이상 1km² 미만	시·도 도시계획위원회
30만m² 미만	시·군·구 도시계획위원회

2 도시계획위원회

(1) 중앙도시계획위원회

① 설치	국토교통부
② 구성	• 위원장 및 부위원장 각 1인을 포함한 25인 이상 30인 이하의 위원으로 구성 • 위원장과 부위원장은 국토교통부 장관이 위원 중에서 임명
③ 분과위원회	중앙도시계획위원회에서 위임하는 사항 등을 효율적으로 심의하기 위하여 설치
④ 전문위원	도시·군계획 등에 관한 중요사항을 조사·연구하게 하기 위하여 전문위원을 둘 수 있다.

(2) **지방도시계획위원회**

구분	시·도 도시계획위원회	시·군·구 도시계획위원회
① 설치목적	시·도지사가 결정하는 도시·군관리계획 등의 심의 또는 자문	도시·군관리계획과 관련된 사항의 심의 및 시장, 군수 또는 구청장에 대한 자문
② 구성	• 위원장 및 부위원장 각 1인을 포함한 25인 이상 30인 이하의 위원으로 구성 • 위원장은 시·도지사가 위원 중에서 임명	• 위원장 및 부위원장 각 1인을 포함한 15인 이상 25인 이하의 위원으로 구성 • 위원장은 시장 등이 위원 중에서 임명
③ 분과위원회	지방도시계획위원회의 심의를 위하여 설치	
④ 도시·군계획 상임기획단	당해 지방자치단체의 조례에 의하여 지방도시계획위원회에 설치	

16 출제예상문제

1. 면적이 1km² 이상인 토지의 형질변경은 어디서 심의를 거쳐야 하는가?

① 시·군·구 도시계획위원회
② 시·도 도시계획위원회
③ 중앙 도시계획위원회
④ 국토교통부장관

[해설] 형질변경행위에 관한 심의기관

형질변경면적	심의기관
1km² 이상	중앙도시계획위원회
30만m² 이상 1km² 미만	시·도 도시계획위원회
30만m² 미만	시·군·구 도시계획위원회

2. 중앙도시계획위원회에 대한 설명 중 옳지 않은 것은?

① 중앙도시계획위원회는 위원장·부위원장 각 1인을 포함한 25인 이상 30인 이내의 위원으로 구성한다.
② 지방자치단체의 장이 입안한 광역도시계획 등을 검토하기 위해 도시계획상임기획단을 설치한다.
③ 규정에 의한 용도지역 등의 변경계획에 관한 사항 등을 효율적으로 심의하기 위하여 분과위원회를 둘 수 있다.
④ 회의는 재적위원 과반수의 출석으로 개의하고, 출석위원 과반수의 찬성으로 의결한다.

[해설]
② 도시계획상임기획단은 중앙도시계획위원회가 아니라 지방도시계획위원회에 설치한다.

3. 중앙도시계획위원회에 관한 설명으로 틀린 것은?

① 위원장 및 부위원장은 위원 중에서 국토교통부장관이 임명하거나 위촉한다.
② 공무원이 아닌 위원의 수는 10명 이상으로 하고, 그 임기는 2년으로 한다.
③ 위원장·부위원장 각 1명을 포함한 15명 이상 50명 이내의 위원으로 구성한다.
④ 회의는 재적위원 과반수의 출석으로 개의하고, 출석 위원 과반수의 찬성으로 의결한다.

[해설]
③ 위원장·부위원장 각 1명을 포함한 25명 이상 30명 이내의 위원으로 구성한다.

해답　1 ③　2 ②　3 ③

Chapter 17

장애인 등의 편의증진법

장애인 등의 편의증진법은 장애인·노인·임산부 등의 편의증진보장에 관한 법률과 노인복지법으로 구성되어 있다. 특히 장애인·노인·임산부 등의 편의증진보장에 관한 법률에서 출제가 많이 되고 있으므로 편의시설 세부기준에 대한 정리가 필요하다.

1 장애인·노인·임산부 등의 편의증진보장에 관한 법률

(1) 편의시설

① 정의

장애인 등이 일상생활에서 이동하거나 시설을 이용할 때 편리하게 하고 정보에 쉽게 접근할 수 있도록 하기 위한 시설과 설비를 말한다.

② 편의시설 설치대상[☆]

㉠ 공원

㉡ 공공건물 및 공중이용시설

<table>
<tr><td>제1종 근린생활시설</td><td>• 수퍼마켓, 이용원, 미용원, 휴게음식점, 제과점 : 50m² 이상
• 의원, 한의원, 조산원 : 100m² 이상
• 목욕장 : 300m² 이상
• 지역자치센터, 파출소, 지구대, 우체국, 보건소, 공공도서관, 국민건강보험공단·국민연금공단·한국장애인고용공단·근로복지공단의 지사 : 1,000m² 미만
• 대피소, 공중화장실
• 지역아동센터 : 300m² 이상</td></tr>
<tr><td>제2종 근린생활시설</td><td>• 일반음식점, 휴게음식점, 제과점 : 300m² 이상
• 안마시술소 : 500m² 이상</td></tr>
<tr><td>종교시설</td><td>500m² 이상</td></tr>
<tr><td>숙박시설</td><td>• 일반숙박시설 : 객실수 30실 이상
• 관광숙박시설</td></tr>
<tr><td>문화 및 집회시설</td><td>• 동·식물원 : 300m² 이상
• 전시장, 집회장, 공연장 : 500m² 이상
• 관람장</td></tr>
<tr><td>기타</td><td>판매시설, 의료시설, 교육연구시설, 노유자 시설, 수련시설, 운동시설, 업무시설, 공장, 자동차관련시설, 교정시설, 방송통신시설, 묘지관련시설, 관광휴게시설, 장례식장</td></tr>
</table>

출제빈도

11지방직 ⑦

ⓒ 공동주택

아파트	의무설치
연립주택, 다세대주택	세대수 10세대 이상
기숙사	30인 이상

ⓡ 통신시설 : 공중전화, 우체통

ⓜ 그 밖의 편의시설의 설치가 필요한 건물, 시설 및 그 부대시설

· 예제 01 ·

『장애인·노인·임산부 등의 편의증진 보장에 관한 법률』에서 정한 편의시설 설치대상으로 옳지 않은 것은? 【11지방직⑦】

① 세대수가 8세대 이상인 연립주택

② 공중전화와 우체통을 포함하는 통신시설

③ 관람석의 바닥면적의 합계가 500m² 이상인 공연장

④ 동일한 건축물 안에서 당해 용도에 쓰이는 바닥면적이 50m² 이상인 소매점

공동주택 편의시설 설치대상

(1) 아파트

(2) 다세대주택, 연립주택 : 세대수가 10세대 이상

(3) 기숙사 : 30인 이상 기숙하는 시설

답 : ①

(2) **편의시설의 세부기준[☆☆☆]**

① 장애인 등의 통행이 가능한 보도 및 접근로

ⓐ 휠체어 사용자가 통행할 수 있도록 보도 또는 접근로의 유효폭은 1.2m 이상

ⓑ 휠체어 사용자가 다른 휠체어 또는 유모차 등과 교행할 수 있도록 50m마다 1.5m×1.5m 이상의 교행구역을 설치

ⓒ 경사진 보도 등이 연속될 경우에는 휠체어 사용자가 휴식할 수 있도록 30m마다 1.5m×1.5m 이상의 수평면으로 된 참을 설치

ⓓ 보도 등의 기울기는 1/18 이하(단, 지형상 곤란한 경우 1/12)

② 장애인 등의 출입이 가능한 출입구

ⓐ 출입구는 통과유효폭을 0.9m 이상으로 하여야 하며, 출입구의 전면 유효거리는 1.2m 이상

ⓑ 자동문이 아닌 경우에는 출입문 옆에 0.6m 이상의 활동공간 확보

③ 장애인 등의 통행이 가능한 복도 및 통로의 유효폭

복도의 유효폭은 1.2m 이상으로 하되, 복도의 양옆에 거실이 있는 경우에는 1.5m 이상

④ 장애인 등의 통행이 가능한 계단

　㉠ 계단은 직선 또는 꺾임형태로 설치할 수 있다.

　㉡ 바닥면으로부터 높이 1.8m 이내마다 휴식을 할 수 있는 수평면으로 된 참을 설치

　㉢ 계단 및 참의 유효폭은 1.2m 이상(단, 옥외피난계단은 0.9m 이상)

　㉣ 계단에는 챌면을 반드시 설치하여야 한다.

　㉤ 디딤판의 너비는 0.28m 이상, 챌면의 높이는 0.18m로 하되, 동일한 계단에서 디딤판의 너비와 챌면의 높이는 균일하게 하여야 한다.

　㉥ 디딤판의 끝부분에서 발끝이나 목발의 끝이 걸리지 아니하도록 챌면의 기울기는 디딤판의 수평면으로부터 60° 이상으로 하여야 하며, 계단코는 3cm 이상 돌출하여서는 아니 된다.

⑤ 장애인용 승강기

　㉠ 장애인용 승강기는 장애인 등의 접근이 가능한 통로에 연결하여 설치하되, 가급적 건축물 출입구와 가까운 위치에 설치

　㉡ 승강기의 전면에는 1.4m×1.4m 이상의 활동공간 확보

　㉢ 승강장 바닥과 승강기 바닥의 틈은 3㎝ 이하

　㉣ 승강기 내부의 유효바닥면적은 폭 1.1m 이상, 깊이 1.35m 이상

　㉤ 출입문의 통과 유효폭 0.8m 이상

⑥ 장애인용 에스컬레이터

　㉠ 장애인용 에스컬레이터의 유효폭 0.8m 이상

　㉡ 속도는 30m/min 이하

　㉢ 휠체어 사용자가 승·하강할 수 있도록 에스컬레이터 디딤판은 3매 이상 수평상태로 이동할 수 있게 하여야 한다.

　㉣ 에스컬레이터의 양측면에서는 디딤판과 같은 속도로 움직이는 이동 손잡이를 설치하여야 한다.

　㉤ 에스컬레이터의 양끝 부분에는 수평이동 손잡이를 1.2m 이상 설치

　㉥ 수평이동 손잡이 전면에는 1m 이상의 수평고정 손잡이를 설치할 수 있으며, 수평고정 손잡이에는 층수, 위치 등을 나타내는 점자 표지판을 부착

⑦ 휠체어 리프트

　㉠ 계단 상부및 하부 각 1개소에 탑승자 스스로 휠체어 리프트를 사용할 수 있는 설비를 갖춘 1.4m×1.4m 이상의 승강장 설치

　㉡ 고정형 휠체어 리프트는 휠체어 받침판의 유효면적을 폭 0.76m 이상, 길이 1.05m 이상으로 하여야 하며, 휠체어 사용자가 탑승 가능한 구조로 설치

　㉢ 수직형 휠체어 리프트는 내부의 유효바닥면적은 폭 0.9m 이상, 깊이 1.2m 이상

⑧ 경사로
  ㉠ 경사로의 유효폭은 1.2m 이상
  ㉡ 바닥면으로부터 높이 0.75m 이내마다 휴식을 할 수 있도록 수평면
     으로 된 참을 설치
  ㉢ 경사로의 시작점과 끝, 굴절부분 및 참에는 1.5m×1.5m 이상의 활
     동공간을 확보
  ㉣ 경사로의 기울기는 1/12 이하(단, 높이가 1m 이하인 경사로의 기울
     기는 1/8)
  ㉤ 경사로의 길이가 1.8m 이상이거나 높이가 0.15m 이상인 경우에는
     양측면에 손잡이를 연속하여 설치
  ㉥ 손잡이를 설치하는 경우에는 경사로의 시작과 끝부분에 수평 손잡
     이를 0.3m 이상 연장하여 설치

⑨ 장애인용 화장실
  ㉠ 대변기의 칸막이는 유효바닥면적은 신축이 아닌 기존시설은 폭
     1.0m 이상, 깊이 1.8m 이상이 되도록 설치하고 신축하는 경우에는
     폭 1.6m 이상, 깊이 2.0m 이상이 되도록 설치
  ㉡ 대변기의 좌측 또는 우측에는 휠체어의 측면접근을 위하여 유효폭
     0.75m 이상의 활동공간을 확보할 수 있으며, 대변기의 전면에는
     휠체어가 회전할 수 있도록 1.4m×1.4m 이상의 활동공간 확보
  ㉢ 대변기의 출입문의 통과유효폭은 0.9m 이상
  ㉣ 대변기의 출입문의 형태는 미닫이문 또는 접이문으로 할 수 있으
     며, 여닫이문을 설치하는 경우에는 바깥쪽으로 개폐되도록 설치
  ㉤ 대변기의 수평손잡이는 바닥면으로부터 0.6m 이상, 0.7m 이하의
     높이에 설치하고, 수직손잡이의 길이는 0.9m 이상으로 하되, 손잡
     이의 제일 아랫부분이 바닥면으로부터 0.6m 내외의 높이에 오도록
     벽에 고정하여 설치
  ㉥ 소변기는 바닥부착형으로 할 수 있다.
  ㉦ 소변기의 양옆에는 수평 및 수직 손잡이를 설치
  ㉧ 소변기의 수평손잡이의 높이는 바닥면으로부터 0.8m 이상 0.9m 이하,
     길이는 벽면으로부터 0.55m 내외, 좌우 손잡이의 간격을 0.6m 내
     외로 설치
  ㉨ 소변기의 수직손잡이의 높이는 바닥면으로부터 1.1m 이상 1.2m 이하,
     돌출폭은 벽면으로부터 0.25m 내외로 하여야 하며, 하단부가 휠체
     어의 이동에 방해가 되지 아니하도록 설치

⑩ 장애인 등의 이동이 가능한 관람석 또는 열람석
  ㉠ 휠체어 사용자를 위한 관람석 또는 열람석은 출입구 및 피난통로에
     서 접근하기 쉬운 위치에 설치
  ㉡ 휠체어 사용자를 위한 관람석의 유효바닥면적은 1석당 폭 0.9m 이
     상, 깊이 1.3m 이상으로 설치

⑪ 장애인 전용주차 구역

　㉠ 공공건물 및 공중이용시설은 「주차장법」과 편의시설 설치기준이 정하는 설치비율에 따라 장애인용전용주차구역을 설치

　㉡ 장애인 전용주차 구역의 주차구획 : 너비 3.3m 이상, 길이 5.0m 이상

　㉢ 주차공간의 바닥면은 장애인 등의 승하차에 지장을 주는 높이 차이가 없어야 하며, 기울기는 1/50 이하

　㉣ 주차공간의 바닥표면은 미끄러지지 아니하는 재질로 평탄하게 마감하여야 한다.

　㉤ 노상주차장의 장애인 전용주차 구역 설치비율 : 주차대수 규모가 50대 이상인 경우 주차대수의 2%~4%의 범위에서 장애인의 주차 수요를 고려하여 해당 지방자치단체의 조례로 정하는 비율 이상

　㉥ 노외주차장이 장애인 전용주차 구역 설치비율 : 특별시장, 광역시장, 시장, 군수 또는 구청장이 설치하는 노외주차장의 주차대수 규모가 50대 이상인 경우 주차대수의 2%~4%의 범위에서 장애인의 주차 수요를 고려하여 해당 지방자치단체의 조례로 정하는 비율 이상

　㉦ 부설주차장의 장애인 전용주차 구역 설치비율 : 부설주차장의 주차대수 규모가 10대 이상인 장애인전용 주차구역을 설치해야 하는 시설물에는 부설주차장 설치기준에 따른 부설주차장 주차 대수의 2%~4%까지의 범위에서 장애인의 주차 수요를 고려하여 지방자치단체의 조례로 정하는 비율 이상

· 예제 02 ·

건축물에 설치되는 장애인 관련시설 및 설비에 관한 사항으로 옳지 않은 것은?
　　　　　　　　　　　　　　　　　　　　　　　　　【10국가직⑨】

① 휠체어 사용자가 통행할 수 있도록 접근로의 유효폭은 1.2m 이상으로 하여야 한다.

② 장애인전용주차구역의 크기는 주차대수 1대에 대하여 폭 3.3m 이상, 길이 5m 이상이 바람직하다.

③ 대변기는 양변기를 사용하고, 대변기 좌대의 높이는 바닥면으로부터 0.4m 이상 0.45m 이하로 한다.

④ 장애인주차장은 엘리베이터가 있는 입구 부근에 장애인전용주차공간을 설치하고 엘리베이터가 없는 주차장은 1층에 설치하는 것이 바람직하다. 하지만 경사로가 설치된 출입구에서는 되도록 먼 곳에 설치한다.

---

④ 장애인주차장은 경사로가 설치된 출입구에서 되도록 가까운 곳에 설치한다.

　　　　　　　　　　　　　　　　　　　　　　　　　답 : ④

[부설주차장의 설치기준]

① 위락시설 : 시설면적 100m² 당 1대

② 문화 및 집회시설, 종교시설, 판매시설, 운수시설, 의료시설, 운동시설, 업무시설, 방송통신시설 중 방송국, 장례식장 : 시설면적 150m² 당 1대

③ 제1종 근린생활시설, 제2종 근린생활시설, 숙박시설 : 시설면적 200m² 당 1대

④ 단독주택
　• 시설면적 50m² 초과 150m² 이하 : 1대
　• 시설면적 150m² 초과 : 1대에 150m²를 초과하는 100m² 당 1대를 더한 대수

⑤ 다가구주택, 공동주택, 업무시설 중 오피스텔 : 「주택건설기준 등에 관한 규정」 제27조 제1항에 따라 산정된 주차대수

⑥ 골프장, 골프연습장, 옥외수영장, 관람장
　• 골프장 : 1홀당 10대
　• 골프연습장 : 1타석당 1대
　• 옥외수영장 : 정원 15명당 1대
　• 관람장 : 정원 100명당 1대

⑦ 수련시설, 공장, 발전시설 : 시설면적 350m² 당 1대

⑧ 창고시설 : 시설면적 400m² 당 1대

⑨ 학생용 기숙사 : 시설면적 400m² 당 1대

⑩ 그 밖의 건축물 : 시설면적 300m² 당 1대

[주택건설기준 등에 관한 규정에 따른 주차대수 산정방법]

주택 규모별 (전용면적 : m²)	주차장 설치기준(대/m²)			
	특별시	광역시, 특별자치시, 및 수도권 내의 시지역	가목 및 나목 외의 시지역과 수도권 내의 군지역	그 밖의 지역
85 이하	1/75	1/85	1/95	1/110
85 초과	1/65	1/70	1/75	1/85

[노인복지시설의 종류]
① 노인주거복지시설
  : 양로시설, 노인공동생활가정, 노인복
    지주택
② 노인의료복지시설
  : 노인요양시설, 노인요양공동생활가정
③ 노인여가 복지시설
  : 노인복지관, 경로당, 노인교실
④ 재가 노인 복지시설
  : 방문요양서비스, 주야간보호서비스,
    단기보호서비스, 방문목욕서비스
⑤ 노인 보호 전문기관

② 노인복지법[☆]

(1) 노인주거복지시설의 시설기준

① 시설의 규모

ㄱ 양로시설 : 입소정원 10명 이상(입소정원 1명당 연면적 15.9㎡ 이상의 공간을 확보)

ㄴ 노인공동생활가정 : 입소정원 5명 이상 9명 이하(입소정원 1명당 연면적 15.9㎡ 이상의 공간을 확보)

ㄷ 노인복지주택 : 30세대 이상

② 시설의 구조 및 설비

ㄱ 시설의 구조 및 설비는 일조 · 채광 · 환기 등 입소자의 보건위생과 재해방지 등을 충분히 고려하여야 한다.

ㄴ 복도 · 화장실 · 침실 등 입소자가 통상 이용하는 설비는 휠체어 등의 이동이 가능한 공간을 확보하여야 하며 문턱제거, 손잡이 시설부착, 바닥 미끄럼 방지 등 노인의 활동에 편리한 구조를 갖추어야 한다.

ㄷ 「소방시설 설치유지 및 안전관리에 관한 법률」이 정하는 바에 따라 소화용 기구를 비치하고 비상구를 설치하여야 한다. 다만, 입소자 10명 미만인 시설의 경우에는 소화용 기구를 갖추는 등 시설실정에 맞게 비상재해에 대비하여야 한다.

ㄹ 입소자가 건강한 생활을 영위하는데 도움이 되는 도서관, 스포츠 · 레크리에이션 시설 등 적정한 문화 · 체육부대시설을 설치하도록 하되, 지역사회와 시설간의 상호교류 촉진을 통한 사회와의 유대감 증진을 위하여 입소자가 이용하는데 지장을 주지 아니하는 범위에서 외부에 개방하여 운영할 수 있다.

(2) 양로시설의 설비기준

① 침실

ㄱ 독신용 · 합숙용 · 동거용 침실을 둘 수 있다.

ㄴ 남녀공용인 시설의 경우에는 합숙용 침실을 남실 및 여실로 각각 구분하여야 한다.

ㄷ 입소자 1명당 침실면적은 5.0㎡ 이상이어야 한다.

ㄹ 합숙용침실 1실의 정원은 4명 이하이어야 한다.

ㅁ 합숙용침실에는 입소자의 생활용품을 각자 별도로 보관할 수 있는 보관시설을 설치하여야 한다.

ㅂ 채광 · 조명 및 방습설비를 갖추어야 한다.

② 식당 및 조리실

조리실바닥은 내수재료로서 세정 및 배수에 편리한 구조로 하여야 한다.

③ 세면장 및 샤워실(목욕실)

㉠ 바닥은 미끄럽지 아니하여야 한다.

㉡ 욕조를 설치하는 경우에는 욕조에 노인의 전신이 잠기지 아니하는 깊이로 하고 욕조의 출입이 자유롭도록 최소한 1개 이상의 보조봉과 수직의 손잡이 기둥을 설치하여야 한다.

㉢ 급탕을 자동온도조절장치로 하는 경우에는 물의 최고 온도는 섭씨 40도 이상이 되지 아니하도록 하여야 한다.

④ 프로그램실

자유로이 이용할 수 있는 적당한 문화시설과 오락기구를 갖추어 두어야 한다.

⑤ 체력단련실

입소 노인들이 기본적인 체력을 유지할 수 있는데 필요한 적절한 운동기구를 갖추어야 한다.

⑥ 의료 및 간호사실

진료 및 간호에 필요한 상용의약품·위생재료 또는 의료기구를 갖추어야 한다.

⑦ 경사로

침실이 2층 이상인 경우 경사로를 설치하여야 한다. 다만, 승객용 엘리베이터를 설치한 경우에는 경사로를 설치하지 아니할 수 있다.

⑧ 그 밖의 시설

㉠ 복도·화장실 그 밖의 필요한 곳에 야간 상용등을 설치하여야 한다.

㉡ 계단의 경사는 완만하여야 하며, 난간을 설치하여야 한다.

㉢ 바닥은 부드럽고 미끄럽지 아니한 바닥재를 사용하여야 한다.

(3) 노인공동생활가정의 설비기준

① 침실

㉠ 독신용·동거용·합숙용 침실을 둘 수 있다.

㉡ 남녀공용인 시설의 경우에는 합숙용 침실을 남실 및 여실로 각각 구분하여야 한다.

㉢ 입소자 1명당 침실면적은 $5.0m^2$ 이상이어야 한다.

㉣ 합숙용침실 1실의 정원은 4명 이하이어야 한다.

㉤ 합숙용침실에는 입소자의 생활용품을 각자 별도로 보관할 수 있는 보관시설을 설치하여야 한다.

㉥ 채광·조명 및 방습설비를 갖추어야 한다.

② 식당 및 조리실

　조리실바닥은 내수재료로서 세정 및 배수에 편리한 구조로 하여야 한다.

③ 세면장 및 샤워실(목욕실)

　㉠ 바닥은 미끄럽지 아니하여야 한다.

　㉡ 욕조를 설치하는 경우에는 욕조에 노인의 전신이 잠기자 아니하는 깊이로 하고 욕조의 출입이 자유롭도록 최소한 1개 이상의 보조봉과 수직의 손잡이 기둥을 설치하여야 한다.

　㉢ 급탕을 자동온도조절장치로 하는 경우에는 물의 최고 온도는 섭씨 40도 이상이 되지 아니하도록 하여야 한다.

④ 경사로

　침실이 2층 이상인 경우 경사로를 설치하여야 한다. 다만, 승객용 엘리베이터를 설치한 경우에는 경사로를 설치하지 아니할 수 있다

⑧ 그 밖의 시설

　㉠ 복도 · 화장실 그 밖의 필요한 곳에 야간 상용등을 설치하여야 한다.

　㉡ 계단의 경사는 완만하여야 하며, 난간을 설치하여야 한다.

　㉢ 바닥은 부드럽고 미끄럽지 아니한 바닥재를 사용하여야 한다.

⑷ 노인복지주택의 설비기준

① 침실

　㉠ 독신용 · 동거용 침실의 면적은 20m^2 이상이어야 한다.

　㉡ 취사할 수 있는 설비를 갖추어야 한다.

　㉢ 목욕실, 화장실 등 입소자의 생활편의를 위한 설비를 갖추어야 한다.

　㉣ 채광 · 조명 및 방습설비를 갖추어야 한다.

② 프로그램실

　자유로이 이용할 수 있는 적당한 문화시설과 오락기구를 갖추어 두어야 한다.

③ 체력단련실

　입소 노인들이 기본적인 체력을 유지할 수 있는데 필요한 적절한 운동기구를 갖추어야 한다.

④ 의료 및 간호사실

　진료 및 간호에 필요한 상용의약품 · 위생재료 또는 의료기구를 갖추어야 한다.

⑤ 경보장치

　타인의 도움이 필요할 때 경보가 울릴 수 있도록 거실, 화장실, 욕실, 복도 등 필요한 곳에 설치하여야 한다.

⑥ 경사로

침실이 2층 이상인 경우 경사로를 설치하여야 한다. 다만, 승객용 엘리베이터를 설치한 경우에는 경사로를 설치하지 아니할 수 있다.

⑸ 노인의료복지시설의 시설기준

① 시설의 규모

㉠ 노인요양시설 : 입소정원 10명 이상(입소정원 1명당 연면적 $23.6m^2$ 이상의 공간을 확보)

㉡ 치매전담실의 요건

• 치매전담실 1실당 정원은 12명 이하로 할 것(정원 1명당 연면적 $15m^2$ 이상의 공간을 확보)

• 치매전담실은 총 2실 이내로 설치할 것

• 치매전담실의 총 인원은 노인요양시설 입소정원의 60% 이내로 할 것

• 치매전담실을 설치한 후에는 노인요양시설의 입소정원이 30명 이상일 것

㉢ 노인요양공동생활가정 : 입소정원 5명 이상 9명 이하(입소정원 1명당 연면적 $20.5m^2$ 이상의 공간을 확보)

② 시설의 구조 및 설비

㉠ 시설의 구조 및 설비는 일조 · 채광 · 환기 등 입소자의 보건위생과 재해방지 등을 충분히 고려하여야 한다.

㉡ 복도 · 화장실 · 침실 등 입소자가 통상 이용하는 설비는 휠체어 등의 이동이 가능한 공간을 확보하여야 하며 문턱제거, 손잡이 시설 부착, 바닥 미끄럼 방지 등 노인의 활동에 편리한 구조를 갖추어야 한다.

㉢ 「소방시설 설치유지 및 안전관리에 관한 법률」이 정하는 바에 따라 소화용 기구를 비치하고 비상구를 설치하여야 한다. 다만, 입소자 10명 미만인 시설의 경우에는 소화용 기구를 갖추는 등 시설실정에 맞게 비상재해에 대비하여야 한다.

㉣ 입소자가 건강한 생활을 영위하는데 도움이 되는 도서관, 스포츠 · 레크리에이션 시설 등 적정한 문화 · 체육부대시설을 설치하도록 하되, 지역사회와 시설간의 상호교류 촉진을 통한 사회와의 유대감 증진을 위하여 입소자가 이용하는데 지장을 주지 아니하는 범위에서 외부에 개방하여 운영할 수 있다.

⑹ 노인의료복지시설의 설비기준

① 침실

㉠ 독신용 · 합숙용 · 동거용 침실을 둘 수 있다.

㉡ 남녀공용인 시설의 경우에는 합숙용 침실을 남실 및 여실로 각각 구분하여야 한다.

ⓒ 입소자 1명당 침실면적은 6.6m² 이상이어야 한다. 다만, 치매 전담 실은 다음과 같이 구분하여 침실면적의 기준을 달리하여야 한다.
- 가형 : 1인실 9.9m² 이상, 2인실 16.5m² 이상, 3인실 23.1m² 이상, 4인실 29.7m² 이상
- 나형 : 1인실 9.9m² 이상(다인실의 경우에는 입소자 1명당 6.6m² 이상 이어야 한다)

ⓔ 합숙용 침실 1실의 정원은 4명 이하이어야 한다. 다만, 치매전담형 노인요양공동생활가정의 경우에는 침실 1실의 정원이 3명 이하이어 야 한다.

ⓜ 합숙용 침실에는 입소자의 생활용품을 각자 별도로 보관할 수 있는 보관시설을 설치하여야 한다.

ⓗ 적당한 난방 및 통풍장치를 갖추어야 한다.

ⓢ 채광 · 조명 및 방습설비를 갖추어야 한다.

ⓞ 노인질환의 종류 및 정도에 따른 특별침실을 입소정원의 5% 이내 의 범위에서 두어야 한다.

ⓩ 침실바닥면적의 7분의 1 이상의 면적을 창으로 하여 직접 바깥 공 기에 접하도록 하며, 개폐가 가능하여야 한다.

ⓒ 침대를 사용하는 경우에는 노인들이 자유롭게 오르내릴 수 있어야 한다.

ⓚ 안전설비를 갖추어야 한다.

ⓣ 공동주택에 설치되는 노인요양공동생활가정의 침실은 1층에 두어야 한다.

ⓟ 노인요양시설 내 치매전담실 및 치매전담형 노인요양공동생활 가정 의 경우에는 1인실을 1실 이상 두어야 한다.

② **식당 및 조리실**
조리실바닥은 내수재료로서 세정 및 배수에 편리한 구조로 하여야 한다.

③ **세면장 및 목욕실**
ⓖ 바닥은 미끄럽지 아니하여야 한다.
ⓛ 욕조를 설치하는 경우에는 욕조에 노인의 전신이 잠기지 아니하는 깊이로 하고 욕조의 출입이 자유롭도록 최소한 1개 이상의 보조봉 과 수직의 손잡이 기둥을 설치하여야 한다.
ⓒ 급탕을 자동온도조절장치로 하는 경우에는 물의 최고 온도는 섭씨 40도 이상이 되지 아니하도록 하여야 한다.

④ **프로그램실**
자유로이 이용할 수 있는 적당한 문화시설과 오락기구를 갖추어 두어야 한다.

⑤ 물리(작업)치료실

기능회복 또는 기능감퇴를 방지하기 위한 훈련 등에 지장이 없는 면적과 필요한 시설 및 장비를 갖추어야 한다.

⑥ 의료 및 간호사실

진료 및 간호에 필요한 상용의약품·위생재료 또는 의료기구를 갖추어야 한다.

⑦ 경사로

침실이 2층 이상인 경우 경사로를 설치하여야 한다. 다만, 승객용 엘리베이터를 설치한 경우에는 경사로를 설치하지 아니할 수 있다.

⑧ 그 밖의 시설

㉠ 복도, 화장실, 그 밖의 필요한 곳에 야간 상용등을 설치하여야 한다.
㉡ 계단의 경사는 완만하여야 하며, 치매노인의 낙상을 방지하기 위하여 계단의 출입구에 출입문을 설치하고, 그 출입문에 잠금장치를 갖추되, 화재 등 비상시에 자동으로 열릴 수 있도록 하여야 한다.
㉢ 바닥은 부드럽고 미끄럽지 아니한 바닥재를 사용하여야 한다.
㉣ 주방 등 화재위험이 있는 곳에는 치매노인이 임의로 출입할 수 없도록 잠금장치를 설치하여야 한다.
㉤ 배회환자의 실종 등을 예방할 수 있도록 외부 출입구에 잠금장치를 갖추되, 화재 등 비상시에 자동으로 열릴 수 있도록 하여야 한다.

· 예제 03 ·

노인의료복지시설 계획에 대한 설명으로 옳지 않은 것은?　　【14국가직⑨】

① 침실 창은 침실바닥면적의 1/10 이상으로 하고, 직접 바깥 공기에 접하도록 하며 개폐가 가능하여야 한다.
② 목욕실의 급탕을 자동 온도조절장치로 하는 경우에는 물의 최고온도가 40℃ 이상 되지 않도록 한다.
③ 침실의 면적은 입소자 1인당 $6.6m^2$ 이상이어야 하며, 합숙용 침실의 정원은 4인 이하여야 한다.
④ 화장실에 욕조를 설치하는 경우에는 욕조에 노인의 전신이 잠기지 않는 깊이로 한다.

---

① 노인의료복지시설의 침실 창은 침실바닥면적의 1/7 이상으로 하고, 직접 바깥 공기에 접하도록 하며 개폐가 가능하여야 한다.

답 : ①

17 출제예상문제

1. 법령에 의해 보장되어야 할 휠체어 장애인 등의 통행을 위한 보도 및 접근로의 최소 유효폭은?

【07국가직⑦】

① 80cm 이상   ② 90cm 이상
③ 120cm 이상   ④ 150cm 이상

[해설]
③ 휠체어 장애인 등의 통행을 위한 보도 및 접근로의 최소 유효폭은 1.2m 이상이어야 한다.

2. 복원된 청계천 변에 장애인, 노인, 임산부 등의 편의를 위해 설치한 경사진 보행로의 적정 기울기는 완화규정을 적용하지 않을 경우, 원칙적으로 얼마 이하로 하여야 가장 적절한가?

【07국가직⑦】

① 1/8   ② 1/12
③ 1/16   ④ 1/18

[해설]
④ 보도 등의 기울기는 1/18 이하로 해야 한다. 다만, 지형상 곤란한 경우에는 1/12까지 완화할 수 있다.

3. 노인을 위한 시설의 계획에서 고려할 사항으로 옳지 않은 것은?

【08국가직⑨】

① 휠체어 사용 노인을 위해서는 모든 공간의 폭이 최소 2m가 되어야 한다.
② 노인을 위한 시설은 무장애(Barrier-Free) 디자인의 개념을 적용하여 설계하는 것이 바람직하다.
③ 계단보다는 경사로를 설치하여 수직동선을 해결하는 것이 좋다.
④ 노인은 황변화 현상 등으로 인해 색채 변별력이 떨어지므로 변별력을 높일 수 있는 실내 배색 계획이 필요하다.

[해설]
① 휠체어 사용 노인을 위해 모든 공간의 최소 폭은 1.2m 이상으로 한다.

4. 장애인을 고려한 대변기의 설치에 관한 국내기준으로 옳지 않은 것은?

【08국가직⑨】

① 건물 신축의 경우 대변기의 칸막이는 유효바닥면적이 폭 1.4m 이상, 깊이 1.8m 이상이 되도록 설치하여야 한다.
② 출입문의 통과 유효폭은 0.9m 이상으로 해야 한다.
③ 대변기 옆 수평손잡이는 바닥면으로부터 0.8m 이상 0.9m 이하의 높이에 설치한다.
④ 출입문에는 화장실 사용여부를 시각적으로 알 수 있는 설비 및 잠금장치를 갖추어야 한다.

[해설]
③ 수평손잡이는 바닥면으로부터 0.6m 이상 0.7m 이하의 높이에 설치한다.

5. 장애인 시설계획에 대한 설명 중 옳지 않은 것은?

【09국가직⑨】

① 주출입구의 문은 휠체어가 통과할 수 있는 최소폭이 70cm이므로 가능하면 75cm 이상이 바람직하다.
② 복도는 턱이나 바닥면의 단차가 없어야 한다. 5mm 이상의 단차는 노인, 보행장애인 등이 걸려 넘어질 수 있다.
③ 내부경사로의 기울기는 1/12 이하로 한다. 1/12~1/18의 범위를 초과하는 완만한 이동경사는 오히려 이동거리를 길게 하여 불편을 초래할 수 있다.
④ 내부경사로 양 측면에는 높이 5~10cm의 휠체어 추락방지턱을 설치한다.

[해설]
① 주출입구의 문은 최소 90cm 이상의 크기로 하며, 출입구의 전면 유효거리는 1.2m 이상으로 하여야 한다.

해답   1 ③   2 ④   3 ①   4 ③   5 ①

6. 장애인을 위한 건축계획에 대한 설명으로 옳지 않은 것은? 【09지방직⑨】

① 경사로의 기울기는 가능한 한 1/12 이하로 하며, 0.8m 이상 0.9m 이하의 높이로 손잡이를 설치해야 한다.

② 주차장에서 건물까지의 통로는 가급적 높이 차이를 없애고, 그 유효폭은 120cm 이상으로 한다.

③ 장애자를 위한 주차공간은 최소 3.3m의 폭을 가져야 한다.

④ 건물 내 경사로 참의 길이는 최소 1.2m 이상을 확보한다.

[해설]
④ 건물 내 경사로 참의 길이는 최소 1.5m 이상을 확보한다.

7. 장애인을 위한 건축계획에서 고려해야 할 사항으로 적절하지 않은 것은? 【09지방직⑦】

① 출입문의 손잡이는 중앙지점이 바닥면으로부터 0.8m와 0.9m 사이에 위치하도록 설치한다.

② 휠체어 사용자의 접근 및 활동공간을 확보하기 위해 70cm의 휠체어 사용자의 통과폭과 1.2m×1.2m의 활동공간 그리고 출입문 옆 15cm의 여유공간이 필요하다.

③ 지체장애인을 위한 차량동선은 현관까지 직접 연결되는 것이 바람직하다.

④ 접근로의 기울기는 1/18 이하로 하여야 한다. 다만, 지형상 곤란한 경우에는 1/12 까지 완화할 수 있다.

[해설]
② 휠체어 사용자의 접근 및 활동공간을 확보하기 위해 70cm의 휠체어 사용자의 통과폭과 1.5m×1.5m의 활동공간 그리고 출입문 옆 60cm의 여유공간이 필요하다.

8. 건축물에 설치되는 장애인 관련시설 및 설비에 관한 사항으로 옳지 않은 것은? 【10국가직⑨】

① 휠체어 사용자가 통행할 수 있도록 접근로의 유효폭은 1.2m 이상으로 하여야 한다.

② 장애인전용주차구역의 크기는 주차대수 1대에 대하여 폭 3.3m 이상, 길이 5m 이상이 바람직하다.

③ 대변기는 양변기를 사용하고, 대변기 좌대의 높이는 바닥면으로부터 0.4m 이상 0.45m 이하로 한다.

④ 장애인주차장은 엘리베이터가 있는 입구 부근에 장애인전용주차공간을 설치하고 엘리베이터가 없는 주차장은 1층에 설치하는 것이 바람직하다. 하지만 경사로가 설치된 출입구에서는 되도록 먼 곳에 설치한다.

[해설]
④ 장애인주차장은 경사로가 설치된 출입구에서 되도록 가까운 곳에 설치한다.

9. 장애인 및 노약자를 배려한 건축계획으로 옳지 않은 것은? 【10국가직⑦】

① 건축물의 주출입구와 통로의 높이 차이는 3cm 이하가 되도록 설치한다.

② 출입문은 회전문을 제외한 다른 형태의 문을 설치한다.

③ 출입문의 통과 유효폭을 90cm 이상으로 한다.

④ 경사로의 기울기는 1/12 이하로 한다.

[해설]
① 건축물의 주출입구와 통로의 높이 차이는 2cm 이하가 되도록 설치한다.

해답   6 ④   7 ②   8 ④   9 ①

10. 장애인시설 계획에 대한 설명으로 옳지 않은 것은?

【11국가직⑦】

① 내부공간 계획 시 주출입구의 유효폭은 휠체어가 통과할 수 있도록 최소 150cm 이상으로 하며, 강화유리 등 유리문일 경우 시각장애인 등이 인지할 수 있도록 바닥에서 100cm 높이에 폭 10cm 이상의 수평띠를 설치한다.

② 장애인을 위해서 보도는 가로수, 도로구조물 등 보행장애물로부터 위쪽 높이 2.1m 이상 부분까지 입체적으로 무장애 공간화 되어야 한다.

③ 외부경사로의 길이가 1.8m 이상 또는 높이 15cm 이상인 경우에는 양측 면에 연속된 손잡이를 설치하며, 경사로의 최소 유효폭은 120cm 이상으로 한다.

④ 세면대의 상단높이는 바닥면으로부터 85cm, 하단높이는 65cm 이상의 위치에 부착한다.

[해설]
　① 내부공간 계획 시 주출입구의 유효폭은 휠체어가 통과할 수 있도록 최소 120cm 이상으로 해야 한다.

11. 장애인시설 계획에 대한 설명으로 옳은 것은?

【11지방직⑦】

① 휠체어의 통로에는 단(段)을 만들어서는 안 되며, 부득이 단차를 둘 경우에는 5cm 이하로 한다.

② 복도의 모퉁이 부분은 모서리를 45°로 꺾이게 하여 충돌 등의 위험을 방지한다.

③ 출입문은 회전문을 설치하는 것을 원칙으로 한다.

④ 여닫이문을 사용할 경우 문을 복도쪽으로 열도록 하는 것을 원칙으로 한다.

[해설]
　② 휠체어의 통로에는 단(段)을 만들어서는 안 되며, 부득이 단차를 둘 경우에는 2cm 이하로 한다.
　③ 출입문은 회전문을 설치하지 않는 것을 원칙으로 한다.
　④ 여닫이문에 도어체크를 설치하는 경우에는 문이 닫히는 시간이 3초 이상 충분하게 확보되도록 한다.

12. 『장애인·노인·임산부 등의 편의증진 보장에 관한 법률』에서 정한 편의시설 설치대상으로 옳지 않은 것은?

【11지방직⑦】

① 세대수가 8세대 이상인 연립주택

② 공중전화와 우체통을 포함하는 통신시설

③ 관람석의 바닥면적의 합계가 500m² 이상인 공연장

④ 동일한 건축물 안에서 당해 용도에 쓰이는 바닥면적이 50m² 이상인 소매점

[해설] 공동주택 편의시설 설치대상
　(1) 아파트
　(2) 다세대주택, 연립주택 : 세대수가 10세대 이상
　(3) 기숙사 : 30인 이상 기숙하는 시설

13. 장애인을 위한 접근로 기준에 대한 설명으로 옳지 않은 것은?

【12지방직⑨】

① 접근로의 기울기는 1/18 이하로 해야 한다. 다만, 지형상 곤란한 경우에는 1/12 까지 완화할 수 있다.

② 경사진 접근로가 연속될 경우에는 휠체어 사용자가 휴식할 수 있도록 30m마다 1.4m×1.4m 이상의 수평면으로 된 참을 설치할 수 있다.

③ 연석의 높이는 6cm 이상 15cm 이하로 할 수 있으며, 색상은 접근로의 바닥재 색상과 달리 설치할 수 있다.

④ 휠체어 사용자가 다른 휠체어 또는 유모차 등과 교행할 수 있도록 50m마다 1.5m×1.5m 이상의 교행구역을 설치할 수 있다.

[해설]
　② 경사진 접근로가 연속될 경우에는 휠체어 사용자가 휴식할 수 있도록 30m마다 1.5m×1.5m 이상의 수평면으로 된 참을 설치할 수 있다.

해답　**10** ①　**11** ②　**12** ①　**13** ②

14. 장애인의 출입이 가능한 출입구 또는 출입문에 대한 설명으로 옳지 않은 것은? 【13지방직⑨】

① 건축물 주출입구의 0.3m 전면에는 점형블록을 설치하여야 한다.

② 출입문의 전면 유효거리는 1.0m 이상으로 하여야 한다.

③ 여닫이문에 도어체크를 설치하는 경우에는 문이 닫히는 시간이 3초 이상 확보되도록 하여야 한다.

④ 출입문의 손잡이는 중앙지점이 바닥면으로부터 0.8m와 0.9m 사이에 위치하도록 설치하여야 한다.

[해설]
　② 출입문의 전면 유효거리는 1.2m 이상으로 하여야 한다.

15. 『장애인·노인·임산부 등의 편의증진보장에 관한 법률 시행규칙』에서 정한 편의시설의 세부기준에 대한 설명으로 옳지 않은 것은? 【13국가직⑦】

① 휠체어 사용자가 통행할 수 있도록 접근로의 유효폭은 1.2m 이상으로 하여야 한다.

② 접근로의 기울기는 1/12 이하로 하되, 지형상 곤란할 경우 1/8까지 완화할 수 있다.

③ 접근로의 바닥표면은 장애인 등이 넘어지지 아니하도록 잘 미끄러지지 아니하는 재질로 평탄하게 마감하여야 한다.

④ 가로수는 지면에서 2.1m까지 가지치기를 하여야 한다.

[해설]
　② 접근로의 기울기는 1/18 이하로 하되, 지형상 곤란할 경우 1/12까지 완화할 수 있다.

16. 층고 3m인 1층에서 2층으로 연결하는 장애인용 직선형 실내경사로의 최소 수평길이는? (단, 중간 계단 참의 길이는 1.5m로 가정하고, 상단과 하단의 경사로 참 길이는 포함하지 않는다) 【14국가직⑦】

① 37.5m　　　　② 39.0m

③ 40.5m　　　　④ 42.0m

[해설]
① 경사로의 기울기 : 1/12

② 경사로의 참 : 경사로의 시작 및 끝, 굴절부분 및 참에는 1.5m×1.5m 이상의 활동공간 확보

③ 바닥면으로부터 0.75m 이내마다 휴식을 위한 참을 설치

• 경사로의 참의 개수 = 3개
• 참의 길이 : 3 × 1.5m = 4.5m
• 경사로의 길이 = 3m × 12 = 36m
• 경사로의 총길이 = 36m + 4.5m = 40.5m

17. 장애인·노인·임산부 등의 편의증진 보장에 관한 법률 시행규칙 상 편의시설의 세부기준에 대한 내용으로 옳지 않은 것은? 【15국가직⑦】

① 장애인 등이 통과하기 쉽도록 건축물의 주출입구와 통로의 높이 차이를 3cm 이하가 되도록 한다.

② 장애인 등이 출입하기 쉽도록 출입구(문)의 통과 유효폭을 0.9m 이상이 되도록 한다.

③ 장애인 등이 통행하기 쉽도록 복도의 유효폭은 1.2m 이상이 되도록 한다.

④ 평행주차형식이 아닌 장애인전용주차구역에서 주차대수 1대의 폭은 3.3m 이상이 되도록 한다.

[해설]
　① 장애인 등이 통과하기 쉽도록 건축물의 주출입구와 통로의 높이 차이를 2cm 이하가 되도록 한다.

18. 노인의료복지시설 계획에 대한 설명으로 옳지 않은 것은? 【14국가직⑨】

① 침실 창은 침실바닥면적의 1/10 이상으로 하고, 직접 바깥 공기에 접하도록 하며 개폐가 가능하여야 한다.

② 목욕실의 급탕을 자동 온도조절장치로 하는 경우에는 물의 최고온도가 40℃ 이상 되지 않도록 한다.

③ 침실의 면적은 입소자 1인당 6.6m² 이상이어야 하며, 합숙용 침실의 정원은 4인 이하여야 한다.

④ 화장실에 욕조를 설치하는 경우에는 욕조에 노인의 전신이 잠기지 않는 깊이로 한다.

[해설]
　① 노인의료복지시설의 침실 창은 침실바닥면적의 1/7 이상으로 하고, 직접 바깥 공기에 접하도록 하며 개폐가 가능하여야 한다.

19. 노인복지법 시행규칙 상 노인복지시설의 시설기준에 대한 내용으로 옳지 않은 것은? 【15국가직⑦】

① 경로당의 거실 또는 휴게실 면적은 20㎡ 이상이어야 한다.

② 노인의료복지시설은 침실바닥면적의 1/7 이상의 면적을 창으로 하여 직접 바깥 공기에 접하도록 하며, 개폐가 가능하여야 한다.

③ 양로시설의 합숙용침실 1실의 정원은 5명 이하여야 한다.

④ 노인공동생활가정의 입소자 1명당 침실면적은 5㎡ 이하여야 한다.

[해설]
　③ 양로시설의 합숙용침실 1실의 정원은 4명 이하여야 한다.

20. 「노인복지법」 상 노인주거복지시설에 해당하는 것으로만 나열한 것은? 【18지방직⑨】

① 양로시설, 노인공동생활가정, 노인복지주택

② 노인요양시설, 경로당, 노인복지주택

③ 주야간보호시설, 단기보호시설, 노인공동생활가정

④ 노인공동생활가정, 노인복지주택, 단기보호시설

[해설] 노인복지시설의 종류
　① 노인주거복지시설 : 양로시설, 노인공동생활가정, 노인복지주택
　② 노인의료복지시설 : 노인요양시설, 노인요양공동생활가정
　③ 노인여가 복지시설 : 노인복지관, 경로당, 노인교실
　④ 재가 노인 복지시설 : 방문요양서비스, 주야간보호서비스, 단기보호서비스, 방문목욕서비스
　⑤ 노인 보호 전문기관

Piece

06

1. 은행의 건축계획에 대한 설명으로 옳지 않은 것은?

① 은행의 일반적인 시설규모는 은행원수×16~26 m² 또는 은행실 면적×1.5~3배로 하는 것이 적정하다.

② 객장은 기입이나 대기를 위한 여유 공간이 필요하며, 최소폭 3.2m 정도를 확보하는 것이 적정하다.

③ 영업장의 면적은 은행원 1인당 10m²로 하며, 조도는 책상 위에서 150~200lx정도가 적정하다.

④ 금고실의 구조는 철근콘크리트 구조로 벽 두께는 30~45cm가 표준이지만 60cm 이상으로도 하며, 철근은 지름 16~19mm, 간격 15cm의 이중 배근하는 것이 보통이다.

2. 근린생활권에 대한 설명으로 옳지 않은 것은?

① 인보구는 이웃 간의 친분이 유지되는 공간적 범위로서 어린이 놀이터가 중심이 되는 단위이다.

② 근린분구는 초등학교를 중심으로 하는 단위이며, 어린이공원, 운동장, 우체국 등을 설치한다.

③ 근린주구는 도시계획의 종합계획에 따른 최소단위가 된다.

④ 페리(C. A. Perry)는 일조문제와 인동간격의 이론적 고찰을 통해 근린주구 이론을 정리하였다.

3. 건축물의 피난·방화구조 등의 기준에 관한 규칙 상 건축물의 내부에 설치하는 피난계단의 구조로 옳지 않은 것은?

① 계단실은 예비전원에 의한 조명설비를 한다.

② 계단실은 창문출입구 기타 개구부를 제외한 당해 건축물의 다른 부분과 내화구조의 벽으로 구획한다.

③ 건축물 내부와 접하는 계단실 창문 등(출입구를 제외한다)은 망이 들어있는 유리의 붙박이창으로서 그 면적은 각각 1m² 이하로 한다.

④ 건축물 내부에서 계단실로 통하는 출입구의 유효너비는 80cm 이상으로 하고 그 출입구에는 피난 방향으로 열 수 있는 구조로 한다.

4. 공장건축 바닥의 특징에 대한 설명으로 옳지 않은 것은?

① 나무바닥 – 내화성은 없으나, 보행 시 소음이 적고 먼지가 없다는 장점이 있다.

② 흙바닥 – 위생상 그다지 좋지는 않으나 주물공장과 같은 곳에서는 사용되기도 한다.

③ 벽돌바닥 – 미끄러지지 않는다는 장점이 있고 파손된 경우 쉽게 교체할 수 있으나 마모로 인해 먼지가 발생될 우려가 있다.

④ 콘크리트 바닥 – 먼지가 많고 한랭하며, 파손되기 쉬운 물품을 생산하는 공장에서는 적당하지 못하다.

5. 도서관의 건축계획에 대한 설명으로 옳지 않은 것은?

① 폐가식은 책을 안전하게 보관하고 관리자의 작업량을 줄이는 데에 효과적이다.

② 서고 내부는 습도 63% 이하의 어두운 공간으로 만드는 것이 좋다.

③ 절충식 서가의 서고는 코어플랜(core plan)과 같이 서고 구조체의 일부에 계획하는 경우 적합하다.

④ 도서관은 처음 신축할 때부터 증축을 염두에 두어야 하기 때문에 모듈러 시스템을 적용할 필요가 있다.

6. 바로크(Baroque) 건축에 대한 설명으로 옳지 않은 것은?

① 전체나 부분 취급이 감각적이고 조각적이어서 강렬한 인상을 준다.

② 소재의 취급방법이 매우 자유롭고 대담하며, 뚜렷한 요철에서 생기는 빛과 그림자의 음영대비에 의한 동적인 효과를 주었다.

③ 개인의 사적 생활을 위주로 한 소규모 공간에 주로 전개되었으며, 실내를 곡선과 곡면을 이용하여 우아하고 화려하게 장식하였다.

④ 바로크적 요소가 부분적 또는 전체적으로 적용된 프랑스 건축물은 루브르궁전, 베르사유궁전 등이 있다.

7. 건축법 시행령 상 용도별 건축물의 종류가 옳지 않은 것은?

① 자동차영업소로서 같은 건축물의 해당용도로 쓰는 바닥면적의 합계가 1,000㎡ 미만인 것－제1종 근린생활시설

② 장의사, 동물병원, 동물미용실, 그 밖에 이와 유사한 것－제2종 근린생활시설

③ 동물원, 식물원, 수족관, 그 밖에 이와 비슷한 것－문화 및 집회시설

④ 오피스텔(업무를 주로 하며, 분양하거나 임대하는 구획 중 일부 구획에서 숙식을 할 수 있도록 한 건축물로서 국토교통부장관이 고시하는 기준에 적합한 것)－업무시설

8. 종합병원의 건축계획에 대한 설명으로 옳지 않은 것은?

① 기능에 따라 병동부, 외래진료부, 중앙진료부, 관리 및 서비스부 등으로 구성하는 것이 일반적이다.

② 수술실은 멸균재료부(C.S.S.D.)에 수직적, 수평적으로 거리가 멀리 떨어져 있도록 배치하는 것이 좋다.

③ PPC(progressive patient care)란 환자의 증상과 소요 간호량에 따른 단계적인 간호구성방식으로 이 기본개념에 의한 중환자실의 배치형태는 개방형을 주로 한다.

④ 치료방사선부의 출입구, 벽면 등은 소요두께의 납판 또는 동등 이상의 성능을 가지는 두께의 콘크리트 벽을 설치하여야 하며, 유리는 납유리를 사용하여야 한다.

9. 단독주택용지의 획지(lot)분할기법에 대한 설명으로 옳지 않은 것은?

① 획지규모가 작은 경우, 토지이용의 효율성을 위해 세장비를 가능한 한 작게 하는 것이 바람직하다.

② 가구(block)의 굴곡된 부분의 획지분할은 도로와 수직선이 되도록 하는 것이 토지이용에 유리하다.

③ 간선도로변에 획지가 직접 도로에 면하게 되는 경우, 세장비가 큰 대형의 획지를 1켜로 배치하는 것이 도로변으로부터 소음 등의 피해를 줄이고 가로미관을 증진시키는 데 유리하다.

④ 가구(block)의 단변부분의 획지분할은 단변도로에 면한 부분을 앞길이로 설정하여 세장비를 크게 하는 것이 주거환경보호를 위해 바람직하다.

10. 어떤 저수조에서 양수능력 900ℓ/min의 펌프로 양정 60m인 고가수조에 물을 양수하고자 한다. 펌프의 효율이 70%라면 이 펌프의 축동력은? (단, 물의 비중량은 1,000kg/㎥이고, 계산 결과의 소수점 이하는 반올림한다)

① 13 kW ② 15 kW
③ 17 kW ④ 19 kW

11. 학교 운영방식에 대한 설명으로 옳지 않은 것은?

① 교과교실형은 학생의 이동이 심하기 때문에, 학생의 이동에 대한 동선처리에 주의해야 한다.
② 종합교실형은 각 교과에 순수율이 높은 교실이 주어져 시설의 활용도가 높게 된다.
③ 플래툰형은 교사의 수가 부족하거나 적당한 시설이 없으면 적용하기 어렵다.
④ 달톤형은 학급, 학생의 구분을 없앤 것으로 학생들은 각자의 능력에 맞게 교과를 선택할 수 있고 일정한 교과가 끝나면 졸업한다.

12. 공연장의 평면계획에 대한 설명으로 옳지 않은 것은?

① 프로세니엄(proscenium)형은 전체적인 통일 효과를 얻는 데 좋은 형태이다.
② 오픈스테이지(open stage)형은 연기자가 통일된 효과를 내는 것이 어렵다.
③ 아레나(arena)형은 가까운 거리에서 관람이 가능하나 적은 수의 관객을 수용한다.
④ 가변(adaptable stage)형은 최소한의 비용으로 공연장 표현에 대한 최대한의 선택가능성을 부여한다.

13. 먼셀(A. H. Munsell)의 색 분류체계에 대한 설명으로 옳지 않은 것은?

① 색상환은 10가지 색상을 10단계로 구분하고 있으며, 더 세분할 때는 십진법으로 등분한다.
② 색상환은 명도, 채도, 색상의 다양한 조합을 체계화한 것이다.
③ 색상환에서 명도단계는 순수한 흰색을 0으로, 순수한 검정을 10으로 본다.
④ 도형으로 나타낸 색상계통도는 채도의 상한이 색상과 명도에 따라 달라 완전한 원통이 되지 않고 불규칙한 곡면체가 된다.

14. 건축법 시행령 상 건축물 착공신고 때 구조안전확인서를 허가권자에게 제출해야 하는 것은?

① 처마높이가 6m인 건축물
② 연면적 100m²인 건축물
③ 높이가 13m인 건축물
④ 기둥과 기둥사이의 거리가 9m인 건축물

15. 차양계획에 대한 설명으로 옳지 않은 것은?

① 고정차양 장치의 깊이와 위치는 태양광이 연중 미리 정해 놓은 시기에만 통과할 수 있도록 설계한다.
② 낙엽성 초목은 여름철 차양 형성에 유용하지만 잎이 떨어진 후에는 겨울철의 일사 획득을 감소시킬 수 있다.
③ 이동이 가능한 차양은 계절에 따라 펼치고 걷어 미적인 면과 기능적인 면을 모두 만족시킬 수 있는 대응책이다.
④ 동쪽과 서쪽 창에 비늘살의 고정 차양을 이용하면 햇빛을 차단하면서도 넓은 시야를 얻을 수 있으므로 적극 활용한다.

16. 다음 건축물의 배치계획에 대한 설명으로 옳지 않은 것은?

① 병원−넓은 대지에 최적의 병실 환경을 제공하기 위해서는 집중식보다 분관식이 적당하다.

② 공장−생산, 관리, 연구, 후생 등의 각 부분별 시설들을 나누고 유기적으로 결합시킨다.

③ 학교−각 실들의 일조 및 통풍 등의 환경조건이 양호하고 편복도로 계획 시 건축물의 유기적 구성이 가능한 배치는 분산병렬형 배치이다.

④ 도서관−대지가 두 방향 이상의 도로에 접할 경우 주도로 측을 이용자의 접근로로 하고 다른 도로를 관리자의 접근로로 한다.

17. 공기조화방식 중 전공기방식에 대한 설명으로 옳지 않은 것은?

① 이중덕트방식은 냉난방을 동시에 할 수 있으나 설비비가 많이 든다.

② 단일덕트 정풍량방식은 외기의 엔탈피가 실내의 엔탈피보다 낮은 경우 냉방 시, 외기의 도입량을 증가시켜 공조부하를 감소시킬 수 있다.

③ 단일덕트 변풍량방식은 저부하 시 송풍량이 감소되어 기류 분포가 나빠지며 환기성능이 떨어지는 경우가 있다.

④ 단일덕트 정풍량방식은 높은 열용량을 갖는 공기를 활용하여 냉난방을 함으로 인해 반송동력비가 감소한다.

18. 승강기 계획에 대한 설명으로 옳지 않은 것은?

① 승강기의 일주시간이란 승강기 문개폐에 소요된 시간을 제외한 주행시간과 승객출입시간을 합산한 것을 말한다.

② 6층 이상으로서 연면적이 $2,000m^2$ 이상인 건축물은 승강기를 설치하여야 한다. 다만, 층수가 6층인 건축물로서 각 층 거실의 바닥면적 $300m^2$ 이내마다 1개소 이상의 직통계단을 설치한 건축물은 제외한다.

③ 높이 31m를 넘는 각 층의 바닥면적 중 최대 바닥면적이 $1,500m^2$ 이하인 건축물로서 비상용 승강기의 구조로 한 승강기가 없는 경우에는 1대 이상의 비상용 승강기를 설치하여야 한다.

④ 승강기의 5분간 수송능력비율은 하루 중 승강기 교통량이 피크를 이룰 때 5분간 전체대수의 승강기가 수송할 수 있는 인원수를 승강기 총 이용대상자로 나눈 것이다.

19. 음향효과에 대한 설명으로 옳지 않은 것은?

① 마스킹 효과(Masking effect)−큰 소리와 작은 소리를 동시에 들을 때 큰 소리 위주로만 들리는 현상

② 바이노럴 효과(Binaural effect)−여러 음이 존재할 때 자신이 원하는 음을 선별하여 듣는 현상

③ 하스 효과(Haas effect)−음의 발생이 두 곳에서 이루어져도 두 곳 중 먼저 귀에 닿는 쪽의 음 위주로만 들리는 현상

④ 도플러 효과(Doppler effect)−소리를 내는 음원이 이동하면 그 이동방향과 속도에 따라 음의 주파수가 변화되는 현상

20. 고려시대 불교건축물에 대한 설명으로 옳지 않은 것은?

① 수덕사 대웅전의 공포는 헛첨차를 생략한 대신 실내부의 출목을 충실히 구성한 것이 특징이다.

② 부석사 무량수전의 내부 불단은 실내의 서쪽 측면에 놓여 있고 그 위의 불상은 동쪽 측면을 바라 본다.

③ 봉정사 극락전은 부석사 무량수전과 달리 하부쪽 배흘림이 뚜렷하지 못하다.

④ 고려시대 불전에서는 내부 공간 활용을 위하여 일부 기둥을 생략하는 감주법을 볼 수 있다.

국가직 7급 해설 및 정답 & 동영상강의

01	③	02	②	03	④	04	①	05	①
06	③	07	①	08	②	09	①	10	①
11	②	12	③	13	③	14	③	15	④
16	③	17	④	18	①	19	②	20	①

01 조도는 책상 위에서 300~400lx정도가 적정하다.

02 초등학교를 중심으로 하는 근린생활권의 단위는 근린주구이다.

03 건축물 내부에서 계단실로 통하는 출입구의 유효너비는 90cm 이상으로 하고 그 출입구에는 피난 방향으로 열 수 있는 구조로 한다.

04 나무바닥은 먼지가 많이 발생하는 단점이 있다.

05 폐가식은 관리자의 작업량이 많다.

06 로코코 양식 : 개인의 사적 생활을 위주로 한 소규모 공간에 주로 전개되었으며, 실내를 곡선과 곡면을 이용하여 우아하고 화려하게 장식하였다.

07 자동차영업소로서 같은 건축물의 해당용도로 쓰는 바닥면적의 합계가 1,000m² 미만인 것 - 제2종 근린생활시설

08 수술실은 멸균재료부(C.S.S.D.)에 수직적, 수평적으로 거리가 가까이 있도록 배치하는 것이 좋다.

09 획지규모가 작은 경우, 토지이용의 효율성을 위해 세장비를 가능한 한 크게 하는 것이 바람직하다.

10 펌프의 축동력 $= \dfrac{WQH}{6120E} = \dfrac{1000 \times 0.9 \times 60}{6120 \times 0.7}$

$= 12.6 ≒ 13kW$

11 종합교실형은 각 교실의 이용율이 높은 형식이며, 각 교과에 순수율이 높은 형식은 교과교실형이다.

12 아레나(arena)형은 가까운 거리에서 관람이 가능하며 많은 수의 관객을 수용한다.

13 ③ 색상환에서 명도단계는 순수한 흰색을 10으로, 순수한 검정을 0으로 본다.

14 구조안전 확인 대상 건축물
(1) 층수가 2층 이상인 건축물
(2) 연면적이 200m² 이상인 건축물
(3) 높이가 13m 이상인 건축물
(4) 처마높이가 9m 이상인 건축물
(5) 기둥과 기둥사이의 거리가 10m 이상인 건축물

15 비늘살의 고정 차양을 설치하면 시야 확보가 어렵다.

16 학교의 배치형식에서 건축물의 유기적 구성이 가능한 배치는 폐쇄형 배치이다.

17 정풍량 방식(CAV, Constant Air Volume system)은 송풍량은 항상 일정하고 열부하에 따라 송풍의 온습도를 변화시켜 실내의 환경을 조절하는 방식이다.
(1) 실내의 송풍량이 많아 외기의 도입이나 환기에 유리하다.
(2) 큰 덕트가 필요하여 천장 속에 충분한 덕트 공간이 요구된다.
(3) 가변풍량방식에 비해 에너지 소비가 많다.
(4) 각 실에서의 온도조절이 곤란하다.

18 승강기의 일주시간이란 승강기 문개폐에 소요된 시간을 포함한 주행시간과 승객출입시간을 합산한 것을 말한다.

19 바이노럴 효과(양이효과, 兩耳效果) : 인간의 귀가 얼굴 양쪽에 있어서 음이 두 귀에 도달할 때까지는 거리차가 발생한다. 거리차는 음원과 두 귀에 대해서 시간차와 위상차를 발생시키므로 인간은 음원의 방향을 정확하게 판단할 수 있는데 이러한 청각 현상을 바이노럴 효과라고 한다. 바이노럴 효과는 인간의 두 귀로 음원의 방향감과 음의 입체감을 만들어낸다.

20 고려 시대의 주심포식 양식이지만 공포에 헛첨차가 삽입
되고 가구에는 우미량(牛尾樑)이 첨가되어 있다. 공포는
외2출목공포로 기둥 윗몸에서 헛첨차가 나와 외1출목을
구성하고, 1출목 소로 위에 끝이 앙서로 된 살미첨차를
놓았다. 주두와 소로는 굽받침이 있고, 굽면이 곡면이다.

1. 국토의 계획 및 이용에 관한 법률 시행령 상 제1종전용주거지역 안에서 건축할 수 있는 건축물은?

① 다세대주택   ② 기숙사
③ 아파트   ④ 공관

2. 상점건축물의 파사드(Facade)를 구성하기 위한 5가지 광고요소(AIDMA 법칙)에 해당하지 않는 것은?

① 동선(Movement)   ② 주의(Attention)
③ 흥미(Interest)   ④ 욕망(Desire)

3. 대칭(Symmetry)에 대한 설명으로 옳지 않은 것은?

① 완전대칭은 권력과 질서를 상징하는 권위적인 건축물이나 기념적인 건축물에 나타난다.
② 좌우대칭은 하나의 공동축을 중심으로 똑같은 요소를 균형있게 배치하는 것이다.
③ 완전대칭이 정적인 느낌인데 비해 비대칭적 균형은 동적 느낌과 다양성을 부여한다.
④ 20세기 전반 근대건축에서는 대칭의 개념이 중요한 조형수단으로 사용되었다.

4. 독일공작연맹에 대한 설명으로 옳지 않은 것은?

① 1907년 결성되었으며, 기계를 이용한 규격화와 표준화를 디자인에 도입할 것을 주장하였다.
② 무테지우스(Hermann Muthesius)와 피터 베렌스(Peter Behrens) 등이 연맹을 주도하였다.
③ 벨데(Henry van de Velde)는 A.E.G 터빈 공장을 설계하여 근대공업문제에 대한 합리적 문제해결을 보여 주었다.
④ 즉물성에 조형원리를 두었으며, 아르누보의 장식성에 반대하였다.

5. 호텔건축의 세부 계획에 대한 설명으로 옳은 것은?

① 객실에 부속된 욕실의 최소크기는 $1.5 \sim 3.0\text{m}^2$가 적당하다.
② 보이실과 서비스실은 각 층의 엘리베이터와 계단에서 멀리 떨어진 곳에 두어 동선의 혼잡을 피해야 한다.
③ 퍼블릭 스페이스(Public space)층에는 30m 이내의 거리마다 공동 화장실을 두어야 한다.
④ 식당에서 부속실을 포함한 주방의 면적은 식당면적의 15~20%이다.

6. 건축물 화재 시 침입한 연기를 배기하기 위해 비상계단의 전실에 설치하는 스모크 타워(Smoke tower)에 가장 적합한 실내공기 환기방식은?

① 제1종 환기   ② 제2종 환기
③ 제3종 환기   ④ 자연 환기

7. 건축물의 에너지절약설계기준 상 건축부문 용어에 대한 설명으로 옳지 않은 것은?

① 외피는 거실 또는 거실 외 공간을 둘러싸고 있는 벽, 지붕, 바닥, 창 및 문 등으로 외기에 직접 면하는 부위를 말한다.
② 방습층은 습한 공기가 구조체에 침투하여 결로 발생의 위험이 높아지는 것을 방지하기 위해 설치하는 투습도가 24시간당 30g/m^2 이하 또는 투습계수 $0.28\text{g/m}^2 \cdot \text{h} \cdot \text{mmHg}$ 이하의 투습저항을 가진 층을 말한다.
③ 투광부는 창, 문면적의 60% 이상이 투과체로 구성된 문, 유리블록, 플라스틱패널 등과 같이 투과 재료로 구성되며, 외기에 접하여 채광이 가능한 부위를 말한다.
④ 창 및 문의 열관류율 값은 유리와 창틀(또는 문틀)을 포함한 평균 열관류율을 말한다.

8. 범죄예방환경설계(CPTED)에 대한 설명으로 옳지 않은 것은?

① 제인 제이콥스(Jane Jacobs)는 북미 대도시를 대상으로 한 조사결과를 토대로 거리의 눈(Eyes on the street) 개념을 제안하여 CPTED의 아이디어를 구체화했다.

② 자연적 감시(Natural surveillance), 영역성 강화(Territorial reinforcement), 접근통제(Access control) 등이 CPTED의 기본원리이다.

③ 레이 제프리(Ray Jeffery)는 건물 디자인과 배치를 통해 도시환경에서 범죄의 기회를 줄일 수 있다는 주장을 펴면서, 최초로 CPTED라는 용어를 사용했다.

④ CPTED의 실행 시 CCTV 설치라는 기계적 해결 이전에 공간의 배치와 설계가 중요하며, 주거단지를 계획할 때 자연적 감시 강화를 위해 쿨데삭(Cul-de-sac)의 배치는 피해야 한다.

9. 상업시설에 대한 설명으로 옳지 않은 것은?

① 백화점에서 에스컬레이터는 엘리베이터를 4대 이상 설치해야 하는 경우 또는 2,000인/h 이상의 수송력이 필요한 경우에 설치한다.

② 쇼핑센터의 분류 중 도심형 쇼핑센터는 불특정다수의 사람을 구매층으로 한다.

③ 실용적 성격의 음식점은 모든 계층의 고객을 대상으로 하기 때문에 교통기관이 교차하거나 교통로에 면한 대지에 위치하는 것이 좋다.

④ 상점건축의 분류 중 도매점은 고객의 셀프서비스에 의한 대량할인 등으로 물건을 판매하는 점포를 말한다.

10. 건축물의 피난·방화구조 등의 기준에 관한 규칙 상 피난안전구역의 설치기준에 대한 설명으로 옳은 것만을 모두 고른 것은?

ㄱ. 피난안전구역의 내부마감재료는 불연재료로 설치할 것
ㄴ. 건축물의 내부에서 피난안전구역으로 통하는 계단은 직통계단의 구조로 설치할 것
ㄷ. 비상용 승강기는 피난안전구역에서 승하차 할 수 있는 구조로 설치할 것
ㄹ. 피난안전구역의 높이는 2.3m 이상일 것

① ㄱ, ㄷ   ② ㄴ, ㄷ
③ ㄷ, ㄹ   ④ ㄱ, ㄴ, ㄹ

11. 공장의 작업장 레이아웃(Layout)에 대한 설명으로 옳지 않은 것은?

① 작업장 내의 기계설비, 작업자의 작업구역, 자재나 제품을 두는 곳 등 상호의 위치관계를 가리키는 것이다.

② 제품중심의 레이아웃은 생산에 필요한 모든 공정, 기계종류를 제품의 흐름에 따라서 배치하는 방식이다.

③ 공정중심의 레이아웃은 대량생산이 가능하고 생산성이 높은 방식이다.

④ 고정식 레이아웃은 제품이 크고, 수량이 적은 경우에 적합한 방식이다.

12. 병원의 건축계획에 대한 설명으로 옳지 않은 것은?

① 분관식(Pavilion type)은 저층 건물로 구성되며 일조 및 통풍에 유리하나 설비가 분산되고 보행거리가 길어지는 약점이 있다.

② 일반적으로 종합병원이 정신병원보다 병원 전체 면적 대비 병동부의 비중이 크다.

③ 간호단위(Nurse unit)를 계획할 때 간호사의 보행거리를 24m 이내가 되도록 간호사대기실(Nurse station)을 배치한다.

④ 중앙 진료부의 수술부는 중앙소독공급부와 수직, 수평적으로 근접 배치한다.

13. 공연장의 객석 공간계획에 대한 설명으로 옳지 않은 것은?

① 객석의 외부출입문은 바깥여닫이로 설치하여 피난동선을 고려하여야 한다.

② 가시거리의 1차 허용한도는 22m이고, 2차 허용한도는 35m를 기준으로 한다.

③ 객석의 중심선 상 세로통로는 중앙의 위치를 피하는 것이 좋다.

④ 2층 발코니 객석은 경사를 고려하여 높이 60cm 이하, 폭 90cm 이상으로 한다.

14. 유치원의 평면계획에 대한 설명으로 옳지 않은 것은?

① 화장실의 변기 수는 활동실 하나당 1개씩 설치하고, 화장실과 교실과의 단차는 없어야 한다.

② 교사(校舍)는 원칙적으로 단층 건물로 하되 특별한 사정이 있어 2층으로 할 때에는 교실, 유희실, 화장실 등은 1층에 두도록 한다.

③ 유원장은 놀이의 성격을 고려할 때 정적, 중간적, 동적인 놀이공간으로 나눌 수 있다.

④ 학급 수는 3~4학급 정도, 한 학급당 인원수는 15~20명 정도가 적당하다.

15. 공동주택의 공용시설계획에 대한 설명으로 옳지 않은 것은?

① 기준층의 복도폭은 일반적으로 1.8m~2.1m 정도로 한다.

② 계단참은 높이가 3m를 넘는 계단에는 높이 3m 이내마다 너비 1.2m 이상으로 설치한다.

③ 건축물의 내부에 설치하는 피난계단의 경우, 계단실의 바닥 및 반자 등 실내에 면하는 부분의 마감은 불연재로 한다.

④ 건축물의 외부에 설치하는 피난계단의 경우, 계단의 유효너비는 0.9m 이하로 한다.

16. 건축물의 수직 동선계획에 대한 설명으로 옳지 않은 것은?

① 백화점에서 엘리베이터는 연면적 $2,000~3,000m^2$에 대해서 15~20인승 1대 정도를 설치한다.

② 공동주택에서 일반적으로 1대의 엘리베이터가 감당하는 범위는 50~100호가 적당하다.

③ 사무소에서 기본 엘리베이터 대수는 아침 출근시간 5분간 이용자를 기준으로 산정한다.

④ 초등학교의 계단너비는 최소 1.5m 이상, 단높이는 18cm 이하, 단너비는 26cm 이상으로 한다.

17. 건물구조체의 내부결로 방지대책에 대한 설명으로 옳지 않은 것은?

① 단열재는 방습층보다 외부에 두는 것이 바람직하다.

② 외부와 면하는 구조체는 각 재료 층의 투습저항 값이 외부로 가까워질수록 점차 커지게 한다.

③ 낮은 온도로 장시간 난방을 하는 것이 유리하다.

④ 벽체내부 온도가 노점온도 이상이 되도록 열관류율을 적게 하여 열관류저항을 높인다.

18. 신재생에너지에 대한 설명으로 옳지 않은 것은?

① 풍력발전기 중에서 수평축 발전기는 간단한 구조로 이루어져 있어 설치하기 편리하나 바람의 방향에 영향을 받는다.

② 수력발전은 다른 자연에너지를 사용하는 발전방법에 비하여 발전기출력의 안정성이 높다.

③ 바이오매스(Biomass)발전이란 목재나 식물 부스러기 등의 재생 가능한 생물자원을 원료로 발전(發電)하는 기술이다.

④ 지구에 내리쬐는 하루분의 태양에너지의 양은 세계 연간에너지 소비량에 필적한다.

19. 건축기본법 상 '건축정책기본계획'에 대한 설명으로 옳지 않은 것은?

① 시·도지사가 수립권자가 된다.
② 5년마다 수립·시행한다.
③ 대통령 소속인 국가건축정책위원회가 수립 및 조정에 대해 심의한다.
④ 건축분야 전문인력의 육성·지원 및 관리에 관한 사항을 포함한다.

20. 우리나라 근대 건축물 가운데 르네상스 양식으로만 짝지어진 것은?

① 성공회 서울성당, 경성부민관
② 경성역사, 조선은행
③ 조선은행, 경성부민관
④ 명동성당, 성공회 서울성당

국가직 7급 해설 및 정답 & 동영상강의

01	④	02	①	03	④	04	③	05	①
06	①	07	③	08	④	09	③	10	①
11	③	12	②	13	④	14	①	15	④
16	④	17	②	18	④	19	①	20	②

01 전용주거지역 안에서 건축할 수 있는 건축물

① 제1종 전용주거지역	• 단독주택(다가구주택 제외) • 제1종 근린생활시설 중 식품 · 잡화 · 의류 · 완구 · 서적 · 건축자재 · 의약품 · 의료기기 등의 소매점, 마을회관, 마을공동작업소, 마을공동구판장, 공중화장실, 대피소, 지역아동센터
② 제2종 전용주거지역	• 단독주택 • 공동주택 • 제1종 근린생활시설

02 5가지 광고요소
① A(주의, Attention) : 주목시킬 수 있는 배려
② I(흥미, Interest) : 공감을 주는 호소력
③ D(욕망, Desire) : 욕구를 일으키는 연상
④ M(기억, Memory) : 인상적인 변화
⑤ A(행동, Action) : 들어가기 쉬운 구성

03 근대건축의 특징
㉠ 실용적 기능중시, 재료 및 구조의 합리적 적용과 민족적, 지역적인 차이를 없애고 어느 곳에서도 적합한 현대인의 합리적, 주지적 정신에 기초를 두는 새로운 건축양식을 수립함.
㉡ 대칭성의 배제
㉢ 조형의 주안점을 정면에 국한하지 않고 평면계획에 의하여 공간이나 매스를 유동적으로 배치
㉣ 몰딩, 조각 등 장식을 배격하고 단순한 수직, 수평의 직선적 구성 위주(곡선이나 곡면을 피했음)
㉤ 백색이나 엷은 색을 많이 사용하고, 재료의 특색을 그대로 표현함

04 ③ A · E · G 터빈공장은 페터 베렌스(Peter Behrens)가 설계하였다.

05 ② 보이실과 서비스실은 각 층의 엘리베이터와 계단에서 인접한 곳에 배치한다.
③ 퍼블릭 스페이스(Public space)층에는 60m 이내의 거리마다 공동 화장실을 두어야 한다.
④ 식당에서 부속실을 포함한 주방의 면적은 식당면적의 20~30%이다.

06 제1종 환기방식(강제급기, 강제배기)
㉠ 급기와 배기를 모두 송풍기를 설치한다.
㉡ 가장 안전한 환기방식으로 정압(+압)과 부압(-압)의 유지가 가능하다.

07 ③ 투광부는 창, 문면적의 50% 이상이 투과체로 구성된 문, 유리블록, 플라스틱패널 등과 같이 투과재료로 구성되며, 외기에 접하여 채광이 가능한 부위를 말한다.

08 ④ CPTED의 실행 시 CCTV 설치라는 기계적 해결 이전에 공간의 배치와 설계가 중요하며, 주거단지를 계획할 때 자연적 감시 강화를 위해 쿨데삭(Cul-de-sac)의 배치를 고려해야 한다.

09 ③ 음식점의 위치는 조용하고 쾌적한 분위기를 위해 주요 도로에 면하는 것보다 좁은 도로에 접하는 것이 유리하다.

10 ㄴ. 건축물의 내부에서 피난안전구역으로 통하는 계단은 특별피난계단의 구조로 설치할 것
ㄹ. 피난안전구역의 높이는 2.1m 이상일 것

11 ③ 대량생산이 가능하고 생산성이 높은 방식은 제품중심의 레이아웃이다.

12 ② 일반적으로 정신병원이 종합병원보다 병원 전체면적 대비 병동부의 비중이 크다.

13 ④ 2층에 발코니를 설치할 경우에 단면의 경사가 급하면 위험하므로 객석의 단높이는 50cm 이내, 폭은 80cm 이상으로 하여야 한다.

14 ① 화장실의 변기 수는 원아 10명당 1개씩 설치한다.

15 ④ 건축물의 외부에 설치하는 피난계단의 경우, 계단의
유효너비는 0.9m 이상으로 한다.

16 ④ 초등학교의 계단너비는 최소 1.5m 이상, 단높이는 16cm
이하, 단너비는 26cm 이상으로 한다.

17 ② 외부와 면하는 구조체는 각 재료 층의 투습저항값이 내부
로 가까워질수록 점차 커지게 한다.

18 태양에너지는 태양으로부터 전자기파(電磁氣波)의 형태로
방출되는 에너지로 3.86×10^{26}W 이다. 그 중에서 지구에
오는 것은 약 20억분의 1에 지나지 않는 1.74×10^{17}W 이
지만, 인류가 소비하는 전체 에너지의 1만 배 이상이며,
세계 연간 에너지 소비량은 이 에너지의 겨우 1시간분에
불과하다.

19 건축기본계획의 수립권자
① 건축정책기본계획 : 국토교통부장관, 5년마다 수립·
시행
② 광역건축기본계획 : 시·도지사, 5년마다 수립·시행
③ 기초건축기본계획 : 시장·군수·구청장 5년마다 수립·
시행

20 우리나라 근대건축물
① 성공회서울성당 : 로마네스크 양식
② 경성부민관(현 서울시의회) : 국제주의양식
③ 경성역사(현 서울역사), 조선은행(현 한국은행 본점)
: 르네상스 양식
④ 명동성당 : 고딕 양식

1. 종합병원의 건축계획에 대한 설명으로 옳지 않은 것은?

　① 외래진료부는 부속진료시설과의 연계성을 위하여 중앙진료부와 병동부 중간에 두는 것이 바람직하다.
　② 종합병원에서 일반적으로 면적배분이 가장 큰 부분은 병동부이다.
　③ 치료방사선부는 병실과 인접하게 설치하지 않는 것이 바람직하다.
　④ 응급부는 수술실, X선부와 같은 중앙진료부와의 연계가 중요하다.

2. 기계식 주차장에 대한 설명으로 옳지 않은 것은?

　① 자주식에 비해 초기 비용이 많이 드나 운영비는 낮다.
　② 연속적인 차량의 승강이 어려워 차량의 입·출고 속도가 느리다.
　③ 입체적인 주차가 가능하므로 지가가 높은 건물에 유리하다.
　④ 비상 시 피난 문제나 기계의 고장이 발생할 수 있다.

3. 초고층아파트에서 고층부의 장점으로 옳지 않은 것은?

　① 중·저층 아파트와 비교했을 때 탁월한 조망을 가질 수 있다.
　② 지상에서 발생하는 각종 공해 및 소음에서 벗어날 수 있다.
　③ 수직교통수단인 엘리베이터에 대한 의존도가 높아진다.
　④ 초고층으로 인한 상징적인 스카이라인이 형성된다.

4. 조선시대 건축의 주요 특징으로 옳은 것은?

　① 조선초기 한양의 도시계획은 새로운 질서를 추구하기 위해 격자형 도로망을 사용한 전정형(田井形) 가로구성 체계를 엄격하게 사용하였다.
　② 조선시대에는 신분제도에 따라 집터의 크기와 집의 규모, 장식 등을 규제하는 제한이 있었다.
　③ 유교사상에 따라 주택의 공간은 사랑채, 안채, 별당 등으로 위계적으로 분화되고 전형적인 대칭형 배치를 이룬다.
　④ 풍수사상이나 음양오행설이 건축원리에 영향을 주기 시작한 것은 조선 건국 이후이다.

5. 「노인복지법 시행규칙」상 노인주거복지시설에 대한 설명으로 옳지 않은 것은?

　① 양로시설은 입소정원 1명당 연면적 15.9㎡ 이상의 공간을 확보하여야 한다.
　② 노인공동생활가정은 입소정원이 5명 이상 9명 이하의 인원이 입소할 수 있는 시설을 갖추어야 한다.
　③ 양로시설의 침실은 독신용·합숙용·동거용 침실을 둘 수 있으며, 합숙용 침실 1실의 정원은 4명 이하이어야 한다.
　④ 노인복지주택은 20세대 이상 입소할 수 있는 시설을 갖추어야 한다.

6. 건축가와 그에 대한 설명으로 옳지 않은 것은?

① 로버트 벤츄리(Robert Venturi)는 『건축의 복합성과 대립성(Complexity and Contradiction in Architecture)』에서 모던건축을 비판하였다.

② 렘 쿨하스(Rem Koolhaas)는 『정신착란증의 뉴욕(Delirious New York)』에서 대도시의 문화가 건축에 미치는 영향을 분석하였다.

③ 알도 로시(Aldo Rossi)는 『도시의 건축(L'architettura della citta)』에서 기능주의를 비판하였다.

④ 피터 아이젠만(Peter Eisenman)은 『새로운 정신(L'Esprit Nouveau)』에서 신고전주의 건축을 재해석할 것을 주장했다.

7. 사무소 내부의 공간구획 유형 중 복도형에 의한 분류에 대한 설명으로 옳지 않은 것은?

① 단일지역배치(Single Zone Layout)는 자연채광과 통풍에 유리해 업무환경이 쾌적하다.

② 2중지역배치(Double Zone Layout)는 경제적으로 유리하며, 수직교통시설과 구조 및 설비 계획 측면에서 간섭이 적다.

③ 2중지역배치(Double Zone Layout)는 남북방향으로 복도를 두고 사무실을 동서측에 면하도록 하는 것이 채광의 측면에서 바람직하다.

④ 3중지역배치(Triple Zone Layout)는 고층사무소 건물의 복잡한 내부 기능을 효과적으로 배치하기에 적합한 방식이다.

8. 옥외피난계단의 구조기준 적용이 옳지 않은 것은?

① 옥외피난계단을 그 계단으로 통하는 출입구 외의 창문과 2.2m 이격하여 설치하였다.

② 건축물 내부에서 옥외피난계단으로 통하는 출입구를 60+ 방화문 또는 60분 방화문으로 설치하였다.

③ 옥외피난계단의 유효너비를 0.8m 확보하였다.

④ 옥외피난계단을 내화구조로 하였다.

9. 실내 음향계획 시 고려해야 할 내용으로 적절하지 않은 것은?

① 실내에 반사성의 평행 벽면이 있어 양 벽면 사이를 음이 반복하여 반사되는 경우를 다중반향(Flutter Echo)이라고 하며 이는 음의 명료도를 떨어뜨린다.

② 회화, 강연, 연극 등에서는 언어의 명료도가 높아야 하기 때문에 잔향시간(Reverberation Time)을 비교적 짧게 한다.

③ 잔향시간 계산에 영향을 주는 요소에는 실의 용적, 실의 전체 표면적, 실내 평균 흡음률 등이 있다.

④ 직방체의 작은 실의 경우 세 변의 비는 진동을 고려하여 1 : 2 : 4와 같은 정수비를 적용하는 것이 바람직하다.

10. 다음에 해당하는 건축가는?

* 혁신적인 기하학적 투시도법을 창안함
* 전통적 축조방식이 아닌 2중 쉘 구조를 활용하여 돔을 설계한 르네상스 시기의 건축가임
* 성 스피리토 성당, 파치 예배당, 오스프델레 데글리 인노첸티(보육원) 등의 작품이 있음

① 레온 바티스타 알베르티(Leon Batista Alberti)

② 레오나르도 다빈치(Leonardo da Vinci)

③ 도나토 브라만테(Donato Bramante)

④ 필리포 브루넬레스키(Fillipo Brunelleschi)

11. 체육관 건축계획에 대한 설명 중 옳지 않은 것은?

① 체육관은 남북측 채광을 고려해 체육관의 장축을 동서로 배치하는 것이 좋다.

② 체육관의 바닥재는 진동과 충격음을 흡수하기 위해 목조 또는 탄성고무계 등의 재료를 사용하는 것이 좋다.

③ 관람석과 경기장을 직접적인 동선으로 연결하는 것이 좋다.

④ 운동기구 창고(기구고)는 경기장에 면한 길이방향으로 설치하는 것이 좋다.

12. 「건축법 시행규칙」 상 건축물의 건축과정에서 부득이하게 발생하는 오차에 대한 허용범위가 옳지 않은 것은?

① 바닥판 두께 – 3% 이내

② 건축물의 높이 – 3% 이내

③ 벽체 두께 – 3% 이내

④ 출구 너비 – 2% 이내

13. 친환경건축을 위한 디자인 방법 및 기술에 대한 설명으로 옳지 않은 것은?

① 일사조절을 위한 고정차양장치는 남쪽창은 수직차양, 동쪽과 서쪽창은 수평차양으로 설치하는 것이 빛의 차단에 효과적이다.

② 자연채광 중 천창채광은 편측채광보다 채광량 확보, 조도분포 균일화에 유리하다.

③ 남측 벽체에 주간의 태양열을 모아 야간에 이용하는 자연형 태양열 시스템을 축열벽 시스템이라 하며, 콘크리트, 벽돌, 블록, 물벽 등이 벽체 재료로 사용된다.

④ 옥상녹화는 지붕면에 가해지는 일사량을 줄이는 것뿐만 아니라 건물의 단열에도 유리하다.

14. 「국토의 계획 및 이용에 관한 법률 시행령」 상 용도지역 안에서의 건축제한에 대한 설명으로 옳지 않은 것은?

① 제1종 일반주거지역에 아파트를 건축할 수 없다.

② 준주거지역에 단란주점을 건축할 수 없다.

③ 근린상업지역에 장례식장을 건축할 수 없다.

④ 보존녹지지역에 수련시설을 건축할 수 없다.

15. 「장애인, 노인, 임산부 등의 편의증진 보장에 관한 법률 시행규칙」 상 편의시설의 구조·재질 등에 관한 세부기준의 설명으로 옳지 않은 것은?

① 장애인전용주차구역에서 건축물의 출입구 또는 장애인용 승강설비에 이르는 통로는 장애인이 통행할 수 있도록 높이 차이를 없애고, 유효폭은 1.2m 이상으로 하여 차로와 분리하여 설치하여야 한다.

② 점형블록은 계단·장애인용 승강기·화장실 등 시각장애인을 유도할 필요가 있거나 시각장애인에게 위험한 장소의 0.3m 전면, 선형블록이 시작·교차·굴절되는 지점에 이를 설치하여야 한다.

③ 수직형 휠체어리프트 설치 시 내부의 유효바닥면적을 폭 0.9m 이상, 깊이 1.2m 이상으로 하여야 한다.

④ 화장실에 남자용과 여자용을 구별할 수 있는 점자 표지판을 부착할 경우 출입구 옆 벽면 0.9m 높이에 설치하여야 한다.

16. 「고등학교 이하 각급 학교 설립·운영 규정」 상 교지 및 시설 기준에 대한 설명으로 옳지 않은 것은?

① 교사용 대지의 기준면적은 건축관련법령의 건폐율 및 용적률에 관한 규정에 따라 산출한 면적으로 한다.

② 교내에 수영장, 체육관, 강당, 무용실 등 실내체육시설이 있는 경우, 체육장 기준면적에서 실내체육시설 바닥면적의 2배의 면적을 제외할 수 있다.

③ 국·공립학교에는 문화 및 복지시설, 평생교육시설 등의 복합시설을 둘 수 없다.

④ 각급학교의 교지는 교사의 안전·방음·환기·채광·소방·배수 및 학생의 통학에 지장이 없는 곳에 위치하여야 한다.

17. 건물의 기계환기방식 중 제1종 환기에 대한 설명으로 옳은 것은?

① 급기팬에 의해 기계급기하고 환기구를 통해 자연배기하는 방식

② 급기팬에 의해 기계급기하고 배기팬에 의해 기계배기하는 방식

③ 환기구를 통해 자연급기하고 배기팬에 의해 기계배기하는 방식

④ 환기구를 통해 자연급기하고 환기구를 통해 자연배기하는 방식

18. 르 꼬르뷔제(Le Corbusier)에 대한 설명으로 옳지 않은 것은?

① '옥상정원, 자유로운 평면, 필로티, 자유로운 입면, 자유로운 단면'이라는 근대건축의 5원칙을 제시하였다.

② 철근콘크리트 구조방식의 바닥, 기둥 및 계단으로 이루어진 '도미노 시스템(Dom-ino System)'을 제시하였다.

③ 아메데 오장팡(Amédée Ozenfant)과 같이 '순수주의(Purism)'를 주창하였다.

④ 대량생산 시대에 보편적으로 적용 가능한 표준화된 모듈과 전통적인 황금분할의 개념을 접목하여 인간 신체치수를 바탕으로 한 치수시스템인 '모듈러(Le Modulor)'를 제시하였다.

19. 건축법령상 건축허가를 받기 위해 허가권자에게 제출하여야 할 설계도서 중 건축계획서에 표시해야 할 사항이 아닌 것은?

① 대지에 접한 도로의 길이 및 너비

② 주차장 규모

③ 건축물 규모

④ 지역, 지구 및 도시계획사항

20. 지속가능한 디자인과 관련된 각국의 인증제도 및 방법에 대한 설명으로 옳은 것은?

① CASBEE(Comprehensive Assesment System Building Environment Efficiency)는 2010년에 중국에서 개발된 건축물의 친환경 인증제도이다.

② LEED(Leadership in Energy & Environmental Design)는 미국의 녹색건축물 인증제도로 세계 최초로 친환경 성능을 평가한 도구이다.

③ BREEAM(Building Research Establishment Environmental Assesment Method)은 영국에서 만들어진 친환경 인증제도이다.

④ GBCS(Green Building Certification System)는 2005년에 시작된 한국의 친환경 건축물 인증제도로 주거건축과 오피스에 한하여 적용된다.

국가직 7급 해설 및 정답 & 동영상강의

2018년 국가직 7급

01	①	02	①	03	③	04	②	05	④
06	④	07	②	08	③	09	④	10	④
11	③	12	②	13	①	14	③	15	④
16	③	17	②	18	①	19	①	20	③

01 ① 중앙진료부는 부속진료시설과의 연계성을 위하여 외래진료부와 병동부 중간에 두는 것이 바람직하다.

02 ① 자주식에 비해 운영비가 많이 든다.

03 ③ 수직교통수단인 엘리베이터에 대한 의존도가 높아지는 것은 단점에 해당한다.

04 ① 조선초기 한양의 도시계획은 새로운 질서를 추구하기 위해 격자형 도로망을 사용한 전정형(田井形) 가로구성 체계로 계획되었으나 산세와 지형에 따라 변형되어 적용하였다.
③ 유교사상에 따라 주택의 공간은 사랑채, 안채, 별당 등으로 위계적으로 분화되고 비대칭형 배치를 이룬다.
④ 풍수사상이나 음양오행설이 건축원리에 영향을 주기 시작한 것은 삼국시대 때부터이다.

05 ④ 노인복지주택은 30세대 이상 입소할 수 있는 시설을 갖추어야 한다.

06 ④ 『새로운 정신(L' Esprit Nouveau)』은 르 꼬르뷔지에(Le Corbusier)가 1920년 폴 데르메와 함께 창간하였으며, 기능주의를 옹호하였다.

07 ② 2중지역배치(Double Zone Layout)는 중복도 형식으로 중규모 사무소에 적합하며, 수직교통시설과 구조 및 설비 계획 측면에서 간섭이 많기 때문에 코어계획시 주의를 요한다.

08 ③ 옥외피난계단의 유효너비는 0.9m 이상 확보하여야 한다.

09 ④ 직방체의 작은 실의 경우 고유 주파수가 축퇴(縮退, 감소, degeneration) 하지 않고 가능한 한 균등하게 분포하도록 세 변의 비는 간단한 배수비를 피하여야 한다. 세 변의 비는 $(\sqrt{5}-1) : 2 : (\sqrt{5}+1)$ 또는 그와 유사한 $2 : 3 : 5$의 비가 권장되고 있으나 일반적으로 $1 : 1.7 : 2.9$와 같은 $2n\sqrt{3}$ 이나 $5n\sqrt{3}$ 과 같은 수치를 사용한다.

10 필리포 브루넬레스키(Fillipo Brunelleschi, 1377~1446) 혁신적인 기하학적 투시도법을 창안하였으며, 전통적 축조방식이 아닌 2중 쉘 구조(성 요한 세례당과 판테온의 구조를 혼합)를 활용하여 피렌체 대성당의 돔을 설계한 르네상스 시기의 건축가로서, 성 스피리토 성당, 파치 예배당, 오스프델레 데글리 인노첸티(보육원) 등의 작품이 있다.

11 ③ 관람석과 경기장의 직접적인 동선으로 연결하는 것보다 별도의 동선으로 연결하는 것이 좋다.

12 ② 건축물의 높이 – 2 % 이내(단, 1m를 초과할 수 없다.)

13 ① 일사조절을 위한 고정차양장치는 남쪽창은 수평차양, 동쪽과 서쪽창은 수직차양으로 설치하는 것이 빛의 차단에 효과적이다.

14 ③ 근린상업지역에 장례식장을 건축할 수 있다.

※ 근린상업지역에 건축할 수 없는 건축물
- 의료시설 중 격리병원
- 숙박시설 중 일반숙박시설 및 생활숙박시설
- 위락시설
- 공장
- 위험물 저장 및 처리시설 중 시내버스 차고지 외의 지역에 설치하는 액화석유가스 충전소 및 고압가스 충전소·저장소
- 자동차관련시설 중 폐차장
- 동물 및 식물관련시설
- 자원순환관련시설
- 묘지관련시설

15 ④ 화장실의 출입구(문)옆 벽면의 1.5미터 높이에는 남자용과 여자용을 구별할 수 있는 점자표지판을 부착한다.

16 ③ 국·공립학교에는 문화 및 복지시설, 평생교육시설 등의 복합시설을 둘 수 있다.

17 ②

> ※ 기계환기방식
> ① 1종환기방식 : 급기팬에 의해 기계급기하고 배기팬에 의해 기계배기하는 방식
> ② 2종환기방식 : 급기팬에 의해 기계급기하고 환기구를 통해 자연배기하는 방식
> ③ 3종환기방식 : 환기구를 통해 자연급기하고 배기팬에 의해 기계배기하는 방식

18 ① '옥상정원, 자유로운 평면, 필로티, 자유로운 입면, 수평 띠창'이라는 근대건축의 5원칙을 제시하였다.

19 ① 대지에 접한 도로의 길이 및 너비 : 배치도

> ※ 건축계획서에 표시해야 할 사항
> • 개요(위치·대지면적 등)
> • 지역·지구 및 도시계획사항
> • 건축물의 규모(건축면적·연면적·높이·층수 등)
> • 건축물의 용도별 면적
> • 주차장규모
> • 에너지절약계획서(해당건축물에 한한다)
> • 노인 및 장애인 등을 위한 편의시설 설치계획서(관계법령에 의하여 설치의무가 있는 경우에 한한다)

20 ③

> ① CASBEE(Comprehensive Assesment System Building Environment Efficiency)는 일본에서 2001년에 개발된 건축물의 친환경 인증제도이다.
> ② LEED(Leadership in Energy & Environmental Design)는 미국의 녹색건축물 인증제도로 친환경 성능을 평가한 도구이다. 세계 최초로 만들어진 친환경 건축인증제도는 영국의 BREEAM이다.
> ④ GBCS(Green Building Certification System)는 2005년에 시작된 한국의 친환경 건축물 인증제도로 주거건축(공동주택, 주거복합 건축물), 오피스(업무시설), 학교 등의 4가지 용도의 건물을 대상으로 적용된다.

1. 케빈 린치(Kevin Lynch)가 『도시이미지(The Image of the City)』에서 주장한 도시의 물리적 형태에 대한 이미지를 구성하는 다섯 가지 요소에 해당하지 않는 것은?

① 결절(Nodes)
② 지구(Districts)
③ 통로(Paths)
④ 색채(Colors)

2. 호텔계획에서 숙박부분에 해당하는 것은?

① 보이실
② 클로크 룸
③ 배선실
④ 프런트 오피스

3. 「건축법 시행령」상 다중주택이 되기 위한 요건에 해당하지 않는 것은?

① 학생 또는 직장인 등 여러 사람이 장기간 거주할 수 있는 구조로 되어 있는 것
② 19세대(대지 내 동별 세대수를 합한 세대를 말한다) 이하가 거주할 수 있을 것
③ 독립된 주거의 형태를 갖추지 아니한 것(각 실별로 욕실은 설치할 수 있으나, 취사시설은 설치하지 아니한 것을 말한다)
④ 1개 동의 주택으로 쓰이는 바닥면적의 합계가 330제곱미터 이하이고 주택으로 쓰는 층수(지하층은 제외한다)가 3개 층 이하일 것

4. 「건축법 시행령」상 건축물의 지하층에 대한 설명으로 옳은 것은?

① 연면적 산정 시 지하층 면적은 제외한다.
② 용적률 산정 시 지하층 면적은 제외한다.
③ 층수 산정 시 포함한다.
④ 지하층의 일부분이 지표면으로부터 0.8미터 이상에 있는 경우는 건축면적 산정 시 포함한다.

5. 「주차장법 시행규칙」상 업무시설에 부대하여 설치된 건축물식 노외주차장(자주식) 계획 시 옳지 않은 것은? (단, 평행주차형식의 주차단위구획 수를 제외한 총 주차대수는 150대이며, 조례는 고려하지 않는다)

① 확장형 주차대수를 30대로 계획하였다.
② 지하주차장 출구 및 입구 바닥면의 조도를 300럭스로 계획하였다.
③ 주차에 사용되는 부분의 높이는 주차 바닥면으로부터 2.1미터로 계획하였다.
④ 2차로 직선형 경사로의 차로 너비는 6미터로 계획하였다.

6. 공연장계획에서 무대 및 관련시설에 대한 설명으로 옳지 않은 것은?

① 프로시니엄 아치(Proscenium Arch)는 그림의 액자와 같이 관객의 시선을 무대로 집중시키는 시각적 역할을 하는 동시에 무대나 무대배경을 제외한 부분(조명기구, 후면무대 등)을 가리는 역할을 한다.
② 플래토 엘리베이터(Plateau Elevator)는 트랩 룸(Trap Room)에서 무대배경의 세트 전체를 올려놓고 한 번에 올라오거나 내려가게 할 수 있다.
③ 그린 룸(Green Room)은 출연자가 무대출연준비를 위해 분장을 하거나 의상을 갈아입거나 휴식을 취하는 곳으로 무대 가까이에 배치한다.
④ 사이클로라마(Cyclorama)는 무대의 제일 뒤에 설치되는 무대배경용 벽으로 무대고정식과 가동식이 있다.

7. 음 환경(音環境)에 대한 설명으로 옳은 것은?

① 벽면에 있는 개구부를 완전히 열어 놓았을 때, 흡음률은 0이다.

② 명료도는 사람이 말을 할 때 어느 정도 정확히 알아들을 수 있는가를 표시하는 기준을 음의 세기(dB)로 나타낸 것이다.

③ 잔향시간은 음원으로부터 음의 발생이 중지된 후 실내의 음압레벨이 최촛값에서 60 dB 감쇄하는 데 소요되는 시간이다.

④ 음파 회절(Sound Diffraction) 현상은 저주파수 음보다는 고주파수 음에서 크게 나타난다.

8. 「국토의 계획 및 이용에 관한 법률 시행령」상 용도지구의 지정에서 경관지구에 해당하지 않는 것은?

① 특화경관지구 ② 자연경관지구
③ 시가지경관지구 ④ 역사문화경관지구

9. 소방설비에 대한 설명으로 옳은 것은?

① 고층건축물이나 지하층에는 스프링클러의 설치를 피하는 것이 좋다.

② 연결송수관설비, 연결살수설비, 제연설비는 소화활동설비에 해당한다.

③ 드렌처(Drencher)란 건축물의 외벽, 창, 지붕 등에 설치하여, 인접건물에 화재가 발생하였을 때 인접건물에 살수를 하여 화재를 진압하는 방화설비이다.

④ 분당 방수량(ℓ/min)이 많은 것은 옥외소화전설비〉옥내소화전설비〉연결송수관설비〉스프링클러〉드렌처 순이다.

10. 「지능형건축물의 인증에 관한 규칙」상 지능형건축물의 인증에 대한 설명으로 옳지 않은 것은?

① 시공자는 건축주나 건축물 소유자가 인증 신청을 동의하는 경우에만 인증을 신청할 수 있다.

② 인증의 근거나 전제가 되는 주요한 사실이 변경된 경우 그 인증을 취소할 수 있다.

③ 인증심사 결과에 이의가 있더라도 건축주등은 인증기관의 장에게 재심사를 요청할 수 없다.

④ 설계도면, 각 분야 설계설명서, 각 분야 시방서(일반 및 특기시방서), 설계 변경 확인서, 에너지절약계획서는 인증신청서류에 포함된다.

11. 도서관계획에 대한 설명으로 옳지 않은 것은?

① 비교적 규모가 큰 도서관일 경우, 아동열람실은 성인열람실과 구별하여 계획하며 별도의 출입구를 두는 것이 바람직하다.

② 단독서가식 서고는 평면계획상 유연성이 있고, 모듈러 컨스트럭션(Modular Construction) 적용이 가능하다.

③ 안전개가식 출납시스템은 이용자가 보안이 확보된 상태에서 직접 서고에 들어가 책을 선택하고 직원의 열람허가 없이 열람하는 방식이다.

④ 폐가식 출납시스템은 목록카드에 의해 자료를 찾고, 직원의 수속을 받은 다음 책을 받아 열람하는 방식이다.

12. 「건축법」상 용어의 정의로 옳은 것은?

① '대지(垈地)'란 「공간정보의 구축 및 관리 등에 관한 법률」에 따라 각 필지(筆地)로 나눈 토지를 말한다. 다만, 대통령령으로 정하는 토지는 둘 이상의 필지를 하나의 대지로 하거나 하나 이상의 필지의 일부를 하나의 대지로 할 수 있다.

② '지하층'이란 건축물의 바닥이 지표면 아래에 있는 층으로서 바닥에서 지표면까지 평균높이가 해당 층 높이의 3분의 1 이상 인 것을 말한다.

③ '리모델링'이란 건축물의 기둥, 보, 내력벽, 주계단 등의 구조나 외부 형태를 수선·변경하거나 증설하는 것으로서 대통령령으로 정하는 것을 말한다.

④ '건축'이란 건축물을 이전하는 것을 제외하고, 신축·증축·개축·재축(再築)하는 모든 행위를 말한다.

13. 배수관 트랩(Trap)의 봉수 파괴 원인에 대한 설명으로 옳지 않은 것은?

① 자기사이펀작용은 위생기구에 만수된 물이 일시에 흐를 경우, 트랩 내의 물이 모두 사이펀작용에 의해 배수관으로 흡인되어 배출되는 현상이다.

② 분출작용은 수직관 가까이 위생기구가 설치되어 있을 때 수직관 위로부터 일시에 다량의 물이 낙하할 경우, 수직관과 수평관의 연결부에 순간적으로 진공이 생기면서 트랩의 봉수가 흡인되어 배출되는 현상이다.

③ 모세관현상은 봉수부와 수직관 사이에 모발이나 실밥 등이 걸릴 경우, 서서히 봉수가 빠져나가는 현상이다.

④ 증발작용은 위생기구를 장시간 사용하지 않을 경우, 트랩부분의 물이 자연 증발하여 봉수가 파괴되는 현상이다.

14. 색(色)의 성질에 대한 설명으로 옳지 않은 것은?

① 고명도 난색 계통은 가벼운 느낌을 주고, 저명도 한색 계통은 무거운 느낌을 준다.

② 난색 계통이 한색 계통보다 후퇴되어 보인다.

③ 난색에는 적색, 주황색, 노란색 등이 있고, 한색에는 남색, 청록색, 청색 등이 있다.

④ 저채도 고명도인 난색계가 저채도 저명도의 한색계보다 부드러운 느낌을 준다.

15. 건축가와 그의 건축사상 및 작품을 바르게 나열한 것은?

① 르 꼬르뷔지에(Le Corbusier) − 신고전주의 − 라 투레트 수도원(Monastery of Sainte Marie de La Tourette)

② 로버트 벤츄리(Robert Venturi) − 포스트 모더니즘 − 시드니 오페라하우스(Sydney Opera House)

③ 시저 펠리(Cesar Pelli) − 형태주의 − 비트라 소방서(Vitra Fire Station)

④ 프랭크 게리(Frank Gehry) − 해체주의 − 월트 디즈니 콘서트 홀(Walt Disney Concert Hall)

16. 형태구성 원리에 대한 설명으로 옳은 것만을 모두 고르면?

> ㄱ. 황금비란 예를 들어, 한 선분을 두 부분으로 나눌 때 전체에 대한 큰 부분의 비와 큰 부분에 대한 작은 부분의 비가 같은 것을 말한다.
> ㄴ. 리듬에는 반복(Repetition), 점증(Gradation), 억양(Accentuation) 등이 있다.
> ㄷ. 대비란 전혀 다른 성격의 요소를 병치함으로써 서로가 가진 특성을 명확하게 강조하여 강렬한 인상을 주는 것이다.
> ㄹ. 아그라의 타지마할은 균형과 대칭이 반영된 건축물이다.

① ㄱ, ㄴ
② ㄷ, ㄹ
③ ㄱ, ㄷ, ㄹ
④ ㄱ, ㄴ, ㄷ, ㄹ

17. 고대 및 중세 건축물에 대한 설명으로 옳은 것만을 모두 고르면?

> ㄱ. 바실리카식 교회당은 아트리움(Atrium), 나르텍스(Narthex), 네이브(Nave), 트랜셉트(Transept), 앱스(Apse) 등으로 구성되어 있다.
> ㄴ. 아야 소피아(Hagia Sophia) 성당은 리브볼트(Rib Vault)와 펜던티브 돔(Pendentive Dome)을 적용한 비잔틴 건축물의 대표적 사례이다.
> ㄷ. 로마 판테온(Pantheon)의 격자천장은 장식적 역할을 할뿐만 아니라 돔의 중량을 경감시키는 구조적 효과를 내도록 고안되었다.
> ㄹ. 로마의 인술라(Insula)는 귀족용 아파트 주택으로서 화장실과 욕실이 층마다 설치되어 있어 로마의 수도기술을 보여주는 대표적 사례이다.

① ㄱ, ㄷ   ② ㄱ, ㄹ
③ ㄴ, ㄷ   ④ ㄴ, ㄹ

18. 「건축물의 피난·방화구조 등의 기준에 관한 규칙」상 연면적 200제곱미터를 초과하는 건축물에 설치하는 복도의 유효너비에 대한 설명으로 옳지 않은 것은? (단, 중복도란 양옆에 거실이 있는 복도를 말한다)

① 공동주택 복도의 유효너비는 편복도 1.2미터 이상, 중복도 1.5미터 이상으로 해야 한다.
② 초등학교 복도의 유효너비는 편복도 1.8미터 이상, 중복도 2.4미터 이상으로 해야 한다.
③ 당해 층 거실의 바닥면적의 합계가 200제곱미터 이상인 의료시설 복도의 유효너비는 편복도 1.2미터 이상, 중복도 1.8미터 이상으로 해야 한다.
④ 당해 층 바닥면적의 합계가 500제곱미터 이상 1천제곱미터 미만인 공연장의 관람실과 접하는 복도의 유효너비는 1.8미터 이상으로 해야 한다.

19. 다음 보기 중 「국토의 계획 및 이용에 관한 법령」상 용도지역 안에서 허용 용적률이 가장 높은 것은? (단, 조례는 고려하지 않는다)

> ───── 〈보 기〉 ─────
> ㄱ. 제1종일반주거지역
> ㄴ. 제3종일반주거지역
> ㄷ. 준주거지역
> ㄹ. 준공업지역

① ㄱ   ② ㄴ
③ ㄷ   ④ ㄹ

20. 전통건축 공포 양식에 대한 설명으로 옳은 것은?

① 다포식은 공포를 기둥 위에만 배열하여 하중을 기둥으로 직접 전달하는 공포양식으로, 강진 무위사 극락전, 창녕 관룡사 약사전 등이 있다.
② 주심포식은 기둥 상부 이외에 기둥 사이에도 공포를 배열한 공포양식으로, 서울 경복궁 근정전, 양산 통도사 대웅전 등이 있다.
③ 익공식은 창방과 직교하여 보 방향으로 새 날개 모양 등의 부재가 결구되어 만들어진 공포양식으로, 서울 종묘 정전, 강릉 해운정 등이 있다.
④ 절충식은 다포식과 주심포식을 혼합·절충한 공포양식으로, 서울 동묘 본전, 강릉 오죽헌 등이 있다.

국가직 7급 해설 및 정답 & 동영상강의

01	④	02	①	03	②	04	②	05	①
06	③	07	③	08	④	09	②	10	③
11	③	12	①	13	②	14	②	15	④
16	④	17	①	18	①	19	③	20	③

01 ④
 ※ 케빈 린치의 도시이미지 구성요소 : 통로(paths), 지역(districts), 결절(nodes), 경계(edges), 랜드마크(landmarks)

02 ①
 ② 클로크 룸 : 관리부분
 ③ 배선실 : 요리부분
 ④ 프런트 오피스 : 관리부분

03 ② 19세대(대지 내 동별 세대수를 합한 세대를 말한다) 이하가 거주할 수 있을 것 : 다가구주택

04 ① 연면적 산정 시 지하층 면적은 포함한다.
 ③ 층수 산정 시 제외한다.
 ④ 지하층의 일부분이 지표면으로부터 1미터 이상에 있는 경우는 건축면적 산정 시 포함한다.

05 ① 확장형 주차대수는 총 주차대수의 30% 이상을 설치해야 하므로 45대로 계획한다.

06 ③ 그린 룸(Green Room)은 출연자 대기실로 무대 가까이에 배치하며, 크기는 30㎡ 이상으로 한다.

07 ③
 ① 벽면에 있는 개구부를 완전히 열어 놓았을 때, 흡음률은 1이다.
 ② 명료도는 사람이 말을 할 때 어느 정도 정확히 알아들을 수 있는가를 표시하는 기준으로 백분율(%)로 나타낸다.
 ④ 음파 회절(Sound Diffraction) 현상은 고주파수 음보다는 저주파수 음에서 크게 나타난다.

08 ④
 ※ 경관지구 : 자연경관지구, 시가지경관지구, 특화경관지구

09 ②
 ① 고층건축물이나 지하층에는 스프링클러를 설치하는 것이 좋다.
 ③ 드렌처(Drencher)란 건축물의 외벽, 창, 지붕 등에 설치하여, 인접건물에 화재가 발생하였을 때 인접건물에 살수를 하여 연소의 확대를 방지하는 방화설비이다.
 ④ 분당 방수량(ℓ/min)의 순서 : 연결송수관설비 〉 옥외소화전설비 〉 옥내소화전설비 〉 스프링클러 = 드렌처

10 ③ 인증심사 결과에 이의가 있는 경우 건축주 등은 인증기관의 장에게 재심사를 요청할 수 있다.

11 ③ 안전개가식 출납시스템은 이용자가 보안이 확보된 상태에서 직접 서고에 들어가 책을 선택하고 직원의 검열을 받고 기록을 남긴 후 열람하는 방식이다.

12 ①
 ② '지하층'이란 건축물의 바닥이 지표면 아래에 있는 층으로서 바닥에서 지표면까지 평균높이가 해당 층 높이의 2분의 1 이상 인 것을 말한다.
 ③ '대수선'이란 건축물의 기둥, 보, 내력벽, 주계단 등의 구조나 외부 형태를 수선·변경하거나 증설하는 것으로서 대통령령으로 정하는 것을 말한다.
 ④ '건축'이란 건축물을 이전하는 것을 포함하고, 신축·증축·개축·재축(再築)하는 모든 행위를 말한다.

13 ② 분출작용은 수직관 가까이 위생기구가 설치되어 있을 때 수직관 위로부터 일시에 다량의 물이 낙하할 경우, 트랩 속 봉수가 공기의 압력에 의해 역압작용을 일으켜 실내 측으로 토출되는 현상이다.

14 ② 한색 계통이 난색 계통보다 후퇴되어 보인다.

15 ④

① 르 꼬르뷔지에(Le Corbusier) – 기능주의
② 요른 웃존(Jorn Utzon) – 시드니 오페라하우스(Sydney Opera House)
③ 자하 하디드(Zaha Hadid) – 비트라 소방서(Vitra Fire Station)

16 ④

ㄱ. 황금비(1 : 1.618) : 한 선분을 두 부분으로 나눌 때 전체에 대한 큰 부분의 비와 큰 부분에 대한 작은 부분의 비가 같은 것을 말한다.
ㄴ. 리듬에는 반복(Repetition), 점증(Gradation), 억양(Accentuation) 등이 있다.
ㄷ. 대비란 전혀 다른 성격의 요소를 병치함으로써 서로가 가진 특성을 명확하게 강조하여 강렬한 인상을 주는 것이다.
ㄹ. 인도 아그라의 타지마할은 균형과 대칭이 반영된 건축물이다.

17 ①

ㄴ. 리브볼트(Rib Vault) : 로마네스크 건축
ㄹ. 로마의 인술라(Insula) : 서민용 아파트 주택

18 ①
공동주택 복도의 유효너비는 편복도 1.2미터 이상, 중복도 1.8미터 이상으로 해야 한다.

19 ③

ㄱ. 제1종일반주거지역 : 200% 이하
ㄴ. 제3종일반주거지역 : 300% 이하
ㄷ. 준주거지역 : 500% 이하
ㄹ. 준공업지역 : 400% 이하

20 ③

① 주심포식은 공포를 기둥 위에만 배열하여 하중을 기둥으로 직접 전달하는 공포양식으로, 강진 무위사 극락전, 창녕 관룡사 약사전 등이 있다.
② 다포식은 기둥 상부 이외에 기둥 사이에도 공포를 배열한 공포양식으로, 서울 경복궁 근정전, 양산 통도사 대웅전 등이 있다.
④ 절충식은 다포식과 주심포식을 혼합·절충한 공포양식으로, 개심사 대웅전, 전등사 약사전 등이 있다.
※ 서울 동묘 본전, 강릉 오죽헌 : 익공식

1. 학교건축 계획 중 교사의 배치 방법에 대한 설명으로 옳은 것은?

① 클러스터형은 협소한 부지를 효율적으로 활용하지만, 화재 및 비상시에 불리하다.

② 분산병렬형은 일종의 핑거플랜형식으로, 일조, 통풍 등 교실환경조건이 상이한 편이며 구조계획이 복잡하다.

③ 폐쇄형은 학생이 주로 사용하는 부분을 중앙에 집약시키고 외곽에 특별교실을 두어 원활한 동선을 취할 수 있다.

④ 집합형은 교사동 계획 초기부터 최대 규모를 전제로 하여 유기적인 구성이 가능하며, 동선이 짧아 학생 이동에 유리하다.

2. 도서관건축 계획에 대한 설명으로 옳지 않은 것은?

① 서고의 구조 중 적층식은 장서보관 효율이 다소 떨어지나 내진·내화 관점에서 유리하다.

② 아동열람실은 자유개가식 열람형식과 자유로운 가구배치로 계획하는 것이 좋다.

③ 일반적으로 서고 면적 $1\,m^2$당 150 ~ 250권(평균 200권/m^2), 서고 용적 $1\,m^3$당 66권 정도를 수용할 수 있도록 계획한다.

④ 안전개가식은 열람자가 서가에서 책을 선택한 후, 직원의 검열과 대출기록을 마친 다음 열람하는 형식이다.

3. 건물 유형과 목적에 적합한 합리적인 건축계획으로 보기 어려운 것은?

① 창고와 하역장 : 하역장까지 거리를 평준화하기 위해 중앙하역장 방식으로 평면을 계획하였다.

② 상점 : 대면판매와 측면판매를 함께 할 수 있도록 안경점을 굴절배열형으로 계획하였다.

③ 오피스 : 작업공간의 자유로운 배치 및 공간의 절약이 가능하도록 오피스 랜드스케이프형으로 계획하였다.

④ 전시관 : 소규모인 전시공간에서 공간 절약을 위해 중앙홀 형식으로 계획하였다.

4. 우리나라 전통가옥의 지역별 특징에 대한 설명으로 옳지 않은 것은?

① 남부지방형은 '부엌－안방－대청－방'이 일반형이며, 대청은 생활공간 및 제청(祭廳)의 역할을 하였다.

② 함경도지방형은 겹집구조(田자형집)를 이루고 있으며, 정주간은 부엌과 거실의 절충공간으로서 취사 등의 공간이다.

③ 중부지방형은 ㄱ자형의 평면을 보이는 것이 특징이며, '부엌－안방'의 배열축과 '대청－건넌방'의 배열축이 직교되는 형태가 일반적이다.

④ 평안도지방형은 중앙에 대청인 상방을 두고, 좌우에 작은 구들과 큰 구들을 두며, 북쪽에 고팡을 두어 물품을 보관하였다.

5. 공포의 구성 부재에 대한 설명으로 옳은 것만을 모두 고르면?

> ㄱ. 살미는 첨차와 평행하게 도리 방향으로 걸리는 공포 부재이다.
> ㄴ. 소로는 첨차와 첨차, 살미와 살미 사이에 놓여 상부 하중을 아래로 전달하는 역할을 한다.
> ㄷ. 주두는 공포 최하부에 놓인 방형 부재로서, 공포를 타고 내려온 하중을 기둥에 전달하는 역할을 한다.

① ㄱ, ㄴ   ② ㄱ, ㄷ
③ ㄴ, ㄷ   ④ ㄱ, ㄴ, ㄷ

6. 「건축법 시행령」상 건축물의 범죄예방 기준 적용 대상 시설만을 모두 고르면?

> ㄱ. 문화 및 집회시설(동·식물원은 제외한다)
> ㄴ. 교육연구시설(연구소 및 도서관은 제외한다)
> ㄷ. 제2종 근린생활시설 중 다중생활시설
> ㄹ. 수련시설

① ㄱ, ㄷ   ② ㄴ, ㄹ
③ ㄱ, ㄴ, ㄹ   ④ ㄱ, ㄴ, ㄷ, ㄹ

7. 공장건축 계획에 대한 설명으로 옳지 않은 것은?

① 용도지역상 '전용공업지역' 안에서 공장, 창고시설, 제1종 근린생활시설은 건축이 가능하다.
② 공장의 바닥을 '콘크리트 위 나무벽돌'로 할 경우, 마모가 되었을 때 쉽게 바닥을 교체할 수 있다.
③ 공장 유형 중 블록타입은 공장의 신설확장이 비교적 용이하며, 공장건설을 병행할 수 있다.
④ 제품중심 레이아웃은 생산에 필요한 공정·기계 및 기구를 제품의 흐름에 따라 배치하는 방식이다.

8. 병원건축 계획에 대한 설명으로 옳지 않은 것은?

① 시설계획상 병동부, 중앙진료부, 외래부, 공급부, 관리부 등으로 구분할 수 있으며, 동선이 교차되지 않도록 하여야 한다.
② 병원의 규모는 일반적으로 병상 수를 기준으로 산정된다.
③ PPC(Progressive Patient Care)방식 간호단위란 환자를 집중 간호단위, 중간 간호단위, 자가 간호단위 등으로 구분하는 방식을 말한다.
④ 종합병원에는 음압격리병실을 1개 이상 설치하되, 300병상을 기준으로 300병상 초과할 때마다 1개의 음압격리병실을 추가로 설치하여야 한다.

9. 다음에서 설명하는 공간구성의 기본원칙과 건물의 예를 옳게 짝 지은 것은?

> 하나 이상의 동일하거나 매우 유사한 요소들이 한 축선을 중심으로 서로 반대쪽에 위치하여 평형을 이룬다.

① 대칭 – 팔라디오의 카프라 별장 평면
② 대칭 – 알바 알토의 부오크세니스카 (Vuoksenniska) 교회 평면
③ 리듬 – 올림피아의 제우스신전 입면
④ 리듬 – 프랭크 게리의 빌바오 구겐하임 미술관 입면

10. 다음은 「건축물의 설비기준 등에 관한 규칙」상 '신축공동주택 등의 자연환기설비 설치 기준'의 일부이다. 밑줄 친 부분이 옳은 것은?

> 자연환기설비는 도입되는 바깥공기에 포함되어 있는 입자형·가스형 오염물질을 제거 또는 여과할 수 있는 일정 수준 이상의 공기여과기를 갖추어야 한다. 이 경우 공기여과기는 한국산업표준(KSB 6141)에서 규정하고 있는 입자 포집률을 중량법으로 측정하여 ① 60퍼센트 이하 확보하여야 하며 공기여과기의 청소 또는 교환이 쉬운 구조이어야 한다.
> 한국산업표준(KSB 2921)의 시험조건하에서 자연환기설비로 인하여 발생하는 소음은 대표길이 1미터(수직 또는 수평 하단)에서 측정하여 ② 80 dB 이하가 되어야 한다.
> 자연환기설비는 설치되는 실의 바닥부터 수직으로 ③ 1.2미터 이상의 높이에 설치하여야 하며, 2개 이상의 자연환기설비를 상하로 설치하는 경우 ④ 1미터 이하의 수직간격을 확보하여야 한다.

11. 「국토의 계획 및 이용에 관한 법률 시행령」상 용도지역에 대한 설명으로 옳지 않은 것은?

① 제2종전용주거지역은 공동주택 중심의 양호한 주거환경을 보호하기 위하여 필요한 지역이다.
② 제2종일반주거지역은 중고층 주택을 중심으로 편리한 주거환경을 조성하기 위하여 필요한 지역이다.
③ 중심상업지역은 도심·부도심의 상업기능 및 업무기능의 확충을 위하여 필요한 지역이다.
④ 준공업지역은 경공업 그 밖의 공업을 수용하되, 주거기능·상업기능 및 업무기능의 보완이 필요한 지역이다.

12. 「건축법 시행령」상 용어의 정의로 옳지 않은 것은?

① '이전'이란 건축물의 주요구조부를 해체하지 아니하고 같은 대지의 다른 위치로 옮기는 것을 말한다.
② '증축'이란 기존 건축물이 있는 대지에서 건축물의 건축면적, 연면적, 층수 또는 높이를 늘리는 것을 말한다.
③ '내화구조'란 화염의 확산을 막을 수 있는 성능을 가진 구조로서 국토교통부령으로 정하는 기준에 적합한 구조를 말한다.
④ '초고층 건축물'이란 층수가 50층 이상이거나 높이가 200미터 이상인 건축물을 말한다.

13. 그리스 및 로마 건축의 오더(order)에 대한 설명으로 옳지 않은 것은?

① 그리스 도리아식(Doric order)은 단순하고 간단한 양식으로 장중하며 남성적이다.
② 그리스 이오니아식(Ionic order)은 소용돌이 형상의 주두가 특징이며 여성적이다.
③ 로마 터스칸식(Tuscan order)은 그리스 이오니아식을 기본모델로 하여 단순화한 양식이다.
④ 로마 콤포지트식(Composite order)은 이오니아식과 코린트식 주범을 복합한 양식이다.

14. 소방용 설비에 대한 설명으로 옳지 않은 것은?

① 포소화설비 중 공기포는 포말소화약제와 물을 혼합하여 기계적으로 거품을 발포시켜 소화하는 설비이다.
② 소화용수설비에는 상수도소화용수설비, 소화수조·저수조 및 기타 소화용수설비가 있다.
③ 스프링클러 설비는 크게 폐쇄형과 개방형으로 구분되며, 개방형에는 습식배관방식과 건식배관방식이 있다.
④ 차동식 열감지기는 실내 온도변화가 일정한 온도 상승률 이상이 되었을 때 작동한다.

15. 난방 방식에 대한 설명으로 옳지 않은 것은?

① 축열벽형 태양열 시스템은 직접획득형 태양열 시스템에 비해 조망에서 유리하다.

② 온수난방은 물의 온도변화에 따른 온수 용적의 팽창에 여유를 두기 위하여 팽창 탱크(expansion tank)를 설치한다.

③ 증기난방에서 복관식은 방열기마다 증기트랩을 설치하여 환수관을 통해 응축수만을 보일러로 환수시킨다.

④ 지역난방은 대규모 설비가 필요하지만, 인적자원을 절약하고 개별 건물의 유효면적을 증가시킬 수 있다.

16. 「저탄소 녹색성장 기본법」상 지방자치단체의 책무에 해당하지 않는 것은?

① 저탄소 녹색성장대책을 수립·시행할 때 해당 지방자치단체의 지역적 특성과 여건을 고려하여야 한다.

② 기후변화 문제에 대한 대응책을 정기적으로 점검·평가하여 대책을 마련해야 한다.

③ 관할구역 내에서의 각종 계획 수립과 사업의 집행과정에서 그 계획과 사업이 저탄소 녹색성장에 미치는 영향을 종합적으로 고려하고, 지역주민에게 저탄소 녹색성장에 대한 교육과 홍보를 강화하여야 한다.

④ 저탄소 녹색성장 실현을 위한 국가시책에 적극 협력하여야 한다.

17. 차양설계에 대한 설명으로 옳지 않은 것은?

① 일사조절을 위한 건축물의 차양장치는 일반적으로 실외 차단 장치가 실내 차단 장치에 비해 효과적이다.

② 내부차양장치는 베네시안 블라인드, 필름 셰이드 등이 있다.

③ 외부차양장치는 선 스크린, 지붕의 돌출차양 등이 있다.

④ 수직남면벽에 돌출한 수평차양장치(차양, 처마 등)의 길이는 주로 수평음영각에 의해 결정된다.

18. 「주택법」상 용어에 대한 설명으로 옳지 않은 것은?

① '부대시설'에는 주택에 딸린 것으로서, 주차장, 관리사무소, 담장 및 주택단지 안의 도로 등이 있다.

② '복리시설'에는 주택단지의 입주자 등의 생활복리를 위한 것으로서, 어린이놀이터, 근린생활시설, 유치원, 주민운동시설 및 경로당 등이 있다.

③ '기간시설'에는 도로, 상하수도, 전기시설, 가스시설, 통신시설, 지역난방시설 등이 있다.

④ '세대구분형 공동주택'이란 공동주택의 주택 내부 공간의 일부를 세대별로 구분하여 생활이 가능한 구조로 하되, 그 구분된 공간의 일부를 구분소유할 수 있는 주택을 말한다.

19. 근·현대 건축에 대한 설명으로 옳은 것은?

① 구성주의 작가로 블라디미르 타틀린(Vladimir Tatlin), 엘 리시츠키(El Lissitzky) 등이 있다.

② 루이스 설리번(Louis Sullivan)은 '형태는 기능을 따른다'는 신조형주의 이론을 전개시킨 건축가이다.

③ 아르누보의 대표적 건축가로 빅토르 호르타(Victor Horta), 안토니오 산텔리아(Antonio Sant'Elia), 쿠프 힘멜브라우(Coop Himmelblau) 등이 있다.

④ 독일공작연맹은 신조형주의 이론을 조형적, 미학적 기본원리로 하였으며, 입체파의 영향을 받았다.

20. 주차장법령상 주차시설에 대한 내용으로 옳은 것만을 모두 고르면?

> ㄱ. 건축물의 연면적 중 주차장으로 사용되는 부분의 비율이 95퍼센트 이상인 건축물은 주차전용건축물에 해당한다.
>
> ㄴ. 평행주차형식 외의 경우 확장형 주차장의 주차구획은 너비 2.5미터 이상, 길이 5.0미터 이상으로 한다.
>
> ㄷ. 도시지역에서 차량통행이 금지된 장소가 아닌 경우, 주차대수 300대 이하의 규모인 시설물은 부설주차장 설치 의무를 면제받을 수 있다.

① ㄱ, ㄴ   ② ㄱ, ㄷ

③ ㄴ, ㄷ   ④ ㄱ, ㄴ, ㄷ

국가직 7급 해설 및 정답 & 동영상강의

01	④	02	①	03	④	04	④	05	③
06	④	07	③	08	④	09	①	10	③
11	②	12	③	13	③	14	③	15	①
16	②	17	④	18	④	19	①	20	②

01 ① 클러스터형은 넓은 부지가 필요하다.
　② 분산병렬형은 일종의 핑거플랜형식으로, 일조, 통풍 등 교실환경조건이 균등하며 구조계획이 단순하다.
　③ 클러스터형은 학생이 주로 사용하는 부분을 중앙에 집약시키고 외곽에 특별교실을 두어 원활한 동선을 취할 수 있다.

02 ① 서고의 구조 중 적층식은 특수구조를 사용하여 도서관 한쪽을 하층에서 상층까지 서고로 계획하는 유형으로 장서보관 효율이 높다.

03 ④ 전시관 : 소규모인 전시공간에서 공간 절약을 위해 연속 순로 형식으로 계획한다.

04 ④ 평안도지방형은 부엌과 방들이 한줄로 구성된 ㅡ자형 주택으로 부엌과 방 두 개가 연이어 구성되며 여기에 따로 광, 외양간, 측간 등이 하나의 채로 구성된다.
　※ 제주도형 : 중앙에 대청인 상방을 두고, 좌우에 작은 구들과 큰 구들을 두며, 북쪽에 고팡을 두어 물품을 보관하였다.

05 ㄱ. 살미는 첨차와 직각되게 보 방향으로 걸리는 공포 부재이다.

06 ※ 범죄예방 대상 건축물
　(1) 아파트, 연립주택, 다세대주택, 다가구주택
　(2) 1종 근린생활시설 중 일용품 판매 소매점
　(3) 문화 및 집회시설(동·식물원 제외)
　(4) 교육연구시설(연구소, 도서관 제외)
　(5) 노유자시설
　(6) 수련시설
　(7) 다중생활시설(고시원)
　(8) 오피스텔

07 ③ 공장 유형 중 파빌리온타입(pavilion type, 분관식)은 공장의 신설확장이 비교적 용이하며, 공장건설을 병행할 수 있다.

08 ④ 종합병원에는 음압격리병실을 1개 이상 설치하되, 300병상을 기준으로 100병상 초과할 때마다 1개의 음압격리병실을 추가로 설치하여야 한다.

09 ※ 대칭 : 하나 이상의 동일하거나 매우 유사한 요소들이 한 축선을 중심으로 서로 반대쪽에 위치하여 평형을 이룬다.
　※ 팔라디오의 카프라 별장(빌라 로툰다)

10 ① 70퍼센트 이상 확보
　② 40 dB 이하
　④ 1미터 이상의 수직간격을 확보

11 ② 제2종일반주거지역은 중층 주택을 중심으로 편리한 주거환경을 조성하기 위하여 필요한 지역이다.

12 ③ '내화구조'란 화재에 견딜 수 있는 성능을 가진 구조로서 국토교통부령으로 정하는 기준에 적합한 구조를 말한다.
　※ 방화구조 : 화염의 확산을 막을 수 있는 성능을 가진 구조로서 국토교통부령으로 정하는 기준에 적합한 구조

13 ③ 로마 터스칸식(Tuscan order)은 그리스 도리아식을 기본모델로 하여 단순화한 양식이다.

14 ③ 스프링클러 설비는 크게 폐쇄형과 개방형으로 구분되며, 폐쇄형에는 습식배관방식과 건식배관방식이 있다.

15 ① 축열벽형 태양열 시스템은 직접획득형 태양열 시스템에 비해 조망에서 불리하나 거주공간 내의 온도변화가 적다.

16 ② 기후변화 문제에 대한 대응책을 정기적으로 점검·평가하여 대책을 마련해야 한다. – 국가의 책무

※ 「저탄소 녹색성장 기본법」 제1조(목적) 이 법은 경제와 환경의 조화로운 발전을 위하여 저탄소(低炭素) 녹색성장에 필요한 기반을 조성하고 녹색기술과 녹색산업을 새로운 성장동력으로 활용함으로써 국민경제의 발전을 도모하며 저탄소 사회 구현을 통하여 국민의 삶의 질을 높이고 국제사회에서 책임을 다하는 성숙한 선진 일류국가로 도약하는 데 이바지함을 목적으로 한다.

제4조(국가의 책무)
① 국가는 정치·경제·사회·교육·문화 등 국정의 모든 부문에서 저탄소 녹색성장의 기본원칙이 반영될 수 있도록 노력하여야 한다.
② 국가는 각종 정책을 수립할 때 경제와 환경의 조화로운 발전 및 기후변화에 미치는 영향 등을 종합적으로 고려하여야 한다.
③ 국가는 지방자치단체의 저탄소 녹색성장 시책을 장려하고 지원하며, 녹색성장의 정착·확산을 위하여 사업자와 국민, 민간단체에 정보의 제공 및 재정 지원 등 필요한 조치를 할 수 있다.
④ 국가는 에너지와 자원의 위기 및 기후변화 문제에 대한 대응책을 정기적으로 점검하여 성과를 평가하고 국제협상의 동향 및 주요 국가의 정책을 분석하여 적절한 대책을 마련하여야 한다.
⑤ 국가는 국제적인 기후변화대응 및 에너지·자원 개발 협력에 능동적으로 참여하고, 개발도상국가에 대한 기술적·재정적 지원을 할 수 있다.

제5조(지방자치단체의 책무)
① 지방자치단체는 저탄소 녹색성장 실현을 위한 국가시책에 적극 협력하여야 한다.
② 지방자치단체는 저탄소 녹색성장대책을 수립·시행할 때 해당 지방자치단체의 지역적 특성과 여건을 고려하여야 한다.
③ 지방자치단체는 관할구역 내에서의 각종 계획 수립과 사업의 집행과정에서 그 계획과 사업이 저탄소 녹색성장에 미치는 영향을 종합적으로 고려하고, 지역주민에게 저탄소 녹색성장에 대한 교육과 홍보를 강화하여야 한다.

④ 지방자치단체는 관할구역 내의 사업자, 주민 및 민간단체의 저탄소 녹색성장을 위한 활동을 장려하기 위하여 정보 제공, 재정 지원 등 필요한 조치를 강구하여야 한다.

17 ④ 수직남면벽에 돌출한 수평차양장치(차양, 처마 등)의 길이는 주로 수직음영각에 의해 결정된다.
※ 수직음영각 $\epsilon = 90 - \phi$
  • ϕ : 그 지방의 위도

18 ④ '세대구분형 공동주택'이란 공동주택의 주택 내부 공간의 일부를 세대별로 구분하여 생활이 가능한 구조로 하되, 그 구분된 공간의 일부를 구분소유 할 수 없는 주택을 말한다.

19 ② 루이스 설리번(Louis Sullivan)은 '형태는 기능을 따른다'는 시카고파를 발전시킨 건축가이다.
③ 아르누보의 대표적 건축가로 빅토르 호르타(Victor Horta), 헥토 귀마르(Hector Guimard), 안토니오 가우디(Antonio Gaudi) 등이 있다.
※ 안토니오 산텔리아(Antonio Sant'Elia) : 이탈리아 미래파
※ 쿠프 힘멜브라우(Coop Himmelblau) : 해체주의
④ 독일공작연맹은 공업발전의 불가피성을 인식하고 디자인을 담당하는 예술가와 디자인을 실현하고 구체화하는 산업가 사이의 공백을 메우려고 하였으며, 영국의 수공예운동에 영향을 받았다.

20 ㄴ. 평행주차형식 외의 경우 확장형 주차장의 주차구획은 너비 2.6미터 이상, 길이 5.2미터 이상으로 한다.

1. 유치원 계획에 대한 설명으로 옳지 않은 것은?

① 적정 통원거리는 4세아의 경우 300m, 5세아의 경우 400m, 교통사정이 좋은 경우 최대 600m로 볼 수 있다.

② 유원장을 정적인 놀이공간, 중간적 놀이공간, 동적인 놀이공간으로 구분할 때, 동적인 놀이공간은 고정놀이기구를 이용하여 놀이활동을 하는 공간이며, 시소, 그네, 정글짐, 미끄럼틀 등으로 구성한다.

③ L자형 교사평면은 관리부문과 보육공간을 L자형으로 구성하는 유형이며, 관리실에서 보육실과 유희실을 감시할 수 있는 장점이 있다.

④ 중정형 교사평면은 채광이 좋은 안뜰을 놀이실 대용으로 사용할 수 있으나 소음문제가 야기될 수 있다.

2. 초등학교 계획에 대한 설명으로 옳은 것은?

① 주거단지 계획에서 인보구는 초등학교를 중심으로 하는 근린생활 단위이다.

② 학교 운영방식 중 종합교실형은 초등학교 저학년에 적합하다.

③ 저학년 교실은 되도록 고층에 배치한다.

④ 순수율은 교실이 사용되고 있는 시간을 1주간의 평균 수업시간으로 나눈 백분율 값이다.

3. 공연장 계획에서 무대 및 관련 시설에 대한 설명으로 옳은 것은?

① 프롬프터 박스(prompter box)는 연극에 필요한 무대 소품과 장비를 보관하는 공간이며, 앤티룸(anti room)이라고도 한다.

② 잔교(light bridge)는 그리드아이언(grid iron)에 올라가는 계단과 연결되는 좁은 활차이다.

③ 사이클로라마(cyclorama)는 무대 제일 뒤에 설치되는 무대배경용 벽이다.

④ 록레일(lock rail)은 트랩룸(trap room)에서 무대배경 전체를 올려놓고 한 번에 오르내릴 수 있는 장치이다.

4. 병원의 병실 계획 시 유의사항으로 옳지 않은 것은?

① 병실 출입문은 밖여닫이로 하고 문지방 단차는 2cm 이하로 한다.

② 병실의 천장은 환자의 시선이 늘 닿는 곳이므로 반사율이 큰 마감재료는 피한다.

③ 창면적은 바닥면적의 1/3 ~ 1/4 정도로 하며, 창대의 높이는 90cm 이하로 하여 외부 조망이 가능하도록 한다.

④ 조명설비는 환자의 병상마다 후면에 개별적으로 설치한다.

5. 사회적 환경과 인간행태의 상호관계에 대한 설명으로 옳지 않은 것은?

① 프라이버시는 개인·집단 또는 단체의 접근을 통제하고 자신들에 관한 정보를 언제, 어떻게, 어느 정도로 전달할 것인지 스스로 결정할 권리라 할 수 있다.

② 과밀은 지각된 밀도의 함수이며, 이러한 지각은 기분, 개성, 물리적 상황의 영향에 좌우된다.

③ 영역성이란 보이지 않는 보호영역이며, 기포(bubble)의 형태로 유기체가 가지고 다니며 자신과 타인 사이를 유지하는 성질이다.

④ 각자의 개인공간은 동적이고 그 치수는 변할 수 있으며, 침해당할 때 긴장과 불안이 야기된다.

6. 배수 및 통기관 설비에 대한 설명으로 옳은 것만을 모두 고르면?

> ㄱ. 통기관은 배수의 흐름을 원활하게 하고 트랩의 봉수를 보호하기 위해 설치한다.
> ㄴ. 봉수파괴 현상은 자기사이펀, 흡출, 분출, 증발 작용 등에 의해 발생한다.
> ㄷ. 결합 통기관은 위생기구마다 통기관이 하나씩 설치되는 것으로 가장 이상적이며 습윤 통기관이라고도 한다.
> ㄹ. 신정 통기관은 배수 수직관 상부에서 관경을 축소하지 않고 연장하여 대기 중에 개구한 통기관이다.

① ㄱ, ㄴ   ② ㄱ, ㄷ

③ ㄱ, ㄴ, ㄹ   ④ ㄴ, ㄷ, ㄹ

7. 바우하우스(Bauhaus)에 대한 설명으로 옳지 않은 것은?

① 데사우의 바우하우스는 디자인학부동, 공작실동, 기숙사동 등으로 구성되었다.

② 이론교육과 실습교육을 병행하였다.

③ 미술학교와 공예학교를 통합해 바이마르에 설립한 학교이며, 월터 그로피우스(Walter Gropius)가 초대 교장직을 수행하였다.

④ 예술의 복귀를 주장하는 존 러스킨(John Ruskin)의 영향을 받아 오토 와그너(Otto Wagner)가 설립하였다.

8. 건축 조형 원리에서 대칭성과 가장 거리가 먼 것은?

① 윌리엄 모리스(William Morris)의 '붉은 집(Red House)'

② 루이스 칸(Louis Kahn)의 '솔크(Salk) 생물학 연구소'

③ 에로 사리넨(Eero Saarinen)의 '잉골스(Ingalls) 하키경기장'

④ 마리오 보타(Mario Botta)의 '스타비오 원형주택(Casa Rotonda)'

9. 다음 설명에 해당하는 색의 조화로 가장 적합한 것은?

> 색상환에서 나란히 인접한 색상을 이용한 배색을 말하며, 한 가지 색을 공통으로 공유하므로 온화한 조화와 통일감 있는 배색효과를 갖는다. 실내디자인에 따뜻한 분위기를 주기 위해서는 너무 강한 색을 쓰면 자극적일 수 있으므로 적색, 황색, 오렌지색 등의 가까운 색으로 조화를 이루도록 구성하는 방법이 이에 해당한다.

① 단색 조화   ② 명암 조화

③ 보색 조화   ④ 유사색 조화

10. 「건축물의 설비기준 등에 관한 규칙」에 따른 환기설비에 대한 설명으로 옳은 것은?

① 신축공동주택등의 자연환기설비 설치 기준에 따른 공기여과기 성능은 계수법으로 측정하여 60퍼센트 이상이어야 한다.

② 신축공동주택등에서 열회수형 환기장치의 유효환기량은 표시용량의 70퍼센트 이상이어야 한다.

③ 30세대 이상의 신축 공동주택은 시간당 0.5회 이상의 환기가 이루어질 수 있도록 자연환기설비 또는 기계환기설비를 설치해야 한다.

④ 다중이용시설의 기계환기설비 용량기준은 시설의 단위면적당 환기량을 원칙으로 산정한다.

11. 상업건축에 대한 설명으로 옳은 것은?

① 입면 디자인 시 적용하는 'AIDMA 법칙'은 Attention(주의), Interest(흥미), Design(디자인), Memory(기억), Art(예술성)이다.

② 쇼핑센터에서 몰(mall)의 구성 요소로는 고객의 휴식과 이벤트 등을 위한 페데스트리언 몰(pedestrian mall)과 점포와 점포를 연결하고 고객의 방향성과 동선을 유도하는 코트(court)로 구분할 수 있으며, 전체면적의 약 30 %의 면적비율을 가진다.

③ 쇼핑센터의 핵점포는 단일 종류의 상품을 전문적으로 취급하는 상점과, 음식점 등의 서비스점으로 구성되며, 전체면적의 약 25 %를 차지한다.

④ 백화점의 기둥간격(span)을 결정하는 계획은 건축물의 구조안전과 층 높이를 충족한다는 전제 아래서 매장 진열대의 치수와 배치방법, 엘리베이터 및 에스컬레이터의 배치방식, 지하주차장 계획 등이 고려되어야 한다.

12. 아파트의 주동 형식에 대한 설명으로 옳지 않은 것은?

① 탑상형은 인동간격으로 인해 배치계획상 판상형보다 제약이 많다.

② 판상형은 각호에 일조·통풍 등의 환경 조건이 균등하다.

③ 판상형 주동의 평행배치는 획일적이며 단조로운 배치가 되기 쉬운 단점이 있다.

④ 탑상형 아파트는 조망에 있어서 판상형보다 유리하다.

13. 미술관 전시실의 순로(순회)형식에 대한 설명으로 옳지 않은 것은?

① 중앙홀 형식은 중앙홀이 크면 동선의 혼란을 초래할 수 있으나 장래의 확장에는 유리하다.

② 연속순로 형식은 소규모 전시실에 적합하며 비교적 전시 벽면을 많이 만들 수 있다.

③ 연속순로 형식은 직사각형 또는 다각형의 각 전시실을 연속적으로 연결하는 형식이다.

④ 갤러리(gallery) 및 코리도(corridor) 형식은 각 실에 직접 출입이 가능하고 필요시 자유로이 독립적으로 폐쇄할 수 있다.

14. 도서관(교육연구시설) 계획에 대한 설명으로 옳지 않은 것은?

① 준주거지역, 자연녹지지역에서는 도서관 건축이 허용된다.

② 도서관은 30 ~ 40년 후의 장래 증축에 대해 충분히 대처할 수 있는 대지면적을 확보할 수 있는 곳이 좋다.

③ 서고의 높이는 2.3 m 전후로 한다.

④ 적층식 서고는 층마다 서가를 놓는 방식이며, 서가가 고정식이 아니므로 평면 계획상 유연성이 있다.

15. 결로 방지대책에 대한 설명으로 가장 적절하지 못한 것은?

① 난방을 통해 건물 내부의 표면온도를 올리고 실내온도를 노점온도 이상으로 유지한다.

② 실내 습기증가를 방지하기 위하여 환기 횟수를 증가시킨다.

③ 열교 현상이 일어나지 않도록 단열계획 및 시공을 완벽히 한다.

④ 중공벽에 방습층을 설치할 경우 단열재의 저온측인 실외측에 설치한다.

16. 공기조화방식에 대한 설명으로 옳지 않은 것은?

① 전공기방식은 외기냉방이 가능하며 공기청정 제어가 용이한 공조방식이지만 설치공간을 많이 필요로 하는 단점이 있다.

② 팬코일유닛방식은 냉매방식으로 덕트스페이스는 크지만 각 실 조절이 편리하다는 장점이 있다.

③ 전공기방식에는 단일덕트방식, 이중덕트방식 등이 있다.

④ 단일덕트 변풍량방식(VAV)은 단일덕트 정풍량방식(CAV)에 비해 에너지소비 및 송풍동력이 절약된다.

17. 창고건축에서 하역장의 위치에 따른 평면형식에 대한 설명으로 옳지 않은 것은?

① 외주 하역장 방식은 해안 부두 등 대규모 창고에 적합하다.

② 중앙 하역장 방식은 일기에 관계없이 하역할 수 있으나 채광상 불리하다.

③ 분산 하역장 방식은 각 창고에서 하역장까지의 거리가 모두 평준화되므로 화물의 처리가 빠르나 소규모 창고에는 부적합하다.

④ 무인 하역장 방식은 수용면적이 가장 크며, 직접 화물을 창고 내에 반입할 때 기계의 수량도 비교적 많이 필요하다.

18. 초기 기독교시대 교회당의 (가) ~ (다)에 해당하는 명칭을 바르게 연결한 것은?

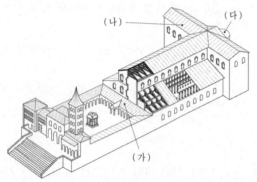

	(가)	(나)	(다)
①	트란셉트 (transept)	나르텍스 (narthex)	아일(aisle)
②	나르텍스 (narthex)	트란셉트 (transept)	아일(aisle)
③	나르텍스 (narthex)	트란셉트 (transept)	앱스(apse)
④	트란셉트 (transept)	나르텍스 (narthex)	앱스(apse)

19. (가), (나)에 해당하는 전통건축의 부재 명칭을 바르게 연결한 것은?

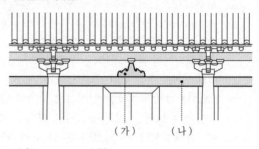

	(가)	(나)
①	대공	장혀
②	대공	창방
③	화반	장혀
④	화반	창방

20. 「장애인·노인·임산부 등의 편의증진 보장에 관한 법령」상 설치기준 적합성을 확인해야 하는 편의시설의 종류로 옳은 것만을 모두 고르면?

ㄱ. 높이차이가 제거된 건축물 출입구
ㄴ. 장애인 등의 이용이 가능한 샤워실 및 탈의실
ㄷ. 임산부 등을 위한 휴게시설
ㄹ. 점자블록

① ㄱ, ㄷ   　　　　② ㄱ, ㄹ
③ ㄴ, ㄷ, ㄹ   　② ㄱ, ㄴ, ㄷ, ㄹ

21. '하이테크(신공업기술주의) 건축' 건축가와 작품이 옳게 짝지어진 것만을 모두 고르면?

ㄱ. 노만 포스터(Norman Foster) – 홍콩 상하이은행 본부, 런던 시청
ㄴ. 시저 펠리(Cesar Pelli) – 시그램 빌딩, 페트로나스 타워
ㄷ. 프랭크 게리(Frank Gehry) – 게리 하우스, 빌바오 구겐하임 미술관
ㄹ. 리차드 로저스(Richard Rogers) – 퐁피두 센터, 로이드보험 본사

① ㄱ, ㄴ   　　　　② ㄱ, ㄹ
③ ㄴ, ㄷ   　　　　④ ㄷ, ㄹ

22. 「건축물의 에너지절약 설계기준」상 건축부문 설계기준의 권장사항에 해당하지 않는 것은?

① 발코니 확장을 하는 공동주택이나 창 및 문의 면적이 큰 건물에는 단열성이 우수한 로이(Low-E) 복층창이나 삼중창 이상의 단열성능을 갖는 창을 설치한다.

② 문화 및 집회시설 등의 대공간 또는 아트리움의 최상부에는 자연배기 또는 강제배기가 가능한 구조 또는 장치를 채택한다.

③ 단열조치를 하여야 하는 부위의 열관류율이 위치 또는 구조상의 특성에 의하여 일정하지 않는 경우에는 해당 부위의 평균 열관류율 값을 면적가중계산에 의하여 구한다.

④ 틈새바람에 의한 열손실을 방지하기 위하여 외기에 직접 또는 간접으로 면하는 거실 부위에는 기밀성 창 및 문을 사용한다.

23. 열관류율이 $0.2\,\text{W/m}^2\,\text{K}$인 벽체에 설치된 단열재 중 열저항이 $2\text{m}^2\,\text{K/W}$인 단열재를 두께가 같고 열저항이 $5\text{m}^2\,\text{K/W}$인 단열재로 교체하였을 때 해당 벽체의 열관류율은?

① $0.125\,\text{W/m}^2\,\text{K}$ ② $0.25\,\text{W/m}^2\,\text{K}$

③ $0.33\,\text{W/m}^2\,\text{K}$ ④ $0.5\,\text{W/m}^2\,\text{K}$

24. 체육시설 계획에 대한 설명으로 옳지 않은 것은?

① 채광을 고려하여 체육관의 장축을 동서로 배치하는 것이 좋다.

② 일반적인 체육관의 크기는 농구코트 2면과 배구코트 1면이며, 1.5m 이상의 안전영역을 확보하는 것을 기준으로 한다.

③ 체육관 경기장의 벽은 경기자가 충돌하거나 용구가 부딪혀도 견딜 수 있는 강도와 탄성이 요구된다.

④ 육상경기장은 일반적으로 장축을 남북방향으로 배치하고, 오후의 서향 일광을 고려하여 주관람석을 서쪽에 둔다.

25. 「건축법 시행령」상 직통계단을 2개소 이상 설치하여야 하는 경우가 아닌 것은? (단, 각각의 건축물은 총 지상 4층이고, 피난층 또는 지상으로 통하는 출입구가 있는 층은 1층이며, 각 경우는 해당용도 및 규모로만 4층에 계획한다)

① 치과병원의 용도로 쓰는 층으로서 그 층의 해당 용도로 쓰는 거실의 바닥면적의 합계가 150제곱미터인 경우

② 장애인 의료재활시설의 용도로 쓰는 층으로서 그 층의 해당 용도로 쓰는 거실의 바닥면적의 합계가 200제곱미터인 경우

③ 종교시설의 용도로 쓰는 층으로서 그 층에서 해당 용도로 쓰는 바닥면적의 합계가 300제곱미터인 경우

④ 업무시설 중 오피스텔의 용도로 쓰는 층으로서 그 층의 해당 용도로 쓰는 거실의 바닥면적의 합계가 400제곱미터인 경우

국가직 7급 해설 및 정답 & 동영상강의

01	②	02	②	03	③	04	①	05	③
06	③	07	④	08	①	09	④	10	③
11	④	12	①	13	①	14	④	15	④
16	②	17	③	18	③	19	④	20	④
21	②	22	③	23	①	24	②	25	①

01 ② 중간적 놀이공간은 고정놀이기구를 이용하여 놀이활동을 하는 공간이며, 시소, 그네, 정글짐, 미끄럼틀 등으로 구성한다. 동적인 놀이공간은 흙이나 잔디로 된 넓은 공지로 된 공간이다.

02 ① 주거단지 계획에서 근린주구는 초등학교를 중심으로 하는 근린생활 단위이다.
③ 저학년 교실은 되도록 저층에 배치한다.
④ 이용률은 교실이 사용되고 있는 시간을 1주간의 평균 수업시간으로 나눈 백분율 값이다.

03 ① 프롬프터 박스(prompter box)는 대사박스라고도 하며, 무대측만 개방되어 이곳에서 대사를 불러주는 장소이다.
② 잔교(light bridge)는 프로시니엄 아치 바로 뒤에 설치하는 1m 정도의 발판으로 조명조작이나 눈, 비 등의 연출을 위해 사용된다.
④ 록레일(lock rail)은 로프를 한 곳에 모아서 조정하는 장소

04 ① 병실 출입문은 안여닫이로 하고 문지방은 두지 않는다.

05 ③ 프럭시믹스(Proxemics)란 보이지 않는 보호영역이며, 기포(bubble)의 형태로 유기체가 가지고 다니며 자신과 타인 사이를 유지하는 성질이다.

06 ㄷ. 결합 통기관은 배수 수직주관과 통기 수직주관을 접속하는 통기관으로 5개 층마다 설치하여 배수 수직관의 통기를 촉진시킨다.

07 ※ 존 러스킨(John Ruskin) : 수공예운동(Art & Craft Movement)
※ 오토 와그너(Otto Wagner) : 세제션운동(Secession)

08 ① 붉은 집(Red House) – 비대칭적 구성

② 솔크(Salk) 생물학 연구소

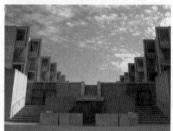

③ 잉골스(Ingalls) 하키경기장

④ 스타비오 원형주택(Casa Rotonda)

09 ※ 유사색 조화 : 색상환에서 나란히 인접한 색상을 이용한 배색을 말하며, 적색, 황색, 오렌지색 등의 가까운 색으로 조화를 이루도록 구성하는 방법

10 ① 신축공동주택등의 자연환기설비 설치 기준에 따른 공기여과기 성능은 질량법으로 측정하여 70퍼센트 이상이어야 한다.
② 신축공동주택등에서 열회수형 환기장치의 유효환기량은 표시용량의 90퍼센트 이상이어야 한다.
④ 다중이용시설의 기계환기설비 용량기준은 시설이용 인원당 환기량을 원칙으로 산정한다.

11 ① 입면 디자인 시 적용하는 'AIDMA 법칙'은 Attention(주의), Interest(흥미), Desire(욕구), Memory(기억), Action(행동)이다.
② 쇼핑센터에서 몰(mall)의 구성 요소로는 고객의 휴식과 이벤트 등을 위한 코트(court)와 점포와 점포를 연결하고 고객의 방향성과 동선을 유도하는 페데스트리언 몰(pedestrian mall)로 구분할 수 있으며, 전체면적의 약 10 %의 면적비율을 가진다.
③ 쇼핑센터의 전문점은 단일 종류의 상품을 전문적으로 취급하는 상점과, 음식점 등의 서비스점으로 구성되며, 전체면적의 약 25 %를 차지한다.

12 ① 탑상형은 인동간격으로 인한 배치계획상 제약이 판상형보다 적다.

13 ① 중앙홀 형식은 중앙홀이 크면 동선의 혼란은 없으나 장래의 확장에는 무리가 따른다.

14 ④ 서고의 구조 중 적층식은 특수구조를 사용하여 도서관 한쪽을 하층에서 상층까지 서고로 계획하는 유형으로 장서보관 효율이 높다. 그러나 고정식이므로 평면 계획상 유연성이 없다.

15 ④ 중공벽에 방습층을 설치할 경우 단열재의 고온측인 실내측에 설치한다.

16 ② 팬코일유닛방식은 전수방식으로 덕트스페이스는 작거나 필요 없으며, 각 실 조절이 편리하다는 장점이 있다.

17 ③ 각 창고에서 하역장까지의 거리가 모두 평준화되므로 화물의 처리가 빠른 형식은 중앙하역장 방식이며, 분산하역장 방식은 소규모 창고에 적합한 방식이다.

18 (가) – 트란셉트(transept) : 수랑
(나) – 나르텍스(narthex) : 전실
(다) – 앱스(apse) : 성소

19 ※ 화반 : 공포대의 주간을 구성하는 부재로 주로 주심포식과 익공식에서 사용한다. 화반은 주간의 창방과 뜬장혀 사이에 위치한다.
※ 창방 : 외부 기둥의 기둥머리를 연결하는 부재로서 모든 건물에 사용한다.

20 ※ 장애인용 편의시설의 종류
(1) 장애인등의 통행이 가능한 접근로
(2) 장애인전용 주차구역
(3) 높이차이가 제거된 건축물 출입구
(4) 장애인등의 출입이 가능한 출입구 등
(5) 장애인등의 통행이 가능한 복도
(6) 장애인등의 통행이 가능한 계단, 장애인용 승강기, 장애인용 에스컬레이터, 휠체어리프트 또는 경사로
(7) 장애인 등의 이용이 가능한 화장실
(8) 장애인등의 이용이 가능한 욕실
(9) 장애인등의 이용이 가능한 샤워실 및 탈의실
(10) 점자블록
(11) 시각 및 청각장애인 유도·안내설비
(12) 시각 및 청각장애인 경보·피난설비
(13) 장애인등의 이용이 가능한 객실 또는 침실
(14) 장애인등의 이용이 가능한 관람석, 열람석 또는 높이 차이가 있는 무대
(15) 장애인등의 이용이 가능한 접수대 또는 작업대
(16) 장애인등의 이용이 가능한 매표소·판매기 또는 음료대
(17) 임산부 등을 위한 휴게시설 등

21 ※ ㄴ. 시그램빌딩 : 미스 반 데 로에

   ※ ㄷ. 프랭크 게리 : 해체주의

22 ③ 평균열관류율 값의 산정은 의무사항에 해당된다.

23 ※ 열관류율 $K = \dfrac{1}{\sum R(\text{열관류저항의 합})}$

   $0.2 = \dfrac{1}{2+\chi}$

   $\chi = 3$

   ※ 조정된 열관류율 $K = \dfrac{1}{5+\chi}$

   $= \dfrac{1}{5+3} = 0.125\,\mathrm{W/m^2\ K}$

24 ② 일반적인 체육관의 크기는 농구코트 1면을 기준으로 한다.

25 ① 치과병원의 용도로 쓰는 층으로서 그 층의 해당 용도로 쓰는 거실의 바닥면적의 합계가 200제곱미터인 경우

   ※ 2개소 이상의 직통계단 설치대상

건축물 용도	해당부분	바닥면적 합계
문화 및 집회시설, 종교시설, 300㎡ 이상인 공연장 및 종교집회장, 장례식장, 유흥주점	해당층의 관람실 또는 집회실	200㎡ 이상
다중주택, 다가구주택, 학원, 독서실, 300㎡ 이상인 인터넷 컴퓨터게임시설 제공업소, 판매시설, 운수시설, 의료시설, 아동관련시설, 노인복지시설, 유스호스텔, 숙박시설	3층 이상으로서 당해 용도로 쓰이는 거실	200㎡ 이상
지하층	해당층의 거실	200㎡ 이상
공동주택(층당 4세대 이하인 것을 제외), 오피스텔	해당층의 거실	300㎡ 이상
기타 용도	3층 이상으로서 해당층의 거실	400㎡ 이상

   ※ 치과병원 : 의료시설
   치과의원 : 제1종 근린생활시설

1. 공연장 건축계획에 관한 설명으로 옳지 않은 것은?

① 객석에서 연기자의 표정을 읽을 수 있는 가시한계는 무대로부터 15m 정도이며, 무대로부터 22m 정도를 가시거리 1차 허용한도로 본다.

② 객석 배치의 가시범위는 무대의 중심선에서 수평편각 60°(전체각 120°) 이내로 한다.

③ 프로세니엄(proscenium)은 무대와 객석의 경계면에 위치하여 관객이 무대에 집중하게 하는 역할과 무대상부의 장치, 기구, 조명 등을 숨겨주는 기능을 한다.

④ 평면계획의 아레나(arena)형은 연기자의 전체적인 통일효과를 얻기 어려운 반면, 오픈스테이지(open stage)형은 무대가 돌출되어 있어 연기자의 전체적인 통일효과를 얻을 수 있다.

2. 도서관 건축계획에 관한 설명으로 옳지 않은 것은?

① 서고의 규모는 150 ~ 250권/m²(평균 200권/m²)으로 한다.

② 자유개가식 출납시스템은 이용자가 자유롭게 도서를 찾고 검열없이 열람 가능하다.

③ 일반 열람실은 통로를 포함하여 성인 1인당 1.5 ~ 2.0m²(평균 1.8m²), 아동 1인당 1.0 ~ 1.2m²(평균 1.1m²) 정도로 한다.

④ 반개가식 출납시스템은 이용자가 책의 표지는 볼 수 있으나 대출기록을 제출한 후 사서로부터 책을 받아 열람한다.

3. 「녹색건축물 조성 지원법」상 녹색건축물 조성 기본 원칙으로 옳지 않은 것은?

① 온실가스 배출량 감축을 통한 녹색건축물 조성

② 환경 친화적이고 지속가능한 녹색건축물 조성

③ 녹색건축물의 조성에 대한 계층 간, 지역 간 균형성 확보

④ 법 제정 이후 기존 건축물을 제외한 신축 건축물에 대한 에너지효율화의 합리적 추진

4. 공장 건축계획에 관한 설명으로 옳은 것은?

① 분관식(pavilion type)은 통풍, 채광에 어려움이 있다.

② 분관식(pavilion type)은 공장의 신설, 확장이 비교적 어렵다.

③ 집중식(block type)은 공간효율이 좋고 건축비가 저렴하다.

④ 집중식(block type)은 제품의 운반과 동선 흐름에 어려움이 있다.

5. 형태구성원리에 대한 설명으로 옳은 것만을 모두 고르면?

> ㄱ. '리듬'은 부분과 부분 사이에 강한 힘과 약한 힘이 규칙적으로 연속될 때 나타나는데, 이러한 동적 질서는 활기찬 표정과 함께 시각적 운동감을 준다.
>
> ㄴ. '조화'에는 반복, 점층, 억양 등이 있다.
>
> ㄷ. '통일성'이란 구성체의 요소들 간에 이질감이 느껴지지 않게 전체로서 하나의 이미지를 주는 것을 말하며, 통일성이 지나치게 강조되면 단조로워지기 쉽다.
>
> ㄹ. '균형'이란 미적 대상을 구성하는 부분들 사이에 질적으로나 양적으로 모순되는 일이 없이 질서가 잡혀 있는 것을 말하며, 균형의 방법에는 유사성과 대비가 있다.

① ㄱ, ㄷ
② ㄱ, ㄹ
③ ㄴ, ㄷ
④ ㄴ, ㄹ

6. 도시재생(urban regeneration)에 대한 설명으로 옳지 않은 것은?

① 도시재생사업 시행은 도지사가 지정하면 마을기업도 할 수 있다.

② 도시재생 인정사업은 젠트리피케이션(gentrification) 현상이 발생한 지역 지구에 주로 지정된다.

③ '도시재생'이란 인구의 감소, 산업구조의 변화, 도시의 무분별한 확장, 주거환경의 노후화 등으로 쇠퇴하는 도시를 경제적·사회적·물리적·환경적으로 활성화시키는 것이다.

④ 2013년 「도시재생 활성화 및 지원에 관한 특별법」 제정으로 계획적이고 통합적인 도시재생 추진체계가 구축되었다.

7. P.O.E(거주 후 평가)에 관한 설명으로 옳지 않은 것은?

① 유사건물의 건축계획에 지침이 된다.

② 주요 평가요소는 디자인활동, 주변환경, 사용자, 환경장지이다.

③ P.O.E는 기능적 평가 및 기술적 평가 두 가지로 나뉜다.

④ 인터뷰, 현지답사, 관찰 등의 방법을 이용하여 사용자의 만족도를 조사한다.

8. 건축가에 대한 설명으로 옳지 않은 것은?

① 자하 하디드(Zaha Hadid)는 이라크 출신 여성건축가로 공간의 경계를 허무는 디자인 경향을 띠며, 작품으로 2014년 개장한 동대문 디자인 플라자가 있다.

② 토요 이토(Toyo Ito)는 일본을 대표하는 건축가로서 재활용 가능한 종이를 소재로 재해나 전쟁으로 인한 피난민들을 위한 임시 주거건축(Paper Log House)을 설계했다.

③ 렌조 피아노(Renzo Piano)와 리차드 로저스(Richard Rogers)는 현대기술의 발전을 외피로 표현한 파리의 퐁피두 센터(Centre Pompidou)를 설계했다.

④ 렘 쿨하스(Rem Koolhaas)는 네덜란드 건축가로 1975년 설계사무소 OMA(Office for Metropolitan Architecture)를 설립해 활동했으며, 대표작으로 보르도 하우스(Maison à Bordeaux), 쿤스탈(Kunsthal), 넥서스 하우징(Nexus Housing) 등이 있다.

9. 건축법령 상 건축물의 범죄예방 기준에 따라 건축하여야 하는 건축물로 옳지 않은 것은?

① 노유자시설
② 업무시설 중 오피스텔
③ 주거용 건축물인 아파트(다가구주택 제외)
④ 교육연구시설(연구소 및 도서관 제외)

10. 교과교실제를 운영하는 학교에서 다음 조건인 경우의 수학교과 소요 교실 수는?

- 각 학년을 6학급으로 편성한 중학교
- 주당 수업 가능 시간이 각 학년 30시간
- 수학교과의 주당 수업시간은 1학년 4시간, 2학년 5시간, 3학년 5시간
- 이용률은 70 %(단, 충족률 · 순수율은 100 %로 본다)

① 3개실   ② 4개실
③ 5개실   ④ 6개실

11. 집합주택계획에 관한 설명으로 옳지 않은 것은?

① 공동주택 복도의 유효폭은 갓복도의 경우 1.2m 이상, 중복도의 경우 1.8m 이상으로 계획하여야 한다.
② C.A.Perry의 근린주구단위는 간선도로를 경계로 하고 초등학교 하나를 필요로 하는 인구를 적정단위로 보았다.
③ C.A.Perry는 커뮤니티센터를 중심에 배치시켜서 이웃 간의 유대관계를 긴밀히 하는 근린주구모델을 주장하였다.
④ 아파트의 계단실형은 엘리베이터의 경제적인 효율이 높아 고층아파트에 적합하고 편복도형은 독립성이 적지만 각 주호가 균등한 조건으로 배치하는데 적합하다.

12. 다음 채광방식으로 적절한 것은?

천장의 중앙에 천창을 설치하여 자연광을 유입하는 방식이다. 전시실의 중앙부를 밝게 할 수 있으며, 벽면 조도를 균등히 할 수 있고, 유리 쇼케이스가 필요한 공예품의 전시실에 부적합하지만 채광량이 많이 필요한 조각류의 전시에 적합하다.

① 정광창(top light)
② 측광창(side light)
③ 고측광창(clerestory)
④ 정측광창(top side light)

13. 에너지 절약을 위한 건물디자인 설명으로 옳은 것은?

① 간헐난방을 하는 경우에는 내단열이 불리하다.
② 건물주위에 수목, 연못을 배치하면 냉난방부하가 증가되어 열손실이 많아진다.
③ 벽체보다 상대적으로 열관류율이 작은 유리창은 열손실이 크므로 벽체보다 에너지 저감에 불리하다.
④ 체적비(S/V)가 낮을수록 유리하고, 건물은 남북축 보다는 동서축으로 긴 형태가 유리하다.

14. 「장애인 · 노인 · 임산부 등의 편의증진 보장에 관한 법률 시행규칙」상 장애인 편의시설 세부기준에 대한 설명으로 옳지 않은 것은?

① 휠체어 사용자가 통행할 수 있도록 접근로의 유효폭은 1.2 m 이상으로 하여야 한다.
② 대지 내를 연결하는 주접근로에 단차가 있을 경우 그 높이 차이는 2 cm 이하로 하여야 한다.
③ 접근로의 기울기는 18분의 1 이하로 하여야 하며, 지형상 곤란한 경우에는 12분의 1까지 완화할 수 있다.
④ 경사진 접근로가 연속될 경우에는 휠체어 사용자가 휴식할 수 있도록 50m마다 1.5m × 1.5m 이상의 수평면으로 된 참을 설치할 수 있다.

15. 사무소건축의 코어(core)계획에 관한 설명으로 옳지 않은 것은?

① 코어는 각 층마다 공통의 위치에 있도록 한다.
② 양단코어는 대공간 확보가 가능하고 2방향 피난에 유리하며, 중심코어는 소규모 건물에 적합하다.
③ 코어계획은 건축설계 시 유효면적을 높이기 위하여 각 층의 서비스, 설비 등의 공용 부분을 분리시켜 집약하는 계획이다.
④ 코어계획의 이점으로 평면계획의 유효면적 증가, 구조계획의 안정성 증가, 설비계획의 집중화가 있다.

16. 「건축법 시행령」상 공동주택에 포함되는 소형 주택의 기준으로 옳지 않은 것은?

① 500세대 미만의 국민주택 규모이어야 한다.
② 세대별 주거전용면적이 $60m^2$ 이하이어야 한다.
③ 지하층에는 세대를 설치할 수 없으며, 세대별 독립된 주거가 가능하도록 욕실 및 부엌이 설치되어 있어야 한다.
④ 주거전용면적이 $30m^2$ 미만인 경우에는 욕실 및 보일러실을 제외한 부분을 하나의 공간으로 구성해야 한다.

17. 「건축물의 피난·방화구조 등의 기준에 관한 규칙」상 방화구획의 설치기준으로 옳지 않은 것은?

① 방화구획은 지하 1층에서 지상으로 직접 연결하는 경사로 부위를 제외하고 매층마다 구획한다.
② 10층 이하의 층은 바닥면적 1천m^2(스프링클러 기타 이와 유사한 자동식 소화설비를 설치한 경우에는 바닥면적 3천m^2) 이내마다 구획한다.
③ 필로티나 그 밖에 이와 비슷한 구조(벽면적의 2분의 1 이상이 그 층의 바닥면에서 위층 바닥 아래면까지 공간으로 된 것만 해당한다)의 부분을 주차장으로 사용하는 경우 그 부분은 건축물의 다른 부분과 구획한다.
④ 11층 이상의 층은 바닥면적 $300m^2$(스프링클러 기타 이와 유사한 자동식 소화설비를 설치한 경우에는 바닥면적 $600m^2$) 이내마다 구획한다.

18. 건축공간과 인간의 행태에 관한 설명으로 옳지 않은 것은?

① 인간은 환경의 자극을 '지각→인지→반응'의 과정으로 수용한다.
② 벽의 높이를 H, 두 벽 사이 간격의 폭을 D라고 할 때, D/H〉1이면, 공간의 폐쇄성이 감소한다.
③ 과밀과 연계된 프라이버시는 개체 간 단절이나 격리보다 상황에 따른 사회적 접촉을 조절하고 선택하는 권리이다.
④ 2차 영역(secondary territories, semi-public)보다 1차 영역(primary territories, private)이나 공적 영역(public territories)에서 개체의 불필요한 갈등이나 마찰이 발생할 가능성이 크다.

19. 건축물의 소음방지 대책에 대한 설명으로 옳지 않은 것은?

① 중량 충격음이 발생하는 바닥의 고체음 차단에는 뜬 바닥 구조가 효율적이다.
② 천장이나 바닥, 벽에 무거운 재료를 사용할수록 공기음에 대한 차음성능이 향상된다.
③ 이중 창문에서는 소음 방지를 위해 유리의 두께를 서로 다르게 하거나, 한쪽 유리를 경사지게 하는 방법을 적용한다.
④ 소음방지를 위한 흡음재는 소규모 실에서는 천장에 사용하는 것이, 평면이 큰 대규모 실에서는 벽체에 사용하는 것이 효과적이다.

20. 전통건축에 대한 설명으로 옳지 않은 것은?

① 경주 석불사는 통일신라시대에 창건된 사찰이다.
② 수덕사 대웅전은 주심포 구조로서 통일신라시대의 대표적 양식이다.
③ 통일신라시대에 세워진 사천왕사는 쌍탑식 가람 배치이다.
④ 경주 감은사는 지면과 금당 바닥 사이에 공간을 두고 있다.

21. 다음 조건의 건축물이 반드시 취득해야 하는 인증이 아닌 것은?

> - 지방자치단체에서 소유한 문화시설(전시장)
> - 신축 건축물
> - 건축물의 연면적: 2,000m²
> - 「녹색건축물 조성 지원법」상 에너지 절약 계획서 제출 대상 건축물

① 에너지효율 등급 인증
② 녹색건축 인증
③ 장애물 없는 생활환경 인증
④ 제로에너지건축물 인증

22. 입찰안내서 내용으로 볼 때 이 건물에 가장 적절한 공기조화설비 방식은?

> 〈○○병원 공기조화설비 리모델링 입찰안내서〉
>
> 우리 ○○병원은 다음과 같은 기준을 충족하는 공기조화방식으로 리모델링하고자 합니다.
>
> 첫째, 환자의 컨디션이 모두 다르므로 각 실별 개별조절이 가능하여야 합니다.
>
> 둘째, 현재 병실 공간이 좁아서 활용면적에 영향을 주는 공기조화 방식은 희망하지 않습니다.
>
> 셋째, 여름철에도 난방이 필요한 방이 있으므로 사계절 난방이 가능하여야 합니다.
>
> 넷째, 기존 CAV시스템으로 인해 설치되어 있는 덕트공간과 중앙공조실을 활용하고자 하며, 외기냉방을 할 수 있으면 좋겠습니다.
>
> 다섯째, 현재 건물의 층고가 높아서 덕트 설치에 큰 문제가 없으며, 리모델링 시 바닥배관 공사를 희망하지 않습니다.
>
> 이상과 같은 조건에 합당한 공조방식을 선택하여 입찰하여 주시기 바랍니다.
>
> − ○○병원장 −

① 팬코일유닛방식(fan coil unit)
② 2중덕트방식(double duct system)
③ 패키지 유닛방식(packaged unit)
④ 단일덕트변풍량방식(variable air volume system)

23. 병원건축계획에 대한 설명으로 옳은 것은?

① 입원실은 내화구조가 아닌 경우 3층 이상에 설치할 수 없다.
② ICU(intensive care unit)는 일반환자를 위한 간호단위를 의미한다.
③ 환자 1명을 수용하는 입원실의 면적은 6.3m² 이상으로 계획한다.
④ 1개의 간호사 대기소(nurses station)의 병상수는 일반병동을 기준으로 최대 20병상 이내로 계획한다.

24. 「주차장법 시행규칙」상 부설주차장(주차대수 8대 이하, 자주식주차장인 경우) 설치기준에 대한 설명으로 옳은 것은?

① 주차대수 8대 이하의 주차단위구획은 차로를 기준으로 하여 세로로 2대까지 접하여 배치할 수 있다.
② 보행인의 통행로가 필요한 경우에는 시설물과 주차단위구획 사이에 0.5m 이하의 거리를 두어야 한다.
③ 보도와 차도의 구분이 없는 너비 12m 미만의 도로에 접하는 부설주차장은 그 도로를 차로로 하여 주차단위구획을 배치할 수 있다.
④ 출입구의 너비는 3m 이상으로 한다.(단, 막다른 도로에 접하여 있고, 시장, 군수 또는 구청장이 차량의 소통에 지장이 없다고 인정하는 경우 2.5m 이하로 할 수 있다)

25. 친환경건축에 대한 설명으로 옳은 것만을 모두 고르면?

> ㄱ. 수동적 태양열 난방(passive solar heating)
>   방식 중 부착온실, 썬룸과 같은 부속공간
>   으로부터 열을 획득하는 방식은 간접흡수형
>   시스템(indirect gain system)이다.
> ㄴ. 태양열 발전은 태양에너지를 열로 변환시키
>   고 증기를 발생시켜서 발전기로 전기에너지
>   를 얻는다.
> ㄷ. 공동주택성능등급은 구조관련 등급, 소음관련
>   등급, 화재/소방 등급 3부문으로 구성되어
>   있다.
> ㄹ. 에너지효율등급인증은 1+++등급부터 7등급
>   까지 10개의 등급으로 구분한다.

① ㄱ, ㄴ   ② ㄱ, ㄷ
③ ㄴ, ㄹ   ④ ㄷ, ㄹ

국가직 7급 해설 및 정답 & 동영상강의

01	④	02	③	03	④	04	③	05	①
06	②	07	③	08	②	09	③	10	②
11	④	12	①	13	④	14	④	15	②
16	①	17	④	18	④	19	④	20	②
21	②	22	②	23	①	24	③	25	③

01 ④ 프로세니엄형은 배경이 한 폭의 그림과 같은 느낌을 주게 되어 전체적인 통일의 효과를 얻는데 가장 좋은 형식이다.

02 ③ 일반 열람실은 통로를 제외하고 성인 1인당 $1.5 \sim 2.0\text{m}^2$ (평균 1.8m^2), 아동 1인당 $1.0 \sim 1.2\text{m}^2$(평균 1.1m^2) 정도로 한다.

03 녹색건축물 조성의 기본원칙
① 온실가스 배출량 감축을 통한 녹색건축물 조성
② 환경 친화적이고 지속가능한 녹색건축물 조성
③ 신·재생에너지 활용 및 자원 절약적인 녹색건축물 조성
④ 기존 건축물에 대한 에너지효율화 추진
⑤ 녹색건축물의 조성에 대한 계층 간, 지역 간 균형성 확보

04 ① 분관식(pavilion type)은 통풍, 채광에 유리하다.
② 분관식(pavilion type)은 공장의 신설, 확장이 비교적 쉽다.
④ 집중식(block type)은 제품의 운반이 용이하고 동선 흐름이 단순하다.

05 ㄴ. '리듬'에는 반복, 점층, 억양 등이 있다.
ㄹ. '조화'란 미적 대상을 구성하는 부분들 사이에 질적으로나 양적으로 모순되는 일이 없이 질서가 잡혀 있는 것을 말하며, 조화의 방법에는 유사성과 대비가 있다.

06 ② 도시재생 인정사업은 도시재생활성화지역 외의 지역에서 점단위 사업에 대해 도시재생활성화계획 수립 없이 재정·기금 등을 지원하는 제도로서, 빈집정비 및 소규모주택정비사업, 공공주택사업, 공공지원민간임대주택 사업, 도시재생기반시설 설치·정비 사업, 도시 기능 향상 및 고용창출을 위한 건축·리모델링·수선사업이 지원대상이 된다.

07 ③ P.O.E는 기능적 평가, 기술적 평가뿐만 아니라 만족도 평가도 포함된다.

08 ② 시게루 반(坂 茂, Shigeru Ban)은 일본을 대표하는 건축가로서 재활용 가능한 종이를 소재로 재해나 전쟁으로 인한 피난민들을 위한 임시 주거건축(Paper Log House)을 설계했다.

09 건축물의 범죄예방 설계 대상
① 다가구주택, 아파트, 연립주택 및 다세대주택
② 제1종 근린생활시설 중 일용품을 판매하는 소매점
③ 제2종 근린생활시설 중 다중생활시설
④ 문화 및 집회시설(동·식물원은 제외한다)
⑤ 교육연구시설(연구소 및 도서관은 제외한다)
⑥ 노유자시설
⑦ 수련시설
⑧ 업무시설 중 오피스텔
⑨ 숙박시설 중 다중생활시설

10 ① 전학년 수학수업시간
: (4시간+5시간+5시간)×6학급 = 84시간
② 교실수 = $\dfrac{\text{전학년 수학수업시간}}{\text{주당수업 가능 시간}\times\text{이용률}} = \dfrac{84}{30\times0.7} = 4$개

11 ④ 계단실형은 엘리베이터의 효율성이 낮다.

12 정광창(천창)
천장의 중앙에 천창을 설계하는 방법으로 전시실의 중앙부는 밝게 할 수 있으며, 벽면 조도를 균등히 할 수 있다.

13 ① 간헐난방을 하는 경우에는 내단열이 유리하다.
② 건물주위에 수목, 연못을 배치하면 냉난방부하가 감소되어 열손실이 적어진다.
③ 벽체보다 상대적으로 열관류율이 높은 유리창은 열손실이 크므로 벽체보다 에너지 저감에 불리하다.

14 ④ 경사진 접근로가 연속될 경우에는 휠체어 사용자가 휴식할 수 있도록 30m마다 1.5m × 1.5m 이상의 수평면으로 된 참을 설치할 수 있다.

15 ② 중심코어는 대규모 건물에 적합하다.

16 ① 300세대 미만의 국민주택 규모이어야 한다.

17 ④ 11층 이상의 층은 바닥면적 $200m^2$(스프링클러 기타 이와 유사한 자동식 소화설비를 설치한 경우에는 바닥면적 $600m^2$) 이내마다 구획한다.

18 ④ 1차 영역(primary territories, private)보다 2차 영역(secondary territories, semi-public)이나 공적 영역(public territories)에서 개체의 불필요한 갈등이나 마찰이 발생할 가능성이 크다.

19 ④ 소음방지를 위한 흡음재는 소규모 실에서는 벽체에 사용하는 것이, 평면이 큰 대규모 실에서는 천장에 사용하는 것이 효과적이다.

20 ② 수덕사 대웅전은 주심포 구조로서 고려시대의 대표적 양식이다.

21 녹색건축인증대상 건축물
① 공공기관이 소유 또는 관리하는 건축물
② 신축, 재축 또는 별동 증축하는 건축물
③ 연면적 $3,000m^2$ 이상인 건축물
④ 에너지절약계획서 제출 대상인 건축물

22 이중덕트방식의 특징
① 각 실 또는 각 존별로 개별제어가 가능하다.
② 냉·난방을 동시에 할 수 있으므로 계절마다 냉·난방의 전환이 필요없다.
③ 칸막이나 부하증감에 따라 융통성있는 계획이 가능하다.
④ 덕트의 면적이 증가하여 설비비가 높다.
⑤ 혼합상자에서의 혼합손실로 인하여 에너지소비가 크다.
⑥ 실내온도유지를 위해 여름에도 보일러를 운전해야 한다.

23 ② ICU(intensive care unit)는 중증 환자를 수용하여 집중적인 간호와 치료를 행하는 간호단위이다.
③ 환자 1명을 수용하는 입원실의 면적은 $10m^2$ 이상으로 계획한다.
④ 1개의 간호사 대기소(nurses station)의 병상수는 일반병동을 기준으로 30~40병상 이내로 계획한다.

24 ① 주차대수 5대 이하의 주차단위구획은 차로를 기준으로 하여 세로로 2대까지 접하여 배치할 수 있다.
② 보행인의 통행로가 필요한 경우에는 시설물과 주차단위구획 사이에 0.5m 이상의 거리를 두어야 한다.
④ 출입구의 너비는 3m 이상으로 한다.(단, 막다른 도로에 접하여 있고, 시장, 군수 또는 구청장이 차량의 소통에 지장이 없다고 인정하는 경우 2.5m 이상으로 할 수 있다)

25 ㄱ. 수동적 태양열 난방(passive solar heating) 방식 중 부착온실, 썬룸과 같은 부속공간으로부터 열을 획득하는 방식은 부착온실방식이다.
ㄷ. 공동주택성능등급은 구조관련 등급, 소음관련 등급, 화재/소방 등급, 환경관련 등급, 생활환경 등급 5부문으로 구성되어 있다.

건축물 용도	해당부분	바닥면적 합계
문화 및 집회시설, 종교시설, $300m^2$ 이상인 공연장 및 종교집회장, 장례식장, 유흥주점	해당층의 관람실 또는 집회실	$200m^2$ 이상
다중주택, 다가구주택, 학원, 독서실, $300m^2$ 이상인 인터넷 컴퓨터게임시설 제공업소, 판매시설, 운수시설, 의료시설, 아동관련시설, 노인복지시설, 유스호스텔, 숙박시설	3층 이상으로서 당해 용도로 쓰이는 거실	$200m^2$ 이상
지하층	해당층의 거실	$200m^2$ 이상
공동주택(층당 4세대 이하인 것을 제외), 오피스텔	해당층의 거실	$300m^2$ 이상
기타 용도	3층 이상으로서 해당층의 거실	$400m^2$ 이상

※ 치과병원 : 의료시설
　치과의원 : 제1종 근린생활시설

1. 공연장에 대한 설명으로 옳지 않은 것은?

① 박스오피스(Box office)는 휴대품 보관소를 의미하며 위치는 현관을 중심으로 정면 중앙이나 로비의 좌우측이 바람직하다.

② 프로시니엄(Proscenium)은 무대와 객석의 경계가 되며 관객의 시선을 무대로 집중시키는 역할도 하게 된다.

③ 오케스트라 피트(Orchestra pit)의 바닥은 일반적으로 객석 바닥보다 낮게 설치한다.

④ 아레나(Arena)형은 객석과 무대가 하나의 공간을 이루게 되는 공연장의 평면형식이다.

2. 공장건축에서 자연채광에 대한 설명으로 옳은 것은?

① 기계류를 취급하므로 창을 크게 낼 필요가 없다.

② 오염된 실내 환경의 소독을 위해 톱날형의 천창을 남향으로 하여 많은 양의 직사광선이 들어오도록 해야 한다.

③ 실내의 벽 마감과 색채는 빛의 반사를 고려하여 결정해야 한다.

④ 실내로 입사하는 광선의 손실이 없도록 유리는 투명해야 한다.

3. 도서관 건축계획에서 도서의 열람방식에 대한 설명으로 옳은 것은?

① 반개가식은 이용자가 자유롭게 자료를 찾고, 서가에서 자유롭게 열람하는 방식이다.

② 안전개가식은 이용자가 자유롭게 자료를 찾고, 서가에서 책을 꺼내고 넣을 수 있으나, 열람에 있어서는 직원의 검열을 필요로 하는 방식이다.

③ 폐가식은 이용자가 직접 자료를 찾아볼 수는 없으나, 서가에 와서 책의 표제를 볼 수 있으며, 직원에게 열람을 요청해야 하는 방식이다.

④ 자유개가식은 목록카드에 의해서 자료를 찾고, 직원의 검열을 받은 다음 책을 열람하는 방식이다.

4. 자연형 테라스하우스에 대한 설명으로 옳지 않은 것은?

① 각 세대의 깊이는 7.5m 이상으로 해야 한다.

② 테라스하우스의 밀도는 대지의 경사도에 따라 좌우되며, 경사가 심할수록 밀도가 높아진다.

③ 하향식 테라스하우스는 상층에 주생활 공간을 두고, 하층에 휴식 및 수면공간을 두는 것이 일반적이다.

④ 각 세대별로 전용의 뜰을 갖는 것이 가능하다.

5. 호텔의 건축계획에 대한 설명으로 옳지 않은 것은?

① 숙박고객과 연회고객의 출입구를 분리하는 것이 바람직하다.

② 숙박고객이 프런트를 통하지 않고 직접 주차장으로 갈 수 있는 동선은 관리상 피하도록 한다.

③ 연면적에 대한 숙박부분의 면적비는 커머셜 호텔이 아파트먼트 호텔보다 크다.

④ 관리부분에는 라운지, 프런트데스크, 클로크룸(Cloak room) 등이 포함되며, 면적비는 호텔 유형에 관계없이 일정하다.

6. 건물의 척도조정(Modular Coordination)에 대한 설명으로 옳은 것은?

① 건물의 척도조정은 설계만을 위한 것이며 시공 시에는 다시 검토해야 한다.

② 모듈상의 치수는 일반적으로 제품치수에 줄눈두께를 더한 공칭치수를 의미한다.

③ 척도조정의 가장 큰 목적은 건축물의 전체적인 비례를 맞추는 것이다.

④ 모듈상의 가로 및 세로 치수는 황금비를 이루도록 해야 한다.

7. 국토의 계획 및 이용에 관한 법령상 경관지구에 속하지 않는 것은?

① 자연경관지구

② 특화경관지구

③ 역사경관지구

④ 시가지경관지구

8. 다음과 같은 특징을 가지는 근대건축 및 예술의 사조는?

> 곡선화된 물결문양, 비대칭적 형태의 곡선과 같은 상식적 가치에 치중하였다. 또한 자연형태를 디자인의 원천으로 삼아 철이라는 재료의 휘어지는 특성을 이용하여 식물문양, 자유곡선 등을 장식적으로 사용하였다.

① 독일공작연맹(Deutscher Werkbund)

② 아르누보(Art Nouveau)

③ 데스틸(De Stijl)

④ 바우하우스(Bauhaus)

9. 에스컬레이터에 대한 설명으로 옳지 않은 것은?

① 건물 내 교통수단 중의 하나로 40° 이하의 기울기를 가진 계단식 컨베이어다.

② 디딤바닥의 정격속도는 30m/min 이하로 한다.

③ 엘리베이터에 비해 점유면적당 수송능력이 크다.

④ 직렬식, 병렬식, 교차식 배치 중 점유면적이 가장 작은 것은 교차식이다.

10. 1929년 프랑크푸르트 암 마인(Frankfurt am Main)의 국제주거회의 에서 제시한 기준을 따를 때 5인 가족을 위한 최소 평균주거 면적은?

① $50m^2$ ② $60m^2$

③ $75m^2$ ④ $80m^2$

11. 편측(광)창(Unilateral light window)과 비교할 때 천창(Top light)의 특징으로 옳지 않은 것은?

① 더 많은 채광량을 확보할 수 있다.

② 조망 및 통풍차열의 측면에서 우수하다.

③ 방수에 대한 계획 및 시공이 비교적 어렵다.

④ 실내의 조도를 균일하게 할 수 있다.

12. 종합병원의 건축계획에 대한 설명으로 옳지 않은 것은?

① 병동은 환자를 병류, 성별, 과별, 연령별 등으로 구분하여 구성할 수 있으나 과별로 구분하여 운영하는 것이 일반적이다.

② 중앙진료부는 외래부와 병동부 사이 중간에 설치하는 것이 바람직하다.

③ 외래진료부의 대기실은 통로공간에 설치하는 것보다 각 과별로 소규모의 대기실을 계획하는 것이 바람직하다.

④ 병원에서 면적 배분이 가장 큰 부문은 중앙진료부다.

13. 건축가와 그가 설계한 건축물을 연결한 것으로 옳지 않은 것은?

① 르 꼬르뷔지에(Le Corbusier) – 사보아 주택(Villa Savoye)

② 렌조 피아노(Renzo Piano) – 퐁피두 센터(Pompidou Center)

③ 프랭크 게리(Frank Gehry) – 동대문 디자인 플라자(Dongdaemun Design Plaza)

④ 프랭크 로이드 라이트(Frank Lloyd Wright) – 낙수장(Falling Water)

14. 건축물의 주출입구 계획 시 내·외부 간의 공기흐름을 조절하여 냉난방 효율을 높일 수 있는 계획기법과 직접 관련이 없는 것은?

① 방풍실 설치   ② 회전문 설치

③ 캐노피 설치   ④ 에어 커튼 설치

15. 고층 건축물의 스모크 타워(Smoke tower) 계획에 대한 설명으로 옳지 않은 것은?

① 스모크 타워는 비상계단 내 전실에 설치한다.

② 스모크 타워의 배기구는 복도 쪽에, 급기구는 계단실 쪽에 가깝도록 설치한다.

③ 전실의 천장은 가급적 높게 한다.

④ 전실에 창이 설치된 경우에는 스모크 타워를 설치하지 않아도 된다.

16. 업무시설 리모델링을 용이하게 하기 위한 건축설계 시 고려사항으로 옳지 않은 것은?

① 외부 확장가능성을 고려하여 서비스 코어를 가능한 한 편심코어나 양측코어로 계획하는 것이 바람직하다.

② 장래의 규모 확장을 고려하여 외부공간을 건축물에 의해 나누어지지 않도록 일정 규모 이상의 단일공간으로 확보하는 것이 바람직하다.

③ 서비스 코어에서는 설비 샤프트를 하나로 원룸화하여 공간 내에서의 가변성을 유도하는 것이 바람직하다.

④ 구조체의 확장을 고려하여 충분한 강성이 확보될 수 있도록 완결된 형태로 구조체를 계획하는 것이 바람직하다.

17. 한국 전통건축의 기둥에 대한 설명으로 옳지 않은 것은?

① 동자주는 대들보나 중보 위에 올라가는 짧은 기둥을 말한다.

② 흘림기둥은 모양에 따라 배흘림기둥과 민흘림기둥으로 나뉘는데 강릉의 객사문은 민흘림 정도가 가장 강하다.

③ 활주는 추녀 밑을 받쳐주는 보조기둥으로 추녀 끝에서 기단 끝으로 연결되기 때문에 경사져 있는 것이 일반적이다.

④ 동바리는 마루 밑을 받치는 짧은 기둥이며, 외관상 보이지 않기 때문에 정밀하게 가공하지 않는다.

18. 건축법 시행령 상 건축물의 높이에 산입되는 것은?

① 벽면적의 2분의 1 미만이 공간으로 되어 있는 난간벽

② 방화벽의 옥상돌출부

③ 지붕마루장식

④ 굴뚝

19. 초등학교의 건축계획에 대한 설명으로 옳지 않은 것은?

① 학교 부지의 형태는 정형에 가까운 직사각형으로 장변과 단변의 비가 4 : 3 정도가 좋다.

② 교사(校舍)의 위치는 운동장을 남쪽에 두고 운동장 보다 약간 높은 곳에 위치하는 것이 바람직하다.

③ 강당과 체육관의 기능을 겸용할 경우 강당 기능을 위주로 계획하는 것이 바람직하다.

④ 학년별로 신체적·정신적 발달의 차이가 크기 때문에 교실배치 시 고학년과 저학년의 구분이 필요하다.

20. 주택법령상 도시형 생활주택에 대한 설명으로 옳은 것은?

① 도시형 생활주택이란 도시지역에 건설하는 400세대 이하의 국민주택규모에 해당하는 주택을 말한다.

② 단지형 연립주택, 단지형 다세대주택, 원룸형 주택으로 구분된다.

③ 원룸형 주택은 경우에 따라 세대별로 독립된 욕실을 설치하지 않고 단지 공용공간에 공동욕실을 설치할 수 있다.

④ 필요성이 낮은 부대·복리시설은 의무설치대상에서 제외하고 분양가상한제를 적용한다.

국가직 9급 해설 및 정답 & 동영상강의

01	①	02	③	03	②	04	①	05	④
06	②	07	③	08	②	09	①	10	③
11	②	12	④	13	③	14	③	15	④
16	④	17	②	18	①	19	③	20	②

01 ① 박스오피스(Box office)는 매표소를 의미하며 위치는 현관을 중심으로 정면 중앙이나 로비의 좌우측이 바람직하다.

02 ① 기계류를 취급하므로 환기를 위해 가급적 창을 크게 계획한다.
　　② 톱날지붕의 천창은 북향으로 하여 균일한 조도가 확보되도록 해야 한다.
　　④ 실내로 입사하는 직사광선을 부드럽게 확산시키는 프리즘유리나 젖빛유리를 사용한다.

03 ① 반개가식 : 이용자가 직접 서가에 면하여 책의 체제나 표지정도는 볼 수 있으나 내용을 보려면 관원에게 요구하여 대출기록을 남긴 후 열람하는 형식
　　③ 폐가식 : 이용자는 목록카드에 의해서 자료를 찾고, 직원의 검열을 받은 다음 책을 열람하는 형식
　　④ 자유개가식 : 이용자가 자유롭게 자료를 찾고, 서가에서 자유롭게 열람하는 형식

04 ① 테라스 하우스의 경우 일반적으로 후면에 창이 안나므로 각 세대의 깊이가 7.5m 이상 되어서는 안된다.

05 ④ 관리부분의 면적비는 호텔의 유형에 따라 결정되며, 일반적으로 연면적에 대하여 6.5~9.3% 정도로 계획한다.

06 ① 건물의 척도조정은 설계 및 시공으로 위한 것이므로 시공 시에는 다시 검토할 필요가 없다.
　　③ 척도조정의 가장 큰 목적은 건축물 전반에 사용되는 재료를 규격화하여 공장제작을 통한 건축물의 대량생산이다.
　　④ 모듈상의 가로 및 세로 치수는 기본모듈인 1M의 배수가 되도록 한다.

07 경관지구 : 자연경관지구, 시가지경관지구, 특화경관지구

08 아르누보(Art Nouveau) 운동의 특징
　　① 곡선화된 물결문양, 비대칭적 형태의 곡선과 같은 장식적 가치에 치중하였다.
　　② 자연형태를 디자인의 원천으로 삼아 철이라는 재료의 휘어지는 특성을 이용하여 식물문양, 자유곡선 등을 장식적으로 사용하였다.
　　③ 관련 건축가 : 빅터 오르타, 안토니오 가우디, 매킨토쉬

09 ① 건물 내 교통수단 중의 하나로 30° 이하의 기울기를 가진 계단식 컨베이어다.

10 프랑크푸르트 암 마인(Frankfurt am Main)의 국제주거회의
　　: $15m^2$/인
　　5인 × $15m^2$/인 = $75m^2$

11 ② 조망 및 통풍·차열의 측면에서 불리하다.

12 ④ 병원에서 면적 배분이 가장 큰 부문은 병동부로서 30~40%를 차지한다.

13 ③ 자하 하디드(Zaha Hadid) – 동대문 디자인 플라자(Dongdaemun Design Plaza)

14 ③ 캐노피 설치와 에너지절약 계획기법은 관계가 없다.

15 ④ 전실에 창이 설치된 경우에도 스모크 타워를 설치하여야 한다.

16 ④ 완결된 형태로 구조체를 계획하면 외부 확장가능성이나 공간 내에서의 가변성을 확보하기 어렵다.

17 ② 강릉의 객사문은 배흘림 기둥이다.

18 방화벽의 옥상돌출부, 지붕마루장식, 굴뚝, 용마루 등
건축물의 높이에 산입되지 않는다.

※ 건축물의 높이에 산입되는 사항
① 옥탑층(승강기탑, 계단탑, 망루 등)
  – 단, 건축면적의 1/8 이하인 경우 12m까지 공제
② 난간벽 : 1/2 미만이 공간으로 되어있는 경우

19 ③ 강당과 체육관의 기능을 겸용할 경우 체육관 기능을 위주
로 계획하는 것이 바람직하다.

20 ① 도시형 생활주택이란 도시지역에 건설하는 300세대
이하의 국민주택규모에 해당하는 주택을 말한다.
③ 원룸형 주택은 세대별로 독립된 주거가 가능하도록
욕실과 주방을 설치하여야 한다.
④ 필요성이 낮은 부대·복리시설은 의무설치대상에서 제
외하고 분양가상한제를 적용하지 않는다.

1. 건축물의 색채 계획에 대한 내용으로 옳지 않은 것은?

① 건물의 형태, 재료, 용도 등에 따라 배색 계획을 수립한다.
② 식당의 벽면에는 식욕을 돋우는 한색계통을 사용한다.
③ 교실의 색채는 교실 종류와 학생의 연령에 따라 달라야 한다.
④ 저학년 교실의 벽면은 난색계통이 좋다.

2. 다음 설명에 해당하는 미술관 채광방식은?

> - 관람자가 서 있는 위치 상부에 천장을 불투명하게 하고 측벽에 가깝게 채광창을 설치하는 방식이다.
> - 관람자가 서 있는 위치와 중앙부는 어둡게 하고 전시벽면은 조도를 충분히 확보할 수 있는 이상적 채광법이다.

① 측광창 형식   ② 고측광창 형식
③ 정측광창 형식   ④ 정광창 형식

3. 다음 설명에 해당하는 급수방식은?

> - 소규모 건물에 적합하다.
> - 급수 오염가능성이 가장 작다.
> - 정전 시에도 급수가 가능하다.
> - 단수 시에는 급수가 불가능하다.

① 수도직결방식   ② 고가탱크방식
③ 압력탱크방식   ④ 펌프직송방식

4. 병원건축 계획에 대한 설명으로 옳지 않은 것은?

① PPC(Progressive Patient Care)는 환자의 증세에 따른 간호단위 분류 방식이다.
② 간호사 대기소는 환자의 사생활 보호를 위하여 병실군 외곽에 둔다.
③ 정형외과 외래진료부는 보행이 불편한 환자를 위하여 될 수 있는 한 저층부인 1~2층에 둔다.
④ 정신병동의 회복기 환자를 위한 개방성 병실은 일반병실에 준해서 계획해도 된다.

5. 각 기후 조건에서의 건물계획 특성으로 옳지 않은 것은?

① 한랭기후 – 외피면적의 최소화
② 온난기후 – 여름에 차양 설치
③ 고온건조 – 얇은 벽을 통한 야간 기후 조절
④ 고온다습 – 개구부에 의한 주야간 통풍

6. 장애인·노인·임산부 등의 편의증진 보장에 관한 법률 시행규칙 상 편의시설의 구조·재질 등에 관한 세부기준에 대한 설명으로 옳지 않은 것은?

① 장애인전용시설 복도 측면에 2중 손잡이를 설치할 때, 아래쪽 손잡이의 높이는 바닥면으로부터 0.65m 내외로 하여야 한다.
② 계단 경사면에 설치된 손잡이의 끝부분에는 0.3m 이상의 수직손잡이를 설치하여야 한다.
③ 장애인용 승강기 전면에는 1.4m×1.4m 이상의 활동공간을 확보하여야 한다.
④ 장애인용 에스컬레이터 속도는 분당 30m 이내로 하여야 한다.

7. 체육관의 공간구성에 대한 설명으로 옳지 않은 것은?

① 체육관의 공간은 경기영역, 관람영역, 관리영역으로 구분할 수 있다.
② 경기장과 운동기구 창고는 경기영역에 포함된다.
③ 관람석과 임원실은 관람영역에 포함된다.
④ 관장실과 기계실은 관리영역에 포함된다.

8. 공동주택의 주동 계획에 대한 내용으로 옳지 않은 것은?

① 탑상형은 단지의 랜드마크 역할을 할 수 있다.
② 탑상형은 각 세대의 거주 환경이 불균등하다.
③ 판상형은 탑상형에 비해 다른 주동에 미치는 일조 영향이 크다.
④ 판상형은 탑상형에 비해 각 세대의 조망권 확보가 유리하다.

9. 고딕 건축에 대한 설명으로 옳지 않은 것은?

① 12세기 초 독일에서 발생하여 15세기까지 전개된 건축양식이다.
② 리브 볼트, 첨두아치, 플라잉 버트레스는 고딕건축의 특징이다.
③ 독일 쾰른 대성당, 프랑스 파리 노트르담 대성당, 영국 솔즈베리 대성당은 고딕양식 건축물이다.
④ 중세 교회건축을 완성한 건축양식이다.

10. 주차장법 시행규칙 상 노외주차장 설치에 대한 계획기준과 구조·설비기준에 대한 설명으로 옳지 않은 것은?

① 특별한 이유가 없으면, 노외주차장과 연결되는 도로가 둘 이상인 경우에는 자동차 교통에 미치는 지장이 적은 도로에 출구와 입구를 설치하여야 한다.
② 지하식 노외주차장의 경사로의 종단경사도는 직선부분에서는 17%를 초과하여서는 아니 된다.
③ 노외주차장의 출구 및 입구는 너비 6m 미만의 도로와 종단 기울기가 8%를 초과하는 도로에 설치하여서는 아니 된다.
④ 노외주차장의 출구 및 입구는 교차로의 가장자리나 도로의 모퉁이로부터 5m 이내에 해당하는 도로의 부분에 설치하여서는 아니 된다.

11. 노인복지시설 부지계획에 대한 설명으로 옳지 않은 것은?

① 원예 등의 취미생활을 즐길 수 있는, 경사가 있는 대지가 좋다.
② 편리한 대중교통 시설이 근접해 있어야 한다.
③ 시설의 진입로는 완만하고 평탄하게 하여 접근과 출입이 쉽도록 한다.
④ 도시형의 경우 주변에서 쾌적한 환경을 얻기 힘든 만큼 내부적으로 특별한 계획이 필요하다.

12. 다음 설명에 해당하는 건축 형태의 구성 원리는?

> 미적 대상을 구성하는 부분과 부분 사이에 질적으로나 양적으로 모순되는 일이 없이 질서가 잡혀 있는 것

① 질감   ② 조화
③ 리듬   ④ 비례

13. 업무시설의 오피스 랜드스케이핑(Office Landscaping) 방식에 대한 설명으로 옳지 않은 것은?

① 불경기 시 개실형에 비해 임대가 유리하다.
② 커뮤니케이션과 작업흐름에 따라 융통성 있는 평면구성이 가능하다.
③ 작업장의 집단을 자유롭게 그루핑하여 불규칙한 평면을 유도한다.
④ 소음발생으로 프라이버시가 침해되기 쉽다.

14. 건물 정보 모델링(Building Information Modeling)에 대한 설명으로 옳지 않은 것은?

① 설계 의도를 시각화하기 어렵다.
② 설계자들과 시공자들 간의 협업이 강화된다.
③ 설계도서 간의 상호 관련성이 높아진다.
④ 설계 및 시공상 문제들에 대한 빠른 대응이 가능하다.

15. 위생기구에 설치되는 통기관에 대한 설명으로 옳지 않은 것은?

① 신정통기관은 배수 수직관의 상단을 축소하지 않고 그대로 연장하여 대기 중에 개방한 통기관이다.
② 각개통기관은 위생기구마다 통기관이 하나씩 설치되는 것으로 통기방식 중에서 가장 이상적이다.
③ 도피통기관은 루프통기식 배관에서 통기 능률을 촉진하기 위해 설치하는 통기관이다.
④ 결합통기관은 통기와 배수를 겸한 통기관이다.

16. 단지계획에서 교통 및 동선계획에 대한 설명으로 옳지 않은 것은?

① 단지 내의 주동 접근로는 환경적으로 가장 좋은 지역에 둔다.
② 근린주구단위 내부로 자동차 통과 진입을 극소화한다.
③ 단지 내의 통과교통량을 줄이기 위해 고밀도지역은 진입구 주변에 배치한다.
④ 보행로의 교차부분은 단차를 적게 하고 미끄럼방지시설도 고려한다.

17. 생태건축기술에 대한 설명으로 옳지 않은 것은?

① 태양에너지, 지열 등을 활용하여 건물에서 필요한 에너지를 생산 및 이용한다.
② 건물 외부의 생태적 순환기능 확보를 통해 건물의 에너지 부하를 절감한다.
③ 토양에 대한 포장을 최대화하여 대지 주변에 동식물의 서식환경을 최소화한다.
④ 천창 등 자연채광 이용 및 자연채광 장치를 도입한다.

18. 시카고학파에 대한 설명으로 옳지 않은 것은?

① 현대건축에서 고층건물에 대한 가능성을 예시하였다.
② 경골목구조를 이용하여 1871년 시카고 대화재로 인한 도시의 전소를 막았다.
③ 루이스 설리번은 "형태는 기능을 따른다"는 기능주의 이론을 전개한 건축가이다.
④ 전기 엘리베이터 등의 기술 발전은 시카고에 본격적인 마천루를 출현시켰다.

19. 건축물의 피난·방화구조 등의 기준에 관한 규칙 상 특별피난계단의 구조에 대한 설명으로 옳지 않은 것은?

① 계단실·노대 및 부속실은 창문 등을 제외하고는 내화구조의 벽으로 각각 구획하여야 한다.

② 계단실에는 노대 또는 부속실에 접하는 부분 외에는 건축물의 내부와 접하는 창문 등을 설치하여서는 아니 된다.

③ 계단실 및 부속실의 실내에 접하는 부분의 마감은 난연재료로 하여야 한다.

④ 계단실에는 예비전원에 의한 조명설비를 하여야 한다.

20. 오스카 뉴먼의 방어적 공간(Defensible Space)에 대한 설명으로 옳지 않은 것은?

① 제2차 세계대전 이후 미국의 급격한 도시변화와 밀접한 관계가 있다.

② 물리적 환경을 변경해 범죄를 예방하고자 하는 설계사상이다.

③ 범죄를 억제하는 공간요소로 영역성, 자연적 감시, 이미지, 환경 등을 제안하였다.

④ 사회 특성과 개인 특성에 중점을 두는 개념이다.

국가직 9급 해설 및 정답 & 동영상강의

2017년 국가직 9급

01	②	02	③	03	①	04	②	05	③
06	②	07	③	08	④	09	①	10	③
11	①	12	②	13	①	14	①	15	④
16	①	17	③	18	②	19	③	20	④

01 ② 식당의 색채계획은 자극적인 색을 피하고 식욕을 돋울 수 있는 난색 계통의 오렌지, 핑크, 크림색, 베이지색 등을 사용한다.

02 정측광창 형식
　(1) 관람자가 서 있는 위치 상부에 천장을 불투명하게 하고 측벽에 가깝게 채광창을 설치하는 방식이다.
　(2) 관람자가 서 있는 위치와 중앙부는 어둡게 하고 전시벽면은 조도를 충분히 확보할 수 있는 이상적 채광법이다.

03 수도직결방식
　(1) 소규모 건물에 적합하다.
　(2) 급수 오염가능성이 가장 작다.
　(3) 정전 시에도 급수가 가능하다.
　(4) 단수 시에는 급수가 불가능하다.

04 ② 간호사 대기소는 각 간호단위 또는 층별 및 동별로 설치하며 환자를 돌보기 쉽도록 병실군의 중앙에 위치하며 간호작업에 편리한 수직동선과 가까운 곳으로 외부인의 출입도 감시할 수 있게 한다.

05 ③ 고온건조 : 중량벽을 통한 야간 기후 조절

06 ② 계단 경사면에 설치된 손잡이의 끝부분에는 0.3m 이상의 수평손잡이를 설치하여야 한다.

07 ③ 임원실은 경기영역에 포함된다.

08 ④ 판상형은 탑상형에 비해 각 세대의 조망권 확보가 불리하다.

09 ① 고딕건축은 12세기 초 프랑스에서 발생하여 15세기까지 전개된 건축양식이다.

10 ③ 노외주차장의 출구 및 입구는 너비 4m 미만의 도로(주차대수 200대 이상인 경우에는 너비 6미터 미만의 도로)와 종단 기울기가 10%를 초과하는 도로에 설치하여서는 아니된다.

11 ① 노인들의 접근과 출입 및 이동의 안전성을 위해 평탄한 대지가 좋다.

12 조화 : 부분과 부분 사이에 질적으로나 양적으로 모순되는 일이 없이 질서가 잡혀 있는 것을 조화라고 한다. 조화의 방법으로는 서로 비슷한 요소들을 통해 이루어지는 유사성과 서로 상반되는 요소를 대치시켜 상호간의 특징을 더욱 강조하는 대비가 있다.

13 ① 오피스 랜드스케이핑 방식은 개방형의 일종으로 불경기일 때 개실형에 비해 임대가 불리하다.

14 ① 건물 정보 모델링(Building Information Modeling)은 3차원 설계를 바탕으로 하므로 설계의도를 시각화하는데 유리하다.

15 ④ 결합통기관은 통기수직주관과 배수수직주관을 연결하는 통기관으로 5개층마다 설치하여 배수수직주관의 통기를 촉진시킨다. 통기와 배수를 겸한 통기관은 습식통기관(습윤통기관)이다.

16 ① 단지 내에서 환경적으로 가장 좋은 지역에는 보행자도로를 배치한다.

17 ③ 토양에 대한 포장을 최소화하여 대지 주변에 동식물의 서식환경을 최대화한다.

18 1871년 시카고 대화재 이전에 고층건물에 사용된 철제구조는 주철구조였다. 대화재 이후 강철로 된 철골공법과 건축재로서의 유리의 가능성이 주목 받던 때에 상대적으로 얇고 튼튼한 강철로 된 철골구조는 빌딩을 고층화했고, 외부로 열리는 창의 크기를 키웠다.

엘리베이터, 중앙난방, 에어컨디셔닝 등 새로운 기술과 장비의 좋은 실험무대이기도 했다.

또한 건물의 장식보다는 기능과 실용이 상대적으로 중시됐다. 윌리엄 르 바론 제니(William Le Baron Jenny)와 루이스 설리번(Louis Sullivan) 등 이른바 시카고파의 모더니즘 건축 전시장이 그렇게 만들어졌다. 시카고는 불과 10~20년 사이에 외형적으로 가장 앞선 세계의 도시, 마천루의 도시로 탈바꿈했다. 지금의 시카고는 근대 건축의 박물관이 됐다.

19 ③ 계단실 및 부속실의 실내에 접하는 부분의 마감은 불연재료로 하여야 한다.

20 ④ 사회 특성과 개인 특성에 중점을 두는 개념은 프럭시믹스(Proxemics)이다.
※ 프럭시믹스는 사람과 사람간의 거리를 나타내는 사회학 용어로 건축학에서는 인간의 공간 확보나 공간에 대한 반응을 의미하는 것으로 에드워드 홀의 "숨겨진 차원"에서 나온 용어이다. 홀은 문화적으로 형성된 감각세계가 공간을 구조화하고 사용하는 방식이 상이하다는 사실에 주목하여 문화별로 다양하게 나타나는 인간관계의 물리적 거리와 각종 건축물의 특징을 분석하였고 이를 통하여 공간 이용에 대한 사회집단 간의 다른 의미 표현에서 문화간의 갈등 원인을 찾았다.

1. 공장건축의 계획 시 고려해야 할 사항으로 옳지 않은 것은?

① 건물의 배치는 공장의 작업내용을 충분히 검토하여 결정한다.

② 중층형 공장은 주로 제지·제분 등 경량의 원료나 재료를 취급하는 공장에 적합하다.

③ 증축 및 확장 계획을 충분히 고려하여 배치계획을 수립한다.

④ 무창공장은 냉·난방 부하가 커져 운영비용이 많이 든다.

2. 병원건축 계획에 대한 설명으로 옳지 않은 것은?

① 중앙진료부에 해당하는 수술실은 병동부와 외래부 중간에 위치시킨다.

② ICU(Intensive Care Unit)는 중증 환자를 수용하여 집중적인 간호와 치료를 행하는 간호단위이다.

③ 종합병원의 병동부 면적비는 연면적의 1/3정도이다.

④ 1개 간호단위의 적절한 병상 수는 종합병원의 경우 70~80bed가 이상적이다.

3. 공공문화시설에 대한 설명으로 옳지 않은 것은?

① 전시장 계획 시 연속순로(순회)형식은 동선이 단순하여 공간이 절약 된다.

② 공연장 계획 시 객석의 형(形)이 원형 또는 타원형이 되도록 하는 것이 음향적으로 유리하다.

③ 도서관 계획 시 서고의 수장능력은 서고 공간 1㎥당 약 66권을 기준으로 한다.

④ 극장 계획 시 고려해야 할 가시한계(생리적 한도)는 약 15m이고, 1차 허용한계는 약 22m, 2차 허용한계는 약 35m이다.

4. 치수계획에 대한 설명으로 옳지 않은 것은?

① 건축공간의 치수는 인간을 기준으로 할 때 물리적, 생리적, 심리적 치수(scale)로 구분할 수 있다.

② 국제 척도조정(M.C.)을 사용하면 건축구성재의 국제교역이 용이해진다.

③ 건축공간의 치수는 인체치수에 대한 여유치수를 배제하고 계획하는 것이 좋다.

④ 모듈의 예로 르 꼬르뷔지에(Le Corbusier)의 모듈러(Le Modular)가 있다.

5. 건축법령상 비상용 승강기에 대한 설명으로 옳지 않은 것은?

① 비상용 승강기를 설치하는 경우 설치대수는 건축물 층수를 기준으로 한다.

② 피난층이 있는 승강장의 출입구로부터 도로 또는 공지에 이르는 거리는 30m 이하로 계획하여야 한다.

③ 2대 이상의 비상용 승강기를 설치하는 경우에는 화재가 났을 때 소화에 지장이 없도록 일정한 간격을 두고 설치하여야 한다.

④ 승강장의 바닥면적은 옥외에 승강장을 설치하는 경우를 제외하고 비상용승강기 1대에 대하여 6㎡ 이상으로 한다.

6. 공동주택에 대한 설명으로 옳지 않은 것으로만 묶은 것은?

> ㄱ. 편복도형은 엘리베이터 1대당 단위 주거를 많이 둘 수 있다.
> ㄴ. 집중형은 대지 이용률이 낮으나 모든 단위 주거가 환기 및 일조에 유리하다.
> ㄷ. 중복도형은 사생활 보호에 불리하며 대지 이용률이 낮다.
> ㄹ. 계단실형은 사생활 보호에 유리하다.

① ㄱ, ㄷ   ② ㄱ, ㄹ
③ ㄴ, ㄷ   ④ ㄴ, ㄹ

7. 주거밀도에 대한 설명으로 옳지 않은 것은?

① 호수밀도는 단위 토지면적당 주호수로 주택의 규모와 중요한 관계가 있다.
② 건폐율은 건축밀도(건축물의 밀집도)를 산출하는 기초 지표로 대지면적에 대한 건축면적의 비율(%)이다.
③ 인구밀도는 거주인구를 토지면적으로 나눈 것이며, 단위 토지면적에 대한 거주인구수로 나타낸다.
④ 인구밀도는 호수밀도에 1호당 평균세대 인원을 곱하여 구할 수 있다.

8. 우리나라 시대별 전통건축의 특징에 대한 설명으로 옳지 않은 것은?

① 통일신라시대의 가람배치는 불사리를 안치한 탑을 중심으로 하였던 1탑식 가람배치 방식에서 불상을 안치한 금당을 중심으로 그 앞에 두 개의 탑을 시립(侍立)한 2탑식 가람배치로 변화하였다.
② 고려 초기에는 기둥 위에 공포를 배치하는 주심포식 구조형식이 주류를 이루었고, 고려 말경에는 창방 위에 평방을 올려 구성하는 다포식 구조형식을 사용하였다.
③ 조선시대에는 다포식과 주심포식이 혼합된 절충식이 나타나기도 하였으며, 절충식 건축물로는 해인사 장경판고(대장경판전), 옥산서원 독락당, 서울 동묘, 서울 사직단 정문 등이 있다.
④ 20세기 초에 서양식으로 지어진 건물 중 조선은행(한국은행 본관)은 르네상스식 건물이고, 경운궁의 석조전은 신고전주의 양식을 취한 건물이다.

9. 빛 환경에 대한 설명으로 옳지 않은 것만을 모두 고른 것은?

> ㄱ. 조명의 목적은 빛을 인간생활에 유익하게 활용하는데 있으며 좋은 조명은 조도가 높아야 한다.
> ㄴ. 국부조명은 조명이 필요한 부분에만 집중적으로 조명을 행하는 것으로 눈이 쉽게 피로해진다.
> ㄷ. 시야 내에 눈이 순응하고 있는 휘도보다 현저하게 높은 휘도 부분이 있으면 눈부심 현상이 일어나 불쾌감을 느끼게 된다.
> ㄹ. 간접조명은 조도 분포가 균일하여 적은 전력으로도 직접조명과 같은 조도를 얻을 수 있다.
> ㅁ. 실내상시보조인공조명(PSALI)은 주광과 인공광을 병용한 방식이다. 이때 조명설비는 주광의 변동에 대응해서 인공광 조도를 조절할 수 있는 시스템이다.

① ㄱ, ㄴ   ② ㄱ, ㄹ
③ ㄴ, ㄷ, ㄹ   ④ ㄷ, ㄹ, ㅁ

10. 먼셀표색계(Munsell System)에 대한 설명으로 옳지 않은 것은?

① 빨강(R), 노랑(Y), 녹색(G), 파랑(B), 보라(P)의 5가지 주색상을 기본으로 총 100색상의 표색계를 구성하였다.
② 모든 색은 백색량, 흑색량, 순색량의 합을 100으로 하여 배합하였기 때문에 어떠한 색도 혼합량은 항상 100으로 일정하다.
③ 명도는 가장 어두운 단계인 순수한 검정색을 0으로, 가장 밝은 단계인 순수한 흰색을 10으로 하였다.
④ 색채기호 5R7/8은 색상이 빨강(5R)이고, 명도는 7, 채도는 8을 의미한다.

11. 교육시설의 건축계획에 대한 설명으로 옳은 것은?

① 초등학교의 복도 폭은 양 옆에 거실이 있는 복도일 경우 2.4m 이상으로 계획한다.
② 체육관 천장의 높이는 5m 이상으로 한다.
③ 교사의 배치에서 분산병렬형은 좁은 부지에 적합하지만 일조, 통풍 등 교실의 환경조건이 불균등하다.
④ 학교 운영방식 중 달톤형은 전 학급을 양분하여 한쪽이 일반 교실을 사용할 때, 다른 한쪽은 특별교실을 사용한다.

12. 동선계획에 대한 설명으로 옳지 않은 것은?

① 동선은 단순하고 명쾌해야 한다.
② 동선의 3요소는 속도, 빈도, 하중이다.
③ 사용 정도가 높은 동선은 짧게 계획하여야 한다.
④ 서로 다른 종류의 동선끼리는 결합과 교차를 통하여 동선의 효율성을 높여야 좋다.

13. 변전실의 위치에 대한 설명으로 옳지 않은 것은?

① 기기의 반출입이 용이할 것
② 습기와 먼지가 적은 곳일 것
③ 가능한 한 부하의 중심에서 먼 장소일 것
④ 외부로부터 전원의 인입이 쉬운 곳일 것

14. 「주차장법 시행규칙」 상 주차장의 주차구획으로 옳지 않은 것은?

① 평행주차형식의 이륜자동차전용: 1.2m 이상(너비) × 2.0m 이상(길이)
② 평행주차형식의 경형: 1.7m 이상(너비) × 4.5m 이상(길이)
③ 평행주차형식 외의 확장형: 2.6m 이상(너비) × 5.2m 이상(길이)
④ 평행주차형식 외의 장애인전용: 3.3m 이상(너비) × 5.0m 이상(길이)

15. 「건축물의 에너지절약 설계기준」 건축부문의 의무사항에 대한 설명으로 옳지 않은 것은?

① 바닥난방에서 단열재를 설치할 때 온수배관하부와 슬래브 사이에 설치되는 구성재료의 열저항 합계는 층간바닥인 경우에는 해당 바닥에 요구되는 총 열관류저항의 60% 이상으로 하는 것이 원칙이다.
② 외기에 직접 면하고 1층 또는 지상으로 연결된 출입문 중 바닥면적 200㎡ 이상의 개별점포 출입문, 너비 1.0m 이상의 출입문은 방풍구조로 하여야 한다.
③ 단열재의 이음부는 최대한 밀착해서 시공하거나, 2장을 엇갈리게 시공하여 이음부를 통한 단열성능 저하가 최소화될 수 있도록 조치하여야 한다.
④ 방풍구조를 설치하여야 하는 출입문에서 회전문과 일반문이 같이 설치되어진 경우, 일반문 부위는 방풍실 구조의 이중문을 설치하여야 한다.

16. 「건축물의 설비기준 등에 관한 규칙」상 공동주택 및 다중이용시설의 환기설비기준에 대한 설명으로 옳지 않은 것은?

① 다중이용시설의 기계환기설비 용량기준은 시설이용 인원당 환기량을 원칙으로 산정한다.

② 환기구를 안전펜스 또는 조경 등을 이용하여 보행자 및 건축물 이용자의 접근을 차단하는 구조로 하는 경우에는 환기구의 설치 높이 기준을 완화해 적용할 수 있다.

③ 신축 또는 리모델링하는 30세대 이상의 공동주택은 시간당 0.5회 이상의 환기가 이루어질 수 있도록 자연환기설비 또는 기계환기설비를 설치하여야 한다.

④ 환기구는 보행자 및 건축물 이용자의 안전이 확보되도록 바닥으로부터 1.8미터 이상의 높이에 설치하는 것이 원칙이다.

17. 소화설비 중 소화활동설비에 해당하지 않는 것은?

① 자동화재탐지설비 ② 제연설비

③ 비상콘센트설비 ④ 연결살수설비

18. 근대건축과 관련된 설명에서 ㉠에 들어갈 용어로 옳은 것은?

> (㉠)은/는 1917년에 결성되어 화가, 조각가, 가구 디자이너 그리고 건축가들을 중심으로 추상과 직선을 강조하는 새로운 양식으로 전개되었다. 아울러 (㉠)은/는 신 조형주의 이론을 조형적, 미학적 기본원리로 하여 회화, 조각, 건축 등 조형예술 전반에 걸쳐 전개하였으며 입체파의 영향을 받아 20세기 초 기하학적 추상 예술의 성립에 결정적 역할을 하였고, 근대 건축이 기능주의적인 디자인을 확립하는데 커다란 역할을 하였다.

① 예술공예운동(Arts and Crafts Movement)

② 데 스틸(De Stijl)

③ 세제션(Sezession)

④ 아르누보(Art Nouveau)

19. 건물의 단열에 대한 설명으로 옳지 않은 것은?

① 열교는 벽이나 바닥, 지붕 등에 단열이 연속되지 않는 부위가 있을 경우 발생하기 쉽다.

② 단열재의 열전도율은 재료의 종류와는 무관하며 물리적 성질인 밀도에 반비례한다.

③ 반사형 단열재는 복사의 형태로 열 이동이 이루어지는 공기층에 유효하다.

④ 벽체의 축열성능을 이용하여 단열을 유도하는 방법을 용량형 단열이라 한다.

20. 르네상스 시대의 건축가와 그의 작품의 연결이 옳지 않은 것은?

① 안드레아 팔라디오 – 빌라 로톤다(빌라 카프라)

② 필리포 브루넬레스키 – 일 레덴토레 성당

③ 미켈란젤로 부오나로티 – 라우렌찌아나 도서관

④ 레온 바티스타 알베르티 – 루첼라이 궁전

국가직 9급 해설 및 정답 & 동영상강의

01	④	02	④	03	②	04	③	05	①
06	③	07	①	08	③	09	②	10	②
11	①	12	④	13	③	14	①	15	②
16	④	17	①	18	②	19	②	20	②

01 ④ 무창공장은 창을 설치할 필요가 없으므로 온·습도의 조절이 유창공장에 비해 용이하고 냉난방부하가 적게 걸리므로 운영비용이 적게 든다.

02 ④ 1개 간호단위의 적절한 병상 수는 종합병원의 경우 25bed가 이상적이며, 보통 30~40bed이다.

03 ② 공연장 계획 시 객석의 형(形)이 원형 또는 타원형일 경우 음이 집중되거나 불균등한 분포를 보이며, 에코가 형성되어 음향적으로 불리하게 된다.

04 ③ 건축공간의 치수는 인체치수에 대한 여유치수를 고려하여 계획하는 것이 좋다.

05 ① 비상용 승강기를 설치하는 경우 설치대수는 건축물 높이를 기준으로 하며 31m를 넘는 건축물에 설치한다.

06 ㄴ. 집중형은 대지 이용률이 높지만 모든 단위 주거가 환기 및 일조에 불리하다.
ㄷ. 중복도형은 사생활 보호에 불리하지만 대지 이용률이 높다.

07 ① 호수밀도는 단위 토지면적당 주호수로 주거단지의 토지 이용도를 나타내는 지표로 교육시설, 상업시설 등의 규모를 산정하는 자료가 된다. 주택의 규모와 밀접한 관계가 있는 것은 건폐율과 용적률이다.

08 ③ 절충식 건축물로는 평양의 보통문, 개심사 대웅전, 전등사 약사전 등이 있으며, 해인사 장경판고(대장경판전), 옥산서원 독락당, 서울 동묘, 서울 사직단 정문은 익공양식이다.

09 ㄱ. 조명의 목적은 빛을 인간생활에 유익하게 활용하는데 있으며 좋은 조명은 조도가 균등하여야 한다.
ㄹ. 간접조명은 조도 분포가 균일하지만 조명률이 낮아 직접조명과 같은 조도를 얻기 위해서는 많은 전력을 사용하여야 한다.

10 ② 오스트발트의 표색계에서는 명도와 채도를 따로 구분하지 않고, 백색량, 흑색량, 순색량의 함량으로 나타낸다. 모든 색은 백색량, 흑색량, 순색량의 합을 100으로 하여 배합하였기 때문에 어떠한 색도 혼합량은 항상 100으로 일정하며 혼합량에 따라 색의 표기는 색상번호, 백색량, 검은색량의 순으로 표기한다.

11 ② 체육관 천장의 높이는 6m 이상으로 한다.
③ 교사의 배치에서 폐쇄형은 좁은 부지에 적합하지만 일조, 통풍 등 교실의 환경조건이 불균등하다.
④ 학교 운영방식 중 플래툰형은 전 학급을 양분하여 한쪽이 일반 교실을 사용할 때, 다른 한쪽은 특별교실을 사용한다.

12 ④ 서로 다른 종류의 동선은 가능한 한 분리시키고 필요 이상의 교차를 피하는 것이 좋다.

13 ③ 변전실의 위치는 가능한 한 부하의 중심에 가까운 장소에 둔다.

14 ① 평행주차형식의 이륜자동차전용 : 1.0m 이상(너비) × 2.3m 이상(길이)

15 ② 외기에 직접 면하고 1층 또는 지상으로 연결된 출입문 중 바닥면적 300㎡ 이상의 개별점포 출입문, 너비 1.2m 이상의 출입문은 방풍구조로 하여야 한다.

16 ④ 환기구는 보행자 및 건축물 이용자의 안전이 확보되도록 바닥으로부터 2미터 이상의 높이에 설치하는 것이 원칙이다.

17 ① 자동화재탐지설비는 경보설비에 해당한다.

18 데스틸(De Stijl)은 1917년에 네덜란드 로테르담을 중심으로 활동하던 화가, 조각가, 가구 디자이너 그리고 건축가들을 중심으로 결성되어 추상과 직선을 강조하는 새로운 양식으로 전개되었다. 아울러 데스틸은 몬드리안의 신 조형주의 이론을 조형적, 미학적 기본원리로 하여 회화, 조각, 건축 등 조형예술 전반에 걸쳐 전개하였으며 입체파의 영향을 받아 20세기 초 기하학적 추상 예술의 성립에 결정적 역할을 하였고, 근대건축이 기능주의적인 디자인을 확립하는데 커다란 역할을 하였다. 관련된 건축가 및 예술가들은 몬드리안(Piet Mondrian), 도즈버그(Theo van Doesburg), 리트벨트(Gerrit Thomas Reitveld) 등이 있다.

19 ② 단열재의 열전도율은 재료의 종류에 따라 다르며 물리적 성질인 밀도에 비례한다. 즉, 같은 종류의 재료일 경우 밀도가 작으면 열전도율은 작다.

20 ② 필리포 브루넬레스키 – 플로렌스 대성당의 돔, 로렌조 성당, 스피리토 성당

※ 일 레덴토레 성당(Chiesa del Santissimo Redentore)
: 안드레아 팔라디오의 작품으로 이탈리아 베네치아 인근의 쥬데카 섬에 있으며, 1576년 베네치아의 전체 인구 중 80%를 사망하게 만든 흑사병이 사라진 것을 기념하기 위해 건설된 성당이다.

1. 급수방식 중 고가수조 방식에 대한 설명으로 옳지 않은 것은?

① 건축구조에 부담을 주게 되며 초기 설비비가 많이 든다.
② 단수 시에 급수가 가능하다.
③ 일정한 수압으로 급수할 수 있다.
④ 급수방식 중 수질오염 가능성이 가장 낮은 방식이다.

2. 극장무대와 관련된 용어의 설명으로 옳지 않은 것은?

① 플라이 갤러리(fly gallery)는 그리드아이언에 올라가는 계단과 연결되는 좁은 통로이다.
② 그리드아이언(gridiron)은 와이어로프를 한 곳에 모아서 조정하는 장소로 작업이 편리하고 다른 작업에 방해가 되지 않는 위치가 좋다.
③ 사이클로라마(cyclorama)는 무대의 제일 뒤에 설치되는 무대 배경용 벽이다.
④ 프로시니엄(proscenium)은 무대와 관람석의 경계를 이루며, 관객은 프로시니엄의 개구부를 통해 극을 본다.

3. 내부결로 방지대책으로 옳지 않은 것은?

① 단열공법은 외단열로 하는 것이 효과적이다.
② 단열성능을 높이기 위해 벽체 내부 온도가 노점온도 이상이 되도록 열관류율을 크게 한다.
③ 중공벽 내부의 실내측에 단열재를 시공한 벽은 방습층을 단열재의 고온측에 위치하도록 한다.
④ 벽체 내부로 수증기의 침입을 억제한다.

4. 근대건축의 거장과 그의 작품의 연결이 옳지 않은 것은?

① 미스 반 데 로에(Mies van der Rohe) – 투겐하트 주택(Tugendhat House)
② 발터 그로피우스(Walter Gropius) – 데사우 바우하우스(Dessau Bauhaus)
③ 알바 알토(Alvar Aalto) – 시그램 빌딩(Seagram Building)
④ 프랭크 로이드 라이트(Frank Lloyd Wright) – 로비 하우스(Robie House)

5. 건축화조명에 대한 설명으로 옳지 않은 것은?

① 실내장식의 일부로서 천장이나 벽에 배치된 조명기법으로 조명과 건물이 일체가 되는 조명시스템이다.
② 다운라이트조명, 라인라이트조명, 광천장조명 등이 있다.
③ 눈부심이 적고 명랑한 느낌을 주며, 필요한 곳에 적절하게 조명을 설치하여 직접조명보다 조명효율이 좋다.
④ 건축물 자체에 광원을 장착한 조명방식이므로 건축설계 단계부터 병행하여 계획할 필요가 있다.

6. 전시실의 순회형식에 대한 설명으로 옳지 않은 것은?

① 연속순로형식은 소규모 전시실에 적용가능하고, 갤러리 및 코리더형식은 각 실에 직접 들어갈 수 있는 점이 유리하다.

② 중앙홀형식은 홀이 클수록 장래확장이 용이하고, 연속순로형식은 1실을 폐쇄하였을 때 전체 동선이 막히게 되는 단점이 있다.

③ 중앙홀형식은 중심부에 하나의 큰 홀을 두고, 갤러리 및 코리더형식은 복도가 중정을 포위하게 하여 순로를 구성하는 경우가 많다.

④ 중앙홀형식은 각 전시실을 자유로이 출입 가능하고, 연속순로 형식은 실을 순서대로 통해야 한다.

7. 「건축법」상 용어의 정의에 대한 설명으로 옳지 않은 것은?

① '건축'이란 건축물을 신축·증축·개축·재축하거나 건축물을 이전하는 것을 말한다.

② '거실'이란 건축물 안에서 거주, 집무, 작업, 집회, 오락, 그 밖에 이와 유사한 목적을 위하여 사용되는 방을 말한다.

③ '고층건축물'이란 층수가 30층 이상이거나 높이가 120미터 이상인 건축물을 말한다.

④ '주요구조부'란 내력벽, 기둥, 최하층 바닥, 보를 말한다.

8. 기계환기방식 중 송풍기에 의한 급기와 자연적인 배기로 클린룸과 수술실 등에 적용하는 환기방식은?

① 제1종 환기

② 제2종 환기

③ 제3종 환기

④ 제4종 환기

9. 「건축법 시행령」상 건축물의 바닥면적 산정방법에 대한 설명으로 옳지 않은 것은?

① 건축물의 노대 등의 바닥은 외벽의 중심선으로부터 노대 등의 끝 부분까지의 면적에서 노대 등이 접한 가장 긴 외벽에 접한 길이에 1.2미터를 곱한 값을 뺀 면적을 바닥면적에 산입한다.

② 공동주택으로서 지상층에 설치한 기계실의 면적은 바닥면적에 산입하지 아니한다.

③ 벽·기둥의 구획이 없는 건축물의 바닥면적은 그 지붕 끝 부분으로부터 수평거리 1미터를 후퇴한 선으로 둘러싸인 수평투영면적으로 한다.

④ 계단탑, 장식탑의 면적은 바닥면적에 산입하지 아니한다.

10. 난방방식에 대한 설명으로 옳지 않은 것은?

① 증기난방은 증발잠열을 이용하고, 열의 운반 능력이 크다.

② 온수난방은 온수의 현열을 이용하고, 온수 온도를 조절할 수 있다.

③ 복사난방은 방열면의 복사열을 이용하고, 바닥면의 이용도가 높은 편이다.

④ 온풍난방은 복사난방에 비하여 설비비가 많이 드나 쾌감도가 좋다.

11. 상점건축에서 입면 디자인 시 적용하는 AIDMA 법칙에 대한 설명으로 옳지 않은 것은?

① A(Attention, 주의) - 주목시키는 배려가 있는가?

② I(Interest, 흥미) - 공감을 주는 호소력이 있는가?

③ D(Describe, 묘사) - 묘사를 통해 구체적인 정보를 인식하게 하는가?

④ M(Memory, 기억) - 인상적인 변화가 있는가?

12. 건축 형태구성원리에 대한 설명으로 옳지 않은 것은?

① 리듬은 부분과 부분 사이에 시각적으로 강한 힘과 약한 힘이 규칙적으로 연속될 때 나타난다.

② 비례는 선·면·공간 사이에서 상호 간의 양적인 관계를 말하며, 점증, 억양 등이 있다.

③ 균형은 대칭을 통해 가장 손쉽게 구현할 수 있지만, 시각적 구성에서는 비대칭 기법을 통한 구성이 더 역동적인 경우가 많다.

④ 조화는 부분과 부분 사이에 질적으로나 양적으로 모순되는 일이 없이 질서가 잡혀 있는 것을 말한다.

13. 척도조정(Modular Coordination)의 장점이 아닌 것은?

① 설계작업이 단순해지고 대량생산이 용이하다.

② 건축재의 수송이나 취급이 편리하다.

③ 건축물 외관의 융통성 확보가 용이하다.

④ 현장작업이 단순해지고 공기가 단축된다.

14. 건축 열환경과 관련된 용어의 설명으로 옳지 않은 것은?

① '현열'이란 물체의 상태변화 없이 물체 온도의 오르내림에 수반하여 출입하는 열이다.

② '잠열'이란 물체의 증발, 응결, 융해 등의 상태 변화에 따라서 출입하는 열이다.

③ '열관류율'이란 열관류에 의한 관류열량의 계수로서 전열의 정도를 나타내는 데 사용되며 단위는 kcal/mh℃이다.

④ '열교'란 벽이나 바닥, 지붕 등의 건물부위에 단열이 연속되지 않은 열적 취약부위를 통한 열의 이동을 말한다.

15. 사무소 건축에 대한 설명으로 옳은 것만을 모두 고르면?

> ㄱ. 소시오페탈(sociopetal) 개념을 적용한 공간은 상호작용에 도움이 되지 못하는 공간으로 개인을 격리하는 경향이 있다.
>
> ㄴ. 코어는 복도, 계단, 엘리베이터 홀 등의 동선부분과 기계실, 샤프트 등의 설비관련부분, 화장실, 탕비실, 창고 등의 공용서비스 부분 등으로 구분된다.
>
> ㄷ. 엘리베이터 대수산정은 아침 출근 피크시간대의 5분 동안에 이용하는 인원수를 고려하여 계획한다.
>
> ㄹ. 비상용 엘리베이터는 평상시에는 일반용으로 사용할 수 있으나 화재 시에는 재실자의 피난을 주요 목적으로 계획한다.

① ㄴ, ㄷ

② ㄱ, ㄴ, ㄷ

③ ㄱ, ㄷ, ㄹ

④ ㄱ, ㄴ, ㄷ, ㄹ

16. 다음에 해당하는 근대건축운동은?

> • 장식, 곡선을 많이 사용
> • 자연주의 경향과 유기적 형식 사용
> • 대표 건축가로는 안토니오 가우디

① 미술공예운동(Arts & Crafts Movement)

② 시카고파(Chicago School)

③ 빈 세제션(Wien Secession)

④ 아르누보(Art Nouveau)

17. 병원건축에 대한 설명으로 옳지 않은 것은?

① 정형외과 외래진료부는 보행이 부자연스러운 환자가 많으므로 타과 진료부보다 멀리 떨어진 한적한 곳에 배치한다.

② 중앙진료부는 성장, 변화가 많은 부분이므로 증개축을 고려하여 계획한다.

③ 간호사 대기소(nurses station)는 간호단위 또는 각층 및 동별로 설치하되, 외부인의 출입을 확인할 수 있고, 환자를 돌보기 쉽도록 배치한다.

④ 대형 병원의 동선계획 시 병동부, 중앙진료부, 외래부, 공급부, 관리부 등 각부 동선이 가급적 교차되지 않도록 계획한다.

18. 주거건축에서 사용 인원수 대비 필요한 환기량을 고려하여 침실 규모를 결정할 경우, 다음과 같은 조건에서 성인 2인용 침실의 적정한 가로변의 길이는? (단, 성인은 취침 중 0.02m³/h의 탄산가스나 기타의 유해물을 배출한다)

> - 침실의 자연환기 횟수는 1회/h이다.
> - 침실의 천장고는 2.5m이다.
> - 침실의 세로변 길이는 5m이다.

① 2m   ② 4m

③ 6m   ④ 8m

19. 건축법령상 건축신고 대상이 아닌 것은?

① 바닥면적의 합계가 100제곱미터인 개축

② 내력벽의 면적을 30제곱미터 이상 수선하는 것

③ 공업지역에서 건축하는 연면적 400제곱미터인 2층 공장

④ 기둥을 세 개 이상 수선하는 것

20. 근린주구 이론에 대한 설명으로 옳지 않은 것은?

① 페리(Clarence Perry)는 뉴욕 및 그 주변지역계획에서 일조문제와 인동간격의 이론적 고찰을 통해 근린주구이론을 정리하였다.

② 라이트(Henry Wright)와 스타인(Clarence Stein)은 보행자와 자동차 교통의 분리를 특징으로 하는 래드번(Radburn)을 설계하였다.

③ 아담스(Thomas Adams)는 새로운 도시를 발표하여 단계적인 생활권을 바탕으로 도시를 조직적으로 구성하고자 하였다.

④ 하워드(Ebenezer Howard)는 도시와 농촌의 장점을 결합한 전원도시 계획안을 발표하고, 「내일의 전원도시」를 출간하였다.

국가직 9급 해설 및 정답 & 동영상강의

01	④	02	②	03	②	04	③	05	③
06	②	07	④	08	②	09	①	10	④
11	③	12	②	13	③	14	③	15	①
16	④	17	①	18	④	19	①	20	③

01 ④ 고가수조방식은 급수방식 중 수질오염 가능성이 가장 높은 방식이며, 수도직결방식이 수질오염 가능성이 가장 낮은 방식이다.

02 ② 그리드아이언(gridiron)은 무대의 천장 밑에 위치하는 곳에 철골로 촘촘히 깔아 바닥을 이루게 한 것으로 여기에 배경이나 조명기구, 연기자 또는 음향반사판 등을 메어 달 수 있게 한 장치를 말한다.

03 ② 단열성능을 높이기 위해 벽체 내부 온도가 노점온도 이상이 되도록 열관류율을 낮게 한다.

04 ③ 미스 반 데 로에(Mies van der Rohe) – 시그램 빌딩(Seagram Building)

05 ③ 눈부심이 적고 명랑한 느낌을 주나, 직접조명보다 조명효율이 낮다.

06 ② 중앙홀형식은 홀이 클수록 동선의 혼란이 없으나 장래 확장에 무리가 따른다.

07 ④ '주요구조부'란 내력벽, 기둥, 바닥, 보, 지붕틀 및 주계단을 말한다. 사이기둥, 최하층 바닥, 작은 보, 차양, 옥외계단 및 기초는 주요구조부에 속하지 않는다.

08 ② 제2종 환기 : 송풍기에 의한 급기와 자연적인 배기로 클린룸과 수술실 등에 적용하는 환기방식

09 ① 건축물의 노대 등의 바닥은 외벽의 중심선으로부터 노대 등의 끝 부분까지의 면적에서 노대 등이 접한 가장 긴 외벽에 접한 길이에 1.5미터를 곱한 값을 뺀 면적을 바닥면적에 산입한다.

10 ④ 온풍난방은 복사난방에 비하여 설비비가 적게 드나 쾌감도가 나쁘다.

11 ③ D(Desire, 욕망) – 욕구를 일으키는 연상이 있는가?

12 ② 비례는 선·면·공간 사이에서 상호 간의 양적인 관계를 말하며, 점증, 억양, 반복은 리듬에 속한다.

13 ③ 건축물 외관이 단순해지고 형태의 창조성 및 인간성이 상실될 우려가 있어 융통성을 확보하기 어렵다.

14 ③ '열관류율'이란 열관류에 의한 관류열량의 계수로서 전열의 정도를 나타내는 데 사용되며 단위는 kcal/㎡h℃ 또는 w/㎡k이다.

15 ㄱ. 소시오페탈(sociopetal)의 개념은 "사람들 사이의 교류를 촉진한다"는 의미로 이 개념을 적용한 공간은 상호작용에 도움이 되는 공간으로 개인간의 적당한 거리를 두어 자연스럽게 대화가 이루어지는 경향이 있다. 이와 반대되는 개념은 소시오푸갈(sociofugal)로 "사람들 사이의 교류를 막는다"는 의미이며, 개인간의 교류를 최소화하기 위한 공간 개념이다.
ㄹ. 비상용 엘리베이터는 평상시에는 일반용이나 화물용으로 사용할 수 있으나 화재 시에는 소방대의 소화, 구조활동 등의 목적으로 사용한다.

16 ④ 아르누보(Art Nouveau)운동의 특징
- 영국의 수공예운동의 자극과 영향으로 발전
- 역사주의의 거부
- 장식, 곡선을 많이 사용
- 자연주의 경향과 유기적 형식 사용
- 대표건축가 : 안토니오 가우디, 빅터 오르타, 헥토 귀마르, 매킨토쉬

17 ① 정형외과 외래진료부는 보행이 부자연스러운 환자가 많고 치료시간이 길기 때문에 이용에 편리한 1층에 위치하는 것이 바람직하다.

18 (1) 침실면적 = $\dfrac{필요환기량 \times 인원수}{자연환기회수 \times 천장고}$

= $\dfrac{50m^3/h \times 2명}{1회/h \times 2.5m} = 40m^2$

(2) 가로변 길이 = $\dfrac{40m^2}{5m} = 8m$

19 건축신고 대상
① 바닥면적 합계가 85㎡ 이내의 증축, 개축 또는 재축
 ※ 다만, 3층 이상 건축물인 경우에는 증축, 개축 또는 재축하려는 부분의 바닥면적의 합계가 건축물 연면적의 1/10 이내인 경우로 한정
② 읍·면지역에서 농수산업에 필요한 건축물의 건축
 • 창고 : 연면적 200㎡ 이하
 • 축사, 작물재배사 : 연면적 400㎡ 이하
③ 관리지역, 농림지역 또는 자연환경보전지역 안에서 연면적 200㎡ 미만이고 3층 미만인 건축물의 건축
 ※ 다만, 지구단위계획구역, 방재지구 및 붕괴위험지역 안에서의 건축은 제외
④ 연면적 200㎡ 미만이고 3층 미만인 건축물의 대수선
⑤ 주요구조부의 해체가 없는 대수선
 ㉠ 내력벽의 면적을 30㎡ 이상 수선
 ㉡ 기둥, 보, 지붕틀을 3개 이상 수선
 ㉢ 방화벽 또는 방화구획을 위한 바닥 또는 벽을 수선
 ㉣ 주계단, 피난계단 또는 특별피난계단을 수선
⑥ 소규모 건축물
 ㉠ 연면적 합계 100㎡ 이하인 건축물
 ㉡ 건축물의 높이를 3m 이하의 범위 안에서 증축하는 건축물
 ㉢ 표준설계도서에 의한 건축물로서 조례로 정한 건축물
 ㉣ 공업지역, 산업단지, 지구단위계획구역(산업·유통형) 안의 2층 이하로서 연면적 합계가 500㎡ 이하인 공장

20 ③ 페더(G. Feder)는 새로운 도시를 발표하여 단계적인 생활권을 바탕으로 도시를 조직적으로 구성하고자 하였다. 아담스(T. Adams)는 중심시설로 공공시설과 상업시설을 배치하고 페리의 근린주구와 거의 같은 규모(1,300~2,050호)의 소규모 주택지를 제안하였다.

1. 호텔건축에 대한 설명으로 옳지 않은 것은?

① 아파트먼트호텔은 리조트호텔의 한 종류로 스위트룸과 호화로운 설비를 갖추고 있는 호텔이다.

② 리조트호텔은 조망 및 자연환경을 충분히 고려하고 있으며, 호텔 내외에 레크리에이션 시설을 갖추고 있다.

③ 터미널호텔은 교통기관의 발착지점에 위치하여 손님의 편의를 도모한 호텔이다.

④ 커머셜호텔은 주로 상업상, 업무상의 여행자를 위한 호텔로 도시의 번화한 교통의 중심에 위치한다.

2. 은행 건축계획에 대한 설명으로 옳지 않은 것은?

① 주 출입구에 전실을 두거나 칸막이를 설치한다.

② 주 출입구는 도난방지를 위해 안여닫이로 하는 것이 좋다.

③ 은행 지점의 시설규모(연면적)는 행원 수 1인당 $16 \sim 26\text{m}^2$ 또는 은행실 면적의 $1.5 \sim 3$배 정도이다.

④ 금고실에는 도난이나 화재 등 안전상의 이유로 환기설비를 설치하지 않는다.

3. 다음 설명에 해당하는 공장건축의 지붕 종류를 옳게 짝 지은 것은?

> ㄱ. 채광, 환기에 적합한 형태로, 환기량은 상부창의 개폐에 의해 조절될 수 있다.
>
> ㄴ. 채광창을 북향으로 하는 경우 온종일 일정한 조도를 가진다.
>
> ㄷ. 기둥이 적게 소요되어 바닥면적의 효율성이 높다.

	ㄱ	ㄴ	ㄷ
①	솟을지붕	샤렌지붕	평지붕
②	솟을지붕	톱날지붕	샤렌지붕
③	평지붕	샤렌지붕	뾰족지붕
④	평지붕	톱날지붕	뾰족지붕

4. 백화점 건축계획에서 에스컬레이터에 대한 설명으로 옳은 것은?

① 엘리베이터에 비해 점유면적이 크고 승객 수송량이 적다.

② 직렬식 배치는 교차식 배치보다 점유면적이 크지만, 승객의 시야 확보에 좋다.

③ 교차식 배치는 단층식(단속식)과 연층식(연속식)이 있다.

④ 엘리베이터를 2대 이상 설치하거나 1,000인/h 이상의 수송력을 필요로 하는 경우는 엘리베이터보다 에스컬레이터를 설치하는 것이 유리하다.

5. 증기난방 중 진공환수식에 대한 설명으로 옳지 않은 것은?

① 환수관의 말단에 설치된 진공펌프가 증기트랩 이후의 환수관내를 진공압으로 만들어 강제적으로 응축수를 환수한다.

② 환수가 원활하고 급속히 이루어지므로 관경을 작게 할 수 있다.

③ 보일러와 방열기의 높이차를 충분히 유지할 수 있어야 한다.

④ 중력환수식 증기난방과 달리 환수관의 말단에 공기빼기 밸브를 설치할 필요가 없다.

6. 병원의 건축계획에 대한 설명으로 옳은 것은?

① 병원은 전용주거지역, 전용공업지역을 제외한 모든 용도지역에서 건축이 허용된다.
② 병동부의 간호단위 구성 시 간호사의 보행거리는 약 24 m 이내가 되도록 한다.
③ 수술실은 26.6℃ 이상의 고온, 55 % 이상의 높은 습도를 유지하고, 3종 환기방식을 사용한다.
④ COVID-19 감염병 환자의 병실은 일반 병실과 분리하고 2종 환기방식을 사용한다.

7. 다음 설명에 해당하는 쾌적지표는?

> 온도, 기류, 습도를 조합한 감각지표로서 효과온도 또는 체감온도라고도 한다. 상대습도(RH)가 100 %, 풍속 0 m/s인 임의 온도를 기준으로 정의한 것이며, 복사열은 고려하지 않는다.

① 작용온도   ② 유효온도
③ 수정유효온도   ④ 신유효온도

8. 「실내공기질 관리법 시행규칙」상 PM-10 미세먼지에 대한 실내공기질 유지기준이 다른 것은? (단, 실내공기질에 미치는 기타 요소들은 동일한 상태이고 각각의 연면적은 3,000m² 이상인 경우이다)

① 업무시설   ② 학원
③ 지하역사   ④ 도서관

9. 「건축법 시행령」상 막다른 도로의 길이에 따른 최소한의 너비 기준으로 옳은 것은?

	막다른 도로의 길이	도로의 너비
①	10 m 미만	2 m 이상
②	10 m 미만	3 m 이상
③	10 m 이상 35 m 미만	4 m 이상
④	10 m 이상 35 m 미만	6 m 이상

10. 「국토의 계획 및 이용에 관한 법률」상 용도지역에 대한 설명으로 옳지 않은 것은? (단, 조례는 고려하지 않는다)

① 주거지역에서 건폐율의 최대한도는 70퍼센트이다.
② 자연환경보전지역에서 건폐율의 최대한도는 20퍼센트이다.
③ 계획관리지역이란 도시지역으로의 편입이 예상되는 지역이나 자연환경을 고려하여 제한적인 이용·개발을 하려는 지역으로서 계획적·체계적인 관리가 필요한 지역을 말한다.
④ 보전관리지역이란 자연환경·농지 및 산림의 보호, 보건위생, 보안과 도시의 무질서한 확산을 방지하기 위하여 녹지의 보전이 필요한 지역을 말한다.

11. 르네상스건축에 대한 설명으로 옳지 않은 것은?

① 일반적으로 층의 구획이나 처마 부분에 코니스(cornice)를 둘렀다.
② 수평선을 의장의 주요소로 하여 휴머니티의 이념을 표현하였다.
③ 건축의 평면은 장축형과 타원형이 선호되었다.
④ 건축물로는 메디치 궁전(Palazzo Medici), 피티궁전(Palazzo Pitti) 등이 있다.

12. 다음 설명에 해당하는 공동주택의 단위주거 단면형식은?

> • 단위주거의 평면구성 제약이 적고 소규모도 설계가 용이하다.
> • 복도가 있는 경우 단위주거의 규모가 크면 복도가 길어져 공용 면적이 증가하며, 프라이버시에 있어 타 형식보다 불리하다.
> • 단위주거가 한 개의 층에만 한정된 형식이다.

① 메조넷형
② 스킵 메조넷형
③ 트리플랙스형
④ 플랫형

13. 배관 및 밸브 설비에 대한 설명으로 옳지 않은 것은?

① 동관이나 스테인리스강관은 내구성, 내식성이 우수하여 급수관이나 급탕관으로 적합하다.

② 급탕배관의 경우 슬루스밸브는 배관 내 공기의 체류를 유발하기 쉬우므로 글로브밸브를 사용하는 것이 좋다.

③ 체크밸브는 유체를 한 방향으로 흐르게 하고 반대 방향으로는 흐르지 못하게 하는 밸브이다.

④ 급탕배관의 경우 신축·팽창을 흡수 처리하기 위해 강관은 30m, 동관은 20m마다 신축이음을 1개씩 설치하는 것이 좋다.

14. 다음 설명에 해당하는 공포 양식을 적용한 건축물을 옳게 짝 지은 것은?

> ㄱ. 창방 위에 평방을 올리고 그 위에 공포를 배치한 형식
> ㄴ. 소로와 첨차로 공포를 짜서 기둥 위에만 배치한 형식

	ㄱ	ㄴ
①	수원 화서문	강릉 객사문
②	영주 부석사 무량수전	서울 숭례문
③	서울 창경궁 명정전	예산 수덕사 대웅전
④	안동 봉정사 대웅전	경주 불국사 대웅전

15. 다음 설명에 해당하는 서양 근대건축운동과 가장 관련 있는 인물과 작품을 옳게 짝지은 것은?

> • 19세기 말 프랑스와 벨기에를 중심으로 전개된 예술운동 양식이다.
> • 과거의 복고주의에서 탈피하여 상징주의 형태와 패턴의 미학을 받아들였다.
> • 주로 곡선을 사용하고 식물을 모방하여 '꽃의 양식'으로도 불린다.

① 빅토르 호르타(Victor Horta) – 타셀 주택(Tassel House)

② 게리트 토머스 리트벨트(Gerrit Thomas Rietveld) – 슈뢰더 주택(Schröder House)

③ 안토니 가우디(Antoni Gaudi) – 로비 주택(Robie House)

④ 월터 그로피우스(Walter Gropius) – 바우하우스(Bauhaus)

16. 상점 건축계획에서 진열장 배치에 대한 설명으로 옳지 않은 것은?

① 직렬배열형은 통로가 직선이므로 고객의 흐름이 빠르며, 부분별 상품진열이 용이하고 대량 판매 형식도 가능한 형태이다.

② 굴절배열형은 진열케이스의 배치와 고객동선이 굴절 또는 곡선으로 구성된 형태로 대면판매와 측면판매의 조합으로 이루어진다.

③ 복합형은 서로 다른 배치형태를 적절히 조합한 형태로 뒷부분은 대면판매 또는 카운터 접객부분으로 계획된다.

④ 환상배열형은 중앙에는 대형상품을 진열하고 벽면에는 소형상품을 진열하며 침구점, 의복점, 양품점 등에 적합하다.

17. 개인적 공간(personal space)에 대한 설명으로 옳지 않은 것은?

① 개인 상호간의 접촉을 조절하고 바람직한 수준의 프라이버시를 이루는 보이지 않는 심리적 영역이다.

② 개인이 사용하는 공간으로서, 외부에 대하여 방어하는 한정되고 움직이지 않는 고정된 공간이다.

③ 개인의 신체를 둘러싸고 있는 기포와 같은 형태이다.

④ 홀(Edward T. Hall)은 대인간의 거리를 친밀한 거리(intimate distance), 개인적 거리(personal distance), 사회적 거리(social distance), 공적 거리(public distance)로 구분하였다.

18. 사무소계획의 표준계단설계에서 계단 단높이(R)와 단너비(T)의 가장 적합한 실용적 표준설계치수 범위는?

	R	T	R + T
①	10 ~ 15 cm	20 ~ 25 cm	약 35 cm
②	13 ~ 18 cm	22 ~ 27 cm	약 40 cm
③	15 ~ 20 cm	25 ~ 30 cm	약 45 cm
④	18 ~ 23 cm	27 ~ 32 cm	약 50 cm

19. 급수펌프에 대한 설명으로 옳은 것은?

① 펌프의 진공에 의한 흡입 높이는 표준기압상태에서 이론상 12.33 m이나 실제로는 9 m 이내이다.

② 히트펌프는 고수위 또는 고압력 상태에 있는 액체를 저수위 또는 저압력의 곳으로 보내는 기계이다.

③ 원심식 펌프는 왕복식 펌프에 비해 고속운전에 적합하고 양수량 조정이 쉬워 고양정 펌프로 사용된다.

④ 왕복식 펌프는 케이싱 내의 회전자를 회전시켜 케이싱과 회전자 사이의 액체를 압송하는 방식의 펌프이다.

20. 전원설비에서 수변전설비의 용량 추정과 관련한 산식으로 옳지 않은 것은?

① 수용률(%) = $\dfrac{\text{부하설비용량}(KW)}{\text{최대수용전력}(KW)} \times 100$

② 부등률(%)

$= \dfrac{\text{각 부하의 최대수용전력의 합계}(KW)}{\text{합계 부하의 최대수용전력}(KW)} \times 100$

③ 부하율(%) = $\dfrac{\text{평균수용전력}(KW)}{\text{최대수용전력}(KW)} \times 100$

④ 부하설비용량 = 부하밀도(VA/m²) × 연면적(m²)

2020년 국가직 9급

01	①	02	④	03	②	04	②	05	③
06	②	07	②	08	①	09	①	10	④
11	③	12	④	13	②	14	③	15	①
16	④	17	②	18	③	19	③	20	①

01 ① 아파트먼트호텔은 시티호텔의 한 종류로 스위트룸과 호화로운 설비를 갖추고 있는 호텔이다.

02 ④ 금고실은 밀폐된 공간이므로 환기설비를 설치한다.

03 ㄱ. 채광, 환기에 적합한 형태로, 환기량은 상부창의 개폐에 의해 조절될 수 있다. : 솟을지붕
ㄴ. 채광창을 북향으로 하는 경우 온종일 일정한 조도를 가진다. : 톱날지붕
ㄷ. 기둥이 적게 소요되어 바닥면적의 효율성이 높다. : 샤렌지붕

04 ① 엘리베이터에 비해 점유면적이 작고 승객 수송량이 많다.
③ 병렬식 배치는 단층식(단속식)과 연층식(연속식)이 있다.
④ 엘리베이터를 4대 이상 설치하거나 2,000 인/h 이상의 수송력을 필요로 하는 경우는 엘리베이터보다 에스컬레이터를 설치하는 것이 유리하다.

05 ③ 보일러를 방열기보다 높은 곳에 설치할 때, 환수주관보다 높은 곳에 진공펌프가 설치되면 응축수의 환수가 어려워지므로 리프트 이음(Lift fitting)으로 1단의 높이를 1.5m 이내로 하여 응축수를 환수하여야 하며 가급적 보일러와 방열기의 높이차를 줄여야 한다.

06 ① 병원은 전용주거지역, 일반주거지역, 중심상업지역, 일반상업지역, 전용공업지역, 일반공업지역, 보전녹지지역 및 생산녹지지역 안에서 건축할 수 없다.
③ 수술실은 26.6 ℃ 이상의 고온, 55 % 이상의 높은 습도를 유지하고, 1종 환기방식을 사용한다.
④ COVID-19 감염병 환자의 병실은 일반 병실과 분리하고 1종 환기방식을 사용한다.

07 ② 유효온도 : 온도, 기류, 습도를 조합한 감각지표로서 효과온도 또는 체감온도라고도 한다. 상대습도(RH)가 100 %, 풍속 0 m/s인 임의 온도를 기준으로 정의한 것이며, 복사열은 고려하지 않는다.
※ • 작용온도 : 온도와 주변의 복사열 및 기류의 영향을 조합시킨 쾌적지표로서 습도의 영향이 고려되지 않은 온도이다.
• 수정유효온도 : 온도, 습도, 기류, 복사열을 조합한 쾌적지표로서 복사열을 고려한 온도이다.
• 신유효온도 : 유효온도의 습도에 대한 과대평가를 보완하여 상대습도 100% 대신 50%와 건구온도의 교차로 표시한 쾌적지표이다.

08 「실내공기질 관리법」
① 목적 : 다중이용시설, 신축되는 공동주택 및 대중교통차량의 실내공기질을 알맞게 유지하고 관리함으로써 그 시설을 이용하는 국민의 건강을 보호하고 환경상의 위해를 예방함을 목적으로 한다.
② 「실내공기질 관리법 시행규칙」 상 실내공기질 유지기준

오염물질 항목 다중이용시설	미세먼지 (PM-10) ($\mu g/m^3$)	미세먼지 (PM-2.5) ($\mu g/m^3$)	이산화탄소 (ppm)
가. 지하역사, 지하도상가, 철도역사 등의 대합실, 도서관, 박물관 및 미술관, 대규모 점포, 장례식장, 영화상영관, 학원	100 이하	50 이하	1,000 이하

나. 의료기관, 산후조리원, 노인요양시설, 어린이집, 실내 어린이놀이시설	75 이하	35 이하	
다. 실내주차장	200 이하	–	
라. 실내 체육시설, 실내 공연장, 업무시설	200 이하	–	–

09 막다른 도로의 너비기준

막다른 도로의 길이	도로의 너비
10m 미만	2m
10m 이상 35m 미만	3m
35m 이상	6m (도시지역이 아닌 읍·면지역은 4m)

10 ④ 보전관리지역이란 자연환경 보호, 산림보호, 수질오염방지, 녹지공간 확보 및 생태계 보전 등을 위하여 보전이 필요하나, 주변 용도지역과의 관계 등을 고려할 때 자연환경보전지역으로 지정하여 관리하기가 곤란한 지역
※ 녹지지역 : 자연환경·농지 및 산림의 보호, 보건위생, 보안과 도시의 무질서한 확산을 방지하기 위하여 녹지의 보전이 필요한 지역

11 ③ 르네상스건축의 평면은 정사각형 또는 원형의 중앙집중식 평면을 선호하였으며, 바로크건축의 평면은 장축형과 타원형이 선호되었다.

12 플랫형(flat type)
① 단위주거의 평면구성 제약이 적고 소규모도 설계가 용이하다.
② 복도가 있는 경우 단위주거의 규모가 크면 복도가 길어져 공용 면적이 증가하며, 프라이버시에 있어 타 형식보다 불리하다.
③ 단위주거가 한 개의 층에만 한정된 형식이다.

13 ② 급탕배관의 경우 글로브밸브는 배관 내 공기의 체류를 유발하기 쉬우므로 슬루스밸브를 사용하는 것이 좋다.

14 ① 수원 화서문 : 익공양식
강릉 객사문 : 주심포양식
② 영주 부석사 무량수전 : 주심포양식
서울 숭례문 : 다포양식
③ 서울 창경궁 명정전 : 다포양식
예산 수덕사 대웅전 : 주심포양식
④ 안동 봉정사 대웅전 : 다포양식
경주 불국사 대웅전 : 다포양식

15 아르누보(Art Nouveau)운동의 특징
• 영국의 수공예운동의 자극과 영향으로 발전
• 역사주의의 거부
• 장식, 곡선을 많이 사용
• 자연주의 경향과 유기적 형식 사용
• 대표건축가 : 안토니오 가우디, 빅터 호르타, 헥토 귀마르, 매킨토쉬
※ 로비 주택(Robie House) : 프랭크 로이드 라이트(Frank Lloyd Wright)

16 ④ 환상배열형은 중앙에는 소형상품과 고가의 상품을 진열하고 벽면에는 대형상품을 진열하며 민예품점, 수예품점 등에 적합하다.

17 ② 개인적 공간은 개인의 몸 주위에 있는 타인과의 경계가 되는 공간으로 건축환경에 따라 움직이는 공간이며, 자기 영역은 개인이 사용하는 공간으로서 외부에 대하여 방어하는 한정되고 움직이지 않는 고정된 공간이다.
※ 에드워드 홀(Edward T. Hall)의 공간사용 유형
• 친밀한 거리(intimate distance) : 46cm 이하
• 개인적 거리(personal distance) : 46~120cm
• 사회적 거리(social distance) : 120~360cm
• 공적 거리(public distance) : 360cm 이상

18 계단의 표준설계치수

- 계단의 폭 : 1.2m 이상
- 계단 단높이(R) : 15~20cm
- 계단 단너비(T) : 25~30cm
- 단높이+단너비(R+T) : 약 45cm

19 ① 펌프의 진공에 의한 흡입 높이는 표준기압상태에서 이론상 10.33 m이나 실제로는 6~7 m 이내이다.

② 히트펌프는 저온의 물체에서 열을 흡수하여, 높은 온도의 물체로 열을 운반하는 장치로 냉난방기에 사용하며 열펌프라고도 한다.

④ 회전식(원심식) 펌프는 케이싱 내의 회전자를 회전시켜 케이싱과 회전자 사이의 액체를 압송하는 방식의 펌프이다.

20 ① 수용률(%) = $\dfrac{\text{최대수용전력}(KW)}{\text{부하설비용량}(KW)} \times 100$

1. 호텔 건축계획에 대한 설명으로 옳지 않은 것은?

① 직원용 출입구는 관리상 가급적 여러 개를 설치한다.
② 객실은 차음상 엘리베이터 샤프트와 거리를 두어 배치한다.
③ 숙박 고객과 연회 고객의 출입구는 분리하는 것이 좋다.
④ 물품 검수용 출입구는 검사 및 관리상 1개소로 한다.

2. 사무소 건축계획에서 승강기 조닝(zoning)에 대한 설명으로 옳지 않은 것은?

① 더블데크(double deck) 방식은 단층형 승강기를 이용하며, 복합용도의 초고층건물에 적합하다.
② 스카이로비(sky lobby) 방식은 초고속의 셔틀 (shuttle) 승강기를 설치한다.
③ 승강기 조닝(zoning)은 수송시간 단축, 유효면적 증가 등의 이점이 있다.
④ 컨벤셔널(conventional) 방식은 여러 층으로 구성된 1존(zone)을 1뱅크(bank)의 승강기가 서비스하는 방식이다.

3. 연립주택 분류 중 중정형 주택(patio house)에 대한 설명으로 옳지 않은 것은?

① 아트리움 하우스(atrium house)라고도 한다.
② 내부세대의 좋지 않은 채광을 극복하기 위해 일부 세대들을 2층으로 구성할 수 있다.
③ 격자형의 단조로운 형태를 피하기 위해 돌출 또는 후퇴시킬 수 있다.
④ 경사지의 자연 지형 훼손을 최소화하기 위해 많이 활용되며, 한 세대의 지붕이 다른 세대의 테라스로 사용된다.

4. 「건축법」상 '주요구조부'에 속하는 것만을 모두 고르면?

ㄱ. 내력벽	ㄴ. 작은 보
ㄷ. 주계단	ㄹ. 지붕틀
ㅁ. 옥외 계단	ㅂ. 최하층 바닥

① ㄱ, ㄴ, ㄷ
② ㄱ, ㄷ, ㄹ
③ ㄱ, ㄷ, ㅂ
④ ㄴ, ㄹ, ㅁ

5. 「범죄예방 건축기준 고시」상 범죄예방 건축기준 용어의 정의에 대한 설명으로 옳지 않은 것은?

① '접근통제'란 출입문, 담장, 울타리, 조경, 안내판, 방범시설 등을 설치하여 외부인의 진·출입을 통제하는 것을 말한다.
② '영역성 확보'란 공적공간과 사적공간의 적극적 연계를 통해 지역 공동체(커뮤니티)를 증진하는 것을 말한다.
③ '활동의 활성화'란 일정한 지역에 대한 자연적 감시를 강화하기 위하여 대상 공간 이용을 활성화 시킬 수 있는 시설물 및 공간 계획을 하는 것을 말한다.
④ '자연적 감시'란 도로 등 공공 공간에 대하여 시각적인 접근과 노출이 최대화되도록 건축물의 배치, 조경, 조명 등을 통하여 감시를 강화하는 것을 말한다.

6. 박물관 건축계획에서 배치유형에 대한 설명으로 옳은 것은?

① 분동형(pavilion type)은 단일 건축물 내에 크고 작은 전시실을 집약하는 형식으로, 가동적인 전시연출에 유리하다.

② 개방형(open plan type)은 분산된 여러 개의 전시실이 광장을 중심으로 건물군을 이루는 형식으로, 많은 관람객의 집합, 분산, 선별 관람에 유리하다.

③ 중정형(court type)은 중정을 중심으로 전시실을 배치한 형식으로, 실내·외 전시공간 간 유기적 연계에 유리하다.

④ 폐쇄형(closed plan type)은 분산된 여러 개의 전시실이 작은 광장 주변에 분산 배치되는 형식으로, 자연채광을 도입하는 데 유리하다.

7. 수격작용(water hammering)에 대한 설명으로 옳지 않은 것은?

① 수격작용은 밸브, 수전 등의 관내 흐름을 순간적으로 막을 때 발생한다.

② 수격작용이 발생하면 배관이나 기구류에 진동이나 소음이 발생한다.

③ 수격방지기구는 발생원이 되는 밸브와 가급적 먼 곳에 부착한다.

④ 수격작용을 방지하기 위하여 관내 유속을 가능한 한 느리게 한다.

8. 신·재생에너지에 대한 설명으로 옳지 않은 것은?

① 재생에너지는 햇빛이나 물과 같은 자연요소가 아닌 재생가능한 에너지를 변환시켜 이용하는 것이다.

② 수소에너지와 연료전지는 신에너지에 속한다.

③ 연료전지는 수소, 메탄 및 메탄올 등의 연료를 산화시켜서 생기는 화학에너지를 전기에너지로 변환시킨 것이다.

④ 「신에너지 및 재생에너지 개발·이용·보급 촉진법」에서 신·재생에너지 이용의무화 등을 규정하고 있다.

9. 그림의 밸브에 대한 설명으로 옳은 것은?

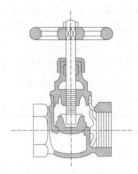

① 슬루스밸브(sluice valve)라고 하며, 유체의 흐름에 대하여 마찰이 적어 물과 증기의 배관에 주로 사용된다.

② 스톱밸브(stop valve)라고 하며, 유로 폐쇄나 유량 조절에 적합하다.

③ 체크밸브(check valve)라고 하며, 스윙형과 리프트형이 있고 그림은 리프트형을 나타낸 것이다.

④ 글로브밸브(globe valve)라고 하며, 쐐기형의 밸브가 오르내림으로써 유체의 흐름을 반대 방향으로 흐르지 못하게 한다.

10. 다음 중 근대 건축의 대표적인 건축가와 작품이 잘못 짝 지어진 것은?

① 미스 반 데어 로에(Mies van der Rohe) – 판스워스(Farnsworth) 주택

② 르 코르뷔제(Le Corbusier) – 롱샹(Ronchamp) 성당

③ 알바 알토(Alvar Aalto) – 소크(Salk) 생물학연구소

④ 발터 그로피우스(Walter Gropius) – 파구스(Fagus) 공장

11. 다음 설명에 해당하는 설비는?

> 건물 내부의 각 층에 설치되어 화재 시 급수설비로부터 배관을 통하여 호스(hose)와 노즐(nozzle)의 방수압력에 따라 소화 효과를 발휘하는 설비이다. 소방대상물의 각 부분으로부터 수평거리 25m 이하에 설비를 설치하여야 한다.

① 드렌처(drencher) 설비
② 스프링클러(sprinkler) 설비
③ 연결 송수관 설비
④ 옥내 소화전 설비

12. 다음에서 설명하는 도시계획가는?

> • 도시와 농촌의 관계에서 서로의 장점을 결합한 도시를 주장하였다.
> • 그의 이론은 런던 교외 신도시지역인 레치워스(Letchworth)와 웰윈(Welwyn) 지역 등에서 실현되었다.
> • 『내일의 전원도시(Garden Cities of Tomorrow)』를 출간하였다.

① 하워드(E. Howard)
② 페리(C. A. Perry)
③ 페더(G. Feder)
④ 가르니에(T. Garnier)

13. 자연형 태양열시스템 중 부착온실방식에 대한 설명으로 옳지 않은 것은?

① 집열창과 축열체는 주거공간과 분리된다.
② 온실(green house)로 사용할 수 있다.
③ 직접획득방식에 비하여 경제적이다.
④ 주거공간과 분리된 보조생활공간으로 사용할 수 있다.

14. 학교 운영방식에 대한 설명으로 옳은 것은?

① 종합교실형은 초등학교 고학년에 가장 적합하다.
② 교과교실형은 모든 교실을 특정 교과를 위해 만들어 일반교실은 없으며 학생의 이동이 많은 방식이다.
③ 플래툰형은 학년과 학급을 없애고 학생들은 각자의 능력에 따라 교과를 선택하고 일정한 교과를 수료하면 졸업하는 방식이다.
④ 달톤형은 각 학급을 2분단으로 나누어 한쪽이 일반교실을 사용할 때 다른 한쪽은 특별교실을 사용한다.

15. 녹색건축물 조성 지원법령상 녹색건축물에 대한 설명으로 옳지 않은 것은?

① 녹색건축물이란 「저탄소 녹색성장 기본법」 제54조에 따른 건축물과 환경에 미치는 영향을 최소화하고 동시에 쾌적하고 건강한 거주환경을 제공하는 건축물을 말한다.
② 국토교통부장관은 지속가능한 개발의 실현과 자원절약형이고 자연친화적인 건축물의 건축을 유도하기 위하여 녹색건축 인증제를 시행한다.
③ 녹색건축 인증등급은 에너지 소요량에 따라 10등급으로 한다.
④ 녹색건축 인증의 유효기간은 녹색건축 인증서를 발급한 날부터 5년으로 한다.

16. 도서관 건축계획 중 출납시스템에 대한 설명으로 옳지 않은 것은?

① 자유개가식은 도서가 손상되기 쉽고 분실 우려가 있다.
② 안전개가식은 도서 열람의 체크 시설이 필요하다.
③ 반개가식은 열람자가 직접 책의 내용을 열람하고 선택할 수 있어 출납시설이 불필요하다.
④ 폐가식은 대출받는 절차가 복잡하여 직원의 업무량이 많다.

17. 병원 건축계획에 대한 설명으로 옳지 않은 것은?

① 간호단위의 크기는 1조(8 ~ 10명)의 간호사가 담당하는 병상수로 나타낸다.

② 병동부의 소요실로는 병실, 격리병실, 처치실 등이 있다.

③ 「의료법 시행규칙」상 '음압격리병실'은 보건복지부장관이 정하는 기준에 따라 전실 및 음압시설 등을 갖춘 1인 병실을 말한다.

④ CCU(Coronary Care Unit)는 요양시설과 같이 만성화되어 재원 기간이 긴 환자를 대상으로 하는 간호단위 구성이다.

18. 건축화조명에 대한 설명으로 옳은 것만을 모두 고르면?

> ㄱ. 조명이 건축물과 일체가 되는 조명방식으로 건축물의 일부가 광원의 역할을 한다.
>
> ㄴ. 다운라이트 조명은 광원을 천장 또는 벽면 뒤쪽에 설치 후 천장 또는 벽면에 반사된 반사광을 이용하는 간접조명 방식이다.
>
> ㄷ. 광천장 조명은 천장면에 확산투과성 패널을 붙이고 그 안쪽에 광원을 설치하는 방법이다.
>
> ㄹ. 코브라이트 조명은 천장면에 루버를 설치하고 그 속에 광원을 설치하는 방법이다.

① ㄱ, ㄴ   ② ㄱ, ㄷ
③ ㄴ, ㄹ   ④ ㄷ, ㄹ

19. ㉠에 해당하는 공포의 구성 부재 명칭은?

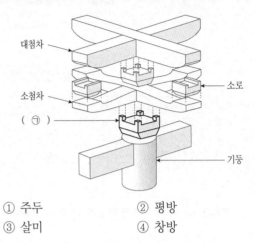

대첨차
소로
소첨차
(㉠)
기둥

① 주두   ② 평방
③ 살미   ④ 창방

20. 건축법령상 공개 공지 또는 공개 공간(이하 공개공지 등)에 대한 설명으로 옳지 않은 것은?

① 공개공지 등을 설치하는 경우 건축물의 용적률, 건폐율, 높이제한 등을 완화하여 적용할 수 있다.

② 공개 공지는 필로티의 구조로 설치하여서는 아니 되며, 울타리를 설치하는 등 공개공지 등의 활용을 저해하는 행위를 해서는 아니 된다.

③ 공개공지 등의 면적은 대지면적의 100분의 10 이하의 범위에서 건축조례로 정하며, 이 경우 「건축법」 제42조에 따른 조경면적을 공개공지 등의 면적으로 할 수 있다.

④ 공개공지 등에는 일정 기간 동안 건축조례로 정하는 바에 따라 주민들을 위한 문화행사를 열거나 판촉활동을 할 수 있다.

국가직 9급 해설 및 정답 & 동영상강의

2021년 국가직 9급

01	①	02	①	03	④	04	②	05	②
06	③	07	③	08	①	09	②	10	③
11	④	12	①	13	③	14	②	15	③
16	③	17	④	18	②	19	①	20	②

01 ① 직원용 출입구는 관리상 가급적 한 곳에 집중배치한다.

02 ① 더블데크(double deck) 방식은 복층형 승강기를 이용하여 2개층을 서비스하는 방식이다.

03 ④ 테라스 하우스 : 경사지의 자연 지형 훼손을 최소화하기 위해 많이 활용되며, 한 세대의 지붕이 다른 세대의 테라스로 사용된다.

04 작은보, 옥외계단, 최하층바닥은 주요구조부에 속하지 않는다.

05 ② "영역성 확보"란 공간배치와 시설물 설치를 통해 공적공간과 사적공간의 소유권 및 관리와 책임 범위를 명확히 하는 것을 말한다.

06 ① 분동형(pavilion type)은 분산된 여러 개의 전시실이 광장을 중심으로 건물군을 이루는 형식으로, 많은 관람객의 집합, 분산, 선별 관람에 유리하다.
② 개방형(open plan type)은 공간의 구획없이 전체가 하나의 공간으로 개방된 형식으로 필요에 따라 칸막이를 구획하고 가동적인 전시연출에 유리하다.
④ 폐쇄형(closed plan type)은 집약형(intensive type)이라고도 하며, 단일 건축물 내에 크고 작은 전시실을 집약하는 형식으로, 가동적인 전시연출에 유리하다.

07 ③ 수격방지기구는 발생원이 되는 밸브와 가급적 가까운 곳에 부착한다.

08 ① 재생에너지는 햇빛이나 물과 같은 자연요소에서 재생 가능한 에너지를 변환시켜 이용하는 것으로, 태양광, 태양열, 바이오, 풍력, 수력, 해양, 폐기물, 지열로 8개 분야를 말한다.

09 ② 글로브밸브(globe valve) : 스톱밸브(stop valve)라고 하며, 유로 폐쇄나 유량 조절에 적합하다.

10 ③ 요나스 소크 연구소 – 루이스 칸(Louis Kahn)
※ 요나스 소크 연구소(1959년 ~ 1965년) : 회의 구역, 주거 구역, 연구소의 세 개로 구분된 캠퍼스로 지어질 예정이었으나, 두 개의 대등한 단위로 구성된 연구소 구역만이 실제로 지어졌다.

11 옥내소화전 설비
① 설치목적 : 건물 내의 화재발생시 초기소화를 목적으로 각층 벽면에 호스, 방수구, 소화전밸브를 내장한 소화전함을 설치한 설비이다.
② 옥내소화전의 설치기준
• 표준 방수압력 : 0.17MPa
• 표준 방수량 : 130l/min
• 노즐 구경 : 13mm
• 호스 구경 : 40mm
• 호스의 길이 : 15m 또는 30m
• 설치거리 : 건물의 각 부분에서 소화전까지의 거리는 25m 이하
• 소화전의 높이 : 바닥에서 1.5m 이하

12 에베네저 하워드(Ebenezer Howard, 1850~1928년)

영국의 도시 계획 학자로, 현대 도시 계획의 선조라고 불린다. 전원도시를 주창하여(Garden city movement) 자연과의 공생, 도시의 자율성을 제시한 후 현대 도시계획에 많은 영향을 미쳤다.

13 ③ 직접획득방식에 비하여 비경제적이다.

14 ① 종합교실형은 초등학교 저학년에 가장 적합하다.
③ 달톤형은 학년과 학급을 없애고 학생들은 각자의 능력에 따라 교과를 선택하고 일정한 교과를 수료하면 졸업하는 방식이다.
④ 플래툰형은 각 학급을 2분단으로 나누어 한쪽이 일반교실을 사용할 때 다른 한쪽은 특별교실을 사용한다.

15 ③ 녹색건축 인증등급은 인증기준에 따라 부여된 종합점수를 기준으로 최우수(그린1등급), 우수(그린2등급), 우량(그린3등급), 일반(그린4등급)의 4등급으로 한다.
※ 건축물 에너지효율등급 인증은 에너지 소요량에 따라 10등급으로 한다.

16 ③ 반개가식은 열람자는 직접 서가에 면하여 책의 체제나 표지 정도는 볼 수 있으나 내용을 보려면 관원에게 요구하여 대출기록을 남긴 후 열람하는 형식으로 출납시설이 필요하다.

17 ④ CCU(Coronary Care Unit)는 심근협심증 환자를 대상으로 집중적인 간호와 치료를 행하는 간호단위

18 ㄴ. 다운라이트 조명은 천장에 작은 구멍을 뚫어 그 속에 광원을 매입하는 방법이다.
ㄹ. 코브라이트 조명은 천장 또는 벽의 구조로 조명기구를 이용하는 방법이다.

19 ① 주두 : 공포 최하부에 놓인 방형부재로 공포를 타고 내려온 하중을 기둥에 전달하는 역할을 한다.

20 ② 공개 공지는 필로티의 구조로 설치할 수 있다.

1. 「노인복지법」상 노인복지시설 중 노인주거복지시설이 아닌 것은?

① 양로시설
② 노인공동생활가정
③ 노인복지주택
④ 노인요양시설

2. 학교건축 학습공간계획에 있어서 열린교실 계획방법으로 옳지 않은 것은?

① 일반교실과 오픈스페이스를 하나의 기본 유닛(unit)으로 계획한다.
② 저·중·고학년별로 그루핑하여 계획한다.
③ 모든 학습과 활동이 일반교실 내에서 긴밀하게 이루어지도록 계획한다.
④ 개방형 또는 가변형 칸막이(movable partition)를 계획한다.

3. 「장애인·노인·임산부 등의 편의증진 보장에 관한 법률 시행규칙」상 장애인을 위한 편의시설에 대한 설명으로 옳지 않은 것은?

① 장애인 출입문의 전면 유효거리는 1.2m 이상으로 하여야 한다.
② 접근로의 기울기는 18분의1 이하이어야 하며, 다만 지형상 곤란한 경우에는 12분의1까지 완화할 수 있다.
③ 건물을 신축하는 경우, 장애인용 화장실의 대변기 전면에는 1.4m×1.4m 이상의 활동공간을 확보하여야 한다.
④ 장애인용 승강기의 승강장바닥과 승강기바닥의 틈은 2cm 이하이어야 하며, 승강장 전면의 활동공간은 1.2m×1.2m 이상 확보하여야 한다.

4. (가)에 해당하는 주거단지 계획 용어는?

> • (가) 은/는 자동차 통과교통을 막아 주거단지의 안전을 높이기 위한 도로 형식으로 도로의 끝을 막다른 길로 하고 자동차가 회차할 수 있는 공간을 제공한다.
> • 미국 뉴저지의 래드번(Radburn) 근린주구 설계(1928년)는 (나) 이/가 적용되었으며, 자동차 통과교통을 막고 보행자는 녹지에 마련된 보행자 전용통로로 학교나 상점에 갈 수 있게 한 보차분리 시스템이다.

① 슈퍼블록(super block)
② 본엘프(Woonerf)
③ 쿨데삭(Cul-de-sac)
④ 커뮤니티(community)

5. 주택법령상 도시형 생활주택에 대한 설명으로 옳은 것은?

① 도시형 생활주택이란 500세대 미만의 국민주택규모에 해당하는 주택을 말한다.
② 소형주택의 경우 세대별로 독립된 주거가 가능하도록 욕실 및 부엌을 설치하면 지하층에 세대를 설치할 수 있다.
③ 단지형 연립주택의 경우 건축위원회의 심의를 받은 경우에는 주택으로 쓰는 층수를 10개 층까지 건축할 수 있다.
④ 소형주택과 주거전용면적이 85제곱미터를 초과하는 주택 1세대를 함께 건축하는 경우에 이 둘을 하나의 건축물에 건축할 수 있다.

6. 도서관의 건축계획에 대한 설명으로 옳지 않은 것은?

① 도서관의 현대적 기능은 교육 및 연구시설을 넘어 지역사회와 연계된 공공문화활동의 중심체 역할을 하므로 이러한 특징을 건축계획에 반영할 수 있어야 한다.

② 도서관은 이용자 안전을 보장하고 도서보관이 용이하도록 접근에 대한 강한 통제와 감시가 확보되어야 한다.

③ 도서관은 이용자와 관리자, 자료의 동선이 교차되지 않도록 배치하는 것이 바람직하다.

④ 도서관 공간구성에서 중심 부분은 열람실 및 서고이며 미래의 확장 수요에 건축적으로 대응할 수 있어야 한다.

7. 건물에서 공조방식의 결정요인에 대한 설명으로 옳지 않은 것은?

① 건물 설계방법이나 공조 설비계획에서 이루어지는 에너지 절약

② 각 존(zone)마다 실내의 온·습도 조건을 고려하여 제어하는 개별제어

③ 공조구역별 공조계통과 내·외부 존(zone)을 통합하는 조닝(zoning)

④ 설비비, 운전비, 보수관리비, 시간 외 운전, 설비의 변경 등의 요인

8. 아트리움의 장점이 아닌 것은?

① 천창을 통한 시각적 개방감을 줄 수 있다.

② 외기로부터 보호되어 외부공간보다 쾌적한 온열환경을 제공할 수 있다.

③ 화재 등 재난 방재에 유리하다.

④ 휴식공간, 라운지, 실내정원, 전시, 공연 등 다양한 기능적 공간으로 활용할 수 있다.

9. 먼셀 색채계에 따른 색채(color)의 속성에 대한 설명으로 옳지 않은 것은?

① 기본색(primary color)은 원색으로서 적색(red), 황색(yellow), 청색(blue)을 말하며, 기본색이 혼합하여 이루어진 2차색(secondary color) 중 녹색(green)은 황색(yellow)과 청색(blue)을 혼합한 것이다.

② 오렌지색(orange)과 자주색(violet)은 상호 보색(complimentary color)관계이다.

③ 먼셀 색입체(Munsell color solid)에서 명도(value)는 흑색, 회색, 백색의 차례로 배치되며, 흑색은 0, 백색은 10으로 표기된다.

④ 채도(chroma)는 색의 선명도를 나타낸 것으로서 먼셀 색입체(Munsell color solid)에서 중심축과 직각의 수평방향으로 표시된다.

10. 배관 속에 흐르는 물질의 종류와 배관 식별색을 바르게 연결한 것은? (단, KS A 0503 : 2020 배관계의 식별표시를 따른다)

① 증기(S) – 어두운 빨강

② 물(W) – 하양

③ 가스(G) – 연한 주황

④ 공기(A) – 초록

11. 18세기 말 조선시대에 대두되었던 신진 학자들의 실학정신이 성곽 축조에 반영된 사례는?

① 풍납토성

② 부소산성

③ 남한산성

④ 수원화성

12. 공연장 무대와 객석의 평면 형식과 그에 대한 특징을 바르게 연결한 것은?

> ㄱ. 무대 및 객석 크기, 모양, 배열 등의 형태는 작품과 환경에 따라 변화가 가능하다.
> ㄴ. 사방(360°)에 둘러싸인 객석의 중심에 무대가 자리하고 있는 형식이다.
> ㄷ. 연기자가 일정 방향으로만 관객을 대하고 관객들은 무대의 정면만을 바라볼 수 있다.
> ㄹ. 관객의 시선이 3 방향(정면, 좌측면, 우측면)에서 형성될 수 있다.

① ㄱ – 아레나 타입
② ㄴ – 오픈스테이지 타입
③ ㄷ – 프로시니엄 타입
④ ㄹ – 가변형 타입

13. 건축조형원리에 대한 설명으로 옳지 않은 것은?

① '축'은 공간 내 두 점으로 성립되고, 형태와 공간을 배열하는 데 중심이 되는 선을 말한다.
② '리듬'은 서로 다른 형태 또는 공간이 반복패턴을 이루지 않고, 모티프의 특성을 활용하는 것을 말한다.
③ '대칭'은 하나의 선(축) 또는 점을 중심으로 동일한 형태와 공간이 나누어지는 것을 말한다.
④ '비례'는 부분과 부분 또는 부분과 전체와의 수량적 관계를 말한다.

14. 트랩(trap)의 봉수파괴 원인이 아닌 것은?

① 위생기구의 배수에 의한 사이펀작용
② 이물질에 의한 모세관현상
③ 장기간 미사용에 의한 증발
④ 낮은 기온에 의한 동결

15. 건물들이 가로에 면하여 나란히 연속하여 입지한 경우, 바람이 가로에 빠르게 흐르는 현상은?

① 벤투리 효과(Venturi effect)
② 통로효과(channel effect)
③ 차압효과(pressure connection effect)
④ 피라미드 효과(pyramid effect)

16. BIM(Building Information Modeling)에 대한 설명으로 옳지 않은 것은?

① 신속한 의사결정을 가능하게 하여 중복작업 및 공사 지연을 감소시킬 수 있다.
② 복잡한 곡면형태를 가진 비정형 건축의 경우 물량 산출이 불가능하다.
③ 시공 시 필요한 상세 정보를 공장에서 제작할 수 있는 데이터로 변환해 제공할 수 있다.
④ 시공 시 부재 간의 충돌을 사전에 확인하고 시공 품질을 향상시킬 수 있다.

17. 「건축물의 피난·방화구조 등의 기준에 관한 규칙」상 연면적 200m²를 초과하는 건물에 설치하는 계단의 설치기준으로 옳지 않은 것은?

① 높이가 3m를 넘는 계단에는 높이 3m 이내마다 유효너비 150cm 이상의 계단참을 설치할 것
② 높이가 1m를 넘는 계단 및 계단참의 양옆에는 난간(벽 또는 이에 대치되는 것을 포함한다)을 설치할 것
③ 너비가 3m를 넘는 계단에는 계단의 중간에 너비 3m 이내마다 난간을 설치하되, 계단의 단높이가 15cm 이하이고 계단의 단너비가 30cm 이상인 경우에는 그러하지 아니함
④ 계단의 유효높이(계단의 바닥 마감면부터 상부 구조체의 하부 마감면까지의 연직방향의 높이를 말한다)는 2.1m 이상으로 할 것

18. 주거단지 근린생활권에 대한 설명으로 옳지 않은 것은?

① 인보구는 어린이 놀이터가 중심이 되는 단위이며 아파트의 경우 3~4층, 1~2동의 규모이다.

② 근린분구는 일상 소비생활에 필요한 공동시설이 운영 가능한 단위이며 소비시설, 유치원, 후생시설 등을 설치한다.

③ 근린주구는 약 200ha의 면적에 초등학교를 중심으로 한 단위를 말하며 경찰서, 전화국 등의 공공시설이 포함된다.

④ 주거단지의 생활권 체계는 인보구, 근린분구, 근린주구 순으로 위계가 형성된다.

19. 한국의 대표적인 현대건축가와 그 설계 작품을 바르게 연결한 것은?

① 김수근 – 자유센터

② 류춘수 – 수졸당

③ 승효상 – 주한 프랑스 대사관

④ 김중업 – 상암 월드컵 경기장

20. 범죄예방 환경설계(CPTED)에 대한 설명으로 옳지 않은 것은?

① 범죄예방을 위한 전략으로 영역성 강화, 자연적 접근, 활동성 증대, 유지관리의 4개의 전략을 제시하고 있다.

② 공적공간과 사적공간의 경계부분은 바닥에 단을 두거나 바닥의 재료 또는 색채를 다르게 하여 공간구분을 명확하게 인지할 수 있도록 한다.

③ 오스카 뉴먼(O. Newman)이 제시한 '방어공간(Defensible Space)' 이론은 범죄예방 환경설계의 발전에 기여하였다.

④ 범죄예방 환경설계는 잠재적 범죄가 발생할 수 있는 환경요소의 다각적인 상황을 변화시키거나 개조함으로써 범죄를 예방하는 설계기법을 의미한다.

국가직 9급 해설 및 정답 & 동영상강의

01	④	02	③	03	④	04	③	05	④
06	②	07	③	08	③	09	②	10	①
11	④	12	③	13	②	14	④	15	②
16	②	17	①	18	③	19	①	20	①

01 노인주거복지시설 : 양로시설, 노인공동생활가정, 노인복
지주택
※ 노인요양시설은 노인의료복지시설에 속한다.

02 ③ 모든 학습과 활동이 일반교실과 특별교실 내에서 긴밀
하게 이루어지도록 계획한다.

03 ④ 장애인용 승강기의 승강장바닥과 승강기바닥의 틈은 3cm
이하이어야 하며, 승강장 전면의 활동공간은 1.4m×
1.4m 이상 확보하여야 한다.

04 ③ 쿨데삭(Cul-de-sac)에 대한 설명이다.

05 ① 도시형 생활주택이란 도시지역에 건설하는 300세대
미만의 국민주택규모에 해당하는 주택을 말한다.
② 각 세대는 지하층에 설치할 수 없다.
③ 단지형 연립주택의 경우 건축위원회의 심의를 받은
경우에는 주택으로 쓰는 층수를 5개 층까지 건축할
수 있다.

06 ② 도서관은 이용자 안전을 보장하고 도서관의 규모와 성
격에 따라 접근에 대한 통제와 감시를 고려하여 출납
시스템을 결정한다.

07 ③ 공조구역별 공조계통과 내·외부 존(zone)을 분리하는
조닝(zoning)

08 ③ 아트리움은 높은 실내공간을 유리지붕으로 씌운 구조
이므로 화재가 발생하는 경우 굴뚝효과에 의해 화재
가 확산되므로 재난 방재에는 불리하다.

09 ② 오렌지색(orange)은 청색(blue)과 자주색(violet)은 황
색(yellow)과 상호 보색(complimentary color)관계이다.

10 ② 물(W) – 청색
③ 가스(G) – 황색
④ 공기(A) – 백색

11 수원 화성
수원화성은 정약용이 동서양의 기술서를 참고하여 만든
「성화주략(1793년)」을 지침서로 하여, 1794년 1월에 착
공에 들어가 1796년 9월에 완공하였다. 수원화성은 평산
성(平山城)의 형태로 군사적 방어기능과 상업적 기능을
함께 보유하고 있으며 시설의 기능이 가장 과학적이고
합리적이며, 실용적인 구조로 되어 있는 동양 성곽의 백
미라 할 수 있다.

실학사상의 영향으로 벽돌과 석재를 혼용한 축성법, 거
중기의 발명, 목재와 벽돌의 조화를 이룬 축성방법 등은
동양성곽 축성술의 결정체로서 희대의 수작이라 할 수
있다.

축성 후 1801년에 발간된 「화성성역의궤」에는 축성계획,
제도, 법식뿐 아니라 동원된 인력의 인적사항, 재료의
출처 및 용도, 예산 및 임금계산, 시공기계, 재료가공법,
공사일지 등이 상세히 기록되어 있어 성곽축성 등 건축
사에 큰 발자취를 남기고 있을 뿐만 아니라 그 기록으로
서의 역사적 가치가 큰 것으로 평가되고 있다.

12 ㄱ. 무대 및 객석 크기, 모양, 배열 등의 형태는 작품과
환경에 따라 변화가 가능하다. : 가변형 타입
ㄴ. 사방(360°)에 둘러싸인 객석의 중심에 무대가 자리
하고 있는 형식이다. : 아레나 타입
ㄹ. 관객의 시선이 3 방향(정면, 좌측면, 우측면)에서 형
성될 수 있다. : 오픈스테이지 타입

13 ② '리듬'은 부분과 부분 사이의 시각적인 강약이 규칙적으로 연속될 때 나타나는 것으로 반복, 점증, 억양이 리듬에 속한다.

14 트랩의 봉수파괴 원인
  ① 자기사이펀 작용
  ② 유인사이펀 작용
  ③ 분출작용
  ④ 모세관현상
  ⑤ 증발
  ⑥ 운동량에 의한 관성

15 ② 통로효과(channel effect)에 대한 설명이다
  ※ 벤투리 효과(Venturi effect) : 파이프 내에서 보다 직경이 작은 좁은 부분을 지날 때, 유체의 압력이 상대적으로 감소하는 현상이다.

16 ② 복잡한 곡면형태를 가진 비정형 건축의 경우도 물량산출이 가능하다.

17 ① 높이가 3m를 넘는 계단에는 높이 3m 이내마다 유효너비 120cm 이상의 계단참을 설치할 것

18 ③ 근린주구는 약 100ha의 면적에 초등학교를 중심으로 한 단위를 말하며 근린주구의 중심시설에는 초등학교, 어린이공원, 동사무소, 우체국 등이 포함되며, 경찰서, 전화국은 근린지구에 속하는 시설이다.

19 ② 수졸당 – 승효상
  ③ 주한 프랑스 대사관 – 김중업
  ④ 상암 월드컵 경기장 – 류춘수

20 ① 레이 제프리의 범죄예방환경설계에서는 범죄예방을 위한 전략으로 자연감시, 접근통제, 활동의 활성화, 유지관리의 4개의 전략을 제시하고 있다.
  ※ 오스카 뉴먼의 방어공간 : 영역성, 자연감시, 이미지, 환경의 4개의 전략을 제시

1. 건축가와 주요 사상 및 대표 작품의 연결이 옳지 않은 것은?

① 프랭크 로이드 라이트(Frank Lloyd Wright) − 유기적 건축 − 낙수장(Falling Water)

② 르 꼬르뷔제(Le Corbusier) − 근대건축의 5원칙 − 라투레트 수도원(Sainte Marie de La Tourette)

③ 미스 반 데어 로에(Mies van der Rohe) − 적을 수록 풍부하다(Less is more) − 시그램 빌딩(Seagram Building)

④ 필립 존슨(Philip Johnson) − 지역주의 − 로이드 보험 본사(Lloyd's of London)

2. 기후대에 따른 토속건축에 대한 설명으로 옳은 것은?

① 고온건조기후에서는 일사가 충분하므로 이를 최대한 활용하기 위해 개구부의 수가 많고 크기 또한 크다.

② 고온다습기후에서는 증발에 의한 냉각효과가 잘 일어나므로 습공기의 실내 체류 시간이 최대한 길게 설계되었다.

③ 온난기후에서는 따뜻한 기후가 유지되므로 처마 등의 차양으로 연중 최대한 일사가 들지 않도록 하였다.

④ 한랭기후에서는 열손실을 최소로 하는 것이 중요하므로 용적에 대한 표면적의 비율이 최소화되었다.

3. 학교건축계획에서 교과교실형에 대한 설명으로 옳은 것은?

① 각 학급이 전용 일반교실을 가지며 특정 교과는 특별교실을 두고 운영한다.

② 각 교과의 순수율이 높은 교실이 주어지며 시설의 수준이 높아진다.

③ 학생의 이동이 적으며 교실 이용률이 100 %라 하더라도 반드시 순수율이 높다고 할 수 없다.

④ 초등학교 저학년에 가장 적합하며 안정적인 생활을 위한 홈베이스가 필요하다.

4. 난방방식에 대한 설명으로 옳지 않은 것은?

① 온수난방은 난방 휴지기간이 길면 동결의 우려가 있으나 증기난방에 비하여 쾌감도는 높다.

② 증기난방은 현열을 이용하므로 배관 관경이 크고 열의 운반능력 또한 커서 연속난방에 적합하다.

③ 온풍난방은 예열시간이 짧아 손쉽게 이용할 수 있으나 소음이 크고 쾌감도가 낮다.

④ 복사난방은 방이 개방된 상태에서도 난방효과가 있으며 방열기가 필요 없어 바닥면의 이용도가 높다.

5. 건축법령상 '건축물'에 해당하지 않는 것은?

① 주택의 대문

② 공장의 담장

③ 높이 6미터의 고가수조

④ 지붕과 기둥만 있는 차고

6. 「건축법 시행령」상 리모델링이 쉬운 구조의 요건이 아닌 것은?

① 각 세대는 인접한 세대와 수직 또는 수평 방향으로 통합하거나 분할할 수 있을 것
② 구조체에서 건축설비, 내부 마감재료 및 외부 마감재료를 분리할 수 있을 것
③ 개별 세대 안에서 구획된 실(室)의 크기, 개수 또는 위치 등을 변경할 수 있을 것
④ 세대 내부 내력벽 및 기둥의 길이 비율을 높여 경제성 확보 및 공기 단축을 유도할 수 있을 것

7. 우리나라 전통건축 부재에 대한 설명으로 옳은 것은?

① 첨차는 보방향으로 걸리고, 살미는 도리방향으로 걸리는 공포부재이다.
② 평방은 외진기둥을 한 바퀴 돌면서 기둥머리를 연결한 부재로, 다포식의 경우에는 평방만으로 간포의 하중을 견디기 어려워 그 위에 창방을 올린다.
③ 소로는 주두와 모양이 같고 크기가 작은 부재로, 장혀나 공포재(첨차, 살미 등) 밑에 놓여 상부 하중을 아래로 전달하는 역할을 하는 부재이다.
④ 장혀는 포와 포 사이에 놓여 화반을 받치고 있는 부재이다.

8. 르네상스 시대 건축가와 업적에 대한 설명으로 옳은 것만을 모두 고르면?

> ㄱ. 필리포 브루넬레스키(Filippo Brunelleschi)는 입체적 원근법을 도입한 투시도법을 창안하였다.
> ㄴ. 레온 바티스타 알베르티(Leon Battista Alberti)는 『건축론(De re aedificatoria)』을 저술하였다.
> ㄷ. 안토니오 산텔리아(Antonio Sant Elia)는 비트루비우스의 『건축십서』를 번역한 초기 르네상스시대 건축가이다.
> ㄹ. 안드레아 팔라디오(Andrea Palladio)는 『건축의 다섯 오더』에서 고전건축의 다섯 가지 비례를 정량적으로 법칙화 하여 오더를 정확히 그릴 수 있도록 하였다.

① ㄱ, ㄴ   ② ㄷ, ㄹ
③ ㄱ, ㄴ, ㄹ   ④ ㄱ, ㄷ, ㄹ

9. 「장애인·노인·임산부 등의 편의증진 보장에 관한 법률 시행규칙」상 다음 그림과 같이 복도의 벽에 손잡이를 설치할 때 규격을 바르게 나열한 것은?

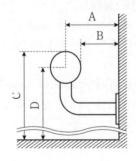

	손잡이와 벽의 간격	손잡이의 간격	높이	높이
①	A	3.2 ~ 3.8 cm	D	0.85 m 내외
②	A	5 cm 내외	D	0.8 ~ 0.9 m
③	B	3.2 ~ 3.8 cm	C	0.85 m 내외
④	B	5 cm 내외	C	0.8 ~ 0.9 m

10. 업무시설 용도의 건축물에서 승강기 설치계획에 대한 설명으로 옳은 것은? (단, 승용승강기는 비상용 승강기 구조로 하지 않는다)

① 승강기 대수는 1시간 동안 실제 운반해야 할 총인원수를 5분간 1대가 운반하는 인원수로 나눈 값으로 산정한다.

② 승강기 운행형식 중 스킵스톱운행은 2대 이상의 승강기를 병설하는 경우에 주로 적용하여 승강장 수를 줄일 수 있으나 시설비가 많이 든다.

③ 건축법령상 6층 이상의 거실 면적의 합계가 $5,000m^2$인 경우 16인승 승용승강기로 계획한다면 1대를 설치한다.

④ 건축법령상 높이 31m를 넘는 각 층의 바닥면적 중 최대 바닥면적이 $5,000m^2$인 경우 비상용승강기는 2대를 설치한다.

11. 공연장 평면유형에 대한 설명으로 옳지 않은 것은?

① 아레나(arena)형은 무대배경을 만들지 않으므로 경제적이다.

② 프로시니엄(proscenium)형은 가까운 거리에서 가장 많은 관객을 수용할 수 있고 연기자와의 접촉면도 넓다.

③ 오픈 스테이지(open stage)형은 연기자가 다양한 방향감 때문에 통일된 효과를 나타내는 것이 쉽지 않다.

④ 가변형 무대(adaptable stage)는 작품의 성격에 따라 연출에 적합한 성격의 공간을 만들어 낼 수 있다.

12. 기계식 주차시설에 대한 설명으로 옳지 않은 것은?

① 단시간 내에 많은 차량의 주차가 가능하다.

② 고층의 입체적인 주차가 가능하므로 지가(地價)가 비싼 대지에 유리하다.

③ 기계 고장 시 승강 및 피난이 어렵다.

④ 자주식에 비해 운영비가 많이 든다.

13. 게슈탈트(gestalt) 이론에 따른 지각법칙에 대한 설명으로 옳은 것은?

① 연속성(good continuation) – 형이나 그룹이 방향성을 잃고 단절되어 지각되는 경향

② 폐쇄성(closure) – 불완전한 형이나 그룹이 완전한 형이나 그룹으로 완성되어 지각되는 경향

③ 근접성(proximity) – 형이나 그룹이 가까이 있을수록 분리된 것으로 지각되는 경향

④ 유사성(similarity) – 유사한 모양의 형이나 그룹을 하나의 부류로 지각하지 못하는 경향

14. 음에 대한 설명으로 옳은 것만을 모두 고르면?

> ㄱ. '음의 강도(sound intensity)'와 '최소가청음 강도$(= 10^{-12} W/m^2)$'의 비율로 '음의 세기 레벨'을 구할 수 있다.
>
> ㄴ. '음압레벨'이 20dB에서 40dB로 변하면 음압은 10배로 증가한다.
>
> ㄷ. '잔향시간'은 실의 용적에 비례하고 흡음력에 반비례한다.

① ㄱ, ㄴ   ② ㄱ, ㄷ

③ ㄴ, ㄷ   ④ ㄱ, ㄴ, ㄷ

15. 일조와 일사에 대한 설명으로 옳은 것은?

① 일조는 태양으로부터 받는 열의 복사에너지를 말한다.

② 일조시간을 가조시간으로 나눈 비율을 일조율이라고 한다.

③ 일사 차단을 위한 차양은 실내에 설치하는 것이 실외에 설치하는 것보다 효과적이다.

④ 일사량의 단위는 $W/m^2 \cdot ℃$로 나타낸다.

16. 주거건축에서 부엌에 대한 설명으로 옳은 것은?

① 일렬형(일자형)은 소규모에 적합하다.
② 주방의 시설은 개수대, 조리대, 냉장고, 준비대, 가열대, 배선대 순으로 배치한다.
③ 작업삼각형은 냉장고, 개수대, 배선대를 연결한 것이다.
④ 작업삼각형의 길이는 2.4 ~ 3.4m 범위가 적당하다.

17. 「지구단위계획수립지침」상 '지구단위계획의 성격'에 대한 설명으로 옳지 않은 것은?

① 관할 행정구역내의 일부지역을 대상으로 토지이용계획과 건축물계획이 서로 환류되도록 함으로써 평면적 토지이용계획과 입체적 시설계획이 서로 조화를 이루도록 하는데 중점을 둔다.
② 난개발 방지를 위하여 개별 개발수요를 집단화하고 기반시설을 충분히 설치함으로써 개발이 예상되는 지역을 체계적으로 개발·관리하기 위한 계획이다.
③ 지구단위계획구역 및 지구단위계획은 도시·군관리계획으로 결정한다.
④ 향후 20년에 걸쳐 나타날 시·군의 성장·발전 등의 여건변화와 향후 10년에 개발이 예상되는 일단의 토지 또는 지역과 그 주변지역의 미래모습을 상정하여 수립하는 계획이다.

18. 「건축물의 설비기준 등에 관한 규칙」상 '피뢰설비'에 대한 설명으로 옳은 것은?

① 피뢰설비의 재료는 최소 단면적이 피복이 없는 동선(銅線)을 기준으로 수뢰부, 인하도선 및 접지극은 40제곱밀리미터 이상이거나 이와 동등 이상의 성능을 갖추어야 한다.
② 급수·급탕·난방·가스 등을 공급하기 위하여 건축물에 설치하는 금속배관 및 금속재 설비는 전위(電位) 차이가 발생하도록 전기적으로 접속해야 한다.
③ 낙뢰의 우려가 있는 건축물, 높이 20미터 이상의 건축물에는 기준에 적합한 피뢰설비를 설치해야 한다.
④ 돌침은 건축물의 맨 윗부분으로부터 20센티미터 이상 돌출시켜 설치해야 한다.

19. 일정한 실내온도상승률 이상에서 작동하는 기능을 포함하고 있는 '자동화재탐지설비'만을 모두 고르면?

ㄱ. 정온식 감지기	ㄴ. 차동식 감지기
ㄷ. 보상식 감지기	ㄹ. 광전식 감지기

① ㄱ, ㄷ
② ㄱ, ㄹ
③ ㄴ, ㄷ
④ ㄴ, ㄹ

20. 배수 및 통기설비에 대한 설명으로 옳지 않은 것은?

① 자기 사이펀 작용은 수직관 가까이 기구가 설치되어 있을 때 수직관 위로부터 일시에 대량의 물이 낙하하면 순간적으로 관내 연결부에 진공이 생겨 봉수를 파괴한다.
② 루프통기방식은 2개 이상의 트랩을 하나의 통기관을 이용하여 통기하는 방식이며, 감당할 수 있는 기구수는 8개 이내이다.
③ 트랩은 배수관 내의 유해가스나 악취의 역류를 방지하는 기구이다.
④ 통기관의 설치목적은 트랩의 봉수가 파괴되지 않도록 하며 배수의 흐름을 원활히 하는 것이다.

국가직 9급 해설 및 정답 & 동영상강의

01	④	02	④	03	②	04	②	05	③
06	④	07	③	08	①	09	④	10	③
11	②	12	①	13	②	14	④	15	②
16	①	17	④	18	③	19	③	20	①

01 ④ 필립 존슨(Philip Johnson) – 포스트모더니즘
※ 리차드 로저스(Richard Rogers) – 로이드 보험 본사 (Lloyd's of London)

02 ① 고온건조기후에서는 강한 직사일광을 차단하기 위해 개구부의 수가 적고 크기가 작다.
② 고온다습기후에서는 증발에 의한 냉각효과가 잘 일어나므로 습공기의 실내 체류 시간이 최대한 짧게 설계되었다.
③ 온난기후에서는 여름에는 일사차단, 겨울에는 일사취득의 목적으로 적절한 길이의 처마와 차양을 설치하였다.

03 ① UV형 : 각 학급이 전용 일반교실을 가지며 특정 교과는 특별교실을 두고 운영한다.
③ 학생의 이동이 많다.
④ 종합교실형 : 초등학교 저학년에 가장 적합하다.

04 ② 증기난방은 잠열을 이용하므로 배관 관경이 작고 열의 운반능력이 크고 간헐난방에 적합하다.

05 건축물이란 토지에 정착(定着)하는 공작물 중 지붕과 기둥 또는 벽이 있는 것과 이에 딸린 시설물, 지하나 고가(高架)의 공작물에 설치하는 사무소·공연장·점포·차고·창고, 그 밖에 대통령령으로 정하는 것을 말한다.
※ 고가구조 : 공작물

06 리모델링에 대비한 특례
① 각 세대는 인접한 세대와 수직 또는 수평 방향으로 통합하거나 분할할 수 있을 것
② 구조체에서 건축설비, 내부 마감재료 및 외부 마감재료를 분리할 수 있을 것
③ 개별 세대 안에서 구획된 실(室)의 크기, 개수 또는 위치 등을 변경할 수 있을 것

07 ① 첨차는 도리방향으로 걸리고, 살미(첨차)는 보방향으로 걸리는 공포부재이다.
② 평방은 외진기둥을 한 바퀴 돌면서 기둥머리를 연결한 부재로, 다포식의 경우에는 창방만으로 간포의 하중을 견디기 어려워 그 위에 평방을 올린다.
④ 장혀는 도리 밑에 놓인 도리받침부재로 서까래의 하중을 분담하는 부재이다.

08 ㄷ. 레온 바티스타 알베르티(Leon Battista Alberti)는 비트루비우스의 『건축십서』를 번역한 초기 르네상스 시대 건축가이다.
ㄹ. 안드레아 팔라디오(Andrea Palladio)는 『건축4서』에서 고전건축의 다섯 가지 비례를 정량적으로 법칙화하여 오더를 정확히 그릴 수 있도록 하였다.

09 ① 손잡이의 높이는 바닥면으로부터 0.8미터 이상 0.9미터 이하로 하여야 한다.
② 손잡이의 지름은 3.2센티미터 이상 3.8센티미터 이하로 하여야 한다.
③ 손잡이를 벽에 설치하는 경우 벽과 손잡이의 간격은 5센티미터 내외로 하여야 한다.

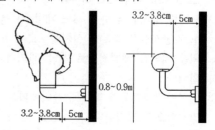

10 ① 승강기 대수는 아침 출근시간 5분 동안 실제 운반해야 할 총인원수를 5분간 1대가 운반하는 인원수로 나눈 값으로 산정한다.
② 승강기 운행형식 중 스킵스톱운행은 2대 이상의 승강기를 병설하는 경우에 주로 적용하여 승강장 수를 줄일 수 있으며 시설비가 적게 든다.
④ 건축법령상 높이 31m를 넘는 각 층의 바닥면적 중 최대 바닥면적이 5,000m²인 경우 비상용승강기는 3대를 설치한다.

11 ② 아레나(arena)형은 가까운 거리에서 가장 많은 관객을 수용할 수 있고 연기자와의 접촉면도 넓다.

12 ① 연속적인 차량의 승강이 어려워 차량의 입·출고 속도가 느리기 때문에 단시간 내에 많은 차량의 주차가 불가능하다.

13 ① 연속성(good continuation) – 유사한 배열이 연속되어 있을 때 하나의 묶음으로 연속장면처럼 인식되는 경향
③ 근접성(proximity) – 형이나 그룹이 가까이 있을수록 패턴이나 그룹으로 묶어서 지각되는 경향
④ 유사성(similarity) – 유사한 모양의 형이나 그룹이 하나의 부류로 지각되는 경향

14 ㄱ. 음의 세기레벨 $IL = 10\log\dfrac{I}{I_o}$(dB)

ㄴ. 음압레벨이 20dB이 변화하면 음압은 10배로 변화한다.

ㄷ. 잔향시간 RT $= K\dfrac{V}{A} = 0.16\dfrac{V}{A}$

15 ① 일조는 태양으로부터 받는 빛에너지를 말한다.
③ 일사 차단을 위한 차양은 실외에 설치하는 것이 실내에 설치하는 것보다 효과적이다.
④ 일사량의 단위는 W/m^{2}로 나타낸다.

16 ② 주방의 시설은 준비대, 냉장고, 개수대, 조리대, 가열대, 배선대 순으로 배치한다.
③ 작업삼각형은 냉장고, 개수대, 가열대를 연결한 것이다.
④ 작업삼각형의 길이는 3.6~6.6m 범위가 적당하다.

17 ④ 향후 10년에 걸쳐 나타날 시·군의 성장·발전 등의 여건 변화와 향후 5년에 개발이 예상되는 일단의 토지 또는 지역과 그 주변지역의 미래모습을 상정하여 수립하는 계획이다.

18 ① 피뢰설비의 재료는 최소 단면적이 피복이 없는 동선(銅線)을 기준으로 수뢰부, 인하도선 및 접지극은 50제곱밀리미터 이상이거나 이와 동등 이상의 성능을 갖추어야 한다.
② 급수·급탕·난방·가스 등을 공급하기 위하여 건축물에 설치하는 금속배관 및 금속재 설비는 전위(電位)가 균등하게 이루어지도록 전기적으로 접속해야 한다.
④ 돌침은 건축물의 맨 윗부분으로부터 25센티미터 이상 돌출시켜 설치해야 한다.

19 ㄴ. 차동식 감지기 : 주위 온도가 일정한 온도상승률 이상을 나타냈을 때 작동
ㄷ. 보상식 감지기 : 정온식과 차동식 성능을 혼합한 감지기

20 ① 유인 사이펀 작용은 수직관 가까이 기구가 설치되어 있을 때 수직관 위로부터 일시에 대량의 물이 낙하하면 순간적으로 관내 연결부에 진공이 생겨 봉수를 파괴한다.

1. 건축정보 모델링(Building Information Modeling)에 대한 설명으로 옳지 않은 것은?

① 3차원 기하학적 정보를 포함한 건축물 정보를 활용하여 기존의 도면에서 확인하기 어려웠던 설계요구 사항이나 건축법규 등을 검토할 수 있다.

② 설계, 시공, 구조, 설비 등 다양한 작업을 할 때 상호 간의 간섭이나 문제가 될 수 있는 사항을 미리 확인할 수 있다.

③ 작업자 간의 협업이 강화되어 필요시 실시간으로 모델정보를 공유할 수 있다.

④ 설계변경 시 파라메트릭 모델링 정보에 대한 데이터 무결성 확보가 불가능하므로 설계변경을 지양해야 한다.

2. 공장건축에 대한 설명으로 옳지 않은 것은?

① 공장건축 형식 중 파빌리온 타입은 공간효율이 좋고 건축비가 저렴하다.

② 공장건축 형식 중 블록 타입은 단층 구조의 평지붕이나 무창공장에 적합하다.

③ 공정중심 레이아웃은 다품종 소량생산이나 주문생산의 경우와 표준화가 어려운 경우에 사용된다.

④ 고정식 레이아웃은 조선, 항공, 토목 및 건축공사에 적합하다.

3. 다음 건축물을 설계한 건축가는?

> • 파구스 팩토리는 '강철과 유리의 건축'을 향한 진보적인 발전을 의미하며, 특히 건물 모서리가 수직기둥 없이 투명한 유리상자의 피막으로 처리되어 비구조적 특성이 두드러지는 건축물이다.
> • 데사우의 바우하우스는 강의동, 작업실습동 및 학생기숙사 등 3개 동의 건물로 구성되며 비대칭성과 율동성이 두드러진다.

① 프랭크 로이드 라이트(Frank Lloyd Wright)

② 발터 그로피우스(Walter Gropius)

③ 르 코르뷔지에(Le Corbusier)

④ 미스 반 데어 로에(Mies van der Rohe)

4. 박물관 건축계획에 대한 설명으로 옳지 않은 것은?

① 전시공간의 동선계획은 관람객의 흐름을 의도하는 대로 유도할 수 있는 레이아웃이 되도록 교차통행이 이루어지도록 한다.

② 전시방법 중 벽면전시의 경우 시야는 약 40° 범위의 사물을 지각하는 데 익숙하며 수직적 시야는 위, 아래로 각각 27°로 설정한다.

③ 전시실의 순회형식 중 중앙홀 형식은 대지의 이용률이 높은 장소에 설립할 수 있으며 중앙홀이 크면 동선에는 혼란이 없으나 장래에 확장하기가 어렵다.

④ 수장고는 온습도의 급격한 변화를 방지하는 것이 중요하며 일반적으로 장래 확장을 고려하여 충분한 면적을 확보하는 것이 바람직하다.

5. 「장애인·노인·임산부 등의 편의증진 보장에 관한 법률 시행규칙」과 「주차장법 시행규칙」상 장애인 전용 주차구역에 대한 설명으로 옳지 않은 것은?

① 장애인전용주차구역은 장애인 등의 출입이 가능한 건축물의 출입구 또는 장애인용 승강설비와 가장 가까운 장소에 설치하여야 한다.

② 장애인전용주차구역의 크기는 평행주차형식이 아닐 경우 주차대수 1대에 대하여 폭 3.3미터 이상, 길이 5미터 이상으로 하여야 한다.

③ 주차공간의 바닥면은 장애인 등의 승하차에 지장을 주는 높이차이가 없어야 하며, 기울기는 12분의 1 이하로 할 수 있다.

④ 주차대수 규모가 100대인 노상주차장의 경우에는 2대부터 4대까지의 범위에서 장애인의 주차수요를 고려하여 해당 지방자치단체의 조례로 정하는 비율 이상의 장애인 전용주차구획을 설치하여야 한다.

6. 「건축법 시행령」과 「건축물 설비기준 등에 관한 규칙」상 비상용 승강기와 승강장에 대한 설명으로 옳지 않은 것은?

① 높이 31m를 넘는 거실의 용도로 쓰이는 각 층의 바닥면적 중 최대 바닥면적이 1,500m^{2}인 건축물에는 비상용 승강기를 1대 이상 설치하여야 한다.

② 높이 31m를 넘는 거실의 용도로 쓰이는 각 층의 바닥면적 중 최대 바닥면적이 4,500m^{2}인 건축물에는 화재가 났을 때 소화에 지장이 없도록 일정한 간격을 두고 비상용 승강기를 2대 이상 설치하여야 한다.

③ 옥외 승강장의 바닥면적은 비상용 승강기 1대에 대하여 6m^2 이상으로 한다.

④ 승강장에는 노대 또는 외부를 향하여 열 수 있는 창문이나 배연설비를 설치하여야 한다.

7. 근대건축운동과 대표적인 건축가에 대한 설명으로 옳지 않은 것은?

① 표현주의는 대담한 의장과 디자인의 자유성을 부여한 조형적 설계를 실현하고자 하였으며 대표적인 건축가로는 에리히 멘델존(Erich Mendelsohn)이 있다.

② 구성주의는 입체주의를 수정하여 일반적인 형태를 추구하고자 하였으며 대표적인 건축가로는 르 코르뷔지에(Le Corbusier)가 있다.

③ 데스틸은 큐비즘의 영향을 받고 신조형주의의 원리를 옹호하였으며 대표적인 건축가로는 아우드(J.J.P. Oud)가 있다.

④ 아르누보는 철을 사용한 유기적 곡선을 주요 모티브로 사용하였으며 대표적인 건축가로는 안토니 가우디(Antoni Gaudi)가 있다.

8. 건축법령상 용도변경 중 신고대상이 아닌 것은?

① A는 소유건축물을 숙박시설에서 공동주택으로 용도변경하였다.

② B는 소유건축물을 운동시설에서 노유자시설로 용도변경하였다.

③ C는 소유건축물을 창고시설에서 업무시설로 용도변경하였다.

④ D는 소유건축물을 업무시설에서 의료시설로 용도변경하였다.

9. 다음의 조건일 때 건폐율과 용적률로 옳은 것은?

- 대지의 면적: 200m²
- 건물의 층수: 지상 3층, 지하 2층
- 용도: 지상 1층은 부속용도의 주차장으로 이용되며, 지상 2층과 3층은 사무실이다.
- 한 층의 바닥면적은 100m²이며, 지상 1층의 주차장으로 이용되는 바닥면적은 60m²이다. (단, 모든 층의 바닥면적과 수평투영한 형태는 동일하며, 바닥면적과 건축면적은 같다)
- 배치도:

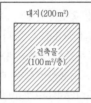

대지(200m²)

건축물
(100m²/층)

	건폐율	용적률
①	30 %	100 %
②	50 %	120 %
③	50 %	130 %
④	50 %	150 %

10. 공기조화설비에서 고려해야 하는 냉·난방 부하에 대한 설명으로 옳은 것은?

① 틈새바람에 의한 부하는 냉방과 난방 모두에 해당하며 현열부하만 포함한다.

② 창유리를 통한 총열취득량은 표준일사열취득, 유리창의 면적 및 차폐계수의 곱으로 구한다.

③ 인체 발열에 의한 냉방부하는 활동량에 따라 달라지는데 활동량이 많아질수록 현열부하의 비중이 커진다.

④ 외벽을 통한 열취득량을 계산할 때 상당온도차는 외벽의 방위에 따라 다르다.

11. 도서관의 건축계획에 대한 설명으로 옳지 않은 것은?

① 서고의 장서보관방법과 열람실의 출납시스템을 우선적으로 결정하여야 하며, 반드시 장래의 확장에 대한 계획도 함께 고려하여야 한다.

② 적층서가식은 건물 각 층 바닥에 서가를 놓는 방식으로 고정식이 아니므로 평면계획상 융통성이 있다.

③ 모듈러 시스템의 적용 필요성이 높으며, 서고의 서가배치 및 열람실의 좌석배치 등을 충분히 검토해야 한다.

④ 서고의 환경은 온도 15℃, 습도 63 % 정도가 좋으며, 도서보존을 위하여 내부는 어두운 것이 좋다.

12. 공동주택의 단면 유형에 대한 설명으로 옳지 않은 것은?

① 플랫은 공용부에 접하는 면적이 클 때에는 프라이버시 침해를 받기 쉬우나, 평면 구성이 용이하다.

② 스킵플로어는 통로면적 등 공유면적이 감소하나 전용면적은 증가하며, 비상시 대피하기에 불리하다.

③ 메조넷은 소규모 주택에서 경제성과 공간 다양성을 동시에 확보할 수 있으나, 중복도형인 경우에 소음이 발생한다.

④ 트리플렉스는 주호가 3개층으로 구성되어 통로가 없는 층의 평면은 프라이버시와 통풍 및 채광에 유리하나, 단면이 복잡하여 설계하기가 어렵다.

13. 다음 조건상 실내에서 허용되는 이산화탄소 농도는?

> • 바닥면적 $100m^2$, 천정고 3m인 강의실에 설치된 기계환기장치가 환기횟수 2회/h의 풍량으로 가동되고 있다.
>
> • 호흡으로 발생하는 실내 이산화탄소량은 $3m^3$/h 이다.
>
> • 급기되는 공기의 이산화탄소 농도는 0으로 가정한다.
>
> 필요환기량
>
> $$= \frac{실내\ CO_2\ 발생량}{실내\ CO_2\ 허용농도 - 외기의\ CO_2\ 농도}[m^3/h]$$

① 500ppm   ② 2,000ppm
③ 5,000ppm   ④ 20,000ppm

14. 다음은 물류센터 화재와 관련된 기사에서 발췌한 것이다. (가)와 (나)에 들어갈 숫자로 옳은 것은?

> 코로나19 사태 이후 대형창고나 물류센터가 도심지 가까이에 우후죽순처럼 들어서고 있다. 그러나 화재안전의 관점에서 접근한다면 지난 6월 경기도 내 ○○물류센터에서 발생한 화재사고와 같이 대형화재로 이어질 위험성 또한 상존하고 있는 것도 사실이다. … (중략) … 「건축법 시행령」과 「건축물의 피난·방화구조 등의 기준에 관한 규칙」에 따르면, 주요 구조부가 내화구조 또는 불연재료로 된 건축물로서 연면적이 1천 제곱미터를 넘는 것은 국토교통부령으로 정하는 기준에 따라 내화구조로 된 바닥·벽 및 60분+방화문 또는 자동방화셔터 등으로 구획하여야 한다. 이 때, 10층 이하의 층은 바닥면적 (가) 제곱미터 이내마다 방화구획을 하여야 하는데 만약 스프링클러 기타 이와 유사한 자동식 소화설비를 설치한 경우에는 바닥면적 (나) 제곱미터 이내마다 설치할 수 있다.
> … (후략)

	(가)	(나)
①	200	2,000
②	200	3,000
③	1,000	2,000
④	1,000	3,000

15. 게스탈트 심리학에서 주장하는 도형조직의 원리에 대한 설명으로 옳지 않은 것은?

① 시각요소 간의 거리가 가까운 것보다 먼 것들이 모여 시각요소 그룹이 결정된다.
② 시각요소 간의 거리가 동일한 경우에는 유사한 물리적 특성을 지닌 요소들이 하나의 그룹으로 느껴진다.
③ 직선 또는 단순한 곡선을 따라 같은 방향으로 연결된 것처럼 보이는 요소는 동일한 그룹으로 느껴진다.
④ 시각요소를 지각할 때에는 더욱 위요된 혹은 더욱 완전한 도형을 선호하는 방향으로 그룹을 형성한다.

16. 「녹색건축물 조성 지원법 시행령」상 건축주가 '에너지 절약계획서'를 제출해야 하는 건축물은? (단, 모두 신축 건축물이다)

① 연면적 $10,000m^2$인 냉방 및 난방 설비를 모두 설치하지 아니하는 농수산물도매시장
② 연면적 $5,000m^2$인 냉방 및 난방 설비를 모두 설치하는 식물원
③ 연면적 $300m^2$인 냉방 및 난방 설비를 모두 설치하는 탁구장
④ 연면적 $300m^2$인 냉방 및 난방 설비를 모두 설치하는 동물병원

17. 「건축법 시행령」과 「건축물의 피난·방화구조 등의 기준에 관한 규칙」상 '피난안전구역'에 대한 설명으로 옳지 않은 것은?

① 높이는 2.1미터 이상으로 한다.
② 건축물 내부에서 피난안전구역으로 통하는 계단은 특별피난계단의 구조로 하여야 한다.
③ 초고층 건축물에는 지상층으로부터 최대 30개 층마다 1개소 이상 설치하여야 한다.
④ 기계실, 보일러실, 전기실 등 건축설비를 설치하기 위한 공간과 동일한 층에는 설치할 수 없다.

18. 댐퍼의 종류와 용도에 대한 설명으로 옳지 않은 것은?

① 슬라이드형 댐퍼는 한 방향으로 열리지만 역방향으로는 열리지 않아 역류방지용으로 쓰인다.

② 단익형 댐퍼는 버터플라이형 댐퍼라고도 하며 소형덕트에 쓰인다.

③ 다익형 댐퍼는 대형덕트에 쓰이며, 대향익형이 평행익형보다 제어성이 좋다.

④ 스플릿형 댐퍼는 덕트 분기부에서 풍량조절용으로 쓰인다.

19. 사무소 건축계획에 대한 설명으로 옳지 않은 것은?

① 렌터블 비(rentable ratio)는 임대사무실의 채산성의 지표가 되는데, 일반적으로 70 ~ 75 % 범위가 표준이다.

② 코어계획은 유효면적률을 높이기 위한 것으로 중심코어형은 바닥면적이 작은 경우에 적합하다.

③ 오피스 랜드스케이프 형식은 작업패턴의 변화에 따라 신속한 대처가 가능하며 공간이 절약된다.

④ 엘리베이터 설치 시 수송력 향상을 위하여 엘리베이터 조닝계획을 통해 왕복시간을 단축하는 방향으로 계획한다.

20. 건축물에 대한 설명으로 옳은 것만을 모두 고르면?

> ㄱ. 르 코르뷔지에(Le Corbusier)의 사보아 주택은 '새로운 건축의 5원칙'을 모두 보여주는 건물이다.
>
> ㄴ. 미스 반 데어 로에(Mies van der Rohe)의 시그램 빌딩은 미스의 대표적인 고층 오피스 건물이다.
>
> ㄷ. 프랭크 로이드 라이트(Frank Lloyd Wright)의 구겐하임 미술관은 주된 외장재료로 석회석과 티타늄을 사용하였다.

① ㄱ   ② ㄷ

③ ㄱ, ㄴ   ④ ㄴ, ㄷ

지방직 7급 해설 및 정답

01	④	02	①	03	②	04	①	05	③
06	③	07	②	08	④	09	②	10	④
11	②	12	③	13	③	14	④	15	①
16	①	17	④	18	①	19	②	20	③

01 ④ 설계변경 시 파라메트릭 모델링 정보에 대한 데이터 무결성 확보가 가능하여 설계변경이 쉽고 신속하게 이루어진다.

02 ① 공장건축 형식 중 집중식은 공간효율이 좋고 건축비가 저렴하다.

03 ② 발터 그로피우스(Walter Gropius)에 대한 설명이다.

04 ① 전시공간의 동선계획은 관람객의 흐름을 의도하는 대로 유도할 수 있는 레이아웃이 되도록 해야 하며 교차통행이 이루어지지 않도록 한다.

05 ③ 주차공간의 바닥면은 장애인 등의 승하차에 지장을 주는 높이차이가 없어야 하며, 기울기는 50분의 1 이하로 해야 한다.

06 ③ 승강장의 바닥면적은 비상용 승강기 1대에 대하여 $6m^2$ 이상으로 하며, 옥외에 승강장을 설치하는 경우에는 예외로 한다.

07 ② 구성주의는 입체주의와 미래파의 영향을 받았으며 기능주의적 기술지상주의와 비대칭의 기하학적 역동성이 새로운 미학으로 수용되었으며, 대표적인 건축가로는 타틀린(Vlamir Tatlin)이 있다.

08 ④ 업무시설에서 의료시설로 용도변경하는 경우 허가대상이다.

09 (1) 건폐율 $= \dfrac{100}{200} \times 100 = 50\%$

(2) 용적률
① 바닥면적 합계 : $240m^2$
 ㉠ 1층 : $100m^2 - 60m^2 = 40m^2$
 ㉡ 2층 : $100m^2$
 ㉢ 3층 : $100m^2$
② 용적률 $= \dfrac{240}{200} \times 100 = 120\%$

10 ① 틈새바람에 의한 부하는 냉방과 난방 모두에 해당하며 현열부하와 잠열부하를 고려한다.
② 창유리를 통한 총열취득량은 일사에 의한 투과열량뿐만 아니라 실내외 온도차로 인한 관류열량도 고려하여야 한다.
③ 인체 발열에 의한 냉방부하는 활동량에 따라 달라지는데 활동량이 많아질수록 잠열부하의 비중이 커진다.

11 ② 적층서가식은 특수구조를 사용하여 도서관 한쪽을 하층에서 상층까지 서고로 계획하는 유형으로 고정식이므로 평면계획상 융통성을 확보하기 어렵다.

12 ③ 메조넷은 내부계단으로 인한 공간활용에 제약이 발생하므로 소규모 주택에서는 비경제적이다.

13 (1) 필요환기량 $= 100 \times 3 \times 2 = 600m^3/h$

(2) 실내 CO_2 허용농도 $= \dfrac{3m^3/h}{600m^3/h} = 0.005$
$= 5{,}000ppm$

14 ④ 10층 이하의 층은 바닥면적 1,000제곱미터 이내마다 방화구획을 하여야 하는데 만약 스프링클러 기타 이와 유사한 자동식 소화설비를 설치한 경우에는 바닥면적 3,000제곱미터 이내마다 설치할 수 있다.

15 ① 시각요소 간의 거리가 먼 것보다 가까운 것들이 모여 시각요소 그룹이 결정된다.

16 (1) 에너지절약계획서 제출대상 : 연면적의 합계가 500
　제곱미터 이상인 건축물
　(2) 예외 대상
　　① 단독주택
　　② 문화 및 집회시설 중 동·식물원
　　③ 냉방 및 난방 설비를 모두 설치하지 아니하는 건축물

17 ④ 기계실, 보일러실, 전기실 등 건축설비를 설치하기 위한
　공간과 동일한 층에는 설치할 수 있다.

18 ① 슬라이드형 댐퍼는 덕트 전체를 개폐하기 위해 사용되
　며, 역류방지기능은 없다.

19 ② 중심코어형은 바닥면적이 큰 경우에 적합하다.

20 ㄷ. 프랭크 게리(Frank Gehry)의 구겐하임 미술관은 주
　된 외장재료로 석회석과 티타늄을 사용하였다.

1. 공동주택의 평면형식 중 계단실형에 대한 특징으로 옳은 것은?

① 엘리베이터 1대당 단위 주거를 많이 둘 수 있다.
② 대지를 고밀도로 이용할 때 사용한다.
③ 각 세대의 채광 및 통풍이 좋고 프라이버시가 양호하며 저층주택과 중층주택에 많이 사용한다.
④ 통풍, 채광, 환기 등이 불리하여 이를 해결하기 위한 고도의 설비시설이 필요하다.

2. 유니버설 디자인(Universal Design)의 원칙에 해당하지 않는 것은?

① 동등한 이용(Equitable Use)
② 간단하고 직관적인 이용(Simple and Intuitive Use)
③ 적은 물리적인 노력(Low Physical Effort)
④ 안전도 증강과 오조작 방지(Fail Safe & Fool proof)

3. 학교 건축계획에 대한 설명으로 옳지 않은 것은?

① 우리나라는 학교건축 표준설계(지침)를 개발·시행해 오다가 이후 폐지하면서 학교에 다양한 건물 및 환경이 조성되기 시작하였다.
② 학교 건물을 분산 병렬형(finger plan)으로 계획하면, 교실의 환경조건이 균등하고 협소한 대지를 효율적으로 이용할 수 있다.
③ 학교를 교과교실형(V형)으로 운영하면, 학생의 이동은 많지만 순수율 높은 교실이 제공되어 시설의 질이 높아진다.
④ 초등학교 저학년 교실은 다른 학년과 분리하고 저층부에 배치하는 것이 바람직하다.

4. 사무소 건축계획에서 그림의 (가) ~ (라) 코어(core) 유형에 대한 설명으로 옳지 않은 것은?

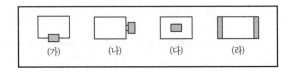

※ ▨ : 코어

① (가)는 바닥면적이 커지면 코어 이외에 피난시설, 설비 샤프트 등이 필요해진다.
② (나)는 자유로운 업무공간을 확보할 수 있으나 내진구조에 불리하다.
③ (다)는 오픈코어로서 업무공간의 융통성이 가장 우수하다.
④ (라)는 방재상 2방향 피난시설 설치에 유리하다.

5. 신에너지와 재생에너지에 대한 설명으로 옳지 않은 것은?

① 폐기물에너지는 주원료가 고가이거나 처리비용이 추가되어 에너지 회수의 경제성이 낮은 재생에너지이다.
② 해양에너지는 고갈될 염려가 없는 조력, 파력, 조류, 온도차 발전 등으로 얻을 수 있는 재생에너지이다.
③ 연료전지는 수소와 산소가 가진 이온결합의 화학적 에너지를 직접 전기에너지로 변환시키는 것이다.
④ 소수력에너지는 자연에 있는 작은 수로나 개천을 이용해 전기에너지를 생산하는 재생에너지이다.

6. 국토의 계획 및 이용에 관한 법령상 용도지역 안에서의 건폐율 최대한도가 가장 낮은 것부터 순서대로 나열한 것은? (단, 지방자치단체의 조례 및 기타 예외사항은 고려하지 않음)

> ㄱ. 제1종전용주거지역
> ㄴ. 제2종일반주거지역
> ㄷ. 중심상업지역
> ㄹ. 일반상업지역
> ㅁ. 일반공업지역
> ㅂ. 자연녹지지역

① ㄱ, ㄴ, ㅂ, ㅁ, ㄷ, ㄹ
② ㄷ, ㄹ, ㅁ, ㄱ, ㄴ, ㅂ
③ ㅂ, ㄱ, ㄴ, ㅁ, ㄹ, ㄷ
④ ㅂ, ㄴ, ㄱ, ㄷ, ㄹ, ㅁ

7. 건축환경심리와 관련된 내용으로 설명이 옳지 않은 것은?

① 개인공간(personal space)은 영역(territory)과 구별되는 개념이다.
② 개인공간(personal space)은 보이지 않는 심리적 공간으로서 그 크기는 상황적인 변수에 따라 달라진다.
③ 어윈 알트만(I. Altman)은 지각 심리학에서 근접, 연속, 공동운명의 법칙 등을 통하여 건축공간의 조직화를 주장하였다.
④ 로버트 좀머(R. Sommer)는 건축·도시공간을 생각할 때, 인간적 요인에 대한 배려가 결여된 현대의 도시공간을 비판하였다.

8. 「건축법 시행령」상 해당 용어에 대한 설명으로 옳은 것만을 모두 고르면?

> ㄱ. '내수재료'란 인조석·콘크리트 등 내수성을 가진 재료로서 국토교통부령으로 정하는 재료를 말한다.
> ㄴ. '내화구조'란 화염의 확산을 막을 수 있는 성능을 가진 구조로서 국토교통부령으로 정하는 기준에 적합한 구조를 말한다.
> ㄷ. '난연재료'란 불에 잘 타지 아니하는 성능을 가진 재료로서 국토교통부령으로 정하는 기준에 적합한 재료를 말한다.
> ㄹ. '초고층 건축물'이란 층수가 40층 이상이거나 높이가 100미터 이상인 건축물을 말한다.

① ㄱ, ㄴ   ② ㄱ, ㄷ
③ ㄴ, ㄷ   ④ ㄴ, ㄹ

9. 「국토의 계획 및 이용에 관한 법률」상 지구단위계획의 내용에 포함되는 사항만을 모두 고르면?

> ㄱ. 환경관리계획 또는 경관계획
> ㄴ. 건축물 높이의 최고한도 또는 최저한도
> ㄷ. 건축물의 배치·형태·색채 또는 건축선에 관한 계획
> ㄹ. 보행안전 등을 고려한 교통처리계획

① ㄱ, ㄷ
② ㄴ, ㄷ
③ ㄱ, ㄴ, ㄹ
④ ㄱ, ㄴ, ㄷ, ㄹ

10. 클린룸 계획에 대한 설명으로 옳지 않은 것은?

① 클린룸의 등급을 구분하는 청정기준(Class)은 미 연방규격을 표준으로 한다.
② 미생물을 관리 대상으로 할 경우, 바이오 클린룸 (Bio Clean Room)이라고도 한다.
③ 클린룸의 기류방식 중에서 난류형 방식은 환기회 수보다 취출구의 면 풍속이 중요하다.
④ 무균실은 수평층류형 방식을 주로 사용한다.

11. 그림에 해당하는 은행의 평면형식에 대한 설명으로 옳은 것은?

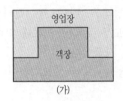 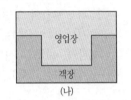

① (가)는 접객동선을 짧고 단순하게 하는 평면형식 이다.
② (가)는 영업장 업무를 중심으로 배치한 평면형식 이다.
③ (나)는 대규모의 은행에 적합한 평면형식이다.
④ (나)는 직원의 동선보다 고객의 동선을 고려한 평 면형식이다.

12. 오물정화설비의 용어에 대한 설명으로 옳지 않은 것은?

① SS(Suspended Solid): 오수 중에 함유하는 부유 물질을 ppm으로 나타낸 것이며 수질의 오염도를 표시한다.
② COD(Chemical Oxygen Demand): 산화되기 쉬 운 유기물이 화학적으로 안정된 무기물로 변화하 기 위한 산소량이다.
③ BOD(Biochemical Oxygen Demand): 생물화학 적 산소요구량으로 값이 작을수록 물의 오염도는 낮다.
④ DO(Dissolved Oxygen): 용존산소량을 나타낸 것 이며 값이 클수록 정화능력이 작은 수질이다.

13. 건축설비 중 통기관의 배관에 대한 설명으로 옳은 것만을 모두 고르면?

> ㄱ. 오수 정화조의 배기관은 단독으로 대기 중 에 개구한다.
> ㄴ. 오수 정화조, 오수피트, 잡배수피트는 같은 계통으로 연결하여 사용하는 것이 효율적 이다.
> ㄷ. 통기관과 환기용 덕트는 연결하면 안 된다.
> ㄹ. 통기수직관은 빗물수직관과 연결해서 사용 하는 것이 좋다.

① ㄱ, ㄷ   ② ㄱ, ㄹ
③ ㄴ, ㄷ   ④ ㄷ, ㄹ

14. 그림은 조선왕조 한성의 4대문과 4소문을 표현한 것이다. (가) ~ (라)에 대한 설명으로 옳게 짝 지어 진 것은?

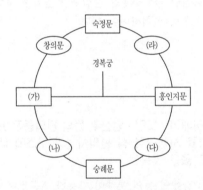

> (가) 오행의 의(義)를 취하여 돈의문이란 이름으 로 축조하였으며 일명 서대문으로 불렸다.
> (나) 본래 이름은 홍화문이었으나 창경궁 동문 의 이름과 겹치게 되어 혜화문으로 바뀌 게 되었다.
> (다) 수구문이라고도 불렸으며 시신을 운구할 때 이 문을 통해 나갔다고 해서 시구문이라 고도 불렸다.
> (라) 소덕문이라고도 불렸으며, 일제에 의해 완전 히 철거되어 지금은 존재하지 않는다.

① (가), (나)   ② (가), (다)
③ (나), (라)   ④ (다), (라)

15. 서울의 위도가 37.5°라고 하면, 춘분과 추분 때 정오 시간대의 태양고도는?

① 23.5°   ② 29°

③ 52.5°   ④ 76°

16. 「범죄예방 건축기준 고시」상 100세대 이상 아파트의 범죄예방 기준에 따른 대지의 출입구와 담장에 대한 설명으로 옳지 않은 것은?

① 담장은 안전과 사생활 보호를 위하여 차폐형으로 계획하여야 한다.

② 담장은 사각지대 또는 고립지대가 생기지 않도록 계획하여야 한다.

③ 출입구는 영역의 위계가 명확하도록 계획하여야 한다.

④ 출입구의 조명은 출입구와 출입구 주변에 연속적으로 설치하여야 한다.

17. 「장애인·노인·임산부 등의 편의증진 보장에 관한 법률 시행규칙」상 편의시설의 구조에 대한 내용으로 옳은 것은?

① 장애인 등의 통행이 가능한 접근로에서 접근로의 기울기는 1/18 이하, 단차의 높이 차이는 2.5cm 이하로 하여야 한다.

② 경사로는 바닥면으로부터 높이 0.75m 이내마다 휴식을 할 수 있도록 수평면으로 된 참을 설치하여야 한다.

③ 장애인 등의 이용이 가능한 접수대 또는 작업대의 하부에는 바닥면으로부터 높이 0.75m 이상, 깊이 0.4m 이상의 공간을 확보한다.

④ 장애인전용주차구역에서 평행주차형식의 경우, 주차대수 1대에 대하여 폭 2.5m 이상, 길이 5.5m 이상으로 한다.

18. (가) ~ (라) 작품에 대한 설명으로 옳지 않은 것은?

> (가) 필리포 브루넬레스키(Filippo Brunelleschi) – 산타 마리아 델 피오레(Duomo, Santa Maria del Fiore)
>
> (나) 레온 바티스타 알베르티(Leon Battista Alberti) – 산타 마리아 노벨라(Santa Maria Novella)
>
> (다) 도나토 브라만테(Donato Bramante) – 템피에토(Tempietto)
>
> (라) 카를로 마데르노(Carlo Maderno) – 산타 수산나(Santa Susanna)

① 4개 작품 중 시대적으로 가장 빠른 작품은 (다)이다.

② (나), (라)의 입면 형식은 (다)와 상이하다.

③ (가), (나), (다)는 모두 르네상스 시대 작품이고 (라)는 바로크 시대 작품이다.

④ (가), (나), (다), (라)는 모두 종교시설이다.

19. 색채이론과 색채표기법(color notation)에 대한 설명으로 옳지 않은 것은?

① 먼셀 표색계는 빨강, 노랑, 녹색, 파랑, 보라를 기본으로 하여 결과적으로 100색상이 된다.

② 오스트발트 표색계는 보색이 되도록 배치한 24색상환을 기본으로 한다.

③ 보색은 서로 상반하여 대비를 이루는 색으로, 빨강색의 보색은 녹색이다.

④ 먼셀 색채표기법에 의하면 5YR8/13은 주황색, 채도8, 명도13인 색이다.

20. 「기후위기 대응을 위한 탄소중립·녹색성장 기본법」상 용어의 정의가 옳은 것만을 모두 고르면?

> ㄱ. '녹색산업'이란 온실가스를 배출하는 화석에너지의 사용을 대체하고 에너지와 자원 사용의 효율을 높이며, 환경을 개선할 수 있는 재화의 생산과 서비스의 제공 등을 통하여 탄소중립을 이루고 녹색성장을 촉진하기 위한 모든 산업을 말한다.
> ㄴ. '기후변화'란 극단적인 날씨뿐만 아니라 물 부족, 식량 부족, 해양산성화, 해수면 상승, 생태계 붕괴 등 인류 문명에 회복할 수 없는 위험을 초래하여 획기적인 온실가스 감축이 필요한 상태를 말한다.
> ㄷ. '탄소중립 사회'란 화석연료에 대한 의존도를 낮추거나 없애고 기후위기 적응 및 정의로운 전환을 위한 재정·기술·제도 등의 기반을 구축함으로써 탄소중립을 원활히 달성하고 그 과정에서 발생하는 피해와 부작용을 예방 및 최소화할 수 있도록 하는 사회를 말한다.
> ㄹ. '녹색성장'이란 화석에너지의 사용을 단계적으로 축소하고 녹색기술과 녹색산업을 육성함으로써 국가경쟁력을 강화하고 지속가능발전을 추구하는 성장을 말한다.

① ㄱ, ㄴ
② ㄱ, ㄷ
③ ㄴ, ㄹ
④ ㄱ, ㄷ, ㄹ

지방직 7급 해설 및 정답

01	③	02	④	03	②	04	③	05	①
06	③	07	③	08	②	09	④	10	③
11	③	12	④	13	①	14	②	15	①
16	①	17	②	18	①	19	②	20	③

01 계단실형의 특징
① 독립성이 좋다.
② 출입이 편하다.
③ 통행부의 면적이 작으므로 건물의 이용도가 높다.
④ 고층 아파트일 경우 각 계단실마다 엘리베이터를 설치해야 하므로 시설비가 많이 든다.

02 유니버설 디자인의 7원칙
① 공평한 사용
② 사용상의 융통성
③ 간단하고 직관적인 사용
④ 정보이용의 용이
⑤ 오류에 대한 포용력
⑥ 적은 물리적 노력
⑦ 접근과 사용을 위한 충분한 공간

03 ② 협소한 대지를 효율적으로 이용할 수 있는 형식은 폐쇄형이다.

04 ③ (다)는 중심코어로서 업무공간의 융통성이 가장 우수하다.

05 ① 폐기물에너지는 주원료가 저가이고 에너지 회수의 경제성이 높은 재생에너지이다.

06 ㄱ. 제1종전용주거지역 : 50%
ㄴ. 제2종일반주거지역 : 60%
ㄷ. 중심상업지역 : 90%
ㄹ. 일반상업지역 : 80%
ㅁ. 일반공업지역 : 70%
ㅂ. 자연녹지지역 : 20%

07 ③ 지각 심리학(형태 심리학)은 독일의 심리학자인 베르트하이머(Max Wertheimer)의 연구로부터 시작되었다.

08 ㄴ. '내화구조'란 화재에 견딜 수 있는 성능을 가진 구조로서 국토교통부령으로 정하는 기준에 적합한 구조를 말한다.
ㄹ. '초고층 건축물'이란 층수가 50층 이상이거나 높이가 200미터 이상인 건축물을 말한다.

09 지구단위계획의 내용
① 용도지역 또는 용도지구를 세분하거나 변경하는 사항
② 기반시설의 배치와 규모
③ 도로로 둘러싸인 일단의 지역 또는 계획적인 개발, 정비를 위하여 계획된 일단의 토지의 규모와 조성계획
④ 건축물의 용도제한, 건축물의 건폐율 또는 용적률, 건축물 높이의 최고한도 또는 최저한도
⑤ 건축물의 배치, 형태, 색채 또는 건축선에 관한 계획
⑥ 환경관리계획 또는 경관계획
⑦ 교통처리계획
⑧ 토지이용의 합리화, 도시 또는 농·산·어촌의 기능증진 등에 필요한 사항

10 ③ 클린룸의 기류방식 중에서 난류형 방식(비정류방식)은 기류의 난류로 인하여 오염입자가 실내에 순환할 우려가 있으므로 환기회수가 중요하다.

11 ③ (나)는 소규모의 은행에 적합한 평면형식이다.

12 ④ DO(Dissolved Oxygen): 오수 중에 용해되어 있는 용존산소량을 나타낸 것이며 값이 클수록 정화능력이 큰 수질이다.

13 ㄴ. 오수 정화조, 오수피트, 잡배수피트는 각각 설치한다.
ㄹ. 통기수직관은 빗물수직관과 겸용하지 않는다.

14 (나) 소덕문이라고도 불렸으며, 일제에 의해 완전히 철거되어 지금은 존재하지 않는다.
(라) 본래 이름은 홍화문이었으나 창경궁 동문의 이름과 겹치게 되어 혜화문으로 바뀌게 되었다.

15 춘분과 추분의 태양고도 = 90 – 그 지역의 위도

$$= 90 - 37.5° = 52.5°$$

16 ① 담장은 자연적 감시를 위하여 투시형으로 계획하여야 한다.

17 ① 장애인 등의 통행이 가능한 접근로에서 접근로의 기울기는 1/18 이하, 단차의 높이 차이는 2cm 이하로 하여야 한다.

③ 장애인 등의 이용이 가능한 접수대 또는 작업대의 하부에는 바닥면으로부터 높이 0.65m 이상, 깊이 0.45m 이상의 공간을 확보한다.

④ 장애인전용주차구역에서 평행주차형식의 경우, 주차대수 1대에 대하여 폭 3.3m 이상, 길이 5m 이상으로 한다.

18 ① 4개 작품 중 시대적으로 가장 빠른 작품은 (가)이다.

※ 산타 마리아 델 피오레(1436년)

※ 산타 마리아 노벨라(1470년)

※ 템피에토(1502년)

※ 산타 수산나(1603년)

19 ④ 먼셀 색채표기법에 의하면 5YR8/13은 주황색, 명도 8, 채도 13인 색이다.

20 ㄴ. '기후위기'란 극단적인 날씨뿐만 아니라 물 부족, 식량 부족, 해양산성화, 해수면 상승, 생태계 붕괴 등 인류 문명에 회복할 수 없는 위험을 초래하여 획기적인 온실가스 감축이 필요한 상태를 말한다.

ㄹ. '녹색경제'란 화석에너지의 사용을 단계적으로 축소하고 녹색기술과 녹색산업을 육성함으로써 국가경쟁력을 강화하고 지속가능발전을 추구하는 경제를 말한다.

※ '기후변화'란 사람의 활동으로 인하여 온실가스의 농도가 변함으로써 상당 기간 관찰되어 온 자연적인 기후변동에 추가적으로 일어나는 기후체계의 변화를 말한다.

※ '녹색성장'이란 에너지와 자원을 절약하고 효율적으로 사용하여 기후변화와 환경훼손을 줄이고 청정에너지와 녹색기술의 연구개발을 통하여 새로운 성장동력을 확보하며 새로운 일자리를 창출해 나가는 등 경제와 환경이 조화를 이루는 성장을 말한다.

1. 서양 건축양식의 변천과정을 시기 순으로 바르게 나열한 것은?

① 비잔틴→고딕→로마네스크→르네상스→바로크
② 비잔틴→로마네스크→고딕→르네상스→바로크
③ 로마네스크→비잔틴→고딕→바로크→르네상스
④ 로마네스크→비잔틴→고딕→르네상스→바로크

2. 학교건축의 실별 세부계획에 대한 설명으로 옳지 않은 것은?

① 음악실은 강당과 근접한 위치가 좋으며, 외부의 잡음 및 타 교실의 소음 방지를 위한 방음 처리 계획이 중요하다.
② 과학실험실은 바닥 재료를 화공약품에 견디는 재료로 사용하고, 환기에 유의하여 계획한다.
③ 미술실은 학생들의 미술활동 지도에 있어 쾌적한 환경이 되도록 남향으로 배치하는 것이 좋다.
④ 도서실은 학교의 모든 곳에서 접근이 용이한 곳으로 지역 주민들의 접근성도 고려하여야 한다.

3. 다음과 같은 현상을 무엇이라고 하는가?

> 부엌, 욕실 및 화장실 등의 수직 파이프나 덕트에 의해 환기가 이루어지는 곳에서는 환기경로의 유효높이가 몇 개 층을 관통하여 길어지므로 온도차에 의한 자연환기가 발생한다.

① 윈드스쿠프(windscoop)
② 굴뚝효과(stack effect)
③ 맞통풍(cross ventilation)
④ 전반환기(general ventilation)

4. 주거건축의 연결공간에 대한 설명으로 옳은 것은?

① 현관은 프라이버시를 보호하기 위해 눈에 잘 띄지 않는 곳에 위치하여야 한다.
② 중복도형은 통풍에 유리하다.
③ 계단은 현관이나 거실에 근접시켜 식당, 욕실, 화장실과 가깝게 설치한다.
④ 높이가 3m를 넘는 계단에는 높이 3m 이내마다 90cm 이상의 계단참을 설치하여야 한다.

5. 1929년 페리(Perry)의 근린주구이론에서 주거단지 구성을 위한 계획 원리에 대한 설명으로 옳지 않은 것은?

① 경계(Boundary) – 통과교통이 단지 내부를 관통하고 차량이 우회할 수 있는 충분한 폭의 광역도로로 둘러싸여야 한다.
② 오픈스페이스(Open Space) – 개개의 근린주구 요구에 부합하는 소공원과 레크리에이션 공간이 계획되어야 한다.
③ 규모(Size) – 인구 규모는 초등학교 하나를 필요로 하는 인구에 대응하는 규모를 가져야 한다.
④ 근린점포(Local Shops) – 근린주구 내 주민에게 적절한 서비스를 제공할 수 있는 상점가 한 개소 이상을 주요도로 결절점(코너)에 배치한다.

6. 건축물의 에너지 절약 설계에 대한 설명으로 옳은 것은?

① 동일한 형상의 건물이라면 방위에 따른 열 부하는 동일하다.
② 건물의 외표면적비(외피면적비)가 작을수록 에너지 절약에 불리하다.
③ 건물의 평면 형태는 복잡한 형태가 에너지 절약에 유리하다.
④ 건물의 코어 공간을 건물 외벽 쪽에 배치하면 열 부하를 작게 할 수 있다.

7. 기본색을 혼합해 이루어지는 2차색에 해당하지 않는 것은?

① 황색(yellow)
② 오렌지색(orange)
③ 녹색(green)
④ 자주색(violet)

8. 열환경에 대한 단위로 옳지 않은 것은?

〈참고〉
W : 와트, N : 뉴튼, s : 초, h : 시,
μg : 마이크로그램

① 열관류율 − $W/m^2℃$
② 투습계수 − $\mu g/Ns$
③ 열전도율 − $W/mh℃$
④ 열전도저항 − $m^2h℃/kcal$

9. 사회심리적 환경요인 중 개인공간, 대인간의 거리, 자기영역에 대한 설명으로 옳지 않은 것은?

① 애드워드 홀(Edward T. Hall)은 인간관계의 거리를 '친밀한 거리(intimacy distance)', '개인적 거리(personal distance)', '사회적 거리(social distance)', '공적 거리(public distance)'의 4가지 유형으로 분류하였다.
② 개인공간은 실질적이고 명확한 경계를 가지며 침해되면 마음속에 저항이 생기고 스트레스를 유발한다.
③ 자기영역은 공간적 넓이를 가지며 움직이지 않는 정착된 것이다.
④ 자기영역은 구체적이거나 상징적인 방법으로 표시가 가능하다.

10. 미술관 또는 박물관의 특수전시기법 중 '하나의 사실' 또는 '주제의 시간 상황'을 고정시켜 연출함으로써 현장감을 느낄 수 있도록 표현하는 것은?

① 디오라마 전시
② 파노라마 전시
③ 아일랜드 전시
④ 하모니카 전시

11. 서양 중세 건축양식별 특징과 그와 관련된 건축물에 대한 설명으로 옳지 않은 것은?

① 고딕 건축양식은 플라잉 버트레스(flying buttress), 첨두아치(pointed arch)를 사용하였으며, 대표적인 건축물로 성 소피아(St. Sophia) 성당이 있다.
② 로마네스크 건축양식은 반원 아치(arch), 교차볼트(intersecting vault)를 사용하였으며, 대표적인 건축물로 성 미니아토(St. Miniato) 성당이 있다.
③ 비잔틴 건축양식은 돔(dome), 펜던티브(pendentive)를 사용하였고, 대표적인 건축물로 성 비탈레(St. Vitale) 성당이 있다.
④ 사라센 건축의 모스크(mosque)는 미나렛(minaret)이 특징이며, 대표적인 건축물로 코르도바(Cordoba) 사원이 있다.

12. 주택 건축 계획에 대한 설명으로 옳지 않은 것은?

① 숑바르 드 로브(Chombard de Lawve)는 심리적 압박이나 폭력 등의 병리적 현상이 일어날 수 있는 규모를 '$16m^2$/인'으로 규정하였다.
② 동선 계획에 있어서 개인, 사회, 가사노동권의 3개 동선은 서로 분리되어 간섭이 없는 것이 좋다.
③ 식당의 위치는 기본적으로 부엌과 근접 배치시키고 부엌이 직접 보이지 않도록 시선을 차단시키는 것이 좋다.
④ 주방 계획은 '재료준비 → 세척 → 조리 → 가열 → 배선 → 식사'의 작업 순서를 고려해야 한다.

13. 공연장 건축계획과 관련한 용어에 대한 설명으로 옳지 않은 것은?

① 그리드아이언(gridiron) – 무대의 천장 바로 밑에 철골을 촘촘히 깔아 바닥을 이루게 한 것으로, 배경이나 조명기구, 연기자 또는 음향 반사판 등이 매달릴 수 있도록 장치된다.

② 사이클로라마(cyclorama) – 그림의 액자와 같이 관객의 눈을 무대에 쏠리게 하는 시각적 효과를 가지게 하며 관객의 시선에서 공연무대나 무대 배경을 제외한 다른 부분들을 가리는 역할을 한다.

③ 플로어 트랩(floor trap) – 무대의 임의 장소에서 연기자의 등장과 퇴장이 이루어질 수 있도록 무대와 트랩룸 사이를 계단이나 사다리로 오르내릴 수 있는 장치이다.

④ 플라이 갤러리(fly gallery) – 그리드아이언에 올라가는 계단과 연결된 무대 주위의 벽에 설치되는 좁은 통로이다.

14. 병원건축의 수술부 계획에 대한 설명으로 옳지 않은 것은?

① 수술 중에 검사를 요하는 조직병리부, 진단방사선부와 협조가 잘 될 수 있는 장소이어야 한다.

② 멸균재료부(C.S.S.D.)에 수직 및 수평적으로 근접이 쉬운 장소이어야 한다.

③ 타 부분의 통과교통이 없는 장소이어야 한다.

④ 수술실의 공기조화설비를 할 때는 오염 방지를 위해 독립된 설비계통으로 하여 수술실의 공기를 재순환시킨다.

15. 호텔의 기능적 부분과 소요실을 연결한 것으로 옳지 않은 것은?

① 숙박부분 – 린넨실(리넨실)

② 관리부분 – 프런트 오피스

③ 공용부분 – 보이실

④ 요리관계부분 – 배선실

16. 한식 목조 건축의 특징에 대한 설명으로 옳지 않은 것은?

① 후림 – 처마선을 안쪽으로 굽게 하여 날렵하게 보이도록 하는 것

② 조로 – 처마 양쪽 끝을 올려 지붕선을 아름답고 우아하게 하는 것

③ 귀솟음 – 평주를 우주보다 약간 길게 하여 처마 끝쪽이 다소 올라가게 하는 것

④ 안쏠림 – 우주를 수직선보다 약간 안쪽으로 기울임으로써 안정감이 느껴지도록 하는 것

17. 건축 공간과 치수(scale) 및 치수 조정(M.C. : modular coordination)에 대한 설명으로 옳지 않은 것은?

① 건축 공간의 치수는 물리적, 생리적, 심리적 치수 등을 고려해야 한다.

② 실내의 필요 환기량을 반영하여 창문 크기를 결정하는 것은 생리적 치수를 고려한 것이다.

③ 치수 조정을 하면 설계 작업이 단순해지고, 건축물 구성재의 대량 생산이 용이해진다.

④ 치수 조정을 하면 건축물 형태에서 창조성과 인간성 확보가 쉬워진다.

18. 팬코일유닛(FCU) 방식에 대한 설명으로 옳지 않은 것은?

① 각 유닛마다 조절할 수 있다.

② 전공기 방식에 비해 덕트 면적이 작다.

③ 전공기 방식에 비해 중간기 외기냉방 적용이 용이하다.

④ 장래의 부하 증가 시 팬코일유닛의 증설로 용이하게 대응할 수 있다.

19. 단열공법에 대한 설명으로 옳은 것은?

① 내단열은 외단열에 비해 일시적 난방에 적합하다.

② 내단열은 외단열에 비해 열교 부분의 단열 처리가 유리하다.

③ 외단열은 적은 열용량을 갖고 있으므로 실온 변동 이 크다.

④ 내단열 설계에서 방습층은 실외 저온 측면에 설치 하여야 한다.

20. 그리스 기둥 양식 중 도리아 주범(Doric order)에 대한 설명으로 옳지 않은 것은?

① 장중하고 남성적인 느낌이 난다.

② 그리스 기둥 양식 중 가장 오래된 기둥 양식이다.

③ 파르테논신전 설계자 익티누스가 창안하였다.

④ 초반(base)이 없이 주두(capital)와 주신(shaft) 으로 구성되어 있다.

지방직 9급 해설 및 정답 & 동영상강의

01	②	02	③	03	②	04	③	05	①
06	④	07	①	08	③	09	②	10	①
11	①	12	①	13	②	14	④	15	③
16	③	17	④	18	③	19	①	20	③

01 그리스 → 로마 → 초기기독교 → 비잔틴 → 로마네스크 → 고딕 → 르네상스 → 바로크 → 로코코

02 미술실은 균일한 조도를 얻기 위하여 북측채광을 사입한다.

03 굴뚝효과 : 부엌, 욕실 및 화장실 등의 수직 파이프나 덕트에 의해 환기가 이루어지는 곳에서는 환기경로의 유효 높이가 몇 개 층을 관통하여 길어지므로 온도차에 의한 자연환기가 발생한다.

04 ① 현관은 눈에 잘 띄는 곳에 위치하여야 한다.
② 중복도형은 통풍에 불리하다.
④ 높이가 3m를 넘는 계단에는 높이 3m 이내마다 120cm 이상의 계단참을 설치하여야 한다.

05 ① 통과교통이 단지 내부를 관통하지 않는다.

06 ① 동일한 형상의 건물이라도 방위에 따라 열 부하는 달라진다.
② 건물의 외표면적비(외피면적비)가 작을수록 에너지 절약에 유리하다.
③ 건물의 평면 형태는 복잡한 형태보다 단순한 형태가 에너지 절약에 유리하다.

07 황색, 적색, 청색은 기본색이다.

08 열전도율－W/m℃

09 개인적공간은 사람마다, 상황에 따라 달라지며, 침해되면 저항이 생기고 스트레스를 유발한다.

10 디오라마 전시기법 : '하나의 사실' 또는 '주제의 시간상황을 고정'시켜 연출하는 것으로 현장에 임한 듯한 느낌을 가지고 관찰할 수 있는 특수전시기법

11 성 소피아성당은 대표적인 비잔틴 건축물이다.

12 병리적 기준 : 8m²/인

13 프로시니엄 아치(proscenium arch) : 그림의 액자와 같이 관객의 눈을 무대에 쏠리게 하는 시각적 효과를 가지게 하며 관객의 시선에서 공연무대나 무대 배경을 제외한 다른 부분들을 가리는 역할을 한다.
※ 사이클로라마(Cyclorama)는 무대의 제일 뒤에 설치되는 무대배경용 벽으로 쿠펠 호리존트(Kuppel Horizont)라고도 한다.

14 ④ 수술실의 공기조화설비를 할 때는 오염 방지를 위해 독립된 설비계통으로 하여 수술실의 공기를 재순환시키지 않는다.

15 보이실은 숙박부분에 속한다.

16 ③ 귀솟음－우주를 평주보다 약간 길게 하여 처마 끝쪽이 다소 올라가게 하는 것

17 ④ 치수 조정을 하면 건축물 형태에서 창조성과 인간성 확보가 어렵고 획일화의 우려가 있다.

18 ③ 전공기 방식에 비해 중간기 외기냉방 적용이 곤란하다.

19 ② 내단열은 외단열에 비해 열교 부분의 단열 처리가 불리하다.
③ 외단열은 큰 열용량을 갖고 있으므로 실온 변동이 작다.
④ 내단열 설계에서 방습층은 실내 고온 측면에 설치하여야 한다.

20 도리아식 기둥은 BC 7~5세기에 도리아인들에 의해 만들어졌다.

1. 공동주택의 평면형식에 대한 설명으로 옳지 않은 것은?

① 계단실(홀)형은 프라이버시와 거주성은 양호하나 엘리베이터의 이용률이 낮다.
② 편복도형은 프라이버시가 불리하나 복도가 개방형인 경우 각 호의 통풍 및 채광은 양호하다.
③ 중복도형은 대지의 이용률이 높고 주거환경이 좋아 고층 고밀형 공동주택에 적합하다.
④ 집중형은 통풍, 채광, 환기 등이 불리하여 이를 해결하기 위한 고도의 설비시설이 필요하다.

2. 결로를 방지하기 위한 방법으로 옳지 않은 것은?

① 벽체의 열관류율을 낮춘다.
② 환기를 시켜 습한 공기를 제거한다.
③ 단열재를 설치하여 열의 이동을 줄인다.
④ 냉방을 통하여 벽체의 표면온도를 낮춘다.

3. 공연장의 건축계획에 대한 설명으로 옳지 않은 것은?

① 배우의 표정이나 동작을 상세히 감상할 수 있는 시선 거리의 생리적 한계는 15m 정도이다.
② 객석의 평면형태가 타원형인 경우에는 음향적으로 유리하다.
③ 무대에서 막을 기준으로 객석 쪽으로 나온 앞쪽 무대를 에이프런 스테이지(apron stage)라 한다.
④ 그린룸(green room)은 출연자 대기실을 말하며, 무대와 인접해 배치한다.

4. 호텔건축 분류상 시티호텔(City hotel)에 대한 설명으로 옳지 않은 것은?

① 커머셜호텔은 주로 상업상, 사무상의 여행자를 위한 호텔로서 교통이 편리한 도시 중심지에 위치한다.
② 레지던셜호텔은 커머셜호텔보다 규모는 작고 시설은 고급이며, 주로 도심을 벗어나 안정된 곳에 위치한다.
③ 아파트먼트호텔은 손님이 장기간 체재하는 데 적합한 호텔로서 각 실에 주방과 셀프서비스 설비를 갖추고 있어 호텔 전체에는 식당과 주방설비가 필요 없다.
④ 터미널호텔은 교통기관의 발착지점이나 근처에 위치한 호텔로서 이용자의 교통편의를 도모한다.

5. 게슈탈트(Gestalt) 이론에 대한 설명으로 옳지 않은 것은?

① 시각적 부분 요소들이 이루고 있는 세력의 관계에서 떠오르는 부분을 형상(figure)이라 하고, 후퇴한 부분을 배경(ground)이라 한다.
② 연속성은 유사한 배열이 하나의 묶음으로 되는 것이며 공동운명의 법칙이라고도 한다.
③ 유사성은 접근성보다 지각의 그루핑(grouping)에 있어 약하게 나타난다.
④ 폐쇄성은 시각의 요소들이 어떤 것을 형성하는 것을 허용하는 것으로 폐쇄된 원형이 묶여지는 성질이다.

6. 반자 높이에 대한 설명으로 옳은 것은?

① 방의 바닥 구조체 윗면으로부터 위층 바닥 구조체의 윗면까지의 높이로 정한다.

② 한 방에서 반자 높이가 다른 부분이 있는 경우에는 반자가 가장 높은 부분의 높이로 정한다.

③ 한 방에서 반자 높이가 다른 부분이 있는 경우에는 반자면적이 가장 넓은 부분의 높이로 정한나.

④ 한 방에서 반자 높이가 다른 부분이 있는 경우에는 그 각 부분의 반자 면적에 따라 가중 평균한 높이로 정한다.

7. 다음은 기계 환기 설비에 대한 설명이다. 이에 해당하는 ㉠ 환기방법, ㉡ 많이 사용되는 공간, ㉢ 실내압 상태를 바르게 연결한 것은?

> 배풍기만을 사용하여 실내의 공기를 배기하는 방식으로, 공기가 나가는 위치에 배풍기를 설치한다.

	㉠	㉡	㉢
①	제2종 환기법	수술실	부압
②	제2종 환기법	주방	정압
③	제3종 환기법	정밀공장	정압
④	제3종 환기법	주차장	부압

8. 한국 전통 목조건축에 대한 설명으로 옳지 않은 것은?

① 보와 직각 방향의 횡가구재인 도리에는 단면이 방형인 굴도리와 단면이 원형인 납도리가 있다.

② 주심포식은 주두, 소첨차, 대첨차와 소로들로 짠 공포를 기둥 위에만 올려놓아 지붕틀을 떠받치는 구조이다.

③ 다포식은 평방이라는 수평부재를 놓고 주두와 소첨차, 대첨차 등으로 짠 공포를 놓아 주심도리와 출목도리를 받치는 구조이다.

④ 처마는 있으나 추녀를 구성하지 않는 맞배지붕의 예로는 봉정사 극락전, 강릉 객사문 등을 들 수 있다.

9. 사무소건축의 코어 내 각 공간의 위치관계에 대한 설명으로 옳지 않은 것은?

① 계단과 엘리베이터 및 화장실은 가능한 한 근접시킨다.

② 화장실은 엘리베이터가 운행되지 않는 층에서는 양 샤프트 사이에 배치가 가능하도록 고려한다.

③ 신속한 동선처리를 위해 엘리베이터 홀은 출입구에 면하여 최대한 근접하게 배치한다.

④ 샤프트나 공조실은 계단, 엘리베이터 또는 설비실 사이에 갇혀 있지 않도록 계획하고, 필요한 경우 면적변경이 가능하게 한다.

10. 전시공간의 전시실 순회형식에 대한 설명으로 옳지 않은 것은?

① 연속순로(순회) 형식은 공간 활용의 측면에서 효율적이며, 입체적인 계획이 가능하다.

② 중앙홀 형식은 동선이 복잡한 반면 장래의 확장 측면에서는 유리하다.

③ 연속순로(순회) 형식은 소규모 전시실에 적합하며, 중앙홀 형식은 대지의 이용률이 높은 장소에 건립할 수 있다.

④ 갤러리(gallery) 및 코리더(corridor) 형식은 복도가 중정을 감싸고 순로를 구성하는 경우가 많다.

11. 태양광 발전 시스템에 대한 설명으로 옳지 않은 것은?

① 태양전지로 구성된 모듈과 축전지 및 전력변환장치로 구성된다.

② 건물일체형 태양광 발전(BIPV)은 건물지붕이나 외벽, 유리창 등에 태양광발전 모듈을 설치하는 시스템이다.

③ 에너지밀도가 높아 설치면적을 많이 필요로 하지 않는다.

④ 유지보수가 용이하고 무인화가 가능하다.

12. 학교의 운영방식 중 교과교실형에 대한 설명으로 옳지 않은 것은?

① 모든 교실이 특정교과 때문에 만들어지며, 일반교실은 없다.

② 전문교실을 100%로 하기 때문에 순수율은 낮아지고, 이용률은 높아진다.

③ 이동 시 소지품을 보관할 장소 및 동선 처리에 대한 고려가 요구된다.

④ 각 교과의 특징에 맞는 교실이 계획되므로 시설의 수준이 높다.

13. 노인복지시설의 발코니 건축계획에 대한 설명으로 옳지 않은 것은?

① 노인들이 외부환경과 접촉할 수 있는 공간이다.

② 바닥면은 미끄럼 방지 재료로 계획한다.

③ 단조로울 수 있는 주거공간에서 입면 디자인 요소가 될 수 있다.

④ 비상시 안전한 곳으로 대피할 수 있는 통로의 역할을 하므로 취미생활을 위한 공간으로는 부적합하다.

14. 개인공간(Personal space)에서 대인간의 거리에 대한 설명으로 옳지 않은 것은?

① 친근거리(intimacy distance)는 약 90cm 이내에서 편안함과 보호받는 느낌을 가질 수 있으며 의사전달이 가장 쉽게 이루어질 수 있다.

② 개인거리(personal distance)는 약 45~120cm 정도로 손을 뻗었을 때 상대방의 얼굴표정이나 시선의 움직임을 어느 정도 파악할 수 있다.

③ 사회적 거리(social distance)는 약 120~360cm 정도로 시각적인 접촉보다는 목소리의 높낮이나 크기에 의해 의사전달이 이루어진다.

④ 공적 거리(public distance)는 약 360~750cm 정도로 목소리는 커지고 신체의 자세한 부분을 볼 수 없으므로 비언어적인 의사전달방법이 단순해진다.

15. 조립식(Prefabrication) 구조에 대한 설명으로 옳지 않은 것은?

① 공기를 단축할 수 있어 공사비가 절감된다.

② 품질의 균일성을 유지하기가 쉬워 감독 및 관리가 용이하다.

③ 표준화된 부재로 인해 건축계획에 제약을 받을 수 있다.

④ 현장타설 공법보다 접합부 설계가 쉬워 해체 및 증·개축이 편리하다.

16. 도서관 건축계획에 대한 설명으로 옳지 않은 것은?

① 서고의 계획은 모듈러 시스템을 적용하며, 위치를 고정하지 않는다.

② 열람실에서 책상 위의 조도는 600lx 정도로 한다.

③ 참고실은 일반열람실 내부에 설치하며, 목록실과 출납실에 인접시켜 접근이 용이하도록 한다.

④ 이용도가 낮은 도서나 귀중서는 폐가식으로 계획한다.

17. 건축법령 상 건축선에 대한 설명으로 옳지 않은 것은?

① 건축선은 일반적으로 대지와 접하고 있는 도로의 경계선으로 건축물을 건축할 수 있는 한계선을 말한다.

② 도로 모퉁이의 가각전제된 부분의 대지는 대지 면적과 건폐율 산정에는 포함되지만 용적률 산정에서는 제외된다.

③ 도로 양쪽에 대지가 있고 법령에서 정한 소요너비에 미달되는 도로인 경우 도로 중심선에서 각 소요너비의 2분의 1의 수평거리만큼 물러난 선을 건축선으로 한다.

④ 시가지 안에서 건축물의 위치나 환경을 정비하기 위하여 건축선을 별도로 지정하고자 할 경우에는 주민의 의견을 들을 수 있다.

18. 다음에 해당하는 현대 건축가는?

- 평면과 입체적 구성 측면에서는 기존의 상식적인 방법에서 탈피하여 추상적인 경향을 보인다.
- 요소의 재결집과 축으로의 수렴, 추상적 조각물의 조합 등을 통해 '모호함(ambiguity)'을 극명하게 드러내는 경향을 보인다.
- 대표 작품으로는 로젠탈 현대미술센터(Rosenthal Center for Contemporary Art), 베르기셀 스키 점프대(Bergisel Ski Jump), 파에노 과학센터(Phaeno Science Center) 등이 있다.

① 자하 하디드(Zaha Hadid)
② 다니엘 리베스킨트(Daniel Libeskind)
③ 쿠프 힘멜브라우(Coop Himmelb(l)au)
④ 피터 아이젠만(Peter Eisenman)

19. 친환경 건물의 에너지절약을 위한 빛의 분산 전략으로 옳지 않은 것은?

① 창문높이와 위도(태양고도)를 기초로 지붕이나 발코니 등의 돌출부를 최적화한다.
② 창문에 광선반을 통합시킨다.
③ 천장의 조명시스템과 자연채광을 통합한다.
④ 천장면은 경사지거나 구부러지지 않게 계획한다.

20. 종합병원 건축계획에 대한 설명으로 옳지 않은 것은?

① 수술실은 타부분의 통과 교통이 없는 건물의 익단부로 격리된 곳에 위치시킨다.
② 중앙소독 및 공급실(central supply facilities)을 수술부와 관리부의 중간에 두어 소독, 멸균, 재료 보급 등이 원활할 수 있도록 중앙화 시킨다.
③ 병실에는 환자가 직사광선을 피할 수 있도록 실 중앙에는 전등을 달지 않도록 한다.
④ 외과 계통의 각 과는 1실에서 여러 환자를 볼 수 있도록 대실로 계획한다.

지방직 9급 해설 및 정답 & 동영상강의

2017년 지방직 9급

01	③	02	④	03	②	04	③	05	③
06	④	07	④	08	①	09	③	10	②
11	③	12	②	13	④	14	①	15	④
16	③	17	②	18	①	19	④	20	②

01 중복도형은 대지의 이용률이 높고 고층 고밀형 공동주택에 적합하나, 통풍, 채광, 환기 등이 불리하여 주거환경이 나쁘다.

02 벽체의 한 부분에서 건구온도가 그 부분의 노점온도보다 낮은 경우 결로가 발생한다. 따라서 벽체의 온도를 그 부분의 노점온도보다 높게 하여야 결로를 방지할 수 있다.

03 객석의 평면형태가 타원형인 경우 음이 집중되거나 불균등한 분포를 보이며, 에코가 형성되어 불리하게 되므로 부채꼴형이나 우절형이 음향적으로 유리하다.

04 아파트먼트호텔은 손님이 장기간 체재하는 데 적합한 호텔로서 각 실에 주방과 셀프서비스 설비를 갖추고 있으며, 호텔의 경영상 숙박객뿐만 아니라 연회객의 이용을 위해 식당과 주방설비를 갖추고 있다.

05 유사성은 유사한 형태, 색채, 질감 등 비슷한 성질의 요소를 가진 것끼리는 떨어져 있어도 무리지어 인식되는 것을 말하며, 멀리 있는 두 요소보단 가까이 있는 둘 또는 그 이상의 시각 요소들이 패턴이나 그룹으로 묶어서 지각되는 것은 근접성을 말한다.

06 반자높이는 방의 바닥면으로부터 반자까지의 높이로 한다. 다만, 한 방에서 반자높이가 다른 부분이 있는 경우에는 그 각 부분의 반자면적에 따라 가중 평균한 높이로 한다.

07 제3종 환기방식(자연급기, 강제배기)
(1) 배기에만 배풍기를 사용한다.
(2) 실내를 부압으로 유지하여 실내의 냄새나 유해물질은 외부로 방출시킨다.
(3) 용도 : 주방, 화장실, 가스실, 주차장 등 수증기, 유해가스나 냄새 등의 발생장소

08 보와 직각 방향의 횡가구재인 도리에는 단면이 방형인 납도리와 단면이 원형인 굴도리가 있다.

09 엘리베이터 홀은 출입구에 근접하여 배치하지 않는다.

10 중앙홀 형식
(1) 과거에서부터 많이 사용한 형식으로 중앙홀에 높은 천창을 설치하여 고창으로부터 채광하는 방식이 많다.
(2) 부지의 이용률이 높은 지점에 건립할 수 있으며, 중앙홀이 크면 동선의 혼란은 없으나 장래의 확장에 무리가 따른다.

11 태양광발전시스템
(1) 개념 : 태양의 빛 에너지를 변환하여 전기를 생산하는 기술
(2) 구성
① 태양전지(solar cell)로 구성된 모듈(module)과 축전지 및 전력변환장치로 구성
② 태양전지 : 태양에너지를 전기에너지로 변환할 목적으로 제작된 광전지로서 금속과 반도체의 접촉면 또는 반도체의 pn접합에 빛을 받으면 광전 효과에 의해 전기 발생
③ 축전지 : 생산된 전기를 필요할 때 사용할 수 있도록 저장하는 장치
④ 전력변환장치 : 태양전지에서 생산된 직류전기(DC)를 교류전기(AC)로 변환시키는 장치
(3) 특징
① 장점
• 에너지원이 청정하고 무제한
• 필요한 장소에서 필요한 양만 발전 가능
• 유지보수가 용이하고 무인화 가능
• 20년 이상의 장수명
• 건설기간이 짧아 수요 증가에 신속히 대응 가능
② 단점
• 전력생산이 지역별 일사량에 의존
• 에너지밀도가 낮아 큰 설치면적 필요
• 설치장소가 한정적이고 시스템 비용이 고가
• 초기투자비와 발전단가가 높음
• 일사량 변동에 따른 출력이 불안정

12 전문교실을 100%로 하기 때문에 순수율은 높아지고, 이용률은 낮아진다.

13 발코니는 평상시에는 취미생활, 휴식을 위한 공간으로 활용되며 비상시 대피공간으로 사용할 수 있다.

14 친근거리(intimacy distance)는 약 15~45cm 이내에서 편안함과 보호받는 느낌을 가질 수 있으며 의사전달이 가장 쉽게 이루어질 수 있다.

15 조립식 구조는 현장타설 공법보다 해체 및 승·개축이 편리한 장점이 있으나 접합부의 강성이 부족하므로 접합부 시공시 높은 정밀도를 요구한다.

16 참고실은 일반열람실과 별도로 설치하며, 목록실과 출납실에 인접시켜 접근이 용이하도록 한다.

17 도로 모퉁이의 가각전제된 부분의 대지는 대지면적 산정시 제외된다. 그러므로 건폐율과 용적률 산정에서도 제외된다.

18 자하 하디드(Zaha Hadid)

자하 하디드는 1950년 이라크 바그다드에서 태어나 베이루트아메리칸대학에서 수학을 전공했다. 이후 영국의 명문 건축학교인 런던건축협회 건축학교(AA스쿨)를 졸업하고 스승인 세계적 건축가 렘 콜하스(Rem Koolhaas, 1944~)의 건축사무소에서 일하기 시작했다. 1979년 자신의 이름을 건 자하-하디 건축사무소를 열고 본격적인 활동을 시작했다. 1980년대부터는 AA스쿨, 하버드대 디자인대학원, 컬럼비아대, 예일대 등에서 교수로 활동했다. 특히 1994년 미래주의 건축물인 비트라 소방서로 세계적인 주목을 받았고, 주로 비정형과 곡선을 특징으로 한 건축물을 설계해 나갔다.

그러다 2004년 여성 건축가로는 처음으로 건축계의 노벨상이라고 불리는 프리츠커상을 받았다. 2007년 DDP(동대문 디자인 플라자) 공모에서 '환유의 풍경'을 주제로 한 설계안이 당선됐고 2014년 건물 내외부에 벽이 없는 유선형 건축물을 완공했다. 2016년에는 여성 최초로 영국왕립건축가협회(RIBA) 금메달을 수상했다. 대표 작품으로는 로젠탈 현대미술센터(Rosenthal Center for Contemporary Art), 베르기셀 스키점프대(Bergisel Ski Jump), 파에노 과학센터(Phaeno Science Center) 등이 있다.

19 천장면은 현휘를 방지하고 주광을 확산시키기 위해 경사지게 계획한다.

20 중앙소독 및 공급실은 각종 기구의 포장, 비품, 의료재료 등을 저장해 두었다가 요구 시 수술실에 공급하는 장소로 수술실 부근에 둔다.

1. 병원 건축의 형태에서 집중식(Block type)에 대한 설명으로 옳지 않은 것은?

① 대지를 효율적으로 이용할 수 있는 형태이다.
② 의료, 간호, 급식 등의 서비스 제공이 쉽다.
③ 환자는 주로 경사로를 이용하여 보행하거나 들것으로 이동된다.
④ 일조, 통풍 등의 조건이 불리해지며, 각 병실의 환경이 균일하지 못한 편이다.

2. 사무소 건축에 대한 설명으로 옳은 것은?

① 엘리베이터 대수 산정 시 단시간에 이용자로 혼잡하게 되는 아침 출근 시간대의 경우, 10분간에 전체 이용자의 1/3~1/10을 처리해야 하기 때문에 10분간의 출근자 수를 기준으로 산정한다.
② 엘리베이터는 되도록 한곳에 집중 배치하며, 8대 이하는 직선배치한다.
③ 오피스 랜드스케이프는 사무공간을 절약할 수 있으나, 변화하는 작업의 패턴에 따라 조절이 불가능하다.
④ 개실형은 독립성과 쾌적감의 장점이 있지만 공사비가 비교적 많이 드는 단점이 있다.

3. 오스카 뉴먼(O. Newman)이 제시한 공동주택의 안전한 환경창조를 위해 개별적으로 또는 결합해서 작용하는 4개의 요소가 아닌 것은?

① 영역성(Territoriality)
② 자연스러운 감시(Natural surveillance)
③ 이미지(Image)
④ 통제수단(Restriction method)

4. 은행의 평면계획에 대한 설명으로 옳지 않은 것은?

① 은행실은 일반적으로 객장과 영업장으로 나누어진다.
② 전실이 없을 경우 주 출입문은 화재 시 피난 등을 고려하여 밖여닫이로 계획하는 것이 일반적이다.
③ 객장 대기홀은 모든 은행의 중핵공간이며 조직상의 중심이 되는 공간이다.
④ 영업장은 소규모 은행의 경우 단일공간으로 이루어지는 것이 보통이다.

5. 도서관 건축계획에 대한 설명으로 옳지 않은 것은?

① 이용자의 접근이 쉽고 친근한 장소로 선정하며, 서고의 증축 공간을 고려한다.
② 서고는 도서 보존을 위해 항온항습장치를 필요로 하며 어두운 편이 좋다.
③ 이용자의 입장에서 신설 공공도서관은 가급적 기존 도서관 인근에 건립하여 시너지 효과를 내는 것이 바람직하다.
④ 이용자, 관리자, 자료의 출입구를 가능한 한 별도로 계획하는 것이 바람직하다.

6. 미술관 건축계획에 대한 설명으로 옳지 않은 것은?

① 전시실 순회형식 중 중앙홀 형식은 홀이 클수록 동선 혼란이 적어지고 장래 확장에 유리하다.
② 전시실 순회형식 중 갤러리 및 코리더 형식은 각 실에 직접 들어갈 수 있는 장점이 있다.
③ 특수전시기법 중 아일랜드전시는 벽이나 천장을 직접 이용하지 않고 전시물 또는 전시장치를 배치함으로써 전시공간을 만들어내는 기법이다.
④ 출입구는 관람객용과 서비스용으로 분리하고, 오디토리움이 있을 경우 별도의 전용 출입구를 마련하는 것이 좋다.

7. 배수트랩(Trap)에 대한 설명으로 옳지 않은 것은?

① S트랩 – 사이펀 작용이 발생하기 쉬운 형상이기 때문에 봉수가 파괴될 염려가 많다.

② P트랩 – 각개 통기관을 설치하면 봉수의 파괴는 거의 일어나지 않는다.

③ U트랩 – 비사이펀계 트랩이어서 봉수가 쉽게 증발된다.

④ 드럼트랩 – 봉수량이 많기 때문에 봉수가 파괴될 우려가 적다.

8. 「건축물의 피난·방화구조 등의 기준에 관한 규칙」상 공연장의 피난시설에 대한 설명으로 옳지 않은 것은? (단, 공연장 또는 개별 관람실의 바닥면적합계는 300제곱미터 이상이다.)

① 관람실로부터 바깥쪽으로의 출구로 쓰이는 문은 안여닫이로 하여서는 안 된다.

② 개별 관람실의 각 출구의 유효너비는 1.5미터 이상으로 해야 한다.

③ 개별 관람실 출구의 유효너비의 합계는 개별 관람실의 바닥 면적 100제곱미터마다 0.6미터의 비율로 산정한 너비 이상으로 하여야 한다.

④ 개별 관람실의 바깥쪽에는 앞쪽 및 뒤쪽에 각각 복도를 설치하여야 한다.

9. 색(色)에 대한 설명으로 옳지 않은 것은?

① 색상대비는 보색관계에 있는 2개의 색이 인접한 경우 강하게 나타난다.

② 먼셀(Munsell) 색입체에서 수직축은 명도를 나타낸다.

③ 강조하고 싶은 요소가 있으면 그 요소의 배경색으로 채도가 높은 것을 선정한다.

④ 동일 명도와 채도일 경우, 난색은 거리가 가깝게 느껴지고 한색은 멀게 느껴진다.

10. 음(音)에 대한 설명으로 옳지 않은 것은?

① 음의 회절은 주파수가 낮을수록 쉽게 발생한다.

② 음악 감상을 주로 하는 실에서는 회화 청취를 주로 하는 실에서보다 짧은 잔향시간이 요구된다.

③ 볼록하게 나온 면(凸)은 음을 확산시키고 오목하게 들어간 면(凹)은 반사에 의해 음을 집중시키는 경향이 있다.

④ 음의 효과적인 확산을 위해서는 각기 다른 흡음처리를 불규칙하게 분포시킨다.

11. 학교 건축의 교사배치계획에서 분산병렬형(Finger plan)에 대한 설명으로 옳지 않은 것은?

① 편복도 사용 시 유기적인 구성을 취하기 쉽다.

② 대지에 여유가 있어야 한다.

③ 각 교사동 사이에 정원 등 오픈스페이스가 생겨 환경이 좋아진다.

④ 일조, 통풍 등 교실의 환경조건이 균등하다.

12. 급수방식에서 수도직결 방식에 대한 설명으로 옳지 않은 것은?

① 수질오염이 적어서 위생상 바람직한 방식이다.

② 중력에 의하여 압력을 일정하게 얻는 방식이다.

③ 주택 또는 소규모 건물에 적용이 가능하고 설비비가 적게 든다.

④ 저수조가 없기에 경제적이지만 단수 시는 급수가 불가능하다.

13. 인체의 온열 감각에 영향을 주는 요소에서 주관적인 변수로 옳지 않은 것은?

① 착의 상태(Clothing value)

② 기온(Air temperature)

③ 활동 수준(Activity level)

④ 연령(Age)

14. 팀텐(Team X)과 가장 관계가 없는 건축가는?

① 조르주 칸딜리스(Georges Candilis)

② 알도 반 아이크(Aldo Van Eyck)

③ 피터 쿡(Peter Cook)

④ 야콥 바케마(Jacob Bakema)

15. 공기조화방식에서 변풍량단일덕트방식(VAV)에 대한 설명으로 옳지 않은 것은?

① 고도의 공조환경이 필요한 클린룸, 수술실 등에 적합하다.

② 가변풍량 유닛을 적용하여 개별 제어가 가능하다.

③ 저부하 시 송풍량이 감소되어 기류 분포가 나빠지고 환기성능이 떨어진다.

④ 정풍량 방식에 비해 설비용량이 작아지고 운전비가 절약된다.

16. 「주차장법 시행규칙」상 노외주차장의 출구 및 입구의 적합한 위치에 대한 설명으로 옳은 것만을 모두 고르면?

```
ㄱ. 횡단보도, 육교 및 지하횡단보도로부터 10
   미터에 있는 도로의 부분
ㄴ. 교차로의 가장자리나 도로의 모퉁이로부터
   10미터에 있는 도로의 부분
ㄷ. 유아원, 유치원, 초등학교, 특수학교, 노인
   복지시설, 장애인복지시설 및 아동전용시
   설 등의 출입구로부터 10미터에 있는 도로
   의 부분
ㄹ. 너비가 10미터, 종단 기울기가 5%인 도로
```

① ㄱ, ㄷ

② ㄷ, ㄹ

③ ㄱ, ㄴ, ㄹ

④ ㄱ, ㄴ, ㄷ, ㄹ

17. 「국토의 계획 및 이용에 관한 법률」상 용도지역의 지정에 해당되지 않는 것은?

① 도시지역

② 자연환경보전지역

③ 관리지역

④ 산업지역

18. 하수설비에서 부패탱크식 정화조의 오물 정화 순서가 옳은 것은?

① 오수 유입 → 1차 처리(혐기성균) → 소독실 → 2차 처리(호기성균) → 방류

② 오수 유입 → 1차 처리(혐기성균) → 2차 처리(호기성균) → 소독실 → 방류

③ 오수 유입 → 스크린(분쇄기) → 침전지 → 폭기탱크 → 소독탱크 → 방류

④ 오수 유입 → 스크린(분쇄기) → 폭기탱크 → 침전지 → 소독탱크 → 방류

19. 부석사의 건축적 특징에 대한 설명으로 옳지 않은 것은?

① 부석사는 통일신라 때 창건되었다.

② 무량수전은 주심포식 건축이다.

③ 무량수전 앞마당에는 신라 양식의 5층 석탑이 있다.

④ 산지가람의 배치특성을 가진다.

20. 「노인복지법」상 노인주거복지시설에 해당하는 것으로만 나열한 것은?

① 양로시설, 노인공동생활가정, 노인복지주택

② 노인요양시설, 경로당, 노인복지주택

③ 주야간보호시설, 단기보호시설, 노인공동생활가정

④ 노인공동생활가정, 노인복지주택, 단기보호시설

지방직 9급 해설 및 정답 & 동영상강의

01	③	02	④	03	④	04	②	05	③
06	①	07	③	08	④	09	③	10	②
11	①	12	②	13	②	14	③	15	①
16	③	17	④	18	②	19	③	20	①

01 ③ 환자는 주로 경사로를 이용하여 보행하거나 들것으로 이동하는 것은 분관식(분동식 ; pavilion type)의 특징이다.

02 ① 엘리베이터 대수 산정 시 단시간에 이용자로 혼잡하게 되는 아침 출근 시간대의 경우, 5분간에 전체 이용자의 1/3~1/10을 처리해야 하기 때문에 5분간의 출근자 수를 기준으로 산정한다.
② 엘리베이터는 되도록 한곳에 집중 배치하며, 4대 이하는 직선배치한다.
③ 오피스 랜드스케이프는 사무공간을 절약할 수 있으며, 변화하는 작업의 패턴에 따라 조절이 가능하다.

03 오스카 뉴먼(O. Newman)의 방어적 공간(Defensible Space)의 요소
① 영역성 : 공동체의식의 강화를 통한 범죄예방
② 자연감시 : 주변을 잘 볼 수 있고 은폐장소를 최소화시킨 설계
③ 이미지 : 지속적으로 안전한 환경 유지
④ 환경 : 계획단계부터 범죄 발생요인이 적고 자연감시가 용이한 지역에 주거지 개발
※ 통제수단은 레이 제프리(R. Jeffery)의 범죄예방환경설계의 요소이다.
※ 레이 제프리의 범죄예방환경설계 요소 : 자연감시, 접근통제, 활동의 활성화, 유지관리

04 ② 은행의 주출입문은 도난방지를 위해 안여닫이로 계획하는 것이 일반적이다.

05 ③ 신설 공공도서관은 지역 주민의 균등한 이용을 고려하여 지역적으로 편중되지 않게 분산하여 배치하는 바람직하다.

06 ① 전시실 순회형식 중 중앙홀 형식은 홀이 클수록 동선 혼란이 적어지는 장점이 있으나 장래 확장에 무리가 있다.

07 ③ U트랩-사이펀계 트랩이지만 옥내 배수횡주관 도중에 설치하여 봉수가 쉽게 증발되지 않는다.

08 ④ 개별 관람실의 양쪽과 뒤쪽에 각각 복도를 설치하여야 한다.

09 ③ 강조하고 싶은 요소가 있으면 그 요소의 배경색으로 채도가 낮은 것을 선정한다.

10 ② 음악 감상을 주로 하는 실에서는 회화 청취를 주로 하는 실에서보다 긴 잔향시간이 요구된다.

11 ① 편복도를 사용할 경우 복도면적이 커지고 길어지며, 단조로워 유기적인 구성을 취하기 어렵다.

12 ② 중력에 의하여 압력을 일정하게 얻는 방식은 고가탱크(옥상탱크)방식이다.

13 열쾌적에 영향을 미치는 개인적(주관적) 변수 : 착의 상태, 인체의 활동, 연령, 성별, 신체형상, 피하지방량, 건강상태, 재실시간 등
※ 열쾌적에 영향을 미치는 물리적 변수 : 기온, 습도, 기류, 복사열

14 피터 쿡(Peter cook)
1936년 영국 사우스엔드 출생으로 1958년부터 런던건축협회(Architecture Association)에서 건축을 공부하였다. 〈아키그램(Archigram)〉지의 공동 편집자로 워렌 초크, 론 헤론, 마이클 웹 등과 아키그램 그룹을 결성하여 대중 문화와 새로운 테크놀로지를 소재로 지각의 신기술과 도시가 맺는 관계를 집중적으로 탐구하였다. 대표적인 작품으로는 Instant City, Plug-in City 등이 있다.

15 ① 고도의 공조환경이 필요한 클린룸, 수술실 등에는 정풍량 단일덕트방식이 적합하다.

16 ㄷ. 유아원, 유치원, 초등학교, 특수학교, 노인복지시설, 장애인복지시설 및 아동전용시설 등의 출입구로부터 20미터 이내의 도로의 부분에는 출입구를 설치할 수 없다.

17 국토의 용도구분 : 도시지역, 관리지역, 농림지역, 자연환경보전지역

18 부패탱크식 정화조의 오물정화순서

오수 유입 → 1차 처리(혐기성균) → 2차 처리(호기성균) → 소독실 → 방류

19 무량수전 앞마당에는 통일 신라시대의 석등이 자리하고 있으며, 국보 제17호로 지정되어 있다. 방형의 지대석 위에 기대받침이 있으며, 기대석의 각 면에는 안상이 2구씩 장식되었고 윗면에는 8각의 연화 하대석이 있다. 연화 하대석  에는 귀꽃이 뚜렷한 8개의 복련이 돌아가며 조각되었고 복련 가운데에는 간주석을 받치는 3단 받침이 있다.

20 노인복지시설의 종류

① 노인주거복지시설 : 양로시설, 노인공동생활가정, 노인복지주택
② 노인의료복지시설 : 노인요양시설, 노인요양공동생활가정
③ 노인여가 복지시설 : 노인복지관, 경로당, 노인교실
④ 재가 노인 복지시설 : 방문요양서비스, 주야간보호서비스, 단기보호서비스, 방문목욕서비스
⑤ 노인 보호 전문기관

1. 공동주택의 평면형식 중에서 공사비는 많이 소요되나 출입이 편리하고 사생활 보호에 좋으며 통풍과 채광이 유리한 것은?

① 집중형
② 편복도형
③ 중복도형
④ 계단실형

2. 모듈계획에 대한 설명으로 옳지 않은 것은?

① 모듈의 사용으로 공간의 통일성과 합리성을 얻을 수 있다.
② 모듈의 사용은 다양하고 자유로운 계획에 유리하다.
③ 사무소 건축에서는 지하주차를 고려한 모듈 설정이 바람직하다.
④ 설계 작업을 단순화, 간편화 할 수 있다.

3. 학교 운영 방식과 교실 구성에 대한 설명으로 옳은 것은?

① 특별교실형은 교실 안에서 모든 교과를 학습할 수 있게 계획하는 방식으로 초등학교 저학년에 적합한 방식이다.
② 종합교실형은 설비, 가구, 자료 등이 필요하게 되어 교실 바닥면적이 증가될 수 있다.
③ 교과교실형은 전교 교실을 보통교실 이용 그룹과 특별교실 이용 그룹으로 분리하여 두 개의 학급군이 각 교실 군을 교대로 사용하는 방식이다.
④ 플래툰형은 학급, 학년을 없애고 학생들이 각자의 능력에 따라 교과를 선택하고 수업하는 방식이다.

4. 「건축법」상 용어 정의에 대한 설명으로 옳지 않은 것은?

① 고층건축물이란 층수가 30층 이상이거나 높이가 120 m 이상인 건축물을 말한다.
② 거실이란 건축물 안에서 거주, 집무, 작업, 집회, 오락, 그 밖에 이와 유사한 목적을 위하여 사용되는 방을 말한다.
③ 지하층이란 건축물의 바닥이 지표면 아래에 있는 층으로서 바닥에서 지표면까지 평균높이가 해당 층 높이의 3분의 1 이상인 것을 말한다.
④ 리모델링이란 건축물의 노후화를 억제하거나 기능 향상 등을 위하여 대수선하거나 건축물의 일부를 증축 또는 개축하는 행위를 말한다.

5. 재료의 열전도 특성을 파악할 수 있는 열전도율의 단위는?

① $kcal/m \cdot h \cdot °C$
② $kcal/m^3 \cdot °C$
③ $kcal/m^2 \cdot h \cdot °C$
④ $kcal/m^2 \cdot h$

6. 건축가와 그의 작품의 연결이 옳지 않은 것은?

① 프랑크 게리(Frank Owen Gehry) – 구겐하임 빌바오 미술관
② 자하 하디드(Zaha Hadid) – 비트라 소방서
③ 렘 쿨하스(Rem Koolhaas) – 베를린 신 국립미술관
④ 다니엘 리베스킨트(Daniel Libeskind) – 베를린 유대박물관

7. 거주 후 평가(P.O.E.)에 대한 설명으로 옳지 않은 것은?

① 거주 후 평가(P.O.E.)를 통해 얻어진 각종 현실적 정보는 새로운 프로젝트에 활용되는 순환성이 있다.

② 거주 후 평가(P.O.E.)는 설계−시공−평가 등으로 이루어진 건축행위 주기에서 매우 중요한 과정으로 볼 수 있다.

③ 거주 후 평가과정 시 환경장치(setting), 사용자(user), 주변 환경(proximate environmental context), 디자인 활동(design activity)을 고려해야 한다.

④ 거주 후 평가(P.O.E.)는 행태적(behavioral) 항목에 국한하여 진행된다.

8. 결로에 대한 설명으로 옳지 않은 것은?

① 결로는 실내외의 온도차, 실내습기의 과다발생, 생활습관에 의한 환기 부족, 구조재의 열적 특성, 시공불량 등의 다양한 원인으로 발생할 수 있다.

② 난방을 통해 결로를 방지할 때에는 장시간 낮은 온도로 난방하는 것보다 단시간 높은 온도로 난방하는 것이 유리하다.

③ 외단열은 벽체 내의 온도를 상대적으로 높게 유지하므로 내단열에 비해 결로발생 가능성을 현저히 줄일 수 있다.

④ 표면결로는 건물의 표면온도가 접촉하고 있는 공기의 포화온도보다 낮을 때 그 표면에 발생한다.

9. 「주차장법 시행규칙」상 노외주차장 구조 설비기준에 대한 설명으로 옳지 않은 것은?

① 노외주차장(이륜자동차 전용 노외주차장 제외)이 출입구가 1개이고 주차형식이 평행주차일 경우 차로의 너비는 3.3 m 이상이어야 한다.

② 노외주차장의 출입구 너비는 3.5 m 이상으로 하여야 하며, 주차대수 규모가 50대 이상인 경우에는 출구와 입구를 분리하거나 너비 5.5 m 이상의 출입구를 설치하여야 한다.

③ 노외주차장의 출구와 입구에서 자동차의 회전을 쉽게 하기 위하여 필요한 경우에는 차로와 도로가 접하는 부분을 곡선형으로 하여야 한다.

④ 노외주차장의 출구 부근의 구조는 해당 출구로부터 2 m(이륜자동차 전용출구의 경우에는 1.3 m)를 후퇴한 노외주차장의 차로의 중심선상 1.4 m의 높이에서 도로의 중심선에 직각으로 향한 왼쪽오른쪽 각각 60° 의 범위에서 해당 도로를 통행하는 자를 확인할 수 있도록 하여야 한다.

10. 건축물 벽 재료에 대한 반사율이 높은 것부터 순서대로 바르게 나열한 것은?

① 붉은벽돌 〉 창호지 〉 목재 니스칠

② 목재 니스칠 〉 백색 유광 타일 〉 검은색 페인트

③ 진한색 벽 〉 검은색 페인트 〉 목재 니스칠

④ 백색 유광 타일 〉 목재 니스칠 〉 붉은벽돌

11. 「건축법」상 공동주택에 포함되지 않는 것은? (단, 「건축법」상 해당용도 기준(층수, 바닥면적, 세대 등)에 모두 부합한다고 가정한다)

① 아파트   ② 다세대주택

③ 연립주택   ④ 다가구주택

12. 극장의 무대 부분에 대한 설명으로 옳지 않은 것은?

① 사이클로라마는 와이어 로프를 한곳에 모아서 조정하는 장소로서, 작업에 편리하고 다른 작업에 방해가 되지 않는 위치가 바람직하다.

② 그리드아이언은 배경이나 조명기구, 연기자 또는 음향반사판 등이 매달릴 수 있는 장치이다.

③ 프로시니엄은 무대와 객석을 구분하여 공연공간과 관람공간으로 양분되는 무대형식이다.

④ 오케스트라 피트의 바닥은 연주자의 상체나 악기가 관객의 시선을 방해하지 않도록 객석 바닥보다 낮게 하는 것이 일반적이나, 지휘자는 무대 위의 동작을 보고 지휘하는 관계로 무대를 볼 수 있는 높이가 되어야 한다.

13. 공기조화 설비 중 습공기에 대한 설명으로 옳지 않은 것은?

① 엔탈피는 현열과 잠열을 합한 열량이다.

② 비체적은 건조공기 1 kg을 함유한 습공기의 용적이다.

③ 절대습도는 습공기의 수증기 분압과 그 온도 상태 포화공기의 수증기 분압과의 비를 백분율로 나타낸 것이다.

④ 비중량은 습공기 1 m³에 함유된 건조공기의 중량이다.

14. 「건축법」상 지구단위계획에 대한 설명으로 옳은 것은?

① 지구단위계획구역 안에서 대지의 일부를 공공시설 부지로 제공하고 건축할 경우, 용적률은 완화받을 수 있으나 건폐율은 완화받을 수 없다.

② 지구단위계획구역이 주민의 제안에 따라 지정된 경우, 그 제안자가 지구단위계획안에 포함시키고자 제출한 사항이 타당하다고 인정되는 때에는 특별시장·광역시장·특별자치시장·특별자치도지사시장 또는 군수는 지구단위계획안에 반영하여야 한다.

③ 지구단위계획의 사항에는 도시의 공간구조, 건축물의 용도제한, 건축물의 건폐율 또는 용적률, 기반시설의 배치와 규모만 포함된다.

④ 지구단위계획구역의 지정결정 고시일부터 2년 이내에 해당 구역 지구단위계획이 결정, 고시되지 않으면 지구단위 계획구역의 지정결정은 효력을 상실한다.

15. 건축디자인 프로세스에서 프로그래밍에 대한 설명으로 옳지 않은 것은?

① 프로그래밍은 건축설계의 전(前) 단계로 설계작업에 필요한 정보를 분석·정리하고 평가하여 체계화시키는 작업이다.

② 프로그래밍은 목표설정, 정보수집, 정보분석 및 평가, 정보의 체계화, 보고서 작성의 순서로 진행된다.

③ 프로그래밍의 과정은 프로젝트 범위에 대한 정확한 정의와 성공적인 해결방안을 위한 기준을 설계자에게 제공하는 것이다.

④ 프로그래밍은 추출된 문제점들을 해결(problem solving)하는 종합적인 결정과정이다.

16. 건축 흡음구조 및 재료에 대한 설명으로 옳은 것은?

① 다공질 흡음재는 저·중주파수에서의 흡음률은 높지만 고주파수에서는 흡음률이 급격히 저하된다.
② 다공질 재료의 표면이 다른 재료에 의해 피복되어 통기성이 저하되면 저·중주파수에서의 흡음률이 저하된다.
③ 단일 공동공명기는 전 주파수 영역 범위에서 흡음률이 동일하다.
④ 판진동형 흡음구조의 흡음판은 기밀하게 접착하는 것보다 못 등으로 고정하는 것이 흡음률을 높일 수 있다.

17. 화재경보설비에 대한 설명으로 옳지 않은 것은?

① 감지기는 화재에 의해 발생하는 열, 연소 생성물을 이용하여 자동적으로 화재의 발생을 감지하고, 이것을 수신기에 송신하는 역할을 한다.
② 감지기에는 열감지기와 연기감지기가 있다.
③ 수신기는 감지기에 연결되어 화재발생 시 화재등이 켜지고 경보음이 울리도록 한다.
④ 열감지기에는 주위 온도의 완만한 상승에는 작동하지 않고 급상승의 경우에만 작동하는 정온식과 실온이 일정 온도에 달하면 작동하는 차동식이 있다.

18. 미노루 야마자키가 세인트루이스에 설계한 주거단지로, 당시 미국 건축가협회 상(賞)을 수상하였지만 슬럼화와 범죄 발생으로 인해 폭파되었으며, 찰스 젱스(Charles Jencks)가 모더니즘 건축 종말의 상징으로 언급한 건축물은?

① 갈라라테세(Gallaratese) 집합주거단지
② 프루이트 이고우(Pruit Igoe) 주거단지
③ 아브락사스 주거단지(Le Palais d' Abraxas Housing Development)
④ IBA 공공주택(IBA Social Housing)

19. 미술관의 자연채광방식에 대한 설명으로 옳지 않은 것은?

① 정광창 형식은 채광량이 많아 조각품 전시에 적합하다.
② 정측광창 형식은 전시실 채광방식 중 가장 불리하다.
③ 고측광창 형식은 정광창식과 측광창식의 절충방식이다.
④ 측광창 형식은 소규모 전시실 이외에는 부적합하다.

20. 다음 목조건축물 중 고려시대의 다포식 건축물은?

① 영주 – 부석사 무량수전
② 안동 – 봉정사 극락전
③ 연탄 – 심원사 보광전
④ 안동 – 봉정사 대웅전

지방직 9급 해설 및 정답 & 동영상강의

01	④	02	②	03	②	04	③	05	①
06	③	07	④	08	②	09	①	10	④
11	④	12	①	13	③	14	②	15	④
16	④	17	④	18	②	19	②	20	③

01 계단실형의 특징
- 독립성이 좋다.
- 출입이 편하다.
- 통행부의 면적이 작으므로 건물의 이용도가 높다
- 고층 아파트일 경우 각 계단실마다 엘리베이터를 설치해야 하므로 시설비가 많이 든다.

02 ② 모듈 사용의 단점은 동일한 형태가 집단을 이루는 경향이 있으므로 건축물 형태의 창조성과 인간성을 상실할 우려가 있어 다양하고 자유로운 계획에 불리하다.

03 ① 종합교실형은 교실 안에서 모든 교과를 학습할 수 있게 계획하는 방식으로 초등학교 저학년에 적합한 방식이다.
③ 플래툰형은 전교 교실을 보통교실 이용 그룹과 특별교실 이용 그룹으로 분리하여 두 개의 학급 군이 각 교실 군을 교대로 사용하는 방식이다.
④ 달톤형은 학급, 학년을 없애고 학생들이 각자의 능력에 따라 교과를 선택하고 수업하는 방식이다.

04 ③ 지하층이란 건축물의 바닥이 지표면 아래에 있는 층으로서 바닥에서 지표면까지 평균높이가 해당 층 높이의 2분의 1 이상인 것을 말한다.

05 ① 재료의 열전도율 : kcal/m·h·°C = W/m·k

06 ③ 미스 반 데 로에(Mies van der Rohe) – 베를린 신국립미술관
- 베를린 신국립 미술관은 현대 미술 작품을 전시하고 있는 미술관이다. 유럽에서도 중요한 미술관으로 손꼽히는 곳이며 20세기 미술 작품들이 주로 전시되어 있다. 특히 피카소, 뭉크, 코코슈카, 마그리트, 파울 클레 등의 작품들이 소장되어 있다. 미술관 건물도 하나의 작품으로 평가되고 있는데, 이 건물은 현대 건축의 3대 거장으로 손꼽히는 미스 반 데어 로에가 설계했다.

07 ④ 거주 후 평가(P.O.E.)는 행태적(behavioral) 항목 뿐만 아니라 환경장치, 사용자, 주변환경 및 사용자의 선호도 등을 평가하여 설계과정에 반영한다.

08 ② 난방을 통해 결로를 방지할 때에는 단시간 높은 온도로 난방하는 것보다 장시간 낮은 온도로 난방하는 것이 유리하다.

09 ① 노외주차장(이륜자동차 전용 노외주차장 제외)이 출입구가 1개이고 주차형식이 평행주차일 경우 차로의 너비는 5.0 m 이상이어야 한다. 출입구가 2개 이상이고 주차형식이 평행주차일 경우 차로의 너비는 3.3m 이상으로 한다.

10 각 재료의 반사율
- 붉은 벽돌 : 10~30%
- 창호지 : 40~50%
- 목재 니스칠 : 30~50%
- 백색 유광타일 : 60~80%
- 검은색 페인트 : 5~10%
- 진한색 벽 : 10~30%

11 ④ 다가구주택은 단독주택에 속한다.

12 ① 사이클로라마는 무대 제일 뒤에 설치되는 무대배경용벽으로 쿠펠 호리존트(Kuppel Horizont)라고도 한다.

13 ③ 상대습도는 습공기의 수증기 분압과 그 온도 상태 포화공기의 수증기 분압과의 비를 백분율로 나타낸 것이다.
• 절대습도 : 습공기를 구성하고 있는 건조공기 1kg당의 수증기의 양을 말한다.

14 ① 지구단위계획구역 안에서 대지의 일부를 공공시설 부지로 제공하고 건축할 경우, 용적률, 건폐율을 완화받을 수 있다.
③ 지구단위계획의 사항에는 건축물의 용도제한, 건축물의 건폐율 또는 용적률, 기반시설의 배치와 규모, 건축물의 형태, 색채 및 환경관리계획 또는 경관계획이 포함된다.
④ 지구단위계획구역의 지정결정 고시일부터 3년 이내에 해당 구역 지구단위계획이 결정, 고시되지 않으면 지구단위 계획구역의 지정결정은 효력을 상실한다.

15 ④ 추출된 문제점들을 해결(problem solving)하는 종합적인 결정과정은 설계(Design)이다.

16 ① 다공질 흡음재는 중고주파수에서의 흡음률은 높지만 저주파수에서는 흡음률이 급격히 저하된다.
② 다공질 재료의 표면이 다른 재료에 의해 피복되어 통기성이 저하되면 중고주파수에서의 흡음률이 저하된다.
③ 단일 공동공명기는 원하는 특정 주파수의 음만을 효과적으로 처리할 수 있다.

17 ④ 열감지기에는 주위 온도의 완만한 상승에는 작동하지 않고 급상승의 경우에만 작동하는 차동식과 실온이 일정 온도에 달하면 작동하는 정온식이 있다.

18 프루이트 이고우(Pruitt Igoe) 아파트 : 미노루 야마자끼가 세인트루이스에 설계한 주거단지로, 당시 AIA상을 수상하였지만 슬럼화와 범죄발생으로 인해 폭파됨으로써, 포스트 모더니즘을 주창했던 찰스 젱크스(Charles Jencks)가 근대건축 종말의 상징으로 언급한 건축물

19 ② 정측광창 형식은 관람자가 서 있는 상부에 천장을 불투명하게 하여 측벽에 가깝게 채광창을 설치하는 형식으로 회화작품을 전시하기에 유리한 형식이다.
• 전시실 채광방식 중 가장 불리한 방식은 측광창형식이다.

20 심원사 보광전(心源寺 普光殿, 1374년) : 황해북도 연탄군 연탄읍 심원사에 있는 고려 말기의 불전으로 다포식 건축양식으로 가장 오래된 건축물

1. 미술관 출입구 계획에 대한 설명으로 옳지 않은 것은?

① 일반 관람객용과 서비스용 출입구를 분리한다.

② 상설전시장과 특별전시장은 입구를 같이 사용한다.

③ 오디토리움 전용 입구나 단체용 입구를 예비로 설치한다.

④ 각 출입구는 방재시설을 필요로 하며 셔터 등을 설치한다.

2. 「건축법 시행령」상 면적 등의 산정방법에 대한 설명으로 옳지 않은 것은?

① 층고는 방의 바닥구조체 아랫면으로부터 위층 바닥구조체의 아랫면까지의 높이로 한다.

② 처마높이는 지표면으로부터 건축물의 지붕틀 또는 이와 비슷한 수평재를 지지하는 벽·깔도리 또는 기둥의 상단까지의 높이로 한다.

③ 지하주차장의 경사로는 건축면적에 산입하지 아니한다.

④ 해당 건축물의 부속용도인 경우 지상층의 주차용으로 쓰는 면적은 용적률 산정 시 제외한다.

3. 도서관의 서고계획에 대한 설명으로 옳지 않은 것은?

① 도서 증가에 따른 확장을 고려하여 계획한다.

② 내화, 내진 등을 고려한 구조로서 서가가 재해로부터 안전해야 한다.

③ 도서의 보존을 위해 자연채광을 하며 기계 환기로 방진, 방습과 함께 세균의 침입을 막는다.

④ 서고 공간 1m³당 약 66권 정도를 보관한다.

4. 현대적 학교운영방식인 개방형 학교(open school)에 대한 설명으로 옳지 않은 것은?

① 학생 개인의 능력과 자질에 따른 수준별 학습이 가능한 수요자 중심의 학교운영방식이다.

② 2인 이상의 교사가 협력하는 팀티칭(team teaching) 방식을 적용하기에 부적합하다.

③ 공간 계획은 개방화, 대형화, 가변화에 대응할 수 있어야 한다.

④ 흡음효과가 있는 바닥재 사용이 요구되며, 인공조명 및 공기조화 설비가 필요하다.

5. 「건축물의 피난·방화구조 등의 기준에 관한 규칙」상 특별피난계단의 구조에 대한 설명으로 옳은 것만을 모두 고르면?

> ㄱ. 계단실에는 예비전원에 의한 조명설비를 할 것
>
> ㄴ. 계단실의 실내에 접하는 부분의 마감은 난연재료로 할 것
>
> ㄷ. 계단은 내화구조로 하고 피난층 또는 지상까지 직접 연결되도록 할 것
>
> ㄹ. 출입구의 유효너비는 0.9미터 이상으로 하고 피난의 방향으로 열 수 있을 것
>
> ㅁ. 건축물의 내부와 접하는 계단실의 창문등(출입구를 제외한다)은 망이 들어 있는 유리의 붙박이창으로서 그 면적을 각각 1제곱미터 이하로 할 것

① ㄱ, ㄴ, ㅁ

② ㄱ, ㄷ, ㄹ

③ ㄱ, ㄷ, ㄹ, ㅁ

④ ㄴ, ㄷ, ㄹ, ㅁ

6. 1인당 공기공급량(m³/h)을 기준으로 할 때 다음과 같은 규모의 실내 공간에 1시간당 필요한 환기 횟수[회]는?

> • 정원 : 500명
> • 실용적 : 2,000m³
> • 1인당 소요 공기량 : 40m³/h

① 8 ② 10
③ 16 ④ 25

7. 공연장에 대한 설명으로 옳은 것은?

① 대규모 공연장의 경우 클락룸(clock room)의 위치는 퇴장 시 동선 흐름에 맞추어 1층 로비의 좌측 또는 우측에 집중배치한다.
② 오픈스테이지(open stage)형은 가까이에서 공연을 관람할 수 있으며 가장 많은 관객을 수용하는 평면형이다.
③ 객석이 양쪽에 있는 바닥면적 800m² 공연장의 세로통로는 80cm 이상을 확보한다.
④ 잔향시간은 객석의 용적과 반비례 관계에 있다.

8. 특수전시기법에 대한 설명으로 옳지 않은 것은?

① 디오라마 전시 – 사실을 모형으로 연출하여 관람시킬 수 있다.
② 파노라마 전시 – 벽면전시와 입체물이 병행되는 것이 일반적인 유형이다.
③ 아일랜드 전시 – 대형전시물, 소형전시물 등 전시물 크기와 관계없이 배치할 수 있다.
④ 하모니카 전시 – 전시 평면이 동일한 공간으로 연속 배치되어 다양한 종류의 전시물을 반복 전시하기에 유리하다.

9. 주요 작품으로는 씨그램빌딩과 베를린 신 국립미술관 등이 있으며 "Less is more"라는 유명한 건축적 개념을 주장했던 건축가는?

① 미스 반 데어 로에
② 알바 알토
③ 프랭크 로이드 라이트
④ 루이스 설리반

10. 병원건축의 간호 단위계획에 대한 설명으로 옳지 않은 것은?

① 공동병실은 주로 경환자의 집단수용을 위해 구성하며, 전염병 및 정신병 병실은 별동으로 격리한다.
② 1개의 간호사 대기소에서 관리할 수 있는 병상수는 일반적으로 30 ~ 40개 정도로 구성한다.
③ 오물처리실은 각 간호 단위마다 설치하는 것이 좋다.
④ PPC(progressive patient care)방식은 동일 질병의 환자들만을 증세의 정도에 따라 구분하여 간호 단위를 구성하는 것이다.

11. 수격작용(water hammering) 방지 대책으로 옳지 않은 것은?

① 공기실(air chamber)을 설치한다.
② 유속을 느리게 한다.
③ 밸브작동을 천천히 한다.
④ 배관에 굴곡을 많이 만든다.

12. 백화점 판매 매장의 배치형식 계획에 대한 설명으로 옳은 것은?

① 직각배치는 판매장 면적이 최대한으로 이용되고 배치가 간단하다.
② 사행배치는 많은 고객이 판매장 구석까지 가기 어렵다.
③ 직각배치는 통행폭을 조절하기 쉽고 국부적인 혼란을 제거할 수 있다.
④ 사행배치는 현대적인 배치수법이지만 통로폭을 조절하기 어렵다.

13. 한국 목조건축의 구성요소 중 기둥에 적용된 의장 기법에 대한 설명으로 옳지 않은 것은?

① 배흘림은 평행한 수직선의 중앙부가 가늘어 보이는 착시현상을 교정하기 위한 기법이다.

② 민흘림은 상단(주두) 부분의 지름을 굵게 하여 안정감을 주는 기법이다.

③ 귀솟음은 중앙 기둥부터 모서리 기둥으로 갈수록 기둥 높이를 약간씩 높게 하는 기법이다.

④ 안쏠림은 모서리 기둥을 안쪽으로 약간 경사지게 하는 기법이다.

14. 조선시대 궁궐에 대한 설명으로 옳지 않은 것은?

① 경복궁 – 근정전을 중심으로 하는 일곽의 중심건물은 남북축선상에 좌우 대칭으로 배치하였다.

② 창덕궁 – 인정전을 정전으로 하며 궁궐배치는 산기슭의 지형에 따라서 자유롭게 하였다.

③ 창경궁 – 명정전을 정전으로 하며 정전이 동향을 한 특유한 예로서 창덕궁의 서쪽에 위치한다.

④ 덕수궁 – 임진왜란 후에 선조가 행궁으로 사용하였으며 서양식 건물이 있다.

15. 공기조화방식 중 패키지 유닛방식에 대한 설명으로 옳지 않은 것은?

① 설비비가 저렴하다.

② 각 유닛을 각각 단독으로 조절할 수 있다.

③ 일반적으로 진동과 소음이 적다.

④ 용량이 작으므로 대규모 건물에는 적합하지 않다.

16. 열전달에 대한 설명으로 옳은 것은?

① 대류란 고체와 고체 사이의 접촉에 의한 열전달을 의미하고 전도란 고체 표면과 유체 사이에 열이 전달되는 형태이다.

② 물은 다른 재료보다 열용량이 커서 열을 저장하기에 좋은 재료이다.

③ 복사열은 대류와 마찬가지로 중력의 영향을 받으므로 아래로는 복사가 가능하나 위로는 복사가 불가능하다.

④ 물이 높은 곳에서 낮은 곳으로 흐르는 것과 마찬가지로 열도 높은 곳에서 낮은 곳으로 흐르므로 고온도에 있는 열을 저온도로 보내는 장치를 열펌프(heat pump)라 한다.

17. 분전반 설치 시 유의사항으로 옳지 않은 것은?

① 가능한 한 매층마다 설치하고 제3종 접지를 한다.

② 통신용 단자함이나 옥내 소화전함과 조화 있게 설치한다.

③ 조작상 안전하고 보수·점검을 하기 쉬운 곳에 설치한다.

④ 가능한 한 부하의 중심에서 멀리 설치한다.

18. 「건축기본법」에서 규정하여 건축의 공공적 가치를 구현하고자 하는 기본이념만을 모두 고르면?

ㄱ. 국민의 안전·건강 및 복지에 직접 관련된 생활공간의 조성

ㄴ. 사회의 다양한 요구를 조정하고 수용하며 경제활동의 토대가 되는 공간환경의 조성

ㄷ. 환경 친화적이고 지속가능한 녹색건축물 조성

ㄹ. 지역의 고유한 생활양식과 역사를 반영하고 미래세대에 계승될 문화공간의 창조 및 조성

ㅁ. 건축물의 안전·기능·환경 및 미관을 향상시킴으로써 공공복리의 증진에 이바지하는 것

① ㄱ, ㄴ, ㄹ   ② ㄱ, ㄹ, ㅁ

③ ㄴ, ㄷ, ㅁ   ④ ㄴ, ㄹ, ㅁ

19. 건물정보모델링(BIM : building information modeling) 기술을 도입하여 설계단계에서 얻을 수 있는 장점들만을 모두 고르면?

> ㄱ. 설계안에 대한 검토를 통해 설계 요구조건 등에 대한 만족 여부를 확인할 수 있다.
> ㄴ. 정확한 물량 산출을 하여 공사비 견적에 활용할 수 있다.
> ㄷ. 각 작업단위에서 필요한 자재 정보를 연동하여 공정계획 및 관리 효율을 향상시킬 수 있다.
> ㄹ. 발주자에게 건물 모델 및 정보를 건물 운영관리 시스템에 사용될 수 있도록 넘겨줄 수 있다.

① ㄱ, ㄴ　　　　② ㄱ, ㄷ
③ ㄴ, ㄹ　　　　④ ㄷ, ㄹ

20. 복사난방 방식에 대한 설명으로 옳지 않은 것은?

① 매입 배관 시공으로 설비비가 비싸나 유지관리는 용이하다.
② 실내의 온도 분포가 균등하고 쾌감도가 우수하다.
③ 외기 급변에 따른 방열량 조절은 어려우나 층고가 높은 공간에서도 난방 효과가 우수하다.
④ 바닥의 이용도가 높으며 개방상태에서도 난방 효과가 있다.

지방직 9급 해설 및 정답 & 동영상강의

01	②	02	①	03	③	04	②	05	②
06	②	07	③	08	④	09	①	10	④
11	④	12	①	13	②	14	③	15	③
16	②	17	④	18	①	19	①	20	①

01 ② 상설전시장과 특별전시장은 입구를 별도로 설치한다.

02 ① 층고는 방의 바닥구조체 윗면으로부터 위층 바닥구조체의 윗면까지의 높이로 한다.

03 ③ 도서의 보존을 위해 인공조명을 하며 기계 환기로 방진, 방습과 함께 세균의 침입을 막는다.

04 ② 2인 이상의 교사가 협력하는 팀티칭(team teaching) 방식을 적용하기에 적합하다.

05 ㄴ. 계단실의 실내에 접하는 부분의 마감은 불연재료로 할 것
ㅁ. 노대 또는 부속실에 접하는 부분 외에는 건축물의 내부와 접하는 계단실의 창문 등을 설치하지 아니할 것

06 시간당 환기횟수 $= \dfrac{1인당 소요 공기량 \times 인원}{실의 체적}$

$= \dfrac{40 \times 500}{2,000} = 10회/h$

07 ① 대규모 공연장의 경우 클락룸(clock room)의 위치는 퇴장 시 동선 흐름에 맞추어 1층 로비의 좌측과 우측에 분산 배치한다.
② 아레나(arena)형은 가까이에서 공연을 관람할 수 있으며 가장 많은 관객을 수용하는 평면형이다.
④ 잔향시간은 객석의 용적과 비례 관계에 있다.

08 ④ 하모니카 전시 – 전시 평면이 동일한 공간으로 연속 배치되어 동일한 종류의 전시물을 반복 전시하기에 유리하다.

09 ① 루트비히 미스 판 데어 로에(Ludwig Mies van der Rohe, 1886년 3월 27일 ~ 1969년 8월 17일)은 독일의 건축가로 본명은 마리아 루트비히 미하엘 미스(Maria Ludwig Michael Mies)이다. 미스 판 데어 로에는 발터 그로피우스, 르 코르뷔지에와 함께 근대 건축의 개척자로 꼽힌다. 제1차 세계 대전 이후 당시의 많은 사람들처럼 미스도 예전에 고전이나 고딕 양식이 그 시대를 대표했던 것 같이 근대의 시대를 대표할 수 있는 새로운 건축 양식을 성립하려고 노력했다. 미스는 극적인 명확성과 단순성으로 나타나는 주요한 20세기 건축양식을 만들어냈다. 완숙기의 그의 건물은 공업용 강철과 판유리와 같은 현대적인 재료들로 만들어져 내부 공간을 정의하였다. 최소한의 구조 골격이 그 안에 포함된 거침없는 열린 공간의 자유에 대해 조화를 이루는 건축을 위해 미스는 노력하였다. 미스는 그의 건물을 "피부와 뼈"(skin and bones) 건축으로 불렸다. 미스는 이성적인 접근으로 건축 설계의 창조적 과정을 인도하려고 노력했고, 이는 그의 격언인 "less is more"(적을수록 많다)와 "God is in the details"(신은 상세 안에 있다)로 잘 알려져 있다. 주요작품으로는 베를린 국립미술관 신관, IIT대학 크라운홀, 튜겐트저택, 시그램빌딩 등이 있다.

10 ④ PPC(progressive patient care)방식은 질병의 종류에 관계없이 증세의 정도에 따라 구분하여 간호단위를 구성하는 것이다.

11 ④ 될 있는 한 직선배관으로 한다.

12 ② 사행배치는 많은 고객이 판매장 구석까지 가기 쉬운 이점이 있다.
③ 직각배치는 통행폭을 조절하기 어려워 국부적인 혼란을 일으키기 쉽다.
④ 자유유동(유선)배치는 현대적인 배치수법으로 매장의 특수성을 살릴 수 있으나 특수한 형태의 판매대가 필요하므로 매장의 변경 및 통로폭 조절이 어렵다.

13 ② 민흘림은 상단(주두) 부분보다 기둥 아랫부분의 지름을 굵게 하여 안정감을 주는 기법이다.

14 ③ 창경궁 – 명정전을 정전으로 하며 정전이 동향을 한 특유한 예로서 창덕궁의 동쪽에 위치한다.

15 ③ 패키지 유닛방식은 일반적으로 진동과 소음이 크다.

16 ① 대류란 유체가 온도차에 의해 밀도의 차이가 발생하여 유체의 이동에 의해 열이 전달되는 형태이며, 전도란 고체 또는 정지한 유체에서 분자 또는 원자에너지의 확산에 의해 열이 전달되는 형태이다.
　③ 복사열은 고온의 물체 표면에서 전자파가 발생하여 저온의 물체 표면으로 열이 전달되는 형태로 진공에서도 일어난다.
　④ 열펌프는 저온도에 있는 열원인 공기, 물, 폐수 등으로부터 고온도의 열을 얻을 수 있는 장치로서, 압축식 냉동기를 여름에는 냉방용으로 운전하고 겨울에는 냉매의 흐름방향을 바꾸어 난방용으로 운전할 수 있다.

17 ④ 가능한 한 매층 부하의 중심에 설치한다.

18 「건축기본법」의 기본이념
　① 국민의 안전·건강 및 복지에 직접 관련된 생활공간의 조성
　② 사회의 다양한 요구를 조정하고 수용하며 경제활동의 토대가 되는 공간환경의 조성
　③ 지역의 고유한 생활양식과 역사를 반영하고 미래세대에 계승될 문화공간의 창조 및 조성
　※ ㄷ. 환경 친화적이고 지속가능한 녹색건축물 조성 – 「녹색건축물 조성지원법」
　　 ㅁ. 건축물의 안전·기능·환경 및 미관을 향상시킴으로써 공공복리의 증진에 이바지하는 것 – 「건축법」

19 ㄷ. 각 작업단위에서 필요한 자재 정보를 연동하여 공정계획 및 관리 효율을 향상시킬 수 있다. – 시공단계
　ㄹ. 발주자에게 건물 모델 및 정보를 건물 운영 관리 시스템에 사용될 수 있도록 넘겨줄 수 있다. – 유지관리 단계

20 ① 매입 배관 시공으로 시공이 어렵고 수리비, 설비비가 비싸고 고장요소를 발견할 수 없어 유지관리의 어려움이 있다.

1. 은행의 건축계획에 대한 설명으로 옳지 않은 것은?

① 고객 출입구는 2개소 이상으로 하고 밖여닫이로 한다.

② 고객의 공간과 업무공간 사이에는 원칙적으로 구분이 없도록 한다.

③ 현금 반송 통로는 관계자 외 출입을 금하며 감시가 쉽도록 한다.

④ 고객이 지나는 동선은 가능한 한 짧게 한다.

2. 다음에서 설명하는 디자인의 원리는?

> • 양 지점으로부터 같은 거리인 점에서 평형이 이루어진다는 것을 의미
> • 두 부분의 중앙을 지나는 가상의 선을 축으로 양쪽 면을 접어 일치되는 상태

① 강조   ② 점이
③ 대칭   ④ 대비

3. 빛의 단위로 옳은 것은?

① 광도 – 칸델라(cd)

② 휘도 – 켈빈(K)

③ 광속 – 라드럭스(rlx)

④ 광속발산도 – 루멘(lm)

4. 다음에서 설명하는 개념은?

> 성별, 연령, 국적 및 장애의 유무와 관계없이 모든 사람이 안전하고 편리하게 이용할 수 있는 제품, 건축, 환경을 설계하는 개념

① 범죄예방환경설계(Crime Prevention Through Environmental Design)

② 길찾기(Wayfinding)

③ 지속가능한 건축(Sustainable Architecture)

④ 유니버설 디자인(Universal Design)

5. 특수전시기법인 디오라마(Diorama) 전시에 대한 설명으로 옳지 않은 것은?

① 전시물을 부각해 관람자가 현장에 있는 듯한 느낌을 주게 하는 입체적인 기법이다.

② 사실을 모형으로 연출해 관람시키는 방법으로 실물 크기의 모형 또는 축소형의 모형 모두가 전시 가능하다.

③ 조명은 전면 균질조명을 기본으로 한다.

④ 벽면전시와 입체물을 병행하는 것이 일반적이며 넓은 시야의 실경을 보는 듯한 감각을 주는 기법이다.

6. 주거건축 계획에 대한 설명으로 옳지 않은 것은?

① 주택 전체 건물의 방위는 남쪽이 좋으며, 남쪽 이외에는 동쪽으로 18°이내와 서쪽으로 16°이내가 합리적이다.

② 주택의 입지 조건은 일조와 통풍이 양호하고 전망이 좋은 곳이 이상적이다.

③ 한식 주택의 평면구성은 개방적이며 실의 분화로 되어 있고, 양식 주택의 평면구성은 폐쇄적이며 실의 조합으로 되어 있다.

④ 주택의 생활공간은 개인생활공간, 가사노동공간, 공동생활공간 등으로 구분한다.

7. 주차장법령상 주차장 계획 및 구조·설비기준에 대한 설명으로 옳지 않은 것은?

① 노외주차장의 출입구 너비는 3m 이상으로 하고, 주차대수 규모가 30대 이상이면 출구와 입구를 분리해야 한다.

② 횡단보도에서 5m 이내에 있는 도로의 부분에는 노외주차장의 출구 및 입구를 설치할 수 없다.

③ 단독주택(다가구주택 제외)의 시설면적이 50 ㎡를 초과하고 150㎡ 이하일 경우, 부설주차장 설치기준은 1대이다.

④ 지하식 또는 건축물식 노외주차장 경사로의 종단 경사도는 직선 부분에서 17%를, 곡선 부분에서는 14%를 초과해서는 안 된다.

8. 사무소 건축계획에 대한 설명으로 옳지 않은 것은?

① 편심코어는 바닥면적이 작은 소규모 사무소 건축에 유리하다.

② 사무공간을 개실형으로 배치할 경우, 임대는 용이하나 공사비가 많이 든다.

③ 승강기 배치의 경우 4대 이상이면 알코브형으로 배치하되, 10대를 최대한도로 한다.

④ 기준층 평면의 결정요소는 구조상 스팬의 한도, 설비 시스템상 한계, 자연채광, 피난거리, 지하주차장 등이다.

9. 「건축물의 범죄예방 설계 가이드라인」상 설계기준에 대한 설명으로 옳지 않은 것은?

① 공동주택의 지하주차장에는 자연채광과 시야 확보가 용이하도록 썬큰, 천창 등의 설치를 권장한다.

② 단독주택의 출입문은 도로 또는 통행로에서 직접 볼 수 있도록 계획한다.

③ 높은 조도의 조명보다 낮은 조도의 조명을 많이 설치하여 과도한 눈부심을 줄인다.

④ 공적인 장소와 사적인 장소 간의 융합을 통해 공간의 소통을 강화하여 영역성을 확보한다.

10. 「건축물의 에너지절약설계기준」상 건축부문의 권장사항에 대한 설명으로 옳지 않은 것은?

① 외피의 모서리 부분은 열교가 발생하지 않도록 단열재를 연속적으로 설치한다.

② 건물 옥상에는 조경을 하여 최상층 지붕의 열저항을 높이고, 옥상면에 직접 도달하는 일사를 차단한다.

③ 건물의 창 및 문은 가능한 한 크게 설계하여 자연채광을 좋게 하고 열획득 효율을 높이도록 한다.

④ 건축물 외벽, 천장 및 바닥으로의 열손실을 방지하기 위하여 기준에서 정하는 단열두께보다 두껍게 설치하여 단열부위의 열저항을 높이도록 한다.

11. 도서관 건축계획에 대한 설명으로 옳지 않은 것은?

① 도서관 건축계획은 모듈러 플랜(modular plan)을 통해 확장 변화에 대응하는 것이 유리하다.

② 반개가식은 이용률이 낮은 도서나 귀중서 보관에 적합하다.

③ 안전개가식은 1실의 규모가 1만 5천권 이하의 도서관에 적합하다.

④ 참고실(reference room)은 일반열람실과 별도로 하고, 목록실과 출납실에 인접시키는 것이 좋다.

12. (가) ~ (라)의 건축용어와 A ~ D의 건축물 유형이 옳게 짝지어진 것은?

| (가) 프로시니엄 아치(proscenium arch) |
| (나) 클린 룸(clean room) |
| (다) 캐럴(carrel) |
| (라) 프런트 오피스(front office) |

| A. 공장 | B. 공연장 |
| C. 호텔 | D. 도서관 |

	(가)	(나)	(다)	(라)
①	B	A	D	C
②	B	D	C	A
③	D	B	A	C
④	D	C	A	B

13. 병원건축의 분관식(pavilion type) 배치에 대한 설명으로 옳지 않은 것은?

① 넓은 대지가 필요하며 보행거리가 멀어진다.
② 급수, 난방, 위생, 기계설비 등의 설비비가 적게 든다.
③ 병동부, 외래부, 중앙진료부가 수평 동선을 중심으로 연결된 형태이다.
④ 일조 및 통풍 조건이 좋다.

14. 치수와 모듈에 대한 설명으로 옳지 않은 것은?

① 모듈치수는 공칭치수를 의미한다.
② 고층 라멘 건물은 조립부재 줄눈 중심 간 거리가 모듈치수에 일치해야 한다.
③ 제품치수는 공칭치수에서 줄눈 두께를 뺀 거리이다.
④ 창호치수는 문틀과 벽 사이의 줄눈 중심 간 거리가 모듈치수에 일치하도록 한다.

15. 수도직결방식에 대한 설명으로 옳지 않은 것은?

① 탱크나 펌프가 필요하지 않아 설비비가 적게 소요된다.
② 수도 압력 변화에 따라 급수압이 변한다.
③ 정전일 때 급수를 계속할 수 있다.
④ 대규모 급수 설비에 가장 적합하다.

16. 온수난방에 대한 설명으로 옳은 것은?

① 난방 부하의 변동에 따라 온수 온도와 온수의 순환수량을 쉽게 조절할 수 있다.
② 온수순환방식에 따라 단관식, 복관식으로 분류한다.
③ 증기난방에 비해 방열 면적과 배관의 관경이 작아 설비비를 줄일 수 있다.
④ 예열시간이 짧고 동결 우려가 없다.

17. 급탕 배관에 이용하는 신축이음쇠의 종류에 대한 설명으로 옳지 않은 것은?

① 슬리브형(sleeve type) : 배관의 고장이나 건물의 손상을 방지한다.
② 벨로즈형(bellows type) : 온도 변화에 따른 관의 신축을 벨로즈의 변형에 의해 흡수한다.
③ 스위블 조인트(swivel joint) : 1개의 엘보(elbow)를 이용하여 나사부의 회전으로 신축 흡수한다.
④ 신축곡관(expansion loop) : 고압 옥외 배관에 사용할 수 있으나 1개의 신축길이가 길다.

18. 「장애인·노인·임산부 등의 편의증진 보장에 관한 법률 시행규칙」상 장애인의 통행이 가능한 계단에 대한 설명으로 옳지 않은 것은?

① 계단은 직선 또는 꺾임형태로 설치할 수 있다.
② 계단 및 참의 유효폭은 1.2m 이상으로 하되, 건축물의 옥외 피난계단은 0.8m 이상으로 할 수 있다.
③ 바닥면으로부터 높이 1.8m 이내마다 휴식을 할 수 있도록 수평면으로된 참을 설치할 수 있다.
④ 경사면에 설치된 손잡이의 끝부분에는 0.3m 이상의 수평손잡이를 설치하여야 한다.

19. 한국의 근현대 건축가와 그의 작품의 연결이 옳은 것은?

① 나상진 – 부여박물관
② 이희태 – 제주대학교 본관
③ 김수근 – 경동교회
④ 김중업 – 절두산 성당

20. 서양 건축양식에 대한 설명으로 옳지 않은 것은?

① 로마 양식은 아치(arch)나 볼트(vault)를 이용하여 넓은 내부 공간을 만들었다.
② 초기 기독교 양식은 투시도법을 도입하였고 장미창(rose window)을 사용하였다.
③ 비잔틴 양식은 동서양의 문화 혼합이 특징이며 펜던티브 돔(pendentive dome)을 창안하였다.
④ 고딕 양식은 첨두아치(pointed arch), 플라잉 버트레스(flying buttress), 리브 볼트(rib vault)와 같은 구조적이자 장식적인 기법을 사용하였다.

지방직 9급 해설 및 정답

01	①	02	③	03	①	04	④	05	④
06	③	07	①	08	③	09	④	10	③
11	②	12	①	13	②	14	②	15	④
16	①	17	③	18	②	19	③	20	②

01 ① 고객 출입구는 1개소로 하고 도난방지상 안여닫이로 한다.

02 ③ 대칭
- 좌우 또는 상하에 하나의 중심축이 있는 구성으로 질서를 잡고 통일감을 얻기 쉽고, 표정이 단정하여 견고한 느낌을 주기도 한다.
- 축(Axis)의 조건은 대칭(Symmetry)의 조건이 동시에 존재하지 않아도 되지만, 대칭의 조건은 축의 조건을 중심으로 이루어지는 축이나 구심점의 존재를 함축하고 있지 않으면 존재할 수 없는 성질을 내포하고 있다.
- 대칭의 원리가 적용된 건축물 중에는 '인도의 타지마할'이 있다.

03 ② 휘도 – nt(니트), sb(스틸브)
③ 광속 – 루멘(lm)
④ 광속발산도 – 라드럭스(rlx)

04 ④ 유니버설 디자인(Universal Design) : 성별, 연령, 국적 및 장애의 유무와 관계없이 모든 사람이 안전하고 편리하게 이용할 수 있는 제품, 건축, 환경을 설계하는 개념

05 ④ 넓은 시야의 실경을 보는 듯한 감각을 주는 기법은 파노라마(Panorama) 전시이다.

06 ③ 양식 주택의 평면구성은 개방적이며 실의 분화로 되어 있고, 한식 주택의 평면구성은 폐쇄적이며 실의 조합으로 되어 있다.

07 ① 노외주차장의 출입구 너비는 3.5m 이상으로 하고, 주차대수 규모가 50대 이상이면 출구와 입구를 분리해야 한다.

08 ③ 승강기 배치의 경우 6대 이상이면 알코브형 또는 대면형으로 배치한다.

09 ④ 영역성 확보를 위해 공적인 장소와 사적인 장소 간 공간의 위계를 명확히 계획하여 공간의 성격을 명확하게 인지할 수 있도록 설계하여야 한다.

10 ③ 건물의 창 및 문은 가능한 작게 설계하고, 특히 열손실이 많은 북측 거실의 창 및 문의 면적은 최소화한다.

11 ② 반개가식은 신간서적 안내에 적합하다.

12 (가) 프로시니엄 아치(proscenium arch) : 공연장의 관람석과 무대사이에 설치되는 격벽으로 조명기구나 무대장치를 막아 관객의 눈을 무대로 쏠리게 하는 시각적 효과가 있다.
(나) 클린 룸(clean room) : 공장 등에서 공기 중에 부유하는 입자상 오염 요인물이 규정된 레벨 이하로 관리되고 필요에 따라서 온도, 습도, 압력 등의 환경조건도 관리되어 있는 실
(다) 캐럴(carrel) : 도서관에서 서고 내에 설치하는 소규모 개인 열람실 또는 연구실
(라) 프런트 오피스(front office) : 호텔에서 가장 먼저 고객을 접하는 공간이며, 안내계, 객실계, 회계로 구성되어 있다.

13 ② 급수, 난방, 위생, 기계설비 등의 설비비가 적게 드는 형식은 집중식(block type)이다.

14 ② 조립식 건물은 조립부재 줄눈 중심 간 거리가 모듈치수에 일치해야 한다.

15 ④ 대규모 급수 설비에 부적합하다.

16 ② 온수순환방식에 따라 중력순환식, 강제순환식으로 분류한다.
③ 증기난방에 비해 방열 면적과 배관의 관경이 커서 설비비가 많이 든다.
④ 예열시간이 길고 운전 정지시 동결의 우려가 있다.

17 ③ 스위블 조인트(swivel joint) : 2개 이상의 엘보(elbow)를 이용하여 나사부의 회전으로 신축 흡수한다.

18 ② 계단 및 참의 유효폭은 1.2m 이상으로 하되, 건축물의 옥외 피난계단은 0.9m 이상으로 할 수 있다.

19 ① 부여박물관 – 김수근
② 제주대학교 본관 – 김중업
④ 절두산 성당 – 이희태

20 ② 투시도법은 이탈리아 르네상스 건축가인 브루넬레스키에 의하여 도입되었으며, 장미창(rose window)은 고딕건축에서 사용하였다.

1. 루이스 헨리 설리반(Louis Henry Sullivan)에 대한 설명으로 옳은 것만을 모두 고르면?

> ㄱ. "형태는 기능을 따른다(Form follows function)."라는 명제를 주장하였다.
> ㄴ. 구성주의 이론을 전개하였다.
> ㄷ. 홈 인슈어런스 빌딩을 설계하였다.
> ㄹ. 프랭크 로이드 라이트의 스승이다.

① ㄱ, ㄴ
② ㄱ, ㄹ
③ ㄴ, ㄷ
④ ㄱ, ㄷ, ㄹ

2. 다음에서 설명하는 공기조화 방식에 해당하는 것으로만 묶은 것은?

> • 온도 및 습도 등을 제어하기 쉽고 실내의 기류 분포가 좋다.
> • 실내에 설치되는 기기가 없어 실의 유효 면적이 증가한다.
> • 외기냉방 및 배열회수가 용이하다.
> • 덕트 스페이스가 크고, 공조 기계실을 위한 큰 면적이 필요하다.

① 패키지유닛방식, 룸에어컨
② CAV방식, VAV방식, 이중덕트방식
③ 팬코일유닛방식, 유인유닛방식
④ 인덕션유닛방식, 복사냉난방방식

3. 화장실 바닥 배수에 주로 사용하는 트랩은?

① U형 트랩
② 드럼 트랩
③ 벨 트랩
④ 샌드 트랩

4. 건축물의 급수방식에 대한 설명으로 옳지 않은 것은?

① 고가수조방식은 상수도에서 받은 물을 저수탱크에 저장한 뒤, 펌프로 건물 옥상 등에 끌어올린 후 공급하는 방식이다.
② 초고층 건물에서는 과대한 수압으로 인한 수격작용이나, 저층부와 상층부의 불균등한 수압 차 문제를 해소하기 위해 급수조닝을 할 필요가 있다.
③ 수도직결방식은 일반주택이나 소규모 건물에서 많이 사용하는 방식으로 상수도 본관에서 인입관을 분기하여 급수하는 방식이다.
④ 부스터 방식은 수도 본관에서 물을 받아 물받이 탱크에 저수한 다음 급수펌프로 압력탱크에 물을 보내면 압력탱크에서는 공기를 압축 가압하여 급수하는 방식이다.

5. 건축의 과정에 대한 설명으로 옳은 것은?

① 기초조사 – 실시설계 – 기본계획 – 기본설계의 순으로 진행된다.
② 기본계획은 구체적인 형태의 기본을 결정하는 단계로 기본설계도서를 작성한다.
③ 기초조사는 설계도면에 표시할 수 없는 각종 건축, 기계, 전기, 기타 사항 등을 글이나 도표로 작성하는 과정이다.
④ 실시설계는 공사에 필요한 사항을 상세도면 등으로 명시하는 작업단계이다.

6. 주거 건축계획에 대한 설명으로 옳은 것만을 모두 고르면?

> ㄱ. 공동주택 단면형식 중 단위주거의 복층형은 프라이버시가 좋으므로 소규모 주택일수록 경제적이다.
> ㄴ. 공동주택 접근형식 중 편복도형은 각 세대의 주거환경을 균질하게 할 수 있다.
> ㄷ. 쿨데삭(cul-de-sac)은 통과교통이 없어 보행자의 안전성 확보에 유리하다.
> ㄹ. 근린 생활권 중 인보구는 어린이놀이터가 중심이 되는 단위이다.

① ㄱ, ㄴ ② ㄷ, ㄹ
③ ㄱ, ㄴ, ㄷ ④ ㄴ, ㄷ, ㄹ

7. 건축법령상 용어의 정의로 옳지 않은 것은?

① "초고층 건축물"이란 층수가 50층 이상이거나 높이가 200미터 이상인 건축물을 말한다.
② "주요구조부"란 기초, 내력벽, 기둥, 보, 지붕틀 및 주계단을 말한다.
③ "고층건축물"이란 층수가 30층 이상이거나 높이가 120미터 이상인 건축물을 말한다.
④ "거실"이란 건축물 안에서 거주, 집무, 작업, 집회, 오락, 그 밖에 이와 유사한 목적을 위하여 사용되는 방을 말한다.

8. 고대 건축에 대한 설명으로 옳지 않은 것은?

① 인슐라(Insula)는 1층에 상점이 있는 중정 형태의 로마 시대 서민주택이다.
② 로마의 컴포지트 오더는 이오니아식과 코린트식 오더를 복합한 양식으로 화려한 건물에 많이 사용되었다.
③ 조세르왕의 단형 피라미드는 마스타바라고도 부르며 쿠푸왕의 피라미드보다 후기에 만들어졌다.
④ 우르의 지구라트는 신에게 제사를 지내는 신전의 기능과 천문관측의 기능을 동시에 가지고 있었으며, 평면은 사각형이고 각 모서리가 동서남북으로 배치되었다.

9. 우리나라 전통 목조 가구식 건축에 대한 설명으로 옳은 것은?

① 정면(도리 방향) 5칸, 측면(보 방향) 3칸인 평면구성일 경우에는 칸 수가 24칸이다.
② 고주는 외곽기둥으로 사용되며, 평주와 우주는 내부기둥으로 사용된다.
③ 오량가는 종단면상에 보가 3줄, 도리가 2줄로 걸리는 가구형식이다.
④ 장방형의 건물은 일반적으로 정면(도리 방향) 중앙에 정칸을 두고 그 좌우에는 협칸을 둔다.

10. 소화설비 중 스프링클러에 대한 설명으로 옳지 않은 것은?

① 스프링클러헤드와 소방대상물 각 부분에서의 수평거리(R)는 내화구조건축물의 경우 2.3m이며, 스프링클러를 정방형으로 배치한다면 스프링클러헤드 간의 설치간격은 $\sqrt{3}$ R로 나타낼 수 있다.
② 개방형은 천장이 높은 무대부를 비롯하여 공장, 창고에 채택하면 효과적이다.
③ 스프링클러헤드의 방수압력은 $1kg/cm^2$ 이상이고, 방수량은 $80\ell/min$ 이상이 되어야 한다.
④ 병원의 입원실에는 조기반응형 스프링클러헤드를 설치하여야 한다.

11. 「주차장법 시행규칙」상 노외주차장의 출구 및 입구가 설치될 수 없는 경우는?

① 유치원 출입구로부터 24미터 이격된 도로의 부분
② 종단 기울기가 8퍼센트인 도로
③ 건널목의 가장자리로부터 6미터 이격된 도로의 부분
④ 횡단보도로부터 10미터 이격된 도로의 부분

12. 병원 건축계획에 대한 설명으로 옳은 것만을 모두 고르면?

> ㄱ. 「의료법 시행규칙」상 입원실은 내화구조인 경우에는 지하층에 설치할 수 있다.
> ㄴ. 종합병원은 생산녹지지역 및 자연녹지지역에서 건축이 가능하다.
> ㄷ. 간호사 근무실(nurse station)은 병실군의 중앙에 배치하여야 한다.
> ㄹ. 「의료법 시행규칙」상 병상이 300개 이상인 종합병원은 입원실 병상 수의 100분의 3 이상을 중환자실 병상으로 만들어야 한다.

① ㄱ, ㄴ   ② ㄱ, ㄷ
③ ㄴ, ㄷ   ④ ㄷ, ㄹ

13. 호텔 건축계획에 대한 설명으로 옳지 않은 것은?

① 기준층 기둥 간격은 객실 단위 폭(침실 폭 + 각 실 입구 통로 폭 + 반침 폭)의 두 배로 한다.
② 연면적에 대한 숙박부의 면적비는 평균적으로 리조트호텔보다 시티호텔이 크다.
③ 프런트 오피스는 호텔의 기능적 분류상 관리부분에 속한다.
④ 호텔 연회장의 회의실 1인당 소요 면적은 $1.8m^2$/인이다.

14. 지상 15층 사무소 건축물에서 아침 출근 시간에 10분간 엘리베이터 이용자의 최대 인원수가 62명일 때, 일주시간이 5분인 10인승 엘리베이터의 최소 필요 대수는? (단, 10인승 엘리베이터 1대의 평균 수송 인원은 8명으로 한다)

① 3대   ② 4대
③ 7대   ④ 8대

15. 극장 건축계획에 대한 설명으로 옳은 것은?

① 객석의 단면형식 중 단층형이 복층형보다 음향효과 측면에서 유리하다.
② 각 객석에서 무대 전면이 모두 보여야 하므로 수평시각은 클수록 이상적이다.
③ 공연장의 출구는 2개 이상 설치하며, 관람석 출입구는 관람객의 편의를 위하여 안여닫이 방식으로 한다.
④ 연극 등을 감상하는 경우 연기자의 표정을 읽을 수 있는 가시 한계(생리적 한도)는 22m이다.

16. 「주택법 시행령」상 준주택에 해당하지 않는 것은? (단, 건축물의 종류 및 범위는 「건축법 시행령」에 따른다)

① 다중주택   ② 다중생활시설
③ 기숙사   ④ 오피스텔

17. 다음과 같은 조건을 가진 어떤 학교 미술실의 이용률[%]과 순수율[%]은?

> 1주간 평균 수업시간은 50시간이다. 미술실이 사용되는 수업시간은 1주에 총 30시간이다. 그 중 9시간은 미술 이외 다른 과목 수업에서 사용한다.

	이용률	순수율
①	42	60
②	60	42
③	60	70
④	70	60

18. 열교에 대한 설명으로 옳지 않은 것은?

① 열의 손실이라는 측면에서 냉교라고도 한다.
② 난방을 통해 실내온도를 노점온도 이하로 유지하면 열교를 방지할 수 있다.
③ 중공벽 내의 연결 철물이 통과하는 구조체에서 발생하기 쉽다.
④ 내단열 공법 시 슬래브가 외벽과 만나는 곳에서 발생하기 쉽다.

19. 다음 설명에 해당하는 사회심리적 요인은?

> • 어떤 물건 또는 장소를 개인화하고 상징화함으로써 자신과 다른 사람을 구분하는 심리적 경계이다.
> • 개인이나 집단이 어떤 장소를 소유하거나 지배하기 위한 환경장치이다.
> • 침해당하면 소유한 사람들은 방어적인 반응을 보인다.
> • 오스카 뉴먼(Oscar Newman)은 이 개념을 이용해 방어적 공간(defensible space)을 주장했다.

① 영역성   ② 과밀
③ 프라이버시   ④ 개인공간

20. 음환경에 대한 설명으로 옳지 않은 것은?

① 다공성 흡음재는 중·고주파 흡음에 유리하고 판(막)진동 흡음재는 저주파 흡음에 유리하다.
② 잔향시간이란 실내에 일정 세기의 음을 발생시킨 후 그 음이 중지된 때로부터 실내의 평균에너지밀도가 최초값보다 60dB 감쇠하는 데 소요되는 시간을 말한다.
③ 동일 면적의 공간에서 층고를 낮추면 잔향시간은 늘어난다.
④ 공기의 점성저항에 의한 음의 감쇠는 잔향시간에 영향을 준다.

지방직 9급 해설 및 정답

01	②	02	②	03	③	04	④	05	④
06	④	07	②	08	③	09	④	10	①
11	③	12	③	13	①	14	②	15	①
16	①	17	③	18	②	19	①	20	③

01 ㄴ. 엘 리스치키 - 구성주의 이론을 전개
ㄷ. 윌리엄 바론 제니 - 홈 인슈어런스 빌딩을 설계

02 ② 전공기방식에 대한 설명이며, 전공기방식의 종류로는 CAV(정풍량)방식, VAV(가변풍량)방식, 이중덕트방식, 멀티존 유닛방식, 각층유닛방식이 있다.

03 ③ 벨트랩은 화장실, 샤워실, 주방 등의 바닥 배수용으로 사용한다.

04 ④ 압력탱크방식은 수도 본관에서 물을 받아 물받이 탱크에 저수한 다음 급수펌프로 압력탱크에 물을 보내면 압력탱크에서는 공기를 압축 가압하여 급수하는 방식이다.

05 ① 기초조사 - 기본계획 - 기본설계 - 실시설계의 순으로 진행된다.
② 기본설계는 구체적인 형태의 기본을 결정하는 단계로 기본설계도서를 작성한다.
③ 시방서작성은 설계도면에 표시할 수 없는 각종 건축, 기계, 전기, 기타 사항 등을 글이나 도표로 작성하는 과정이다.

06 ㄱ. 공동주택 단면형식 중 단위주거의 복층형은 프라이버시가 좋으나 내부계단으로 인해 소규모 주택에서는 비경제적이다.

07 ② 기초, 사이 기둥, 최하층 바닥, 작은보, 차양, 옥외계단은 주요구조부에 속하지 않는다.

08 ③ 고대 이집트 제3왕조 조세르왕의 계단형 피라미드는 세계 최초의 피라미드로 알려져 있으며, 제4왕조 쿠푸왕의 대피라미드보다 먼저 만들어졌다. 쿠푸왕의 대피라미드는 엄청난 규모와 내부공간 때문에 세계 7대 불가사의 중 하나로 알려져 있다.

09 ① 정면(도리 방향) 5칸, 측면(보 방향) 3칸인 평면구성일 경우에는 칸 수가 15칸이다.
② 고주는 내진주라고도 하며, 건물의 내부 공간을 둘러 서 있으며, 다른 기둥보다 높이 세운 기둥이다. 평주는 같은 높이로 이루어진 기둥의 열로서 건물의 외곽기둥으로 사용되며, 우주는 건물의 모서리에 세운 기둥이다.
③ 오량가는 종단면상에 도리가 5줄로 걸리는 가구형식이다.

10 ① 스프링클러를 정방형으로 배치한다면 스프링클러헤드 간의 설치간격은 $\sqrt{2}$ R로 나타낼 수 있으며, 지그재그형으로 배치한다면 $\sqrt{3}$ R로 나타낼 수 있다.

11 ③ 도로교통법 제32조(정차 및 주차의 금지) 건널목의 가장자리로부터 10미터 이내인 곳에는 노외주차장의 출구 및 입구를 설치할 수 없다.

12 ㄱ. 「의료법 시행규칙」상 입원실은 내화구조인 경우라 하더라도 지하층에는 설치할 수 없다.
ㄹ. 「의료법 시행규칙」상 병상이 300개 이상인 종합병원은 입원실 병상 수의 100분의 5 이상을 중환자실 병상으로 만들어야 한다.

13 ① 기준층 기둥 간격은 객실 단위 폭(욕실 폭 + 각 실 입구통로 폭 + 반침 폭)의 두 배로 한다.

14 엘리베이터의 대수산정
(1) 5분간 수송능력 $= \dfrac{5분 \times 10인}{5분} = 10인$
(2) 엘리베이터 대수 $= \dfrac{31인}{10인} = 3.1$대 $\fallingdotseq 4$대

15 ② 각 객석에서 무대 전면이 모두 보여야 하므로 수평시각은 최전열 좌석은 90°, 측면좌석은 60°가 되도록 계획한다.

③ 공연장의 출구는 2개 이상 설치하며, 관람석 출입구는 관람객의 피난을 위하여 밖여닫이 방식으로 한다.

④ 연극 등을 감상하는 경우 연기자의 표정을 읽을 수 있는 가시 한계(생리적 한도)는 15 m이다.

16 주택법상 준주택의 종류 : 기숙사, 다중생활시설, 노인복지주택, 오피스텔

17 교실의 이용률과 순수율

(1) 이용률 = $\dfrac{30시간}{50시간} \times 100$ = 60%

(2) 순수율 = $\dfrac{30시간 - 9시간}{30시간} \times 100$ = 70%

18 ② 난방을 통해 실내온도를 노점온도 이상으로 유지하면 열교를 방지할 수 있다.

19 ② 과밀 : 인간의 상호접촉 정도가 적절히 유지되지 못할 때 발생되는 감정상태

③ 프라이버시 : 타인의 방해를 받지 않고 개인의 사적 영역을 유지하고자 하는 권리

④ 개인공간 : 개인의 신체 주위에 있는 타인과의 경계가 되는 공간

20 ③ 잔향시간은 실의 체적에 비례하므로 동일 면적의 공간에서 충고를 높이면 잔향시간은 늘어난다.

1. 박물관의 특수전시기법에 대한 설명으로 옳지 않은 것은?

① 영상 전시 – 현물을 직접 전시할 수 없는 경우나 오브제 전시만의 한계를 극복하기 위해 사용한다.

② 하모니카 전시 – 하모니카의 흡입구처럼 동일한 공간을 연속하여 배치한다.

③ 파노라마 전시 – 연속적인 주제를 전경으로 펼쳐지도록 연출한다.

④ 디오라마 전시 – 2차원적인 매체를 활용하여 입체감이나 현장감보다는 전시물의 군집배치에 초점을 맞춘다.

2. 다음 제시된 건축의 과정을 순서대로 바르게 나열한 것은?

> (가) 계획설계(기본계획)
> (나) 실시설계
> (다) 거주 후 평가
> (라) 기본설계(중간설계)
> (마) 시공 및 감리
> (바) 기획

① (바) → (가) → (라) → (나) → (마) → (다)

② (바) → (가) → (라) → (다) → (나) → (마)

③ (바) → (라) → (가) → (나) → (마) → (다)

④ (바) → (라) → (가) → (다) → (나) → (마)

3. 근린생활권 주거단지 단위 중의 하나로 대략 100 ha의 면적에 초등학교를 중심으로 하여 어린이공원, 운동장, 우체국, 소방서 등이 설치되는 단위는?

① 인보구　　　　② 근린분구

③ 근린주구　　　　④ 근린지구

4. 백화점의 수직 동선계획에 대한 설명으로 옳지 않은 것은?

① 에스컬레이터는 전체 연면적에 대한 점유율이 높고 설치비용이 많이 든다.

② 엘리베이터는 에스컬레이터에 비해 수송량 대비 점유면적이 작아 가장 효율적인 수송 수단이다.

③ 에스컬레이터는 엘리베이터에 비해 고객의 대기 시간이 짧으며 수송 능력이 좋다.

④ 엘리베이터는 가급적 집중배치하고, 고객용, 화물용, 사무용으로 구분한다.

5. 「건축물의 설비기준 등에 관한 규칙」상 다음 창호 평면에 나타난 피벗(pivot) 종축창의 배연창 유효면적 산정기준은? (단, W는 창의 폭, H는 창의 유효높이이다)

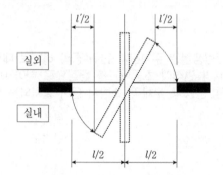

| l : 90° 회전시 창호와 직각방향으로 개방된 수평거리 |
| l' : 90° 미만 0° 초과시 창호와 직각방향으로 개방된 수평거리 |

① W × $l'/2$ × 2
② W × $l/2$ × 2
③ H × $l'/2$ × 2
④ H × $l/2$ × 2

6. 유치원의 세부공간계획에 대한 설명으로 옳지 않은 것은?

① 유희실은 안전성과 방음효과를 고려하여 바닥의 소재를 선정한다.
② 화장실은 교실 내부 또는 가장 가까운 곳에 배치하여 교사가 지도할 수 있도록 한다.
③ 유원장은 정적 놀이공간, 중간적 놀이공간, 동적 놀이공간으로 구분하여 공간을 구성한다.
④ 개인용 물품이나 교재 등을 보관하는 창고는 필수 공간이 아니므로 선택적으로 계획한다.

7. 극장 건축계획에 대한 설명으로 옳지 않은 것은?

① 아레나(arena)형은 객석과 무대가 하나의 공간에 있으므로 배우와 관객 간의 일체감을 높여 긴장감이 높은 공연에 적합하다.
② 프로시니엄(proscenium)형은 그림의 액자와 같이 관객의 눈을 무대에 쏠리게 하는 시각적 효과가 있어 강연, 연극공연 등에 적합하다.
③ 플라이 갤러리(fly gallery)는 그리드 아이언에 올라가는 계단과 연결되며, 무대 주위의 벽에 6 ~ 9m 높이로 설치되는 좁은 통로이다.
④ 사이클로라마(cyclorama)는 무대의 천장 밑에 철골을 촘촘히 깔아 바닥을 형성하여 무대배경이나 조명기구 또는 음향 반사판 등을 매달 수 있게 하는 장치이다.

8. 「도시 및 주거환경정비법」상 이 법에서 정한 절차에 따라 도시기능을 회복하기 위하여 정비구역에서 정비기반시설을 정비하거나 주택 등 건축물을 개량 또는 건설하는 "정비사업"에 해당하지 않는 것은?

① 재건축사업
② 재개발사업
③ 가로주택정비사업
④ 주거환경개선사업

9. 상점의 건축계획에 대한 설명으로 옳지 않은 것은?

① 평면형식 중 환상배열형은 중앙에 소형 상품을, 벽면에 대형 상품을 진열하는 데 적합하다.
② 고객 동선은 가능한 한 길게, 종업원의 동선은 가능한 한 짧게 하는 것이 합리적이다.
③ 측면판매 방식은 충동적 구매와 선택이 용이하지만, 판매원을 위한 통로 공간으로 인해 진열면적이 감소한다.
④ 매장계획 시 고객을 감시하기 쉬우나, 고객이 감시받고 있다는 인상을 주지 않도록 한다.

10. 교육시설의 건축계획에 대한 설명으로 옳지 않은 것은?

① 과학교실은 실험 실습을 위한 전기, 가스, 급배수 설비를 갖춘다.

② 미술실은 실내가 균일한 밝기의 조도를 유지할 수 있도록 배치한다.

③ 음악실은 적당한 잔향 시간을 유지하도록 한다.

④ 도서실은 학교의 모든 곳으로부터 접근이 편리한 위치에 있도록 배치하며 이용 활성화를 위해 폐가식으로 운영한다.

11. 실내공기질 관리법령상 다중이용시설의 실내공기 질에 대해서는 공기오염물질에 따라 유지기준과 권고기준으로 구분하고 있다. 다음 중 유지기준 항목인 공기오염물질만을 모두 고르면?

ㄱ. 미세먼지	ㄴ. 이산화탄소
ㄷ. 오존	ㄹ. 라돈
ㅁ. 석면	ㅂ. 일산화탄소

① ㄱ, ㄴ, ㄷ 　　　② ㄱ, ㄴ, ㅂ

③ ㄷ, ㄹ, ㅁ 　　　④ ㄹ, ㅁ, ㅂ

12. 「건축법」상 건축물의 높이를 일조 등의 확보를 위하여 정북방향의 인접 대지경계선으로부터의 거리에 따라 대통령령으로 정하는 높이 이하로 하여야 하는 지역만을 모두 고르면?

ㄱ. 제1종전용주거지역
ㄴ. 제3종일반주거지역
ㄷ. 준주거지역
ㄹ. 준공업지역

① ㄱ 　　　② ㄱ, ㄴ

③ ㄱ, ㄴ, ㄷ 　　　④ ㄴ, ㄷ, ㄹ

13. 사무소의 건축계획에 대한 설명으로 옳지 않은 것은?

① 코어의 종류에는 편심코어형, 중앙(중심)코어형, 독립코어형, 양단코어형 등이 있다.

② 코어는 내력 구조체의 기능을 수행하여 건물의 구조적 안정성을 증대시킨다.

③ 오피스 랜드스케이핑(office landscaping)은 개방식 배치의 한 형태로, 업무환경의 변화에 따라 공간을 조정할 수 있다.

④ 복도형 사무실(corridor office)은 한 장소에서 책상과 시설을 서열에 따라 배치하며, 업무에 대한 감독 및 커뮤니케이션이 쉽다.

14. 그림은 한국전통건축의 기법을 표현한 것이다. (가)~(라)를 바르게 연결한 것은?

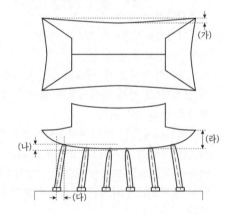

	(가)	(나)	(다)	(라)
①	안허리곡	귀솟음	안쏠림	앙곡
②	앙곡	안허리곡	안쏠림	귀솟음
③	안허리곡	귀솟음	앙곡	후림
④	후림	귀솟음	안쏠림	안허리곡

15. 주거시설의 건축계획에 대한 설명으로 옳지 않은 것은?

① 평면계획 시 생활행위를 고려하여 일반적으로 취침공간과 식사공간을 분리하여 배치한다.

② 동선의 3요소인 빈도, 속도, 궤적을 고려하여 침실-테라스-창고와 같이 속도가 높은 구간에 가구를 배치한다.

③ 향에 따른 배치계획을 할 경우 북쪽은 종일 햇빛이 들지 않고 북풍을 받아 춥지만, 조도가 균일하여 아틀리에 등의 작업실을 두기에 유리하다.

④ 개인생활공간, 공동생활공간, 가사노동공간으로 구분할 수 있는 3개 생활공간의 동선은 상호 분리하여 간섭이 없어야 한다.

16. 「노인복지법」상 노인복지시설에 대한 설명으로 옳지 않은 것은?

① 노인의료복지시설에는 노인요양시설, 노인요양공동생활가정이 있다.

② 노인여가복지시설에는 노인복지관, 노인공동생활가정, 노인교실이 있다.

③ 노인주거복지시설 중 양로시설은 노인을 입소시켜 급식과 그 밖에 일상생활에 필요한 편의를 제공함을 목적으로 한다.

④ 재가노인복지시설 중 단기보호서비스를 제공하는 시설은 부득이한 사유로 가족의 보호를 받을 수 없어 일시적으로 보호가 필요한 심신이 허약한 노인과 장애노인을 단기간 입소시켜 보호하는 시설이다.

17. 다음에서 설명하는 덕트(duct)의 배치방식은?

• 가장 간단한 방식으로 설비비가 저렴하다.
• 덕트 스페이스가 작다.
---

① 개별 덕트 방식 ② 간선 덕트 방식
③ 환상 덕트 방식 ④ 원형 덕트 방식

18. 건축법령상 건축물의 승강기에 대한 설명으로 옳지 않은 것은?

① 비상용승강기의 승강로는 당해 건축물의 다른 부분과 내화구조로 구획하고 각 층으로부터 피난층까지 이르는 승강로를 단일구조로 연결하여 설치한다.

② 층수가 30층 이상인 건축물에는 승용승강기 중 1대 이상을 피난용승강기로 설치한다.

③ 비상용승강기의 승강장에는 채광이 되는 창문이 있거나 예비전원에 의한 조명설비를 한다.

④ 비상용승강기의 승강장에는 배연설비를 설치해야 하되, 외부를 향하여 열 수 있는 창문을 설치해서는 안 된다.

19. 병원의 형태에 따른 건축계획에 대한 설명으로 옳지 않은 것은?

① 수직 고층의 병원은 도시지역에 충분한 대지를 확보하기 어려울 경우에 적합하다.

② 분관형은 평면 분산식으로, 저층 건물이 일반적이고 채광 및 통풍 조건이 좋다.

③ 기단형은 넓은 저층동 상부에 고층동 건물을 계획한 것으로, 저층동의 공간 배치가 자유롭지 못하다.

④ 다익형은 분관형과 기단형의 절충형태로, 각 부분 간의 긴밀한 연계성을 유지하면서도 좀 더 자유로운 계획이 가능한 형태이다.

20. 20세기 국제주의 양식 건축의 대표적인 건축가와 그의 작품을 연결한 것으로 옳지 않은 것은?

① 피터 쿡(Peter Cook) - 로비 하우스(Robie House)

② 르코르뷔지에(Le Corbusier) - 빌라 사보아(Villa Savoye)

③ 발터 그로피우스(Walter Gropius) - 바우하우스(Bauhaus)

④ 미스 반데어로에(Mies Van Der Rohe) - 바르셀로나 파빌리온(Barcelona Pavilion)

지방직 9급 해설 및 정답

01	④	02	①	03	③	04	②	05	③
06	④	07	④	08	③	09	③	10	④
11	②	12	②	13	④	14	①	15	②
16	②	17	②	18	④	19	③	20	①

01 ④ 디오라마 전시 : 하나의 사실 또는 주제의 시간상황을 고정시켜 연출하는 것으로 현장에 임한 듯한 느낌을 가지고 관찰할 수 있는 전시기법

02 건축과정 : 기획 → 계획설계 → 기본설계 → 실시설계 → 시공 및 감리 → 거주 후 평가

03 근린주구
근린생활권 주거단지 단위 중의 하나로 초등학교를 중심으로 하여 어린이공원, 운동장, 우체국, 소방서 등이 설치되는 단위

04 ② 에스컬레이터는 엘리베이터에 비해 수송량 대비 점유면적이 작아 백화점에서 가장 효율적인 수송 수단이다.

05 Pivot 종축창의 유효면적 : $H \times l'/2 \times 2$

06 ④ 개인용 물품이나 교재 등을 보관하는 창고를 고려하여 계획하는 것이 바람직하다.

07 ④ 그리드 아이언(grid iron)은 무대의 천장 밑에 철골을 촘촘히 깔아 바닥을 형성하여 무대배경이나 조명기구 또는 음향 반사판 등을 매달 수 있게 하는 장치이다.

08 정비사업
가. 주거환경개선사업 : 도시저소득 주민이 집단거주하는 지역으로서 정비기반시설이 극히 열악하고 노후·불량건축물이 과도하게 밀집한 지역의 주거환경을 개선하거나 단독주택 및 다세대주택이 밀집한 지역에서 정비기반시설과 공동이용시설 확충을 통하여 주거환경을 보전·정비·개량하기 위한 사업

나. 재개발사업 : 정비기반시설이 열악하고 노후·불량건축물이 밀집한 지역에서 주거환경을 개선하거나 상업지역·공업지역 등에서 도시기능의 회복 및 상권 활성화 등을 위하여 도시환경을 개선하기 위한 사업
다. 재건축사업 : 정비기반시설은 양호하나 노후·불량건축물에 해당하는 공동주택이 밀집한 지역에서 주거환경을 개선하기 위한 사업

09 ③ 측면판매 방식은 충동적 구매와 선택이 용이하고 판매원을 위한 통로가 불필요하므로 진열면적이 증가한다.

10 ④ 도서실은 학교의 모든 곳으로부터 접근이 편리한 위치에 있도록 배치하며 이용 활성화를 위해 자유개가식으로 운영한다.

11 다중이용시설의 실내공기질
가. 실내공기질 유지기준의 공기오염물질 : 미세먼지(PM-10), 미세먼지(PM-2.5), 이산화탄소, 폼알데하이드, 총부유세균, 일산화탄소
나. 실내공기질 권고기준의 공기오염물질 : 이산화질소, 라돈, 총휘발성유기화합물, 곰팡이

12 전용주거지역 및 일반주거지역
건축물의 높이를 일조 등의 확보를 위하여 정북방향의 인접 대지경계선으로부터의 거리에 따라 대통령령으로 정하는 높이 이하로 하여야 하는 지역

13 ④ 업무에 대한 감독과 커뮤니케이션이 용이한 방식은 오피스 랜드스케이핑(office landscaping)이다.

14 한국전통건축의 착시교정기법
① 안허리곡(후림) : 평면에서 처마의 안쪽을 휘어 들어 올리는 것
② 귀솟음(우주) : 건물의 귀기둥을 중간 평주보다 높게 한 것
③ 안쏠림(오금) : 귀기둥을 안쪽으로 기울어지게 한 것
④ 앙곡(조로) : 입면에서 처마의 양끝을 들어 올리는 것

15 ② 동선의 3요소는 속도, 빈도, 하중이며, 속도가 높은 구간에는 가구를 두지 않는다.

16 노인여가 복지시설 : 노인복지관, 경로당, 노인교실

17 간선덕트방식
   • 가장 간단한 방식으로 설비비가 저렴하다.
   • 덕트 스페이스가 작다.

18 ④ 비상용승강기의 승강장에는 노대 또는 외부를 향하여
   열 수 있는 창문이나 배연설비를 설치하여야 한다.

19 ③ 기단형은 넓은 저층동 상부에 고층동 건물을 계획한 것
   으로, 저층동의 공간 배치가 자유롭다.

20 ① 프랭크 로이드 라이트(Frank Lloyd Wright) - 로비
   하우스(Robie House)
   ※ 피터 쿡(Peter Cook) - 플러그 인 시티(Plug in City)

참 고 문 헌

1. (건축기사)건축계획, 이종석 외 1, 한솔아카데미, 2023
2. (건축기사)건축법규, 현정기 외 3, 한솔아카데미, 2023
3. (건축기사)건축설비, 오병칠 외 4, 한솔아카데미, 2023
4. 대한건축학회 편, 건축환경계획, 대한건축학회, 2010
5. 대한국토도시계획학회, 도시계획론, 보성각, 2003
6. 서양건축사, 박영길, 세진사, 1998
7. 건축학개론, 박한규, 기문당, 2001
8. 도시주거단지계획, 양동양, 기문당, 2002
9. 건축계획, 이광노 외 5, 문운당, 2009
10. 서양건축사, 정영철, 세진사, 2001
11. 건축설비계획, 서승직, 일진사, 2010
12. 건축설비, 대한건축학회, 기문당, 2010
13. 건축설비, 이철구, 홍봉재, 방승기, 문운당, 2007
14. 건축설비, 김용식, 구미서관, 2005
15. 건축환경계획, 이경회, 문운당, 2008
16. 건축환경계획, 대한건축학회, 기문당, 2003
17. 건축계획각론, 김용환외 5, 도서출판 서우, 2015
18. (건축사예비시험)건축계획, 송성길 외 6, 한솔아카데미, 2019
19. (건축사예비시험)건축법규, 현정기 외 1, 한솔아카데미, 2019
20. 서양건축사, 임석재, 북하우스, 2011

저 자 약 력

이 병 억

- 건축사(建築士)
- (주)바우엔건축사사무소 대표
- 한솔아카데미 전임강사
- 중앙대학교 건축공학과 석사
- 중앙대학교 건축학과 박사수료
- 서울과학기술대학교 건설공학과 외래강사
- 인하공업전문대학 건축과 외래강사
- 두원공과대학 건축디자인과 외래강사
- 동양미래대학 건축과 외래강사
- 안산대학 건축설계학과 외래강사
- 대림대학 건축과 외래강사
- 서울직업전문학교 건축과 외래강사
- 대우건축토목학원 전임강사

□ 저 서

- 건축계획, 한솔아카데미
- 건축설비, 한솔아카데미
- (건축사 예비시험)건축계획, 한솔아카데미
- (건축사 예비시험)건축법규, 한솔아카데미
- (건축직 공무원)건축계획, 한솔아카데미

건축직 공무원 시험대비

건축계획(기출문제&무료 동영상강의)

定價 37,000원

저 자 이 병 억
발행인 이 종 권

2018年 1月 16日 초 판 발 행
2018年 10月 11日 2차개정발행
2019年 8月 27日 3차개정발행
2020年 11月 25日 4차개정발행
2022年 3月 23日 5차개정발행
2023年 8月 30日 6차개정발행

發行處 (주) 한솔아카데미

(우)06775 서울시 서초구 마방로10길 25 트윈타워 A동 2002호
TEL : (02)575-6144/5   FAX : (02)529-1130
〈1998. 2. 19 登錄 第16-1608號〉

※ 본 교재의 내용 중에서 오타, 오류 등은 발견되는 대로 한솔아
카데미 인터넷 홈페이지를 통해 공지하여 드리며 보다 완벽한
교재를 위해 끊임없이 최선의 노력을 다하겠습니다.

※ 파본은 구입하신 서점에서 교환해 드립니다.
www.inup.co.kr / www.bestbook.co.kr

ISBN 979-11-6654-320-3 13540

한솔아카데미 발행도서

건축기사시리즈
①건축계획
이종석, 이병억 공저
536쪽 | 26,000원

건축기사시리즈
②건축시공
김형중, 한규대, 이명철, 홍태화
공저
678쪽 | 26,000원

건축기사시리즈
③건축구조
안광호, 홍태화, 고길용 공저
796쪽 | 27,000원

건축기사시리즈
④건축설비
오병칠, 권영철, 오호영 공저
564쪽 | 26,000원

건축기사시리즈
⑤건축법규
현정기, 조영호, 김광수, 한웅규
공저
622쪽 | 27,000원

건축기사 필기 10개년
핵심 과년도문제해설
안광호, 백종엽, 이병억 공저
1,000쪽 | 44,000원

건축기사 4주완성
남재호, 송우용 공저
1,412쪽 | 46,000원

건축산업기사 4주완성
남재호, 송우용 공저
1,136쪽 | 43,000원

7개년 기출문제
건축산업기사 필기
한솔아카데미 수험연구회
868쪽 | 36,000원

건축설비기사 4주완성
남재호 저
1,144쪽 | 44,000원

건축설비산업기사
4주완성
남재호 저
770쪽 | 38,000원

10개년 핵심
건축설비기사 과년도
남재호 저
1,086쪽 | 38,000원

건축기사 실기
한규대, 김형중, 안광호, 이병억
공저
1,672쪽 | 52,000원

건축기사 실기
(The Bible)
안광호, 백종엽, 이병억 공저
818쪽 | 37,000원

건축기사 실기 12개년
과년도
안광호, 백종엽, 이병억 공저
688쪽 | 30,000원

건축산업기사 실기
한규대, 김형중, 안광호, 이병억
공저
696쪽 | 33,000원

건축산업기사 실기
(The Bible)
안광호, 백종엽, 이병억 공저
300쪽 | 27,000원

실내건축기사 4주완성
남재호 저
1,284쪽 | 39,000원

실내건축산업기사
4주완성
남재호 저
1,020쪽 | 31,000원

시공실무
실내건축(산업)기사 실기
안동훈, 이병억 공저
422쪽 | 31,000원

Hansol Academy

건축사 과년도출제문제
1교시 대지계획
한솔아카데미 건축사수험연구회
346쪽 | 33,000원

건축사 과년도출제문제
2교시 건축설계1
한솔아카데미 건축사수험연구회
192쪽 | 33,000원

건축사 과년도출제문제
3교시 건축설계2
한솔아카데미 건축사수험연구회
436쪽 | 33,000원

건축물에너지평가사
①건물 에너지 관계법규
건축물에너지평가사 수험연구회
818쪽 | 30,000원

건축물에너지평가사
②건축환경계획
건축물에너지평가사 수험연구회
456쪽 | 26,000원

건축물에너지평가사
③건축설비시스템
건축물에너지평가사 수험연구회
682쪽 | 29,000원

건축물에너지평가사
④건물 에너지효율설계·평가
건축물에너지평가사 수험연구회
756쪽 | 30,000원

건축물에너지평가사
2차실기(상)
건축물에너지평가사 수험연구회
940쪽 | 45,000원

건축물에너지평가사
2차실기(하)
건축물에너지평가사 수험연구회
905쪽 | 50,000원

토목기사시리즈
①응용역학
염창열, 김창원, 안광호, 정용욱,
이지훈 공저
804쪽 | 25,000원

토목기사시리즈
②측량학
남수영, 정경동, 고길용 공저
452쪽 | 25,000원

토목기사시리즈
③수리학 및 수문학
심기오, 노재식, 한웅규 공저
450쪽 | 25,000원

토목기사시리즈
④철근콘크리트 및 강구조
정경동, 정용욱, 고길용, 김지우
공저
464쪽 | 25,000원

토목기사시리즈
⑤토질 및 기초
안성중, 박광진, 김창원, 홍성협
공저
640쪽 | 25,000원

토목기사시리즈
⑥상하수도공학
노재식, 이상도, 한웅규, 정용욱
공저
544쪽 | 25,000원

10개년 핵심 토목기사
과년도문제해설
김창원 외 5인 공저
1,076쪽 | 45,000원

토목기사 4주완성
핵심 및 과년도문제해설
이상도, 고길용, 안광호, 한웅규,
홍성협, 김지우 공저
1,054쪽 | 42,000원

토목산업기사 4주완성
7개년 과년도문제해설
이상도, 정경동, 고길용, 안광호,
한웅규, 홍성협 공저
752쪽 | 39,000원

토목기사 실기
김태선, 박광진, 홍성협, 김창원,
김상욱, 이상도 공저
1,496쪽 | 50,000원

토목기사 실기
12개년 과년도문제해설
김태선, 이상도, 한웅규, 홍성협,
김상욱, 김지우 공저
708쪽 | 35,000원

**콘크리트기사 · 산업기사
4주완성(필기)**
정용욱, 고길용, 전지현, 김지우
공저
976쪽 | 37,000원

**콘크리트기사
12개년 과년도(필기)**
정용욱, 고길용, 김지우 공저
576쪽 | 28,000원

**콘크리트기사 · 산업기사
3주완성(실기)**
정용욱, 김태형, 이승철 공저
748쪽 | 30,000원

**건설재료시험기사
4주완성(필기)**
고길용, 정용욱, 홍성협, 전지현
공저
742쪽 | 37,000원

**건설재료시험기사
13개년 과년도(필기)**
고길용, 정용욱, 홍성협, 전지현
공저
656쪽 | 30,000원

**건설재료시험기사
3주완성(실기)**
고길용, 홍성협, 전지현, 김지우
공저
728쪽 | 29,000원

**콘크리트기능사
3주완성(필기+실기)**
정용욱, 고길용, 전지현 공저
524쪽 | 24,000원

**지적기능사(필기+실기)
3주완성**
염창열, 정병노 공저
640쪽 | 29,000원

측량기능사 3주완성
염창열, 정병노 공저
562쪽 | 27,000원

**건설안전기사 4주완성
필기**
지준석, 조태연 공저
1,394쪽 | 36,000원

**산업안전기사 4주완성
필기**
지준석, 조태연 공저
1,560쪽 | 36,000원

**공조냉동기계기사 필기
5주완성**
조성안, 이승원, 한영동 공저
1,502쪽 | 39,000원

**공조냉동기계산업기사
필기 5주완성**
조성안, 이승원, 한영동 공저
1,250쪽 | 34,000원

**공조냉동기계기사 실기
5주완성**
조성안, 한영동 공저
950쪽 | 37,000원

**조경기사 · 산업기사
필기**
이윤진 저
1,836쪽 | 49,000원

**조경기사 · 산업기사
실기**
이윤진 저
1,050쪽 | 45,000원

조경기능사 필기
이윤진 저
682쪽 | 29,000원

조경기능사 실기
이윤진 저
350쪽 | 28,000원

조경기능사 필기
한상엽 저
712쪽 | 28,000원

조경기능사 실기
한상엽 저
738쪽 | 29,000원

Hansol Academy

**전산응용토목제도기능사
필기 3주완성**

김지우, 최진호, 전지현 공저
438쪽 | 26,000원

전기기사시리즈(전6권)

대산전기수험연구회
2,240쪽 | 113,000원

전기기사 5주완성

전기기사수험연구회
1,680쪽 | 42,000원

전기산업기사 5주완성

전기산업기사수험연구회
1,556쪽 | 42,000원

전기공사기사 5주완성

전기공사기사수험연구회
1,608쪽 | 41,000원

**전기공사산업기사
5주완성**

전기공사산업기사수험연구회
1,606쪽 | 41,000원

전기(산업)기사 실기

대산전기수험연구회
766쪽 | 42,000원

**전기기사 실기 15개년
과년도문제해설**

대산전기수험연구회
808쪽 | 37,000원

전기기사시리즈(전6권)

김대호 저
3,230쪽 | 119,000원

전기기사 실기 기본서

김대호 저
964쪽 | 36,000원

전기기사 실기 기출문제

김대호 저
1,336쪽 | 39,000원

**전기산업기사 실기
기본서**

김대호 저
920쪽 | 36,000원

**전기산업기사 실기
기출문제**

김대호 저
1,076쪽 | 38,000원

전기기사 실기 마인드 맵

김대호 저
232쪽 | 16,000원

**전기(산업)기사
실기 모의고사 100선**

김대호 저
296쪽 | 24,000원

전기기능사 필기

이승원, 김승철, 홍성민 공저
598쪽 | 25,000원

공무원 건축계획

이병억 저
800쪽 | 37,000원

**7 · 9급 토목직
응용역학**

정경동 저
1,192쪽 | 42,000원

9급 토목직 토목설계

정경동 저
1,114쪽 | 42,000원

응용역학개론 기출문제

정경동 저
686쪽 | 40,000원

**측량학(9급 기술직/
서울시 · 지방직)**

정병노, 염창열, 정경동 공저
722쪽 | 27,000원

**응용역학(9급 기술직/
서울시 · 지방직)**

이국형 저
628쪽 | 23,000원

**스마트 9급 물리
(서울시 · 지방직)**

신용찬 저
422쪽 | 23,000원

**7급 공무원
스마트 물리학개론**

신용찬 저
614쪽 | 38,000원

1종 운전면허

도로교통공단 저
110쪽 | 12,000원

2종 운전면허

도로교통공단 저
110쪽 | 12,000원

1 · 2종 운전면허

도로교통공단 저
110쪽 | 12,000원

지게차 운전기능사

건설기계수험연구회 편
216쪽 | 15,000원

굴삭기 운전기능사

건설기계수험연구회 편
224쪽 | 15,000원

**지게차 운전기능사
3주완성**

건설기계수험연구회 편
338쪽 | 12,000원

**굴삭기 운전기능사
3주완성**

건설기계수험연구회 편
356쪽 | 12,000원

BIM 주택설계편

(주)알피종합건축사사무소
박기백, 서창석, 함남혁, 유기찬
공저
514쪽 | 32,000원

토목 BIM 설계활용서

김영휘, 박형순, 송윤상, 신현준,
안서현, 박진훈, 노기태 공저
388쪽 | 30,000원

BIM 구조편

(주)알피종합건축사사무소
(주)동양구조안전기술 공저
536쪽 | 32,000원

**초경량 비행장치
무인멀티콥터**

권희춘, 김병구 공저
258쪽 | 22,000원

**시각디자인 산업기사
4주완성**

김영애, 서정술, 이원범 공저
1,102쪽 | 36,000원

**시각디자인
기사 · 산업기사 실기**

김영애, 이원범 공저
508쪽 | 35,000원

BIM 기본편

(주)알피종합건축사사무소
402쪽 | 32,000원

**BIM 건축계획설계
Revit 실무지침서**

BIMFACTORY
607쪽 | 35,000원

**전통가옥에서 BIM을
보며**

김요한, 함남혁, 유기찬 공저
548쪽 | 32,000원

Hansol Academy

BIM 주택설계편
(주)알피종합건축사사무소
박기백, 서창석, 함남혁, 유기찬
공저
514쪽 | 32,000원

BIM 활용편 2탄
(주)알피종합건축사사무소
380쪽 | 30,000원

BIM 기본편 2탄
(주)알피종합건축사사무소
380쪽 | 28,000원

BIM 토목편
송현혜, 김동욱, 임성순, 유자영,
심창수 공저
278쪽 | 25,000원

디지털모델링 방법론
이나래, 박기백, 함남혁, 유기찬
공저
380쪽 | 28,000원

**건축디자인을 위한
BIM 실무 지침서**
(주)알피종합건축사사무소
박기백, 오정우, 함남혁, 유기찬 공저
516쪽 | 30,000원

**BIM건축운용전문가
2급자격**
모델링스토어, 함남혁 공저
826쪽 | 34,000원

**BIM토목운용전문가
2급자격**
채재현, 김영휘, 박준오, 소광영,
김소희, 이기수, 조수연
614쪽 | 35,000원

BE Architect
유기찬, 김재준, 차성민, 신수진,
홍유진 공저
282쪽 | 20,000원

**BE Architect
라이노&그래스호퍼**
유기찬, 김재준, 조준상, 오주연
공저
288쪽 | 22,000원

**BE Architect
AUTO CAD**
유기찬, 김재준 공저
400쪽 | 25,000원

건축관계법규(전3권)
최한석, 김수영 공저
3,544쪽 | 110,000원

건축법령집
최한석, 김수영 공저
1,490쪽 | 60,000원

건축법해설
김수영, 이종석, 김동화, 김용환,
조영호, 오호영 공저
918쪽 | 32,000원

건축설비관계법규
김수영, 이종석, 박호준, 조영호,
오호영 공저
790쪽 | 34,000원

건축계획
이순희, 오호영 공저
422쪽 | 23,000원

건축시공학
이찬식, 김선국, 김예상, 고성석,
손보식, 유정호, 김태완 공저
776쪽 | 30,000원

**현장실무를 위한
토목시공학**
남기천,김상환,유광호,강보순,
김종민,최준성 공저
1,212쪽 | 45,000원

알기쉬운 토목시공
남기천, 유광호, 류명찬, 윤영철,
최준성, 고준영, 김연덕 공저
818쪽 | 28,000원

Auto CAD 오토캐드
김수영, 정기범 공저
364쪽 | 25,000원

친환경 업무매뉴얼

정보현, 장동원 공저
352쪽 | 30,000원

건축시공기술사 기출문제

배용환, 서갑성 공저
1,146쪽 | 69,000원

합격의 정석 건축시공기술사

조민수 저
904쪽 | 67,000원

건축전기설비기술사 (상권)

서학범 저
784쪽 | 65,000원

건축전기설비기술사 (하권)

서학범 저
748쪽 | 65,000원

마법기본서 PE 건축시공기술사

백종엽 저
730쪽 | 62,000원

스크린 PE 건축시공기술사

백종엽 저
376쪽 | 32,000원

용어설명1000 PE 건축시공기술사(상)

백종엽 저
1,072쪽 | 70,000원

용어설명1000 PE 건축시공기술사(하)

백종엽 저
988쪽 | 70,000원

합격의 정석 토목시공기술사

김무섭, 조민수 공저
804쪽 | 60,000원

건설안전기술사

이태엽 저
600쪽 | 52,000원

소방기술사 上

윤정득, 박건용 공저
656쪽 | 55,000원

소방기술사 下

윤정득, 박건용 공저
730쪽 | 55,000원

소방시설관리사 1차 (상,하)

김흥준 저
1,630쪽 | 63,000원

건축에너지관계법해설

조영호 저
614쪽 | 27,000원

ENERGYPULS

이광호 저
236쪽 | 25,000원

수학의 마술(2권)

아서 벤저민 저, 이경희, 윤미선,
김은현, 성지현 옮김
206쪽 | 24,000원

스트레스, 과학으로 풀다

그리고리 L. 프리키온, 애너이브
코비치, 앨버트 S.융 저
176쪽 | 20,000원

숫자의 비밀

마리안 프라이베르거, 레이첼
토머스 지음, 이경희, 김영은,
윤미선, 김은현 옮김
376쪽 | 16,000원

지치지 않는 뇌 휴식법

이시카와 요시키 저
188쪽 | 12,800원

행복충전 50Lists

에드워드 호프만 서
272쪽 | 16,000원

**스마트 건설,
스마트 시티, 스마트 홈**

김선근 저
436쪽 | 19,500원

**e-Test 엑셀
ver.2016**

임창인, 조은경, 성대근, 강현권
공저
268쪽 | 17,000원

**e-Test 파워포인트
ver.2016**

임창인, 권영희, 성대근, 강현권
공저
206쪽 | 15,000원

**e-Test 한글
ver.2016**

임창인, 이권일, 성대근, 강현권
공저
198쪽 | 13,000원

**e-Test 엑셀
2010(영문판)**

Daegeun-Seong
188쪽 | 25,000원

**e-Test
한글+엑셀+파워포인트**

성대근, 유재휘, 강현권 공저
412쪽 | 28,000원

**재미있고 쉽게 배우는
포토샵 CC2020**

이영주 저
320쪽 | 23,000원

**소방설비기사
기계분야 필기**

김흥준, 한영동, 박래철, 윤중오
공저
1,130쪽 | 39,000원

**소방설비기사
전기분야 필기**

김흥준, 홍성민, 박래철 공저
990쪽 | 38,000원